儿童与青少年心理学丛书

U0659740

发展心理病理学

从幼年到青春期

▪ 第6版 ▪

［美］帕特里夏·克雷格
阿曼达·卢德罗
查尔斯·温纳◎著

蔺秀云 韩卓 侯香凝◎译

北京师范大学出版集团
BEIJING NORMAL UNIVERSITY PUBLISHING GROUP
北京师范大学出版社

帕特里夏·克雷格（Patricia K.Kerig）是加利福尼亚大学伯克利分校（University of California at Berkeley）临床心理学博士，专业方向是儿童与家庭。克雷格博士在斯坦福儿童医院（Stanford Children's Hospital）完成实习，并在科罗拉多大学健康科学中心（University of Colorado Health Sciences Center）完成儿童临床心理学的博士后工作。之后，她先后任职于西蒙·菲莎大学（Simon Fraser University），北卡罗来纳大学教堂山分校（North Carolina at Chapel Hill）和迈阿密大学（Miami University）。现在，她是犹他大学心理系临床训练（Clinical Training in the Department of Psychology at the University of Utah）的教授和主任，也是一位临床心理学家。她所获得的研究荣誉包括：美国心理学会第35分会（Division 35 of The American Psychological Association）授予的布罗德斯基奖（Brodsky）和黑尔·马斯汀奖（Hare Mustin Award），国际人际关系研究协会（International Society for the Study of Personal Relationships）授予的新贡献奖（New Contribution Award）。克雷格博士是《家庭心理学期刊》（*Journal of Family Psychology*）、《儿童与青少年创伤期刊》（*Journal of Child and Adolescent Trauma*）和《虐待、攻击和创伤期刊》（*Journal of Maltreatment, Aggression, and Trauma*）的编委，出版了多部学术专著。这些学术专著的主题主要是儿童青少年暴露于父母冲突、暴力、虐待和创伤性应激事件下的风险和适应性。她的研究兴趣主要是理解和干预那些卷入青少年司法制度的有创伤的青年人及其家庭。

阿曼达·卢德罗（Amanda Ludlow）是伦敦大学金史密斯学院（Goldsmiths College, University of London）发展心理学博士，专业方向是

儿童非典型发展。她在一个研究符号使用演变与发展阶段（Stage and Evolution and Development of Sign Usage，SEDSU）的多学科合作的欧洲项目中完成了博士后工作。完成这个项目后，她获得了剑桥安格利亚·鲁斯金大学（Anglia Ruskin University，Cambridge）心理学讲师的职位。她是儿童临床心理学硕士生培养项目的主任。而后，她成为伯明翰大学（University of Birmingham）心理学专业的一名讲师，同时她还是密德萨斯大学（Middlesex University）的校外考试委员。她发表了很多关于儿童孤独症谱系障碍发展的学术著作。她的研究兴趣主要是感觉缺陷（如失明和失聪）对儿童社会发展及其家庭的影响。

查尔斯·温纳（Charles Wenar），是本书第一版的作者，是写作本书的先驱者。他是俄亥俄州立大学（Ohio State University）心理学名誉教授，在俄亥俄州立大学心理学系开创了发展领域和儿童临床领域的项目。温纳博士是斯沃斯莫尔学院（Swarthmore College）和艾奥瓦州立大学（State University of Iowa）的毕业生，也是迈克尔·里斯医院（Michael Reese Hospital）、伊利诺伊精神病研究所（Illinois Neuropsychiatric Institute）和宾夕法尼亚大学（University of Pennsylvania）的临床医生和研究者。他的大量专著和论文，以及他对孤独症和健康儿童中的违拗症的研究，都证明了他对正常儿童和失常儿童有着由来已久的兴趣。1986 年，由于温纳博士对认识儿童和服务儿童方面的进步所做出的杰出贡献，他获得了美国心理学会第 12 分会儿童临床心理学分会的杰出专业贡献奖。

如何理解儿童青少年发展历程中的"异常发展"？这是发展心理病理学从广义上关注的问题。具体来说，发展心理病理学关注影响儿童青少年心理健康的因素，并从发展的纵向轨迹研究各个因素对个体带来的影响，从而为儿童青少年心理问题提供有效的干预和预防。

在学术论著的海洋，发展心理学病理学的著作屈指可数。本书作为发展心理病理学领域的著作，详尽地阐述了发展心理病理学的基本理论和20余种儿童青少年常见的心理问题，可以让读者深入了解和学习发展心理病理学的相关知识。

全书可以分为三部分。第一部分包括前三章，讲述了发展心理病理学方法与基本理论。第一章"发展心理病理学方法"向读者展示了一般性的发展框架，即个人的发展是受到生物学、个体、家庭、社会和文化背景的交互作用的。在了解了常规发展后，我们将看到的是儿童青少年的心理病理学模式，如何从医学、行为、认知、心理动力学、家庭系统和比较与整合模式下理解心理病理的形成。这一章还会涉及发展心理病理学的基本理论，如发展路径，以及研究方法，如纵向研究设计和多变量研究。第二章"儿童正常发展"，分别从五个背景（生物学、个体、家庭、社会和文化）下，具体地阐述个人的正常发展，介绍了一个人的正常发展会受到哪些因素的影响。第三章"通往心理病理学的桥梁"，重点阐释了美国《精神障碍诊断和统计手册》在心理病理学中的意义和使用方式，这也是理解从正常发展到心理病理学发展的桥梁。

第四章到第十五章是全书的第二部分，聚焦于从婴儿期到成年早期不同阶段典型的心理病理问题，包括的内容有：婴儿期的精神发育迟滞，童年期的孤独症谱系障碍；婴儿期至学龄前期的不安全依恋、对立违抗障碍和遗尿症；学龄前期的注意力缺陷多动障碍和学习障碍；童年中期的焦虑障碍；童年中期至青少年期的心境障碍和自杀、品行障碍和反社会行为的发展；童年晚期至青春期的精神分裂症；青少年过渡期的进食障碍和物质滥用；也包括脑损伤和慢性病对心理问题的影响，儿童虐待和家庭暴力；以及青少年晚期至成年早期的边缘型人格障碍。针对每一个心理病理问题，本书详尽地介绍了心理障碍的特征，共病和区别诊断，发展过程，从五个主要背景讨论心理病理的病因；依托于六大基本理论（医学、行为、认知、心理动力学、家庭系统和比较与整合模式）介绍该障碍的干预方式，以及对该障碍的有效预防方式。

第三部分涉及两个话题：第十六章"心理评估"和第十七章"干预和预防"。心理评估重点介绍了发展心理病理学领域的主要评估方式，包括评估过程、心理测验和行为评估的方式。干预和预防介绍了整合性发展心理病理学模式，也详细介绍了不同的临床理论在发展心理病理学中的贡献，包括心理动力学方法、人本主义方法、行为疗法，认知疗法和家庭系统方法；最后还介绍了发展心理病理学的预防理论。

本书由北京师范大学心理学部蔺秀云教授主持翻译。蔺教授是教育部青年长江学者，一直任教"变态心理学"课程，从事儿童发展心理病理学相关的研究。翻译团队核心成员还包括：北京师范大学心理学部韩卓教授，博士生导师，教育部青年长江学者，也是"变态心理学"课程的任课教师，从事儿童情绪调节、发展心理病理学研究；北京师范大学心理学部硕士侯香凝，从事儿童对立违抗障碍相关的研究。具体各章的译者包括：彭渤（第一至第四、第七、第十六、第十七章），张颖（第五章），舒曾（第六章），吴瑶（第八章），钟何静（第九章），刘怡君（第十章），高妍（第十一章），侯香凝（第十二章），詹爽（第十三章），李晓敏（第十四章），冯若冰（第十五章），何婷（DSM-5更新）。

相信读者研读过此书后，将对正常发展，病理发展，儿童青少年期典型的心理问题的流行病学、干预和预防有更丰富的认识；希望本书能为广大读者提供广阔的视角和深度的思考！

一、发展性方法

本书的主题是儿童发展心理病理学，是偏离正常发展的内容的。因此，正常发展成为理解儿童问题的起点。这就给我们带来一项挑战，让我们去探索到底是什么力量使原本的正常发展发生了偏离，又是什么力量使这种偏离得以持续或使之回归正常。鉴于这一主题，第二章全章都在阐述生物、家庭、社会和文化背景对儿童问题的综合作用以及在个体背景中六个过程的正常发展：认知、情绪、依恋、自我、道德发展、性别和性。在正常发展中，特定问题的起因随之呈现。例如，孤独症和婴儿的正常发展有关，阅读障碍和学习阅读的过程有关。第二章特别适用于教学，其优势就在于无论学生的专业领域是什么，如教育学专业或社会工作专业，他们都能很好地学习 10 个关键变量的发展。此外，发展性方法的重要性在于，除了一些特例外，可以将发展心理病理学视为一个时间序列发展，而不是常见的描述性分类，如行为障碍或情绪障碍。孤独症始发于婴儿期，焦虑障碍开始于童年中期，进食障碍出现于青少年期。相应地，这种呈现方式有助于学生进行"发展性的思考"。

本书所提及的发展性方法未必能得到所有人的认同。对某些人来说，发展心理病理学包含了描述特定的心理病理现象，解决病因和预后的问题。然而，即使这种方法可能记录了不同障碍的"发展路径"，它也和描述性精神病学有着基本的相似之处。在两种方法中，与正常发展的关键联系都被忽略了。

二、本修订版的变化

1.本修订版的最复杂的变化就是国际化。在每一章中，我们都新增了来自世界各地的信息，呈现了基于跨文化样本研究的重要结果或各地研究者的研究成果。这样做的结果就是，本书呈现了发展心理病理学知识领域的真实状况，比之前的更完整、更精确。

2.每一章都依据有关特定障碍发生率、病因、结果和治疗的最新研究进行了大范围的修订。特别值得一提的是，发展心理病理学提醒研究者要重视纵向研究，只有纵向研究才能让我们观察到连续的模式和终生的变化（参见第一章）。然而，为难的是纵向研究要求研究者倾其一生的投入！尽管如此，一些长程的纵向研究目前已经获得成果，有许多重要的新研究揭示了多种障碍的病因和过程，如抑郁症（参见第九章）和品行障碍（参见第十章）。

3.考虑到发展心理病理学既包括了正常发展的研究，也包括了病理发展的研究，现在我们在每一章都统一设置了关于复原力和保护性过程的小节内容，这样可以帮助年轻人在面对逆境时依然能健康成长。

三、适合教学

基于背景——生物学背景、个体背景、家庭背景、社会背景和文化背景——的整体写作，为杂乱的研究文献提供了统一的框架。此外，对每种病理问题的阐述也是以固定的组织框架来完成的，即定义和特征（包括发病率、特征、社会经济状况差异、种族差异），共病，发展过程，病因和干预。每一章都有多处小结，用文字或图形呈现。这些小结比每章结尾处的总结更细致，更有实际价值。

在每一章，我们用方框来强调理论方面的问题，表明领域内存在争论和争议的问题，或者提供相关研究领域更深入的研究。

并且，在每一章，我们都会以插图或方框来呈现特定障碍相关的个案研究。案例大多使用的是真实的案例，只是隐去了个人信息。同样，在第十七章，我们也呈现了真实治疗会谈的文字记录稿，以此来说明一些有效的干预方法。与发展心理病理学对正常与病理之间连续性的认识视角一致，我们的目的就是要展现对疾病人性的一面，让读者对正在经历这些疾病的人产生更多的理解和同情。

四、对于指导者

本书配套的指导者手册，最初由帕特里夏·克雷格撰写，后由帕特里夏·克雷格和阿曼达·卢德罗修订。该手册包括额外的个案研究、参考文献、电影推荐、讨论/研究问题和建议的测验问题。

PPT，最初由莱斯利·泽格霍恩［（Leslie Zeigenhorn，圣地亚哥大学（University of San Diego）和圣地亚哥州立大学（San Diego State University）］制作，由帕特里夏·克雷格修订，读者可在手册网站观看。

五、对于学生

这个版本的目标与之前的版本是一样的 —— 当问题从童年期到青少年期逐渐展现时，促进学生发展性地思考心理病理现象。新版本通过一些资料给学生提供了更清晰的路径。例如，采用更多的图示来介绍研究结果和概念模型，提升了可读性。此外，方框部分提供了更多的详细信息，帮助探索研究提出的问题和疑惑，或者通过案例研究引入更生动的资料。文中也经常引用文献综述，让学生能接触到更多详细的文献。但是还有一些很重要的研究文献，由于篇幅所限，不能一一呈现。

第四章
婴儿期：精神发育迟滞

**第七章
学龄前期：注意缺陷多动障碍和学习障碍**

第八章
童年中期：焦虑障碍

第九章
童年中期至青少年期：心境障碍和自杀

第十四章
家庭中的威胁：儿童虐待和家庭暴力

第十五章
青少年晚期至成年早期：边缘型人格障碍

第一章

发展心理病理学方法

本章内容

1. 概述

2. 一般发展框架

3. 儿童心理病理学模式

4. 发展心理病理学

5. 发展和心理病理学关系的概念化

6. 发展心理病理学研究策略

一、概述

　　方框 1.1 中的三篇小短文说明了本书提出的关键假设：儿童心理病理学可以理解为正常发展发生了偏离。心理病理现象是指那些曾经被视为和儿童发展水平相当，但是随着儿童年龄增大就不再适于其发展水平的行为。判断这些行为是正常的还是病理的，取决于它们发生在儿童发展过程的哪一个阶段。方框 1.1 中列举的三种行为都是在幼儿期和学龄前期被期待的行为，但是如果在更高的年龄阶段出现则会让人担忧。在第一个案例中，如果在"可怕的两岁"阶段，一个温顺的婴儿变成任性、抗拒、坏脾气的"暴君"并不奇怪。然而，如果孩子 10 岁，他攻击弟弟可能就代表着自我控制方面的严重退行。同样，在第二个案例中，学龄前男孩认为他们长大后会变成女人也很常见，因为他们还没有掌握性别恒常这一事实。在第三个案例中，孩子认为自己无所不能，他们无法清晰区分幻想和现实也是学龄前儿童正常认知发展的一部分，但是如果这一情况出现在童年中期甚至更晚，就预示着儿童可能存在严重的思维紊乱。

方框 1.1　你要问的第一个问题会是什么？

你是一位儿童临床心理学家。一位妈妈打电话到你办公室急切地倾诉她儿子突然性格大变："他一直非常可爱。然而，突如其来地，他开始变得野蛮，爱生闷气，只要别人要求他做一件很小的事，他就会大发雷霆。最夸张的是，昨晚，他对弟弟耍起疯来。他跑向弟弟，用力殴打弟弟。弟弟受伤了，开始尖叫，我丈夫和我赶快跑去把他们扯开。如果我们当时不在，真不知道会发生什么！我之前从来没见过有谁那么暴怒过。"

你要问的第一个问题会是什么？

在一个鸡尾酒聚会中，有一位从四分卫明星成功转型的职业经理人得知你是一位儿童临床心理学家后，把你拉到一旁交流起来。你们闲聊了一些有关相信性别平等的话题之后，他转入正题："上周，我儿子对我妻子说他长大后想要变成女孩。当我妻子问他怎么会有如此疯狂的想法后，我儿子回答男孩子太野蛮，他更喜欢和女孩在一起。我知道他一直是'妈宝'，但是如果我儿子将来真的做出改变性别的事情，我肯定会疯掉。"

你要问的第一个问题会是什么？

你是一位儿童临床心理学家，正对一位带女儿来寻求帮助的妈妈进行首次访谈。"她一直是个敏感的孩子，独来独往，但是我觉得一切都正常。直到最近她开始有一些奇怪的想法。有一天，我开车带她去城里，在高速路上时，她说：'如果我抬起手，就能让这些车全都毁灭。'我以为她是开玩笑的，但是她的表情却非常严肃，甚至根本就没看我。还有一次，那天天气很差，她想要出去，却因为我无法让雨停下来而勃然大怒。现在，每晚上床睡觉之后，她就开始不停地要求我检查以确保她的腿不会搭在床边上。她说如果她的脚碰到了地板，黑暗中就会有某种像螃蟹一样的生物等着抓住她。让我担忧的是，她真的相信所有这些事情会发生。我不知道是她疯了还是电视看太多了或者发生了什么。"

你要问的第一个问题会是什么？

在这三个案例中，你要问的第一个问题都是一样的：你的孩子多大了？

这种发展性框架预示着儿童临床医生会对父母做出两种不同的反应，要么说，"不用担心，大多数这个年龄的孩子都会这样，他长大一些后这些情况自然就会消失"，要么是警告，"这种行为不太常见，你们应该多加关注，因为它可能表明孩子有一些东西在发生偏离"。在能判断孩子的行为是否符合年龄时，或者被怀疑的行为在发展过程中消失后，我们才能获得对正常行为的较好的认识。并且，有关发展的研究结果警告我们：某些问题行为在人生发展过程中是正常的（参见表 1-1）。事实上，过度缺少该年龄段可能出现的一些不良行为也同样让人担忧。比如，2 岁幼儿与妈妈分离不感到痛苦，3 岁幼儿从来都不会说"不"，青少年从来没尝试过扮演新角色，

这样的孩子也许值得注意。

图 1-1　发展是毕生的，问题是正常发展的一部分

资料来源：PEANUTS © United Feature Syndicate，Inc.。

在真正开始理解儿童心理病理只是正常发展的偏离之前，我们必须先确定发展阶段的特征。首先，为了考察发展本身的不同特征，我们先提出一般的发展性框架。其次，我们会确定那些对理解儿童心理病理现象非常重要的发展性过程，并追踪他们的正常发展，如插图提示、自我管理、性别认同和认知变量都应当被考虑。我们也会评估对发展性方法有最大贡献的理论模型。在我们研究不同的障碍时，会发现很多变量与某一障碍的心理病理有关，也有很多不协调的行为，因此，我们会不断地从已有的数据中寻找特定的发展主题。最后，我们将考察发展心理病理学的研究方法，将整合这些不同的观点。

二、一般发展框架

一般发展性框架包括五个背景下时间维度上的发展：生物学背景、个体背景、家庭背景、社会背景和文化背景。

（一）生物学背景

生物学背景包含与个体偏离正常发展有关的一些器质性影响：基因、生物化学、脑结构、神经和神经心理功能以及个体发展差异中的天生特质，如气质。童年期障碍的神经心理学研究在探索每一种心理病理现象时我们将深入思考这些研究结果。心理紊乱对生物学的影响将是我们探索特定障碍时的重点，如神经性贪食症和厌食症。反过来，我们也会考虑生物学问题，如身体疾病和脑损伤对心理的影响。并且，在本书中，我们也会探索基因在不同心理病理现象中的影响。

（二）个体背景

个体背景是指个体内在的因素——人格特质、思维过程、情绪和对关系的内在期待。在我们讨论心理病理现象时，个体背景的作用尤为重要，因为它们和发展性因素密切相关。我们也将考虑不同理论流派是如何从不同角度引导我们关注其中某些问题的发展，而忽略另外一些问题的发展的。举例来讲，传统的行为主义者会促使我们关注可观察的行为，回避"心理"建构；认知心理学家会更多地劝说我们关注儿童对事件的思考和解释方式；心理动力学派自体心理学家会让我们留意儿童的潜意识内化；依恋理论者则提醒我们注意自我和他人之间关系内在模式的重要性。

因为我们的主要目的是理解个体背景，而不是声援或捍卫某一特定概念，所以我们将在最大程度上使用不同的理论为心理病理现象提供理解的线索。对于童年期的所有心理病理现象，没有哪一种理论能完全提供令人足够满意的解释。虽然不同的理论可能会产生冲突，但是它们能够对特定问题提供有价值的解释。尽管如此，正如我们将在第二章详细阐述的那样，我们对正常发展和病态发展的理解将引导我们关注六个心理过程，这六个心理过程对障碍的出现起着至关重要的作用，它们分别是：认知发展、情绪发展、依恋系统、道德发展、自我、性别与性。

（三）家庭背景

家庭背景为儿童发展提供了也许是最重要的基础。在家庭影响因素中，研究者最关注的是亲子关系。然而，值得注意的是，在研究中，大多数的家长被试都是母亲，而父亲相对来说常被儿童发展研究者忽略（Lamb，2010；Phares et al.，2010）。我们会仔细考虑正常的教养方式及与之相关的儿童行为，也会探讨病理性现象，如忽视、身体虐待和性虐待。此外，我们也将讨论家庭系统观点，这一观点强调整个家庭氛围对儿童发展的影响。

（四）社会背景

当拓宽我们的视野，从亲密的家庭背景转向家庭外的社会关系世界时，这个世界渐渐地拓宽了个体的发展过程。在正常发展和偏离发展中，同伴关系都有着显著的影响，近几年，也得到了研究者的持续关注。在本书中，我们既探讨了积极的同伴关系，如受欢迎和友谊，也探讨了消极的同伴关系，如被同伴拒绝和同伴鼓励反社会行为。我们也会仔细探究家庭外成人，如老师和教练的影响。他们可能提供给孩子积极的榜样和指导，当然，也有可能是消极的影响，如虐待或挫伤。

（五）文化背景

在探讨文化背景时，我们将主要讨论更大的社会和文化因素，它们可能增加产生心理病理现象的危险，也有可能降低问题的出现。我们会讨论社会经济水平的影响，也会特别关注贫穷的影响。我们也将把种族、移民和文化适应相关问题整合到讨论中来，我们还将考虑跨文化和跨国差异。文化背景是一种层级更高的影响因素，显著地影响着其他背景。文化可能影响问题的产生，甚至会影响我们是否将某一行为视为病态。因此，在某些文化中，儿童表现的服从和团结是有价值的，而在另外的文化中，可能自我和独立更有价值。在某些文化中，信仰恶毒的灵魂是正常的，而在另外的文化中，这可能被认为是严重的紊乱。

（六）交互作用

我们刚刚讨论的这些发展的背景看起来似乎是独立存在的，但事实上，它们持续地相互影响。例如，时间背景和其他背景交织在一起，同样，所有的背景都彼此影响。25 岁时生下女儿的父母，发展到 40 岁后就步入了不同的阶段，因为那时他们有了一个正处于青少年期的女儿。相似地，学龄前儿童发展阶段临时的、简单的同伴团体也和青少年时期的圈子很不相同。青少年的圈子开始超越父母而全方位地影响他们的穿着、音乐欣赏、语言使用和社会行为。

总之，我们的发展性框架必须要考虑到所有变量的交互作用，而且，既是在某一特定时间点上的交互，也是在时间发展上的交互。图 1-2 呈现了这个框架。

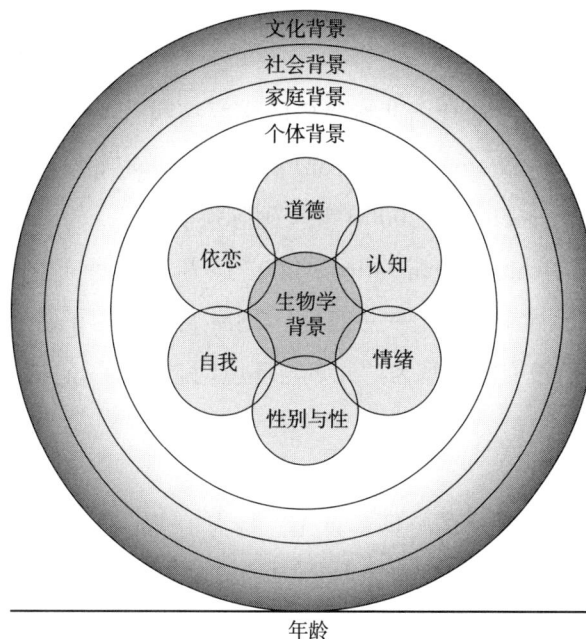

图 1-2　发展性框架

注：所有背景和变量既在某一特定时间点相互影响，也在时间发展过程中相互影响。

三、儿童心理病理学模式

我们所提到的发展性框架是普遍而综合的，可以视作一种组织方法，可以解释特定心理病理现象的各种变量，其中也包含我们将会介绍的某些心理病理现象的特定理论。

不同的理论提供了儿童心理病理现象不同的病因（起因或原因）模式。虽然每个理论都有不同的特点，模式却并不一定不相容。一些模式拥有共同特点，另一些作为补充。然而，还有一些模式存在不可调和的差异。每一种模式都有优点，但没有一种模式是万能的。因此，我们必须让自己认可这种理论的多样性。我们在自己提出的模式中，将重点关注那些与我们在本书中将要讨论的不同心理病理现象密切关联的特征。

（一）医学模式

传统的医学模式有两个重要的组成部分。第一个组成部分是普遍假设心理病理问题是机体功能失调导致的；第二个组成部分的特点是医学模式将病理行为分类，和身体疾病的分类相似，倾向于根据诊断分类。19世纪晚期，埃米尔·克雷佩林（Emil Kraepelin）出版了具有里程碑意义的成人心理病理学的分类诊断书籍，开启了确认每种障碍具有生物学病因的阶段。医学模式试图以医学术语来解释儿童行为问题，导致出现了一些奇怪的疾病分类。比如，18世纪时的"手淫癫狂病"，就是假定过度的自我刺激是儿童心理问题的原因。更多现代的观点认为身体和心理是一个完整的系统，它们相互影响。机体紊乱——无论是神经化学功能、脑结构或神经心理功能——都会产生心理病理现象。同样，心理过程——强烈的情绪、压力和暴露于创伤事件当中——也会引发生理上的问题。

在第三章，我们将会详细了解诊断儿童障碍的主要疾病分类系统，美国《精神障碍诊断与统计手册（第四版修订版）》（*Diagnostic and Statistical Manuel of Mental Disorders*，DSM-IV-TR；American Psychiatric Association，2000）和《国际疾病分类》（*International Classification of Diseases*，ICD-10；World Health Organization，2007）。尽管这些分类诊断系统对病因问题保持中立——障碍的生物学起因尚未被确定——但是，DSM特别保留了将心理病理现象视作"个人疾病"的医学模式倾向，而没有将之视为"儿童与环境动态交互"的结果。

（二）行为模式

行为主义心理学具有三个独有的特征。首先，行为主义心理学家明确主张科学心理学必须以可观察的行为作为基础。激进的行为学家把心理学限定为研究有机体对环境刺激做出的反应，而排除了所有心理变量，如思维、意象、情感和记忆，因为这些心理变量不能被观察。相对温和一些的行为学家则会把一些无法进行观察的概念纳入研究范围，但是有两个前提条件：一是这一概念可以给出行为上的定义；二是研究结果能帮助我们预测和修正行为。其次，行为学家往往通过经验性研究得出证据，这些经验性研究是在严格控制条件下进行的，是实验室研究行为的理想方法。最后，行为学家相信，多数人类和动物行为的习得、维持、改变或消除可以通过学习理论来精确解释。

1. 学习理论

作为行为主义方法的基础，学习理论有三个基本理论：条件反射（也被称作经典条件反射或巴甫洛夫条件反射），操作性条件反射（也被称作工具性条件反射）和模仿（也被称作榜样学习或观察学习）。

在经典条件反射中，一个刺激本身会引发反应（比如，吠叫的狗会引发儿童恐惧），当这个刺激出现时，伴随一个中性刺激（如铃声）。在一定次数的刺激配对出现后，中性刺激也会引发反应。也就是说，当铃声出现时，儿童也会产生恐惧感。这种联系可以解释恐惧的产生（如对本身并不具有危险的某一物体的非理性恐惧）。

在操作性条件反射中，有机体通过操作环境或做某件事获得某一特定结果。从本质上来说，这是有机体学习在某一特定结果和采取的特定行为之间建立联系的过程。这些结果可能会增加或减少行为被重复的可能性，其中，增加了结果发生可能性的过程被称为强化。在正强化中，伴随行为而来的是奖励。例如，当一个 8 岁的小姑娘完成分配给她的家务活后，爸爸奖励她一个蛋筒冰激凌。在负强化中，行为的增加是通过移除厌恶刺激而实现的。例如，一个 10 岁的男孩成绩提高后，被免去割草坪的工作。减少事件重复发生的可能性方法有两个：消退和惩罚。在消退过程中，维持反应的强化物被移除。例如，根据治疗师的建议，当 4 岁孩子每次发脾气时，妈妈不再满足他的要求，慢慢地，孩子发脾气的行为就消失了。在惩罚中，反应后将伴随厌恶刺激。例如，当 3 岁的女孩用她的蜡笔涂花墙壁后，她就必须坐在暂停椅子上暂停一会儿。

我们发现惩罚这一方法和心理病理现象有着特殊的联系。一旦暴露于厌恶刺激，有机体将来就会回避再次暴露在类似刺激的机会，这个过程被称为回避学习。回避学习是一把双刃剑。一方面，它保护有机体不会再次遭遇有危险的情境。例如，一旦被烫到，2 岁的小孩就不可能再触碰炉子。但是另一方面，当情境不再有害时，回避反应也导致了有机体对情境做出非现实回避。例如，一个成年人可能会对其理性的、仁慈的老板心存恐惧，那是因为当他还是孩子时，被其父亲严厉地批评过。因此，回避阻碍了个体及时采取适应变化环境的新行为。

第三个学习原理是模仿。它指的是通过观察和模仿他人的行为表现来学习新行为。这样，学龄前儿童在没有被直接教导的情况下，他们也能像父母那样假装打扫房屋，或钉一颗钉子或能使用恰当的词语和语调回电话，因为以前他们听大人们这么用过。不幸的是，那些看到父母、同伴和社区的人们表现出非建设性行为的儿童，也可能发展出反社会的行为方式。

2. 心理病理现象的行为学观点

行为主义学者坚信，除去基因、成熟和器质性因素的影响，人类所有其他的行为都遵守上文提及的学习理论。

在行为主义的观点中，心理病理现象是如何产生的呢？一些孩子的成长伴随着良好的学习经验，这些经验使得他们最大限度地获得了成功适应环境的机会。对这些孩子来说，他们拥有积极的行为示范，做出积极行为后会得到奖励，而消极行为是不适合的，会逐渐得到修正。然而，对另一些孩子来说，那些不适应的行为则可能是被示范和被鼓励的，积极行为则是会得到惩罚的或是因为得不到强化而消退的。然而，另一个重要的问题就是行为发生的背景：在一个社会或历史上的某一个年代适应的行为，在另一个社会或另一个年代则可能是不适应的。

使用文化标准作为指导。行为主义学家将心理病理行为定义为行为频率或强度偏离正常。根据这一定义，心理病理现象可以根据行为缺失或过度来进行分组。行为缺失是指行为以低于社会期望标准的频率或密度发生，因此儿童的社会技能、智力技能或实践技能是受损的。孤独症、学习障碍和精神发育迟滞就是例证，这样的儿童并没有出现与年龄相当的行为，如社会化、阅读能力或认知技巧。行为过度则是指行为以高于社会标准的频率和密度发生。多动的孩子处于持续活动的状态，有强迫障碍的孩子反复洗手，焦虑的孩子持续对真实或想象的危险感到担忧，这些都是行为过度的表现。

行为模式的发展维度指的是对行为的社会期待与年龄相对应的变化。一般来讲，到学龄前阶段末期，儿童应该完成与年龄相适应的、符合社会期待的行为，如上厕所训练，在童年中期开始时应该能应对学校一切活动，在青少年阶段末期应该能独立于父母而控制自己的行为，等等。不同的社会文化对此有不同的标准和不同的时间节奏。

3. 社会学习理论

社会学习理论学家，如班杜拉（Bandura，1986），在许多方面扩展了行为主义理论的范围。班杜拉驳斥了激进派行为主义的假设：个体仅仅只是环境刺激的反应接收器。他提出交互决定论，即个人和环境是相互影响的。他也认为个体能主动决定自己对环境如何做出反应。鉴于激进的行为主义学家关注刺激—反应之间的关系，他把刺激—反应之间人们的内心世界命名为"黑匣子"。班杜拉邀请我们打开那个"黑匣子"去窥探内在的世界。

班杜拉最大的贡献是扩展了行为主义理论，将人们的注意引向认知过程。比如，经验的内在表征、期望和问题解决。认知过程决定了外在事件将如何影响行为，其途径是："人们会观察到哪些外在事件，人们将如何知觉它们，它们是否会产生任何持久的影响，它们会有什么效价和效能，人们将如何组织它们传递的信息以便于将来之用"（Bandura，1977，p.160）。班杜拉也提出了自我效能感的概念。自我效能感的概念反映了这样一个事实：个体不但会预期特定行为产生特定结果，而且更重要的是，他们会预期自己是否能成功执行这一行为。因此，人们就会恐惧和回避那些超过了自身应对技巧的情境，而在自己有信心成功应对的情境中做出相应的行为。这样，自我效能感既影响了行动的选择，也影响了在面对困难时的坚持。

虽然认知维度的考量是社会学习理论的一个重大贡献，但是该理论也有显著的局限，那就是缺乏对发展差异的关注。因此，我们必须转向认知发展理论——主要是皮亚杰的工作——以更进一步理解儿童心理病理现象。

（三）认知模式

1. 认知发展理论

皮亚杰是发展心理学巨匠之一。尽管他的很多研究都集中于认知的发展，但与他同时代以及后来追随他的一些研究者也将研究应用于理解心理病理现象（参见 Cowan，1978 & Piaget，1981）。

皮亚杰认为，人的认知发展是以固定的、按照阶段顺序向前发展的，每个阶段的发展存在质的区别，儿童经历所有发展阶段后，思维水平达到最高层次，不再有更高水平的发展。每个儿童的发展时间存在差别，但是顺序都是一样的。[皮亚杰的认知发展理论最清晰、简洁的阐述在第一章和第二章的皮亚杰部分（Piaget，1967）。]

皮亚杰对我们理解人类发展最重要的贡献之一就是提出了图式的概念。图式是指帮助儿童理解和预测环境的模型或内容。图式也是当儿童的推理能力变得更为复杂、全面和抽象时，伴随着发展过程做出改变的基石。到底是什么导致图式发生了改变？根据皮亚杰的观点，儿童在试图通过同化和顺应这两种心理过程去适应环境的过程中，获得了发展。同化指的是整合新信息到已经存在的图式中。例如，男孩习惯于和他亲密的兄弟姐妹玩耍也许会使他在幼儿园接近第一个遇到的小孩，和他亲密拥抱，男孩会认为这个小孩符合他的图式——"孩子们都喜欢我"。顺应指的是为了整合新信息而改变图式。如果那个小孩对突如其来的拥抱警觉地退缩，那么这个小男孩可能会调整自己的图式，使之成为更现实的图式——"仅仅只是有些孩子喜欢我。比如，这个孩子就不喜欢和我亲近"。

一般来说，认知发展是同化和顺应的平衡。同化强调了世界的可预测性，为儿童提供了某些活动背景。在这一背景下，儿童可以输入新鲜经验而不会觉得迷惑。而顺应则允许儿童纳入新信息，扩展儿童对世界的理解。在第二章，我们将详细阐述皮亚杰的认知发展阶段，探索如何从同化和顺应的角度去理解心理病理现象是如何产生和发展的。

皮亚杰的理论引发了大量的研究，这些研究证实了皮亚杰理论的一些方面，但也否定了另一些方面。更严谨的实验设计显示，皮亚杰低估了婴儿的认知能力。例如，客体永久性出现在比皮亚杰认为的更早的婴儿期。同样，当研究者改变任务使学龄前儿童对它们更熟悉时，儿童就可能产生比皮亚杰预测的更高水平的推理。皮亚杰的阶段概念也引发了热烈的讨论。例如，有很多人坚持认为，认知发展是逐渐而连续的，并不是突然产生质的飞跃的（参见 R.L.Campbell，2006）。

2. 社会认知理论

社会认知理论学家（也被称为社会信息加工理论学家）已经从重要的方面扩展了皮亚杰的概念。例如，道奇和他的同事（Dodge & Petit，2003）使用图式概念在人际领域来研究儿童的行为，他们称之为社会信息加工模型。

道奇强调图式是稳固的心理结构，它整合了儿童对自我当下的知觉、过去的经验和对未来的期待。根据这个理论，儿童从过去经验教训中获得的图示影响了他们对新事件的知觉，也随之影响了他们对这些新事件的反应。例如，抑郁的儿童有一种悲观的认知方式，这会将他们的注意力吸引到所有消极的、与他们低期待一致的事情上。因此，他们可能会表现出促进他人拒绝的行为，进而印证他们自身很差的预言。例如，一个儿童第一天走进学校，他预期自己会没有朋友，会被他人拒绝，这一预期就会让他自己孤立自己，表现出生气、愤怒的样子，进而就更会导致没人跟他做朋友。同样，品行障碍儿童表现出敌对的归因偏见，这会导致他们认为其他人都对自己是有不良企图的，这样，他人就应受到同样惩罚的回应。例如，一个不小心将他人撞到饮水机上的小孩可能会被认为是"残忍"的，并应该受到惩罚。反过来，当一个品行障碍儿童的攻击行为引发了同伴对他的消极反应时，他们的敌对图式就被证实了。正如我们所看到的，社会认知观点对理解心理病理现象有着非常重要的贡献。尤其是对抑郁和品行障碍的理解，这一理论也积累形成了一系列高效的儿童问题干预方案。

（四）心理动力学模式

1. 经典精神分析理论

经典精神分析理论，也就是我们所熟知的内驱力理论，是关于人类行为的内在动力——基本动机和主要原动力的理论。该理论关注个人内在动力，清晰地将精神分析学家和行为主义学家（关注塑造行为的环境因素）、认知心理学家（主要关注意识过程和推理）区分开来。与对其他几种理论的讨论一样，我们对弗洛伊德的研究也并不会全面介绍，将重点关注经典精神分析理论中两个与理解儿童心理病理现象最相关的内容：人格结构理论和性心理发展阶段。

2. 人格结构理论

弗洛伊德提出的人类精神的三个功能相关的部分——本我、自我和超我——被认为是人格结构理论。（有趣的是，通过对弗洛伊德理论的回顾，我们发现了他的理论是如何在从最初的德文翻译成美式英语的过程中遗失的，参见 Bettelheim，1983。）

根据经典的弗洛伊德理论，人类精神包含本我——所有生物内驱力的源泉。本我的内驱力是原始的，要求即刻和完全的满足，它的思维过程是非理性的和充满魔力的。在个体大约 6 个月大时，由于本我需要平衡现实的压力，进而产生了自我。和本我不同，自我被赋予了自我功能，如知觉、记忆和推理，这使得它学习满足本我的现实方式。自我也是防御机制的来源。在某种程度上，通过将不被接纳的思想和情绪排除出意识的方式，防御机制帮助儿童忍受强烈的情绪并应对焦虑。

第三个结构是超我，在个体大约 5 岁时才形成。作为潜意识的一部分，超我包含了道德标准，这是学龄前儿童从父母身上继承的，并且内化为判断对错的标准。当孩子犯错时，超我用内疚情绪惩罚孩子。超我是专制的，是不容改变的，要求人们严格服从正当行为的标准。从童年中期开始，自我就必须找到本我获得满足的方法，而同时也会允许这种满足的实现不会引发超我的抵抗。在这个实现方法中，超我也和本我一样是非理性的，苛求的。

因此，在人格结构理论看来，心理病理现象的本质就是本我、自我和超我之间的内在冲突和不平衡。如果本我过于强大，就会产生冲动性攻击行为或冲动性性行为。如果超我过于强大，就会出现过度抑制行为。在这种情况下，儿童只要有轻微的、真实的，甚至是想象的违反行为，他们就会被内疚情绪折磨。

3. 性心理理论

弗洛伊德的性心理理论认为在人体内有一个必然的连续发展过程，它作为快乐的源泉占有统治地位。同样重要的是，每个力比多的发展过程都伴随着个体和父母或主要看护者之间亲密关系的心理变化。

在最初的口唇期，因为喂养关系，儿童与第一个情感依恋对象或客体关系建立联结。充满爱意的看护者会使婴儿形成积极的母亲意象和自我意象；相反，如果看护者痛苦，饱受挫折，这就会使婴儿产生消极的意象：爱和焦虑、愤怒混合在一起。在肛门期，自主和父母对行为的控制之间的冲突是主要的。如果父母的纪律要求是惩罚性的，无爱心的，或者高压的，那么幼儿可能会变得叛逆和违抗或焦虑及表现为顺从。在性器期，男孩希望自己成为母亲爱的唯一对象，从而导致他们敌对父亲，这就是常说的俄狄浦斯情结。俄狄浦斯情结的解决需要儿童放弃对母亲排他的爱的幼稚期望，认同和自己相同性别的父母，并且通过"我不是你的敌人；我像你"这样的观点来让自己得到满足（弗洛伊德对女性发展的解释从来都不令人满意，即使是他自己也感到不满意；参见 Chodorow，1989）。潜伏期是一个相对较为平静的时期，在这一阶段，儿童的注意力转向掌握发展性成就，而不是性。在成年的生殖期，成熟的性发展需要伴侣双方观点的交互和欣赏，这对早期阶段的自我中心主义是一种违逆。

尽管弗洛伊德关于性心理发展的理论常常被质疑，但是这一理论对个体发展过程提供了有价值的观点，它解释了心理病理学产生的部分原因。该理论认为发展过程中的固着为心理紊乱的基础，因为固着阻碍了儿童进一步的发展；或者在有压力的条件下，固着增加了儿童回到固定的、低成熟阶段的可能性，这一过程被称作退行。过量的固着可能由不充分的满足导致，如口唇期不充分的爱，或者由过量的满足导致，如俄狄浦斯阶段父母过度卷入。在这些发展阶段，固着的发生决定了心理病理现象的严重程度和类型。一般来讲，固着发生的阶段越早，心理病理问题越严重。因此，在口唇期发生固着或退行到口唇期的儿童会比在肛门期发生固着或退行到肛门期的儿童问题更严重。

4. 自我心理学

自我心理学对经典精神分析理论做出的一个主要修订是他们强调自我本身是有能量的，能够自主产生作用，而不是服从于本我的驱使。自我心理学家，如埃里克森（Erikson，1951）强调精神的现实取向——适应性功能。此外，埃里克森也将个体发展的人际背景从核心家庭扩展到了更大的社会。

简单来讲，埃里克森的发展模型主要关注社会心理发展的阶段，该模型和弗洛伊德的性心理发展阶段紧密相连。每个阶段都面临着一种危机，危机的解决促使个体在一定的发展轨道上前进。

在生命开始的第一年内，看护环境的质量对儿童感觉到世界是安全有爱的还是失望危险的有着重要的影响，这就是信任对不信任的危机。2 岁时，婴儿和看护者在一些引发情绪问题（如上厕所训练）上的冲突会导致儿童产生自我怀疑的感觉，这就是自主对羞怯的危机。4～5 岁时，俄狄浦斯情结得到完满的解决会让儿童对自己的冲动感到适应，否则他们会对拥有这样的欲望有不良感受，这就是主动对内疚的危机。6 岁时，儿童开始面临学校任务以及和同伴之间的社会交往，这会产生胜任或自卑的感觉，这就是勤奋对自卑的危机。我们最后一个提及的是埃里克森描述的青少年阶段，这个阶段的任务是形成清晰的自我认同感和生活目标，这就是自我同一性对角色混乱的危机。

埃里克森的理论框架加深了我们对个体心理动力发展的理解，他提出了清晰的发展阶段和每个阶段必须完成的任务，同时，也指出了儿童发展发生的社会背景。在后面我们会特别提到他的研究。

5. 客体关系理论

精神分析理论的"第三次革命"是客体关系理论。客体关系实际上是多种精神分析观点的集合，这些观点的共同特点是强调人类发展过程中亲密依恋关系的重要性。弗洛伊德认为，婴儿最初依恋父母是因为父母满足了他们的内驱力。相比之下，客体关系理论学家认为，本质上，爱是人类行为的原始动机。标签"客体关系"是指和人的关系——我们感情的客体，它决定着我们成为什么样的人（更多详细内容介绍请参照 Blanck，1992）。

这一理论的第一个重要人物是英国精神病学家约翰·鲍尔比（John Bowlby，1988b）。他的依恋理论对个体的正常和偏离发展有重要影响，由此也产生了相当多的研究。在后续的讨论中，我们会提及他的研究，也将在第二章和第六章更详细地介绍依恋的发展。

第二个重要人物是玛格丽特·马勒（Margret Mahler），她的理论为客体关系理论提供了坚实的基础（Mahler et al.，1975）。马勒提出，在生命的前三年，儿童的"心理诞生"是通过一系列被称为分离—个体化的过程而产生的。

起初，在出生时，婴儿并不能区别自我和他人（正常的自我中心主义）。不过，在生命的前两个月，婴儿开始认知到看护者会对自己的需要给予反应。一开始，婴儿将自我和看护者知觉为一个有机体的两个部分（共生阶段）。然而，看护者和婴儿必然会有一些时刻不能那么完美地保持步调一致。在大约 4 个月大时，这种步调不一致的体验——延迟、挫折、不匹配的目标——帮助婴儿认识到看护者和自我是分离的（分化阶段）。在大约 8 个月大时，婴儿开始学会爬行，并能独立移动。婴儿在看护者周围探索，圈子越来越大，并且规律地返回到看护者这个"安全港湾"，得到"情感上的加油"。通过这一过程，婴儿练习分离与亲密（练习阶段）。当幼儿进入生命的第二年，象征性思维的出现让他们逐渐产生与分离相关的脆弱性的意识（例如，"如果我游离得太远，就可能走失"）。同时，儿童渴望独立，亲子关系开始呈现出矛盾的特点，因为儿童在黏着看护者和推开看护者之间摇摆不定（再探阶段），这就好像是儿童将看护者体验为两个分离的人——充满爱与仁慈的"好"母亲和令人受到挫折与感到失望的"坏"母亲。

在分离—个体化过程的最后阶段，个体获得情绪的客体恒常性，即拥有了整合积极情绪和消极情绪到一个个体上的能力。这样，儿童既可能对母亲感到愤怒又仍然爱着她，既可能对自己感到失望又相信自己是一个有价值的人。和皮亚杰的客体永久性概念一样，客体恒常性是指个体认识到不在视野内的物体，其实仍然存在。此外，客体恒常性还要求儿童认识到，我们当前没有体验到的某一情绪——比如，对某个刚刚朝我们发脾气人的爱——仍然存在。总而言之，客体恒常性能让我们体验到自己和他人更丰满，更完整，兼具好的和坏的品质。

客体关系理论的中心是儿童自我感会在和看护者关系的相互作用中发展。关系的质量传递出对自己的价值和对他人信任的重要信息。因此，通过和看护者相处的体验，儿童发展出对关系的内在表征。经历过温暖和贴心照顾的儿童会内化慈爱的父母的意象——"好的客体"，也会内化"自己是可爱的"的意象。相反，经历过父母不良照顾的儿童将他们的看护者内化为愤怒、拒绝的意象——"坏的客体"，也认为自己不值得被爱或不能得到爱。

对马勒理论的批评，与对大多数精神分析理论的批评一样，她的理论是基于临床观察而不是客观数据。近期许多关于婴儿自我发展的研究都证实了这一理论的确缺乏客观数据。例如，研究发现，婴儿在正常发展中起初会分不清楚自我和他人。相反，从生命的早期开始，婴儿就展现出自然发生的自我组织能力和参与复杂人际关系的能力（Stern，1985）。虽然马勒的理论可能对正常婴儿的发展描述得不够精确，但它也描述了某些形式心理病理现象的起因（Greenspan，2003）。

总之，心理动力学模式是所有心理病理学理论中最具发展性取向的理论，该模式对我们理解正常和病理发展的最重要贡献就是它揭示了人类行为背后存在潜意识表征和动机，这一设想已经得到现代研究的支持（Fonagy & Target，2000）。自我防御机制概念也是心理动力学理论理解人类发展的另一个重要贡献。避免焦虑的防御本质——无论是原始的还是复杂的，严格的还是灵活的，脆弱的还是强硬的——给我们提供了理解个体情绪成熟度和功能水平的重要线索。

然而，心理动力学理论概念的最大问题就在于狭隘地关注生命前五年，而忽视后续发展阶段。此外，精神分析理论也是比较唯心的，是根据推论得出的，过于复杂而且充斥着各种不一致的结论。该理论的假设很难用严格控制的研究来证实，而研究恰恰是行为主义学家所认为的科学心理学最重要的。但是，经验性地得出结论认为心理动力学概念无法被证实也是不公平的。相比于任何其他人格理论而言，心理动力学理论引发了更多的研究，一些关键概念也得到了经验的支持（Fonagy et al.，2006；Westen，1998）。现代精神分析理论，整合了认知观点，也启发了新一代儿童临床心理研究者（Mayes et al.，2007）。

（五）家庭系统模式

我们要介绍的最后一种主要理论取向是家庭系统模式。尽管许多其他的理论都承认家庭关系的重要性，但是真正使家庭系统理论和其他理论区分开来的是家庭系统理论将整个家庭视作分析的单元。家庭被视作一个系统，一个比各成员组合在一起更重要的动态整体。家庭系统有特定的特征。例如，家庭是一致的、稳固的，也有一种自我复原的趋势，被称为动态平衡，这使得家庭即使在面临变故的时候仍然保持其结构。和精神分析理论一样，家庭系统观点也包含不同的流派，但是，将各流派组织到一起的核心观点就是，个体的人格反映了整个家庭系统的功能。我们将集中讨论出生于阿根廷的精神病学家萨尔瓦多·米纽秦（Salvador Minuchin）的理论（Minuchin，1974；Minuchin et al.，2006），他的理论被称为结构派家庭治疗理论。

根据米纽秦的观点，个体作为家庭的组成部分能获得发展，是因为他们形成了家庭不同的关系。在更大的家庭系统中，还会产生不同的子系统，系统把一些家庭成员联系在一起，而把另一些家庭成员分隔开。例如，父母组成婚姻子系统，这是基于丈夫和妻子的互补角色而建立的：成为浪漫的夫妻，抚养孩子，承担家庭的领导者角色。父母和孩子的关系组成另外的子系统，这是基于父母和孩子承担的非互惠需要和责任而建立的。例如，当孩子向父母寻求安慰和建议时，父母期待他们的权威得到尊重，相反却并不成立。兄弟姐妹则组成另外的子系统，基于他们在家庭中作为孩子的共同状态而建立。然而，兄弟姐妹也彼此有差异。例如，家庭中的特殊权利会被给予老大，而老幺则会获得额外的自由。这样，通过各自承担的不同角色，家庭成员经历了归属的情感和独立于他人的情感。

使得家庭子系统正常运行的是将它们分离开的界限。清晰的界限分隔开不同的家庭子系统，明确了家庭成员的角色，也提供给家庭成员满足自己适当发展需要的机会。清晰的界限也是具有渗透性和适应性的。也就是说，它们既能带给家庭成员情感联结和独立性，也能随着家庭成员发展变化的需要而改变。例如，当儿童进入成年初期时，父母和孩子的关系应该会变得更加互惠和平等。

不能保持适当的界限会导致家庭变得混乱和功能失调。例如，过于严格的界限会导致家庭成员之间的疏离或者产生家庭成员间严格的角色分化："老爸大过天""小孩子不应该在大人说话时插嘴"。虽然严格的界限会培养家庭成员的独立和自立，但是也会使家庭成员很难跨越界限交流他们的情感，不能相互获得情感支持。在界限严格的家庭长大的个体会感到孤独和得不到支持，也可能缺乏归属感。

而另一个极端，缺乏界限或界限不清晰则会导致纠缠。纠缠的家庭成员不分彼此，即使是父母和孩子之间也没有区分。在这样的家庭里，交互作用和共同经历取代了个体和分离。虽然家庭成员可能会享受这种归属和分享的感觉，但是随之而来的是，极端的纠缠会干扰个体拥有自主思维和希望的自由。某一家庭成员个体化的意图会被认为是对家庭系统和谐的威胁，因此可能会引发焦虑或抗拒。例如，生长在纠缠型家庭的年轻人如果提出离家去上大学，就可能引发家庭危机。

在米纽秦的家庭结构观点中，家庭的核心是婚姻子系统。健康的夫妻关系有着独特的亲密性、情感支持和互惠的特征。例如，浪漫伴侣所能满足的情感需要和亲子、兄弟姐妹所能满足的情感需要是不同的。因此，米纽秦特别强调在婚姻的二元关系中要有清晰的界限。当这个界限被破坏时，孩子可能会以不适当的方式卷入父母的婚姻关系中，由此心理病理现象就可能产生。米纽秦提出了不同的问题家庭系统，称之为僵化的三角关系，它代表了三种普遍形式，具体描述如下（Kerig, 1995）。

第一种僵化的三角关系是父（或母）—孩子联盟，即父母的一方和孩子结盟而排斥父母的另一方。当父母的一方鼓励孩子对父母的另一方不尊重，或者父母的一方和孩子之间形成过度亲密和纠缠的关系时，这种家庭三角关系就发生了。这种家庭动力会促使亲职化儿童这类不恰当发展的个体的形成，亲职化儿童必须为一方父母提供情感支持，表现得如父母的亲密知己一样（Kerig, 2005）。米纽秦为此提供了一个案例。在一个家庭里，不快乐的妈妈变得抑郁，10岁的长女承担了做饭和照顾弟弟妹妹的工作，掩盖了妈妈的问题，以至于爸爸不知道妈妈功能失调的严重程度。很多消极后果由此而产生。因为女儿承担了超出其年龄的责任，她开始感到压力，觉得要被压垮。此外，年幼的弟弟妹妹无法直接接触妈妈，得不到她的照顾和关注，他们开始表现得行为不当。还有，因为父母不能彼此直接沟通，他们无法解决自己的婚姻问题。

总之，虽然亲职化儿童的意图是好的，她的自我牺牲也能在短期内解决家庭的问题，但是从长期来看，家庭会变得越来越痛苦和不快乐。

第二种僵化的三角关系叫作三角化，即孩子陷于父母之间。在这种情况下，孩子试图保持和父亲、母亲的联合，要么是做一个和平使者，要么是做一个媒介，或者是当父母的一方向另一方发泄时做出回应。米纽秦认为这对孩子来说是最有压力的家庭动力类型，因为孩子试图亲近父母任意一方都会被另一方视为不忠诚。

第三种僵化的三角关系是迂回，这是三角家庭关系中最隐蔽、细微的一种。因为父母之间也许没有明显的冲突，反而他们可能坚持认为他们的婚姻是完美的，家庭唯一的问题就是孩子不服从或者是脆弱的本质。然而，当米纽秦对这类家庭的认识更深刻时，他注意到父母从来没有花任何时间在夫妻相处上，他们所有的时间和精力都投注在关心和照顾孩子身上。然后，他就开始观察到父母以隐蔽的方式支持和鼓励孩子的问题。并且，父母共同行动的唯一时刻就是他们对孩子的"特殊要求"做出回应的时刻。对米纽秦来说，越来越明晰的是，在这样的家庭中，拥有一个有问题的孩子正好满足了父母的某种需要。

米纽秦总结说，一些婚姻不幸的夫妻试图回避承认他们的婚姻问题，因为他们不知道如何解决这些问题。然而，他们试图从这些问题中转移注意力或在问题周围迂回。因此，拥有一个有问题的孩子就满足了家庭中的这种功能，这让他们的问题外化出来，而使他们不再关注他们自身的关系。当试图对"问题孩子"做出反应时，夫妻双方是联合的，这样，迂回就会让他们维持一种和谐的幻觉。并且，迂回的夫妻为了维持家庭系统的动态平衡，会隐蔽地强化孩子的行为问题。迂回会产生两种形式：当孩子被视为麻烦或"坏的"时，会形成迂回—攻击，而当孩子被视为有需求的或脆弱的时，会形成迂回—支持（Carlson，1990；参见图1-3）。陷于家庭三角中的孩子被称为"替罪羊"，因为他仅仅只是家庭问题的外在症状表现而已。

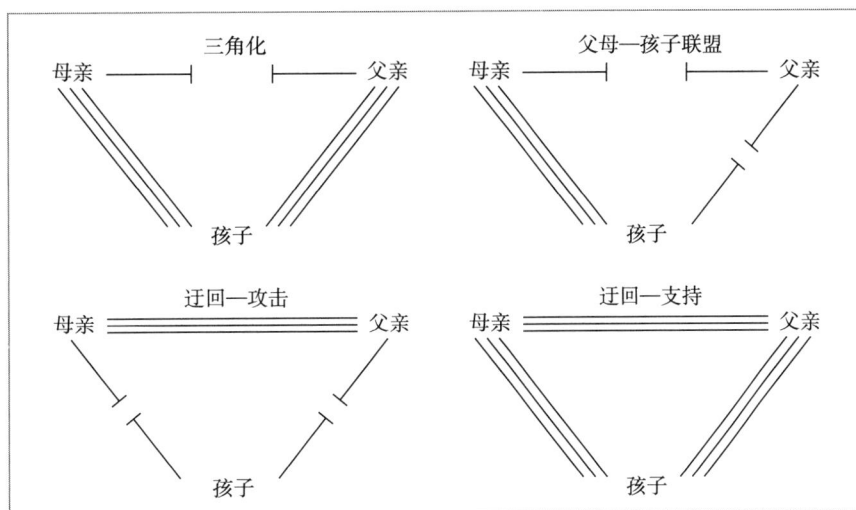

图 1-3　病理性三角关系

三条线表示缠结的关系；一条断开的线表示冲突关系。

资料来源：Umbarger，1983。

米纽秦的观点使我们的视野范围扩大，包括了儿童发展的更大背景。不仅儿童发展的个体心理是重要的，他们和父母的关系也是重要的，整个家庭系统都应该考虑。家庭系统方法另外一个重要的影响是认为出现心理病理症状的不是儿童，甚至不是父母，而是他们之间的关系。最后，系统观点提醒我们在解释问题行为时考虑其功能性。一个具有攻击性并会表现出攻击行为的儿童可能看上去让人很恼火，然而，有可能他的不良行为在家庭系统里有某个功能性作用，可能代表了在病理性环境中满足适当发展需求的意图。因此，家庭系统观点非常适合我们对心理病理现象的定义，即正常发展的偏离。

（六）比较和整合模式

在我们提及的不同模式中存在着许多有分歧的观点（参见表 1-1）。弗洛伊德（Freud）主要关注内驱力、潜意识和心理事件，而自我心理学家的重点则是心理社会适应，客体关系理论学家把人际关系放在首位。传统的行为主义心理学家想要消除所有与心理有关的个人内在心理活动，用客观环境取向的心理学取而代之。认知心理学家又重新将心理内容，如图式引进来，以便于理解儿童如何解释他们和环境有关的经验。这些理论概念之中的选择也有重要的临床意义。行为主义观点倾向于基于社会规范的心理病理学定义——既然行为本身无法被定名为异常，那么判断的标准就只能是基于行为发生的罕见性或基于特定社会文化将某些行为标定为心理病理的既定事实。而在另一种社会文化中，同样的行为也许就不会被注意到，甚至会被认为是一种特殊的天赋。比如，在某些非洲文化中对精神错乱行为持接纳态度。相反，精神分析学家坚持认为，只有当行为能提供线索并帮助理解儿童的内在世界时，它才是重要的。心理病理学本身并不是行为，重要的是这些行为的意义。例如，在青少年中，相比于白日梦这一行为的频率，伴随该行为出现的与阶段相适应的幻想更能体现心理病理症状。

表 1-1　比较和整合模式

不同模式	什么发展？	发展的过程	心理病理现象	心理病理现象是怎么发展的？
医学模式	生物学	成熟	精神疾病	器质性功能失调
社会学习	行为	奖励，惩罚，榜样的模仿	不适当的行为	适应不良行为的强化或示范
认知发展	图式	同化，顺应	同化—顺应间的不平衡	过度刺激或刺激不足
经典精神分析	自我／超我，性心理	内驱力和现实之间的冲突，力比多的转移	固着或退行	"三我"的冲突
自我心理学	自我力量	与社会的交互	不能解决阶段相关的问题	掌握经验失败
客体关系	自我—他人关系	分离—个体化	发展进步的失败	情感的分裂，不良关系的内化
家庭系统	适应性	归属和分离	适应不良的家庭结构	边界不清，三角化
发展心理病理学	儿童	等级化，组织，整合，适应	发展偏离	威胁，易感性；增强的，相互作用的保护性过程

当然，这些不同模式中间也有一些融合的观点。例如，虽然是如此明显不同的模式，如客体关系理论和家庭系统理论，但它们都认同关系对人格发展极为重要。并且，这些模式都经历着自己的发展过程。许多案例都会涉及这些普遍适用的理论基础，所以很多理论都是共享的。例如，医学模式不再将问题的根源分为两个方面：遗传和环境。相反，有一种共识：个体在某一环境背景中发展，环境背景和系统变量彼此交互影响。心理动力学模式已经从强调个体内部转移到了考虑人际背景，同时，行为主义模式也朝其相反的方向发生了改变。随着心理病理学不同模式的日益重叠和融合，整合模式也必然要出现。发展心理病理学代表了朝向这一整合模式的开端。

四、发展心理病理学

发展心理病理学本身并不是一种理论模式，而是一种理解心理病理现象在一生中如何产生的方法（我们主要参考 Cicchetti & Toth，2009 和 Cicchetti，2006 的研究，除非特殊注明。在这个领域最初的经典文献仍然值得阅读，如 Sroufe & Rutter，1984）。发展心理病理学是一种整合性的、统一的方法，它把不同理论观点整合在一把"伞"下面，有助于理解整个人在与环境相互作用中的发展（Achenbach，1990；Sameroff，2010；参见图1-4）。发展心理病理学并不单纯只关注生物、行为、认知等的某一个方面，而是将注意力投放到所有这些变量上，以利于理解它们对心理病理现象形成或情绪健康所起的作用。尽管发展心理病理学有很多定义，但是它们经常忽略这一点，即适应性发展和适应不良发展都是这个领域关注的问题（Cicchetti & Toth，2009）。因此，我们提供下述更精确的定义：发展心理病理学是以发展性过程的视角来研究心理病理现象的产生、预防及干预的。

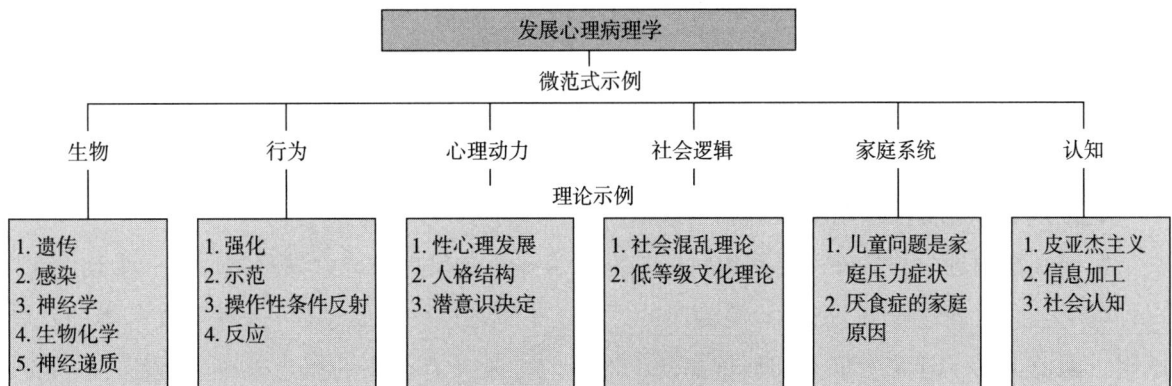

图 1-4 发展心理病理学之"伞"

资料来源：Achenbach，1990。

现在，我们转向定义发展心理病理学方法的特定规则。

（一）整体视角

尽管发展心理病理学并没有采用任何单一的理论模式，但是它仍然有整体视角的指导。首先，整体视角以一种整合性的方式看待人类，将其看作一个整体的动力系统，在这个系统中，所有的发展方面——认知的、社会的、情绪的和生物的方面——都彼此持续相互影响。其次，发展本身被认为是有层级的；心理成长是一个复杂的和有组织的过程，新的结构都在以前的结构基础上得以产生。

在这种视角下，理解发展的关键就是注意每个阶段的任务——"阶段显著问题"，这是必须面对和完成的。无论这些问题是以适应性方式还是非适应性方式解决，都会影响未来发展。埃里克森（Ericksen，1950）的自我理论就是这一结构的良好示例。例如，无论婴儿在解决第一阶段的发展危机问题时形成了对待世界的信任还是不信任的态度，都将影响他解决下一阶段突出问题的能力。

整体视角的意思是阶段显著问题会以如下方式影响个体，它们的影响作用会延续到下一个发展阶段。因此，以前的易感性或力量可能会影响个体应对压力和危机的方式，也可能塑造新的适于未来生活挑战的方式。然而，以前的阶段显著问题解决的后果是或然的，而不是决定性的。换句话说，虽然以前的发展可能对后续发展有塑造性或限制性影响，也就是这可能会增加或降低心理病理现象的可能性，但是这种影响并不是预先决定的。许多个体的、社会或环境的因素可能会介入，交织在一起改变发展的过程。以前的经历并不会成为我们的命运的基础，未来会发生什么也并不会成为石刻上的永恒。最好的案例就是鲍尔比（Bowlby，1988b）的案例。他坚决主张，尽管婴儿和看护者之间依恋的品质对儿童发展有重要影响，但是结果也不是一成不变的。安全依恋可能会让儿童走上健康发展的道路，但是其他的压力事件和创伤也可能会介入，从而导致发展过程发生偏离。相反，让人感到有希望的是，在生命起始阶段有不良开端的混乱依恋关系的儿童仍然有很多机会重回健康的发展路径。比如，能和慈爱的继父母或关爱他们的老师建立良好关系。在发展的关键节点，当年轻人努力理解并勇敢选择他们自己在世界上的位置时，发展路径可能特别容易发生改变。

（二）正常发展和异常发展间的连续带

发展心理病理学的另外一个重要特征是它认为在正常发展和异常发展之间有一个连续带。在每一个生命发展过程中——无论是健康的过程还是不适应的发展过程——都存在基本的发展原则。因此，为了理解发展是如何偏离的，对适应性发展有清晰的概念是很重要的（Sroufe，1997）。我们的挑战是要理解为什么发展采取了一条路径而不是另一条。并且，正如我们将在第二章看到的那样，在发展过程中有一些问题是完全正常的。总之，不像医学模式那样，发展心理病理学并不会一直认为个体有心理问题就是有病，而会认为是健康发展过程的明显偏离。

（三）风险，易感性，增强作用和保护

1. 风险因素和风险机制

风险因素是指任何可能导致和增强心理病理现象产生和发展可能性的条件或环境。潜在的风险因素是很广泛的，它们可能涉及所有的背景（参见表 1-2）。在生物学背景中，风险可能包括出生缺陷、神经损伤、营养不良或者父母本身存在一种基因相关障碍；在个体背景中，风险可能是认知缺陷、低自我效能或较差的自我控制；在家庭背景中，风险可能存在的形式是父母的忽视；在社会背景中，反社会的同伴可能是一个风险；在文化背景中，风险可能来源于贫穷。虽然单一的风险因素只有有限的预测力，但是多个风险因素一起出现就会产生累积效应。例如，父母双方都酗酒的儿童就可能比父母一方酗酒的儿童发展出更多的问题行为。

表 1-2　风险因素、风险机制、易感性/增强性因素、保护性因素和保护机制的示例

背景	风险因素：哪些不利事件妨碍了儿童的发展？	风险机制：通过什么发展过程，这些不利事件影响了儿童？	易感性/增强性因素：儿童或环境的哪些特征增加了风险因素对发展产生消极影响的可能性？	保护性因素：儿童或环境的哪些特征降低了风险因素对发展产生消极影响的可能性？	保护机制（在所有背景中）：通过什么发展过程，保护因素能帮助儿童得以恢复？
生物学	基因疾病 胎儿期损伤 营养不良	神经损伤 受损的执行功能	不易相处的气质 迷走神经易紧张 HPA 轴紊乱	易相处的气质 规则的迷走神经冲动 5-HTTLPR 基因的长等位基因	危险影响的减少 消极连锁反应的减少 自我效能感和应对技能的机会开放
个体	认知缺陷 低自尊 不良的行为控制	情绪紊乱 不适应评价	性别 计划能力差 缺乏社交技能	智力 胜任力 自我弹性 迷人的人格 自我效能感	
家庭	父母间的冲突 虐待 忽视 家庭暴力 父母心理病理问题	界限混乱 不安全依恋模式	家庭疏离/缺乏社会支持 缺乏社区凝聚力	积极、稳定的关怀 家庭凝聚力 称职的成人榜样 父母监督 父母对儿童的重视	
社会	欺侮 严厉的老师	不良社会技能 感知到被拒绝	无依无靠 暴露于反社会同伴团体中	积极的同伴关系 成人辅导	
文化	贫穷 种族主义 偏见 社区暴力	制度化的种族主义 前途无望	和社会理想/期待相冲突的个人特征	积极的文化价值观 积极的道德认同 对多样性文化的宽容度 跨文化寻找正确方向和协商的能力	

资料来源：Curtis & Cicchetti, 2007；Fergusson & Horwood, 2003；Luthar, 2003, 2006；Masten et al., 1999, 2009；Rutter, 1990, 2000；Spencer et al., 2006；Szalacha et al., 2003；Ungar, 2010；von Soest et al., 2010。

　　然而，发展心理病理学框架也不会把风险因素看作问题产生的静止的、偶然的介质。简单的因果关系（如身体虐待导致抑郁）并不能解释儿童发展的复杂本质 [在梅尔·布鲁克斯（Mel Brooks）的电影《紧张大师》（*High Anxiety*）中，就在主人公回忆起婴儿期从高椅子上掉落下来的瞬间，他的神经症得以治愈，这是对这种简单因果关系的一种讽刺]。然而，发展心理病理学家提出疑问，如果贫穷或智力或父母忽视影响发展，那么这些因素是如何影响儿童发展的？为了回答这个问题，我们必须深入单维变量去揭示这些风险因素起消极作用的机制。在第二章，我们将详细介绍心理病理现象背后的许多潜在风险机制，包括不安全依恋、紊乱的情绪和扭曲的图式。

2. 易感性因素和潜在因素

　　风险因素是指任何儿童暴露于其中都将可能造成消极影响的因素，而易感性因素增加了特定儿童屈服于危险因素的可能性。换句话说，易感性因素增强了儿童对危险因素的反应力。例如，尽管频繁的搬家是儿童成长中的重要事件，但是并不是所有的儿童都会对其感到苦恼，只有焦虑气质的儿童最可能受到家庭瓦解带来的消极影响。区分风险因素和易感性因素的有效方法是根据主效应和交互效应的统计学概念（Zimmerman & Arunkumar，1994）。风险因素对所有暴露于其中的儿童都有增加产生心理病理问题的可能性，因此，在进行统计分析的时候，它就是一个主效应（参见图 1-5）。相比之下，易感性因素只会增加某些特定儿童产生心理病理问题的可能性，因此，它就以交互效应的形式出现。拉特（Rutter，1990）确定了一组易感性因素。例如，性别就是一个易感性因素，虽然男孩和女孩都受到家庭压力的不良影响，但是男孩比女孩表现出更高比率的行为问题。气质是另一个易感性因素，难以安静下来的儿童对压力的反应更强，也更可能让看护者感到挫折和愤怒，从而增加家庭压力水平。拉特的易感性因素列表也包括缺乏良好的亲子关系、规划能力差、缺乏积极的学校经验、缺乏亲密的关怀以及社会技能不良。并且，在社会文化水平上，那些个人特征和社会期待不一致的儿童，如在重视勇敢价值观文化中的害羞的儿童，可能更易于产生问题。

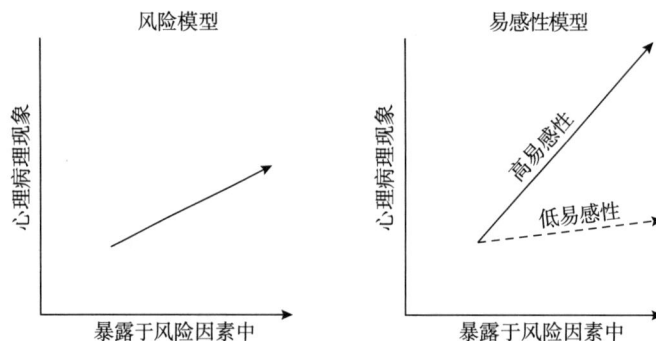

图 1-5　风险因素和易感性因素

　　相似地，增强性因素则会加速或恶化风险因素的影响。例如，社区暴力和每天都回到空荡荡的家的"挂钥匙儿童"都是儿童行为问题产生的潜在风险因素。然而，最可能受到消极影响的儿童是那些住在缺乏融洽社区环境中的儿童。晚上当他一个人孤零零地在家时，即使枪响了，他也没有友好或关爱他的邻居可以求助。因此，社会隔离也许会增强其他环境压力的不良影响。

3. 保护性因素和复原力

既然并不是所有处于风险之中的儿童都会产生紊乱，因此，对研究者来说，最大的挑战就是要找到维护或提升儿童健康发展的因素，这些因素被称为保护性因素。那些尽管处于高风险之中却仍然能调整到良好发展轨道上来的儿童显示出了复原力。儿童本身具有的保护性因素可能包括智力，好相处的性格以及被他们自己或社会所看重的在学业、运动、艺术或机械领域的胜任能力。家庭中的保护性因素可能包括慈爱的、可依赖的父母，温暖而规范的父母教养方式，社会经济优势以及扩展家庭网络的社会支持。通过提供情感支持和鼓励亲社会行为，同伴也具有保护性影响。文化背景中的保护性因素则可能包括参与亲社会机构，如学校（Wadsworth & Santiago，2008），对少数民族个体而言，也许还包括在主流文化和少数民族文化中驾驭复杂的双重文化的能力（Ungar，2008；Ungar，2010）。

例如，有一个经典的、深入的复原力研究在夏威夷群岛的考艾岛进行。沃纳和史密斯（Werner & Smith，1992）对505名被试分别在婴儿期、童年早期和中期、青少年晚期和成年早期进行评估。在发展心理病理学模式中，研究者将复原力定义为风险和保护性因素之间的平衡。风险因素包括贫穷、围生期压力和父母心理病理问题或父母不和。大多数低风险的被试变成了有能力的、自信的、具有同情心的成人，而2/3的高风险被试有青少年犯罪记录或心理健康问题，或者是离过婚。研究者对这剩下的1/3高危被试特别感兴趣，因为他们也变成了有能力的、自信的并且有同情心的人。

研究者分离出了三组保护性因素：①至少拥有平均水平以上的智力和能从家人或其他成人那里引发积极反应的个人特质，如强健、有活力、合群的气质；②与父母的替代者，如祖父母或长兄长姐，建立了亲密的联结，这带来了信任、自主、主动；③在教堂、青年组织或学校拥有外在支持系统，这带来了效能感。这些因素在挪威一个由9085名高中学生参与的国家性调查中进一步得到了证实（von Soest et al.，2010）。个人特征（如自我效能感、活泼快乐、积极的社会取向），家庭关系的品质（如共享价值观、情感支持）以及更大的社会背景所能提供的资源（如在同伴、学校、邻里和外家庭关系中的支持，鼓励和积极的榜样），是区分功能良好的个体和有心理健康问题个体的重要因素。

4. 保护机制

卢特（Lute，1990）提出，我们不仅仅要列举出保护性因素，还应该试图去理解是什么激发了这些因素的保护力量。例如，智力或社会经济优势是怎么保护个体不产生心理病理问题的？他使用保护机制一词来命名其中的过程，并且，他基于自己的理论、观察和经验性研究，确定了其中的四个保护机制。

第一个保护机制是风险影响降低机制。该机制表明，一些因素保护了儿童免于暴露在危险因素之中。例如，在有很多帮派的邻里环境中，消极的同伴影响是儿童成长的强有力的风险因素。

但是，父母严格监控孩子的同伴团体活动，引导他们选择朋友就能降低青少年犯罪的可能性。

第二个保护机制是消极连锁反应降低机制。这些保护性因素可能通过其对关系的影响产生效果。例如，一个无忧无虑的孩子成为他焦虑不安的父母发泄愤怒的对象的可能性更小，因此，他就不太可能产生问题行为，这样，就会减少父母的焦虑和压力，降低愤怒。因此，一个从父母到孩子的消极反应的恶性循环就打破了。

第三个保护机制是提升自尊和自我效能感。这些因素能让儿童感知到自己能够成功应对生活中的问题。通过安全和支持性的人际关系，或者通过成功地完成任务，如学业成绩好，学生的良好品质会得到提升，从而培养起自信心。

第四个保护机制是机会的开放性。发展过程包含很多转折点，这些转折点会提供机会以降低危险因素的影响，拥有复原力的儿童就能很好地利用这些机会。因此，继续在学校求学的青少年就比辍学的青少年有更多的机会成长和取得成绩。同样，那些追寻自己独特的艺术天赋或兴趣的人也比那些否认自己天赋、随大溜的人有更多机会获得个人自我实现。

基于文献综述，表 1-2 提供了风险因素、风险机制、易感性/增强性因素、保护性因素和保护机制的示例。然而，要谨记在心的是，没有哪个变量或因素永远只是其中的某一类或另一类。某一特定的变量可以通过不同方式进行解释，这取决于其效果所展现的方式。例如，尽管贫穷对许多心理病理问题都是危险因素，但是它也可能起到易感性因素的作用，通过增加儿童对压力事件做出消极反应的可能性来起作用。家庭经济条件不好的儿童最可能被特定压力性生活事件影响，如房子着火，家里所有的物品都损坏了。

复原力的研究充满希望，也很有启发。然而，卢瑟（Luthar，2006）提醒我们要谨慎对待。虽然早期的研究都认为有复原力的儿童是无懈可击的，但是这一描述暗含着对伤害的内涵的不明确，而并不一定真是这样的。例如，卢瑟在她自己的研究中观察到有复原力的儿童仍然以微妙的方式受到了不良教养的影响。尽管有弹性复原力的个体不太可能像其他人那样被贴上麻烦的标签，但是，他们仍然表现出一些内在困扰的征兆。例如，85% 的有复原力的个体有明显的焦虑和抑郁的症状表现。同样，在沃纳和史密斯的样本中，也有很多有复原力的成年人有与压力相关的健康问题，如偏头疼和背疼，同时，他们还对自己的生活不满意。在许多案例中，他们都报告对关心缺乏复原力的父母和兄弟姐妹的期待感到压力很大。因此，有复原力的儿童并不是刀枪不入的，他们的良好社会功能其实是付出了很多个人代价的（Curtis & Cicchetti，2007；Luthar et al.，2000）。

（四）发展路径

在生命过程中心理病理现象的出现被概念化为术语"发展路径"，或者"发展轨迹"（Pickles & Hill，2006）。在理解发展路径的问题中，第一个要问的问题是：在哪一个时间点上以及到底是出于什么原因，个体的发展开始从正常过程发生偏离？并不是所有处于危险因素中的儿童会表现出问题，因此，我们既要看到使儿童易感于危险的因素，也要揭示保护他们免受危险的因素。

在那些危险因素和易感性因素超过保护性因素的个体中，问题就产生了。那么，危险因素和易感性因素是怎样在时间发展的过程中导致心理病理问题全面呈现的呢？

最后，在发展过程中，既然儿童既可能走出困境，也可能深陷其中，那么，记录发展路径就包含理解使问题消失的因素，也包括理解维持心理病理问题存在的因素，这就是连续对中断的问题。最后一项挑战是根据发展性原则解释数据，理解在某一特定障碍的发展路径中，导致儿童从一个阶段到另一个阶段的问题产生机制和过程（Sroufe，1997）。例如，马尔维和他的同事（Mulvey et al.，2010）运用收集了3年的数据来调查那些曾卷入少年司法制度的青年人的活动轨迹。哪些变量能预测青少年犯罪的终止？哪些变量能预测反社会行为的持续？我们将在第十章重温这一研究结果。

此外，一些发展路径有时会产生交叉，出现共病现象，或者说是两种心理病理问题同时产生。过去，临床医生往往关注到单一的问题，研究者努力研究"单纯的"个案，将其他的心理病理现象或问题视作潜在的混淆。然而，越来越明显的是，特定的问题，如焦虑和抑郁，或者是品行障碍和多动，常常都是同时发生的。

发展路径对预防和干预的意义是重大的，我们对最早的危险因素了解得越多，就能越好地设计有效的预防计划。至少，对于那些表现出严重程度不断升级的心理病理问题，早期的干预可能有助于更有效的治疗。在随后每一章对特定心理病理问题的探索中，我们将记录发展路径，提供更详细的案例。

尽管发展路径这一个术语并没有一直用在文献中，但是我们在谈及那些记录和追踪儿童出现某一种障碍过程的文献时仍然保留这一术语。例如，儿童是怎么变得抑郁的？相反，我们将用发展过程这一术语来指代障碍产生后的变化过程。例如，已经抑郁的儿童将来会怎样？发展过程也用来指代预后。然而，预后是一个起源于医学模式的术语，它暗示了障碍是固着的和稳定的状态。因为发展心理病理学文献认为结果可能会有更多的变化性和多样性，所以我们选择发展过程来描述而不是选择预后这个术语。

1. 殊途同归和多元结果

殊途同归指的是许多不同的路径会导致同样的结果（Cicchetti，2006）。例如，一系列的因素都会导致抑郁的发展，包括基因、环境压力和认知风格。相对地，多元结果是指某一特定的危险因素可能会导致不同的障碍，这取决于背景因素和个体因素，如儿童的环境和他的独特能力。例如，失去父母可能会导致以前和抚养者关系不安全的孩子产生抑郁，但是也可能会导致面临环境压力（如暴露于社区暴力）的孩子形成品行障碍。

2. 多因素决定论

紧随殊途同归和多元结果概念的提出，发展心理病理学又提出任何心理病理问题的病因是多方面的。追求单一原因——就像"青少年犯罪是父母忽视导致的"——是过于简单和错误的。相反，心理病理现象有多种原因。

3. 持续性和阶段性

当我们跟踪儿童的独特发展旅程时，我们就会发现，有一些儿童会一直处于障碍的过程中（持续性），而另一些儿童则回到了健康的轨道上来（阶段性）。

心理病理学中的持续性已经在研究中得以发现，这些研究从童年早期一直追踪到青少年时期（Costello et al., 2003），而攻击行为的研究证据尤其充分。例如，弗格森和霍伍德（Fergusson & Horwood, 2003）在新西兰选取了 1265 名儿童，从 3 岁一直追踪到青少年最终到成年。研究发现，早期表现有分裂性行为的儿童后来发展出品行障碍的概率是其他儿童的 16 倍，而这些儿童中仅有 12% 的人表现出问题的阶段性历史。

阶段性也是以多种方式发生的。第一种方式就是发展自身的功能。考虑到早期发展中行为的非连续性，学龄前期儿童的问题行为往往并不是后续紊乱的有效预测因子，这并不让人感到惊讶。在六七岁的阶段，行为的预测力增加。在这个年龄，症状多的儿童往往后来会表现出很多的问题症状。

有时，紊乱的行为会随着年龄的变化而变化，这种现象被称为发展性转变（Sroufe，1990）。这意味着，虽然个体的行为表现会随着年龄变化，但是在潜在障碍中还是存在持续性的。例如，儿童对母亲的不安全依恋在婴儿期主要会表现出过早的独立，但是在学龄前期会表现出对老师过分依赖（Carlson & Sroufe，1995）。潜在的不安全感是持续的，但是在不同年龄会有不同的表现。同样，在前面引用的新西兰研究中（Fergusson & Horwood，2003），被诊断出有注意力问题的儿童中仅有 10% 在青少年期仍然符合同样的诊断。然而，在这些被诊断有注意力问题的儿童中，仅有 25% 的儿童在青少年期不再受该问题困扰，另外 75% 的儿童仍然有潜在的或明显的该问题。因此，虽然在某个特定障碍中会表现出中断，但是持续性更可能以心理病理现象的易感性得以表达。

4. 功能良好儿童的阶段性

如果有问题的儿童能够从他们的心理病理问题中"走出"，那么正常儿童是否也有可能"走进"心理病理的困境？特定的功能良好的儿童也有出现问题的风险，这一观点令人费解，也很重要。到底有什么能说明问题的征兆其实并不像表现的那样美好？从弗格森和霍伍德（Fergusson & Horwood，2003）的纵向研究中可以看到这种良好发展的阶段性。那些在童年期没有表现出行为问题而后来发展出品行问题的被试在青少年期更可能和犯罪同伴有联系。因此，就像从病理到正常发展过程的转变一样，不可预期的消极结果也可能是由儿童内部或外在的调节因素造成的。

5. 特异性问题

正如我们前面所提到的，发展心理病理学模式已经变得越来越复杂了，多种因素的交互作用导致了问题的发生。然而，牵涉在每一个心理病理问题中的因素的多元性又带来了一个新的问题，那就是特异性问题。特异性问题是指是否有某一特殊危险因素就会产生某一特定障碍，而不是增加了出现所有心理病理现象的可能性。正如我们将看到的，特定的风险因素，如不安全依恋，可能是抑郁、自杀、焦虑、品行障碍和物质滥用的先兆。因此，问题就是，是否知道了某一特定的风险因素，如父母—孩子联结的破裂历史，对预测孩子的特定发展结果有帮助，而不仅仅是粗略的观念"恶因必有恶果"？

在试图解决特异性问题的过程中，我们遇到的一个困惑是大多数探索风险因素的研究都仅仅只关注了某一种障碍。例如，一个特定的研究可能会问，不安全依恋是否是童年期抑郁的风险因素？采用这种研究策略会遇到的问题是，它并不能告诉我们同样的风险因素是否会同样预测其他心理病理问题。根据这一观点，当一个研究者发现了不安全依恋和抑郁之间的关系后，如果他要扩展解释，他就必须根据其他的证实了不安全依恋也是品行障碍的风险因素的研究来解释。所以，我们的研究需要观察多元风险因素和保护性因素，也需要关注多元结果，这样才能区别特定影响因素和一般影响因素。既然大多数研究者都是关注某一特定障碍或特定预测因子的，这种多元结果的研究就相当少。这种研究策略就会让我们容易低估或高估有关个体发展历史的知识在帮助预测其未来发展结果上的程度。

（五）相互影响

帮助我们理解心理病理现象中多元决定论是如何产生的另一个概念是相互影响。相互影响可以定义为在儿童和他的社会背景之间的一系列动态的、相互的影响（Sameroff，2010）。与其将病因看作简单的线性因果关系——由器质性因素，如基因，或家庭变量，如父母教养方式导致，发展心理病理学更愿意将发展看作儿童和环境之间随着时间变化而产生的复杂交互作用的结果（Cicchetti，2006）。

我们来看一个案例。一位年轻的妈妈生了一个早产的纤弱的儿子，这就可能成为焦虑的一个来源。在孩子生命的前几个月中，妈妈的焦虑导致她在教养中的犹豫和不一致。随后，孩子表现出在睡眠和饮食习惯方面的一些不规则现象，这使得孩子更难以平静。这个难抚养的婴儿会给妈妈带来更大的负担，她开始减少和孩子的互动。当孩子习惯了较少的互动和语言刺激后，他的语言发展出现延迟，当他进入学龄前期，这就会影响他的学业成绩和与同伴的社会交往。这样，我们就可以看到一个复杂的发展过程，在这中间，父母和孩子彼此影响了对方的行为（参见图1-6）。

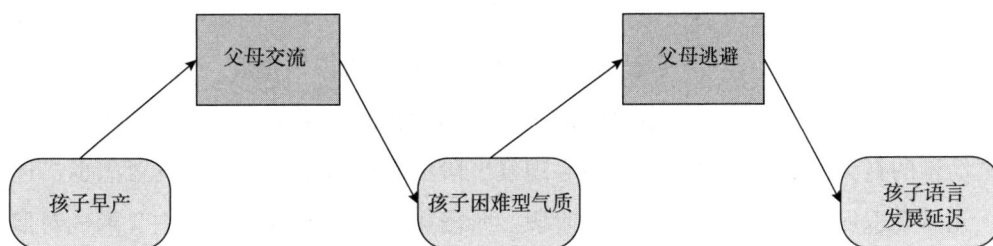

图1-6 相互影响过程案例

资料来源：Sameroff，1995。

相互影响的三个重要特征可以帮助我们更清晰地理解这个概念。第一个特征是相互影响的本质随着时间而变化。任何特定的关系，如父母和孩子之间的关系，都是一系列相互影响的产物，在这个相互影响中，他们慢慢地塑造着彼此的行为。据此，临床医生在任何时候的观察，比如，母亲对年幼孩子反抗的无助、痛苦的回应，都是他们相互影响很长一段时间的产物。相互影响的第二个特征就是双方是双向作用的，这意味着发展是儿童和环境相互影响的产物，每一方的变化都是另一方变化的结果。第三个特征是他们的关系是动态的。总会有新的状态从他们现有的关系中诞生。例如，对父母行为来说，萨莫夫（Sameroff，1995）称，"在相互影响的过程中，父母必定被婴儿的行为影响，去做一些如果他们的孩子不这么做，他们就永远不会去做的事情"。

相互影响的过程并不总是导致消极的发展结果。下面是一个关于严重抑郁的母亲和年幼女儿的临床案例。最初被观察时，这个女孩有一种忧郁、躲藏的表现倾向，就像所有有一个抑郁家长的孩子常有的那样，显示出抑郁的早期征兆。然而，当她开始学会装扮自己的时候，她发现她的某些行为可以哄妈妈一笑。例如，当妈妈感到痛苦时，她会跑进房间，笨拙地穿上爸爸的鞋子，将妈妈的裤子套在头上。妈妈就会开始对孩子做出更温暖和积极的回应，这反过来会增加孩子虽然"蠢笨"但是暖心的行为。这种感觉自己是一个成功妈妈的情感也会帮助妈妈缓解抑郁，同时，这种做"妈妈的小太阳"的经验也会给孩子带来光明。因此，通过她们的相互影响，妈妈和女儿以更适应的方式塑造了彼此的行为。尽管与母亲抑郁相关的所有因素都存在，但是妈妈和女儿发展了积极的关系，这减轻了妈妈的抑郁，也增加了女儿健康发展的可能性。

总之，和家庭系统方法一样，发展心理病理学认为病理问题并不"都是"某个人的问题，而是一系列对环境适应的结果（Sroufe，1997）。因为相互影响是可以被观察并且可以被塑造的，它们可以为干预提供有力的工具。

五、发展和心理病理学间关系的概念化

（一）发展阶段

皮亚杰的认知理论和埃里克森的自我心理学是所有理论中两个比较好的理论范例，因为这两个理论都将心理病理问题和发展阶段关联起来。通常，阶段理论有两个假设：①阶段代表着对行为有着重要的质的认识，而不仅仅只是量的变化或"老调重弹"；②阶段的序列是不能改变的。这样，一些新的东西会出现在每一个阶段，而且出现的顺序是固定的。对皮亚杰和弗洛伊德来说，询问"这个孩子几岁了"远没有"这个孩子在什么阶段"重要。

阶段理论的特征是它们经常把阶段间的过渡看作紧张感会增加、动荡的一个时期，甚至会退回到更幼稚的行为时期。弗洛伊德的性心理发展阶段理论有这个特征，皮亚杰也描述在认知转变中，儿童会退回到不成熟的思维方式阶段。阶段概念化和激进的行为主义形成对照，行为主义表明稳定或不稳定基本上是由儿童拥有的经验决定的。这里的重要观点是，正常发展可以在压力和混乱的时期建立。例如，从婴儿期到学龄前期和从童年中期到青少年期的转变是两个潜在的压力阶段。知道了混乱的行为是正常发展的一部分，能帮助临床医生决定什么时候告诉父母："大多数孩子都是这样的，你的孩子可能成长过度了一点。"

我们提及的发展性框架认为，为了评估一个事件在儿童生命中的意义和重要性，重要的是不仅要知道发生了什么，而且要清楚是在哪个阶段发生的。例如，长时间和母亲的分离可能在婴儿早期不会有太多消极影响，因为此时对母亲的依恋还没有形成，但是，它会引发一个已经形成了安全依恋的3岁孩子的强烈反应。对于2～12岁年龄的孩子，住院会慢慢地变得没那么可怕，但是对他们来说也可能有着不同的意义。例如，因为更小的孩子害怕分离，4～6岁的孩子会恐惧阉割或死亡，或将住院视作惩罚。

早期的发展观点提出，个体发展中存在关键时期，在这些关键时期，消极影响有弥散性和不可逆转的作用。例如，过去大家都认为在出生后最初的4小时内，婴儿需要和母亲建立联结，否则关系就会不可挽回地被破坏。然而，当下的理论却认为没那么确定，也没那么强的预测作用。现在，我们认为，个体发展中存在敏感时期，在这些敏感时期，特定的阶段相关的重要事件会涌现出来，并且，个体既最易感于瓦解，又对变化有最大的开放性。

（二）发展是怎样偏离的？心理病理学的概念化

如果心理病理问题是正常发展的偏离，那么，是什么方式打乱了正常的发展？与发展阶段相关的导致心理病理问题产生的方式有：发展性延迟、退行、不同步、早熟和发展性偏离。另外，也有两个与阶段相关的心理病理问题产生的不相关的方式，我们将在后续的内容中提到：发展性偏离和适应失败。下面，我们将介绍这些专业术语，并提供一些具体的案例。

发展性延迟指的是个体发展的前进速度明显比正常发展速度慢。比如，一个3岁的孩子还没有学会说话。退行指从正常发展过程中后退。比如，一个之前能说话的8岁孩子突然开始拒绝说话，这被称为选择性缄默。我们也可能在一个退行的孩子身上看到他退回到行为的早期发展形式，表现得和当前的年龄不一致，如尿床或发脾气。

不同步指的是在多个发展过程中出现明显参差不齐的发展速度，这种不一致性可能是由于某些特定发展变量的发展延迟导致的。例如，阿斯伯格综合征（Asperger's disorder）儿童可能在语言领域的发展能跟上正常的速度，但是在社交领域的发展会远远落后于同龄孩子。此外，不一致性也可能由痛苦的经历导致，这些经历会使个体某方面的发展固着在某一发展阶段，因为在这个阶段有创伤或冲突发生。例如，有一个聪明、各方面发展良好的儿童，在其小学毕业时，表现出对毕业的痛苦远胜于快乐，这个孩子可能是产生了创伤性分离的重复体验。

早熟指的是发展速度过快，这也可能和心理病理问题相关。早熟的例子有：物质滥用的年轻人在他们没有完全准备好之前，试图扮演成人的角色和承担成人的责任，或者是广泛性焦虑的孩子过分担忧成年后的事情，把全世界的重担都压在自己的肩上。

前面提到的心理病理学的定义基本上是定量的，也就是说，和处于这一阶段的其他孩子相比，这个孩子是不是表现出了太多或太少的某一行为？相比之下，发展性偏离包含某一个在"质"上有所差异的功能的出现，这一功能在性质上和正常情况如此不同，以至于被认定为在任何发展阶段都不适当。比如，孤独症儿童的仿说式语言就是发展性偏离，无论别人对孤独症儿童说什么，他们都只会单调地模仿。

最后，还有一个非常不同的心理病理学概念，这个概念并不是指儿童内在的发展过程，而是指儿童和环境之间的适合度。这个概念就是适应失败。它指的是儿童没有能力适应环境的期待。当环境提出的要求超过儿童的能力时，比如，一个语言能力低的青年在学校学习，他就肯定表现不好，他的功能失调是明显的。因此，这个年轻人应该找一个更合适的环境——职业训练项目，对非言语智力有更多要求的——这样，他才有可能适应良好。

六、发展心理病理学研究策略

我们已经讨论了发展心理病理学框架是如何将心理病理问题的起源视为多元决定的，如何整合个人内部、社会环境以及转换过程等变量。因此，能体现这些模式的研究设计就必然很复杂。对发展心理病理学研究者来说，两个重要的研究技巧是纵向研究设计和多变量统计技术。为了完成探究任务，确定哪些风险因素导致了障碍，哪些保护性因素带来了复原力，我们必须追踪儿童的成长过程。因此，纵向研究是很重要的。并且，为了评估哪些变量与儿童的最终发展结果显著相关，我们需要采用统计技术去梳理它们各自的影响。为了达到这样的目的，我们使用多变量分析技术。下面我们更近距离地了解发展性调查研究者工具箱中的工具。

（一）纵向研究设计

1. 回溯研究

收集发展数据由来已久的方法就是回溯研究。在这种方法中，为了重新建构心理病理问题的起源，研究者对有问题的儿童和成人进行调查，询问其过去的历史。例如，菲茨杰拉德和他的同事（Fitzgerald et al., 2008）询问大学生童年时期的经历，包括性虐待、父母暴力、他们和父母之间的角色颠倒，以此来确定这些逆境是如何和这些年轻人的功能相关的。尽管在回溯研究中会使用自我报告或访谈的测量方法，但是通过这两种方法得到的数据都可能是经过被试主观判断粉饰过的，或者容易受到人们对过去事件记忆的限制。因此，尽管回溯研究可能提供最初的线索，说明个体内在的变量和人际变量可能对研究富有价值，但是对其信度和效度的质疑则提醒我们在使用这些研究结果时要格外谨慎。

回溯研究的替代性方法是那些指向未来的研究设计，也就是说，追踪儿童的成长过程。追踪评估的间隔应该充分，这样才能捕捉到一般发展趋势。此外，评价也应该由个体独自完成，这样会比父母更客观。三个常见的研究方法分别是：回溯追踪策略、追踪研究策略和聚合交叉策略，它们分别消除了回溯研究数据的一些缺陷，但各自也有其局限性。

2. 回溯追踪策略

和回溯研究方法相似，回溯追踪策略是对有问题的儿童或成人群体进行研究，但是这部分人群以前就在某些阶段由观察者收集过相关的数据，如学校记录、老师的评定、儿童医疗档案和法庭记录等，正如贝斯特和豪瑟斯（Best & Hausers，2011）的研究。他们对一组住院的青少年精神疾病患者的档案记录进行研究探索。为了组织数据，调查者为每一个青少年建立了"生命历程图"，追踪他们从出生到入院之间压力和非正常生活事件的发生及时间点，这使得研究者可以评价这些事件和他们症状之间的相互关系。

回溯追踪研究策略的优势是研究者重点关注特定目标人群，也有足够的弹性允许研究者去追寻新的线索。然而，回溯追踪研究策略也有一些局限。目标人群的记录数据可能从质和量上都参差不齐，有些记录很翔实清晰，而另一些则简略不系统。此外，数据也常常是泛泛的。比如，被捕的次数、学习成绩的下降、完好或破碎的家庭和工作转换的次数等，这些数据既缺少细节，又无法从中获得对潜在变量的精细了解，无法对其进行深入的评价。

另外的局限是有关被试样本偏差的问题。临床样本可能对有问题的儿童并不具有样本代表性。例如，为有学校恐惧症的孩子寻求专业帮助的父母可能和那些不会这么做的父母差异很大。因此，从临床样本得出的结论可能不能推广到所有焦虑儿童的父母中去。同样，被逮捕的儿童可能不是所有青少年罪犯的代表性样本，因为警察对逮捕谁、放走谁也有自己的偏见。

更重要的是，对数据——如儿童指导记录和法庭记录——的依赖，会产生偏差，因为这些数据在时间 1 和时间 2 上可能存在强调病因和夸大关系的偏差。为了说明这一观点，我们一起来看一个回溯追踪研究。这个研究表明，75% 的物质滥用者承认在高中时辍学，而只有 26% 的健康个体在高中辍学，这是一个非常显著的差异。但是，一项随访研究表明，仅有 11% 的高中辍学生和 8% 的高中毕业生成为物质滥用者。因此，辍学可能会带来不同的结果，它与物质滥用之间的关系其实是很微弱的。一般来说，选择已经发展出某种障碍个体进行研究的回溯追踪研究设计往往比接下来我们要介绍的随访研究设计在时间 1 和时间 2 变量之间呈现出更强的关联。

3. 追踪研究策略

追踪儿童发展的理想方法是追踪研究策略。在这种研究策略中，儿童从较小年龄开始就进入研究，然后一直追踪到他们的下一个发展阶段，或者一直追踪到成年。这样收集到的纵向数据能够揭示哪些孩子发展出了哪种心理病理问题，也能呈现在有或没有干预的情况下这些问题是如何发展的。不像回溯追踪研究策略那样，研究者只能受限于已有的记录，追踪研究的调查者能够确保数据是由受过良好训练的调查者用最好的方法收集的。科利肖和他的同事（Collishaw et al.，2007a）提供了一个追踪研究的示例。他们在英国怀特岛进行了一项对青年人长达 20 年的随访研究，这个研究的样本相当大。在这些参与研究的被试当中，童年期报告了严重身体虐待和情绪虐待的个体表现出心理病理问题的危险大大增加。然而，在这个群体中也有一小部分人是有复原力的：这些人在青少年期感受到了更高品质的父母照顾和同伴关系，同时，在成年后和生活伴侣形成了较好的恋爱关系。

追踪研究最主要的优势在于指向未来的纵向研究数据能让研究者找出变量之间的关系。例如，那些离婚家庭里的先于父母离婚就表现出了心理病理问题的孩子的情况表明，单独的离婚因素不是问题的原因，而更可能引发问题的因素就潜藏在最终导致离婚的漫长而又痛苦的婚姻破裂的过程中。尽管纵向研究无法证明因果关系——只有真正地对变量进行控制和操纵的实验研究才可以证明因果关系——但是，指向未来的数据却能让研究者证实有关先前经历和后续结果之间存在关系的假设的合理性。

　　尽管追踪研究有很大的优势，但它同样也有局限性。这类研究代价特别高，尤其是金钱和精力的投入。一个主要的问题就是时间。研究者和被试的年龄以同样的速度增长，因此，研究者要想收到一生纵向研究的果实，他活的时间就必须足够长。另一个主要问题是，被试也很难在这么长的时间内一直参与研究。当研究者无法对被试进行追踪时，被试就会流失。更糟糕的是，被试会主观选择性地脱落，因为大多数问题儿童和不稳定的家庭往往是不太合作的，他们也更容易搬家而根本不会留下地址。这样，研究者就会面临一个困境，他们最感兴趣的研究群体会越来越小。此外，被试的选择性也是一个问题。因为大多数心理病理问题相对稀少，在第一时间点就必须评估大量的孩子，这样才能确保在第二时间点有较为充分的有问题的研究被试。因此，许多研究者的一个解决方法就是，先研究有问题的儿童群体或者是有可能产生特定心理病理问题的人群。比如，母亲患有精神分裂症的婴儿比那些不经选择的婴儿有更大可能产生精神分裂症。然而，这种选择性同样会产生在回溯追踪设计中提及的被试偏差的问题。

　　此外，追踪研究是非常严格的。一旦已经挑选了变量来进行研究，那么研究设计就不允许研究者放弃某些变量或增加其他变量，而此时，由于相关研究的出现或新理论、新概念的提出，研究者很可能修改某些变量。并且，也会出现新的研究技巧，它们可能会比在用的技巧更先进。但是研究者还是不能更换，否则就会失去对比性。

　　追踪研究的最后一个问题是世代效应。我们不能假定出生在不同时代的人是相同的，因为出生的时间可能严重影响到发展。我们无法把出生在战争年代的儿童与出生在和平时代的儿童进行比较，无法把经济大萧条时期出生的儿童也无法与在繁荣时期出生的儿童进行比较，同样，我们也无法把在电视和网络出现前出生的儿童与电视和网络出现后出生的儿童进行比较，因为他们生活的环境差异非常大。因此，一个30年的纵向追踪研究的结果要用来解释现在的儿童的问题，可能就不太适用。

　　4. 横断研究策略

　　横断研究方法收集的发展数据包括在某一时间点上同时研究不同年龄群体而获得的数据。例如，研究者对压力事件在不同年龄儿童中产生的作用感兴趣，他就可能收集8岁儿童、10岁儿童、14岁儿童等的相关数据。这种方法的主要优势是与年龄相关的差异可以在当下即时被探究，而不必等到被试长大。然而，这种方法的劣势仍然是世代效应。尽管这些不同的年龄组被试可以抵销所有认为重要的变量，但是由于他们出生的年代不同，他们所拥有的经历是无法等同的。例如，在一个军事家庭样本中，一组成长于战争中的14岁男孩的亲子关系可能和成长在战后的一组7岁男孩的亲子关系的差异非常显著。因此，时间和环境事件是让人困惑的。横断研究并非真正是发展性的，因为我们不知道从现在起两年后8岁组的被试是否会和现在10岁组的被试以同样的方式做出反应，我们只能假定他们之间的差异是由于年龄导致的。

5. 聚合交叉策略

为了解决发展效应和世代效应的混淆问题，一个解决方法就是采用聚合交叉策略。在这种研究策略中，不同年龄组的被试同时参与研究，就像横断面研究一样，同时，研究者又会进行纵向的追踪，每隔固定的年限，对这批不同年龄组的被试进行追踪，直到研究中一开始年龄较小的一组达到年龄较大组的起始年龄为止。这样，完成横跨整个较长发展年龄段的时间就大大减少。这一策略在邦格尔斯和他同事（Bongers et al.，2003）的研究中得以使用。他们对年龄为 4 岁、5 岁、6 岁、7 岁、8 岁、9 岁和 10 岁共 7 个年龄组的丹麦儿童进行了为期十年的研究。通过这种方式，组内差异和组间差异都可以得到评估。例如，在研究时间点 1 时，研究者可以对 4 岁和 6 岁女孩的数据进行比较，在研究时间点 2（两年后），仍然可以对这两组被试的数据进行比较，就可以评估组间差异，然后，也可以拿 4 岁组女孩在时间点 1 和时间点 2 的数据进行比较来评估组内差异。

这种研究策略最大的优势是研究者可以通过获得不同年龄组的纵向数据来比较年龄的发展趋势。节省时间是明显的：一个对 14 岁青少年的纵向研究可能要持续 4 年，现在则可以在两年内完成。然而，和其他所有的研究策略一样，它也有局限性。局限主要包括：不同组的被试要达到等值是很困难的，不同组的被试也很有可能出现选择性的流失。

6. 对研究策略的评价

尽管回溯追踪研究策略和追踪研究策略是回溯研究方法的进步，但是它们都不是万能的。因为其灵活性，回溯追踪研究策略最适合于生成假设。然后，经过进一步的研究之后，这些之前得出的可能重要的假设会被接受或拒绝。然而，由于能监控儿童真实成长过程，追踪研究能提供关于改变的最有说服力的数据。尽管追踪研究只是相关研究而不是实验研究，实际上也不能建立因果联系，但这个研究策略算是最接近于证明变量间因果关系的方法了。

最后一个值得特别注意的是：回溯追踪研究策略和追踪研究策略直到最近才得到关注，因此，我们对纵向研究的评论将包含一些使用不同方法掺杂在一起的研究，这样得出的结果也存在一定程度的问题。虽然研究包含了对童年期心理病理现象发展过程的重要示范性研究数据，但是有一些结果可能仍然无法确定。

（二）多变量研究

为了不过多地探讨统计领域的话题，我们将简要地描述一些用来验证复杂设计的重要技巧，这些方法在用来构建整合的发展性框架中是有帮助的。

1. 中介变量和调节变量

正如我们所看到的，发展心理病理学领域的研究超出了简单的"不良原因→不良后果"的问题，而试图发现输入变量和输出变量是如何相互联系的。例如，大量的文献已经证明童年期的虐待增加了青少年犯罪的可能性（Kerig & Becker，2010）。但是这些影响是怎么发生的？为什么会发生？换句话说，我们想要发现能够说明虐待（自变量，IV）对犯罪（因变量，DV）的影响，如危险因素和保护过程的机制。这种关系机制有两种类型。中介变量是一种原因变量，通过中介变量，自变量对因变量施加影响（MacKinnon，2008）。例如，也许暴露于虐待环境的儿童会对他人发展出敌对的归因偏见，而正是这种扭曲的认知可以解释他们的不适应（Dodge et al.，1995）。相对来说，调节变量是一种影响自变量和因变量之间关系的强度或方向的变量，但是调节变量并不导致结果。易感性是调节变量的一个好例子，因为处于不同高低调节变量水平的儿童所受到的影响是不同的。例如，也许自责在虐待对儿童的影响上起着调节作用，只有那些感知到自己对虐待有罪责的儿童才会发展出反社会的行为（Feiring et al.，2007）。

中介效应和调节效应也许会同时发生，萨尔琴格和他的同事（Salzinger et al.，2007）在他们对虐待与犯罪关系的研究中提供了相关的范例。通过使用100个遭受过身体虐待的年轻人和100个未受虐待个体的同班同学的配对样本，研究者评估了他们对父母的依恋和友谊质量，以及他们的反社会行为表现。虽然对父母的依恋中和了童年期身体虐待和青少年犯罪之间的关系，但是，同伴关系则对这种关系起了调节作用。仅对受虐待的年轻人来讲，和犯罪同伴的联系及对好朋友的虐待行为增加了暴力行为的危险。

对中介变量和调节变量的探索帮助我们创造出一些有力的模式来理解心理病理问题到底是如何产生的。这些联系的机制也让我们明确了干预的可能方向。因为我们不能简单地把孩子安排到"快乐的家庭"中，我们无法直接帮助他们消除生活压力。但是我们可以尝试阻止他们将在家庭中产生的敌意传递到与同伴的交往中，从而帮助儿童步入健康的发展轨道。

2.结构方程模型

验证复杂的调节和中介模型需要复杂的分析方法，我们并不会在本书介绍全部。我们将介绍一个在评述整合发展模式时不断提到的技巧，即结构方程模型（SEM）。结构方程模型是一种评估复杂理论模型在多大程度上拟合一组观测数据所呈现的实际关系的方法（Kline，2011）。不同于相关系数一次只探索变量间的一个关系，结构方程模型的优势在于它能同时评估多个变量的相互关系，将每一个联系都考虑进去。

为了使模型更有说服力，研究者不只依赖单一的测量，而是进行一系列的测量。为了避免出现偏差，理想的情况是，这些测量包含不同的方法和不同的来源。例如，一个对儿童焦虑障碍感兴趣的研究者可能会对老师进行访谈，也会让父母完成问卷，同时会在实验室中观察儿童，进而形成一系列的测量，用以整体建构"焦虑"这一问题。个别的测量被称为观察变量，研究者假定要得出的理论建构是潜在变量。如果观察变量真正与另一个变量有持续的关联，这样就会形成一个潜在的建构，研究者之后就可能根据这些建构之间的关系来推进下一步验证假设的工作。

例如，威尔格罗特（Willgerodt，2008）对通过家庭因素、同伴关系和情绪压力对美国不同亚文化群体中的年轻人的危险行为预测很感兴趣。从美国青少年健康纵向研究的两次数据中，她收集了194个中国裔、345个菲律宾裔和395个白人青少年样本。为了验证她的模型，她要评估四个建构或潜在变量：家庭联结、同伴问题行为、情绪压力和危险行为。家庭联结通过三个自我陈述测验完成：情绪联结（对鼓励的感知、情感支持），工具性联结（和父母一起参与活动的频率）和家庭亲密度（感知到家庭对成员的亲密性和注意力）。同伴反社会活动也通过三个方面来测量：他们最好的朋友在没有父母监督的情况下饮酒的频率、抽烟的频率和使用非法药物的频率。情绪压力通过身体症状测验和两个来源于标准抑郁测验的子测验进行评估。最后，潜在变量危险行为通过三个可观察的测评完成，包括自我报告物质使用和两个犯罪量表。

结构方程模型分析的结果显示，伴随着时间的发展，对研究中的所有亚文化中的年轻人来说，家庭联结和情绪压力与危险行为的下降有关联（参见图1-7）。然而，对菲律宾裔青少年和白人青少年来说，同伴的反社会活动和危险行为增加有关联，这一效应在华裔青少年群体中没有表现。为了解释这一结果，威尔格罗特认为，由于中国文化强调维护家庭荣誉（Willgerodt，2008，p.404），坚持这些传统价值观的华裔青少年可能更多地被他们的父母影响，而没有被同伴行为影响。

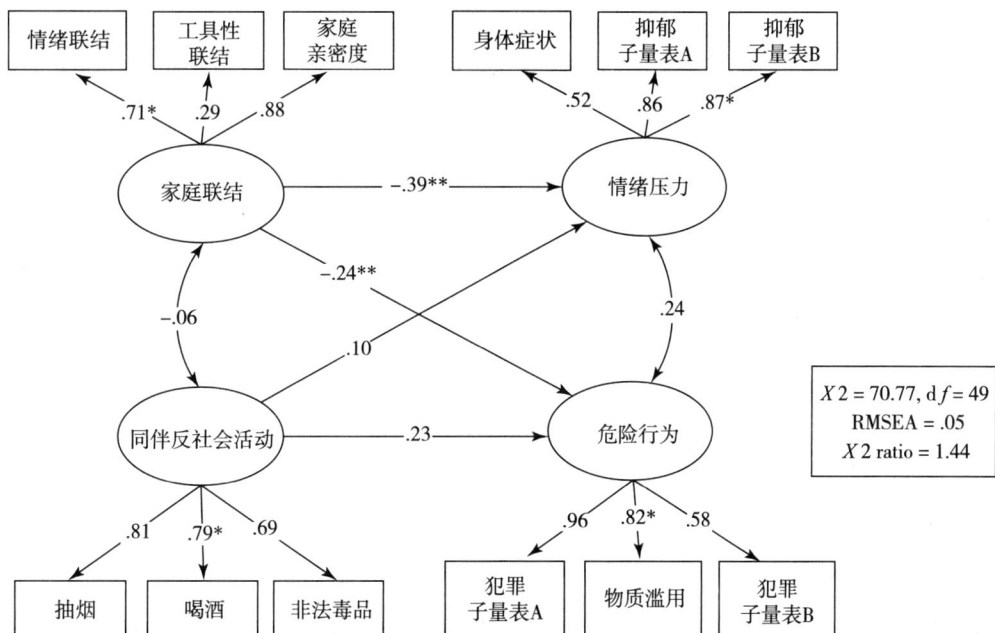

图1-7　结构方程模型显示：家庭联结、同伴反社会活动、情绪压力和危险行为在华裔青少年中的联系

资料来源：Willgerodt，2008。

为了让复杂的问题更加明晰，发展心理病理学模式要求我们验证多元变量随着时间发展的交互作用。因此，我们就需要更多的技术来评估一些变量和另一些变量是否相关，以及这些相关是否和理论模型一致。另外的研究技术，如增长曲线模型和分层线性模型也能帮助我们验证纵向研究中随着时间发展而改变的模型。

在列出一般发展框架及在研究中使用的方法大纲后，我们现在就准备介绍个人内在变量和人与人之间变量的正常发展轨迹，这是后面要讨论的不同童年期心理病理问题的基础。在第三章，我们将搭建起一座通往心理病理的桥梁。

对读者而言，基本了解主要的发展理论是很有帮助的。读者可以在普通的有关儿童发展书籍中获得这些理论，如可以参见伯恩斯坦和拉姆（Bornstein & Lamb，2010）的专著。

第二章

儿童正常发展

本章内容

1. 生物学背景下的发展

2. 个体背景下的发展

3. 家庭背景下的发展

4. 社会背景下的发展

5. 文化背景下的发展

6. 发展性整合

　　如果我们把儿童心理病理问题理解为正常发展的偏离，那么首先就必须明确正常发展的过程。尽管发展是通过所有的心理和生物过程来实现的，但我们仍选择了一些在儿童发展过程中更关键的发展影响因素来进行探讨。如果这几个因素中的任何一个出现了比较极端的问题，我们就应该严肃地考虑儿童是否会变得混乱。

　　个体发展要考虑生物学背景。儿童可能有困难型气质，或者他的大脑或神经化学递质产生了问题或偏离，这样的儿童更容易产生心理病理问题。

　　儿童的心理世界有很多因素都会影响他们的发展过程，我们称之为个体背景。对儿童来说，理解物理环境和社会环境是很重要的，理解他自己也很重要，因此，认知发展就起到了作用。由于认知发展的不成熟，在生命的最初几年里，他们产生的幻想可能会扭曲现实。重要的是，这些扭曲逐渐会被现实的理解所取代，如果持续出现奇怪的、虚幻的观点，比如一个 10 岁的儿童还相信他可以通过自己的思维控制电视画面，这就很可能是错乱发展的征兆。

　　此外，情绪发展对理解正常和心理病理之间的边界也很关键。情绪发展的关键点是依恋和自尊的发展。从最早期开始，当年幼的孩子被情绪风暴猛烈地冲击而自己却无能为力时，及时提供应对的环境和无微不至的照顾就能帮助儿童发展情绪调节的能力，并逐渐增加他们自我控制的能力。另外，在童年期和整个一生中，感受到深刻的依恋并真正依恋另一个个体的能力是人类体验自我感的核心。当儿童与他人形成重要的关系时，他们也形成了关于自己是谁的概念：我是被爱的，我因此可爱吗？我能否交到朋友并影响他人，从而可能达到我想要的目标？因此，依恋和自我影响着许多同心理病理和健康有关的发展变量，包括自尊、感知到的自我效能感、掌控动机、自我认同以及能帮助他们成功应对内外部压力的自我功能。

社会化也经常能够约束儿童行为发展的过程。随着年龄的增长，儿童自己内化了这些社会的监督和控制功能。道德发展通过指导儿童判断行为的对与错而开始发挥作用。道德观和自我控制也会参与到防御机制发展的过程，这能帮助个体管理焦虑，同时能够威慑和约束个体出现社会不认同的行为。

性别差异和我们所有提到过的其他发展过程都有交互作用，因为生物学和性别角色社会化在很大程度上影响了自我认知和行为。随着后续在发展过程中性行为的到来，性欲的依恋和真正的亲密关系得以形成。如果这些联结中的任何一个发生了极端的偏离，例如，如果父母最初的爱是通过过分的暴露或强烈的忽视表达的，如果性亲密性是恐惧而不是愉悦的来源，如果儿童被孤立没有朋友，那么我们就有充分的理由对之进行关注。

我们应该考虑的一个关键发展背景是家庭。儿童接受的父母教养的质量、家庭系统的结构以及亲子关系是温暖和谐的还是激烈排斥的，都将影响儿童对消极发展的易感性。

随着发展的推进，儿童和青少年扩展了他们的社会视野，他们会和家庭外部的同伴和成年人形成更有意义和更重要的社会联系。最后但同样重要的是，儿童发展依赖更大的文化背景，这也是必须考虑的。文化态度和价值观，社会群体和种族都是影响儿童的变量，它们通过塑造儿童的物理和心理环境而产生作用。

总之，在儿童心理病理学的发展性方法中，我们将讨论生物学、家庭、社会和文化背景对儿童发展的作用。此外，我们将重点关注个体背景中的六个过程：认知、情绪、依恋、自我、道德发展和性别与性。

一、生物学背景下的发展

（一）基因

在随后介绍每一个特定障碍的章节里，我们都要提及是否在家庭内部有基因传递的证据。基因遗传的模型包括：基因型——被传递的遗传物质；表现型——基因在物理特征和行为上的表达方式；环境型——把基因竞争作为解释行为的环境因素（参见 Rende & Waldman，2006）。相反，表现遗传学指的是基因和环境的交互作用，在反映环境条件影响的表现型中创造个体变异的方式（Meaney，2010）。正如生物学因素影响我们的行为那样，我们的生活经验也会影响我们的生物学特征。福克斯和他的同事研究发现，"尽管我们的基因密码为早期发展提供了重要基础，但我们也必须认识到在这个基本框架之上，许多环境因素也会影响未来的结构和功能"（Fox et al.，2010，p.31）。

因此，现代行为遗传学对到底是遗传还是环境的作用的讨论早已经不是老一套的"要么……要么"的争论了，而是认定所有的行为都是基于遗传因素和环境因素的交互作用而产生的。在特定人群中，当某个特征中的改变可以部分地由他们共有的基因来解释，遗传性就得以证明，与之相对的是，改变也可以部分地由共有的环境（例如，同一家庭的兄弟姐妹共有的体验，如都被母亲施以高压养育）和非共有的环境（例如，对兄弟姐妹中的每一个人而言各自独特的体验，如父母对待最小的孩子和最大的孩子的不同）来解释。

在个体发展过程中，基因和环境主要通过三个途径来产生交互作用和相互影响（Scarr & McCartney，1983）。首先，当生物学意义上的家庭有共同的基因和环境时，被动的基因—环境交互作用就发生了。例如，抑郁母亲的孩子就是更易感的，因为孩子不仅有抑郁的基因倾向，而且抑郁母亲的消极教养方式也会增加孩子抑郁的可能性。其次，当基因倾向导致他人从环境中产生或引发特定的反应时，基因环境的交互作用就产生了。例如，困难型气质的儿童可能会引发看护者的消极反应，进一步会导致看护者教养方式变得消极。最后，当个体基于他们的基因倾向选择、创造或修正他们的环境时，主动的基因—环境交互作用就发生了。在一个叫作"适合位置选择"（niche-picking）的过程中，儿童根据自身的态度和兴趣选择活动、朋友和经历，主动地参与到塑造他们的环境的行为之中（Reiss et al.，2000）。通过这种方式，儿童选择和修正他们的人际范围，在发展过程中，就比出生在同一个家庭有着同样环境的兄弟姐妹受到家庭环境影响的程度低。

最有力的基因影响的证据来自双生子研究。双生子研究是比较共有100%基因的同卵或单卵双胞胎和共有50%基因的异卵双胞胎的遗传情况。研究者旨在确定双胞胎之间的一致率，也就是某一特征在一个孩子身上表现了，同时也在他的双胞胎兄弟姐妹身上表现的比率。理想的行为遗传学研究是比较在同一家庭中抚养和在不同家庭中抚养的双胞胎的发展情况。如果分开抚养的双胞胎相似性大于差异性，这就说明基因比环境对行为的影响更大。例如，明尼苏达分开抚养的双生子研究（Markon et al.，2002）就发现了基因对人格发展的贡献。研究者评估了122对已经分开在不同家庭抚养的同卵和异卵双生子的适应和不适应人格特质。总体来说，数据显示同卵双生子比异卵双生子更相似。由此可以看出，遗传的贡献是显著的。然而，环境仍然对人格的表现型有着显著的影响。

另外一个让我们可以对基因和环境的影响进行比较的创新性研究策略是"产前交叉寄养"设计。在这样的研究设计中，研究者对亲生母亲和通过人工授精接受卵子捐赠而对其孩子没有基因贡献的母亲进行比较。使用这种研究设计，英国的赖斯和同事们（Rice et al.，2010）研究了母亲产前压力和儿童反社会行为、焦虑及注意力问题发展之间的关系。结果显示，在两类母子配对中，母亲产前压力和反社会行为之间都存在联系。相比而言，产前压力和儿童注意力问题之间的联系仅在亲生母子对被试中存在，这表明这一联系可能更多的是由遗传因素导致的。

　　一般来讲，研究表明，50% 的人格特征归因于遗传（Plomin et al.，2008）。因此，仍然有很大的空间由心理和环境过程的作用来产生影响。尤其是研究者越来越多地认为，基因、行为和环境的影响是动态的、相互的（Moffit，2005）。例如，一个研究通过评估寄养子的亲生父母的反社会行为来评估他们侵犯行为的基因风险，然后调查领养父母的管教风格和儿童随后的品行问题之间的关系（Rigins-Caspers et al.，2003）。结果表明，相比于低侵犯行为基因风险的儿童来说，有高侵犯行为基因风险的儿童受到了领养父母更多的纪律要求和控制，基因风险和儿童侵犯行为之间的联系受到了养父母教养行为的调节。因此，儿童的基因影响了他们的行为，然后引发了照看环境的看护者的特定反应。在这个案例中，特定的适应性反应就是为看护者对儿童的不良行为设定限制。

（二）神经心理学

　　儿童神经心理学领域取得了快速的、令人兴奋的进步，它将超越我们在此对它的述评的范畴。但是，简单来看，我们关心的神经心理学发展的重要维度仍然是大脑结构、功能和化学物质（要获得对神经心理学发展的基本概览，参见 Kolb & Whishaw，2003；要获得对神经心理学和心理病理学的杰出述评，我们推荐给读者 Cicchetti & Walker，2003，Romer & Walker，2007）。

　　关于大脑结构，或者神经结构，首先，我们将关注研究是否显示了不同的障碍与发育中的大脑某部的功能失调或连接性降低有联系。其次，我们想要考虑大脑功能，或者说是大脑结构的差异在行为中的展现。而在大脑化学物质领域，我们将关心大脑中神经细胞（神经元）间传递信号的神经递质，包括多巴胺、5- 羟色胺、γ - 氨基丁酸和去甲肾上腺素。当这些神经递质出现紊乱，或者它们在数量上过多或匮乏时，心理病理问题就可能发生。此外，压力经验过度刺激了特定神经内分泌物质的释放，这些物质的过量对大脑发育有毒害作用。例如，在我们对焦虑、创伤（第八章）和虐待（第十四章）的研究中，我们将提到下丘脑—垂体—肾上腺轴（HPA 轴）。它通过调节激素皮质醇（可的松）的产生而激发熟悉的"战或逃"反应，HPA 轴在压力反应中起着非常关键的作用。如果儿童常年或反复经历创伤，就会诱发其分泌过量的可的松，使其处于一种高强度的恐惧或唤起状态，从而对大脑发展造成致命的影响（Gunnar，2007）。

　　婴儿大脑的发展顺序和大脑进化过程的顺序是一致的，因为最先发展的大脑结构都是最原始的。例如，最先开始发展的是大脑最下面的部分——脑干——连接着脊髓并调节自主功能，如呼吸、心跳、运动协调和唤醒（参见图 2-1）。位于脑干后面的是小脑，它掌管着协调和平衡。脑干上方是边缘系统，它整合了海马、扣带回和杏仁核。这些结构组合在一起控制着人类的基本内驱力，如性、攻击和满足，在情绪调节和冲动控制方面起着重要作用。另外，基底核，包括尾状核，参与对有关思维、情感和行为的信息组织和整合。

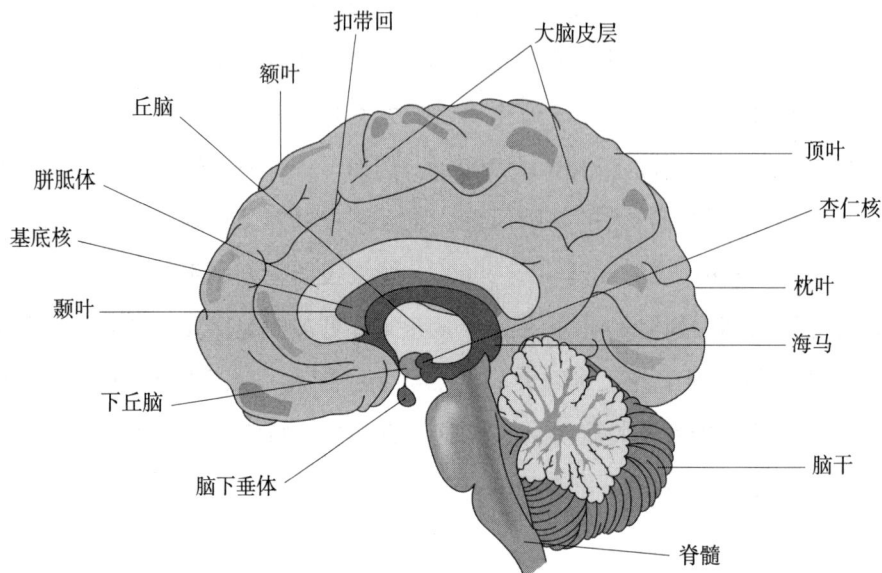

图 2-1　人类大脑结构图

　　大脑最后发展的部分是大脑皮层，它主要参与人类最复杂的推理和创造的过程。大脑皮层包含两个半球，它们分别掌管特定的功能，这一人类大脑的特征被称为偏侧化。大脑左半球（在大多数右利手个体中占主要地位）主要参与语言信息和线性逻辑形式的加工过程，如阅读和数学；右半球主管视觉化加工过程和整体加工过程，如空间知觉和社会知觉。然而，尽管大脑左右两半球的功能定位不同，两半球的功能却是高度整合的，在完成大多数任务的过程中，左右两半球都有一定程度的参与，而它们之间的沟通是通过胼胝体发生的。胼胝体是联系大脑两半球的一束纤维体。

　　大脑皮层可以进一步分成四个区域，或四个叶：枕叶、顶叶、颞叶和额叶。枕叶在大脑皮层的最后部，主要参与视觉加工。顶叶在枕叶的上面，负责感觉信息的感知，包括疼痛、压力、触觉，并负责运动时对身体活动的认识。颞叶在大脑皮层两侧的颞区，对记忆、听知觉和面部识别非常重要。额叶在大脑的正前上方，是更高级的心理功能的中心，其中包括执行功能。之所以这样命名，是因为它们非常像大型组织的执行官，执行诸如计划、问题解决、决策和组织等任务。

　　尽管研究者曾普遍认为大脑发育过程在大约 12 岁时就已经基本完成，但是研究显示，直到青少年期，甚至是成年早期，大脑皮层还在持续发生着显著的变化（Giedd，2003）。两个重要的发展过程是髓鞘化和修剪（pruning）。修剪是指大脑自身将不必要的、多余的或非功能性的细胞清除掉。第一次修剪发生在出生前最后一个月，随后在产前，神经发生迅猛成长。第二次关键性的修剪阶段开始得较晚，从童年期开始，到十几岁后期达到顶点。第二次修剪不但清除掉一些细胞，还清除掉一些神经元之间的联结。

大脑包含两种类型的神经质——灰质和白质。白质的颜色来自髓鞘，髓鞘包围着神经细胞轴突，所具有的功能类似于电线外的绝缘体，增加了信息传递的速度和效率。神经元的髓鞘化过程开始于青春期（女孩大概始于 11 岁，男孩大概始于 12.2 岁），一直持续到至少二十几岁，也有人可能到四十几岁。一般来讲，髓鞘化的过程和大脑发展的方式相同：从大脑的最后部开始（这里是基本的、原始的功能定位区），逐渐发展到前脑（这里是更高级的功能定位区）。大脑最后被髓鞘化和修剪的部位是前额皮质，这个区域主要负责更高级的心理功能，如计划、决策、组织和衡量事项。因此，研究者认为，一些危险的行为和不合逻辑的思维与暴风骤雨般的青少年期的紧密关系是可能有生物学基础的（Steinberg，2010）。

（三）气质

每个婴儿看上去天生就有某种气质——一种特有的节奏和活动水平，特别的心境和适应性，特殊的易感性和复原力（参见 Rothbart，2011；Rothbart & Bates，2007）。正如尼格（Nigg，2006）描述的那样，气质本质上反映了儿童对环境的生物学反应性，但是在发展的很多方面有所表现：行为方面（儿童是压抑的还是莽撞的）、心理方面（儿童是焦虑的还是自信的）、神经方面（是不是边缘系统反应）、生理方面（是自主神经系统唤起的还是稳定的）、基因方面（调节主管情绪反应神经递质的基因是"打开"的还是"关闭"的）。

1. 气质类型

气质研究的先锋是亚历山大·托马斯和斯特拉·切斯（Alexander Thomas & Stella Chess，977）。他们区分了三种不同气质类型的婴儿：困难型、容易型和迟缓型。困难型婴儿是难以取悦的，他们的饮食和睡眠习惯不规律，容易恼怒，不容易平静。相对而言，容易型婴儿一般表现出积极的情感，以温和的方式对待挫折，也很容易被父母抚慰而平静下来。迟缓型婴儿或害羞的婴儿一般来讲活动水平较低，虽然他们一开始可能对新刺激或变化表现出消极反应，但是随着时间的推移，他们将慢慢适应，变得更像容易型婴儿。

使用纽约纵向研究的数据，托马斯和切斯（Tomas & Chess，1977）追踪了 133 个被试（从婴儿期直到成年期）。虽然他们发现任何单一的气质特征和成年早期的调整之间没有任何相关，但是，3 岁时的困难型气质却和成年期的情绪调节整体水平有负相关。并且，发展出精神疾病问题的儿童更可能在婴儿期表现出困难型气质。

另外一组气质研究者从伯克利研究中获得数据，这一研究从 1928 年开始，追踪了 214 个被试（从童年早期直到成年期；Caspi，1987）。基于父母报告，年幼的孩子按气质分成依赖的、坏脾气的和害羞的三类。当被试 40 岁时，研究团队对他们进行访谈（尽管组名"依赖的"听起来是消极的，但是请注意依赖看护者对年幼的儿童来说是正常的，因此，这一组是最适应的气质类型）。受理论学家卡伦·霍妮（Karen Horney）的人格类型学说启发，研究者将表现出这三种气质类型的儿童分别描述为："融入世界""反对世界""偏离世界"。他们发现气质类型存在相当明显的持续性，也发现了在 20 世纪 50 年代这些成年人身上与其特定气质类型相关的、有趣的性别差异。例如，童年期坏脾气的孩子与成年后的敌对和愤怒密切相连，而且不论男女都一样（Caspi et al.，1987）。另外，虽然害羞类型的男性在成年期的生活转变上存在困难，如婚姻延迟、生子延迟、职业生涯延迟，但是害羞的女性的气质类型则和问题发展过程没有联系（Caspi et al.，1988）。虽然很多害羞的女孩长大成为沉默寡言的女性，但是她们偏好安静的家庭生活方式正好满足了那个时代对女性的期待。

随后，卡斯皮等人又对 900 多名儿童进行了追踪研究，研究从 3 岁开始直到 21 岁（Caspi & Shiner，2007）。研究者确认了五种不同的气质类型：适应良好的、保守的、自信的、压抑的、失控的。前三种类型的人在成年期表现出了一系列人际行为，他们的适应一般是良好的。相反，压抑型的孩子长大后，比其他气质类型的人所获得的社会支持水平更低，但是他们仍然和伴侣、同事拥有适应性的关系。然而，失控型的学龄前儿童在成年期比其他任何组的人所产生的各种人际适应问题都要明显得多。在第八章和第十章讨论焦虑和攻击性的心理病理问题时，我们会再次引用这些研究结果。

罗思巴特（Rothbart，2011）针对气质做了进一步的研究。他的研究横跨了一生，并使用因素分析的方法得出了气质类型三个更概括的因素（参见表 2-1）。第一个因素是外向型，指的是儿童的活动水平和参与环境的情况；第二个因素是消极情感，反映了儿童对挫折做出消极反应的趋向和一旦唤起就很难平静的状态；第三个因素是努力控制，描述的是儿童有意地保持注意力和控制冲动的能力。

罗思巴特的实验研究显示，从婴儿期到 7 岁，这些气质维度是很稳定的。纵向研究也证明这些气质因素和心理病理问题之间的相关。例如，科姆西等人（Komsi et al.，2006）追踪了一组从婴儿期到 5 岁半的芬兰儿童，结果发现，过度控制的儿童表现出更多内化的问题，他们在恐惧感方面得分高，外向型方面得分低，努力控制方面得分高。与此相反的是，有外在问题表现的失控型儿童则在消极情绪方面得分高，外向型方面得分高，努力控制方面得分低。被认为有复原力、没有心理健康问题的儿童在外向型方面得分高，消极情绪方面得分低，努力控制方面得分高。其他实验研究也证明，努力控制的气质维度可能与复原力相关。例如，加德纳等人（Gardner et al.，2008）发现，努力控制能保护年轻人免受反社会同伴的消极影响；伦古阿和朗（Lengua & Long，2002）报告，当孩子的努力控制水平高时，家庭压力和内化问题的相关程度更低。这样，尽管一个困难型气质的个体可能会有发展出心理病理问题的易感性，但是适应性气质特征也许能保护其免受伤害（Nigg，2006）。

表 2-1 罗思巴特的气质三因素模型

外向型	活动水平（例如，往往会从一个房间跑到另一个房间，而不是走）
	趋近他人，积极的预期（例如，打开礼物时表现得极度兴奋）
	高强度的快乐（例如，荡秋千时喜欢又快又高）
	冲动（例如，经常匆忙冲进新环境）
	不害羞（例如，倾向加入其他孩子的游戏，而不是站在一边）
	爱笑（例如，看绘本时会笑）
消极情绪	愤怒／挫折感（例如，被告知要上床睡觉时会发怒）
	对感官刺激的反应是不舒服的（例如，对太明亮的光或颜色感到厌烦）
	从痛苦或唤醒中恢复较慢，很难平静（例如，一旦开始哭，就哭很长时间）
	恐惧、不安、焦虑、紧张（例如，怕黑）
	对失望的反应是悲伤的（例如，当心爱的玩具丢失或损坏时，悲伤地哭泣）
努力控制	保持注意力集中的能力（例如，当画画或涂色时，表现出很强的专注）
	能够抑制或压抑反应（例如，当被告知"不行"时，很容易停止一个活动）
	对低强度刺激的反应是愉悦和享受的（例如，享受坐在父母的腿上）
	对低强度刺激的知觉敏感性（例如，即使是物体上的微小的污点也能注意到）

总之，尽管这些研究者使用了不同的术语和分类体系，但是气质研究较为一致地显示，极端的害羞／压抑的气质以及极端的困难／攻击／失控的气质，都增加了个体心理病理问题发生的易感性。而另一个比较一致的结果就是，从婴儿期到成年期，个体的气质持续性是相当明显的。在卡斯皮和夏纳（Caspi & Shiner，2007）试图解释童年期气质影响成年期行为的机制时，他们提出了两个重要的概念。第一个概念是交互连续性。例如，他们提出，害羞的男孩胆小，缺乏社交技能，他们往往会被其他人忽略：他们被忽视，被忘记，组成团队的时候也是最后被挑选的。我们把这种情况称为"相互影响"（参见第一章）。通过这种方法，害羞的男孩和他人交互作用，他人对待他们的方式往往使他们更加害羞，随后，会导致其更加退缩。第二个概念是与历史有关的。正如卡斯皮和同事争论的那样，每一种文化在每一个历史时期都有一套确定的个体应该实现的角色要求，这就定义了期待个体应发展的胜任能力，明确指出了个体适应表现的行为。因此，个体发展就部分受到他如何与其文化在其所在时代提供的规范进行交涉方式的影响。

切斯和汤姆斯所做的对理解发展心理病理学另一个有价值的贡献是他们观察到气质特征并不会单独决定儿童的未来，而是儿童和环境之间的吻合度决定了儿童发展是朝向健康大道还是病理的小路（Chess & Thomas，1999）。下面，我们将更详细地了解这一概念。

2. 吻合度

在他们的纵向研究中，切斯和汤姆斯（Chess & Thomas，1990）对样本中的个体差异感到困惑，因为有些孩子从婴儿期到成年期都保持着一致的发展轨迹，而另外一些则有完全不同的命运。由于切斯和汤姆斯都是临床医生，都对他们的研究如何帮助被试感兴趣，所以，他们开始想搞清楚为什么一个孩子表现出一致性的气质发展过程，而另一个孩子则会随着成长而发生巨大的变化。切斯和汤姆斯认为可以用"吻合度"进行解释，即儿童气质类型和环境对儿童要求之间的匹配程度。当环境期待、要求和机会与个体气质完全吻合时，儿童能够有效地应对环境的挑战。而当吻合度低时，环境要求超过了儿童的能力，随之而来的压力导致了不健康的发展过程，正如切斯和汤姆斯（Chess & Thomas，1990）提道：

> 吻合度并不意味着没有压力和冲突，其实完全相反。在发展过程中，压力和冲突是不可避免的。随着儿童逐渐长大，更高水平的期待和要求不断产生。当要求、压力和冲突与儿童的发展潜力和掌控能力一致时，它们就会被整合进随后的发展结果中。功能紊乱是对过度压力的反应，而这种过度压力则是在发展的某一特定时期，由于环境要求和儿童能力之间的不吻合导致的。

在方框 2.1 中，我们呈现了切斯和汤姆斯纵向研究中的两个案例。

方框 2.1　气质和环境吻合度的个案研究：诺姆和卡尔（Norm and Carl）

斯特拉·切斯和亚历山大·汤姆斯描述了参与他们纵向研究的两个年轻人诺姆和卡尔的情况。

在婴儿期，诺姆表现出害羞、注意分散和坚持性差的气质特征。然而，他很聪明，在学校表现也很棒。诺姆的爸爸是一种不同的气质类型：专注、进取心强、不能很好地接纳诺姆的犹豫不决和心不在焉。当研究者尽可能引导父母洞察诺姆行为的气质基础时，他爸爸更愿意将儿子的这些行为解释为不负责任和缺乏意志品质，并且公开向诺姆表达这些看法。当诺姆长大一些时，他认识到他没有像爸爸那么有进取心，但是他也接受爸爸对他的性格的负面评价。到青少年时期，他很自我挑剔，并且告诉切斯博士："我爸爸根本不尊重我，让我们对峙吧，他为什么要这样？"诺姆的反省只是增加了他自己的消极自我意象，导致他更进一步沮丧和绝望。由于不努力，他从多所大学辍学，同样，因为没有足够的动力持续做某一份工作，他也不断跳槽。他曾尝试过心理治疗，但是并没有多大帮助，因为他的自我否定倾向让他根本看不到自己能做出任何积极改变的可能性。

卡尔也是他们纵向研究中的一个从婴儿时期就开始追踪的被试。当他 19 岁时，他请求和切斯博士面谈。那时，他刚刚结束大一第一学期的学业，正经历着较为明显的抑郁，觉得自己无法应对繁重的学业要求和社交要求。他没能交到任何新朋友，学习也有麻烦，这些问题是他以前从来没遇到过的。他不理解到底发生了什么："这根本就不是我！"

回溯卡尔的研究档案，切斯博士注意到，当卡尔还是婴儿时，他有着困难型气质，对新环境有着强烈的消极反应，适应得很慢。他妈妈一直很焦虑，总觉得一定是自己有哪里做得不对，不然，为什么卡尔会和其他孩子的表现如此不同？幸运的是，卡尔的爸爸是个很耐心的人，他把卡尔的行为视作挑战而不是异常，并再三跟妻子保证他们能应对这个要求高的婴儿。爸爸将卡尔的大声尖叫视作"精力充沛"，和自己的温和脾气相比，卡尔的冒失也是值得尊敬的。因此，父母用耐心的、持续的、低调的方法应对卡尔的坏脾气。

在整个童年，卡尔都住在同一个社区，在整个上学阶段一直都有同一群朋友，生活里没有特别重大的混乱和压力。任何他所经历的变化都是缓慢发生的，他有足够的时间去适应。相比而言，上大学则是一个非常突然的变化，他同时面临着一系列的压力事件：新的环境、陌生的同伴团体、各种不同的学业压力。他体验到了强烈的消极情绪反应，在这些新刺激面前，他退却到自己退缩的气质模式上去了。

当他们坐下来一起交流时，切斯博士和卡尔回顾了有关他气质模式的证据，她也给卡尔一些行为策略，以帮助他应对。比如，限定每学期选修的课程数目，要求他参与一个同伴活动团体并有规则地参与活动，这样他就能建立较为稳固的友谊。在这次咨询后，卡尔表达了感谢，并开始自己前进。7年以后，26岁的卡尔又一次预约了切斯博士。他非常高兴，聊了很多他最近在忙的事情：他在从事一份不错的和计算机有关的工作，正计划要开始自己创业，同时，他计划过年后学习音乐。他也有一份稳定的亲密关系，正在考虑是否要结婚，同时他还在学习摄影，而且积极参与体育运动。切斯博士笑着问卡尔："你什么时间睡觉？"他回答："这是个问题。我真是睡眠不足，总是感觉到累。但是我真正想来问您的是我为什么会紧张？"切斯博士笑了起来，她指出，所有这些活动，两难处境和决定必然会导致紧张和疲劳。卡尔后来做出的调整就是减少自己参与的活动，直到3年之后他再次来和切斯博士会谈，他都一直做得很好。

资料来源：Chess & Thomas，1990。

在荷兰一项超过 2000 名青少年早期被试参与的纵向研究中，塞恩兹及同事（Sentse et al.，2009）评估了气质的两个方面——恐惧和挫折，也评估了他们对父母教养方式的认知，包括测量父母的过度保护、拒绝和情感温暖，还进行了访谈以评估父母的心理病理问题情况。最后，研究者也评定了家庭的社会经济状况（social economic status，SES）和儿童的外在问题、内在问题。研究者发现，在气质和家庭因素之间存在着有趣的交互模式。例如，挫折能预测青少年外在问题的产生，但是这一影响会被父母的情感温暖因素和高水平的家庭社会经济状况缓解。相反，父母的拒绝则会加重挫折的消极影响。简言之，气质看上去提供了一种生物倾向性，在此基础之上，环境会缓和或加速心理病理问题的产生。正如尼格叙述的那样："在某些情况下……气质并不能充分地单独解释心理病理问题产生的全部。而是，易感的气质加上成长过程中的不幸经历共同解释了病因"（Nigg，2006，p.19）。

3. 生物学过程和发展心理病理学

总体来看，有诸多生物学过程对心理病理问题的产生有影响：①基因遗传特质；②脑结构的异常；③脑功能失调或不同脑区之间的错误联结；④脑化学物质失衡；⑤髓鞘化不充分；⑥修剪过程失调，不能去除大脑多余的或非功能性的通路；⑦困难型气质。每一个生物学过程都在发展过程中和环境产生交互，因此，我们对机体因素的考虑就必须注意这种相互影响。

二、个体背景下的发展

（一）认知发展

正如我们在第一章提到的，皮亚杰（Pieget，1967）提出了儿童认知发展的、按序列的四个固定发展阶段。

在生命的前两年，儿童处在感知运动阶段。之所以这样命名该阶段，是因为这一阶段儿童理解的媒介是感觉和运动。当给婴儿呈现一个新奇的物体，如一个发出嘎嘎声的玩具，他可能会通过把它放到嘴里或摇一摇来探索它的特性。这一阶段的婴儿还没有使用符号或象征思维的能力，除非到这一阶段末尾，因此，婴儿和幼童必须通过直接参与环境和使用感觉来探索和学习。这个阶段的一个重要发展是客体永久性。在生命的前几个月，一旦他们看不到或抓不到某物体，婴儿就不会表现出想念这一物体的现象。这样，只有当他们在采取相应的行动或感知到时，世界才存在。慢慢地，婴儿开始意识到不管他们是否在行动或是否感知到，物体都是存在的——物体作为环境的一部分存在在"别处"，而运动作为自己的部分存在在"此处"。这表示婴儿期"我"从"非我"的分离中迈出了一大步。

前运算阶段从大约2岁一直持续到7岁，其重要特征就是符号功能的出现。符号化的最明显表现就是语言，语言在这一阶段飞速发展。然而，学龄前儿童往往只相信其双眼所看到的。因此，对他们而言，一些看上去不同的东西就是不同的。关于这一论点，皮亚杰最著名的记录就是守恒实验。实验者就在儿童的面前把全部的水从一个矮而宽口的玻璃杯倒入另一个细长的玻璃杯中，学龄前儿童会认为，细长杯子里的水更多。因为它们看上去更多，所以儿童就认定更多。缺乏守恒的概念也会导致他们出现其他的错误信念，这在前面我们已经讨论过。比如，幼小的儿童确信通过改变装束就能改变他们的性别。前运算阶段的儿童还有一个特征就是幻想思维，这被称为万能思维。因为他们对因果关系的理解有限，所以他们往往认为就是自己决定了他们周围发生的一切事情。

具体运算阶段从大约7岁持续到11岁。儿童在童年中期所获得的飞跃的发展就是能够根据推理而不是根据自然的知觉来理解世界。他们掌握了物体一致的概念，即便这些物体外表会发生变化。尽管他们的思维得到了发展，但是他们仍然和具体的现实相联结，与此时此刻相联结。

形式运算阶段开始于大约12岁，一直持续到成年期。在这一阶段，年轻人能够概括、归纳观点，建构抽象观念。他们能从假设中得出结论，而不是完全依赖实际的观察得出结论，这被称作假设演绎思维。青少年可以跟随自己的思维天马行空。他们讨论，写作，沉思，创造出属于自己的生活哲学，并用之解释整个宇宙。他们也能开始进行真正意义上的自我批评，因为他们能够反思和审查自己的观点。

跨文化研究已经证明，来自不同社会文化的儿童都较为明显地经历了皮亚杰所提出的这几个认知发展阶段。在相应的年龄阶段，只要使用的评估儿童认知功能的刺激是与文化相关的，都可以预测儿童在日常生活中所表现的概念和语言（Maynard，2008）。

（二）认知过程和发展心理病理学

1. 同化—顺应平衡

在皮亚杰的图式中，为了理解心理病理现象的起源，我们必须考虑对认知发展起作用的过程，以及通过不同阶段取得进步的过程。根据皮亚杰的理论，儿童发展是通过儿童试图适应环境来实现的。正如我们在第一章提到的，适应通过两个心理过程完成：同化与顺应。同化指的是将新信息整合到已有的图式中，而顺应是指改变旧有图式以适应新信息。鉴于正常发展就是同化和顺应之间的平衡，所以当同化和顺应相互排斥的时候，问题可能就会产生。例如，如果单独只使用同化，可能干扰新的学习，导致儿童做出错误的假定，扭曲信息以吻合以前存在的概念。如果极端一些，过于依赖同化的儿童可能会迷失在幻想之中，会竭尽全力扭曲现实以满足自己的希望。另外，单独只使用顺应将会导致儿童持续改变他的图式来适应新刺激。极端情况是，过度顺应的儿童可能会缺乏统一的自我感。

2. 幻想思维

一个青少年期的女孩不会因为恐惧就认为粪便会从她口中喷出，或者一个总是仰卧着睡觉的年轻人也不会坚信，如果他睡觉时不仰卧就会变成女人。如果他们会这样认为，那么他们就有可能有心理病理问题。因为他们确信，他们会导致现实中发生超过他们控制的事件。然而，在正常的发展过程中，幻想思维和无所不能会在童年中期开始消失，而被逻辑思维取代；但是，在一些发展滞后，或由于经历创伤而退行的儿童的发展过程中，前运算思维的残留物可能仍会存在。特别是对于那些受过创伤的儿童来说，万能思维是有问题的，他们总是错误地认为他们自身的特质是其受到虐待的原因，并因此谴责自己。

3. 自我中心

皮亚杰将自我中心定义为只是从自我的视角来构想物理世界和社会世界。因此，儿童用自我的特征来定义或解释客观环境的特征："我"和"非我"是混淆的。自我中心思维出现在认知发展的所有阶段。婴儿相信所有物体的存在都依赖于他自身的行动。对学龄前儿童来说，自我中心会带来一个重要的社会后果，即它会阻碍儿童去理解其实每个人都有其自身的视角。这种从多个角度看待同一情境的能力——例如，去看一个教室作弊的场景，从作弊男孩的视角去看，从帮助作弊的另一个孩子的视角去看，以及从管理课堂纪律老师的视角去看——代表着合作性社交能力上的巨大进步。

社会观点采择有其自身的发展阶段。例如，3～6 岁的儿童很少承认其他人能用与他们不一样的方法解释同一情境，而 7～12 岁的儿童则能从他人的视角来看待自己的观点、情绪和行为，同时也能意识到他人也可以做同样的事情。正如我们要看到的，一系列的心理病理问题都会关注社会观点采择能力，包括品行障碍（第十章）和边缘型人格障碍（第十五章），但是在大多数的孤独症（第五章）中，社会观点采择是如此深奥，以至于孤独症儿童无法理解他人也是有心理状态的，也就是说，缺乏所谓"心理理论"。

自我中心在童年期最后一次的表现是在青少年早期。皮亚杰认为，认知转变的时间就是思维的原始模式容易再次出现的时间。自我中心的一个方面可以经由自我意识来表达。如果有人在公交车上笑，同时，处于青少年期的男孩正笨手笨脚地到处找零钱付车费，那么他一定会认为车上的人是在嘲笑自己。青少年自我中心的另一方面的表现是相信：只要单纯地想一想就能取得成功，他的想法是解决世界上所有问题的关键，只要世界愿意倾听，一切问题都可以由他们解决。

4. 认知延迟和学业失败

虽然形式运算被认为是青少年的特征，但是并不是所有青少年都能达到这一先进的推理思维阶段。事实上，有严重认知延迟的儿童可能无法达到具体运算阶段。有很多拥有不同学习特点的学习障碍儿童，由于学习特点影响了学习能力，所以无法实现他们的潜能，在学业中也无法获得成功（参见第七章）。儿童的一般认知功能水平对他们发展过程中的诸多功能都有着重要影响。在讨论心理病理问题时，学业失败就是一个非常突出的问题。例如，潜在的青少年犯罪群体和潜在的精神分裂症群体，都可能表现出在课堂上的破坏性和不专注、挑衅或逃课的行为，同时，学业成绩降低也是预测青少年毒品滥用的一个重要因素（参见第十二章）。

5. 认知歪曲

在第一章我们提到过的社会信息加工模型也为我们提供了理解认知如何影响心理病理问题的方法。解决一个社会问题时，儿童经历了一系列的步骤：编码社会线索，解释这些线索，寻找可能的反应，从产生的反应中决定一个特定反应，最后表现出这个特定的反应（Crick & Dodge，1994）。第二步解释线索包含了一个重要的心理过程：归因。归因是对行为原因的推断。道奇的理论认为，在紊乱的儿童中，认知过程是扭曲的或是存在缺陷的。例如，攻击性的儿童倾向于把他人的行为意图归因为恶意的，即使这些行为是善良的或是偶然的。这种扭曲的评价被称为敌意归因偏见。在第十章我们讨论攻击行为时会再次提到这一概念。

6. 情绪发展

对我们理解心理病理和常态来说，情绪发展都有着极为重要的意义。尽管情绪有着重要的适应功能，但是，当情绪的发展和其他功能的发展不协调一致时，它们也可能会产生适应不良的结果［此处我们引用伊泽德等人（Izard et al.，2006）的研究观点］。

（三）情绪发展

情绪发展包含很多过程，其中之一是情绪表达。在生命的最初阶段，新生儿就能展现出一系列情绪，包含兴趣、微笑、厌恶和痛苦。在早到两三个月时，婴儿就会表现出悲伤，而愤怒则在六七个月的时候出现。伴随着生命第一年的认知发展，儿童也能够表达出更复杂的情绪，如鄙视、羞愧、胆怯和内疚。情绪表达的出现受到看护者的高度影响。婴儿直接模仿看护者的情绪，反过来，看护者又选择性地强化了婴儿的面部表情。

到 10～12 个月时，情绪表达的作用就更加社会化了，在组织行为方面有了重要的功能。1岁左右的儿童通过研究看护者对他们的情绪反应来判断事件的意义，这种现象被称为社会参照。例如，在一个经典的研究中，克林内特和她的同事（Klinnert et al.，1983）将婴儿放置在一个视崖装置上，也就是设置一块玻璃平台，下面有一个逼真的悬崖模型。妈妈站在悬崖的一边，示意他爬过去。当妈妈微笑着示意时，几乎所有的婴儿都爬过了悬崖，而当妈妈表现出恐惧的表情时，几乎没有婴儿会爬过去。

当儿童两岁时，情绪表达变得更稳定，和认知发展的过程更为契合。在三岁时，当自我意识和表征思维出现时，我们开始看到自我意识情绪的出现，如羞愧、内疚、尴尬和骄傲（Tracy et al.，2007）。学龄前儿童评估他们的表现和对成功、失败的情绪反应，看上去经历了对自我，而不是对任务的满意和不满意。

在童年中期，儿童情绪表达的社会适应性能力增强，压抑或隐藏情绪反应的能力也更强。例如，在生日宴会上给孩子一个旧电子游戏机，尽管对礼物不满意，但是 10 岁的孩子会比 5 岁的孩子更能微笑着说"谢谢"。按规律来说，研究者认为青少年在情绪强度和能力方面会有所增强。拉森和理查德（Larson & Richards，1994）要求青少年和他们的父母在一天中蜂鸣器响起（间隔时间随机）时，拿一张纸记录他们的情绪，结果发现，青少年在一天中报告"非常快乐"的次数是父母的 5 倍，报告"非常不快乐"的次数是父母的 3 倍。虽然青少年的情绪更为极端，然而他们的情绪也更短暂，这就意味着青少年的喜怒无常是真实的。另外，青少年的认知发展也让他们对情绪表达的社会影响有所意识，同时会增强情绪管理的技能，从而让他们在情绪可能伤及关系时压抑情绪，或在情绪可能增强和他人的联系时，加强与他人的联系（Saarni，2006）。

1. 情绪识别

克林内特等人的视崖实验也揭示了情绪发展中另外一个重要的过程，即情绪识别。为了获得有关自身周围发生事件意义的线索，儿童会扫描并解读看护者的面部：是安全的，还是危险的？年幼的孩子经常会通过查看周围人的情绪表达来解释事件，甚至是解释儿童自己内在的体验。例如，蹒跚学步的孩子如果摔倒了，会根据父母的情绪是警觉还是平静做出反应——开始号啕大哭或毫无顾虑地继续玩耍。情绪识别在健康的社会关系发展中有重要作用，是共情和亲社会行为形成的先决条件。

2. 情绪理解

认知发展和情绪发展之间的相互作用对儿童情绪理解的发展来说最为重要（Dunn，2000）。发展的一个关键任务就是能够识别、理解和解释自己和他人的情绪。在个体背景方面，包括在自我概念的发展中，情绪理解非常关键。同时，它在人际发展和道德发展中也占有重要地位，包括共情和社交能力的产生。当情绪表达在有意识的控制下出现时，年龄大的儿童能够更复杂和更深刻地反思和理解自己的情绪。例如，学龄儿童就有可能一次体验不止一种情绪（二次情绪；Harter & Whitesell，1989），也有可能是情绪来自不同的情境，或者可能同一情境在不同人中引发不同的情绪。

3. 情绪调节

情绪调节，又称情感调节，是监控、评估和调整情绪反应以达到某一目标的能力（Gross，2010）。情绪调节要求有能力辨别、理解，并且在适当的时候调整某人的情绪。情绪调节可能包含抑制或克制情绪反应。例如，在面临痛苦情绪时，儿童可能深呼吸或从1数到10来使自己平静。但是情绪调节也可能包含增强情绪反应以满足某一目标。例如，儿童为了获得更大的勇气来对抗可怕的欺侮者，就需要"增加"愤怒；或者通过回忆和再次展现一次愉快的经历，儿童就可能增强积极情绪。大体上，情绪调节让儿童——或者可以说是儿童患者——成为"自己的老板"。

父母对儿童的情绪调节技能做出了贡献，父母需要对儿童的痛苦做出敏锐的反应，并且将儿童的情绪水平保持在儿童可以忍受和管控的水平内（Kopp，2002）。在发展过程中，儿童为了自我安慰和调节他们自己的情绪，他们能够自己控制这些调节功能。和其他自我调节功能一样，儿童最初依赖父母，并内化他们提供的功能，这样儿童就能够自己运用这些技能。

4. 情绪过程和发展心理病理学

（1）不恰当的情绪表达、识别或理解

在我们对心理病理问题进行分析讨论时，会遇到一些在某些基本情绪功能方面存在缺陷的儿童。例如，孤独症（第五章）儿童可能不恰当地表达情绪，也无法精确地识别和理解他人的情绪。在另外的案例中，儿童发展情绪识别技能的能力被社会环境所阻碍，因为环境提供的信号复杂或不清晰。我们将在第六章讨论不安全依恋和在第十四章讨论虐待时看到这种情况。此外，儿童可能会有扭曲的观念，错误地解释他人的情绪，正如有品行障碍（第十章）的个体那样。因此，当情绪表达、认知或理解的发展产生偏离时，我们会看到它们对心理调节产生的影响。

（2）情绪失调

情绪发展中很显著的危险机制是情绪调节不良（Keenan，2000）。情绪调节主要存在两种偏离情况：无法控制或过度控制。换句话说，不能表达情绪和不能控制情绪都是有问题的。无法控制与外化问题相关，外化问题总是与不良的冲动控制、外显行为和攻击行为相联系，而过度控制则可能与内化问题相关，内化问题主要伴随焦虑、抑郁和内在痛苦。

情绪调节是解决我们在后面章节要讨论的许多形式的心理病理问题的关键因素。例如，情

绪调节对应对焦虑是非常重要的，同样，它也是调节愤怒的关键，这样才不至于产生攻击行为。相似地，儿童控制极端状态的消极情绪唤起和积极情绪唤起的能力会使他们的同伴关系更顺畅。因此，我们在后续章节回顾有关不同形式的心理病理现象的文献时会再次讲到情绪调节的概念，如抑郁（第九章）、品行障碍（第十章）、进食障碍和物质滥用（第十二章），以及虐待的后果（第十四章）。

正如我们之前提到的，亲子关系在帮助孩子建构和管理痛苦情绪能力中起着重要作用。然而，随着儿童不断向前发展，他们必须能够在父母不在场的情境中依赖自己来控制他们的情绪，如在学校或者和同伴在一起时。儿童进入这一过程的最好机会——通过这个机会从依赖父母转变为依赖自身内化的情绪调节能力——可能就是父母依恋的建立。

（四）依恋

我们常常认为激进的行为主义和经典精神分析在诸多观点上是不相容的，但是，当涉及亲子依恋时，这两个派别看上去就是一致的。这些理论观点都认为，满足婴儿生理需要比婴儿与看护者形成情感联结重要。满足婴儿原始的需要——如食物——的父母，会由于喂养行为而被婴儿同积极情感联系起来。实际上，这是一个经典条件反射范例：食物是无条件强化物，它和喂养者配合出现，在多次这种组合出现之后，看护者就和积极情感联系起来了，从而获得了条件强化物的属性。

然而，对原始行为的研究提示，人类对情感有基本的需要，这是独立于其他生理内驱力的，甚至可能超越生理内驱力。关于此，最著名的实验就是由哈里·哈洛（Harry Harlow，1958）设计的经典实验。哈洛证明独立喂养的恒河猴幼猴会更依恋柔软的绒布"母亲"，而不是会喂奶的金属丝网"母亲"。哈洛这样的研究并没有在人类婴儿中进行。在第六章，我们将探索关怀被剥夺带来的影响，如在暗淡的、没有人情味的机构中长大的儿童所遭受的痛苦那样。

1. 依恋理论

依恋理论起源于鲍尔比（Bowlby，1982a，b），他是一位行为学派的研究者。鲍尔比认为，考虑到人类婴儿的极度无助感，所以他们在早期生活中保持与看护者的亲密联结就是高度适应性的表现。通过依附于看护者，儿童才能确保安全，有食物，最终才能生存。

因此，依恋的"确定目标"就是要保持和看护者的亲近性。儿童的行为围绕这一目标展开，同时，也基于提升与看护者关系的可能性而展开。依恋系统被痛苦所激活，要么是内在需求形式的痛苦，如饥饿，要么是外在压力的痛苦，如危险。

2. 依恋的阶段

在生命的前三年，依恋的发展遵循着一系列清晰确定的阶段［我们的评述主要综述了科巴克等人（Kobak et al.，2006）的文献及卡西迪和谢弗（Cassidy & Shaver，2008）的文献］。新生儿来到世界上，开始对他人有反应。2周时，他们偏好于对人类的声音而不是其他声音做出反应，4周时他们偏好对妈妈的声音而不是其他人的声音做出反应。2个月时，眼神交流得以建立，当婴儿朝向看护者，表达出自己的需要时，依恋的先兆出现。在下一个阶段，3～6个月，婴儿通过社会性微笑开始表达和引发相处中的愉悦。成人使出浑身解数引发婴儿这种微笑的事实显示，这一行为是多么具有适应性和价值，因为它不仅确保已经形成了一种强烈的依恋，而且这种依恋还是相互的。在6～9个月，婴儿开始能区别自己的看护者和其他成年人，并会对自己的看护者这一特别人物报以优先微笑的奖励。分离焦虑和陌生人焦虑都显示，婴儿意识到看护者有独特的价值和功能。在12～24个月，爬行和行走让儿童开始调整自己和看护者的亲密度和距离。亲密寻求（proximity-seeking），也被称为安全基地行为，就被视为婴儿向看护者寻求安慰、帮助或仅仅是"情感充电"的行为。

大约3岁时，依恋的目的大大扩展，超越了婴儿的安全和舒适，变得更加具有相互性。在学龄前阶段，依恋的目标转向和看护者建立起一种目标导向的合作关系，在这种关系中，双方的需求和情感都需要考虑。

3. 依恋模式

由于玛丽·安斯沃斯和她同事的研究工作（Mary Ainsworth et al., 1978），我们对依恋关系中变量的理解已经取得了很大进步。在乌干达观察婴儿和他们的母亲时，玛丽·安斯沃斯就注意到不同母子之间的关系质量有着明显的区别。回到波士顿后，她建立了对父母和婴儿的行为观察实验室。她的观察让她确定了依恋关系的三种类型，这种分类方式一直持续了30多年，直到近期才有研究提出第四种依恋的模式。

然而，我们首先应该理解玛丽·安斯沃斯为了研究依恋而提出的方法。为了在不给婴儿带来过度痛苦的情况下触发家庭的依恋系统，安斯沃斯创造了一个叫陌生情境的科学实验计划。对婴儿来说，实验室本身就是新的，是真正陌生的情境。首先，父母和孩子一起在实验室玩耍，同时，研究者观察他们的交互品质，特别关注的是，当有陌生人在场时，婴儿如何将母亲视作安全感的来源，如何将母亲视作安全基地从而去探索不熟悉的玩具。随后，母亲被要求离开房间，研究者观察婴儿对母亲离开后的反应，这也就是婴儿在母亲不在场时安定和参与玩耍的能力。然而，在确定依恋中最有力量的变量则是，当与母亲分离重新回到实验室后，婴儿对母亲如何做出反应。下一步，我们将更细致地考查依恋中这四种不同反应的形式。

（1）安全型依恋

当看护者在场时，安全型依恋的婴儿能自由探索环境，和不熟悉的成人能很好地互动。当看护者离开时，他们会由于分离感到痛苦，会抗议并减少对陌生环境的探索。直到看护者再次回来时，他们会积极地欢迎看护者，并和看护者重新开始联结，很快平静下来，能够在一段情绪充电后重新开始玩耍。跨文化研究显示，在正常人群样本中，56%～80%的婴儿都是安全型依恋婴儿（van IJzendoorn & Sagi-Schwartz，2008）。

看护者的行为特点是对婴儿的需要很敏锐，尤其是，看护者能正确理解婴儿的信号并快速、适当地做出反应，并且带有积极情绪。

（2）不安全—回避型依恋

在回避型依恋的案例中，婴儿看上去是过早地独立了。当看护者在场时，他们看上去并不依赖看护者获得安全，能非常独立地探索房间，对待父母或陌生人都给予同等兴趣的反应。当看护者离开时，他们反应很小，有时甚至都不会抬眼看一下而是继续玩耍。对于和看护者的重逢，这些婴儿避免和看护者亲近；他们可能会走开，避免和他眼神接触，甚至忽略他。尽管他们外表看上去冷淡，但是生理指标测查则显示他们其实是痛苦的。除去一些研究样本中比较少见的这种类型的婴儿以外（比如以色列农场儿童和爪哇儿童），在跨文化研究样本中，16%～28%的婴儿表现出这种回避型依恋（van IJzendoorn & Sagi-Schwartz，2008）。

在回避型依恋模式中看护者的行为特点是距离感，在亲密感中缺少抚慰和愤怒。回避被认为是婴儿试图应对父母的距离需求而刻意保持低调和压抑情绪的表现，而这正好可能引起父母的拒绝（Main & Weston，1982）。

（3）不安全—反抗型依恋

和回避型依恋婴儿不同，这些反抗型依恋（又称矛盾型）婴儿和看护者黏在一起。即使是看护者在场，他们也往往是黏着的，会抑制自己去探索房间，和陌生人的交流也很有限。分离会导致他们非常痛苦，但是当和看护者重逢时，他们又非常愤怒地试图拒绝亲密行为，并且很难平静。他们对待母亲的反应模式是矛盾的，既想接近又想拒绝。例如，他们可能要求被抱，然后又愤怒地推开看护者，或者想要黏着母亲，同时又弓着身子想离开或拒绝母亲的拥抱。在跨文化正常儿童研究样本中，这种类型的婴儿比例差异较大，其中在北欧研究样本中，比例为6%；在美国研究样本中，比例为12%；而在以色列农场研究样本中，比例则高达37%（van IJzendoorn & Sagi-Schwartz，2008）。

反抗型依恋儿童看护者的行为特点是不可预期的——看护者有时和儿童过分亲密，而有时又忽略儿童或易怒。反抗被视为婴儿试图抓住看护者注意力的表现，而不一致关怀的挫折感导致了婴儿的愤怒。

（4）混乱型依恋

最近增加的第四种依恋类型是混乱型依恋（Main & Solomon，1986）。混乱型婴儿的行为常常是不一致的或是很奇怪的。当看护者在场的时候，他们可能有茫然的表情或者漫无目的地在房间里游荡，或者看上去感到害怕或矛盾，不知道是否要接近看护者以获得安慰或因为安全而回避看护者。如果他们选择接近看护者，他们会以扭曲的方式来完成，比如接近看护者的后背，或者突然凝视某处，在某处僵住。和回避型、反抗型依恋婴儿不同，这些混乱型依恋的婴儿看上去并没有形成应对看护者的一致策略。

混乱型依恋儿童看护者的行为特点是使用混淆线索。比如，看护者伸出手臂朝向婴儿却转身走了。此外，研究者还观察到这种类型的婴儿看护者的行为方式是很奇怪的或者是让人害怕的。因此，混乱型依恋看上去代表着面临不可预期和危险环境时某种系统策略的崩塌（Lyons-Ruth & Jacobvitz，2008）。在一个对55项研究进行的元分析中（样本总数超过4000名儿童），一个有国际研究者的团队证实，在虐待家庭里，混乱型依恋的风险是最高的（Cyr et al.，2010）。

总之，看护关系的品质——无论是温暖的、值得信赖的，还是反复无常的、严厉的——影响了儿童形成依恋的类型。如果父母在看护孩子的过程中敏锐，如果他们能对婴儿的需求很警觉并快速而适当地做出反应，婴儿就更可能形成安全型依恋。由于看护者的一致性，他们有信心在婴儿需要的时候出现，所以，安全型依恋的婴儿会对看护者做出积极的反应，这样的婴儿容易发展出友爱、信任的关系。然而，亲密性并不会导致依赖和黏着，相反，安全型依恋的婴儿能自信地探索环境。被照顾得很好的婴儿也容易建立积极的自我意象，对他们成功解决问题的能力有更强的信心。例如，有证据表明，安全型依恋的婴儿在幼童时期就能成为有效的问题解决者，也会成为灵活的、机智的、好奇的学龄前儿童，能热情地参与学校任务，也能热情地和同伴互动（Weinfield et al.，2008）。因此，经由和看护者的互动经验，儿童形成了一种关于关系以及关于关系中自我的图式。这种内化的依恋工作模式成为儿童人际行为和对自我及他人期待的范式或指导（Bretherton & Munholland，2008）。

4. 相互作用过程

在许多影响亲子联结和彼此交互的相关背景变量中来探讨依恋关系是很重要的。例如，考虑儿童气质。困难型气质的儿童常常是消极的、喜怒无常的、很难理解的，这可能就会影响父母提供亲切的关怀，即使是最有心的父母也会受影响。如果孩子对父母的依恋是安全型的，他会表达出积极的情感，对父母的严格要求也会做出积极的回应，这样就开始了一个良性反应链，由此儿童和父母彼此激励（Cummings & Cummings，2002）。

因此，依恋不能被视为父母或儿童身上的内在品质，而是随着时间的推进，相互作用在他们之间发生改变的结果。这样，依恋模式既不会永远地固定下来，也不会是父母的贡献就能决定的。虽然不同类型的依恋都表现出稳定性，但是，它们也会发生改变，尤其当环境条件发生改变时。或者，虽然在安全依恋和看护者的敏锐度之间存在相关，但是对其他变量，如婴儿气质、父母教养方式和社会经济水平以及文化相关变量，仍然有影响其变化的空间（Kobak et al.，2006）。

5. 依恋在一生中的持续性

许多短期的纵向研究已经提供证据证明，婴儿依恋的品质和学龄前、童年中期、青少年期，甚至是成年期的功能相关［这些研究在卡西迪和谢弗的综述（Cassidy & Shaver，2008）中评述］。随后，又出现了一些探索依恋是否在一生中有望持续存在的纵向研究。这些研究的数据令人印象深刻，在发展心理病理学文献中几乎是前所未有的。例如，斯劳夫和他的同事（Sroufe et al.，2005）进行了一项为期20年的研究。他们在一个由高危险母亲所生的儿童样本中研究了婴儿期依恋和成年期功能之间的关系。尽管研究者发现在不同时间点上依恋是一致的，但是并未出现其他研究呈现的依恋与功能之间相关的情况。

然而，时间点1的依恋不能预测时间点2的依恋的事实，并不能完全否定依恋理论。我们想要找寻的是，是否依恋就是不持续的，或者是否它们会显示出有规律的不一致性，也就是说，是否依恋关系会遵循依恋理论所预测的那样随着环境而改变（Kobak et al.，2006）。例如，一项纵向研究发现，从婴儿期到成年期，依恋模式并没有持续性，然而，依恋的变化同消极人际事件，如产后抑郁和家庭逆境，有合理的和可预测的联系（Weinfield et al.，2000）。在另一个事例中，路易斯和同事（Lewis et al.，2000）评估了一个样本人群在 1 岁和 18 岁时的依恋模式，同时也调查了在这一间隔期间其他方面的家庭功能。虽然在 1 岁和 18 岁时的依恋类别并不一致，但是童年期父母离异则是青少年后期不安全依恋的预测因素。换句话说，安全家庭环境的丧失和依恋的不安全内在工作模式的形成是相关联的，这正是依恋理论所提出的。

6. 依恋的跨文化多样性

相当多的研究已经调查了依恋结构在多种文化中的效度，包括多个非洲国家、加拿大、中国、哥伦比亚、德国、印度尼西亚、以色列、荷兰、波多黎各、瑞典、英国和美国。一方面，基于广泛的研究，研究者发现在不同文化背景下的样本中都存在相同的依恋模式，也都能将安全依恋和敏锐的看护及良好的儿童适应联系起来，这和依恋理论预测的完全相同（van IJzendoorn & Sagi-Schwartz，2008）。然而，另一方面，由于文化具有多样性，研究证据显示不同类别依恋类型的儿童的比例是有差异的，这在前面提到过。

依恋的差异可能与看护的文化风格有关。比如，在日本的研究样本中，当儿童被评定为不安全依恋类型时，绝大多数是反抗型的，回避型依恋的儿童很少见。据推测，这可能是因为在日本文化中，被日托的幼小儿童很少，日本文化尤其强调母亲—孩子应当在一起，以至于儿童就会对母亲的离开带来的不可预期和不愉快的事件表达出愤怒的反应（Dennis et al.，2002）。相似的结果出现在对西非多贡部落婴儿的研究中。这些婴儿都是母乳喂养到两岁，就和母亲保持了极为亲密的联系，因此，陌生情境实验对他们来说就是非常强烈而不只是温和的压力体验（参见 van IJzendoorn & Sagi-Schwartz，2008）。

另外，正如罗森和罗思鲍姆（Rosen & Rothbaum，2003）所指出的，和儿童依恋行为相关的意义可能作为文化的功能而千差万别。例如，在日本的研究中，他们发现父母将年幼孩子的自主和自作主张视作不成熟的表现。因此，研究者提出，依恋研究者必须小心谨慎，不但不能将西方理想的自我依赖和独立强加给其他文化，也不能假定这些行为就是安全依恋的普遍特征。

7. 依恋过程和发展心理病理学

值得记住的是，前面提到的依恋模式代表了亲子关系正常模式中的不同变化情况。不安全依恋并不等同于心理病理问题。然而，正如我们将要在第六章详细探索的那样，大量研究都认为安全依恋开启了儿童的正确生活道路，而不安全依恋增加了障碍形成的易感性。因此，与其将不安全依恋视作心理病理问题，不如将依恋关系视作一个一般的风险，这个风险和许多心理病理问题相关联，包括从内在问题（如 Colonnesi et al.，2011）到外在问题（如 Allen et al.，2007）的整个连续谱系的问题。

8. 与不安全依恋相关的风险机制

我们更细致地来考查不安全依恋增加了心理病理问题风险的机制。

不安全性。依恋的核心情感是感受到安全（Cassidy，2008）。人类的进化历史已经使得婴儿将亲近看护者与安全、受保护联系起来，也将和看护者分离与危险和焦虑联系起来。能得到父母这种可靠的安全感的婴儿将逐步获得这样的信念：世界是值得信赖的，自己是被爱的。正如埃里克森在其理论中提到的，基本的信任感是健康的社会和心理发展的重要先决条件（参见第一章）。

抑制的掌控动机。动作技能能促使幼童从身体上去探索环境，而依恋则让儿童在安全的情绪基础上去探索环境。由于可以求助于家庭这个港湾，儿童就可能向外进行探索，即使遇到危险、痛苦和疲劳，他们也有信心得到看护者的保护和安慰。相比而言，不安全依恋的婴儿要么是犹豫的和不确定的，要么是对环境完全防御的和回避的，这样就剥夺了他们许多学习的机会（Schölmerich，2007）。这种想要参与和探索世界的意愿是和掌控动机相联系的，掌控动机是儿童与环境交互以获得对环境了解的内驱力。因此，不安全依恋通过影响儿童的探索和掌控动机，使得他们从认知和情绪健康发展的道路上发生了偏离。

情绪失调。依赖看护者，把看护者作为安全基地的能力可以帮助儿童成功地应对童年期的压力和挫折。即使父母不在场，儿童也能依靠内在关爱的父母意象来使自己平静，得到抚慰。在童年早期，当儿童的表征技能还在发展过程中时，物理的道具也会起到作用。例如，要缓解学龄前儿童由于母亲离开带来的痛苦，如果孩子最喜欢抱着的毯子还不够的话，敏感的母亲可能会给孩子留下她的钥匙。正如我们了解到的，在生命早期，体验到安全依恋的孩子更能内化看护者的安抚功能，调节他们自己的情绪，有效且自主地应对压力情境（Allen & Miga，2010）。

内在工作模式。随着表征技能的发展，幼儿将依恋关系内化为内在工作模式。这一模式不仅代表看护者的意象是关爱的，而且还代表幼儿自己是可爱的也是值得被爱的。像其他图式一样，内在工作模式反映了过去的经历，当涉及未来亲密关系时，它也指导着对亲密关系的期待。因此，一个安全型依恋的学龄前儿童往往是开放的、信任他人的；一个回避型依恋的学龄前儿童则往往是谨慎的、冷淡的；一个反抗型依恋的学龄前儿童则可能是黏人的，要求高的，爱发脾气的——不只是针对看护者，针对其他成人和儿童也是这样的（McElwain et al.，2003）。根据相互影响的观点，不安全依恋儿童的这些表现恰恰可能给他们带来他们所预期的消极关系。在每个案例中，过去和看护者一起的经历已经在儿童的心里和生活中留下了印记，这些印记产生了对未来亲密关系的不同预期，由此产生了不同的人际行为。在后来的生活中，这种有关自我和他人的内在工作模式对友谊的品质（Berlin et al.，2008）和成年浪漫伴侣关系的品质（Freeney，2008）也都有影响。

总之，依恋包含了个人内在竞争和人际间竞争的核心情感和认知变量。因此，我们可以合理地假设，如果依恋过程发生偏离，儿童的发展就可能偏离其正常的过程。考虑到依恋关系对儿童核心自我认同感的重要性，我们接下来讨论自我的发展。

（五）自我发展

当我们从依恋转向自我系统的发展时，不要忘记，依恋的内在工作模式不仅是与看护者关系的模式，也是自我的模式。在整个童年期，儿童逐渐形成复杂和有差异的自我和人际模式。通过与看护者的交互，儿童形成了他们是谁的感知，形成了他们独特的人格和品质有什么价值的感知。正如哲学家乔治·贺伯特·米德所说，"自我只有在和其他自我的确定关系中才能存在"（George Herbert Mead，1932，p.285）。

1. 自我的出现

斯劳夫（Sroufe，1990，p.281）将自我定义为"态度、情感、期待和意义的内在组织"，它起源于与看护者的关系。在童年期，随着儿童变得更为主动地参与发展过程，自我出现的特征是不断增加的组织和力量。

第一阶段，在婴儿生命的前6个月（前有意自我），婴儿逐渐开始与社会发生交互作用，意识到他们周围的环境。但是他们依赖看护者来调节唤醒状态，管理他们的内在状态。不过，他们也开始调节自己的行为以适应看护者的行为，并能对复杂的交互模式做出回应，从而使双方愉悦。

第二阶段，6～12个月（有意自我），婴儿在他们的行为中更为有意识地自我导向，他们能和看护者合作，发起和引发与看护者的交换。例如，此时的婴儿看到看护者时会表现出欢迎的反应（微笑、咕咕叫、双手快乐地拍打），而看到陌生人时则会做出消极的反应。到这个阶段结束的时候，正如我们在依恋研究中看到的那样，婴儿的情绪、认知和社会行为都围绕看护者和看护关系而组织。

第三阶段，12～24个月（分离、独立自我），幼童越发主动地追寻自己的目标和计划，甚至是当自己的目标和计划与看护者相背离时，他们会主动地分离，无论是身体上的，还是精神上的。他们在练习独立技能，同时，他们又围绕着看护者来完成这一切，仍然将看护者当作安全基地。这一阶段标志着自我意识和力量的出现，自我成为自身行动的发起者。

第四阶段，24～60个月（自我监控自我），这个阶段的主要特点是自我和他人的意识达到新水平。伴随这一变化的出现，儿童表象思维的能力和调节、控制他们自身情绪和行为的能力同时出现了。例如，儿童不仅意识到自己的计划和意图，也能意识到看护者了解他们的计划，并且对之有其观点。在这一阶段，儿童最重要的收获就是自我稳定感，即认识到自我是一个会随着心境以及和看护者关系而转变的有组织的整体。

这些内化、稳定和自我导向的过程持续引导儿童在随后5年内的自我发展。根据斯劳夫的观点，童年中期是统一自我的时期，因为儿童内在工作模式使自我与他人的表象是一致的。在青少年期，我们看到内省自我的出现，这是因为形式运算能让青少年去观察和反思自己的观点与能力。

在斯劳夫的观点中，所有自我的核心就是对自身经验的拥有。儿童意识到他们是自己行为发起者的机制就是对情绪和行为的内在控制。换句话说，他们在管理内在和外在的需求及保持平衡的过程中体验到自己的行为是有效的或无效的，就形成了最初的自我感。"自我的核心"，正如施劳菲所说："尽管发展和环境改变无时不在，置于行为/情绪管理之中的自我都会让儿童的体验获得持续性"（Sroufe，1990，p.292）。

　　2. 自我管理

　　正如我们已经看到的，正常发展包含对行为增强的组织和自我管理。简言之，儿童逐渐成为自己的掌控者，开始发起和管理行为与情绪。自我管理的定义是对自我的控制，包含努力控制自己内在状态或反应，如思维、情绪、冲动、渴望或注意（Carver & Scheier，2010）。这样，能够自我管理的儿童就能内在驱动，不需要父母控制和安排其行为。他们也能独立做出选择，并在对同伴压力没有过度敏感的情况下为他们自己考虑。

　　自我管理有两个成分：一是情绪管理，这个我们之前介绍过；二是行为自我管理或努力控制（Eisenberg et al.，2010）。将一个有吸引力的玩具放在儿童面前并且告知，"现在请不要拿这个玩具，直到我回来"，然后你就会看到对儿童来说，要控制自己的冲动和延迟满足有多么困难。自我管理出现在生命的第二年。当儿童表现出自我控制时，甚至是当缺乏父母监管的儿童还能表现出恰当的社会行为时，这种自我管理就能被观察到。在学龄前阶段，儿童的具象能力也使得他们适应性更强，有更灵活的自我管理能力。

　　语言发展辅助了这个过程，促使儿童能进行自我对话以应对诱惑。例如，我们经常可以看见当年幼的孩子看到想要的玩具时，不停地大声重复大人的禁止（"绝不能碰！"）。在整个童年期，儿童努力控制的能力和许多方面的胜任力是相关的，包括积极的社会发展、情绪发展和行为发展（Eisenberg et al.，2003）。相反，贾克舒等人（Jucksch et al.，2011）在他们德国的实验室发现儿童严重的自我管理失调与心理社会逆境经历相关，也是严重的行为和情绪功能损害发展的基础。奥尔索夫等人（Althoff et al.，2010）在对2076名丹麦4岁儿童被试每隔两年一共持续14年的一项纵向研究中也发现了同样的效果。童年期的行为控制失调和成年后焦虑、抑郁、分裂行为和物质滥用的比率增加相关联。

　　3. 自我概念

　　自我概念包含两个成分：第一个是指自我概念的内容（例如，我是什么）；第二个是指效价，即那些自我知觉是积极的还是消极的（例如，我喜欢自己吗），也是自尊或感知的能力。儿童的自我概念经由一系列阶段才得以发展成熟，这个过程和认知发展及情绪发展平行推进。

　　（1）自我概念的发展

　　婴儿期和幼童期。[我们的述评主要依照哈特（Harter，2012）撰写的论文，除其他标明引用出处的以外。]婴儿最初对自我的认知起源于在世界上的有效经验：我微笑，然后他人也朝我微笑；我哭泣，我需要的食物就会出现。这样，在最初的两年中，婴儿对自我的感觉被称为"自我即媒介"。到2岁时，儿童对镜子里自己的形象做出反应，并且能够从很多照片中挑出自己的照片。可能自我感表现最清楚的时刻是"可怕的两岁"时。这时，幼童有时以尖利的声调坚持他们自己的需要和观点。

学龄前期。在学龄前期，一般来说是在 3～5 岁，儿童的自我概念主要集中于具体的可观察的特征。比如，他们的外表特征（如我很高），玩的活动（如我会打棒球），喜好（如我最喜欢的食物是比萨）或拥有的东西（如我有一辆自行车），这是行为自我的时期。这些具体的描述代表着具体的行为而不是更高等级的分类（例如，"我能跑得很快"并不能一般化为"我擅长运动"）。因此，学龄前儿童的自我概念无法用特定的逻辑或内在的方法进行组织，而且，矛盾的自我概念也能相当自如地并存。此外，年幼的儿童也可能以不现实的积极的方式评价他们自己，将他们的希望和渴望同真实的能力混淆在一起。这一年龄阶段的儿童还基于当前他们自己体验到的情感状态（例如，我总是很快乐；我从来没有害怕过），对自我抱有全或无的思维。认知的局限性也使得儿童很难理解他们可以同时体验两种不同的情绪，这种同时经历两种情绪的现象被称为情感分裂（Fischer & Ayoub，1994）。

童年早期到中期。5～7 岁的儿童仍然表现出早期阶段儿童的一些特征，包括不现实的积极自我认知的趋势［例如，我也可以将球扔得很远；当我再大一点时，我将加入某个球队。我能把很多事情做得很好！如果你擅长的话，你不可能做得差，至少不是全部都做得很差。我知道其他孩子可能做不好事情，但绝不是我！（Harter，2006，p.381）］。全或无的思维以其对立的思维方式和过度区分的思维方式存留，即一个学习障碍导致低学业成绩的孩子可能会得出结论，他是"全方位哑火的"。在童年中期，儿童的自我描述集中于他们所掌握的特定技能和能力。此时，这些自我描述开始变得互相关联，被组织到一般的分类之中，但是，这些描述往往是根据积极和消极效价进行划分的，并且，儿童仍然不能将积极的属性和消极的属性整合起来。尽管在童年中期之前儿童还没有形成一般的自我概念，但是他们可以区分自尊的两个不同来源：社会接纳和胜任力。

童年中期到晚期。8～11 岁，儿童的自我概念开始概念化。概念化就是整合一系列自我的特征［例如，我非常受欢迎，至少受女孩的青睐，那是因为我对人很友善，很愿意帮助别人，也能保守秘密（Harter，2006，p.348）］。在童年后期，儿童不是根据他们自己表现出来的可观察的行为来看待自己的，而是根据他们所拥有的人格特质来看待自己的，这是心理自我，它越来越稳定。这种新的能形成更高等级自我概念的能力让学龄儿童能发展出关于自我整体价值的表象。除整体的自尊感外，儿童还根据三个特定领域的能力来评价自己：学业、身体和社会。从童年中期开始，自我评价也更紧密地与行为相关联：学业自尊预测学校表现、好奇心和勇于挑战的动机，而社会自尊和对同伴的信心相关。在这个阶段，儿童也进行社会比较，在与他人比较中评价自己的能力和价值。

青少年期。青少年期的形式运算能力使得他们能以更抽象和多面的方式来思考自我，这不仅基于"什么是自我"，而且还基于"自我可以是什么"来进行。这就是抽象的、未来取向的自我。青少年的具象能力也可能成为易感性的源泉，就像自我中心和更强的自我意识导致青少年变得更为关注他人对自己的看法［例如，和朋友在一起时我很外向，也很健谈，相当活泼而有趣……

在和不认识的人在一起时，我也可以表现得很内向、害羞、不自在而且紧张。有时，我真的很沉默，即使说话也是说一些感觉很蠢的内容。然而我就很担心别人会怎样看我，可能把我看成一个十足的笨蛋，我真的很讨厌自己这样（Harter，2006，p.391）]。在青少年期，自我也变得更为复杂，除去整体的、学业的、身体的和社会的自我概念外，青少年也将在其他方面，如亲密的友谊、浪漫的诉求和工作能力，展现自我。然而，是否其中的任意一方面会影响到整体的自我价值，取决于它们对青少年来说的突出性或重要性。所有的科目都得 A 或长得好看可能对某个青少年来说意味着一切，但是可能对另一个青少年来说一文不值。因此，低自我价值感的青少年认为他们在自己觉得重要的领域不能胜任，而高自我价值感的青少年则能忍受在自己认为不重要的领域上的不胜任。例如，那些认为学校表现或学业成绩不那么重要的非裔美国青少年可能会通过对学业领域的认同和降低它的重要性来应对自己在学业上的不擅长（Wong et al.，2003）。因此，自我如何被评价取决于真实的自我（个体相信自己是）和理想的自我（个体觉得自己应该是）之间的差距。

（2）自我同一性

尽管自我概念形成的过程在童年期一直是持续的，但是埃里克森（Erikson，1950）认为，在青少年期，年轻人面临着自我同一性对角色混乱的危机。挪威研究者简·克罗格（Jane Kroger，2007）通过对此主题所做的研究发现，成功地通过了这个过程的年轻人被称为自我同一性确立。相比于同伴，这类青少年已经探索了他们的选择，形成了内在的自我同一性感觉，在社会性上发展更为成熟，更被激发去确立同一性。然而，自我同一性形成过程也可能通过不同的方式发生偏离。第一个偏离就是早熟（参见第一章）。过早地将自我意象固定下来而没有考虑更多选择就停止同一性探索的青少年被称为同一性排斥。研究显示，排斥的青少年非常刻板，尊重权威。第二个偏离是发展延迟。对自身同一性感到迷惑或不确定，也没有努力去建立同一性的个体被称为同一性弥散。他们往往是被孤立的，缺乏动机的，容易产生物质滥用。相对来说，处于同一性发展延迟的青少年则积极参与探索他们选择的活动，但是一直没有对其中任意一种选择做出承诺。虽然他们也可能使用毒品并表现出一些焦虑，但是他们是高自尊的。

（3）道德同一性

自我同一性形成过程中的另一个重要任务是将道德加入自我概念中。道德同一性不仅包括归属某个种族群体的成员感及参与种族传统相关的活动，还包括态度，即种族骄傲和将个人的种族特性视为自我感的核心（Phinney，2003）。大约 7 岁时，儿童认同自己是他们种族的一员；大约10 岁时，他们理解自己的种族是恒定的（Marks et al.，2007）。对于理解自己的文化并以之为傲，父母和社区成员有重要的影响。然而，当个体进入青少年期时，他们会快速地意识到他们周围环境中存在的偏见和种族主义（Szalacha et al.，2003）。少数民族青少年也可能经历家庭价值观和主流文化同伴的价值观之间的冲突。由于移民家庭在世界各地逐渐增多，当儿童努力适应和父母具有的完全不同的文化时，文化适应压力也可能会出现（参见 Serafica & Vargas，2006）。

种族多样化样本的研究也提出了一个重要的问题，即在西方社会中认为个体同一性的状态是理想的，这是否是一种文化特定的问题。那些在强调保持传统价值观，如集体或家庭文化取向环境中成长的青少年，可能并不希望达成埃里克森所提出的理想的个体同一性。研究证实，印度（Graf et al.，2008）和瑞典（Stegarud et al.，1999）文化下的青少年所呈现出来的同一性弥散和同一性排斥的比例是不同的。然而，对这些年轻人来说，将他们自己早早地融入一个团结的、支持性的团体，而不是经历漫长的自我探索或试图用与他们自己文化价值观相冲突的西方模式来区别自己，这样看起来是更适应的。

对少数民族和移民青少年来说，同一性形成的任务是复杂的，这个塑造自我同一性的过程要整合个体作为独特子群体成员和作为更大主流文化成员这两个方面的自我感。一些研究支持如下观点：双文化同一性的确立和心理健康相关（Vargas-Reighley，2005）。例如，荷兰的一项有2600多名来自土耳其、摩洛哥、苏里南和荷兰的青少年样本的研究发现，种族自尊对青少年受到的种族歧视的影响起到了缓冲作用（Verkuyten & Thijs，2006），这和在美国的一项对拉丁裔青少年研究的结果相似。这项研究发现，强烈的文化认同缓解了他们所受到的文化适应压力的消极影响（Smokowski et al.，2009）。

4. 自我发展和自我

在第一章，我们描述了心理动力学理论的进化，从早期关注原始动机到更现代的关注个人的适应性。自我心理学中两个已经被证明对我们试图去理解自我心理病理学特别有帮助的内容：一是关于自我复原力和自我控制的概念；二是关于自我防御的发展。

（1）自我复原力和自我控制

我们一起来想象珍妮（Jeanne）和杰克·布洛克（Jack Block）在他们自己的发展实验室所创造的景象。为了评估儿童对挑战反应的个体差异，他们把不同的幼童带入实验室并给他们呈现一个超出他们发展水平的智力玩具让他们解决问题。一些孩子很快就放弃了：有些对智力玩具无动于衷，有些哭泣，还有些很愤怒。然而，另一些孩子则在坚持完成任务，尽管他们受到了挫折或者是根本没有能力解决。一些坚持的孩子表现出了可敬的、奋发的模式，尽管解决方法无效但是不断重复同一策略，而另一些坚持的孩子则表现出科学家般的好奇和创造性问题解决模式。在一天的实验结束后，一些孩子看上去沮丧，一些孩子看上去愤怒，而还有一些孩子则称实验很有趣。

为了解释这些个体差异，布洛克提出了自我复原力和自我控制的概念（Block & Block，1980）。自我控制指的是个体自由表达他们冲动的程度。在中等水平上，自我控制是与自发行为、情绪表达和社会适应性行为相关联的，这在美国、法国（Hofer et al.，2010）和瑞典（Chuang et al.，2006）的研究中都得到了证实。另外，具有更高自我控制水平的儿童看上去在面临虐待时更具复原力（Cicchetti & Rogosch，2009）。然而，在极端水平上，正如一系列在荷兰进行的纵向研究所显示的，过度自我控制的儿童是压抑的，不愿表达他们的情绪，有着脆弱的低自尊，容易被同伴欺骗（Overbeek et al.，2010）。相反，缺乏自我控制与儿童及青少年品行障碍是相关联的（Kim et al.，2009；Van Leeuwen et al.，2004）。

相较而言，自我复原力被定义为对变化的环境拥有"灵活的适应"（Block & Block，1980）。拥有自我复原力的个体能够分析情境，从一些最适宜于环境的策略和解决办法中灵活地选择策略。相反，自我脆弱性则是指缺乏弹性，是"当处于压力之下和经历创伤后很难恢复，不能应对情境的动态要求，一种固着或变得混乱的趋势"。研究发现，在从童年期向青少年期过渡的过程中，自我复原力和更少的情绪及行为问题、更好的学校适应相关联，而自我脆弱性则和童年期障碍，如焦虑和抑郁相关（Chuang et al.，2006；Overbeek et al.，2010）。

（2）自我防御

弗洛伊德声称，内在冲突是如此令人痛苦，以至于我们会产生策略来保护我们自己不要意识到这些痛苦。一个这样的防御机制就是压抑，即无论是危险的冲动，还是伴随而来的观念和幻想都被排除在意识外。本质上，儿童说："我没有意识到的东西并不存在。"例如，一个害怕对虐待自己的母亲生气的女孩在压抑后就不再能意识到这种情绪。如果压抑是不充分的，反向形成就会开始发挥作用，这样，儿童就会用与引发焦虑冲动完全相反的方式来思考和感受。继续我们的案例，女孩现在就是感受到母亲过度的爱，不再考虑自己的愤怒。而在投射中，被控制的冲动可能会被压抑，也可能会投射到他人身上。小女孩可能会觉得难过，因为"所有她认识的其他女孩"都是粗鲁无礼的，都不尊重她们的母亲。那么在替代中，冲动允许被表达，但是只能朝向其他的客体。例如，小女孩会对临时保姆表达愤怒。

一般来说，防御机制的危险在于它们可能扭曲个体对自我、他人或现实的知觉。在现实中，压抑对父母的敌意的儿童确信他们的关系非同寻常地快乐。假如防御机制通过保护儿童免于面对他们的恐惧而阻止了现实验证，那么他们自己的内心是病态的吗？扩展了其父亲对防御机制理解的安娜·弗洛伊德（Anna Freud）认为也不尽然。防御是心理发展中必要和正常的部分。健康的儿童能灵活地使用防御机制，依赖它们来管理发展过程中特别痛苦的情景，但是当不再需要这些防御机制时则会放弃它们。当防御机制变得刻板、弥漫和极端时，当儿童的全部技能被过度限制时，防御机制就存在阻碍未来成长的危害。

有研究记录了发展过程中防御机制的出现，从学龄前期到成年期（Cramer，2009），跨越青少年期和成年期的不同心理成熟水平（Bond，2004）。这一研究认为，防御机制可以通过一个发展连续谱得到解释，这个连续谱从最原始的防御机制——不良适应相关联的防御机制开始，一直到那些最成熟、与高适应水平相关的防御机制出现为止。这个连续谱呈现在防御功能量表中，是在 DSM- Ⅳ -TR 中提供进一步研究的多轴之一（APA，2000；参见表 2-2）。高适应水平的防御机制能帮助实现思维冲突和情绪间的平衡，并最大化地获得意识。一个适应性防御机制的例子就是幽默。它能让个体承认某些痛苦的事情，而不用扭曲它们。而低适应水平的防御机制则会干扰儿童对客观现实的认知，如精神病性否认。

表 2-2　DSM-Ⅳ-TR 关于防御功能量表和防御的定义

1. 高适应水平：允许情绪和观念的意识存在，提升冲突动机之间的平衡。 　幽默——强调冲突或应激事件有趣或讽刺的方面。 　升华——集中于将潜在的不适应的情绪或冲动转变为社会接纳的行为。 2. 心理抑制或妥协水平：将潜在的危险性观念和情绪阻止于意识之外。 　情绪隔离——将观念和与之相关的情绪分离。 　压抑——从意识中将苦恼的希望、思维或经验排除。 3. 意象轻度扭曲水平：为了保护自尊而扭曲对自己或他人的意象。 　贬低——为了降低他人的重要性而将夸大的消极品质归于他人。 　全能化——为了保护自己脆弱的情感而认为自己比他人优越。 4. 否认水平：让不愉快或不被接纳的冲动、观念、情感或责任处于意识之外。 　否定——拒绝承认外在现实或主观经历的一些痛苦的方面。 　投射——将个人不被接纳的情绪、冲动或思维错误地归结于他人。 5. 主要意象扭曲水平：在对自己或他人的意象中创造大量的错误归因或扭曲。 　投射性认同——将个人自己不被接纳的思维或情绪错误地归结于他人，并以这样的方式行动，就好像他人真的产 　　　　　　　　生了这样的思维或情绪。 　分裂——为了从意识中阻止矛盾的一个方面，区分积极经验和消极经验。 6. 行动水平：通过行动或退缩应对压力。 　发泄——为了避免体验沮丧的情绪，通过行动来宣泄冲突。 　被动攻击——表面上表现出服从的样子，但是内心掩盖着抗拒、仇恨或敌意。 7. 防御失调：所使用的防御机制，明显地与客观现实不符。 　妄想性投射——反复围绕自己的投射形成固着的妄想信念系统。 　精神病性否认——对被知觉的外在现实的极端否认，导致现实验证中的全面损害。

资料来源：DSM-Ⅳ-TR，2000。

5. 自我过程和发展心理病理学

我们来总结一下，在心理病理问题发展过程中，一系列自我的问题都有重要影响。

（1）低自尊

消极的自我概念是许多障碍、大多数明显的抑郁和自杀的危险机制。认为自己是有缺陷的、无价值的或不能达到文化期待的理想状态的儿童容易产生悲伤、绝望和没有前途的情绪。不良的自我概念也可能是社会态度的产物，如种族主义、同性恋恐惧。自尊的紊乱也会采取相反的形式产生消极影响，如一些紊乱的儿童也表现出不实际的高自尊，声称他们"擅长一切"（Baumeister et al.，2000）。然而，相较于正常且健康的自尊，夸大的自我重要性往往是脆弱和容易产生危险的（Witt et al.，2010）。

（2）同一性混乱

正如我们所看到的，难以解决同一性危机的年轻人在青少年期更容易产生危险。对许多年轻人来说，这个过程也包括整合种族和/或性别到同一性概念中。同一性混乱采取的一个形式是缺乏自我连续性，即当年轻人"失去了束缚他们自己过去、现在和未来的主线"（Chandler et al.，2003）。正如我们将在第九章讨论的，这些年轻人非常容易自杀。

（3）自我组织的破裂

同一性混乱代表正常发展中的延迟，而自我组织缺乏则是对正常发展的严重偏离，它和我们将在本书中介绍的一些最严重的心理病理问题相关联，也与极端的病态性看护相关。例如，正如我们前面看到的，有混乱依恋历史的、遭受过严重创伤的青少年缺乏稳定的自我感（Lyons-Ruth，2008）。他们的自我意象随着他们的心境摇摆动荡，他们很难保持自己与他人的边界。换句话说，他们无法认识到自我在哪里结束，他人从哪里开始。这些年轻人也会使用对自我和他人认知扭曲的、原始的防御机制。这种自我组织的破裂与边缘型人格障碍的发展相关，这是一种自我发展严重偏离的障碍，我们将在第十五章做更全面的介绍。

（4）自我脆弱

在第一章，我们介绍了复原力的概念，这是心理健康个体在遭遇消极环境时非常重要的能力。自我复原力概念被整合到了自我中的保护性因素。拥有自我复原力的年轻人能"将一手烂牌打得很好"，而自我脆弱的年轻人则有刻板的防御机制，缺乏适应性，总是会被障碍物打败，而不是被激发。

（5）自我管理不良

另一个实现正常发展的能力是管理自己的行为、情绪和与他人关系的能力。当这个过程发生了偏离，儿童是高度反应的、冲动的，不能平稳地适应环境变化的要求。对自我管理有重要影响的一个发展过程是父母价值观的内化。内化和自我管理也直接与另一个重要的发展任务相关，即道德发展。接下来我们将对该主题进行详细讨论。

（六）道德发展

在道德发展的大范畴之下，我们整合了一系列相关主题的研究，包括良心、内疚和道德判断，特别是还涉及儿童如何开始内化父母价值观和教诲的问题。在发展过程中，儿童较少会因为害怕惩罚而表现出亲社会行为，更多是因为他们自我产生的道德标准和理想而表现出亲社会行为。然而，首先我们应该了解，作为认知发展的一个功能，儿童对是非的判断和理解是如何发展的。

1. 道德推理的发展

在详细阐释皮亚杰（Pieget，1932）早期关于儿童对道德问题思考的研究中，劳伦斯·科尔伯格（Lawrence Kohlberg）建构了一个道德推理发展的理论。通过给儿童提供经典的道德两难困境，如小汉斯的故事——小汉斯必须决定，偷取药物挽救妈妈的生命到底是否正确，科尔伯格确定了儿童道德判断发展的一系列阶段（Kohlberg，2008）。

在前习俗水平阶段，大约在学龄前早期，儿童根据是否会带来快乐或惩罚来评估行动，那些带来奖励的行为是好的，带来惩罚的行为是坏的（"他最好不要偷药，不然店主会对他发怒"）。在习俗水平道德发展阶段，即童年中期，儿童采纳世俗的行为标准以维持他人的赞同或遵守特定的道德权威。此时，儿童的思维是绝对的，缺乏灵活性——对就是对，错就是错，没有情有可原，也没有可减轻罪责的考虑（"偷窃是错误的，这就是规则"）。在后习俗水平或原则水平阶段，年龄更大的儿童和青少年会根据契约道德和经过民主过程获得认可的法律、道德和公平的普遍原则，以及个人的良心来判断行为，个性化地坚持他们自己对道德决策的解释（"一些事情比另一些事情更重要——比如，人的生命比金钱更重要。因此，挽救他妈妈的生命比遵守有关个人财产的规则更重要"）。在 6～16 岁，前习俗水平慢慢消退，而另外两种水平的道德发展逐渐增长，然而也只有 16 岁的青少年能达到道德发展的最高水平。

道德推理研究的一个缺点是并不总能预测到道德行为，因此，儿童对假设的两难情境的复杂思考能力并不一定和他们在真实生活中所做的选择有关联。正如我们将在第十章看到的，一些年轻人非常清晰地意识到他们"应该"遵循更高级的道德原则，但实际上他们的行为则是另外一套。区分亲社会行为和反社会行为的儿童不仅仅只是认知的问题，也包含情绪——特别是内疚和同理的情绪。我们在探究这些情绪的作用之前，先来看一看这些情绪出现的关键因素：亲子关系。

2. 内化

社会化的最终目标是儿童不仅仅被外在奖励或惩罚所指引，更重要的是他们开始内化父母的价值观，从而能内在地激发亲社会行为。

内化直接导致了良心的发展，因此，它是道德行为中一个重要的发展过程。简言之，通过内化的过程，道德成为自我的一种本能，而不是外在强加的事物。

科汉斯卡和阿克萨（Kochanska & Aksan, 2007）关于内化的一系列研究教会了我们很多有关内化过程的知识，通过这个过程，在儿童的发展过程中父母将行为管理传递给了儿童自己。标准的研究场景是让儿童暴露于诱惑之中——为儿童提供在任务中作弊的机会或忽略父母要求和禁令的机会——然后观察儿童在父母不在场时会采取什么行为。当父母不在现场监督儿童的行为时，儿童遵守了父母的要求，我们就可以推断出内化的存在（参见图 2-2）。

内化的第一个阶段是遵守承诺，即并不仅仅只是基于行为的即刻后果而遵守，儿童看上去是共享了父母的价值观，他们和父母一样对良善行为做出承诺。遵守承诺的儿童不仅在没有推动或提醒下能适当表现，而且还劲头十足。研究证实，承诺遵守是内化的预兆：幼儿期的承诺遵守能预测学龄前期的内化和自我管理（Kochanska & Aksan, 2006）。

科汉斯卡等人的研究也揭示了教养的品质最有可能培养内化。首先，观察显示共享的积极情感是关键。在实验室自由玩耍阶段，遵守承诺与父母和儿童之间共有的积极情感是相关的，这可能是因为增加了儿童分享父母的价值观和目标的动机。其次，内化与父母和儿童之间相互应答的品质是相关的（Aksan et al., 2006）。相互应答是一个交互过程，在这个过程中，如果儿童感受到父母是反应灵敏的、关爱他们的，那么他也会给予父母温和的回应，在回应中考虑父母的情绪和希望。随着时间的流逝，当儿童到达学龄前期时，和幼儿建立起了良好相互应答关系的母亲就不再需要给予太多的指导和控制，而在学龄期，她们的孩子也更可能不凭冲动而做出欺骗的行为（Kochanska et al., 2008）。

科汉斯卡指出亲子关系品质对道德发展的重要性。当父母对儿童的需求很敏锐，应答很及时，也可以说是形成了一种安全依恋的关系品质时，儿童更易于取悦父母并采纳父母的目标和价值观。因此，在道德中，爱就起到了很重要的作用。而另外三种情绪也会对道德发展产生作用。

值得我们注意的是，这三种情绪是羞愧、内疚和共情。

图 2-2 内化："好还是坏"

资料来源：好还是坏（For Better or For Worse），版权归林恩·约翰斯顿出版集团（Lynn Johnston Productions Inc）所有，由联合报业集团发行（United Press Syndicate）。版权所有，翻印必究。

3. 道德的情绪维度：羞愧、内疚和共情

（1）羞愧和内疚的出现

在之前对情绪发展的讨论中，我们提到了自我意识的情绪在 3 岁后出现。在这些情绪中就有羞愧和内疚这两种情绪。虽然这两个词语经常被当成同义词来使用，但是研究显示它们的起源和功能并不相同。羞愧的体验是他人取向的，聚焦于公众非议，包含对整体自我的消极评价（例如，我是坏人）。相较而言，内疚是内在取向的，聚焦于无法满足某人内化的标准，包含对行为的消极评价（例如，我做了一件坏事；Tracy et al.，2007）。

另外，父母的社会化是关键。高压父母，即那些对儿童的失败进行惩罚，让儿童对自己感觉不良的父母，更可能养育出易于体验到羞愧情绪的儿童，而那些强烈要求儿童注意他们自己对他人产生影响的父母更可能帮助儿童产生内疚的情绪。虽然内疚可能听起来是一种不那么愉快的情绪，但因为这种情绪，我们都想饶恕儿童，事实上，它和亲社会行为及为他人考虑是相关联的，而羞愧则与反社会行为和破坏性相关联（Tracy et al.，2007）。

科汉斯卡等人（Kochanska et al.，2002）进行的一项综合研究在父母教养、自我、内疚和道德发展之间建立起了联系。在他们的实验室里，当孩子们被告知他们损坏了一个昂贵的玩具后，

研究者对孩子们进行观察——事实上，实验者之前就已经对玩具动了手脚，当孩子们一触摸玩具时它就会散架。在 18 个月大时自我概念发展到更高水平的儿童，在 22 个月大时对他们的"罪过"表现出了更多的内疚感，并且，在 56 个月大时，出现了更多的亲社会行为，也展现出更高水平的道德推理。高压的母亲教养方式与儿童的低内疚水平相关，然而，关系是非线性的，最高的内疚水平出现在那些母亲强制性非常高或非常低的儿童身上。

（2）共情能力

共情是指对他人经历的一种情绪反应。我们经常需要对同理性关注和同理性痛苦进行区分，前者包含关心他人并积极地帮助他人（Hoffman，2010）。例如，如果两个儿童看到另一个儿童在哭，同理性关注的儿童会询问怎么了，而同理性痛苦的儿童只会也开始哭泣。早在 6 个月大时，儿童就可以对同伴的情绪痛苦做出反应，但是直到学龄前期，儿童才开始展现真正的共情，才能真正区分自己的经验和他人经验之间的差别（Siegler et al.，2003）。研究表明，儿童的共情引发了内疚情绪，转而又激发了亲社会行为（Kochanska et al.，2009a）。

研究还证实，童年期共情的出现呈现出性别差异。一般来讲，在每个年龄上，女孩在共情测量上的得分都高于男孩（Brody & Hall，2008）。然而，共情给予的受众也存在性别差异。例如，恩德雷森和奥尔沃斯（Endresen & Olwevs，2001）发现，当男孩进入青少年期时，他们往往会对女性表现出更多的同理心。研究者认为，之所以性别角色开始起作用，是因为男子气概中被接纳的部分需要被保护好，也要求他们对女性而不是其他男性产生关爱。

4. 道德过程和发展心理病理学

（1）相关缺陷

前面描述的所有道德维度形成的背景是看护关系。当看护者严厉而不能及时回应时，儿童就很少有动力遵从看护者的要求或内化父母的价值观。同样，经历过羞辱的儿童长大之后就会缺乏共情和一定的内疚，也就无法激发亲社会行为的产生。在第十章，我们将介绍一个例外，一群对他人冷酷无情的儿童却不是源于不良教养。

（2）认知缺陷

无法对道德问题进行推理的儿童更可能仅仅依据即刻奖励和惩罚来做出反应。我们之前讨论过的社会认知变量对理解道德判断如何导致亲社会或反社会行为是非常重要的。对他人有扭曲认知的儿童可能并不认为他们自己的攻击行为是不良行为，而是公正的自我防卫——甚至认为是一种英雄主义行为（Caprara et al.，2001）。

（3）文化期待

文化期待也会起作用。正如我们将在第十章和第十四章讨论的那样，在暴力环境中成长的儿童习得了这样的观念：暴力行为是正常的、可以接受的。社会力量也有作用，其产生作用的方式是期待不同性别的群体展现出相似的品质。比如，男性和女性都期待友善、关爱和同理心这些品质。我们更详细地来看看性别与性这一发展性变量。

（七）性别和性

首先，我们要对相关的专业术语进行澄清。虽然性别和性都被用来指代生物学意义上的男性和女性，但是儿童认同自己的性别时才被称为性别认同。其次，哪些行为和情绪是适合男孩的？哪些行为和情绪是适合女孩的？儿童必须学习这些适当的性别角色行为。最后，性欲包括性情感和性行为，而性取向则是指对伴侣的选择，要么是同性，要么是异性。

1. 性别认同

典型的2～3岁的男孩已经掌握了"男孩"这个观念，并且能正确地回答"你是一个男孩还是女孩"这一问题。然而，他并没有理解这个标签的真正意义，也没有掌握通过性别把人分类的原则，而仅仅只是依靠外在线索，如身材、服饰和发型来分辨（Blakemore et al.，2008）。请记住，学龄前儿童在认知发展方面仍然处于前运算阶段，基本上相信他们所见到的，所以他们对性别的分类仍然基于外显的差异。因为这个年龄的儿童还缺乏守恒的概念（理解即使当外表改变了，物体也保持不变）。他们相信当物体外表发生了变化，其本质也发生了变化——外表看上去不同的物体是不同的。因此，对这个年龄的儿童来说，男孩要变成女孩或者反之都是非常可能的，只要换一下衣服、发型或行为即可。对第一章第三个案例中的男孩来说，不管现在状态如何，将来他要长成妈妈或爸爸都是可能的。只有到6岁或7岁时，儿童的守恒概念确立后，儿童才获得性别恒定性，才掌握性别是持久的、不可改变的观念。他们也开始意识到生殖器是区分性别的关键特征。

2. 性别角色

每个社会都对适宜和不适宜的男性与女性行为及情绪进行了描述。在西方社会的传统中，男孩应该更积极主动，有进取心，不动感情，面对痛苦时坚忍以及崇尚实用主义，而女孩应该友善，不具攻击性和情绪外露。这些男性角色和女性角色要求之间的重要差异被定义为代理性交往（Block，1983）。尽管在西方社会中男性和女性角色发生了一些变化，但是在过去的几十年中，性别的固定模式一直保持着高度的一致性（Cook & Cusack，2010）。3岁的儿童能根据社会性别习俗分类玩具、衣服、家用物品和游戏；学龄前儿童玩的游戏也和成年人的职业一样区分性别。在童年期，随着思维变得越来越抽象，推理性越来越强，儿童能够将性别角色与更精细的心理特征，如自信和养育，联系起来。

除了懂得性别类型的固定模式外，发展较早的儿童也显示出偏好从事性别模式相关的行为。2～3岁的儿童偏好固定的玩具（男孩偏好卡车，女孩偏好娃娃），并且更愿意玩同性别同伴的玩具（Ruble et al.，2006）。童年中期的男孩更加偏好性别类型关联的行为和态度，而女孩则转向更男子气的活动和特质，这就是男孩比女孩的性别类型空间更狭窄的例证。如果男孩子是"娘娘腔"，是会被嘲讽的，而女孩如果是"假小子"则可以容忍。

社会学习理论指出，文化要求的性别类型行为通过多种方式得到了强化。例如，父亲和男婴儿玩耍时会比和女婴儿玩耍时要更具活力。在幼儿和学龄前期，男孩会受到更多的身体惩罚，会被奖励与性别类型相关的玩具及更被鼓励操作物体或攀爬。在童年中期，父母和相同性别的孩子互动得更多。此外，男孩会被强化进入社区，变得更加独立，而女孩则会被监管得更多，其顺从行为会得到更多的奖励。一般来说，父亲比母亲的行为模式要更窄，这也正是男孩比女孩因为偏离而受到更多惩罚的原因（Lamb，1997）。最后，无论是老师还是同伴，都公开并细致地对儿童遵循社会规定施加了压力。

3. 性

我们对童年期正常的性发展的理解非常有限（Sandfort，2000）。自从弗洛伊德第一个打开了童年期性欲的潘多拉盒子后，许多人都对将儿童作为性主体这一观点表达了震惊和不满。并且，我们也很难基于经验性研究对此问题达成理解。如果父母对儿童已经有性情感这一观点感到不舒服，他们就几乎不可能让孩子参与这方面的研究。童年期性欲不仅对研究来说是敏感的话题，而且从方法学上来看也很困难。儿童理解他们原始经验的能力是有限的，同样，他们将这些体验转化为文字的能力也有限。甚至，有一些年幼的孩子能意识到特定的某些话题是不能和陌生的成年人讨论的。然而，理解儿童正常的性发展对我们来说是有价值的。性情感是生活的一部分，是行为的一个动力因素。并且，正如我们考虑的正常和异常发展之间的连续谱一样，我们想要知道在儿童身上，哪些性行为是心理病理问题的征兆，哪些是正常童年期性探索的部分。

例如，与年龄不相称的性知识经常被当作证据来说明儿童在性方面已经受到了干扰。因此，重要的是要知道不同年龄的儿童都已经对性了解了一些什么（Friedrich et al.，2001）。在 4 岁以前，女孩往往对她们的生殖器还没有特定的称呼，一般整体称呼她们身体的那个区域为"下面"。在 7 岁之前，儿童一般不会报告他们生殖器的性功能，顶多只是有个模糊的观念"婴儿是从那里出来的"。只有到 9 岁的时候，儿童才正常地开始将生殖与性行为联系起来。沃尔伯特（Volbert，2000）进行了一项很少见的研究，通过对 147 名 2～6 岁的德国儿童进行访谈，研究了他们的性知识。直到 5 岁，还没有儿童展现出对成人性行为的知识，只有三个更大的孩子描述了公开的性活动，最有知识的男孩揭露说他在电影里看到过这种行为。

儿童对性的理解也是他们认知发展水平的一个功能。根据皮亚杰的理论，儿童将他们学到的事实进行转化以适应他们已有的图式。因此，当儿童提供关于"婴儿是从哪里来的"问题的最天然的解释时，伯恩斯坦和考恩（Bernstein & Cowan，1975）认为，这个来源可能并不是错误信息，而是正在对信息进行工作的同化过程，只是这些信息对儿童来说太复杂而不能理解。儿童的性知识也存在跨文化的差异，这取决于该文化背景下成年人普遍对性的开放态度以及儿童接触性相关信息的难易程度。

另一项研究探讨了正常发展过程中儿童会表现哪些类型的性行为。德国研究者舒尔克（Schuhrke，2000）指出，在学龄前儿童当中，对自己和他人生殖器的好奇心是很普遍的。从第二年开始，儿童会查看自己的身体，玩弄自己的身体，暴露自己的身体，评论自己的身体，也邀请看护者做同样的事情。同时，在学龄阶段，儿童兴趣的客体开始从父母转向同伴。桑福特和科恩 – 凯特尼斯（Sandfort & Cohen-Kettenis，2000）询问荷兰母亲有关他们观察到的孩子的行为，这项研究包括 0～11 岁的 351 名男孩和 319 名女孩。在母亲们的报告中，有 97% 的孩子会触弄自己的生殖器，60% 的孩子和朋友玩过扮演"医生"的游戏，50% 的孩子有手淫行为，33% 的孩子触弄过其他孩子的生殖器，21% 的孩子向他人展示过自己的身体，13% 的孩子画过有关性的图画，8% 的孩子谈论过性活动，2% 的孩子和娃娃模仿过性行为。这些行为随着儿童的年龄增长而频率增加，然而，一些行为在男孩中更常见（如手淫），而一些行为在女孩中更常见（例如，和娃娃模仿性行为）。

正如我们可能期待的那样，跨文化研究也说明，儿童性行为也呈现出性文化态度和性社会化的差异。例如，在对荷兰和美国学龄前儿童父母进行的一个比较研究中，弗里德里希和同事们（Friedrich et al., 2000）发现，父母报告呈现出较为一致的模式，荷兰儿童有更高水平的性行为，荷兰社会对性有更接纳的态度。

不管儿童在发展过程中是否表现出对性了解的兴趣，正常来说，一直到青少年期，性才真正登上舞台的中心。青春期引发了生理成熟上的剧烈变化（女孩在 8 ~ 13 岁，男孩在 9 ~ 14 岁）。最近几十年，在西方发达国家和发展中国家，青春期开始的年龄下降了，特别是女孩青春期的开始年龄下降了，原因还不是完全清楚，营养的影响、健康状况和社会经济水平的优越性都可能是其中的原因。然而，一组国际研究者根据数据得出的结论表明，从非贫困发展国家移民到发达国家的年轻人性早熟的比例在逐渐增加。研究者认为，这可能与基因、内分泌和环境因素的复杂交互影响有关，包括环境中引起激素失调的化学物质的影响（Parent et al., 2003）。

理想的是，对那些在十几岁就已经完全性成熟的年轻人来说，新的生理冲动会随认知、情绪及社会发展相继出现，而这些能够更好地让他们成功把握住青少年最为突出的问题。相应地，那些性发展早熟的年轻人，无论是受早熟的荷尔蒙水平还是不恰当的性刺激的激发，都将无法做好准备迎接复杂的挑战和新出现的成年性责任（Gaffney & Roye, 2003）。最终，在青少年后期，性就成为各种各样问题的一部分，"我能爱谁""我能和谁共度一生"以及追寻与另一个人生理、心理全面满足的关系。

性取向问题在很多重要的方面都和前面我们描述过的同一性发展过程息息相关。尽管一些男女同性恋、双性恋和跨性别者都报告说在很小的时候就已经知道他们的性取向，但是直到青少年期，大多数人才开始就相关问题进行斗争，如是否承认或者是隐藏自己这种情况，是否将这种情况整合到"我是谁"的自我意象中去等。

研究者很难获得同性恋、双性恋和跨性别者的可靠比例，这不仅仅因为相关研究都是小样本的方便取样，而没有代表性的大样本，还因为性少数人群的定义并不是一致的，可能与被试自己的分类不同。特别是，许多年轻人承认自己被同性吸引或有同性性行为，但是不认为自己是同性恋。例如，《青年危险行为研究》（ the Youth Risk Behavior Study；Pathela &Schillinger, 2010），调查了 17 000 多名纽约市的高中学生，结果显示，其中 6.9% 的男孩和 11.9% 的女孩有过同性伴侣，38.9% 的学生报告他们认为自己是异性恋或直男直女。

总体说来，美国国家青少年健康纵向调查发现，接近 6% 的男孩和 15% 的女孩在某种程度上不是严格地认同自己是异性恋（Savin-Williams & Ream, 2007）。在这些年轻人中，3.2% 的男孩和 10.7% 的女孩描述自己主要是异性恋，2.4% 的男孩和 3.8% 的女孩认同自己是双性恋，将近 0.5% 的男孩和女孩表明他们会被无性别人士所吸引。并且，在对这些青年进行后续研究的 6 年中，研究者发现朝向和偏离同性别和异性别吸引与行为的转变都非常明显，这一现象被称为"流性别"（Diamond，2008）。然而，一般来说，在美国这个样本中的发生率和其他跨文化研究中的发生率是基本相似的，如挪威、新西兰、澳大利亚、英国和泰国的研究（Savin-Williams & Ream，2007）。

萨文－威廉姆斯（Savin-Williams，2001）研究了性少数群体性取向认同发展的过程，对认同为男同性恋、双性恋和跨性别者的年轻人进行了一系列的访谈。第一阶段是认知，包含意识到自己是不同的，有时，伴随着疏远的情感和发现的恐惧。一般来讲，年轻人为自己贴上同性恋、双性恋的标签是在 15 ～ 18 岁。第二阶段是验证和探索。该阶段的特点是充满矛盾和好奇。第三阶段是接纳。这个阶段会对自己的性取向持有积极的态度和开放性。第四阶段是整合，包括对性客体选择的坚定承诺，伴随着骄傲的态度，也会对周围社会和团体公开自己的认同。

并不是所有的个体都经过所有这些阶段，特别是主流文化的消极态度使得出柜过程并不很舒适，甚至是有危险的。在公开自己的性取向后，很多性少数人群都报告感受到被家庭成员的排斥（Ryan et al.，2009）和同伴的欺侮（Birkett et al.，2009）。

4. 发展心理病理学中的性别与性过程

（1）夸张的性别角色特征

在巴肯（Bakan，1966）最初的构想中，健康的心理发展要求力量和沟通的平衡。人类本质是有力量的，或者说男性化这一面是竞争性的、攻击性的、自我中心的，而人类本质是善于沟通的，或者说女性化的另一面是怜悯的、利他的和人际取向的。在巴肯的观点中，完全是力量取向的话会导致自私自利的破坏性，而完全是沟通取向的话也是有问题的，因为它无法让个体迎接个性化发展的挑战。自信，一种自尊感和保护自己的心态，对发展和自我保护来说是非常重要的。因此，力量取向的同时必须重视"相互关系、相互依赖、共同福利"，沟通取向也必须补充"有力量的自信和自我表达——这些对个人整合和自我实现都是很重要的方面"（Block，1973，p.515）。

巴肯提出，高男性化认同的比较夸张的观念指的是在每个情境下都不理解情感，而是占有支配地位，在某些特定的地方其实就是"真汉子"，这种高男性化认同可能对反社会行为倾向有预测作用。正如我们在第十章讨论品行障碍时提到的，这种观点获得了一些支持（如 Majors et al.，1994）。同样，夸大的女性化观念也可能增加一些特定障碍的风险，因为个人的焦点会放在适应他人方面，这就需要以牺牲自我为代价。在第十二章，我们将回顾性别角色社会化和女性认同在进食障碍形成中起作用的相关研究证据。

（2）性早熟

成熟的性不仅包括身体上的亲密行为，而且也包括人际敏感和自我理解。过早进行性行为的儿童——那些认知、情绪和人际发展没有跟上他们身体发展或生活经验发展步伐的儿童——会存在失调的风险。我们将至少介绍两个有关此观点的案例：不适当性行为的增加与女孩的早熟有关（第十章），也与儿童性虐待的消极影响有关（第十四章）。

（3）性少数取向

在对性少数群体的取向品头论足或敌对的文化中生活，同性恋、双性恋和跨性别年轻人可能会面临额外的压力，这会影响他们的同一性形成，也会影响他们的家庭关系和同伴关系（Meyer，2003）。孤立感和缺乏接纳也会增加性少数群体年轻人的适应不良风险。例如，英国的一组研究者进行了较为全面的文献综述，综述了北美洲、欧洲和大洋洲七个国家的研究，发现在全球，同性恋和双性恋年轻人有超高比例的自杀、自伤行为（King et al.，2008；参见第九章）和物质滥用行为（参见第十二章）。更进一步的研究指出，性少数群体年轻人中的自杀情绪和毒品滥用与个体感知到的被排斥和烦恼有关，而积极的学校环境可以缓解这些消极影响（Birkett et al.，2009）。

三、家庭背景下的发展

（一）家庭发展

当我们考虑发展时，我们经常认为发展只是与儿童有关。然而，所有家庭成员在整个生命中都处于发展过程中，而家庭是成员发展的系统（McGoldrick & Carter，2003）。例如，在家庭发展的第一个阶段，成年人必须离开原生家庭成为独立的个体，然后形成新的婚姻关系。当孩子出生时，夫妻关系必须调整出空间给这个家庭新成员。在家庭发展的第二个阶段，当孩子步入青少年期时，亲子关系必须变得更为灵活，以允许青少年能自由出入家庭系统。家庭发展的第三个阶段包括孩子开始步入社会，以及为容纳孩子的重要他人、儿媳女婿和孙辈们的家庭重新排列。处于成年中期发展阶段的父母的发展任务是复杂的，因为当他们自己的孩子达到成人状态时，他们往往也开始要照看自己年迈的父母。

对家庭发展过程的评估提示了一个非常重要的视角，即曾经在某个发展阶段最有适应能力的（例如，2岁儿童的密切监管）教养策略在另一个阶段却可能并不理想（例如，考虑青少年对监督的常见反应）。因此，教养策略必须是灵活的，同时也必须具有发展性敏感的特点。教养方式对健康发展和病理发展有重要影响，下面我们来看看它的主要方面。

（二）教养风格

最有影响力的教养风格类型是由鲍姆林德（Baumrind，1991a，1991b）提出来的。她认为教养的两个独立维度非常重要：温暖/支持和控制/规则。通过评估父母在这两个维度上的表现，她提出了四种教养风格。

专制型父母在规则维度上表现突出，但是在温暖维度上表现欠佳，因此，这种类型的父母是要求高的、控制欲强的，也是不理智的。这种类型父母的暗含表现就是"按我说的去做，因为我说了算"。如果父母以一种惩罚性的、让人排斥的方式提出纪律要求，他们的孩子往往会变得攻击、不合作、害怕惩罚，并且主动性差，低自尊，不擅长与同伴交往（competence with peers）。放纵型父母在温暖维度上表现强烈，但是却缺乏规则。这种类型的父母是没有要求的，他们对孩子很接纳，以孩子为中心，很少试图去控制孩子。结果可能就会导致孩子变得依赖、不负责任、攻击、被宠坏。相对而言，权威型父母在温暖和规则维度上表现都突出。他们设置成熟行为的标准，期待孩子遵守，但是他们也高度地参与到教养中，他们的教养风格是一致的、慈爱的，而且他们善于沟通，愿意倾听孩子和尊重孩子的观点。这种类型的父母的孩子往往独立、自控、安全、受欢迎并且充满好奇心。最后，忽视型父母在温暖和规则两个维度上表现都低，因此，这种类型的父母被描述为冷漠、不关心孩子、以自我为中心。松懈的、漠不关心的父母教养方式是反社会行为的温床。父母的以自我为中心与儿童的冲动性、情绪化、逃学、缺乏长期目标和过早抽烟、饮酒相关。

例如，斯滕伯格等人（Sternberg et al.，1994）使用鲍姆林德的分类体系评估了4000多个14~18岁青少年的父母教养风格。来自权威型教养风格家庭的青少年在心理社会发展、学业成绩、内化情绪和问题行为方面比其他类型家庭教养风格中的青少年适应得更好，而忽视型家庭的青少年在这些方面的适应表现最差。专制型教养风格家庭的青少年在学校表现方面也相当出色，也鲜少出现青少年犯罪问题，但是他们的自我概念和独立性较差。相应地，来自放纵型教养风格家庭的青少年则会出现行为偏离和物质滥用情况，学业成绩也较差，但是，他们往往对自己有积极的看法。一年以后，研究者再次评估了其中的2000个青少年，发现基于教养风格所做的解释之间的差异仍然存在，甚至更加明显了。来自权威型家庭的青少年继续在他们的同伴中拔得头筹，而来自专制型家庭的青少年不仅持续表现出不良的自我意象，而且内在痛苦增加。来自放纵型家庭的青少年表现出混乱的情况，尽管他们的自我概念是积极的，但是他们的学校行为和成绩却变得更差了。忽视型家庭的青少年在一年中表现出功能的显著下降，包括对学校毫无兴趣、毒品和酒精滥用以及青少年犯罪。

尽管研究是在美国白人中进行的，但中产阶层家庭样本一致显示，权威型教养风格与儿童最佳表现是相关的。不过，这一发现的跨文化适用性受到了其他研究的质疑。结果显示，在其他文化中，专制型教养风格也与儿童良好的适应性相关（Pomerantz & Wang，2009）。因此，教养风格可能需要放在特定文化的视角下以特定方式来理解，因为特定文化中的价值观会影响教养的目标和儿童的优秀表现。例如，有研究者（Chao，2001）提出，中国父母的教养以训练孩子成为集体社会的一员为首要目标。要达到这个目标，不仅需要控制，还需要高水平的父母投入，而这些并不能通过权威获得。相似的道理，传递温暖的文化适应方式可能是通过父母的高投入和支持孩子的学业成绩来实现的，而不是通过亲密和无条件接纳这种身体表达来实现的，后者是西方的特征。因此，规则和温暖都在父母的行为中出现，但是在中国父母的训练方式中表达却是不同的。

总之，当以文化适应的方式来评估教养风格的结构时，迄今为止跨文化研究者比较认同的是，缺乏温暖的控制性教养风格会导致儿童更多消极的表现，无论是在集体主义社会还是个人主义社会（Chan & Koo，2010；Sorkhabi，2005）。然而，这些影响效果会被这种教养方式对所在文化中的正常程度所调节。例如，兰斯福德和同事（Lansford et al.，2005）访谈了中国、印度、意大利、肯尼亚、菲律宾和泰国的母亲与孩子（成对访谈），发现在认为体罚正常并接纳这种教养方式的国家中，体罚与儿童攻击性和焦虑的关联没有那么紧密。在后来的一项跨文化研究中，格舒夫和同事（Gershoof et al.，2010）发现，儿童对严厉教养风格正常性的认知评价，能防止其对儿童情绪状态的不良影响。

（三）父母敏感性

当我们讨论依恋的时候，我们已经看到了父母对儿童的信号、情绪和发展敏感的重要意义。敏感的父母会细心地跟随孩子而调整步伐，孩子需要时为之提供规则和指导，而当孩子掌握好了之后又退到后面，允许孩子享受自己做事的快乐。根据苏联心理学家维果茨基（Vygotsky，1978）的研究，这个过程被称为"支架"。就像直立起来支撑正在建设中建筑物的脚手架那样，父母应该提供支持，而不是侵犯，要让孩子在他们的保护下茁壮而灵活地成长——如果脚手架永远不能撤离，或一旦撤离建筑物就会崩塌，那么这个脚手架就是不良的。相反，在维果茨基的观点中，发展主要是一个内化的过程，在此过程中，儿童渐渐能够自己学习到父母通过支架帮助他们时所需要的能力。例如，母亲帮助儿童建立的问题解决的支架能促使他们更好地自我管理及形成更强的能力（Neitzel & Stright，2003）。

（四）亲子边界

根据米纽秦（Minuchin，1974）提出的家庭系统理论，家庭中清晰的边界对健康的心理发展是非常关键的。我们在第一章中已经描述过病态的三角关系，在这种关系中儿童会被不恰当地卷入父母的婚姻子系统中。在这里，我们将描述父母—孩子关系间出现的三种形式的边界问题（此处我们主要介绍 Kerig，2005 和 Kerig & Swanson，2010 的文献）。

1. 缠结型

边界问题的极端表现是缠结，特征是缺乏对儿童自主或分离的承认。缠结型的父母和儿童是"同一个人的两半"，至少父母是这样的。缠结型家庭中的儿童在童年期表现出更高的焦虑水平（Sturge-Apple et al.，2010），并且根据发展理论的预测，缠结型亲子关系下的儿童在青少年期很难自我分化（Allen & Hauser，1996）。和那些父母允许其心理自主的年轻人相比，他们也更抑郁（Jewell & Stark，2003）。

2. 入侵型

入侵型，或称心理控制型教养（Barber，2002）。它的特征是父母不仅过分控制儿童的行为，还控制儿童的思维和情绪。简言之，心理控制型的父母极力掌控儿童的思维和情绪，通过这种控制，儿童的内在生活将遵从父母的期望。父母可能会使用非常细微的技巧，如间接暗示、引发内疚或撤离关爱等胁迫孩子遵从。在 9 个国家（包括南非、孟加拉共和国、中国、印度、波斯尼亚、德国、巴勒斯坦、哥伦比亚和美国）进行的跨文化研究证实，入侵型父母的孩子会出现学业、社会、行为和情绪适应问题（Bradford et al.，2003）。

3. 角色互换型

角色互换，也被称为亲职化，指的是在亲子关系中，父母依赖孩子来取得情感支持和关爱，而不是为孩子提供支持和关爱（Jurkovic，1997）。角色互换的父母可能表面上很温暖，对孩子也很关心，但是这种关系并不是真正的养育关系，因为父母是以牺牲孩子的情感为代价来满足自己的情感需要的。满足了父母情感需要的儿童在早年会表现出更多内在的、行为的、社会的问题（Jacobvitz et al.，2004；MacFie et al.，2005），也会在后期发展过程中出现抑郁和焦虑的问题，还有低自尊表现（Kerig & Swanson，2010）及进食障碍（Rowa et al.，2001）。

当父母一方求助，孩子表现出像成人一样和自己建立起对孩子年龄来说不适当的亲密伴侣关系时，亲职化就发生了（Jacobvitz et al.，1999）。纵向研究显示，出现亲职化现象的儿童在幼儿园会表现得漫不经心和反应过度，童年期会破坏和同伴的边界，青少年期会表现出更多的行为问题（Shaffer & Sroufe，2005）。当婚姻紧张溢出到亲子关系中时，亲职化也会采取敌对的形式（例如，你真像你父亲）。研究显示，父母敌意的亲职化与孩子成年后和约会伴侣之间的内化、外化和关系困难有联系（Kerig et al.，2012）。

（五）父母冲突和离婚

虽然在 20 世纪 60 年代早期，几乎 90% 的美国儿童都在父母俱在的家庭中度过童年，但是现在，仅有 40% 的儿童生活在完整的核心家庭中（Amato et al.，2007）。尽管在美国并没有那么常见，但是同期，所有的欧洲国家离婚率都在上升（Dronkers et al.，2006）。研究证实，家庭破裂会给儿童带来消极影响，在发展过程中，会增加儿童产生一系列行为和情绪问题的风险，包括低自尊、学业不良、品行障碍和人际交往困难（Wagner & Weiβ，2006）。然而，另有研究也表明，对于父母离婚，儿童会表现出多种反应。例如，大部分儿童能应对家庭破裂的压力而不会出现明显的心理健康问题。因此，研究需要揭示出能解释儿童产生多种反应的风险因素和复原力因素（Hetherington，2006）。

1. 婚姻冲突给儿童带来的风险因素

父母离婚在儿童生活中并不是一个孤立的事件，因为离婚必定是一个漫长的累积过程。大多数夫妻报告多年的唇枪舌剑才导致他们最后做出离婚的决定。因此，儿童总是暴露在明显的人际冲突中，有时甚至是父母之间的暴力。正如我们在第一章看到的，证据非常明显，儿童会受到父母冲突的影响，即使父母并没有离婚也会有影响（Cummings & Davies，2010）。正是这种冲突而不是离婚本身对儿童产生了有害的影响（Kelly，2003）。如果离婚能减轻儿童暴露于婚姻冲突的频率，它甚至可能对儿童是有益的。然而，相反，当婚姻中人际冲突本来就较低时，离婚对孩子造成的痛苦会较大，这可能是因为离婚是家庭中比较突然和不被接纳的改变，只是它看上去对孩子"并没有那么不好"（Strohschein，2005）。不幸的是，离婚有时并不一定会结束婚姻冲突，甚至有可能还会使冲突加剧。分离过程本身会带来许多仇恨的问题（例如，孩子的监护权、探视、赡养费和孩子抚养），这会引发离婚夫妻的敌意。当夫妻双方都要求孩子站在自己那边反对另一方，去告知另一方父母自己的活动安排或者承担父母之间的信息传递人时，孩子可能会有"夹在中间"的感觉（Amato & Afifi，2006）。正如我们在第一章家庭系统理论中所看到的那样，这种类型的三角关系对孩子来说是有高度压力的。暴露在这些家庭压力中的时间可能会比离婚持续的时间更长。例如，麦科比和同事（Maccoby et al.，1992）发现，即使在婚姻结束长达 31 年之久后，仍然有 26% 的父母体验到持续的敌意。

离婚还伴随着一系列的生活压力事件：孩子可能必须搬家，换学校，和朋友分离，和祖父母失去联系以及受到许多其他的破裂事件的影响。在美国和欧洲的研究中，绝大部分和母亲一起生活的儿童在经济环境方面都遭遇显著的下降（Andreß et al.，2006；Sayer，2006）。事实上，离婚是导致儿童贫困的主要原因之一。

此外，对许多父母来说，离婚代表着个人生活的重大改变——维持亲密关系方面的失败。所有影响孩子生活的变化和压力，父母同样都能强烈地感受到，因此，离婚还与许多父母的痛苦表现相关，包括抑郁、焦虑、愤怒和物质滥用（Braver et al.，2006）。当父母的情绪困难波及亲子关系，父母可能就没法为孩子提供情感支持，他们的教养技能可能会崩塌，这就会造成孩子发展的消极后果。父子关系尤其容易受到这种效果的影响（Amato & Dorius，2010）。

让问题更复杂的是，对许多家庭来说，离婚仅仅只是一个过渡阶段，后续会有新家庭建立。再婚家庭，也被称为重组家庭，在离婚的人当中非常普遍。例如，在美国，将近 69% 的女性和 78% 的男性在离婚后会再婚，其中，许多人都带着上一段婚姻中的孩子走进新家庭。事实上，美国接近 12% 的儿童都生活在有继兄弟姐妹的家庭中（Sweeney，2010）。不幸的是，这种婚姻特别脆弱，极易解体，这样，儿童将面临应对多个家庭转变的挑战以及解决随之而来的模糊认同的挑战，即要确认到底谁继续是家人，谁不再是家人（Brown & Manning，2009）。

2. 婚姻冲突中儿童的保护性因素

尽管离婚伴随着风险和情感痛苦，但是在两到三年内，大多数儿童还是能成功适应。到底哪些保护性因素在这个过程中起了作用？赫瑟琳顿和埃尔莫尔（Hetherington & Elmore，2003）综述了已有的研究，提出复原力相关的许多个人特征在离婚研究中作为保护性因素出现：智力、好脾气和知觉到的能力。年龄小也可能是保护性因素，特别是当父母再婚时；尽管青少年比较难适应父母再婚，但是年幼的儿童却在重新回到完整的家庭后受益。儿童自己的应对策略也可能加重或减轻离婚相关的压力。例如，离婚家庭的儿童如果使用分散注意力和积极应对策略，如寻求社会支持，那么他们会比被动退缩应对的儿童表现出更少的内在或外在问题。进一步讲，当儿童进入青少年期时，他们更能够走出家庭，将同伴和其他成年人作为社会支持资源。年轻人向亲社会支持系统寻求帮助是有益的，然而，许多离婚家庭的青少年选择独立，脱离他们的家庭，这就增加了卷入反社会行为的风险。

正因为亲子冲突和不良教养是儿童适应不良的风险因素，积极的亲子关系和权威型教养风格能够帮助儿童缓解家庭压力。在父母共同监护下的儿童，如果能够和父母双方都建立起积极的关系，他们将特别受益。最后，尽管离婚的夫妻双方无法好好相处，许多父母在涉及养育孩子的问题时，还是能将自身的不同观点放到一边。因此，共同合作抚养缓解了儿童受到父母间冲突的消极影响，无论在离婚家庭还是完整婚姻中都是这样的。受这一研究的启发，为了努力增加父母共同抚养和合作抚养，防止儿童受父母婚姻冲突的影响，许多法令要求离婚父母必须和协调人一起解决潜在的监护权争端问题。

3. 单亲家庭和隔代抚养家庭

人们越来越意识到，家庭包含多种形式和多位成员。美国核心家庭包括父亲、母亲和平均2.2个孩子，这和世界上其他国家的平均孩子数还差得很远。离婚率上升和少女怀孕比率上升已经导致了单亲家庭的增多，而大多数都是单亲母亲家庭。一般来说，单亲家庭经济压力更大，孩子也更容易表现出许多消极行为和情绪问题（Sayer，2006）。并且，除了核心家庭之外，并不是只有单亲家庭常见，因为隔代家庭也变得越来越普遍。例如，过去10年在美国，由（外）祖父母单独抚养孙辈的家庭已经增加了30%。当孩子的父母去世、被监禁、失业、太年轻根本无法承担抚养孩子的重担或仅仅就是把孩子抛弃给自己的父母时，祖父母一般就接替了抚养孩子的任务。在后续我们对各种障碍的述评中，我们将关注由单亲家庭和隔代抚养家庭的经济和情绪压力带来的风险，同时，也会着眼于这些类型家庭中孩子能够积极发展的复原力资源和力量（Murry et al.，2001）。

然而，另一个现象，即儿童主导的家庭也在增加，尤其是在战争国家和被艾滋病伤害的非洲贫穷国家（Richter & Desmond，2008）。一些这样的儿童照顾着老人和生病的父母，而另外一些则是孤儿，还承担着照看弟弟妹妹的责任。在这些孩子中，食物安全、社会福利保障和入学能帮助他们缓和创伤生活经历对心理状态的消极影响（Cluver et al.，2009）。

（六）虐待和家庭暴力

儿童并不需要在一个非常理想的家庭里才能成长为心理健康的人。对婴儿来说，比较重要的是"普通的、可预期的环境"，包括来自成年看护者的保护和养育，而更大一些的儿童则需要支持性的家庭及与同伴接触、把握环境的机会。家庭能够通过各种途径满足孩子的这些需求，同时不妨碍孩子的发展，只要家庭环境处于可预期条件的范围之内即可。相对而言，家庭环境如果是暴力的、虐待的或忽视的，刚好处在了可预期的条件范围之外，就会将孩子送上心理病理发展的道路。

虐待与我们将要探讨的很多心理病理问题的发展是密切相关的（Cicchetti & Valentino，2006）。它是非常重要的问题，我们将在第十四章单独就这个主题进行进一步探讨。并且，虐待有很多种形式，儿童并不一定成为虐待的直接受害者才会受到家庭暴力的影响，因此，在第十四章，我们也将述评儿童作为家庭成人间暴力行为的无辜旁观者体验的相关文献。

总结一下，我们在本节已经探讨了家庭关系对心理健康或病理可能产生影响的几个过程：①过度严厉或松散的教养；②父母的不敏感；③不适当的亲子边界；④父母间冲突和离婚；⑤虐待或家庭暴力。考虑到家庭的重要性，在随后的章节我们将多次重新提到儿童发展所处的家庭背景。

四、社会背景下的发展

（一）同伴关系

同伴关系是后续心理病理问题的一个潜在预测因素（此处主要引用的文献来自 Parker et al.，2006）。在本章我们谈论发展的各个方面时，同伴关系在儿童生活的不同年龄阶段都存在着主要的里程碑和转型。对这些儿童同伴关系质量及背景上的探索，将帮助我们更好地认识和理解不适应的模式。

1. 婴儿期到学龄前期

从生命的最开始，儿童就表现出对同伴的兴趣。两个月大的婴儿就对彼此感兴趣而对看。到 10 个月时，婴儿在拍打、敲击同伴和模仿同伴的笑声方面，会有更多的变化和持续的反应。尽管幼儿的短暂注意力和有限的控制他人行为的能力会让社交行为有稍纵即逝和即兴的色彩，但 15 个月时情感的出现、2 岁时不断增加的动作和沟通技能，让他们更多地共同参与游戏。

很明显，早期同伴关系并没有亲子关系那么稳定和亲密，这是很正常的。年幼的儿童没有兴趣承担减轻痛苦和提供刺激的看护者角色，也没有快速和适当地对需要进行回应的看护者技能。然而，相对于成年人，他们有一个先天的优势是，在相对的发展水平上，他们天然地被别人的行动所吸引。尽管父母可能对孩子充满爱意，但是同伴吸引是基于相互的兴趣。同伴关系之所以重要，并不是因为它们是依恋关系的初级版本，而是因为它们为儿童发展增加了一个新的相互作用的维度。

儿童在学龄前期发生了一系列的变化，他们出现了参与社会扮演游戏的能力，这让他们可以解决自己的恐惧和焦虑，也可以使用幻想来建立和维持与同伴的社交关系。儿童开始组织材料进行社会喜剧扮演并完成社会角色和脚本（如医生、妈妈、警察等），这就要求在吸引同伴加入游戏时，应具有更高水平的组织、沟通和社交技能。此时，也可以观察到特定的友谊。比如，儿童会表现出愿意同特定的某些同伴一起玩耍的偏好，而这是基于共同的兴趣和共同的情感的。即使在这最早的几年里，也很少看到没有朋友的儿童，这些稚嫩的友谊为儿童提供了重要的社会能力，而这正好能预测童年后期儿童积极的、适应的行为。在学龄前期，共情、分享和帮助在不断增多，这与同伴接纳相关联。从不太积极的一面来看，冲突、竞争和敌对也在增加。然而，学会管理攻击行为是学龄前阶段最重要的任务之一。因此，在学龄前应对有挑战的同伴能给儿童提供发展解决冲突技能的重要机会，这会促进他们在后续发展中培养良好的社会认知功能。

2. 童年中期

学龄前阶段的友谊和积极的同伴经验能帮助儿童平稳地过渡到更大范围的同伴关系之中，这打开了儿童进入学校和参与课外活动的通道。事实上，自发性的、无结构的游戏在这个阶段快速消失，代之以成人组织结构的活动，如运动或有正式规则的游戏。

在这一阶段，对同伴关系有帮助的重要进展是观点采择任务和社会问题解决能力的增加，这包含很多社会认知技能：知觉到他人的观点、解码和精确解释社会线索，产生可能的问题解决策略和评估策略的有效性以及最终形成最有效的策略。因此，更大的儿童会考虑其他人的需求，更倾向于劝服和妥协而不是强制。尽管并没有证据证明儿童的同理行为随着年龄增长而增多，儿童对两难处境的反应复杂性和考虑背景的能力是增加的，这种两难情境出现时，儿童的自我兴趣必须和公平及互惠达成平衡。特别是，当儿童能更加对他们同伴的主观体验产生内省并认识到友谊要求合作和以令双方满意的方式适应双方的需求时，儿童对友谊的理解在童年中期发生了显著的变化。在这个时期，儿童能更加清楚地区分真正的朋友和一般人，并确定地认为忠诚、信任和自我暴露是友谊的成分。

然而，尽管同伴暴露的新世界已经开启，但是童年中期的儿童仍然会基于可观察的特征——如大多数的是性别，也有民族、种族和社会群体——来将自己和他人进行分类、贴标签和分离。在这一阶段，稳定的小团体开始形成。一方面它为儿童提供了保护的资源，主要是为在团体中找到了位置的儿童提供了归属感和被接纳感；另一方面它通过威胁那些在外围的儿童，使他们产生了不安全感，这种不安全感对其他儿童来说也是一种易感性的来源。研究显示，童年中期的儿童把大量的时间、精力和思维用在了担心他们的社会经济状况和被同伴拒绝的可能性上。

有关儿童社会经济状况的研究关注儿童在多大程度上被同伴喜欢或不喜欢。一般来说，在同伴关系中的儿童可以分成四类：被接纳的儿童、被拒绝的儿童、被忽略的儿童和有争议的儿童。被接纳的儿童是灵活的，聪明的，情绪稳定的，可信赖的，合作的，对他人情感敏感的。被拒绝的儿童除了不快乐和孤立外，还是具有攻击性的，烦躁的。并且，在青少年期和成年期，他们还存在辍学和产生严重心理困难的风险。对于被忽略的儿童，同伴既没有喜欢，也没有不喜欢，他们往往是焦虑的，缺乏社交技能的。最后，有争议的儿童同时感知到了来自同伴的积极和消极的态度，这些儿童可能是麻烦制造者，或者是课堂小丑，然而，他们拥有人际技能和魅力，能吸引其他儿童并给他们留下深刻印象。一些研究证据提示，有另外一类儿童，被认为是"广受欢迎的"儿童，事实上并不是被他人更喜欢的，而是那些社交力量强大的儿童，因此，他们可能是比被接纳的儿童更容易引起议论的儿童。在第十章讨论有魅力的小头目在社交圈子中发生的精心策划的欺侮中所起的作用时，我们再讲述这类"受欢迎的"年轻人。

同伴关系中还有另外一个重要维度促进了儿童的发展。鉴于无条件积极关注可能是儿童在家庭体验到的亲密关系的核心，但儿童必须尊重同伴，这是一种被证实的适应性的能力。儿童必须和其他儿童进行比较，包括运动能力、动手技能、提建议的灵活性和进行兴趣活动等，根据在活动中所做的贡献大小而受到同伴不同程度的尊敬。因此，这一阶段的儿童不仅关心在对父母和老师来说重要领域内的掌控感，而且也关心技能方面的掌控，这可以让他们在同伴中被认为非常"酷"。

3. 青少年期

在青少年期，同伴关系的重要性达到了顶点。一些研究显示，美国青少年和同伴相处的时间是其与父母和其他成人共同相处时间的两倍多。逐渐地，同年龄的玩伴成为社会支持和建议的主要来源。随着成长，感情和心理意味更浓的谈话在青少年理解自己和他人的发展中所起的作用更大，青少年同伴关系的亲密性和自我暴露的水平不断增加。

除了更多参与小团体和友谊团体的活动以及与自我感和成功应对压力有关的活动外，青少年也开始形成对某一"群体"的认同。术语"群体"指的是一群年轻人可能有相似的兴趣、态度或风格，而不是基于某一相互的关系建立的社交团队。例如，年轻人可能被称为"运动员""讨厌鬼""小矮子""土包子""摇滚青年"。尽管拥有与这些群体之一相关的称号看上去可能会限制青少年的认同探索，事实上显著的流动性会让年轻人在高中时期在这些群体中进出自如。

在青少年早期，年轻人一般在男女混合的团体中社会化。在这样的团体中，调情和进行与性相关的探索是短暂和非强制的。青少年期最明显的转变是开始关注浪漫关系，其中包含稳定和诚挚的联盟。布朗（Brown，1999）的研究表明，浪漫关系的发展既是个体认同的进步，也是年轻人对同伴敏感的进步。在开始阶段，年轻人主要关心跟上同伴的步伐并展示他们自己的能力，随后他们在选择约会同伴时会受到同伴感知的高度影响。在亲密阶段，约会关系更像是一个私人的事情，其特征是高度的情绪强度和渴望亲密。最后，联结阶段包括持续的情绪投资和对长期关系所做出的承诺。

青少年同伴关系提供了一个朝向未来的重要桥梁，带给个体归属感，这对儿童到成人的转变是特别重要的。同伴关系还通过规定行为帮助青少年掌握不确定感，如穿什么衣服，听什么音乐和使用什么语言。在确定朝向性关系的过程中，同伴关系还起煽动和保护的作用。最后，同伴关系会支持年轻人独立个性化，为儿童提供一个拥有自己规则、价值观和语言的可选世界。然而，虽然同伴关系具有这些保护资源，但也包含特定的风险，如可能导致青少年过早进行性行为和物质滥用的风险增加。此外，社会竞技场中更强调成功的重要性，会增加那些发展缓慢的青少年的问题易感性，因为他们可能被团体不接纳，或者被同伴抛在身后。

正如我们要看到的，在我们要讨论的很多童年期障碍中，同伴关系紊乱都有主要的影响，包括广泛性发育障碍（第五章），注意缺陷多动障碍（第七章），焦虑障碍（第八章），抑郁（第九章），品行障碍（第十章），精神分裂症（第十一章），物质滥用（第十二章），人格障碍（第十五章）和虐待的后果（第十四章）。因此，我们要看到对同伴关系的关注会对我们在临床评估过程中了解儿童做出一定的贡献（第十六章），也会对我们形成有效的治疗方案带来帮助（第十七章）。

（二）家庭外的成年人

当儿童从学龄期进入青少年期时，家庭外的成年人会在塑造他们的行为和态度方面起到更大的作用。家庭外的潜在导师和支持来源包括老师、教练、导师、学校咨询师、营地领队、牧师、邻居和家庭外的其他成年朋友。老师与儿童关系的品质对儿童的自我感有非常重要的贡献。例如，公然差别对待学生的老师——让学生把自己归类为高成就者或低成就者——不仅会导致学生低自我效能感，而且会导致低学业成就，这就是皮格马利翁效应（Weinstein，2008）。同伴也会对这种老师的差别对待很敏感，他们可能排斥不被优待的儿童（McKown & Weinstein，2008）。另外，对待学生温暖、方式稳定和个人投入的老师能增加学生的幸福感和安全感，也能提升学生应对压力的能力（Pianta，2006）。同样，被认为危险、不安全或缺乏关爱的学校环境会导致学生的不适应。澳大利亚的一个研究证实（Shochet et al.，2008），对学校有积极依恋的儿童拥有更好的社会情绪功能。

总体回顾来看，社会背景包括如下影响心理病理学的过程：①同伴排斥；②不良社会技能；③社会问题解决缺陷；④消极同伴影响；⑤对学校和家庭外成年人的弱依恋或消极依恋。

五、文化背景下的发展

（一）社会经济水平

有关生活在贫穷中儿童的大量数据来自卢森堡收入研究（Luxembourg Income Study）。在这个研究中，研究者收集了来自澳大利亚、加拿大、12个西欧和东欧国家（比利时、爱沙尼亚、芬兰、法国、德国、荷兰、挪威、波兰、俄罗斯、斯洛文尼亚、瑞典和英国）以及美国的政府统计数据。霍伊维林和温恩科（Heuvelline & Weinshenker，2008）对这些数据的分析显示，除俄罗斯外，美国儿童比其他任何西欧社会的儿童更可能处于贫穷当中（参见表2-3）。在所有国家中，和已婚的父母生活在一起的儿童经历到贫穷的可能性最低，而和单亲妈妈生活在一起的儿童可能遭遇贫穷的比例最高。

表 2-3 不同家庭类型中儿童贫穷比例（%）

国家	家庭类型					
	总体	已婚夫妇	同居夫妇	单亲爸爸	单亲妈妈，没有其他成人	单亲妈妈和其他成人
美国	22.0	13.9	29.7	25.6	55.4	36.9
澳大利亚	16.0	12.1	—a	25.8	51.6	27.2
比利时	7.7	7.0	10.9	19.0	9.3	12.2
加拿大	14.9	10.4	14.4	13.3	48.3	16.8
爱沙尼亚	13.6	10.2	15.5	10.9	27.3	15.2
芬兰	2.8	1.9	3.0	2.1	9.0	0.0
法国	7.9	5.2	11.7	13.3	27.3	19.0
德国	9.0	4.1	12.0	10.0	42.1	11.3
荷兰	9.8	6.6	15.9	11.0	38.4	16.0
挪威	3.4	2.1	1.6	5.4	11.6	8.6
波兰	12.7	12.2	—a	10.5	20.1	15.1
俄罗斯	23.4	20.7	30.6	16.6	41.0	24.9
斯洛文尼亚	6.9	5.6	7.4	16.8	28.8	14.4
瑞典	4.2	2.3	2.3	4.2	13.5	7.1
英国	15.3	9.2	15.0	21.4	37.3	9.8

a 在澳大利亚和波兰的数据中，已婚夫妇和同居夫妇的数据合并在一起。
资料来源：Heueline & Weinshenker, 2008。

在贫穷家庭长大的孩子有更高的风险表现出一系列行为、情绪、健康和学业问题（Edin & Kissane, 2010）。例如，英国艾冯纵向研究（Avon Longitudinal Study）和荷兰个人生活追踪调查（Tracking Individual Lives Survey）发现，家庭低收入已经成为内在和外在问题的预测因素（Huisman et al., 2010）。贫穷可能通过一系列机制对儿童的发展产生影响，其中有一些机制是与环境相关的。例如，经济水平低的居住区是没有指望的，也没有吸引力，缺乏儿童友好的便利设施，如庭院和操场，而且这样的环境常常拥有高比例的暴力行为、毒品使用行为和反社会行为（Evans, 2004）。贫穷的家庭是拥挤的、吵闹的、不安全的、难以维持的，这种家庭的儿童呼吸的空气和饮用的水都更有可能是被污染的。相比于优越家庭里的孩子，贫穷家庭里的孩子可能更难接触文化设施和认知刺激活动。并且，社会经济水平低可能通过亲子关系间接影响到儿童。例如，贫穷可能和父母更低水平的温暖和回应相关，并且可能会增加父母间的冲突，反过来，又与儿童的行为问题相关（Conger et al., 2010）。

芬兰一项令人信服的研究证实了经济压力对儿童及其家庭的影响。索兰托斯等人（Solantaus et al., 2004）对 527 个家里有 8 岁孩子的家庭开始进行研究。不久，一次严重的经济萧条袭击了芬兰。追踪这些孩子到 12 岁时，研究者发现，经济衰退与父母痛苦、父母间冲突和消极的教养都相关，而且，与青少年的抑郁、攻击和违抗行为的显著增多也同样相关。这些数据重复了之前在欧裔美国人和非裔美国人样本中的结果（Conger et al.，2010），证明了该结果具有跨文化实用性。

其他与贫穷相关的居住区特征也会影响儿童发展，其中之一就是缺乏社区凝聚力。在这种居住区，邻居彼此不认识，不会互相提供帮助，也不会带来归属感。第二个危险因素就是社区暴力。贫穷状态下的儿童更容易暴露于此，这会导致他们表现出显著水平的攻击行为，也会导致创伤后应激障碍和抑郁（Fowler et al.，2009；Zinzow et al.，2009b）。

尽管贫穷可能增加心理病理问题的风险，但是它还远不至于必然导致问题的产生。因此，我们必须谨慎，不能基于社会群体就草率地将儿童及其家庭归于病态。在经济不良的家庭中，也有很多力量和复原力的资源能够保护儿童免遭风险（Felner，2006；Wadsworth & Santiago，2008）。在家庭系统中，善于抚育的父母、积极的亲子关系和和谐的家庭都是缓冲剂。对青少年本身来说，良好的智力和积极应对策略的使用也会在经济逆境中产生更大的复原力（Vander-bilt-Adriance & Shaw，2008）。

（二）种族多样性

尽管文献中有关种族多样性的术语使用并不太一致，美国心理学会提出的"种族"的定义是："基于生理特征，如皮肤颜色和头发类型，他人将个体进行的分类，由此而形成的概括化和固定的类型"；而种族特点指的是"对某个文化的群体风俗、道德观念和相关实践的接纳以及伴随而来的归属感"（American Psychology Association，2003，p.380）。无论使用哪个术语，毫无疑问的是，在这个日新月异的世界上，任何一个国家的种族组成都变得越来越多元了。以美国为例，统计数据表明，将近 40% 的美国年轻人是少数民族，并且，到 2022 年，美国非欧裔年轻人的比例将飙升至 50%（US Census Bureau，2010）。23% 的美国儿童是西班牙后裔，14.7% 的是非裔美国人，4.4% 的是亚裔美国人，1.6% 的是美国本土人（美国印第安人和阿拉斯加人），另外的儿童归属于不止一个种族群体，他们被称为双种族或多种族。

然而，这些统计数据掩盖了种族或民族分类内部更大的多样性。例如，西班牙后裔这一标签包含许多种族（白人、黑人和印第安人）以及一些发散开的家庭，如祖先先于欧裔美国人居住在加利福尼亚的墨西哥美国人，中美洲逃离政治运动的贫穷移民，一代以前逃离国家政权体制变更的上层阶级的古巴美国人（McGoldrick et al.，2005）。同样，非裔美国人也总括了黑人美国人的起源，他们包括了除非洲外其他洲的黑人，他们的家庭在收入水平、宗教信仰以及他们认同的文化价值观方面的范围非常广泛。

因此，当我们在讨论种族问题的时候，必须考虑另外两个维度的问题。首先，在种族群体内部，存在与社会群体相关的重要差异。少数民族群体的成员可能不均衡地生活在贫穷之中，这就增加了一系列消极问题的风险，包括辍学、物质滥用和青少年犯罪（Edin & Kissane，

2010）。然而，也有很多中产和上层少数民族家庭，这些压力因素在这些家庭中是不存在的。其次，文化适应水平，或者说吸收主流文化价值观的水平差异也非常大。文化适应与语言使用，习俗以及和种族领地外社区的联结相关。由于这种差异，第一代中国移民和第三代中国移民可能彼此共同点要少于第一代和第三代中产阶级家庭文化适应良好的中国移民和欧洲移民（Gibbs & Huang，2003）。

1. 种族歧视和偏见

根据联合国提出的《消除一切形式种族歧视国际公约》（International Convention on the Elimination of All Forms of Racial Discrimination），种族歧视指的是"基于种族、肤色、血统或民族及人种的任何区别、排斥、限制或优惠，其目的或效果是取消或损害政治、经济、社会、文化或任何其他公共生活领域的人权和基本自由在平等地位上的承认、享受或行使"（联合国《消除一切形式种族歧视国际公约》条例 1 第一部分）。另外，在欧盟 2001 年采用的《欧盟基本权利宪章》（Charter of Fundamental Rights of European Union）条例 21 中，欧盟"禁止任何基于种族、肤色、民族或社会起源、基因特征、语言、宗教信仰、政治或其他观念、少数民族成员身份、财产、残疾、年龄或性取向的歧视，也禁止基于国籍的歧视"。然而，斯宾塞和同事们指出："种族歧视无处不在，只是有时非常微妙"（Spencer et al.，2006，p.643）。一贯而长期的种族歧视已经被确定为儿童和青少年生理和心理健康的明显风险因素，包括心理痛苦、抑郁、焦虑和生理反应，如血压上升（Paradies，2006）。科克尔等人（Coker et al.，2009）对来自美国三大城市的 5000 多名五年级的学生进行研究，结果发现，报告感受到种族歧视的儿童在抑郁、注意缺陷、对立违抗性和品行障碍量表上的得分都高于他们的同伴。

早在大约 6 个月时，婴儿看上去就能意识到生理外表上的种族差异（参见 Katz，2003，这是关于该主题的纵向研究综述）。然而，与感受到差异相关的效价（积极或消极）主要受到父母态度的影响，对种族的态度可以通过直接指导或更细微的行为传递给孩子（Spencer et al.，2006）。在 21～31 个月，年幼的儿童展现出与种族相关的主要规范的知识。年幼的儿童对不同肤色的人可能会害羞地躲开，或者拒绝和有生理残疾或讲不同语言的同伴玩耍。到他们上幼儿园时，儿童已经有了种族群体的标签，能够表达有关种族差异产生原因的说法。在学龄早期，儿童形成了个人种族认同的核心感知，并主动找寻有关他们自己种族的信息。并且，到童年中期，对其他种族的态度也慢慢稳定下来，没有重要影响力的事件或干预，这种态度不太可能发生改变。度过童年期，进入成年期，个体接收到同伴、家庭成员和媒体的信息，这些都强化了他们已经形成的种族态度和信念（Aboud & Amato，2001）。

种族歧视不是偏见的唯一形式，偏见增加了产生心理病理问题的风险。厌女癖、民族主义等类似这样带有仇恨偏见的形式是非常多的。偏见的态度不仅是比较偏执的个体会持有，它也可能是通过信仰体系而被社会默许甚至是鼓励，而这样的信仰体系会将特定的人群置于范围之外。正如我们已经了解的，同性恋恐怖就是一种特定的偏见，它对一些发展中的青少年就是一个风险（King et al.，2008）。总之，儿童所能接触到的任何形式的仇恨和不能容忍的情绪都可能增加心理病理问题产生和发展的风险。

2. 种族多样性家庭中的风险和复原力资源

我们已经评述了许多与种族少数状态相关的风险和易感性,尤其是当它和贫穷叠加时问题更为严重。然而,研究者对种族和民族在发展心理病理学中作用的思考发生了重要的转变,这一转变从原有单一的缺陷/病例视角转换成力量和复原力视角(Murry et al., 2001;Spencer et al., 2006)。例如,一个重要的进步就是对背景的认知。在这种背景下,当不同的教养策略对环境是适应的时,它们才是最有效的,才与更多年轻人的复原力相关。例如,对于成长于危险城市环境中的非裔美国年轻人来说,父母的高度控制和专制("没有胡闹")型教养实践预测了更好的适应性。文化价值观,比如家庭主义和更大的扩展家庭的亲密性也为种族多样化家庭提供了复原力资源。

关于种族歧视的应对,正如斯扎拉卡等人(Szalacha et al., 2003)所提出的,缓冲歧视不良结果的一个重要因素就是儿童对歧视的认识。换句话说,如果某人说了一些关于他们不好的事情,他们应该"考虑原因"。因此,对他人的偏见或忽视做出正确归因的能力可能是复原力的来源。然而,将消极的事件归因于偏见和歧视也需要儿童认知技能的复杂组合,这包括基于多个维度分类自我和他人的能力、观点采择技能、道德判断和形式运算推理能力。此外,维库伊特恩(Verkuyten,2002)在荷兰对土耳其、摩洛哥、苏里南移民儿童和他们的荷兰同伴进行的研究中发现,有关权利差异的共有信念也是非常重要的。在所有儿童中,当受害者是少数民族儿童和行凶者是多数民族成员时,歧视更可能被意识到。

3. 种族过程和发展心理病理学

当我们试图描绘正常发展路径时,种族特点是我们要考虑的一个关键因素。首先最重要的是,种族特点影响了儿童发展的标准:在一个种族群体中正常的表现在另一个群体中可能并不正常,有时甚至是心理病理的表现。需要我们注意的是,人种并不是种族认同的充分条件,因为种族认同有时也是社会群体和文化适应的产物。我们应该注意的其中一个最显著的差异是在不同种族群体中流行和被认为适当的教养风格的差异,这可能是由不同的生活哲学、有关儿童养育及家庭的价值观以及更大的社会环境的态度驱动的。公开的种族歧视和偏见,伴随少数民族状态和贫穷的重叠,有时还有仅仅是对少数民族群体规范和信仰体系的忽视,都可能使得这一过程变得更为复杂。例如,尽管我们要努力考虑所研究的各种障碍的多样性,但在许多案例中,相关的研究却无法做到那么周全,因此,也有一些研究已经在问题的流行率、病因、过程或治疗中关注了种族、民族或社会群体。

(三)跨文化标准和期待

除了关注美国的种族子群体以外,我们对探索全球不同文化背景下心理病理问题的发生也感兴趣(参见 Bornstein,2010)。到底是什么导致了心理病理问题?到底问题是怎样产生的?有关这两个问题的观点在全世界不同文化中是不同的,有一些问题的概念化在其文化背景中是独有的。例如，有关 Zar，即精神占有，只存在于北非和中东地区；对人恐惧症是日本文化特有的一种恐惧，指的是害怕自己的身体或身体功能被他人冒犯（DSM-Ⅳ-TR 中有更多文化特定性症状的列表）。在其他情况下，文化特定性的症状和西方疾病分类系统，如 DSM-Ⅳ-TR 所确定的某些症状有明显的关系，只是横跨了不同症状的边界，通过这种方式，反映出不同的潜在意义。例如，拉丁美洲的应激性神经症发作，这种症状是由于重要人际关系的缺失导致的，其特征是弥散性的情绪痛苦感以及生理症状，包括心悸、身体疼痛、易怒、失眠、神经紧张、无法集中注意力、颤抖和晕眩（Varela & Hensley-Maloney，2009）。尽管这一症状包括一些西方诊断障碍（如焦虑、抑郁和躯体化障碍）的特征，但是，将这些复杂多元的诊断都集中到儿童身上，对症状的更完整形式来说是不公平的，对文化内特定症状描述的意义也是不公平的。

跨文化研究也教会我们，要判断儿童的行为是正常的还是存在障碍的取决于父母对适当行为的期待，而这一期待在不同社会中具有很大差异（Bornstein & Lansford，2000）。例如，一个再三被引证的文化差异就是个人主义和集体主义之间的差异，前者强调儿童的自我表达、独立和个人成就的提升，后者重视社会关系、相互依赖和将个人利益置于集体利益之后（Kitayama，2000）。例如，在一种文化背景下，过早独立的行为可能会为儿童赢得赞扬，而在另一种文化背景下，则可能会让父母感到失望，一个关键的决定因素就是儿童的特征和文化认同价值之间的拟合。假定有这样一个期待：在一天里，一个 6 岁的儿童在教室里安静、专注地坐 6 小时。有些文化会批评这种期待，认为这是不适当发展的行为，是由急忙"催促"儿童度过童年期的文化所孕育的（Elkind，1981）。然而，由于某些特定的文化其实是对这种行为有期待的，所以那些活动水平处于正常连续谱较高一端的儿童就有被贴上多动标签的危险（Timimi & Taylor，2004）。

在最新的移民家庭会发生文化碰撞，这类家庭逐渐增多，却在研究中相对地被忽视。由于战争、恐怖主义、生态问题和寻求经济改进的刺激，我们的世界变得越来越流动。例如，在美国，几乎每 6 个孩子中就有 1 个孩子的父母是出生于其他国家的（Federal Interagency Forum on Child and Family Statistics，2010）。作为社会群体和环境的功能，移民对儿童的影响是不同的。对于逃离经济困难、战争或内乱的贫困移民来说，移民的过程可能充满危险，这就可能导致父母和儿童有创伤（Wadsworth，2010）。移民过程本身就可能让儿童和家庭暴露在进一步的恐怖和潦倒之中。一旦在新的国家安定下来，移民家庭的儿童又要面临新的压力和强加的发展性期待。比如，儿童要帮助父母翻译和帮助长者熟悉如何利用社会服务机构。当父母坚持其祖国的文化信仰和价值观，而他们的孩子却被暴露在新国家的价值观背景下并采纳这种新的价值观时，代际间的强大压力就产生了，特别是当青少年接触美国的自由标准而挑战其传统价值观的时候，这种压力会更紧张。

个体家庭的文化适应性水平起到了重要作用，即移民的文化价值观是同化到新国家价值体系还是继续保持着独立的文化认同。这些价值观和实践差异很大。例如，伯恩斯坦（Bornstein，2010）进行了一项研究，考查了日本移民和南美移民家庭中的母亲的教养观念和实践，与之对比的是欧裔美国家庭中的母亲，以及在日本本土和阿根廷本土的母亲。和以前的研究结果一致，研究者发现，日本移民家庭的母亲往往保持其传统的价值观和信仰，她们的评定结果和在日本本土母亲的结果基本一致。相对而言，南美移民家庭母亲的态度则更接近欧裔美国家庭中的母亲，而和阿根廷本土母亲的态度差异更大。

根据卡斯蒂略（Castillo，1997）的研究，文化在五个关键方面影响了心理病理学。一是文化基础的主观体验。通过这一途径，文化影响了个人对心理病理现象的观点以及个人对自己的认知。例如，强调内在过程是心理病理问题原因的文化可能导致抑郁的个体感知到他们自己是有病的，然而相对来说，非西方的概念化方式可能将问题定位于自我和他人之间的错误联结，因此就会将抑郁解释为家庭或人际问题。二是基于文化的心理问题习语。它指的是心理病理问题在行为中被证实的方式。文化可能影响个体表现的症状，也会影响在确定心理健康和疾病时他人关注的症状。例如，亚洲人相信心理与身体的互相联系，这就可能导致情绪问题会通过躯体形式表达出来（Ryder et al.，2002）。三是文化基础的诊断，包括人们用来理解和解释心理病理问题的分类和语言。例如，我们前面提到的几个文化特定性的病症只有在独特的文化背景下才有意义。四是文化基础的治疗决定了谁是潜在的治疗者以及通过什么机制治疗会得以发生。例如，是否精神病学家会选择使用药物，是否信仰疗法治疗者会被邀请来重建心理与身体的联结，或者症状背后隐藏的是不是对家庭声誉的保护。五是文化基础的后果，即当心理病理问题被诊断并以特定方法治疗时随之而带来的结果。例如，儿童对治疗的反应可能受到社会强调为患有心理疾病的个体提供家庭支持必要程度的影响。

正如塞拉菲卡和瓦格斯（Serafica & Vargas，2006）指出的，文化为儿童发展提供了重要的背景，影响了物理环境和人际环境，影响了养育儿童的方式，影响了父母教养的心理以及儿童在整个童年期都需要适应的社会关系。

六、发展性整合

现在，我们将整合第一章中提出的发展路径和本章中讨论到的十个发展过程。为了达到这一目的，我们将使用佐伊这个女孩作为假定的案例（参见图2-3）。

佐伊（Zoey）是一个非裔美国人，来自中低收入家庭，生活在美国东南部的城郊地区。佐伊出生后，她妈妈经历了产后抑郁，因此，佐伊对妈妈的依恋受到了不安全感的影响（依恋，轻微偏离）。尽管这并不是一个主要的问题，她却往往对环境的变化产生强烈的反应（气质，易感性）。她对要开始上学表现出一些焦虑，在整个小学阶段，她在学业上都一直在进行斗争（认知发展，偏离）。当佐伊8岁时，她的家庭变得更加不和谐，父母开始疯狂地争吵（父母间冲突，风险）。然而，她和爸爸的关系很好，这让她能在努力的情况下承受这些压力（亲子关系，保护因素）。

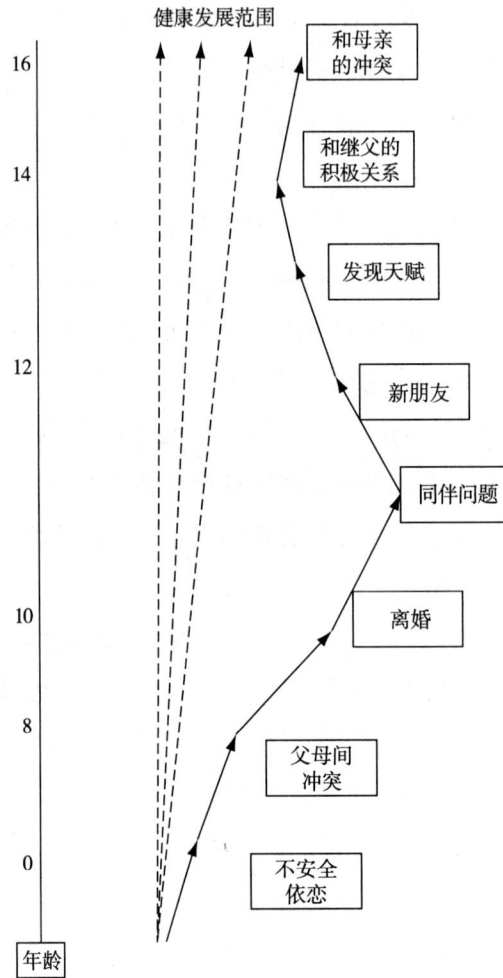

图 2-3　佐伊的发展路径

资料来源：Bowlby，1988a。

　　当她 10 岁时，佐伊的父母离婚了（家庭破裂，风险），妈妈获得了她的监护权。随后，妈妈和她搬到靠近中心城区的一个小公寓里生活。她和妈妈生活的大部分时间里都是分开的，因为妈妈缺乏高级劳动技能，收入太低，不得不打两份工（社会经济状况劣势，风险）。此时，佐伊开始产生一系列行为问题，她的主要问题是愤怒情绪爆发和与老师激烈对抗（情绪调节，严重偏离）。尽管一开始佐伊是一个友善的孩子，但是现在，她开始被同伴看作一个捣乱者。当同伴排斥她后，佐伊越来越以敌对的方式对待其他孩子（转变过程）。因此，她的受欢迎程度下降（同伴关系，中度偏离）。然而，当佐伊 12 岁时，有两件积极的事情先后发生了。首先，学校的一名善于理解他人、支持他人的心理辅导老师发现了她一直没有被诊断出的阅读方面的学习障碍，因此，她被转到特殊教育班级学习。在这个班里，佐伊和另外两个女孩成了朋友，结成了特殊的"小圈子"（社会关系，保护性因素）。

　　作为一名青春期前的儿童，佐伊对母亲一直生着闷气（依恋，持续中度偏离），有时甚至会脾气大爆发或恶语相向，尤其是在她去见过父亲回来后更容易爆发。她的愤怒爆发往往是针对日常生活中普通挫折的过度反应。但她并没有一心想着所有其他人都是针对她的（认知，适应的）。在学校，她从 B 等学生变成了 C 等学生，虽然她表现得有些令人厌烦和冷漠，但是她并没有完全放弃学习（控制动机，中度偏离）。她没有花工夫写作业，而是集中精力画画和素描，这是她和爸爸共有的兴趣，所以在这方面她比较擅长，由此可以得到较多表扬（自尊和自我效能，保护机制）。她和朋友谈论性、手淫和其他青春期的变化，但对男孩子却比较警惕，这和其他害羞的青春期前的女孩没什么差别（性别与性，适应的）。她对自己的脾气爆发有适度但是并不过度的烦恼（道德发展，适应的）。最后，她的自我调节能力虽然已经显著下滑，但是并没有完全崩塌。她还不是一个完全被冲动困扰的孩子，不会被轻微的刺激激发而爆发，她基本上是一个好孩子，只是处于问题的边缘，这对她来说太难应对了（情绪发展，中度偏离）。

佐伊 14 岁时，她妈妈再婚了。在经历了最初一系列的风暴后，佐伊和继父建立了良好的关系（保护因素）。她的问题行为慢慢消退，成长开始转入更健康的轨道。然而，她对待母亲的态度一直比较冷漠，此时，她结束了高中的学业，这样她就能尽快搬离家庭（依恋，持续偏离）。

佐伊的这一简单介绍给我们的启示是：偏离正常发展过程的程度是发展性变量内部和变量之间的紊乱严重性及紊乱持续时间的结果，也是风险、易感性和保护性因素之间平衡的结果。佐伊的故事也说明：紊乱并不一定会掩盖儿童的所有个性，或者说甚至是既定发展过程的全部。正如我们前面已经提到的，对儿童临床医生来说，重要的是既要对偏离进行评估，也要对胜任和复原力领域进行评估，尤其是在设计干预方法的时候。

在随后的章节中我们的挑战是对童年期心理病理问题的不同类别建构发展路径。首先，对于某一特定的问题，我们必须探索哪些发展性和背景性变量对问题的形成有危险影响及其影响的严重程度。然后，我们既要探索风险、易感性和保护性因素之间产生的心理病理问题的平衡，也要探索能帮助儿童克服问题的这三个因素之间的平衡。

然而，在做这些工作之前，我们必须熟悉心理病理现象本身，形成对哪些问题容易持续到成年期，哪些问题随着成长容易消失的基本理解，这就是接下来我们将要探索的问题。

第三章

通往心理病理学的桥梁

本章内容

1. 诊断和分类

2. DSM

3. ICD-10

4. DSM-PC

5. 基于经验的方法

6. 正常问题和正常问题行为

7. DSM- IV -TR 中的障碍

8. 正常发展和心理病理学的整合

在第一章和第二章，我们确立了基本的发展性框架，提供了用来研究偏离正常发展的心理病理现象的各相关变量的知识。本章，我们开始关注心理病理现象本身。首先，我们会从概念和经验来讨论常态是如何逐渐偏离到病理的；其次，我们再讨论童年期的主要心理病理问题；最后，我们将总结正常儿童和紊乱儿童的纵向研究结果，以此说明哪些心理病理问题会一直持续，哪些会慢慢自愈。从第四章到第十五章，我们开始探索一些挑选出来的心理病理问题。

然而，首先我们必须澄清和确定一个儿童是否应该被贴上某一特定心理病理问题标签的方法。

一、诊断和分类

任何人群都可以被区分为不止一个类别，因此，每个分类系统就是为区分人群提供规则的。他们可以使用分类方法去界定某个障碍存在与否。同样，他们也可以使用多维方法，这种方法认为儿童症状表现为在一个连续谱上的强度。在这个领域，存在着两个主要的分类诊断系统：一个是世界卫生组织国际疾病分类（ICD-10；World Health Organization，1996），在英国和欧洲的日常诊断中使用广泛；另外一个是美国心理学会的精神障碍诊断与统计手册（DSM-Ⅳ；APA，1994），是基于频繁出现在连续谱上症状的分类方法提出的。一些被诊断为某一障碍的儿童可能只比没有诊断为该障碍的儿童体验到的症状严重一点点而已。另外值得提醒的是，虽然DSM-Ⅳ在美国被认为是欧洲ICD-10的替代标准，但是事实上，ICD-10并不仅限于在欧洲使用，联合国利用这个诊断系统收集和分析所有联合国会员国家的全部障碍的数据。

我们在讨论每个分类系统之前，需要先认识分类系统的目的。例如，关于分类系统的作用，一个重要的问题就是要不要诊断儿童。如果分类系统的唯一目的是提供个体日常生活功能的能力，那么为什么不讨论儿童出现特定问题并且在不发展出分类系统中的障碍的情况下消除这些问题？另外，正如我们在本章后面要讨论的那样，任何诊断本身都有自己的问题。

分类系统被认为有一系列功能。例如，它们主要是将各种各样的描述语词和观察现象组织成有意义的单元。它们除了把某一儿童置于某一特定分类之中外，还有更多帮助：它们的出发点一方面是探讨病因，另一方面是探讨预后。因此，青少年精神分裂的诊断应该带有原因和结果的内涵，既有成长后走出紊乱机会的信息，又有治疗性干预效果的信息。目前，我们离实现这一理想目标还很遥远。

分类系统的另一目的是鉴别诊断，即确定哪个障碍最符合儿童的症状表现，哪些可能的障碍诊断应该排除。正确的诊断在确定如何推进治疗方面是非常有价值的。比如，儿童因为注意缺陷多动障碍（Attention Deficit Hyperactivity Disorder，ADHD）而导致的注意力问题和由于焦虑而导致的注意力问题需要完全不同的干预。然而，很少有儿童能被单纯地诊断为某一障碍，儿童中的障碍往往是共病的，也就是说，儿童的问题常常同时出现。因此，多重诊断经常使用，而不是单一诊断。临床医生也应该根据儿童紊乱的历史考虑问题的急性和慢性问题，应该评估紊乱的严重程度，详细说明儿童所处的发展阶段，以及描述构成心理病理问题的特定行为。

分类系统也提到了不同障碍的发病率和流行率等流行病学信息。发病率是指在特定时间范围内产生某一障碍的风险，而流行率被定义为在特定时间点某一人群中问题发生的频率。

上述知识对处于危险中的儿童提供分类标记是非常有用的，也对识别关键的发展阶段非常有帮助。此外，它还为临床医生和研究者互相沟通提供了基础。使用分类系统，同样的标签应该反映儿童的真实情况。一个由临床医生诊断为ADHD的儿童应该在另一个医生那里也得到同样的诊断。正在研究ADHD遗传基础的研究团队应该可以验证一组由其他研究者也验证过的ADHD儿童。否则，如果他们都不能确认被验证的儿童真正存在这个问题，这些研究者获得的关于 ADHD 遗传基础的任何信息都将没有意义。

表 3-1　临床实践中的常见问题

领域	问题
童年早期	睡眠问题 如厕问题 学习障碍 广泛性发育障碍
童年中期	品行障碍 ADHD 焦虑问题 强迫问题 躯体主诉
青少年期	药物滥用 抑郁 进食障碍 精神分裂症
儿童虐待	身体虐待问题 情绪虐待和忽视相关问题 性虐待相关问题
主要发展性变化	儿童看护代管相关问题 分离和离婚适应问题 与亲人亡故相关的悲伤和危及生命的疾病

　　明确的诊断和理解意味着需要对大量信息进行整理分类，这是一个让人气馁和迷惑的过程，尤其对于那些要去理解自己孩子情况的父母来说。对父母而言，意识到自己的孩子不是正常发展是一个痛苦的过程。理想的情况是，父母应该尽早被告知他们孩子的情况，这个过程的延误可能会招致父母不满。不幸的是，对于复杂症状，专业观点之间的差异可能经常导致无法给出专业诊断，直到问题非常确定为止。

　　对父母来说，接受孩子的问题诊断意味着一个危机，因为他们会对孩子失去希望而感到悲痛。对大多数父母来说，接受孩子的诊断，即决心接受诊断的含义及可能的后果是极为困难的过程。米尔斯坦等人（Milshtein et al., 2010）认为决心会使父母最终接受孩子的诊断。下定决心的父母承认会有困难，这困难与收到孩子的诊断相关，也与辨别其可能带来的积极变化相关。他们更可能关注现在和未来，而不是纠缠于问题产生的原因。诊断也可能会消除羞耻的情绪，并带来一种信念：孩子的行为并不是与家庭的问题或者父母的缺陷相关的（Isaksson et al., 2010）。

　　我们将从评述美国最常使用的传统诊断系统 DSM 开始。然而，临床医生关心这一传统诊断系统对儿童的诊断并提出了一系列的批评，特别是针对该系统是否充分关注发展性。作为讨论的一部分，我们将考察临床诊断的替代性策略。

二、DSM

不同版本的 DSM 都是基于自然观察进行的传统分类。精神病学家一直遵从这一传统，它特别依赖临床医生的观察技能。目前常用的 DSM 是第四版，以及其修订版 DSM-Ⅳ-TR（American Psychiatric Association，2000）。

（一）DSM-Ⅳ-TR 的特征

1. DSM-Ⅳ-TR 的发展

和所有版本的 DSM 一样，DSM-Ⅳ-TR 版本中所包含障碍的选择和定义都是 13 个工作小组的成果，每个工作小组负责修订手册的一部分。每个工作小组至少有 5 名成员，但往往都是 5 名以上。例如，撰写"婴儿期，童年期或青少年期障碍"一章的小组就有 12 名医生和 4 名心理学家，他们提出的方案由 50～100 名评估者进行评判，这 50～100 名评估者是精选出来代表不同国家和不同学科的，包括临床医生和研究者。工作小组负责对他们所负责领域内每一个障碍的相关文献进行综合和客观的评论，如果某一障碍缺乏经验性研究或者研究结果是矛盾的，他们就要对存在的数据进行分析或者进行现场实验，在现场实验中确定诊断的可靠性和适用性。可以想象，这是一个漫长的过程。DSM-Ⅳ（American Psychiatric Association，1994）的编制过程持续了 12 年，而目前的 DSM-Ⅳ-TR 则花了 3 年。DSM-5 的编制预期会比前一版本所花时间更长，因此，DSM-Ⅳ-TR 就承担了桥梁的作用，它补充了近期研究结果与 DSM-Ⅳ之间存在分歧的内容。为了加强 DSM 和 ICD 的兼容性，最新版的 DSM 的编写者和《国际疾病诊断分类和相关健康问题》（ICD-10；World Health Organization，1996）的编写者进行了密切的合作。

2. 心理病理学的定义

正如我们的模型调查所显示的，心理病理学没有普遍认同的定义。DSM 的编写者并没有自称要解决对心理病理学进行概念化这一棘手的问题，而是满足于对什么是心理障碍提出他们自己的标准。根据 DSM-Ⅳ-TR，心理障碍是：

> 一种临床显著的行为或心理症状或模式，它发生在个体身上，伴有当下的痛苦（如疼痛症状）或缺陷（如一个或多个功能受损）或显著地导致死亡、疼痛、缺陷或自由等重要丧失的风险（p.xxxi）。

DSM-Ⅳ-TR 的作者非常谨慎地指出是对障碍，而不是对个体进行分类。因此，手册从来没有使用"一个精神分裂症患者"或"一个酗酒者"这种意味着心理病理问题就是对个体的描述；相反，它使用如下描述，"一个患有精神分裂症的儿童"或"一个酒精依赖的成人"。这其中的差别非常简单，但是也非常重要，在本书中，我们采用后面这种说法。

3. 客观性和行为具体性

DSM-Ⅳ-TR 尽力避免使用根据推论得来的、理论性的、容易带来多重解释的术语，相反，更多使用具体行为的术语，这些术语能够被客观地描述，也容易给出操作性定义。例如，"比同龄人更频繁地打架"就比"表现出破坏性冲动"更具体。我们再来看一个例子，分离性焦虑障碍是根据 10 个行为标准来确定的，包括不现实地担心可能会有伤害降临到重要依恋对象身上，出现有关分离主题的反复的噩梦和持续地不情愿与重要依恋对象分离。

4. 信度

信度指的是使用诊断工具获得结果的一致性。如果两个不同的临床医生使用同一个工具而将同一个孩子置于不同的疾病分类中，那么这个工具的信度就存在问题。信度的一个标准是一致性，是诊断工具在两个不同时间点上表现出一致的功能，或者重测的一致性。然而，更常见的是，诊断系统使用观察者内部一致性信度，即两个专家在同一时间点对同一儿童进行评估诊断的结果是否一致。

坎特韦尔（Cantwell，1996）对 DSM-Ⅳ 信度研究的综述中得出结论：对大多数主要的障碍诊断来说，研究结果都呈现出可接受的信度。然而，更泛化的障碍诊断分类信度（如焦虑障碍）比范围较狭窄的障碍诊断子类别信度更高（如社交恐惧症或广泛性焦虑障碍）。也有证据表明，相比于接受过特定培训且能以标准化的方式使用诊断系统的研究者而言，临床医生的可信度较低。临床实践中信度偏低的一个原因是，虽然 DSM 提供了诊断特定障碍所必须满足的不同标准的列表，但没有精确的规则确定什么时候达到了标准，也没有指导如何评价和整合不同来源的信息。因此，如果一个临床医生使用父母报告判断是否出现症状，另一个人则访谈儿童，第三个人则依赖正式心理测验的分数，那么他们就可能得出不同的结论。

5. 效度

效度对测量工具的应用是非常关键的，它表明测量工具评定它声称要评定内容的程度，即诊断系统实际上正确分类紊乱儿童的程度。有许多方式可以获得效度的证据，比如有内容或表面效度，指的是诊断分类与被评定的内容明显相关的程度。在分离性焦虑障碍的例子中，提到的三个行为标准从表面上进行判断是可以理解的。理想的是，诊断标准也应该可以通过统计分析来验证这些标准是否会聚集在一起。效度可以对当前评估标准和其他标准进行比较。例如，基于父母报告阅读障碍的诊断和儿童在阅读成就测验上的得分进行比较。预测效度是把当前的诊断与未来的某些标准进行比较。例如，在童年中期被诊断为精神分裂症的儿童应该会比被诊断为学校恐惧症的儿童在成年初期更加持续地表现出紊乱。结构效度是诊断分类和其他应该与诊断分类理论上相关的变量之间的相关性。例如，诊断为品行障碍的儿童应该在自我控制的测量上（如延迟满足能力）表现得更差。最后，区分效度是指临床特征对于考虑要诊断的障碍的独特性程度以及把该障碍与其他相似障碍区分开来的程度。例如，诊断标准应该能够帮助区分分离性焦虑的儿童与抑郁的儿童。这一部分主要对应的是鉴别诊断重要的临床任务，DSM-Ⅳ-TR 的鉴别诊断手册（Frances & Pincus，2002）能帮助临床医生进行这部分的工作。

很少有独立的标准能够用来进行预测效度或同时效度的研究，因此诊断系统的效度很难确立。然而，坎特韦尔（Cantwell，1996）指出，DSM-Ⅳ 已经在各类障碍外部效度的获得方面取得了进步，尽管在这一方面儿童心理病理学的研究滞后于成人心理病理学的研究。DSM-Ⅳ也比之前几个版本有更多的经验基础，因此，在不同形式的心理病理问题上，与研究证据有更好的呼应。这一证据是从对出版的文献进行复杂述评，对包含有关诊断信息的研究再分析，以及从现场实验研究中获得的（在这一研究中，研究者对 6000 个被试的诊断信度和效度进行分析）。最终，5 卷 DSM-Ⅳ资料来源提供了有关诊断分类及其行为成分的最终决定的全部记录。

其他外部效度的证据来源于如下事实：不同障碍的特定症状拥有不同的预测因子和相关性，同时，也有研究证实了症状在时间上的持续性。例如，研究表明，DSM-Ⅳ-TR 中描述的三种类型的抑郁障碍——重性抑郁障碍、心境恶劣障碍和伴抑郁心境的适应障碍——在童年期有着不同的发病年龄、不同的病程和不同的恢复程度。此外，诊断为某一特定障碍的个体对为其制定的特别治疗方法的不同反应也能证明所使用诊断系统的有效性。

6. 综合性

在童年期障碍方面，DSM-Ⅳ比之前的版本都更加详尽。此外，DSM-Ⅳ-TR 补充了许多特定障碍有关特征的最新信息，如流行率、发病年龄、病程、诱发因素、鉴别诊断、实验室结果、特定年龄、文化或性别相关特征。

（二）多轴分类

DSM-Ⅳ-TR 使用多轴分类系统，不仅根据当前的问题进行评估，也通过五个维度对儿童进行详细的评估。

轴Ⅰ：临床障碍；其他可能会成为临床关注核心的障碍。

这一轴包含大多数我们要关注的障碍，DSM 中这些障碍的标准总是会出现在我们的讨论中。

轴Ⅱ：人格障碍；精神发育迟滞。

这一轴涉及以弥散方式影响功能的问题，包括人格障碍和精神发育迟滞。它也可以标明不完全满足某一人格障碍标准的问题性人格特征，如防御机制的不良和严苛运用。

轴Ⅲ：一般医学情况。

这一轴包含理解或管理个案相关的一般潜在医学情况，如受伤和感染性疾病，神经系统疾病或消化系统疾病，怀孕或儿童出生后的并发症。

轴Ⅳ：心理社会问题和环境问题。

这一轴包括消极生活事件、压力和环境缺陷等，这些为儿童问题的形成提供了环境温床，主要包括：主要社会支持系统相关的问题（如家庭成员的死亡、离婚、虐待）；社会环境相关的问题（如社会支持不足、文化适应困难、歧视）；教育相关的问题（如文盲、与老师或同班同学不和）；职业相关的问题（如有压力的工作日程、与老板或同事不和）；居住相关的问题（如无家可归、不安全的邻里关系）；经济相关的问题（如贫穷、社会福利支持不充足）；医疗保健相关的问题（如交通不便、健康保险不足）；法律系统相关的问题（如被捕、犯罪受害者）；其他心理社会和环境问题相关的问题（如暴露于自然灾害或战争）。

轴Ⅴ：整体功能的评估。

这是临床医生对个体整体功能水平上的判断。这一信息对安排治疗和评定治疗的影响非常有帮助。整体功能水平通过整体功能评估量表（Global Assessment of Functioning，GAF）进行判断，这一评估量表从功能很好（100点）到有持续伤害自己／他人的危险或无法持续维持最基本的个人卫生（1～10点，参见表3-2，儿童简版GAF）。

表3-2　DSM-Ⅳ轴Ⅳ儿童整体功能评估量表几个代表性的水平

100-91	所有方面功能良好（在家、学校以及同伴关系）；参与一系列活动并拥有很多兴趣（如有自己的爱好，或者参与课外活动，或归属于某些有组织的团体，如童子军）。可爱的、自信的、从来没有失去对"日常"担忧的控制。在学校表现优秀。没有症状。
80-71	在家庭、学校及同伴关系方面的功能有轻微损害。应对生活压力（如父母分离、死亡、兄弟姐妹出生）会出现一些行为或情绪痛苦的紊乱表现，但是这些紊乱是简单的，它们对功能的干扰也是短暂的。这样的儿童仅仅只是对他人有轻微的烦扰，不会被那些熟悉他们的人认为存在偏离。
50-41	在大多数社会生活领域存在中等程度的功能紊乱或者在一个领域存在严重功能损害，比如可能存在自杀偏见和自杀意念、拒绝上学、其他形式的焦虑、强迫性仪式、主要转换症状、频繁的焦虑发作、频繁的攻击性行为或其他反社会行为，但仍维持着有意义的社会关系。
30-21	几乎所有方面都功能失常（如待在家里、病房或整天卧床，无法参加社会活动）或在现实性检验中存在严重损害或沟通交流方面的严重损害（如有时语无伦次或不适当）。
10-1	因为严重的攻击行为或自伤行为或在现实性检验、沟通交流、认知、情感或个人卫生方面的整体损害而需要持续的看护（24小时护理）。

（三）发展心理病理学视角下DSM的优势和局限

DSM-Ⅳ-TR在很多方面都有很大的改进。然而，正如它的作者所提及的，它难以将个案精确地归类到具体的诊断分类中，当同一障碍的不同个体在表现方式上存在轻微的差异时更是如此。另外，不同类别之间的边界有时也模糊不清。因此，DSM要求使用者要有高水平的临床判断能力，其诊断的主观性非常强。类似于DSM这样的分类系统也无法很好地应对共病问题，这在童年期心理病理问题研究中很常见（Cantwell，1996）。我们很难知道，多重诊断是否是精确的，这是由于诊断分类间缺乏清晰的区分导致的或者这只是发展过程中不同形式心理病理现象的早期表现而已。

1. 异质性维度

很难将个体归类到具体诊断类别中的一个原因是这些个体的症状表现不能恰好就适合某个诊断类别，被分类到同一个特定障碍类别下的儿童可能非常不同。以两个品行障碍的孩子为例：第一个孩子7岁，他残忍地虐待动物，和同伴打架，欺侮同伴；另一个孩子17岁，他的表现是蓄意破坏公共财产、逃学和偷窃。尽管他们的症状和行为表现差异很大，但是两个孩子都被DSM诊断为同一个类别的问题，这就意味着，根据医学模式，他们将接受同样的治疗（Douchette，2002）。

2. 发展性维度

DSM 另一个明显的缺点是在障碍中并没有考虑发展性维度。除例外情况，DSM- Ⅳ -TR 认为在发展过程中症状表现本质上都是一致的，但研究越来越表明情况并不是这样的（Silk et al.，2000）。有证据表明，心理障碍的症状图谱是随着年龄而变化的。例如，患有分离性焦虑障碍的年幼儿童会过分地担忧与依恋对象的分离，做噩梦，而年龄大一点的儿童则主要会表现出躯体主诉和不愿意上学。动作紊乱是患有 ADHD 年幼男孩的特征，而年龄大一些的患有 ADHD 的男孩则更明显地表现为注意力缺失。

发展性取向的临床医生在几次 DSM 编订过程中都提出了相似的批评。早在 1965 年，安娜·弗洛伊德就观察到 DSM 中的诊断临床障碍两个最基本的标准——主观痛苦感和功能损害——不适合儿童。严重紊乱的儿童——例如，患有孤独症、精神分裂症或品行障碍的儿童——主观上体验不到痛苦，人们可能不知道他们有问题。这些儿童不是自己觉得困扰或痛苦，他们突出的特点是让他人觉得困扰或痛苦。根据第二个标准，儿童没有一致水平的功能表现。考虑到他们仍然处在发展过程中，他们的能力显著地增强、衰退或波动都是正常的。因此，安娜·弗洛伊德提出建议，只有一个标准可以帮助确定是否某一特定的行为或症状是儿童心理病理问题的表现。这个标准就是，行为或症状是否阻碍了儿童的发展。

加伯（Garber，1984）在其一篇经典论文中提出了一个童年期心理病理问题分类的发展性框架，反对 DSM 内在的拟成人论趋势，将成人诊断分类施加于有问题的儿童。在试图回避所有理论学说的同时，DSM 的作者也忽略了发展性视角，忽略了发展不是一个理论而是一个基本事实的观点（Bemporad & Schwab，1986）。并且，不但儿童会随着时间改变，而且儿童在发展过程中的一个任务就是以与年龄相当的方式对变化的环境做出反应。DSM 仅仅着眼于行为的表面描述，忽略了变化和适应的复杂本质，而变化和适应会在他们向前发展的过程中对儿童产生影响（Jensen & Hoagwood，1997）。

坎特韦尔（Cantwell，1996，p.9）回应了加伯的观点："儿童和青少年心理病理学的发展性视角在未来的分类系统中务必引起更大的关注。"

3. 转换维度

考虑到儿童对看护者的依赖，人际关系需求必然在童年期心理病理问题中起到了重要的作用。然而，在 DSM 中，由混乱的人际关系导致的问题并没有被认为是临床障碍（Volkmar & Schwab-Stone，1996）。尽管 DSM 避免公开地采取病因学的立场，只集中关注儿童"表现"的障碍，但这也揭示出 DSM 的一个潜在的假设——静态的、未确定的，这和发展心理病理学的转换观点有着天壤之别。基于转换观点，心理病理问题是产生于人际关系之中的，是个体和他人相互影响的产物（Jensen & Hoagwood，1997）。因此，一些让心理健康专家最为关注的儿童问题——虐待、家庭冲突、亲人亡故、家庭解体——在 DSM- Ⅳ -TR 中，都被安放在只有模糊定义的 V 编码类别之下，这可能是得不到优先治疗的类别。

在逐渐承认人际关系对心理病理问题重要的过程中，DSM-Ⅳ-TR 在进一步研究的轴中包含了整体功能相关评估量表（the Global Assessment Relational Functioning，GARF）。和 GAF 相似，GARF 允许临床医生从 0～100 的量尺上评定患者的整体人际关系适应情况。此外，家庭能否满足成员的工具性或情绪性需求能力也通过下面三个方面进行评估：问题解决（如适应压力、解决冲突的能力和协商的能力），组织（如适当边界的维持、控制和责任的适当分配）和情绪环境（如同理心、依恋、相互之间的情感、尊重）。尽管 GARF 并没有被广泛使用，但它非常有希望作为一种策略，去评估心理病理问题影响人际关系的方式，也可以评估人际关系引发心理病理问题及其使问题持续的方式（Yingling，2003）。

家庭系统取向的临床医生也提出了心理病理问题不同的分类方法，并使其概念化，如关系障碍（Kaslow，1996）。尽管有一个工作小组目前正在发展一个基于关系诊断（CORE）的分类，但到目前为止，这些有趣而又令人好奇的观点都还没有被整合到 DSM 系统之中，在下一个版本的 DSM 中，希望这一分类会出现（Group for the Advancement of Psychiatry Committee，1996）。

4. 跨文化和种族多样性

为了回应心理健康领域对多元文化的关注和种族多样性敏感的要求，DSM-Ⅳ-TR 尝试通过多种方式来应对多元文化问题。整个 DSM 都被呈现得很谨慎，文化认可的行为或情绪都不被认为是障碍的症状。例如，一个儿童是安静的，表现出退缩行为，如果他所处的文化期待儿童安静和退缩，那么他的行为就不被认为是症状。首先，在 DSM 中，有一部分描述了文化特定的症状模式、流行率和描述或表现痛苦的偏好方式。例如，在特定的文化中，抑郁障碍是通过更多数量的躯体症状来确定的，而不是通过痛苦的程度来确定的。其次，DSM 中列出了文化相关症状的索引，这些症状可能只在一个社会或几个社会中存在。索引包括问题的名称、发现该问题的文化、心理病理问题的简单描述以及可能相关的 DSM-Ⅳ-TR 障碍的列表。例如，脑昏（brain fog）——西非国家男性高中生或大学生体验到的一种问题，表现为心理疲劳，伴有颈部疼痛和视线模糊的现象；虚脱（falling out）则是加勒比地区和南美地区的一种问题，特征是突然崩溃，丧失视觉，不能移动；对人恐惧症是日本的一种问题，其症状表现是强烈的担心和恐惧自己的身体或身体对他人造成不愉快、麻烦或冒犯。

但是，事实上，DSM 系统中的诊断分类都是西方文化下的产物，它还远远做不到在全球范围内有效。文化可能通过多种途径影响诊断，一个特别的问题就是，缺乏文化背景知识的诊断学家可能会把在儿童所在的文化背景下被视为正常的行为判定为病理行为。例如，撒普（Tharp，1991）描述了北美土著儿童在回答问题前会表现出让时间流逝一会儿的偏好，也会回避与谈话者的眼神直接接触，临床医生如果不理解这种文化背景下行为的意义，就可能错误地认为这个儿童是焦虑或抑郁的（我们在第十六章关于心理评估的章节中会再次讨论这个问题）。还有一个案例是非裔美国人社区的儿童教养方式中常常有体罚和严厉的语言责备，这种方式常常被缺乏文化背景的研究者解释为虐待（我们在第十四章讨论儿童虐待时会再详细讲解）。

基本上不可避免的问题是，所有的诊断系统都要求进行临床判断，而临床判断必然会带有种族、社会群体、民族和个人特征及诊断专家预测的烙印。DSM 的编订者已经努力确保临床医生对这些问题保持觉知，就像美国心理学会（American Psychological Association，2003）要求所有的心理学家在临床上都应具有胜任能力那样。但是，偏见常常是隐藏的，有偏见的人甚至都没有意识到自己的偏见（McIntosh，1998），因此，我们在对心理病理现象进行述评时应该考虑种族和文化背景，以往的研究已经证实我们有必要这样做（参见方框 3.2）。

三、ICD-10

儿童和青少年心理与行为障碍分类（Classification of Mental and Behavioral Disorders in Children and Adolescents；World Health Organization，1996）的基础是 ICD，这一诊断系统被广泛应用于美国之外的世界其他国家。和 DSM 类似，它也是多轴的，然而，在 ICD-10 系统中，儿童是在六个轴上进行评估。

轴 1：临床精神病性症状。

和 DSM 轴 I 一样，这一轴包含主要的心理和行为症状，这些症状既在儿童中存在，也在成人中存在。

轴 2：心理发展特定障碍。

和 DSM 相反，ICD-10 单独评估了儿童在发展中延迟的程度。这种延迟可能发生在各个领域，如语言和会话，学校技能（阅读、拼写、算术等）和运动功能。

轴 3：智力水平。

这一轴提供了在一个 8 点量表上的个体一般智力水平功能的评定，从非常高智力到严重的发育迟滞，也可以评定与智力缺陷相关的儿童功能损伤的严重程度。

轴 4：医学状况。

和 DSM 的轴Ⅲ相似，轴 4 关注非精神病学的医学状况、疾病或受伤情况。

轴 5：相关异常心理社会情境。

这一轴包括儿童心理社会环境中的情境，对理解儿童临床精神疾病症状的来源有意义，也可能与治疗计划有关。和 DSM 的轴Ⅳ不同，此处的列表广泛而又包含特定的可能会影响儿童发展的家庭生活中的各种缺陷。表 3-3 提供了更深度的探索。每个分类都依据严重性从 2 到 0 进行评定，2 代表最高水平，1 代表已发生但较轻微而达不到标准的情况，0 代表在儿童的生活中没有出现这样的临床显著性情境。

表 3-3　ICD-10 轴 5：相关异常心理社会情境

00 没有明显的扭曲或心理社会环境不良

1. 异常家庭关系

　1.0 亲子间缺乏温暖

　1.1 家庭内成人间不和

　1.2 对孩子敌对或孩子成为"替罪羊"

　1.3 对儿童身体虐待

　1.4（家庭内）性虐待

2. 儿童主要支持团体中有心理障碍、异常或缺陷

　2.0 父母心理障碍 / 异常

　2.1 父母有缺陷 / 残疾

　2.2 兄弟姐妹残疾

3. 不良或扭曲的家庭内沟通

4. 教养方式异常

　4.0 父母过度保护

　4.1 父母监督 / 控制不足

　4.2 体验剥夺

　4.3 不适当的父母压力

5. 异常的当前环境

　5.0 在机构中被抚养长大

　5.1 不适当的养育情境

　5.2 孤立的家庭

　5.3 导致潜在危险的心理社会情境的生活条件

6. 应激生活事件

　6.0 亲密关系的丧失

　6.1 伴有严重危险的搬迁

　6.2 家庭关系模式的消极改变

　6.3 导致自尊丧失的事件

　6.4 性侵（家庭外）

　6.5 个人受惊吓的体验

7. 社会压力

　7.1 受迫害或有害的歧视

　7.2 移民或社会流动

8. 与学校 / 工作相关的慢性人际压力

　8.0 和同伴关系不和

　8.1 被老师或工作导师当成"替罪羊"

　8.2 学校 / 工作场所的不安定

9. 由儿童自己的障碍 / 缺陷导致的压力事件 / 情境

　9.0 在机构中被抚养长大

　9.1 伴有严重危险的搬迁

　9.2 导致自尊丧失的事件

　　轴 6：心理社会缺陷的整体评估。

　　和 DSM 一样，临床医生也要评定青少年的整体心理、社会和职业功能。这里使用一个 9 点评分量表，从 0（良好社会功能）到 9（严重和弥散性社会功能缺陷），主要考虑倾向于精神病学的、发展性的或智力的缺陷，排除与身体限制或环境限制相关的问题。

（一）ICD-10 的优势与局限

和 DSM 一样，ICD-10 也保留了医学模式，要求把儿童分到具体类别之中，这就会有与前面讨论过的分类系统一样的局限。ICD-10 要求临床医生单独考虑儿童的发展水平，这一事实表明它比 DSM 更加具有发展性。然而，在 ICD-10 中，发展轴重点关注的是认知发展和运动发展，没有考虑我们在第二章中讲到的其他心理变量，如情绪和自我的发展。因此，发展心理病理学家认为这些诊断系统不可能对儿童进行全面的把握。另外，ICD-10 一个特别有价值的贡献是，它给出了诊断专家关注儿童心理社会环境中存在问题的详细列表，并认为这些可能对功能有影响。ICD-10 还提醒临床医生要考虑儿童的同伴关系是否对问题有影响（8.0，参见表 3-3），成人间的冲突是否给儿童带来了有压力的家庭生活（1.1），或者儿童自己的行为问题是否会产生压力和拒绝（9.2），这样临床医生就更加能够以转换的视角来理解童年期心理病理问题。

既然我们已经认识到这两个关键的分类诊断系统都有其优势和局限，重要的就是回到关于诊断的核心问题：我们是否需要进行诊断。两个系统都显示出优势和劣势。下面我们总结一下总体上的关键问题，在诊断过程中考虑使用分类系统时我们必须衡量这些问题。

（二）分类诊断系统的一般优势和局限

分类诊断系统有一些明确的优势，其中有一些已经被我们所熟知。最重要的一个优势是它可以作为一组特定行为的指南，告知人们有关障碍的病因、病程、保护性和危险性因素及治疗选择。清晰和具体的诊断标准让不同的研究者能收集和研究儿童和成人样本。重要的是，DSM 和 ICD 都保持着开放性，不断根据最新信息进行修订。例如，ICD-10 在对立违抗障碍和品行障碍之间进行了区分，而它之前的版本，如 ICD-9，并没有这一区分。这两种障碍的差异是基于研究信息得到的。研究显示，这两种障碍有不同的特点和不同的预后情况。方框 3.1 呈现的案例，说明研究影响了诊断分类的产生和发展。

方框 3.1　案例分析：童年早期精神分裂症

萨姆（Sam），12 岁，是一个与众不同的男孩。从他 2 岁开始遭到蹒跚学步的同伴们的消极对待时，他妈妈就已经意识到萨姆在同伴关系方面和在团体情境中可能会遇到困难。尽管他妈妈不断寻求专业人士的帮助，向他们表达自己的担忧，但是没有任何专业人士给萨姆的问题下诊断，也没人解释他的这种困难。在小学阶段，萨姆的老师频繁打电话邀请他妈妈去学校，向她抱怨萨姆的反社会行为。在学校，萨姆被认为是一个粗鲁、被宠坏的孩子，他不懂得和其他孩子分享，也不会和其他孩子轮流玩耍或合作一些事情。当老师问他"我刚刚在说什么"时，他只会一个字一个字地模仿老师的话。一位专家认为萨姆是情绪紊乱。后期，萨姆被诊断为孤独症谱系障碍（ASD），然而，要是在 20 世纪 70 年代进行诊断，他就会被诊断为儿童早期精神分裂症。

20世纪60年代晚期科尔文（Kolvin）的细致研究工作显示，基于症状模式和始发年龄的不同，童年期精神分裂症的类别可以区分为各不相同的好几类（Kolvin，1971）。他认为，孤独症儿童，后来又被认为童年期精神分裂症的儿童，是一种独特的障碍，这是因为它在生命早期就开始，而且有着独特的症状模式。科尔文的研究工作为后来几个不同障碍的形成奠定了基础，这几个障碍不同于最初在DSM-Ⅲ中出现的以前都被合并在童年期精神分裂症类别之下的障碍。例如，孤独症和其他总是在童年期发病的严重障碍列入了新的广泛性发育障碍类别中（American Psychiatric Association，1980）。满足精神分裂症诊断标准的儿童还是被给予精神分裂症的诊断。

这些年，存在一些案例被正确诊断，而许多案例则被错误诊断（儿童精神分裂症）的现象。在20世纪40年代，里奥·坎纳（Leo Kanner）和汉斯·艾斯伯格（Hans Aspergey）提出了孤独症更为清晰的描述，从而为孤独症的现有诊断标准建立了基础。有趣的是，坎纳对20世纪50年代自己论文发表后孤独症新个案的诊断比率极为快速的增加而感到烦恼。当然，从那以后，孤独症的诊断得到了更加精细化的修正，随后也得到了扩展，从而形成了我们今天熟知的孤独症谱系障碍。从许多方面来看，孤独症的发展历史在这一点上与其他使人退化的障碍的历史不同，如精神分裂症。孤独症的发展历史包含对特定症状序列缓慢认识的过程，然后才是试图对它进行分类，最后才由于有更清晰的描述诊断而数量上升。只有通过研究过程，我们才能对不同障碍进行细致描述和分类。

另外，分类系统为研究者和临床医生提供了一个沟通的平台。但另一方面，在使用诊断分类系统时，也必须考虑存在的一些限制。例如，ICD-10和DSM-Ⅳ都有问题——技术问题，包括低信度，覆盖规模小，高共病和低效度。ICD和DSM已经被研究证明信度不良。访谈同一个案的不同临床医生常常得出不同的诊断结论。这些分类诊断系统也只能有限地覆盖不同的障碍。在使用诊断标准时，也只有逐渐缩小障碍的定义来减少类别内的异质性和提升效度。许多案例无法明确归类到清晰定义的类别。为了解释这一问题，在DSM中，那些无法归类到某一类别的个体被归到"未分类型广泛性发育障碍"（PDD-NOS）中，而ICD则使用"未定型"这一术语。DSM和ICD分类诊断系统中诊断类别的确认包括证明满足某一特定类别障碍的诊断标准的个案具有共同的关键特征，这些关键特征有：易感性危险因素，触发障碍发生的加速因素，导致障碍持续或恶化的维持性因素，修正病理性因素影响的保护性因素。障碍和治疗的过程也应该是共有的，然而，在障碍中却存在着较高的变化性，因此有许多个案被错误地诊断了。

值得注意的是，诊断还涉及实用的问题和伦理相关的问题（Carr，2006）。在对儿童进行诊断，以及对其他相对没有能力抵制诊断过程的有心理问题的个体进行诊断时，伦理问题是必须要考虑的问题。也就是说，诊断关注的是儿童的缺点，而没有关注他们实际拥有的优势。这样，传统的诊断过程就可能导致年轻人、他们的家庭和社区，将被诊断为某种障碍的儿童，视为是有缺陷的。同样，他们的家庭也会被别人这样看待。例如，一个标签，如ADHD或依恋障碍，可能会给儿童的家庭带来"功能失调"的影响。在这种情况下，被贴标签导致污名化，而只有当诊断之后的治疗真正减轻了标签描述的问题时，污名化才可能减少。在实用性上，分类诊断系统的有用性也存在争论。许多临床医生争辩诊断系统为推进临床诊断过程提供的指导非常有限，它们都相当开放，尤其是 DSM。在大多数案例中，没有一个儿童会完全符合诊断描述，因为有许多是综合因素的作用，如严重性、共病情况、危险因素和保护性因素之间的复杂交互作用。可悲的是，在实践中，许多临床医生会把给出 DSM 诊断的过程视作行政管理类工作。因为在美国的保险系统中，保险公司经常将赔付与 DSM 诊断关联在一起。同样的情况也在欧洲部分国家发生，特别是在公共健康服务体系中，在这些国家，医疗保险金与每个病人的表格完成有关，而这些表格就要求有 ICD 诊断（Carr，2006）。

ICD-10 和 DSM-Ⅳ 对同一障碍的定义不同阻碍了国际交流和研究。在这两个分类系统中，有些诊断标准之间的差异是非常大的，它们反映了这两个分类系统的不同概念化方法。DSM-5 和 ICD-11 的并列发展可能会为两个分类系统提供和谐发展的机会（First，2009）。世界卫生组织已经采纳了这一建议，成立了一个 DSM-ICD 和谐合作组织，这个组织包括了 DSM-5 修订的专门工作组成员，也包括修订 ICD-10 的国际建议工作组成员，他们的任务是"促进两个分类系统在最大程度上达成一致"。

四、DSM-PC

能体现发展心理病理学方法的更好的诊断系统是 DSM-PC（*the Diagnostic and Statistical Manual for Primary Care-Child and Adolescent Version*），即美国《精神障碍诊断与统计手册初级保健分册（儿童和青少年版）》（Wolraich et al.，1997）。DSM-PC 是由儿科医生、儿童精神病学家和儿童心理学家联合团体编订的，用来帮助初级保健医生识别可能影响进入他们咨询室的儿童的心理社会因素。因为儿科医生和家庭医生常常最先接触到有行为和情绪问题的儿童和青少年，所以这个手册对他们来说就显得很重要。他们可以据此评估儿童的问题是在正常范围之内还是已经在某一心理健康问题上发生了明显的偏离。

为了促进基于最新经验来编订，DSM-PC 的编订者一方面想要编制一个清晰、精确、客观和有序的分类系统，另一方面他们也想要一个和现存系统兼容的分类系统。特别是，DSM-PC 整合了 DSM 和 ICD 这两个体系。下面我们对它进行介绍。

此外，DSM-PC 对于发展心理病理学家都非常熟知的童年期心理问题的本质，有两个关键的假设，第一个假设是儿童的环境对他们的心理健康有重要影响，正如作者提出的：

> 对儿童基本健康——包括行为功能和认知功能及身体健康——产生重要影响的因素是儿童所在生活环境的品质。这一手册的基本原则就是阐述儿童与其生活和成长环境之间随着时间产生相互影响的重要性。

第二个假设是儿童表现的症状处于从正常变化到障碍表现的连续谱中。

为了考虑相互影响和发展性观点，DSM-PC 要求临床医生从下面两个维度对儿童进行评估。情境，这部分包括如下描述的内容：

可能影响儿童心理健康的潜在有害情境，以及表示儿童痛苦的正常行为反应的描述语。一般的潜在压力情境包括混乱的依恋关系、家庭暴力、父母精神紊乱、性虐待、社会歧视和 / 或家庭孤立、学校资源不足、无家可归、不安全的邻里环境、自然灾害。对每一个情境，手册都给临床医生提供了可能缓解儿童对压力事件反应的保护性因素和潜在的发展敏感性因素列表。

儿童表现，第二部分包含儿童行为问题的分类，一共分成 10 类。障碍分类基本和 DSM- Ⅳ -TR 保持一致，然而，因为 DSM-PC 包括正常范围内的行为，所以使用的术语和 DSM- Ⅳ -TR 并不相同，也会列出一些其他的区别：

1. 发展能力（如精神发育迟滞；动作、语言或学业技能获得困难）。
2. 冲动、多动、注意力缺失行为（如活动过度、注意保持困难）。
3. 消极 / 反社会行为（如消极情绪行为、攻击 / 对抗行为、隐藏的反社会行为）。
4. 物质相关行为（如药物使用或滥用）。
5. 情绪和心境（如焦虑、悲伤、强迫行为、自杀意念）。
6. 躯体行为（如疼痛、白天嗜睡、睡眠问题）。
7. 喂养、进食和排泄（如遗粪、泻药 – 暴食饮食表现、体象不满、不规则饮食）。
8. 疾病相关行为（如过度恐惧医疗程序、不服从医疗制度、否认身体疾病）。
9. 性行为（如希望变更性别或相信某人是另一性别，穿异性服装，对自己的性生理特征感到苦恼）。
10. 非典型行为（重复行为或奇怪行为，正常社会关系缺失）。

在每一个类别中，儿童行为问题又根据严重程度进一步区分为三个水平：发展性偏离、问题和障碍。发展性偏离水平包括那些可能引起父母担忧但是在该年龄水平上仍然属于正常范围内的行为。例如，一个 18 个月大的婴儿仍然只能说单个词语的句子，这肯定不是早熟的婴儿，但是这种情况仍然在正常范围内。儿童出现这种偏离后往往会被父母带到儿科医生那里治疗，但是儿科医生又缺少有关儿童正常发展的精确信息，父母的担忧只会得到一个快速而简单的解答和教育。相比而言，问题水平是指明显严重到影响了儿童的学校功能、家庭功能或同伴关系，但是又没有达到障碍诊断标准的行为。例如，一个学龄前儿童在获得语言能力时表现出轻微的延迟，这就成为一个发展性问题 / 认知问题。一般来说，这种问题可以通过短期的干预进行治疗。

最后，障碍水平是那些被 DSM 所定义的临床表现出的显著的行为问题，这些问题是痛苦的，会导致功能瓦解。比如，口吃的儿童学业表现就会受到影响。一般要求将障碍儿童转介给儿童心理健康专家。DSM-PC 手册也描述了每一个严重性水平上的问题在婴儿期、童年早期、童年中期或青少年期出现的情况。表 3-4 提供了与悲伤有关的分类示例。

表 3-4　DSM-PC 分类示例：悲伤

类别	常见发展性表现
V65.49 悲伤变化：由压力引起的短暂性抑郁反应在健康人群中是正常的。 V62.82 亲人亡故：与重大丧失相关的悲伤，在丧失后典型表现至少持续两个月。 在医院或相关机构的儿童常常体验到伴随死亡或分离的一些恐惧。这些恐惧可能会在模仿正常悲伤反应的行为中表现出来。	婴儿期：出现简单的悲伤表达，正常情况下，第一次出现在 1 岁最后一个季度里，通过哭泣、简单的退缩和短暂的愤怒表现出来。 童年早期：丧失后发生短暂的退缩和悲伤情感；亲人亡故可能是因为父母一方的丧失或是宠物、珍贵的物体丧失。 童年中期：经历失败后短暂的自尊丧失和伴随丧失的悲伤情绪。 青少年期：和童年中期表现较为相似，但是也可能包括稍纵即逝的死亡观念。亲人亡故包括男女朋友、朋友或最好的朋友的丧失。
V40.3 悲伤问题：悲伤或易激惹，初始包括轻微形式的重性抑郁障碍的一些症状： 抑郁心境 / 易激惹心境 兴趣或快乐减少 体重减轻 / 增加或不能获得期待的体重 失眠 / 过度嗜睡 精神运动性激越 / 迟滞 疲劳或精力丧失 无价值感或内疚感 思维 / 集中注意能力减退 这些症状都不只是短暂的，都对儿童的功能有轻微的影响，然而，行为都还没有严重到诊断为抑郁障碍。	婴儿期：发展性退行、恐惧、厌食、发育停滞、睡眠紊乱、社会退缩、易激惹和依赖性增强，这些是对看护者安慰的反应。 童年早期：悲伤情感变得更为明显。脾气爆发可能增强，也有可能出现生理症状，如遗粪、便秘、尿床和做噩梦。 童年中期：悲伤导致了短暂的自杀意念，没有清晰的自杀计划，某种程度的淡漠、无聊、低自尊和无法解释的生理症状，如头疼和胃疼。 青少年期：某种程度的冷漠，动机下降，课堂上的白日梦可能导致课业下滑。可能会不想上学，淡漠和无聊。
300.4 心境恶劣障碍：一天中的大多数时间抑郁心境 / 易激惹，多天如此，至少持续一年。也有下列两个或更多表现： 胃口差 / 饮食过度 失眠 / 过度嗜睡 精力低下或疲劳 注意力差 / 决策困难 绝望感 因为障碍的慢性本质，儿童可能无法发展足够的社会技能。	婴儿期：没有诊断。 童年早期：很少诊断。 童年中期和青少年期：功能不足感、丧失兴趣 / 快乐、社会退缩、内疚 / 压抑、易激惹或过度愤怒、活动 / 生产力降低。可能经历睡眠 / 饮食 / 体重变化和精神运动性症状，低自尊。

由于关注儿童表现障碍性行为的分类，DSM-PC 并没有远离医学模式。然而，DSM-PC 运用发展心理病理学视角为临床医生提供了许多有利的条件。第一，DSM-PC 是强调相互影响的，认为问题来源于儿童与环境之间的关系。因此，诊断者要考虑大量可能影响儿童发展的环境、社会和人际因素。风险性因素、易感性因素和保护性因素都要考虑到。第二，DSM-PC 认同在

正常发展和异常发展之间的连续谱，这为诊断者提供了指导方针，帮助他们确定什么时候发展出现了轻微偏离或者已经真正脱离了正常发展轨道。第三，DSM-PC 很明确是基于发展的基础的，它将偏离、问题和障碍的定义置于年龄适当的标准和行为表现上。另外，这个诊断系统也比 DSM- Ⅳ -TR 和 ICD-10 要求有更复杂的临床判断。偏离、问题和障碍这三个分类之间的边界常常是模糊的，并且，因为正常发展的变化非常大，因此没有严格的标准确定行为是否超过了正常范围。此外，DSM-PC 的信效度数据尚未获得。

五、基于经验的方法

相比于基于医学模式提出的分类系统（如 DSM 和 ICD）这种自上而下的方法，基于经验的方法可以被称为"自下而上"的方法（Achenbach，2000）。基于经验的方法（参见表 3-5）不是从理论建构开始的，如对立违抗障碍，然后再收集证据以确定可以怎样将诊断标签运用到儿童中。基于经验的方法是从在现实世界里收集数据开始的。经验主义者通过测量紊乱儿童所表现出的大量特定行为开始，排除那些频率不高的、多余的、模糊的行为，并且把剩余的行为进行统计分析以此来确定哪些行为彼此高度相关。使用的统计分析技术是因素分析，彼此相关的行为项目组成因素。在探索内在相关项目的内容后，研究者给每一个因素分派一个名称。这些名称可能和传统诊断中使用的理论架构很相似，如"违抗性"或"神经症"；然而，因素真正意味着什么，则是需要进一步实证研究才能回答的问题。

表 3-5　DSM 和基于经验的方法的比较

方法间的相似
评估问题的明确表现 DSM 的一些类别和经验基础综合征描述了相似的问题 在一些诊断和综合征之间有统计显著的一致性

方法间的差异	
DSM	基于经验的方法
分类的	多维的
问题被当下判断为有或无	问题在一个连续谱上打分
自上而下的方法：委员会成员选择分类和标准	自下而上的方法：综合征起源于经验数据
对于不同性别、所有年龄和所有报告者，临床切入点是确定的	不同性别、年龄和报告者的临床切入点和标准分别不同
临床医生自己选择数据来源、数据获得和评估的程序来使用	标准化程序获得数据
没有特定程序用来比较不同来源的数据	有统计方法用来比较不同报告者的分数
最终结果是诊断	最终结果是和年龄性别标准比较的综合征分数和描述
许多不同的诊断分类	特定问题被归类为更小数量的统计上确定的综合征

资料来源：Achenbach，2000。

　　基于经验的方法和DSM之间的另一个差异是：DSM是分类的，根据儿童是否"有"某一障碍将他们进行分类；而基于经验的方法是多维的，评定儿童在多大程度上表现出与某一特定诊断相一致的症状或问题行为。对分类方法的反对意见是分类方法的全或无特点。例如，一个儿童要么是抑郁的，要么不是抑郁的；如果他是抑郁的，临床医生必须确定其紊乱的程度是轻微、中度还是严重。多维方法则和正常与心理病理之间的连续性观点是一致的，一系列的症状能帮助确认个体与正常发生偏离的严重程度。

　　基于经验的方法的杰出拥护者是托马斯·阿肯巴克（Thomas Achenbach）。他的阿肯巴克经验基础评估系统（ASEBA；Achenbach&Rescorla，2001）包含了一套经过细致开发的量表，从父母、老师/看护者的视角来评定儿童的行为问题，而在青少年案例中，则是他们对自己进行评定。接下来我们将重点关注父母报告的儿童行为评定列表（CBCL；Achenbach，1991）。

　　阿肯巴克的第一步是从精神疾病案例历史和文献中收集病理行为的描述，通过一系列基本的研究，将病理行为的描述减少到112个项目，形成了目前的CBCL。以下是这个评定列表中一些项目的示例：经常争吵，抱怨孤独，进食不佳，逃离家庭，有奇怪的想法。为了获得常模，CBCL获得了4994个儿童的父母报告数据，这些数据来自一个涵盖美国40个州的全国性调查，同时调查还包括澳大利亚和英国的被试数据。数据分析产生了分量表和总量表。分量表包括特定症状，如退缩/抑郁、躯体主诉、社交问题、注意力问题和侵犯行为。退缩/抑郁症状包含如下行为项目：宁愿独自一人也不愿与他人在一起，深藏不露的，害羞的，退缩的。侵犯行为量表包括如下行为项目：破坏自己或他人的物品，在家里或学校不服从，争辩，打斗，威胁他人。

　　几个分量表组合在一起就形成了两个总量表：内化因素包括焦虑/抑郁、退缩/抑郁和躯体主诉，而外在因素包括违规行为和侵犯行为。内化—外化因素的区别在于描述了两种不同的症状。例如，焦虑的儿童一般是表现好的，但是被恐惧或内疚所折磨。他们秘密地遭受痛苦，将痛苦内化了。但是，一些儿童则把问题表现出来，会与他人关联，因此外化了他们的痛苦。然而，重要的是，我们要注意内化—外化是行为的维度，而不是儿童的类型。虽然有些儿童表现出较为极端的内化或外化症状，但是很多儿童呈现出两种症状的混合，也就是说，儿童可能既表现出悲伤，又表现出侵犯行为，或者"神经性胃疼"，还会表现出偷窃行为。

　　通过比较正常和临床人群的数据，可以确定临界点分数，在这个分数以下的儿童被认为处在正常范围之内，而高于临界点分数的儿童则被认为是紊乱的。得分高于正常儿童98%的分数的个体被认为高于临床临界点。这些常模还因为年龄和性别不同而有差异。例如，在侵犯性方面，女孩比男孩被评定为有问题的分数一般来说要低，因为女孩的侵犯性临界点分数比男孩低。

　　对所有8个分量表进行分数评定后，临床医生能够获得一个剖面图，展示出哪些分量表得分在正常范围内，哪些超出了正常范围。一个儿童可能在焦虑/抑郁、退缩/抑郁和躯体主诉这几个内化分量表上处于正常范围，而在破坏规则行为和侵犯行为这两个外化分量表上超过了常模。图3-1呈现了基于CBCL父母报告版分数所做的一个15岁男孩的行为表现剖面图。

12~18岁男孩CBCL/6-18症状量表分数

ID: 2301251405-002
姓名: 韦恩·韦伯斯特（Wayne Webster）
医生: 巴雷特（Dr. Barrett）

性别: 男
年龄: 15

填表日期: 04/05/2001
出生日期: 03/03/1986
机构: CMHC
检查: 已扫描

报告者: 拉尔夫·F.韦伯斯特（Ralph F. Webster）
关系: 父亲

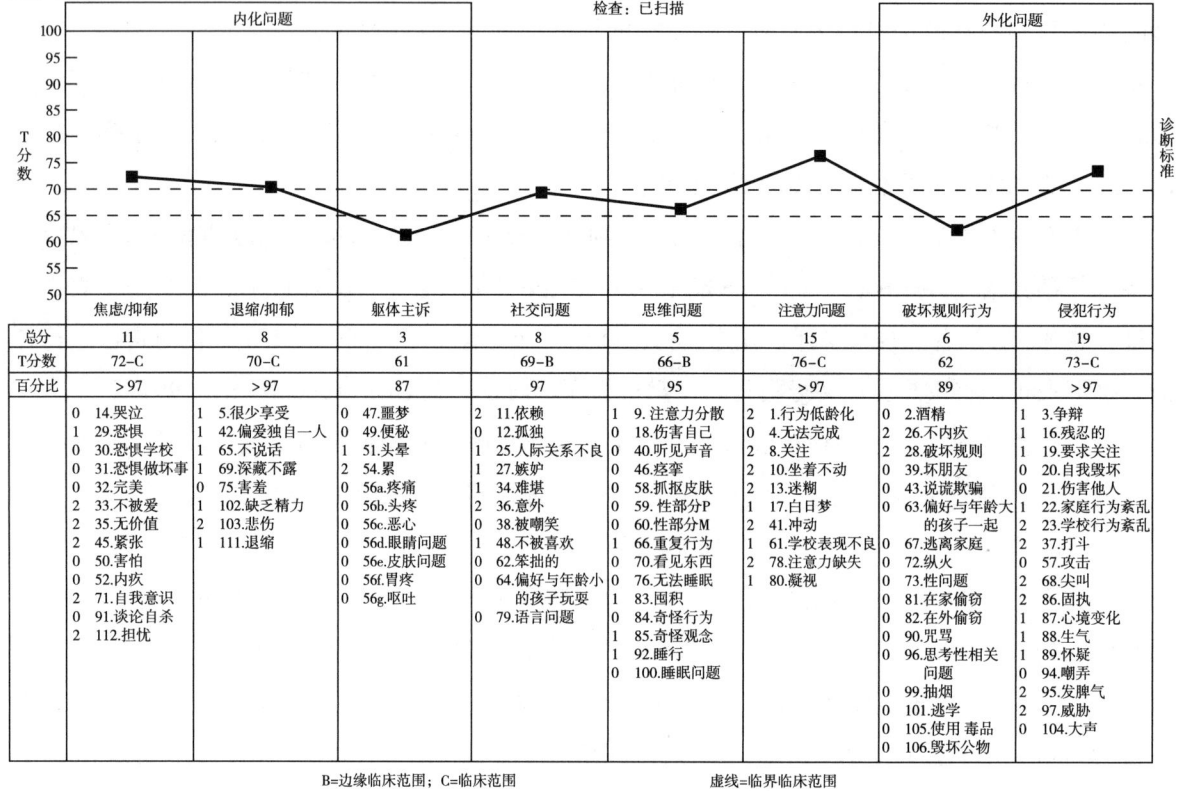

	焦虑/抑郁	退缩/抑郁	躯体主诉	社交问题	思维问题	注意力问题	破坏规则行为	侵犯行为
总分	11	8	3	8	5	15	6	19
T分数	72-C	70-C	61	69-B	66-B	76-C	62	73-C
百分比	>97	>97	87	97	95	>97	89	>97

焦虑/抑郁	退缩/抑郁	躯体主诉	社交问题	思维问题	注意力问题	破坏规则行为	侵犯行为
0 14.哭泣	1 5.很少享受	0 47.噩梦	2 11.依赖	9. 注意力分散	2 1.行为低龄化	2 2.酒精	3.争辩
1 29.恐惧	1 42.偏爱独自一人	0 49.便秘	0 12.孤独	0 18.伤害自己	1 4.无法完成	26.不内疚	16.残忍的
0 30.恐惧学校	1 65.不说话	1 51.头晕	1 25.人际关系不良	0 40.听见声音	2 8.关注	2 28.破坏规则	1 19.要求关注
0 31.恐惧做坏事	1 69.深藏不露	1 54.累	0 27.嫉妒	0 46.痉挛	2 10.坐着不动	39.坏朋友	2 20.自我毁坏
0 32.完美	0 75.害羞	0 56a.疼痛	1 34.难堪	58.抓抠皮肤	2 13.迷糊	2 43.说谎欺骗	0 21.伤害他人
2 33.不被爱	1 102.缺乏精力	0 56b.头疼	2 36.意外	0 59.性部分P	0 17.白日梦	0 63.偏好与年龄大	2 22.家庭行为紊乱
2 35.无价值	1 103.悲伤	0 56c.恶心	0 38.被嘲笑	0 60.性部分M	2 41.冲动	的孩子一起	1 23.学校行为紊乱
2 45.紧张	1 111.退缩	0 56d.眼睛问题	0 48.不被喜欢	66.重复行为	0 61.学校表现不良	0 67.逃离家庭	0 37.打斗
0 50.害怕		0 56e.皮肤问题	0 62.笨拙的	0 70.看见东西	2 78.注意力缺失	0 72.纵火	0 57.攻击
2 52.内疚		0 56f.胃疼	0 64.偏好与年龄小	1 76.无法睡眠	0 80.凝视	0 73.性问题	1 68.尖叫
2 71.自我意识		0 56g.呕吐	的孩子玩耍	0 83.囤积		0 81.在家偷窃	2 86.固执
0 91.谈论自杀			0 79.语言问题	0 84.奇怪行为		0 82.在外偷窃	1 87.心境变化
2 112.担忧				0 85.奇怪观念		0 90.咒骂	1 88.生气
				1 92.睡得		0 96.思考性相关	0 89.怀疑
				0 100.睡眠问题		问题	0 94.嘲弄
						0 99.抽烟	2 95.发脾气
						0 101.逃学	2 97.威胁
						0 105.使用 毒品	0 104.大声
						0 106.毁坏公物	

B=边缘临床范围；C=临床范围　　　　　虚线=临界临床范围

图 3-1　15 岁男孩的 CBCL 剖面图

资料来源：Achenbach & Rescola, 2001。

在版本的更新中，阿肯巴克已经加入了将儿童 CBCL 分数和 DSM 取向的分类关联起来的剖面图：情感问题（反映抑郁和自杀的项目）、焦虑、躯体问题、注意缺陷 / 多动、对立违抗和品行问题。因此，CBCL 能够用来帮助临床医生确定 DSM 某个主观的诊断类别是否与经验评估得到的事实数据吻合。

相比于主观性的诊断系统，基于经验的方法拥有明显的优势，包括精确性、信度、行为客观性三个方面的增强。然而，这些好处也有一定的代价，代价之一是复杂性。例如，阿肯巴克的系统为我们提供了 8 个分量表和 2 个总量表来评定儿童的问题，同时，还提供了这些表现与 DSM 6 个诊断之间的关联。相比之下，DSM- IV -TR 和 ICD 则区分得更为清楚。例如，它们区分了抑郁的不同程度（如重症抑郁和心境恶劣），它们还对焦虑障碍的分型有不同的诊断，如分离性焦虑和恐惧症。DSM- IV 和 ICD 也涵盖了阿肯巴克系统中没有的诊断，最突出的是神经性厌食症、贪食症，特定学习障碍和孤独症。因为基于经验的方法是从研究临床人群频发的疾病描述开始的，它就很难获得罕见的但是重要的与疾病相关的描述。

更进一步，虽然基于经验的方法在行为上是更具体、更客观的，但是，在报告者的评定过程中仍然存在主观判断（Drotar et al., 1995）。虽然"在家是不服从的"这个描述比"与权威人物关系有问题"更客观一些，但是，前者仍然要求进行判断。因此，对于同样一个行为，妈妈可能视之为儿子不服从，而父亲则可能会忽略掉，因为他觉得"仅仅就是男孩子的常见表现而已"。行为评定依赖做出评定的人以及行为发生的背景环境。父母、老师和专业人员可能在评定某个儿童时会出现不同的结果，因为他们对同一行为的评定可能产生差异，或者因为他们各自只是在不同的环境中观察儿童。一个对立违抗的女孩可能会服从老师的严格要求，因此，她不会表现出在家里的问题行为，而一个注意缺陷的儿童则常常在学校会凸显出来，而父母却可能注意不到。阿肯巴克的系统考虑到了不同评定者的视角，也提供了整合和比较不同报告者分数的方法，但是，当评定者出现不一致时，为了解释这些差异的意义就需要临床判断。妈妈的评分高是因为她感到很有压力，对很普通的不良行为都无法忍受；或者爸爸的评分低是因为当爸爸在场时，孩子表现得完全不同。

方框 3.2　案例研究：诊断系统比较

　　在第二章，我们介绍了佐伊的案例，我们对她的发展从出生追踪到 14 岁。回忆一下，当佐伊 10 岁的时候，她经历了父母离婚，然后她和妈妈搬到了城内，妈妈重返工作岗位，佐伊开始出现了一系列行为问题，其中包括愤怒爆发，和老师激辩，同伴关系不良，和妈妈赌气。并且，在学业上她也面临挑战，因为早就确诊的阅读困难阻碍了她的学习。虽然我们对佐伊最终良好结局的了解指出了诊断系统的一个主要局限——它仅仅是对一个处于持续发展过程中的儿童拍摄了一张静态的快照——但是让我们一起来看看不同的诊断系统可能对这个 10 岁儿童的行为进行怎样不同的分类。

DSM-IV-TR

轴 I（临床障碍）：313.81 对立违抗障碍；315.00 阅读障碍

轴 II（人格障碍 / 精神发育迟滞）：V71.09 没有诊断

轴 III（一般医学情况）：无

轴 IV（心理社会和环境问题）：亲子问题（离婚、母女冲突）；教育问题（和老师、同学冲突）；经济问题（家庭经济支持不足）

轴 V（整体功能评估）：65

DSM-PC

轴 I（临床障碍）：313.81 对立违抗障碍；315.00 阅读障碍；V40.3 悲伤问题；V65.49 多动 / 冲动变化

轴 II（人格障碍 / 精神发育迟滞）：V71.09 没有诊断

轴 III（一般医学情况）：无

轴 IV（心理社会和环境问题）：V61.20 依恋关系的挑战；V61.0 离婚；V60.2 经济状况不良；V62.3 和同伴 / 老师关系不好

轴V（整体功能评估）：65

ICD-10

轴1（临床精神疾病综合征）：F92.8 品行和情绪混合障碍；排除 F91.3 对立违抗障碍的可能性

轴2（心理发展特定障碍）：F81.0 特定阅读障碍

轴3（智力水平）：4

轴4（医学情况）：无

轴5（伴随异常心理社会情境）：

      1.0 亲子关系缺乏温暖

      1.5 家庭内成人间不和

      5.4 生活条件形成了潜在的危险性心理社会情境

      6.6 家庭关系消极变化模式

      8.0 和同伴关系不好

轴6：心理社会失能的整体评估：5

阿肯巴克经验基础评估系统（基于教师报告表格的数据）

症状量表分数

焦虑/抑郁：正常

退缩/抑郁：临界

躯体主诉：正常

社交问题：临床显著

思维问题：正常

注意力问题：临界

规则破坏行为：正常

侵犯行为：临床显著

因素分数

内化因素：正常

外化因素：临界

DSM-取向量表

情感问题：临界

焦虑问题：正常

躯体问题：正常

注意缺陷/多动问题：临界

对立违抗问题：临床显著

品行问题：临界

信息提供者经常对同一儿童的问题有不同的观点，这一事实并不只是局限于多变量统计评估方法中，同样，在依赖多途径获得信息的所有评估程序中，这个问题也存在。然而，我们有一些线索来确定哪些信息来源对特定心理病理学问题最有效。对于外化症状，如分裂性行为、多动、注意力不集中和对立违抗障碍，证据表明父母和老师是比儿童自身更好的信息源，因为儿童自己往往会少报告这些问题。相反，儿童自己的报告为内化的症状提供了更好的信息，如焦虑和抑郁（Cantwell，1996）。这个问题我们在第十六章讨论处理同一儿童的多途径数据和有分歧的信息策略时会再提及。

六、正常问题和正常问题行为

如果我们把心理病理问题当作正常发展的偏离，就必须确定正常的定义。并且，我们也必须对正常发展中固有的问题和问题行为有清晰的认识，因为正常并不意味着完全没有问题。

正常发展也包含问题和问题行为（参见图 3-2）。以问题行为为例：一项研究发现，在幼儿园到二年级的儿童中，大约一半被描述为"坐立不安"；而另一项研究发现，大约有一半的 6~12 岁儿童被描述为"过度活动"。虽然这些行为都是多动症状，但是认为一半的儿童都存在多动症状是不合理的，因为他们既不能满足多动症的症状标准、强度，而且症状表现时间（至少 6 个月）也达不到诊断，这些行为表现也没有妨碍适应功能。另外，如果否认坐立不安和过度活动造成了在家和在学校的问题，那同样也不明智（参见方框 3.3）。

卡尔文（Calvin）和霍布斯（Hobbes）

作者：比尔·沃特森（Bill Watterson）

图 3-2 异常的正常行为

资料来源：CALVIN AND HOBBES（Watterson），1999。
由环球新闻集团（Universal Press Syndicate）发行。经授权重印。版权所有，翻印必究。

方框 3.3 　美国儿童的问题变得更严重了吗?

　　根据美国国家心理健康研究所的研究,ADHD 这种以注意力缺失、坐立不安和冲动性为主要特征、经常在童年早期被诊断的疾病影响了 3%~5% 的美国儿童。这意味着"在一个 25~30 人的班级里,就可能至少有一个人患有 ADHD"。一些研究——和一些学校老师——将告诉你这还只是保守估计。然而,从统计上来看,似乎 ADHD 的案例增加了,这是否意味着 ADHD 儿童的数量确实增加了,还是仅仅因为对 ADHD 有了更清晰的认识和更频繁的诊断而导致的感觉上增加了呢? 在大多数欧洲国家,ADHD 常常不予被理会,被认为"仅仅只是一个行为问题",这就会轻视起作用的神经学因素。

　　在美国研究所 ADHD 这一领域所占的主导地位,以及 ADHD 或正如世界卫生组织 ICD 所定义的"运动过度"的流行率在国家间的明显差异,使得我们形成了这样一种印象:ADHD 主要是一种美国障碍,而在世界其他国家和地区都相对少见。然而,问题仍然存在,是否 ADHD 主要是一种美国障碍——源于在美国的社会和文化因素。或者,这种行为障碍在世界范围内或是在大量种族和社会都是常见的,只是可能因为对其诊断的困惑和 / 或对其给儿童和他们的家庭及社会整体带来的不利影响的错误概念,或因为对有关其使用兴奋类药物进行治疗的持续关注并没有被医学界所认识。

　　影响流行率的因素包括用来定义 ADHD 的术语、样本人群的特征和诊断方法。根据 DSM-Ⅳ中 ADHD 诊断标准满足的严格程度的差异,流行率数据会进一步变复杂。例如,一些研究者忽略了症状至少要出现在两种环境,如家庭和学校这个诊断标准(如 Magnusson et al., 1999),而另一些研究者则忽略了症状导致功能损害的标准(Gadow et al., 2000)。在不同的研究中,另有一些影响 ADHD 诊断的因素是评估症状的信息提供者,如是否是父母和 / 或老师和 / 或主要接触者,并且诊断是基于行为列表的分数,还是来源于直接访谈或两者兼有(Graetz et al., 2001)。

　　目前,普遍认同的是,ADHD 在男孩中的流行率显著高于女孩,尤其是在儿童中。这样,样本人群中男性和女性的比例就会影响整体流行率数据,这也是需要考虑的。同样,ADHD 的流行率也随着年龄而变化。这些复杂的因素就使得对比不同研究、不同国家的 ADHD 流行率数据变得非常困难。当比较不同研究的数据时,我们就必须要考虑所有这些因素。其他可能导致 ADHD 流行率数据增加的因素包括行为障碍分类的改进,ADHD 临床和行为治疗的有效性,对和障碍有关的临床、父母和社会认知的提升。很多年以前已经发现产前危险因素对任何发展性障碍所起的作用在增加,如父母年龄更大,早产和激素不孕症治疗的使用。

　　S. B. 坎贝尔(Campbell,1989,2006)概括了在婴儿期和学龄前期出现的一些典型的非心理病理发展性问题。

（一）"困难"婴儿

有关婴儿个体差异或婴儿气质的研究已经表明一些婴儿比较容易看护而另一些则相对困难。后者往往容易发怒，适应日常生活中的变化较慢，他们的反应紧张、消极、生物功能也不规则。如果这样的婴儿得到敏感、细致的关爱和照顾，他们就会走出这一困难的阶段；然而，如果照顾者不耐心，无法忍受婴儿的这些表现，或者突然改变日常生活规范，这样，在幼儿阶段，儿童的行为问题概率就会增加。

（二）挑衅的幼儿

纪律问题和对于什么时候以及如何设定限制的不确定性是幼儿父母主要关注的问题。在大多数案例中，问题都是与发展阶段相关的，不会有遗留。然而，父母疏于管理，过度控制的表达，会增加问题发生和持续的可能性。

（三）不安全依恋儿童

我们已经描述过安全依恋和不安全依恋的概念，也综述了不安全依恋婴儿在主动性和社交关系方面可能存在问题风险的研究。然而，这些问题并不必定会发生，如果儿童得到敏感细致的照顾，这些问题就会减缓。在第六章，我们将提供这方面的研究证据。

（四）攻击或退缩的学龄前儿童

对同伴的攻击行为是学龄前儿童的老师或父母最常见的一种抱怨，尤其男孩的攻击性比女孩更明显。然而，和其他行为问题一样，并没有必要对这种攻击大惊小怪，除非它还伴有父母的管教不良或不和谐的家庭环境。社会退缩，和攻击不同，是相对较少发生的，因此并没有得到充分的研究。有一些尝试性的研究证明，害羞而安静的儿童比破坏性的儿童产生行为问题的风险低，但是，如果这些案例还合并有其他内化问题，如分离焦虑或恶劣心境，这种风险在这样极端的案例中则可能会增大。

在发展谱系的另一端，美国心理学会（APA，2002a）列出了青少年的一些正常行为问题。

（五）对抗的青少年

青少年经常通过加入成人的辩论，持续地争辩，并在对他们父母来说较为琐碎的事情上采取对立的立场来练习他们新的高级推理技能。出于同样的原因，他们经常对周围的成年人高度挑剔，看上去故意寻找成年人表达中的矛盾、冲突或例外。经历了过量被挑刺的父母可能会觉得抚养这样的青少年孩子是一段非常受挫折的经历。然而，最好将青少年的这种激辩行为视为认知练习的一种形式，它能帮助青少年发展批判性思维。

（六）过于激动／冲动的年轻人

青少年期是一个高度情绪化的时期，有时青少年有着非常冲动、鲁莽的思维。青少年可能会如此表现：快速得出结论，表达极端的观点，令周围的成年人震惊和关注。然而，这种虚张声势的表现可能是试图掩盖焦虑和不确定。出于同样的原因，青少年也可能存在表现过于夸张和戏剧性的倾向，因为他们是以特别有张力的方式去体验这个世界的。虽然成年人可能会抱怨，对青少年来说，好像一切事情都是天大的事，但是对青少年自己来讲，当下发生的事情确实很严重。

（七）自我中心的青少年

为了探索本阶段重要的问题，如认同、性别角色和性，青少年会更关注内心，所以他们可能会让成年人觉得非常"以自我为中心"。随着时间的推移，他们可能会发展出更互惠的思维取向。观点采择能力不会自然发展，这些能力可以通过被教导而获得。

七、DSM-Ⅳ-TR 中的障碍

在记住 DSM-Ⅳ-TR 局限性的同时，在接下来这一小节，我们将介绍其中的障碍分类。此处，我们提供了在随后各章将详细讨论的特定心理病理问题。

（一）适应性障碍

我们最先介绍适应性障碍，因为它们在正常问题和更严重的心理病理问题之间形成了一个联结。适应性障碍的症状是作为对近期明显压力事件的反应而出现的，症状很明显破坏了社会功能、学业功能或职业功能，超出了正常期待反应的范围。适应性障碍可以和抑郁（悲伤、绝望），焦虑（紧张、分离恐惧），品行紊乱（攻击、逃学）同时发生，或者和这些问题混合在一起发生。然而，症状在压力源事件终止后不会持续超过 6 个月，这就表明了适应性障碍和其他更持久的障碍间的分界。

（二）常在婴儿期、童年期或青少年期最初诊断的障碍

对于更严重的心理病理问题，DSM-Ⅳ将问题区分成了两类：一类是儿童特有的，另一类是本质上儿童和成人相同的。我们首先来看第一类。

1. 精神发育迟滞

精神发育迟滞的定义是：显著的智力能力低下（例如，IQ≤70）并伴有适应功能缺陷，如自我护理、社交技能和个人独立的缺陷。

2. 学习障碍

学习障碍包括阅读障碍、数学障碍和书写表达障碍。在每种情况中，儿童的学业能力都显

著地低于其期望水平（基于儿童的生理年龄、所测智力或年龄相关的教育水平）。

3. 广泛性发育障碍

在这个类别中，最主要的障碍是孤独症，其特征是：在社交功能上质的损害（例如，缺乏社交或情感的相互交流，非言语行为使用的损害，如眼神接触和运用手势进行社会接触）；沟通交流方面的整体和持续损害（如口头语言延迟或完全缺失、僵化语言、想象游戏缺失）；受限制的、重复的和僵化的行为、兴趣和活动模式。

4. 注意缺陷多动障碍

这个障碍以前是归类在分离性障碍类别下的，因为重叠的频率很高，所以两者被放到一个类别下。

注意缺陷多动障碍的特征有：一系列注意力缺失的行为（如容易分心，很难遵循指导，频繁地从一个未完成活动转向另一个活动）和／或多动—冲动行为（如思考前就行动，坐立不安，排队和等待困难）。

品行障碍的特征是：反复或持续的行为模式，要么破坏他人基本权利，要么表现出典型的破坏其年龄应遵守的社会规范或规则（如发起争斗，使用武器导致严重的身体伤害，偷窃，纵火，逃学）。

对立违抗障碍的特征是：消极的，敌对的，违抗的行为模式（如发脾气，和成人争吵，不服从成年人的要求，故意惹怒他人，说谎，欺侮）。

5. 排泄障碍

在这个类别中，我们将讨论遗尿障碍（它是一种反复地遗尿于床上或衣物上至少持续5年以上的障碍）和大便失禁（包括弄脏衣物）。

6. 其他婴儿期、童年期或青少年期的障碍

分离性焦虑障碍的特征是：对于与依恋对象分离产生的过度焦虑。例如，不切实际地担忧会有伤害降临到依恋对象身上，为了和依恋对象待在一起而拒绝上学，如果依恋对象不在身旁就拒绝上床睡觉。

反应性依恋障碍的特征是：因照顾不好引起的疾病，如忽视或照顾者频繁更换导致的社会关联性紊乱（如过度压抑或矛盾，或通过与相对陌生的人不加选择的社交所表现出弥散性的依恋）。

（三）在儿童、青少年和成人中诊断的障碍

下述障碍在儿童和成人中有相同的表现或经过一些特定的修正后可以运用到儿童中。

1. 物质相关障碍

物质相关障碍是针对某一特定物质的障碍（如酒精、可卡因、大麻、安非他明等），并且包含有临床显著的痛苦或与之使用相关的功能损害表现。这个分类包括物质使用障碍，其中有物质滥用和物质依赖或因摄取而导致的物质诱发障碍（如醉酒、焦虑、心境障碍、精神错乱）。

2. 精神分裂症

精神分裂症是一种严重的、弥散性紊乱的障碍，其症状包含妄想、幻觉、语无伦次、古怪行为和所谓阴性症状，如情感贫乏、动机缺失和失语。在精神分裂症不同类型中，偏执型精神分裂症的主要特征是妄想或幻觉，而瓦解型精神分裂症的主要特征是语言和行为的瓦解及不恰当的情感。

3. 心境障碍

重性抑郁障碍的特征是：抑郁心境，体重下降，失眠，精神运动性激越或迟滞，无价值感或内疚感，优柔寡断，反复地想到死亡，明显地在活动中兴趣减退或快乐消失。它可能以单次发作出现也可能反复出现。心境恶劣障碍是指慢性的抑郁状态，至少持续一年。心境障碍的第三种主要问题是双相障碍，特征是心境在抑郁和躁狂之间摇摆不定。

4. 焦虑障碍

焦虑障碍有很多种，但是此处我们只介绍本书将讨论的几种类型。

特定恐惧症是由特定物体或情境出现或预期出现引发的恐惧（如飞行、高度、动物），由于有明显的痛苦，患者将回避或忍耐恐怖刺激。尽管成年人能认识到恐惧的不合理本质，但是儿童无法认识。

社交恐惧，也被称为社交焦虑障碍，是指个体对可能暴露于不熟悉的人群或要求在公众面前表演有过度焦虑或极力回避的情境。典型的情况是，儿童恐惧在公共场所中出现尴尬或被负性评价。

强迫障碍的特征是：强迫思维，包括闯入性和不恰当的反复的思维，思维冲动或意象，并且导致明显的焦虑或痛苦；或强迫行为，包括仪式化行为（如洗手）或心理行为（如数数、默默地重复单词），这些行为是患者对强迫思维的反应或根据严格执行的规则而被驱使进行的。

创伤后应激障碍是当个体经历过对自己或他人的真实或有危险的死亡或伤害后产生的，其症状包括：创伤事件的持续闪回（如反复的、闯入性的、痛苦的回忆），持续回避与创伤有关的刺激（如不能回忆创伤的特征、兴趣及活动范围减小）和持续存在唤醒增强的表现（如难于入睡、易怒、难以集中注意力）。

广泛性焦虑障碍包括过度的担忧和紧张，这种担忧和紧张是无法控制的，弥散性地存在于各种刺激和情境中。

5. 进食障碍

神经性厌食症是一种即使个体已经处于低体重状态时，个体对体重增加的强烈恐惧，体重对自我评价产生过度的影响或否认当前低体重的严重性，体重低于预期的85%。神经性贪食症的特征是：反复发作的暴食，并伴有在暴食过程中对暴食缺乏控制。虽然体重经常是正常的，但自我评价受体型和体重不恰当的影响。

6. 性别认同障碍

性别认同障碍主要是有强烈的和持续的成为异性的渴望，或者坚持自己是异性别的人。性别认同障碍的儿童表现出对与自己生理性别相关的性别角色和生理特征的强烈不适感。

7. 人格障碍

人格障碍是指缺乏弹性的行为模式和内在经验模式，这种行为模式显著偏离了社会期待，并导致痛苦或损害。人格障碍的初发被认为是青少年时期和成年早期，很少在童年期进行诊断。然而，研究者已经将注意力聚焦于一种特定的人格障碍，即边缘型人格障碍。这种人格障碍的先兆看上去出现在生命的较早时期，这就更能确保在年轻人中的诊断。边缘型人格障碍的症状表现有：在人际关系、自我意象和情感方面的弥散性不稳定。我们在讨论从青少年晚期到成年期转变时再次探究其表现。

八、正常发展和心理病理学的整合

在表 3-6 中，我们呈现了与每个发展阶段相关的发展性变量的要点，正如在第二章中所描述的，我们也阐述了这些变量与不同心理病理问题的出现是如何相关联的。这个发展性时间线是大概的，除去一些特殊情况，大部分障碍都可以在任何年龄的儿童中看到。例如，即使是婴儿，也可能表现出抑郁的症状。然而，我们所做的只是展现障碍流行率增加的年龄，因为这表明产生该心理病理问题的危险是与这个发展阶段相关的。因此，我们把抑郁放在青少年早期这一年龄段，主要是考虑这一年龄与心境障碍诊断的急剧增加有关，尤其是在女孩中更明显。

现在，我们为开始精选的不同心理病理问题进行详细探索已经做好了准备。我们尽可能从发展的观点按照时间顺序来对不同问题进行探索。在所有的问题探索中，我们要使用第二章提供的有关正常发展的信息来回答问题。根据正常发展产生偏离的观点，这一心理病理问题应该如何理解？我们也将会讨论某一时间点正常的偏离如何影响未来发展。这两方面的关注要求重新建构心理病理学的自然历史。最后，心理治疗措施在减少进一步偏离中的效果问题也会得到解决。然而，只有在得出对心理病理问题探索的结论后，我们才会对心理治疗提出系统的考查。

表 3-6 心理病理与正常发展的关系

发展阶段	婴儿期（0~12个月）	幼儿期（1~2.5岁）	学龄前期（2.5~6岁）	童年中期（6~11岁）	青少年早期（11~13岁）	青少年期（13~17岁）	青少年晚期至成年早期（17~20岁）
阶段突出问题	生物调节，安全依恋	情感调节，自主性自我	自我调节，家庭外人际关系形成	学业和社会环境的掌控	个体化、认同、性	从家庭独立，亲密关系形成	工作，生活的目的和意义，一生浪漫依恋的形成
性心理发展（弗洛伊德）	口唇期	肛门期	性器期—俄狄浦斯	潜伏期		生殖期	
自我发展（埃里克森）	信任对不信任	自主对羞怯和怀疑	主动对内疚	勤奋对自卑		自我同一性对角色混乱	亲密对孤独

续表

发展阶段	婴儿期 （0～12个月）	幼儿期 （1～2.5岁）	学龄前期 （2.5～6岁）	童年中期 （6～11岁）	青少年早期 （11～13岁）	青少年期 （13～17岁）	青少年晚期至成年 早期（17～20岁）
分离个体化（马勒）	正常自我中心主义—共生	分化—练习	和解—在通往客体恒常性的路上				
认知发展（皮亚杰）	感知运算		前运算	具体运算	形式运算开始	元认知和抽象化持续发展	
依恋	偏好性微笑—分离反应	看护者是安全基地	目标导向合作关系	自我和他人的内在工作模式指导关系	亲密对独立间冲突的再出现	新依恋的形成开启了重新加工旧有依恋的机会	
自我—发展	自我作为中介	自我一致性出现	行为自我：通过能力和行动定义"全或无"	心理自我：稳定的内在表征	抽象的、未来取向的自我	自我的稳定性增加，整体性增加，自我反思	
情绪发展	情绪由当下体验驱动；不稳定、原始和强烈	情绪语言扩展，表现增强（脾气爆发，恐惧）	情绪被认为是由外部事件导致的；情绪调节增强	情绪更稳定，情绪模式出现，内在产生情绪的能力	不稳定的情绪，消极情感常见	稳定的情绪调节，全部情绪能力和防御情绪能力	
道德发展	前习俗水平：绝对的、严格的、刻板的			习俗水平：规则约束，对与错	观点采择：考虑相互性	后习俗水平：自我确定道德原则	
性与性别	性别认同 对自己的身体好奇		性别恒定；模式化兴趣；对他人身体好奇	性别分离游戏，理解生殖器和生殖之间的关系	性别角色灵活性增加；对成年人性的知识，合并一些错误信息	性别模式化行为再出现，性实验，性偏好的意识	稳定的性别角色遵循；对性偏好和亲密伴侣的承诺
同伴关系	集中于和看护者的关系，自我中心	认识他人的情绪，同理心	同伴交互增加，社会比较；合作游戏	持续的友谊；和家庭外成年人的关系；社会观点采择	和同伴团体取向的关系重要性增加，社会问题解决	同伴重要性超过家庭	稳定、深入，有意义的友谊和浪漫关系
家庭关系	依赖父母确定事件的意义和提供安全保障	父母必须忍受在依赖和独立追求之间的摇摆		在公共领域看待家庭功能	家庭边界必须更为灵活以允许青少年独立	关系重排以允许青少年以青年的身份行事	

发展阶段	婴儿期 （0～12个月）	幼儿期 （1～2.5岁）	学龄前期 （2.5～6岁）	童年中期 （6～11岁）	青少年早期 （11～13岁）	青少年期 （13～17岁）	青少年晚期至成年 早期（17～20岁）
心理病理问题的出现	孤独症	反应性依恋，注意缺陷多动障碍	分离焦虑障碍，对立违抗，遗尿/大便失禁	品行障碍，社交/学校恐惧，学习障碍，焦虑障碍	物质滥用抑郁双相障碍，性别认同障碍	进食障碍，精神分裂症	人格障碍

第四章

婴儿期：精神发育迟滞

本章内容

1. 精神发育迟滞是心理病理问题吗?

2. 定义

3. 特征

4. 生物学背景：器质性精神发育迟滞

5. 个体背景

6. 家庭背景

7. 社会背景

8. 文化背景：家族性精神发育迟滞

9. 发展过程

10. 干预

我们首先介绍的是精神发育迟滞，它并没有和其他临床障碍一起在 DSM-Ⅳ-TR 的轴Ⅰ中编码。它是在 DSM 的轴Ⅱ中编码，这反映了该障碍对功能的弥散性影响，在考虑给个体确诊任何其他诊断时，都需要将它考虑进去。

一、精神发育迟滞是心理病理问题吗?

为什么将精神发育迟滞囊括在心理病理问题中进行讨论? 仅仅只是因为一个孩子在智力测验中分数低，他就应该被归类到和患有品行障碍、恐惧症或注意缺陷多动障碍的儿童一起吗?

从表面来看，这样的孩子看上去不会像患有其他障碍的儿童那样有"麻烦"——他可能只是在认知水平上低于其他儿童。接下来我们会看到，这个问题已经备受专家关注，专家已经越来越多地依据更多的因素而不单纯只依据智商分数来定义精神发育迟滞。

另外，精神发育迟滞事实上又与心理病理问题相连。曾经我们错误地认为低智力分数的个体不会发展出精神疾病，患有精神发育迟滞的个体不会再被诊断为患有其他精神疾病。因此，精神发育迟滞个体的情绪问题就被错误地归因为他们的认知局限或潜在的医学问题。然而，我们现在知道，精神发育迟滞个体不仅有可能产生各种心理病理问题，而且他们出现心理病理问题的风险是普通人群的 3～4 倍。

回到本章开头我们讨论的问题，答案很明显，精神发育迟滞不是心理病理问题。但是，精神发育迟滞应该被视作发展过程中的一种偏离，这种偏离增加了心理病理问题出现的风险（Einfeld et al.，2011）。所有在发展性心理病理问题中起到作用的因素——生物学、情绪、认知、家庭关系、同伴和社会文化关系因素——都会影响精神发育迟滞个体的发展。

二、定义

（一）历史背景

在 1959 年之前，精神发育迟滞的最初定义是低于平均水平的智力——通过标准化智力测验获得。从数字上来讲，低于平均数两个标准差的智力分数是平均智力的严重偏离，这就意味着智力分数 70 被认为是精神发育迟滞的临界点分数。

1959 年，适应性行为被加入诊断标准之中。如果能足够适应环境，为什么要单纯因为他在认知测验中的分数低于给定的临界点就认为其功能失调或异常？例如，有一群被称为"6 小时迟滞"的人，他们在学校表现很差（每天在校时间大约为 6 小时），但是在农村或城市环境中功能良好。这样，精神发育迟滞的关键就不再是智力测验分数，而是个体功能。

美国精神发育迟滞协会（the American Association Mental Retardation，AAMR）适应性行为量表（Nihira et al.，1974）就是一种评估适应行为的工具。因素分析显示，量表包含三个维度：个人自我独立性、社区自我独立性和个人—社会责任（Nihira，1976）。个人自我独立性适于各个年龄，包括满足即时的个人需要如饮食、如厕和穿衣等的能力。社区自我独立性不只是包括即时需要的独立性，主要指与他人相关联的自我独立性，如适当地使用金钱、旅行、购物和交流沟通。个人—社会责任包括自发性和意志力——自己承担任务的能力和完成任务的能力。后两种因素比起只满足即时需求来说，代表着更高水平的行为，出现在 10 岁左右。

（二）有争议的修订

> 精神发育迟滞不是一个人所拥有的，如蓝眼睛或坏心脏，也不是一个人所展现的，如矮或瘦。它不是医学障碍……也不是心理障碍……当智力缺陷影响了个人应对社区中日常生活的普通挑战能力时，这种情况就是精神发育迟滞。如果智力缺陷没有对日常功能有真正的影响，那么个体就没有精神发育迟滞（American Association on Mental Retardation，1992，pp. 9，13）。

这些描述代表了美国精神发育迟滞协会最近所做的一系列重新概念化。1992 年，美国精神发育迟滞协会提出了精神发育迟滞的新定义，这一概念相比于过去的概念更强调适应性。适应性本身并不是一种个体所拥有的特征或品质，它其实总是与环境相关联的。因此，在决定一个人是否真的精神发育迟滞之前，必须审查个体所适应的环境特征。

精神发育迟滞定义的基本结构在图 4-1 中呈现。注意，功能这一诊断标准在三角的底座，象征着它是基本的或基础的架构。因此，在特定环境中一个孩子功能良好还是不好比智力水平更重要。反过来，功能又被两个因素决定：能力和环境。

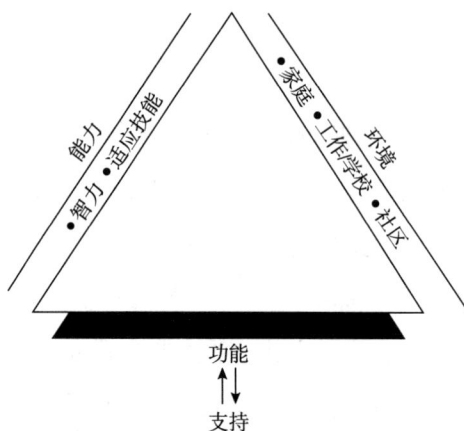

图 4-1 精神发育迟滞定义的基本结构

资料来源：American Association on Mental Retardation，1992。

能力（或胜任力）是人际背景中的变量。有两种能力：智力和适应技能。

    1. 智力包括认知和学习。美国精神发育迟滞协会确定智商分数 75 或更低为精神发育迟滞的临界标准。

    2. 适应技能由生活智力和社会智力组成。生活智力包括保持个人独立管理日常生活活动所需的技能（如自己洗澡、穿衣或进食）。社会智力包括了解人际背景下适当的社会行为、社交技能和良好道德判断的能力。

环境被定义为个体生活、学习、玩耍、工作、社交的特定背景。环境必须是典型的儿童同龄同伴的环境，同时也适配于儿童的社会经济背景。当个体在没有特殊支持服务的社区中能表现良好功能时，精神发育迟滞其实是不存在的。然而，如果个体需要特殊支持或服务，如庇护所或机构的看护，那么就可以考虑是精神发育迟滞。

美国精神发育迟滞协会要求，诊断要明确为了让儿童在环境中表现出良好功能所需要的额外支持服务的程度，以明确儿童的受损水平。一共有四种受损水平：间歇性、局限性、过渡性和弥散性。例如，一个儿童可能仅仅只是需要学业课程特殊辅导，而另一个儿童可能需要 24 小时全程看护。

根据美国精神发育迟滞协会对定义的修订，精神发育迟滞的病程并不必然是终生的。如果环境要求降低，也就是说，当儿童离开学校，儿童能够适应新环境，那么精神发育迟滞将"不再存在"。在此，值得提出的是，智力功能（由智力分数来确定）从童年期开始就是相当稳定的，然而，智力缺陷对功能的影响则会随着发展过程而变化。成年人可能会找到他自己的适合位置，从而在工作中表现出良好的功能——工作所要求的技能和导致其学业失败的技能并不是同一种。因此，个体尽管智力低下，但是并不一定会在所有的方面都被限制或阻碍。

最后，美国精神发育迟滞协会的概念明确表明，精神发育迟滞并不是心理病理问题。此外，定义也绝没有暗示精神发育迟滞会将儿童置于行为问题的危险之中。定义的本质是儿童适应或不适应周围环境。这一定义也给我们提供了有关心理病理问题的新的概念化方法，即适应性失败。

精神发育迟滞和智力障碍是对同一个问题的两种不同名称，但更多人倾向于使用智力障碍。事实上，美国精神发育迟滞协会也在 2007 年更改了协会的名称，改为美国智力和发育障碍协会（the American Association on Intellectual and Developmental Disabilities, AAIDD; Schalock et al., 2007）。这一名称的改变有诸多原因，包括更不具有冒犯性和与国际使用的术语更为一致，它还强调了这样一种意识：智力障碍不再被认为是个体绝对不会变化的特征。此外，它也和当前的专业实践保持一致，专业实践主要集中于为个体提供量身订制的支持，改善他们在特定环境下的功能。

对于下一版本的 DSM 和 ICD 来说，术语"精神发育迟滞"将都由"智力障碍"所取代。然而，因为在写作这一章的时间点上，ICD 和 DSM 仍然都使用术语"精神发育迟滞"，所以在本书中我们将继续使用这一术语。

（三）DSM-Ⅳ-TR 的诊断标准

DSM-TV-TR（American Psychiatric Association, 2000）的诊断标准包括三个特征：①智力低于一般水平，其标准是智商（IQ）分数低于 70；②适应性行为缺陷；③早发，起病于 18 岁以前（参见表 4-1）。

表 4-1 DSM-Ⅳ-TR 关于精神发育迟滞的诊断标准

1. 显著低于一般水平的智力功能：在个人施测的智力测验中智商分数接近 70 或更低（对婴儿来说，临床判断智力显著低于平均水平）。
2. 在下列至少两个领域中——沟通、自我照管、家庭生活、社交/人际技能、自我指导、正常学业技能、工作、休闲、健康和安全——的适应性功能上同时存在缺陷或损伤（例如，个体不能有效达到其所在文化团体对其年龄相当的期待）。
3. 起病于 18 岁之前。
反映智力受损水平严重程度的编码。
轻度精神发育迟滞：IQ 分数为 50～70。
中度精神发育迟滞：IQ 分数为 35～55。
重度精神发育迟滞：IQ 分数为 20～40。
极重度精神发育迟滞：IQ 分数低于 25。

资料来源：DSM-Ⅳ-TR，2000。

1. 智力缺陷

精神发育迟滞的第一个诊断标准是显著低于一般水平的智力功能。DSM 系统使用 IQ 分数为 70 作为临界点来判断个体是否属于精神发育迟滞范围。

根据发育迟滞的水平，DSM 系统也使用 IQ 分数做了更细致的分类（参见方框 4.1 了解更详细的信息）。

1. 轻度精神发育迟滞：IQ 分数为 55～70。85% 的精神发育迟滞个体都属于这一类。这类个体到 20 岁之前能获得大约六年级的学业技能，他们能独立地或是在监管下在社区成功生活。妨碍他们独立发展的语言问题会持续到成年期。器质性病因仅在一小部分轻度精神发育迟滞个体中得到证实。共病的其他问题，如孤独症、其他发育障碍、品行障碍或身体残疾等，不同比例地存在于轻度精神发育迟滞个体中。如果这些障碍存在，它们必须被另外诊断。

2. 中度精神发育迟滞：IQ 分数为 35～55。虽然这类个体中的某些人需要较少的支持服务，但是大多数终生都需要帮助。在监管的情况下，他们能较好地适应社区生活，一些个体在视觉空间技能方面比依赖语言的任务方面会达到更高水平，而另一些则明显很笨拙，但是却在社会交往和简单的交谈中表现良好。语言的发展水平也是不同的：一些人能参与简单的交谈，而另外一些则仅仅只能表达他们最基本的需要，还有一些因为语言障碍而根本学不会语言。大多数中度精神发育迟滞个体都有器质性病变。

3. 严重精神发育迟滞：IQ 分数为 20～40。这些个体只有非常有限地掌握学业技能的能力，尽管他们能够学会阅读特定的"生存性"词语。作为成年人，他们在监管下能完成简单的任务，和家人一起或在集体中能适应社区生活。他们的理解力和语言能力最多也就限于理解基本的指令并提出简单的请求。大多数在这个分类下的个体还表现出明显的运动损伤或其他相关缺陷，这表明他们存在临床显著的中枢神经系统损伤或发育不良。

4. 极重度精神发育迟滞：IQ 分数低于 25。这类个体要求终生看护和帮助，他们需要密集的训练才能获得基本的饮食、如厕和穿衣技能。几乎所有的这类精神发育迟滞个体都有器质性原因。他们也许可以获得最基本和最简单的如分类和匹配这种视觉空间技能，也可能在适当的监管和指导下参与很少的家庭和实际操作任务。在大多数案例中，器质性病因都可以确定。严重的神经或其他身体障碍影响了个体的运动功能是很常见的，如癫痫和视觉听觉损伤。这类个体也可能经常表现出最为严重的弥散性发育障碍，特别是非典型孤独症。

2. 适应行为

DSM- Ⅳ -TR 中精神发育迟滞的第二个诊断标准要求，是根据其文化团体对其年龄相当群体的要求标准，个体无法正常执行诸如沟通、自我照管和社交技能等方面的功能。

一般来讲，ICD 和 DSM 系统在 IQ 分类方面存在的差异较少（参见表 4-2）。ICD 系统的标准比 DSM 系统的标准稍微严格一点。使用 DSM 系统时，IQ 分数为 75 的个体可能会被认为是轻度精神发育迟滞，而在使用 ICD 系统时则不会有诊断。和 DSM 相似的是，ICD 系统也包括适应性行为的诊断标准，这就表明，无论使用什么诊断系统，做出精神发育迟滞诊断都需要依据对能力的整体评估，而不能单纯依赖某一方面的具体损伤或技能。重要的是，在两个诊断系统中，给定的 IQ 水平都仅作为诊断的一个指导标准。

表 4-2　ICD-10 和 DSM 分类中 IQ 标准比较

诊断系统	轻度精神发育迟滞	中度精神发育迟滞	重度精神发育迟滞	极重度精神发育迟滞
DSM- Ⅳ（1994）	50～70	35～55	20～40	低于 20～25
DSM- Ⅳ -TR（2000）*	50～75*	35～55	20～40	低于 25
ICD-10（1992）**	50～69	35～49	20～34	低于 20

* 在 DSM 纸质版中，轻度精神发育迟滞的临界智商提高了。
**ICD 也包括两个其他类别——其他精神发育迟滞和未定型精神发育迟滞。

ICD 系统表明，只有当个体智力迟滞程度的评估因为同时伴随感觉或身体损伤而变得极为困难或根本不可能时，他才能被诊断为其他精神发育迟滞。当有证据表明精神发育迟滞存在但是无法将患者分类到具体哪种类型时，我们才能使用未定型精神发育迟滞这一诊断。

3. 美国精神发育迟滞协会和 DSM 方法的比较

从一开始，美国精神发育迟滞协会 1992 年修正版的定义就存在争议，直到今天，这一定义既没有广泛地被其他组织所接受，也没有被从业者和研究者所接受。我们可以看到，并不是它所有的建议都被 DSM- Ⅳ -TR 所采纳。

我们应该注意到的第一个差异是在两个定义中用来确定精神发育迟滞的智力分数。美国精神发育迟滞协会决定的精神发育迟滞的智力水平引起高度争议——将 IQ 的临界点从 70 提升到 75。这看上去只是微小的调整，但是，因为智力分数是一条钟形曲线，这个微小的调整使得能诊断为精神发育迟滞的个体翻倍了。因此，DSM-Ⅳ-TR 的编订者，就像大多数该领域内的临床医生和研究者一样，没有采取美国精神发育迟滞协会的这一建议。

方框 4.1　精神发育迟滞和唐氏综合征的发展性差异

水平	学龄前期（出生到 5 岁）	学龄期（6～21 岁）	成年期（21 岁以上）
轻度精神发育迟滞（IQ 分数为 50～70）	能发展社交和语言技能；在感觉运动领域较少迟滞；直到更大年龄，几乎和正常儿童没有区别。	到大约 20 岁时，能够获得接近六年级水平的学业技能；不能学习一般的高中学校科目；需要特殊教育，特别是在初中水平。	基于适当的教育和训练，能胜任社交和职业功能；在严重的社交和经济压力下需要频繁指导。
中度精神发育迟滞（IQ 分数为 35～49）	能够说话或学会沟通；社会意识较差；正常运动发展；可能会获益于自我帮助；在中度监督下能被管理。	如果给予特殊教育，到大约 20 岁时，能获得接近四年级水平的学业技能。	在不需要技能或半熟练职业中能够自我维持；当遇到轻微社交或经济压力时需要监督和指导。
重度精神发育迟滞（IQ 分数为 21～34）	运动发展不良；语言极少；一般不能在自我帮助的训练中获益；很少或没有沟通技巧。	能说话或学会沟通；在基本健康习惯方面能进行训练；不能获得正常学业技能；获益于系统习惯训练。	在完全的监管下能部分自我支持；能够在控制环境中形成最低可用水平的自我保护技能。
极重度精神发育迟滞（IQ 分数低于 20）	总体性迟滞；感觉运动领域只有极少正常功能；需要看护。	一些运动发展出现；不能在自我帮助的训练中获益；需要全面看护。	一些运动和语言发展；完全不能自我维持；完全需要看护和监管。

资料来源：Sattler, 1992。

对美国精神发育迟滞协会定义的另一个批评是，定义要求在十个适应行为领域中至少有两个方面存在缺陷，但是没有任何确定的经验证据、常模标准和标准化的量表来测量这些特定的缺陷（State et al., 1997）。另外一个有问题的地方是，美国精神发育迟滞协会的这一定义消除了传统的精神发育迟滞的分类（轻度、中度等），取而代之的是损伤水平，这是通过对支持性服务的需求来确定的。虽然定义列出了确定这些不同损伤水平的标准，但是没有客观的测量方法。既然确定属于什么水平依赖临床判断，那么缺乏信度和误诊的概率就大大增加了。并且，有研究证据表明，精神发育迟滞水平和所需支持性服务的水平并不能等同，尤其是对轻微发育迟滞的儿童来说，他们在不同背景中对支持的需要差别非常大。

另外，美国精神发育迟滞协会的定义也一直被称赞，因为他们试图降低伴随精神发育迟滞而来的病耻感。

对一些其他的概念相关的问题，这两个诊断系统都没有涉及或解决。智力模型逐渐变得越来越多元，这要求在一个多维框架下来评估儿童的认知能力，因为单一的总分也许并不是一个那么可靠的指标。IQ 概念本身也是有问题的，部分原因是人们对它有普遍的误解，认为这一数字是一成不变的，这就给个体的潜能设定了一个不可逾越的限制。事实上，最常使用的儿童智力测验之一——斯坦福—比奈智力测验第四版（Thorndike et al., 1986）的最新版本——就完全摒弃了 IQ 这个术语。虽然韦氏儿童智力量表 - Ⅳ（2003）仍然保留着 IQ 总分，但是其编订者也倡导更多关注特定维度的指标分数。

智力在精神发育迟滞的诊断中有着相当大的争议作用，这是因为它是最先被概念化的，到今天仍然还在诊断中保留着。批评家指出，精神发育迟滞的定义也会随着所使用的智力类型变化而变化。在这场争论中，有西尔弗曼等人（Silverman et al., 2010）的研究。他们比较了一组74 个成年智力残疾（ID）患者在斯坦福—比奈智力量表和韦氏成人智力量表上所得的 IQ 值。在每个个案中，韦氏智力量表的全量表 IQ 得分都比斯坦福—比奈智力量表的综合 IQ 得分高，平均差异为 16.7 分。这一差异看上去并不是由斯坦福—比奈量表更低的最小可能得分导致的。使用其他智力量表进行分数比较的研究也认为，韦氏智力量表可能系统性地低估了智力损伤的严重程度。在第十六章我们讨论评估的时候，将更细致地介绍这些测验和智力的再概念化。同时，在更新的多元智力概念的基础上，思考精神发育迟滞的定义如何修正也是很有趣的。

三、特征

（一）患病率

在全世界许多国家，精神发育迟滞都是最常见的发展性障碍，调查显示，患病率为 1%～3%（Maulik et al., 2011）。在美国，患病率大约为 1%，排在导致重大运动缺陷的慢性疾病的首位。另外，发展延迟（Developmental Delay, DD）也是一个相关术语，经常被用来描述那些在两个或多个发展领域的发展显著滞后于其年龄期待水平的学龄前儿童。发展延迟经常代表着后续发展问题，如精神发育迟滞和其他发育性障碍的早期警示症状。

当然，到底有多少儿童会被诊断为精神发育迟滞，这取决于精神发育迟滞的定义方法。单独使用 IQ 分数作为标准，如果临界点分数从 70 提升到 75，那么患病率就会显著地改变。使用 DSM 的低于 70 分为标准，那就会有 3% 的人被分类到精神发育迟滞的范围。由于 ICD 和 DSM 在这一点上的差异，根据 DSM 系统，个体更可能被诊断。

然而，IQ 分数忽视了诊断精神发育迟滞的其他关键因素，其中最重要的就是适应性行为。特别是在轻度精神发育迟滞水平上，IQ 分数和适应性行为并没有高度相关，因此，仅根据 IQ 分数诊断就会过高估计精神发育迟滞的患病率。相应地，患病率的高估也可能是由于 IQ 分数的不稳定导致的—— 一些现在处于轻度精神发育迟滞范围的儿童，在重测智力后，分数会处在一般智力的较低端的范围之内。

我们对精神发育迟滞的检测能力与儿童的年龄相关，在越后面的发展阶段，检测可能更敏锐和精确。特别是，轻度精神发育迟滞的儿童一般是很难被识别的，直到学龄期，儿童的学业成绩会显示出他们的缺陷。因此，在学龄前期，患病率往往会比较低，然后在学龄期慢慢上升，到青少年期达到顶峰，随后开始下降。

最后，由于对照群体不同，患病率可能会有所变化。对精神发育迟滞儿童和实足年龄匹配的控制组儿童进行比较是有争议的。这一方法的问题在于，精神发育迟滞个体有广泛的症状，这和控制组在所有测量特征上都不相同，因此，很难推断精神发育迟滞的长处和缺陷。一个更复杂的解决办法是比较具有相同发展水平的控制组，常常是心理年龄相当的控制组。心理年龄是一个与智力相关的概念，意思是儿童表现出的智力相当于多大年龄的儿童。儿童的心理年龄就是正常儿童获得特定智力分数所在的平均年龄。然而，在智力测验上获得的心理年龄并不意味着儿童在所有生活方面的功能水平都在这一"心理年龄水平"上。

（二）性别

男孩被诊断为精神发育迟滞的数量是女孩的 3 倍（Stromme & Hagberg，2000）。性别差异如此之大可能是因为，一般来讲，基因相关的障碍对男性影响大于女性。也有大量的研究显示，对许多不同类别的特殊教育需求（SEN）来说，男孩的比例也远大于女孩。2005 年 1 月，英格兰特殊教育需求官方声明提到，特殊教育服务需求的男孩人数是女孩的 2 倍（Department for Education and Skills，2005）。同样，美国也有大量的研究报道了性别差异。例如，科蒂纽和奥斯瓦尔德（Coutinho & Oswald，2005）报告了国家数据，结果显示，在可能被诊断为精神发育迟滞的人中，男孩是女孩的 1.3 倍。

（三）社会经济水平和种族

在定义和评估精神发育迟滞时，美国智力和发育障碍协会强调，专业人士必须考虑社区环境——主要有个体的同伴和文化、语言多样性和文化差异，基于这些因素，人们的沟通方式和行为都会有所不同。精神发育迟滞也可能被社会因素（如儿童激发和成人回应的水平）和教育因素（如能提升心智发展和更好的适应技能的家庭和教育支持的可得性）所影响。因此，认识精神发育迟滞在不同文化、不同种族和不同社会经济水平的群体中分布的情况特别重要。

虽然精神发育迟滞在社会经济水平低的群体中更多，尤其是在少数民族和单亲家庭中更突出（Emerson，2007），但是这一情况仅仅针对轻度精神发育迟滞的儿童，而更严重的精神发育迟滞则相同地发生在不同经济水平和种族群体中（Hodapp & Dykens，2003）。关于社会群体，基因和环境的影响可能共同塑造了这一情况：社会经济水平低的父母往往智力低下，他们的孩子也一样智力低下。比起种族，贫穷和性别更紧密地与特殊教育需求的总体比率相关（Strand & Lindsay，2009）。

种族差异包括文化差异（如相对较少强调个人成就）和环境因素（如贫穷和缺乏资源；Turkheimer et al.，2003）。例如，布鲁克斯－冈恩等人（Brooks-Gunn et al.，2003）发现，经济匮乏、低激励家庭环境、年轻母亲和缺乏教育解释了欧裔美国儿童和非裔美国儿童 IQ 差异的 71%。

另外，也有人认为标准化 IQ 测验可能存在偏见，测验低估了少数民族儿童的智力。认识到这一可能性后，一些学校系统已经不再使用 IQ 测验来评估儿童对特殊教育服务的需求。例如，在 20 世纪 70 年代，父母倡议者控告旧金山学校系统，认为使用有文化偏见的 IQ 测验导致了过量少数民族儿童进入特殊教育项目。控告结果很成功，加利福尼亚学校系统现在禁止使用 IQ 测验来对少数民族学生做出教育安置决定。

（四）鉴别诊断

精神发育迟滞儿童必须与低智力但在适应行为上没有缺陷的儿童区分开来。事实上，当一些功能良好的精神发育迟滞儿童学习自己照顾自己，独立完成任务时，他们可能在发展中取得进步后不再被诊断为精神发育迟滞。相似地，精神发育迟滞也不同于简单的学习障碍，因为学习障碍仅限于特定学业技能方面有问题（参见第七章）；而精神发育迟滞则是各方面功能弥散性地出现问题。尽管精神发育迟滞可能和孤独症并发（参见第五章），但这两者也是不同的。主要差异在于孤独症儿童表现出非常有限的社交兴趣以及奇怪的重复行为，而精神发育迟滞儿童往往非常热衷于社交并且十分友好（First et al.，2002）。

精神发育迟滞的表现包括在一般智力功能上弥散性的显著的缺陷以及适应性功能上的显著缺陷，而它们也是精神发育迟滞症状定义的一部分。相比之下，在广泛性发育障碍（Pervasive Developmental Disorder，PDD）这一诊断下面的各种障碍至少有一半都表现出智力损伤（Yeargin-Allsopp & Boyle，2002）。

（五）共病

有很好的研究证据表明，精神发育迟滞会增加产生心理问题的风险。相比于没有精神发育迟滞的人群，精神发育迟滞个体中身体障碍（Van Schrojenstein Lantman-de Valk et al.，1997）和心理健康问题（Emerson & Hatton，2007）的发生率都更高。精神发育迟滞人群中共病的百分比高达 30%～50%（Einfeld et al.，2011）。研究发现，在精神发育迟滞人群中，出现精神障碍的风险是典型发展人群中出现风险的 3～4 倍（Sachs & Barrett，2000）。研究（Emerson et al.，2010）已经发现，那些拥有"边缘"智力功能——在标准智力测验中得分处于平均分以下 1～2 个标准差之间或 IQ 分数小于 85——的人，表现出更多的心理问题。精神发育迟滞共病的障碍范围很广，包括攻击行为、注意缺陷 / 多动障碍、精神分裂症、孤独症、抑郁障碍和焦虑障碍。

在精神发育迟滞儿童中最常见的行为障碍是注意缺陷 / 多动障碍和品行问题（Emerson，2003）。在精神发育迟滞儿童中，注意缺陷 / 多动障碍的患病率是正常儿童的 3～5 倍。轻度精神发育迟滞儿童更可能满足注意缺陷 / 多动障碍的诊断标准（Lindblad et al.，2011）。

然而，共病的可能性与迟滞的程度是相关的（Einfeld & Tonge，1996）。极重度精神发育迟滞群体中共病率相对更低，可能是因为他们能做出的行为非常有限，同样，他们表达情绪问题的能力也更为有限。迟滞的水平也影响可见的障碍类别，在轻度精神发育迟滞个体中，主要表现是破坏性行为和反社会行为，而重度精神发育迟滞群体中更为突出的行为则是退缩行为和孤独症样行为。

艾因菲尔德和阿曼（Einfeld & Aman，1995）对因素分析研究的总结非常有指导意义，指出了在精神发育迟滞人群和典型发展性人群中共病是如何表现出差异的。虽然两个人群都产生了退缩、攻击和多动，但是精神发育迟滞儿童更少表现出焦虑。此外，刻板行为和自伤行为常常出现在精神发育迟滞儿童中，而在没有精神发育迟滞问题的人群中则很少见。因此，在精神发育迟滞儿童中，退缩并不伴随焦虑，这与典型发展性儿童不同，而攻击则经常伴随着自伤行为。简言之，在精神发育迟滞儿童中可能存在着不同的具体问题情况。

霍达普和戴肯斯（Hodapp & Dykens，2003）指出，精神发育迟滞的本质使我们很难去探索和测量心理病理问题。例如，虽然特定行为问题对精神发育迟滞儿童来说是挺常见的，如发脾气、过度兴奋、退缩，但是这些行为问题可能并不是精神疾病本身的反映。精神发育迟滞个体反思能力和描述内在情绪状态能力的缺陷阻碍了内化障碍的诊断，如抑郁，因为这类障碍的诊断更多依赖于主观经验的自我报告。相应地，观察者评定经常需要对个体的行为适当性进行判断，适当性与其年龄相关，而精神发育迟滞个体也可能表现出与其心理年龄相适应的行为。例如，一个具有学龄前水平功能的青少年可能会表现出一些不可思议的推理和不良的现实检验能力，这是前运算阶段的典型表现。特别为精神发育迟滞人群设计并提供相应常模的测量工具的研发，对未来这一领域的工作将非常有益。

导致精神发育迟滞问题产生的原因非常多，这不仅影响对儿童的诊断，而且也影响鉴别风险性因素。任何损伤和干扰大脑成长和成熟的因素都可能导致精神发育迟滞产生，这可能发生在儿童出生之前、出生时以及出生以后（孕期／出生时的并发症、中毒、营养不良、创伤、感染、环境刺激不足）。根据不同的分析技术，基因决定的精神发育迟滞病因（包括染色体畸变、单基因遗传障碍和其他基因问题）仅仅可以解释17%～41%的个案（Bernardini et al.，2010）。

四、生物学背景：器质性精神发育迟滞

基于两种不同的病因，精神发育迟滞可以分成两种基本类型。第一种是器质性精神发育迟滞，这将是我们本节关注的重点，它包含各种各样的精神发育迟滞情况。调查显示，有1000多种不同的生物学因素会导致精神发育迟滞，其中包括基因异常、产前损伤和神经心理异常。大多数器质性精神发育迟滞儿童都有严重损伤。例如，77%的中度到极重度精神发育迟滞个体都是由器质性问题导致的。

（一）基因因素

许多基因异常导致了精神发育迟滞。事实上，有750多种基因异常，每一种都可能与不

同的精神发育迟滞表现型有关，由一系列独特的生理、认知和行为特征组成（此处我们引用 Hodapp & Dykens，2003）。下面，我们将描述三种最常见的症状表现。然而，存在一定比例的基因型精神发育迟滞儿童，并不代表着就存在有显著可识别症状的可认知的基因表现型。

1. 唐氏综合征

唐氏综合征是最常见的与精神发育迟滞相关的基因型出生缺陷，在新生儿中的发生率为 1‰～1.5‰。唐氏综合征患者有 3 条 21 染色体，而正常人是 2 条；因此，这种情况也被称为 21 三体。最近，21 染色体上的关键区域已经被确认，且可以对这一区域和侧面区域标记，这使得临床医生能够根据精细的易位和染色体异常而不是三体来确认唐氏综合征患者（King et al.，1997）。这样，唐氏综合征的基因基础就扩展了。

这种障碍最初被称为先天愚型患者，原因是他们的典型面部特征：宽阔的面部，眼距宽，鼻根扁平。他们往往身体健康状况差。比如，将近一半的唐氏综合征婴儿都有先天性心脏缺陷，在生命的第一年住院也很常见（经常是呼吸问题；So et al.，2007）。唐氏综合征患者的认知问题包括心理成长更慢，群体的平均智商分数只有大约 50。他们的社会智力往往会更高一些，但是他们的语言和语法理解能力很差。

在行为方面，典型的唐氏综合征儿童是友好而喜好社交的，尽管一些研究认为这种情况会随着年龄的增长变得不那么积极，但在青少年期有时会出现攻击性。唐氏综合征患者有不同程度的学习障碍，程度可能从中度到重度。他们也会过早老化。然而，一般来说，唐氏综合征儿童往往只有低水平的行为紊乱（参见方框 4.2）。

方框 4.2　个案研究：唐氏综合征

当丹（Dan）出生在一个偏僻的山区时，他妈妈 37 岁，爸爸 40 岁。出生时，助产士立即就发现丹的生理问题——比例不协调的奇怪的眼睛、耳朵、手和脚——并建议丹的妈妈带他去山区医疗诊所检查。医生诊断丹为唐氏综合征。

虽然大多数人会因为有一个唐氏综合征的孩子而感到很沮丧，但令人惊讶的是，丹的父母并没有被动摇。他们并不特别在乎智力成就，而且丹也像许多唐氏综合征孩子一样，并没有表现出行为问题。一般情况下，丹满足于在房子后面的森林里玩耍，而在家的时候，他也很满足于和玩具待在一起，可以坐在电视机前面几小时。幸运的是，丹不像其他唐氏综合征孩子那样会遭受很多生理疾病的困扰，他只有一点不太严重的肝的问题，以及似乎容易出现呼吸问题。

他从来没有进过日托中心和幼儿园。当他被带到学校读一年级时，他的智力缺陷很快就暴露在老师面前。老师立即将丹转介到学校心理学家处进行测验，学校心理学家对丹实施了儿童版韦氏智力测验，他的 IQ 分数为 61。这一分数可以将丹诊断为轻度精神发育迟滞，这也是一个比唐氏综合征儿童平均智力更高一点的分数。然而，很明显，他没有办法在正常标准的教室内和同学们竞争，因此，他进入了特殊教育班级。丹非常喜欢学校，并取得了相应的进步，尽管他在任何学业技能领域都没有超越二年级水平，部分原因是在家时他的父母从来没有对他的学业进行鼓励。

到14岁时，丹的体重超标了40磅（1磅约为0.45千克），他的健康水平明显下降了。于是他被安排了严格的饮食和锻炼计划。然而，当丹减轻了体重并变得更为活跃后，他的健康水平又提升了。没有什么大的困难，丹度过了学校学习的阶段，进入了青年阶段，他甚至可以为邻居们做一些简单的兼职工作。

丹一直住在家里。当他大约30岁时，他开始表现出情绪恶化的迹象。他变得易怒，有时会毫无缘由地发脾气，连他自己也无法解释。而另外一些时间，他根本不愿意交流。他开始出现更多健康问题，在36岁时死于肺炎。

2. 脆性 X 染色体综合征

脆性 X 染色体综合征的患病率为 0.73‰～0.92‰。这种疾病是由 X 染色体上的 FMR1 基因大小的改变导致的，男性患病率比女性更高（Tassone et al., 2007）。正常情况下，FMR1 基因产生一种蛋白质，这种蛋白质是大脑发育所需要的。这一基因的缺陷就导致人体只能产生很少的这种蛋白质，甚至是根本不产生这种蛋白质。在 FMR1 基因的特定位置，每个人都有一个化学物质 CGG 的重复序列，在典型的人群中，这一物质序列的数量大概在 6～50，而脆性 X 染色体（经常与学习困难有关）的全部突变则有 200 多个 CGG 的重复序列。重复序列越多，就越有可能出现问题。然而，实际的重复序列数量与学习困难的程度似乎也并不总相关。

脆性 X 染色体的主要问题是智力损伤。这种损伤的范围很广，它可能带来非常轻微的学习困难，这样的个体有正常的 IQ，没有表现出脆性 X 的迹象，但也可能带来非常严重的学习困难。个体到底在多大程度上受到影响取决于基因变异的程度。对男孩而言，在认知方面，他们会表现出中度水平的精神发育迟滞，从青春期开始发展缓慢，而受脆性 X 影响的女孩则可能没有明显的精神发育迟滞。患有这一综合征的儿童在要求整体、格式塔类型信息加工的任务中表现很好，如图片再认；而在要求线性推理的任务中表现很差，如听觉短时记忆。在行为方面，他们往往多动或表现出孤独症样特征，如刻板行为、社会退缩和注视回避。

3. 普拉德 - 威利综合征

这种疾病主要是由于染色体 15 的某一区域异常导致的，患病率为 1/15000。70% 的普拉德 - 威利综合征个体在父性染色体 15 上存在微型或亚微型缺失，而其余的个体则有两条母性染色体 15 而没有父性的。在两种情况下，儿童都缺少来自父亲的基因。

普拉德 - 威利综合征儿童的认知表现包括轻微程度的发育迟滞。然而，缺陷大部分表现在语言领域，而非语言技能则完好无损。例如，他们的一个独特特征就是拥有非凡的拼图能力，他们甚至可以比同龄正常孩子更快地完成拼图（Dykens，2007）。

行为方面，情况会随着年龄而改变。在婴儿期，他们可能会表现出明显的发育延迟以及喂养困难的问题，这些可能会导致他们无法存活。从 2 岁开始到 6 岁，患有这一疾病的儿童开始无节制地饮食（专业术语为摄食过量），因此，特别容易肥胖。虽然在发展的较早时期，这样的儿童被认为是可爱的，让人愉快的，但是伴随无节制饮食而来的就是各种各样的行为问题，包括倔强、脾气暴躁、冲动和活动缺乏。强迫症状在这类个体中也很常见，包括收藏、强迫性语言和提问、过度排序和重新摆放，以及重复的动作仪式等（Dykens et al.，1996）。

有证据显示，普拉德 - 威利综合征背后的两种不同基因机制有着不同的行为表现类型。相比于那些有两个母性基因拷贝的个体而言，那些由于在父性染色体 15 上有缺失而导致的疾病个体往往有更多的适应不良行为和认知缺陷。研究也发现，只有后者才拥有熟练解决拼图游戏的独特技能（Verdine et al.，2008）。

如前所述，不同基因问题导致了不同类型的精神发育迟滞，且在不同功能领域表现出不同的优势和缺陷。正如霍达普和迪肯斯（Hodaap & Dykens，2003）指出的，这一领域的研究进展将让研究者认识到精神发育迟滞是有很多不同类型的，因此不能将它作为一个单一的整体来对待。

方框 4.3 个案研究：普拉德 - 威利综合征

凯特·哈格蒂（Kate Haggarty）讲述了她的被诊断为普拉德 - 威利综合征的孩子。

从头开始。13 年前，当奥利（Ollie）出生时，我们就得知了令人极为惊愕又难过的消息，医生诊断他患有普拉德 - 威利综合征。我记得非常清楚的是，我们在体验了诸多复杂情绪的同时，得益于较早的诊断（3 个星期），我们下了决心，我们肯定能教奥利不要过度饮食。我们能够训练他——当他长大后，我们可以教他不过度饮食的重要性，如果我们对他严加管束并坚持下去，那么我们可能会成功。

现在回头去看，这个想法看上去真的是非常天真，毫无疑问，这也是对奥利疾病部分的否认，但是在那个时候，有这样积极的目标会让我们感觉好一点，当我们觉得承受不了的时候能让我们感觉还有一线希望。当奥利 7 岁，我第一次给橱柜上锁时，我就开始有一种真实的失败感。因为奥利变得越来越高，身体上越来越自主，要依靠我们的警觉，并相信他不会吃不被允许吃的食物就变得越来越困难了。奥利那时候就知道，正如他现在知道的一样，为什么他必须严格控制饮食——他的确也能够头头是道地谈论健康饮食，他被告知的健康饮食的知识比成人多得多！然而，现实就是，对食物的着迷是如此本能，以至于世界上的任何理论都没有办法，只要他有机会吃东西而不被抓住！尽管有时候他会骄傲地将有些女孩或客人不经意留下的食物交给我，但是在大多数情况下，吃东西的诱惑真的是太大了。

因此，锁的数量和质量就不断增多、增强！事实上，我意识到，与其说这意味着失败，不如说这是一个更有效的方法——依赖普拉德－威利综合征孩子自己的意志力来管理生活，并依靠女孩们和我自己的警戒对他来说是不公平的，对我们来说也是不现实的。然而，上锁当然不能解决所有问题，它们只是让接近食物变得更困难，但是并不是完全不可能的，而恰恰可能克服这个困难的现实又带来了诱惑。随着奥利不断长大，我们就越来越难找到完全能防范住奥利的办法！即使是磁锁，他也经受不住挑战找到磁钥匙来解锁。我们在过道里安装了警报，截断了去厨房的路，但这也只带来了短暂的成功，很快，奥利就发现他能够在感应器下面爬过去！锁住厨房的门一开始也有作用，后来他就尝试从另一间房的窗户爬到花园里从后门进入厨房。当然，所有这些锁和警报最麻烦的一个方面就是它们限制了家里所有人的生活，简单的任务变成了重要的练习；上楼收好要洗的衣物也要确定每个人在哪里（尤其是奥利），锁好所有能通向厨房的门和窗，确保没人被锁在外面，等等！

虽然如此，但是面临所有困难，奥利都做得极好——他的体重仍然接近45千克，在生长素的帮助下，他身高为151厘米。

（二）产前和产后因素

一系列产前和产后因素都能损伤中枢神经系统，从而导致精神发育迟滞。怀孕的前三个月内母亲感染风疹（德国麻疹）可能导致很多损伤，精神发育迟滞就是其中之一。梅毒是精神发育迟滞的另一个原因。在怀孕前几个月内暴露于大量的辐射环境之中，慢性酒精中毒，年龄（35岁以上）以及孕期严重情绪压力都是可能增加婴儿精神发育迟滞风险的母亲因素。除此以外，母亲的健康问题，如哮喘和糖尿病，也会增加孩子的精神发育迟滞风险，这对一些经济条件不好的人群或少数种族人群来说可能尤其危险，因为这种情况在这些人群当中更常见，也更少得到较好的治疗（Leonard et al.，2006）。儿童艾滋病、胎儿期酒精综合征和子宫内药物接触也可能与精神发育迟滞有关。

坎普等人（Camp et al.，1998）发现一系列精神发育迟滞的母亲危险因素和新生儿危险因素。他们发现，家庭的低社会经济状况可以解释44%～50%的精神发育迟滞，而母亲的低教育水平可以解释20%。其他的产前因素包括：母亲年龄，怀孕期间体重增加小于10磅，多胞胎。此外，较低的1分钟新生儿阿氏评分（APGAR）、原发窒息、头围和身长超过平均水平的两个标准差都会显著增加精神发育迟滞的风险。

早产和产前缺氧（在出生或出生后当下缺氧）是出生时可能导致精神发育迟滞的风险因素。而产后因素包括脑炎和脑膜炎（由细菌、病毒或肺结核病原体感染导致的大脑炎症），如果这些问题发生在婴儿期危险尤其大。在童年期，脑部受伤（最常见的情况是由车祸和虐待所导致的脑部损伤）、感染、疾病发作和接触有毒物质都可能导致精神发育迟滞。表4-3总结了这些风险因素。

表 4-3　精神发育迟滞 / 智力残疾的一些原因

怀孕前或胚胎期	遗传性疾病（如苯丙酮酸尿症，泰 - 萨克斯病，神经纤维瘤病，甲状腺机能减退和脆性 X 染色体综合征）
	染色体异常（如唐氏综合征）
怀孕期	严重的母亲营养不良
	感染 HIV，巨细胞病毒，单纯疱疹，弓形体病，风疹
	中毒（如酒精、铅和甲基水银）
	药物（如苯妥英，2- 丙戊酸钠，异维 A 酸和癌症化疗药物）
	异常的大脑发育（如脑穿通性囊肿，灰质异位症和脑膨出）先兆癫痫和多胞胎
出生时	极端早产
	缺氧
出生后	大脑感染（如脑膜炎和脑炎）
	严重的头部损伤
	儿童营养不良
	严重的情绪忽视和虐待
	中毒（如铅和汞）
	大脑肿瘤和治疗

　　精神发育迟滞儿童的诊断要求对患者进行彻底而全面的评估。对家族史的调查是第一步，同样，详细的产前、产中和产后史也必须把握清楚。一个异形的胎儿可能面临着出生压力带来的风险，而后来的发育延迟可能被错误地归因于出生时的损伤（Hall，1989）。详细的发展史，尤其关注发展过程中的里程碑、正规的评估和行为，也是诊断所要求的。要确诊任何畸形，应该找到或要求获得医疗记录。精确的脑电图（electroencephalogram，EEG）扫描和 / 或脑部磁共振成像技术（magnetic resonance imaging，MRI）有时能帮助确认或排除一些相对常见的障碍［如雷特综合征（Rett syndrome）；Battaglia & Carey，2003］。

　　对于所谓"染色体"表型，精神发育迟滞的程度是一个重要的指标。对于一些公众所熟知的综合征，行为表型也是独特的，如威廉斯综合征（Williams syndrome；Cassidy & Morris，2002）。最后，儿童的身体检查也是关键。

　　不幸的是，在许多个案中，精神发育迟滞都是唯一而不特定的表现，而没有其他重要标志。当有所表现时，应该注意微小的面部异常（如次等级器官距离过远，不寻常耳朵构造，多发窝等），手部异常，生殖器异常和皮肤异常，并进行客观的测量，也应该仔细检查头部尺寸，生长各项指标和神经系统体征等方面是否存在异常。精神发育迟滞的表现还会随着时间而变化，因此，收集个体不同年龄的照片和 / 或视频以获得发展性信息也应是有帮助的。

（三）神经心理学因素

大脑结构和发展的研究正开始精确关注不同类型精神发育迟滞中的不同异常。例如，在唐氏综合征中，神经影像研究显示，出生时个体的大脑正常，而在发育过程中脑容量逐渐下降（此处主要参考 Pennington，2002）。在生命的前几个月内，唐氏综合征孩子表现出髓鞘形成延迟及小脑和额叶的减速发展。到成年期，大脑看上去是畸形小头的，和许多阿尔茨海默病患者的特征一致。

和唐氏综合征患者的小头畸形不同，脆性 X 染色体综合征的儿童则有很大的脑容量，这就意味着在大脑的发展过程中，大脑没有能像正常发展个体那样"修剪"掉多余和无效的神经元联结。有趣的是，这也是孤独症患者大脑的特征，而脆性 X 染色体综合征儿童经常表现出孤独症样行为。此外，脆性 X 染色体综合征也与后小脑区域变小有关，这可能与感觉运动整合相联系，也可能与脑室扩大有关，这可能是由脑脊髓液过量分泌导致的。

许多 X 染色体上的基因与精神发育迟滞有关（Tarpey et al.，2009）。当前的研究表明，X 染色体上超过 70 种基因在突变时会产生精神发育迟滞相关的症状或该疾病的非综合征形式。这些代表着 X 染色体上将近 10% 的基因。

识别导致精神发育迟滞的基因有很多好处。从家庭的视角来看，识别出疾病的基因原因可以给父母一个决定性的解释：为什么他们的孩子会有障碍。父母常常会觉得要对发生在孩子身上的事情负一部分责任，会质疑孩子的问题是否由于在怀孕期间或早期教养期间他们做了什么或没做什么。至少对大多数人来说，仅仅只是知道这一疾病是由基因突变导致的都有一些治疗方面的好处。它也可以帮助家庭正确对待疾病诊断。对一些家庭成员来说，在患病个体中识别了基因突变，意味着其他家庭成员的患病风险也可能被精确评定。对于 X 染色体相关的疾病，对女性亲属进行预测性检验可以确定她们的携带状态。由于一系列基因已经被确认会导致精神发育迟滞，所以我们观察到在那些已经确认了基因因素的家庭中已经显著改变了家庭的生育习惯。特纳等人（Turner et al.，2008）观察到，当家庭知道他们的孩子可能会有 X 染色体相关的智力障碍综合征风险时，携带风险的女性实际生育子女的数量会比基于人口繁殖比例所预测的生育子女数量少。

五、个体背景

在精神发育迟滞个体中，到底是什么偏离了正常发展？为了回答这一问题，出现了大量令人印象深刻的研究——对有关的认知和人格—动机因素的研究。

（一）认知因素

有关精神发育迟滞的认知因素，有两个不同的问题比较受关注。一个是一般问题：精神发育迟滞儿童的智力发展和正常儿童的智力发展相同还是不同？这就是著名的差异与发展的问题。

另一个是特殊问题：精神发育迟滞个体低于正常水平的智力功能下面隐藏着什么特殊的异常？

1. 社会认知

精神发育迟滞儿童的社交能力很低，常常导致缺乏同伴接纳。虽然社交能力有不同的定义，包括很多变量，但是研究基本关注的是社会认知变量，这是智力和适应性行为之间的关键连接点。有证据表明，相对于正常儿童，精神发育迟滞的儿童观点采择能力发展水平更差，解释社交线索能力更弱，应对问题情境的高级社交策略也更少（如加入一个团体或回应挑衅行为；参见 Leffert & Siperstein，1996）。

西佩斯坦和莱弗特（Siperstein & Leffert，1997）研究了被接纳和被拒绝的有轻度精神发育迟滞的四年级和六年级儿童之间的差异。有关社交行为和社会认知的结果看上去是矛盾的。被接纳的儿童更倾向于顺从，较少形成积极的、友好的策略。相反，被拒绝的儿童更倾向于有主见，拥有更多积极的、友好的策略。对这一令人感到意外的结果，有一个解释是：低调、恭敬、随和的策略保护儿童不被拒绝，这样可以使他们"融入"其他人，而有坚定主张和侵入性策略的儿童则无法被他人接纳。既然同伴拒绝和冷漠比被接纳的可能性更大，如果是因为坚定主张出现的该问题，那么精神发育迟滞的儿童就会比正常儿童失去更多。

2. 差异与发展的问题

从历史发展来看，关于精神发育迟滞的本质就有两种不同的观点。第一，精神发育迟滞是由基本认知缺陷引起的，这种缺陷会导致他们和正常人群有不同的思维。术语"心智不全"概括了这一观点。第二，精神发育迟滞个体的思维和正常智力人群的思维是相同的，唯一的差异就是发展性差异，这就导致更慢的进步和更低水平的成就（参见图4-2）。这两种观点都有研究数据支持。

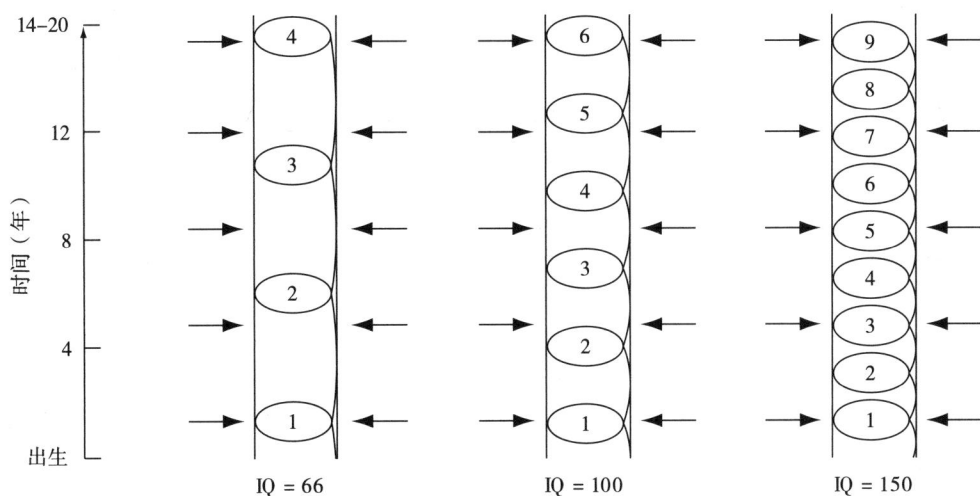

图 4-2　认知发展的发展性模型

单一的垂直箭头代表时间发展。水平箭头代表对个体起作用的环境事件，一对垂直线代表被影响的个体。个体的认知发展看上去像内在上升的螺旋，而其中许多线圈代表认知发展的连续性阶段。

资料来源：Hodaap & Zigler，1990。

齐格勒（Zigler）一直是发展性观点的主要倡导者，他提出两个假设来验证这一方法：第一个关于认知发展的相似顺序；第二个关于相似结构（这两个假设的详细解释和证明这两个假设的研究可以在霍达普和齐格勒 1995 年的文献中找到）。

（1）相似顺序假设

这一假设主张，精神发育迟滞儿童和正常儿童一样，都将经过同样的认知发展阶段，有同样的认知发展顺序。例如，精神发育迟滞儿童也将以同样不变的顺序经历同样的皮亚杰认知发展阶段，从感知运算阶段到前运算阶段再到具体运算阶段（他们很少能到达最后的形式运算阶段）。精神发育迟滞是更缓慢的发展和更低水平成就的结果。

相当多的研究支持了相似顺序假设，对于由器质性和非器质性原因导致的精神发育迟滞个体，都有研究支持这一假设。如此一来，相似顺序发展已经在皮亚杰理论的任务、道德推理、象征性游戏、几何概念和语言中被发现。不过，严格的序列并不适用于精神发育迟滞人群。比如，道德推理的高级发展阶段，往往也不适用于典型的发展人群。

最后，有研究证据表明，某些类型的精神发育迟滞儿童的思维并不是稳固地处于某一水平。这样，与相对应的典型发展人群相比，他们就更易于表现出高水平和低水平思维的混合。这一变化可能发生在不同月之间，甚至也可能发生在单一测验阶段中（Hodapp & Zigler，1995）。

（2）相似结构假设

这一假设主张，当匹配整体心理年龄情况下，精神发育迟滞儿童和正常儿童在一系列智力任务上（不同于用来测量智力的量表任务）都显示同样的功能水平。因此，这一假设关注任务间功能。这与精神发育迟滞个体思维存在特定缺陷的观点是相悖的。

支持相似结构假设的研究比支持相似顺序假设的研究更充分。当他们完成皮亚杰基础任务时，家族性发育迟滞（非器质性问题决定的）儿童的表现，和心理年龄相匹配的典型发展儿童相差无几。然而，在学习的信息加工任务、记忆、学习组形成、注意的分配和选择性注意等方面，精神发育迟滞群体往往表现更差。这一令人迷惑的结果到底是怎么产生的，至今还不是很清楚。

器质性因素导致的精神发育迟滞儿童的表现没有支持相似结构假设。他们的表现不仅比匹配心理年龄的控制组差，而且还存在特定领域的缺陷。例如，唐氏综合征儿童在语法方面存在缺陷，而脆性 X 染色体综合征男孩在序列思维方面表现特别弱，如记住一列数字（详细信息参见 Hodapp & Zigler，1995）。

总之，有较好的研究结果支持相似顺序假设，而对于相似结构假设的支持则局限在非器质性问题导致的发育迟滞儿童的皮亚杰任务方面。当使用信息加工任务，且精神发育迟滞是由器质性因素导致时，相似结构假设并没有得到支持。

3. 思维的特定异常

在讨论精神发育迟滞个体认知因素的一般发展问题后，我们现在来看看低于正常智力功能背后的特定异常。研究结果可以分成五个方面来呈现。

（1）注意相关线索

基本的研究范式被称为辨别学习。给儿童呈现一系列刺激，如不同颜色、形状和大小的物体，一次两个或三个，要求被试选择一个。在被告知选择正确与否的基础上，儿童必须学会哪个维度——颜色、形状还是大小——是做出正确选择的关键。例如，给一个女孩呈现红色圆圈和蓝色方框。假如"圆圈"是正确反应，她选择了第一个图形就会被告知做出了正确选择。下一次呈现绿色圆圈和蓝色三角，她选择了圆圈但是被告知答案错误，她就必须改变她的假设。如果她记得之前选择的圆圈是红色的，就应该坚定地猜测"红色"是正确答案，当下一个红色物体呈现时就应该证实这个猜想。如果她不记得，就必须选取另外的猜测，如"三角"或"绿色"。在辨别学习情境中，正常智力儿童的学习曲线一开始快速上升，然后会趋于水平。而对精神发育迟滞的儿童来说，并不能根据一系列的试次做出选择，但是后来有一个快速的提升。

更进一步的研究显示，精神发育迟滞儿童经常不会注意并处理情境的相关特征。例如，他们不会问自己，这是颜色或形状还是大小；相反，他们对初始位置有强烈的偏好。比如，第一个物体，不管别人如何提醒他们的选择是不正确的，他们都会坚持自己的选择。一旦他们打破了这个不相关的设定，他们就能学得很快。如果在某一任务中位置是相关的线索，他们就会和智力正常的儿童一样学得快，甚至会更快。因此，在一个特殊的感觉领域，他们不是慢学习者，而是他们对特定问题的把握比较慢（参见 Hale & Borkowski，1991）。

精神发育迟滞儿童的这种对位置反应的偏好在正常发展中有其对应，因为研究者已经观察到位置习惯会干扰 1 岁幼儿的辨别学习。而这一习惯似乎不会再影响学步期幼儿和学龄前儿童的辨别学习，虽然在这一点上的证据不是那么令人信服。如果精神发育迟滞儿童的这种偏好事实上代表着一种固着，那么它就应该可以追溯到童年早期，且会显著地干扰后续学习。

（2）注意

精神发育迟滞儿童可能会有基本的注意缺陷。例如，他们在简单的反应时实验中会表现出更慢的反应。这些实验包括预备信号，如蜂鸣声，随后会给予实验刺激，如灯光，要求被试尽快对刺激做出反应（如按下按钮）。

（3）记忆

没有证据表明精神发育迟滞儿童存在短时记忆缺陷，正如在包括重复数字在内的多项任务中所测查的那样。而有关其可能存在长时记忆缺陷的研究结果则是矛盾和不确定的，因为要对长时记忆过程进行单独的评估需要控制所有之前的过程，这是极端困难的。这个情境本身就是很复杂的，因为长时记忆依赖于一系列帮助保留和组织传入信息的策略。这些策略包括复述、聚类、调节、提取和元记忆。

①复述。复述包括重复每一个新的信息条目，同时要重复之前的所有条目。例如，在记忆一系列数字时，儿童可能会想着"6，6-3，6-3-8"，诸如此类。对智力正常发展的三年级儿童的复述研究已经很清楚了，但对精神发育迟滞儿童的研究发现他们在复述方面存在缺陷。如果

对他们进行训练，复述的表现会提升，但是在大多数个体中，他们不会自发地使用这样的方法来帮助自己。因此，对于辨别学习，他们就做不到他们其实可以做到的程度。另外，和辨别学习相同的是，这种失败也在正常发展中有其对应，因为一年级儿童也不会使用复述的能力。

②聚类。如果输入的信息以一种有意义的方式得以组织，记忆效果就会提升，这个策略就是聚类。给普通孩子呈现一个打乱了顺序的包括三类词语的列表，儿童往往会按类别回忆起这些词语。例如，儿童在说出"狗"之后回忆的词语往往是列表中其他动物词语，而跟在"苹果"后回忆的词语将是其他食物词语。和正常智力的儿童相比，精神发育迟滞儿童较少使用这种聚类策略。虽然可以教会精神发育迟滞儿童这一策略，但是他们不太会自发地使用这一策略。

③调节。调节策略也可提升记忆力。这里使用的研究范式是配对联想学习。首先，实验者给被试呈现两个刺激，随后只有第一个刺激会显示，要求儿童回忆起第二个刺激。如果儿童将两个刺激以有意义的方式绑定在一起，联想学习效果就会提升。例如，如果用句子"太阳照在鸟儿身上"进行联结，就更容易将"太阳"和"鸟儿"联系起来。虽然5～6岁的儿童能够产生和使用调节策略，但是年龄更小的儿童和精神发育迟滞儿童则不会使用。如果有人为年龄更小的儿童和精神发育迟滞儿童提供中间的调节因子，或者教导他们产生这种调节因子，他们的学习就会显著提升。然而，如果实验者不再指导这些儿童，他们自己就不再使用调节因子来学习。训练他们养成这种使用调节因子学习的习惯只取得了有限的成功，基本上也只在轻度精神发育迟滞个体中有效。因此，对精神发育迟滞的儿童来说，不是他们在某种感觉上存在缺陷导致他们无法掌握更高水平的策略，而是因为某种尚不清楚的原因，他们无法自发地使用他们所拥有的这些能力。

④提取。有研究表明，分类方面的异常，阻碍了记忆，并且也反过来影响了对已经学习过知识的提取。我们可以这么理解，记忆中单独存储的条目比分类存储的条目更难提取，因为分类代表着个别条目信息的更高级组织。和复述与分类问题的有关情况一样，提取缺陷似乎是因为不会使用分类知识来提取，而不是本身缺乏分类知识。

⑤元记忆。元记忆指的是儿童对记忆如何工作的理解。比如，他们知道记忆长单词列表比记忆短单词列表要花更多时间和努力。虽然在正常智力儿童中元记忆能力会随着年龄而快速提升，但是在精神发育迟滞人群中的提升速度是多变的。例如，他们对学习时间的量和记忆之间的关系或回忆延迟对回忆成绩的影响的理解与心理年龄匹配的同伴相当，然而，即使是智力功能处于更高水平的精神发育迟滞个体，也无法意识到再学习旧材料比学习新材料更容易这一事实。

（4）问题解决

问题解决通常要求注意、抽象思维、计划和逻辑思维。无法产生问题的相关假设，影响精神发育迟滞儿童的学习，也影响着他们对更复杂问题的解决。例如，即使当经典的"20个问题"任务被修改以至于只要提出一个问题就足以提供做出正确选择的必要信息，但精神发育迟滞儿童总是询问非关键性问题，频率和关键问题一样。然而，一旦信息被提供，他们就能有效地利用。

（5）泛化

虽然能够成功训练精神发育迟滞儿童解决特定的问题，但是他们无法将之泛化到解决相似的问题中去，就好像每一个任务都是一个新任务，必须以独有的方法来掌握。学习问题解决的缺陷相当明显。

4. 总结

精神发育迟滞儿童在辨别学习任务中表现很差，但是一旦他们的位置设定被打破，他们就能学得和正常儿童一样快。无法生成相关假设，妨碍了辨别学习，也影响了他们的问题解决能力。精神发育迟滞儿童在注意和泛化方面存在基本的缺陷，但是他们的短时记忆是完好无损的。他们无法掌握能促进长时记忆功能的复述、调节和聚类策略，他们既不能自发地产生这些策略，也不能在被指导和教导后形成使用这些策略的习惯。同样，精神发育迟滞儿童不能使用分类能力促进对信息的提取。不知道因为什么原因，他们在元记忆任务上的表现是变化的，表现出适当水平功能和低水平功能的混合。

（二）人格—动机因素

1. 相似反应假设

齐格勒的第三个假设是相似反应假设。该假设认为，在对生活经验的反应方面，精神发育迟滞儿童和正常儿童没有基本的差异。然而，由于精神发育迟滞儿童的经验是非常不同的，如反复失败或被送进收容机构，所以他们可能有特别的动机和人格特征。一系列的特征已经得到研究（我们的呈现依据 Hodapp & Zigler，1995）。

2. 依赖和外部导向性

精神发育迟滞儿童更注意和依赖成人。例如，由于他们需要从成人处获得积极强化，相比于非收容所的同等心理年龄和实足年龄的儿童来说，收容所儿童将会进行更长时间的无聊的、重复的游戏。齐格勒将这种对积极强化的需要称为积极反应趋势。与这种趋势一起的是，外部导向性，或者夸大从成人处寻找如何解决问题线索的需要。甚至当这些线索是外部无关的线索或误导的线索，他们也会使用这些线索。外部导向性和正常儿童的行为形成鲜明对照，因为正常儿童更依赖自我，更多使用内心的判断。

3. 更低的成功预期

由于反复经历失败，相比于正常儿童，精神发育迟滞儿童对未来有更低的成功预期，这就使得他们更容易放弃。在特定的个案中，这可能导致恶性循环。出于一种自我保护需要，他们会避免再一次失败，这就导致过早地放弃解决问题的尝试——反过来，这当然就会进一步降低成功的可能性。

4.更低的掌控动机

最后，精神发育迟滞儿童的掌控动机有所下降，或者说主动性下降。他们对应对新任务或迎接新挑战较少有兴趣和乐趣，自身获得成就感的内在奖励也较少。

5.自我

关于人格，精神发育迟滞儿童和正常儿童没有那么大的差别。我们回忆一下，虽然有一个整体的自我概念，但是自我也可以分成几个不同领域，如智力自我、社会自我和运动自我。这样，一个儿童会说："我的学习成绩不好，但我有很多朋友。"与匹配组的实足年龄儿童相比，精神发育迟滞儿童可能有更少的不同自我领域，其自我概念也可能更贫乏。

个体也会有理想自我和真实自我，即"我想成为的我"和"现在的我"。和正常儿童相比，精神发育迟滞儿童有更低级的理想自我，可能是由于他们经历了更多的失败以及一直被认为是无能力的（参见 Hodapp & Zigler，1995）。

我们现在明白了精神发育迟滞儿童有两个障碍———一个是智力的，另一个是动机的。而在收容所中问题会变得更为复杂，因为在这种环境里，温顺和遵守单调的规程是被奖励的，而过分自信和主动则是会被惩罚的。研究者所面临的挑战，就是要从那些由动机和环境因素导致的阻碍中将基础的智力缺陷区分开来。治疗所面临的挑战，就是要找出一种方法，使得社会能容纳精神发育迟滞个体的实际缺陷，而同时让他们的优势资源最大化。迎接这一挑战将带来这样的新局面：与现在相比，精神发育迟滞个体有更为均衡的成功和失败的情况。我们需要提醒自己的是，在某些特定社会，精神发育迟滞不能被病耻化，只是被视为一种需要改正的问题。我们这种以成就为导向的社会，也许能从这样接纳的示例中得到启发。

六、家庭背景

对精神发育迟滞儿童父母的最新研究关注点已经从病理学转到了压力和应对上。例如，在过去常常使用抑郁和哀痛等词语来描述父母的反应。目前，研究者将精神发育迟滞视作施加于家庭系统的压力因子，并探索父母使用的应对策略。这种新方法既考虑了积极的结果也考虑了消极的结果。比如，父母会变得更团结或者兄弟姐妹会对有缺陷的儿童产生同情并关心他们（此处引自 Hodapp，2002。）

对这一方法进行概念化的模型被称为双重 ABCX 模型（Minnes，1988）。X 表示家庭有一个精神发育迟滞儿童所带来的压力，这种压力是由儿童的特定特征（用 A 表示）所产生的一个函数；家庭的内部和外部资源用 B 表示；家庭对儿童的知觉用 C 表示；双重指的是发展性维度，它的意思是所有这些成分都会随着时间而变化。这个模型值得详细讨论。

儿童的特定特征（A）。正如我们所知，不同类型的精神发育迟滞儿童可能表现很不一样，根据发展心理病理学的交互观点，这些差异会影响父母的行为。例如，家庭如果有一个患有普拉德－威利综合征的孩子，父母的压力就是与其相关症状特定的，如过量饮食，过量睡眠，收藏物品（Hodapp et al.，1997）。最初，研究者相信，有唐氏综合征儿童的家庭比有其他精神发育迟滞儿童的家庭更有凝聚力，更和谐，因为母亲经历更少的压力，有更满意的社交圈。然而，有研究证据表明，消除先前研究中方法学缺陷的影响后，抚养唐氏综合征儿童的压力和抚养其他发育迟滞儿童的压力没有差异（Cahill & Glidden，1996）。重要的是，这个研究也发现，所有家庭的平均适应性都非常好，和正常儿童家庭的适应性水平接近。唐氏综合征的特定特征——包括快乐的性情，亲切温和的本质及社交性——会形成积极的亲子关系，反过来，能带来更低的家庭压力。

内部和外部资源（B）。一些帮助父母应对的因素是明显的：富裕的父母比贫穷的父母应对得好，双亲家庭比单亲家庭应对更好，有和谐婚姻的母亲比婚姻冲突的母亲应对更好。更有趣的研究结果是，不同父母发现不同的支持方法是有帮助的。母亲要求更多的社会情绪支持、有关儿童问题的更多信息，这样的支持在孩子照管方面对她们来说更有帮助，而父亲更关注抚养孩子的经济花费。母亲们觉得亲密的、支持性的社交圈有帮助，而父亲们则在拥有扩展的、非评价的社交圈时能更好地应对。

家庭对儿童的知觉（C）。不管孩子有没有智力障碍，妈妈们总是根据孩子的心理年龄来调整她们的语言，然而，几乎没有研究数据证明儿童的认知优势或局限是怎样影响妈妈的行为的。当儿童学习说话时，无论是发育迟滞儿童的妈妈还是智力正常儿童的妈妈，都会尽量使用短句，并且反复强调关键词。然而，精神发育迟滞儿童的妈妈会比智力正常儿童的妈妈更具指导性，更经常发起命令并且无视孩子的话。相对照，正常儿童与其妈妈之间的交流互动则更加俏皮，自发性更强，也没有那么多目标导向。精神发育迟滞儿童的妈妈则不同，由于她们认识到孩子需要被教导，加上她们担心孩子学习说话的能力，她们的行为是积极主动的，目的性更强。讽刺的是，妈妈的这种指导性又会增加儿童沟通困难的风险。事实上，一些干预项目的目的就在于帮助妈妈减少指导性，同时更多地模仿孩子，这样就可以让孩子在学习说话时采取更主动的角色。

发展性维度（双重）。精神发育迟滞个体的发展依赖于潜在障碍、关联缺陷、环境因素、心理因素、认知能力和共病心理病理学问题的类型和程度。

父母的反应和对教养孩子的成功适应会在发展过程中不断改变。在每一个发展性转折的当下，父母都可能经历痛苦，当孩子无法取得某一重要的里程碑发展成果时，他们就会再次遭受打击。例如，唐氏综合征孩子4岁时，妈妈可能会出现抑郁，因为在这一年龄阶段，唐氏综合征的孩子会表现出矛盾的微笑和情感减弱，而正常儿童此时会有充满活力的、愉快的反应（Hodapp & Zigler，1995）。而当唐氏综合征孩子11～15岁时（进入青春期），或21岁时（进入成年期），他们的父母又会再一次出现抑郁反应。父母也可能在孩子童年中期时开始疏远孩子，这样孩子就能变得更独立。

七、社会背景

社会性发展意味着获得依据社会期待来行动的能力（Pati & Parimanik，1996）。社会化包含三个过程：①学习以社会认同的方式行事；②承担社会认同的角色；③社会态度的发展（Hurlock，1967）。对精神发育迟滞人群来说，他们的社会发展最终水平取决于他们得到安置所需要支持的程度，他们融入主流社会的程度，和获得个人、家庭和社区功能方面的技能。他们的社会发展最终水平也对生活质量有很大的影响。

有证据表明，精神发育迟滞儿童常常不被其同伴接纳，他们往往被忽视而不是被直接拒绝（Nabors，1997）。他们在青春期前的友谊模式也不同，正常青春期前的友谊有明显的高投入水平，比如频繁地语言沟通，分享决策；高亲密水平的相互回应，比如一起大笑。而轻度精神发育迟滞少年和正常少年间的友谊则只有低投入水平，他们常常独立活动，很少一起大笑。简言之，他们看起来更像是熟人而不是朋友（Siperstein et al.，1997）。

八、文化背景：家族性精神发育迟滞

和前面介绍的器质性精神发育迟滞相对应的是，将近一半的精神发育迟滞个体没有明显的生物原因，我们把这些称为家族性精神发育迟滞或家族文化发育迟滞。

这类精神发育迟滞的特征包括：发育迟滞的水平常常是轻微的，IQ 分数很少低于 45~50。在他们到达上学年龄之前和之后，他们可能会融入普通人群中。家族性精神发育迟滞更常出现在少数民族和社会经济水平低的群体，其父母一方或双方可能也满足精神发育迟滞的诊断标准。

然而，家族性精神发育迟滞的原因被热烈地讨论。在生物因素方面，有研究者假设，这些个体有轻微的、很难探测到的神经学问题，但是目前还没有确定。与之对应的是，环境论者强调致使智力发展处于危险状态的社会经济水平低的特征——产前产后风险、健康照管不足、家庭庞大、无序的家庭环境（缺少个人关注和能够促进成长的物品，如书籍和入学准备游戏）。最后，统计学家声称，家族性精神发育迟滞单纯代表着智力钟状曲线的更低一端。然而，比较流行的观点认为，环境和遗传因素都有作用，而且两者的作用均等（Pennington，2002）。

不管其真正原因是什么，家族性精神发育迟滞能清晰地和器质性精神发育迟滞对比。有器质基础的精神发育迟滞儿童往往是中度到重度，出现在所有种族人群及不同社会经济水平的群体中，而家族性精神发育迟滞往往是轻度的，主要来自少数民族群体和社会经济水平低的群体。并且，基因类别的精神发育迟滞儿童有清晰的器质性病因，而家族文化类别的精神发育迟滞儿童则由器质和环境因素共同导致。

虽然家族性精神发育迟滞的原因不明确，但是有研究表明相关环境变量会给儿童带来风险。

萨莫夫（Sameroff，1990）认为，不是风险的类型而是风险的数量决定了相似生理状态下儿童的智力功能。从以前的研究中，他提取了十个风险因素，包括母亲心理疾病，关于儿童发展的严格的价值观、大家族和受过极少的教育。使用纵向数据，他发现，当儿童 4 岁时，没有风险因素的儿童比有八九个风险因素的儿童 IQ 分数要高出 30 分。一般来说，当风险因素增加时，IQ 分数就下降。例如，在多风险家庭中，24% 的儿童 IQ 分数低于 85，而在低风险家庭中没有儿童的 IQ 分数低于 85。

萨莫夫（Sameroff，1990）对数据的进一步分析揭示，并不是单一的风险变量或某一变量模式降低了智力表现，而是不同家庭有不同的风险因素群。虽然经济水平低的人群有更高的家庭风险，但是经济水平高的家庭同样也会损害儿童的智力成长。最后，萨莫夫发现，当儿童 13 岁时，缺乏环境支持这一因素，不仅在早期损害儿童能力，还将会持续带来损害。

然而，情况也并不完全是悲观的，因为 20% 的高危儿童逃离了厄运。能带来令人满意结果的变量是父母的约束、清晰的规则和温暖的情感。这种权威型教养模式可能足够对抗环境风险。

九、发展过程

精神发育迟滞的潜在发展结果和其原因一样多种多样（参见 de Ruiter et al.，2007）。虽然更严重水平的精神发育迟滞儿童可能需要 24 小时监管和照顾，这要求他们在收容机构生活，但是轻度精神发育迟滞儿童可以过上适应的、成功的生活。

（一）稳定和变化

首先，任何有关精神发育迟滞发展过程的概括都必须考虑到：精神发育迟滞个体的功能可能会随着时间起伏变化，并取决于发育迟滞的水平和类型。关于水平，重度发育迟滞可能从童年期到成年期都相对稳定，而轻度精神发育迟滞儿童可能会表现出 IQ 的变化，要么朝增加的方向变化，要么朝降低的方向变化。发展过程也会受到精神发育迟滞过程的影响。例如，唐氏综合征儿童的 IQ 会持续发展，不过是以降低的速率发展，随着时间增长速率变得越来越小，而脆性 X 染色体综合征儿童的 IQ 则表现出稳定或接近稳定的增长，直到 10～15 岁，之后，IQ 发展就相对变缓（参见 Hodapp & Dykens，2003）。

发育迟滞类型也影响着适应性行为的发展轨道。唐氏综合征儿童在童年中期到达一个高原期，在 7～11 岁进步很小。另外，一项对脆性 X 染色体综合征男孩进行的纵向、横断研究显示，他们最明显的进步发生在幼儿期和学龄前期，到 11 岁前进步就不再那么显著但是仍然会有有价值的进步，进入成年早期时，就不再有与年龄相关的进步（Dykens et al.，1996）。

（二）阶段突出问题

1. 婴儿期

精神发育迟滞可能会影响儿童在婴儿期主要阶段突出问题的完成，如依恋、自我调节和对环境的探索（此处我们引用 Sachs & Barrett，2000）。许多精神发育迟滞儿童眼神交流、咕咕发声和社会性微笑都出现延迟甚至没有，这就会妨碍安全型依恋关系的发展，还有可能由于存在身体障碍而频繁住院。而从父母这一方来说，依恋可能会由于父母的伤痛（孩子被贴上精神发育迟滞标签）或挫折与愤怒（孩子的更细微的缺陷还不能得出诊断）而变得更复杂。

贝利婴儿发展量表（Bayley Scales），BISD-II 和其前一版（Bayley，1969，1993）可能是最知名、运用最广泛的婴儿发展测验之一。贝利量表被用于评估 1～3 岁婴儿和儿童是否存在异常发展的风险。因为测验量表是被设计用来测查非常年幼的儿童，所以主要选用非言语测试条目来评估特定的发展性里程碑。例如，贝利心理量表包括这样的测验内容，如寻找隐藏的物品和给图片命名，而运动量表的内容有抓握能力测试。它提供了儿童早期发展过程中与精神发育迟滞模式相关的非常宝贵的信息（Matson，2007）。

2. 童年早期

精神发育迟滞也会存在妨碍儿童在童年早期发展掌控能力、自我和同伴关系的风险。在这一发展阶段，大多数儿童的发展延迟已经被确定。在儿童后续的发展中，父母反应起着非常关键的作用，他们的反应从一个极端，如在一场战役中动用一切资源，共渡难关，或者是否认有不切实际的期待，到另一个极端，如悲伤和无奈。在这一阶段，尽早密集干预是非常重要的，这能帮助孩子获得语言和沟通技能，而这又是未来行为问题发展极强的预测因素。不能表达自身需求和渴望的儿童存在变得攻击、破坏或退缩的风险。自我照顾技能也可能被精神发育迟滞破坏，从而阻碍儿童获得参与主流社会活动的能力，除非在这个时期对他们进行干预。精神发育迟滞也可能妨碍儿童参与有意义的游戏行为，影响与同伴进行社交性交流。自尊、人际信任和自我知觉到的胜任能力都来源于这些任务的成功完成。

3. 童年中期

在学龄期，特别是对轻度精神发育迟滞的儿童来说，社会其实给他们设定了一系列新的挑战。在适应从支持性的、灵活的、以儿童为中心的家庭生活到更结构性的学校环境的转变中，许多精神发育迟滞儿童存在困难。第一次，他们可能不得不应对和没有智力障碍的同伴互动交流的压力，还得承受他人贴在自己身上的诸如"特殊儿童"等标签。不幸的是，一个社会的消极面就是同伴的嘲笑和拒绝特别频繁。对此有意识的精神发育迟滞儿童可能就会表现出退缩、隔离和抑郁，或者开始以外在行为来表达自己遭遇的挫折。同样，随着学校发展和学科变得越来越抽象和复杂，精神发育迟滞儿童开始进一步落后于他人，并且认识到自己和他人的差异。身体缺陷也会妨碍他们参与重要的社会化活动（如运动和童子军）。然而，有一个保护性因素是能接触并了解适合有发展障碍儿童的特殊活动（比如，特殊奥林匹克运动会或社区项目）的父母。

4. 青春期

对独立、自尊和社会意识的追寻是青少年的关键主题，这对精神发育迟滞个体来说也是挑战。社交技能不良，不能遵循社会规范，比如不注意个人卫生，都会遭到同伴排斥。青少年对外表的强调也是对身体残疾青少年自尊和社会接纳的进一步挑战。精神发育迟滞青少年也可能跟不上同伴团体中的口语对答，社交关系的变化和复杂性。他们和正常智力个体的友谊关系也会随着朋友们开始约会、工作、驾驶和参与更独立的行为而渐渐枯萎。轻度精神发育迟滞的年轻人可能和他们的同伴有着同样的梦想和渴望，但是不能达到这些目标。因此，抑郁和退缩就可能发生，而自杀意念也并不少见。

对精神发育迟滞青少年来说，性是另一个发展性挑战。中度到重度精神发育迟滞的女孩不能理解自慰，也不能进行适当的自我保护。因此，值得注意的是，精神发育迟滞青少年不可能成为性侵犯的加害者，而是可能成为他人性虐待的受害者。这对那些生活在收容机构，如团体之家的个体来说是个特别的风险。

在学业领域面临进一步的挑战，也有潜在的保护性因素。在青春期，精神发育迟滞个体可能进入职业学校，这对那些能找到合适位置的个体来说可能是个福音，而对那些感到耻辱、觉得总是干着重复性工作而非常无聊的个体来说则是个灾难。

最后，青少年会给家庭系统带来一系列挑战，这就必须通过权衡青少年与发展相适应的独立需要和系统性指导安排（在某些个体中，甚至需要终生照管）的需要来应对。与正常的青少年相比，精神发育迟滞个体更不能独立行动，因为看护者往往要紧盯着他们。已有研究者预测这会导致精神发育迟滞个体消极外在行为的增多，如偷窃。

十、干预

干预一般分为初级、次级和三级（Kasten & Coury，1991）。初级干预关注与精神发育迟滞发展相关联的健康问题的预防，其干预包括良好的产前护理，提供例行健康护理，防止意外和母亲怀孕期间的药物和酒精使用。次级干预尝试改变可能导致精神发育迟滞的情境。这些干预包括：羊膜穿刺术、绒膜绒毛取样、遗传咨询、新生儿苯丙酮酸尿症检测及随后治疗、手术安置分流器治疗脑积水、先天性甲状腺功能亢进的治疗和有效风疹疫苗的开发。此外，诸如提供领先计划之类的服务，或其他预防发展延迟的努力也在次级干预的分类之下。三级干预包括对已经出现的精神发育迟滞的治疗。这可能包括为唐氏综合征儿童的先天性心脏缺陷进行手术（这能预防日后生活中的功能损害）。

（一）政府管控

精神发育迟滞患者干预项目的一个独特方面就是联邦政府的介入。公共法律94-142，即1975年颁布的《残疾儿童教育法》确保所有的残疾儿童能接受符合他们特定需求的免费公共教育，这就保证了残疾儿童及其父母或监护人的权利，帮助各州提供教育并且评估和保证教育投入的有效性。

两个特定的要求已经产生了深远的影响。第一个要求是必须针对每个孩子的特殊需求设计个性化教育项目（IEP）。实施IEP包括评估儿童当前的功能水平，设定目标，提供教育服务和评估教育进步的程序。父母和不同的专业人士也会参与决策过程。

第二个要求是残疾儿童必须在最小限制性环境中接受教育，这个要求颠覆了将发育迟滞儿童置于独立的特殊环境（如将可教育的精神发育迟滞儿童放在特殊教室），这是已经持续了75年的传统。有关的争论有：这种特殊的课堂对帮助可教育的精神发育迟滞儿童学习基本的学业和职业技能是无效的；进入这类教室的少数民族人群过多；教育的进步已经使得在正常教室进行个性化指导变得可行（Beyer，1991）。

在推进对精神发育迟滞个体有促进性、预防性和治疗性的工作中，卫生部门起着关键作用。一个众所周知的事实就是，社区中的母亲和儿童健康服务能够降低精神发育迟滞的发病率，其关键成分就是健康教育，间隔怀孕（译者注：保证适合的怀孕两胎之间的时间间隔），加强怀孕期间营养，孕期筛查特定疾病（如梅毒和RH因子不相配），对高危孕妇进行排查并提供产科护理，劳动中适当养护和医疗护理，对幼儿提供营养补给和适当免疫治疗。此外，初级卫生保健工作人员能够提供其他服务，如对发育延迟进行早期诊断和干预，为家庭提供指导和咨询，转介到合适的康复机构。

1. 特殊教育

被分类为可教育的精神发育迟滞（EMR）儿童的IQ分数在55～80，他们到结束学业后至少达到三年级水平，偶尔也可达到六年级水平。可训练的精神发育迟滞（TMR）儿童，IQ分数在25～55，被教导在限定性环境中如何生存，他们不掌握传统的学业技能。

在特殊教育班级，EMR学生会被教授学业科目，也会学习提升社交能力和职业技能的方法。因此，这种班级一般是小班，能给儿童个性化关注。在6～10岁，心理年龄为3～6岁的EMR学生会进入常常在幼儿园进行的项目：重点是丰富语言和提升自信，以及良好的健康、工作和游戏习惯。9～13岁的EMR儿童，心理年龄为6～9岁，能够掌握基本的学业技能，包括3R技能（读、写、算）。在高中低年级和高年级，教育的重点仍不变。例如，儿童被训练读报和阅读工作申请表格并做出正确的修改。职业教育强调适当的工作习惯，比如准时和服从指导，因为大多数职业失败是由适应不良导致的，而不是因为智力水平低。结束正规学校教育后，庇护工作站和职业康复中心可以帮助轻度发育迟滞的个体适应复杂的社会。

为TMR个体安排的课程强调自理和沟通技能、工作习惯、服从指导和最基本的社会参与。例如，阅读指令可能包括识别诸如"停""男性""女性"这样的指示牌，而算术仅限于找零钱。尽管他们能进行有用的工作，在家庭保护性背景下能适应良好，但是大多数这样的儿童到成年时无法做到社交或经济独立。

然而，对于进入特殊教育项目的儿童不成比例地来源于特定的种族人群及不良社会经济背景这一现象，人们的关注持续增加。如果这个现象的产生与获得最适当教育形式可能性的降低相关，过多和过少都是有问题的。是对不需要特殊教育并且可能因此错过主要课程的儿童提供了不恰当的特殊教育，还是对那些需要从特殊教育服务获益的学生没有给予支持？当然，这个问题是否真的存在，也仍然需要澄清。少数民族个体过量进入特殊教育项目的无效证据也是有问题的，因为这与对特定群体不恰当的、消极的价值判断有关（Reid & Knight，2006）。

2. 回归主流

在常规教室为精神发育迟滞儿童提供教育被称为回归主流。与20世纪六七十年代的民权运动同步，特教班级也被标签化为另一种形式的歧视和隔离。大多数的儿童和成人似乎获益于回归主流教育（Freeman & Alkin，2000）。

目前的伦理假设是障碍儿童拥有获得全纳教育的权利。全纳教育意味着，一所学校的所有学生，不管他们在任何领域的优势或不足，都成为学校社区的一部分。有特殊需求的学生，典型的常规教育对他们来说无效，他们也有权利进入特殊教育项目。

有关回归主流实践的研究已经揭示，对学生和课堂教师的支持服务常常会给学生带来更好的学业和社交成就。萨朗德和杜汉尼（Salend & Duhaney，2007）声称，和在隔离的教育机构中的特教学生相比，回归主流的学生与他人交流更多，从其他学生那里获得的社会支持也更频繁，这样，他们的友谊就持续得更长久。他们也表现出更好的社会发展（Frederickson，2010）。尽管回归主流有其积极的作用，但是回归主流的学生也会很明显地经历同伴关系的困难，如较少被接纳，较多被排斥（Luciano & Savage，2007）。研究也发现，和普通学生相比，有特殊需求、低学业成就的学生表现出更高水平的孤独感（Bakkaloğlu，2010）。

帕乌里（Pavri，2001）建议采用一些特定学生和老师形成的干预方法，它能增加学生的社会支持并减少孤独感。这些针对孤独的学生进行工作的方法包括：①社会技能训练；②创造社会交互的机会；③创设接纳的班级氛围；④教导适应性应对策略；⑤提升学生的自尊。

（二）行为矫正

到目前为止，针对精神发育迟滞儿童最成功、最为广泛使用的治疗技术之一是行为矫正。这一技术的操作原则是，通过改变强化不适当行为的特定结果，且通过强化新的、更被接纳的反应，来改变不适当行为。这一方法被用来增加一系列行为：自助行为（如厕、饮食、穿衣），工作取向行为（生产性、任务完成），社交行为（合作、团体活动），非学业课堂行为（专注、轮流、在适当时间发言），学术学习（算术、查字典），也包括减少不适当行为，如寻求关注的行为，侵犯或自伤行为。这种技术的最重要好处是父母也能在家庭环境下积极参与治疗计划。最重要的是，相比于其他任何单一的治疗技术，行为矫正已经成功地改变了在专业和非专业看护者之中弥漫的绝望态度（参见 Carr et al.，1999）。

迪登等人（Diddden et al.，1997）对过去发表的提供了有关治疗结果特定细节的 482 项研究进行了元分析，结果发现，对于整体效果，26.5% 的全部行为可以被非常有效地治疗，47.1% 的行为可以相对被处理，而余下的 26% 的行为的治疗效果存疑或较差。而对于治疗类型，响应应急程序（例如，基于及时强化操作原则的方法）比其他技术效果更显著。

（三）预防

预防中最具挑战性的人群包括患有精神发育迟滞的母亲，她们 40% 的孩子将发展出家族性精神发育迟滞。虽然这些母亲大多数社会经济水平处于困难状态，但是基本的问题并不是贫穷本身，而是受损的教养技能。这一群体已经成为金字塔预防计划的目标人群，这个计划包含父母教育或将儿童安置在具有更多刺激因素的环境中，或者两者都有。

雷米和坎贝尔（Ramey & Campbell, 1991）发起了一个更成功、设计更好的预防计划。这个计划的名字叫"初学者计划"，名字来源于"初学者"这一术语。初学者是指只知道入门知识的人。证据表明，如果没有早期干预，IQ 水平低的妈妈的孩子表现出智商水平低的后果的风险特别大。母亲的 IQ 水平越低，风险越大。初学者项目被设计用来防止婴儿 IQ 水平的早期下降，方法是学龄前儿童参与童年早期的特殊教育项目。在学龄前期，项目参与是密集的，在第一个 5 年内，每年 50 周，每周 5 个全天都参与项目。每个儿童参与个性化教育活动计划，以解决认知、社会和情绪发展问题，但其中最重点的是语言问题。

到 3 岁时，那些接受了教育干预儿童的 IQ 分数比控制组儿童高 20 分，95% 的儿童的 IQ 分数属于正常范围，而对照组只有 49% 的儿童属于正常范围。并且，干预计划对那些母亲 IQ 水平最低的孩子具有特别强的预防效果，而这个群体的孩子出现精神发育迟滞的风险最大。

随访研究已经在儿童 12 岁、15 岁和 21 岁时进行了，与没有接受干预计划的控制组儿童比较，接受了干预的儿童在学年中有更高的阅读成绩（参见图 4-3）。此外，他们有更高的智力测验分数，也有更好的学业成就，而且明显地更可能进入四年制大学学习（Campbell et al., 2002）。干预对母亲也有积极的作用，因为她们的孩子进入了学龄前计划，她们能够获得更高报酬的工作，更能改善她们自己的生活现状。

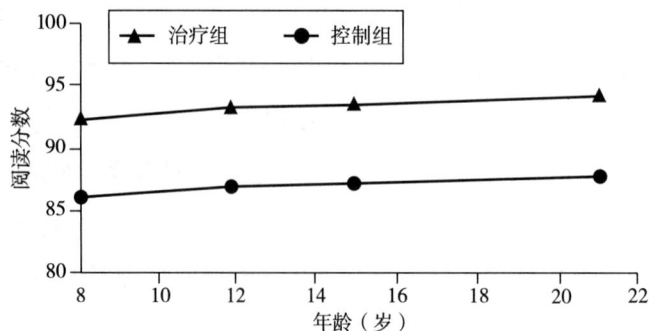

图 4-3　初学者项目人群的阅读成绩曲线

资料来源：Campbell et al., 2001。

　　有关精神发育迟滞，发展出更被接纳的用词是必要的。在临床实践中，它一般会和其他问题有交互——常见精神障碍和精神病，因此有必要进行评估和干预。对智力能力进行更详细明确的分类，将能够使精神发育迟滞儿童更容易被识别。

　　我们下一个主题的根源是在婴儿期的另一种障碍。然而，和器质性基础的精神发育迟滞不同，精神发育迟滞往往一出生就很明显，而孤独症是一种潜伏的障碍，这种障碍的影响从出生开始，但是直到成长过程中的后期才表现出来。

第五章

童年期：孤独症谱系障碍

本章内容

1.孤独症

2.阿斯伯格综合征

3.孤独症谱系障碍的病因

4.发展过程

5.整体发展模式

6.干预

在生命的头两年人类成长发育最关键的什么？建立爱的关系无疑是重要的，好奇心和象征性沟通也是通过爱在言语交流中不断积累的。但是如果这些都偏离了正常的轨道会怎么样呢？这就会预测严重的精神疾病。可以预测的精神疾病包括某一种广泛性发育障碍，这也是本一章的主题。在这一章，我们将关注两个严重的精神疾病，这两个精神疾病都包含在孤独症（自闭症）谱系障碍中。我们首先概述了孤独症的行为表现和对其以后发展的各种影响，接着将描述孤独症的相关障碍——阿斯伯格综合征和其他未注明的广泛性发育障碍。之后我们将提出前面几章提及的看似简单的问题——就偏离正常发育状态而言，我们怎么理解这种精神疾病？并且会在后面的内容中发现这一答案是多么的复杂。正如我们所看到的，孤独症谱系障碍的研究也说明了关于发育性精神疾病的另一个重要问题，即正常发育和病理发育之间的连续性问题，这个问题贯穿整章。

一、孤独症

（一）界定

1. 早期描述

孤独症（autism），又称自闭症，这个词源于希腊语 Autos，词义为自我。精神病学家尤金·布鲁勒（Eugene Bruler）在 20 世纪初期首创了这个词用来指他在自己的一些严重心理失常病人身上看到的那些过度逃离社会生活、躲进自己世界的现象。巴尔的摩的一位精神病学家利奥·坎纳，在其一篇经典论文中，运用这一术语去指代一个异乎寻常的患者群体，这个群体表现出一些基本的特征（Leo Kanner et al.，1943）。

第一个特征是坎纳定义的自闭式孤独：

这些孩子一开始有极端的自闭性孤独，只要有可能，他们无视、忽略并排斥外界带来的一切事物……他们和物体可以很好地相处，对物体感兴趣，可以和物体开心地玩上数小时。但是这些孩子和人类的关系却完全不同……深深的孤独支配着他所有的行为。

坎纳定义的第二个孤独症的特征是病态的同一性偏好：

儿童的声音和动作，以及所有的表现都和他的口头语言一样都在单调地重复着。他所做的各种自发行为中都有明显的局限性。维持同一性的迫切愿望支配着儿童的行为。

第三个特征是，坎纳指出这些儿童有明显的语言问题，表现为语言发育迟缓，鹦鹉学舌，代词混用及言语机械贫乏的特点。

坎纳所描述的第四个特征是这些儿童展示出的"特殊能力"的现象。这些儿童尽管在功能上有严重的缺陷——尤其在沟通领域，经常有严重的缺陷——但是一些特殊的技能可能保留下来了，甚至会增强。他记录的这些特殊能力有：儿童表达中惊人的词汇量，对几年前发生事件卓越的记忆力，对诗歌和人名异常的机械记忆能力和对复杂模式与序列的精确回忆能力。

坎纳提出如此严重的缺陷一定是一些天生因素被扰乱的迹象，它的核心是正常依恋不足："那么，我们必须认为这些儿童来到这个世界上天生不能与人形成正常的生物学意义上的，如其他儿童一样的情感联结，他们来到这个世界上天生身体或智力就有缺陷"（Kanner et al.，1943，p.250）。有趣的是，他之后放弃他的这个观点而倾向于将孤独症归因于心理动力学因素这个理论。正如我们将要看到的，这是他和承继他之后几代人在这个领域的错误偏向（见方框 5.1）。

方框 5.1　"冰箱妈妈"理论：将孤独症的理论引向错误的方向

虽然最初坎纳（Kanner，1944）提出孤独症是基于生物学基础的一种疾病，但是跟随时代的推进，他随后按照动力学的观点修改了自己的理论。坎纳是第一个对孤独症儿童缺乏父母的温暖和依恋引起关注的学者。他在其 1949 年的文章中将孤独症归因为"真正缺乏母亲的温暖"，并建构了"冰箱妈妈"理论。关于孤独症是由不良养育方式导致的这一观点引起了临床医生和社会大众的广泛关注。孤独症儿童的父母被描述为冷酷的、拒绝的和情感缺席的，被比喻为"冰箱妈妈"。

布鲁诺·贝特尔海姆（Bruno Bettelheim）将以上的观点在大众中广泛传播。例如，在他的作品《空城》（*The Empty Fortress*，1967）中，布鲁诺·贝特尔海姆写道："贯穿于整本书，我陈述的观点是婴儿孤独症的诱因是父母希望自己的孩子不存在（p.241）。"下面是他在书中描述的一位母亲的片段。

当对其他人说话时她表现得既生动又清晰。但是当转向和乔伊交谈时，她立即变得没有人情味和冷漠，没有多久她就不能专心于他并转换到其他的方面了。当她和我们谈论关于乔伊的出生和婴儿期时，就好像她在谈论一个模糊的熟人，这个人或事她听过并且毫无兴趣去注意。很快她的念头就转移到其他人或者她自己身上。似乎乔伊几乎没有和他的母亲有过联结（p.241）。

从挑剔的视角来看，爸爸和妈妈试图去养育一个反应迟钝孩子的行为看上去不太理想。但是坎纳和贝特尔海姆都忽视了一个事实，孤独症孩子的非孤独症兄弟姐妹可能暴露在相同的父母和父母的温暖与缺乏温暖之下。然而"冰箱妈妈"理论很快就获得了势头，并代表了一个在孤独症研究中的悲惨而错误的转向，支持生物原因导致病症的大量数据现在被明确地反驳了。一代又一代的父母承担着重担，他们不仅要养育一个极度残疾的孩子，还要承担对问题原因的错误解释带来的罪恶感。研究表明，有孤独症孩子的母亲的性格特征没有明显的差异，她们对孩子的态度与其他残疾儿童母亲对孩子的态度也没有明显的差异（Griffith et al.，2010）。此外，尽管人们对他们的描述不关心并缺乏强化，但是他们的想法还是得到了描述，孤独症患儿的母亲被观察到为了吸引他们的孩子非常擅长调整自己的行为（Doussard-Roosevelt et al.，2003）。因此不同于其他我们在第六章中讨论的由于病理性护理而导致的继发性儿童障碍，孤独症可以被认为是婴儿来到这个世界时的原发性依恋障碍，表现为缺乏对他人的回应。

2. DSM-IV-TR 的界定

DSM-IV-TR 将孤独症及相关障碍归于广泛性发育障碍（Pervasive Develpmental Disorders，PPDs）的分类中。广泛性发育障碍是在发展的各个领域中有严重的和广泛性缺陷为特征的一群综合征。在广泛性发育障碍综合征中孤独症及相关障碍有三个亚型，孤独障碍、阿斯伯格综合征和其他未分类型广泛性发育障碍（autism-pervasive developmental disorder not otherwise specified，PDD-NOS）。广泛性发育障碍综合征也包括雷特综合征、儿童期分裂障碍，这些综合征患者有类似孤独症患者的行为特征。后面谈及的两种障碍在一些方面不同于之前的三种障碍，这两种障碍是退行性障碍，起病晚，病程和结果也不一样，所以不归入孤独障碍。虽然在DSM-Ⅳ和ICD-10的诊断系统中，一些细节和专业术语的表述有些许不同，但相同之处多于不同之处。例如，在ICD-10中将孤独障碍分为三个孤独症的亚型，仅仅用不同的标签区分——儿童孤独症、非典型性孤独症（相当于DSM-Ⅳ中非典型性广泛性发育障碍）和阿斯伯格综合征。ICD-10中列举的其他广泛性发育障碍包括儿童崩解症，雷特综合征和表现为精神发育迟缓与有刻板行为的多动症。

重要的是，在两大分类系统中孤独症都被描述为有社会互动和沟通交流的缺陷，受限的、仪式化的刻板行为、兴趣和活动。这三种核心症状也被称为"三重障碍"（Wing & Gould，1979）。

表 5-1 总结了孤独症基本的诊断标准，表明了坎纳的三点观察——社会隔绝状态、语言受损和病理性同一性偏好——是经得住时间考验的。接下来，我们将描述孤独症缺陷在每一个方面表现的症状。

表 5-1 DSM-Ⅳ-TR 关于孤独症谱系障碍的诊断标准

1.（1）、（2）与（3）中一共符合 6 项或更多，且至少在（1）中有 2 条，（2）、（3）中各有 1 条。 （1）社会接触的质量损害，至少有以下 2 条： ①在运用多种非语言手段，诸如注视他人的眼睛、面部表情、躯体姿势以及手势来进行社会接触的能力方面存在明显损害； ②不能与同伴发展出与发展、发育水平相符的人际关系； ③不能自发地与他人分享快乐，兴趣或者成就（如不愿展示、携带以及指自己感兴趣的东西）； ④缺乏社会性或者情绪的相互作用。 （2）交流方面存在实质性损害，有至少一条： ①语言发音的延迟或者完全没有发音（不伴随试图以其他方式如手势或者手语来代偿语言缺陷的努力）； ②那些有语言努力的患者，在开始或者维持谈话方面存在实质性损害； ③语言应用僵化、重复性语言或者奇怪的语言； ④缺乏与发展、发育水平相符的、多样的、自发的或者社会模仿行为。 （3）行为、兴趣以及活动受限，重复以及僵化的行为模式。至少有下列一项表现： ①兴趣模式僵化受限，有一项或多项异常的兴趣或者是兴趣集中点的异常； ②对某些特别的无功能的仪式性行为顽固性地坚持； ③僵化的以及重复性的动作模式（例如，晃动或者拍动自己的手或者手指，复杂的整个躯体的运动）； ④对物体的一部分产生持续、过度关注。 2. 在下列至少一个领域有发展、发育延迟或者功能异常，在 3 岁以前发作：（1）社会接触；（2）作为社会交流手段的语言；（3）具有象征性或有想象力的游戏。

资料来源：DSM-Ⅳ，版权归美国心理学会所有。

（1）社交障碍

孤独症儿童呈现出极度的社会隔绝，他们不能同其他人建立联系。例如，一个有严重孤独症的女孩在与你面对面的情境下不会看你或者当时她就会逃开，甚至她将穿过你看向别处。如果你把她放在你的腿上，她的身体不会配合你的姿势调节，相反她会把你当成一把椅子那样坐着。如果她想让你去做一些事，比如说去打开门，她就会托着你的手（而不是用手牵着你），并将你的手碰到门把手上。这就好像你不是作为一个人而存在的，而是一个事物。她不能通过直接地注视一件东西表明她的需求，也不能跟随着你看向的地方。实际上，共同的注意趋向和社交趋向方面的障碍可以将有孤独症谱系障碍的儿童从没有此障碍的儿童中区分出来，这也是早期诊断的标志（Dawson et al.，2004）。

在温与阿特伍德（Wing & Attwood，1987）的研究中，他们将孤独症儿童的社交障碍描述为以下三种类型之一（见表5-1）。第一种类型包括冷漠的儿童，他们似乎将自己隔离在自己的幻想中。这些儿童是孤僻的，并且不会对其他人社会性的友好姿态做出回应。他们不会寻求目光接触，并且常常试图避免目光的接触。这些儿童也不喜欢身体接触，他们拒绝被拥抱，对照看者不会展现出感兴趣或是兴奋。当他们要接近别人时，他们是为了得到工具性的需求满足，比如被喂养，而不是为了满足情感的需求，如为了舒适和喜爱。第二种类型包括被动的儿童，他们接受其他人社会性的友好姿态但是表现出顺从和漠不关心的态度。当他们接触其他人时，他们以做日常事务的态度去接触而不是出于发自内心的喜悦。他们时常是顺从的，甚至顺从过度。例如，他们很容易被朋友们做恶作剧，因为别人让他做什么他就去做什么。第三种类型是反常活跃，即活跃但反常的儿童。这些儿童对其他人有很高的兴趣，但是他们对一般的行为缺乏社会的理解能力和评估能力。他们可能会去接触陌生人，随意触碰他们或是问他们不恰当的问题，但因为不关注他人的反馈，他们的行为让其他人十分难堪。

温（Wing，1991）观察这些儿童未来16年的生活发现，许多人从一种类型向另一种类型变化。特别是从原先冷漠的儿童变为顺从或反常活跃的儿童，在这个成长阶段很常见。这可能是进行鼓励社会化的干预结果。温（Wing，1996）又进一步定义了第四种类型，"过度正式、生硬的群体"。这一群体指的是表现过度礼貌和正式并且非常努力去使自己成为行为良好的高能力的青少年和成年人。他们用严格遵守社会交往的准则来处理社会情境。

温关于社交障碍的描述是很重要的，因为这一描述打破了关于孤独症一直以来的传说——孤独症患者不具备和人交往的社会性。任何花时间同患有孤独症的个体相处的人都会知道这样的说法有误。很重要的是，温对四种不同社交类型的描述没有将他们划分成分隔的、明确的孤独症不同亚型，而是反映出了个体的社交互动会随着时间经常变化。

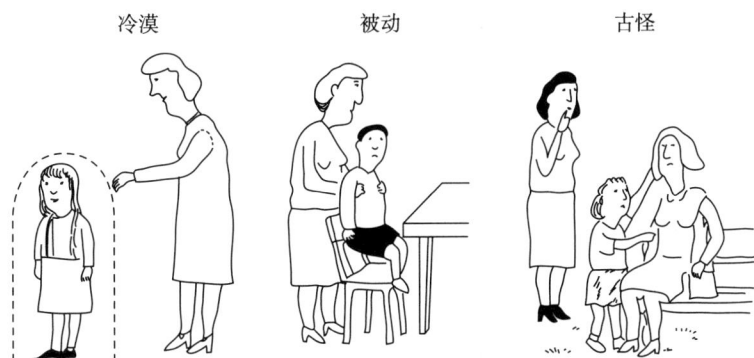

图 5-1　三种社交损伤的类型：冷漠、被动、古怪

资料来源：Frith，2003。

（2）语言交流障碍

语言交流缺乏在孤独症患者中很普遍，并且他们缺乏得很严重。他们或许会从缄默不语——有一半的孤独症儿童从未学习过说话——到甚至也没有非言语交流。孤独症患者言语交流的特点包括仿说，准确重复他人说的字或词而不去理解他们的意义（例如，一个儿童被责骂在黄油盘子里吃黄油，他会重复说"格雷戈里不要这样做"）；也包括他们表达的短语或句子与当时的情景无关（例如，当反复冲洗马桶时，一个患有孤独症的女孩突然说："汉堡在冰箱里！"）。

孤独症儿童的语言常常是依照字面意义的和学究的，他们用极其正式和生硬的表达，就好像他们在背诵外语中的短语（例如，一个英国儿童总是提出要求："请问我可以从罐子里拿一块饼干吗？"另一个年轻人每次给他最喜欢的姑姑打电话时都这样说："我是怀特，你的侄子，请讲。"）。孤独症儿童在领会他人语言时会按照字面意思，按照字面理解可能很可怕。例如，一个患有孤独症的女孩，当护士对她说"给我你的手"时非常恐惧，因为她认为护士的字面意思是希望卸下她的手（Frith，2003）。

孤独症儿童也很难理解和正确使用第一人称和第三人称。他们常常把代词颠倒使用，用"你"替代"我"（例如，"你想要出去"）或者用名字指代他们自己（例如，"杰克想要吃东西"而不是"我想吃东西"）。

孤独症儿童另一个语言方面普遍的特点是少韵律，这些韵律和语调上的变化使正常的语言悦耳、好听。相反，孤独症患儿的语音单调，他们的语言没有传达情感和意义的恰当重音和升降语调。相应地，孤独症患儿似乎缺乏对他人通过语言韵律来交流内容的理解。仔细想一下理解幽默、反语、讥讽如何依赖他人表达的"方式"的（例如，试想一个愤怒的家长走进堆满玩具的房间说："好，非常感谢你的清理"）。典型发展中儿童可能会在满是讥讽的话语中将这些玩具捡起来——以开始捡玩具作为回应，孤独症患儿却会很困惑，他们无法理解说话人预期的事件不是他们所表达的字面意思。

孤独症患儿表现出身体语言发展方面的严重不足（Stieglitz et al.，2008）。孤独症患儿在姿态、身体动作和手势的模仿上是有明显缺陷的。身体语言的缺乏在他们涉及联合注意力或是用相反的身体语言表达亲热时十分明显。举例来说，他们不能通过远距离手势对运动对象提出要求，如指点、展示、提供 / 给和仪式化要求。他们也不能自然地表达很多描述性的身体语言，尽管这些身体语言可能是很平常的（例如，努力表明"我不知道"）。情感性的手势（例如，手放在臀部上表明"生气"），以及用手势来描述物体的属性和动作（例如，将双臂分开表达"大"）也是缺乏的。

游戏是儿童交流的另一种形式。但是不同于典型发展的儿童，孤独症患儿的游戏行为缺乏社会和象征功能。特别是，孤独症患儿不能进行想象的游戏。例如，当将积木给典型发展的学龄前儿童玩时，这些儿童可能将积木看成一辆车（"呜！呜！"）或者是建造一个机场跑道。相比之下，孤独症患儿拿到积木可能很执迷于将积木精确地排成一条直线，如果这些积木是条纹的或者颜色鲜艳的，孤独症患儿会旋转它们，并盯着它们旋转。但是大多数研究都要求孤独症患儿自发地进行想象的游戏。当他们得到提示时，如调查员问："你们能用这些（玩具）做什么？"或是"你可以想象给洋娃娃喝一杯吗（用一个空着的杯子）？"这些孤独症患儿的表现如同智力低下的儿童一样（Charman & Baron-Cohen，1997）。这个发现表明，孤独症患儿不是本来就无力去想象，而是他们不像其他儿童一样积极地去想象。

孤独症患儿很少思考或行动，或者说思考和行动不够灵活。例如，哈特（Hart，1991）描述了他的孤独症儿子特德（Ted）在生日宴会上当冰激凌被端上来时的行为。哈特说当其他儿童立即开始舔冰激凌时，他的儿子只是看着他的冰激凌并且表现出很担心的样子。特德不知道怎么做，因为过去他都是用勺子吃冰激凌的。

另一个严重的问题是孤独症儿童缺乏常识，他们很容易学会如何坐公共汽车去学校，但是当规律被打破时他们会不知所措。任何对规律的破坏都会导致他们惊恐发作、焦虑或是应激反应，除非教会他们当一些事情不同以往时应该怎么做。孤独症儿童的刻板思维使得他们学会社会认为恰当的精细的行为是非常困难的。

（3）受限的和重复的行为模式、兴趣或活动

孤独症儿童对"重复"的需要既包括他们对自身的行为也包括对环境的。孤独症儿童的活动常常是单一的。例如，坐在地板上来回摇晃很长时间，或是转他的鞋带，或是沉迷于给玩具排队。对同一性的需求也可以表现在很多其他方面。举例来说，孤独症患儿必须准确地吃同样的食物、用同样的盘子和用具，或是穿同样款式的衣服，或是以一种特定的方式布置家具。这种强烈的需求不仅在刻板的行为中表现，也通过当试图改变环境，即使是使环境做很小的改变的情况下，孩子们都会恐慌和愤怒地表现出来，这些对环境的细微改变包括给他们提供不同的食物或是将椅子移到房间的不同地方。

3. 相关特征

（1）感觉加工

DSM-Ⅲ（1980）忽略了"感觉刺激的不正常回应"这个症状，其中一个原因是对这种症状的解释很混乱，另一个原因是在这一领域缺乏系统的实证研究。1994 年发布的 DSM-Ⅳ 增加了

感觉的部分，表示感觉加工困难即使不是全部患有孤独症个体的重要症状表现，也是许多孤独症患者在临床上的重要症状表现。事实上这些感受上的行为表现常常先于诊断。托姆切克和邓恩（Tomchek & Dunn，2007）发现多达 95% 的孤独症谱系障碍儿童都有一定程度的感觉加工机能障碍。

孤独症患儿常常用不同寻常的方式回应感觉刺激。他们或许会闻他们手中的任何物体，甚至是无生命的物体，或是把这些物体放进他们的嘴里。有孤独症的儿童可能对刺激很敏感，也可能很不敏感，他们总是在这两者之间无法预测地摇摆不定。例如，他们可能对触摸很敏感，也无法忍受某些织物在皮肤上的感觉。不敏感可以表现在他们对冰冷和疼痛的忍耐力上，这也可以联系到一个事实，许多孤独症儿童有自我伤害的行为，如碰或撞头、拍打、划伤或咬自己。对声音的不敏感或许很严重，孩子会被误以为是聋的。事实上，这种低敏感性（如很少回应自己的名字）甚至被认为是早期诊断孤独症儿童的一个标志，这些被诊断为孤独症的儿童在生命的早期似乎是聋哑人（Wing，1996）。奇怪的是孤独症儿童可能对一些声音不敏感，但同一时间可能对另一些声音非常敏感。因此，同一个孩子可能对电话中传来的声音恐惧和愤怒地尖叫，但对火警声却反应迟钝。

患有孤独症的成人在自传式陈述中也包含普遍的感官超负荷，如感觉到明亮的灯光和不可预知的运动冲击或是被噪声和大型聚会的混乱弄得不知所措。也许，当面对这样一种环境时，孩子们总是想寻求长久的安全感，低强度的感官刺激，如他们哼着相同的音符，或将他们的注意力集中在一个旋转硬币的运动上。总之，对同一性的病理性需要可以导致对环境刺激的普遍防御。

（2）孤独症学者症候群

人们对孤独症的一个误解因为电影《雨人》（*Rain Man*）中达斯汀·霍夫曼（Dustin Hoffman）表现的孤独症学者症候群的著名形象而更加广泛——他们在一个或者多个领域有专长、特别的能力或是才华，其实这是一种少见的状况。例如，少见的天赋或能力包括了记忆电话号码簿，计算复杂的方程式，知道任意约会是在哪一周的哪一天或学习外语。有时他们被称为学者，实际上拥有这些特别技能的人仅仅占障碍儿童的 10%（Hermelin，2001）。

金·皮克（Kim Reck）是真正的雨人，他难以置信的记忆能力与他严重的障碍共同存在。他在两岁之前就展示出了令人惊讶的阅读和记忆书本的能力。如果对他说一个城市的名字，他就能列举出街道、公司、邮编和这个区域的历史数据。这些和他直到 16 岁才能艰难地系上衬衫的扣子，不能熟练地走下楼梯形成了鲜明的对比。

另一个令人惊讶的孤独症学者症候群的例子是纳迪娅（Nadia；Selfe,1977）。纳迪娅在 4～7 岁时所绘制的画作被专业人士赞赏并拿之与 30 000 年前石洞壁画相媲美（Humphrey，1998）。纳迪娅所作的一幅绘画作品如图 5-2 所示。

图 5-2　三岁零五个月大的纳迪亚的绘画作品
资料来源：Selfe，1977。

可悲的是，虽然这些案例看起来引人入胜，但是不能代表孤独症患者。

社会上大部分人对孤独症谱系障碍的认识来自反映孤独症的小说、电视剧、电影或自传。因此，这些媒介不歪曲对孤独症的描述是很重要的。大众传媒展现了孤独症患者的天赋和特殊能力，正如电影《雨人》中一样，这样的做法导致了人们对孤独症的普遍印象背离了其临床现实状况，这种影响是不好的（Draaisma，2009）。大多数孤独症患儿在所有领域都伴随着显著的认知缺陷（见方框 5.2）。

方框 5.2　心理病理学的概念：质的差异与不同时性

　　DSM-Ⅳ在描述社交互动和社交交流的损害时使用"质性"的说法（见表 5-1）。心理病理学表示到底是量的差异还是质的差异一直是一个问题。一般来说，质性的角度是比较普遍的：恐惧症是一般害怕的极端形式；违法行为是青少年一般违抗的夸大。心理病理学三个主要的发展模型——固着、退行和发育迟滞——都是质性的。DSM-Ⅳ对孤独症质性的损害进行了描述，表明正常的年幼儿童并没有相应的行为，因此其行为的发展顺序与正常儿童并不相同。

　　为了对质性与量性进行评估，维恩娜及其同事（Wenar et al.，1986）使用标准化的观察技术，即孤独症和其他非典型儿童行为评定量表（BRIAAC），对 41 名 5～11 岁的孤独症儿童与 195 名 3 个月～5 岁的正常儿童进行了比较分析，结果发现，严重孤独症儿童会伴随对成年照料者的遗忘，表达缺乏，探索的兴趣缺乏或逃避探索，责任感缺乏，对声音反应不良，对社会需求反应冷漠等症状表现，这些都表明他们对社会环境与自己身体的感知不良，与正常的发展行为极少一致。道森（Dawson，1991）采用相似的方法对孤独症儿童早期的社会情感进行了讨论，总结出在某些情况下，孤独症儿童表浅的行为和功能或其需求的满足可能是独特的，可能很难找到与正常发展模式的相似之处。

我们对孤独症相关研究的综述表明另一个新的正常发展的概念也存在问题。孤独症的异常是在各个变异的关系中表现出来的，而不是某一个单独的变异本身，我们将这称为变异的不同步性。各变异的发展是不连贯的，一些变异可能以正常的速度发展，另一些可能会落后或是以怪异的进程发展。这种不同步性在临床的研究中已经被提及（见 Freud，1965），在孤独症儿童语言发展的客观研究中也得到了证实（例如，对语法和语言语义理解之间的矛盾）。

（二）特征

1. 发病时间

根据 DSM-Ⅳ-TR 的标准，孤独症的行为在 3 岁之前出现对诊断才是有效的。虽然人们相信孤独症是天生的，但是诊断很复杂，因为事实上许多诊断标准所整合的功能是在不断发展的。例如，一个正常发展的儿童直到 18 个月大时，我们才会期望其能够展示出早期想象游戏的萌芽。诊断的时机也很可能与缺陷的程度有关。基于智商阈值（Baron-Cohen，2006）或日常生活中需要多少支持，孤独症儿童有时被分为低功能孤独症、中等功能孤独症和高功能孤独症（LFA，MFA，HFA，low-，medium-，or high-functioning autism）。一般来说，智商分数低于 70 分的儿童将被认为是低功能的，智商值在正常发展范围中的儿童被归为高功能。但是这样的细分并没有标准化，它是有争议的。之后孤独症的诊断有可能会针对高功能的儿童，因为这些儿童与正常发展同伴之间的差异会随着成长日益凸显。对低功能儿童的诊断也存在困境，由于他们没有活力，因此可能被误诊为精神发育迟缓。

但是，仅仅因为成年人没有注意到，或没有把这些儿童当作孤独症儿童看待，还不能说明孤独症不是从婴儿阶段出现的。道森和她的同事（Osterling & Dawson，1994）想出了一个很巧妙的方法，观看后期被诊断为孤独症儿童 1 岁生日聚会时的家庭录像。对 11 名正常发展的儿童以及 11 名孤独症儿童进行比较分析，结果发现孤独症儿童伴随一些行为的持续性缺乏，包括盯着其他人脸看，表达或指向对物体的兴趣，叫其姓名时的定向行为。这些行为可帮助评分员对 91% 的儿童正确分类为孤独症组或非孤独症组。

在随后的研究中，道森及其同事（Werner et al.，2000）发现，即使是在发展早期，他们也可以有效地识别出异常行为。在 8～10 个月大时被诊断为孤独症的婴儿极少与正常发展的婴儿有相似的行为，如叫其姓名时对对方的定向行为，很少看着别人笑。有趣的是，当对 8～10 个月的婴儿进行区分孤独症和非孤独症时，儿科医师的正确率并不比随机区分的概率高。但是如果提供儿童 12 个月大时的录像带，评分者可以将 78% 的儿童归置于正确的组别。最后，研究者总结到，观察者很难对 1 岁以前的儿童识别孤独症谱系障碍，即使他们表现出了一些重要的症状。

2. 患病率

DSM-Ⅳ-TR 所描述的患病率为 5/10 000，但是各研究之间存在较大的差异。早期的研究结果显示，孤独症谱系障碍是极为罕见的现象，而更多的调查研究结果表明其患病率突增（Baird et al.，2016）。美国的综合数据表明，与 20 年前相比，孤独症谱系障碍的患病率增长了 10 倍多（Yeargin-Allsop et al.，2003），这在欧洲大陆与英国也有所反映。温和波特（Wing & Potter，2002）基于 12 个不同国家进行种族研究，发现在过去的十几年，孤独症谱系障碍的患病率为 3.8/10 000～60/10 000。

孤独症谱系障碍的患病率上升，暗示了其发作的流行性，还是说，是因为诊断情境的变化影响了结果的评估或者增加了对风险因素的探查和确认？该领域的专家认为患病率的提升是由于临床工作者和公众对此障碍的意识增强，从而导致早期诊断和轻度个案的纳入。这也反映了诊断的发展趋势变化，对各种不同状况下症状重叠的意识与识别。另外，诊断标准也放宽了。例如，福瑞斯（Frith，2003）提出，加利福尼亚的一项调查结果显示，1987—1994 年，孤独症谱系障碍的诊断率增加了 250%，同一时间，精神发育迟滞的诊断率却下降了 250%，这一现象并不仅仅说明孤独症谱系障碍的患病率增加，更可能是因为诊断系统的精确性提高，使得更多的孤独症谱系障碍儿童得到了正确的诊断。

还有一个现象可能会增多，即使用孤独症谱系障碍（Autism Spectrum Disorder，ASD）的诊断标签去获得早期干预的资金（Prior，2003）。诊断作为获得支持的"票"是一个问题，因其可能会代替诊断本身。例如，儿童并没有孤独症谱系障碍的状况，却可能会被诊断为孤独症谱系障碍，这可能是意识的影响，也是因为与 ASD 相关的支持性利益。ASD 的发病率增加，与其直接相关的资源会增多，这就导致其他障碍诊断分类会减少，临床工作者可能更愿意对儿童采用 ASD 的诊断，以使他们获得更多的资源（Shattuck，2006）。

另一个普遍的误诊是，有些存在其他共病但未被诊断出来，而仅仅确诊为孤独症。例如，毕晓普等人（Bishop et al.，2008）调查了发育性语言障碍和孤独症谱系障碍之间的替代性诊断，他们使用现在的孤独症谱系障碍标准，对 19 世纪 80 年代和 90 年代早期被诊断为发育性语言障碍的成年人进行诊断，结果有超过 20%（8/38）的个体达到了 ASD 所有标准，另有 4 个（10%）达到 ASD 的轻度标准。

3. 性别

孤独症患者的性别差异是显著的。研究平均数字显示，男孩和女孩的患病数量比率是 4：1，这个比率从坎纳的研究后就没有太大的变化了（Fombonne，1999）。但是当我们关注儿童认知能力的不同水平时，这个比率会有所变化。男孩在智商的最低端占较少的比例。比如说，温（Wing，1991）在英国的一个大规模研究中发现，智商最低水平的儿童中男性患儿和女性患儿的比率是 2：1，然而在智商最高水平的儿童中男性患儿和女性患儿的比率是 15：1。目前关于这一性别比率的原因我们还无从得知。

孤独症高发于男性使得一种理念发展出来，最先提出这个理念的人是汉斯·阿斯伯格（Hans

Asperger，1944），他认为孤独症患者是男性智力的极端变异。如今这样的理念普遍被称为"孤独症男性极端大脑理论"（Baron-Cohen，2002），孤独症被认为是"男性"特征过度发达的结果。已经有丰富的发现支持了以上的说法，男性在视觉空间分析上表现较好，但在社会判断上与女性相比较薄弱。哈普等人（Happé et al.，2001）为这个理论提供了更多的证据，他们指出与孤独症相关的特征在孤独症患者的直系男性亲属（兄弟、父亲）中很普遍。

4. 社会群体、种族与文化

坎纳注意到，在最早对孤独症患儿的诊断描述中，他们很多是"高智商父母"的孩子。事实上孤独症在社会经济水平高的家庭中更为普遍，这样的认识在一些早期的研究中被反复提及。但是，很多研究表明，之前的结论或许只是因为人口抽样偏差导致的，这部分人在诊所进行了诊断。例如，有解释说明"更多的社会经济水平高的父母拥有必要的信息和经济资源去寻找专业的医疗支持"（Tsai et al.，1982），另外"一个高知和坚定的孤独症患儿的父母更有可能做出求医的明智决定"（Wing，1980，p.410）。

民族和社会经济水平并不能一直对孤独症谱系障碍的患病率产生影响。例如，孤独症谱系障碍的患病率在种族和民族方面就没有显著的差异（Fombonne，2003）。对一些民族的研究也得到了相似的结论（Schreibman & Charlop-Christy，1998）。例如，北美的研究结果显示，种族和移民身份与孤独症谱系障碍的患病率都没有关系。但这与欧洲的一些研究结果相反，特别是那些北欧的国家，其研究结果显示移民儿童中孤独症谱系障碍的患病率会提升。一个综述性研究分析了 428 名孤独症儿童并参照伦敦儿童发展服务，进行了为期 6 年的研究，发现与那些在英国生育的孩子相比，在欧洲以外生育的孩子患有孤独症的风险极高，加勒比组具有最高的风险。黑人母亲生育的孩子相较于白人母亲生育的孩子，也有极高的风险患有孤独症（Keen et al.，2010）。

可以确定的是，在那些关注孤独症谱系障碍治疗的心理健康机构中，很少有少数民族。这可能是因为，与非少数民族相比，专家们较少对少数民族儿童进行孤独症的检查（Mandell et al.，2009）。与移民和民族身份相关的语言及社交问题可能是原因之一，因为这些问题会阻碍对孤独症谱系障碍症状的识别。

文化因素可能会影响父母对症状的认知和干预，从而进一步导致诊断年龄的差异。例如，达利（Daley，2004）发现亚洲 – 印第安的父母更可能较早地发现其孤独症孩子的社交困难，因为印第安文化关注社会从众性，而美国的相关研究发现父母会较早地识别出其孤独症孩子的广泛性发育迟滞，或者是语言技能的衰退。

5. 共病

一些孤独症儿童也符合精神迟滞的诊断标准（但是，正如我们看到的，未伴随有孤独症的精神发育迟滞儿童与伴随有孤独症的精神发育迟滞儿童相比，有大量显著的不同，因此它们是两个完全不同的障碍）。早期的研究报告指出 75% 的孤独症儿童伴随有精神发育迟滞，智商分数低于 70 分，但这些研究是基于临床人群，且只包括极重度障碍的个体。一项英国的人口学研究囊括了孤独症谱系障碍的所有类别，结果发现只有 35% 的孤独症谱系障碍儿童的认知技能在精神发育迟滞范围内（Baird et al.，2000）。

精神发育障碍似乎是普遍的，最常报道的是破坏性、心境和焦虑障碍（De Bruin et al.，2007），且有将近一半的孤独症谱系障碍儿童被要求服用精神类药物以稳定其行为。7%～84% 的孤独症儿童有可能伴随有焦虑（Lainhart，1999），特别是对那些他们过度敏感的刺激。有时，也可能会达到恐惧症的程度，影响儿童的功能能力。例如，克林格等（Klinger et al.，2003）描述了害怕碎石沥青的儿童，他们不能行走在停车场、街道或者是学校操场。孤独症谱系障碍有 11%～39% 的可能性会与癫痫共病，这些在女性和精神发育迟滞的个体中更可能出现（Balla-ban-Gil & Tuchman，2000）。

二、阿斯伯格综合征

（一）定义

1. 早期描述

在互相不知道的情况下，坎纳在巴尔的摩研究孤独症，同一时期，汉斯·阿斯伯格于维也纳也描述了相似的一组儿童情况。阿斯伯格综合征于 1944 年公布后在学术界沉寂了很长时间，直到 1981 年才由洛娜·温（Lorna Wing）重新引入，1991 年弗里思（Frith，1991）对阿斯伯格的话进行了翻译：

> 我将会记录一种类型的孩子，他们在很多方面是令人感兴趣的。这些孩子有一些问题，他们在所有行为和表达方式上都具有共同特征。这些特征导致这些孩子在社交整合方面有相当大的困难。在许多情况下，最显著的特征是他们不能融入社会，但在其他情况下，这种失败后所得到的独特性思考和经验，也算是一种补偿。这可能导致他们在以后的生活中有杰出成就。

阿斯伯格记录了这些孩子的一系列共同特征：他们避免和其他人眼神接触，说话缺乏声调，往往是单调的语音或者哼唱，其动作古怪刻板，也不会回应他人的积极情感。

虽然阿斯伯格描述的儿童症状范围较为广泛，但还是用他的名字命名孤独症谱系中一个特定的亚型。目前，阿斯伯格综合征专指对于缺陷比较轻的儿童，其智力和语言功能高于那些符合孤独症典型特征的儿童。

2. DSM-Ⅳ-TR 定义

1994 年，阿斯伯格综合征（Asperger's disorder，AD）首次作为一个病症被添加到 DSM-Ⅳ 单独诊断。DSM-Ⅳ-TR 标准被列在表 5-2。它和孤独症最大的差异是阿斯伯格综合征没有表现出语言发展迟缓以及显著的认知缺陷。需要注意的是，虽然已被纳为正式的术语，但是专家们在"阿斯伯格综合征是否能真的代表一种不同的障碍类别"方面还存在争议。该领域的专家倾向于认为这两者是相同的潜在发育障碍的变体，阿斯伯格综合征在孤独症谱系中处于不太严重的末端（Frith，2003）。

表 5-2　DSM- Ⅳ -TR 关于阿斯伯格综合征的诊断标准

1. 在社交互动方面存在质性缺陷，表现出至少 2 项下列症状： （1）使用多种非言语行为的显著缺陷，如视觉接触、面部表情、肢体姿势、人际互动的常规手势； （2）无法发展出符合其发展水平的同伴关系； （3）缺乏主动寻求和与他人分享快乐、兴趣或成就（例如，不会拿出自己感兴趣的东西给别人看或指出来）； （4）缺乏社交或情绪的互动。 2. 限制性、重复性和刻板性的行为、兴趣和活动模式，表现出至少 2 项下列症状： （1）全神贯注于一个或多个刻板和限制性的兴趣，其强度和焦点都是异常的； （2）僵化地固执于特定的、无意义的常规或仪式； （3）做出刻板而重复的动作（如晃动或扭动手或手指，复杂的全身动作）； （4）持续专注于物体的某些部分。 3. 在社交、职业或其他重要功能领域存在临床意义的缺陷。 4. 在语言发展方面，没有临床意义的显著迟缓现象（如两岁前能使用单字，三岁前能使用词组沟通）。 5. 在认知发展、适龄的自理能力、适应行为（除了社交互动）和童年时期对环境的好奇心方面，均没有临床意义的显著迟缓现象。

3. 相关特征

在阿斯伯格综合征的儿童中经常看到许多其他特征，这些特征不包含在 DSM- Ⅳ -TR 诊断标准之内。例如，他们经常有许多强迫倾向，包括行为和言语仪式，如收集和诵读。

阿斯伯格综合征儿童可能言语能力强，但是他们在语言或语用学的社交应用中会表现出许多缺陷。例如，他们在与他人的沟通中只限于自己感兴趣的小领域方面，而不会在谈话的其他领域作为一个积极的参与者；他们缺乏交流中的微妙洞察，分享自己的观点及正确运用肢体语言的能力，如眼神接触和面部表情。

虽然阿斯伯格综合征儿童认知完整，具有语言能力，但他们在非语言智力领域可能仍然会有困难（Lincoln et al.，1988）。实际上阿斯伯格综合征儿童与非语言学习障碍儿童非常相似（Rourke & Tsatsanis，2000）。

（二）特征

1. 患病率

因为阿斯伯格综合征最近才被正式认可，所以对其流行程度的了解较少，通常情况下，由于其良好的智力，阿斯伯格综合征儿童可能长期未被发现。事实上，许多阿斯伯格综合征个体从未得到正式诊断，他们经常能保持正常工作和独立生活。与那些诊断有孤独症并且倾向于被描述为非常笨拙的儿童相比，阿斯伯格综合征儿童具有更加正常的言语发展和更好的认知技能。阿斯伯格综合征的诊断经常与帕金森病痴呆（Parkinson's Disease Demnetia，PDD）混淆。PDD 是应用于有轻微症状儿童的标签，但其没有严重到需要其他标签标记。除了阿斯伯格综合征在言语技能方面没有显著的迟缓标准外，对阿斯伯格综合征的诊断需要探索的问题还包括其自助技能，适应性行为的水平以及在头三年里这些方面和一般智力发展不一致的程度。使用新的诊断标准后患有阿斯伯格综合征的人比之前更多。例如，瑞典院校对儿童的研究估计：每10 000人中有36～48人患病，占儿童人口的0.4％。

正如弗里思（Frith，2003）所指出的那样，如果在初步调查中对孤独症和阿斯伯格综合征的患病率进行跨文化研究，并界定一个时间标准，我们也许就会发现孤独症谱系障碍中的患病率接近总人口的1％，类似于精神分裂症的患病率。

2. 性别

正如我们在对孤独症描述中所指出的那样，男孩在具有高认知能力的人中比例较小。因此，我们可能会发现男孩阿斯伯格综合征患病率高于女孩，而这就是问题所在。基于现有的研究，弗里思（Frith，2003）得出女孩与男孩的比例大约是1∶15。然而，据预测女孩的患病人数可能高于官方所报道的患病人数。对女孩的诊断是有一些问题存在的，因为女孩的阿斯伯格综合征的症状表现并不明显，所以父母很难注意到；因为症状比较轻，所以父母通常不愿带他们的孩子去做诊断。

3. 发病年龄

对许多阿斯伯格综合征患者来说，他们的缺陷常常被良好的认知和言语技能所掩盖。直到父母发现孩子发育迟缓，才去诊断出是这个病。对于那些较早具备某种能力的孩子，他们喜欢与周围具有教授风范的成人相处，而对同龄人则缺乏兴趣，甚至会耸肩离开，好像是一个怪人，还远不能被看作阿斯伯格综合征患者。一些阿斯伯格综合征患者直到青春期才被发现，因为他们的发展能力落后于此阶段的任务要求。例如，年轻人的社交困难发展到一定的程度会影响到亲密关系，在某种程度上很难解决。很多阿斯伯格综合征患者在成年之前很难被识别出来，可能是因为在童年时期并不知道其障碍表现，但它被认为是像孤独症一样一出生就带来的，是一种先天性疾病。

4. 共病

特别是在青春期和成年期，阿斯伯格综合征患者容易有焦虑、抑郁等情绪障碍（Howlin，2000）。临床报告指出，阿斯伯格综合征患者可能会在觉知他们的社交缺陷后感到痛苦，并被社会上一些人所排斥。这些负面评价可能导致他们情绪烦躁不安甚至绝望。运动表现为运动障碍，这在大多数阿斯伯格综合征患者中可见。事实上，运动笨拙是十分常见的，它是阿斯伯格综合征的一个诊断标准，该诊断模型包含运动痉挛，且这个标准必须存在，以便个体接受阿斯伯格综合征诊断。

方框5.3　案例学习：阿斯伯格综合征症患者的自传

肯尼思·霍尔（Kenneth Hall），10岁男孩，8岁时被诊断为阿斯伯格综合征。他在自传中记录了自己的体验：阿斯伯格综合征，宇宙和世界万物。

我很难去了解和确定自己有什么不同，因为我觉得自己很正常。我想在自我感觉和学习事物方面，我与别人不同。一些事情很简单，一些却很难。我一直努力学习去克服对我来说困难的事情，这是很重要的。

我的困难

人群

我不喜欢的事物之一就是人群。例如，我讨厌教室。教室里的声音让我厌烦。儿童交谈的声音就像炸药一样在我耳边爆炸。

专心

我发现我很难同时专心于多个事情；我发现有时自己很难停止手头上的事并开始下一个任务；在我已经专心于某些事情的时候我不喜欢被询问其他事情。有时我很难开始集中注意力或记住我需要做的事情。就像很多个晚上，妈妈让我穿上睡衣，但是十分钟后我就要问她我应该做什么。

耐心和理解他人

有时我很难安下心来，一些小事也可能让我感到不安。比如，某人拉开了抽屉。我试图去理解他人是如何感受的，但我发现这是十分困难的。我经常觉得自己很难不被引起注意，有时我喜欢说话并且被倾听，当我被忽视时我会很不安。我讨厌妈妈打电话，因为她会聊上很久。我也讨厌和妈妈一起出去的时候遇见她的朋友。有时妈妈的朋友也会和我说话并且问我一些问题，我通常都是忽略他们，因为我觉得这很无聊，会让我感觉很不自在，因此我会大声抱怨并且把妈妈拉走。而另一些时候，我不能忍受他人的任何一点注意，我想要被忽视，我需要安静地独处，当我有这种感觉时我通常让别人走开，在我自己的房间我会觉得很温暖，蜷缩在自己的睡袋中，我很喜欢我的睡袋。我喜欢妈妈让我在厨房或大厅待在自己的睡袋里，我也喜欢在家教时，朱莉·梅（Julie May）让我在休息时待在里面。

成为组内一员

这对我来说是另一件十分困难的事情。在组内我表现异常，我一点也不能专心和友好。我很容易分心。我第一次见到一些人时，会将他们分到两个组中，朋友和不是朋友，并且不会改变这个决定。当有4个或更多的孩子在身边时，我会遇到很多麻烦。我不知道是什么原因导致了这些问题，但我觉得这可能和阿斯伯格有关。一次只与一个孩子相处是最容易的，这会使我很难交到朋友，但我交到的朋友都是很好的朋友，我会尽我最大的努力不让他们失望。

静止不动而不是旋转或跳跃

我经常觉得静止不动很困难，我有使不完的能量。我会在大厅做我擅长的特技。我经常不能停止跳跃、旋转、拍打我的毛绒玩具，特别是里奥。我也爱在家具之间跳跃。如果我能掌控的话，我喜欢约每半小时做一次，或者是每15分钟。我还喜欢制造一些声音，如Zzzzhhh，我喜欢这样。有时我会眩晕，我觉得这是一种很美妙的感觉。我喜欢做的另一件事就是沿着大海奔跑，向水里扔石头，或者是玩沙。我喜欢打斗游戏，喜欢爬上克里斯的肩膀。

我还喜欢被紧压，这可能有点奇怪。有一次我们去看一个女人，她告诉我们放松的重要性，然后我们得到了一个花生卷，其实它是心理治疗卷，但它看起来就像一个大花生，所以我们就喊它花生卷，这很有趣。你可以用它来玩挤压游戏，也可以躺在下面，让其他人将你卷起来并挤压你。这对我来说很放松。

做决定和改变

我有时很难做决定，因此我可能会扔硬币——人头就是选择，花面就是另一个。有时硬币会给我错误的答案，我就会说"三次最好"或者是"五次最好"。有趣的是，我真的不知道我想要什么决定直到我扔出硬币。我比较喜欢某些事情保持变化不大。午餐最好每天都是一样的。我每天都拿磨碎的奶酪做午饭时，我就会知道我站在哪里。我喜欢有一个适当的刨丝器——我自己的刨丝器——因为如果它刨得很粗糙，会比较恐怖，我不能用。奶酪应该有一个完美的结构。我一点也不喜欢计划发生改变。特别是有些事情，比如妈妈承诺我这天休息，然后又想让我去做其他事情，或者是某人来家里拜访，而我并不欢迎他们。

我如何感觉

感官帮助人们感觉和学习。有些人认为只有五种感官，但其实是超过五种的，比如直觉。我可以用我的直觉去感知很多事情，而不是我的肢体。另一个是感觉，这是最重要的，但一些人丢掉了这种感觉。我认为我的特殊的使命可能就是帮助其他的阿斯伯格综合征儿童。

疼痛

我觉得阿斯伯格人群有时感觉事情是不同的，他们可能会特别敏感。对我来说，一个奇怪的事情就是我可以免疫一些特定的疼痛，就像最近，我在夜间生病，但直到早晨我才感觉到，不过其余时候我感觉事情很强烈。

声音

我最喜欢平和的声音，像小鸟的歌唱声。我最讨厌吸尘器和榨汁机的声音。

味觉和食物

我的另一个不同寻常的事情就是我真的不能吃太多的食物。进食是我最大的困难之一，我不能解释这是什么原因，但我觉得这对阿斯伯格来说是最糟糕的。我尤其讨厌尝试新的食物，几乎没有我能吃的食物，我特别讨厌食物里有碎渣，或者是各种食物混合在一起，就像奶酪和面包混合成奶酪三明治，或者是混合食物的颜色。

方框5.4　案例学习：诊断还是不诊断

卢克·杰克逊（Luke Jackson），13岁，被诊断为阿斯伯格综合征。

是一个标签还是一个标志？很多人担心给某些人的问题进行命名是否是一件好事（我不是说鲍勃或者是弗里德之类的人名）。我的意思是，给他们以确切的合适的诊断，如阿斯伯格综合征或孤独症或是其他一些个体所有的障碍，而不是仅仅被叫作复杂的困难或者是整体性的发育迟滞或类似的其他叫法。

一些医生和公众可能会觉得，如果对部分人群的困难给予特定的名称，他们会变得具体，但人们可能会轻视他们。一些人认为阿斯伯格综合征以及孤独症谱系25的标签是不好的，会让别人一听到"自闭"就可能产生负面的想法。医生和治疗师从保证个体的最大利益出发，觉得如果他们有综合征或者障碍的话，长大后可能不能得到一份工作，即使医生已经做了很好的说明。我仍然认为这是错误的想法。如果个体得到一份工作，但表现怪异，且不能处理事情，他还是会被解雇的（这难道不是一个奇怪的现象吗）。但是如果个体知道自己存在一些困难，他会帮助自己克服困难，并且能够认识到他是有能力完成一份工作的。

障碍行为现在意味着雇主不能够歧视障碍人群，阿斯伯格综合征现在也被纳入障碍系列，虽然他们大多数（这样说可能会有点傲慢，但我自己也在这一类）在一些方面是很正常的。你们在群体中会感觉怪异吗？这里，我将要举起我的手并且响亮地唱出：Ay（古英语中"是"的意思）。医生、治疗师和专业人士当然知道原因是什么。当我们不知道并且没有得到诊断（或者没有被告知）时，那种感觉比你能想象的要糟糕数百万倍。如果你遇见一个儿童表现出一个或两个症状，但没有检查过，请检查他们的心理健康，如果你对他们可能患有阿斯伯格综合征有任何疑惑，请告知他们或他们的父母。毕竟，随着我们的成长和对自身的进一步了解，越来越多的阿斯伯格综合征可能不会那么显而易见。

障碍会影响我们，一个好的医生或者治疗师必须能够意识到这点。如果个体是比较年长的，那么他肯定会清楚自己的异常之处，医生需要仔细地倾听。如果父母告诉医生他们觉得自己的孩子有阿斯伯格综合征或孤独症，必须有十分详细的理由。没有父母希望自己的孩子有问题。很多人肯定都没听说过阿斯伯格综合征，因此可能不能确定他们的孩子或他们自己是否有这种障碍，即使如今网络很发达，也有一些人不会了解到阿斯伯格综合征，这就是问题所在。如果医生了解不多，就不能做出正确的诊断，或者父母和孩子一点也不了解，然后父母或孩子会一直抓头，奇怪为什么他们的孩子或他们自己会有这么多的问题。答案就是，医生需要学习更多关于阿斯伯格综合征和孤独症的知识，倾听这些人的真实体验。

我觉得我们的问题在于，如果周围世界普遍不能理解或不能接受不同的人群，那么阿斯伯格综合征人群就没有必要告诉其他人。毕竟，没有人希望自己被当作传染病患者一样对待。如果再去提及这些，人们会觉得焦虑和不舒服，因为身边有看起来伴有障碍的个体，尤其是该个体还是看不见的。伴有障碍的个体会保持沉默且一直挣扎，医生和周围的其余人因此一无所知——就这样继续下去。

这并不像《星际旅行：航海家号》（*Star Trek Voyager*）的最后一集"残局"（Endgame）。在"残局"中，船长詹韦（Janeway）回到了过去，从博格（Borg）处拯救了过去的船长詹韦，快结局时，船长詹韦通过博格封王同化了自己。这一集有一个奇特的反转，本版中的船长詹韦会成长，回到过去，从博格处拯救船长詹韦并且自我同化，因此会进入无限循环。我认为这种沉默、缺乏理解性的循环可以由一些人来打破，从而让更多的球滚动起来，谈论脑中关于阿斯伯格综合征个体真正的东西，使得其他人，尤其是医生，意识到我们并不适合所有精心设计的规则。对我来说，这是医生僵化的思维。

（三）阿斯伯格综合征有必要成为一种障碍吗？

孤独症谱系障碍意味着儿童可能被放在一个连续体的不同位置，换句话说，一些儿童可能只是刚刚达到孤独症谱系障碍的标准，这个在高功能孤独症个体中很常见，除了他们社交方式比较奇怪之外，在其他重要方面，可能并没有障碍。对那些能够适应学校、工作和社区生活的个体而言，孤独症的特点表现得不太明显。

例如，巴伦－科恩等人（Baron-Cohen et al.,2001a）设计了一个阿斯伯格综合征的检查工具，他们对四组被试运用了这个工具：58 名被诊断为孤独症或者高功能孤独症的成年人，174 名从社区随机选择的成年人，840 名剑桥大学的学生以及 16 名英国数学奥林匹克竞赛的获奖者。结果发现，从总体来看，男性得分要高于女性，学习数学和自然科学的学生得分要高于那些学习人文和社会科学的学生。数学竞赛获奖者表现出了与阿斯伯格综合征相似的症状。他们一份早期的研究结果也显示，阿斯伯格综合征个体更有可能表现出对数学、物理和工程学的兴趣和爱好（Baron-Cohen et al.，1998）。

大学学生和数学竞赛获奖者更有可能患有阿斯伯格综合征，这意味着阿斯伯格综合征并不是获得高成就的阻碍（Baron-Cohen et al.，2001a）。那些学习阿斯伯格综合征和治疗阿斯伯格综合征的人认为这种障碍的表现会很棘手。确实是这样，巴伦－科恩等人（Baron-Cohen et al.，2000）已经提出，我们应该考虑到阿斯伯格综合征的不同，而不是仅仅把它当作障碍。比如说，儿童在休息时间更愿意待在教室里钻研百科全书，而不是和其他儿童去外面玩，这只是因为这个儿童在做一些不同的事情，我们谁能说这是不合法的或者是没有价值的呢？

该领域内的一些研究采用了心理传记的方法回顾分析一些著名的高成就阿斯伯格综合征，包括牛顿和爱因斯坦（Baron-Cohen，2003）。我们得益于这样一些卓越的阿斯伯格综合征个体的自传，如坦普尔·格兰迪（Temple Grandin，1996）。她以前在学习动物行为时被打成 D 等的成绩，她的专长是设计牲畜的设施，这要得益于她那种能够将复杂系统可视化的能力，她称之为"看见图形"。

但是，弗里思（Frith，2003）认为对于这一问题不要太乐观，缺乏社交意识会影响个体多方面的能力。一些阿斯伯格综合征成年人从未离开过家人，如果他们工作的话，也是从事那些远远低于他们智力能力的工作（Barnhill，2007）。

正如我们所提到的，对于孤独症谱系障碍和阿斯伯格综合征是否确实是两种不同的障碍，领域内的研究者们意见并不一致，因为这两种障碍看起来几乎完全不同。目前的鉴别诊断在临床使用时也没有实际效用。例如，诊断成孤独症谱系障碍还是阿斯伯格综合征可能会导致政治或个人或社会方面不同的结果。目前 DSM-Ⅳ关于这两者的临床状况的区别，以及研究结果所显示的差异性，并没有提高临床实践的效用（比如，治疗的选择、评估、预后等）。因此相关人员建议在 DSM-5 中将这两种障碍合并。

一些临床工作者认为整合这两种障碍会更好地反映状况的本质，因为变异是在一个单独的谱系内（Bennett et al., 2008）。但是，反对者认为 DSM-Ⅳ 中的标准并没有反映出真正的阿斯伯格综合征，他们强烈建议重新定义阿斯伯格综合征。例如，马泽夫斯基和奥斯瓦尔德（Mazefsky & Oswald，2006）使用新的阿斯伯格综合征诊断标准时，发现了障碍之间的不同（Klin et al., 2005），使用的新标准与之前观察所提出的阿斯伯格综合征并不相似，在以下三个特殊领域会有所不同：

1. 社交功能损害：孤独症的特点是自我隔离，缺乏社交兴趣，而阿斯伯格综合征的特点是对社会联系和"寻求他人"感兴趣，但对社交并不敏感或者表现出非典型的行为。

2. 语言功能损害：孤独症的表现是迟滞，模仿言语和刻板语言，阿斯伯格综合征的表现则是虽有丰富或较早表现出语言的能力，但使用语言（语用）困难。

3. 阿斯伯格综合征的诊断以事实为依据，比较冗长，限制兴趣，影响日常生活。

（四）未分类型广泛性发育障碍

这里有必要简短地介绍一下孤独症的一个亚型——未分类型广泛性发育障碍。该亚型在 ICD-10 中属于非典型孤独症，有时也被称为病理性回避综合征（pathological demand avoidance syndrome，PDA）。PDD-NOS 依据一些表现出的孤独症核心特点来诊断，但并不都是重要的症状表现。比如，在社交互动发展，或者是言语和非言语交流技能中表现出严重的广泛性损害，又或者是表现出刻板性的行为、兴趣和活动。儿童若表现出所有与孤独症相关的特点，但这些特点在一些方面是非典型的，将他诊断为轻度或者是晚期发病比较合适，虽然晚期发病的孤独症更多地被称为退化的孤独症。

一般来说，相较于孤独症谱系障碍，特别是孤独症，PDD-NOS 的诊断通常是后见之明（Matson & Boisjoli，2007）。因此 PDD-NOS 的定义更多地倾向于与定义的症状状况不一致。临床工作者很难正确识别 PDD-NOS 就不足为奇了（Matson & Kozlowski，2010）。

关于 PDD-NOS 我们了解的还很少，相关的研究大部分都是关于儿童而非成年人。研究者认为 PDD-NOS 与神经系统异常有关，通常发生在儿童 3 岁或 4 岁时。重要的是，PDD-NOS 的症状在生命全程中的表现会有所波动。在诊断这些儿童时，相较于社交和交流领域的症状，重复性行为的症状效用较低（Charman et al., 2005）。

（五）DSM-5

在写这本书时，神经发育障碍工作组对一些诊断标准提出了改变的建议，他们认为应当用孤独症谱系障碍代替广泛性发育障碍，这需要对目前命名的障碍给予单独的诊断，包括孤独症、阿斯伯格综合征和 PDD-NOS。这样改变的合理性有以下几个原因：

①一个单独的谱系能更好地反映病理和症状；

②将孤独症谱系障碍从典型发展中分离出来是可靠的、有效的，而将谱系内的障碍分离是变化的、不一致的；

③孤独症、PDD-NOS 或阿斯伯格综合征个体通常根据定义的三个独立诊断标准的严重程度诊断，而不是其独特性。

他们提出孤独症谱系障碍症状的严重程度可以按照一个连续体来定义，包括障碍一般特点、亚临床症状和三种不同的严重水平。他们还认为应当将目前的三个症状领域（社交缺陷、交流缺陷、固着的兴趣 / 重复的行为）整合成两个（社交交流缺陷、固着的兴趣与重复性行为）。

三、孤独症谱系障碍的病因

下面我们将介绍一些探索孤独症和阿斯伯格综合征的研究。这些研究可能会反映出一些研究者关于"这两者是潜在的相同的障碍"的认知。正如前面所讨论的，研究中并不总是将这两者加以区分。另外，研究者才开始将注意转向阿斯伯格综合征，所以大部分的研究证据是关于孤独症的。因此，在每一部分我们将先介绍孤独症和 / 或孤独症谱系的研究，最后介绍阿斯伯格综合征的相关研究。

（一）生物学背景

1. 环境因素

近些年，研究者提出了一些"环境因素影响孤独症"的设想，其中包括分娩并发症。但是，有研究发现该因素的作用很小，相较于那些先天性异常的非孤独症婴儿，其作用并不大。研究者提出的另一个环境因素就是先天性风疹。最初的一些研究结果表明，母亲在孕期得风疹会增加孩子患孤独症的风险。但是进一步的研究结果显示，其临床特征以及儿童的困扰性病程都是非典型的。例如，随着不断地发展成长，这些孩子倾向于表现出假定的孤独症。

一个大胆的假设是，麻疹、流行性腮腺炎和风疹（MMR）疫苗是罪魁祸首。因为媒体进行了反对风疹和孤独症有联系的报道。父母们理解成，这意味着科学证据既支持又反对风疹与孤独症的联系。对此，一些家长拒绝让孩子接种这些破坏性疾病疫苗（Frith，2003）。研究结果触发了公众卫生危机。在英国，免疫率从研究结果提出之前的 92% 下降到 80%，已经达到英国的最高警戒点（Bedford & Elliman，2010）。但是，研究者对孤独症的风险和一些不同国家以及不同时间点引进疫苗之间的关系进行了评估，没有发现可识别的模式（de los Reyes，2010）。但是疫苗可能会对那些遗传易感性的儿童发病产生影响（Wing & Potter，2002）。

高龄父母亲也与孤独症谱系障碍的患病风险增加有关（Croen et al.，2007）。随着父亲年龄的增加，每 10 年会增加两倍以上的风险。一般来讲，现在的女性选择高龄生育，这可能也是导致孤独症高患病率的一个因素。

2. 基因因素

基因影响孤独症是毫无疑问的。虽然父母有两个孤独症孩子的可能性极小，但如果父母有一个孤独症孩子，那么第二个孩子患有孤独症的概率就比正常孩子高出 15～30 倍（这里我们引用自 Rutter，2000，2011）。

我们知道，最有说服力的基因数据是对患有孤独症的同卵（MZ）和异卵（DZ）双生子的比较。一般人口双生子研究结果将同卵孤独症的一致性从 36% 提升到 91%，将异卵自闭症的一致性从 0 提升到 5%。进一步的研究结果显示，非孤独症的同卵表现出了一些孤独症的症状，但是只是较轻的程度，被称为边缘孤独症显型，这表明基因对孤独症有很大的影响。显型的特点包括认知缺陷，通常为语言迟滞，持续的社交功能损害。只有 8% 的同卵双胞胎没有表现出这种认知或社交障碍，而异卵双胞胎则有 90%。这些研究结果表明，孤独症显型远远超出了传统的诊断，虽然与孤独症有相似的特点，但是在程度上十分不同。

由于孤独症的复杂性，它不太可能只是由单个基因的异常影响的，但可能是由于基因异质性，即不同的基因异常导致了相同的临床状况。因此这种传递的模型可能包括多个基因的交互作用，而不是单个基因以孟德尔方式（Mendelian fashion）起作用。

关于阿斯伯格综合征基因影响的研究才刚刚起步，数量比较少（Folstein & Santangelo，2000）。一项较大的研究是沃尔克马尔及其同事（Volkmar et al.，1997）所做的调查。他们对 99 户有阿斯伯格综合征患者的家庭进行调查分析，结果显示，在一级亲属中，有 46% 的家庭报告表现出了与阿斯伯格综合征一致的症状，一般是女性家属。相较于正常人群（最高约为 1%），阿斯伯格综合征儿童的兄弟姐妹和表兄弟姐妹的阿斯伯格综合征患病率也比较高（2%～6%；Rutter et al.，1999）。这也表明，如果孤独症和阿斯伯格综合征确实是两种分离的障碍，它们之间是有基因联系的。

3. 神经心理因素

如果限制干扰行为与某种已知的大脑结构或功能有关，那么建立大脑与行为之间的联系就很容易了。但孤独症不属于这种模型，孤独症是一种广泛性的障碍，影响多种心理功能。由于它自身的复杂性，我们不能对孤独症患者的大脑与行为之间的联系给出一个确定的答案，但相关研究已经整合了一些提示性的线索。

（1）神经化学发现

关于孤独症的神经化学研究主要是寻找神经递质（负责在神经元之间传递信息的化学信使）的异常性。研究结果显示，5- 羟色胺、多巴胺、去甲肾上腺素和内啡肽会起到一些作用，但并不一致，也不是决定性的。研究应用正电子发射扫描（positron-emission tomography，PET）发现，孤独症个体的大脑会有较高的葡萄糖代谢（Luat & Chugani，2010）。

（2）神经解剖学发现

到目前为止，关于孤独症个体大脑的神经影像学研究并不一致，不同的研究提出了不同的结构差异。一些研究者发现了颞叶和小脑的异常，但这并没有被其他研究所验证（Dawson et al.，2002）。有趣的是，就算各种研究在特定脑区方面存在差异，但它们都指出孤独症患者在涉及社会认知的大部分脑区存在异常。特别是一些神经影像学研究已经发现孤独症个体的杏仁核异常大，而杏仁核位于颞叶中部，与情绪信息处理有关（Schultz，2005）。更进一步来说，杏仁核异常程度是与面部表情识别和联合注意的损害程度成正比的，两种社会认知功能损害主要受到孤独症的影响（Sparks et al.，2002）。

一些证据表明，孤独症患者大脑会出现弥散性损害，而不是某个局部缺陷（Johnson et al.，2002）。一个一致性的研究结果是，相较于正常发展的个体，孤独症个体的脑体积或脑重量会比较大。有趣的是，脑体积并不是一出生就比常人大，而是在后来的发展过程中观察到的。这种大尺寸是由于大脑白质过量（Filipek，1999）。白质是由大脑各个区域间联系所涉及的结缔组织组成的。一般来说，发展早期的联结增殖，到后期都会被删减，去除多余的或无效的路径，以保证更快、更有效的联结。因此，孤独症的缺陷可能与大脑特定区域没有多大关系，而与大脑各部分之间的联系有更多关联。

关于"阿斯伯格综合征是否有神经解剖学方面不同"的研究才刚刚开始，到目前为止的研究结果只是初步的、建设性的。一项研究结果显示，阿斯伯格综合征与孤独症在大脑偏侧化——左右大脑半球在功能的不同方面——存在差异。舒尔茨等人（Schultz et al.，2000）提出，阿斯伯格综合征和孤独症在两个功能区域——运动技能和视觉空间能力方面表现不同。因为这些功能与社会情感和面部识别相似，都与右脑相关；而一些研究结果显示，阿斯伯格综合征与右半球的功能障碍有关。但是也有证据表明孤独症儿童存在右半球的缺陷，而阿斯伯格综合征儿童伴随有左半球的缺陷（Ozonoff & Griffith，2000），所以答案可能并不仅仅与大脑偏侧化有关。

和孤独症相似，研究者也发现阿斯伯格综合征个体较大的大脑尺寸与白质增长异常有关。神经影像学表明，阿斯伯格综合征也与另外的两个脑区有关：边缘颞叶系统（包括杏仁核）和额叶（Schultz et al.，2000）。林肯等人（Lincoln et al.，1998）进行了一项孤独症和阿斯伯格综合征的神经影像学比较研究，发现阿斯伯格综合征个体的小脑区病理较少，后部胼胝体（头的后部）较小，前部胼胝体（有的前部）较大。

可以确定的是，我们需要进行更多关于孤独症的神经解剖学研究，将来的研究将得益于较新的影像学技术，使我们看到脑区的活动，如功能磁共振成像（functional magnetic resonance imaging，fMRI）和PET。

（二）个人内部因素

1. 障碍的本质缺陷是什么？

目前孤独症研究的一个难题是对障碍本质没有一个确切的认识，也就是说，与正常的发展相比，这种极端异常潜在的本质性缺陷是什么？我们回顾了一些关于儿童依恋、情感、认知发展、联合注意发展历程以及心理理论的研究，分析它们如何反应不同的侧重点，甚至是对孤独障碍本质不同的解释。

2. 依恋

因为孤独症的核心症状之一就是缺乏对照料者的亲密联结，所以真正的依恋障碍可能是孤独障碍的主要表现，确实，在坎纳关于孤独症最初的描述中，依恋处于中心地位（Kanner & et al., 1943）。

毫不夸张地说，孤独症儿童不能够形成依恋。有研究者使用安斯沃斯（Ainsworth）的陌生情境范式进行研究（见第二章），结果显示 40%～50% 的孤独症儿童表现出安全型依恋，而在正常儿童中的比例约为 65%（Capps et al., 1994）。拉特格斯等人（Rutgers et al., 2004）进行了一项关于孤独症儿童的元分析，发现与正常儿童相比，孤独症儿童难以与他们的父母 / 照料者建立安全型依恋关系，但是如果孤独症儿童是高功能型的，那么这种差异就会消失。可能与依恋相关的行为，如在压力情境下寻求亲近，对种族生存是十分重要的。随着不断地进化，这些行为被编程到基因中。因此，即使是心理病理极重的婴儿也会有此类行为。

虽然如此，孤独症患者与正常发展的儿童在依恋方面还是存在质的差异的。依恋相关的行为并没有伴随相同的情感愉悦和互惠，而这些行为在正常发展的儿童中会有所表现。在行为上，孤独症儿童的依恋行为是分散的，伴随重复运动，如摆手、摇晃和旋转。与其他儿童相比，他们与依恋相关的行为会随着时间的推移而发生变化（Dissanayake & Sigman, 2001）。

依恋不仅伴随寻求安全的行为，还包括关于父母以及亲子关系的内部工作模型或者是心理意象，这种复杂的心理意象在年幼的孤独症儿童中可能并不会出现（Capps et al., 1994）。因此，如果一个孤独症儿童可能有一个关于其母亲的内部工作模型，认为母亲是安全的来源，能够满足具体的需要，那么我们或许可以认为这个儿童凭自己形成了对母亲的意象，使用其自身独特的思维、动机、需要和人格。

3. 情感发展

在情感发展领域内的一些缺陷也许可以揭开孤独症的神秘面纱。

（1）情感认知

与正常发展儿童或精神发育迟滞儿童相比，孤独症儿童难以识别人脸所表达的情感（Baron-Cohen et al., 2001b）。他们特别难以辨别负性情感，如害怕（Pelphrey et al., 2002）。这不是处理视觉信息的问题——他们也能像其他人一样识别物体——而只是特定地对人脸情感的识别存在困难。这是一个主要的缺陷，情感认知在与他人建立有意义的关系方面是很重要的，而孤独症个体通常缺乏这种能力。

另外，关于注视模式的研究表明，即使孤独症个体能够辨别情感表达，也不会像其他人一样通过看人脸获得相关信息。一般来说，当看他人面部时，人们第一个关注点是对方的眼睛，这是一个比较好的策略，因为眼睛会提供很多社交信息，这也是"眼睛是心灵的窗户"的原因。

了解他人的情感可以给我们提供一些他人内部状态的线索，就像跟随他人的注视可以提醒我们对方的意图所在（Emery，2000）。但孤独症儿童看对方的下巴和眼睛的时间差不多（Pelphrey et al.，2002），就好像他们不能通过他人的面部表情获得任何有效的信息。在孤独症谱系障碍中，孤独症个体对面部识别缺乏兴趣是特有的，这不仅使他们与正常发展的儿童区分开来，还与精神发育迟滞或其他大脑发育障碍相区分（见图 5-3）。

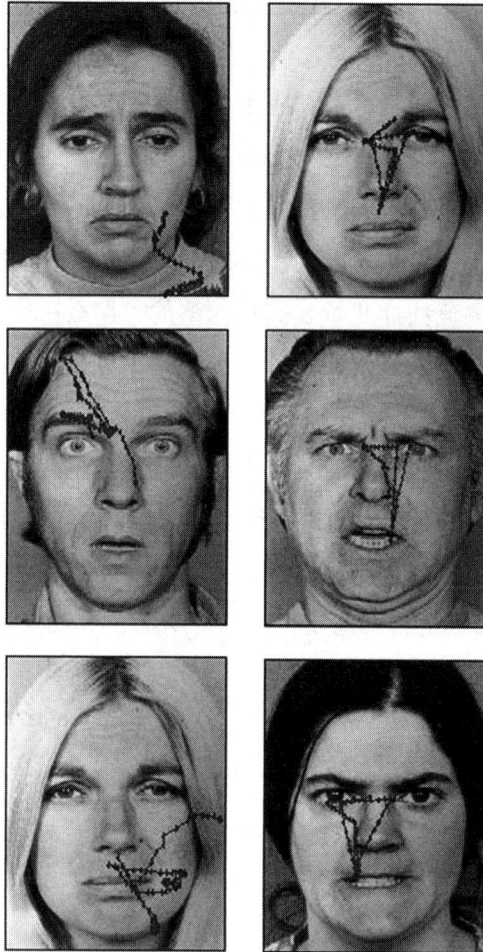

图 5-3　孤独症患者的面部加工

来自第二阶段的样本扫描路径，第一栏是孤独症患者，第二栏是对照组，要求被试识别每张面孔流露的感情。

资料来源：Pelphrey et al.，2002。

孤独症的一个核心特点是"社交注意"的损害，即对社会相关信息优先处理的能力，如眼睛和面部。孤独症谱系障碍的婴儿较少注意他人，特别是他人的面部，以及他们所处环境中的一些其他的社交线索（Dawson et al.，2004；Swettenham et al.，1998）。

面部感知缺陷可能与孤独症个体的大脑有关。奥斯特林及其同事（Osterling et al.，2002）采用视觉图像对 4 岁正常发展儿童、孤独症谱系障碍儿童和精神发育迟滞儿童进行事件相关电位（event-related potentials，ERP）反应分析，结果发现，在看到母亲的脸和陌生人的脸时，正常发展的儿童和精神发育迟滞的儿童都表现出了不同的反应，在看到他们熟悉的玩具和不熟悉的玩具时，这两组也表现出了不同的反应；而孤独症谱系障碍的儿童却相反，在看到母亲的脸和陌生人的脸时没有表现出不同的反应，但是在看到他们熟悉的玩具和不熟悉的玩具时却反应不同。舒尔茨等人（Schultz et al.，2000）采用 fMRI 进一步研究，发现正常发展儿童的大脑与面部认知相关的部分区域是专门化的，而在孤独症或者阿斯伯格综合征患者中却并不是这样的。在面部感知时，大部分个体会使用到梭状回，而孤独症个体则使用颞下回，而颞下回主要是用来感知物体的。

（2）情感表达

孤独症儿童并不能像其他儿童一样进行有效的沟通，观察结果表明孤独症儿童的刻板性，如单调、僵硬、无情绪表达是不正确的。他们在开心时会笑，生气时会发脾气，在逗乐和跳跃时会愉悦，他们也能够表达十分强烈的情绪——狂热的喜悦、悲痛、挫折、暴怒和恐慌。但是，与正常发展的儿童不同，孤独症儿童更可能表现出负性的情绪和奇怪的混合情绪（Kasari et al.，1993）。孤独症儿童也很少对同伴表现出直接的情感或回应，如镜像另一个社会性微笑。因此，缺少的不是情感表达本身，而是缺少与情感表达交互联系的情感。例如，一项研究表明，孤独症儿童与非孤独症儿童在学习一个新的任务时都会表现出喜悦，但是正常发展的儿童会表现出自豪感，这在孤独症儿童中并没有体现，正常儿童会转身看观察者的反应（Kasari et al.，1993）。简单而言，孤独症儿童不能与他人分享情感。

4. 联合注意

研究提出孤独症的另一个核心特点就是联合注意缺陷。正常发展的 6～9 个月大的婴儿会在物体和照料者之间来回看，就像说：看我在看什么？这称为指示目光。1 岁末婴儿开始使用指示手势，如指向照料者拿出的物体，或举起物体给照料者看。婴儿会试图引起照料者的关注，而不是仅仅指向物体，从而与他人分享兴趣。分享情感和兴趣具有社会性的目的，而不仅仅是工具性的，如满足一个具体的需要。婴儿不是向成人发出信号，做一些自己做不了的事情，如拿一个自己够不到的玩具，而是与父母分享自己对玩具的喜爱。当成人给予积极的回应，就是一次非常有意义的互动了。

早期的家庭录像研究说明，孤独症儿童存在联合注意行为的缺陷，甚至是缺失（Osterling et al.，2002）。当儿童想要一个玩具时，他可能会指着这个玩具，或者表达他们的玩具需要修理，这种工具性的手势并不伴随表达性，即表达需要父母参与他们认识或欣赏玩具的愿望。这种联合注意的缺陷在所有发展阶段都会体现。例如，阿特伍德、弗里思和赫梅林（Attwood，Frith & Hermelin，1988）发现，孤独症成年人与那些有相同心理年龄的正常儿童和精神发育迟滞儿童相比，在使用或理解工具性或行为定向手势方面没有差别。但他们从不会使用手势表达自己或他人的情感，如拥抱和亲吻另一个儿童，环抱另一个儿童表示安慰或表达友谊，或以手掩面表达尴尬。这些社交手势不同于工具性手势，它们需要根据他人的情感和需要表达来了解对方的心理感受。

同样，孤独症儿童如果表现出联合注意的行为，也不会伴随积极情感的表达，而正常发展的儿童或者唐氏综合征儿童会分享积极情感（Roeyers et al., 1998）。因此，孤独症掠夺了那些能够增强社会互动的联合注意行为，包括微笑和开怀大笑等情感信息。

5. 语言发展

我们已经介绍过，孤独症的语言表达与正常的语言发展之间存在质的差异。例如，孤独症的言语是模仿性的，字面意义的，缺少韵律的。我们也知道从缄默到有言语，这之间的表现有很大变化。孤独症与阿斯伯格综合征在语言发展上的症状表现也不相同，前者是语言发展迟滞，而后者仍保有语言技能。

塔格·弗拉斯博格及其同事（Tager-Flusberg et al., 2000）进行了一项语言发展的纵向研究，对孤独症儿童、唐氏综合征儿童以及正常发展儿童进行比较。因为幼儿还只是在学习说话，研究者发现三组在句法和语法发展方面相似。他们发现孤独症儿童在语言的正式结构方面没有缺陷，而在使用语言方面存在显著的差异。特别是孤独症儿童倾向于说话，但不是与他们的倾听者交流，像是缺乏与他人交流的兴趣和需要。他们倾向于使用奇怪的短语和语言来反映独特的意思和联系，并不关心倾听者是否理解。孤独症儿童也难以区分与倾听者相关或不相关的信息，难以确定他们的意思是否被他人理解（Frith, 2003）。

即使是高功能的孤独症儿童，或者是语言发展良好的孤独症儿童，也难以处理语言语用问题和理解说话者角度的交流规则（Landa, 2000）。例如，通常我们会在话题中做标记（"好的，无论如何……""哦，谈到那个……"），这样我们的倾听者就不会感到困惑。但是孤独症个体并不能使用这样的交流，他们可能会按照字面意思来解释或反应，使得交流变得困难，错误传达或曲解话语的意义，不能给倾听者提供有关话题的线索和参考，从而导致交谈失败。

但有趣的是，证据表明，即使是那些从来没有说话的儿童，也有写作言语的发展。例如，弗里思（Frith, 2003）介绍了一个年轻人的案例，他在生活中一直沉默但很快就掌握了计算机通信。一些孤独症谱系障碍的个体虽然表现出口头言语的迟滞，但能够流利地阅读。但是，他们处理阅读信息的方式是不同的。正常发展的儿童主要阅读一句话或一篇文章的主旨或含义，但孤独症儿童关注单个的字。因此，当文章中插入多余的字或无意义的短语［（例如，"刺猬可以闻到电烙花的香味"（Frith, 2003, p.125）］，孤独症儿童就不能够理解。

孤独症的语言表现出交谈—角度的缺陷，语言语用就是一个典型的例子。一次成功的交流需要理解倾听者的角度。另一个例子就是，孤独症个体会混淆代词"你"和"我"，将自己指作第三个人。这可能意味着他们在个人识别方面存在困惑，缺乏自我感，事实上，孤独症儿童可以识别出自己的名字，并且通过名字来识别他人。这个问题的关键在于，名字是持续性的，而代词是变化的。个体用查尔斯（Charles）来称呼自己，而不是指帕特里夏（Patricia）。而代词的使用则是角度问题，正确的代词取决于谁是说话者，谁是倾听者。孤独症个体就缺失这种转换角度的能力。

模仿言语是另一个例子。模仿他人说话是一种很笨拙的社交交流方式，儿童的逻辑只是关注他自己的角度。孤独症儿童是一个实实在在的行为家——他们通过因果观察来获得与他人相关的信息。如果母亲问"你想要吃饼干吗"，并且给儿童一块饼干，那么其内在的逻辑就是，那些语言可以引起让他吃到饼干，是魔法咒语。

6.认知发展

我们知道，孤独症儿童在智力上不尽相同，平均分相当于严重智障的范围。相关人员提出疑问，认为智商测验对测量非标准形式的智力可能不太敏感，其中一些孤独症个体智力可能是完好的（Frith，2003）。相反，孤独症儿童认知能力超过了平均水平。但问题是这些数据可能没有准确反映这种智力是否是功能性的。例如，一位专家有极强的记忆力，可以记住并复述伦敦公交每条路线的行程，但可能仍然难以找到公交车站或与售票员协商购买车票。

即使智力完好，孤独症谱系障碍儿童的智商也表现出跨越不同能力水平一致性的特殊模式。一般来说，孤独症儿童在社会推理测验方面的分数会较低，如韦氏儿童智力测验中的理解分测验，测验会询问儿童一些问题。例如，如果发现了一个钱包他们应该怎么做。孤独症儿童在具体事物的推理方面表现最好，如积木设计分测验，需要儿童解决视觉谜题（Frith，2003）。

正常发展的儿童与孤独症谱系障碍儿童之间存在一个有趣的认知差异现象，就是使用背景解决问题。一般情况下，人们会觉得把问题放在一个真实的背景下比较容易处理。比如，将5—4的问题翻译成文字表达的问题（如果你有5分钱，用了4分钱，你还剩几分钱）。但孤独症儿童不能利用背景信息。事实上，在需要忽视背景的任务中，他们表现得比同龄人好，如隐蔽图形任务，即一个常见的图形被隐藏在一个复杂的几何图案中（见图5-4）。正常发展的儿童难以忽视背景找到目标图形，但孤独症儿童可以做得非常好。哈普（Happé，1999）指出，这些数据表明孤独症个体的思维不一定代表着缺陷。

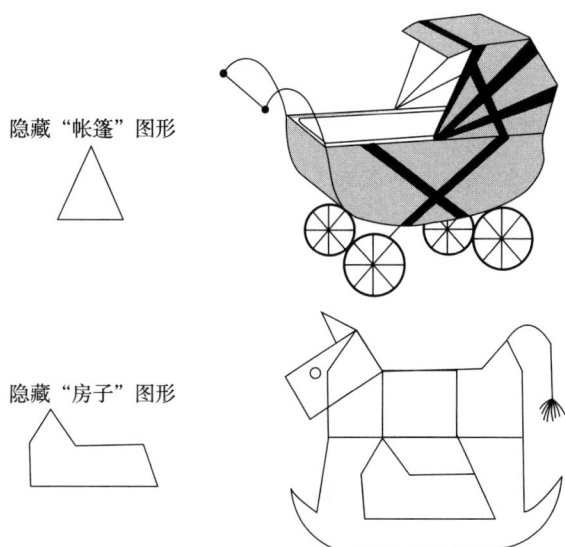

隐藏"帐篷"图形

隐藏"房子"图形

图 5-4 儿童内嵌图形测试范例
资料来源：Witkin et al.，1971。

这种孤独式思维关注细节而忽视大图形的特点，被称为缺乏中央统合（lack of central coherence；Frith，2003）。人们通常会努力通过背景概括信息，建立联结，提取潜在的含义，然后整合获得的信息。但孤独症儿童缺乏这种倾向，就好像他们脱离社会进行分离性认知（见 Happé & Frith，2006）。他们的研究显示，孤独症个体的认知方式是偏好看见局部，为局部加工方式，而不是认知整体缺陷或整体加工缺陷，这通常被称为弱中央统合理论（Weak Central Coherence Theory，WCC）。

孤独症谱系障碍的儿童也难以进行执行功能，包括计划、组织、自我监控和灵活性认知。例如，威斯康星卡片分类测验（Wisconsin Card Sorting Test，WCST）所测验的执行功能。第一个任务是，儿童首先进行有反馈的学习，根据颜色、形状和数字是否符合正确的标准将 10 张卡片分类，然后主试在不告知儿童的情况下改变正确的分类。关键措施是，当分类不再正确时，看儿童能坚持多久。例如，在儿童已经学习颜色是正确分类的正确方式后，主试改变成形状，然后记录儿童会对分类做出多少改变。WCST 测验的是转变和灵活性。第二个任务是河内塔，测验的是计划能力。这是一个转移环的任务，需要儿童计划移动的顺序，从一个桩最开始的环转移到另一个桩的任务，一次只能移动一个环。当移动环时，较大的环不能放在较小环的上面。第三个任务就是斯特鲁普颜色—字测验，要求儿童忽略字的颜色。例如，读出一个红色的"蓝"字。所有年龄段和不同严重水平的孤独症儿童在设置转换和计划能力方面都存在缺陷。相较行为障碍或注意缺陷多动障碍的儿童，孤独症儿童会出现较多的连续错误，即使这两组都存在执行功能的缺陷。奥宗夫等人（Ozonoff et al.，1991）发现，与相同智商水平的学习障碍儿童相比，精神发育迟滞儿童以及孤独症儿童在威斯康星卡片分类测验和河内塔任务上存在困难。在三年的追踪研究中，研究者发现学习障碍儿童在执行功能任务方面的能力增强，而孤独症儿童在发展进程中没有发生改变（Ozonoff & McEvoy，1994）。

其他障碍也会出现执行功能缺陷，但这与孤独症谱系障碍个体存在质的差异（Ozonoff & Griffith，2000）。例如，孤独症个体在灵活性和计划方面存在缺陷，但在抑制方面却没有表现困难，而这会表现在注意缺陷多动障碍个体中。到目前为止，研究结果并不一致，特别是在对孤独症儿童在学龄前期执行功能缺陷的识别上。

7. 心理理论

尤塔·弗里思（Uta Frith，2003）在其关于孤独症经典文本的封面中，再现了这样一个场景，一群纸牌玩家用手势和意味深长的目光向读者表达有人在作弊。在文中，弗里思解释了该图像的含义以及读者所需提取它们含义的直观信息。但是并不是所有人都能够理解这种社会信息。A.C. 是一个高功能的孤独症患者，她在给弗里思的邮件中评论了书的封面：

我记得看了这张照片大约 1 小时，观察画家使用的油漆材料多好，刷子的质地……主人公衣服纤维的质地，当然最明显的就是这幅画的现实性和画家的技巧，然后我读了书里面的内容，和我很像，正常人应该最先看完整个"电视剧"，这个人在作弊，那个人知道，其他人不知道，等等，真傻（Frith，2003，pp.78-79）。

相似地，米歇尔·拉特（Michael Rutter，1983，p.526）描述了这样一个患有孤独症的年轻人：

他抱怨自己不能读心，其他人看起来就有这种特殊的能力，可以读懂别人的想法，可以预见他们的反应和感受；他知道这是因为他们可以设法避免使他人感到心烦意乱，而他自己总是不能意识到自己做错了事或说错了话，直到对方生气或心烦。

孤独症谱系障碍的一个最显著的缺陷，也是专家们认为在我们所介绍的所有其他障碍中都是潜在的缺陷，就是拜伦－科恩（Baron-Cohen，1995）所提的"心理盲"：缺乏对自身和他人心理状态的认知。人类这种重要的功能之前被称为"心理理论"（Theory of Mind，ToM）。它之所以被称为一种理论，是因为我们不能感觉、嗅到或以其他方式直接观察他人的想法，但我们认为这种想法是确实存在的。我们如何证明这个理论是正确的呢——他人有想法？是这样的。我们可以和他们玩些小把戏，一次成功社会互动的关键就在于，理解他人的意图、情感和行为。整个童年时期，心理理论都是交流技巧和社会互动的基础，特别是处于复杂的情境中，包括讥讽、欺骗和幽默（如 Harris，2006）。

例如，巴伦－科恩及其同事（Baron-Cohen et al.，1985）创造了一个"莎莉—安妮"的情境。玩偶按照以下顺序做出行动：莎莉和安妮一起待在一个房间；莎莉将一块大理石放在篮子里并离开房间；安妮将大理石转移到盒子里；莎莉回到房间。主试向儿童提出关键问题：莎莉将在哪里找到大理石？儿童会明白莎莉将按照自己的信念来行动，大理石在篮子里，虽然儿童知道并不是这样的。正确的答案表明，儿童已经可以将他所知道的信息和玩偶所知道的信息加以区分。这个心理理论的测验被称为"错误信念"任务，要求儿童判断另一个人知道的信息和不知道的信息，并据此预测对方的行为。正常发展的儿童以及唐氏综合征的儿童可以正确回答，但孤独症儿童不可以，不管他们的智商多高。在另一个任务中也发现了类似的结果，即"聪明豆"情境：给儿童展现一个装有一支铅笔的糖果盒，让儿童预测另一个孩子会在盒子里发现什么。

在这些经典的实验之后，研究结果并不十分明确（Yirmiya et al.，1998）。可能随着不断的发展，孤独症儿童也能够正确地处理错误信念任务。弗里思和哈普（Frith & Happé，1995）发现，大多数正常发展的儿童在5岁时就能够完成错误信念任务，但孤独症谱系障碍的儿童直到10岁才能完成。这可能说明，孤独症个体在理解他人心理状态方面存在5年的延迟发展。但可能有两种途径做出解释：第一种是，对于正常发展的儿童，这种心理理论是天生的；第二种是，对于那些聪明的孤独症儿童，可以通过观察和应用逻辑推理来弥补这种先天理解不足（见方框5.5）。

方框5.5　案例学习：一个孤独症患者的自传

吉姆（Jim），大学生，学习人类学，在童年期就被诊断为孤独症，但父母直到他19岁时才告诉他。他同意在孤独症大学同学所写的自传中说出自己的故事，这本自传由大学教授唐·普林斯－休斯（Dawn Prince-Hughes, 2002）汇编，这位大学教授是阿斯伯格综合征患者。

对我来说，孤独症就是这样的，我不能够和其他人一样获得和加工信息，但这并不代表我是愚蠢的。我不能像一般人一样分享内在的感受，表现交流的技巧，但这并不代表我没有感受和情感或者不能与他人分享这些情感。

我举些例子吧。当我还是孩子的时候，我不理解定义情绪的术语。7岁初，开心意味着我的蓝色卡车玩具，害怕意味着我不能移除我房间里的奥兹巫师的海报，伤心意味着下雨天。我不能概括出玩蓝色卡车玩具时的心情和父亲回家时的心情一样。

"有时""在我有感觉之前""我学习阅读"，我读那些生日时得到的卡片。当我五六岁时，我读大英百科全书，因为我想知道为什么我和其他人不一样。我读到很多有趣的事情，但还是没有得到解释。在我7岁时，一次我去看望伯祖母，在她的地下室里发现一本珍藏了50年的美国《国家地理》（*National Geographic*），我几乎用了整个夏天读它。书中介绍了一些奇特的文化和遥远的国土，这在某种程度上，和我所想的世界很像——应当以同样的方法来告诉我我所处的世界……

奇怪的是什么？在我10岁时，我列出了几页的行为清单，关于我与正常人有本质区别的地方，但我还是不知道为什么会这样……我想了很多的办法来面对这些不同，第一个想法是自杀。我能够理解人们对一个10岁的孩子真的对自杀利弊做了分析会感觉不适。自杀的好处之一就是我再也不用面对我不能理解的世界，这种负面情感已经超过了我对周围世界的好奇心。另一种可能就是改变我自己来更好地适应周围的世界。任何曾经节过食或尝试戒烟的人都明白，对一个人的行为进行永久性的改变是多么困难。想象一下，当你不知道为什么的情况下，改变你几乎所有的行为方式，我真的尝试了大约一年。

当我正忙于改变行为方式时，我发现自己对石器技术——石头工具产生了兴趣，作家称之为"工具箱"。我开始使用这个来满足我的需要。我希望这样的"工具箱"应当包括认知技能和满足情境需要的行为。这对我来说是一次突破，但很明显我需要花相当长的时间来获得技能并且知道我需要什么。在我第一次形成行为模块的尝试失败后，我意识到了这一点。我的第一次尝试是形成让我能够和同伴一起参与活动的行为模块。

我在中午和同学们打篮球，一个同学投篮失败，我跑到篮板下，以典型的孤独症形式注视着球，伤到了另一个球员——我只是从他身边跑过。我不明白为什么其他人会不安。在这个情境中，我对"成功"的理解就是我成功——我为了我的团队救回了球。在午后的学习大厅，我问同学我做错了什么，她说我应该向那位被我伤到的同学道歉。过了会儿她说："你不明白，你真的不明白，不是吗？"（这是第一次有同学直接询问我的不同。）

我告诉她我正在做什么。她坐下来帮助我研究我的已经发展成为最成功的行为模块——行为准则。在这个标题下，我们将可能考虑到的行为进行分类。如果她不向我解释，这些对我来说毫无意义。我们设置了一些初步的规则和预设模式。如果我不确定如何表现，我可以按照这些规则行动。我可能看起来奇怪，但我不会打破任何社会常规。我会对陌生人很礼貌，这样我就不会冒犯到别人。不管是不是我的责任，我都会道歉（我意识到一些人觉得这样的习惯很让人气恼，但我觉得这比不可理解的鲁莽要好得多）。

我可以获得情感。我会把词语和确切的情感进行联结，虽然这并不规范。很多时候我可以和正常人一样，当我感到压力时人们会注意到我并没有。如果我是开心或激动的，我会摇晃身体，声音也会发生变化，但很少有人知道这是什么意思。如果我真的很有压力，我会试图逃离到安全的地方，通常是家里。我会独处，这样如果我走上36小时也不会打扰到别人……随着时间的推移，自我伤害的行为离我越来越远。

我知道我的人生不是大部分父母对其孩子期望的状态，但这也是一种人生。我有我自己的学业、工作和一些朋友。对现在的生活我是比较满意的。当我的思想和周围人的想法不同时，需要记住，这是我的思想，只有我一个人知道，这很重要。

哈普（Happé，1994）提出，对心理理论的弥补——很难获得，所以说——可能是脆弱的，会导致错误。为了检验这种假设，她构建了比"莎莉—安妮"任务更加复杂的情境，包括讥讽、善意的谎言、虚伪以及其他一些需要推测他人意图、观点和感觉的社会情境。正如所预测的，孤独症个体即使能够在"莎莉—安妮"情境中正确反应，也难以理解这些更高级的心理理论任务。

奥宗夫和米勒（Ozonoff & Miller，1995）对是否能教会孤独症个体心理理论进行了调查。他们设计了这样一种干预模式，除了教授给孤独症个体具体的社交技能，对社会认知技能处于平均水平的孤独症青少年做出了直接的指示，即他们需要理解他人的心理状态。例如，让他们向蒙住眼睛的参与者描述迷宫中的障碍，在类似"莎莉—安妮"测验心理理论的情境中进行错误信念任务后组织他们进行角色扮演，通过这些方式来教会他们转换角度。经过干预，孤独症儿童在心理理论实验任务中的表现有很大提高。但在父母和老师的评价中，其社会竞争力没有发生有效变化。因此，虽然能够教会他们心理理论，但也只是关于社交技能方面的，他们还是缺少直观获取他人心理状态的能力，也不能将获得的知识转化为灵活的社会性的熟练行为。

缺乏心理理论负面影响很大。由于缺少与他人分享经验的兴趣和动机，儿童的社会关系和语言发展会受到影响；由于对内部状态和外显表情之间的对应性理解不足，会影响他们的情绪发展；由于在交谈时难以调整角度，使得交流能力受损。简单来说，我们在学习孤独症时会寻求中央统合，可以发现，该障碍的一些核心的特点都可以被归纳到心理理论这个概念下。

另外，虽然塔格－弗拉斯博格（Tager-Flusberg，2007）通过研究证据的审查提出，孤独症心理理论假说有一定的价值，但她提出仍然有一些特点不能被这个模型很好地解释。例如，重复行为、刻板和受限的兴趣以及超常的视觉空间能力，这些在孤独症中也有所体现，但与心理理论缺失没有明显的联系。需要再次强调的是，由于孤独症的复杂性，我们不能对它进行简单的解释。更可能是有一系列的缺陷——或许与多个不同的基因有关——共同导致了孤独症显型。

8. 系统化

西蒙·巴伦－科恩（Simon Baron-Cohen，2003，2008）提出了一个关于孤独症本质性缺陷新的重要理论。巴伦－科恩的依据是阿斯伯格（Asperger，1944）的一个提议，即把孤独症患者的智力比作极端男性化思维。巴伦－科恩进一步发展了这个说法。他们提出，孤独症患者（他提醒我们孤独症患者大部分都是男性）都特定地缺少与典型的女性化相关的特点——共情和对关系的敏感性——而在需要与典型男性特征相关技能的任务中，他们具有明显的优势——客观以及系统化分析，他称之为"男性化智力系统"。系统化要求有理解管理因果关系规律以及冷漠的动力，关注细节和演绎思维。巴伦－科恩指出，在一般人群中，男女之间的差异是很小的，他们的分工有较大的重叠。但是我们知道，连续体的最极端之处，会因为有这样一个明显的特征而与其他人相区分。他描述了这样一个极端的系统化者：

> 那些人（大部分是男人）可能只在工作时才和他人交流，因为他们希望单独工作，或者只是想要获得一些他们需要的东西，又或是分享专业信息。他们可能只用相关的事实来回复一个问题，可能不会反问一个问题，因为他们不会考虑别人是怎么想的。这些人不能理解人们谈天说地的意义……为什么要麻烦？究竟在说什么？怎样？对他们来说，这是很困难、很无礼的……他们面前的客体或系统都在他们的脑子里，他们止不住地思考另一个人的信息。这些人有一个极端的男性化大脑（Baron-Cohen，2003，p.133）。

为了说明他的理论，巴伦－科恩指出孤独症者偏爱事物而不是关系，特别是那些有序、可测、可控的事物。孤独症个体对掌握封闭系统很着迷，如学习计算机，收集晦涩话题的事实依据，就像人类身体压力点，或者是做数学游戏。但是当要求他们处理不可预测或可控性较低的社会问题时，他们会感觉不自在，并可能试图按千篇一律的方式处理，如重复使用和仪式化，或者是发脾气。

巴伦－科恩引用了一些关于共情和面部表情识别的研究，来为这种极端男性化大脑理论佐证。研究显示，女性平均分高于男性，高功能的孤独症个体或孤独症个体的分数低于男性平均分。在语言语用、心理理论和人际敏感性的任务中也发现了相似的模式。同样，在评估系统化，如巴伦－科恩（例如，当我看着一个动物时，我想要知道它属于什么种类；当我做饭时，我会仔细思考做成一道菜有多少种不同的方法和配料。）所设计的测验中，男性平均分高于女性，孤独症个体的分数高于男性平均分。

这是一个大胆的说法，一定会促进更多的讨论和研究。

四、发展过程

（一）初步检测

正如我们之前所说的，检测到症状的发病年龄数据不尽相同。有趣的是，有两种不同的方法进行检测（此处我们参考 Klinger et al.，2003）。大多数案例都存在发育迟滞，症状出现在童年早期，虽然父母可能仅仅在回顾时才发现障碍的迹象。第一种检测方式是被观察到的症状就是儿童不会看他人的面部，通过看或手势来分享自己的兴趣，或不能进行假装游戏。第二种检测的方式是退行。在 20%～47% 的案例中，父母报告孩子最初按照正常的轨道发展，直到某个时间点—— 一般是 16～24 个月——儿童突然失去先前取得的发展成就。最常见的是语言发展，先获得后失去。至少有一半的案例先前就存在缺陷，只是父母没有注意到。

就像泽拉左（Zelazo，2001）所说的，发展心理病理对儿童最关键的第一年几乎没有识别，这使得我们对孤独症谱系障碍发展演变的认知受到影响。

（二）发展结果

日本曾对孤独症谱系障碍的发展历程进行大规模的研究，包括对 197 名在童年期接受治疗的孤独症患者进行了调查（Kobayashi et al.，1992）。研究者发现，当孤独症个体进入成年期，有 27% 的个体独立生活（如工作）或正在准备独立生活（如他们被大学或技术学校录取），大约有 47% 的个体形成了较好的语言技能，可以与他人进行言语交流，但是有 73% 的个体需要寸步不离地照看，没有独立能力。进一步说，青少年期是转变的时期，变得更好或更差。约有一半个体在青春期表现出功能退化，而另一半则有明显的进步。

孤独症个体的发展性结果在很大程度上取决于其认知缺陷以及语言发展受影响到何种程度。5 岁时缺乏交流性语言，智商分数低于 70 是预后不良的信号，就像癫痫的表现（Gillberg，1991）。还有一个影响结果的因素是，是否给予早期干预。我们在讨论治疗时曾说过，儿童如果能在生命前几年接受强化干预，是有很大希望发生积极改变的。

只有一小部分的高功能阿斯伯格综合征个体能找到他们确实能够胜任的工作。但支持性的就业制度可以使得有能力的人获得较高的成就，这对他们自身和社会都有好处，因为可以在一定程度上节约成本（Howlin et al.，2005）。

孤独症个体的预后一般是比较好的，虽然这取决于其功能紊乱的程度。即使是高功能的孤独症患者，也只有 5%～44% 能够就业，16%～50% 可以独立生活（Howlin，2000）。一项对 20 名孤独症青少年进行的研究发现，根据父母的报告，只有 50% 的个体表现出日常的自我护理行为（如洗碗、梳洗、进食），只有 15% 的个体可以独立使用电话，只有 5% 的个体可以在没有指导和监督的情况下按计划活动；没有一个孤独症个体能够离家进行社会生活，90% 的个体难以交到朋友（Green et al.，2000）。

五、整合发展模式

由于孤独症谱系障碍存在一些不同的缺陷，研究者也采用了不同的方法定义这些缺陷，现在还没有一种解释孤独症发展的整体性模型。因此我们无法确定，与其他人相比其是否在一些特定的发展领域表现比较集中。

例如，根据哈普和弗里思（Happé & Frith，2006）所提的，非典型心理理论、执行功能和中央统合在孤独症中是独立存在的。但一些研究者则暗示认知功能之间可能存在交互作用，不过并没有对这种交互可能性做相应的延伸或本质介绍。这一观点遭到了一些倡导发展观点研究者的强烈反对（Karmiloff-Smith，2009；Klinger et al.，2003）。他们强调发展的变化性，即对认知非典型性以及它们彼此之间的相关与无关性，在孤独症个体中可能会随着成长而发生改变。他们强调从本质上讲，情感发展、社会性发展、认知发展和语言发展，都是与早期发展相关的。一个领域的损害可能对所有其他领域都产生重要的影响。

佩利卡诺（Pellicano，2010）进一步对此做出强调。他进行了一项三年的纵向研究，以寻求执行功能、中央统合和心理理论之间的联系。结果显示，孤独症儿童执行功能、中央统合的功能受损可能导致心理理论的缺乏。这也证明了这样一种观点——儿童早期的执行功能是发展心理理解能力——一种在正常发展和非正常发展儿童中都存在的模式——的重要部分。另外，她的结果也说明，对孤独症儿童来说，在发展早期表现出附加的或特别明显的非典型性（在她的研究中，被称为弱中央统合），可能会对心理理论产生负面的影响。

六、干预

由于缺乏明确的疗法，在世界范围内逐渐发展出许多治疗方案。目前已有大量的治疗方案，包括躯体疗法、药物、心理治疗、行为矫正、营养疗法和教育干预，但是对这些治疗效果难以进行系统的评估。

（一）社交技能

孤独症儿童在社交方面存在缺陷，如在社交中开启对话、应答、解决社交问题等。通过有针对性的社交技能干预来改善这些社交缺陷，其中有一些替代一般性指导的基于技术的节约资源的方法。大量社交训练利用视频实施干预（模拟或反馈），通常对学校环境中多种社交技能进行指导（DiGennaro Reed et al.，2011）。社交技能团体也是一种有效的干预（Reichow & Volkmar，2010）。

其他干预方法更注重个体的不足之处。例如，针对模仿动作有缺陷通常导致社交情境中有困难的儿童，那么干预着重于教授儿童通过模仿自发地做动作（Charlop et al.，2010），迄今已显示出不错的效果。

（二）认知行为疗法

学到功能性沟通策略的孤独症患者，尤其是认知能力强一些的个体，也许可以进行谈话治疗〔如认知行为疗法（Cognitive Behavior Therapy，CBT）〕。尽管针对学龄阶段青少年和成人的谈话治疗在社区中被广泛应用，但是有关这方面疗效的证据基础出奇得少。相比于其他孤独症的治疗方法（如针对幼儿的应用行为分析）以及针对其他神经发育障碍的干预（如注意缺陷多动障碍），有关孤独症的 CBT 和其他基于谈话的治疗方法的质量高的研究微乎其微（Wood et al., 2011）。

（三）行为矫正

对孤独症儿童的干预主要分为两种。第一种聚焦于特定的缺陷，如社交互动或者象征性游戏技能，对此有大量的文献报告。第二种是一种全面的治疗方案，致力于从各个方面增强儿童的功能水平，这是最有可能使孤独症儿童发生巨大变化的方法（Rogers & Vismara, 2008）。

所有的方案都有以下五个共同的特征（Dawson & Osterling, 1997）：

1. 治疗聚焦在多种孤独症表现的行为上，包括注意、服从、动作模仿、交流、恰当的玩具使用和社交技能。

2. 鉴于孤独症儿童存在的障碍的普遍性，需要具体的策略帮助儿童将新学习的技能应用到更大范围的情境中去。例如，将从咨询师那里习得的技能，分别在家中和学校中由家长和教师进行落实。

3. 教学环境需高度结构化，师生比例维持较低水平。此外，日程安排需是可预测的。这里强调其组织性和可预测性，因为孤独症儿童往往对新异事物和变化有强烈的情感反应。

4. 家庭卷入程度高，父母扮演咨询师或协同治疗师的角色。

5. 特别关注发展所需的技能，实现从治疗方案到应用于日常学前班或幼儿园的转变。

（四）洛瓦斯行为修正计划

一些综合的方案，包含洛瓦斯及其同事（Lovvas & Smith, 2003）开发的针对孤独症者强化行为的修正计划。这个计划注重辅助沟通系统（ACC；残障人群借助该系统可以代替或增强交流技能的不足）的使用（Mirenda & Erikson, 2000）。洛瓦斯的治疗模型是深入而广泛的。儿童在学龄前期进入计划，并维持两年或更久，每周接受 40 小时的强化行为治疗。最初，治疗大部分在家中进行，这样可以训练父母使用操作条件来强化儿童发展出合适的社交、认知和语言技能。治疗的后期，研究者争取将其一般化，将治疗地转移到社区和幼儿园典型的设置场景中。

为了实证证明他们治疗的有效性，洛瓦斯及其同事（McEachin et al., 1993）对 19 名治疗的儿童和两个控制组的结果进行比较。第一个控制组由获得临床支持但没有获得治疗的儿童组成，这些儿童获得的治疗较少，个人化治疗和社区支持每周少于 10 小时。第二个控制组由单独接受社区干预的儿童组成。所有的儿童都按时间顺序和心理年龄做了匹配，并且由单独的临床工作者对其孤独症做出诊断。治疗具有操作性并对直接实施的大学生进行严格的监督，以保证治疗的客观有效。在第二年年末，47%的治疗组已达到一般学校所需的功能，不需要特殊的服务，而控制组只有2%达到这样的程度。另外，智力测验结果显示，治疗组儿童和控制组儿童的智商存在30分的差异。治疗组儿童只有10%的智商处于智障的范围，而控制组有50%。

在随后的跟踪研究中，研究者发现，儿童进入青春期后有47%的治疗组儿童在学校生活中表现良好，而控制组没有。治疗组仍然保持高出30分的智商差异，在适应性行为测验中也存在相似的现象。总起来说，通过干预受益的儿童是那些在治疗之前就有较高心理年龄的儿童。虽然洛瓦斯的治疗已经公布了一些独立的方法，但正如洛瓦斯及其同事所报告的，他们受限于方法学，在一些案例中没有得到长期有效的结果（Rogers，1998）。

（五）孤独症和相关交流缺陷儿童的治疗与教育

另一个综合性的治疗计划是孤独症和相关交流缺陷儿童的治疗与教育（Treatment and Education of Autistic and Related Communication Handicapped Children，TEACCH）。它是在30多年前，由美国北卡罗来纳大学发展而来，当时主要被用作治疗孤独症谱系障碍的所有儿童。TEACCH计划的核心部分被称为结构化教学（Mesibov et al.，2004）。为了识别出孤独症谱系障碍的关键缺陷，TEACCH计划对儿童所处的环境进行结构化设置，以建立优势减少缺陷。例如，由于其言语交流问题，孤独症和孤独症儿童会被给予视觉信息（例如，家务可能以图片的形式呈现，或者是写清单列表；自我冷静的选择策略可能写在一张线索卡片上）。还有一种结构化技术是"社会故事"，写下一系列简单的句子，让孩子们解释令他们费解和不安的情境。比如，"为什么我们每天穿不同的衣服""生日聚会发生了什么""为什么有时会有代课老师"。结构化的环境可以帮助孤独症儿童解决感觉刺激过度敏感的问题，减少由于认知困惑和焦虑引起的情绪困扰和坏脾气。另外，TEACCH的干预是具有发育敏感性的，对于类似社交技能的沉默问题，在学龄期干预比较有效，而对于职业问题，则在青春期干预比较好。

虽然在学龄前干预研究中，还没有公布关于TEACCH计划的经验数据，但是那些已经使用TEACCH某些方面的临床工作者报告，在控制方面有良好的反馈。例如，奥宗夫和卡思卡特（Ozonoff & Cathcart，1998）在对孤独症个体学龄前期的TEACCH干预中，加入了一个日常家庭—教学系列的干预，结果发现，与控制组相比，该组儿童的表现有显著的改善。

（六）比较不同的项目

洛瓦斯的计划和TEACCH虽然有一些共同的特点，但在使用的技术方面存在差异。这里我们介绍两种治疗孤独症语言缺陷的不同方法来对此加以说明，这两者都有成功的记录。

洛瓦斯（Lovaas，1977）设计的操作条件模型主要依靠模仿和强化。例如，治疗师不断进行模仿和强化字词和短语，直到儿童逐渐掌握了全套语言。语言意义化使用是靠两种技术实现的。

在表达识别中，要求儿童对一个物体做出言语反应，如呈现帽子时可以正确命名。在接受识别中，给予儿童言语刺激，要求其进行非言语的反应，如正确地对"给我一个杯子"做出行为反应。顺序是经过仔细分级，这样新的序列就可以在已掌握材料的基础上进行。

相反，TEACCH 的干预是基于语言获得和发展的自然规律。教学的动机是将语言与儿童自身的兴趣进行联结，向他们呈现字词，并通过他人以一种设定的方式演示来解释字词的含义。例如，"骑"可以按照"获得一个喜欢的自行车"的意思来教给儿童，而不是像洛瓦斯计划中的一张带有奖励的图画标签。教师简化语言并结合手势动作来增强易理解性。最后，就像对正常儿童所做的一样，语言在连续的活动中得到整合，并由尽可能多的背景线索强化，而不仅仅是教授一种单独的技能。

1. 图片交换交流系统

图片交换交流系统（the Picture Exchange Communication System，PECS；Bondy & Frost，1994）是为阿斯伯格综合征儿童的非言语设计的，其主要目的是通过符号、图片命名、想要物体的方式教授自发的社交技能。

父母、照料者或治疗师学习了 PECS，就可以用这种方法来训练儿童，其中也包含应用行为分析法（applied behavior analysis，ABA），提示引导图片交换。在早期的 PECS 的训练中，儿童选择一张印有想要食物的图片，然后用图片交换。收到食物，得到食物，是使用图片交流的正强化物。虽然 PECS 被广泛使用，但还没有得到足够的控制实验研究的支持（Charlop-Christy et al.，2002；Yamall，2000）。

2. 育儿计划

育儿计划（the Son-Rise Programme，SRP；也被称作选择方式）形成于 19 世纪 70 年代晚期的美国，是另一个以家庭为基础的干预治疗（Kaufman，1981）。这是一个儿童—导向的个体化治疗，所以父母要参与到孩子的活动中，即使是有些刻板或重复的。当孩子开始注视并且与成人进行互动时，SRP 就可以对治疗进行扩展，分享活动，促进交流和社交技能。一些父母会招募志愿者帮助治疗，因为治疗的强度比较大。SRP 的强度非常大，父母几乎在孩子醒着的时间里都要实施计划（Jordan & Powell，1995）。

SRP 使用的方式是充满爱的，非评判的，帮助父母和照料者与阿斯伯格综合征儿童建立联系。重点是父母和照料者要加入孩子的仪式性行为并且参与互动游戏，以便与他们建立融洽的关系。有些家庭实施计划强度非常大，在志愿者的帮助下甚至可以达到每周 80 小时（Kaufman，1981）。在少量使用 SRP 的案例研究中，一些家庭报告这种方法帮助他们在对待孩子的障碍方面，形成了一种积极的态度（Williams，2006）。但对于 SRP 也存在一些争议。SRP 是让成年人模仿儿童的行为与他们建立联系，有人提出一直使用这种方法治疗，可能不利于形成长期的行为（Smith et al.，2007）。

虽然我们对孤独症做了一些讨论，但我们还不能对婴儿期的孤独症进行讨论。大量的研究提出，依恋困扰可能是孤独症心理病理的一个风险因素，因此在讨论幼儿和学龄期儿童孤独症之前，我们需要验证这些研究的可靠性和有效性。

第六章

婴儿期至学龄前期：不安全依恋、对立违抗障碍和遗尿症

本章内容

1. 依恋障碍

2. 对立违抗障碍

3. 遗尿症

还需要进一步探讨婴儿期不安全依恋这个经典的话题。尽管 DSM- Ⅳ -TR 把依恋障碍单独列出来，但是我们仍然把它看作其他障碍的风险因素。

本章后面部分将从正常发展规律入手，讨论学步期儿童的对立违抗障碍和遗尿症的发病机制。

一、依恋障碍

在第二章，我们描述了正常依恋的发展，并且回顾了安全型依恋对健康的认知、情绪、社会性和自我发展的基础性意义。正如第五章所提到的，依恋障碍作为一种重要的进化适应行为，在一些有心理病理性紊乱的儿童中依然出现（尽管是病态的方式）。发展出依恋障碍是源于正常依恋对象的缺失。许多依恋理论都涉及个体差异的本质与起源，根据安全与不安全两个维度来解释依恋的性质问题。儿童形成安全与不安全依恋取决于他们是否有可选择的依恋对象。所有的依恋测验（如陌生情境测验）都假设儿童与抚养者之间存在依恋关系。因此，虽然很多问题儿童都有不安全依恋的迹象，但是依恋缺失却是很少见的。在依恋障碍中，前提假设是儿童没有对其抚养者形成选择性依恋的机会。

（一）反应性依恋障碍

DSM-Ⅳ-TR 把反应性依恋障碍（reactive attachment disorder，RAD）界定为"在大多数情境中表现出明显的不安与社会关系不良，通常在 5 岁之前发生，并且与病态养育相关"（APA，2000，p.127）。儿童表现出显著不安和不适宜的社会关系模式时（见表 6-1），就被诊断为反应性依恋障碍。儿童不安的关系表现为两种形式：①抑制型，儿童持续地不能发出或回应社会互动；②去抑制型，儿童任意地与他人交际，并且在依恋对象上不加以选择。诊断的关键在于关系问题是由严重不合理的养育导致的。因此，这种障碍是对病态情绪环境的反应。病态的养育体现在对儿童明显的情感忽视，或者频繁地更换养育者。这两者都阻碍着儿童发展安全、深度、持久的依恋关系。

RAD 获得的关注极少。事实上，第一个有效标准是 1998 年博瑞斯等人提出的。尽管经验数据在量上很有限，但由于包含无法被其他障碍解释的独特的体征和症状，它依然被纳入DSM-Ⅳ中。

表 6-1　DSM-Ⅳ-TR 关于婴幼儿反应性依恋障碍的诊断标准

1. 在大多数情境中表现出明显的不安与社会关系不良，通常在 5 岁之前发生，并且与病态养育相关，满足下列 2 项之一：
（1）儿童持续地不能发出社会互动行为，或不能以适宜的方式对社会互动进行反应。表现为过分抑制、高度警觉或高度矛盾的反应（例如，儿童可能对养育者表现出接近、逃避、拒绝安慰、刻板的警觉等混合情绪反应）；
（2）泛化依恋（diffuse attachments）表现为儿童任意地与他人交际，并且在依恋对象上不加以选择（例如，和陌生人过分熟络或在依恋对象上不加选择）。
2. 这种障碍并不是单纯由发展迟缓（如精神发育迟滞）导致的，同时排除广泛性发育障碍。
3. 病态养育满足以下描述之一：
（1）持续地忽视儿童对安慰、激励和喜爱的基本情绪需要；
（2）持续地忽视儿童的基本身体需要；
（3）频繁地变更主要养育者，阻碍固定依恋的形成（如不断变更看护者）。
4. 标准 3 中的养育因素可能是导致标准 1 中儿童紊乱行为形成的原因，具体类型：
抑制型——标准 1 中的描述在临床症状中占主要地位；
去抑制型——标准 2 中的描述在临床症状中占主要地位。

资料来源：DSM-Ⅳ，2000。

长期以来，对在孤儿院生活过的幼儿的研究和临床报道为我们今天在 DSM 和 ICD 中了解反应性依恋障碍提供了基础。DSM-Ⅳ和 ICD-10 对这一障碍的很多特征描述一致，如和严重早期病态养育有关，以及关于抑制与去抑制两个亚型的划分（O'Connor & Spagnola，2009）。两个分类系统都认为对 RAD 的诊断，不能将行为表现划分为智力缺陷和发展性功能丧失（MR 或者PDD）。事实上，APA（2000）曾提醒临床医生注意不要将 RAD 与 MR、孤独症、广泛性发育障碍、注意缺陷多动障碍、品行障碍和对立违抗障碍相混淆。通常在无视儿童安慰、鼓励和被喜爱等基本情感需要的家庭中发现 RAD（APA，2000）。然而，ICD 在划分这类障碍时有更具体的障碍标准，DSM 则给临床医生更多的自主判断空间。

1.关键特征

表 6-2 呈现了两种类型 RAD 的主要异同，同时也概述了这两种类型的发展过程。

表 6-2　两种类型 RAD 的异同

RAD 类型	抑制型 / 少言寡语	去抑制型 / 无选择地交际
病因	与社会剥夺和忽视有关	与社会剥夺和忽视有关（但也可能有生理病因，如威廉姆斯综合征）
受虐待儿童	容易在受虐儿童中发现	容易在受虐儿童中发现
在孤儿院长大的儿童	容易在一些由孤儿院抚养的幼儿中发现	容易在一些由孤儿院抚养的幼儿中发现
从孤儿院领养的儿童	未在从孤儿院领养的幼儿中发现	在少数从孤儿院领养的儿童中发现
和选择性依恋的关系	只在缺乏依恋的儿童中表现	在儿童有或无选择性依恋时都有表现
和成人的互动	对互动表现出有限的兴趣和被动默许	感兴趣并愿意不加区分地和熟悉或陌生人接近、互动
养育的质量	和养育质量相关	和养育质量无关
与内化问题行为的关系	中等程度与抑郁情绪相关	和抑郁情绪无关
与外化问题行为的关系	无关	中等程度和粗心、过于活泼相关，但与攻击行为有不一致的关系
对干预的反应	提高养育行为后能取得明显效果	提高养育行为后效果边缘显著或不显著

资料来源：Zeanah & Smyke，2008。

2.患病率与特征

极端病态养育很少出现，因此反应性依恋障碍的个案也比较少见。有反应性依恋障碍的儿童由于不能健康成长，会首先被他们的儿科医师发现。当排除儿童发育不良的躯体性原因，并且观察到对儿童基本物质与情感需要漠视的养育行为时才能够做出鉴别诊断。然而，以往观点认为，显著增大反应性依恋障碍风险的养育环境是冷漠，或者说是没有人性化。

大多数评论者将 RAD 视为在看护系统中发生的障碍，大部分研究都遵从这个思路。在看护或家庭护理中有心理健康问题的儿童患病率为 45%；然而由于现有标准的模糊，RAD 的患病率依然未知（Minnis et al.，2006）。许多研究者认为 RAD 不仅仅是收养儿童时的议题，在总人口中 RAD 等依恋障碍患者或许数量更多（Wimmer et al.，2009）。例如，在父母酗酒、药物滥用或有心理问题家庭中成长的儿童患 RAD 的风险比较高。这些儿童可能成长于混乱甚至是危险的家庭，父母更是忽视其生理和心理需要。

3.性别、种族和社会经济水平

因为这种障碍很少见，因此关于民族、性别或文化差异的流行率和临床表现的信息也非常有限。贾维尔等人（Javier et al.，2007）进行了一项重要的研究，指出了患 RAD 的 12～15 岁领养儿童的性别差异。他们发现男孩更有可能偷盗、撒谎、欺骗、破坏他人财产。相比之下，女孩则更残忍和更具攻击性。在这个研究中，10% 的儿童是在年纪较大时才被收养的，且在收养的家庭中也生活了很长的时间。但是也有研究发现男孩更加过度活跃和具有攻击性，更容易有注意和思维问题，以及焦虑、孤僻和抑郁倾向。女孩则仅在反社会行为、躯体问题（somatic issues）和破坏规则等方面超过男孩（Cappelletty et al.，2005）。

4. 发展过程

关于反应性依恋障碍的发展过程的资料同样很有限。有研究表明，它会影响个体童年中期到青春期的情绪功能和健康，但是尚未有其他方面的研究，也没有纵向研究来说明对成年期的影响（Millward et al.，2006）。且许多研究结论之间是矛盾的（Javier et al.，2007）。拉特等人（Rutter et al.，2007）对英国罗马尼亚裔被收养者的研究表明，依恋障碍具有持久性。研究对象是 6 个月至 2 岁的罗马尼亚孤儿，他们被英国家庭收养。研究者分别在他们 4 岁、6 岁和 11 岁时进行评估。研究结果表明，个体差异具有较大的稳定性，并且在 11 岁时发现了持久的去抑制行为。

在考察 RAD 的发展过程时，RAD 和其他心理病理问题的关系尤为重要。例如，有研究者将现有标准界定下的 RAD 看作导致紊乱的初步表现（Minnis et al.，2006）。也有研究者建立了更科学的 RAD 生理心理模型，认为创伤经历可能对生理和大脑神经化学结构有影响，而被忽视对神经生理影响比虐待和创伤更严重（Corbin，2007）。反应性依恋障碍的系统取向研究则关注与创伤性应激障碍和边缘性人格障碍的关系（Kasenchak，2003）。

（二）病因学

和其他障碍不同的是，DSM 详细地说明了反应性依恋障碍的病因，认为是由病态养育导致的。因此，可以明确地说，其病因是人际情境。

反应性依恋障碍的概念本身是从对孤儿院缺乏母爱的儿童进行研究得出的。例如，在 20 世纪 40 年代，勒内·斯皮茨（Rene Spitz）开始研究和父母分离、在"弃儿收容所"长大的儿童。在墨西哥的一所孤儿院中，斯皮茨发现 37% 的婴儿在入院几周后就夭折了。这些婴儿进入收容所后都得到了良好的护理，无论是食物营养、卫生还是衣物，没有任何生理原因可以解释他们的夭折。斯皮茨仔细地观察了这些儿童，他们在环境中缺乏兴趣，无精打采，出现摇摆等刻板行为，体重也很少增加。他把这些观察制作成了一部令人心痛的电影——《悲痛》（Grief）。斯皮茨把这些儿童的障碍定义为"依恋性抑郁症"（anaclitic depression），一种失去依附的病症。对幼儿来说，失去关怀是最大的丧失（Spitz，1946a）。斯皮茨认为，如果儿童没有接收到成人的情感，即使有适宜的食物和照料，他们也会衰弱，甚至死亡。

更多关于依恋重要性的证据来自第二次世界大战后世界性的孤儿问题。在 20 世纪 50 年代，约翰·鲍尔比（John Bowlby）在世界卫生组织的工作报告中报告了这些孤儿的心理健康状况。他的报告引起了全世界的关注。他认为在生命最初的三年，即使是最干净、运营良好的机构都会增加儿童患生理心理疾病的风险，甚至造成难以恢复的损伤。在鲍尔比的经典著作《依恋、分离和丧失》（Attachment，Separation，and Loss，1982）中，他划分了幼儿经历分离后悲伤与哀痛的三个阶段。

第一个阶段是反抗，儿童通过强烈的哭泣试图获得养育者的回应；第二个阶段是绝望，儿童感到难过、悲伤，甚至是和成人一样的哀痛；第三个阶段是超然，儿童习得性无助，变得消极，对成人的社会性刺激毫无反应。

对成长于去人性化的大型孤儿机构的罗马尼亚儿童进行的研究，证实了缺乏情感照料与心理病理的关系。一般来说在养育环境中，这些儿童会逐渐康复，但是他们常常继续表现出奇怪的社交行为。拉特等人（Rutter et al.，2007）在对英国收养的罗马尼亚孤儿的追踪研究中，想要了解良好的养育是否可以弥补之前的创伤体验。拉特指出在 6 个月之前、在 6 个月至 2 岁和 2 岁之后被收养的儿童，在他们 6 岁的时候，能很好地康复。然而年龄再一点被收养的儿童则患有较高水平的去抑制型依恋。2007 年，拉特再次进行调查（当时这些儿童 11 岁），发现有的儿童已经彻底康复，但仍有一半在 6 岁时被诊断出 RAD 的儿童在 11 岁时没有好转。

霍克和麦考尔（Hawk & McCall，2011）也发现了在俄罗斯孤儿院生活过的被收养孤儿的极端行为。问题行为由父母填写儿童行为测查表进行报告（Achenbach & Rescorla，2001）。测查 316 名从社会情感剥夺的孤儿院中被领养儿童的性别及在被领养时（以 18 个月为单位）和评估时的年龄（6～11 岁；12～18 岁）。研究发现，在 18 个月大以后被收养的儿童在 12～18 岁时有更高的问题行为得分，59% 的儿童在后续生活中出现反社会行为、社交困难和退缩。

不加选择的友好（indiscriminate friendliness）是去抑制型反应性依恋障碍的特别表现。例如，在对加拿大家庭收养的罗马尼亚孤儿的追踪研究中，研究者发现，在儿童被收养后的 11 个月和 39 个月出现了显著地不加选择的友好行为（Chisholm et al.，1995）。格罗尔克等人（Groark et al.，2011）的研究揭示了在中美洲三个不同孤儿院成长的幼儿的一般行为和问题行为发展状况。尽管这些机构很干净，但是很荒芜。照顾者提供常规性的照顾，有限的情感、反应、共情或指导。照顾者通常在长时间的工作后休息 2～3 天，儿童短期内由新的照顾者照顾，因此在儿童的生活中照顾者并不稳定。这些儿童表现出频繁的、不加选择的友好行为，以及不顺从、挑衅、攻击 / 暴力行为。这些研究证据揭示了孤儿院的内部图景，也证明了缺乏温暖、敏感的反应性互动以及养育者的不稳定会导致在孤儿院生活过的儿童青少年发展迟缓及出现问题行为。

幸运的是，在孤儿院中完全缺乏养育关系的情况是很少见的。依恋和心理病理之间的关系更多地发生在不良亲子关系中。DSM- Ⅳ提到一种极端的障碍婴儿，他们的不安全依恋是由被忽视或频繁更换看护者导致的。然而，我们将看到，大多数不安全依恋并不是这种极端的病态养育的产物（Shorey & Snyder，2006）。

（三）不安全依恋和心理病理学

正如在第二章中所提到的，安全型依恋给儿童提供舒适感、自我价值和自信心。他们更善于表达自己的情绪，以及回应他人的情绪，应对挑战，更加灵活和足智多谋，也更能够应对痛苦。相比之下，回避型依恋的儿童则表现出脆弱的独立性，并过度控制自己的情感。拒绝型依恋的儿童则具有依赖性，胆小易怒。另外，在临床人群中，不安全依恋的普遍性也间接地说明了依恋和心理病理之间的关系。

总之，尽管不安全依恋自身并不是一种心理病理现象，但是它被看作心理病理障碍的风险机制。DSM 和 ICD 关于 RAD 的标准似乎是从严重病态的不安全依恋类型中得出的。然而，目前并没有研究直接将 RAD 诊断标准纳入鲍尔比的依恋类型中。接下来我们将探讨关于依恋类型和具体心理疾病之间关系的证据。

1. 连续性的局限

首先，不得不指出前面在探索依恋和某种具体发展障碍关系的研究方法是存在问题的。依恋本身在发展过程中不是固定不变的，这就使得依恋和发展障碍之间的关系变得复杂。例如，一项追踪研究发现，到 4 岁的时候，只有一半的儿童保持着婴儿期的依恋类型（Glodberg，1997）。因此，婴儿期的回避型依恋是否能预测学龄期的焦虑，取决于儿童的依恋类型在那段发展阶段是否是持续不变的。这就是我们在第一章中所介绍的连续性和非连续的问题。研究证据表明，当家庭环境稳定时，儿童的依恋类型也会稳定。但是当家庭环境变得更好或更糟时，儿童依恋也可能会发生相应的变化（见第二章）。

进一步说，我们支持由多因素决定的交互型发展病理学模型，单独一个变量（即使是非常显著的）不可能作为预测复杂障碍的病因。拉德克–亚罗及同事（Radke-Yarrow et al.，1995）的研究很好地说明了这一点。她们发现在 1.5 岁和 3.5 岁的不安全依恋与儿童 6 岁和 9 岁时的发展紊乱没有直接关系，然而却和其他变量（该研究中是母亲的抑郁）的交互作用相关。因而，依恋类型既可以起到风险因素的作用，也可以起到保护性因素的作用，这取决于它和其他变量的交互作用。有趣的是，在母亲抑郁情况下儿童的安全型依恋预测了儿童的抑郁问题；不安全依恋和抑郁的母亲则与儿童 6 岁时的焦虑减少有关。因此，总起来说安全依恋和不安全依恋可以被分别看作保护性因素和风险因素，在具体条件下，它们的作用可能会发生逆转。

2. 跨文化差异

依恋的跨文化研究显示，文化在养育行为和婴儿依恋之间起着显著的作用（Van IJzendoorn & Sagi-Schwartz，2008）。如第二章所说，尽管依恋理论的核心原则具有跨文化一致性，但安全型依恋儿童的比例不一致。另外，很少有研究证实不安全型依恋的含义具有跨文化一致性。例如，在某些国家的取样中，虽然近半数儿童被诊断为不安全型依恋（Ein-Dor et al.，2011），我们也不能说他们患心理疾病的比例更高。在美国样本中被认为是适应不良的行为以及不安全依恋的表现可能在其他文化情境下被认为是适应性的。

3. 实证证据

一系列追踪研究为揭示不安全依恋和障碍之间的关系提供了有力的证据，表 6-3 总结了这些研究发现。

表 6-3　依恋和心理疾病关系的研究结果

发展期		安全型	回避型	拒绝型	混乱型
婴儿期	有养育者	将养育者作为探索的安全港湾	早熟式的独立	黏父母，不去探索	不一致
	分离期	感到痛苦会进行反抗	最低程度的反应	高度痛苦	奇怪行为
	即将重聚	寻求接触，容易安慰	避免接近	难以安抚，既寻求又拒绝亲近	病态地寻求亲近
	养育者行为	反应性的，非入侵性的	无反应的，拒绝	不一致	用各种混合信号进行胁迫、恐吓行为
学前期		和同伴交往良好	无法共情他人，消极地和同伴交往	消极，幼稚，容易被同伴欺凌	攻击对抗
学龄期		具备社交技能，自信，幽默友好	人际互动时反应迟钝，更喜欢独处	依赖教师，对同伴有负面的偏见	外化问题行为
青春期		好社交的，观察深刻的，有心理弹性的	对同伴有敌意，社会支持不良	焦虑，抑郁，较差的自我概念	人格解体或分裂
成年期		自主的	排斥的	心事重重的	无决断力的

（1）拒绝型依恋

沃伦及同事（Warren et al.，1997）的研究假设婴儿期的拒绝型依恋可以预测后续的焦虑障碍，因为频繁变化的养育会导致儿童对需要是否被满足的长期焦虑。另外，相比于回避型依恋，这种焦虑会更多地在拒绝型依恋的儿童身上表现出来。研究数据证实了这一假设。在 12 个月时的拒绝型依恋和 17.5 岁的焦虑障碍显著相关。拒绝型依恋对焦虑障碍的预测作用显著强于其他障碍，并且拒绝型依恋对后续的焦虑问题也没有预测作用。

（2）回避型依恋

回避型依恋的孩子明显地表现出安全需要，害怕不能得到养育者的保护或安慰。他们学习到和他人保持亲密的办法是保持相对的呆板，并且不要有太多要求。这种类型的本质是对独立和自主的坚持，并且缺乏对分离痛苦的接纳，通过最小化自己需要的方式来寻求善待。因此，在临床中对这类依恋的描述相当少（Silverman，2011）。回避型依恋的儿童似乎对变化特别抗拒（Haggerty et al.，2010），并且因为害怕被拒绝和嘲笑，他们与他人的新互动通常也呈现出回避的模式。一项研究发现拒绝和分离的适应不良图式在回避型依恋和后续的心理疾病中起到中介作用（Bosmans et al.，2010）。

（3）混乱型依恋

或许是因为混乱型依恋是最新的也是最少被研究的一种类型，这方面的研究结论并不一致。混乱型依恋的本质是无法克服的恐惧（Main & Hesse，1990）。最典型的例子是受虐儿童和有虐童倾向的父母。80% 的受虐儿童都被诊断为混乱型依恋，并且和童年的攻击性高度相关（Minnis et al.，2006）。虐童倾向的父母扮演着两种相互矛盾的角色。一方面他是儿童的依恋对象，是在未知和充满危险的世界中唯一的安全感来源。另一方面，虐童倾向的父母是一个压力源。他们不可预料地突然用生理、心理暴力来威胁儿童。儿童处于不能解决的矛盾处境——探索世界唯一的安全港湾同时也是不可预知的虐待威胁之源。混乱型依恋是外化问题行为的越来越强的风险因素，尤其是对男生而言。其他不安全依恋类型则没有这样的风险性（Fearon et al.，2010）。

莱昂斯－鲁等人（Lyons-Rugh et al.，1993）的研究发现，婴儿期的混乱型依恋能够预测儿童在幼儿园的攻击行为。母亲患有抑郁症这样的精神疾病，增加了她对儿童的攻击与干扰，这就使得预测关系更为明显。另外有追踪研究发现，婴儿期的混乱型依恋能够预测小学时达到临床水平的外化问题行为（Rutter et al.，2009b）。

肖等人（Shaw et al.，1996）的追踪研究也发现，婴儿期的混乱型依恋能够预测 5 岁时的攻击行为。然而，单纯地说这种风险并不充分，母亲认为攻击行为是儿童难以应付的观念导致的。事实上，混乱型依恋，父母之间关于儿童养育的分歧，母亲的人格（攻击、抑郁、怀疑）和儿童 3 岁时的攻击行为同等重要地预测 5 岁时的攻击行为。

最后，对混乱型依恋青少年的研究表明，他们容易患人格解体和人格分裂。这也与童年在家庭中的创伤性受虐经历有关（Sarkar & Adshead，2006）。

介于依恋影响的普遍性和广泛性，在后续的章节，我们会多次讨论不安全依恋和具体心理疾病之间的关系。

（四）不安全型依恋的代际传递

在第二章，我们描述了安全和不安全依恋的父母的不同表现。不少研究探讨父母内部工作模式来尝试解释导致这些不同教养方式的原因。在一项访谈研究中让父母回顾他们自己的童年依恋体验，将母亲划分成和儿童依恋类型相平行的 4 种类型（见表6-3）：自主的、排斥的、心事重重的和无决断力的（Main & Goldwyn，1988）。儿童出生前的前瞻性研究表明，母亲依恋的内部工作模式能够惊人地预测她们孩子在 1 岁时的依恋类型，这也在其他文化中得到了证实：日本母亲的依恋类型对子女的依恋类型有预测作用（Behrens et al.，2007）。对 18 个研究的元分析发现，母子在依恋安全型 / 不安全型上有 75% 的一致性。所有的研究都表明患心理疾病的儿童往往有着不安全型依恋的母亲，其中只有 14% 的母亲有安全的内部工作模式（van IJzendoorn，1995）。

依恋类型的代际传递甚至在 3 代内都有表现。一项研究对孕妇及其母亲进行访谈，并在孕妇生产后对母子进行陌生情境测验。研究发现，在 64% 的家庭中，母亲、外祖母和儿童属于同样的依恋类型（Bnoit & Parker，1994）。然而，这一结论受到取样的限制，所有的被试都来自社会经济水平高的家庭，他们心理状态良好，且属于安全型依恋。排斥的或心事重重的母亲通常有和自己依恋类型不同的孩子。同时当单身母亲和她自己的母亲同住时，儿童的外祖母会通过参与教养直接影响到儿童的依恋类型（Cook & Roggman，2010）。

（五）不安全依恋可能导致的障碍

研究表明，不安全依恋是心理疾病跨时间的显著的风险因素。但这些都没有在 DSM-Ⅳ-TR 中反映出来。查尔斯·泽纳（Charles Zeanah，1996，2000）认为，DSM 对反应性依恋障碍的诊断只描述了临床表征连续带上的两极。这些研究者认为现有的诊断系统是从大量相关研究文献中摘取的。因此，基于对问题儿童的大量观察和临床工作，他们结合 DSM-Ⅳ 和 ICD 分类及相关研究提出了替代性的依恋障碍分类标准，分为无依恋障碍、扭曲依恋障碍、自我危害的依恋障碍、依附或抑制的依恋障碍和依恋瓦解障碍（Zeanah & Gleason，2010）。

1. 无依恋障碍

和 DSM 及 ICD 一致，泽纳（Zeanah）及同事提出了两种缺乏依恋对象的障碍：①无依恋，表现为情感退缩，对养育者有抑制行为；②不加选择地好交际，儿童向陌生人寻求慰藉和表达喜爱，和其发展特征不符地对依恋对象不加区分。有这样障碍的儿童很可能有自我调节和自我保护的严重问题。

2. 扭曲依恋障碍

这种障碍的典型特点是儿童有偏好的依恋对象，但是这种依恋关系是严重紊乱的，而这种紊乱只表现在特定关系中。研究表明，他们和不同的养育者有不同的关系。

3. 自我危害的依恋障碍

儿童大胆地、毫无抑制地探索环境，并且不向依恋对象寻求亲密或安心。儿童可能沉浸在安全或刺激的行为中，如冲向汽车，在拥挤的人群中奔跑或在峭壁上攀爬。这样的儿童也可能会攻击自己或养育者，特别是在他们寻求安慰的时候。

4. 依附或抑制的依恋障碍

在另一个极端，为了和年龄特征相符地表现出探索环境的行为，儿童在探索时不离开依恋对象。相反，他们黏着养育者，表现出特别的依赖。就像前面提到的孩子的攻击性那样，这类孩子的抑制行为只和养育者相关，在其他情境中可能没有焦虑或抑制行为。

（1）警觉的依恋障碍

和上述提到的儿童一样，养育者在场时，这类儿童也抑制自己去探索环境。和依赖不同的是，这些孩子表现出情感抑制，谨小慎微，并且对养育者过度顺从，似乎害怕养育者不高兴。儿童没有自发性行为，这就和在有严厉父母的儿童身上观察到的"强迫性顺从"模式类似。

（2）角色颠倒的依恋障碍

在这种类型中，儿童不是寻求而是向父母提供情感支持、照顾和养育。"儿童通过采用惩罚地，或过于热心地，或表现出与角色不符的举动常常试图控制养育者的行为"（Zeanah，2000，p.30）。这种行为通常在照顾患病亲属或经历父母丧失（去世或离异）的儿童身上观察到。所以，这类儿童承受着和自身发展阶段不一致的为养育者健康负责的重担，甚至牺牲自己的情感需要。

5. 依恋瓦解障碍

这种障碍通常表现在儿童突然经历依恋对象丧失的案例中。和鲍尔比的观点一样，儿童的应对反应经历反抗、绝望和超然三个阶段。由于比较少见，没有特别好的研究来证明，但个案的报道描绘了因为死亡、疾病或寄养儿童失去依恋对象的痛苦（Dann，2011；见方框6.1）。

由于这些分类还处于构想阶段，因此我们并没有关于信效度与临床应用价值的证据。如泽纳（Zeanah，2000）所言，我们需要更多的研究来说明不同类型的关系问题和心理疾病之间的关系。

方框6.1　依恋障碍的个案研究：17个月大的约翰

在20世纪50年代，当母亲要在医院生弟弟妹妹时，将儿童寄宿在育儿院并不是一件罕见的事情。但约翰·鲍尔比的两位同事詹姆斯（James）和乔伊斯·罗伯逊（Joyce Robertson）认为这种做法是有害的。他们取得了观察许可，对5个在寄养家庭或留宿幼儿园的儿童进行研究。其中约翰在17个月大时是一个聪明、快乐的易养型气质的孩子。他吃饭和睡觉都很好，各方面的发展都很正常。他的父亲是一个年轻但工作忙碌的专家，无法独自照顾约翰。因此，他们在家庭医生的建议下将约翰安置在育儿院，母亲则安心等待分娩。

第一天，约翰在奇怪的环境中醒来，周围都是其他孩子的吵闹声。当护士微笑着走近他时，他友好地回应，并且在给他穿衣时和护士互动。早餐时，一个冷漠的护士喂他吃饭，他也和对待别人一样友好地和她相处。当他的父亲来接他时，他反应迟钝，但最终还是微笑着认出了他。

第二天他依然表现良好。但到了第三天他明显地低落。他哭了一会儿，然后可怜地坐在房间的角落里，或者背对着其他孩子玩。他试探性地和不同的护士交往，但是总在喧闹中被忽视。第四天，他很少吃东西，并且无精打采，不断难过地哭泣。第五天，护士注意到他持续地痛苦，但并不能安慰或者转移他的注意力。他继续拒绝吃东西，痛苦地哭泣，有时甚至到处打滚，拧自己的手。他更少地接近护士并且躺在地板上，把自己藏在一只巨大的泰迪熊身上。护士玛丽试图更频繁地接近他，不管约翰是否需要她。

第六天，约翰变得痛苦而倦怠，他常常哭泣。当他的爸爸来看他时，约翰拧他，甚至用手掌打他。然后他抬头跑向门口，用身体表达他想要回家的愿望。他拿出他户外的鞋子，当父亲把鞋子给他穿上时他露出了一丝微笑。但是当父亲没有任何进一步举动时，他跑向护士，并给了父亲一个极度痛苦的表情，随后离开护士，孤零零地站在角落。

第七天，约翰的哭声小了，但仍然持续整天。他不游戏也不吃东西，对护士的关心最多只有几秒钟的回应。他的表情苍白而呆滞，走路的时候磕磕绊绊。最后一天快到时，他会走向一个成人，然后去角落哭泣或者脸朝地痛苦地躺着。

第八天，约翰甚至更加痛苦，很长时间他都冷漠沉寂地躺在地板上。当他的父亲试图喂他的时候，约翰心烦意乱到无法进食。

第九天，约翰从一醒来就开始哭。当他母亲来带他回家的时候，他在一个护士的腿上一直趴着。他的反应很迅速，也很躁狂。他到处乱冲撞，大声地哭喊，瞟了母亲一眼后眼神迅速移开。多次看到他都是表情痛苦地大哭着跑开。几分钟后，他的母亲抱住了他，但约翰持续地挣扎叫喊，躬着背不看母亲。最终他坐下来，然后哭着跑向乔伊斯·罗伯逊，乔伊斯让他平静下来，并交给他的母亲。约翰抱住母亲，但是不看她。

当父亲进入房间时，约翰从母亲身上挣脱，拥入父亲怀里。他停止哭泣，并第一次直视母亲，非常长时间，也很坚定。他的母亲说："他从来没有像这样看过我。"

回家后（家里有了新的弟弟妹妹来分享母亲的注意力），他更频繁地发脾气，拒绝吃东西，睡眠不好，也更加黏人。回家7周后，乔伊斯·罗伯森看望了约翰，但约翰对她的出现反应非常强烈——他开始拒绝吃东西，排斥父母的注意，并且攻击母亲，这样的情况持续了5天。甚至是3年之后，约翰4岁半，他的父母依然担心那次分离会有长期的影响。尽管他总体上是一个快乐能干的孩子，但非常害怕失去母亲，而且看不到母亲时非常沮丧。另外，每隔几个月，他都会持续几天对母亲有攻击行为，似乎是想要摆脱抑郁。

（六）干预

1. 亲子治疗

依恋干预的特点是认为真正的病人不是孩子或父母，而是他们的关系（MacMillan et al.，2009）。这种方法的例子包括埃格兰德等人（Egeland et al.，2000）开发的"迈向高效快乐的教养"（Steps toward Effective and Enjoyable Parenting，STEEP）项目，以及利布曼和波尔（Lieberman & Pawl，1993）的婴儿亲子项目（Infant-Parent Programme）。参与这些项目的大多数家庭由于父母社会经济水平低、文化水平低、心理健康状况不良和/或药物滥用而被认为是高风险的家庭。这些母亲童年时都有受虐经历。干预的核心是通过调整亲子关系来改变父母关于关系的内部工作模式。

这些干预的内容包括每周的家访。在家访中治疗师温和地提供给家长关于儿童正常发展的指导信息，并且在信任、亲密的关系建立后让父母回忆童年经历来让他们意识到这些经历是如何影响到自己的亲子互动的。治疗师也帮助母亲成为更敏锐和有共情能力的儿童观察者，加深他们对依恋行为、分离焦虑和亲子关系重要性的理解（这些在第十七章将被进一步讨论）。

回顾对依恋关系的干预发现，它们总体上都是有效的，但最有效的干预是提高对儿童养育的反应性（Kalinauskiene et al.，2009）。另外，尽管干预后父母行为的变化是可见的，但并不一定都引起了父母内部工作模式的改变（Bakermans-Kranenburg et al.，2003）。

2. 儿童治疗

有时治疗的对象是儿童，特别是在育儿院或教养院中依恋对象出现严重问题的儿童。可以用无结构的游戏治疗为儿童提供一个安全的环境，在这种环境中儿童可以探索他的想法和感受，并且体验与有爱心的治疗师的积极关系（在第十七章将进一步讨论，更多的材料可见于Brisch，2002和方框6.2）。

总之，如我们所见，依恋障碍的原因显然来自家庭环境，特别是儿童出生后前三年的养育质量。依恋障碍的影响跨越整个发展过程，并且将儿童置于变态发展的风险之中。依恋是学步期儿童重要的阶段性议题，会影响到儿童在后续阶段获得其他发展的能力。依恋能够平衡依附重要他人与自由发展的平衡关系。当儿童无法解决依恋障碍时，一个可能的后果就是发展出僵化的、有控制欲的、对抗的世界观。

方框 6.2　反应性依恋障碍诊断和治疗的论战

临床工作者和研究者发现，有反应性依恋障碍的儿童数量在急剧增长。这也反映了人们开始意识到不良的环境和病态的教养会对孩子产生极大的破坏性影响，而不能给孩子贴上"坏孩子"或者"有毛病"这样的标签。正确的诊断也有帮助，能够带来适宜的治疗以减轻孩子的障碍。但是什么时候诊断和采用什么治疗方法合适，在这一问题上，该领域的研究者还没有达成一致意见（Hanson & Spratt, 2000）。

关于诊断，最棘手的就是不像其他 DSM 里的障碍那样，反应性依恋障碍的标准在发病原因上是特定的，即这种障碍必须是由病态养育引起的。这就需要诊断医师有高水平的推断，他必须断定孩子受到了不适宜的养育，而且完全是由这种不适宜的养育（而非其他因素）引起了儿童的障碍。如我们会在第十四章所讨论的那样，儿童虐待可能会导致多种病理障碍，包括退缩、迟钝和回避依恋对象等症状，并不是所有受到不适宜养育的儿童都会发展出反应性依恋障碍。然而，在实践层面，汉森（Hanson）和斯普拉特（Spratt）在他们的调查中发现，强调虐待和儿童病态化的临床医师常常给受虐待的儿童贴上反应性依恋障碍的标签，而这些儿童的症状远不符合诊断标准。

将孩子错误地诊断为反应性依恋障碍会有什么危害吗？在这一领域的另一个争论就是关于这种障碍的治疗。治疗这种障碍的许多替代疗法是没有理论根据的，也没有经验支持。甚至，有些疗法对儿童是有害的，甚至是毁灭性的。例如，"重生治疗"是一种用于刺激孩子身心重建，以促进依恋重新发展的方法。在科罗拉多（Colorado）有个被广泛报道的案例，一个孩子在这个过程中死亡，当治疗师把包裹在篮子里的他抱下时发现他窒息了，而当时他的养母完全没有意识到这个情况。

二、对立违抗障碍

学步期是儿童自主性扩大，成人指导减少的时期，这两部分应该协同发展。学步期儿童在身体上已经能够探索大量的新环境，可能会不小心地破坏家里珍贵的物件，早起后弄得满地狼藉，甚至有时让自己处于危险之中。这种没有限制的行动必然遭到父母的制止，父母会经常说"不能""不要"等。父母希望教育幼儿控制自己不被接受的行为，但是幼儿反叛地坚持自己的权利。

他们接下来就会为谁控制谁而展开激战。有时候，狂风暴雨似的对抗导致人们幽默地称这个阶段为"糟糕的两岁"。

如果自主性的幼儿和约束性的父母之间的对抗处理得当，幼儿就会成为社会化的学前儿童，能够控制自己，也能够被保证自己的权利。简言之，他们既自我控制又自主。

然而，这种正常的发展也有可能会背道而驰，引起心理病理问题。如果儿童自主性的健康需要被阻碍的话，可能会导致他们极端地发展出对立违抗行为。这种行为会破坏亲子关系，同时阻碍儿童自身的成长。

（一）定义与特征

1. 定义

对立违抗障碍（oppositional defiant disorder，ODD）的基本特征是反复出现的对权威人物的消极的、反抗的和敌意的行为。这种障碍的表现包括情绪爆发、争辩、否认和故意惹怒别人以及自己犯错还责备他人，易怒而充满恶意（见表6-4中DSM-Ⅳ-TR的标准）。然而，并不像品行障碍（conduct disorder，CD）那样，ODD并没有侵犯他人以及违背社会规范秩序，如持续说谎、攻击和偷盗。ODD常常被认为是CD的缓和形式，是CD发展的早期阶段。

表6-4　DSM-Ⅳ-TR关于对立违抗障碍的诊断标准

1. 持续至少6个月，表现出消极、攻击、反抗的行为模式，至少满足以下4个（或更多）表现：
（1）经常发脾气；
（2）经常和成人争吵；
（3）经常主动反抗或者拒绝遵守成人的要求或规矩；
（4）经常故意惹怒别人；
（5）经常因自己的过失或错误而指责他人；
（6）经常发怒或容易被人激怒；
（7）经常生气；
（8）经常怀恨或具有报复性。
注意：当个体的这些行为比同一年龄和发展阶段的平均水平更频繁时，这些标准才满足。
2. 行为障碍导致显著的社会、学业或职业功能损害。
3. 这些行为并不是在病理或情绪紊乱过程中才发生的。
4. 排除品行障碍。

资料来源：DSM-Ⅳ-TR，2000。

在DSM-Ⅲ（APA，1980）中，ODD开始得到独立的诊断。但最初它是用于区别正常行为，同时也是品行障碍的缓和形式，具有特殊性。逐渐地，ODD的诊断标准在DSM-Ⅲ（APA，1980）和DSM-Ⅳ（1994）中被明确，定义出正常行为和问题行为之间的区别，但关于ODD和CD之间的区别还很有限。我们将在后边的章节提到CD，但由于它和ODD相互作用的关系，也会在本章提出。

2. 患病率和特征

科斯特洛等人（Costello et al., 2003）在美国从一个有代表性的社区中选取了1420名9～16

岁儿童。这个社区的儿童被频繁报道有临床问题。例如，1/3 的青少年被诊断为 ODD（Nock et al.，2007）。而且随着这些儿童进入青春期，有对立行为的比率增长了（Keenan et al.，1999）。经过标准的诊断访谈，作者发现 ODD 诊断的患病率在 9 岁儿童中是 2.1%，在 15 岁儿童中是 4.1%，在 16 岁儿童中是 2.2%。不考虑年龄，总体的患病率女性是 2.1%，男性是 3.1%。终生患病率估计为 10.2%（男性 11.2%，女性 9.2%）。在这些终生患 ODD 的人中，92.4% 达到了一项 DSM- Ⅳ 其他的终生障碍标准，包括情绪障碍（45.8%）、焦虑障碍（62.3%）、冲动控制障碍（68.2%）和药物滥用（47.2%）。

在过去几十年中，ODD 和 CD 基本的概念都没有发生变化，但诊断这些障碍的标准有相当大的变化。例如，增减、调整了这种障碍的症状，诊断门槛也发生了变化，也不断地提出与删除 CD 的不同亚型。但也有一种主要的担忧，ODD 和 CD 诊断标准的持续变化是基于有限的临床标准的，诊断标准的变化给确定这种障碍的患病率带来了困难。

患病率在很大程度上受使用的诊断分类标准、测量工具和相关时间的影响，甚至在诊断标准上微小的变化都会导致患病率的巨大不同。研究者对同一个样本的儿童使用 DSM- Ⅲ 和 DSM- Ⅲ -R 两个诊断标准后发现，使用较早版本的话 ODD 的患病率减少了 25%，而 CD 则减少了 44%（Boyle et al.，1996）。不仅如此，科斯特罗和安戈尔德（未发表的数据，Costello & Angold，1998）指出，用 DSM- Ⅳ 比用 DSM- Ⅲ -R 时 CD 的患病率要低一些，但是 ODD 的患病率则没有差异。

（1）不同诊断分类系统的差异

详细地说明 ODD 和 CD 的关系的困难反映在 DSM- Ⅳ 和 ICD-10 差异较大的疾病分类学方法上。在 DSM- Ⅳ 中，认为 CD 和 ODD 是两种具有独特病症的不同障碍。但是 DSM- Ⅳ 假设 ODD 是在排除 CD 后，是 CD 的轻度表现。而 ICD-10 则把 ODD 当作 CD 的一种亚型。

我们可以得出结论：所有满足 DSM- Ⅳ 诊断标准的儿童也满足 ICD-10 的诊断，但是有一部分满足 ICD 对 CD 诊断标准的儿童在 DSM 中达不到标准。这种情况发生在有两种 ODD 症状和两种 CD 症状，或者有三种 ODD 症状及一两种 CD 症状的儿童身上。这些儿童常常被称为"空白群体"，因为他们处在 CD 和 ODD 诊断标准的空白区域中（Rowe et al.，2005）。

也有关于在 DSM- Ⅳ 中诊断 ODD 的四个症状临界值的担忧。许多人发现，"低于最低限度"的案例和满足所有 DSM- Ⅳ 标准的儿童之间是没有差异的，他们建议诊断标准应该扩大以包括这些群体。由于许多"低于最低限度儿童"在 ICD-10 中会得到诊断，这引发了更多的争论。

（2）性别、种族和社会经济水平

在性别上，ODD 似乎在童年早期的男孩和女孩中的患病率是相似的，男孩略微高一点（Nock et al.，2007）。然而，在童年中晚期，ODD 更多地表现在男孩中。值得注意的是，很少有研究是针对女孩 ODD 的，所以很可能目前女孩的患病率比现在估计的要更高。有研究提出 ODD 诊断标准是否在男孩和女孩中有同样的临床应用，以及是否应对男女生有不同的诊断标准，是否应使用临界值等问题（Keenan et al.，2008）。

为什么 ODD 的患病率只在青春期男孩中增长？这一问题还没有明确答案。例如，在反社会行为的社会心理风险因素上，男孩和女孩的敏感性是非常相近的，也同样会受到相关的潜在家庭和环境因素的影响（Boden et al.，2010）。社会群体是一个重要的因素，数据一致表明经济水平较低环境的童年成长经历与后续生活中较高的 ODD 风险有关，并且 ODD 在处境不利群体中也更为流行（Collishaw et al.，2007b）。对于种族差异并没有一致的结论，有的研究显示有差异，有的则没有差异（Lahey et al.，1999）。另外，在种族多样性的 ODD 研究中很少控制社会群体的影响，让这些结论难以说明问题。

（二）共病和鉴别诊断

1. ODD 和 OD

描述性的精神病学文献和客观研究都说明了 ODD 和 CD 有紧密关系。DSM-Ⅳ 称"所有 ODD 的特征通常都会在 CD 中得以表现"（APA，1994，p.93），并且如果所有的 CD 标准都满足，那么需要排除 ODD 才能进行诊断。DSM-Ⅳ 将 ODD、CD 和反社会人格障碍（antisocial personality disorder，ASPD）分等级和从发展的角度组织起来，"似乎它们反映的是同一潜在障碍在不同年龄的表现"（Moffitt et al.，2008，p.22）。在一定比例的个案中，ODD 被假定为构成了 CD 的早期发展性表现（APA，1994）。有人指出，患 CD 亚型的儿童（尽管不是青少年）可能在童年早期患有 ODD。在临床案例中，ODD 的患病率高达 96%（Frick et al.，1992）。

研究一致表明从 ODD 到 CD 有普遍的发展连续性。患 ODD 的青少年在发展早期，即三四岁的时候，就表现出了对立违抗问题。这些破坏性行为的比率和严重程度在发展过程中有增长的趋势，逐渐地发展得越来越严重。在一项研究中，在患有 CD 的男孩中以前被诊断过 ODD 的比例高达 80%；然而，值得注意的是，部分比例的患有 ODD 的儿童（40%）从来没有发展成更严重的 CD（Kimonis & Frick，2010）。

DSM-Ⅳ-TR 把它们归类到更大的题目——攻击行为障碍——之下，依据经验式的分类方法把它们归为外化障碍。事实上，一些人也争论，认为 ODD 和 CD 大量重合，应该把 ODD 看作 CD 的缓和形式，而不是单独归为一种心理疾病。

然而，也有许多理由说明为什么 ODD 应被看作独立于 CD 的障碍（详见 Hinshaw & Lee，2003）。正如我们所见，DSM-Ⅳ-TR 区分这两种障碍是建立在 ODD 的儿童并不侵犯他人或者破坏主要的社会规范上。在 ODD 中，反抗行为更为常见（尽管不只是反抗行为的一种），是受父母和家庭环境影响的，但在 CD 中的反抗行为频繁地牵涉到同伴、教师和家庭之外的他人。尽管 ODD 和 CD 都与反社会行为、家庭负性事件有关，但在 ODD 儿童中严重程度要更低一些（Walker et al.，1991）。总起来说，ODD 儿童比 CD 儿童的障碍程度更轻。

发展性的数据提供了 ODD 区分于 CD 的其他证据。ODD 在学前期就产生，然而 CD 直到童年中期才表现出来。尽管大多数 CD 的个案都有患 ODD 的先例，但纵向研究表明大约 2/3 的儿童没有继续发展成 CD（Kimomis & Frick，2010）。

　　一些研究说明了为什么某些对立违抗障碍儿童发展出更严重的 CD，高攻击性似乎是发展成 CD 最重要的决定因素。另外，像父母的反社会行为、忽视、缺乏父母监控和父亲缺失等家庭变量也起着重要的作用（Burt et al.，2005）。在一个对 1420 名（56% 为男生）9～21 岁被试的研究中，ODD 男孩是后续患 CD 的显著预测变量，两者关键的差异也反应在结果变量上。研究大量地发现 CD 能够预测行为结果，然而 ODD 则是早期成年生活情绪障碍的预测源。

2. ODD 和 ADHD

　　ODD 与 ADHD 有相当高的共病，有 30%～90% 的共病率。ADHD 提高了早期患 ODD 的风险，在同时患有 ADHD 和 CD 的儿童中，其 ODD 的症状更加严重（Gadow & Nolan，2002）。

　　ODD 被认为是模拟了 ADHD 的症状（Furman，2008）。例如，将 ADHD 和 ODD 症状联系在一起的研究提供了丰富的证据表明童年期冲动性（一种行为抑制缺陷）和外化行为（对立、攻击）的关系。冲动性被认为是 ADHD 行为缺陷潜在的核心问题（Barkley，2006），并且常常和 ODD 同时出现（Sprafkin et al.，2011）。更为重要的是，与只有 ADHD 或者其他主要注意力不集中亚型的儿童相比，有 ADHD 的联合亚型（多动—冲动和注意力缺失成分）的更可能达到 ODD 的诊断标准。

　　因此，ADHD 似乎是加强了 ODD。这种 ODD-ADHD 共病也和许多适应不良因素及结果有关，包括更高程度的攻击、注意力问题、内化行为、同伴和家庭问题以及学业问题。降低儿童冲动性和 ODD 症状关系的因素也能够作为保护性因素起到抵抗 ODD 症状发生的作用。

3. ODD 和学习障碍

　　ODD 本身与学习障碍无关（learning disorder，LD），如果发现与学习障碍有关，那是由于与 ADHD 共病时才出现的（Hinshaw & Lee，2003）。

4. ODD 和内化障碍

　　有趣的是，ODD 在有焦虑和抑郁问题的儿童身上也普遍流行（Hinshaw & Anderson，1996）。一种解释是这种伴随情绪障碍的易怒和坏脾气导致儿童更容易反抗他们的父母。然而，临床观察表明，焦虑的儿童常常采取控制周围环境的方式来释放焦虑（Lieberman，1992）。因此，ODD 可能是儿童尝试减少人际打扰和未知的方式。对进入成年早期的儿童追踪研究显示，青春期的 ODD 能独立地预测成年早期的焦虑和抑郁（Cope and et al.，2009）。

（三）病因学

　　ODD 依然是一个有争议的诊断（Moffitt et al.，2008）。许多评论家声称 ODD 和一般的反抗行为类似，并且可能将对立作为一种气质维度更合适，而不是分类的障碍（Loeber et al.，2009a）。普遍达成一致的是 ODD 和正常行为同属一个连续体。事实上，在 1/3 的时间里，正常儿童也无法完全遵照父母的指令（Webster-Stratton & Herbert，1994）。因此，不服从、反抗、发脾气和消极情绪都是幼儿期正常的问题行为（见第一章），只有持续到学前期才能够称为 CD 或 ODD。当这种行为频率和强度增大或者持续到后续阶段时才能被看作心理病理现象（Gabel，1997）。

1. 个体因素

（1）正常发展中的对抗

如果把心理疾病看作正常发展偏离正轨，那么我们就可以从正常发展研究中寻求线索，进而探讨发生偏离的原因。相关文献探讨了消极或不顺从行为。

库钦斯基和库钦斯卡（Kuczynski & Kochanska，1990）在对幼儿的一项追踪研究中将"社交策略"来概念化消极行为。直接反抗是最没有技巧的策略，因为对父母来说这种方式太直接而令人讨厌。消极不顺从也被认为是没有技巧的，但是父母不那么厌恶。谈判，即试图劝说父母调整他们的要求，是相对间接但被人接受的策略，因此是最有技巧的。这项调查发现，随着年龄增长，直接反抗和消极不顺从会逐渐减少，而谈判则会增多，这表明孩子学会了对父母的要求更加积极、灵活地表达拒绝。我们最感兴趣的是该研究发现只有最不具技巧的拒绝策略能够预测儿童 5 岁时的外化问题行为。

库钦斯基和库钦斯卡也指出临床儿童心理学家应该注意尽管不顺从可能是有问题的，"过度顺从"也是令人担忧的。受虐待的婴儿因害怕父母的抑制儿童正常表达自我意志的反应，会发展出僵化强迫的顺从。在他们的研究中，过度顺从的幼儿有较高的内化情绪问题风险。

（2）临床人群中的对立

有研究者探讨 ODD 和依恋的关系。德科叶（Deklyen，1996）发现 25 个有破坏行为障碍的学前男孩比对照组呈现出更多的不安全依恋。斯佩尔兹等人（Speltz et al.，1995）也发现依恋类型能够在临床上将 ODD 幼儿和正常组区分开来，它的鉴别力比母亲命令和批评等行为要好得多。特别是，以往的研究表明，婴儿期的回避型依恋和学前期的 ODD 有关（Nordahl et al.，2010）。这些研究者谨慎地指出依恋不应作为 ODD 的唯一成因，而是和其他风险因素相互作用的。

也有一些研究证明困难型气质能够预测青春期的 ODD（Singh & Waldmen，2010）。不过，和依恋一样，气质应当作为众多风险因素之一。

2. 家庭因素

家庭环境常常被看作对 ODD 发展特别重要的因素。有证据表明，暴露在父母适应不良行为（包括酗酒、违法的药物滥用和犯罪）下与儿童患 ODD 的高风险相关（Marmorstein et al.，2009）。家庭稳定性也是一个常见的童年期风险因素，儿童生活在不稳定家庭环境中更容易有攻击行为（Afifi et al.，2009）。

有关 ODD 儿童父母特征的研究发现，他们比其他儿童的父母更消极，也更挑剔地对待自己的孩子。他们也更多地威胁、愤怒和唠叨。父母双方都给孩子显著多的命令和指示，但并不给儿童足够的时间去回应（Webster-Stratton & Hancok，1998）。和以往的互动研究一样，总是存在的"鸡和蛋"的病因方向问题。父母要么使儿童的行为形成，要么是对儿童行为进行反应，还需进一步研究来揭示因果关系。

再来看更细致的养育行为。麦克马洪和弗里克（McMahon & Frick，2005）发现是养育注意维持了不顺从行为。注意起到了一个强化的作用，即使这种注意是消极的愤怒和惩罚。另外，麦克马洪和福汉德（McMahon & Forehand，2003）发现命令型的养育和儿童的不顺从有关系。所谓 alpha 指令是清晰具体的，就更少导致不顺从。它们包括清晰、精确、客观陈述的指令。例如，"如果不吃豌豆你就不能吃点心"或者"你可以看完这个节目，但接下来就要关掉电视机了"。所谓 beta 指令是模糊而间断的。这些命令难以或者不可能遵从，不是模糊不清就是在儿童反应之前就又提出了新的指令："你想要安静地做事，是不是？"或者"别再捡你的……现在帮妈妈找一下她的口袋书"。beta 指令更多地出现在有不依从儿童的父母身上。

父母对孩子不依从的归因也影响着他们的养育行为，以及后续的儿童对纪律的积极反应。如果父母把孩子的不当行为当作故意的，或者认为他们自己是无助的，就会更严苛地对待孩子，进而引发更多的不当行为（Geller & Johnston，1995）。

关于多样风险因素的研究发现，ODD 是一系列人格和家庭环境因素交互作用的结果，包括儿童气质、不良依恋、家庭冲突和低社会经济水平（Campbell，2006）。但这些风险因素是怎样导致 ODD 的还有待进一步揭示。我们会用一个模型来试图解决这个问题。

（四）交互作用的发展模型

格林和多伊尔（Greene & Doyle，1999）提出 ODD 有多元发展路径。社会学习模型聚焦于过失教养行为，将过失教养行为作为最主要的决定因素，另外还有儿童的特征。如果治疗关注改变父母行为，那么效果会比较有限。因此，他们的模型包含了可能导致 ODD 的儿童特征和亲子互动因素。

1. 导致 ODD 的儿童特征

（1）不良的自我调节

冲动性和反应性在有问题行为的儿童中是普遍的，他们的情绪和行为控制能力不良。这种不良的自我调节能力是 ADHD 和 ODD 的基础，也可能导致两者之间的疾病。正如格林和多伊尔所指出的那样，顺从是在发展过程中掌握的一种技能。为了养育者的目的或标准而延迟满足自己的目的，儿童需要适应、内化、自我调节和情绪调节。因此，自我调节不良可能导致 ODD。当面对奖励和惩罚线索时，不良的自我调节会频繁地发生。有的 ODD 个体更乐于关注奖励，同时忽视惩罚信号。实验发现，降低获胜率，但是提高奖励率时，ODD 儿童持续为了奖励而做出反应，并且不顾增加的惩罚（Matthys et al.，2004）。心理生理上的发现也表明了这种模式，有的 ODD 个体表现面对反感的结果时，心脏反应减少，而面对奖励时心脏反应增加（Luman et al.，2010）。如果有的 ODD 儿童关注奖励，同时对（不频繁的）惩罚不敏感，那么使用严厉的和不频繁的惩罚来塑造 ODD 儿童就会是无效的。

（2）执行功能

另一个 ADHD 和 ODD 共有的缺陷是执行功能——对计划、监控和纠正个人行为、适应和定势转换、灵活的问题解决来说必备的一系列认知技能。缺乏这些能力的儿童可能在以下方面出现困难：对先前经验进行反思，预期不顺利的后果，快速地从一种心态转换到另一种养育者所命令的心态。例如，"关掉电子游戏，准备睡觉。"诚然，有这些缺陷的儿童可能显得是故意违抗父母，但真正的原因是他们加工信息和选择适应性行为的能力较差。

（3）情绪和焦虑障碍

正如前面所提到的，抑郁和一些焦虑障碍（特别是强迫）是 ODD 的合并疾病（Garl and & Weiss，1996）。潜在的机制可能也是不良的情绪调节。不能调整自己对情绪情境反应的儿童可能过度唤起，并且以情绪而非理性进行回应，这被称为"情绪风暴"。因此，敏感性、情绪不稳定性、焦虑和顺从会危害儿童对成人指令进行适宜回应的能力。

（4）语言处理问题

语言对发展的影响是至关重要的，也是多方面的，如对自我调节产生的影响。学步期儿童的语言技能使他能够鉴别、分类和表达需要，以及识别适宜的行为反应。语言也让儿童获得他们对所选择行为的反馈，使他们反思自己的行为。有语言障碍的儿童难以鉴别和交流感受，也无法进行合作的给一拿互动，以及发展出灵活的问题解决技能，这就使得他们可能患 ODD。

（5）认知扭曲

有不良情绪调节机能的儿童容易受到当下经历的情绪影响，以偏见、错误、片面或者曲解的方式解释社交信息，这就导致儿童从攻击的视角来看待父母设定的规则。

2. ODD 的相互影响模式

儿童的自我控制、情绪调节和认知能力都不是完全自行发展的，在这些技能的获得过程中父母起到了关键作用。父母言传身教带来儿童好的行为，但是，命令式的语气和对儿童不顺从的严厉回应会引发儿童不顺从的行为。在对立行为萌发阶段，亲子互动的质量特别关键。如格林和多伊尔所说"在这个发展的关键点上，儿童对顺从的能力和成人对顺从的期待这两个最重要的因素是交互影响的"（Grecne & Doyle，1999，p.137）。总之，如果父母对儿童的回应加剧了儿童的困惑和认知情绪困难，那么适应不良的相互作用模式就会产生。引用 DSM-IV-TR，他们可能会发展出"亲子互动的恶性循环"（p.100）。

因此，在相互影响的路径上，单一的儿童或父母特征不能导致 ODD。取而代之的是，问题是由于"亲子不协调"带来的，类似我们在第二章所提到的适应良好概念。例如，如果一个男孩的语言处理问题阻碍了他表达困惑的能力，而父母不能理解，且试图以奖励的方式来使儿童表现出社交适宜的行为，男孩就会产生无能感、挫折感和对立。或者再举另外一个例子，如果情绪调节不良的父母遇到有相似情绪调节缺陷的孩子，那么这种不协调也可能会增加 ODD 的风险。

（五）发展过程

ODD 通常是在生命最初的 8 年逐渐出现和发展起来的。有证据表明，ODD 在童年中期发生的频次会减少，但在青春期的时候再次增加（Lahey et al.，2000）。可以推测，ODD 是最稳定也是康复率最低的疾病之一。正如我们所见，ODD 和其他疾病的发展也有关，尤其是品行障碍、注意缺陷多动障碍和学习障碍。早期（8 岁之前）的表现和共病说明了 ODD 康复速度缓慢（Nock et al.，2007）。参见方框 6.3 的个案研究。

方框 6.3　对立违抗障碍案例：约瑟夫（Joseph）的 8 年

"我讨厌这个地方，再也没有人告诉我应该做什么，" 8 岁的约瑟夫冲着他的老师大喊道，"你总是说我很淘气，但是我不是那样的，是因为你蠢我才惹上麻烦。我和艾米（Amy）坐在一起，是她让我做这些蠢事的，这根本不是我的错，我讨厌你们所有人！" 他朝门撞去，把架子上的书都撞下来了，他的一些同学堵在门口，但是最终他还是踢开教室的门逃走了。最后，他转过身回头看着老师，坚定地要和老师僵持。

约瑟夫因为爱惹麻烦而出名，在学校的一年里，他有严重的暴力记录。上边发生的这一情况只是因为老师要求他在课堂上安静。这表明他对小事情的反应过激，暴力发作，极端受挫，以及不遵从权威，他被怀疑有 ODD。

案例问题：做出 ODD 诊断需要考虑哪些因素？要记得在诊断中，基因和环境因素都可能起作用。

从约瑟夫表现出的行为特征来看，ODD 需要持续 6 个月以上，他需要表现出至少 4 种行为：（1）经常发脾气；（2）否认或拒绝遵从成人的规则；（3）蔑视规则；（4）故意惹怒别人；（5）因自己的过错责怪他人；（6）容易被激惹；（7）生气而充满怨恨；（8）常常是恶意的（APA，2000，p.70）。

了解约瑟夫的家庭历史很重要。患有 ODD 风险的儿童可能父母就患有某种品行障碍，或者家庭成员中有人患有严重的抑郁。其他可能提高 ODD 风险的因素包括（尽管并不详尽）：早期的母亲拒绝，和父母分离也没有其他适宜的养育者，家庭忽视、虐待或家庭暴力，父母教养不一致或者贫穷。

资料来源：Timothy Wagner，Handout for Professionals。

（六）干预

ODD 治疗的行为策略是最为广泛研究和使用的。例如，麦克马洪和福汉德（Mac Mahon & Forehand，2003）首先关注到提高亲子关系质量这一问题。他们帮助父母注意儿童行为，然后以温暖而非胁迫的方式和儿童互动。他们还教给父母具体的行为技巧。比如，用坚定具体的 alpha 指令替换模糊间断的 beta 指令；从惩罚不听话行为转变为鼓励、赞许和积极关注顺从行为；当儿童不顺从的时候，采取"隔离法"（time-out）的方法让儿童独处一会儿。让父母学会操作性条件反射的基本原则比只是给家长提供处理具体问题的技术更有帮助。一个行为的调整常常会影响儿童在家里的其他行为。例如，一个经过强化能够自发地捡起自己玩具的女孩也会开始变得喜欢干净整洁。甚至，有证据表明，接受过干预的儿童的兄弟姐妹（他们并未接受过干预）也会发生相同的积极改变，这是因为父母对他们的行为也发生了变化。建议教师也参与到行为项目中来，这样可以把在家庭中取得的效果迁移到学校。另外，在童年中期取得的进步能够维持到青春期。

韦伯斯特 – 斯特拉顿（Webster-Stratton, 1998）根据这些方法制作了包括视频在内的材料，以让父母知道什么是适应的和适应不良的方法。目前，这种方法有很好的经验支持，也在对多种族和社会经济水平低的人群的研究中得以验证。我们会在第十七章更详细地讨论她的干预。

在二十多年内，行为主义方法被证明是有效的，但格林和多伊尔（Grecne & Doyle, 1999）认为并不是对所有孩子而言都是有效的。他们认为，我们应该针对导致每个儿童对立行为的原因机制来设计具体的治疗方案。

由敏感性构成的早期强化信息反映在眶额叶皮层和尾状核，鼓励结果信息则在眶额叶皮层。有可能相互协调的杏仁核、尾状核和眶额叶皮层受到了损坏。这不仅仅提供了一个解释，为什么有些青年更容易重复不利于决定的功能性神经基础，也为新的治疗方法的提出提供了可能性，因为药理学调整 5- 羟色胺和多巴胺可以影响这种学习的形式（Finger et al., 2011）。

我们在本章讨论的依恋障碍和对立违抗障碍是婴儿期到学前期正常发展受到挑战而导致的。在这个夹断儿童的其他发展任务中，其中有关身体功能的方面对儿童和养育者而言都特别重要。因此，我们转向身体功能方面。

三、遗尿症

对自我控制的需要影响着学步期儿童生活的许多方面，特别是当身体功能受到影响的时候，其重要性更能被人感受到。年幼儿童的生活和他们的身体有密切的关系，对他们而言进食和排泄有特别的快感。因此，社会化的父母的要求会引发某些童年早期最严重的一些冲突。我们将探索调节排泄中的一个主要紊乱——遗尿症。

（一）定义和特征

1. 定义

遗尿症有一个漫长的历史，早在公元前 1550 年就在埃及医学书中出现（Thompson & Rey, 1995）。现在所说的遗尿症的定义是达到了可以控制排尿的年龄仍无意或有意地反复尿床或尿湿衣物。根据 DSM- IV -TR，这个年龄至少在 5 岁或者相当的发展阶段。这种行为如果连续 3 个月每周出现 2 次，则在临床上显著。然而，如果在重要的功能上有较大的痛苦或损伤也可以认为达到了临床标准。另一个标准就是这种遗尿不是由影响排尿的身体状况或药物导致的（见表 6-5）。

共有三种类型的遗尿症：夜间遗尿症只在夜间睡觉时发生；日间遗尿症则是在清醒时间发

生的；混合型遗尿症在两个时间都会发生。研究文献并不总是区分这三种类型的遗尿症，但这导致一些研究结果的不同。

还有另一种重要的分类。原发性遗尿症适用于从未被成功训练控制排尿的儿童，二次遗尿则表现在被成功训练过，但是在6个月或更长时间的不遗尿后出现遗尿，如对家庭压力情境的反应。在我们的术语中，原发性遗尿被界定为"固着"，二次遗尿则被界定为"退行"。

表 6-5　DSM- Ⅳ -TR 关于遗尿症的诊断标准

1. 反复地在床上或者衣物上排尿（无论有意或无意地）。
2. 这种行为如果连续3个月中每周出现2次，则在临床上显著。或者在社交、学习（职业）等重要的功能领域有一定的痛苦或损伤。
3. 年龄在5岁或者相当的发展阶段。
4. 这种遗尿不是由影响排尿的身体状况（多尿症、脊柱裂、癫痫）或药物（如利尿剂）导致的具体类型。 　夜间遗尿症：只在夜间睡觉时发生的遗尿。 　日间遗尿症：在整个清醒时间发生遗尿。 　混合型遗尿症：在两个时间都会发生。

资料来源：DSM- Ⅳ -TR，2000。

2. 患病率和特征

在美国，15%～20%的5岁儿童会有遗尿症状。菲谢尔和利伯特（Fischel & Liebert，2000）整合几个研究来总结患病率，他们发现遗尿症的患病率受到年龄的显著影响：5岁儿童是33%，7岁儿童是25%，9岁儿童是15%，11岁儿童是8%，13岁儿童是4%，而15～17岁青少年则降低到3%。在这些儿童中有75%只表现出夜间遗尿，日间遗尿比较少见。但是在世界范围内遗尿症的患病率变化范围很大，在3.8%～24%。遗尿症也有性别差异，总体上说男孩的患病率是女孩的2倍（Tai et al.，2007）。这种性别差异也随着年龄而变化，4～6岁时男孩和女孩的数量几乎是差不多的，但在11岁时，男孩的数量就是女孩的2倍了。也有研究表明，遗尿的患病率随着社会经济水平的变化而变化，即在社会经济水平较低的群体（Hazza & Tarawneh，2002）（Shreeram et al.，2009）中更流行，同时在有家族遗尿症史的家庭里也更普遍（Bayoumi et al.，2006）。

在患病率上的巨大差异可能是由于ICD-10和DSM- Ⅳ中对遗尿症的定义不同导致的。ICD-10要求5～6岁的儿童在过去3个月内每个月2次的尿床频率，7岁及以上的儿童则是过去3个月内每月1次，然而DSM- Ⅳ要求在连续的3个月中每周出现2次或有重要的功能损伤。使用ICD-10标准时遗尿症会有更高的患病率（Srinath et al.，2005）。

（二）共病

注意力问题和过度活跃会和遗尿同时出现（Shreeram et al.，2009）。一项研究估计患有ADHD的儿童30%有遗尿问题（Graham & Levy，2009）。有遗尿症的儿童更可能会表现出不当行为、焦虑、不成熟等行为问题，以及学业失败。遗尿症也与大便失禁、学习障碍和智力发展迟缓联系在一起（Biederman et al., 1995）。

夜间遗尿和日间遗尿都似乎是自愈的。也就是说，即使没有治疗，儿童会长大成熟而不再遗尿。有证据表明，女孩的缓解率比男孩要高，71%的女孩和44%的男孩在4岁时有遗尿症，但在6岁就没有了（Harbeck-Weber & Peterson, 1996）。我们也了解到存在有效治疗遗尿症的方法，因此遗尿症的康复是很有希望的。

（三）病因学

1. 生物学因素

遗尿可以单纯地由一些身体问题导致。例如，支配膀胱的神经异常导致膀胱无法排空，尿崩症或尿道感染等疾病，以及药物影响，如利尿剂等。临床儿童精神病学家应该确保经过检查而排除这些因素。

在生理因素的研究中存在两种争论。第一种关于夜间抗利尿激素分泌缺陷，这种激素能够减少夜间排尿。然而，支持这种假设的证据是被质疑的，即不是所有的遗尿儿童都多尿，也不是所有多尿的儿童都有遗尿症（Ondersma & Walker, 1998）。另一个主导的理论则把遗尿解释为抑制夜间尿液流动的习得性肌肉反应的消失（Mellon & Stern, 1998）。研究发现，夜间遗尿的儿童其膀胱能力比正常儿童要差；尿动力学研究发现，他们夜间表现出比白天更高的膀胱不稳定性。

遗尿症似乎也有很强的基因因素。例如，当父母双方在童年都有遗尿史时，儿童发展出遗尿症的风险大约为80%。相比之下，如果父母一方有过这种障碍，儿童的风险则为45%，而如果父母都没有过，那么儿童的风险仅为15%（Fischel & Liebert, 2000）。进而，同卵双生子都有遗尿症的可能性为68%，而异卵双生子只有36%（Harbeck-Weber & Peterson, 1996）。

2. 个体因素

（1）发展状况

尽管我们把如厕训练当作理所当然的事，但这的确是一个发展任务。向父母表达如厕需要不仅涉及儿童的交流技能，儿童的社会性和情绪也要发展到能够认识到符合社会期望的程度，也需要良好的大肌肉群活动能力来完成相关的动作，还需要计划和自控的认知能力。因此，在任何方面发展迟缓的儿童都有可能遗尿（Neveus, 2003），这暗示着睡眠唤起和夜间遗尿的潜在关系。

（2）心理社会压力

对大多数儿童来说，原发性遗尿并不是由于心理社会因素导致的。文献表明，有遗尿问题的儿童总体上是适应的（Friman, 2008）。一方面对一小部分儿童，特别是有二次遗尿的儿童来说，遗尿可能是对养育暴力、忽视、虐待和其他压力源的反应（Fritz & Rockney, 2004）。另一方面，研究未能发现遗尿与经济背景、家庭完整和家庭环境质量等心理社会因素的关系（Biederman et al., 1995）。

3. 一项交互发展研究

卡夫曼和伊莱泽（Kaffman & Elizur, 1977）在以色列基布兹（Kibbutz）做了一项追踪研究，由训练过的保育员在公共的儿童之家照顾4~6个月大的婴儿。每个孩子每天和父母相处4小时。总起来说，这些孩子的发展和亲子关系都与传统的西方家庭相似。特别是如厕训练不带有惩罚，而且以孩子为中心。

卡夫曼和伊莱泽评估了这153个孩子从婴儿到8岁时一系列的生理、人际、内心变量。这项研究把遗尿的起始点定位为4岁，而不是5岁。他们发现，尽管4岁时的遗尿有普遍的基因和生理因素（伴随着尿床，更弱的膀胱功能，受损的动力或协调性），但是内心和人际因素仍有很大的作用。

在个体因素上，遗尿的儿童比不遗尿的儿童有显著更多的行为症状问题。在这些因素中，两个高风险的个性特点非常明显。大约有30%的儿童是过度活跃、有攻击性、抗拒规则的，有更差的挫折耐力，也拒绝适应新环境。我们可以想象在如厕训练中让这些儿童坐着或站着不动有多么困难。一小部分遗尿的儿童比较害羞和依赖他人，有更低的成就动机和掌握动机，也频繁手淫——或许是为了代偿现实生活中快乐的缺乏。相比之下，不遗尿的儿童自主、独立且适应能力强，他们有更高的成就动机。

在家庭因素中，养育冷漠和遗尿的关系最明显。另外，暂时和父母分离是唯一会增加尿床的压力源，因为这些基布兹儿童从容地看待兄弟姐妹的出生、住院，甚至是战争。有趣的是，保育员的离去并不会导致儿童这样的反应，这表明亲子关系是关键因素。虽然统计并不显著，但是尿床和保育员的行为也存在着关系，孩子的遗尿与保育员的低成就动机和不安全感有关。在充满爱的关系中进行结构化的、目标导向的、有效指导的如厕训练，能够提高早期的膀胱控制。

卡夫曼和伊莱泽从数据中得出了一些普遍的结论：对低风险的儿童来说，如厕训练的时间并不重要，但对高风险的儿童而言，如多动的、抵抗的和攻击性的婴儿，延迟训练会导致遗尿发生的增长。这样的幼儿本身就很难社会化，更不用说在"糟糕的两三岁"时问题有多么复杂了。在人际方面，父母不管或不坚定的纵容态度往往会使儿童的尿床持续下来，因为既没有充足的挑战也没有充分的支持来让儿童成长。这个发现与对儿童正常发展的研究结论一致，当养育情感和挑战、成就期待相结合的时候，儿童的能力发展是最好的。但是总起来说，儿童的个性因素比人际因素对遗尿的影响更大。

卡夫曼和伊莱泽（Kaffman & Elizur, 1977）在研究中还发现遗尿的儿童中有50%在6~8岁时是问题儿童，相比之下，不遗尿的儿童只有12%，学习障碍和学业成绩不良是出现最多的问题，当然也有一些儿童缺乏自信，有羞耻负罪感或抑郁。遗憾的是，卡夫曼和伊莱泽没有深入的分析数据来探讨哪些儿童更有可能会发展出问题。

这些纵向研究发现对遗尿的发展过程有重要的启示。如果看一张遗尿逐步减少的图，我们可能就会得出儿童随着成熟而克服问题的预测。虽然这些图表是基于横断数据形成的，但对人际和个体变量的纵向研究提醒临床医师，4岁儿童的遗尿可能是其他会持续甚至加重的问题的初步表现。简言之，尽管大多数儿童会自愈，但也有为数不少的个体会发展出其他的问题。

当临床儿童心理学家帮助父母判断是否需要干预儿童遗尿时，他们对这些纵向信息的理解很重要。毕竟，人们都会质疑为什么要干预一个会正常消失的行为。要告知父母从关注单纯的遗尿转换到关注总的问题行为。考虑这两方面的信息，从而得出是否干预的决策。

（四）干预

应该在 6 岁之后进行主动治疗。任何干预都应该考虑到对家庭生活方式方面的有益影响。家庭应该了解正常膀胱功能是怎样的，以及遗尿的发病机制。一个有系列总体和每月跟进目标的个人化项目对维持动机很重要。

排尿预警（urine alarm）是一种比药物治疗更有效的行为干预。从本质上说，这是一种经典条件反射。绑在儿童身上一个差不多口香糖大小的装置，在儿童的内衣里也粘上排尿探测器。当儿童遗尿的时候，这个装置就会嗡嗡地响，叫醒儿童去上厕所。然后儿童有所觉察，就醒来了，这样就能让儿童在尿床之前起床（见图 6-1）。研究表明，排尿预警对大多数案例来说是有效的。65%～75% 的尿床儿童能够在 3 个月内保持不尿床，特别是对那些原发型遗尿的儿童而言。这种预警需要 12 周甚至更长的时间才能起效，但家长的耐心并不总是那么好（Fischel & Liebert，2000）。另外，治疗后一年内也有较高的复发率。

图6-1　预警式醒来
资料来源：CALVIN AND HOBBES，版权归属 Watterson，1991。

全方位家庭训练（Full Spectrum Home Training；Houts，2003）将排尿预警和排泄训练、闭

尿控制训练、过度学习相结合。在排泄训练中，儿童得到一张挂图，在上面记录遗尿和没遗尿的夜晚。每次儿童因为预警而醒来就会得到一张贴纸。为了确保儿童完全清醒，建议家长让儿童洗脸或洗手，或者做一些算数作业。闭尿控制训练则在两周的时间里因憋尿（最多45分钟）而奖励儿童。最后，过度学习是为了防止复发，在儿童经历14个完全"干燥的夜晚"后，要求他每晚睡前喝水，并且逐渐增加喝水量。每两个晚上，如果孩子不尿床的话，喝水量就增加2盎司（1盎司等于29.57毫升），直到达到该年龄的最大量为止。这样的程序使遗尿的复发率减少了50%，其中45%的儿童持续获益（Mellon & Stern，1998）。

有些药物也是有效的，其中去氨加压素对儿童来说药效最好。遗尿症儿童中的30%对药物有完全反应，40%有部分反应。然而也存在安全隐患，若与过量的水一起饮入，去氨加压素可引起水中毒，伴低钠血症和抽搐（Glazener & Evans，2002）。三环抗抑郁剂丙咪嗪也常被用于治疗遗尿症。接近50%的被选中的遗尿症儿童对药物都有反应，并且在顽固遗尿症儿童中药物的反应率也是相同的（Gepertz & Neveus，2004）。然而由于副作用，它通常只被认为是三级护理机构的三线治疗方式。

临床医生在遗尿治疗中新增了认知技术。例如，鼓励孩子们表达自我效能感"当我需要尿尿时，我会自己起床，去洗手间尿尿，然后回到我舒服、干净的床"（Miller，1993）。此外，可视化技术可以帮助他们想象自己睡觉的时候就像在视频里一样，感觉他们的膀胱充盈，然后醒来去上厕所。他们还可以想象自己的膀胱扩张和充血的样子，向大脑发出"呼机信号"，触发大脑唤醒孩子（Butler，1993）。

最后，使用催眠（Diseth & Vandvik，2004）和针灸（Honjo et al.，2002）作为遗尿症治疗工具的研究也取得了很好的进展。

后面，我们对各种精神病理学的介绍将从学龄前儿童转移到学龄儿童相关的障碍。我们的焦点将从调节身体机能和与照顾者的关系，转移到对注意力和学习能力的关注上。正如我们将在第七章所呈现的一样，这两种情况都有可能出现问题，一方面产生多动，另一方面产生学习障碍。

第七章

学龄前期：注意缺陷多动障碍和学习障碍

本章内容

1. 注意缺陷多动障碍

2. 学习障碍

正如我们在第六章已经探究的那样，当自我调节的发展在幼儿阶段发生偏离时，儿童可能开始趋向对立违抗障碍。然而，适应性的发展不仅包括自立和自主，还包括好奇和探索。正如皮亚杰所说的，即使是婴儿也是问题解决者。他们经常问："那是什么？""它如何工作？"直到一岁末期，他们开始主动探索周围的物理和社会环境。同样，幼儿也有非凡的能力将他们并未分化的注意投注到探索的任务上。在学龄前期，儿童开始拥有与学业相关的体验，这将他们内在的好奇心引导到学习特定科目的工作中来。

然而，在学龄前期这种专注学习的能力会被多动和注意缺陷严重破坏，多动和注意缺陷会阻碍儿童对手边的任务集中注意力。正式开始上学后，另一个不同的偏离可能会出现在聪明、有强烈学习动机的孩子身上：在某个学业领域如阅读或数学方面不能达到适当的水平。在本章，我们将首先讨论注意缺陷多动障碍（ADHD），然后再讨论学习障碍（LD）及它们的发展结果。

一、注意缺陷多动障碍

（一）历史

在过去几十年中，ADHD 的概念已经从一种特定形式的脑功能失调发展成了一组各种各样的相关行为（Taylor，2009）。今天，大家所熟知的 ADHD 这一概念，是在心理分析和社会学习"轻微脑功能失调"的专业思想氛围下形成的。直到 20 世纪六七十年代，研究者才确立 ADHD 的更具体化、更容易被识别的行为症状，因为研究者开始意识到仅仅由行为表现经常无法推理出脑损伤（无论是否轻微）。对更可信诊断的需要引导人们开始关注关键心理轮廓更清晰的描述，诊断系统如 DSM 和 ICD 用注意缺陷、多动和冲动的特征来定义这一障碍。

（二）定义和特征

1. 定义

我们将从提出和讨论 DSM-Ⅳ-TR 中注意缺陷多动障碍的诊断标准开始，因为诊断标准代表着试图去定义这一心理病理问题动荡不安的历史（参见表 7-1）。

表 7-1 DSM-Ⅳ-TR 关于注意缺陷多动障碍的诊断标准

注意缺陷多动障碍
1.（1）或者（2）。
（1）注意缺陷：持续 6 个月出现下述症状中的 6 条或者更多，以至于不能适应正常生活，与正常发展水平不相适宜： ①经常无法注意细节或者在学校作业、工作或其他活动中犯粗心的错误； ②经常在任务或游戏活动中不能维持注意； ③当直接对他讲话时，似乎没有在听； ④不能遵循指导，或者不能完成学校功课、琐事或者工作职责（不是因为反抗行为或者不能理解指导说明）； ⑤在组织任务和活动时有困难； ⑥经常逃避、厌恶或者不情愿参与需要付出持久心理能量的工作（如学校课程作业或者家庭作业）； ⑦经常丢失任务和活动必需的东西（如玩具、学校作业、铅笔、书或者工具）； ⑧经常轻易被外部刺激所吸引而分心； ⑨在日常活动中显得很健忘。
（2）多动—行为冲动：持续 6 个月出现下述症状中的 6 条或者更多，以至于不能适应正常生活，与正常发展水平不相适宜。 多动 ①经常坐立不安，或在座位上扭动； ②在要求持续坐着的教室或者其他场景中，常常离开座位； ③在不适宜的场合跑闹攀爬（青春期或成年期，可能限于主观上心神不定的情绪）； ④经常很难安静地玩耍或参与休闲活动； ⑤经常"动个不停"或经常"像被发动机驱动一样"地行动； ⑥经常无节制地说话； 冲动 ⑦经常在问题尚未说完之前不加思索地回答； ⑧经常很难等待； ⑨经常打断或侵扰别人（如插入别人的对话或游戏）。
2. 一些造成损伤的多动—冲动或注意缺陷的症状发生在 7 岁前。
3. 在两个或更多的背景中表现出症状带来的损害（如学校和家中）。
亚类型： 注意缺陷多动障碍，混合型——如果标准（1）和（2）都满足，且症状持续 6 个月以上； 注意缺陷多动障碍，注意缺陷主导型——如果标准（1）满足，但是标准（2）不满足，且症状持续 6 个月以上； 注意缺陷多动障碍，多动—冲动主导型——如果标准（2）满足，标准（1）不满足，且症状持续 6 个月以上。

资料来源：DSM-Ⅳ-TR，2000。

值得注意的是，ADHD有三种主要类型：第一种的特征是注意缺陷；第二种的特征是多动/冲动；第三种是这两种情况的混合。注意缺陷型的儿童无法达到与其年龄适宜的注意保持水平。父母和老师可能会抱怨儿童不能集中注意力，总是容易分心，从一个活动跳到另一个活动，没有组织纪律性，忘性大，容易做白日梦。而多动型的儿童则持续地"动个不停"，就好像"被发动机驱动一样"。可以在如下表现中观察到这种被动的驱动：攀爬或到处跑，在课堂上过量说话或不停地在不恰当的时候离开座位。冲动体现在"未经思考的行动"。儿童可能脱口而出答案，而不是先花时间思考问题，他们可能通过插入谈话或游戏而打断他人或干扰他人，或者可能无法耐心等待。很多这些行为在幼儿的典型发展过程中都可以发现，因此，要诊断为ADHD就要求儿童表现出与年龄非常明显的不适应行为（参见方框7.1）。

方框7.1　注意缺陷障碍案例

7岁的里基（Ricky）是一个非裔美国男孩，学校心理咨询师将他转介到心理门诊。在进行诊断评估时，里基在读二年级。最初打电话到门诊来的时候，里基的妈妈S夫人声称她儿子已经"失去控制"。当被问及具体是什么不受控制时，S夫人说里基"到处都不受控制""不断地惹麻烦"。作为一名单亲妈妈，她觉得儿子的行为快把她压垮了，完全管不住他。

作为评估的部分，里基和妈妈分别由临床心理学的实习生进行面谈。里基先开始会谈，一开始他表现得很有礼貌，矜持，还有一点儿社交焦虑。他报告说在适应新学校尤其是新老师方面存在困难，因为新老师坎德勒夫人（Mrs. Candler）总是朝他大吼，并不断留便条给他妈妈。当问他为什么老师会朝他大吼时，一开始他说不知道，但是后来就承认主要是因为他无法集中注意力或者不能遵守班级纪律。里基说他常常是"红牌"：他们的课堂有一个纪律规则，学生如果违反了规则，他们的名牌就必须从绿色变成黄色，变成橘色，最后变成红色。红牌意味着必须打电话叫家长。仅仅在上个月内，里基就累积了5张红牌和7张橘牌。

当问他是否喜欢学校时，里基耸耸肩回答说他喜欢科学课，尤其是现在，他们已经开始学习蝌蚪的成长。他说他有一些朋友，但是他经常不得不只能一个人待着，因为坎德勒夫人总是让他一个人待在教室的角落里完成作业。里基说在教室里他觉得无聊、悲伤、疲倦和愤怒。下午放学后他感到最快乐，因为他可以骑车游玩很长时间，"也没人朝我大吼大叫，想去哪儿就去哪儿"。里基否认自己有其他情绪和行为问题，但是承认对"自己成了妈妈的大麻烦"感觉很差，也很迷惑为什么自己在学校里表现如此差。

随后对S夫人的访谈证实了里基所报告的大部分事实，还增加了一些细节。例如，S夫人还提到里基在课堂上几乎是无法忍受的，因为一旦要求写作业，他就会大发脾气或大哭，甚至会对老师不尊敬，这就导致老师接二连三地打电话找家长。在家里他也是坐立不安，生活杂乱没有条理，往往会丢东西，要么是没听见对他说的话，要么是没理解这些话。S夫人已经去学校和老师沟通过四次，其中一次还见了校长和学校心理咨询师。最近，里基也进行了认知和教育测验，测验结果显示他的智商和教育测验的成绩都处于平均水平，这与他的能力相匹配。老师想要推荐里基进入行为和情绪障碍儿童的班级，但是 S 夫人反对这一建议，而是自己前来诊所寻求独立的评估。

在进行了课堂观察、获得父母和老师行为评定结果，并且对里基的注意技能进行了更详细的神经认知测验后，实习生得出结论说他的情况符合注意缺陷多动障碍的诊断标准。S 夫人被建议对里基进行综合模式治疗，经过一番犹豫后，她同意试一试兴奋类药物治疗。里基的老师也被培训对之实施行为矫正项目。在这个项目中，他们会对持续完成任务的行为进行奖励。比如，允许里基参与有意思的活动，包括在教室的计算机上玩新游戏。下一步，治疗的目标是注意力和自我监控，当里基能和坎德勒夫人进行眼神接触，听从老师的指导并自己重复这些指导时也给予奖励。当他掌握了这些技能后治疗的目标就转向培养组织技能和学习技能，如保持课桌整洁，及时上交作业，举手提问和告诉妈妈他在学校需要哪些物品等。尽管里基受益于这一整套治疗，在随后的六个月里表现出更少的破坏性行为，注意也随之增加，但是他妈妈突然就不再继续治疗了，说她觉得里基的情况已经进步到只需要药物治疗就可以维持。一年以后我们电话回访时，里基的不良行为仍然是得到控制的，但是他的学校表现只是维持了中等偏下的水平。

资料来源：节选自 Kearney，2009。

从历史发展来看，诊断已经强调了最明显的紊乱表现，即多动。例如，DSM-Ⅱ（American Psychiatric Association，1968）就标定了"童年期运动过度反应"的状态，其特征是过量运动，易分心，坐立不安和注意力跨度窄。随后的研究，尤其是弗吉尼娅·道格拉斯（Virginia Douglas，1983）的研究提出，是注意而不是动作活动才是关键的缺陷。这一研究形成了 DSM-Ⅲ 中注意缺陷障碍（ADD）的基本诊断（American Psychiatric Association，1980），这一障碍的诊断有没有出现多动症状都可以。因此，我们现在才有了 DSM-Ⅳ-TR 三种类型的诊断：注意缺陷型、多动—冲动型和混合型。

重要的是，和 DSM 对比，世界卫生组织的 ICD-10 使用的是运动过度障碍这种更为狭窄的诊断分类。虽然它列举的是相似的操作性诊断标准，但是诊断有赖于多动、冲动和注意缺陷症状的出现。当我们讨论在两种分类体系下的患病率和关键差异时，我们还将讨论这个问题。

DSM-Ⅳ 分类系统还有三个特征值得进一步关注：①始发年龄；②症状持续时间；③症状发生的场景。

（1）始发年龄

在 DSM-Ⅳ-TR 中，ADHD 症状的始发年龄被确定为 7 岁以前。然而，一项包含 380 个 4~17 岁年轻人临床样本的研究显示，满足 ADHD 在 7 岁之前始发症状标准的儿童主要是多动—冲动类型。43% 的注意缺陷型和 18% 的混合型儿童在 7 岁前没有表现出症状（Applegate et al.，1997）。因此，不同类型的 ADHD 看上去始发年龄具有差异。多动—冲动型出现在学龄前期，混合型出现在小学早期（5～8 岁），而注意缺陷型出现得较晚（8～12 岁；Barkley，2003）。是否这些年龄的效应反映了症状始发的真正差异，还是仅仅只是反映了对这一障碍认识不清晰呢？很明显，多动和冲动行为对家庭与教室的破坏性更大，因此，它们更容易被识别，而注意缺陷这类比较隐性的症状则更难以识别。

后续研究发现早发 ADHD 和晚发 ADHD 儿童之间没能持续地显示出差异，尽管有证据表明症状表现越早，发展性的结果就会越严重（McGee et al.，1992）。

DSM-5 似乎正在修正目前诊断标准中的始发年龄，将目前要求的造成伤害的症状必须发生在 7 岁以前延后到 12 岁以前（McGough & Barkley，2004）。然而，问题马上就来了，是否这会增加 ADHD 的患病率，甚至是否会改变临床定义和与之相关的危险因素呢？

（2）症状持续时间

关于症状的持续时间，DSM- Ⅳ -TR 规定 ADHD 的症状至少要持续 6 个月，这一病程标准的确立主要是为了防止对那些症状仅仅是时限性因素（如心理社会压力或进入新的班级）引起的儿童误诊为 ADHD。然而，也有研究证据表明 DSM- Ⅳ -TR 的六个月病程标准要求仍然太短，特别是对年幼的儿童来说。问题已经提出来了，即六个月的病程可能无法涵盖后续的全部在校时间，因此基于单一老师报告的症状，儿童可能会满足全部的 ADHD 诊断标准。例如，拉比纳等人（Rabiner et al.，2010）发现，在三个某一年内被老师评定为高度注意缺陷的儿童独立样本中，他们在第二年就不再表现出这些问题，即使是那些被诊断确定有 ADHD 儿童的问题也不再出现。临床上重要的教师评定出现的这种不稳定结果提示，对儿童每年进行再评估是非常重要的，这样可以避免错误地对待那些也许不再有症状表现的儿童。增加 ADHD 的六个月病程标准也许可以防止对那些在学校出现短暂注意力问题的儿童诊断为 ADHD。研究已经表明，对学龄前儿童来说 12 个月的病程标准是更合适的（Barkley，2003）。

（3）症状发生的场景

尽管 DSM- Ⅳ -TR 的诊断标准特别提到 ADHD 的症状必须在两个或更多的场景中出现，但是对于有些儿童，他们可能只在一个场景中表现明显，如家庭或学校，而对于另外一些儿童，他们可能在各种环境中都有弥散性的症状表现。例如，一个儿童临床心理学家在读完一个多动儿童的转介说明后，可能准备好要来应对妈妈口中的"要命的淘气鬼"时，却发现在咨询室里，孩子简直是合作的典范。研究提出，儿童保持注意和控制冲动的能力在下述情况下更有问题：①一天中较晚的时间里；②当任务更复杂，要求更强的组织技能时；③当有行为限制时，如坐在教堂或餐厅里；④当刺激水平低时；⑤当任务完成后反馈或奖励延迟时；⑥缺乏成人监督时；⑦当任务要求坚持时。当 ADHD 儿童的父亲在家时，他们往往表现出更少的行为问题，这可能是因为父亲的出现提供了额外的情况和结构。考虑所有这些因素，我们也就不会再觉得奇怪：为什么教室是 ADHD 儿童表现问题最突出的场景了，因为它要求所有的技能和能力，这些对 ADHD 儿童来说是最具挑战性的（Barkley，2003）。

儿童行为在不同场景中的不一致性也可能会让成人将儿童的注意缺陷和多动表现误认为是

他们任性。因为 ADHD 儿童可能在一些非结构性或刺激性场景中表现出的问题行为相对较少。比如，在午餐期间，自由玩耍，玩电子游戏或在新奇的事件如郊游时，成人可能错误地认为儿童的行为是选择的结果，ADHD 是他们可以控制的："当他想要表现好的时候，他是可以的！"

2. 患病率

世界各地报告的 ADHD 患病率差异非常大，学龄儿童的患病率最低是 1%，最高的接近 20%（Faraone et al., 2003）。不同文化间患病率呈现巨大的差异，但是这可能是由不同文化的标准（Lovecky, 2004）和他人提供的症状解释（Barkley, 2003）决定的。也有研究证据表明 ADHD 的患病率随着年龄增长而下降，尤其是男孩的患病率。然而，是否这是真正的下降还是因为所使用的评定技术并不敏感导致的人为现象还不清楚。例如，诊断标准可能对青少年来说就不那么适合，而对童年中期的儿童则比较适合（Barkley, 2003）。在症状表现上，也会有年龄的变化。例如，多动和冲动在成年期就变得不那么明显。

目前仍然有可能的是，被诊断为 ADHD 的儿童数量明显增加可能是认知和诊断实践变化导致的，而不是这种障碍的人真正变多了。还有一种可能是个案的数量增加了，甚至包含错误诊断的个案数量。在童年期，65% 的 ADHD 儿童会有一个或更多的共病。

其他影响患病率的因素包括样本人群的特征、诊断方法和诊断标准执行的严格程度。虽然 DSM-Ⅳ 和 ICD-10 都提供了相似的症状列表，但是它们建议使用不同的方法确立诊断，ICD 就更为严格。例如，ICD 在所有三个不同症状类别（注意缺陷，多动和冲动）上都有最低数量症状要求。相比之下，DSM-Ⅳ 则只确定了两类症状（多动和冲动归属于一个类别），诊断也只要求在其中一类症状达到症状数量最低要求即可。ICD-10 要求所有的标准都必须在至少两个不同场景中满足，而 DSM-Ⅳ 要求在不止一个场景中存在损害即可。ICD-10 包含心境障碍、焦虑障碍和发展性障碍的排除诊断标准，而在 DSM-Ⅳ 中，这些诊断可能被归类到共病条件中。因此，基于 DSM-Ⅳ 的 ADHD 患病率会比基于 ICD-10 更高，这一情况在个体研究中较为一致地出现（Goodman et al., 2005）。

虽然世界卫生组织 ICD-10 的定义仍然在一些国家使用，主要是欧洲国家，但是目前有一个普遍的趋势是更多使用 DSM-Ⅳ 的定义，这应该会使得将来对比不同研究的数据变得更容易。

3. 性别差异

由于转介的偏见，确定 ADHD 的性别差异程度是很复杂的。因为相比于女孩，更多男孩会存在共病现象，会共病对立违抗问题和品行问题，所以男孩更可能被转介来进行评估。例如，在临床样本中，男孩和女孩的比率是 6∶1 到 9∶1，而在非临床样本中，比率只有 2∶1 到 3∶1。并且，用来诊断 ADHD 的症状标准似乎与男孩更相关，因此，女孩必须满足更高的标准才能达到诊断（Barkley, 2003）。因此，关于 ADHD 性别差异的本质和差异程度，仍然有一些疑问。

只有男孩才会患有 ADHD 的公共认知可能部分源自媒体对 ADHD 的不正确描绘（Barkley et al., 2002）。看上去，女孩中的 ADHD 经常很难被察觉，这些女孩对许多专业人士、父母和社会来说，往往是隐匿的。可能部分问题是认识多动女孩有困难（Dray et al., 2006）。

在被诊断为 ADHD 的儿童中，多动—冲动行为问题出现得比注意缺陷相关问题更早（Barkley，2003）。ADHD 多动—冲动亚型比注意缺陷亚型更容易被识别，因为过量的行为动作症状是可观察的。然而，女孩和男孩在展现这些症状的方式上是存在差异的。虽然在严重的案例中，女孩和男孩的行为表现比较相似（Lovecky，2004），然而，女孩中的一些典型的多动—冲动行为则是过量的说话、犯糊涂、顽皮行为及展示情绪反应性（Quinn，2005）。老师可能认为女孩的这些行为是负性的或不成熟的，却不会认为是违抗的。此外，成年人看上去更容易容忍女孩的多动行为，而对男孩的多动行为则接受度更低（Wicks-Nelson & Israel，1997）。很可能，正是因为缺乏对女性多动行为的了解和成人的态度，导致了对女孩 ADHD 的辨识不足。支持这一观点的证据是，在初中阶段，ADHD 的性别比率变得相等（Solanto，2004），原因是此时 ADHD 注意缺陷亚型常常会被诊断，因此更多的女孩被包含到诊断范围之内。

在临床样本中，当女孩被诊断为 ADHD 时，她们和男孩表现出相似水平的损害，以及同样模式的共病，但是在智力上则比男孩出现更大的缺陷。然而，在社区样本中，ADHD 女孩可能会更少共病品行问题和违抗问题，而学业和社交方面的损害则和男孩一样（Gershon，2002）。

4. 社会经济水平、种族和文化

有一些研究证据表明 ADHD 在社会经济水平低的群体中更凸显，然而，不同研究数据并不一致，尤其当考虑共病的障碍时，这种联系看上去就消失了（Barkley，1998）。相似地，虽然一些研究显示在社会经济水平较低的非裔美国儿童和拉丁美裔美国儿童中存在超出适当百分比的 ADHD，但是这也可能是由于在这些人群中共病攻击和品行问题的增加导致的，而不是 ADHD 本身的增加（Szatmari，1992）。

ADHD 患病率的种族差异尚不明确，仍然是一个有争论的话题。虽然有几个样本的研究发现不同种族儿童已经显示出差异性，但是值得注意的是教师往往会给非裔美国儿童的 ADHD 症状评分更高，而给欧裔美国儿童评分则相对较低（Epstein et al.，1998）。相比之下，基于父母报告的研究则显示白人中有更高的患病率（Pastor & Reuben，2005）。这些评定是由真实的行为差异带来的，还是由偏见的认知导致的，这是未来研究值得探究的重要问题。

考虑到跨文化的差异，我们发现在比较不同国家样本的研究中，患病率是存在差异的，这些国家包括美国、德国、新西兰、加拿大、日本、印度、中国、荷兰、巴西、哥伦比亚、阿拉伯联合酋长国和乌克兰，其患病率的差异从印度的 29% 到日本的 2%，高低差异非常明显（Barkley，2003）。许多研究者已经提出，欧洲的患病率显著低于北美（Timimi & Taylor，2004）。然而，这一结果主要是因为对 ADHD 的定义不同造成的，如果定义相同，患病率的差异则不再存在（L.A.Rohde et al.，2005）。

波兰茨克等人（Polanczyk et al.，2007）综述了 1978—2005 年的文献，发现在全世界范围内，整体合并的患病率是 5.29%。尽管在北美和欧洲进行了更大量的研究，他们的调查也显示相似的患病率在不同国家得到了验证，但现存的任何患病率数据的变化都被发现可以由研究的不同方法论特征来解释（如严重标准、诊断标准和信息来源）。例如，运用同样的方法论程序和诊断标准，在俄罗斯（Goodman et al.，2005）和英国（Ford et al.，2003）的样本中就会发现非常相似的 ADHD/HD 的患病率（分别为 1.3% 和 1.4%）。然而，当 ADHD/HD 的诊断仍然是在相同地区而采用不同的方法论标准（如要求或不要求严重标准）时，患病率结果就分别是 3.7% 和 8.9%（Canino et al.，2004）。

虽然患病率的差异大部分可能是由于诊断标准、测量的差异以及使用的取样方法导致的，但是，对儿童行为期待的文化差异以及对症状的解释也可能对患病率的差异有影响。例如，虽然研究发现中国的儿童比美国和英国的对照组儿童有更高的多动比例，但是中国父母看上去更不能容忍孩子的高活动水平，因此，他们可能更容易认定孩子的行为是有问题的（Evans & Lee，1998）。事实上，已经有一些批评者质疑，ADHD 是否仅仅是一种文化衍生的障碍（参见图 7-1 和方框 7.2）。

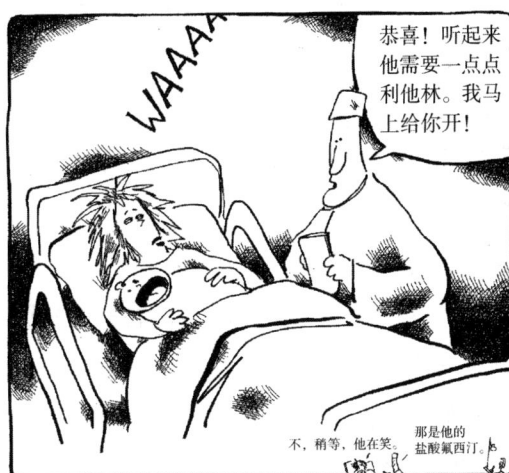

图 7-1

资料来源：TOLES，版权 ©2000《华盛顿邮报》（Washington Post）。
复印已获得环球新闻集团（Universal Press Syndicate）许可，版权所有。

方框 7.2　ADHD 是一种"真正的"障碍吗？国际共识声明

在儿童临床心理学历史中，可能没有哪个障碍像 ADHD 这样经历过如此多的挑战，也接受过如此多的仔细审查。事实上，这一障碍的存在已经受到了那些将此视为一个神话甚至是一个错误的人的质疑。正如图 7-1 的卡通画所呈现的那样，一些批评家坚决认为，因为对儿童周围的成人来说有麻烦，心理健康机构就对儿童的表现快速地贴上心理病理性精力旺盛行为的标签。并且，他们辩驳说，在人类进化的早期，冲动性思维、快速判断和对环境中分心事物的警觉性都是人类的适应性特质（Hartmann，1997）——而且，在现代快速片段化信息和即时满足的快节奏世界中仍然是存在的（Hallowell & Ratey，1994）。批评家甚至指出，ADHD 之所以被认为主要是一种美国障碍，可能是源自在美国社会更普遍存在的社会和文化因素（Timimi & Taylor，2004）。例如，正如泰勒和桑德伯格所指出的那样（Taylor &

Sandberg, 1984), 从 20 世纪 70 年代末期的研究数据来看, 北美儿童 ADHD 的患病率是英国的 20 倍之多。

为了应对这些挑战, 一个由 70 名 ADHD 研究者组成的联盟团体, 在拉塞尔·巴克利 (Russell Barkley, Barkley et al., 2002) 的带领下, 出版了一份国际共识声明来反对媒体对 ADHD 诊断真实性的批驳。他们坚持声称, 由于 ADHD 日渐明显的与神经学因素和基因因素的关联, 它绝不仅仅只是一种社会性构想。并且, 很多不同国家的研究都一致地表明, 虽然其诊断标准不一样 (Barkley, 2003), 并且会依赖文化规则 (Lovecky, 2004), 但是 ADHD 的行为模式是遍及全世界的。下面这份声明中的节选将表明他们辩论的紧迫性和这一争论产生的热烈度:

我们不能过分强调的一点是, 作为一个科学问题, ADHD 并不存在这一观点显然是错误的。所有的核心医疗协会和政府健康机构都认为 ADHD 是一种真正的障碍, 因为科学证据已经表明它是如此明显——经由如此多的科学家签署这一份文件可以证明, 全世界顶级的临床研究者都认为 ADHD 毫无疑问包含了一系列心理能力上的严重缺陷, 并且, 这些缺陷给患有这一障碍的大多数个体带来了严重的伤害 (Barkley et al., 2002, p.89)。

ADHD 不是一种良性障碍, 对那些患有该障碍的个体来说, ADHD 可能导致灾难性的问题……然而, 尽管 ADHD 带来的后果很严重, 但研究表明仅有不足一半的患者正在接受治疗。媒体能够真正帮助提升对这一障碍的认知环境, 通过正确地、负责任地描绘 ADHD 和与之相关的科学信息而不是传播一些社会批评家和外围医生的鼓吹, 这些人的政治意图就是让你和公众相信这种障碍并不真正存在 (p.90)。

出版认为 ADHD 是一种虚构的障碍或仅仅只是赫克尔伯里·芬恩斯 (Huckleberry Finns) 与他的看护者之间的冲突的故事, 就等同于宣布地球是扁平的, 万有引力定律和化学元素周期表都是错误的 (p.90)。

ADHD 在媒体上的描绘应该和在科学中的描述一样现实和正确——它是一种真正的障碍, 对患者会产生不同的潜在危害, 并且这并不是他们自己, 也不是他们父母和老师的错 (pp.90-91)。

(三) 共病和鉴别诊断

由于其高水平地共病其他童年期障碍, ADHD 的临床描述在一定程度上变得不那么清晰明确。事实上, 正是因为这一原因导致很多研究者质疑, 是否它应该被视为单独的障碍, 尤其是考虑到注意缺陷、多动和冲动症状往往是大多数儿童生理、情绪和心理社会问题的基础 (Furman, 2008)。

例如, 创伤后应激障碍 (post trauma stress disorder, PTSD), 依恋障碍, 甚至是依恋紊乱都显示有和 ADHD 相似的症状。虽然 DSM-Ⅳ (APA, 1994) 排除了孤独症谱系障碍伴发 ADHD 诊断的可能性, 但是很大比例的 ADHD 儿童 (65%~80%) 呈现出孤独症谱系障碍的症状（Gillberg et al., 2004）。在 ADHD 患者中能频繁观察到的其他障碍有：读写困难（25%～40%），运动协调问题（50%），计算障碍（10%～60%），睡眠障碍（25%～50%），遗尿和/或遗粪（30%）。然而，这些还只是共病情况的一部分。我们简单探究下那些对 ADHD 的症状和儿童日常功能产生严重影响的共病情况。

1. ADHD 和破坏行为

ADHD 和破坏性行为障碍间有强烈的关联。7 岁时，54%～67% 临床诊断的 ADHD 儿童也可以被诊断为对立违抗障碍。20%～50% 在童年中期将会发展出共病品行障碍，44%～50% 在青少年期会被诊断为品行障碍。品行问题在 26% 的个案中会持续到成年期（Fischer et al., 2002）。多动特别容易和品行障碍产生共病。

ADHD/CD 比单独 ADHD 有更早的始发年龄，男孩比女孩有更高的比例。一般来说，共病导致更严重和持久的紊乱，对儿童发展性变量的消极影响也更广泛，比如对他们和父母的关系，他们在学校的表现和在其他环境中的表现都有影响（Kuhne et al., 1997）。研究报告也显示比起单独的 ADHD 患者，他们的预后更差，认知缺陷更突出，语言能力水平更低（Thapar et al., 2007）。

2. ADHD 和焦虑障碍

在 10%～40% 的临床人群中，ADHD 和焦虑障碍都有重叠（Tannock, 2000）。焦虑障碍的存在，不像品行障碍，往往会减弱而不是加强紊乱的消极影响。特别是，共病 ADHD 和焦虑的儿童表现出更低的外化行为问题和更少的冲动性（Pliszka, 206）。通过这种方式，焦虑看上去成了 ADHD 症状的缓和剂，主要是注意，缺陷的儿童最有可能共病焦虑障碍（Milich et al., 2001）。

虽然焦虑障碍可能和 ADHD 共病，但在创伤后应激障碍的个案中鉴别诊断还是很重要的（参见第八章）。ADHD 和创伤后应激障碍在一系列症状表现上拥有共同特征，如分心、注意力缺失和无法专注。然而，问题的起源、内涵和对症状的干预则是非常不同的。因此，重要的是，要在疑似 ADHD 儿童的生活中评估是否存在创伤（Kerig et al., 2000）。

3. ADHD 和心境障碍

ADHD 往往也可能共病抑郁，可能是轻微的，也可能是严重的抑郁（Spencer et al., 2000）。这两种障碍也有一些共同的特征：冲动性、注意力缺失、多动、行为和情绪不稳（行为和情绪频繁变化）。这两种问题的家族史常常包括心境障碍，并且，中枢兴奋剂/抗抑郁药已经表明能减轻这两种障碍的症状。虽然不同研究的患病率数据有些差异，但是大多数研究发现这两种障碍的共病率在 20%～30%。另外，ADHD 和双相障碍（躁狂和抑郁）也有显著的重叠，但是有一个疑问：这种高共病是否是用来诊断这两种障碍症状相似性的人为结果导致的？

4. ADHD 和学习障碍

大多数临床诊断为 ADHD 的儿童在学业成绩方面都存在困难，这可以追溯到学龄前期（Barkley et al., 2002）。19%～26% 的 ADHD 儿童都存在学业困难，严重到足以满足学习障碍的诊断，80% 的 ADHD 儿童有学习问题，严重到导致他们会比同龄人在学业上落后将近两年的水平（Barkley，2003）。对注意缺陷的儿童来说，低学业成就看上去似乎是个自然的结果，因为他们无法对任务保持注意，容易分心，也不能跟随指导和组织问题。此外，低智商和 ADHD 多动—冲动亚型也有微小但显著的相关，这反过来又导致了更低的学业成就。

拉波特等人（Rapport et al.，1999）提出了 ADHD 和低学业成就关联的两个路径。在一个路径中，ADHD 症状增加了课堂中品行问题的风险，这会导致学业问题。在另一个路径中，ADHD 的认知缺陷，包括注意力差，更低的一般智力和执行功能缺陷，直接影响学业成绩。

5. 相关发展性问题

ADHD 儿童往往表现出一系列发展领域内的问题。例如，他们经常在精细和大运动协调、非言语推理、执行功能，如计划和组织、语言流畅性和情绪调节等方面都有困难。他们也常常表现出社交问题，和老师、父母及同伴都有较为困难的互动模式，其特点有侵扰性，高要求，违拗性和过度的情绪化（Barkley，2003）。即使他们没有障碍，这些相关的特征也增加了消极相互影响、不适应和共病心理病理问题的发展风险。

到目前为止我们已经阐述了 ADHD 是什么，也列出了其关键特征和一些人质疑 ADHD 诊断的原因。因此，假定 ADHD 本身就是一种心理病理问题，那么到底可能是由哪些原因导致的？它又是怎样形成的呢？

（四）病因学

1. 生物学背景

（1）尚未证实的假设

我们将特别提到一些曾经非常普遍但是在客观研究的审查下没能经得起检验的生物学假设。

大约 50 年前，最有影响的病因假设是：ADHD 是由脑损伤导致的。假定注意问题是创伤性脑损伤的结果，这是很好理解的（参见第十三章）。然而，后来运用更先进的探索大脑技术进行的研究显示，只有不足 5% 的 ADHD 儿童曾遭受神经性损伤或癫痫症，因此，脑损伤与大多数 ADHD 儿童并不相关（Barkley，1990）。

一些研究锁定饮食和神经毒素是 ADHD 的原因。糖和食物添加剂如人工色素已经被一些研究者认为是肇事者，并且特殊的饮食已经作为治疗方法设计出来。然而，当进行随机单盲法实验时，整体的结论是食物添加剂对 ADHD 大多数症状都没有重要影响（Conners，1980），但是，它们确实对样本人群多动行为的增加有微小的影响（Bateman et al.，2004）。

升高的血铅水平一直被认为是导致 ADHD 的原因，但是有关铅中毒与 ADHD 症状相关的研究得出了冲突的结论。虽然血铅水平不是 ADHD 的主要病因这一点是非常清晰的，但是这两者间却有显著的关联。例如，一个调查结果是，铅中毒解释了 ADHD 症状中将近 4% 的方差（Fergusson et al.，1988）。

（2）基因因素

有非常令人信服的研究证据表明，遗传在 ADHD 产生的过程中起了主要作用。20% 的 ADHD 儿童的父母自身也患有 ADHD（Faraone et al.，2000）。双生子研究的结果提供了最让人信服的证据（Greven et al.，2011）。在这样的研究中，症状的遗传力为 0.75～0.97，这意味着 75%～97% 的可观察的人群是由于基因变化导致的（Levy & Hay，2001）。例如，利维和同事（Levyr et al.，1997）对 1938 个 4～12 岁双生子和非双生子兄弟姐妹的家庭进行研究，发现了遗传力指数为 0.75～0.91。在不同的家庭关系（如双生子间、兄弟姐妹间、双生子和其他兄弟姐妹间）以及 ADHD 的不同定义间，结果都是一致的。非共享环境因素的贡献大约为 0.53。

双生子研究和收养研究表明，ADHD 症状的亲缘性特征是由基因因素导致的，而不是由共享环境的危险导致的，这为将 ADHD 视为终身问题提供了进一步的根据（Faraone et al.，2001）。

（3）神经心理因素

ADHD 的许多特征都表明大脑存在损伤：症状的早发和持续性、药物治疗的明显改善、在神经心理测验如工作记忆和运动协调方面的表现不良，以及刚刚提到的基因危险等都说明了这一点。对大脑进行直接检查的数据提供了进一步的证据。例如，越来越多的研究认同前额叶—纹状体—丘脑皮层环路在 ADHD 中的作用。大量研究结果显示，至少在基底神经节水平上，右侧环路是主要的（Filipek，1999）。

使用脑电图进行的研究发现，在额叶部位存在慢波活动增加的持续模式，这意味着 ADHD 儿童的低唤醒和低反应水平（此处我们参考 Barkley，2000）。并且，兴奋类药物直接改善了这些异常。

运用单光子发射计算机化成像技术（single-photon emission computed tomography，SPECT）探索大脑血流状况的研究显示，前额叶区域的大脑血流降低，特别是右前区域，同样，连接这些区域与边缘系统的路径血流也降低，尤其是尾状核和小脑。额叶和额叶—边缘系统区域是特别重要的，因为它们的一个功能就是动作反应的抑制。前额叶也被认为与 ADHD 有关，因为这个大脑区域的基本功能是执行功能，包括计划、组织、自我调节和冲动控制，而这些都是 ADHD 儿童所缺乏的能力。右额叶区域的血流量与 ADHD 的严重程度直接相关，就像小脑内的血流量与 ADHD 儿童的运动问题相关一样（Gustafsson et al.，2000）。

磁共振成像技术已经揭示，ADHD 儿童胼胝体压部相对较小，它是胼胝体的后部（胼胝体联结左右脑）。此外，研究也发现，ADHD 儿童左尾状核更小，这与前面提到的血流研究结果一致。考虑到尾状核一般来说是不对称的，且右尾状核一般相对较小，这一研究倒是特别有趣的，因为它呈现出一种倒转的现象。

甚至有研究提出，ADHD 儿童的大脑放电方式是不同的（Konrad & Eickhoff，2010）。例如，有研究提出，ADHD 可能是大脑区域功能失调或大脑区域之间断开的结果，这种失调或断开支持了"错误的网络"说法。"错误的网络"就是当个体没有关注外部世界，大脑应该处于清醒但是休息的状态时，大脑仍然处于活跃状态的网络。这种错误模式网络（default-mode network，DMN）的错误配置可能导致大脑活动调节能力降低，反过来又会干扰注意力任务相关网络。关于 DMN 在 ADHD 病理生理学中的作用，已经有两个观点。一方面，不同的模型将 ADHD 概念化为 DMN 的亢奋（Tian et al.，2006）或 DMN 的弱联结性（Castellanos et al.，2008）驱动导致的障碍。另一方面，有研究指出，在 ADHD 患者中，在休息时 DMN 活动并没有被干扰，但是在从休息转向任务的过程中 DMN 活动没能被减轻。这种持续的 DMN 活动随后闯入并干扰了活动任务背后的神经环路（如错误模式干扰假设；Sonuga-Barke & Castellanos，2007）。

方法学的进步已经让我们可以进一步探测处于工作状态下的大脑。使用 fMRI 技术进行的研究显示，当个体被要求完成任务，需要注意力和抑制功能时，ADHD 儿童的右前额区域、基底神经节（包括纹状体）和小脑会显示出异常的活跃模式。据推测，ADHD 患者在患病率、始发年龄和症状表现方面可观察到的性别差异可能是由大脑发展的特定性别差异和环境的交互作用导致的。例如，ADHD 在女孩中的更低的患病率可能与她们有相对更大的尾状核有关（Santosh，2000）。

也有研究者对研究中枢神经系统神经递质，特别是对多巴胺和去甲肾上腺素的活动水平感兴趣，这些神经递质对大脑额叶—边缘系统的功能非常重要（Antshel et al.，2011；参见方框 7.3）。

方框 7.3　神经递质：它们告诉我们什么？

范德堡大学医学中心（Vanderbilt University Medical Center）研究者已经发现，影响大脑三类不同化学物质的基因变异可能导致三种不同类型的注意缺陷多动障碍（English et al.，2009）。确切地说，转运基因（其作用是允许物质进入细胞，或在某些情况下，让物质从细胞中排出）的变异已经显示可以区分三种不同的 ADHD 亚型，转运子在突触间隙调节这些物质的供给和其他大脑化学物质以确保正确的信号发送。

主要表现为注意缺陷的 ADHD 儿童出现了去甲肾上腺素转运基因的改变，这就影响了大脑中的去甲肾上腺素水平。那些主要表现为多动—冲动的 ADHD 儿童则主要是多巴胺转运基因发生了变异，因此影响了大脑中的多巴胺水平。支持这些发现的主要是药物治疗方法，市场上主要的治疗 ADHD 的药物，无论是兴奋剂（哌甲酯）还是非兴奋剂（哌甲酯），目标都是这些特定的神经递质，试图阻断其转运子。例如，治疗多动经常使用的药物利他林，主要用来阻断多巴胺转运子而增加突触内多巴胺供给。

胆碱转运基因的变异则与混合类型的 ADHD 相关，这种混合类型的特征是既有注意缺陷，又有多动冲动表现。胆碱是乙酰胆碱的前体，和去甲肾上腺素或多巴胺一起，在突触间或神经细胞间隙传递信息。重要的是，没有药物针对这一特定的神经递质进行干预，这就在某种程度上正好解释了为什么药物对混合型的 ADHD 患者效果不佳。

尼古拉斯等人（Nikolas et al.，2010）指出，多巴胺和去甲肾上腺素与 ADHD 中奖励加工行为相关，但是与 ADHD 中可见的情绪失调不相关。因此，与注意缺陷障碍关联的另外的基因是 5HTTLPR（serotonin-transporter-linked polymorphic region），是一种 5- 羟色胺转运基因。5HTTLPR 的两种变异，"短"等位基因的变异和"长"等位基因的变异，已经与 ADHD 关联了起来，也与经常伴随注意缺陷障碍发生的如品行障碍和心境问题有关联。这些 5HTTLPR 等位基因导致或高或低的 5- 羟色胺转运子活动。

神经递质不仅可以确定 ADHD 的原因，而且在确定最有效控制症状的药物方面也很关键。然而，应该着重强调的是，基因并不是 ADHD 始发的唯一原因。环境（个体、社会、家庭和文化）对 ADHD 也有影响（参见 Stannard Gromisch，2010，或查看另外的综述）。

（4）发展维度

塞德曼和他的合作者（Seidman et al.，1997）进行了一个发展性数据的研究，关注神经心理功能（通过注意和执行功能测验进行评估）的变化。118 个 ADHD 患者和男性控制组被试（9～22 岁）被分成两个年龄组，一组年龄低于 15 岁，另一组年龄高于 15 岁。研究者发现两个 ADHD 组的被试都存在神经心理功能方面的损伤，证明了这些缺陷的持久性本质。涉及发展的问题，年长组的 ADHD 男孩比年幼组 ADHD 男孩发展更好，然而，这种提升在正常的控制组中也存在。因此，虽然年长组 ADHD 男孩变得损伤降低，但是他们仍然不能赶上正常组，因为正常组男孩也随着时间而发生了更大的提升。

2. 家庭背景

DSM-Ⅳ-TR 将 ADHD 归类为破坏性行为障碍，这意味着它的攻击性、对抗性、干扰性和紊乱性症状干扰了社会交往中的正常给予与获得。正如我们可以预期的，这些消极行为与家庭关系有相互影响，会给父母和孩子带来最坏的表现。在应对教养的要求时，ADHD 儿童的父母报告了更多的压力和适应不良的策略，他们往往也比控制组儿童的父母的反应更消极（DuPaul et al.，2001）。父母对 ADHD 儿童的理解困难又会经常增加儿童的挫折和消极情感，并且，还会为儿童的胁迫和对立行为的发展提供温床（Johnston & Jassy，2007）。

约翰斯顿和马什（Johnston & Mash，2001）综述了有关 ADHD 儿童家庭关系的文献发现，尽管研究常常都因为 ADHD 共病品行问题而变得混乱而复杂，但是仍出现了一些一致性趋势。第一个一致性趋势是，父母和 ADHD 儿童彼此都表现出更多消极和胁迫行为，当研究者对母亲和年幼男孩的互动进行观察时，这种家庭动力模式特别突出。在许多研究中，ADHD 儿童的父母也报告有更高水平的压力和心理症状。另一个一致性趋势是，ADHD 儿童的父母对孩子行为的归因是不同的。ADHD 儿童的父母更可能将儿童的行为视为由儿童自身不可控和稳定的因素导致的，而他们认为孩子积极行为只有更少的倾向性，并且父母认为他们自身对孩子的行为没有太多责任。另外，目前已有的研究并不支持 ADHD 儿童的父母有更多婚姻问题或更可能离婚的假设。

考虑到 ADHD 的遗传性，我们也必须注意，许多 ADHD 儿童的父母自身也在与 ADHD 做斗争，这可能会影响他们实施一致的良好的教养技巧。相比于自身没有 ADHD 儿童的妈妈，自身患有 ADHD 的妈妈报告了更多的人格和精神疾病问题，包括抑郁、焦虑、低自尊和不良应对（Weinstein et al.，1998）。

此外，也有强有力的证据表明，并不是 ADHD 本身，而是共病对立违抗障碍和品行障碍与家庭关系问题有关联。相比于单纯 ADHD 患者的父母，这种共病与更大程度上的父母心理病理问题、婚姻不和谐及离婚都有关联（Loeber et al.，2000）。

关于保护性因素的研究显示，在 ADHD 高风险儿童中，正向积极的父母教养是缓和因素。塔利等人（Tully et al.，2004）对 2232 名 5 岁的儿童（其中的一半出生时体重偏轻）进行研究。他们使用情绪表达测量。在这个测量过程中，当妈妈针对有关孩子的开放式问题进行回答时，研究者录下她们的回答，评定者根据妈妈们的语调、对孩子的同理和积极情感，以及其教养温暖度进行编码。如果母亲的温暖度高，低出生体重儿童可能较少展现 ADHD 症状（症状评估由老师和父母通过量表进行），而低母亲温暖度看上去加重了低出生体重对儿童注意力的影响。

研究发现，积极的父母教养方式也是 ADHD 儿童中品行问题发展的保护性因素。克罗尼斯等人（Chronis et al.，2007）对一个大样本 ADHD 儿童群体进行了最初的评估后，追踪了 2～8 年。母亲积极的教养方式对品行问题是负性预测因素，而母亲抑郁则明显是特别的危险因素。

3. 社会背景

ADHD 儿童令人恼怒的、侵扰性的、感觉迟钝的行为明显增加了同伴拒绝和社会孤立的可能性。相比于控制组儿童，ADHD 儿童以更消极、更缺乏社交技能的方式与同伴互动（Dupaul et al.，2001）。并且，当给孩子们介绍一个 ADHD 儿童做伙伴时，孩子们在几分钟之内就会注意到 ADHD 儿童的行为，并对之做出消极回应。研究者发现患有 ADHD 的幼儿园儿童尤其缺乏社会合作技能，无法遵守和满足规则、结构以及儿童和成人的社会期待（Merrell & Wolfe，1998）。如果社会拒绝和排斥持续到青少年期，ADHD 儿童更可能与异常的同伴团体交往（Barkley，2006）。

父母行为也对 ADHD 儿童的同伴状态有影响。欣肖等人（Hinshaw et al.，1997）发现，权威型教养方式，如果同时有坚定的要求、适当的对峙、推理、温暖和支持，那么它就能提升 ADHD 儿童的社会胜任力。在共病对立违抗障碍和品行障碍的 ADHD 亚类型中，社交问题更严重。此外，ADHD 青少年会更早开始性活动，有更大风险过早怀孕，在 20 岁之前分娩的比例也显著更高（37∶1；Barkley，2006）。

4. 文化背景

一段时间以来，专业媒体和大众媒体对电视及电子游戏对儿童注意力潜在影响的关注已经大大提升了。相比于生活的自然节奏来说，克里斯塔基斯等人（Christakis et al.，2004）指出，电视为儿童呈现了包含图像、场景和事件快速变化的系列节目，这些节目是有趣而有刺激性的，仅仅要求短时注意力。于是，研究者开始考虑，是否在童年早期，在大脑发展非常关键的时期，收看电视会增加产生 ADHD 症状的风险。研究者追踪了 1345 名 1～7 岁的儿童，要求父母报告儿童每天观看电视的时长。在 1 岁的时候，36% 的儿童不看电视，37% 的儿童每天看 1～2 小时，14% 的儿童看 3 小时或更长时间。学龄前儿童待在电视前的小时数直接增加到了 7 岁时的注意力问题风险，与每天不看电视的儿童相比，每天看 2 小时就会增加 10%～20% 的风险，每天看 3～4 小时就会增加 30%～40% 的风险。但相比之下，分析 20 世纪 90 年代数据的研究者发现，幼儿园儿童收看电视情况和儿童进入一年级时与 ADHD 的症状间没有关联（Stevens & Mulsow, 2006）。同样，在丹麦的一项研究中，婴儿暴露在电视前也与他们在学龄前的行为问题并没有关联（Obel et al., 2004）。

虽然克里斯塔基斯和他同事的研究数据是具有建议性的，但是研究者也承认，他们并没有考虑儿童观看电视的类型。研究结果显示，4 岁儿童的注意力问题仅仅与成人导向的电视有关联，而与儿童导向的电视没有关联（Barr et al., 2010）。他们研究的另一个局限与家庭和家庭成员的可能差异有关。在这些家庭中，年幼的儿童受到保护而不收看电视，这些家长可能是受教育程度更高的父母或来自更富裕的家庭，他们有机会接触更多其他的活动。事实上，克里斯塔基斯等人（Christakis et al., 2004）进行的数据集的分析表明，仅有 10% 的研究样本受到在 1～3 岁时高水平暴露于电视的消极影响，如若加入另外两个协变量（贫穷状态和母亲技能的测量）进行分析，那么这种影响就消除了（Foster & Watkins, 2010）。

方框 7.4　注意缺陷多动障碍案例研究

一名 8 岁 ADHD 儿童的社交缺陷

埃米（Amy）有各种 ADHD 症状。例如，她在他人控制的情境中待着感到困难——很难安静地坐着、等候、不说话、倾听、注意，也不能聚焦于某个事情。此外，她还紧张地丢三落四，总是开始不同的事情却不能完成这些事情。

尽管埃米被带到去接触各种人，但是她与别人的互动总是被各种各样她自己也不理解的原因破坏。人们都认为她是让人出乎意料的，有时是奇怪的，尽管她自己是热心和好意的。在别人面前时，埃米总是表现出很多关系问题。她一直都知道他人是如何看待她的，并试图获得他人的注意。她看上去非常担心自己留给他人的印象。她感觉自己一直"在舞台上"，努力让别人喜欢她，如果这不奏效，她就会让他们对她发怒——通过超越底线来看看人们会变得多抓狂。

当有权威人物在场时，她常常会"表现得很好"，但是在下一秒钟又会变得粗鲁和让人恼怒——几乎就像是释放假装在成人面前十分完美所带来的压力。我从中看到了许多谎言，搬弄是非，有意惹恼他人，打断和无礼。例如，她会走向一个正在和一位女士交谈的男士，对他所说的话脱口而出一些评论，完全打断他们的谈话。

有时，埃米接近的人会为这样一个年幼女孩的奉承或一个自发的拥抱感到得意，但是很快就会对她这种持续的，并不是十分礼貌的唠叨感到厌烦，并且变得不舒服。即使交谈一开始非常成功，埃米有时也会因为这种看上去的成功感到兴奋，然后就开始表现得很愚蠢，以夸大的、听上去很蠢的语调说一些与当下交谈很不相称的话，还紧张地大笑。埃米有时一直说，一直说，以至于我认为这是她为了加工信息而必须这样。

埃米展现出对任何新鲜体验非常自然的好奇和兴奋，这种热情的一部分是自然需要。她总是爆发出愉悦的、兴奋的多话和多动——通常来说源自很自然健康的愉悦感，却会使周围的人感到烦恼，或者会使其他并没有意识到发生了什么的孩子一阵骚动，这让她陷入麻烦。

当埃米有时一个人单独完成任务时，她看上去感觉很好，能一直愉悦、微笑和乐于助人。同样，无论什么时候单独在一个成人身边时，她看上去也都很好。但是，当有另一个人再出现，无论是孩子还是成人，她的自我意象就骤然下降，她看上去变得嫉妒，或者以一种微妙的方式开始和另一个人竞争，或者发现她自己的不足。然后，她就加快转速，开始说话。

（五）整合发展模型：多动—冲动类型

拉塞尔·巴克利（Russell Barkley，1997，2003）整合有关多动—冲动类型的 ADHD 研究结果，形成了一个模型（参见图 7-2）。

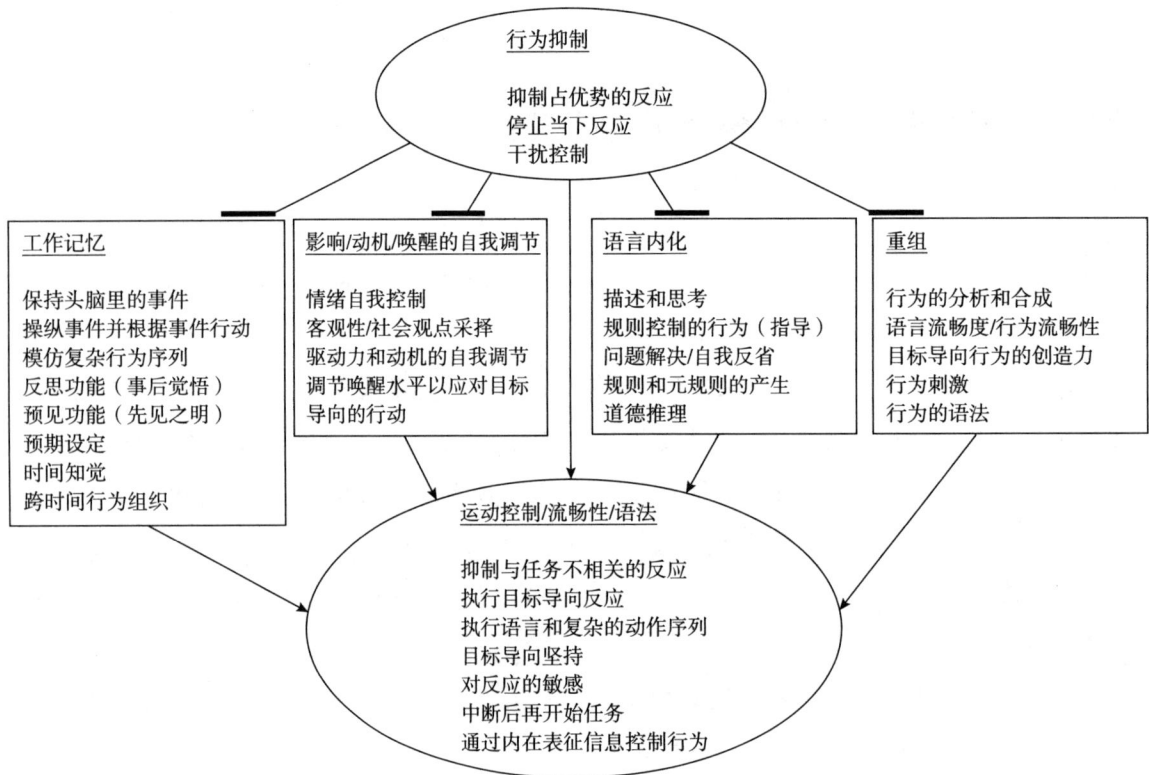

图 7-2　多动—冲动的整合模型
资料来源：Barkley，1997。

巴克利的模型基础是行为抑制或延迟动作反应的能力。行为抑制由两个过程组成：①延迟最初反应的能力（反应抑制）；②保护这种延迟反应不受对抗性事件的干扰，而这些对抗性事件会导致儿童变得失去抑制（干扰控制）。

　　反过来，行为抑制会带来执行功能的适应性发展，有四种这样的功能。第一个执行功能是非言语工作记忆。它让儿童保持信息"在线"，同时对信息进行操作，比如和以前习得的信息进行比较。工作记忆对计划是非常重要的，因为为了指导未来的反应（"先见之明"），它能让儿童激活过去的意象（"事后觉悟"）。工作记忆也在持续注意过程中发挥作用，在面临分心或阻碍、无聊时能进行目标导向的活动，它能让儿童在心里保存目的或计划。工作记忆的损伤可能是 ADHD 很多缺陷问题的根源，如健忘，不良时间管理，事后觉悟和事先思考的缺乏，持续的、连锁的、有组织的行为问题等。迄今为止，尽管模型中关于时间感的预测还没有被证实，但是研究已经证实 ADHD 儿童在工作记忆、时间序列、事先预见方面存在困难。

　　第二个执行功能是内化语言，这与语言工作记忆是相关的。当儿童进入学龄前阶段，语言就成为不仅与他人交流而且与自己交流的重要工具。年幼的学龄前儿童经常会对他们自己的行动进行连续的评价，以启迪他们自己和他人。进入小学一年级时，大多数儿童的自我对话变得更安静和隐私，这种自我对话被特定地用来进行自我指导和自我控制。例如，儿童可能会大声地对自己重复游戏规则或对父母发出的禁止触摸易碎物品的指令大声回应。然而，巴克利提出，ADHD 儿童展现出了内化语言的延迟，这就导致在公共场所过量说话，在行动前更少心理反思，较差的自我控制和遵守规则及指令困难。

　　适应性发展必需的第三个执行功能是情绪的自我调节，包括缓和情绪表达及延迟对情绪反应的能力。这种自我调节可以是内在发生的，缓和情绪体验的强度，也可以是外在的，允许儿童控制情绪的外在展现。正如我们在第二章情绪调节的讨论部分所知的那样，能够调节情绪的儿童在需要时既能抑制情绪也能提升情绪。因此，如果需要，情绪调节能让儿童"兴奋起来"，增加唤醒水平。比如，为了持续进行一个冗长而乏味的任务激励自己。相反，巴克利指出，ADHD 儿童则缺乏这种自我控制情绪的能力，会导致他们对事件表现出更大的情绪反应，更不客观、更差的观点采择，这是因为他们的知觉被即时的情绪反应所影响，从而依赖外在的激励来持续他们的努力以满足某个目标。研究已经证明 ADHD 儿童拥有较差的情绪调节能力，但是这在那些共病对立违抗障碍的儿童中更为确定。

　　第四个执行功能是重组，包括高水平的心理操作，如分析、合成和创造性思维。如果儿童能够延迟足够长的反应时间，以持续问题的心理意象，那么就能更好地研究问题，探索问题的成分，甚至可能以不同的方式来重组问题。巴克利推测，这种更高水平的心理过程来源于游戏的内化：就像语言的内化是从公开（大声说出来）到不公开（通过内心来思考）一样，心理游戏也如此。重组能力对儿童为了克服障碍而改变设置和进行灵活问题解决的能力来说很重要。相比之下，模型提出，ADHD 儿童在分析和合成、语言和非语言流畅性、策略发展方面都存在困难。到目前为止，很少有人对巴克利模型中的这一方面问题进行研究。

　　执行功能的最终结果是运动控制和流畅性，这与行动的计划和执行相关。考虑到巴克利的模型认为行为抑制的缺陷产生于大脑的运动系统中，那么之前描述的执行功能失调应该显示出它们在动作协调和复杂连锁目标导向行为的计划与执行发展性困难中的影响。

巴克利相信，ADHD 的最主要缺陷是行为抑制能力的弱化，所有其他 ADHD 的偏离特点都是这一能力减弱带来的。因此，当行为抑制发展发生偏离时，这种不足就带来了随后在发展过程中出现的执行功能的缺陷。并且，巴克利的模型还认为，行为抑制的基本缺陷是生物因素（基因或神经生物学）的产物。虽然人际因素可能影响障碍的表达，但是并不会导致障碍的产生。

巴克利的模型是一个复杂的模型，它整合了有关多动—冲动类型 ADHD 儿童的很多研究结果。这个模型的一个特别优势是它超越了简单的注意缺陷或去抑制，解释了许多反映了 ADHD 潜藏的认知、社会和情绪发展问题的相关特征。模型也有发展性成分帮助解释 ADHD 症状出现的时间顺序问题。另外，模型的许多元素还没有得到证实，因此，它仍然还只是 ADHD 发展心理病理学的一个充满希望的假设性建构。

许多整合模型的备选模型已经被提出，当前研究最推崇的是双通道模型（参见 Sonuga-Barke et al.，2010 综述），它是解释 ADHD 病因更好的模型。正如整合发展模型所认同的，ADHD 的主要特征是注意缺陷多动 / 冲动症状，这些症状产生了认知、行为和人际功能的损害。然而，越来越多的证据表明还存在奖励和动机的功能失调（Johansen et al.，2009）。例如，ADHD 儿童比没有 ADHD 的儿童要求更强的刺激才能修正他们的行为。他们也表现出无法做到延迟满足，对强化的部分安排有损害性反应，对小而即时奖励的偏好胜过大而延迟的奖励（Sonuga-Barke，2003）。

双通道模型（Sonuga-Barke，2003，2005）根据相互独立的认知缺陷和动机缺陷来解释 ADHD 的神经心理异质性，每一个缺陷都影响一部分而不是所有患者。其中一个缺陷是基于抑制基础执行功能失调的背侧介导，另一个基于腹侧额叶—纹状体环路，并与变化的信号和延迟奖励关联。因此，ADHD 儿童在日常生活中经历的问题被认为是执行功能缺陷或动机失调的结果。这个模型的优势解释了 ADHD 的关键行为特征，同时把个体在特征表现上的差异包含了进来。这个模型也提出了特定的大脑区域来验证这些主张。

（六）发展过程

为坚持我们的论点——心理病理现象是正常发展的偏离——我们将首先呈现正常发展的相关材料。反过来，这些材料也可以作为 ADHD 症状表现偏离的起点。

1. 幼儿期 / 学龄前期

坎贝尔（Campbell，2002）指出，正常发展不知不觉地就偏离成 ADHD，尤其在生命的前六年中。例如，如果一个人期待幼儿"到处跑动，参与一切事情"，并且如果他们有高能量水平，也能在他们想做什么的时候能够决定做想做的事情，那么可能并不容易确定他们是否是紊乱的，因为这些行为是与他们的年龄相符合的。另外，早期的顺利发展使得人们很难预测孩子长大后是否能走出偏离的状态。

正常的学龄前儿童被期待能达到任务导向，以便于完成他们开始的任务并监控自身行为的正确性。他们也能足够合作以接受他人安排的任务以及参与同伴活动。正如在幼儿阶段这样，从期待中偏离可能是正常发展的一部分，因为这可能是调节的暂时困难、气质或不现实的成人要求导致的。出现紊乱的主要线索在于问题行为的严重程度、频率、弥散性和慢性长期性特征。

　　现在，我们来考虑 ADHD 本身。在 3 岁之前，幼儿表现出未经区分的一串行为，这被称为抑制不足的行为模式。然而，大约在 3 岁时，这种模式开始分化，使得这些行为的区分成为可能，一方面是多动和冲动行为，另一方面是侵犯和违抗行为。这样，在 3～4 岁时，我们就能正确地察觉到 ADHD（Barkley，2003）。

　　持续控制自身行为长达一年或更长时间的多动和冲动类型学龄前儿童更可能在童年中期患上 ADHD（Campbell，2002）。反过来，如果父母和儿童被禁锢在母亲消极对待和过度控制、儿童违抗的模式中，那么 ADHD 更可能一直持续发生。事实上，在学龄前阶段，父母的压力是处在最高水平的（Campbell et al.，1991）。

　　2. 童年中期

　　到童年中期，自我控制、任务导向、适当与不适当行为的自我监控及家庭和同伴团体中合作的标准变得十分清晰，这样，行为的典型性变化和 ADHD 之间的区别也就更为明显了。因此，在家或在教室的一系列持续的破坏性行为，伴随无组织及不能遵守规则，就带来了严重的心理病理问题（Campbell，2002）。

　　多动—冲动行为可能一直持续在整个童年中期。此外，在这个阶段还有两个新发展。第一个是持续注意力问题的外在表现，或者是不具备持续完成一项任务的能力。这些问题在 5～7 岁呈现（Loeber et al.，1992）。反过来，注意力不集中又会导致完成任务困难，健忘，安排任务不佳，分心，所有的这些又都会影响儿童在家庭和学校的功能。

　　有研究证据表明，注意力不集中在童年中期一直存在，而多动—冲动行为会下降（Hart et al.，1995）。正如我们前面提到的，目前并不清楚的是，这种情况是真正的发展现象，还是用来确定多动 / 冲动越来越不适当的行为导致的假象（例如，不适当的到处跑动和攀爬；Barkley，2003）。

　　童年期第二个新发展是共病问题患病率增加（Barkley，2003）。在这一阶段早期，对立违抗障碍可能在很大一部分 ADHD 儿童中产生，到 8～12 岁时，这种早期的违抗和敌对在高达一半的儿童中可能变成品行障碍的症状（Hart et al.，1995）。在 ADHD 症状更为弥散性地发生在所有情境的儿童中，共病破坏性行为的发生可能性更高（McArdle et al.，1995）。

　　3. 青少年期

　　以前认为 ADHD 到青少年期会随着年龄增长而消失的观点是不正确的。在临床上转介来的 ADHD 儿童中，50%～80% 的儿童症状持续到青少年期。虽然青少年多动和注意缺陷症状呈现减少的趋势，但是正常控制也出现同样的下降。症状表达也可能发生了一些改变。例如，被驱动的运动活动可能被内在的躁动情绪取代，或者鲁莽行为如自行车事故可能会被机动车事故取代（Cantwell，1996）。

可能受之前在学校和同伴关系方面发展全面落后的影响，ADHD 青少年存在一系列问题行为。克莱因和曼纽泽（Klein & Mannuzza，1991）在对纵向研究的综述中发现，ADHD 一个固定的子类型（25%）青少年会参与反社会性活动，如偷窃和纵火；56%～70% 的 ADHD 青少年可能留级。如果作为整体来看，和对照组相比，他们更可能退学或者辍学。此外，惠伦等人（Whalen et al.，2002）发现，在青少年中，高水平的 ADHD 症状与日益增强的消极心境、更少花时间进行成就导向的任务及更多的烟酒使用相关。

大量研究得出 ADHD 儿童存在语言困难的结论（Snowling et al.，2006），高达 45% 的 ADHD 儿童出现这一困难。ADHD 的语言困难被认为是持续性的，患有 ADHD 成年早期的人满足 DSM-Ⅳ语言障碍的可能性是对照群体的 1.9 倍（Bierdeman et al.，2006）。语言功能缺陷包括语用能力、言语流畅性、语言智力和阅读能力。语言理解能力也被发现受到损害。

总之，ADHD 青少年比正常青少年有更明显的紊乱，也必须面对生理变化、性别发展适应、同伴接纳和职业选择等正常青少年的挑战，而且由于在之前发展阶段遗留了没有较好解决的突出问题而产生大量缺陷，更会加深这些挑战带来的负担。

4. 成年期

在大多数案例中，ADHD 会一直持续到成年期，在成年期仍然表现出一定的临床和心理社会性损害。在法劳内等人（Faraone et al.，2006）所进行的一项元分析研究中，他们得出如下结论：15% 的青少年到 25 岁时还被诊断为 ADHD，50% 的青少年有部分症状的残留，这表明大约 2/3 的 ADHD 儿童在成年期持续存在 ADHD 症状。世界卫生组织心理健康调查的一项研究也发现，预测成年期 ADHD 的童年期因子包括症状的严重程度、共病抑郁的表现、其他共病的高比率、社会困境和父母心理病理问题（Lara et al.，2009）。然而，所有形式的 ADHD 都被认为会持续到成年期，包括主要症状是注意缺陷症状的 ADHD 以及伴有轻微水平损害和共病的 ADHD。

四项追踪 ADHD 从童年期到成年期的大型研究解释了 ADHD 在一生中持续性的问题。例如，一个由韦斯和赫克特曼（Weiss & Hechtman，2003）在蒙特利尔进行的研究发现，67% 的 25 岁被试报告 ADHD 症状一直影响他们的功能。34% 的人报告中到重度多动、注意力缺失和 / 或冲动。拉斯马森和吉尔伯格（Rasmussen & Gillberg，2001）在瑞典进行的研究也得到了相似的结果。他们发现，49% 的童年期被诊断为 ADHD 的被试到 22 岁时还存在 ADHD 症状，而控制组则只有 9% 的被试存在症状。这两个研究都是基于症状评定量表进行的，而不是依据官方的 DSM 标准。纽约进行了一个方法学更为确定的研究（Mannuzza et al.，1998），这个研究发现 31%～43% 的被试在青少年期满足 DSM-Ⅲ 的 ADHD 诊断标准，而八年以后进入成年期，仍有 4%～8% 的被试满足 DSM-Ⅲ-R 的诊断标准。出现这种明显不一致结果的可能原因是，当参与研究被试进入成年期后，有关症状的信息来源从父母和老师转变成了被试自己（参见方框 7.5）。

方框 7.5　ADHD 评估中的困境：谁的报告有效？

细心的读者可能注意到了，在一些关键点上，我们提醒大家要特别谨慎，因为有些研究结果事实上可能是由 ADHD 诊断和评估工具带来的人为假象问题。这其中的问题包括：评估工具对发展性一般来讲是不敏感的，因此工具无法很好地捕捉到相关行为在一生发展过程中的不同表现；此外，工具也对性别差异不敏感，因为男孩和女孩表现出的 ADHD 症状也会不同。研究提出了一个预想，即患有 ADHD 的儿童会产生消极的认知（如 Harris et al., 1998）。成人对儿童的消极归因也会产生强有力的偏见影响，儿童的行为会与贴在他们身上的标签一致。如果他们被期待以这样的方式表现，儿童可能变得越来越具有破坏性。巴克利（Barkley, 2003）也为这些关注提供了事实证据：ADHD 诊断标准并没有要求临床医生从那些最了解儿童行为的报告者身上获得信息。

这就可能导致错误的假设。比如，ADHD 症状在青春期晚期和成年期会减少。例如，巴克利和他的同事（Barkley et al., 2002）对童年期被诊断为 ADHD 的被试在其成年后进行追踪研究，基于他们的自我报告，研究者发现仅有 5% 的被试仍然满足 DSM 的 ADHD 诊断标准。这就意味着他已经不再有 ADHD 了吗？这取决于你所询问的人。当访谈者询问被试的父母，并让他们做出评定时，被试中仍然满足 DSM 诊断标准的人数比例上升到了 46%，是自我报告的比例的 9 倍。

谁的报告最有效？为了回答这一问题，研究者比较了自我报告和父母报告预测个体教育、社交和职业功能的程度，以及他们的反社会行为表现情况。结果显示，父母报告比自我报告对预测几乎所有方面的功能都有更大的贡献，这意味着父母评定可能真的更有效。

另一个诊断困境是由 DSM-Ⅳ-TR 的要求导致的。诊断要求儿童在三个背景环境中的至少两个中展现症状，并且在这些背景中，其行为可能由不同的观察者评定。老师、父母、儿科医生、雇员等经常不一致，这主要是因为它们是在不同环境中观察个体。吸引观察者关注儿童的东西以及提升他们关注度的东西可能在不同背景中也不尽相同。例如，父母可能更敏感于破坏性行为，而老师则可能更关注干扰学业表现的注意力不集中问题。儿童表现出的行为类型也可能在不同性别的发生率上存在差异。比如，破坏性行为在男孩中就更为常见。并且，观察者评定也可能受到共病其他障碍的影响，特别是共病品行障碍和对立违抗障碍（Costello et al., 1991）。理想的是，临床医生在诊断时要收集多渠道信息，使用调查人员常用的方式"360度"进行评估诊断（Cowan, 1978）。

对 ADHD 儿童的纵向研究表明，在成年期，他们比控制组的其他成年人有更高的 ADHD、反社会行为和物质滥用的发生率（Klein & Mannuzza, 1991）。然而，虽然在成年期犯罪行为的风险增加，但也只是存在于那些既有 ADHD，又有品行障碍或其他反社会行为表现的个体中；在 ADHD 和犯罪之间并没有直接的关联。

虽然在成年人中并没有记录认知缺陷的情况，但是学业成绩和教育历史都受到了影响。相比于控制组被试，ADHD 儿童上学年数至少为两年。那么，可以预期的是，当他们进入成人的工作世界后，他们的职位就会相对更低（Mannuzza et al.，1998）。

因为大部分欧洲国家对 ADHD 的识别都是相对近期的事情，所以有许多患有 ADHD 的成年人在童年期并没有被诊断也没有得到治疗。国际指导方针建议，ADHD 应该在一生中都被识别并得到适当治疗（NICE，2008）。尽管这样，在很多欧洲国家，许多专业人士仍然没有意识到 ADHD 会持续到成年期，并且在一生中都会有影响。欧洲成人 ADHD 网络成立于 2003 年，目的是增强对这种障碍的意识，以提升整个欧洲对 ADHD 的知识及对成年患者的关爱（Kooij et al.，2010）。

5. 发展过程总结

在学龄前期，多动—冲动行为和侵犯、违抗行为逐渐从整体的一般性模式的不可控行为中区分开来。因此，在 3～4 岁时，儿童开始清晰地展现出可以做出诊断的行为。学龄前期持续表现的 ADHD 可以预测其到童年中期会持续存在，童年中期较早一些时候也可以看到 ADHD 注意缺陷类型的表现。并且，共病对立违抗障碍也在发展中较早出现，而共病品行障碍则相对较晚出现。尽管注意缺陷会在整个童年中期一直持续，但是多动／冲动行为会减少。

注意缺陷多动障碍会持续到青少年期和成年期。虽然 ADHD 患者的多动可能会减少，但是相比于非 ADHD 控制组的被试来说，他们的多动表现仍然是非常明显的，而冲动行为被烦躁不安的情绪取代。ADHD 青少年可能参与反社会行为，学业方面表现较差。而 ADHD 成人则可能有酒精和毒品滥用的问题，也可能出现反社会行为。然而，反社会行为与共病品行障碍的相关大于与多动本身的相关。虽然 ADHD 成年人的雇佣情况和非 ADHD 控制组被试没有差异，但是 ADHD 成人的职位更低。此外，还有大量的研究表明，无论对于男性还是女性，ADHD 都是精神疾病的强烈预测因子。重要的是，一个对来自欧洲 10 个国家的 1478 名 ADHD 儿童进行的为期两年的研究发现，在 ADHD 症状学和精神疾病共病间没有差异（Novik et al.，2006）。

（七）注意缺陷类型

人们对注意缺陷类型的了解相对较少，直到 DSM-Ⅲ，它才作为一种独立的类型建立诊断标准，因此，系统的病因学研究也才开展。可能是因为这一类型的症状相对微妙和非干扰性使得对这一障碍的研究看上去没有喧闹的多动—冲动类型那么紧迫。然而，已有研究证据表明，相比于多动—冲动类型和混合类型的 ADHD，注意缺陷类型有不同的相关影响因素和后果。

1. 描述性特征

和多动类型的同伴相比（多动的患者具有吵闹的、麻烦的、破坏性的特点），对注意缺陷类型儿童进行描述的术语有：恍惚的、被动的、退缩的或无精打采的（Barkley，2003）。注意缺陷型儿童本质上并不是破坏性的，他们的主要困难在于计划和组织行动（DuPaul & Stoner，2003）。和正常的儿童相比，他们更经常地"不能专注任务"，更不可能完成工作，更不可能坚持完成单调的作业，更拖延，工作更慢以及更不可能回到被打断的任务中（Barkley，1997）。和同伴在一起时，注意缺陷儿童表现退缩、害羞、担忧，而不是攻击（Milich et al.，2001）。

越来越多人推断，注意缺陷类型实际上是和多动—冲动类型完全独立的一种障碍。相比于多动类型儿童，注意缺陷类型儿童展现出反应迟钝的认知模式，不良的选择性而无法保持注意力，与对立违抗障碍和品行障碍共病情况也更少，并且，正如我们接下来更详细讨论的，他们有更为良性的发展过程（Milich et al.，2001）。此外，注意缺陷的儿童看上去比多动—冲动类型的儿童在言语记忆和视觉空间加工方面存在更多的问题。

和前面所描述的多动—冲动类型儿童的情况一样，关于 DSM 标准对注意缺陷类型描述的精确性的质疑也越来越多。特别是，DSM 对注意缺陷型的描述并没有包含这类儿童反应迟钝的认知节奏特征。卡尔森和曼恩（Carlson & Mann，2002）确定了表现出这种缓慢认知节奏的注意缺陷儿童的一个子类。他们发现，和其他注意缺陷类型的儿童相比，这个子类儿童更容易出现焦虑、抑郁和社会退缩的问题。因此，可能未来的诊断系统将要考虑一种独立障碍的可能性——注意缺陷，并且有两种子类型：缓慢认知节奏和快速认知节奏（Barkley，2003；Milich et al.，2001）。

注意缺陷类型的 ADHD 看上去比多动—冲动类型患病率低，至少在学龄期是这样的。例如，一项流行病学研究（Szatmari et al.，1989）发现，1.4% 的男孩和 1.3% 的女孩患有注意缺陷型 ADHD，相比较来看，有 9.4% 的男孩和 2.8% 的女孩患有多动—冲动型 ADHD。然而，在青少年期则有一个转换，1.4% 的男孩和 1% 的女孩患有注意缺陷型 ADHD，2.9% 的男孩和 1.4% 的女孩患有多动—冲动型 ADHD。男孩中诊断和接受治疗的比率要高得多（Quinn & Wigal，2004）。这种差异的解释仍然有待讨论。它可能反映了男性和女性患病率的确切差异，或者也可能来源于被诊断的女孩所面临的问题并不会让人觉得太紧迫，或者被诊断的女孩给周围人带来的麻烦较少（Coles et al.，2010）。

一项对 8~15 岁儿童进行的美国全国流行病学调查发现，ADHD 的患病率是 8.7%，其中注意缺陷型是三种亚类型中最多的（4.4%），混合型占 2.2%，多动—冲动型占 2%（Froehlich et al.，2007）。

2. 注意缺陷类型 ADHD 的发展过程

虽然学龄前儿童 ADHD 大多数都是多动—冲动类型，但是在学龄阶段，注意缺陷类型和混合类型的 ADHD 就开始出现了。因此，对主要是注意缺陷的 ADHD 来说，始发年龄就相对晚一些。这一发展差异的原因还不清楚，目前我们并不知道，是否注意力问题的稍晚出现是由于学校对注意力的发展要求越来越高，这代表着障碍的两个不同发展阶段或者事实上代表着两种不同的障碍，或者主要在于注意力发展性变化的自然展现。

然而清楚的是，不伴有多动—冲动表现的儿童的发展性结果是不同的。单独的注意缺陷与反社会行为并不相关，这和多动不一样；但是注意缺陷是学业成绩不良的预测因子，尤其是阅读方面的成绩。注意力不集中的症状在发展过程中也更稳定，而多动和冲动在从童年中期到青少年期转换的过程中会减少。然而，巴克利（Barkley，2003）提出了一个警告：用来评估多动—

冲动的行为评定看上去更适合于年幼的儿童，而用来评估注意缺陷的评定方法则在整个生命过程中都适用。因此，注意缺陷的稳定性可能是我们使用的评估方法所带来的假象。

（八）干预

ADHD 亚型患者的行为困难可能和混合型患者的行为困难明显不同，因此治疗的目标必须具有针对性。虽然以组织、计划和时间管理为目标的行为干预可能不算是"很受大家接受的"，但是它们显示出对注意缺陷型患者的治疗有相当大的希望（Langberg & Epstein，2009）。目前，ADHD 的治疗没有考虑不同亚型的区分，而是统一在 ADHD 这个总体下进行治疗。

1. 药物治疗

药物被很多人认为是对 ADHD 最有效、有最佳记录的治疗方法（如 Hinshaw，2007），许多有影响力的指导方针（如 American Academy of Child and Adolescent Psychiatry，1997）都建议将药物治疗作为 ADHD 的首要干预方法。

（1）兴奋类药物

兴奋类药物是药物治疗的首选，相关文献非常多。兴奋类药物很明显是有效的，它们的疗效非常快速，副作用一般也不大。最常见的兴奋类药物是哌甲酯（哌甲酯）、安非他命（如迪西卷）和帕吗啉（如帕罗西汀）。调查表明，哌甲酯被用在 2.8% 的学龄儿童中（DuPaul & Volpe，2009）。尽管药物治疗被认为是一生中任何阶段治疗 ADHD 的最有效方法，但是在欧洲部分国家，药物的使用无论在儿童还是在成年人中都存在争议（Kooij et al.，2010）。羞耻和神话一般的疗效一直围绕着这种障碍及其治疗，尤其是兴奋类药物治疗。

兴奋类药物不仅影响了 ADHD 的主要症状，而且影响了许多社会、认知和学业问题。关于人际问题，兴奋类药物增强了母亲—孩子之间以及家庭间的互动，减少了对同伴的蛮横行为和侵犯行为，并且增加了独立工作和玩耍的能力。在认知方面，短时记忆能力得到加强，连同儿童在日常活动中策略使用的能力也增强了。在学业方面，课堂中讲话和破坏行为减少，同时，学业任务完成的数量和准确度都增加了。除此之外，这种增强并不是只有 ADHD 儿童会产生，因为服用兴奋类药物的正常儿童也会增强。虽然大多数 ADHD 儿童在服用兴奋类药物后有所增强，比例在 70%～96%，但是，大多数对这一主题的综述发现很少有证据表明兴奋类药物能直接带来学业成就的提升（Raggi & Chronis，2006）。

关于共病问题，兴奋类药物对伴有侵犯行为的 ADHD 儿童和单纯 ADHD 儿童一样有效，而有关兴奋类药物对共病焦虑问题的 ADHD 儿童的有效性研究结果则比较混杂，有关共病其他障碍，如对立违抗障碍和品行障碍，兴奋类药物治疗效果的研究则很稀少。

总体来说，兴奋类药物有相当高的安全性，而且很少有研究证据表明其耐受性会升高，这样就不需要增加剂量。然而，它也有副作用。轻微的胃口抑制是相当普遍的，同时，个别儿童可能也会有易怒反应、头痛和胃痛。兴奋类药物的拥护者争辩说，对其副作用的关注是夸大的（Barkley，2003），服药后，儿童不会变成"僵尸"，相反，他们会变得警觉和专注。对身高和体重的不良影响并没有大到足够表现出临床显著性，尽管持续的胃口抑制可能会带来延迟性成长。在后续的发展过程中，兴奋类药物的使用也不会导致更高风险的物质使用或滥用（Biederman，2003）。然而，所有兴奋类药物使用的一个普遍性问题是，在不再服药以后，它们的积极效果不会持续。

（2）非兴奋类药物

一些儿童服用兴奋类药物并不起作用，或者会由于副作用而无法忍受兴奋类药物。也有一些非兴奋类药物，如莫达飞尼和瑞波西汀已经被发现对治疗 ADHD 是有效的（Antshel et al.，2001）。最常用的是阿托西汀，这是一种选择性去甲肾上腺素再摄取抑制剂（selective noradrenalin reuptake inhibitors，SNRI）。虽然阿托西汀几乎不会使行为变得正常，但是症状的转变经常反映在社交功能和行为功能的提升方面。

（3）三环类抗抑郁药

虽然比兴奋类药物研究少得多，但是三环类抗抑郁药（tricyclic antidepressants，TCSs）已经被研究证明对治疗儿童和青少年 ADHD 是有效的。对兴奋类药物不起作用或表现有明显的抑郁或其他副作用的儿童来说，三环类抗抑郁药是二线药物。共病焦虑障碍、抑郁或抽动障碍的 ADHD 儿童可能使用三环类抗抑郁药比兴奋类药物更有效。

然而，三环类抗抑郁药也有缺点：提升认知功能的效率没有兴奋类药物明显；有潜在的心脏病副作用风险，尤其对青春期前的儿童副作用更严重；效果也会随着服药时间而下降。

（4）药物使用的变化

在美国，大约一半被诊断为 ADHD 的儿童和青少年都接受兴奋类药物或相关药物的治疗。尽管和美国医疗卫生系统以及药物价格相当多的规则存在很大区别，然而加拿大的 ADHD 药物使用也非常多。这可能反映了加拿大临近美国，常常能收看到美国的广告，也容易接受美国的文化标准。在其他国家（如瑞典和法国），政府对 ADHD 药物处方的严格控制可能可以解释其药物使用中的一些不同之处（Frances et al.，2004；Sizoo et al.，2005）。例如，在法国，哌甲酯是唯一允许使用的 ADHD 药物，它的使用要求有神经学、精神病学或儿科专家提供的医院发出的处方。英国国家指导方针建议，只有专业健康服务机构的专业人士才能诊断 ADHD 并且开出药物处方。在进一步建议全国父母都接受 ADHD 一线治疗相关的教育和培训后，药物使用可能会下降（the National Institute for Health and Care Excellence，NICE，2008）。

2. 药物治疗的局限性

（1）研究范围

虽然有关药物治疗研究的效果令人印象深刻，但是它的研究范围则是有限的。大多数研究只是对童年中期的欧裔美国男孩进行短期研究，对药物的长期效果或可能的性别、种族差异情况的研究却很少。此外，正如前面所提到的，共病问题也常常被忽略。少量其他年龄组被试的研究提出青少年和童年中期儿童对药物反应良好而学龄前儿童对药物无效（Spencer et al.，1996）。研究也没有考量哪种类型的生活损害是在药物治疗的同时仍然最受 ADHD 症状的持续影响。

（2）非医学风险

ADHD 药物治疗的相关风险是其治疗信念：药物是万灵药，以及"一刀切"的一个剂量适合所有状况。这些风险和药物本身的积极作用没有什么关联，但是它们能严重地妨碍儿童的进步。

正如我们所看到的，ADHD 常常伴随着多种共病问题。药物治疗虽然有效，但是不能解决所有共病问题。药物没有那么大的魔力，能为出现功能损害的儿童提供社交、学业技能，它也对学习障碍无能为力，它更没有办法解决所有父母（他们本身可能也患有 ADHD）试图应对麻烦孩子所带来的困难。并且，药物是万能的这一幻想也为父母和专业人士并没有承诺其他形式治疗的要求提供了借口。

"一刀切"的幻想忽视了如下事实：虽然药物一般来说是有效的，但是不同的儿童对药物的反应是千差万别的。对于某个特定儿童来说，服药后一些症状和一些伴随的问题可能会迅速恢复，而对另外的儿童可能完全没有效果。此外，一旦停药，症状经常立即复发。

药物治疗的依从性也存在很大的不同。父母可能会拒绝使用药物治疗，青少年可能会由于害怕同伴指点产生羞耻感而不遵医嘱服药。对医生来说，也有过度给药的危险，随后还不能进行必要的，但是耗时的剂量效果监控。

（3）缺乏诊断评估的药物治疗

另外一个 ADHD 药物治疗的问题是，常常药物是在没有经过彻底评估也没有确诊时由儿科医生和精神病医生提供的。因为 ADHD 是一种明显能治疗的疾病，所以就可能导致医生草率检查儿童的所有行为问题后开药治疗。然而，重要的是，首先要确定是这种障碍导致了父母和老师抱怨儿童的不良学校表现、注意力不集中、不可控的行为等，而不是由其他问题，如学习障碍、焦虑或父母教养问题导致的。为解决这一问题，美国儿科学会（Overturf，2000）已经发布了一整套纲要，要求医生在开具处方前对 ADHD 进行仔细的评估，包括收集父母提供的信息，排除其他疾病，要求教师提供有关孩子在课堂中行为的直接信息——我们都知道，课堂这个背景也是 ADHD 诊断最强有力的依据。

（4）药物治疗相关归因

对于必须通过吃药来保持各项功能正常这个事实，ADHD 儿童是怎么理解的？一些评论家认为，这些儿童慢慢变成了物质滥用者，因为它们不断被强化一个信息：药物可以解决问题。当然，还没有足够的研究证据支持评论家的这个假设（Barkley，2003）。然而，儿童对药物治疗的归因会对他们的发展结果产生影响。例如，特罗汀和欣肖（Treuting & Hinshaw，2001）给 ADHD 儿童呈现一系列假设情境，包括一个男孩在学校一天中好的体验和不好的体验。在一些故事中，男孩服药，而在另外一些故事中，他妈妈忘记让他服药。这一研究结果显示，儿童把男孩的好结果更多归因于药物而不是男孩自身的努力或能力。并且，ADHD 儿童更可能将不良结果归因于缺少药物治疗，甚至在妈妈记得让男孩服药的故事中也是如此（例如，"他的药效降低了""他需要更大剂量药物"）。此外，对良好结果做出药物归因的儿童在自我报告中显示出明显更高的抑郁和低自尊状态。因此，看上去对 ADHD 儿童重要的是，要让他们知觉到自我效能，要对障碍拥有内部控制感，不能将所有的治疗成效都归因于药物。研究者建议，临床医生和父母要仔细思考如何给孩子介绍药物治疗的理念，并且强调药物只是儿童良好行为的促进因素，而不是决定因素，药物是让儿童真正潜力发挥出来的催化剂。

3. 心理社会干预

正如我们已经看到的，药物治疗并不能治疗 ADHD 儿童的所有困扰问题，尤其是，它不能治疗共病疾病，父母心理病因问题，学业和社会技能以及同伴关系问题。因此需要结合其他治疗方法进行治疗。我们将简单介绍一些治疗方法。

（1）行为管理

在行为疗法中，环境奖励和惩罚会随着榜样行为一起用来减少问题行为，增加适应行为。短期内，行为干预能增强社交技能和学业成绩。有研究表明，课堂上的操作性方法能显著改善 ADHD 儿童的行为表现（Pelham et al.，1998）。但行为矫正的最大弱点是经常不能随着时间而保持进步，也不容易泛化到其他情境中去。

仅有一个发表了的研究系统地探讨了药物治疗和行为矫正干预两种方法的治疗疗效（Döpfner et al.，2004）。这个研究发现，将近 2/3 的 ADHD 儿童进行了行为矫正治疗（平均 17 次会谈），这些个案中行为矫正被用作治疗的首选方式；而首次使用药物治疗的 82% 的儿童后来仍然需要另外的行为矫正治疗。实际上，研究已经显示了行为干预对 ADHD 的许多积极效果（Pelham & Fabiano，2008）。

（2）认知行为治疗

认知行为治疗被发展用于弥补前面提到的行为矫正的不足。为了促进儿童将已学到的经验迁移到新环境，儿童被教导认知策略，这样，他们无论走到哪儿，就都能带着这些认知策略，如逐步解决问题的技能。这种方法还被应用到工作记忆训练中，在 ADHD 儿童的治疗过程中发现有积极作用（Beck et al.，2010）。

联合认知技术和行为技术的干预方法，如应急管理，已经被证明是非常有效的。应急管理包括帮助儿童评估他们自己的行为，并应用适当的应对方式。例如，为了塑造和奖励儿童监控自身行为的能力，欣肖（Hinshaw，2000）使用了"匹配游戏"的方法。在这个游戏中，儿童被要求在一个需要学习或练习的技能或概念上评定他们自己的行为，如集中注意力或合作（参见图 7-3）。成年人也对儿童做出评定，然后双方讨论他们做出评定的理由，给出期待行为或不期待行为的特定示例。基于成人评定的情况，儿童将获得分数，但是如果儿童的评定和成人的一致，儿童将得到双倍分数。换句话说，如果两者评分匹配时，儿童得分翻倍。随着这个方法的不断使用，儿童不但在自我评定方面会变得更精准，能够接管起监管成人所要求的监控任务，而且变得不再要求那么多的外在强化，因为自我监控变成了对他们自身的一种奖励。

图7-3　匹配游戏

资料来源：Hinshaw，2000。

（3）生物反馈

生物反馈是通过使用对注意过程和状态自我调节的大脑脑电活动再训练进行工作的一种方法（Heinrich et al.，2007）。为了从大脑探测到脑电活动，感受器被粘贴在儿童的头部，然后，脑电波会被放大，并转换成脑波图像呈现在治疗师的电脑屏幕上。治疗师设定目标，如儿童需要提升或减少特定脑波。这个方法背后的原则是，改变他们的大脑脑电波达到一种更为标准的状态，通过强化这种稳定状态，儿童将对他们的行为有更好的控制。一项元分析（Arns et al.，2009）得出结论：和消极治疗对照组或有些积极治疗对照组相比，ADHD的生物反馈治疗提升了儿童在开放性实验中的行为表现，而且有中度到高度的效应量，同时，ADHD非药物治疗的有益效果及长期效果是明显的。在双盲安慰剂实验中，生物反馈的复杂性和长度都很难验证。

（4）愤怒控制训练

由于与品行障碍的共病率较高，ADHD儿童常常受益于愤怒控制方面的认知行为训练，这样他们在应对攻击性方面就拥有不同的处理方法（Hinshaw，2000；这将在第十章更为详细地描述）。

（5）社交技能训练

ADHD儿童经常出现人际问题，因此他们也受益于学习更好的社交技能（Hinshaw，2000）。菲夫纳和麦克伯内特（Pfiffner & Mcburnett 1997）开发了一种有经验支持的社交技能干预方法，在这种方法中，ADHD 男孩和女孩进入 6～9 人的小组，小组主要用来系统地解决如下问题：①儿童社交知识；②表现缺陷；③言语和非言语社交线索认知；④问题情境的适应性应对；⑤泛化，包括将父母纳入治疗中以促进和支持儿童在其他环境中使用他们新获得的技能。

（6）父母训练

父母训练的主要目的是以适应性方式替换父母应对孩子的不适应方式。父母被训练关注特定的问题行为，并设计策略以改变这些行为。父母行为训练（behavioral parent training，BPT）被证明对提升亲子关系，改变父母教养实践，减少儿童症状和损害都是有效的（参见 Fabiano et al.，2009）。然而，这种治疗方法也有局限，因为父母治疗的拒绝率和不遵从的比例在行为干预中是相对高的；并且，即使是那些持续参与治疗会谈并实施治疗师的建议策略的家庭，即时治疗效果一般也是轻微到中度的（Hoza et al.，2008）。此外，一旦积极的治疗停止，治疗效果常常就会下降（Molina et al.，2009）。

（7）学业技能训练

学业技能训练包括对特定的个体或团体进行辅导，教导儿童遵从指示，变得有条理，有效利用时间，检查功课，做笔记，以及更为普遍的高效学习。如果是共病学习障碍，这种训练就更为必要。ADHD 儿童的学业技能训练效果目前只有较少系统性评价。

（九）治疗效果比较

最综合的治疗效果研究之一是由多元模型（the Multimodal Treatment，MTA）治疗合作组（Cooperative Group，1999）进行的，这是由不同地区顶级的 ADHD 研究者组成的联盟。他们试图把资源整合在一起以便于为"到底什么治疗对 ADHD 有效"这一问题找到更确切的答案。他们的研究对象是 579 名 7～9.9 岁的儿童，所有这些被试都被诊断为混合型 ADHD。儿童被随机分配到四种治疗组的任意一组，每个组治疗持续 14 个月，这四组治疗方式分别是：①兴奋类药物治疗；②密集行为治疗，包括儿童、父母和学校；③药物治疗合并行为治疗；④由心理健康机构门诊提供的标准社区治疗。这一研究设计能让研究者回答一系列特定问题：

哪种治疗更有效，药物治疗还是行为治疗？

研究结果强烈表明：根据父母和老师对注意缺陷及老师对多动—冲动行为的评定报告，药物治疗能更为明显地改善 ADHD 症状（参见图 7-4）。

药物治疗合并行为治疗是否导致效果更佳？令这一领域许多人惊讶的是，多元模型治疗并没有比单独的药物治疗效果更好。结果显示，合并的治疗方式和单独药物治疗相比，在疗效方面没有差异，但是和单独的行为治疗相比，合并治疗方式在父母和老师对注意缺陷的评分，父母对多动 / 冲动行为的评分以及父母对违抗 / 侵犯行为、内化症状和阅读困难的评分方面都会显著减少。

多元模型的三种治疗方式优于传统社区治疗吗？又一次，加上药物治疗的混合治疗方式产生了最佳效果。根据父母和老师的报告，单独接受药物治疗或合并治疗的儿童比接受传统社区治疗的儿童改善更明显，而单独接受行为治疗的儿童则没有比接受传统社区治疗的儿童获得更大改善。

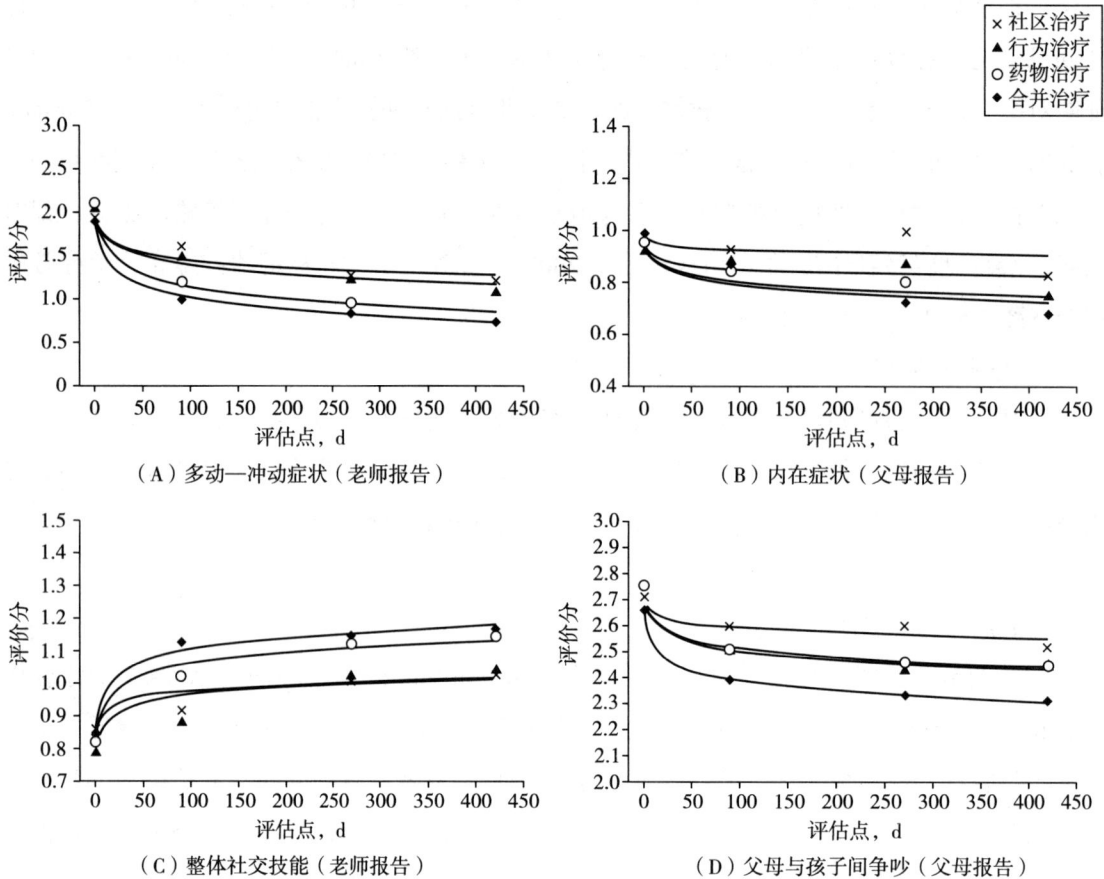

图 7-4 ADHD 多元模型合作研究治疗效果比较

资料来源：MTA Cooperative Group, 1999。

这些研究数据得出的最谨慎的结论是：药物是 ADHD 治疗的一种可选治疗方式。然而，为了确定更长期的效果，研究者在 6 年和 8 年后对该多元模型合作小组研究中的儿童进行了追踪研究。结果显示，童年期 14 个月治疗的类型或强度（在 7~9.9 岁时）并不能预测 6~8 年后的功能。并且，不论接受何种治疗方式，早期的症状轨迹都是有预兆性的（Molina et al., 2009）。追踪研究结果清晰地证明，和最初的研究结果形成鲜明对比，药物治疗并没有显示出最大的效果。这也启示我们，进行更多的纵向研究以获得有关 ADHD 治疗效果的证据是重要而且必要的。

（十）DSM-5

最后，在我们即将结束对 ADHD 评述前，反思这些知识将如何滋养临床实践是很重要的。下一版本的 DSM 已于 2013 年出版，而修订的 ICD（ICD-11）也已在 2015 年出版。修订后的

DSM-5 中 ADHD 的诊断标准会和当前标准保持相似的诊断主线，但是也会有一些变化，我们将之列在表 7-2 中。

表 7-2　DSM-5 关于 ADHD 的诊断标准变化

出现下列变化	
1	症状年龄阈值：对于年龄较大的青少年和成人（17 岁及以上），在注意缺陷多动—冲动领域都只需满足 4 个症状。
2	多动—冲动症状已经增加到 13 条，包括"缓慢或细致地、不舒服地做事""经常不耐烦""难以拒绝诱惑或机会""往往不思考就采取行动"。
3	症状条目的描述更加精细，包括更多特定行为的描述，一些症状的描述更适合成人。
4	始发年龄标准已经扩展到包括"到 12 岁时有可察觉到的注意缺陷或多动—冲动症状"。
5	孤独症谱系障碍不再列举在排除标准之中。

这些变化可能反映出 ADHD 症状的损害可能会在生命的较晚时期开始产生。相比于儿童，成年 ADHD 症状条目的减少承认了这一症状在发展过程中随着年龄而变化，因为成人中更低的阈值仍然表明是临床显著的，在成年期，也有清晰的证据表明 ADHD 症状导致的损害，这就更好地反映了这一障碍的特征及自然过程。然而，一些医疗专业人士对这些潜在的改变又提出了一些问题，因为这就意味着许多之前只是满足部分标准的个人将满足整个诊断标准。

二、学习障碍

（一）定义和诊断

当我们把注意力转向学习障碍时，我们必须考虑两个问题，这是对理解任何心理病理现象都非常基础的问题：我们应该如何定义学习障碍？定义应该如何被实际操作？

1. 学习障碍概念化

有关学习障碍概念化，从合法定义最初被广泛使用时就迈错了脚步。在 1977 年颁布的《残疾儿童教育法》（PL94-142）中，学习障碍被定义为包含一种或更多基础心理过程（如理解和运用口头或书面语言）的障碍。它可能在不同年龄和不同能力水平之间展现出严重的差别，主要表现在以下一个或多个学业成就领域：口头表达，听力理解，阅读，书写或算术。根据这个定义，学习障碍不包括主要由视觉、听觉或运动残疾，精神发育迟滞，情绪困扰，文化或经济劣势或有限的教育机会导致的学习问题。这个定义在目前掌控特殊教育的联邦法律——《残疾人教育法》（the Individuals with Disabilities Education Act，IDEA）——中仍然有所体现，这一法律在 1997 年进行了修正。

这一定义的核心问题是"基本的心理过程"并没有具体化，并且事实上，直到现在才清楚到底可能有哪些心理过程。这一定义因一系列其他类别的残疾或紊乱儿童被排除在外而备受批评。批评体现在两个方面：首先，学习障碍可能和定义中排除的问题共同发生，如生理残疾或情绪紊乱；其次，并不可能总是将学习障碍和这些排除的问题区分开来（Shaw et al., 1995）。

随后，由全国学习障碍联合会（the National Joint Committee on Learning Disabilities, NJ-CLD）和 DSM-Ⅳ-TR 提出的定义逐渐接近问题的核心，尽管它们都并不是那样完美。全国学习障碍联合会（NJCLD, 1988）将学习障碍定义为一组在获得和使用听、说、读、写、推理或数学能力方面存在明显困难的多种障碍。在这个定义中，"潜在的心理过程"这一说明就删掉了。全国学习障碍联合会还声称，学习障碍可能伴随其他缺陷条件而发生，如感觉损害、情绪紊乱、文化差异或教育不充分等，但是学习障碍不是由这些问题导致的结果。障碍被认为是由中枢神经功能能失调导致的。

DSM-Ⅳ-TR 并没有对学习障碍下一个明确的定义，而是列举了三类学习障碍的诊断标准：阅读障碍、数学障碍和书写表达障碍。因为三类学习障碍的诊断标准核心是一致的，我们就仅仅只呈现阅读障碍的诊断标准（参见表 7-3）。

表 7-3　DSM-Ⅳ-TR 关于阅读障碍的诊断标准

1. 经过个体施测的标准化阅读精确性或阅读理解测验所获得的阅读成绩，显著地低于根据其年龄、智商及相应教育水平所期待的水平。
2. 在诊断标准 A 上出现的障碍严重妨碍了学业成绩或需要阅读技巧的日常生活中的活动。
3. 如果存在感觉缺陷，那么阅读困难要超过与之相关的水准。

资料来源：DSM-Ⅳ-TR, 2000。

DSM-Ⅳ-TR 的定义更为精准，它用客观测量的成绩与智商、年龄和年级之间的不一致替代了全国学习障碍联合会定义中有点模糊的"在获得和使用学业技能方面的显著困难"。DSM-Ⅳ-TR 也更关注学习障碍对儿童适应的影响。然而，全国学习障碍联合会的定义比 DSM-Ⅳ-TR 的定义有更广泛的共发问题谱系。

2. 学习障碍的评估与诊断

对学习障碍做出令人满意的评估是比概念化更让人困惑的过程，这一问题的核心是差距模型的使用，即在学生应该能做到（能力）和他们实际在学校的表现（成绩）之间的差异。典型的情况是，儿童的能力可以通过标准化智力测验的分数来操作性确定，然而，他们的成绩是通过教育测验来测量的，如伍德科克–约翰逊–Ⅲ成就测验（Woodcock-Johnson-Ⅲ tests of achievements；Woodcock et al., 2001b）。当儿童的成绩显著低于根据其智力测验分数所期待的水平，就表明存在学习障碍。一般来说，学习障碍儿童都有低于平均水平到稍高的智力，这就将他们和我们在第四章提到的精神发育迟滞儿童明显地区分开来。

然而，在实践中一个最基本的问题是，为了对学习障碍儿童进行分类，到底能力和成绩之间的差异要多大并没有达成一致意见。因为各地的标准有差异，所以一个儿童从一个州搬到另一个州后，就可以从原有的学习障碍变成没有学习障碍。并且，不同专业人士也对成绩测验和智力测验分数的显著差异持不同意见。

关于差距模型，临床医生需要关注的另一个特殊问题是，它要求在被诊断前儿童的学业是失败的。这一要求妨碍了早期察觉和干预。例如，对一个三年级的孩子来说，学业成绩失败的理由有很多，这并不奇怪，要穷尽到所有理由最后才考虑学习障碍可能需要相当长的过程。比如，理由可能有"她不喜欢老师"或"女孩就是数学不好"。然而，耽误却是一个关键问题，因为耽误时间越长，儿童的治疗补救措施越难控制。

差距模型最后一个局限是它无法提供基础的诊断功能来区分独特的儿童（至少对阅读障碍是这样的）。例如，有证据表明，因为成绩低于智力水平而被分类为阅读障碍的儿童和那些拥有与智力水平相当的不良阅读成绩被分类为"缓慢阅读者"的儿童在区分上并没有差异。对这两组儿童缺乏区分体现在一系列变量上：信息加工，对指导的反应，基因变异和神经生理学指标（Lyon et al.，2003a）。

虽然有如此多的缺点，并且学习障碍的概念有时会引发热烈的争论，但它仍然有一些积极的结果。它吸引了研究者的注意，来关注这些既不是愚蠢也不是懒惰的儿童——他们过去就被认为是这样的。学习障碍的概念也引发了研究者对学习特定科目的认知技巧进行研究，对这些认知过程可能的生物基础及学习障碍的一般调节后果进行研究。

3. 种族、社会群体和机会缺乏

通过对两种途径，即种族多样性和社会群体的考虑，我们对学习障碍的理解变得复杂了。有趣的是，这两种途径恰好处于一个连续谱的两端：一种观点认为少数民族儿童在被诊断为学习障碍的儿童中样本代表性不足，而另一种观点则认为他们被过度代表了。

（1）辨识不足

DSM-Ⅳ-TR规定，学习障碍不能是由其他因素导致的，如经济条件不利、种族、民族、缺乏机会或其他文化特征。然而，这就给诊断带来了一个困境，因为这些因素常常和学习障碍一起发生，甚至会对学习障碍产生重大影响。例如，在经济环境恶劣地区长大的孩子经常在入学后表现出语言发展能力和水平落后于同伴的现象，这反过来又会妨碍他们对阅读技能和数学技能的掌握。此外，如果父母受教育程度低，或者他们自己就有阅读问题，那么他们就难以教导孩子学习。虽然学习障碍会发生在所有社会群体的儿童中，但是诊断的排除标准可能会带来不恰当的影响，因为它剥夺了贫困儿童享受特殊教育服务的机会，也许特殊教育能帮助这些孩子弥补他们的困难。

（2）过度辨识

在连续谱的另一个极端有人认为，事实上来自少数民族或社会经济水平低的家庭的儿童被过度辨识而更多地进入了特殊教育课堂，这就意味着在诊断识别和转介过程中存在某些偏见。这一争论的核心是，标准化的智力和成就测验，是根据欧裔美国人中产阶级的标准进行编制的，是否有可能忽视了少数民族、不利家庭或移民家庭中的儿童（Kaminer & Vig，1995；Valencia & Suzuki，2000；参见第十六章）。对缺乏某些主流文化经验的儿童，以及那些语言技能有限的儿童或英语使用有不同标准的儿童使用当前的诊断标准来评估可能是不公平的。遗憾的是，至今很少有研究告知我们学习障碍的标签到底在多大程度上是以偏见或不公正的方式应用到了这些儿童身上。然而，在对已有文献进行综述和评价时，我们应该把这种可能性保留在头脑中。

4. 替代模型

（1）对干预的反应

倡导者不再将智力—成绩间的差异作为障碍识别的主要方法，而是提出一个被称作"干预反应"（response to intervention，RTI）的替代模型。在这个已经被全国范围内一些学校广泛使用的模型中，有学业困难的儿童在最终进入特殊教育项目之前会经过一系列干预水平的评估。首先，会给予儿童参与普通课堂的机会，那些在这些情境中表现吃力的儿童会被给予二级干预，一般来说是针对每个学生的个性化需求使用集中的小团体指导；在有些学校系统中，甚至会提供更密集的第三级干预。只有那些在这样一系列连续水平干预中都做不到的儿童才会被送到特殊教育机构。

倡导这一模型的人坚称：这个系统增加了为那些真正需要的儿童保留稀有特殊教育资源的可能性，而模型中对儿童的持续评估也将为儿童能力提供更精确、更基于能力的评估指标。然而，批评者认为，这一系统要求儿童在接受特殊教育服务之前必须在多重水平上表现出损伤。批评者进一步指出，RTI并没有具体指出，为了识别可能干扰儿童课堂学习的认识过程，到底应该如何进行评估（Bailey，2003）。

（2）经验主义范畴下的学习障碍

质疑DSM和联邦学习障碍定义基础的该领域的其他专家基于经验研究提出了一个不同的分类体系。表7-4列出了经验研究中出现的各种学习障碍，包括三种不同的阅读障碍——词语识别、阅读理解或流畅性问题；两种数学障碍，是否存在词语识别问题；一种书写表达障碍，包括拼写困难、书写困难或观点表达困难。

表 7-4　经验研究支持的学习障碍亚型

阅读障碍：词语识别
阅读障碍：阅读理解
阅读障碍：流畅性
数学障碍
数学障碍——有阅读障碍
书写表达障碍：拼写、书写或观点表达

资料来源：Lyon et al.，2003a。

（二）阅读障碍

研究趋势是探究具体的学习障碍，而不是将不同种类的学习障碍当成一个整体来研究。这种方法被证明是卓有成效的，能揭示出核心的病因变量，并且在阅读障碍领域，能促进对学习障碍本身的重新思考。我们将重点关注阅读障碍，因为它是最频发的学习障碍，也因为这个领域的研究结果最多，给人带来的启发也最大。

1. 定义和特征

（1）定义

大多数阅读障碍的定义都使用差距模型。在阅读方面，意味着在阅读准确性、速度或阅读理解力与年龄或所测智力之间存在显著差异（除其他注明的以外，我们的描述主要来自 Lyon et al.，2003a）。阅读障碍儿童被认为和那些"阅读表现虽然显著低于平均水平，但是阅读表现和智商对等"的儿童不同。后者所指的这类儿童有时被称为"广泛阅读障碍"（general reading disorder，GRD）。

之所以认为阅读障碍与 GRD 不同，还有另一个原因。许多年前的数据显示，阅读方面的成绩在曲线较低的一端有一个"峰值"，而不是正态分布的。这个峰值被认为是由另一群有特殊阅读问题的儿童造成的。这就进一步可以认为，这些阅读障碍的儿童和 GRD 儿童存在质的区别。

有研究已经开始对差距模型的效度产生怀疑。例如，研究显示阅读障碍儿童和 GRD 儿童在词语识别和知识的阅读技能方面、九个认知变量方面（如与阅读效率相关的词汇和记忆），以及教师对两组儿童的行为评定得分方面都没有差异。并且，后来对学校儿童的人口学研究也没有发现在阅读曲线的低端存在峰值。研究数据并没有展现出不同小组质的差异，而是显示出阅读成绩在整个学校学生中的持续性分布现象。在实践水平上，这就意味着人为地建立了一个分界点来对阅读障碍儿童和其他缓慢阅读者进行区分注定是要失败的。

传统的读写困难主要是用单个词语编码的测验来评估的；然而，阅读流畅性困难已经被视为阅读障碍的一个很明显的表现。在《残疾人教育促进法》（Disabilities Education Improvement Act）再修正案中，阅读流畅性已经被加入联邦特定学习障碍的定义中（IDEA，2004）。国际读写困难协会（International Dyslexia Association；Lyon et al.，2003b）提供的概念化也把阅读流畅性作为读写困难个体的一个重要问题。这一定义指出，许多成年读写困难者即使在变成准确的词语阅读者之后，仍然经历着阅读流畅性的困难（Lefly & Pennington，1991；Shaywitz，2003）。并且，干预研究已经表明，相比于阅读理解能力、解码技能和词语识别技能的提高来说，阅读流畅性的提升是更难的（Torgesen et al.，2001）。

（2）经验主义范畴下的阅读障碍

尽管在 DSM-Ⅳ-TR 中，不同的阅读障碍都混在一起，但是研究表明，至少有两种不同类型的阅读障碍：一种是词语识别的问题（一般被称为读写困难；参见方框 7.6）；另一种是阅读理解困难。大多数研究都在研究第一种情况，而对第二种情况研究得相对较少。

方框 7.6　学习障碍案例研究

当罗彻斯特大学（Rochester University）篮球队员托德·罗索（Todd Rosseau）打开他的政治教科书时，进入他视野的第一行字看起来是这样的："We hop thes turths to be sefl eivdent。"

然而这不仅仅是又一个不能阅读而"热衷运动的男孩子"。事实上，托德非常聪明，他只是患有阅读障碍，而阅读障碍并不是区分人是天生优异还是残疾的标准。

"小时候，我总是想我是不是蠢，"这位大学高年级学生说道，"有很长一段时间我都这么认为，我不知道自己是和别人不同的，我就是奇怪为什么我姐姐比我聪明那么多。这很令人迷惑。"

第一次发现有些不对劲是在幼儿园团体玩耍时。"在我的家校联系报告单上，"他回忆道，"老师写着'非常擅长阻截对手，再没有别的了'。"到四年级时，托德离开课堂接受特殊的语言艺术辅导，每周几次，但是没有什么帮助。之后他就去波士顿的马萨诸塞综合医院进行学习障碍检查。"检查结果显示我的智力非常高，但是有严重的读写困难，"他说，"我能看到其他人在报纸上看到的内容，但是当翻译进大脑时，它就显示出错误。而且这种错误是随机的，第二次读的时候，我就能正确地读出同一个句子。"

托德进入了位于马萨诸塞州林肯市的卡罗尔学校就读七年级和八年级，这是一所为阅读障碍者开办的特殊学校。后来，他进入了剑桥的一所私立高中，这所学校是作为哈佛大学的预备学校建立的，不过这所学校为有学习问题的年轻人提供了大量帮助。罗彻斯特大学也是一个非常好的选择，因为它也为有特殊需求的学生提供特殊的帮助，同时也有优秀的篮球项目。"上学对我来说从来都不容易，很多时候我确实在努力学习，但是没有结果，也许，我可以轻松地说'没有必要再尝试了，我是阅读障碍患者'。但是篮球真的帮助了我，"他说，"篮球给了我一些在学习外可以努力的东西。"托德的篮球天赋是他复原力的一个资源，但是对于征服阅读困难来说，耐心也是非常关键的。"我学习了一些诀窍，而且在阅读方面变得越来越好。因此，我确信能很愉快地阅读，这在高中时我是根本做不到的。"

资料来源：Meyer, 1989。

（3）患病率

阅读障碍影响将近10%～15%的学龄儿童，是最常见的学习障碍。在特殊教育项目中学习的儿童有80%甚至更高的比例是阅读障碍儿童。虽然学校往往识别出更多的阅读障碍男孩，但是人口学研究和纵向研究都显示阅读障碍没有性别差异。男孩往往表现出共病外化问题，所以会比女孩有更高的转介诊断的比率（Lyon et al., 2003a）。

学习障碍是否在社会群体或种族上存在差异，这是一个重要的问题，但是遗憾的是，很少有研究关注这个问题。虽然来自低收入家庭和少数民族的儿童被安排到特殊教育课堂的比例与其人数比例并不相称，但是并不清楚这是真正更高的学习障碍比率导致的，还是这种差异反映了阅读障碍诊断和转介中的偏见（Sattler, 2002）。更多研究清晰地确定了这一问题。比如，有研究显示，来自社会经济水平高的家庭的儿童往往比社会经济水平低的家庭的儿童有更优秀的起始阅读分数，也表现出更快速的发展趋势（Aikens & Barbarin, 2008）。另外，当父母有更高的教育参与水平时，儿童也会有更高的起始阅读表现，并且随后更快地发展（Cheadle, 2008）。

2. 共病和鉴别诊断

（1）阅读障碍和其他学习障碍

虽然一些儿童仅仅只在阅读领域存在障碍，但是也有一些儿童有多种学习障碍，包括口头语言障碍，书写表达障碍或数学障碍。有更弥漫性学习问题的儿童可能是一种不同的学习障碍亚型，它有着不同的病因（Lyon et al.，2003a）。

（2）阅读障碍和 ADHD

20%～25% 的阅读障碍学生也患有 ADHD（Beitchman & Young，1997）。然而，这种共病的原因却并不清楚。有证据提示这两种疾病有相同的基因变异。也有人认为，注意问题伴随坐立不安的症状会干扰儿童学习阅读，同样合理的是，我们也可以认为持续的学业失败可能导致课堂上的坐立不安和注意力不集中。然而，重要的是梳理这两种障碍的差异以确保两种障碍的诊断。虽然一些儿童同时表现有阅读困难和 ADHD，但也有一些儿童的症状并不完全符合。

（3）阅读障碍和行为问题

三个纵向研究关注了阅读障碍和行为问题之间的相关：桑松等人（Sanson et al.，1996）从婴儿到童年中期儿童的研究；斯马特等人（Smart et al.，1996）关注童年中期儿童的研究；莫恩等人（Maughan et al.，1996）关注青少年期到成年早期的被试研究。

一般来讲，研究结果表明，在阅读障碍和行为问题之间没有任何的直接因果关系。例如，没有研究证据表明童年中期的阅读障碍是青少年期或成年期行为问题尤其是外化问题的先兆。此外，有阅读障碍的青少年在成年之后，也没有表现出更高比率的酒精滥用问题、反社会人格障碍或犯罪。虽然在十几岁时青少年犯罪的表现有一些增加，但这是由于不良的入学率导致的（据此推论，青少年犯罪的机会就上升了），而不是由阅读障碍本身导致的。因此，在阅读障碍和行为问题之间无论存在什么相关，都是由共病 ADHD 导致的。

我们来颠倒一下因果的方向：是否行为问题和 ADHD 是阅读障碍的先兆。纵向研究数据显示的确可以。例如，有证据表明，婴儿期到学龄前期问题行为增加了个体在童年中期表现出阅读障碍及行为问题的可能性。并且，虽然从一般情况来讲行为问题不是童年中期阅读障碍的预测因子，但是多动表现特别能预测随后的阅读障碍。

发展性数据也表明在这个问题上存在明显的性别差异。男孩和女孩有着不同的发展过程，男孩表现出更多的外化问题，如多动，这会成为阅读障碍的先兆。然而，女孩在产生阅读障碍的过程中一般不会有行为问题，尤其是不会有多动行为。

有研究已经探索了阅读障碍和问题行为之间的关系是否可能是由第三个变量——ADHD——导致的。事实上，维尔卡特和彭宁顿（Willcutt & Pennington，2000）发现，阅读障碍和 ADHD 的共病解释了外化行为和阅读问题之间的联系。一旦排除 ADHD 的影响，阅读障碍和不良行为之间的相关就不再显著。

（4）阅读障碍和社交技能缺陷

学习障碍和社交技能缺陷之间的相关已经有相当多的经验性证据。在对过去的 152 个研究进行的一项元分析中，卡瓦拉和福尼斯（Kavale & Forness，1996）发现，75% 的学习障碍学生相比于对照组学生会表现出显著的严重社交技能缺陷。结果是非常稳定的，而且在不同评估者（老师、同伴和学生自己）之间以及社交技能的大部分主要成分之间都非常一致。

　　根据同伴评价，相比于没有学习障碍的同伴来讲，学习障碍儿童被认为更不受欢迎，更缺乏合作性，更不可能被他人选择做朋友，也更可能被他人回避。相应地，这些消极的评价被归因为感知到沟通能力缺乏和同理行为下降。学习障碍学生，和他们的同伴一样，也知觉到沟通能力的缺乏和社交问题解决技能缺陷对他们自身的社交功能产生了消极影响。在他们的这种知觉背后有两种弥散性的态度，一是由不良自我概念和自尊缺乏导致的劣等感，二是外在控制源，这就使得他们将自己的成功或失败视作运气或机会，而不是自己的努力。

　　（5）阅读障碍和内化问题

　　阅读障碍儿童容易产生内化问题，包括低自尊、社会隔绝、焦虑和抑郁，许多可以直接归因于他们在学校经历到的挫折和失败。对阅读障碍的女孩来说，内化问题尤其危险（Willcutt & Pennington，2000）。

　　（6）影响的方向

　　行为问题和情绪问题是和学习障碍共生的吗？还是它们之间存在因果关系？研究证据显示，影响的方向是从学习问题到社会经济问题。例如，大范围的临床实验显示，一年级时对阅读和数学困难的有效干预，与学龄中期低水平的行为和情绪问题相关（Kellam et al.，1994）。简言之，在学业方面失败的儿童更可能表现出来或对自己感到糟糕，但是学业问题的弥补能缓和这种危险。

（三）病因学：生物学背景

1. 基因影响

　　基因对阅读成绩的好坏有非常大的影响（Kovas et al.，2007）。格里戈连科（Grigorenko，2001）对这一领域的研究综述显示，25%～60% 的阅读障碍儿童的父母也有阅读困难问题，这种情况在父亲中间更为严重。然而，儿童阅读能力的提升也常常有赖于家庭能提供丰富的文化阅读环境和经验（Aikens & Barbarin，2008），因此，这也就和环境因素有较强的重叠。进一步，双生子研究发现，阅读障碍在同卵双生子（80%）中共同发生的比率比在异卵双生子（50%）中要高。更复杂的统计分析估计，阅读表现的 50%～60% 的变异数是由基因因素解释的。更新的基因研究是研究者对阅读障碍进行的基因定位。目前最好的研究显示，其定位区域在染色体 6 上，这个研究结果在几个不同的实验室都得到了印证。

2. 神经心理学

　　正如我们对大脑探索的技术不断更新一样，我们对阅读障碍的神经心理学的理解也不断增强。例如，运用测量大脑脑电活动技术进行的研究发现，阅读障碍儿童和没有阅读障碍儿童的大脑脑电活动模式存在持续的差异。例如，西莫斯等人（Simos et al.，2000）在儿童完成听词任务或辨识真实及无意义音节词语任务时观察了他们的脑电活动。在听词任务时，两组儿童都基本显示出在左半球有活跃的脑电波，这和研究者的预期一致。然而，在词语辨识任务中，两组的脑电活动模式则明显不同。正常儿童的脑电活跃区主要在枕叶，这是视觉辨识的专门脑区，然后活跃的是左颞顶区域（包括角回、韦尼克区、颞上回）。然而，阅读障碍儿童的主要活跃区域是大脑右半球的颞顶区。这种改变的偏侧性模式与一些使用其他脑成像方法进行研究的结果都一致，包括正电子扫描成像方法和功能性核磁共振方法。

（四）病因学：个体背景

1. 正常阅读发展

在讨论阅读障碍的病因之前，重要的是认识儿童学会如何阅读的正常过程。很明显，阅读是一个复杂的技能，涉及全部心理过程，从视、听知觉到更高等级的抽象和概念化思维过程。我们将重点关注阅读学习的最早阶段，因为这些与我们了解阅读障碍的病因是最相关的（更复杂的描述可以在 Lyon et al.，2003 中找到）。

考虑这样一种假设情境：你是一个不懂阿拉伯语的人，你的一个朋友给你一个阿拉伯语句子，让你从中找出 David 的名字，这在阿拉伯语中发音为"Dah-oo-dah"（参见图 7-5）。面对一串优美的线、点和花体曲线，你将会怎么办？一个方法就是假定阿拉伯语和英语一样都使用音标字母。分析单词的读音，你注意到它的开头和结尾都是同样的读音"dah"。接下来，你假定书写的阿拉伯单词是一对一地反映了口头语言的读音。因此，你寻找以相同的曲线处于开始和结尾，而中间是不同弯曲线的部分。虽然你的任意一个假定或所有假定都可能是错误的，但是你使用了一个帮助你理解你自己母语的推理过程。你所做的就是将你所知的口头词语和你不知道的该词语的书写表达方式联系起来，尽可能对其进行"解码"（"Dah-oo-Dah"就是图中最右边的词语）。

لما كنا في كندا قابلنا داوود في شلالات نياغرا.

图 7-5 找到 David 的名字

许多心理学家认为解码是学习阅读非常重要的第一步。确切地说，学龄前儿童必须在书写语言的无意义视觉模式和单词与句子的有意义听觉模式间找到关联。

解码书写语言的重要问题是口头词汇直接被认知为单元。例如，"cat"，发音的时候是一个整体。事实上"cat"的发音是由三个独立的声音或音素组成的，但是儿童并不理会这个事实。而书写语言则是不同的，书写单词不能视作整体。理解单个单词是由单元组成的——字母——理解不同字母代表不同的音素，这对学会如何阅读是很关键的。对语言声音结构的意识和理解被称作语音意识（phonological awareness），简单来说，就是意识到词语是由不同的声音或音素组成的。

对词语中的个别音素进行识别被称作语音分析，而将一系列单独的发音组合成一个可识别的词语被称作语音合成。语音分析的一个测量方法是口头呈现给儿童一些包含2~5个混合因素的单词，要求他们敲出音段的数量。语音合成技能的测量采用词语混合任务，间隔半秒给儿童呈现多个音素，要求他们整体拼出单词。

音素意识显现出发展性趋势。在4岁时，很少有儿童能根据音素来区分音段，尽管一半儿童能根据音节来分段。到6岁时，90%的儿童能根据音节分段，70%的儿童能根据音素分段。到7岁时，80%的儿童能将音节区分为音素，但是15%~20%的儿童仍然无法理解把单词和音节区分为音素背后的规则——这个比例大致就和表现出学习阅读困难儿童的比例接近。

2. 语音加工和阅读障碍

语音加工中的缺陷是妨碍儿童学习如何阅读的罪魁祸首（Lyon et al., 2003a）。将近80%~90%的阅读障碍儿童都存在语音加工缺陷，和人群整体的性别比率相比，男女儿童在语音加工缺陷上不存在性别差异。例如，研究显示，阅读障碍儿童在区分音素，在短时记忆中储存语音编码，分类音素和生成一些语言声音等方面都存在困难。并且，研究表明，其中的关系是因果关系，也就是说，有证据表明缺陷导致了学习阅读的困难。

对于相关研究结果，有两个应该谨慎对待的地方。首先，所有的研究都是用单个单词或词语辨识的方法来测量阅读，所以仍然还不能下定论的是，是否使用其他方式测量阅读障碍——如理解指导或对指导做出反应——会存在差异。其次，我们比较关注的是研究证据的权重，而不是广泛的研究结果，因为也有一些有争议的研究数据支持其他的病因学假设。

将阅读障碍的来源定位于解码和阅读单个词语的能力与阅读障碍意味着阅读理解有缺陷的观点是冲突的，然而，理解本身也依赖于快速和自动化解码单个词语的能力。如果词语不能被快速和精确地加工，儿童理解所读内容的能力同样也是受损的。

3. 情绪发展和学业成就

虽然我们在考虑达到学业成就所需的技能和才能时往往会关注认知因素，但是参与学习过程的儿童的情绪也是很重要的。当学习任务很难时，儿童会被激起好奇心，被驱动去征服它，还是被失败所击倒，很容易变得沮丧？对所有儿童来说，甚至是成人，学习要求一定的自我复原力。因为当我们努力掌握一个新技巧时，我们可能经常感到自己"笨"。对有学习障碍的儿童来说，当他们看到同年龄的伙伴超过自己时，自尊和动机的挑战就更大；他们甚至可能遭受同伴的嘲笑，如果进入特殊教育班级，还会有耻辱的感受。对一些学习障碍儿童来讲，这些消极体验会使得他们对学习过程完全没有兴趣（参见方框7.7）。

方框 7.7 理解低学业成就的皮亚杰方法

菲利普·考恩（Philip Cowan, 1978）在他的关于发展心理病理学的先锋作品《皮亚杰的感受》（*Piaget with Feeling*）一书中，描述了他为老师提供的关于低学业成就儿童咨询的经验。

一个好的皮亚杰主义者，从访谈儿童开始工作，这样可以获得儿童对自己的问题的认识。他发现，儿童都能非常清晰地说出他们所做出的有意识地不再进行学习活动的决定，并且，他们也能意识到自己这么做的动机。

一些儿童想要赢得力量和父母、老师斗争——儿童是否学习，这是他们可以自己独自掌控的事情。

一些儿童回避学习，因为他们要拒绝成人的期待（成人会期待他们成为某种样子）；或者避免被同学嘲笑。如果他们在学校表现很好会被大家认为是"讨厌的人"或"老师的走狗"。

还有一些儿童，考恩把他们描述为患有"彼得·潘"综合征：学习变好，随之而来的就是责任增加和他人期待增加，所以避免这些不合理要求的最好方法就是学业失败或在测验中故意做错。

然而，还有一类儿童想要避免失败体验，因此他们不愿意冒着风险努力去追求成功。因为他们害怕，如果他们做出努力但是还是得不到好成绩，他们将会产生很糟糕的自我感受。只要他们不去努力，他们的失败就可以归因为"这多酷，根本不用担心"。

儿童对待学校和学习态度的另一个影响因素是老师。一年级的儿童就会评估老师对待他们自己和同学的方式，从而学会根据成绩高低来区分他们自己（参见图7-6）。老师区别对待（Weinstein, 2002）随后会影响儿童的自我意象，影响儿童选择和什么样的同伴一起玩耍和学习，影响儿童如何接受未来的教师教育并做出回应。更进一步，从交互作用模型的观点来看，对学习失去兴趣，不喜欢学校，感觉好像老师是在折磨自己的儿童是不会去激发老师给予他们最好的教导的。

图7-6　教师区别对待

资料来源：DOWNSTOWN, 2000。复印得到全球新闻集团许可，保留所有解释权。

留级是学业成就不良的另一个后果，它也会对儿童的社会情绪功能产生重要影响。例如，在一项纵向研究中，帕加尼等人（Pagani et al., 2001）对魁北克省一个样本人群从幼儿园到12岁进行追踪。他们发现，儿童留级后，他们学业成绩变差，焦虑，注意力不集中，破坏性行为会一直持续甚至是恶化。男孩比女孩更容易受到留级对学业成就和外化行为的消极影响，但是在所有的儿童中，长期和短期的消极影响都非常明显。事实上，斯蒂佩克（Stipek，2001）指出了非支持性学校环境的危害性影响，它会"使儿童意志消沉和沮丧"，导致他们对自我和他人的消极态度。

（五）重新思考学习障碍

我们总结一下有关阅读障碍的一些相关发现：

1. 阅读障碍儿童并不是阅读者中一个本质上不同的类别，而应该这样理解：阅读者的成绩是正态分布的，而阅读障碍儿童和广泛阅读障碍儿童在正态分布的低端。并且，阅读障碍儿童和广泛阅读障碍儿童在多个认知维度上并没有区别。

2. 准确的、流畅的阅读及恰当的理解依赖于对单个词语的快速、自动化的识别和"解码"——简单来讲，依赖于语音加工过程。阅读障碍的基础是在这个加工过程中存在缺陷。

3. 尽管阅读障碍儿童具有一般智力水平，也就是说，不管他们是否有足够的智力，被确定为阅读障碍；还是他们的智力水平低于平均分，他们被确定为广泛阅读障碍，但语音缺陷阻碍了阅读学习的正常进步。

最后一点存在一个值得思考的问题：如果在学习如何阅读中存在关键困难而不管智力水平如何，那么学习障碍的概念（成就和能力之间的差距）将会发生什么？至少，就阅读来看，我们对语音缺陷能做的很少。简言之，差距模型是无效的。最起码，学习障碍的概念化必须要扩展到认识如下事实：差距模型并不是广泛适用的。相反，不管儿童的一般能力如何，可能有关键缺陷阻碍儿童的学业进步。

（六）发展过程

许多设计较好的纵向研究证明了阅读障碍从童年期到成年期的持续性（本书中相关呈现主要依据 Maughan，1995）。然而，并不是所有的阅读方面都受到等同的影响。例如，阅读理解能力会持续提升，而语音加工（如理解单词的发音结构）却一直没有多大改变。

许多因素决定了阅读障碍的发展过程。阅读障碍最初的严重程度和一般智力水平是个体取得进步的最有效的预测因子；然而，环境因素也有很重要的影响。在学校能获得特殊关注，在家里能获得支持的有社会优势的儿童能取得更好的进步，即使他们可能需要更长的时间才能达到既定的阅读水平，即使他们往往回避阅读强度大的课程。然而，学校系统则是不公平的，富裕地区的学校和不富裕地区的学校在学习障碍评估等待列表的长度、课堂规模、特殊教育资源等方面都存在巨大的差异。因此，患有阅读障碍的劣势学生的前景是暗淡的，他们可能早早辍学，而且还对学校教育抱有消极态度。例如，有研究显示，40%的阅读不良者在二十几岁时仍然没有任何学业或职业技能。然而，教育的获得又是职业发展最强的预测因子，所以并不奇怪的是，阅读障碍学生会经历更多的求职困难，往往从事需要简单技能或无须特殊技能的工作，也有更低的职业抱负（Maughan，1995）。

　　根据成人的自我觉知，童年期阅读问题只是消极地影响读写的特定领域，而成人也往往把问题归因于他们自己。然而，这些成年人的整体自尊水平却和比他们更有文化的同伴持平。就一般的心理幸福感而言，早期成年人的功能会比较少地受到童年期问题的影响。在仍然存在问题的地方，它们看上去是与别的问题相关，如不成熟或人格问题，而不是阅读障碍本身。

　　儿童阅读障碍的严重程度和他们的一般智力水平是阅读障碍发展过程的最有力预测因子。获得家庭支持和学校特殊教育服务的拥有优势的儿童，以及选择的职业能发挥他们的优势而避免局限的成年人会有积极的自我价值感（尽管他们仍然会因为阅读障碍而责备自己），也往往能走出童年期问题的困境。消极的方面是，如果处于劣势，这将会增加他们早早辍学的可能性，反过来，又会限制他们的职业选择，增加求职困难的可能性。

（七）干预

1. 评估和教育计划

　　学习障碍的干预开始于详细的教育评估，既对儿童的缺陷，也对儿童的优势进行细致评估，因为优势可能可以作为资源帮助儿童克服各种困难。接下来，父母、老师和学校心理咨询师一起讨论评估结果，设计个性化的教育计划，提供最小限制、最大支持性的教育纠正服务，这将增加儿童在学校的成功概率。

2. 主流式教育

　　由于《残疾人法令》（Disabilities Act；IDEA，1997）的颁布，越来越多的有特殊教育需求的儿童都回归主流教育，和其他孩子一起接受教育。主流教育，也就是人们熟知的融入或常规教育，试图减少病耻或减少可能由在特殊教室隔离所导致的对教育机会的拒斥。相反，儿童会在普通教室接受特殊辅导，或者在一天中的某些时间被带出教室接受其他服务。

3. 教育干预

　　教育干预利用许多方式，包括如下几种（此处我们主要选自 Elliott et al.，1999，特殊注明的除外）。

（1）指导性干预

　　指导性干预包括使用特殊设计的教育材料，主要目标针对影响儿童在学校表现的特定缺陷。例如，在阅读障碍的情况中，儿童可能会被要求进行阅读练习，练习阅读字母、单词和一系列特定的阅读材料。其他的干预试图增强学生的学习能力，方法是以儿童偏好的感觉方式提供信息，如视觉或听觉方式，或者以多感觉通道方式，即综合视觉、触觉、听觉和动觉线索的方式提供材料。

（2）语音训练

帮助学生进行词语识别的语音训练对阅读障碍个案特别有帮助，也已经被证明有效（Lovett et al., 2000）。西莫斯等人（Simos et al., 2002）证明，一个8周的密集语音干预能成功改变大脑活动的模式。研究中，有严重词语识别困难的儿童，年龄为7～17岁，在8周之内接受集中的语音干预，每周5天，每天2小时。虽然在治疗前所有的儿童都显现出大脑右半球的异常脑活跃模式，但在干预之后，不仅他们的阅读分数已经达到了平均范围，而且他们的脑电图像已经转变为更典型的左脑主导型活跃模式了（参见图7-7）。很明显，这是一个非常有力的干预。虽然特殊的语音指导材料主要是为课堂设计的，但是父母也可以通过家庭项目来帮助儿童提升这些能力。材料是以非常有吸引力的、类似游戏的方式提供的，包括实际动手操作物体的机会，比如使用不同颜色的字母块将单词根据读音的构成分成几部分。

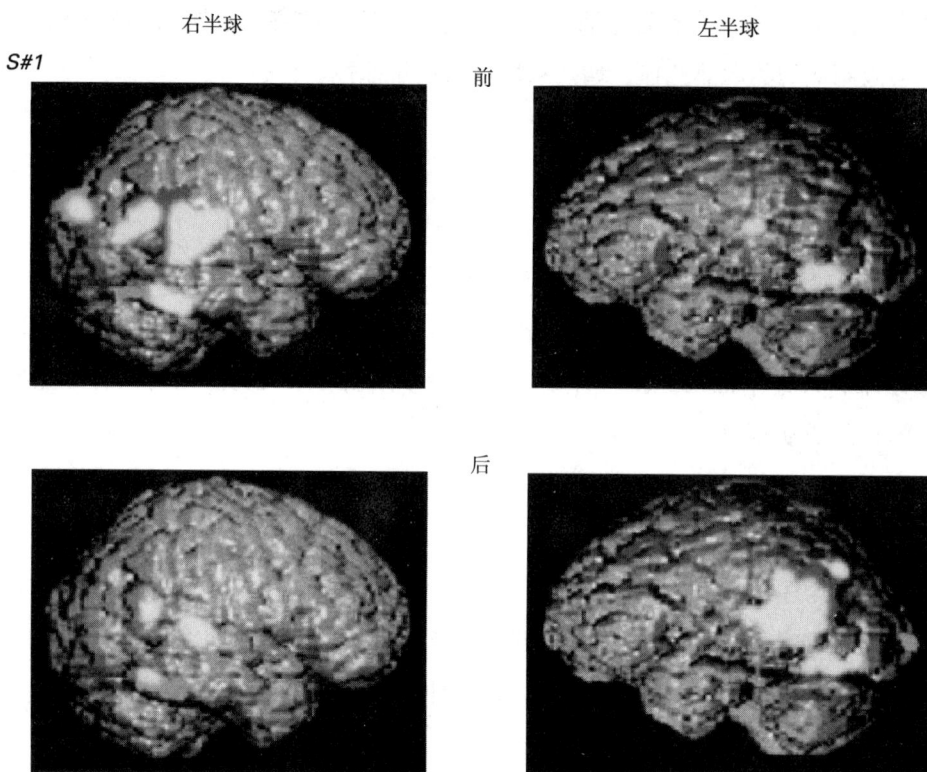

图7-7　语音训练前后阅读障碍患者大脑活跃模式
资料来源：Simos et al., 2002。

（3）行为策略

课堂应急管理包括教师为学生的适应性学习行为提供奖励。适应性学习行为包括：完成课堂任务，按时上交作业，检查作业完成的准确度等。关注点可以是关于学业的，如书写的辨识度增加；也可以是更为一般的学业相关行为，如增加任务专注度。表现反馈包括对学生的任务表现提供高频的直接反馈，这样可以增加他们的意识程度和自我监控。

（4）认知干预

认知策略包括自我指导，帮助儿童通过问题解决步骤跟自己对话。例如，在阅读障碍个案中，年幼的儿童被鼓励提醒自己大声读出单词，而更高级别的阅读者可能会被要求给自己提一系列的问题来测验自己对课文的掌握（例如，"此处的重点是什么""这个句子是如何跟前一个句子连接的"）。另一个认知技术是自我监控。正如我们在 ADHD 的治疗中所看到的一样，它能帮助儿童学会监控、调节和奖励自己的学业努力行为。

（5）计算机辅助学习

儿童发现计算机本身就很有趣也很有价值，因此，他们可以从特殊的计算机阅读、数学和拼写程序中获益。例如，这样的程序可以让儿童进行枯燥的解码语言和猜词义的任务。

（6）同伴干预

同伴干预包括：同伴辅导，儿童帮助其他儿童完成学习任务；合作学习，学生一起完成作业；团体联盟，如果班级所有的成员都很努力，则整个班级被奖励。

4. 父母合作伙伴关系

在最低水平上，老师可以利用家校通日志和父母保持良好的沟通，也可以使用日志让父母意识到他们该做哪些工作；父母也可以使用日志提醒老师关注儿童特别费力的作业问题。

然而，父母更为主动地参与儿童教育过程已经被当作一个补救措施，或者是防止早期学习问题发展成全面爆发的障碍策略。父母合作伙伴关系这个运动就是要让父母和老师共同工作，形成合作性教育伙伴关系（Christenson & Buerkle，1999），共同讨论问题，找寻应对问题的方式，达到相互认同的目标。经验证明，合作性伙伴关系是非常有希望的，当老师和低收入的父母共同努力，给低收入的父母赋能时，结果特别好，因为这样的父母一般对官方机构，如学校都是敬而远之的。

5. 干预的有效性

尽管经验性研究受到呼吁并且有着很好的意图，但是学习障碍干预的经验性研究显示干预效果仅仅只是中度而已。在对许多教育性干预研究的述评中，卡瓦拉和福尼斯（Kavale & Forness，2000）发现，大多数研究只产生中等到轻微的效果。更进一步发现，研究者和公众对于有特殊需求的儿童是否在主流教育课堂中得到了最佳的教育服务存在着相当多的争论。因为在正常的课堂里，他们仍然可能受到其他学生的侮辱，而老师也可能没有接受过训练或没有时间为他们提供个性化指导以帮助他们在学校取得成功（Kavale & Forness，2000）。

然而，有一件事是确定的，即早期评估诊断和早期干预是非常关键的。例如，有阅读问题风险的儿童如果在学龄前期就能接受语音训练，他们会获益非常大（Foorman et al.，1997）。

许多不同的心理病理问题都会带来一个后果：焦虑情绪。考虑一下学习障碍的儿童，他们被迫每天都去上学，必须面对阅读、数学或拼写方面的失败，而对此感到很无助；他们不受同伴欢迎；他们必须面对父母或老师的评价，因为成人认为他们"就是懒惰"——所有这些都足够使儿童感到紧张和担忧。然而，这些自然的反应却和焦虑的心理病理问题是不同的，因为焦虑比对令人担忧的事情感到担心更为严重。探索焦虑障碍将是第八章的重点。

第八章

童年中期：焦虑障碍

本章内容

在对一个中年男子的精神分析过程中，他回述说："当我还是个孩子的时候，我的祖母曾斥责过我说：'你年纪这么小，怎么会神经紧张呢！'因此很长时间以来，我都很困惑，我的年纪足够大了吗？这种紧张的情绪就像成长为成人的标志之一。"这个中年男子的祖母，不知不觉地成了弗洛伊德的拥护者。经典精神分析理论认为，过多的焦虑是神经症的标志，而神经症本来就是发展形成的。然而现代研究和理论却认为这一假设是错误的。焦虑是一种正常的体验，而且在功能方面的发展中起到一定的辅助作用。但是当发展过程中出现了偏离，就连学龄前儿童都可能饱受焦虑的折磨，使其功能受到干扰，并且引发他们明显的情绪困扰。

在呈现这些焦虑障碍时，我们会按照下面的顺序进行。首先我们会描述那些在发展过程中表现出来的焦虑和害怕的特点。我们先描述一些常见焦虑障碍的一般特征，接下来再依次探索一些特定的焦虑障碍：广泛性焦虑障碍、特定恐惧症、社交恐惧症、分离焦虑障碍、强迫症、创伤后应激障碍。在介绍每一种症状的同时，我们都将提供一个临床案例纪要，这将有助于我们注意到诊断上的区别。在这之后，我们便提出在发展心理病理学中的核心问题：为什么正常的发展会发生偏离并且产生了焦虑障碍呢？为了回答这个问题，我们考虑结合有关病因的主要研究成果，提出一个综合发展模式。

一、焦虑的本质

（一）正常发展中的恐惧

恐惧通常被定义为在一个环境威胁下的正常反应。恐惧是具有调适性的，甚至可以说是生存的必要条件，这是由于恐惧可以警告个体存在一个可能会对生理或者心理造成伤害的情况存在。在生命的早期，婴儿能学会预测即将有伤害性的刺激产生，以及当他体验到了焦虑信号，婴儿的内心会竖起一个红色警告小旗："前面有危险！"有了这样的警告，婴儿可以采取措施去避免那些担心会出现的情况，包括哭着向父母求助。

在童年时期，恐惧是很普遍的。例如，缪里斯等人（Muris et al., 2000）发现71%的学龄前儿童承认自己体验过恐惧，而恐惧发生的高峰期是在7～9岁（占87%的儿童），接着在10～12岁的儿童中，恐惧发生的比例有所下降（占68%的儿童）。儿童恐惧的内容也存在年龄的差异（见表8-1）。学龄前儿童报告最多的恐惧是来源于魔鬼和怪兽，而在童年中期这些想象中的恐惧开始被更加现实化的恐惧取代，如对人身伤害和身体危险的恐惧。然而，学龄期的孩子们继续显示了一些非理性的恐惧，如对蛇和老鼠的恐惧，以及对噩梦的恐惧。青春期的到来带来了一套新的适龄的恐惧，如社交焦虑，对钱和工作的担心，对战争的恐惧，以及对环境破坏的恐惧。尤其是在青春期时，对失败的恐惧尤为迫切。此刻非理性的恐惧已经不再那么频繁，但是不会彻底消失。青春期的孩子还是可能会怕黑，害怕暴风雨、蜘蛛或者坟场（Vasey et al., 1994）。

表 8-1　童年期的普遍恐惧

年龄范围	恐惧和担忧
0～12 个月	很大的噪声、逼近的对象、失去支持
12～24 个月	分离、陌生人
24～36 个月	分离、动物、狗
3～6 岁	分离、陌生人、动物、黑暗、想象中的事物
6～10 岁	黑暗、伤害、孤独、动物
10～12 岁	伤害、学业上的失败、嘲笑、雷雨
12～18 岁	社交失败、同伴的拒绝、战争、自然灾害、未来

（二）从正常的恐惧到焦虑障碍

在正常发展中，孩子们能够通过使用日益增强的适应防御机制和复杂的应对措施，来掌控他们的恐惧（见第二章）。比如，当儿童开始具体操作的时候，他们能够使用逻辑和推理来平息他们的恐惧，通过积极的认知重组这种应对策略来例证（比如，"我会提醒自己那不过是一场梦，它是不真实的""即使我出了错，也不会是世界末日，下一次我一定可以做得更好"）。同样，随着年龄增长，孩子们越来越能够"释放"他们面对恐惧刺激时候的内心，直到他们感到自己准备好去应对这些恐惧（比如，"这个让我太不安了，因此我现在不想去想这些"）。

尽管如此，但是绝大多数病理性焦虑的本质实际上表明了这些适应性机制的失败。焦虑障碍在其强度、适应不良和持久性的基础上有别于普通的恐惧，而这种恐惧是远超于情形之外的。他们也并不是自主控制的，并且也不是无法被解释和推理的。最终，我们的任务将是去了解发展是如何偏离的，导致一些孩子无法掌控他们的恐惧。

二、焦虑障碍

（一）共同特征

顾名思义，焦虑障碍是一组具有强烈、持续性焦虑特点的干扰。他们也有其他共同特征：症状是令人痛苦的，有害的，现实检验力是相对完整的，其干扰是持久的，并且其症状并不是故意违反社会规范的。大多数情况下，弗洛伊德将焦虑障碍的起源定位于童年中期的看法是正确的。

有焦虑障碍的儿童是内化型的，就是他们的痛苦是向内的。回想一下我们在第三章详细讲述了阿肯巴克（Achenbach，2000）关于儿童症状自评量表的因子分析，取得了一个主要因素，他称之为"内化型—外化型"。而内化型儿童会有的症状是恐惧、担忧、胃痛、退缩、恶心、强迫、失眠、孤僻、抑郁、哭泣——这些都显示出一个内在受到痛苦的孩子的形象。

就患病率而言，焦虑障碍是童年期和青少年期最常见的疾病之一。在对美国 10 123 名青少年进行的国家共病调查中，31.9% 的社区青年被发现患有焦虑障碍（Merikangas et al.，2010）。德国有 2942 名儿童被列入贝拉研究（Ravens-Sieberer et al.，2008），在 7～10 岁的年龄范围内，有 16.5% 的女孩和 12.3% 的男孩被报告有严重影响他们正常功能的焦虑障碍症状。其他大型国际研究报告中的儿童焦虑障碍所占比例从英国的 3.3% 到波多黎各的 9.5%（Merikangas et al.，2010）。

在临床样本中，焦虑障碍的患病率要高很多：多达 45% 的儿童在心理健康诊所接受治疗时，被诊断患有焦虑障碍（Last et al.，1992）。除此之外，焦虑障碍的发病平均年龄——6 岁——是远远早于任何其他精神障碍的（Merikangas et al.，2010）。然而，这些整体性的数据掩盖了发病率在年龄发展上的增长趋势。比如，一项前瞻性研究发现，在 11 岁时焦虑障碍的患病率是 7.5%，而到了 21 岁时上升到了 20%（Kovacs & Devlin，1998）。

一般来说，焦虑障碍的患病率也存在性别差异（尽管正如我们所见，这些性别差异并不适用于所有的焦虑障碍亚型）。雷斯科拉等人（Rescorla et al.，2007）对来自世界各地 24 个国家青少年自我报告的比较中发现，女孩们报告内化型症状率较高。同样，卢因森等人（Lewinsohn et al.，1998）在他们对患有焦虑障碍的 1079 名美国青少年的研究中发现了女性在其中的主要地位。虽然在发病年龄上没有性别差异，但是在 6 岁时，女童经历焦虑障碍已经是男童的两倍。随着年龄的增加，焦虑障碍在性别上的差距也是如此。从童年期到青春期，以及成年早期，女孩比男孩更有可能被诊断出患有焦虑障碍。

焦虑障碍往往不可能单独发病。一些研究显示其共病率高达 65%，甚至 95%（Kovacs & Devlin，1998）。虽然外化行为障碍如 ADHD 和行为紊乱也是可以存在的，但它们出现得相对较少。最常见的是某种焦虑障碍伴随着另一种类型的焦虑出现。抑郁症是第二常见的并发症。

最后，焦虑障碍很难被打破：已有显著的证据证明了焦虑障碍的持续性。比如，在荷兰进行的超过 2000 名儿童样本的纵向研究中，父母报告的儿童焦虑症状可以预测这些个体 24 年后的根据他们临床访谈而被诊断出的焦虑障碍。

（二）焦虑和抑郁有区别吗？

由于焦虑和抑郁之间密切的关系以及它们之间的高并发率，研究人员一直都在绞尽脑汁想弄清楚它们是否是截然不同的病症，或者说它们是否存在一个共同的潜在因素来解释。尤其是克拉克和沃森（Clark & Watson，1991）的情感三元模式（tripartite model of emotion）提出它们存在一个共同因素——负面情绪——一个倾向于负性的情绪状态，如恐惧、悲伤、愤怒和内疚；同时负面情绪有助于焦虑和抑郁的发展。反过来看，他们的模型区分了焦虑和抑郁的两个额外因素：生理过度反应，这是焦虑特有的；低水平积极情感，这是抑郁所特有的。情感三元模式已经得到在成人、青少年和儿童的样本范围内进行研究的支持。比如，在夏威夷的一个种族多样化的儿童样本中，乔普塔（Chorpita，2002）发现负面情绪其实与焦虑和抑郁都存在正相关，而低水平积极情感只与抑郁相关，生理唤醒只涉及焦虑障碍中的恐慌症状。

沃森（Watson，2005）认为这种情感三元模式对障碍分类的影响是深远的。尽管 DSM 的开发人员尚未采用这种会引导整个领域走向基于经验的结构模型的方法，但研究表明，某些焦虑障碍和抑郁症应以痛苦不安这一潜在的维度为基础进行分组（主要抑郁、情绪障碍和广泛性焦虑障碍），而其他的应该以恐惧这一潜在的维度为基础进行分组（惊恐障碍、广场恐惧症、社交焦虑障碍和简单的恐惧症）。

尽管如此，负面情绪是焦虑障碍和抑郁的常见因素，但这两类障碍中显著的特点也需要我们注意。比如，朗尼根等人（Lonigan et al.，1994）发现抑郁的儿童更有可能报告有关失去兴趣、低动机和对自己负面评价的问题，而焦虑障碍的儿童报告他们更担心未来、他们的身体健康，以及别人对他们的看法和反应。

接下来，我们将详细探讨童年期一些具体的焦虑障碍形式：广泛性焦虑障碍、特定的恐惧症、社交恐惧症、分离焦虑障碍、强迫症和创伤后应激障碍。

三、广泛性焦虑障碍

11 岁的埃伦特科萨（Arantxa）的父母告诉大家，她是一个"一直在担心一切"的孩子。她不喜欢尝试新事物，在即将出现一个特殊事件之前会让自己"进入一个疯狂的工作状态"并持续好几周，反复考虑所有可能会出错的事情。在学校，她的老师说她会反复询问她的答案是否正确以求心理安慰，她总是会过分担心犯错、迟到或者打破规则，即使她总是知道正确答案。在课堂上她很少举手回答问题，因为她担心自己会"说错话"。她的作业总是她所希望的那样"完美"。她只要一从学校回到家就开始用功读书，做的作业也非常整齐，即使这意味着她要反复几次撕纸并从头开始做。到了晚上，她经常入睡困难，需要花费 2 小时去纠结于白天已经发生过的事，并担心第二天要发生的事情。她担心夜里会有劫匪进屋子并伤害她的家人，她总是在夜里起身去检查屋里的声音，检查她的小弟弟是不是还好。

（一）定义和特征

1. 定义

在之前的版本中，DSM 提供了一个单独的儿童焦虑障碍的分类。然而在最新的版本中，DSM-Ⅳ-TR 收录了包括儿童和成人在广泛性焦虑障碍（Generalized Anxiety Disorder，GAD）中的诊断（见表 8-2）。GAD 的特点是担心，但不像其他的焦虑障碍，担心相关特定的情况（如分离）或者一个特定的物体（如对蛇的恐惧），有 GAD 的儿童可以把任何东西转化为焦虑的情境（见图 8-1）。

有 GAD 的儿童在关注于他们的能力和他们在学校或者运动等这些活动中的表现时，会特别容易担心和焦虑。即便他人不会评价他们，这些焦虑依旧存在——患有 GAD 的儿童本身就是自己最大的批评者。他们倾向于完美主义和自我批评，会反复去做一件事情只为了让它们"恰到好处"。他们也可能会过分担心灾难，如可能会发生的自然灾害或战争，并且他们会重复寻求安慰却不曾从中获益。一丁点的小缺陷，如不守时，都可能会大大提高他们心里引发灾难的水平。

可观测到的广泛性焦虑障碍表现形式包括：肌肉紧张；颤抖；感觉身体摇摇欲坠；躯体症状，如胃痛、恶心或腹泻；一些紧张的表现，如咬手指或者挠头发；以及容易受到惊吓的倾向。年幼的儿童，可能会发现很难让这些身体上的感觉和他们的情绪状态联结起来。再进一步来看，非常年幼的儿童可能还没有语言标签去描述"焦虑"或"担心"这些感觉。因此，如果一个身体健康的学龄前儿童经常拒绝出去玩，因为他"感到生病了"，这时敏感的成年人就应当去想一下其中的缘由了。

表 8-2　DSM-Ⅳ-TR 关于广泛性焦虑障碍的诊断标准

1. 针对许多事件或活动（诸如工作或学业成就）过度焦虑及担忧（忧虑的预期），至少 6 个月的期间内患者的担忧期比不担忧期长。
2. 个体发现自己很难控制此忧虑。
3. 这种焦虑和忧虑伴随发生下列 6 种症状中的 3 项（或 3 项以上；在过去 6 个月中，至少有些症状的出现时间比未出现时间更长）。

注意：儿童可以只有 1 项。
（1）坐立不安或感到激动或紧张；
（2）容易疲劳；
（3）注意力难以集中或头脑一片空白；
（4）易怒；
（5）肌肉紧张；
（6）睡眠障碍（难以入睡或保持睡眠状态，或休息不充分、质量不满意的睡眠）。
4. 焦虑和担心的中心并不局限于一个特定的情况或事件（和其他焦虑障碍一样）。
5. 此焦虑、担忧或身体症状造成临床上重大痛苦，或损害社会、职业或其他重要领域的功能。

资料来源：DSM-Ⅳ-TR，2000。

图 8-1　患有 GAD 的儿童可以把任何东西转化为焦虑的情境

资料来源：CALVIN AND HOBBES，Watterson，1988 版权所有。由环球新闻集团发行。经允许翻印。保留所有解释权。

　　焦虑障碍的症状也可能因文化而异。比如，来自西方文化背景下的个体可能表达更多的认知症状（如过度焦虑），而来自亚洲文化背景下的患有 GAD 的个体可能更多地显示出更多的躯体上的焦虑形式（如肌肉紧张；APA，2000）。

　　2. 特点

　　（1）患病率

　　在美国来源于全国共病研究的数据显示（Merikangas et al.，2010），在美国青少年中，3% 的女孩和 1.5% 的男孩满足 GAD 的诊断标准。相应地，在英国社区儿童的患病率为 0.8%，波多黎各为 2.4%（Merikangas et al.，2010）。

　　（2）共病及鉴别诊断

　　GAD 的特点是全面性和弥漫性的焦虑状态，患有 GAD 的孩子也很容易发展其他焦虑障碍，如特定恐惧症。虽然障碍类型截然不同，但 GAD 也经常伴随着抑郁（APA，2000）。很容易理解为什么，因为孩子的心里总是担心他的表现，所以也就充满了消极想法和自我怀疑（"我无法做对，我要搞砸了"）。长期的完美主义和自我批评会让人产生一种感觉，就是我不是也将永远不是"足够好的"。同样，过度担心可能要发生不好的事情会促使儿童产生绝望感和无助感。

（二）发展过程

大多数患有 GAD 的成年人报告他们的一生都在焦虑（APA，2000）。许多人曾经不能确诊，直到他们成年之后寻求了帮助，这表明有焦虑障碍症状的儿童很难被检测出来，或者说他们很容易被归因于"这只是一个阶段"。然而，事实的真相完全相反，因为广泛性焦虑障碍的过程是慢性的。不论如何，症状的严重程度是生命过程中的变量，在某些时间点递减，只为再次在压力情况下爆发。

（三）干预

认知行为疗法已被证明能有效缓解儿童的广泛性焦虑障碍（Silverman et al.，2008），其中最知名的是肯德尔（Kendall，2006）的"应对猫"（Coping Cat）的方案，这个我们将在第十七章进行更详细的探讨。方案的基本要素包括教孩子识别他们正在变得焦虑的生理线索，确定不良评价可以让一个中性事件变成焦虑事件，发展认知重组和积极应对策略来对抗他们的恐惧。在暴露任务中，儿童练习他们的新技能，即根据儿童的速度和舒适度水平来让他们接触引发焦虑的一系列情况。作为一个毕业设计，儿童创造出一幅照片、一段视频或者一段表演，去教其他儿童他所学到的克服焦虑的技能。

一系列的临床随机实验证实了干预的有效性（Kendall et al.，2010）。"应对焦虑"方案也成功适应了跨文化的考验，在荷兰、爱尔兰、加拿大（加拿大更名为 Coping Bear 方案）和澳大利亚（此处更名为 Coping Koala 方案）都被临床医生报告有很好的结果（Kendall et al.，1998）。长期看来，其效果似乎能够保持稳定。在一项纵向研究中，肯德尔等人（Kendall et al.，2004）发现儿童在其童年时期成功完成焦虑障碍的治疗，在 7.4 年之后一直维持着治疗的此效果，并显著减少了药物滥用的可能性。

四、特定恐惧症

12 岁的梅（Mei）的足球队今年很幸运，另一个州邀请他们队参加友谊赛。到这个州需要 3 小时的飞行路程，梅感到非常震惊，因为她知道她没办法去。她一想到在飞机上，就感觉到摇摇欲坠，开始出汗，并且担心她自己要生病了。她太害怕飞机了，她害怕开车去学校，在她路过的机场，那里飞机呼啸而过的声音让她感觉焦虑，这种感觉就像电流一样穿过她的身体。梅不知所措，她的内心充满了这种恐惧，以及不能简单地"只是把它忘了"而产生自我批评。实际上，她以前还乘坐过飞机，两年前他们全家乘飞机去温哥华度假，并没有什么不好的事情发生。

尽管如此，现在她脑子里面还是充满了飞机从天空中坠落，机舱中没有了氧气或者恐怖分子劫持飞机的恐怖画面。

（一）定义和特征

1. 定义

根据 DSM-Ⅳ-TR，特定恐惧症的定义特征是显著且持久的恐惧，这种恐惧是过度或不合理的，而且暗示了一个特定的对象或情况的存在或参与。表 8-3 提供了主要症状的列表。恐惧症可能和许多不同对象或环境相联结，比如害怕蛇，害怕封闭的地方，害怕水或者在飞机上飞行。学校恐惧症是一个常见的例子，虽然其诊断存在众多争议。

在临床中被提及的儿童常见的恐惧症包括黑暗、学校和狗（Strauss & Last, 1993）。然而，童年时期恐惧特征的形式对成人来说有时是非常困惑的，比如对小丑和戴面具的人的害怕。想象一下在迪斯尼世界乐园时女儿对米奇老鼠的迎接发出恐怖尖叫声时父母的沮丧，或是父母面临一个每次在万圣节都躲在自己房间的儿子，因为他对万圣节前来要糖果的人的服饰感到恐惧。

表 8-3　DSM-Ⅳ-TR 关于特定恐惧症的诊断标准

1. 过度或不合理的显著持续害怕，其发作是由于某种特定物体或情景（如飞行、处于高处、动物、被打针、看见血）的出现或预期其出现。
2. 暴露于使其畏惧的刺激后几乎必然引发立即的焦虑反应，此焦虑反应能以必受情境触发型恐慌发作或易受情境诱发型恐慌发作的形式出现。
注意：在儿童中，焦虑可能以哭泣、发脾气、战栗或依恋行为来表现。
3. 此人能理解自己的害怕是过度或不合理的。
注意：儿童可能没有这项特质。
4. 此人逃避所害怕的情境，或怀着强烈焦虑或痛苦而忍耐。
5. 针对所害怕情境的逃避行为、预期性的焦虑，或处身其间的痛苦，严重干扰此人的正常生活、职业（或学业）功能、社交活动或社会关系；或此人对有此畏惧症感到十分苦恼。
6. 若个案年龄未到 18 岁，则总时期需至少 6 个月。
特定类型：
动物型；
自然环境型（如高处、暴风雨、水）；
血液—打针—损伤型；
情境类型（比如，飞机、电梯、封闭空间）；
其他类型（比如，可能导致哽咽或呕吐的情况；儿童畏惧巨大声响或身着戏服的演员）。

资料来源：DSM-Ⅳ-TR，2000。

幼儿短暂的害怕和病态性恐惧反应并不罕见。比如，在高速公路上，一个 3 岁的男孩和父亲在车上时，车子爆胎了导致其父亲靠到路边停车去换胎。尽管男孩对爆胎时候的声音没有表现得害怕，但在汽车转弯不稳的时候，或者当他看到父亲跪在离呼啸而过的汽车只有几十厘米远的时候，此刻他开始受到惊吓。当他们驱车离开的时候，他发现路边有一支点燃的火炬在晃动。事情发生几天后，他表现出对火焰的害怕，并且反复需要别人告诉他"火已经熄灭"了来请求安慰。这种恐惧的反应会在童年期反反复复，由此原因，DSM 对儿童特定恐惧症诊断中要求其经历时间至少要有 6 个月。

2. 特征

（1）患病率

恐惧症的患病率，在社区样本中的估计范围是 2%～9%，而在临床样本中有 30%～40%（Weiss & Last，2001）。对英国儿童的大规模研究发现，患病率为 0.8%（Merikangas et al.，2010）；而国家共病研究中的数据（Merikangas et al.，2010）显示，在美国青少年中，女孩中的 22.1% 和男孩中的 16.7% 满足特定恐惧症的诊断标准。因此，与大多数焦虑障碍一样，恐惧症的患病率也存在着性别差异，女孩患病人数有超过男孩的趋势。几乎没有研究探讨社会群体、种族和民族差异（Silverman & Ginsburg，1998）。

（2）共病及其鉴别诊断

恐惧症与内化问题和外化问题的共病都很高，并且特定类型的恐惧症之间也存在共病（Weiss & Last，2001）。恐惧障碍是针对一个特定刺激产生的，这能将其与广泛性焦虑障碍明确地区分开。我们接下来也能够看到，一种特定的恐惧症，其恐惧都聚焦于社会关系。

（二）学校恐惧症

特定恐惧症的一个常见例子是学校恐惧症，估计在普通人群中会有 1%，在临床儿童中有 5%～7% 的患病率。在学校恐惧症中，儿童对学校的某些情形有着不合理的恐惧，同时伴随着焦虑或紧张的生理症状，最终造成偶尔或者完全不能去上学。学校恐惧症将与成年后患有焦虑或抑郁障碍的风险增加相关联。比如，大约有 1/3 童年患有学校恐惧症的儿童，在其成长为成人后需要额外治疗这些疾病（Blagg & Yule，1994）。

然而，从导致儿童不愿意上学的多个不同障碍（我们通常称之为拒学症，school refusal）中区分真正的学校恐惧症是非常重要的。比如，儿童拒绝去学校可能是由于与抑郁或和焦虑毫无关系的障碍的干扰，如对立违抗障碍的干扰。对于这些患有非焦虑障碍的儿童，他们的反应缺乏真正患有恐惧症的必要的反应强度，以及他们会和其他负面情感相混合，如悲伤和低自尊。对此最常见的干扰可能是伪装成学校恐惧症的分离焦虑障碍（Albano et al.，1996）。尽管如此，还是可以区分这两者。害怕分离的通常都是女孩（当性别差异已经形成时），小于 10 岁，并来自社会经济水平较低的家庭；而倾向于患有学校恐惧症的是男孩，10 岁以上，并来自社会经济水平较高的家庭（Blagg & Yule，1994）。患有分离焦虑障碍的儿童会出现更严重的不安，他们有更多的附加症状，并且他们整体功能更加混乱。患有分离焦虑障碍的儿童经常渴望与一个依恋对象在家而不是待在学校，而患有学校恐惧症的儿童在很多环境下都很轻松，除了在学校。最后，有证据表明，患有分离焦虑障碍儿童的母亲有更多的情感问题，特别是表现在抑郁情况上（Last & Francis，1988；见方框 8.1）。

方框 8.1　日本的拒学症

　　卡梅佳奇和墨菲 - 西格特马萨（Kameguchi & Murphy-Shigetmatsu，2001）发现，日本儿童普遍存在着拒学症。他们试着去发现原因。根据米纽秦（Minuchin,1974）的结构家庭理论，他们认为在父母子系统中有一个强有力的界限或"膜"，这对家庭的健康组织是至关重要的。然而在日本拒学症儿童的家庭中，卡梅佳奇及其同事观察发现，在母亲和孩子之间有一种过度亲密，而在婚姻和父子关系中表现出疏远模式。我们认为，这些模式被日本社会特点所促进，如对男性工作生活的要求，使他们每晚和假期都要与他们的同事而不是与家人在一起；同时日本社会对女性的期待，要求女性仅献身于照顾她们的小孩。卡梅佳奇及其同事提出"父母和儿童之间的模糊的代际界限会干扰青少年期的发展……儿童因此经历的经验剥夺会加速他与父母之间的心理分离，并且这也会导致父母远离这些青少年"（p.68）。最终，父母和孩子这种一致的行为将会干预儿童个体化成长。比如，儿童会远离学校而待在家里。

（三）发展过程

　　特定恐惧症的发病年龄不同。有证据表明，动物恐惧症在 7 岁左右发病，血液恐惧症是 9 岁左右，牙医恐惧症是 12 岁左右。对封闭空间的恐惧和社交恐惧症开始于青春期或成年早期（Silverman & Rabian，1994）。在童年时期，特定恐惧症呈现出适度的时间连续性，跨度间隔为 2～5 年。这个发现与之前持有的观点，即这些恐惧症大部分会短时间内被打破，相矛盾。

（四）干预

　　在他们对特定恐惧症治疗的研究审查时，西尔弗曼等人（Silverman et al.，2008）列出了一连串方法上的局限性：大多数研究集中在单一个案上，在针对儿童在不同情境中的恐惧，如对牙医恐惧的研究，而不是对临床恐惧症儿童的研究，缺乏正规诊断，缺乏充分的评估以及后续数据研究。这些不足使其无法确定哪个是治疗的结果，甚至无法去判断某种治疗的优势，除非它展现出更好的前景。然而，我们还是得出结论认为对恐惧的暴露仍然是有效减少恐惧的必要条件。有很多种方式可以实现这种恐惧暴露。

1. 系统脱敏

　　系统脱敏疗法是用放松的反应代替焦虑的反应。治疗师帮助儿童从焦虑强度梯度的最高强度（如乘坐公共汽车）到最低强度（如沿着马路走到公交站）去评估引起焦虑的体验。经过放松训练之后，儿童在想象梯度上每一个渐进的步骤时能够保持放松，直到他在焦虑的最高点也可以保持放松为止。当实际情况允许时，系统脱敏的程序也可以使用真实的、让人恐惧的物品或情形，如一只狗或者一间黑暗的屋子，这种情况被称为现实实验（"现实生活"）脱敏法。

2. 持续暴露

　　持续暴露与渐进的系统脱敏疗法正好相反。它让儿童直接暴露在高强度恐惧刺激中，并在很长的一段时间内加强恐惧刺激。这种焦虑"泛滥"防止儿童因为恐惧而逃离刺激进而发生的对恐惧的强化过程，并且同时触发一种恢复正常功能的生理反应。这种暴露本身是可以通过想象虚构或现实体验实现的。

3. 塑造

在塑造中，儿童观察他人与自己恐惧的物体进行交互适应。更为有效的是，在儿童观察时期结束之后，逐步接近令人恐惧的对象并参与到塑造过程中。

4. 自我管理的认知

在自我管理认知方法中强调通过"自我对话"消除恐惧意念的影响。有一些证据表明，加强能力的自我陈述（比如，"我是勇敢的，我能照顾好自己"）比消除那些产生恐惧刺激目标的特性（比如，"乘坐公交车很有趣"）的对话要有效得多。这一发现引起了更广泛的问题——干预最有效的机制究竟是减少焦虑还是增强自我掌握感，或者两者都有（对治疗特定恐惧症的行为疗法的更为全面的文献综述参见 King & Ollendick，1997）。

五、社交恐惧症（社交焦虑障碍）

德文特（Devonte）今年 9 岁了，他的母亲说一直以来他都是一个非常害羞的孩子。尽管他的母亲过去常常将他不喜欢出去玩归结于他们住在一个很穷的街区，并且他母亲还因为他更喜欢在家偷偷松了一口气，然而他也很难和其他环境而不是仅限于居住社区的孩子们成为朋友，如他的教会小组。当德文特和同伴们互动的时候，他通常一直低着头，避免和别人的眼神接触，说话声音也很小。在学校，当他被要求在全班同学面前发言时，德文特会变得非常紧张，并且大汗淋漓，害怕房间里每个同学的眼睛都盯着他。实际上，当他将需要在公共场合进行表演的时候，他经常抱怨说有疼痛和痛苦以避免白天去学校。目前，他在教堂有一两个男孩可以交流，但是他从不邀请他们来自己的家，并且也多次拒绝他们邀请他去做客以至于他们也不再强求。他经常担心别人对他的看法，当别人在笑的时候，他就认为大家一定是在嘲笑他。当德文特连续第四次找借口不去参加学校的社交活动时，他的母亲终于意识到他可能有一些问题值得关注。德文特抱怨那些社交活动"没有乐趣"，因为他总是不知道说什么，并且担心别人会认为他"聋哑"或者"很逊"。

（一）定义和特征

1. 定义

也许儿童焦虑障碍最痛苦的形式之一是社交恐惧症，也被称作社交焦虑障碍。有社交恐惧症的儿童极其自我沉浸，并且回避社交场合，他们担心自己会做出一些尴尬或觉得羞辱的事（见表 8-4）。一想到这些，他们觉得自己内心的焦虑会被他人一眼看穿（"我脸变红了""他们会注意到我的手在颤抖"）是他们很大的痛苦来源。

表 8-4 DSM-Ⅳ-TR 关于社交恐惧症（社交焦虑障碍）的诊断标准

1.明显而持续害怕一种或多种社会性或操作性情境，在此情境下此人与不熟悉的人相处，或可能被他人详细审查。此人害怕自己可能将因行为失当（或显露焦虑症状）而招致羞辱或困窘。 注意：对儿童来说，他们被证实有与发展年龄适宜的社会关系的能力，并且他们的焦虑不只是在与成人互动时才出现，而是在与同伴团体的互动中也会发生。 2.暴露于使其畏惧的社会情境几乎必然引发焦虑，这可能以恐慌发作的形式出现。 注意：在儿童中，此焦虑可能表现为哭泣、发脾气、战栗或退缩于与不熟识的人相处的社会情境。 3.此人能理解自己的害怕是过度或不合理的。 注意：在儿童时期可能没有这项特质。 4.患者逃避所害怕的社会情境或操作情境，或忍耐着强烈的焦虑或痛苦不安。 5.针对所害怕社会情境或操作情境的逃避行为、预期性的焦虑，或身处其间的痛苦，严重干扰此人的正常生活、职业（或学业）功能、社交活动或社会关系；或此人对有此恐惧症感觉十分苦恼。 6.若个案年龄未到 18 岁，则总时期需要至少 6 个月。

资料来源：DSM-Ⅳ-TR，2000。

有社交恐惧的儿童在社交环境中会出现很不舒服的生理症状（心律增加、战栗、出汗、肠胃不适、腹泻、脸红、大脑一片空白），这将进一步加剧他们的恐惧（"如果我突然需要上厕所但是无法及时赶到那里怎么办"）。这些焦虑症状有时可能会导致恐慌，儿童会感到他快要晕倒，失去控制或者"死去"。有社交恐惧症的儿童往往很谦虚，并且对批评过于敏感。

在童年早期，社交恐惧一般以过于羞怯的形式展现。面对不熟识的成人或者同伴，儿童可能会以极度痛苦的形式反应，哭泣、依恋、大发脾气或就像缄默症那样内向。他们通常拒绝参加小组赛，在社交活动的外围，更倾向于以成年人为同伴。在童年中期，学校成了恐惧的焦点（Rapee & Sweeney，2001），这并不奇怪，毕竟在学校环境中存在对儿童社会交往的要求。

可悲的是，大多数儿童感到开心的活动——生日派对、休课时间、约会——对这些儿童是强烈不安的来源。比如，一个 15 岁男孩在学校舞会即将到来的几周前感到紧张，随着日期渐渐逼近，他会陷入一种预期的焦虑状态，导致他不能参加。由于焦虑的孩子们坚决抵制他们所恐惧的事，社交恐惧的孩子们往往陷入了恶性循环（APA，2000）。他们对社交情境的回避阻碍他们磨炼和实践他们的社会技能，这将导致他们缺乏社交礼仪。相反，他们社交的尴尬行为证实了他们对自己的消极看法，这将进一步导致他们社交回避。此外，同伴们也很少会被这样紧张而冷漠的儿童吸引，而社交焦虑的儿童事实上会变得拒绝别人和不友好，这最终将导致他们低自尊和自卑的心理。

由于很多儿童在成人周围时都会羞怯和沉默少言，DSM-Ⅳ-TR 诊断明确指出，在与同伴关系中的社交不适应是其明显症状。另一个有关发展的思考是儿童必须显示有年龄适当的社交关系能力，但由于他们产生的紧张焦虑而无法参与社交。与大多数焦虑障碍一样，儿童无法预期洞察他们的困难，因此，认识到恐惧的不合理性并不适用于儿童。

此外，DSM-Ⅳ-TR 提醒，在童年期和青春期，短暂的社交焦虑发作是常见的。特别是青少年容易有社会不适，并有"所有人都在看着我"的感觉。因此，在年轻人当中，症状必须持续存在至少 6 个月才能被考虑诊断为社交焦虑障碍。

2. 特点

（1）患病率

在个案研究中患病率差别很大，一般儿童中社交恐惧症的患病率，在美国是 1%～2%（Rapee & Sweeney，2001），在英国为 0.3%，在波多黎各是 2.8%（Merikangas et al.，2010）。研究发现，在美国青少年社交恐惧症中，女孩达 11.2%，男孩达 7%（Merikangas et al.，2010）。在各类研究和样本中对青春期阶段性别差异持续增长有惊人的一致性发现（McClure & Pine，2006）。比如，派因及其同事（Pine et al.，1998）发现 13～22 岁的女孩患有社交恐惧的比率不稳定（有上升也有下降），而男孩则显著下降（见图 8-2）。

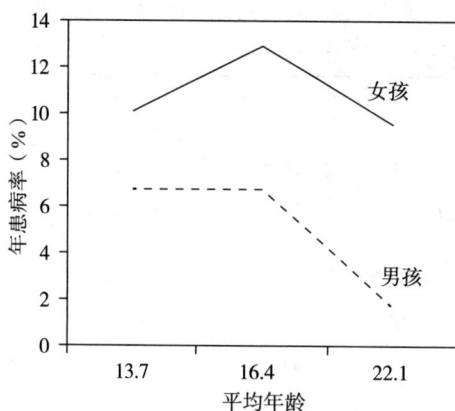

图 8-2　青春期社交恐惧症的性别差异

资料来源：McClure & Pine，2006。

与社区样本相比，在心理健康诊所出现过的儿童，其患有社交恐惧的比例从 27% 升至 32%（Weiss & Last，2001）。不同于社区样本中女性患有社交恐惧的人数多于男性，临床人口样本在患病上没有性别差异。原因可能是当男孩过度羞怯时，成人会给予充分关注并寻求治疗，而当女生出现这样的行为时，相应的关心便减少了（Rapee & Sweeney，2001）。

在种族差异上的少量数据表明，社交恐惧症在欧裔美国人中比在非裔美国人中更为普遍。

（2）共病性

儿童很少会出现仅有社交恐惧症而不伴随其他障碍的情形。比如，拉斯特及其同事（Last et al.，1992）发现，87% 的患有社交障碍的儿童符合另一种焦虑障碍的诊断标准，抑郁症是经常伴随出现的，但共病并不仅限于内化型症状。贝德尔及其同事（Beidel et al.，1999）发现，25个诊断出患有社交障碍的儿童中有 20% 符合特定恐惧障碍的诊断，16% 符合 GAD 的诊断，8%符合抑郁症的诊断。然而，另外有 16% 患有 ADHD，并且 16% 患有学习障碍。

（3）鉴别诊断

不同于 GAD，社交恐惧症出现在特定的社会关系背景下，并且不同于其他恐惧症。社交恐惧症有自己的诊断标准。社交恐惧症与分离焦虑障碍最大的区别在于，分离焦虑障碍儿童的情绪产生于依恋他人的互动中，而不是害怕其他人。此外，只有社交恐惧症才会出现对他人评价的恐惧。

（4）文化差异

虽然在西方文化中，社交恐惧以对尴尬恐惧的形式出现，但是在日本和韩国的研究中，患有社交恐惧的个人更容易体验对他人冒犯的恐惧（APA，2000）。比如，他们可能会担心他们脸红，目光接触或者身体气味会让他人觉得不舒服。

（5）社交恐惧症的危险因素

事实上，社交恐惧症倾向于在家庭中出现，这个暗示着家族遗传的可能性，虽然大多数遗传研究都集中在成人样本上，而候选基因所占的机理效果始终未被确认（这里我们参考 McClure & Pine，2006）。羞怯的更普遍特性已经证实与羟色胺转运体的基因 5-HTTLPR 的长链条有关；然而，在社交恐惧障碍中，行为内向 / 羞怯与社会评价的关系是否存在联系并不明确。同样，父母焦虑或过度的行为对儿童社交恐惧症发展的作用研究只取得了好坏参半的结果。

（二）发展过程

社交恐惧症最早一般是在青少年期诊断的（Weiss & Last，2001）。然而，患有这种疾病的人通常会报告在 10 岁之前就存在社交内向和羞怯的时期（APA，2000）。社交障碍的发病时间越早，越易导致成年期的顽固性社交障碍（McClure & Pine，2006）。

童年时期，社交焦虑会影响许多方面的发展轨迹。儿童由于频繁缺席课堂，避免参与课堂讨论，对评价恐惧，或者考试焦虑，导致他们表现得更差。此外，长期担忧的儿童无法全神贯注于学习。在大学或成人生活中，患有社交焦虑的个体可能由于害怕公众演讲或和上司、同事讲话而出现低成就。在成年时期，那些患有社交焦虑的人会有很少的朋友支持网络系统，并且不太可能结婚。严重的社交焦虑可能与学校辍学和社会隔离有关，一些成年人从来都没能脱离他们的原生家庭生活。抑郁和物质滥用可能随时会发生（McClure & Pine，2006）。

卡斯皮及其同事（Caspi et al.，1988）描绘出了一幅引人注目的关于儿童社交焦虑障碍有害影响的图画。如我们在第一章中所述，这些研究者在整个生命历程中追踪个体，在 19 世纪 60 年代从童年期到他们步入成年期。他们的研究结果表明，童年期的羞怯显著影响着人的发展轨迹。正如他们沉默且慢热的童年期，羞怯的成年人被描述成冷漠，缺乏社交礼仪，不愿采取行动，在面对障碍的时候倾向于退缩。正如他们作为儿童时不愿意进入新的环境一样，他们发现在成年期也很难过渡到新的角色。因此，他们在结婚、生子和建立自己的事业上被耽搁了。在试图了解这些人的人生故事时，卡斯皮及其同事提出"互动的连续性"（interactional continuity）这个概念。由于这些人胆小怕事，缺乏社交能力，他们往往会被他人忽视、忽略、置之不理，成为任何一支球队的最后选择。我们现在称之为相互作用（transaction）的过程：他们将自己的羞怯带入了相互作用中，导致他人对其回应很消极，因此加剧了他们的羞怯并使他们更为退缩。

对女性来说，从儿时的羞怯到成年的个性中，没有一个明确的关系。在青春期后期，她们被描述为安静而独立的、内向的，只在知识方面感兴趣，有着很高的愿景。然而，像同龄的男孩那样，她们往往在面临挫折时会退缩，并且不愿意采取行动。作为成年人，像孩子一样害羞的女人不太可能像在外工作的其他人那样，她们更倾向于一种以家庭为中心的生活方式。从历史的角度去看，笔者提出，在19世纪60年代女性成年后，女性害羞的后果是适度的，因为她们可以坚持传统女性的婚姻、家庭和家政的社会时钟。

在第二个研究中，卡斯皮等人（Caspi et al.，1996）追踪了一个从3岁到21岁的样本并发现，焦虑和内向的幼儿比他人更容易在成年时期发展出焦虑障碍、抑郁、物质滥用或者自杀行为。显然，社交焦虑障碍对此后的发展有着强大而有害的影响。

（三）干预

如同其他焦虑障碍一样，对社交焦虑最为行之有效的治疗方法是认知行为疗法（Silverman et al.，2008）。比如，对于患有社交恐惧症的成人，基于既定的干预措施，贝德尔及其同事（Beidel et al.，2000）发展出一套儿童社交有效性治疗方案。每周，儿童将会有两个训练疗程，第一个疗程集中于暴露在恐惧的情况下，第二个集中在社交技能训练上。这个项目的创新是列入了泛化训练，即与患有社交恐惧症儿童配对的非焦虑同龄人进行90分钟的外出，以此练习他们新发展出的技能。在严格控制的研究中，研究者发现在接受训练之后，有67%的社交恐惧症儿童不再符合诊断标准，而控制组只有5%的儿童是这样的。治疗结束6个月后的成效仍然很明显。

在另一个实验中，斯彭斯等人（Spence et al.，2000）研究了一组结合暴露治疗、社交技能放松训练、解决问题以及认知重组的儿童治疗实验组的有效性。我们还评估了家长是否加入的情况下的治疗效果。7~14岁的儿童各自被分配到不同的组中，包括儿童单独参与组或者家长参与组。在家长参与组中，家长在儿童社交焦虑管理中接受培训，并且当治疗师提出和加强治疗目标时观察他们孩子的治疗过程。结果显示，在这两个治疗组中的儿童受益都很大。家长参与组中87%的在随访中不再符合诊断标准，而儿童单独参与组中只有58%的儿童不再符合诊断标准，在等待名单上有7%的儿童不再符合诊断标准。尽管两者治疗效果差异不显著，然而特别是对年幼的儿童来说，家长参与可能更重要（Sweeney & Rapee，2001），或者对那些家长本身就有焦虑的家庭来说，家长参与很重要（Cobham et al.，1998）。

六、分离焦虑障碍

7岁大的莉莉（Lili）总是很难与她的父母分开。当她的父母出门甚至短暂的出行，莉莉都会恳求他们带着她或反复询问他们要去哪里，怎么去那里以及什么时候回来。当莉莉需要离开家去学校或参加活动时，她经常会因为"感到好笑"并恳求可以待在家里。有时候在即将面临分离时，她会变得非常不安，于是会紧跟着她的父母，哭闹，不得不被拽开，对着汽车尖叫。当她在家时，她不愿意独自待在家里的任何一个房间里，愿意到处跟着她母亲，母亲在哪个屋子里，她就会在哪里玩。她的父母试着去尽可能理解她，他们发现这个黏人的"小东西"简直气死人（"她一直挡路我简直没办法移动"），但是，如果他们不屈服于莉莉的话，她就会发很大的脾气，让人非常不安。因此，她的父母在助她"成为一个大姑娘"和屈服于她的需求以避免一场战斗之间摇摆不定。莉莉可以舒适地和同伴玩耍——只要在她家，甚至可以参加诸如舞蹈班的活动——只要她父母其中一人陪同。她从不愿意在外面过夜哪怕只有一个晚上，这样的话她往往会很难入睡，会不断地产生她迷路了，或者会做一些很不好的事降临在她父母身上的噩梦。

正如我们所看到的那样，在正常婴儿发展过程中，对照顾者爱的纽带以及对失去所爱之人担心的发展是密切相关的。通常情况下，分离焦虑发生在9～12个月时，在13～20个月时达到高峰，然后开始下降。尽管有很多原因可以解释学步期儿童的分离焦虑，但对一些儿童来说，这种分离的恐慌从学龄前期持续到青少年期，产生持续不断的分离焦虑。分离焦虑可能以学校恐惧症的形式出现，然而，仔细评估儿童则会发现问题不是出在对学校病态的恐惧，而是出于担心离开照料自己的人而逃避去学校。

（一）定义

分离焦虑障碍（Separation Anxiety Disorder，SAD）的核心特征是儿童对和其依恋对象分开的过度焦虑，特别是对父母的分离。DSM-Ⅳ-TR诊断标准提供了一个较为全面的症状清单（见表8-5）。

表8-5　DSM-Ⅳ-TR关于分离焦虑障碍的诊断标准

1.个体与其依恋对象离别时，会产生与其发育阶段不相称的、过度的害怕或焦虑，至少符合以下表现中的3个（或更多）： （1）当预期或经历与家庭或与主要依恋对象离别时，产生反复的、过度的痛苦； （2）持续性和过度地担心会失去主要依恋对象，或担心他们可能受到伤害； （3）持续地、过度地担心会经历导致与主要依恋对象离别的不幸事件（例如，走失或被绑架）； （4）因害怕离别，持续不愿意或拒绝去学校或其他地方； （5）持续或过度地害怕或不愿意独处，或不愿意在主要依恋对象不在时独自在家，或身处于没有明显成人角色的场所； （6）持续性地不愿意或拒绝在家以外的地方睡觉或不愿意在家而其主要依恋对象不在身边时睡觉； （7）反复做与离别有关的噩梦； （8）当与主要依恋对象离别或预期离别时，反复地抱怨躯体性症状（例如，头疼、胃疼、恶心、呕吐）。 2.这种障碍持续时间至少4周。 3.发病年龄在18岁以前。 具体如： 早发——发病在6岁以前。

资料来源：DSM-Ⅳ-TR，2000。

（二）特点

1.患病率

SAD在美国儿童一般人口中所占比例为2%～12%，在临床人口中所占比例为29%～45%

（Weiss & Last，2001）。在英国的儿童研究中发现患病率为 0.4%。在美国普通青少年人群中，SAD 在女生中所占比例为 9%，在男生中所占比例为 6.3%（Merikangas et al.，2010）。

关于性别差异的证据是相互矛盾的，某些研究发现没有性别差异，而另一些研究发现女孩患病率高于男孩。然而，拉斯特等人（Last et al.，1992）发现在患有焦虑障碍的儿童临床样本中，48% 被诊断出患有 SAD 的都是男生。SAD 在低收入家庭样本中以及父母受教育程度低于普通水平的儿童中更为普遍（Silverman & Ginsburg，1998）。家庭往往越关心和封闭，母亲越表现出焦虑障碍时，儿童 SAD 的患病率则越高（Crowell & Waters，1990）。

尽管在美国的研究样本中关于种族的数据是有限的，但我们依旧可以看出相比于欧裔美国儿童来说，非裔美国儿童（Compton et al.，2000）、西班牙裔美国儿童（Silverman & Ginsburg，1998）和美国原住民儿童（Costello et al.，1997）患有 SAD 的可能性往往要更高。

2. 共病及其鉴别诊断

1/3 患有 SAD 的儿童同时被诊断为 GAD，在之后的发育中，另外 1/3 的儿童也将被诊断为抑郁症。患有 SAD 的儿童担心与抚养者分离而不是在社交恐惧症中害怕其他人，或者像在学校恐惧症中那样害怕去一个特定的地方。参阅方框 8.2 中的案例来鉴别分离焦虑、学校恐惧症和 GAD 的诊断。

方框 8.2　案例研究：是分离焦虑、学校恐惧症，还是广泛性焦虑障碍？

雷拉尼·格林宁（Leiani Greening），加州大学洛杉矶分校神经精神疾病研究所（UCLA Neuropsychiatic Institue）的一位心理学实习生，和其导师，斯蒂芬·多林格（Stephen Dollinger）教授，描述了一个 9 岁欧裔男孩布拉德利·A.（Bradley A.）的案例。由于布拉德利的父母很担心他怕黑以及不愿意在卧室里一个人睡觉，因此带他来大学心理诊所。根据他母亲所说，布拉德利在他 6 岁大的时候第一次表现出害怕。A 夫人带布拉德利和大他 3 岁的姐姐珍妮特（Janet）去看了电影《大白鲨》（Jaws）。布拉德利被这部电影吓坏了，于是那天晚上便拒绝独自在自己卧室里睡觉。在接下来的几个月里，布拉德利的睡眠问题断断续续地出现，然后在那年夏天加剧了，他开始抱怨自己卧室里面有怪物，还有人想杀他。除非布拉德利卧室里面留一盏灯，否则他会拒绝去睡觉。布拉德利的父母认为他的恐惧源于所看的电影，并且认为随着时间的推移，恐惧会渐渐消失。秋天，当布拉德利回到学校的时候，他的症状确实有所缓解，然而却在下一个夏天以一种更激烈的形式复发。由于害怕，他经常在夜里醒来，哭闹着要找父母。布拉德利的父母会哄着他睡着之后再回卧室，不料竟然在几分钟之后又一次被他的尖叫声惊醒。

布拉德利的问题在接下来的三年一直持续，会有间断性的缓解，也会再度恶化。全家尝试了一系列的解决方法，包括安慰布拉德利，让家庭成员在他卧室陪他睡。在他们寻求专业帮助的时候，布拉德利的母亲睡在他卧室的小床上。全家都围着布拉德利来缓解他的焦虑，每件小事都将不可避免地以每个人相互大喊大叫而结束。布拉德利在家里的冲突压力很大，以至于某晚他哭喊着说："我宁愿做这世上任何事来让自己不要这样！"正是那时，布拉德利的母亲下定决心寻求专业帮助。

在对布拉德利和他家庭进行评估之后，临床医生在此个案上被两个问题所困住。一个是布拉德利的总体高焦虑水平；另一个是其父母的焦虑。在一次咨询过程中，布拉德利的父母描述他是一个总是担心危险会降临在家庭中的充满恐惧的孩子。他担心盗贼，尤其担心他的父亲由于从事危险体力劳动的夜班工作，会在工作或者长时间开车回家的路途中被害。然而，布拉德利的父母也体验到了他的恐惧和担忧。A太太也会担心她丈夫在工作时受伤，并且联想到一系列关于同事工作期间被杀害的故事。此外，她在屋子里留了一把上膛的手枪，因为她和丈夫都很害怕A先生值夜班的时候会有强盗进屋。为了对付他们的焦虑，家庭成员制定了一系列的规定。布拉德利和其父亲都报告每次A先生去上班，他们都会担心将再也无法相见，就好像是每次都是他们最后一次见面而需要进行漫长的告别。父母也担心他们孩子的安全，以至于不让他们在后院骑自行车。之后，A先生诉说了他自己这种恐惧背后的原因，他把这一切和他的内疚感联系在一起了——他的小弟弟在童年时骑着A先生的自行车被撞死了。

作为第一步，临床医生通过教布拉德利针对其焦虑的放松练习来增加他的自我控制感。当这些干预有一些适度成功的时候，他们转向与整个家庭合作来帮助父母停止他们自身对布拉德利的焦虑。这个家庭的优势之一就是他们的幽默感，以及只有他们才能够认识并最终改变他们的互动模式。

资料来源：Greening and Dollinger，1989。

3. 关于发展的思考

就像大家猜想的那样，学龄前期比青春期更容易出现SAD。分离焦虑的某些症状显示出一个发展的演变：5～8岁儿童的症状特征是过度担心依恋对象出现危险，梦到分离内容的噩梦，以及由于分离焦虑而产生的拒学症；9～12岁的儿童对分离本身感到很痛苦；13～16岁的青少年会产生躯体症状，如头痛、胃痛和拒学症（Albano et al.，1996）。

（三）发展过程

SAD平均发病年龄范围是7.5～8.7岁，然而患有SAD的儿童接受治疗的平均年龄是10.3岁，这表明在识别此障碍过程中存在延迟（Weiss & Last，2001）。关于SAD的发病历程较少有研究，然而还有一些证据表明其发病历程是可变的。缓解期后随时会因为应对压力而复发，或者就是突然复发了。最后还有证据表明SAD增加了成年后焦虑障碍或抑郁障碍的患病风险，对女性来说，SAD增加了其成年后惊恐障碍或广场恐惧症的患病风险（Albano et al.，1996）。

（四）干预

我们所描述的"广泛焦虑"下的肯德尔（Kendall，2000）的认知行为"应对焦虑"方案，也是治疗 SAD 的一个选择（Kendall et al.，2003）。比如，莱文等人（Levin et al.，1996）描述了一个 9 岁女孩阿利森（Allison）的个案。阿利森的父母带她来治疗是因为她坚持每晚睡在他们床上。她需要和她父母一起睡觉，而这干扰了她的社会性发展，因为她无法忍受到她的小伙伴家过夜。心理治疗师能够帮助阿利森将她"烦躁"的行为（咬指甲、咬头发）和焦虑的情绪体验联结起来。心理治疗师也试图帮助阿利森用更具适应性的思维方式去对抗她的消极认知。然而，尽管阿利森能够识别她的消极想法，她也仍会被这些消极想法弄得不知所措以至于无法考虑其他替代想法。因此，治疗师使用灵活的处理手法，将治疗重点从认知转移到行为上（"怎么做才能让你感到更好"）。治疗师给阿利森布置了家庭作业，分配给她一系列的分等级的任务，开始让她每天在自己房间里花时间独处。她的父母有他们自己的任务，包括重新装修阿利森的房间让其很舒服、愉悦和安全，并且作为对她进行掌握恐惧尝试的奖励——尽管尝试会是失败的。治疗结束时，阿利森不再符合 SAD 的诊断标准。

七、强迫症

在过去的四个月里，10 岁的奥斯卡（Oskar）一直事事都迟到。并不是他不在意准时，而是在安全离家之前有许多需要做的事。首先，架子上的玩具必须按照高度和直线完全正确地排列。接下来他不得不检查每个房间的灯是否都关了，然后再返回重新第二次检查，当然也会有第三次检查。尽管奥斯卡的老师曾形容他是"开心果"，是教室中最整洁有序的孩子，而最近他们一直抱怨如果有作业的话，奥斯卡总会在白天迟交作业。奥斯卡的父母感到很困惑，因为他每个晚上都会花几小时专心做家庭作业。当奥斯卡描述写作业的过程时，他解释到要准备 3 张有横线的纸，3 张没有横线的纸张，3 支新削好的铅笔和他的教材。一切事物都要准确无误地放在他桌上正确的地方，这样他才可以开始写作业。当他写下作业的答案时，每个字母必须是完全相同的大小，行间距也必须是完全一样的。如果他犯了一个很小的错误，就不得不撕掉纸从头再来。当被问及为什么不能简单擦掉错误的地方继续写作业，奥斯卡变得明显不安并说："我永远都做不到那样，我就是无法忍受那样。"

（一）定义和特征

1. 定义

强迫症（obsessive-compulsive disorder，OCD）的特点是侵入性想法（强迫观念）和行为（强迫行为）。此外，这些观念和行为：①源于孩子无法控制；②是不可抗拒的；③往往被认定为不合理（关于 DSM- Ⅳ -TR 诊断标准参见表 8-6）。

表 8-6　DSM- Ⅳ -TR 关于强迫症的诊断标准

1. 具有强迫性观念或强迫性行为。 强迫性观念定义为： （1）经历反复而持续的思想、冲动或影像，在某些混乱的时候，这种不合时宜的侵入会引起显著的焦虑或痛苦不安； （2）此思想、冲动或影像不仅是针对现实生活问题的过度担忧而已； （3）此人试图忽视或压抑这些思想、冲动或影像，或试图以某些其他思想或行为来将其抵消； （4）此人能理解这些强迫性思想、冲动或影像是自己心中所产生的（而不是如思想插入般由外界所强加的）。 强迫性行为定义为： （1）重复的行为（如洗手、排序、检查）或心智活动（如祈祷、计数、重复默念字句），此人感受被强迫观念所驱使而做出反应或依据某些必须严格遵守的规则而必须执行； （2）此行为或心智活动是为了避免或减少痛苦或避免某些可怕的事件或情境；然而这些行为或心智活动与所欲抵消或避免的事物之间，要么没有现实途径的关联性，要么就是明显过度的。 2. 在此疾患病的某些时刻，此人能理解自己的强迫观念或强迫行为是过度的或不合理的。（注意：此点对儿童可能不适用。） 3. 强迫观念或强迫行为造成显著痛苦，浪费时间（每日超过 1 小时），或严重干扰此人的正常生活、职业（或学业）功能或一般社交活动或社会关系。

资料来源：DSM- Ⅳ -TR，2000。

最常见的强迫性观念包括对细菌或污染的恐惧，害怕伤害自己或别人，以及过度虔诚（Chang & Piacentini，2002）。不是所有的强迫观念都和焦虑有关。儿童可能会抱怨有侵入性想法——恶心或不舒服的感觉，或有一种模糊的感觉，就是有些事是不正确的，这被称为理想主义（just-right phenomenon；见表 8-7）。

表 8-7　儿童 OCD 中常见的强迫观念和强迫行为

强迫观念	强迫行为
污染	洗手
对自己或他人造成伤害	反复
攻击	检查
性	触摸
道德	计数
被禁止的想法	有序性 / 安排
对称性	囤积
需要告知、询问和确认	祷告

资料来源：March & Mulle，1998。

在儿童中最常见的强迫行为包括洗手，反复检查（比如，不断检查以确保门上锁），对有序性保持全神贯注，并对某一特定数字进行重复计数，或触摸某物体特定次数（Chang & Piacentini，2002）。对一个孩子来说，结合大量仪式性是不寻常的。一个很害怕细菌的 11 岁男孩会通过各种方式用他的神奇数字 4 来保护自己：他在吃饭前触碰 4 次自己的餐叉，进学校体育馆更衣室的时候也会数到 4，睡前会起身躺下 4 次，以及将他削得完美的铅笔 4 个一组排列好。当他开始担心一次仪式性可能没用时，他就会重复 4 次。

很容易看到 OCD 可以变得多严重：强迫障碍干扰儿童的个人、社会和学习生活，也成为他们家庭的负担。比如，有研究者（Chang & Piacentini，2002）发现，在患有强迫症的 162 名儿童中，父母报告症状会在一些领域的功能上产生干扰：在家里完成家务分配时（占 78%），晚上睡觉时（占 73%），专注在学业功课时（占 71%），以及与家庭成员相处时（占 70%）。超过 85% 的儿童报告 OCD 会削弱他们在学校、家庭和同伴关系这三个大领域的功能。

在面临压力的时候，儿童的症状有可能会加重。比如，在学龄初期，搬进新家或和家庭成员分居的时候。在特定情况下，患有 OCD 的儿童需要付出很大的努力才能在短时间内控制他们的行为，如在教室或社交环境中，即使如此，老师或者其他人可能在相当长一段时间内仍然不知道他们的困难。

2. 特点

（1）患病率

关于终生患病率，在美国儿童总人口的报告中概率为 1%～3%，与成人患病率一致（Leckman et al.，2009），但是有 15% 的儿童临床人口受到了影响（Weiss & Last，2001）。英国大型研究报告的儿童患病率为 0.2%（Merikangas et al.，2010）。然而这些患病率可能被低估了——儿童中的强迫症似乎很难被觉察。比如，对高中学生的一个流行病学调查发现，有强迫症的学生很少进行治疗，最值得注意的是，患有此精神障碍的儿童，没有一个被正确诊断为强迫症，包括那些正在治疗的儿童（Flament et al.，1988）。

强迫症在童年时期存在性别差异，男孩比女孩更早患有强迫症，并且数量也多于女孩（Rapoport et al.，2000）。然而到了青春期，这种差异将全部消失。

（2）民族和社会群体差异

少数民族和来自低收入家庭的儿童在那些接受强迫症治疗的群体中代表性不足（Rasmusen & Eisen，1992），可能是由于这些社区的儿童很少被转介到临床医生那里。马奇和马尔（March & Mulle，1998）证实了这一点。他们在大规模流行病学研究中发现，基于种族和民族的患病率无显著差异，而相对于非裔美国儿童，欧裔美国儿童在极大比例上更可能接受治疗。让人惊讶的是，那些被诊断为强迫症的夏威夷原住民青少年在比率上高于其他民族两倍，一项研究发现似乎是与环境和遗传因素均有关系（Guerrero et al.，2003）。

（3）共病性

强迫症的共病概率很高。在社区样本中，大约 84% 患有强迫症的儿童存在共病现象（Douglass et al.，1995），而在临床样本中的数据大约是 41%。常见的共病症状是抑郁症和其他焦虑症，特别是社交恐惧症、痉挛和一些异常习惯（如咬指甲和拉扯头发），以及物质滥用。学习障碍在患有强迫症的儿童中也是常见的，特别是那些涉及非语言推理的问题。

有关强迫症的推测是，强迫症属于包含了各种各样亚型的障碍家族，这一家族包括家族性非抽动障碍强迫症，不定时发生的强迫症和慢性抽动障碍，以及抽动障碍型强迫症（有关抽动障碍以及多发性抽动症的更多信息，可进一步参考 Spessot & Peterson，2006）。儿童患有抽动障碍型强迫症同破坏性行为障碍的共病率较高，这些破坏性行为障碍包括注意缺陷多动障碍，对立违抗障碍，以及其他发育障碍。相反，家族性非抽动障碍强迫症常伴有其他焦虑障碍（广泛性焦虑障碍、恐惧、分离焦虑障碍），以及情感障碍（主要是抑郁症；Leckman et al.，2009）。除此之外，有一类提出来的强迫症亚型，往往在自身免疫性疾病之后发病，自身免疫性疾病是一种公认的 PANDAS 综合征（感染链球菌的小儿自体免疫神经精神障碍，paediatric autoimmune neuropsychiatric disorders associated with streptococcal infections；Leckman et al.，2009；参见图 8-3）。

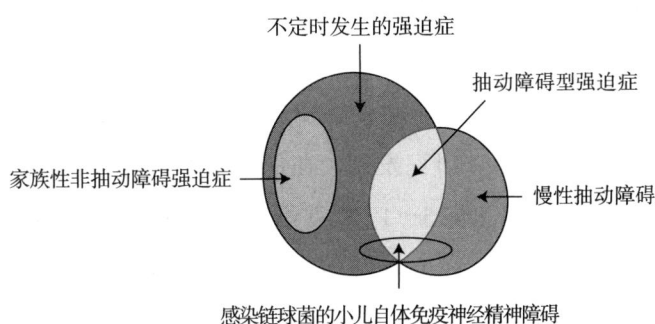

图 8-3　强迫症亚型

资料来源：Leckman et al.，2009。

（4）鉴别诊断

反复的思考和僵化的行为模式也会出现在其他的焦虑障碍中，而 OCD 的特点是让人衰弱的强迫性思考和冲动的行为，这支配着儿童的生活，干扰了其他的更具有适应性的活动。

（5）关于发展的思考

在儿童发展早期，由于他们尝试完成阶段显著性问题，其中包括掌握和控制，因此他们有一些强迫观念或者强制性行为是很常见的。例如，学前儿童频繁地希望事情可以"有条理地"完成，或者坚持完成复杂的睡前仪式去帮助他们入眠（March & Mulle，1998）。对仪式的钟爱，重复排列物体直到它们"刚刚好"往往是幼儿家长所报告的正常行为，并且这种行为似乎在 24 个月的时候达到顶峰（Leckman et al.，2009）。而真正的强迫症是不局限于特定时间的，也不是发展相契合的行为，并且其强迫观念和强迫行为会导致明显的痛苦或功能不良，而不是得到掌控感。

当障碍继续发展，其症状在儿童和成人中看上去基本一致。然而，盖勒及其同事（Geller et al.，1998）研究发现其中也存在若干差异。例如，尽管一些研究显示强迫症在男性儿童群体中占主导地位，但在成人群体中无性别差异。患有强迫症的儿童常常和破坏性障碍共病，如注意缺陷多动障碍，而成人患者并非如此。此外，患有强迫症的儿童在智力测试中比成人患者表现得更差，并且更多地被遗传解释。作者们认为童年期的强迫症可能是该障碍的一个发展性亚型，和成人的障碍在本质上是不同的。正如我们所知，在童年期和成年期看上去一样的行为，实际上可能代表不同的发展过程。

（二）发展过程

发病年龄最早可以小至 7 岁，尽管平均发病年龄大约是 11 岁（Nestadt et al.，2000）。在一项研究中，超过 75% 的患者在其 14 岁时就发展出强迫症，而 90% 的患者在其 17 岁时便有症状发作（Nestadt et al.，2000）。一旦强迫症开始发展，就意味着长期而漫长的开始。后续研究发现，在经过初步诊断之后的 2～14 年，接受强迫症治疗的年轻人中有 43%～68% 持续达到强迫症的诊断标准，其中 32% 的年轻人存在一些其他的并发症（Bolton et al.，1995）。

1. 早期强迫症发病

研究表明，在强迫症中可以发现有很重的遗传成分，特别是那些在其早期时就发病的群体（Leckman et al.，2009）。例如，一项研究发现，在那些早期患有强迫症的群体中，其亲属患强迫症的概率为 13.8%（那些患病症状在 5～17 岁开始出现），而在那些迟发型强迫症患者中，亲属患病率为 0%（患病症状在其 18～41 岁时开始；Nestadt et al.，2000）。在对双胞胎的现有研究综述中显示，儿童强迫症的遗传解释率为 45%～64%（van Grootheest et al.，2005）。然而，环境因素也可能增加儿童患强迫症的可能性，其中包括围生期问题（妊娠期母体患病、难产），心理社会逆境和心理压力（Geller et al.，2008；Leckman et al.，2009）。

2. 成年期强迫症发病

在达尼丁多学科健康发展研究（Dunedin Multidisciplinary Health and Development Study）中，研究者每两年评估一大群来自新西兰的 3～18 岁的儿童，道格拉斯及其同事（Douglass et al.，1995）研究了一个 933 名年轻人样本的 OCD 童年期的预测因素。他们发现没有证据表明强迫症可以被围生期问题或异常分娩事件、神经心理测验表现不佳、进食障碍或者抽搐来进行预测。然而，研究人员确实发现，那些成年后继续发展为强迫症的患者在其 11 岁时，会明显比健康组更抑郁；而当他们 15 岁的时候会明显比健康组更焦虑，并且会有更高水平的物质滥用问题。有 84% 的被试从未因为心理问题寻求过帮助。

尽管这项研究在关注导致强迫症的途径方面很有价值，但是仍然留下了悬而未决的问题——关于抑郁、焦虑和物质滥用而并非其他症状是如何具体导致强迫症发展的。

（三）干预

1. 药物治疗

用于治疗强迫症的药物，尤其是选择性 5- 羟色胺再摄取抑制剂已被发现是有效的。尽管从有效果来看是积极的，高达 55% 的儿童患者汇报有一些症状缓解，但症状减少多的只有

20%～50%，还有很多儿童继续经历由于其患有强迫症而导致明显的功能破坏（Grados et al.，1999）。因此，在强迫症干预中，药物治疗被当作一种辅助治疗方法，而不是唯一的治疗方法。

2. 认知行为治疗

认知行为治疗已被证明在治疗儿童强迫症患者时是一种非常有效的治疗手段（Barrett et al.，2008）。治疗分为四个步骤。第一步，治疗师会提供有关强迫症的心理教育，坚决地将问题定位成障碍而不是儿童。引进了儿童所喜好的隐喻手段。例如，对于将强迫观念隐喻为"打嗝的大脑"这样的理念，儿童会被邀请通过命名的方式，如起名为"细菌"具象化他们的症状（March & Mulle，1998）。第二步，治疗师会向儿童介绍一种认知策略的方法让他们对强迫症"发号施令"，如建设性的自我对话。第三步，包括通过让儿童感到他"战胜"强迫症或者强迫症让儿童感到无助这种确定的情况来了解儿童症状的信息。而这两种确定情况的中间地带，就是儿童有部分成功战胜症状的情况，这便成了需要工作的地带，治疗师将会和儿童站在一起去提升他抵御强迫观念和强迫行为的能力。第四步是干预治疗的核心步骤，将患者暴露于反应阻止中，其中包括将儿童暴露于他所害怕的刺激面前。这通常是随着儿童根据症状不同层次逐步推进而渐渐完成的，但有时会采用变体式"内爆疗法"进行治疗。例如，一个有清洁问题的儿童患者将会接触一个有细菌的物体直至他的焦虑降低。在反应阻止中，强迫性的仪式被阻止了。例如，禁止儿童患者去洗手。儿童患者在治疗中会受益于分级暴露，治疗中最显著的收获是在自然环境下进行练习。对这种治疗方法有效性的研究已经有了令人印象深刻的结果，有60%～100%的儿童患者报告了积极有效的回应（Franklin et al.，2010）。

八、创伤后应激障碍

尽管距离拉德米拉（Radmila）和她的家人从饱受战争蹂躏的家园逃离已经有一年了，但16岁的拉德米拉仍经常从这样的噩梦中醒来：一名士兵在寻找一名逃犯，锤打她家的门，尖叫着威胁并诅咒着，士兵们拿枪抵着亲人的头，将他们压制在地板上，持枪威胁说如果他们不说出犯人的位置就要开枪击毙他们。拉德米拉的回忆集中于一个特定的图像：当她蜷缩在地板上时，有污迹的靴子踩在她的头上。她的思绪频繁地回到这一细节上，想弄清楚这污迹到底是血还是泥土。拉德米拉的父母记得她的哥哥曾被士兵拖到一边，大声尖叫着乞求放他一条生路，但是拉德米拉则坚称她没有这一记忆，并且当有人试图跟她讲述这件事的时候，她会用手捂住耳朵。自事发后，拉德米拉更加孤僻、易怒，并且似乎曾经给予她快乐的艺术作品也无法再令她开心。她对环境中发生的任何事都极度敏感，而且会因为意外的响声受到惊吓。

（一）定义和特征

1. 定义

（1）创伤事件

诊断创伤后应激障碍（post trauma stress disorder，PTSD）的第一条标准就是儿童经历了创伤事件。DSM-Ⅳ-TR 将创伤事件定义为实际发生或未发生但构成威胁的死亡或严重身体伤害，或威胁到自己或他人的事件。并且，个体对该事件的反应是强烈的害怕、无助或恐怖，对儿童来说其反应可能是混乱或激动的行为（见表 8-8）。这些陈年旧事明显是引发焦虑事件的这一事实将 PTSD 与所有其他焦虑障碍特质区分开——PTSD 缺乏非理性因素。如果一个男孩在没有异常发生的情况下害怕乘坐校车，我们会感到困惑，然而，如果一个男孩在乘坐过滑出路面然后翻车的校车之后害怕乘坐校车，我们也许就会说："那当然了。"然而，在 PTSD 中，儿童的这种反应会比合理情况持续的时间更长，并且会泛化到就算只能依稀回忆起引发创伤经历的事件和刺激时，也会发生反应。

表 8-8　DSM-Ⅳ-TR 关于创伤后应激障碍的诊断标准

1. 此人曾经历过一种创伤事件，并同时具备下列两项：

（1）此人曾经验到、目击或被迫面对一件或多件事，这些事件牵涉到实际发生或未发生但构成威胁的死亡或严重的身体伤害，或威胁到自己或他人的身体完整性；

（2）此人的反应包含强烈的害怕、无助感或恐怖感受（注意：在儿童中，可能代之以混乱或激动的行为来表达）。

2. 此创伤事件以一种（或一种以上）下列方式持续被再度体验：

（1）反复带着痛苦让回忆闯入心头，包含影像、思想或知觉等方式；

（注意：在幼童中，可能发生重复扮演表现此创伤主题或相关方面的游戏。）

（2）反复带着痛苦梦见此事件。

（注意：在儿童中可能出现无法了解内容的噩梦。）

（3）仿佛此创伤事件又再度发生的行动或感受（包含再历经当时经验的感觉、错觉、幻觉或是解离性闪回片段，既包括清醒中发生的事件，也包括麻醉后发生的事情）。

（注意：在幼童中，可能发生重复扮演创伤的特定内容。）

（4）暴露于象征或类似创伤事件的内在或外在某相关情境时，感觉到强烈的心理痛苦；

（5）暴露于象征或类似创伤事件的内在或外在某相关情境时，出现生理反应。

3. 持续回避与此创伤有关的刺激，并有着一般反应性麻木（创伤事件前无此症状），可由下列三项（或三项以上）表现：

（1）努力回避与创伤有关的思想、感受或谈话；

（2）努力回避会引发创伤回忆的活动、地方或人们；

（3）不能回想创伤事件的重要部分；

（4）对重要活动显著降低兴趣或减少参与；

（5）疏离的感受或与他人疏远；

（6）情感范围局限（如不能有爱的感受）；

（7）对前途悲观（如不期待能有事业、婚姻、小孩或正常寿命）。

4. 持续有高警觉增加的症状（创伤事件前无此症状），由下列两项（或两项以上）表现：

（1）难入睡或难保持睡眠状态；

（2）易怒或爆发愤怒；

（3）难保持专注；

（4）过分警觉；

（5）过度的惊吓反应。

5. 此障碍（有 B、C、D 标准的症状）持续时间超过一个月。 注明若属： 急性（若症状持续时间小于三个月）； 慢性（若症状持续时间达到三个月或更长）； 延迟发作（在压力时间之后至少六个月后才初次发生症状）。

资料来源：DSM-Ⅳ-TR，2000。

然而，一个事件想要成为创伤事件，必须被个体知觉到才行（Pynoos et al.，1995）。换句话说，儿童对该事件的评价对决定该事件是否会引发 PTSD 非常重要。比如，如果一个男孩将车祸视为款待朋友的一场惊险的冒险，那么无论危害的真实威胁有多大，都不会使这个男孩受到精神创伤。同样，那些对事件的认识涉及负面的评价，如羞愧、无奈、自责的儿童，更有可能遭受更严重的创伤后反应。

创伤事件有两种类型（Terr，1991）。第一类涉及突发的单一事件——"短暂、强烈、有冲击性"，如车祸、自然灾害、房屋着火或者校园枪击。相反，第二类涉及长期的、反复暴露于可怕的事件，如那些长期遭受虐待的儿童所经历的。在这里我们将集中关注第一类创伤事件，并在第十四章在儿童虐待的背景下讨论第二类创伤后应激障碍。

（2）症状群

三类症状定义了这一障碍：再体验（闪回）、回避和高唤醒（APA，2000）。

第一类症状是再体验。患有 PTSD 的儿童会持续再体验创伤经历，这种体验是具有侵入性的，关于事件的痛苦回忆。再体验会发生在一天当中不可预期的任何时刻，但是通常发生在儿童暴露于引起创伤回忆的事件中时。举个例子，当一个 5 岁的女孩在经历了对她烧伤的胸部进行的一系列非常痛苦的治疗的三周后，她在一个餐馆里看见一个戴着白色乳胶手套的餐饮服务人员在准备一盘沙拉的时候突然大哭，因为这勾起了她在治疗过程中对戴过同样手套的医生的回忆。有时候，创伤提醒是很微妙的，以至于它们与痛苦事件的联系很难辨别。声音、颜色、一天中特定时间的光照质量都会成为痛苦情绪的诱发物，这种情绪对儿童和其他人而言，似乎是不知从何而来的。

再体验也可能以与创伤事件有关梦的形式再现，或者对儿童来说，是不与事件相关的噩梦，如走丢了或者被怪兽袭击。尤其是对于年幼的儿童，再体验通常以与创伤后事件相关的游戏形式表现，虽然"玩出来"对儿童来说可以是有治疗性的，但创伤后游戏的区别在于它是具有重复性、强迫性并且由焦虑引起的，而不是缓解焦虑。比如，一个 5 岁的小女孩在动物园被猴子袭击之后，会反复与她的洋娃娃演示这个内容，然而这个游戏对她战胜恐惧没有丝毫帮助。

第二类症状包括对与创伤相关的刺激持续地回避或一般性地反应麻木。患有 PTSD 的儿童可能会主动避免想起能够唤起创伤回忆的想法、活动或者人。比如，每当那个被烧伤的女孩的母亲试图和她谈论她胸前的伤疤时，她都会捂住耳朵；同样，当同伴处于好奇提起这件事的时候，她都会声称"我不知道你说的是什么"。回避也可能以麻木的形式表现出来，这会通过对以前喜爱活动的兴趣显著减少表现出来。患有 PTSD 的儿童可能无法再表现出享受游戏的乐趣了。

第三类症状以高唤醒为特征。儿童高唤醒的表现可能有以下几种形式：睡眠障碍、易激惹、注意力不集中，生理反应性和高度警惕性。过分警惕的孩子对环境过于敏感，不断扫描危险的标志并对意外刺激反应强烈。创伤后唤醒的典型特征是过度的惊吓反应。例如，当走廊的一扇门突然"砰"的一声关上时，男孩吓得心惊肉跳，并且开始颤抖。

2. 特征

（1）普遍性

可能导致 PTSD 的各种创伤事件有多普遍？在美国，据估计，25% 的 16 岁儿童被暴露在至少一个"高强度"的创伤性事件中（Costello et al.，2002）。尽管如此，据估计只有约 36% 的儿童在经历了创伤性事件之后发展出创伤后应激障碍（Fletcher，2003），这表明儿童在面对创伤压力时，有基本的韧性。比如，从全国共病研究（Merikangas et al.，2010）的数据来看，在美国总人口中，女孩患有 PTSD 的比例是 8%，男孩患有 PTSD 的比例是 2.3%。然而，还有许多显示出 PTSD 症状的孩子，尽管经历着很严重的困扰，却没有被诊断出来也没有接受治疗。其中一个原因是儿童经常只满足 PTSD 诊断的部分标准。比如，他们可能会显示重复体验和高唤醒症状，但是不回避，因此他们没有被正式诊断为 PTSD，尽管他们的症状可能已经严重到足以扰乱他们的正常机能（Cohen & Scheeringa，2009）。

关于性别差异的数据是有争议的。大量的大样本研究发现暴露于创伤的女孩要比男孩症状更加严重，但有其他研究发现了相反的结论（Pfefferbaum，1997）。

（2）种族和文化因素

关于种族差异的数据是非常有限的，但根据临床数据可得，比起欧美儿童，非裔美国儿童更容易有 PTSD 的患病史（Last & Perrin，1993）。

对常常遭受政治暴力、流离失所和移民压力的难民群体的研究，揭示了文化因素在症状表现中的重要性。例如，患有 PTSD 并伴随焦虑和抑郁的柬埔寨难民儿童，不会表现出在欧美儿童身上常常发生的行为障碍或物质滥用的增加。他们尊重权威，对学校有积极的看法，并且功能良好（Pfefferbaum，1997）。

（3）共病和鉴别诊断

因为 PTSD 会显著增加抑郁、焦虑和破坏性行为障碍的风险，所以共病的情况是普遍存在的（Amaya-Jackson & March，1995）。PTSD 可以凭借以下事实区别于其他焦虑障碍：一个特定的突发事件；一个独特的症状群，如再体验；一个明确的时间线。

（4）关于发展的思考

不同年龄的儿童在经历了创伤事件之后，会表现出不同类型的症状（Kerig et al.，2000）。年幼的儿童可能出现功能退行。例如，失去对肠和膀胱的控制，在挫折面前崩溃大哭，吮吸他们的拇指，并出现恐惧和饮食问题。分离焦虑容易再度出现。回避和麻木可能会导致儿童变得漫不经心，安静以及退缩。

虽然儿童很少表现出对创伤性事件全部遗忘，但学龄前儿童特别容易受到认知扭曲，进而加剧他们的痛苦。例如，一个小男孩可能因为一个关于特警队成员的记忆而苦恼，因为特警在一场狙击袭击中前来营救他和他的同学们，但是他把这些全副武装的、携带武器的人当成了第二波袭击者。年幼的儿童也可能会混淆事件的顺序。因果的逆转可能会导致预兆的形成，他们会错误地认为他们可以预测并因此阻止这场灾难。

恐惧和焦虑是学龄期儿童的主要症状。这些儿童也经常抱怨头痛和视力、听力问题，与同伴打架或在群体中退缩，并患有如噩梦和尿床等睡眠障碍。年幼的儿童通过行为来实现再体验，如通过精心重现创伤事件；而大一点的儿童则可能通过思想进行再体验。比如，他们可能会反复想象被营救或者亲自报复施害者的场景（Terr，1988）。

青春期儿童以及青少年，像学龄期儿童一样，会产生各种对身体的抱怨，变得退缩，遭受食欲不振和失眠，并且开始在学校捣乱或在学业上失败。麻木可能产生疏离感，导致退缩、逃避，甚至具有攻击性。

虽然成人和儿童的症状标准是基本相同的，但是PTSD的一些症状对儿童来说尤其明显。比如，儿童和青少年可能会表现出对未来丧失希望，或不考虑未来，因为他们不想长大，结婚，或是在成年时得到幸福（Saigh，1992）。

（二）发展过程

稀少的前瞻性数据表明，发病过程依赖于创伤的长期性。儿童常常因年龄增加而摆脱对单一事件压力的反应，但（毫不奇怪）会继续受到重复曝光和多重压力的干扰。

儿童的特点以及创伤事件的性质有助于确定PTSD是否会产生以及是否会长期存在（Kerig et al.，2000）。当创伤事件发生的强度高，反复频发，并且包含人身攻击，尤其当暴力施加于儿童或者是儿童寻求庇护的对象时，患病的风险就会增加。最具有冲击性影响的创伤事件也是那些由儿童直接体验的。虽然替代性创伤也会存在，但对儿童来说，比起仅仅听说某个家庭成员被枪杀，目睹整个过程还是更有可能令他们痛苦。另外，当事件是一种有特定终点的急性事件时风险会降低，一旦生活回归正常，儿童将有机会摆脱它的影响。这会增加儿童对创伤的危险性因素，包括过去的精神创伤、困难型气质、不良情绪的适应力。保护性因素包括适应性气质、情绪管理技巧、内控、学习过如何处理和掌握压力事件以及支持性的家庭环境（Pynoos et al.，1995）。

（三）干预

对遭受灾难的儿童和家庭的"心理急救"是由全国儿童应激创伤网络（National Child Traumatic Stress Network）和PTSD国家中心（National Center for PTSD）颁布的领域指南——给心理健康工作者提供的行动指南（Brymer et al.，2006）。通过直接向受创伤事件影响的社区环境提供治疗，临床医生得以在这些儿童发病早期接触到他们并迅速采取行动，以防止精神病理学反应的形成。

尽管首先考虑的是建立家庭成员之间安全、舒适的环境，帮助他们与他们的社会支持源团聚，"心理急救"同时还为家长和孩子提供了适宜他们年龄的关于应对PTSD的心理教育，以规范他们的反应，减少他们的困惑和对自己"要发疯"了的恐惧，提高他们的应对能力，帮助他们意识到是否还需要进一步的干预。例如，用适合儿童的语言给儿童青少年提供关于应对创伤的正常生理和情感反应的内容：

当很糟糕的事情发生时，孩子们经常会觉得滑稽、奇怪或者不舒服，就像他们心跳很快，手上出了很多汗，感到胃痛或者腿或胳膊虚弱无力。其他时候，孩子们只是觉得他们脑子里很奇异，就好像他们不是真的在那里，但就像是他们正在看坏事发生在别人身上。

有时候你的身体会持续存留着这种感觉，即使是在糟糕的事情结束后并且自己已经安全的情况下仍然觉得。

你有这些感觉，或者有其他上文没提到的感觉吗？你能告诉我你在哪里感受到这些，这些感觉是怎样的吗？有时候当孩子看到、听到或者闻到能唤醒他们糟糕经历的事物，如大风、玻璃被打碎、烟味等时，他们就会出现这些奇怪或者不舒服的感觉。对孩子来说，在他们身体里经历这些对他们来说是非常可怕的，尤其当他们不知道为什么会这样或者不知道拿它们怎么办时。如果你喜欢，我可以告诉你一些方法来帮助自己感觉更好。这听起来是一个好主意吗（p.47）？

数据显示，对经历创伤后患有PTSD的儿童和青少年来说，最能被实证支持的有效疗法是聚焦创伤的认知行为疗法（Trauma Focused-Cognitive Behavior Therapy，TF-CBT；Cohen et al., 2006）。运用TF-CBT治疗简短且有策略性，平均12～18次，会呈现一系列要素。第一步，提供心理教育来实现PTSD症状的标准化。第二步关注帮助儿童发展重新认知以及表达和管理困难情绪的技能。儿童也学习理解想法、感受和行为之间的联系，并培养诸如积极自我对话等应对策略。随着儿童的"工具箱"里有越来越多这些认知和情感管理"工具"，儿童随后会参加一系列创伤事件的描述性过程，来减少他们对创伤提醒源的敏感性，将他们关于创伤事件的想法与痛苦情绪分离以及发现加重创伤后反应的错误认知。行为要素包括暴露于与创伤事件相关的恐惧刺激并完成培养和掌握自我效能感的练习。在整个TF-CBT的过程中，家长是一个积极参与者的角色。特定的教养成分关注为家长提供回应儿童创伤的反应策略，促进家长与孩子的交流，通过练习新技能为儿童提供更好的支持，并且在适当的时候帮助家长处理他们自己的创伤后反应（Cohen et al., 2006）。一系列随机的临床实验发现，对创伤儿童来说，TF-CBT比非指导性和支持性治疗有效，并且这种治疗方式已经成功地适用于多种不同的创伤事件和文化群体（Cohen et al., 2010）。

九、焦虑障碍的发展途径

还存在一种错误的观念，认为童年焦虑不需要被谨慎对待，因为其症状"只是阶段性的"，并会随着成长而消失。正如我们在焦虑的每一个DSM-Ⅳ-TR分类中讨论的，这些数据使用不同的方法和不同的人群恰恰呈现了相反的事实，即童年期患有焦虑症大大增加了未来患焦虑障碍和相关障碍的风险。而且，童年期的焦虑障碍可能是今后长期障碍的一个开始。

瓦齐等人（Vasey & Dadds，2001；Vasey & Ollendick，2001）结合对焦虑障碍的病因学研究，开发了一个动态的、相互作用的模型。这种整合包含四个要素：

①易感因素；

②焦虑障碍形成的两个途径；

③维持或增强焦虑的因素；

④心理弹性和焦虑障碍——有助于断念的因素。

该模型在图8-4中示意出来，接下来我们将分点进行讨论。

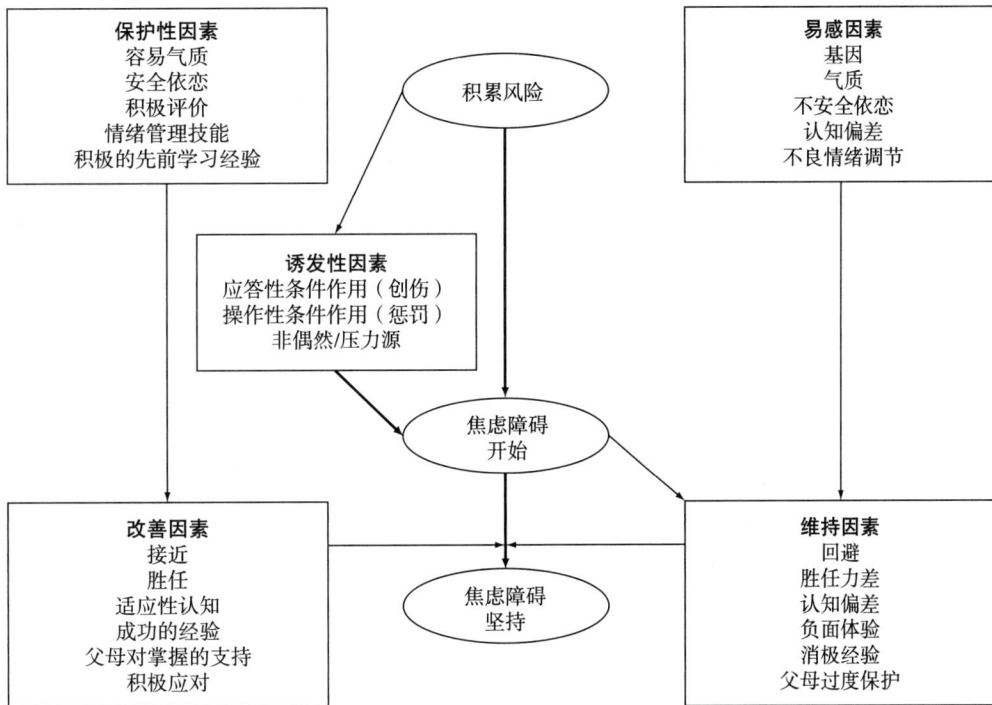

图8-4　焦虑障碍发展的整合模型

资料来源：Vasey & Dadds，2001。

（一）易感因素

1. 生物学背景

（1）遗传风险

有充分的证据表明焦虑障碍的发病具有家族性，即有遗传风险。最有说服力的数据来自双生子的研究。研究表明，同卵双生子比其他兄弟姐妹患焦虑障碍的风险更高，因为他们的遗传物质具有更大的相似性。正如我们所见，对在童年期患上强迫症的儿童来说，他们的症状更多地被遗传解释。然而，对焦虑障碍而言，这些研究显示遗传因素只占变异的1/3，然而遗传因素仍然在共享的环境因素中起着重要的作用（Elay，2001）。

此外，值得我们格外注意的是遗传的不是某种特定的焦虑障碍，而是容易发展出焦虑障碍的易感体质。例如，弗吉尼亚州青少年行为发展的双生子研究（Eaves et al.，1997；Hewitt et al.，1997）评估了年龄从8岁到16岁的1412对双胞胎，结果发现分离焦虑障碍和广泛性焦虑障碍与基因有关，但是这两种障碍分别显示出一个特定的时间过程：同样的孩子可能在其年龄早期易发展为分离焦虑障碍，而在其青春期易发展为广泛性焦虑障碍。

（2）气质

一个引领焦虑障碍的最有应用前景的生物前兆是行为受抑制的气质变量（Rothbart & Bates，2007；见第二章）。由于行为受抑制婴儿的特征是高运动量和易兴奋，他们对新奇事物有反应的同时也伴随着克制、撤退、闪躲或痛苦。除此之外，他们是害羞、孤僻以及胆怯的，并且他们逃避挑战。研究表明，大约有20%的儿童遗传了受抑制的气质类型。

然而，不是所有遗传了受抑制气质的婴儿"注定"会发展为焦虑障碍。从童年早期到童年中期稳定受遗传抑制气质影响的儿童中大约只有10%发展为焦虑障碍的风险提高了（Turner et al.，1996）。这都是儿童最极端的行为抑制。他们也倾向于发展为两种或更多的焦虑障碍。比如，他们比其他儿童更容易患有恐惧症，如在课堂上被点名的恐惧，或对陌生人或人群的恐惧。

（3）神经生物学因素

证据开始渐渐指向以神经生物学过程为基础的焦虑倾向发展（McClure & Pine，2006）。他们在害怕的时候，应激激素释放，并提高了与恐惧相关的HPA（下丘脑—垂体—肾上腺皮质）脑回路的兴奋度。当这些脑电路是习惯性兴奋时，儿童更容易发展为焦虑（Gunnar et al.，2001）。为支持这个想法，研究显示，具有稳定抑制气质的儿童在HPA回路中有较低的觉醒阈值，并且对活化的交感神经系统有所反应（Oosterlaan，2001）。然而，研究报告的结果还是不一致的。比如，一些研究显示，害羞和焦虑的儿童在面对恐惧时会抑制自己的皮质醇水平。

其他有关神经心理因素的证据来自对PTSD的研究，显示了处于极端水平的焦虑会对脑化学产生影响，其再反过来影响神经元、脑结构和脑功能之间的相互联结（De Bellis，2001）。

2.家庭背景

（1）依恋

有很多种理由假设不安全依恋会增加发展焦虑障碍的可能性（McClure & Pine，2006）。回想一下，有不安全依恋的婴儿可能会遇到对他们需求不敏感或者没有回应的照顾者。反过来，这会使其产生一种世界是不可靠和不可预知的观点，以及由自己的无力控制感而导致随之而来的焦虑。安全依恋同样也是发展情绪调节等重要能力的基础，这使儿童对他们在应付新的情况时具有信心，并能管理在新情况下出现的任何强烈情绪。

研究表明，在自由发挥的情况下，不安全依恋的婴儿比安全依恋的婴儿更容易害怕，而在探索的环境中，也更害羞，更容易从同伴中退缩。还有证据表明，不安全依恋可以预测焦虑障碍的发展。在有 172 个儿童的前瞻性研究中，沃伦及其同事（Warren et al., 1997）发现，那些曾被评为不安全依恋的婴儿，有 28% 报告他们在 17 岁时有当下和过去的焦虑问题。相反，只有 13% 的安全依恋组报告了这样的症状。已发现特别是不安全阻抗和不安全依恋模式会增加患焦虑障碍的风险，在某些研究中高达 100%（见 Manassis，2001）。

3. 个体背景

（1）认知偏差

患有焦虑障碍的儿童有着一些信息加工的偏差表现（Vasey & MacLeod, 2001）。首先，这些患有焦虑障碍的儿童对潜在危险事件有注意偏差。例如，在实验任务中，相比于不焦虑的儿童，他们更多地选择威胁，而不是非威胁词语。其次，患有焦虑障碍的儿童也会将模糊情境解释为威胁。例如，他们更容易将房子中的噪声解释为有入侵者，而不是解释为没锁好的窗子发出的声音。最后，焦虑障碍的儿童会表现出不切实际的认知信念，使他们认为世界是一个危险的地方，并认为自己没有应对其威胁的能力。因此，他们缺乏自我效能感。

儿童在环境中经历的负面经验，可能导致其出现认知上的扭曲，同样也会导致儿童以适应不良的方式重塑自己所处的环境。当面对阻碍时，低自我效能感和有无力感的儿童更快放弃，这会再一次给他们带来所害怕的失败经历。

（2）情绪调节缺陷

有焦虑倾向的儿童不仅认为他们不能控制威胁情境，也认为自己不能控制焦虑反应。因此，他们调节情绪的能力很差（McCure & Pine, 2006）。因为他们缺乏在痛苦面前安抚自己的能力，他们形成了一种"害怕恐惧本身"的恐惧感。事实上，他们发现焦虑是压倒性和无法忍受的，这可能会导致他们的注意偏向和对威胁情境的超敏反应。打个比方，这就好像每一个火焰都被视为一种潜在的火焰风暴，因此最轻微的烟雾也会引起警报。

（二）焦虑障碍形成的两个途径

瓦齐及其同事描述了焦虑障碍形成的两个途径。

1. 风险累积途径

第一个途径包括各种易感因素的渐进、潜在的影响，导致随着事件的推移，呈现出临床显著水平的焦虑。此途径的例子是一个抑制气质的儿童。当他暴露在唤起恐惧的刺激中时，如果允许他畏缩不前，我们就永远不知道，他的恐惧是否可以克服，这会导致其对焦虑的评价是不可忍受、不可控制以及渐进的回避。障碍会随着儿童的心理和认知偏差在与其他风险的交互作用中加剧。

2. 突发事件发展途径

焦虑障碍的第二个途径涉及特定的突发事件的影响。有三种不同的机制，由此可以顺着该途径发展为焦虑障碍：第一，通过条件反射；第二，通过操作性条件反射；第三，通过非偶然暴露于压力事件中。

（1）条件反射

形成焦虑最简单的情况是创伤性调节。例如，在车祸中受伤的儿童，之后会变得对乘坐汽车感到恐惧。最熟悉的经典案例是11个月大的"小艾尔伯特"（Watson & Rayner，1920）。当他在有许多小白鼠的情况下（条件刺激，conditioned stimulus，CS），听到一声巨大的、恐怖的声音（非条件刺激，unconditioned stimulus，US），之后变得特别害怕看到老鼠（条件反射，conditioned response，CR）。

无论是通过直接经验、观察还是传言，反射调节使儿童产生一种期望，即先前中性的刺激将产生一个负面后果。虽然条件反射确实发生，然而事实是并不是每个经历创伤的儿童都会变得害怕，也不是每个害怕的儿童都经历了创伤。当压力事件与其他诱因因素，如气质和预先学习历史相互作用时，创伤性反应才可能发展。然而，预先学习也可以作为对条件反射发展的一个保护性因素。例如，如果一个孩子对狗有着许多愉快的经验，一次被狗咬的意外可能不足以抵消过去的期望。因此，一个积极的学习历史可以与一个实际上可能会抑制恐惧调节的刺激之间相互作用，这个过程被称为潜在抑制（Menzies & Clarke，1995）。

（2）操作性条件反射

操作性条件反射途径，是当孩子学会一种行为（如接近一个恐怖刺激）后，紧接着出现一个让人厌恶的后果。反过来，惩罚加剧了孩子的焦虑，并增加了他对刺激的逃避。有个例子是一个焦虑的女孩，在操场上以一种尴尬的方式接近同龄人，因此被别人拒绝。接着，这个女孩会认为进一步社会接触是一个歧视性带有惩罚的刺激信号，她会更努力避免接触别人。

（3）非偶然暴露于压力事件中

一些焦虑障碍的反应似乎出现在与压力事件不相关的时候。例如，正如我们所见，有时候一个无关分离本身的主要压力源引发了分离焦虑，如一个长期的病程或学校的变更。有一种可能性是，这些无关的压力源通过习惯或恢复以前年少时对恐惧的掌握来发挥其作用。换言之，孩子们在面对压力时可能会退步，从而失去了帮助他们克服早期恐惧的成就发展。例如，对于一个11岁的男孩，他搬到一个新城市的压力，可能会使他失去其一直保持的认知技能，而这个技能可以让他克服学龄前对黑暗的恐惧。另外，压力事件可能会通过干扰一个重要的保护性因素而导致焦虑发病。例如，一个女孩由于生病没去上学，她重返学校之后在学业方面就跟不上同班同学，虽然她以前学习成绩很好，但失去了这个因素的保护作用。

（三）维持或增强焦虑的因素

一旦这些因素出现，焦虑障碍对儿童的影响就由于他们所处的环境而持续存在。根据瓦齐和达兹（Vasey & Dadds，2001）的研究，焦虑维持并加强的五个主要因素如下：①儿童自身倾向于避免引发焦虑的情境；②较差的学业、社会和情绪调节技能；③认知偏差；④消极经验；

⑤父母以及其他成人的回应。

1. 回避的后果

如果掌控焦虑通常涉及面临可怕的情况和学习有意义的应对方式，回避就会阻止这种能力的形成，并产生永久性的后果。回避是一个诱人的陷阱，因为它暂时减少了焦虑。当一个害羞的孩子在课间休息的时候，他会避免参加他害怕的团体游戏，从而松了一口气，但是与此同时，他不仅失去了学习参与团体活动所需的社会技能，也失去了一个机会去纠正他有关团体实际包括做什么的不合理信念。因此，用这种方式抑制儿童的行为方式会增加他们自己的暴露风险。通过避免不适的情境，会抑制孩子，限制他们去适应和掌握的机会。

2. 能力欠缺

正如之前的例子所表明的，回避可能会导致掌控情境和发展能力的失败。害羞的儿童远离社交，因此缺乏实践和镇静，在遭受社交失败时更易显得脆弱。习惯性的回避可能会导致技能欠缺，从而对学业成就和社会关系产生不利影响。例如，有证据表明，在童年期的社交焦虑和回避导致同伴拒绝与排斥，而在成年期会导致孤独感和抑郁（Rubin，1993）。回避也会阻碍孩子们发展能够容忍和克服他们恐惧的特定情绪调节技能。

3. 认知偏差

回避也可以产生认知偏差或认知扭曲，从而维持焦虑。他们将注意偏向引起焦虑的暗示，对模糊的信息解读为威胁，并避免可能提供正确信息的特定情境，患有焦虑障碍的儿童构建了一个焦虑是不朽的世界。克拉克（Clark，2001）提供了认知在社会焦虑发展作用的说明性模型（见图 8-5）。患有焦虑障碍的儿童会在情境中产生出恐惧结果的消极想法，这源于他们会对自己和他人做出此类假设。这些假设被分为三类：对自我的过高期望（比如，"我必须总是看起来又酷又自信""我应该总是有一些有趣的东西说"）；有关可怕后果的条件信念（"如果我脸红，人们会取笑我""如果我什么也不说，别人会觉得我很无聊"）；以及有关自我的消极信念（"我很怪异""我很无能"）。这些假设使人对社会鉴定为有威胁的，他们预测结果是负面的，以及将别人的行为看作对自己的负面评价。由这些想法产生社交恐惧的青少年更加关注自己，他们认为"所有人的眼睛都在注视着我"。由于焦虑产生的躯体和认知症状加剧，儿童更有动机通过回避去寻求安全。

4. 消极经验

正如前一节提到的，焦虑儿童的认知偏差和回避倾向，妨碍他们掌握在许多重要成长环境中的能力（Vasey & Dadds，2001）。因此，他们能力的缺乏，可能会导致实际的负面经验，以及在社会中失败，包括来自成人的批评以及同伴的拒绝。

5. 父母回应

有证据表明，在人际交往方面，父母或老师过度保护的部分将导致焦虑的持续。讽刺的是，通过减少儿童暴露在焦虑刺激情境中，父母反而阻止了儿童去掌控。还有证据表明，父母实际上可能加强了儿童某部分的回避。比如，一个母亲可能会说，她的孩子不必去一个聚会，如果这

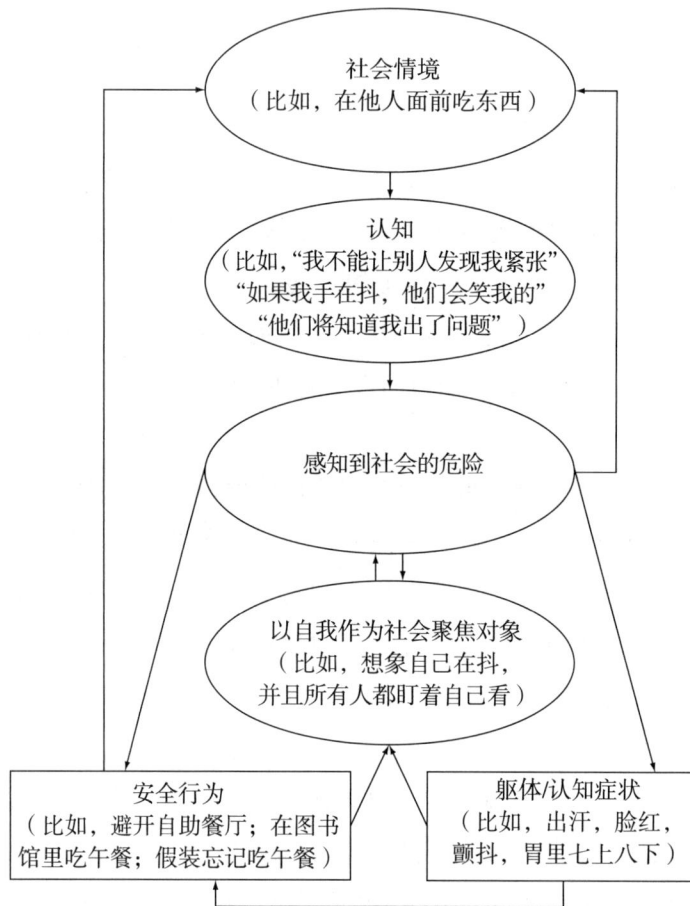

图 8-5　焦虑障碍的认知发展

资料来源：Clark，2001。

个聚会让她孩子这么不开心。患焦虑障碍儿童的父母也可能会更加控制和命令儿童。他们试图解决孩子问题的善意，却反而干扰儿童在他们独立解决问题时感知能力和信心的发展（Dadds & Roth，2001）。

马克·达兹等人（Mark Dadds et al.，1996）对我们理解家庭在焦虑障碍发展过程中的作用有重要的贡献。他们评估了非临床家庭中患焦虑障碍的儿童与家庭之间的相互作用。他们在澳大利亚的实验中，对父母与子女之间关于一系列潜在危险情境的讨论进行录像。这些情境比如，一个男孩接近一大群孩子，要求加入他们游戏中却被嘲笑。通过对编码系统的详细观察，他们发现，虽然非临床儿童的父母最有可能提供给儿童亲社会问题解决策略，而患焦虑障碍儿童的父母更可能鼓励回避的策略。不仅那些患有焦虑障碍儿童的父母不同意也不愿意听他们的孩子对解决问题的积极计划，他们也往往一直提示和追问孩子直到他提出一种回避策略。不出意外，在讨论结束时，患焦虑障碍的孩子更倾向于选择一个可靠的回避策略，而不是一个适应性的策略（参见表 8-9，摘自他们实验室的一份记录中的例子）。

虽然许多患焦虑障碍儿童的父母似乎对他们孩子的焦虑过于敏感和情绪回应，但另一个极端，父母可能通过不敏感和回应不足促进儿童焦虑的发展。

父母如果贬低害羞孩子的行为是"愚蠢而无意义的"，或是愤怒地迫使孩子进入引发恐惧的情境中，缺乏足够的情感支持，就会给孩子增加额外的痛苦来源（Vasey & Ollendick，2001）。正如达兹和罗思（Dadds & Roth，2001）的表述，"太用力把孩子推向挑战，或者过度保护他，都会出现增强恐惧的结果"。

6. 相互作用的过程

正如我们所了解的那样，相互作用的概念表明，焦虑的孩子也会影响他们父母的行为。比如，儿童自己以沉默和无助的方式靠近成人，就会引起成人过度保护的行为，这将会加强孩子的退缩行为和感知不足。此外，当鼓励儿童去接近那些让他们实际上恐惧的物体时，孩子的焦虑会迫使他们痛苦地尖叫和发火，以此来惩罚家长试图帮助儿童克服恐惧。

表 8-9 家庭进程和童年焦虑障碍

在昆士兰大学（University of Queensland）马克·达兹的实验室，实验者要求男孩和他的父亲对如下情境提出一个解决方案，即当男孩想要接近其他孩子一起玩耍的时候，其他孩子都嘲笑他。在对互动过程的编码中，调查者尤其关注父母是否强化了孩子的回避倾向，而没有支持和引导孩子走向积极主动的问题解决策略。你将如何评定这些家长呢？	
父亲：那儿有一群孩子在玩游戏，你想加入他们，如果一旦你走过去，他们就会笑，你会怎么做？	男孩：不会。
母亲：你为什么认为他们在笑？	父亲：他们不会？
男孩：因为他们游戏中发生了一些让他们觉得蠢的事，他们在互相嘲笑。	母亲：你能再勇敢一点去问问他们吗？
母亲：但是如果你能跟他们玩，你会怎么问他们呢？	男孩：我不会操心这个。
男孩：我只会问他们，就走过去问"我可以加入你们吗"。	母亲：不会？
母亲：你有想过他们可能会让你一起吗？	父亲：为什么不去想呢？
男孩：也许。	男孩：因为我知道答案会是什么，因为我经常问，答案永远是否定的。
母亲：他们通常玩什么类型的游戏？	父亲：是吗？
男孩：Tiggy 或者手球。	男孩：是的。
父亲：Tiggy 是什么？	母亲：你不会认为他们会在你甚至还没出现之前就想着"他又来问了"而笑话你吧？
男孩：捉迷藏。	男孩：哦，不是。
父亲：你想过如果他们玩的是手球，他们会让你参加吗？	母亲：他们会这么做吗？
男孩：不会。	男孩：会。
父亲：为什么？	母亲：所以你更愿意避免这种情况还是你真的想要去玩？
男孩：因为我不擅长这个。	男孩：我想玩手球。

续表

父亲：你擅长捉迷藏吗？	母亲：但是你需要学习更多的手球技巧。
男孩：不。	男孩：是的。
母亲：为什么这么说？	母亲：这很难是吗？
男孩：因为我跑得不够快。	男孩：是的。
母亲：所以你认为他们会让你玩吗？	

资料来源：Dadds et al.，1993。

所有家长都想要保护孩子免受强烈的恐惧体验，并且孩子痛苦的终止对父母来说是一个强大的负强化物（Calkins，1994）。因此，通过一个厌恶条件作用的过程，焦虑的孩子使得家长调节了孩子的恐惧，并支持和强化了孩子的回避倾向。有趣的是，这种强制性控制首先是在行为紊乱儿童和他们家长的互动中被发现的，正如我们将在第十章中探讨的。但是它也为理解内化障碍的家庭动力提供了重要启发。而且，因为焦虑倾向在家庭中发生，所以焦虑儿童的父母也很有可能是焦虑的。

家长的焦虑可能通过三种潜在的过程影响到孩子。第一，儿童可能通过模仿焦虑父母提供的行为模式而习得焦虑。第二，焦虑的父母可能会以一种令焦虑更加持久的方式回应孩子的焦虑，尤其是对回避这种应对策略的偏爱。比如，尽管所有家长都会觉得处理一个恐惧的孩子很具有挑战性，但焦虑的父母因为他们自己缺乏对自身焦虑的掌控而觉得尤其不安。因此，由于孩子的苦恼会引发父母的不适，所以焦虑的父母可能尤其不愿意让孩子暴露在可能引发恐惧的情境中，增加自己情绪崩溃的风险。第三，尽管"拟合度"的概念可能表明焦虑的父母会对焦虑的孩子给予更多的共情和支持，但事实上，这种匹配可能增加亲子关系之间父母影响的可能性。因为焦虑的父母缺乏良好的情绪调节技能，在孩子的痛苦面前难以平静下来，所以他们可能会发现养育孩子特别有压力。因此，焦虑的家长会对他们压抑的孩子变得急躁，不幸地导致儿童焦虑的加重。赫什菲尔德等人（Hirschfeld et al.，1997）的研究支持了这个交互作用的过程。他们发现母亲焦虑的相互作用：母亲的批评和孩子的抑制行为。随着儿童抑制行为的增加，焦虑的母亲变得越来越苛刻和挑剔，而这样的互动关系没有在非焦虑母亲的亲子关系中出现。

（四）心理弹性和焦虑障碍：有助于断念的因素

一连串的失败在先前的章节被幽默地描述为焦虑障碍的"末日神殿"场景（Rubin & Mills，1991）。然而，发展心理学表明发展过程中有许多转折点和许多干预因素可能使儿童走上健康的道路。因此，瓦齐和达兹（Vasey & Dadds，2001）的模型提供了有助于中止的改善性因素，下面五个因素从反面取代了先前提到的五个因素。回避的孩子也会慢慢变化接近如下状态：感知到的无能也许会被自我效能感取代，失败经历可能会转变为成功，并且父母的过度保护也可能随着掌控力的增强得到缓和。

与这个模型一致，一项研究调查了南非开浦镇（Cape Town，South Africa）的儿童在面对创伤时的心理弹性（Fincham et al., 2009）。研究者对儿童进行了自我报告问卷的调查，评估了一系列与心理弹性（应对负面情绪的能力，面对变化的适应性、感知到的社会支持和自我效能感）建构相关的因素。心理弹性会给儿童提供创伤后应激的缓冲，那些心理弹性最高的儿童，最不可能发展出 PTSD（见表 8-6）。

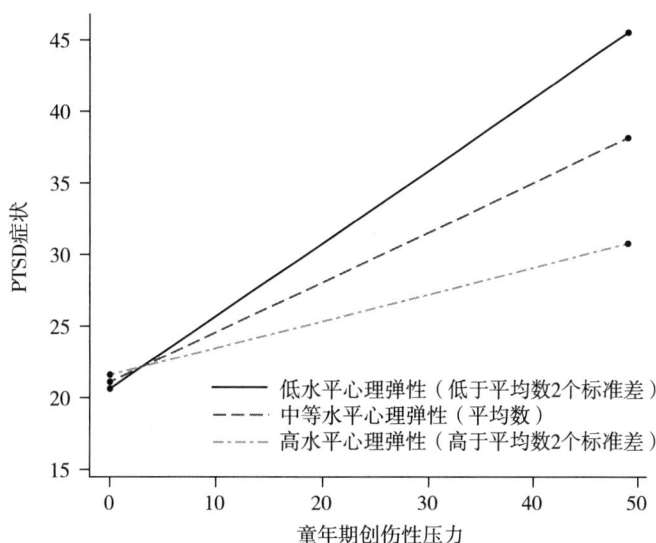

图 8-6 在南非学龄儿童中，心理弹性对儿童创伤性压力和 PTSD 之间关系的调节作用
资料来源：Fincham et al., 2009。

多元背景下的发展心理病理学的方法也需要我们考虑焦虑源头的表达，识别发展过程中跨文化差异的可能性。一些数据表明，在儿童教养方式中的文化差异可能会影响儿童焦虑障碍的发生。

焦虑行为，如害羞、抑制和躯体化症状的比率，在强调抑制、顺从和社会评价的社会正在逐渐增高，亚洲文化，如泰国，就是这种情况（Weisz et al., 2003）。然而，这些儿童行为是否是有问题的，这些行为是否与心理适应不良有关，都取决于其文化的解释或者正如韦茨及其同事（Weisz et al., 2003）所言，取决于看待它们的角度。很好地融入所在社会的文化价值观以及符合文化理想典型和预期的孩子不会受到不良后果的影响。因此，害羞和沉默，可能只是在鼓励大胆的文化中是缺点。

我们在对焦虑的讨论中，一直在处理那些在某种程度上困扰于各种程度的内在痛苦和折磨的人。我们现在转去思考另一种形式的内化障碍——与抑郁的"黑狗"斗争的儿童和青少年。

第九章

童年中期至青少年期：心境障碍和自杀

本章内容

1. 抑郁谱系障碍

2. 双相障碍

3. 儿童和青少年自杀

在这一章中，我们会介绍一个和心境有关的障碍谱系，包括内心深处的严重抑郁——被温斯顿·丘吉尔（Winston Churchill）称为"沮丧"（black dog；Storr，1989），心境恶劣的"缓慢、黑暗、持续不断的愤怒"（Godwin，1994）和双相障碍的"头晕的令人陶醉的快感"（Redfield-Jamison，1995，p.54）。正如我们所看到的，"沮丧"在儿童的任何年龄都层出不穷，甚至是在婴儿期。然而在这里我们主要关注青少年过渡期的抑郁症状，因为在这个人生阶段患病率有显著的增加。我们的任务是去确认在脆弱的青少年身上，是青春期的环境和阶段性突出任务中的什么增加了其患病的风险。在这一章，我们会讨论与儿童以及青少年自杀有关的风险。我们会发现，自杀和"沮丧"有很大关系，但同时又存在着令人惊讶的差异。

一、抑郁谱系障碍

我们中的大多数人都体验过我们称之为抑郁的经历——处于一个低迷的精神状态，感觉"低落"，有一些"忧郁"，因为失去一个深爱的人或遇到另一个痛苦的生活事件而感到抑郁或者绝望是很自然的。因此，抑郁是一个相当普通的症状。抑郁谱系障碍包括一系列症状，如伤心和孤独的感觉，担忧和紧张。当抑郁发展成障碍时（也被称为"临床性抑郁症"），会涉及一些深层次的症状，而且有特定的病因、发展过程和结果。随着所有的障碍都由 DSM 定义，诊断的关键就在于这些联合的症状能否显著引起不安或者 / 以及干扰正常的功能。

在过去的几十年里，专业人员并不相信童年期存在抑郁障碍，在一定程度上是因为儿童被假定为不具备达到抑郁障碍所需要的复杂的认知能力。这个想法也是可信的，因为儿童在对创伤和损耗做出回应时，展现出了广泛的非抑郁性的回应，如叛逆、浮躁和躯体化症状。这种行为被认为是隐匿的、潜在的抑郁形式。然而，鉴于隐匿性抑郁这个概念曾经被广泛接受，研究者发现儿童抑郁和成人抑郁有很多相似的特征，抑郁会在一生中的任何时间点出现。因此，童年期实际上常出现行为问题伴随抑郁症状，而不是出现隐匿性抑郁（Luby，2010）。据此，ICD-10 诊断系统包括特定类别的抑郁行为障碍（depressive conduct disorder）和在童年期发病的情绪和行为混合障碍（mixed disorder of conduct and emotions）。

（一）定义、特征和鉴别诊断

DSM- Ⅳ -TR 给我们提供了抑郁症的四个主要类别，可以被看作严重程度的连续体。抑郁谱系障碍中的最轻微的形式就是抑郁情绪下的适应障碍（见表 9-1）。适应障碍的本质特征（见第三章）是发展出短期的情绪或行为问题，包括伤心、流泪和绝望，用这种方式对近期被识别的紧张性刺激做出反应。ICD-10 包括一个相似的适应障碍类别，但是不对那些抑郁情绪特征进行分别归类（见方框 9.1）。

表 9-1　DSM- Ⅳ -TR 关于抑郁情绪下适应障碍的诊断标准

1. 在压力源出现的 3 个月之内，对被识别的压力源做出反应的症状（沮丧的心情、哭泣、绝望的感觉）。
2. 以下任一症状在临床上显著：
（1）远远超过暴露在压力源下预期感受的隐匿的悲伤；
（2）在社会、职业或学业功能上有明显的损害。
3. 压力相关的混乱不符合其他特定精神障碍的标准，也不仅仅是一个先前存在状态的恶化。
4. 症状不符合哀伤。

资料来源：根据 DSM- Ⅳ -TR，2000 改编。

方框 9.1　抑郁情绪下适应障碍的一个案例研究

亚丝明（Yasimin）是一个 9 岁的女孩，在她就要上四年级时，她的父母突然宣布离婚了，在这之前没有任何预示。她的父母从来不会对彼此大声讲话，她也从来没看到过他们打架。她的母亲在她某一天醒来后告诉她，她的父亲走了，回到了他的祖国，和他的家庭一起生活去了，而亚丝明很久之后才可以再次见到她的父亲。亚丝明的母亲看上去疲倦多于抑郁，但是她的眼睛是红红的，亚丝明想知道妈妈是不是哭过。亚丝明之前从来没见过妈妈哭泣，这个想法吓坏了她。当亚丝明自己开始哭泣时，她的母亲环抱住她，鼓励她说道："勇敢点，你现在是我的小帮手了。"

亚丝明开始晚上睡不好，即使她想要向妈妈求助，她依旧害怕妈妈会因为她没有成为一个"大女孩"而责备她。除此之外，不管她多么努力想显得自信和有用，她仍控制不住开始尿床。她每天起得很早，努力脱去床单并且在妈妈发现之前，把它们洗干净。即使她每天帮助妈妈准备她自己和两个弟弟的晚餐，她仍经常感觉很累和伤心，胃口也很小。以前她是一个温柔大方的姐姐，但现在她开始变得急躁，总是抱怨弟弟太吵。亚丝明的老师找到她的妈妈表达了他们的担忧，他们注意到亚丝明在学校的表现在下降，她在休息时也没有兴致加入同学们的活动中去。一位临床社会工作者开始在学校和亚丝明单独见面，帮助她清楚地表达她的感受、悲伤和失落，同时这位社会工作者也和亚丝明的妈妈见面，来帮助她培养女儿应对目前困境的能力。

心境恶劣障碍的特征是儿童出现抑郁情绪，在一年以上（而不是成人的两年以上）。虽然这个疾病在 ICD-10 中没有被描述儿童和成人症状表现方式上的区别，但 DSM- Ⅳ -TR 却指出儿童和青少年的消极情绪多表现为易怒，而不是抑郁。在这一障碍中，至少有两个具体的症状会在抑郁阶段出现，如失去活动乐趣，感到没有价值和疲劳（见表 9-2 和方框 9.2）。心境恶劣障碍比其他形式的抑郁更早发生，持续的过程更久。

表 9-2　DSM- Ⅳ -TR 关于心境恶劣障碍的诊断标准

---

1. 至少在 2 年内的多数日子里，一天的多数时间出现抑郁心境，或者是主观的体验，或者是他人的观察。
注：如果是儿童或青少年，心境可为激惹，而病期至少 1 年。
2. 在抑郁时，至少呈现下列 2 项以上：
（1）食欲差或食量过多；
（2）失眠或睡眠过多；
（3）精力不足或疲劳乏力；
（4）自我估计过低；
（5）注意力集中差或难以做出决断；
（6）感到绝望。
3. 在此障碍的 2 年病期中（儿童或青少年为 1 年），没有一次（1）及（2）症状，消失长达 2 个月以上。
4. 在此障碍的 2 年病期中（儿童或青少年为 1 年），从无重性抑郁障碍发作，即不可能归于慢性抑郁障碍，或重性抑郁障碍，部分缓解。
注：在心境恶劣障碍之前可以先有一次重性抑郁障碍发作，随之为充分缓解（无明显症状 2 个月之久），此外，在 2 年（儿童或青少年为 1 年）心境恶劣障碍中，可以叠加重性抑郁障碍发作，此时可同时给予 2 种诊断，只要诊断标准符合。
5. 从来没有过躁狂发作、混合性发作或轻躁狂发作，而且也从不符合环性心境障碍的标准。如果具体情况：
早期发病年龄——21 岁之前；
晚期发病年龄——21 岁之后。

资料来源：根据 DSM- Ⅳ -TR，2000 改编。

方框 9.2　一个心境恶劣的案例研究

玛尔塔（Marta）是一个 14 岁的女孩。因为她经常缺课，而且有些老师发现，她变得越来越邋遢、悲伤，并且回避课堂，所以她的学校辅导员让她来做评估。玛尔塔来自单亲家庭，是三个女儿中最小的一个。她的父亲是她妈妈的第二任丈夫，并且在她六岁的时候和她妈妈离婚了。虽然她的两个姐姐和她们的亲生父亲保持着很好的关系，但是父母离婚对玛尔塔来说是酸涩和痛苦的。玛尔塔的父亲疏远了玛尔塔，把注意力都放在了他的新妻子和两个孩子身上。玛尔塔的外公和她的妈妈都报告，有时候会有"忧郁的心境"，并且有物质滥用的历史。

玛尔塔在早期仅仅患过正常的童年期疾病，这些经历是不引人注意的。只是她妈妈说过，她很黏人，经常焦虑，不能很好地适应新环境。在玛尔塔的父母离婚后，玛尔塔的妈妈开始全职工作，这让玛尔塔很难适应。因为玛尔塔在学校出现很多方面不明原因的疾病，所以她妈妈不得不反复离开工作把她从学校带回家，这给她妈妈带来了很大的压力，几乎让她的妈妈失去工作。玛尔塔的妈妈知道她对玛尔塔的需要回应得比较暴躁，于是，她找她的妈妈也就是玛尔塔的外婆寻求帮助，玛尔塔的外婆建议她更加严格限制玛尔塔。除此之外，玛尔塔的妈妈认为玛尔塔一般都是很顺从的，是能够在自己房间里安安静静地玩耍的"好"小孩。

在等候室里，玛尔塔的父母眼神消沉，玛尔塔的运动罩衫被拉过了头，她的头发很蓬乱，有一部分挡住了她的眼睛。在大多数的青少年都格外注意他们外表的时候，玛尔塔穿着松垮的、不合身的衣服，似乎是想要把她瘦小的身形隐藏起来。玛尔塔认为自己是一个"怪物"，融入不了家里，也融入不了学校。她相信，她对妈妈来说，是一个"令人失望的人"，也不能责备她的父亲忽视她。她说："毕竟，我什么都做不了。"她几乎没有朋友，她说，午饭时间是她一天中最有压力和丢脸的时候。那些来自受人欢迎的小圈子里的女生大声指出没有人会在咖啡厅里和她坐在一起，她也尝试避免她们的戏弄和嘲讽。所以，午餐铃声一响，她就离开学校，并且，她一直抱怨小学以来就一直困扰她的隐隐的头痛和胃痛，并以此为理由越来越多地离开学校待在家里。大多数时间，她会在网上和一群自称是"圈外人"的其他青少年聊天。她说，这些人让她感到松了一口气，让她知道她不是唯一的一个对自己和生活有非常黑暗想法的人，她也承认远离这些网上对话会使得她感觉更加沮丧。

虽然玛尔塔对学校作业实际上完成得不错，但是她的学业成就不能增强她的自信，反而让玛尔塔产生了她的好成绩是她的老师出于同情而对她好的想法。她担心她的同伴会因为她的成绩比他们好而不喜欢她。于是，她开始不交作业，然后成绩也掉了下去。同时，她承认也和她不能很好地集中注意力有关。玛尔塔知道她自己会经常专注于不开心的想法，非常担心自己的未来，害怕生活并没有给自己留下太多的余地。

抑郁症（重性抑郁障碍）是一个会让人更加衰弱的疾病。它会在两周内出现五个或者更多的症状（见表9-3），其中在儿童身上一定会出现的是抑郁心境或者易怒。重性抑郁障碍发生相当突然，是一种急性情况，相比于心境恶劣障碍，更有可能恢复，但是复发也是有可能的。ICD-10提到，如果个体遭遇过多次的反复发作，就会被诊断为复发的重性抑郁障碍。严重的抑郁阶段会伴随着精神病的症状，如幻听。在1/3到1/2的被诊断为重性抑郁障碍的学龄前儿童中发现了幻听（Mitchell et al., 1983）。双重抑郁症是描述个体经历周期性重性抑郁障碍的长期精神抑郁的术语（见方框 9.3 的案例）。

表 9-3　DSM- Ⅳ -TR 关于抑郁症的诊断标准

1. 在两周内出现以下症状中的五个或者更多，并且这些症状相比先前的功能有所变化；至少表现出这两个症状之一：（1）抑郁心境。（2）兴趣或者乐趣丧失。
①主观报告（如感觉伤心或者空空的）或者由别人的观察（如出现流泪）指出，几乎是每天的大部分时间处于抑郁心境。（注意：在儿童或者青少年中，可能是易怒心境。）
②几乎在每天中的大多数或者全部的活动中明显失去了兴趣和乐趣（由主观报告或者别人的观察指出）。
③在没有进行节制饮食的时候，出现了显著的体重增加或者减少（如在一个月内超过自身体重的 5%），或者几乎每天都出现了胃口增加或者减少的情况。（注意：在儿童中需要考虑没有成功实现预期的体重增加的情况。）
④几乎每天都出现失眠或者嗜睡。
⑤几乎每天都出现精神兴奋或者精神迟缓（由别人观察到，不仅仅是主观报告的坐立不安或者是感觉变得迟缓）。
⑥几乎每天都是疲劳的或者是无精打采的。
⑦几乎每天都出现感觉到自己是没有价值的或者产生过度内疚的情况（也许是妄想的内疚；不仅仅是因为生病而内疚或者自责）。
⑧几乎每天，思考减少，不能很好地集中注意力，或者表现出犹豫不决（由主观报告或者是别人的观察指出）。
⑨反复出现死亡的想法（不只是对死亡的害怕），反复地出现没有具体计划的自杀观念，或者出现一个自杀企图，或者出现一个有具体计划的自杀。
2. 不能用丧亲之痛来解释这些症状，并且这些症状不是由于物质、药物或者身体疾病的影响。

资料来源：DSM- Ⅳ -TR，2000。

方框 9.3　一个重性抑郁障碍的案例研究

　　20 世纪 80 年代，人们才开始广泛接受青少年会经历重性抑郁障碍这个事实；直到 1990 年，精神健康专家才意识到抑郁也可能出现在学龄期的儿童身上。虽然有研究很好地证实了学龄前儿童可能出现严重抑郁，如琼·卢比博士（Dr Joan Luby，2010）的研究，但是直到今天，学龄前儿童可能出现严重抑郁的想法依旧遭到抵抗。就有一个这样的 4 岁男孩阿兹丁（Azdin），他的父母说他一看就是那种"不需要担心的小孩"。他们认为阿兹丁是一个很好养的小孩。阿兹丁很少违反他的父母或者表现出出格的行为，他能察觉到父母训斥他的语气里最细微的变化并做出迅速的反应。他对其他孩子表现出善良而富有同情心；任何一个和他同一个学前班的孩子开始哭泣，他也会开始哭泣。

　　但是，不像一般的 4 岁孩子，阿兹丁似乎不笑，也不玩，也没有无忧无虑的快乐的时候。他不像其他孩子一样在操场上奔跑玩耍，一般都是在抱怨"没有东西是有趣的"，他说他感到"无聊"。当他的父母想要通过策划一场欧洲迪士尼乐园之旅来让他兴奋一下的时候，阿兹丁表现得很消沉，表示他并不关心这次旅行。他说："米奇很沉默，就像哑巴。米尼老是说谎。梦是不能成真的。"

　　阿兹丁的父母开始关心：为什么他们儿子的思想里都是担忧和内疚这些情绪，这些情绪是怎么占据他们儿子的思想的。阿兹丁的父母会在他们责备阿兹丁的任何时候表现得特别小心，因为他们发现阿兹丁会把他们的不支持深深地烙印在心上。有一次，在他因为没有照看好他的玩具而被责骂之后，他说"我就是一个很糟糕的小孩""我应该被扔到垃圾桶里"。阿兹丁是一个高度完美主义的小孩，很容易因为没能在第一次就把事情做到完美而沮丧。当他的阿姨给他带来一个具有挑战性的拼图时，阿兹丁努力地拼但是拼不好，他就把拼图扔掉，说道："我不能拼出这个拼图，我好笨，我以后再也不玩拼图了。"家庭旅行的某一天，阿兹丁对父母用线画出来的为了逗他开心、让他提起兴趣的儿童中心的所有活动都表现得无精打采，显得很冷淡，这也使得他的父母意识到他们应该寻找咨询师的帮助。在整个游玩的过程中，阿兹丁只是消沉地靠在每一个游乐园、儿童博物馆和糖果店的墙上，抱怨他很"累"，也很"无聊"。那天晚上回到家，他卷起家里的安全毛毯哀诉，很难受的样子。"他似乎是在痛苦中"，阿兹丁的妈妈说道，"但我觉得那不是身体的疼痛。"

在阿兹丁的父母与阿兹丁的老师进行讨论之后，并且让阿兹丁的儿科医生进行彻底诊断之后，阿兹丁一家人拜访了一位临床儿童心理专家，这位专家对阿兹丁做了仔细的评估，认为阿兹丁患有早期出现的抑郁。很幸运的是，阿兹丁家离一家引导学龄前儿童抑郁治疗的临床研究大学诊所很近，阿兹丁的家庭可以很快登记并进入治疗会谈。

资料来源：改编自 Pamela Paul, Can Preschoolers be Depressed？*New York Times Magzine*，29 Aug.，2010。

由于关于抑郁症的发展心理学文献没有一篇提出适应障碍，因此，我们会将我们的讨论点集中于心境恶劣障碍和抑郁症。这两种障碍的区别很大，很多研究都是基于抑郁症状进行区分的（例如，通过抑郁症状测量上的分数），而不是需要达到全部的标准。

1. 患病率

由于评估的标准和工具不同，估计的患病率也是有很大变化的。许多流行病学的研究表明，在一个抑郁量表中，儿童的得分如果高于一个特定的点就有可能患有抑郁，但是这些抑郁量表没有区分各种诊断的类别。

在抑郁心境被作为一种症状的时候，美国和加拿大的大规模的研究发现，依据父母的报告，一般人群中有10%～20%的男孩以及15%～20%的女孩经历了抑郁心境的阶段。在青少年中，20%～46%的男孩以及25%～59%的女孩报告经历了抑郁心境。

在抑郁被视为一种疾病时，患病率是更低的。抑郁障碍出现在幼儿园阶段是十分稀少的，在童年中期出现得更频繁一些，在青少年时期是最流行的。时点患病率（在特定时间的人口中有多少儿童处于抑郁的状态）和终生患病率（有多少儿童会在他们人生中的某些时间处于抑郁的状态）之间的研究发现了区别。关于时点患病率，研究通常发现，1%～2%的幼儿园儿童，1%～3%的学龄儿童以及5%～6%的青少年出现了抑郁。关于终生患病率，抑郁在青少年中急剧上升，为15%～20%（Klein et al.，2008）。我们进行详细讨论后发现，上升的大部分原因在于出现抑郁的青春期女孩的数量是显著增加的（Merikangas & Knight，2009）。

对临床人群进行的研究显示，在精神健康中心的 10%～57% 的儿童患有抑郁障碍。与更年幼的儿童（大约是 1%）相比，参与治疗的学龄儿童有更高的重性抑郁障碍的比率（大约是 13%；Hammen & Rudolph，2003）。

（1）患病率中的年龄差异：青少年患病率的骤增

虽然在儿童的任何一个年龄段都可以看到抑郁，但是重性抑郁障碍大多数代表性地发生在青少年中期到晚期，不同抑郁的类型也表现出了一些差异。大规模流行病学的研究表明，第一次重性抑郁发生阶段的平均年龄是 15 岁，而心境恶劣障碍一般发生在更加年幼的儿童身上，大概开始于 11 岁（Lewinsohn et al.，1994）。实际上，在青春期发生抑郁以及青春期抑郁患病率的显著增加可能是抑郁的主要发展倾向。在 13～15 岁抑郁的患病率会急剧上升，在 17 岁和 18 岁的时候，患病率达到顶峰，到了成人之后会有所下降。

为什么抑郁会在青春期上升呢？一部分原因在于生物的、认知的、情感的和社会的因素在这个发展阶段开始发挥作用。从生物学的角度来看，青春期的个体会在循环激素上出现重大改变，同时，大脑的成熟也会促使青少年出现更高级的认知过程，这些认知过程对情感和认知都有一定的影响。从认知的角度来看，青少年可以根据有关他们自身和自身情况的一般状态进行思考，已经能够表达对未来的消极期待。他们能够有意识地评价自己，并且认为自己是无能的或者是笨拙的。从情感的角度来看，青少年已经能够感受到强烈的悲伤，并能够随着时间的流逝而持续不断地去体验这种悲伤的经历。

此外，青少年的社会背景不同于童年期。一般来说，年幼的儿童觉得他们是安全的，因为他们知道他们是完整家庭单位的一部分。相反，青少年面临着一项新任务，这项任务就是离开家庭的保护，建立独立的人格。反过来，这一年龄段对归属于某一同伴群体的显著需要造成了另外一种抑郁的风险因素。也就是说，那些没能建立起深厚友谊和社会支持的青少年是易感的。因此，即使是一个健康的青少年，当他不能再依赖家庭的时候，并且还没找到一个安全的归属来源的时候，他的身上可能也会看到一些短暂的抑郁状态。因此，抑郁的易感性在青少年个体分离过程中出现功能困难时也会提升（Weiner，1992）。

（2）患病率中的性别差异

虽然在青春期之前患抑郁症的性别差异很小，但在 12～15 岁的年龄范围内患病率会急剧上升，在女孩群体中抑郁更加严重并且反复出现（Hilt & Nolen-Hoeksema，2009）。举个例子，瓦德和他的同事（Wade et al.，2002）使用了加拿大、英国和美国收集的大规模纵向样本进行研究。他们发现，在所有个体中女孩有更高的抑郁比例，在三个国家的样本中发现抑郁的性别差异均在 14 岁形成。另外，在加拿大对 12～19 岁青少年进行的纵向研究显示，在每一次的数据收集中，相比于男孩，女孩有 1～2 倍的可能性经历更多的重性抑郁障碍阶段（Galambos et al.，2004）。总之，当他们到达青春期中期时，女孩被诊断为抑郁症的可能性是男孩的两倍。女孩更高的抑郁症患病率也在世界健康组织跨国收集的数据中有所体现（Sabaté，2004；见图 9-1）。

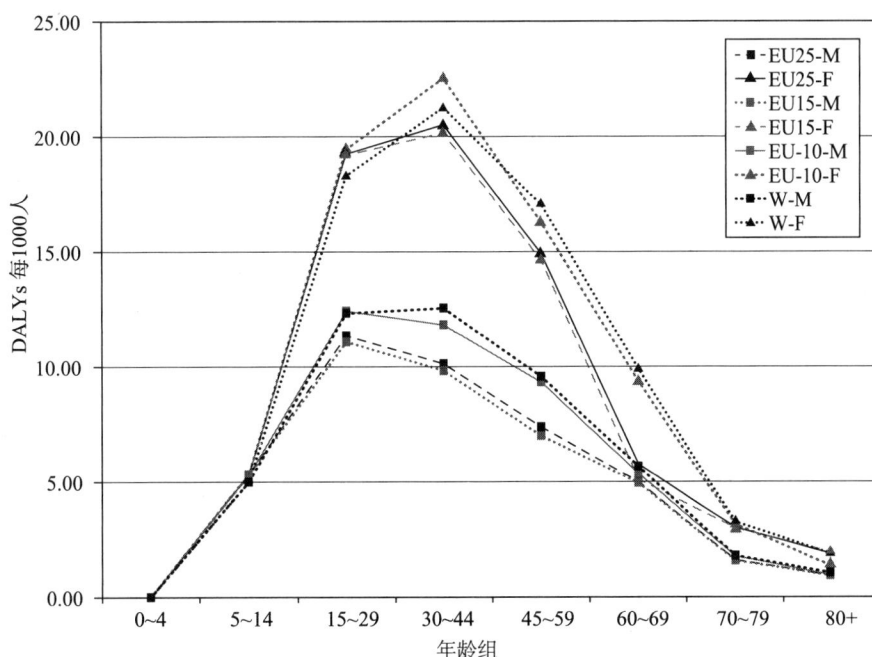

图 9-1   不同性别的重性抑郁障碍的患病率

注意：
DALY：disability-adjusted life year，伤残调整的生命年；
EU10：European Union new accession countries，欧盟新成员国；
EU15：European Union countries，欧盟国家；
EU25：Expanded European Union，扩大的欧盟。
资料来源：Sabaté，2004。

为什么更多的女孩会抑郁呢？对于这个问题，研究者给予了大量关注，并且构建了生物、情感和认知一体化的重要发展模型（Hilt & Nolen-Hoeksema，2009；Mezulis et al.，2011）。我们首先介绍这些构成抑郁发展模型的结构单元，然后我们将在后面重新关注女孩抑郁高发性的问题。

2. 种族、文化和社会经济水平

在抑郁症的患病率以及它的相关特征上，跨国的差异已经浮现出来了。举个例子，德米特里瓦等人（Dmitrieva et al.，2004）发现，来自韩国和捷克的青少年比来自美国与中国的青少年有显著更高的抑郁心境比率。反过来，鲁克基等人（Ruchkin et al.，2006）在一个有3300名14～17岁来自美国、比利时和俄罗斯青少年的样本中发现抑郁症状的比例相似。无论如何，在美国和俄罗斯国家内部显示出女孩的抑郁水平比男孩更高，这两个国家中有16%～18%的女孩和10%～13%的男孩达到了抑郁的临床显著界限水平，但是在比利时，达到临床标准的男孩和女孩的数量是相似的（分别是10%和12%）。

有趣的是，文化会影响导致抑郁的因素。举个例子，有研究者（Chen et al.，2006）发现，对于拥有个人主义文化价值观的美国青少年来说，低自我效能感与抑郁强烈相关，但是对于集体主义文化下的中国青少年就不是这样的。不过，对于这两个青少年群体来说，家庭中的不和谐关系都与抑郁显著相关。这表明了致力于家庭关系质量建设的重要性，同样，这也是我们在构建发展模型时会做的事。

有限的几个直接调查抑郁症患病率的种族差异的研究得到了不一致的结果。一些美国的研究发现，相比于欧美血统的青少年，非洲的青少年有更高的患病率，而另一些研究则报告了相反的结果。在一个拥有 5423 个六年级到八年级的学龄儿童样本的大规模研究中，罗伯特等人（Robert et al.，1997a）在控制了社会经济水平有关的影响后调查了种族差异。这些发起人在欧裔美国人和非裔美国人的孩子中发现了抑郁症的比率差异：无论怎样，西班牙孩子的患病率更高。在美国，特温吉和诺伦－霍克斯马（Twenge & Nolen-Hoeksema，2002）的包括超过 61 000 个 8～16 岁孩子的研究的元分析发现，西班牙儿童的抑郁症患病率最高。吉昂和汤普森（Guiao & Thompson，2004）在他们的超过 23 000 个 12～19 岁女孩样本的研究中也得到了相同的结果。在为数不多的包括了美国印第安青少年的一项研究中，萨鲁佳等人（Saluja et al.，2004）发现，在一个大的国家样本中，在所有种族群体中，美国印第安六年级、八年级和十年级的青少年报告有最高的抑郁症患病率。

尽管已经发现在成人中社会经济水平和抑郁之间的联系，但是涉及儿童的研究依旧存在不一致的结果（Merikangas & Knight，2009）。这里有一个对这些研究的批评，就是这些研究包括经济严重困难的家庭，而不同比例的儿童抑郁正是在这些人群中发现的（Allen & Astuto，2009）。因为紧张性刺激和社会经济水平低有关，所以紧张性刺激包括家庭破裂、低收入、教育和文化资源使用权利的缺乏、不安全邻居环境以及其他形式的恶劣环境，都有可能导致个体患上抑郁症。

（二）发展维度

在此，我们提出了以下这个问题，是否可以认为儿童的抑郁和成人的抑郁是一样的，也就是，我们是否需要在诊断标准中对两者的区别进行修正（Weiss & Garber，2003）。如果需要，那么报告的患病率年龄相关的差异就是一个由于测量工具和抑郁概念化不敏感导致的人为现象。考虑到儿童的认知、语言和情感功能与成人是不一样的，假定儿童表达抑郁的方式可能是不寻常的，假设是有其合理性的。无论怎样，这里有一些证据表明，在发展过程中抑郁的核心表现有其相似性。举个例子，在儿童和成人的身上都可能展现一系列可进行比较的抑郁症状，即使是学龄前那么年幼的孩子（Luby，2010），他们也会表现出感情脆弱（例如，感觉伤心，哭泣），也会出现认知的症状（例如，预感到失败，过度自责，说"我是不够好的"），也会出现动机方面的症状（例如，成就下降，对有趣的活动表现出没有兴致）和身体方面的症状（例如，没有胃口，躯体症状）。

总体来说，研究持中间态度，即使在成人和儿童抑郁之间有显著的一致性，儿童也有某一独特的特征。整合卢比（Luby，2010）、哈蒙和鲁道夫（Hammen & Rndolph，2003）、韦斯和加伯（Weiss & Garber，2003）的研究，我们可以总结到目前为止关于抑郁症状的发展差异。

1. 婴儿期

在非常年幼的儿童身上，抑郁的迹象可能包括发展任务的延迟或者丧失，如训练小孩使用厕所的习惯，好的睡觉习惯和智力的发展。这种延迟或丧失会导致儿童充满厌恶和悲伤。儿童可能会参与自我伤害的行为，如撞头和咬自己，也会出现自我安抚的行为，如摇摆或者吮吸拇指。执着和苛刻的行为可能与冷漠以及倦怠交替出现。

2. 学前期

卢比（Luby，2010）指出，学前儿童的早期抑郁研究没有得到合理的诊断，因为诊断标准没有注意调整 DSM 症状的定义来使得它们更适合对非常年幼的孩子进行诊断。举个例子，年幼的孩子可能无法用语言来表达他们消极的想法和情绪，但是他们可能会在他们玩耍的主题里展现一些偏见。孩子的快感缺乏症（失去在以前很享受活动中的乐趣）不像成人表现出性欲丧失，而是没有能力去享受参与活动的乐趣或者不会因获得发展成就（比如，学会自己系自己的鞋带）而感到骄傲。早期抑郁的孩子可能出现明显的发展倒退，如认知和语言技能的丧失，社会退缩，和照料者分离的过度焦虑。与此同时，也可能会看到他们对细微躯体症状的抱怨、易怒、睡眠问题和梦魇。

3. 学龄期

当儿童向学龄期接近的时候，他们的症状会表现得和成人更加相似。抑郁心境会变得明显，低自尊、自我批评和愧疚也是一样的。动机的丧失可能会影响到儿童参与社会性或学校相关活动的兴趣。除此以外，抑郁的学龄儿童可能会参与破坏性和攻击性行为，对他们的同伴关系和学业表现产生消极的影响。同时也可以看到饮食障碍、睡眠障碍，发育也会比较迟缓。随着年龄的发展，症状会变得越发严重，先前享受活动的乐趣或兴趣会越发地丧失，可能会导致自杀。

4. 青春期

青少年是最可能直接表达他们悲伤情感和沮丧的。在青春期的时候，其他的很普遍的抑郁症状包括剧烈的情绪波动，情绪消极，频繁地逃课，品行不端以及学业成绩急剧下降。相比于年幼的孩子，青少年嗜睡（睡太多）是另一个更加常见的症状。同时，青春期也会出现饮食习惯上的改变和导致体重增加的情况。相比于更年幼的孩子，青少年也会展现出更多的兴趣缺失、绝望和社会退缩。

总结一下，即使抑郁症状的发展存在发展趋势，但是与年龄相关的差别不是绝对的。研究发现，使用和 DSM-Ⅳ 以及 ICD-10 一致的标准可以对年幼的儿童进行可靠的抑郁评估。因此，尽管在症状中有一些与年龄相关的差异，但是现存的抑郁症的标准在儿童中使用是有效的。值得注意的是，在青少年中抑郁症患病率急剧增加，尤其是青春期的女孩。

（三）共病

40%～70% 的患有抑郁症的儿童和青少年都至少患有另外一种疾病（除非另外指出，否则在此我们都依据 Rohde，2009）。焦虑的症状和抑郁症是高度相关的。25%～50% 的抑郁症儿童同时患有焦虑障碍。就如我们在第八章所学到的，情感的三重模型解释了这种共病性是潜在的消极情感的一种功能（Clark & Watson，1991；Watson，2005）。但是，发展数据表明，这一疾病仍然存在不同的理解。焦虑症状通常早于抑郁症，这表明了在早发的焦虑和晚发的抑郁之间存在某种发展关系。举个例子，在德国的大规模研究中，埃绍（Essau，2003）发现，在患有焦虑抑郁共病的青少年中，72%的青少年是先发展出焦虑障碍的。

抑郁障碍也会彼此共病，由此有些儿童发展出了"双重抑郁症"。恶劣心境障碍也可能增加发展出重性抑郁障碍的风险，并且心境障碍和重性抑郁障碍的结合与最严重的消极结果是相关的。

愤怒和攻击性也在童年期抑郁中扮演着一个重要的角色，尤其是在男孩中。同时患有破坏性行为障碍和抑郁的儿童在社区样本中的比率是17%～82%，在临床样本中的比率是14%～25%。虽然这个观察报告与先前描述的潜在抑郁的理念一致，但是这些问题行为不是抑郁症状的代替，而是抑郁之外的行为。大多数研究也发现了性别差异，就是抑郁的男孩会比抑郁的女孩更多地表现出破坏性行为障碍。同时患有品行障碍和抑郁及另一个更加消极的结果有关，这也引起了特别的关注。实际上，ICD-10（见第三章）包括一个抑郁品行障碍（depressive conduct disorder，DCD）的特定类别。在一次DCD的效度测试中，西米克和福恩（Simic & Fombonne，2001）发现，在英国生病住院的儿童和青少年，那些有DCD诊断的人与只有抑郁的群体相比，有更低的抑郁和焦虑水平，但是更有可能参与自我伤害的行为。反过来，患有DCD的儿童与只有品行障碍的儿童相比，会更加沮丧，有更不明显的侵略性，更有可能被虐待过。

抑郁是否会导致问题行为，或者问题行为是否会导致抑郁，这个一直是辩论的主题，并且一直存在广泛但不同的发现。在此提供了一些推测来解释抑郁和品行问题之间的联系：①这两个疾病可能是由共享的风险因素和基因缺陷带来的；②这两个疾病可能都起因于一个单一的普遍的潜在发展不足，如情绪调节；③抑郁是消极事件、压力和分裂的结果，品行障碍也产生于这些结果之中；④品行障碍是由于抑郁而导致易怒或者没有成功度过阶段重要问题的结果（Hammen & Rudolph，2003）。有研究指出，至少对于女孩，在青春期抑郁和行为问题之间的作用可能是双向的，每一种疾病都会反过来成为其他疾病恶化的风险因素（Measelle et al.，2006）。

相比于患抑郁症的男孩更加容易共病品行障碍，对于青春期女孩，饮食障碍经常和抑郁一起出现。举个例子，布林德等人（Blinder et al.，2006）发现，94%的由于饮食障碍而接受治疗的青春期女孩也达到了心境障碍的诊断标准。

对于所有的青少年，最引人关心的就是同时有抑郁症和药物滥用问题。我们会更为详细地探索这个组合，因为这个组合极易致死，是导致青少年自杀的风险最高的单一因素（Vermeiren et al.，2003）。同时出现抑郁和药物滥用与明显的功能不足以及学业损害有关。据估计，20%～30%的患过抑郁症的社区青少年同时有药物滥用问题。一些研究指出，在青春期女孩中这个风险更高（Costello et al.，2003）。一些研究指出，是药物滥用导致抑郁的发展。举个例子，德格拉夫等人（de Graaf et al.，2010）使用从17个国家选取出的85 088个独立个体的数据（这些数据是世界健康组织世界医药健康调查倡议的一部分）分析发现，早发的大麻使用是适当的，但是统计显示与后来的抑郁有关。无论如何，其他的研究表明，尤其是对于女孩，抑郁会导致药物滥用（Measelle et al.，2006）。罗德（Rohde，2009）指出，这两种疾病的共同出现可能是以下三种原因：①药物作为抵制抑郁自我治疗的一种形式而使用；②抑郁是药物滥用的结果；③每一种疾病都会相互导致另一种疾病的恶化和持续。

（四）病因学

1. 生物学背景

（1）基因

家族患抑郁症的一致性比率证明了在抑郁的原因中有基因成分（除非另外指出，否则在这里我们依据 Lau & Eley，2009）。亲属患有抑郁症的儿童、青少年和成人有更高的风险发展出抑郁症，一般的基因成分是20%～45%。父母抑郁是一个儿童抑郁症发展的特别风险因素，我们会在后面进行更详细的介绍。对于那些在20岁之前患抑郁症的人来说，他们的家庭负荷更高。因此，有人提出童年期发生的抑郁是一个特别强大基因成分的变种。

然而，仅仅发现抑郁在家族中成群出现，是不能够揭开遗传性和环境的相互影响的。在一项大规模的研究中，奥康纳等人（O'Connor et al.，1998）比较了同卵双胞胎和异卵双胞胎，发现总体的遗传率是48%。另外，弗吉尼亚的青少年行为发展双胞胎研究，收集了来自家长和儿童的采访与自我报告的抑郁等级的数据（Eaves et al.，1997）。同卵双胞胎的相关系数是0.66，与此同时异卵双胞胎的相关系数小于0.5，表明基因确实是导致抑郁的一部分原因。这个研究也显露出来了一个令人困惑的发现，就是基因的影响会因为报告人不同而改变。在对父母进行采访时，基因的影响估计是54%～72%，而在使用儿童自我报告的时候缩减到11%～19%。至于这些差异的原因，现在还不清楚。

与前面研究相反的是，一些收养研究发现在童年中期的抑郁症状中不存在基因的影响，这也可能反映出在抑郁的发展变化中环境因素的重要影响（Eley et al.，1998）。举个例子，有一个研究比较了同卵双胞胎和异卵双胞胎、亲生的兄弟姐妹、同父异母或者同母异父的兄弟姐妹以及生物学上没有关系的兄弟姐妹的青少年发现，对低抑郁水平的人来说基因影响是显著的，但是对那些高抑郁水平的人来说环境影响才是显著的（Rende et al.，1993）。

西尔伯格等人（Silberg et al.，1999）尝试使用弗吉尼亚的双胞胎数据去挑出哪些影响抑郁发展的有关自然的（基因）和养育的（环境压力）的因素。在分两波使用19个月收集的数据后，他们发现，在整个研究过程中，基因因素对抑郁的影响有一致性，并且生活压力对抑郁也有直接影响，尤其是对于青春期女孩。青春期女孩抑郁症状中30%的变化可以归因于基因，剩下的归因于环境因素。另外，基因的影响有增加经历消极生活事件可能性的趋势。总而言之，作者指出，尤其是对于女孩，基因对青春期抑郁的增加有影响，并且会与生活压力的经历产生交互作用从而导致抑郁。

劳和埃利（Lau & Eley，2008）也花费大量的时间尝试在14岁、15岁和17岁三个青少年群体中评估选出的基因和环境的影响。结果显示，在任何一个时间阶段，基因的影响都是基本一致的（分别是45%，40%和45%），共享环境的影响是逐步降低的（分别是19%，9%和0），非共享环境的影响是逐步增强的（分别是36%，51%和55%）。研究者总结了他们的结果，认为基因不管时间流逝都对抑郁有基本一致的影响，而非共享的环境因素在青春期的介入增加，有助于预测抑郁的变化。从第二章的表现遗传学和基因—环境交互作用的研究中，我们可以了解到，随着年龄的增长，儿童选择、修改和创造自己人际环境的能力在增加，会被特别的人和活动吸引而选择接近/远离一些人/活动，也会通过引起他人的反应来保持或者恶化导致抑郁的基因倾向体质。举个例子，遗传了抑郁基因倾向体质的儿童也许会使得他成为困难气质的儿童，他们的困难气质会导致他们照顾者的消极反应，也会因此导致他们在社会环境中受到更大的不幸和压力。

埃利等人（Eley et al.，2004a）报告，这些发现进一步解释了影响抑郁的基因和环境交互作用的方式。他们在研究中聚焦于可能增加抑郁易感性的一个遗传标记，这个标记是在5-羟色胺运输基因的短等位基因上。这个基因涉及大脑对压力反应的规则，短基因比长基因效率更低一些，因此短基因导致大脑中可利用的5-羟色胺更少。在一个青少年女性暴露在重要环境风险（包括心理困境、有压力的生活事件、家庭经济紧张）的研究中，研究者发现，对于至少含有一条5-羟色胺短等位基因的女孩，环境因素会更加显著地导致抑郁风险的增加（见表9-2）。但尼丁和新西兰收集的纵向研究数据（Caspi et al.，2003）报告了这个相似的模式，在这里，累积的生活压力和抑郁的关系会因为短等位基因而被放大：那些有两个短等位基因的人是最容易受到伤害的，接下来就是有一个短等位基因的人；反过来说，那些有两个长等位基因的人在面对消极生活事件并做出反应时是三种群体中最不可能发展出抑郁的。

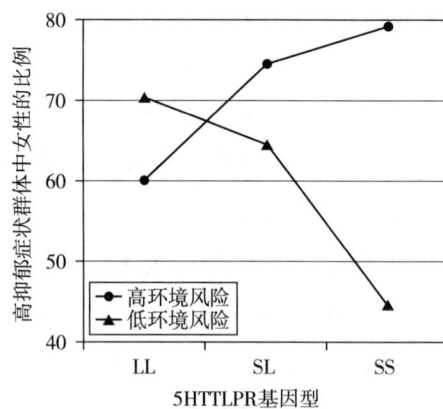

图9-2　环境风险和基因型的交互作用对青少年抑郁的预测

注意：

LL= 两个长等位基因；

SL= 一个短等位基因；

SS= 两个短等位基因；

资料来源：Eley et al，2004b。

古德伊尔等人（Goodyer et al.，2009）进一步发现了这个影响的产生机制。他们发现5-羟色胺运转基因的启动子区（the promoter region of the 5-HTT gene，5HTTLPR）涉及社会认知信息加工的潜在的神经化学。更多的细节，我们会在后面再讨论，抑郁的一个重要特征就是消极的归因方式。短等位基因是否与这样消极的认知方式有关呢？在一个研究有高抑郁风险青少年群体的纵向研究中，调查者的发现初步支持了这个理论。在经历了不利生活事件的青少年中，那些短等位基因的携带者会更多地对他们生活中最近的事件做出消极评价。

这个研究在遗传学上的局限性在于它没有考虑特异性的问题。实际上，遗传因素似乎不是仅限于影响抑郁，对所有内部引起的障碍（包括焦虑和恐惧症）也有影响，这可能是因为遗传了一种潜在的特质，如消极的情绪状态。我们可以看到是，抑郁和品行问题频繁地发生在相同的家庭以及儿童身上，说明这两个疾病之间共有一些非特异性的因素。

（2）神经化学

我们遗传学研究的回顾已经很清楚了，抑郁中潜在的一个神经化学元凶就是5-羟色胺（5-HT）系统。5-羟色胺参与多种多样的生理、行为和心理过程的管理，包括情绪、睡眠、胃口、活动水平和性唤起，所有的这些也都受到抑郁的影响（在这里我们依据Goodyer，2009）。虽然在大脑中已经很好地建立起了削弱5-羟色胺功能和单相抑郁之间的联系，但是这二者的联系由于其他一系列事件的影响而变得复杂，因此无法说是低水平的5-羟色胺"导致"了抑郁。一般来说，5-羟色胺的损耗与大脑对精神疾病发展的敏感性增加有关，而不是明确地和抑郁有关。

另一个有希望的假设聚焦于皮质激素，在应对压力时，性激素会释放。皮质醇也涉及HPA轴（the hypothalamic–pituitary–adrenal axis，HPA axis，下丘脑—垂体—肾上腺轴）的管理。一般地，循环的皮质醇到达海马的受体后，海马体进一步通过HPA轴传递信号，达到充分的水平。当这个反馈系统被打断时，就会释放过量的皮质醇，这对发展中的大脑是有消极影响的。一旦对皮质醇敏感，大脑就会对更多的压力过度反应，从而进一步增加精神疾病的易感性，尤其是抑郁症。古德伊尔（Goodyer）和其他人一起进行的研究发现，被诊断为抑郁或者有抑郁风险的青少年有异常的HPA活动，与他们没有患抑郁症的同伴相比，他们有更高的皮质醇激素水平。

（3）大脑结构和功能

成人的脑成像研究表明，抑郁和左半球的低水平激活有关。有趣的是，左半球似乎涉及积极情感的加工过程；当左半球活性不足的时候，右半球可能变得更加活跃，产生过度的消极情感（Pliszka，2004）。左半球低活性的这种模式也在抑郁母亲抚养的婴儿和学步小孩中发现（Dawson et al.，1997）。这种代际传递是否是一种遗传学功能，还是儿童抑郁是因为承受了更多生活压力并且暴露在母亲的消极情感下，这两种说法还有待确定（Hammen & Rudolph，2003）。

2.个体背景

（1）依恋

在婴儿、儿童和青少年身上，已经积累了丰富的证据证明依恋和抑郁的内部工作模式之间的联系（Allen et al.，2007；DeKlyen & Greenberg，2008）。内部模式认为自己是不值得的以及认为他人是无爱心的，在与抑郁有关的认知、情感和生物过程发展中是更容易受到伤害的。

布拉特（Blatt，2004）依据依恋理论来完成他的模型，这个模型能区分出两种不同的抑郁。第一种，依赖型或者说是依恋型抑郁症，这种抑郁症以孤独感、无助感和害怕被抛弃为特征。患有依恋型抑郁症的个体会紧紧抓住和他人的关系，渴望被关心、养育。因此，他们很难处理分离和失去，如果让他们表达对害怕吓跑别人的愤怒，就会让他们感到很不舒服。反过来，自我批评或者内省型抑郁是以感到自我是无价值的、自卑的、失败的和有愧疚感为特征的。患有自我批评类型的抑郁个体有极其高的内部标准，会导致他进行严格的内省和自我评价。他们会一直担忧别人对他们的不支持和批评，会担心失去重要他人的尊重。他们会被驱动去争取完美，所以他们一直对自己过度要求。同时，他们虽然可能完成很多，但是他们这样做也很难有持久的满意和愉悦感。

布拉特和霍曼（Blatt & Homann，1992）假定这些不同种类的抑郁是由于童年早期特别的依恋经历导致的。他们和照顾者的关系质量引导了自我内部工作模式的发展与一些其他增加抑郁易感性的因素。不一致的父母教养方式和反抗的 / 矛盾的依恋模式有关，更可能导致和依赖性、失去以及抛弃问题有关的抑郁。相反，控制型以及拒绝型的教养方式和回避型依恋有关，这种依恋会导致儿童进行自我批评和认为自己具有低自我价值，会因为照料者的生气而进行自我攻击。

到目前为止，研究者已经提供了一些对这个模型的支持。很多研究聚焦于成人，然而，布拉特和同事（Blatt et al.，1996）已经能在一个青少年的样本中区分这两种抑郁类型。哈特（Harter，1990）的研究对儿童中抑郁的二元模型进行了进一步的尝试，这个研究解释了青少年和儿童这两个抑郁群体。在年龄大的群体中，抑郁是由于低自尊，然而在一个更小年龄的群体中，抑郁来自失去重要他人。然而，有一个重要的发展研究（这个研究将表明在童年时期的依恋型抑郁症和自我批评型抑郁症可以由婴儿时期不同种类的依恋类型来进行预测）到现在还没有进行。

（2）认知的观点

认知三位一体。贝克（Beck，2002）经典抑郁模型的中心是认知三位一体。认知三位一体由无价值感（"我不好"）、无助感（"我对此无能为力"）和无望感（"事情总是这样的"）的归因构成。每一个维度对童年期抑郁的影响都可以在现在的研究中发现和得到验证。

无价值感——这个维度的证据来自对童年期抑郁和低自我价值 / 低能力感之间关系的广泛研究（见 Harter，2006）。此外，儿童对自我的消极观点会引起其对信息的偏见解释，这样的一种方式会让他们"确信"他们确实在某方面有不足；同样，抑郁的青少年也以不一样的观点看待信息并由此确认他们对自身的消极观点。举个例子，在新西兰进行的一项研究中，抑郁的儿童在一个记忆测试中更多地回忆出消极的形容他们自己的形容词，与此同时，没有抑郁的儿童回忆起更多的积极特质（Timbremont & Braet，2004）。在另一项研究中，由于母亲患有抑郁症而有更高患病风险的女孩，在面部识别任务中选择性地带入了消极的表达（Joorman et al.，2007）。因此，抑郁"准备期"的儿童似乎会给他们人际环境中的任何东西都打上消极的标签。

我们通过班杜拉（Bandura，1986）的自我效能概念对无助感这个维度进行洞察。感知到的自我效能是指儿童的一种信念，这种信念就是他们能够通过影响他们的周围世界来获得渴望的和想要的结果。如果他们没有这种信念的话，他们在面对挑战的时候就没有动力去采取行动或者去坚持。班杜拉等人（Bandura et al.，1999）提出，低自我效能感会通过三条路径影响抑郁。第一个是儿童在认识到他们不能达到自己的预期以及不能满足自己愿望的时候会产生自我贬抑和泄气。第二个是意识到社会无效，这使儿童相信他们不能形成满意的关系，会导致儿童对他人产生退缩，从而剥夺了能帮助他们缓冲压力的社会支持。第三个是意识到他们对自己沮丧想法控制的无能。在一项有282个中学生被试的研究中，班杜拉等人（Bandura et al.，1999）发现，意识到社会无效和学业无效会影响儿童的抑郁达两年以上。结果就和前面想的一样，相比于他们保证的实际表现，抑郁的儿童更不相信他们是有能力的。

认知三位一体的第三个维度——无望感，得到了聚焦于儿童因果归因的研究的支持（Abela & Seligman，2000）。三个维度都参与导致抑郁的因果归因：他们是内在的（"都是因为我"）、稳固的（"总是像这样"）以及总体的（"关于我的所有事都是这个样子的"）。当消极事件被归因于个体的特质而不是外部因素时，自尊就会减少而无助感就会增加。当消极归因的因素随着时间的流逝一直存在时，那么无助感就会稳固。当消极性是许多情况的一般化模式时，无助就是总体的。稳固和总的消极归因很清楚地和无望感的认知相关联，这个在儿童和青少年的抑郁中有一个重要的作用（Abela & Hankin，2009）。

这些归因方式是怎么发展起来的？罗斯和艾布拉姆森（Rose & Abramson，1991）发现，童年期的消极事件（如创伤性损失、虐待或者愧疚诱导的教养方式）会导致恶性循环的出现。如果儿童尝试解释这些事件，并找到这些事件的意义，就会形成和事件原因与对策相关的认知。当事件是消极的、不可控制的和反复的，出现绝望感的认知是很有可能的。许多其他因素也可能促进或者干涉消极认知的发展，包括消极事件对儿童自尊的挑战，父母的解释和反应。

消极的认知图式不只影响儿童现在的状态，也会影响儿童未来的认知。图式是稳固的心理结构，能把儿童关于自我的认识、过去的经历以及对未来的期望结合起来（Dodge，1993）。因此，基于他们从过去经历中得到的教训，儿童对现在和未来的事件认识就染上了抑郁图式的色彩，就好像戴了一副肮脏的灰色的眼镜。通过抑郁的视角来看待世界的儿童会把注意力聚焦于任何的消极事物，和他们的消极立场保持一致，而忽视积极事件提供的抵抗消极事件的证据。当儿童发展出思考和参与世界的消极模式及一个稳固的消极认知方式时，抑郁会浮现的可能性就会增加。

认知三位一体的其中一个特点就是这些消极的归因方式似乎对内因引起障碍的发展是特有的，包括焦虑和抑郁，一般而言是儿童发展心理病理学的特征（Hankin & Abramson，2002）。然而，儿童抑郁的认知模型也有一定的局限。一些对儿童归因方式的研究结果并不一致。举个例子，一些纵向研究发现消极归因和青少年抑郁相关（Abela & Hankin，2009）。除此以外，很多研究是横向研究而不是纵向研究，所以这种影响的方向不能被确定。在抑郁的病因学中，我们仍旧需要进一步了解很多关于认知的因果作用。

认知模型另一个问题是有关"发展"的问题。虽然可以在非常年幼儿童中发现抑郁的存在，但是不是所有的认知标记（cognitive marker）都在理论上和抑郁相关。因为用于评估认知三联征的研究方法不仅需要儿童理解访谈和问卷中复杂的语言，而且概念本身要求年幼儿童拥有比他们通常已具有的更为高级的认知发展。尤其是，尽管我们在童年早期发现了抑郁标记的存在，但对标准认知发展的理解让我们很难想象在婴儿身上会出现像无价值感、无助感和无望感这样复杂的认知。为了尝试解决这个发展难题，罗斯和艾布拉姆森（Rose & Abramson，1991）提供了一个有趣的推测。虽然抑郁的归因方式的确可能出现在童年早期，但是抑郁的认知成分很可能在很多年以后才会变得明显。作者推论，只有当压力源能持续到具体运算阶段（这个阶段的儿童能够对稳定和整体的性质进行因果推理），消极的经历才会导致抑郁的认知三联征。换句话说，当儿童年幼时，即使消极的认知方式也许的确隐藏在抑郁的发展过程中，调查者也只可能在童年晚期才能检测到潜在的无价值感、无助感和无望感这些认知成分。

反刍。研究表明，在抑郁的发展中存在反刍的认知方式。反刍包括沉溺于消极的想法和感受。例如，青少年会认同问卷中这样一些项目："当我感觉伤心或者低落的时候，我感到好孤单"以及"当我感觉伤心或者低落的时候，我感到难以集中注意力"（Nolen-Hoeksema & Morrow，1991）。

为了说明反刍在抑郁中扮演的角色，梅苏丽等人（Mezuli et al.，2011）对一个儿童样本从婴儿期一直追踪到青少年期。研究者发现，消极情绪增加了15岁时抑郁的风险，但这种现象可以被青春期早期反刍认知方式的发展所解释。此外，性别比较的结果显示，总体上，女孩比男孩更可能发展出反刍的认知方式，并且，在样本中只有女生反刍的认知方式会导致其抑郁。调查者推测，对这个发现的一个可能的解释是性别社会化。在性别社会化的过程中，当父母和女儿互动时，父母可能参与、回应并鼓励消极情绪（恐惧、沮丧、悲伤）的讨论，因此可能在无意中推动了对消极情绪反刍的趋势。

随后的研究澄清，抑郁的元凶是对悲伤情绪的反刍（Peled & Moretti，2007），并且，对愤怒的想法和情绪进行反刍的青少年更可能表现出攻击性而不是抑郁。其他研究者还研究了共同反刍（co-rumination）这个概念。共同反刍就是朋友参与问题和消极情感的反复讨论倾向。汤普金斯等人（Tompkins Mezuli et al.，2011）研究发现，共同反刍在女孩中更普遍，是青少年内化问题的一个独特预测因素。

（3）情绪发展

情绪调节困难是导致儿童抑郁的潜在发展原因之一。患有抑郁症的儿童不仅不具备应对生活中挑战（包括人际问题）的一般技能，在面对压力时，他们调节自己的情绪也更为困难（Compas et al.，2009）。举个例子，泽曼等人（2002；Suveg & Zeman）在研究中发现，情绪状态识别困难、压抑愤怒情绪以及对愤怒和悲伤的异常调节，都可以预测青少年和学龄儿童的抑郁。当面对情绪困扰的调节不力时，患有抑郁症的儿童通常会以无效的方式进行应对，如回避或者过度寻求安慰。这会导致他们与同伴疏离，从而进一步加剧他们的困扰（Joiner et al.，1999）。

虽然情绪失调是作为儿童气质特征的一种功能而出现的，但与家庭的互动模式也有关联，尤其当儿童的母亲患有抑郁症时。我们会在下一部分对此进行更详细的讨论。

3. 家庭背景

（1）患有抑郁症儿童的家庭

一个让人厌恶的家庭情绪环境可以预测儿童和青少年抑郁的发展（Harkness & Lumley，2008）。患有抑郁症儿童的家庭报告比其他家庭经历了更多的急性或慢性压力，同时，他们拥有更少的支持性社会关系来缓解这些压力。在新西兰的一项持续了15年的纵向研究中，生活在贫困、功能失调、混乱家庭环境中的儿童，更有可能患上抑郁症，也更可能有其他的行为问题（Fergusson et al.，2006）。在一项针对302个低收入非裔美国人家庭中学龄儿童的2年纵向研究中，格雷斯坦等人（Sagrestano et al.，2003）发现了相似的结果。他们的数据显示，家庭冲突的增加、家长参与的减少与儿童以及家长抑郁的增加相关。更进一步地，在美国的一项11年的纵向研究中（主要是欧裔美国人家庭），格等人（Ge et al.，2006）发现，父母冲突的增加和因父母离婚而升高的家庭压力也会增加孩子患抑郁症的可能性，在青少年女孩中尤为明显。

研究者对患抑郁症的儿童与其父母的互动进行观察发现，这种家庭中的凝聚力、支持、父母温暖以及参与都很低，但冲突、严格的纪律、父母拒绝和过度控制这些水平都很高（Kaslow et al.，2009）。有研究者对儿童母亲的情绪表达进行观察，结果发现，患抑郁症的儿童的母亲比正常儿童的母亲有更多的批评行为；并且研究者也发现，母亲的批评可以预测五年内儿童重性抑郁障碍的复发（Silk et al.，2009）。更进一步的研究表明，抑郁和儿童遭受的虐待有关，当然这并不令人感到意外（Cicchetti & Toth，2009，见第十四章）。不良的家庭环境可能会破坏儿童的自我价值，这又会导致儿童产生失败和抑郁的感觉。所有在童年期发生的消极事件也会和我们已经确认的其他风险因素发生相互作用，如产生无价值感、无助感和无望感的归因方式，而这正是抑郁症的特征（Rudolph，2009）。

之前提到的研究表明，儿童变得抑郁和人际关系压力有关，而不是其他类型的可能影响成人的消极事件，如与成就有关的失败（Rudolph，2009）。对儿童来说，失去父母中的一个可能是最具创伤性的一种人际关系压力源，这也是我们接下来要讨论的。

（2）父母丧失

在第五章我们回顾过依恋的概念，对婴儿充足的看护不是奢侈浪费，而是婴儿发育良好的绝对必需条件。虽然失去双亲的情况比较少见，但这种经历对儿童的功能有巨大的影响，并明显与儿童的抑郁相关。

母爱剥夺的经典研究是斯皮茨（Spitz，1946b）和鲍尔比（Bowlby，1960）开展的。他们选择研究生活在制度严格的环境中的婴儿，如医院、孤儿院或者弃儿养育院。这些婴儿生理上的需要都会被满足（他们有足够的食物、温暖和卫生），但是不给予这些婴儿任何情感关怀。最终，很多婴儿日渐虚弱甚至死亡，其中一个孤儿院婴儿的死亡率甚至高达37%。斯皮茨把婴儿的这种反应叫作依恋型抑郁症（失去了依靠的那个人），并且相信这是成人抑郁的原型之一。鲍尔比（Bowlby，1960）宣称，重要关系的丧失（婴儿的安全基础）是非常深刻的，应该和战争以及自然灾害带来的创伤在同一水平。

但需要记住的一个重要事实是，斯皮茨和鲍尔比的研究把父母的丧失和制度化相混淆了。后来，乔伊斯和詹姆斯·罗伯逊（Joyce & James Robertson，1971）进行了一系列研究来对这两个变量进行分离。他们观察了临时与母亲分开的年幼儿童，并发现与生活在寄养家庭的孩子相反，对于生活在公共机构的孩子，父母缺失导致的不良作用会更加严重。在大型的、没有人情味的孤儿院里，儿童从不断变化的一连串护士那里得到极少的照顾和关注；在充满爱的寄养家庭中，儿童可以得到替代的照顾者，并与他们形成依恋关系。寄养家庭的儿童明显更少地展现出与母亲分离的痛苦，并且当与自己的家人重聚时也更容易克服悲伤情绪。因此，分离本身并不是毁灭性的，而是住在一个几乎不能或完全不能与母亲或其他熟悉的人接触的陌生的、阴冷的和社交不敏感的环境中。

比福尔克（Bifulco，2008）调查了其他可以中介母亲缺失对儿童抑郁影响的因素。在英国进行的两个大规模的研究中，研究者研究了在童年期失去亲人或经历过与母亲分离相当一段时间的女性，结果发现，无论是母亲死亡还是与母亲分离，只要是发生在 11 岁以前，母亲的缺失与大部分女性之后的抑郁有关。因此，母爱剥夺是一个易感因素。但是，在没有诱发性事件（如贫穷和生活压力）时，母亲缺失是没有影响的。这些研究者进一步研究发现了额外的调节变量。相比于因为死亡或者其他原因如母亲生病或者离婚而与母亲分离的女性，遭受过与母亲创伤性分离（如忽视、虐待或者抛弃）的女性患抑郁症的可能性是前者的两倍之高。更进一步地，如果母亲在她们 6 岁之前离世，那么这些女性患抑郁症的比例会特别高，如果母亲在她们 3 岁之前离世，这个比率甚至会更高。然而，并不是离世早晚本身重要。相反，研究者推测，而是当死亡降临在长期生病的父母身上之后，阻止了儿童发展出安全型依恋。

大多数对父母缺失的研究都关注母亲，而雅各布斯和博瓦索（Jacobus & Bovasso，2009）通过使用从巴尔的摩收集的 3481 名个体的大规模研究数据，对父亲缺失的影响进行了调查。他们的数据表明，在童年期经历母亲的离世和之后的抑郁没有关系，然而父亲的死亡会导致重性抑郁风险的增加，并且增加的风险超过两倍。调查者推测，父亲缺失对家庭收入和经济稳定的不利影响会产生压力，并且这种压力会从孩子的整个童年期延伸到成年期。

总之，在婴儿期以及童年期，失去一个照料者本身会导致抑郁的想法太过简单而不够精确。更确切地说，抑郁是很多因素相互作用导致的，包括个人的（如感知到的无助感）、人际的（如缺少社会支持）、社会文化的（如社会经济水平）以及发展的（如儿童的认知成熟度）方面。因此，调查者的任务就是找出变量间的相互作用，并且检验当缺失发生在个体不同的发展阶段时，这些相互作用的变化方式。

（3）父母抑郁的儿童

在一篇出版超过十年的重要综述中，彼得森等人（Peterson et al.，1993）指出，"在心理健康行业中可以发现，父母患有抑郁症的儿童需要服务，几乎成了惯常的建议"。母亲抑郁令儿童在生命历程中发展出抑郁的风险超过两倍，并且父母都抑郁的儿童有更为显著的风险（Joormann et al.，2009）。当母亲抑郁时，大约40%的儿童也会在将来被诊断出患有抑郁症；除此以外，这些儿童也很可能在早期患上抑郁症，这对他们的发展最具毁灭性的影响。事实上，哈蒙和同事（Hammen et al.，1990）的纵向研究表明，相比于母亲患有双相障碍、身体疾病甚至精神分裂，当母亲患有抑郁症时，儿童有更加糟糕的结果。也许，与能诱发儿童愧疚情绪的父母抑郁相比，儿童更容易理解与躁狂以及精神分裂有关的这些明显奇异的行为不是他们能控制的，也不是因为他们的行为造成的。

　　父亲的抑郁也会影响儿童的发展。在一项元分析研究中，凯恩和加伯（Kane & Garber，2004）对可利用的有限研究进行了梳理总结，发现父亲抑郁和儿童内化、外化症状以及父子冲突的显著增加有关。

　　发展维度。这里也可以考虑一个发展维度：患有抑郁症的家长如何影响儿童。到学龄前，我们可以预期主要照顾者患有抑郁症可能会对孩子有特别消极的影响。因为年幼的儿童对亲子关系的依赖程度比较高，并且照料者在儿童阶段性突出任务（如安全依恋、情绪调节和自我）的掌握上扮演着重要角色。紧接着，上学时，父母的抑郁最有可能影响孩子的自我调节和社会关系形成。对于母亲患有抑郁症的青春期女儿来说，自主寻求可能会被破坏。在表9-4中，我们呈现了古德曼（Goodman，2003）关于抑郁的教养方式对整个童年期阶段性突出任务掌握产生影响方式的大纲。

表 9-4　抑郁的教养方式对发展阶段性突出问题的影响

发展阶段	抑郁母亲[1]
婴儿 培养依恋关系 促进情感自我调节的发展 **学步和学龄前儿童** 提供外部支持对儿童发展是重要的： 对社会和情感状况的准确理解 有效的自主能力 管理唤起情感情境的能力 组织和协调环境资源的能力 **学龄儿童和青少年** 提供一般的社会支持或者压力缓冲 帮助儿童维持他们对认知智力的和社会环境的注意 监管儿童的行为 提供一致的惩罚	更不敏感 更少回应（更慢或者更不可能发生） 相互的呼唤和有感情的联系更少 刺激数量更少，质量更低 更少花时间与孩子一起进行共同的活动 更加频繁地终止孩子对物体的注意（而不是鼓励持续的注意） 通过降低孩子的需要、做无用功或者胁迫的方式，拒绝回应孩子 通过抑制她们的焦虑情感来对儿童的攻击性情感做出回应，从而强化儿童不良的行为举止 更加挑剔，更多消极的评价，对她们孩子的行为有更低的容忍度

注：[1] 与不抑郁的控制相比较。

资料来源：Goodman，2003。

　　一个重要文献表明，父母患有抑郁症对儿童发展的各个阶段都有消极的影响。举个例子，一个对美国和英国（Martins & Gaffan，2000）研究的元分析表明，在学龄前儿童中，由抑郁母亲教养的儿童属于焦虑型依恋的数量在增加。在孩子上学期间，其母亲寻求抑郁治疗的孩子（7~17 岁）中，有 1/3 的孩子当前患有一种精神疾病，并且差不多有一半的孩子有精神病史（Pilowsky et al.，2006）。在青春期，有力的证据表明，母亲抑郁和父亲抑郁都可以高度预测青少年抑郁的产生、复发、持续与严重程度（P. Rohde et al.，2005），以及青少年的其他疾病，如焦虑，这是在英国一项（Halligan et al.，2007）进行了 13 年的纵向研究中发现的。

抑郁的代际传递如何发生？关于抑郁从父母到儿童的代际传递是如何发生的这一问题，现在仍不清楚。这种传递的一个可能原因是基因，另一个可能解释是教养方式。抑郁的教养方式有两个维度已经被证实：退缩与强制（Malphurs et al.，1996）。对于退缩，抑郁的母亲被观察到对她们孩子表现出更低的心理可接近性：更少表现出积极的感情、温暖、赞扬、积极的反馈。对于强制，抑郁的母亲对待孩子时更可能是控制、不耐烦和易激惹的，会对孩子采用严格的纪律，对儿童的行为有更多的消极归因，不能够准确把握孩子的情感。

有一个研究很清楚地说明了母亲退缩行为的影响。在这个研究中，实验者操纵了母亲的情感，这在心理病理学的文献中很少见。当她们和还在学步的孩子玩耍时，未患抑郁症的母亲被要求模仿患抑郁症的母亲的样子，如保持面无表情和情绪不表露的样子，对孩子的行为不参与、不回应。儿童会因为他们母亲的情绪不可接近而表现出明显的苦恼，出现退缩，做出更多的消极行为来获取关注，变得紊乱和对抗（Seiner & Gelf and，1995）。

父母抑郁的孩子也变得抑郁的潜在发展过程是什么样的呢？不安全依恋的工作模型提供了一个丰富的模型（Toth et al.，2009）。另一个提出的猜想是，应对患有抑郁症的父母让儿童不能发展出生理和心理上的情绪调节能力（Joormann et al.，2009）。在第二章我们可以看到，儿童在面对令人苦恼的情况时，可以用情绪管理使得自己冷静下来。健康的妈妈会通过安慰她们的孩子，帮助孩子获得安慰他们自己的能力，从而帮助孩子发展情绪管理能力。但是，患有抑郁症的母亲在调节自己的消极情绪状态上有困难，妨碍了她们引导孩子发展调节情绪的能力。因此，母亲患有抑郁症的儿童会长时间暴露在高水平的消极情绪中，并且他们不能发展出管理这些令人苦恼的情绪的有效策略（Garber et al.，1995）。

有证据支持认知因素也发挥着作用。实验室的观察研究显示，母亲抑郁的仅 5 岁大的孩子在面对中等压力（例如，在纸牌游戏中将要输了）时，已表现出抑郁的认知，如无望感、悲观以及低自我价值（Murray et al.，2001）。相似地，当抑郁的认知模式被启动时，母亲抑郁的孩子相比于其他儿童更容易表现出糟糕的自我概念，更多地关注消极词语和情感（Joormann et al.，2007）。抑郁的母亲可能为她们的孩子塑造了抑郁的认知方式，并且通过适应不良的教养方式来加强它们。举个例子，兰格洛克等（Langrock，2002）发现母亲抑郁的孩子会采用适应不良的策略来处理压力，这些策略令人联想到抑郁的思维（如反刍、侵入思维）。

对患有抑郁症的母亲和她们孩子的临床观察也证明，他们会通过相互作用对对方的行为产生消极的影响。举个例子，母亲患有抑郁症的孩子更加易激惹，难以安抚，并且会展现出更加消极的情绪，愤怒、悲伤和苦恼，从而需要母亲拥有更好的教养方式，因此会增加母亲的压力，使母亲变得更加易激惹（Radke-Yarrow，1998）。反过来，母亲患有抑郁症的孩子对他们母亲的消极情感已经很习惯了，并且可能尝试去安抚和照顾他们的父母，出现角色颠倒和亲职化的过程（Kerig，2005）。我们都知道，亲职化的儿童负担了不是他们这个阶段应该承担的不恰当的期望，他们以牺牲自己的情感需要为代价满足了父母的情感需要。通过这些方式，儿童对他们母亲抑郁的应对和回应可能维持一种恶性的互动循环。长期来看，母亲抑郁和儿童抑郁出现了相互的影响，就像研究中表明的，有风险的母亲和她们的孩子之间存在着抑郁情绪发生和替代的显著关系（Hammen & Brennan，2003）。

也有研究表明，母亲抑郁的影响可能因为孩子的性别而产生差异：当母亲患有抑郁症的时候，与男生相比，女生发展出抑郁的风险更高一些。举个例子，一项进行了 7 年的纵向研究表明，母亲和女儿抑郁情绪之间的关系比存在于其他家庭成员之间的这种关系更强（Sheeber et al.，2002）。还有一个例子，在一项跨文化的重复研究中，在中国的样本中发现，母亲抑郁与儿子和女儿随后抑郁的联系存在差异，母女关系情感上的亲密可能使得女孩更容易受到母亲抑郁的影响。

乔曼等人（Joormann et al.，2009）提出，从父母到儿童抑郁的传递可能作为一些过程的功能出现：①遗传易感性；②情感调节机制上共享的潜在的精神病学上的功能紊乱；③儿童暴露在父母适应不良的认知、行为以及情感中；④父母和儿童都必须应对有更大压力和家庭冲突的家庭背景。这些风险机制导致父母抑郁的儿童在掌握很多发展任务上会经历许多困难，包括安全依恋、情绪调节、人际关系和问题解决。

此外，许多混杂的因素聚集到一起，表明抑郁代际传递不能过分简单化地解释。第一，除了抑郁以外，父母还患有可能影响儿童的一些其他形式的精神病，包括焦虑和人格障碍，并且家庭压力源（如父母冲突和经济压力）都会对儿童发展有相似的影响。因此，很难单独把父母抑郁所造成的影响抽离出来。除此以外，父母抑郁和儿童其他疾病的发展（除抑郁以外）也有关系，如 ADHD、焦虑、药物滥用、暴食症和品行障碍。因此，这会产生多种结果，即母亲抑郁并不仅仅是导致儿童抑郁的风险因素，同时也能预测各种糟糕的结果。

4. 社会背景

父母不是导致儿童抑郁情绪的消极评价的唯一来源。儿童在嘲弄与他们不一样的儿童或者不擅社交的儿童时可能是非常无情的。因此，我们想想就可以理解，低同伴支持、社交能力缺乏和孤独感可以显著预测儿童和青少年的抑郁，这在两个研究中均得到证实，分别是齐墨－杰姆贝克等人（Zimmer-Gembeck et al.，2009）在澳大利亚的研究以及康利和鲁道夫（Conley & Rudolph，2009）在美国的研究。遭受到同伴嘲笑和侵犯的儿童在抑郁和低自尊的测量上会得到更高的分数，虽然与亲密朋友的积极关系可以帮助他们缓解一部分（Prinstein et al.，2001）。

与认知模型一致，抑郁儿童对他们的社交能力持有消极的认识。有证据指出，这不完全是扭曲的自我知觉的问题，实际上抑郁的青少年比其他孩子更不擅长社交技术。老师、同伴以及家长都报告，抑郁的儿童更不亲社会，更有攻击性和更容易退缩，并且随着时间的推移，抑郁症状的增加可以预测社交无能的升高（Rudolph et al.，2008）。好的人际交往技能可以缓解消极生活事件带来的影响，然而，与正常青少年相比，抑郁的青少年更没有能力找到解决社会问题的有效办法。总之，尽管糟糕的同伴关系可能导致抑郁，但在这其中也存在相互的过程，即抑郁可能导致更进一步的人际问题（Rudolph，2009）。

抑郁的儿童是消极社交关系的发起者还是受害者？奥尔特曼和戈特利布（Altmann & Gotlib，1998）开展了一项独创性的研究，观察抑郁的学龄儿童在自然场景（休息玩耍时）中的社会行为。他们发现，抑郁的儿童发起玩耍、在社交接触中表示友好的行为至少和正常儿童一样多，也常常被其他儿童接近。但是，抑郁的儿童最后往往会自己落单。通过仔细观察儿童之间的连续互动，研究者发现了这个问题的原因。抑郁的儿童更可能采用术语叫作"消极的 / 攻击性的"行为对他们的同伴做出回应：踢，骂人，口头上辱骂或者身体虐待。这种回应方式会使抑郁儿童产生一些人际压力。

抑郁的儿童表现出社交技能的缺乏，但是这些是导致抑郁的原因还是抑郁导致的结果呢？已知的纵向研究表明，两个立场都成立。一方面，随着时间的流逝，社交困难导致了抑郁的增加，抑郁又反过来预测社交困难的增加（Rudolph，2009）。举个例子，在一项超过三年的对非裔美国男孩的研究中，斯蒂尔和福汉德（Stecle & Forehand，2003）发现抑郁的增加能预测社交能力的降低。哈蒙（Hammen，2009）指出，患有抑郁症的儿童在社交方面的困难导致他们消极的人际交往经历（如同伴拒绝），这会导致抑郁症状的恶化。

5. 文化背景

（1）经济困难

我们放宽视野在更大的背景下来看儿童的发展，会发现抑郁与社会和文化背景的很多变量（包括经济上的劣势）有关（Allen & Astuto，2009）。举个例子，根据来自额外健康研究中超过13 000名美国青少年的数据，古德曼等人（Goodman et al.，2003）发现，低家庭收入和缺乏父母教育可以解释样本中 1/3 个体的抑郁。其他与经济困难有关的社区特点，如邻居暴力和刑事受害者，也可能导致父母和儿童感到焦虑与抑郁。

（2）生活压力

除了经济困难作为一种具体的压力源以外，有丰富的证据表明一般生活压力也在抑郁的发展中扮演了重要角色。纵向研究的数据表明，暴露在压力中先于儿童抑郁的发展，并且会加重儿童的抑郁症状（Hammen，2009）。虽然数据还有些混淆，但是一些研究表明，女孩在应对压力（尤其是人际压力）时更容易受到伤害而发展出抑郁（Hankin et al.，2007）。

不断积累的研究证据表明，对压力的反应最为消极的是对压力有认知易感性的儿童。易感的儿童具有消极的归因方式，对自我有适应不良的信念，并且在问题解决导向上功能失调（Hammen，2009）。压力性事件又会反过来导致消极认知方式的发展和巩固。因此，我们需要在脑海中再回想一下之前讲过的相互作用多维模型。

（3）种族

就如艾伦和阿斯图托（Allen & Astuto，2009）所说的，在以种族为自变量研究青少年抑郁比率的研究中，需要注意和小心的是少数民族的身份和社会经济水平往往会有重叠，并且很难分离。

对少数民族青少年来说，种族歧视是他们独有的一个压力源，并且往往和抑郁的增加有关。西蒙等人（Simon et al.，2002）指出，童年中期是儿童发展对自我以及世界认识的重要阶段。在上学的时候，儿童开始把他们的注意力转向家庭以外的世界，他们所在的社区对他们的影响在逐渐增加。种族歧视可能会给儿童自尊带来消极的影响，让孩子感到无助，并对改变不平等经历的能力感到沮丧，从而阻碍他们的健康发展。想到这些，西蒙等人（Simons et al.，2002）列出了家庭和社区背景中可能增加所有儿童抑郁风险的因素，如社会支持低、家庭经济困难、邻居犯罪和低父母参与，也包含了对有色人种孩子来说独特的因素，如种族歧视和种族认同感低。在一项以 810 名非裔美国儿童为样本的研究中，研究者证明：在个体水平上，父母不参与、种族歧视以及成为刑事受害者都与抑郁的增加有关；与此同时，在社区水平上，高种族冲突、低种族骄傲和低种族认同也会导致青少年抑郁。

从积极的角度看，也有证据表明，积极的种族认同和社会支持可以作为保护性因素，为少数民族儿童变得抑郁提供缓冲，甚至当这些儿童面临贫困、社区暴力和糟糕邻居的时候，仍然具有缓冲作用（Allen & Astuto，2009）。

（五）发展过程

原来认为与顽固的外化行为问题明显不同（见第十章），抑郁只是暂时的现象，但是现在关于抑郁具有连续性的证据正在逐渐积累。从美国（Luby et al.，2009）学前儿童到芬兰（Ritakallio et al.，2008）青春期中期的样本中，抑郁能够预测 24 个月之后的抑郁。长期来看，正常样本中童年期抑郁的得分预测了青春期（Ialongo et al.，2004）以及成年早期（Copel and et al.，2009）的自杀观念和被诊断为重性抑郁障碍的可能性。临床的纵向研究发现，童年期的抑郁会增加 15 年之后抑郁的可能性（Weissman et al.，1999）。

一个鼓舞人心的消息是，有证据表明，抑郁障碍有相当高的康复率。科瓦奇等人（Kovacs et al.，1994）追踪了一群被诊断为抑郁障碍的儿童直到青春期晚期或者成年早期，每隔几年对他们进行一次评估。他们发现大多数儿童都从他们最初的抑郁障碍中康复。康复率最高的是重性抑郁，其次是抑郁心境的适应性障碍，最低的是心境恶劣障碍。儿童从心境恶劣障碍中康复需要的时间最长，此外，适应性障碍康复需要的时间最短。

但是，这个消息并不像第一眼看上去那么好。虽然青少年很可能从抑郁中康复，但是复发率也很高，大约 40% 的儿童和青少年会在下一个 3～5 年的时间里再次经历抑郁障碍（Asarnow et al.，1988；Lewinsohn et al，2000a）。举个例子，科瓦奇等人（Kovacs et al.，1994）在研究中发现，5 年内，患有重性抑郁障碍或者心境恶劣障碍的儿童有更高的可能性遭遇新的抑郁障碍。

大约 2/3 的孩子在他们还是青少年的时候会发展出新的抑郁障碍。早发的心境恶劣障碍是一个特别消极的指标，76% 患有心境恶劣障碍的儿童将会发展出重性抑郁障碍。

在另一项大规模的纵向研究中，韦斯曼等人（Weissman et al.，1999）在 10 年内追踪了 108 个在临床上被诊断为抑郁障碍的儿童。大约有 1/3 在童年期复发过抑郁障碍的儿童会在成年期继续出现重性抑郁障碍。从研究中可以看到，在青少年中的持续性甚至更强，63% 的青少年在接下来的 10 年里至少经历一次重性抑郁障碍。关于持续性，其他相似的结果在别的纵向研究中也有报告。举个例子，哈林顿等人（Harrington et al.，1996）追踪了 80 个被诊断为抑郁障碍的儿童直到他们成年，并且将他们与社区中年龄和性别相匹配的儿童进行比较。那些抑郁的儿童在成年期有更高的风险发展出情感障碍：84% 抑郁的儿童在成年期也有抑郁，而童年期没有抑郁的儿童在成年期患有抑郁障碍的只有 44%。后发抑郁障碍的前景虽然不那么糟糕，但依旧是消极的。卢因森和同事（Lewinsohn et al.，2000a）发现，对于青春期抑郁的个体，超过一半的人会在接下来五年中的一些时间点达到重性抑郁障碍的标准。

早发性抑郁障碍是一个消极的预兆。在青春期之前发生的抑郁障碍通常与更高水平的一般性功能异常有关，这种抑郁障碍甚至更有可能持续到成年期（Goodyer，2009）。这个可能性是因为抑郁障碍复发的累积效应，更早发展为抑郁障碍的儿童会经历更多的累积效应。举个例子，卢因森等人（Lewinsohn et al.，2003）发现，青春期的重性抑郁障碍和成年时社会心理功能的普遍不足有关，包括职业喜好、人际功能、身体健康和生活满意度。引人注意的是，哪怕抑郁障碍没有延续到成年时期，也可以在成人身上看到这些消极的效果。研究者把早发性抑郁障碍经历比作一个"伤疤"，对随后的发展有致命的影响。

一些抑郁类型可能是其他抑郁类型的先驱。对很多青少年来说，心境恶劣障碍是重性抑郁障碍的先驱，重性抑郁障碍经常替代心境恶劣障碍。除此以外，相当多的抑郁儿童和青少年在后来被诊断患有双相障碍，我们后面会对此进行更加详细的讨论。

抑郁持续的关键原因是因为心境障碍可能会影响儿童在许多领域中对发展任务的掌握，包括在校表现，学校中满意关系的建立以及与家人安全依恋的建立（Hyman，2001）。这些积累起来，还会和其他发展背景发生相互作用。

站在一个积极的角度来看，有研究者指出了潜在的保护性机制和心理弹性的来源。举个例子，在母亲患有抑郁症的儿童中，父母适当卷入以及父母的高温暖都和青少年的适应性结果有关（Brennan et al.，2003a），这就是母子的亲密性（Ge et al.，2009）。因此，对于对孩子需求敏感的父母来说，父母抑郁并不一定会影响孩子的发展。除此以外，在一项在英国进行了 13 年的纵向研究中，哈利根等人（Halligan et al.，2007）发现，只有当母亲在产后抑郁之后再次经历抑郁时，母亲的产后抑郁才会增加青少年抑郁的风险；当母亲的产后抑郁已经缓解或者被成功治疗时，青少年抑郁的风险不会增加。儿童自己的应对策略也可以具有保护性。举个例子，贾瑟等人（Jaser et al.，2007）发现，利用适应性策略（如积极思考、接纳、分心）的青少年更不可能被认为是抑郁或焦虑的。

（六）整合性发展模式

哈蒙（2009；Hammen & Rudolph，1996，2003）提出了一个抑郁的综合发展心理病理学模型，这个模型见图 9-3。

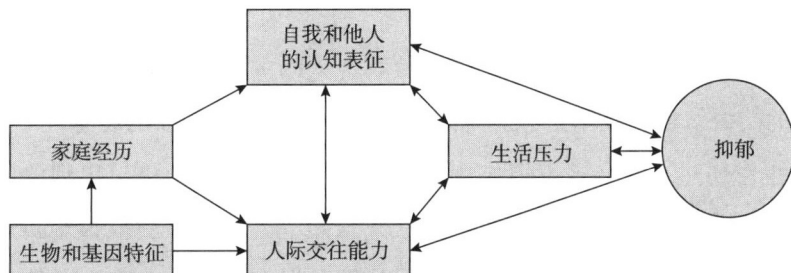

图 9-3　哈蒙的儿童和青少年抑郁的多因子相互作用模型
资料来源：Goodman & Rudolph，1996；Hammen，2009。

在众多导致抑郁的路径中，哈蒙的模型将认知功能紊乱放在了最前面。首先，这些消极认知的发展是由家庭因素（如父母一方患有抑郁症，父母与孩子形成不安全依恋，父母对孩子的需求不敏感，父母拒绝看护孩子）导致的。不利的人际经历会导致儿童消极图式（感到自我没有价值，感觉他人不可靠，不关心自己，拥有伤痕累累并无法捉摸的关系）的发展。抑郁的认知方式还包括这样一种信念：他人的评价会给个人提供自我价值的基础和这样一种趋势——有选择性地只注意到与自己有关的消极事件及反馈。

更进一步地，哈蒙强调了情感、认知和行为的关系是动态的，并且会相互影响。举个例子，消极的认知方式导致人际功能出现问题，这可能作为抑郁的风险，同时也可能作为自身权利的压力源。举个例子，抑郁儿童的消极归因方式影响了应对能力和社交技巧的发展，并且儿童在面对人际问题时会采取无效的策略（如退缩或者顺从）。这些策略不仅不能解决人际问题，甚至会使人际问题恶化，增加遭受欺凌、拒绝和孤立的可能性。因此，和抑郁有关的消极认知方式和糟糕的人际问题解决技巧，会进一步破坏社交关系，降低儿童的能力，引起压力，验证儿童关于自我和世界的消极信念。

随着不断的发展，生活压力开始发挥作用。前面提及的这些认知和人际的弱点会增加个体使用消极方式来应对压力的可能性。哈蒙的模型描述了抑郁中压力起作用的三个方面。第一，个体自身的抑郁易感性可能会产生一些他们自己的压力源。例如，之前提到的在人际关系中的退缩，并且由此会对社会环境产生厌恶，同时巩固他们对世界的消极观念。这个过程在之后发展中表现为"选择与自己相似的配偶"（个体在择偶时倾向于选择反映或表现自身弱点的伴侣）。举个例子，哈蒙等人发现，相比于其他人，抑郁的女性更可能嫁给一个可诊断为精神病的男人，最后他们之间的婚姻问题会进一步使她的抑郁恶化。第二，个体的认知方式和对压力事件的解释能够中介压力与抑郁之间的关系。总起来说，生活压力增加精神病的可能性，特别是将消极事件解释为自身没有价值的倾向会导致抑郁。第三，一些特定群体的儿童因为被暴露在会导致抑郁特定类型的压力源之下，所以有更高的患抑郁症的风险。这些儿童主要包括受虐待的儿童、父母患有情绪障碍的儿童，父母存在严重冲突的儿童或者长期生活在会降低整个家庭士气和幸福感的不利环境中的儿童。

生物因素在这个循环中的任何时间点都可能发挥作用。举个例子，个体在气质上的差异，如消极的情绪状态，可能会导致儿童和父母以及其他人的关系出现问题。生物因素可以影响儿童应对压力环境的能力，也可以作为对压力的反应从而增加儿童抑郁的易感性。

发展的影响也会通过一些方式发挥作用。首先，在发展过程中更早出现的困难可能带来特别有害的影响，会让儿童走向一条偏离的道路，并且走上这条道路后就很难折回。一旦走上一条偏离正常发展的道路，儿童更加不能弥补发展早期阶段突出能力的失败。这条道路变得根深蒂固的趋势可能有生物学根源。累积的压力可能改变抑郁潜在的生物学过程，尤其是在年幼的孩子身上，因为他们的系统还没有完全成熟。其次，认知发展因素可能导致抑郁。我们可以看到，年幼孩子的思考会有一致和极端的趋势，出现"都有或者都没有"这样的推理。消极的认知方式在儿童很小的时候便形成，因此，一旦固定，就可能很难改变。最后，发展的组织视角认为，认知、情感、行为和环境因素之间的联系会随着时间的流逝而增强。因此，在生命的进程中，抑郁的图式都被整合到自我系统中，变得更加稳固，只需要很低的阈限就可以激活。

1. 性别和青少年抑郁

已经研究了导致青少年抑郁的组成因素，我们准备返回去讲一讲在这一章前面引起我们兴趣的问题：为什么青春期女孩抑郁症的患病率惊人地高？海德等人（Hyde et al., 2008；Mezulis et al., 2011）提议，要从真实的整合的发展视角来理解青春期少女的抑郁，我们需要用 ABC 模型来理解。ABC 分别意味着情感、生物和认知。

ABC 模型独一无二的特色就是它真正具有发展性。比起简单地指出各种消极因素堆积在一起引发了障碍，ABC 模型提出，情感、生物和认知三者的易感性之间有着特定的发展关系，这就会创造出一种瀑布效应导致青少年抑郁。特别是，这个模型持有这样的观点，生物易感性（基因、气质）导致了童年期的情感易感性（消极的情绪），进一步导致青春期认知易感性的出现（消极的归因、反刍；见图 9-4）。

到目前为止，理论指出，男孩和女孩抑郁的发展有相似的预测因子和相似的路径。但是，在青春期发生的一些东西对于女孩是特有的，因此为模型增加了一个新的要素：生活压力的性别特异性。当较早发育的女孩经历人际压力如同伴嘲笑和性骚扰时，生物学因素就又开始发生作用了。对于具有潜在抑郁倾向的女孩来说，这些消极的经历可以打破平衡，令她们表现出情绪和认知的易感性，从而为抑郁创造一个完美的温床。

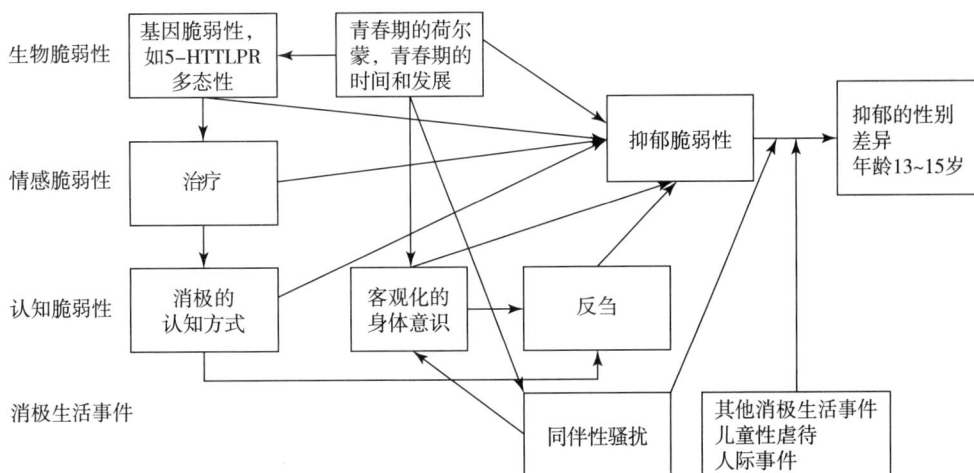

图 9-4 抑郁的 ABC 模型
资料来源：Hyde et al.，2008。

这个模型把各种易感因素聚在一起形成一个综合的框架，能帮助我们理解那些只聚焦在模型中一个或另一个因素研究中不一致的结果。举个例子，一些研究者发现，早熟和女孩的抑郁有关，但在另外一些研究中没有发现这样的结果。这个不一致的结果也许反映了早熟对青少年有不同的意义：对一些自信并且希望改变的人来说，效果可能是积极的。但是，对那些有消极自我知觉或糟糕自我形体影像的青少年来说，令人厌恶的同伴关注可能伴随着痛苦的自我意识。文化中对青春期的态度，尤其是它和对女性的接纳度有关联，也会影响青少年是欢迎还是会抵触青春期的改变。举个例子，相比于非裔美国或者西班牙青少年，青春期的地位能更好地预测美国白人青少年的抑郁，因为非裔美国或者西班牙青少年的文化更接纳女性的性格（Hayward et al.，1999）。

希尔特和诺伦-霍克斯马（Hilt & Nolen-Hoeksema，2009）也提出，青春期是一个对男性和女性有不同含义的发展敏感阶段。第一，虽然男孩和女孩都经历了明显的生物学改变，但是女孩可能更不喜欢她们正在经历的改变，会对她们的身体不满意（见第十一章）。第二，社交关系对女孩来说尤为重要，她们有更高的归属需求，并且她们更加理解同伴的意见，也对此更加敏感。因此，女孩可能会对一些与青春期有关的普通压力源（如增加的同伴压力、社会融入和排斥的动态变化）产生过度的反应。除此以外，当孩子们进入青春期中期以后，相比于男孩，女孩对家中的人际压力源（如母亲的痛苦和父母冲突）会更加敏感，这令她们更可能出现抑郁心境。第三，海德等人（Hyde et al.，2008）可能会赞成，相比于男孩，青春期女孩更可能经历特有的社会心理压力源，包括令人讨厌的性关注和性侵犯（见第十四章）。第四，因为在青春期性别角色以及遵守性别角色的期望有所增加，所以女孩可能相信如果她们表现得与性别角色的刻板印象不同，如有主见，思想独立，在比赛中打败一个男孩，她们就不会被人喜欢。因此，相比于男孩，女孩更可能为了避免他人的消极评价而隐藏她们的能力，这个现象叫作"沉默的自我"（Jack & Ali，2010）。研究表明，"沉默的自我"和遵循传统的女性性别角色与青春期女孩抑郁风险的上升有关（Aube et al.，2000）。总之，生物、认知、情感、同伴关系、性别角色以及发展阶段都在女孩抑郁中发挥了作用。

（七）干预

1. 药物疗法

抗抑郁药物可以增加羟色胺的可获得性。抗抑郁药物包括选择性血清素再吸收抑制剂（the selective serotonin reuptake inhibitors，SSRIs）和血清素—去甲肾上腺素再摄取抑制剂（serotonin-norepinephrine reuptake inhibitors，SNRIs），前者包括氟西汀（Prozac/ 百忧解）、舍曲林（Zoloft/ 左洛复）等，后者包括文拉法辛（Effexor/ 郁复伸 / 文拉法辛制剂）等。有证据表明，SSRIs 能够有效减少儿童和青少年的抑郁症状（Hetrick et al.，2007）。但是，参与临床实验的儿童少之又少，并且实验经常落后于新药物的发展。因此，儿科医生和儿童精神病医生经常开出的处方药是"没有被临床实验认可的药物"，即没有官方批准（官方批准基于该药在青少年人群中的效力和耐受性）的药物。对抗抑郁药物效力的研究，另一个备受争议的问题就是许多研究是由制药公司赞助的，不过这是事实，的确是药物的制造商在研究药物效力。这里的一个伦理问题是研究者能否无视资金来源方的利益。并且，有越来越多的学术期刊要求作者公开这些利益关系和可能的利益冲突。

对儿童使用 SSRIs 的其他担心包含药物的副作用，如躁动不安、易怒、失眠、肠胃不适和躁狂。也有研究报告指出，有 2%～3% 的青少年服用抗抑郁药后会产生更多的自杀想法（US Food and Drug Administration，2004）。2004 年，美国食品药物监督管理局（US Food and Drug Administration）对此做出了反应，要求药品制造商在处方瓶上加一个"黑框"，警告服用该抗抑郁药剂的儿童有自杀的风险。英国的医疗卫生管理部门走得更远，该部门宣布一些抗抑郁药剂不能对儿童使用（见方框 9.4）。

方框 9.4　青少年抑郁治疗中的"黑框"争论——抗抑郁药会导致自杀吗？

2004 年，美国食品药物监督管理局要求所有的抗抑郁药物都要标记一个"黑框"，以此来警告儿童、青少年和成年初期的人服用药物后自杀想法和行为可能增加的潜在风险，从标注黑框警告实施开始，利利安娜等人（Liliana et al.，2008）着手调查这项决定所依据的研究证据和这项决定带来的积极或者消极后果。

第一，对于研究证据，调查者注意到，抗抑郁药剂的消极作用是基于仅包括 4400 个儿童数据的临床实验（可获得的成人临床试验包括 77 000 名患者），是一个小样本的研究，这令人担忧。第二，临床实验中的儿童和青少年，没有一个自杀。尽管在服用抗抑郁药物的青少年中，4% 的青少年表现出自杀想法的增加，但在控制组中也出现了 2%，因此，应该只有 2% 的青少年在服用抗抑郁药物后自杀想法增加了。第三，一个主要研究方法的缺点是他们治疗的持续时间非常短，因此并不能对提供或停止药物治疗的长期效果进行评估。

那黑框警告有没有出乎意料的后果呢？有很多证据表明，黑框警告有这样一种效果：自从警告开始实施，给儿童和青少年提供抗抑郁药剂的处方比率下降了至少20%，并且70%的内科医生报告他们已经改变了临床实践，他们更不愿意给青少年人群开抗抑郁药。虽然这些内科医生表明他们更喜欢让青少年去见有能力的精神病医生，但是儿童精神病医生很难找到，并且寻求这些医生治疗往往需要排长队；更进一步说，这种引荐经常不能开展下一步的治疗，因为30%～75%的病人在和精神健康专家的初次约会时并没有出现（Westra et al., 2000）。因此，"食品药物监督管理局的建议产生了出乎意料的影响：不鼓励给儿科病人开抗抑郁的处方药，并且不给儿科病人开抗抑郁药的结果没有在其他特定的治疗上有补偿性地增加"（Pfeffer, 2007, p.843）。相同地，吉本斯等人（Gibbons et al., 2007）发现，在实行警告标志之后，荷兰和美国给儿童与青少年开SSRI处方的比率下降了22%，与此同时，青少年自杀的比率增加了，这个比率在荷兰是49%，在美国是18%。这个发现在加拿大样本中也有发现，卡茨等人（Katz et al., 2008）表明，在开抗抑郁药处方的比率和抑郁治疗门诊病人的拜访频率都有所减少的时候，儿童和青少年的自杀增加了3倍。最后，科德罗等人（Cordero et al., 2008）还调查了处方专家是否真的理解黑框警告这个标签所要表达的信息。结果发现，91%的专家表示不明白，他们大部分都错误地认为，这个标签是在警告给儿童和青少年服用抗抑郁药剂会增加死亡的风险。

与这些令人恐惧的数据相比，调查者指出，有证据表明SSRIs治疗和自杀风险的降低有关。虽然大多数研究主要是成人的样本，但是也有针对青少年的研究。举个例子，瓦卢克等人（Valuck et al., 2004）研究了一个超过24 000人的样本。他们发现，与只维持了2个月的治疗相比，进行了6个月的抗抑郁药治疗与自杀倾向的显著减少相关，并且与其他的抗抑郁药相反，SSRIs的治疗与没有增加的自杀风险相关。

此外，为了确保专家和一般大众都能真正理解黑框标志想要警告的确切信息以及这些警告的证据基础很薄弱，调查者表达了这样的希望，那些相信标签并避免使用抗抑郁药治疗的人会因此而采用其他的治疗方法。除了纠正标志的误解外，精神病学家也应确保患者和家长都知道所有被证明有效的替代的治疗（包括社会心理的治疗）。心理治疗在儿童和青少年抑郁的治疗中都被证明可以替代药物。

关于成人抑郁，专家建议（除非特殊情况）使用抗抑郁药作为心理治疗的辅助而不是治疗儿童和青少年抑郁的唯一方法（Emslie et al., 2000）。很多因素都会导致抑郁，如有压力的生活环境、糟糕的亲子关系、家庭冲突和解体、低自尊以及消极的认知偏见。如果不能被药物疗法治愈，可能用心理治疗来治疗儿童或者家庭可能更加有效。一项研究青少年抑郁治疗的临床控制实验（treatment for adolescent with depression study, TADS）指出了心理治疗和药物结合治疗的优势（TADS Team, 2007）。来自13个不同地理位置站点的临床研究者因为这个项目组成了一个团队，研究涉及了从12～17岁的327名青少年，这些青少年被诊断为重性抑郁障碍。青少年被随机安排到下列三种情况之一：认知行为疗法、氟西汀治疗或者两者的结合。治疗进行到第18周的时候，只接受药物治疗的69%，只接受CBT的65%和接受结合治疗的85%的青少年对治疗有积极的反馈。治疗进行了36周后，治疗积极反馈的比率分别是81%，81%和86%。这个结果表明，这三种治疗方法的效果在治疗结束的那天相当。但需要警告的是，接受氟西汀治疗的青少年（14.7%）的自杀企图要比接受结合疗法（8.4%）或者CBT（6.3%）的都要高。与结合CBT的治疗相比，只接受氟西汀治疗时自杀想法降低更少。研究者推断，尽管氟西汀可以帮助加速青少年对心理疗法的反馈，但认知行为疗法可以提高药物治疗的安全性。

2. 心理动力学疗法

针对抑郁的心理动力学疗法关注潜在的人格组织问题，并将这些问题追溯到童年期导致抑郁产生的消极经历。疗法的目标是降低儿童的自我批评和消极的自我表征，并且帮助儿童发展出更具适应性的防御机制，让他们能够保持情绪的健康发展。对更年幼的儿童来说，治疗师可能使用游戏作为一种方法将这些问题带入治疗室，并随着儿童的认知变得更加成熟，治疗师会主要采用讨论的方法。

心理动力学取向很少提供个案报告以外的研究结果。但是，福纳吉和塔格特（Fonagy & Target，1996）研究了针对儿童发展的心理动力学疗法的效力（这个在第十七章我们会更具体地进行描述）。结果表明，该疗法是有效的，尤其是治疗抑郁和焦虑这样的内化问题，越年幼的儿童，效果越好（低于11岁）。但是，治疗不是进行快速的治愈，如果在超过两年的阶段里，每周进行4～5次的治疗疗程，这样的疗效是最好的。

3. 认知行为疗法

儿童抑郁的认知行为疗法是被研究得最多的。总体来说，研究者发现认知行为疗法的效果是积极的（David-Ferdon & Kaslow，2008）。一个使用了认知行为疗法的例子就是青少年抑郁应对课程（Copping with Depression Course for Adolescence；Clarke et al.，2003）。这个治疗项目最初是为成人设计的，向下拓展到青少年。治疗干预包括角色扮演（用来教导人际关系处理和问题解决的技术）、积极的认知重建（用来对抗适应不良的认知，见图9-5）和自我强化技术。研究表明，对80%的青少年来说，这种疗法改善和治疗的效果能持续下去。

图9-5　积极的认知重建

资料来源：版权归 Zits Partnership 所有，复制得到 King Features Syndicate 的特别允许。

4. 人际关系疗法

人际关系疗法假设，人际关系的功能紊乱是抑郁的核心。这个假设在很多发展心理病理学的研究中都被证明了。人际关系疗法（interpersonal therapy，IPT）旨在是在一个短程、聚焦的疗程中协助抑郁个体发展出更好的解释和处理人际问题的技术。穆夫森等人（Mufson et al.，2011）使用人际关系疗法来处理与青少年有关的特殊社会问题和发展问题。这些社会问题包括角色转换、人际关系冲突、社会技术缺乏、悲痛以及家庭关系的应对。在采用随机方式进行控制的研究中，研究者发现，在患有重性抑郁障碍的青少年临床样本中，人际关系疗法的治疗是有效的。罗塞罗和伯纳尔（Rossello & Bernal，1999）进一步修改了人际关系疗法让其适用于波多黎各（Puerto Rican）的抑郁青少年，并发现这种疗法能够成功地提高青少年的自尊和社交能力。

5. 家庭治疗

我们都知道，家庭关系在抑郁的发展上起到了重要的作用。因此，这也就不奇怪，抑郁应对课程的开发者发现当加入了对父母的干预时，针对抑郁儿童的认知行为干预疗法的效果会增强（Lewinsohn et al.，1996）。除儿童的治疗以外，还会在治疗的进程中举行团体会面。就是在这个会面中，父母会参与抑郁相关问题的讨论，并且可以学习人际沟通和冲突解决的技术，这些技术和他们孩子学习的是一样的。

戴蒙德等人（Diamond et al.，2003）发展出了一个更加聚焦于家庭的针对青少年抑郁的干预：基于依恋的家庭治疗（attachment-based family therapy，ABFT）聚焦于修复"关系破裂"。"关系破裂"会导致青少年感觉到绝望、孤独，与父母疏远。这个治疗能够促进父母提供安全依恋基础的能力，能够表现出情感上的可靠、接受和有效。治疗师在治疗中会努力帮助青少年改变他们指向自我与他人的消极内部工作模式。第一次会面包含整个家庭单元，并且聚焦于重构家庭成员间的指责发展成消极互动循环的问题。举个例子，治疗师会帮助家长和青少年理解他们的互动过程：父母想要帮助孩子，孩子拒绝了父母的帮助，父母就感到失望，并批评孩子，然后孩子感到自己不被接纳，并变得退缩。第二次会面会单独与青少年进行，聚焦于帮助青少年学会表达自己的情感，并且通过对青少年的经历进行共情而与青少年建立起治疗同盟。第三次会面只让家长参加，聚焦于让家长学会共情式地倾听并回应他们孩子的担忧。剩下的会面可以让家庭成员按照不同的组合参与。总之，这个治疗最重要的目标就是建立一个这样的氛围，在这个氛围中家庭成员可以坦诚地交谈，青少年和家长所表现出的能力都会得到家庭成员的支持。

在一个随机控制的实验中，戴蒙德等人（Diamond et al.，2010）让 66 名 12～17 岁的青少年参与基于依恋的家庭治疗。这些青少年大多是非裔美国人。在治疗后的 12 个月和 24 个月里，与从其他精神健康治疗师那里接受"经典治疗"的青少年相比，接受 ABFT 的青少年的抑郁和自杀观念的水平更低。

6. 预防

对童年期抑郁发展的预防主要分两类：①给最有风险的那些人提供的目标项目（Garber et al., 2009）；②提供给所有青少年的普遍项目（McLaughlin, 2009）。举一个第一种的例子，马尔福斯和他的同事（Malphurs et al., 1996）开展了一个有趣的项目。在这个项目中，他们选择了一个高风险的样本：患抑郁症的青少年的母亲。研究者观察了这些母亲与她们婴儿期孩子的互动，并且依据她们在互动中是否表现出退缩或者侵入来对她们的教养方式进行分类，然后会有针对性地设计出具体的干预类型，来帮助改变这些有问题的互动模式。举个例子，侵入式教养方式的母亲会接受这样的辅导，她们需要模仿她们孩子的行为，这样能够给予孩子更多的机会来发起并影响互动。相反的是，退缩式教养方式的母亲会接受这样的辅导，她们需要去维持她们的孩子的注意，这样可以使得她们和孩子之间有更多的共同兴趣和互动。结果表明，每一个具体的辅导策略都提高了抑郁母亲与孩子的互动。

一项广受尊重的基于学校的预防项目是佩恩坚持项目（Penn Pesiliency Project；Gillham et al., 2008）。老师和辅导员在这个课程中举行 12 次团体会面，聚焦于对抗导致抑郁认知方式的评估。这个项目会教导孩子们理解我们对不利事件的信念如何引起情绪和行为、识别对解决问题没有帮助的思考方式（如"小题大做"），并且对适应不良的认知方式做出有效的反击（例如，进行积极的认知重建）。除此以外，儿童还会学习积极的问题解决策略，如果断、情绪调节以及人际交往技巧。这个项目得到了广泛的实证支持，包括在美国、澳大利亚和中国进行的研究。

另一个令人印象深刻的为阻止青少年抑郁做出的普遍的努力是由索海特和他的同事（Shochet et al., 2009）在澳大利亚发起的。调查者提出了一个包括 11 个疗程的干预，叫作资源丰富的青少年项目（Resourceful Adolescent Project，RAP）。这个干预结合了很多已证实的认知行为疗法的要素（例如，积极的认知重构，现有优势的肯定），并且聚焦于人际和家庭的风险以及保护性因素。第二种治疗条件结合了 RAP 和三次家长疗程，想要通过这个过程减少家庭冲突，并增加父母温暖和回应。在所有符合条件的在校学生中，有 88% 的学生参与了本次研究。为了避免污染，在研究的第一年，调查者仅仅对所有九年级的学生进行测量。第二年，所有九年级的学生参与干预项目。在干预之后以及在后续的十个月中，与控制组的孩子相比，两组干预条件下的青少年都报告了更低水平的抑郁和绝望。还有一个改编的项目——RAP-Kiwi 在新西兰开展（Merry et al., 2004）。

马丁·塞利格曼（Martin Seligman）是美国心理学会的前任主席，也是抑郁习得性无助理论的提出者。他更多地致力于推动积极心理学并增强儿童对抑郁的抵抗力。他的核心发表物之一是写给父母的手册，叫作《乐观的孩子：一个有效保护孩子远离抑郁并让孩子建立起终身弹性的项目》（*The Optimistic Child: A Proven Programm to Safe Guard Chilren agaist Depression and Build Lifelong Risilience*；Seligman et al., 2007）。由于保护孩子在生活中远离失望和压力是不可能的，所以马丁·塞利格曼方法的核心是教给孩子解释方式（具体来说，把坏的事情想成是暂时的而不是永久的，是特殊的而不是普遍的），帮助他们对抑郁免疫。佩恩坚持项目（Gillham et al.，2008）是常见的预防项目之一，并且在这些想法的基础上已经积累了相当多的实证支持。

在一项基于社区的纵向研究中，卡博内尔等人（Carbonell et al.，2002）发现，对有抑郁风险的青少年来说，关键的保护性因素是家庭凝聚力、积极的自我评估以及积极的人际关系。

二、双相障碍

（一）定义和特征

大家可能都觉得双相障碍陌生，实际上就是大家都知道的躁郁症，DSM-Ⅳ和ICD-10均将其定义为一种严重的精神疾病。在患有双相障碍的人中，抑郁和躁狂发作会交替出现，躁狂发作包括情感高涨，过度活跃，易激惹或冒险行为增加（见表9-5）。

表 9–5　DSM–Ⅳ–TR 关于躁狂发作的诊断标准

1. 持续至少一周（或者任何持续时间，只要达到需要住院治疗的程度）的明显异常而且持续的心境高涨、夸大或激惹。
2. 在此心境障碍时期内，持续地表现出下列三条或以上的症状，并且达到显著程度： （1）膨胀的自尊或夸大； （2）睡眠需要减少（如只睡了 3 小时便感觉休息好了）； （3）比平常更健谈，或感到一直要讲话的紧迫感； （4）意念飘忽，或主观体验到思想在赛跑； （5）随境转移，容易分心； （6）有目的性的活动增多，或精神运动性激越； （7）过度参与令人愉悦的活动，这些活动有导致惨痛后果的高潜在风险（如无节制地狂买，危险的性行为）。
3. 此心境障碍已严重到引起个体的职业／学术功能、日常社交活动或人际关系的明显损害。
4. 这些症状不是由于某种物质（如毒品或药品）或者一般躯体情况（如甲状腺机能亢进）所导致的。

资料来源：根据 DSM-Ⅳ-TR，2000 改编。

双相障碍存在不同的类型。类型 1 会出现躁狂发作，伴随或不伴随抑郁。类型 2 会在抑郁发作阶段点缀出现轻躁狂（一种温和的欣快症或低于躁狂诊断标准的过度活跃）。因为轻躁狂的强度更低，因此轻躁狂被认为导致功能改变，而躁狂则与严重功能损伤有关。双相障碍的第三个类型，其术语叫作环性心境障碍（cyclothymia）：抑郁症状与轻度躁狂交替出现，但心境上的波动幅度小而快速（见图 9-6 中不同的心境障碍诊断对比）。

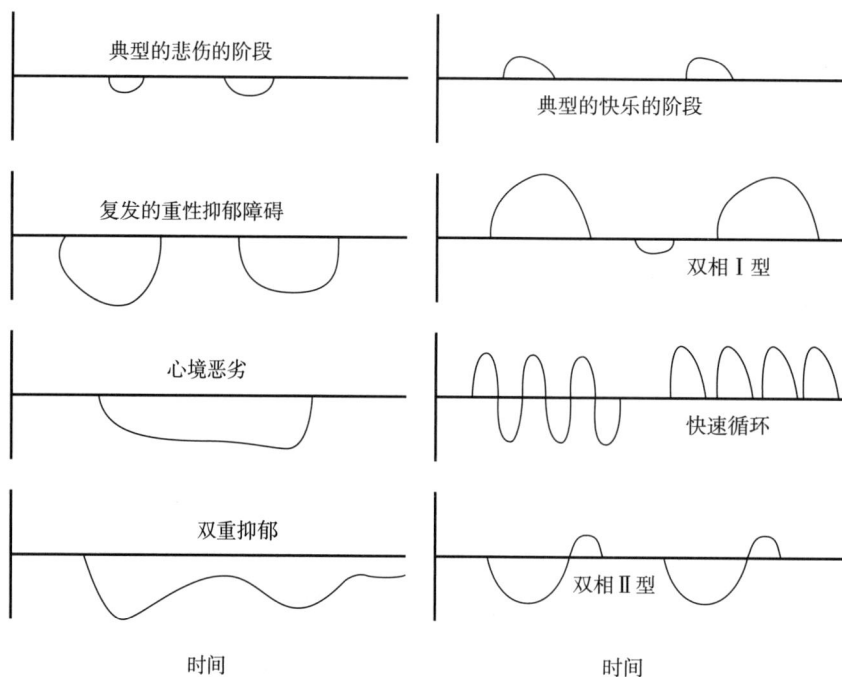

图 9-6 心境障碍的模式
资料来源：Pliszka，2002。

1. 患病率和发病年龄

（1）诊断困境

虽然在儿童中很少诊断出双相障碍，但随着对儿童和成人身上存在障碍的认识增加，调查者开始猜想，双相障碍应该要比原来认为的更加普遍。举个例子，在美国、法国、瑞士、意大利和德国的研究发现，多达 60% 的患有双相障碍的成人回忆起在童年期和青春期经历过双相障碍的症状（见 Diler et al.，2010；见方框 9.5 的案例）。

方框 9.5 双相障碍的案例研究：凯·雷德菲尔德－贾米森（Kay Redfield-Jamison）记述

凯·雷德菲尔德－贾米森，是约翰·霍普金斯医学院（Johns Hopkins school of medicine）的一位精神病学专家，是双相障碍领域最受尊重的权威。双相障碍不仅仅是贾米森博士一生的工作，同时也一直影响着她个人的生活。在她的自传中，她回忆起在她的童年时期，贯穿着双相障碍的压倒性低潮和眩晕的高潮。直到她成为加州大学洛杉矶分校神经精神病学机构（UCLA Neuropsychiatric）的教职工时，她才开始寻求专业帮助并得到了适当的诊断和治疗。

在这种疯狂中会出现一种特别的疼痛、欣快、孤独和恐惧，并伴随惊人的快感。你会感觉到你的想法和感觉就像流星一样快，一样频繁，你会跟随着这样的感觉直到你发现更好、更明亮的一个。没有害羞，应该说什么话、做出怎样姿势的想法就迸发在脑海里，能够迷惑别人确信自己……会出现轻松、紧张、权力在握、幸福、在经济上无所不能，并且所有的活力都很欣快的感觉。但是，从某个时间点开始发生改变了。快的想法真得太快了，太多了；

压倒性的混乱取代了清晰。记忆消失了。幽默和听朋友说话的全神贯注都变成了害怕和担忧。先前的所有事都是有条理地出现，但现在不是了，因此会开始变得容易生气、害怕，感觉到不可控制，脑子似乎被最黑暗的洞穴缠住了，永远不知道洞穴在哪里，也不知道会不会有尽头。这种疯狂似乎切开了自己的真实。

　　这样下去，最后只剩下别人对你行为的回忆，包括你的奇异、狂热、没有目的的行为。因为躁狂的缘故，在部分的模糊记忆里至少还存在一些优雅。在经历过药物治疗，见过精神病医生，经历过绝望、抑郁并上瘾之后，下一步怎么办？将这些所有的令人难以置信的感觉进行分类。谁会因为太礼貌而说不出话？谁知道这是什么？我做了什么？为什么？让人耿耿于怀的是，它还会再发生吗？让人感觉最苦涩的是——吃药、怨恨、忘记、吃药、怨恨、忘记，但总是在吃药。信用卡被撤销，支付透支支票，在工作中解释原因，道歉，断断续续的记忆（我做了什么？），友谊走到了尽头，被破坏的婚姻。但是，将来什么时候这还会再次发生？我的哪种感觉才是真实的？哪一个我才是我？是狂热、冲动、混乱和疯狂的那个？还是害羞、退缩、绝望、自我毁灭、劫数难逃和疲劳的那个？可能有一点是两个都有，很希望都不是我……

　　在我的经历中，我不能想象在没有服用锂盐药物和没有受益于心理疗法的情况下，过上正常的生活。锂盐阻止了我充满魅力的但是灾难性的高涨，减少了我的抑郁，清除了像羊毛一样纷乱的思绪并将他们编织成网，让我变得慢下来，让我变得温和，让我不会毁掉我的事业、破坏我的关系，让我远离医院，让我活着，让我能够接受心理疗法。让我心潮澎湃的是，心理疗法治愈了我。它使得我的困惑变得合理，让我能够控制我心中令我恐惧的想法和感觉，让我能够控制，能从中有所学习……心理治疗是一个避难所；它也是一个战场；它是一个让我变得神经质、兴奋、困惑、绝望超过信念的地方。但是，它一直是我信任的地方（或者说学会相信的地方），也许某天我能够应对所有的这一切。

　　　　来源：改编自 Redfield-Jamison，1995。

迈耶和卡尔森（Meyer & Carlson，2010）指出，诊断出儿童中的双相障碍以及对双相障碍患病率的准确估计存在着很多困难。第一，症状容易认错，并且有可能仅仅被诊断为夸大的青春期典型的情绪化和行为失调，尤其是，经常被类似药物滥用、品行问题或者 ADHD 等共病所掩盖。第二，双相障碍的患者经常最先以抑郁的形式出现，只有随着时间的流逝，双相障碍的本质才会暴露出来。第三，青春期的双相障碍经常出现迅速爆发的躁狂，有时候伴随的症状特征与精神分裂症或者其他严重的精神病相混淆。除此以外，双相障碍核心特点的评定，如躁狂，在大多数诊断性访谈以及儿童和家长填写的问卷中会被忽视。

（二）共病和鉴别诊断

　　双相障碍的误诊是一个严重的问题，因为不正确的诊断可能会导致不正确甚至毁灭性的治疗。被用来治疗 ADHD 的药物可能会增加双相障碍儿童的易怒性，除此以外，精神振奋剂和抗抑郁药剂也都会加强躁狂。相应地，用于治疗精神分裂症的强安定药会对被误诊儿童的功能产生消极影响。因此，诊断鉴别一定要仔细小心。

举个例子，患有双相障碍的儿童经常被诊断为 ADHD，在一些研究中误诊率超过 80%（Diler et al.，2010；Luby et al.，2010）。这个误诊并不奇怪，因为两个疾病有一些相似的症状：过度活跃，精力旺盛，注意力分散和冲动。但是，可以借助一个事实将单纯的 ADHD 和双相障碍区分开：患有 ADHD 的儿童表现出过度活跃或者注意力分散的一致的行为模式，但典型的双相障碍儿童不同，他们表现出从正常行为到不正常行为的转换。患有双相障碍的儿童经常被诊断为品行障碍或者对立违抗障碍，这些疾病都会出现易激惹和行为失调。但是，单纯品行障碍儿童的不良行为更可能是报复性的，故意的，并且不会产生愧疚，但是躁狂状态下儿童的不良行为更多的是出于冲动和"谁也不能伤害到我"的无所不能的感觉。更进一步地，患有品行障碍或者对立违抗障碍的儿童不会表现出精神病的症状，如妄想、强制言语和思绪奔逸。相应地，与躁狂的严重发作相反，患有精神分裂症的儿童在最初患病的时候是比较隐秘的，不太可能出现强制言语和思维奔逸，而这两个都是双相障碍的特征。

尽管为了避免无效的诊断，需要进行鉴别诊断，但是儿童也有可能真正遭受共病的折磨，包括 ADHD、品行障碍和对立违抗障碍。也有一些儿童既患有双相障碍，又患有一般发展障碍（National Institute of Mental Health Roundtable on Prepubertal Bipolar Disorder，2001）。在患有双相障碍的儿童中，抑郁和焦虑是很常见的（Diler et al.，2010）。在患有双相障碍的青少年中也经常可以看到药物滥用，实际上这是最普遍的共病诊断（Blader & Carlson，2007）。对遭受双相障碍和其他共病折磨的青少年进行干预极具挑战，并且共病诊断和更加严重的功能损伤以及治疗阻力有关。

（三）发展维度

正如之前所暗示的，童年期和青春期的双相障碍症状具有发展性差异。我们应该谨慎地解释这篇文献，因为关于是否应该在年轻人中进行双相障碍诊断并且如何诊断仍然存在很大的争议。除此以外，鉴于与成人相比，双相障碍在儿童中表现出不同的症状，一些研究者提出要根据发展对诊断标准进行修订，然而其他的研究者坚持说成人的标准对儿童来说也是合适的（见 Luby et al.，2010）。总之，这个争议仍未解决。但是，我们可以总结到目前为止的证据。

第一，与成人的双相障碍不同，在儿童中，躁狂经常不那么明显，也不是间歇性地严重发作于功能良好的状态间。相反，儿童倾向于表现出慢性情绪症状，包括极快的转换，被称为快速循环。举个例子，盖勒等人（Geller et al.，2000）发现，77.4% 的患有双相障碍的儿童和早期的青少年一天中会出现好多次的情绪摇摆循环，与此同时，这个现象只在 20% 的患有双相障碍的成人中发现。相比于成人，儿童也更可能出现躁狂和抑郁同时存在的混合阶段（National Institute of Mental Health Roundtable on Prepubertal Bipolar Disorder，2001）。相应地，沃兹尼亚克等人（Wozniak et al.，2001）提出，严重的易激惹和情绪不稳定性应该作为诊断儿童是否具有双相障碍的关键特征，这两个特征应该比出现在 DSM-IV 中的其他标准更重要。因此，盖勒和蒂尔曼（Geller & Tillman，2005）指出，对 DSM 的持续时间标准，应该根据发展做出修改，应该要求一周时间的心境转换，因为儿童更可能在一个更简短的时间里表现出非常快的、持续的心境循环。除此以外，和成人相比，儿童更可能存在混合的躁狂和抑郁心境。卢比等人（Luby et al.，2010）发现，在学前儿童中，兴奋、夸张、超爱说话、思绪奔逸和在没有性虐待史的情况下性欲过度是最具鉴别力的特征，可以由此对双相障碍和其他疾病做出准确的鉴别诊断。

鉴于儿童双相障碍的识别、评估和鉴别诊断情况，很难收集儿童双相障碍患病率的清楚信息，我们已经对此做出了说明。此外，到目前为止，大量针对童年期障碍患病率的流行病学研究很少涵盖双相障碍。但是也有一个例外，卢因森等人（Lewinsohn et al.，1995）在俄勒冈州进行的一项基于学校的包含 1700 个青少年的研究发现，双相障碍的终生患病率是 1%，主要为 II 型双相障碍和环性心境障碍。另外有 5.6% 的青少年报告存在低于临床诊断标准但对个体功能产生消极影响的轻躁狂。

与严格遵循 DSM 诊断标准的研究不同，当将研究拓展到低于 BPD（bipolar disorder）的诊断标准或表现为 BPD 的"温和迹象"时，研究者发现患病率在 5% 左右（Lewinsohn et al.，2003）。布罗特曼等人（Brotman et al.，2006）使用了一个更加广泛、包容的综合症状，他们称之为严重情绪失调（severe mood disorder, SMD）。SMD 的标志是极端、有损害且长期的易激惹，并且伴随着过度唤醒症状。在美国东南部（大烟山）进行的一项包含了 1420 个儿童的流行病学纵向研究中，研究者发现，在 9～19 岁的儿童中 SMD 的患病率为 3.3%。大多数（68%）患有 SMD 的青少年也符合一项轴 I 诊断，通常是 ADHD（27%），品行障碍（26%），和／或者对立违抗障碍（25%）。除此以外，在收集第一波数据时便达到 SMD 诊断标准的青少年，在随后被诊断出抑郁症的可能性是从未达到 SMD 标准青少年的 7 倍。

布雷德和卡尔森（Blader & Carlson，2008）提供了一个关于双相障碍患病率的跨文化综述。他们注意到，与东亚或者欧洲的研究相比，在美国进行的研究一致地报告了更高的患病率。这些不同是否反映在美国存在过度诊断的趋势，抑或是在其他国家存在诊断不足的趋势（Meyer et al.，2004），还有待澄清。已经清楚的是，在美国临床机构中双相障碍的确诊率在过去的十几年里急剧上升（见图 9-7）。在一个医院从 1996 年到 2004 年的记录回顾中，布雷德和卡尔森（Blader & Carlson，2007）发现，双相障碍的住院治疗率在儿童中增加了近 5 倍，从每 10 000 人中的 1.3 人到 7.5 人；在青少年中增加了 3 倍，从每 10 000 人的 5.1 人到 20.4 人。此外，在 1996 年，双相障碍是儿童住院病人中最不常见的精神病诊断之一，但在 2004 年就变成了最常见的精神病诊断之一，同时，还出现了种族差异。对于非裔美国青少年，比率在增加，在男孩中尤为明显。虽然这种转变可能代表对心境障碍在儿童破坏性行为中扮演的角色的重视程度提高，但调查者也表达了担忧：一种负面影响可能是将儿童的情绪问题升级成了更加严重且带有污名的障碍。

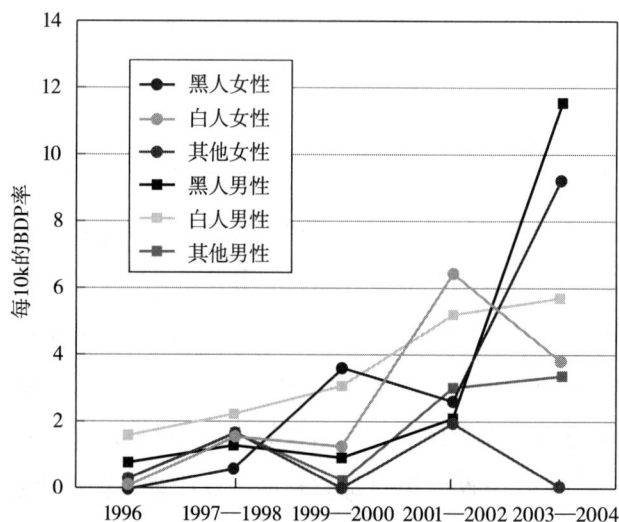

图 9-7　儿童双相障碍的住院率

资料来源：Blader and Carlson，2008。

关于性别差异。尽管研究者没指出在青少年中存在性别差异，但是双相障碍的早发形式在男孩中更常见。

（四）病因学

1. 生物学背景

尽管找到导致抑郁的候选基因仍然很困难，但基因研究发现，双相障碍的遗传率很高，在20%～45% 的范围内（见 Willcutt & McQueen，2010）。与其他精神障碍相比，当儿童患有双相障碍时，其父母和兄弟姐妹有 3～10 倍的可能性也患有双相障碍。证据进一步表明，双相障碍的早发存在更强的家庭因素。鉴于这一点，很多研究聚焦于高风险的儿童，即那些被诊断为双相障碍的父母的孩子（在与患有双相障碍家长一起成长的追踪采访中，我们看到了由著名发展精神病理学家史蒂芬·P. 欣肖（Stephen P. Hinshaw，2010）提供的结果。举个例子，伯墨赫等人（Birmaher et al.，2010）进行了一项纵向研究。这个研究包含 83 个患有双相障碍父母的后代。研究将这些孩子的结果与两个匹配控制组中孩子的结果进行比较。这两个匹配控制组分别是：父母患有其他精神障碍的孩子和父母没有精神病史的孩子。在最近的一次评估中，儿童 2～5 岁时，只有 3 个父母为双相障碍的孩子显露出心境障碍。但是，这并不意味着双相障碍父母的孩子发展得很好。与对比组的儿童相比，他们有 8 倍的可能性发展出 ADHD，并且有很高的风险被诊断出患有两种或更多的障碍。除此以外，当他们达到 ADHD 或者对立违抗障碍的诊断标准时，他们的躁狂和抑郁症状比对照组儿童的更加严重，即使这些症状没有达到心境障碍的诊断标准。

我们在这样的年幼孩子中识别和评估双相障碍的能力有限，这可能会导致这样一个事实：在青少年晚期发现了更强的家庭影响。举个例子，在荷兰进行的研究中，希勒格斯等人（Hillegers et al.，2005）追踪双相障碍家长的青春期后代超过 5 年时间，并且发现从追踪的第一年到第五年，双相障碍的患病率从 3% 增加到了 10%。

神经心理学因素能影响双相障碍，尤其是前边缘系统。前边缘系统负责对情感和认知进行调节（Fleck et al.，2010）。除此以外，早发的双相障碍与围生期不良事件和发育迟缓的可能性增加有关（Blader & Carlson，2008）。

2. 个体背景

阿洛伊等人（Alloy et al.，2006）回顾了关于双相障碍个体认知方式的研究，提出认知与双相障碍有关，并且对双相障碍和单相抑郁的作用大小相似。与双相障碍有关的适应不良的认知包括完美主义（高自我标准和自我批评）和过度地追求目标。举个例子，在包含 2875 名德国青少年的研究中，迈耶和克鲁姆 – 梅拉比特（Meyer & Krumm-Merabet，2003）发现，轻躁狂与对学业成功有更高的期望相关。除此以外，双相障碍的个体在调节注意力时表现出存在问题的认知策略，同时包括消极经历的反刍和与之相反的叫作"晒太阳"的认知策略。"晒太阳"的认知策略是固执并反复地考虑事件的积极一面的趋势（Segerstrom et al.，2003）。

阿洛伊等人（Alloy et al.，2006）认为，这些认知方式甚至会使青少年将普通事件夸大到对他自己、未来和世界具有意义。因此，带有双相障碍倾向的认知方式会增加青少年对生活压力以及对那些不经常出现的积极事件的易感性，出现极其高涨或者低落的心境。德普等人（Depue et al.，1987）是这样描绘这种情况的，就是这些功能紊乱的认知方式"将日常生活事件的温和影响转换成了异常的调节"。

3. 家庭背景

我们发现，患有双相障碍的儿童更可能来自至少一个家长患有双相障碍的家庭。但是，遗传可能性一定是少于 100% 的，因此，家庭环境的其他方面也可能影响儿童的发展。沙利文和米克洛维茨（Sullivan & Miklowitz，2010）从 58 个家庭的家长和青少年那里获得了对家庭功能的评分，这些家庭中的青少年均被诊断患有双相障碍。与健康家庭的得分相比，青少年患有双相障碍的家庭在凝聚力和适应性方面得分更低，在冲突方面得分更高。除此以外，家长表达的情绪——批判、过度卷入和高消极情感——都能预测双相障碍青少年病情的复发（Yan et al.，2004）。

此外，在丹麦开展的一项大规模研究利用了国家人口数据，鉴别出 2299 个患有双相障碍的个体，并且回溯性地检验了家庭因素与双相障碍诊断的相关（Mortensen et al.，2003）。毫不令人惊讶的是，如果家长或者兄弟姐妹中有人患有双相障碍或者精神分裂症，那么他患上双相障碍的风险会增加 13 倍。唯一一个出乎意料地与双相障碍相关的其他因素是父母缺失，尤其是母亲的缺失。如果在 5 岁生日之前，儿童失去了他们的母亲，他们就会有 4 倍的风险发展出双相障碍。母亲的失去可能反映出共享的基因易感性：也许这些母亲遭受了心境障碍，增加了她们参与不安全行为或自杀的可能性，从而导致她们死亡；但同时也可能包含一种严重的社会心理压力，这种压力作用于这些易感的儿童并加重双相障碍。

另一个导致双相障碍的童年期灾难就是父母虐待。虽然数据没有得到完全一致的结果，同时大多数研究基于回溯性报告，但一些研究者发现，与控制组相比，患有双相障碍的个体经历了更高水平的身体和情感虐待（Alloy et al.，2006）。格兰丁等人（Grandin et al.，2007）进一步发现，只有在第一次双相障碍出现前发生的童年期不幸遭遇才与双相障碍的诊断相关。除此以外，研究表明，虐待和双相障碍的早发、更加快速的循环以及更加消极的过程有关（Alloy et al.，2005）。

（五）发展过程

1. 双相障碍的形成过程

在个体的发展过程中，相比于抑郁谱系中的其他障碍，与心境有关的症状似乎在双相障碍青少年中出现得更早。举个例子，卢因森等人（Lewinsohn et al.，1995）在研究中发现，青少年报告的重性抑郁障碍出现的平均年龄是 15 岁，双相障碍出现的平均年龄是 11.8 岁。

有研究表明，在儿童中至少存在两种不同的形成双相障碍的方式。第一种形式是许多儿童最初表现出 ADHD 的症状。举个例子，在一项追踪研究中，蒂尔曼和盖勒（Tillman & Geller，2006）发现，在六年多的时间内，28.5% 的被诊断为 ADHD 的儿童出现了双相障碍。调查者推测，ADHD 可能是双相障碍发展的早期形式，因为两种疾病都源自潜在的精力过度旺盛，这只在发展后期时才会表达为双相障碍的形式。

第二种方式是通过抑郁形成双相障碍。来自许多不同实验室的纵向数据表明，患有单相抑郁的儿童和青少年有明显更高的风险发展成双相障碍，并且抑郁往往最开始出现在会发展出双相障碍的人。举个例子，希勒格斯等人（Hillegers et al.，2005）在新西兰的研究中发现，双相障碍家长也发展出双相障碍的后代，都在初始被诊断患有单相心境障碍（除了一个被试以外），并且比第一次躁狂出现平均早 5 年。达菲等人（Duffy et al.，2009）在加拿大进行的 15 年的追踪研究中得到了相似的结果，双相障碍只出现在青春期，并且第一次发病总是以抑郁的形式出现。对于一些青少年来说，抑郁可能代表了还未出现的双相障碍循环中的一个持久的焦虑阶段。

2. 双相障碍的发展进程

关于童年期双相障碍进程的纵向数据比较少，但是到目前为止的数据表明，这个进程是持久的、长期的。举个例子，卢因森等人（Lewinsohn et al.，2000b）追踪了一些青少年直到成年早期。自我报告的数据表明，在发展过程中，双相障碍症状表现出明显的连续性，同时也和消极的结果有显著关联。到目前为止，最全面的是一项关于青少年双相障碍形成过程和结果（the course and outcome of bipolar youth，COBY）的研究（Birmaher et al.，2009）。此研究对 413 名 7～17 岁的青少年进行了 4 年多的追踪。即使青少年有很高的可能性会从最初的双相障碍中恢复过来，但是 62.5% 的青少年会出现心境障碍的复发，尤其是抑郁。此外，研究者在 4 年的追踪中发现，在 60% 的时间里，青少年遭受一定程度的抑郁心境症状（包括抑郁和情绪波动）的折磨。25% 的患有 Ⅱ 型双相障碍的青少年转向 Ⅰ 型双相障碍，并且 38% 的患有未特定双相障碍的青少年转向 Ⅰ 型或 Ⅱ 型双相障碍。双相障碍的早发性和持久性、低社会经济水平和心境障碍的家族史都与更加糟糕的结果有关。

迪勒尔等人（Diler et al.，2010）回顾了支持双相障碍长时间持续的证据，包括在美国、加拿大和印度进行的研究。这些研究表明，相比于在成年期出现的双相障碍，早发的双相障碍更加严重和持久，对治疗更有阻抗。我们推测，一旦青少年经历了双相障碍的片段，那么他的大脑可能就变得更敏感，同时更可能以情绪紊乱的方式对越来越多的温和压力做出反应。这个现象的术语叫作"引火物"（Post，1992）。最后，在一生中，双相障碍中每一个随后的阶段都将更容易被触发，情况就会变得更加棘手，更加难以治疗。为了避免这个串联效应，一些临床医生建议，在仅怀疑可能是双相障碍的时候就应该开始服用心境稳定剂来进行治疗（Hammen & Rudolph，2003）。

随着个体不断地发展，双相障碍青少年在所有功能领域有更高的适应不良的风险，包括学校、同伴和家庭关系，药物滥用，法律问题以及自杀企图和实施（Diler et al.，2010）。我们都可以清楚地看到，这是一个对个体发展有毁灭性影响的疾病。

（六）干预

1. 药物疗法

假设双相障碍是一个有生物学基础的疾病，那么药物治疗经常是治疗的第一步。一般来说，儿童也服用和成人一样的药物（这些药物对成人有效），如锂盐。锂盐是从自然生成的盐中派生出来的。虽然在许多临床儿童和青少年的实验中报告了锂盐的安全性和温和的效果，但是精心实施、双盲和控制的研究依旧极其稀少，并且还报告有显著的副作用。这些副作用对青少年来说尤其糟糕，包括恶心、过度口渴和排尿、发抖、长青春痘与体重增加（除非另外提及，请依据 Kowatch et al.，2010）。

通常用来替代锂盐的药物包括抗惊厥剂。到目前为止最强的证据是在儿童身上使用丙戊酸（Depakote）。然后慢慢地，开药者开始转向不典型的抗精神病药物，如利培酮（Risperdol）、奥氮平（Zyprexa）以及齐拉西酮（Geodon）。所有这些得到了美国食品药物监督管理局的批准，可以用来治疗患有双相障碍的青少年。到目前为止，已经开启了 5 个大型的、精心设计的、有安慰剂控制组的研究。这些研究表明，这些药物对双相障碍和躁狂症状的治疗是有效的。然而，在这些研究中青少年出现的明显副作用引发了极大的担忧。这些副作用包括锥体束外症状（颤动、很难控制言语），迟发性运动障碍（无意识的重复移动），过高的血清催乳素，心律不齐，超重以及超重伴随的高血脂。这些都可能对身体和大脑的发展造成有害的影响。

2. 家庭治疗

我们可以看到，双相障碍青少年所在家庭中冲突和消极性表达比较多，这也会增加复发的可能性。因此，聚焦于提高家庭关系的干预可能是有效的。为了验证这个假设，米克洛维茨等人（Miklowitz et al.，2008）发展并检验了一个针对双相障碍青少年的家庭干预。聚焦家庭疗法（不要把它和功能家庭治疗混淆）需要所有的家庭成员（青少年、家长和兄弟姐妹）参与，并且会提供有关双相障碍的心理教育，也会提供沟通和问题解决技巧的培训。在一项操纵的临床实验中，患有双相障碍的 58 名青少年被随机分配到治疗条件或者参加一个简短的家庭教育干预，与此同时，所有的青少年都接受来自精神病学家的药物治疗。在两年多的时间里，处于治疗条件下的青少年在抑郁水平上改善最好。但是只在接受聚焦家庭疗法并且家庭很愿意进行情绪表达的青少年中发现躁狂有所改善。一个包含150名青少年的多区域干预调查干预了对有双相障碍风险儿童预防的有效性（Miklowitz & Goldstein，2010）。

除此以外，弗里斯泰德等人（Fristad et al.，2009）已经发展出了一个多家庭心理教育的团体干预。这个干预就是为了增加个体的社会技能和管理症状的能力，增加个体的希望和社会支持，也希望提高家庭成员对心境障碍的理解。家长和儿童在不同的团队里碰面，同时进行8次高度结构化的90分钟的会面，每一次会面都会以大家一起活动总结收尾。在一个采用随机进行控制的包括165个家庭的大规模的实验中，调查者发现，治疗团体中的家长报告对心境障碍的知识增多，他们改变了对治疗的信念，这些中介变量有利于更好地利用临床服务，最终提高儿童心境障碍的治疗效果。

三、儿童和青少年自杀

（一）定义和患病率

在我们开始讨论自杀之前，我们需要区分这五个概念：自杀想法、自杀企图、自杀姿态、自杀尝试以及自杀成功。

首先是自杀想法。曾经认为，孩子在童年期很少有自杀想法。但是实际上，自杀想法在童年期的孩子中是很普遍的。一项包含全美国16 460名高中生的具有全国代表性的青少年风险行为调查［疾病控制中心（Center of Disease Control，CDC），2010］显示，17.4%的女生和10.5%的男生在过去的一年里"严肃地考虑"过自杀。

自杀企图比自杀想法更加严重。因为自杀企图不仅仅是一个想法（例如，"我真希望我死了"），还会有一个具体的计划以及实施计划的动机。青少年风险行为调查（CDC，2010）的结果表明，13.2%的美国女孩和8.6%的男孩报告在过去的一年里他们制订过具体的自杀计划。

自杀姿态就是我们知道的姿态性自杀，或者说是非自杀性的自我伤害，涉及非致死的自我伤害行为，如划伤手臂或者腿，但是并不想从这些行为中死去。个体经常会因为想要和其他人交流自己的痛苦而出现姿态性自杀，这个姿态也是他们寻求帮助的呐喊。自我伤害的青少年往往严重失常，这些青少年将身体上的疼痛作为情绪调节的一种方式。这个我们还会在第十五章的边缘性人格障碍中看到这些个体。此外，自杀姿态也可能代表"一次尝试"，是更加严重尝试的前身，因此仍然令人担忧。

自杀尝试因其致死性而发生变化。典型的低致死性的自杀尝试一般就是在一个可能被发现的环境中使用慢性自杀的方法。例如，青少年在家服用毒药。因为这种自杀方法需要一定时间来生效，所以有人在生效之前就发现尝试自杀者的可行性比较大，不会因为太晚而无法复苏。个体经常采用这种行为来对人际冲突或者重大压力做出反应，并且，虽然这次尝试没有成功，但是依旧很严重。高致死性尝试一般涉及潜在的致命方法（如一把枪），这种行为迅速发生，他人很难进行干预（例如，当青少年独处的时候）。在美国，8.1%的高中女生和4.6%的男生报告在过去的一年里有一次或者多次的自杀尝试（CDC，2010）。更进一步地，只有2%的自杀尝试者会去寻求药物或者心理的帮助。最终，因为有一些自杀未遂没有报告，我们很可能低估了真实的患病率。

自杀成功在青少年中是一个显著的问题。在美国，自杀是15～19岁青少年的第三大致死原因，是10～14岁青少年的第四大致死原因，排在意外身亡和他杀之后（CDC，2010）。但是我们很高兴地注意到，在过去的十年里，青少年自杀率有所下降。与青少年相比，更加年幼个体的自杀率更低。在每100 000人中，0.7名5～14岁的儿童自杀成功；10.0名15～24岁的青少年自杀成功（Kung et al.，2008）。年幼儿童自杀率低的一个保护性因素可能是因为他们更难评价自杀方法。因此，相比于年龄更大的青少年，10岁或者10岁以前的儿童会更多地尝试自杀。男性和女性使用最频繁的自杀方法是枪支，其次，男性更可能选择上吊自杀；与此同时，女性更可能选择摄入药物（见方框9.6.）。

方框9.6　青少年自杀：为什么会随时间而改变？

依据全世界范围内的数据，在过去几十年里，青少年自杀率显著升高，但是在最近几年，自杀率又明显下降。疾病控制和预防中心（The Centers for Disease Control and Prevention's, CDC）的数据显示，2010年的一年中，美国儿童和青少年中的自杀率降低了25%。我们如何解释这个随着时间的变化呢？古尔德和同事（Gould et al.，2003）在进行文献回顾的时候发现很多因素和这个变化有关，最主要的是药物滥用比率和枪支易接近性的改变。举个例子，随着青少年自杀率的增加，开枪自杀也出现了不成比率的增加；并且，与患有其他精神疾病青少年的家庭相比，在自杀受害者的家中有两倍的可能性找到枪支。在过去几年里，美国在限制枪支上做出了更多的努力。并且，CDC表明，青少年自杀率的下降似乎在很大程度上是因为开枪自杀的减少。但是，古尔德和同事发现，这些解释在某些方面说不通。他们指出，在那些很少使用枪支的国家（如英格兰、德国和瑞典），青少年的自杀率也下降了20%～30%。此外，青少年自杀率下降了，但是物质滥用并没有减少。因此，古尔德和同事认为，一个更可能的解释是抑郁治疗效果以及可获得性的改善。举个例子，在青少年自杀率下降的时候，不断有新的抗抑郁药剂被研制出来。然而，对非裔美国人和印第安人而言，他们更难获得精神健康服务。

---

1. 性别差异

在每个年龄段，相比于男性，女性更可能尝试自杀，但是男性更可能自杀成功。女性的自杀尝试至少是男性的3倍，但是在15～19岁的人中间，男性自杀的成功率几乎是女性的6倍（CDC，2010）。在青少年阶段，男女比率稳步增加。对此做出的解释是因为不同性别选择的自杀方法不同。2/3的男性采取开枪自杀，而女性通常使用的是低致死性的方法，如过度摄入药物。虽然不应该这么想，但是我们认为，年幼的女性在对待想要死亡上没有那么严肃。女性更可能厌恶采用暴力的方式自杀，并且有时候年轻人对药物的致命性的认识是不准确的。进一步说，自杀数据经常来自精神健康诊所，并且往往忽视一个更重要的群体——被监禁的男性。如果这些数据包括在少年拘留所中的男性，那么自杀尝试中的性别差异可能就不会那么大了。

2. 跨文化差异

一个国际研究团队出版了青少年自杀的全球数据，该数据来自世界健康组织的全球疾病研究（Patton et al.，2009）。研究者根据地区（非洲、美洲、欧洲、地中海、太平洋西部和东南亚）以及收入水平（高收入和中、低收入）将 WHO 成员进行分组（见图 9-8）。总体来看，15~24 岁的男性和女性的自杀率均有增加，并且在世界范围内青少年自杀是青少年致死的第二大原因，也存在着显著的年龄、性别和收入水平的差异。总体来说，自我伤害死亡占了青少年死亡的 6%。但是在高收入国家，自杀死亡占了男性死亡数的 15%，占了女性死亡数的 12%。相反，在美国的中低收入州，从青春早期进入成年早期时，男性的自杀率增加了 9 倍。

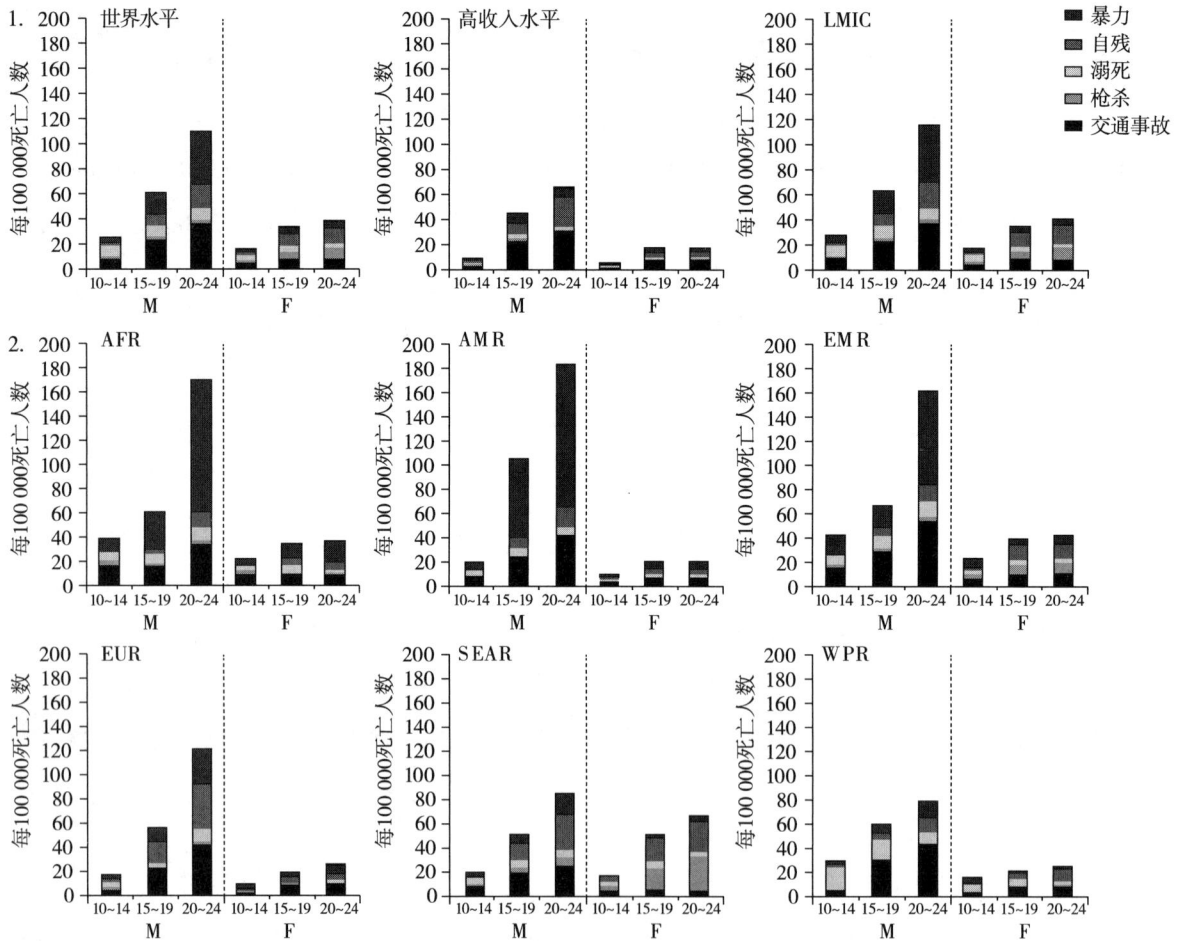

图 9-8 暴力导致的死亡原因：根据性别、年龄组和地区分层

注：特殊群体Ⅲ死亡原因是交通事故，枪击相关的死亡，溺死，自残伤害以及暴力。暴力是根据战争内外的暴力致死。M= 男性。F= 女性。（1）全球高收入国家、低收入国家和中等收入国家（middle-income countries，LMICs）的数据。（2）WHO 区域划分的 LMICs，AFR= 非洲区域，AMR= 美洲区域，EMR= 地中海东部区域，EUR= 欧洲区域，SEAR= 东南亚区域，WPR= 太平洋西部地区。

资料来源：Patton et al.，2009。

3. 种族差异

自从 1999 年起，美国的国家数据库就开始收集成功自杀的详细数据，涵盖很多组成美国人口的种族（National Lenter for Health Statistics，2010）。就如表 9-6 所示，印第安青少年的自杀率最高。欧裔美国男性的自杀率远远超过其他族群的男性，与此同时，女性，尤其是非裔美国女性，自杀率最低。

表 9-6 美国青少年自杀率：根据种族和性别对 15～19 岁青少年进行分类

种族	性别	死亡数	人口	比率
白人	男性	5208	129 343 347	4.03
	女性	1069	122 426 576	0.87
非裔美国人	男性	650	26 508 871	2.45
	女性	110	25 707 856	0.43
印第安人 / 美国土著居民	男性	171	2 286 736	7.48
	女性	46	2 209 384	2.08
亚洲人 / 太平洋岛民	男性	145	7 021 385	2.07
	女性	55	6 732 289	0.82
合计		7454	322 236 444	2.31

资料来源：National Center for Health Statistics，2010。

正如数据呈现的，相比于欧裔美国青少年，非裔美国青少年的自杀率更低。但是，非裔美国男孩的自杀率正在快速增长。1980—1999 年，10～12 岁欧裔美国男孩的自杀率增加了 86%，但是同一年龄组的非裔美国男孩的自杀率增加了 300%。与此同时，15～19 岁欧裔美国男孩的自杀率增加了 22%，非裔美国男孩的自杀率增加了 164%。但是在女孩中没有发现这种巨大的种族差异（CDC，2010）。

与 CDC 的自杀死亡数据不同的是，一些个体研究发现，相比于其他青少年，来自西班牙家庭的青少年有两倍的可能性出现严重到需要医疗照顾的自杀尝试。最后，研究者在一项研究中调查了美国具有多样性的青少年样本中的自杀尝试率。这个样本包括来自欧洲、墨西哥、越南和巴基斯坦的 5000 名青少年（Roberts et al.，1997b）。研究者发现，在过去的两周里，巴基斯坦的青少年出现自杀想法、制订自杀计划或者尝试自杀的可能性是欧裔美国青少年的两倍。混血青少年在自杀想法或者计划上也有增加的风险。这个发现是令人意外的，并且这些种族差异的原因还不明。但是，种族歧视和文化信仰可能对自杀可接受性产生了影响。

（二）病因学

1. 个体背景

（1）抑郁

雅各布森和古尔德（Jacobson & Gould，2009）回顾了对自杀青少年进行心理剖析的研究。

结果发现，高达90%的自杀青少年曾被诊断患有某种精神疾病。自杀成功者和自杀未遂者普遍被诊断为患有抑郁症。抑郁增加了11～27倍的自杀率，抑郁女孩比男孩有更高的自杀风险。许多抑郁的儿童和青少年经历了自杀观念，在一些样本中甚至达到了60%之多。此外，与抑郁的成人相比，抑郁青少年的自杀企图比率更高（见方框9.7中的案例）。

方框9.7 案例研究：自杀尝试

安东尼·斯皮里托博士和他的同事（Anthony Spirito et al., 2003）在罗德岛的布朗药学院展示了一个小女孩埃米（Amy）的案例。埃米是一个13岁的小女孩，她曾因为过量服用20多片从家里医药箱中找到的非处方药而进过急诊室。埃米接受了访谈。她说是因为一时冲动才进行自杀尝试，并没有事先预谋。在吃了药之后，她藏在自己的房间里。当她开始感到恶心的时候，她才告诉了她的妈妈她做了什么。埃米说，她相信过度服用药物足以致死，她也是真想死，因为她和妈妈吵架了。虽然她和妈妈平时相处得很好，但是在最近几周她和妈妈经常因为她糟糕的成绩和易激惹而争吵。埃米也提到了长期的压力源：同伴拒绝和学校表现差，这也是她企图自杀的原因。自杀是为了逃避她所承受的压力。

评估团队询问了埃米之前是否还尝试过自杀，并了解到她曾先后两次尝试自杀但未遂，但是她的父母都不认为这很严重，因此他们没有寻求医疗看护，也从没有寻求过专业帮助。埃米说，她所在的环境中也有人自杀，她有一个同学去年尝试过自杀。此外，她的父亲和父亲的祖母都有家族抑郁史。

评估团队要求埃米完成一些测试，其中包括一项自杀企图的测试。在这项测试中，她的分值高于其他自杀者的常模分数，这表明她是真的希望死去。在自杀观念的测量上，她的分数处于第85个百分位，这反映出她频繁地出现想要结束自己生命的想法。最令这个团队惊讶的是，埃米在抑郁心境和绝望感上的得分非常高。这次临床访谈表明，埃米达到了重性抑郁障碍的诊断标准，包括抑郁心境和易激惹，睡眠障碍，胃口改变，精神运动性迟滞，疲劳，缺乏精力以及无价值感。她没有达到其他精神疾病的诊断标准，并且焦虑、愤怒和药物滥用的得分在一般范围内。

评估团队的结论是，在被诊断出来之前，埃米已经遭受了一段时间的重性抑郁障碍。她的易激惹以及与父母更多的冲突，使得她的家庭没有意识到她潜在的深深的不幸福，并且还导致她的父母越来越否定她。

在评估结束的时候，埃米依旧非常抑郁和无望。她依旧想死去，并且她说她可能再次尝试自杀。相似地，当她被问到她在未来会如何处理可能引发自杀观念的压力源时，她不能报告出合适的处理策略，在某个时刻，她表示可能会使用更加致命的方法。因此，评估团队建议她住院治疗。

最初，埃米很抵触在医院进行治疗。几天之后，她的父母免了她的药物，她同意进行门诊治疗并参与抗抑郁药剂的实验。但是，在一个月内，她又因为自杀的威胁而重新住院。在第二次住院的时候，埃米变得更有责任心并且更积极参与和配合治疗。她的抗抑郁剂治疗剂量也在逐步调节。在追踪的第三个月，埃米的情绪变得越来越积极。除此以外，她在学校的表现也改善了，她开始参与以前很享受的活动，也和一些同龄同伴建立了关系。她仍继续进行门诊心理治疗并且她服用的药也在精心监控下。她再也没有自杀企图了。

（2）攻击性和冲动性

除了抑郁以外，还有其他因素也可以预测青少年自杀，尤其是愤怒和攻击性。愤怒和攻击性是自杀的一个重要部分（Apter & Wasserman，2003；Wolfsdorf et al.，2003）。在自杀身亡的男孩中大约有 1/3 患有品行障碍（Jacobson & Gould，2009）。并且，儿童品行障碍可以独立于抑郁预测成人的自杀（Harrington et al.，1994）。阿肯巴克和同事（Achenbach et al.，1995）开展了一项 6 年的纵向研究，他们发现，不是抑郁预测了自杀观念，而是外化障碍的早期迹象：在男孩身上表现为攻击性，在女孩身上表现为违纪行为。对男孩来说，品行障碍和自杀的相关可能是最强的，当品行障碍与抑郁一起出现时尤其危险（Apter & Wasserman，2003）。因此，与糟糕的关系、情感失调和难以抑制攻击性有关的品行问题与自杀高度相关。品行问题也可能通过增加同伴拒绝，与反社会同伴的关系，药物滥用和辍学，或诱发法律问题而导致自杀（Gould et al.，2003）。

冲动和自杀有关（Esposito et al.，2003）。很多情况下都可以看到冲动的出现，包括挫折容忍度低，缺乏计划，自我控制差，出现纪律问题，学业表现差和出现冒险行为。在自杀的青少年中，药物滥用是仅次于抑郁的最普遍的障碍（Moskos et al.，2005）。药物滥用会导致自杀想法的增加（Mehlenbeck et al.，2003）。药物滥用可能在自杀中扮演这样的角色：增加冲动性，淡化判断力以及产生自我毁灭行为。人格障碍也和青少年自杀风险的增加有关，尤其是与冲动—戏剧化或回避—依赖有关的特质（见第十五章；Brent et al.，1994）。

（3）认知因素

在和自杀行为有关的认知变量中，绝望感和糟糕的人际问题解决技能对自杀观念与尝试的影响最大（Jacobson & Gould，2009）。但是，绝望感不能独立于抑郁而单独预测自杀。相比于绝望感，缺乏生存下去的理由能更好地预测青少年自杀（Gutierrez et al.，2000）。

（4）自杀行为的去抑制

一旦有青少年越过了自杀想法和自杀行为的分界线，对再次尝试自杀的抑制能力就会下降。因此，自杀未遂能很好地预测后面的自杀行为。1/4～1/3 自杀身亡的青少年在此之前就已经尝试过自杀（Jacobson & Gould，2009）。

2. 家庭背景

家庭背景也对自杀有很重要的影响，但是家庭研究存在一个明显的缺点，即许多家庭研究是回溯性的，而不是对未来进行预期的。在自杀未遂发生之后才对家庭进行评估，不能证明是家庭因素导致了自杀。

　　家长的精神病史与青少年更高的自杀观念、尝试和成功的风险有关。其中，最强有力的风险因素就是家长物质滥用和抑郁（Jacobson & Gould，2009）。一些研究证明，自杀的青少年经历过糟糕的亲子关系（Gould et al.，2003；Hollenbeck et al.，2003），这可能是家长的功能紊乱所致。纵向研究表明，低水平的父母温暖、互动、支持和情感回应，以及高水平的家庭暴力、否定、纪律严格、虐待和一般家庭冲突可以预测孩子的自杀观念和自杀尝试。回溯性的研究表明，有过自杀观念或自杀尝试的孩子以及他们的父母均认为，他们家庭的总体失调水平较高（Prinstein et al.，2000）：凝聚力更低，支持更少，对变化的适应更差。

　　感觉父母很少支持自己能够预测青少年的自杀想法（Harter & Marold，1994）。哈特和怀特塞尔（Harter & Whitesell 1996）进一步研究发现，当抑郁的青少年感知到自己和父母的关系更加积极，父母更多地支持他们时，他们的自杀观念最少。因此，支持性的亲子关系也许可以为处于自杀风险的儿童提供缓冲。在12岁之前失去父母也会增加孩子自杀的风险（Brent & Mann，2003）。

　　在家庭系统中，自杀的儿童更可能暴露于父母冲突、家庭暴力和虐待的家庭环境中（Brent & Mann，2003）。各种各样的跨文化研究证明，身体虐待或性虐待与严重的自杀有关（de Wilde et al.，2001）。一项比利时的研究发现，在青春期遭到虐待的个体自杀风险最高（Bruffaerts et al.，2010）。其他的调查者发现，童年期虐待不会直接增加自杀的风险，但是会增强其他风险因素的影响，如人际问题（Johnson et al.，2002）。

　　最后，对儿童自杀来说，家庭中曾经发生过的自杀行为是一个非常强的风险因素（Jacobson & Gould，2009）。这种关联可能和遗传有关。但是也有人认为可能存在另一种被称为传染的影响机制——暴露在自杀行为下的青少年（尤其是在与青少年直接相关的社交网中）有显著更高的自杀风险（Gould et al.，2003）。据估计，在美国每年会有12 000名儿童和青少年遭遇一个亲密家庭成员的自杀（Gallo & Pfeffer，2003）。虽然并没有一致的结论表明暴露在家庭成员自杀行为中的青少年也更可能尝试自杀（Brent & Mann，2003），但是研究者一致发现，暴露在自杀行为下会有深刻的而消极的心理效果（Gallo & Pfeffer，2003）。暴露在自杀行为下应该被认为是加速已存在的风险因素的原因，而不足以成为自杀的理由。

　　3. 生物学背景

　　实际上，发生在家庭中的自杀可能不仅仅是因为亲子关系或者模仿所致。基于双胞胎、领养和家庭研究中较高的一致率，一些人提出自杀具有遗传基础（Brent & Mann，2003）。举个例子，一项针对双胞胎研究的大型元分析估计，自杀遗传的可能性为43%（McGuffin et al.，2001）。对基因影响自杀行为的机制进行探究的研究聚焦于5-羟色胺的新陈代谢和感受性，这与抑郁以及冲动性/攻击性风险的增加有关（Jacobson & Gould，2009）。

　　4. 社会背景

　　感知到的同伴支持少（Harter & Marold，1994）和人际技巧差（Asarnow et al.，1987）是

影响自杀的风险因素。相比于其他人，自杀的青少年更可能感受到被同伴忽视和拒绝，以及受到欺负（Prinstein，2003）。他们报告说，他们的朋友更少，也更担心他们的朋友会不会突然和他们分道扬镳，为了能被同龄人接纳，他们必须按某种特定方式行事。对处于危险中的青少年来说，人际压力（如被同伴拒绝或者和男朋友／女朋友分手）是常见的自杀催化剂（Jacobson & Gould，2009）。感觉到社交失败，被拒绝，丢脸，对恋爱感到失望，都会慢慢积压在青少年的心头，而影响他们的自杀行为。

在美国、芬兰以及荷兰进行的跨文化研究发现，欺凌是一种特定的人际压力源，可以很好地预测自杀。在一个对这些研究的重要综述中，克洛迈克等人（Klomek et al.，2010）发现，欺凌和被欺凌都与自杀想法及自杀尝试风险的增加有关，对女孩而言尤为明显。尤其是，当女孩成为欺凌行为的受害者，那她自杀的可能性会增加10倍。网上欺凌也与增加的自杀观念和行为有关（Hinduja & Patchin，2010）。

5. 文化背景

（1）社会经济水平

社会经济水平低也和自杀有关。虽然低收入和成功自杀的关联还不是很清楚，但是在低收入家庭中长大的青少年确实有更高的自杀想法和自杀尝试的风险（Jacobson & Gould，2009）。

（2）种族

之前引用的患病率指出了自杀风险中的种族差异，这可能是由不同发展性的影响所致。有人开始用文化因素来解释非裔美国青少年更低的自杀率。在非裔美国家庭中，宗教扮演着重要角色，扩展的家庭网络也会提供支持，并且，他们更倾向于将攻击直接指向外部而不是朝向自我（Gould et al.，2003）。另外，扎亚斯等人（Zayas et al.，2000）指出，社会和文化因素也许会对西班牙青少年的自杀行为造成影响。这些社会和文化因素包括社会经济水平低、传统专制家庭的约束，亲子之间因为文化适应而产生的冲突以及由于移民导致的大家庭支持的缺失。

在印第安人中惊人的自杀率已经引起了巨大的担忧和研究关注（Chandler et al.，2003）。自杀率在不同的部落和地理位置之间有很大的差异（CDC，2010）。但是贫穷、药物滥用、文化剥夺、强迫儿童待在寄宿学校的传统及伴随的高比率的性虐待和身体虐待，所有这些因素对理解印第安儿童的发展都很重要（Malley-Morrison & Hines，2004）。一般来说，跨文化的数据表明，那些与传统价值以及支持源分离的少数民族青少年自杀的风险更大。

（3）性取向

性取向不是异性恋的青少年也有更高的自杀风险（Jacobson & Gould，2009）。在新西兰基督城进行的一项长达21年的纵向研究中，弗格森等人（Fergusson et al.，1999）发现，男同性恋、女同性恋和双性恋的青少年自杀观念和尝试的比率更高。进一步地，在美国的一个流行病学的大型研究中，当控制了抑郁、酒精使用、家庭中曾发生的自杀尝试和迫害，性取向处于少数群体的青少年依旧有更高的自杀风险（Russell & Joyner，2001）。但是，相比于其他男同性恋和女同性恋青少年，自杀的那些青少年有更多的精神健康问题，并且生活压力更大，还存在药物滥用（Savin-Williams & Ream，2003）。很多人也把他们的自杀归咎于当他们暴露自己的性取向后其他人难以接受，做出拒绝、言语骚扰，甚至是暴力攻击的反应。

（4）媒体

累积的证据表明当媒体对自杀进行报道后，自杀行为有显著上升，尤其是在青少年中（Jacobson & Gould，2009）。出于对感染效应和媒体报道中将青少年视为偶像的演艺人士的死亡进行美化的担忧，疾病控制中心（O'Carroll & Potter，1994）召集一个专家小组编制了一份清单，上面列出了对自杀进行报道的建议。第一，专家组指出，对自杀过度简化会令人误解，不能准确地刻画出是严重、累积的心理和社会问题导致个体做出这种糟糕的选择；第二，媒体对自杀重复和夸张的报道可能导致青少年沉溺于自杀；第三，应避免耸人听闻的报道，理由同上；第四，报道不能让人误会自杀是一种问题解决的策略，而应该强调引起自杀的精神病理学原因；第五，不能赞颂自杀者（如通过颂词和公共悼念来表明这种行为是荣耀并且值得赞扬的）；第六，不能对自杀成功者的积极特点进行过度的赞扬，除非通过用对他们心理问题的描绘来进行平衡，否则可能导致渴望赞美和关注的青少年被自杀所吸引。

（5）现代化

从更大的社会水平来看，自杀率的增长与现代化有关。现代化伴随着社会片段化的增加，个人主义以及传统价值与支持系统的缺失。这种价值的缺失可能破坏青少年的归属感和意义感，导致对存在感到绝望（Kelleher & Chambers，2003）。

（三）发展过程

经常会有这样的问题，想要尝试自杀的青少年是否真的尝试杀死自己，因此，他们的尝试是否表明他们未来自杀的严重隐患或者预兆。

探究儿童对死亡概念认识局限性的认知发展研究支持了对年幼儿童是否真的试图死去的质疑。研究显示，自杀的儿童对死亡永久性的理解存在局限（Cuddy-Casey & Orvaschel，1997）。但是纵向研究一致表明，童年期的自杀尝试对随后的自杀尝试和自杀身亡是强劲的预测因子。举个例子，在他们第一次尝试自杀的8年后，相比于其他儿童，自杀的儿童会有6倍的可能性会再一次尝试自杀（Pfeffer et al.，1984）。高达1/3的自杀青少年之前至少有一次自杀尝试，并且先前的自杀尝试能够增加高达30倍的自杀成功率（Jacobson & Gould，2009）。随后的尝试大多发生在最初尝试之后的两年内，并且超过半数的继续自杀的人做出了各种各样的自杀尝试。因此，儿童的自杀尝试不应该仅仅被认为是为了获取关注的行为而不予理睬，因为这些参与自杀的儿童在未来会有更严重的尝试和更高的自杀死亡的风险。

虽然关于青春期自杀尝试长期后果的纵向研究很少，但是博尔格斯和斯皮瑞托（Boergers & Spirito，2003）对可以获得的文献做了综述，结果暗示这些青少年有持续的心理问题和随后反复出现自杀尝试的风险。一项持续了11年的追踪研究显示，29%的青春期自杀尝试者和他们的父母报告有所改善，22% 报告没有改变，33% 报告与尝试自杀时相比，心理失调增多。并不令人奇怪的是，当家庭关系和居住条件在青少年尝试自杀后变得更好时，青少年的改善最大。从长远来看，在尝试自杀的青少年中也发现了辍学、参与暴力和冒险活动的情况。

（四）整合性发展模式

1. 自杀观念

苏珊·哈特（Susan Harter）把自己的研究和别人的结合在一起，提供了一个自杀观念的综合发展解释（Harter & Marold，1991，1994；Harter et al.，1992）。基于对 12～15 岁正常个体的研究，她的模型重构了最后导致自杀观念的连续步骤（见图 9-9）。

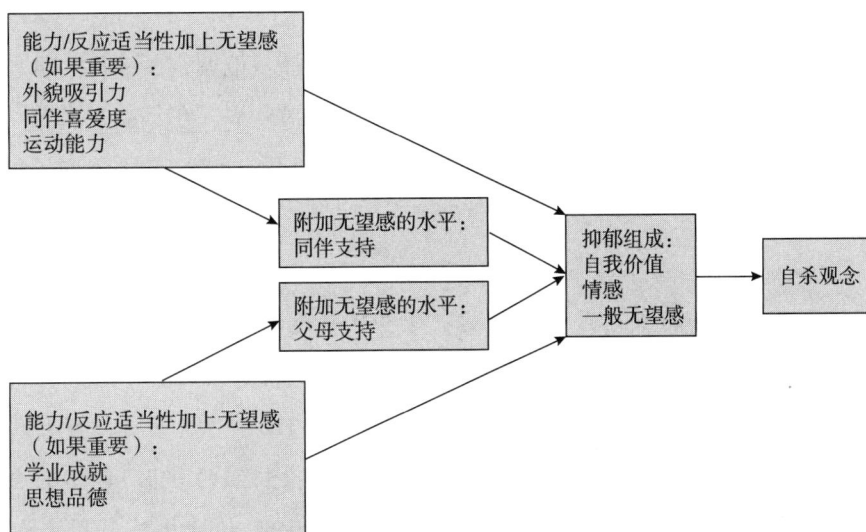

图 9-9　青少年自杀观念的风险因素

资料来源：Harter et al.，1992。

哈特提到了一个叫作抑郁合成物的概念。抑郁合成物出现在自杀观念之前且与自杀观念高度相关，它由三个相互关联的变量组成：低的总体自我价值、消极的情感和绝望感。前两个变量高度相关，自我价值感越低，消极情感越强烈。

此外，抑郁合成物源自青少年的无能力感以及家庭和朋友支持的不足。能力和支持这两个变量以一种特别的方式相联系。关于能力，外貌吸引力、同伴喜爱度和运动能力与同伴支持有关；然而学业成就和思想品德则与父母支持有关。最终，青少年会更加认可与同伴有关的能力，其他的能力对父母来说，而不是对青少年自己来说，是更重要的。

数据分析显示，与父母相关的能力和支持相比，与同伴相关的能力和支持与抑郁合成物的关联更强，这可能是因为后者与青少年自我概念的联系更紧密。但是，父母支持能帮助区分仅仅抑郁的青少年和那些不仅抑郁并且有自杀观念的青少年。更进一步说，支持的质量才是最重要的。如果青少年感觉到他们的表现只是为了讨好他们的家长或者同伴的时候，他们的自尊就会下降，抑郁和绝望感就会增加。另外，无条件的支持会帮助青少年将抑郁合成物降低到最少。

关于低自我价值和抑郁哪个先出现的问题，数据表明，这两者的关系是双向的。一些青少年在他们经历了低自我价值后会变得抑郁；一些青少年在经历如被拒绝、冲突或失败之类的事件后变得抑郁，这会反过来导致自我价值的降低。

那为什么抑郁多发在青春期呢？哈特等人（Harter et al.，1997）整理了有关这个阶段的许多研究结果，发现在青春期，自我觉察、自我意识、内省和对自我形象的认识急剧增加，与此同时，自尊更容易受到伤害。虽然青少年依旧保持着和父母的联系，但是同伴支持明显变得更加重要。直到青春期，个体才能第一次完整地理解绝望感的认知含义，同时，在情感上也会出现抑郁症状的增多。自杀观念被认为是为了应对或逃离抑郁合成物的痛苦认知和情感而做出的努力。

2. 自杀尝试

雅各布斯（Jacobs，1971）提供了一个经典的重构性解释。他调查了50名14～16岁自杀未遂的青少年，并从当地一所高中招募了31名青少年作为控制样本，在年龄、种族、性别和母亲受教育水平上都进行了匹配。通过一个密集、多方法的调查后，雅各布斯重构了一个最终导致自杀尝试的五步骤模型：

1. 开始于童年早期的长期存在的问题。这些问题包括家庭不稳定，家庭成员死亡，严重的疾病，家长酗酒和在学校的失败。

2. 在青春期时问题的加速。与更早的童年期问题相比，对自杀青少年更重要的是在前一个五年中出现痛苦事件的频率。举个例子，相比于控制组的6%，45%的自杀青少年在前五年中经历过父母离婚。自杀的青少年经历与恋人分手和被逮捕并判监禁的比率也更高。近期在学校的失败和亲子冲突也会慢慢积累导致抑郁。

3. 应对能力的逐渐缺乏和脱离有意义的社会关系。自杀组和控制组的青少年不服从、不尊重权威和挑衅的水平相当。但是，自杀青少年的应对策略更多以退缩为主，包括回避其他人和长时间的沉默。自杀青少年与父母的疏离是特别令人震惊的。举个例子，70%的自杀尝试发生在家里，但只有20%尝试自杀的青少年通知了父母。在一个例子中，一名尝试自杀的青少年给住在几英里（1英里约有1.6千米）远的朋友打了电话，他的朋友反过来联系了他的父母，而他们当时就在隔壁房间。

4. 社会关系的解体。在自杀未遂的几天或者几周前，自杀的青少年往往经历了社会关系的破裂，引发了他们的绝望感。

5. 为自杀行为辩解，给青少年自杀尝试的许可。这种辩解行为是从112个青少年和成人的遗书中重构出来的。遗书包含了重复出现的特定主题。比如，把问题看成是长期存在并无法解决的，这时死亡似乎是唯一的解决办法。遗书的作者也表示，他们知道自己在做什么，对自己的行为感到抱歉，并且乞求原谅。孤独的主题和随后的绝望感在遗书中很普遍。奥弗霍尔泽和斯皮瑞托（Overholser & Spirito，2003）指出，大多数自杀的青少年是矛盾的。虽然他们也更愿意活着，但是他们已经不愿意或不能再忍受他们正在遭受的痛苦了。

在瑞典进行的一项研究重复了雅各布斯的模型（Hultén et al., 2001）。自杀阶段开始于长期存在的痛苦和缺乏支持，这两者都会让个体产生绝望感和无效的应对策略。近期的压力源和更早的失败、失望产生共鸣，然后导致自杀。

（五）干预

绝大多数自杀的青少年提供了关于他们即将到来的行为线索。一项研究显示，83%自杀身亡的青少年在他们死亡之前的一周里告诉了其他人他们的自杀企图（Berman & Jobes，1991）。大多数时候，家庭成员或者朋友听到这样的话，都不认为这些话是认真的，尝试否认这些话，也不能理解这些话的重要性。朋友可能认为说出朋友想自杀这件事背叛了朋友的信任。因此，不仅仅是青少年自己没有寻找专业帮助，他们吐露的对象也倾向于推迟或者抵制寻找帮助。因此，预防自杀的一个重要目标就是让家长和同伴了解自杀风险的标志。

一旦青少年寻求专业帮助，即刻的治疗任务是评估他们自杀行为的风险以及通过危机干预保护他们远离自我伤害（Van Orden et al., 2008）。这可能会涉及限制自杀工具的获得途径。例如，把枪从家里移走或者把药片从药橱里拿走；让青少年签订一个"承诺治疗"的合同（Rudd et al., 2006）；通过富有同情心的家人或者朋友一直陪伴着青少年来降低他们的孤立感；给予药物治疗来帮助减少焦虑不安或抑郁；在更加严重的案例中，需要住院治疗。

1.心理疗法

现在已经发展出了许多不同种类的针对自杀青少年的干预，但是只有极少的干预经历了最严格的实证验证（Van Orden et al., 2008）。已经获得实证支持的干预包括认知行为疗法（Rudd et al., 2004）和家庭治疗（Donaldson et al., 2003）。认知的方法聚焦于改变患者的思考方式，如灾难化的思考方式。家庭治疗致力于增加家庭沟通和支持。一个可供选择的方法是辩证行为疗法（dialectical behavior therapy，DBT，见第十五章），这种方法被应用于自杀和姿态自杀的青少年中（Miller et al., 2006）。DBT聚焦于重要的技能（如情绪调节和承受压力的能力）、人际问题解决和冲动控制。

2.自杀预防

不幸的是，两种最常使用的自杀预防方式——自杀热线和媒介宣传——效果微乎其微（Van Orden et al., 2008）。社区的自杀热线仅微微降低了自杀率。然而，热线倾向于仅被一群人——白种女性使用。更没有帮助的是，媒介宣传有时会起到反作用。几项研究显示，电视和报纸对自杀的报道，反而会增加自杀率，尤其在青少年中。

基于学校的自杀预防项目很流行，几年间展开自杀预防项目的学校增加了200%。这些项目的目标是提高对青少年自杀问题的意识，训练参与者识别风险人群，并教授青少年可以获得的社区资源。然而，基于学校的自杀预防项目也出现了许多问题。首先，这些项目很难接触到真正高危的人群，因为那些被监禁、辍学的青少年不会参加课程。即时他们参加了项目，关于他们的收获也是值得质疑的。这些项目有增加青少年自杀的趋势，同时不重视想要尝试自杀的青少年往往存在情感困扰。因此，他们鼓励青少年识别出现的问题，却忽视了接触传染效应。为了试图避免自杀污名化，这些项目反而使自杀行为正常化，减少了社会禁忌。

大规模控制严格的研究证实了以上的担忧。例如，一项包括1000名青少年的研究发现其对青少年自杀态度无积极效果。事实上，参加项目的一小部分青少年开始觉得自杀也是一种可以解决问题的可靠的方式。那些处于高度风险中的青少年（曾经有过尝试）是最有可能发现该项目没有意义又令人痛苦的（Shaffer et al.，1991）。然而，接下来的研究显示，直接呈现警示标语和如何寻求帮助的信息是没有消极效果的（Van Orden et al.，2008）。

另一个建议的策略是基于学校的预防可以不关注自杀本身，而去关注导致自杀的风险因素。虽然自杀很罕见，但是压力源和生活困扰会使一些青少年考虑自杀，而另外一些青少年却不会因此考虑自杀。因此，成功的预防项目可以关注这些风险因素，如物质滥用、冲动行为、抑郁、缺乏社会支持、家庭不和、较差的人际关系问题解决策略、社交孤立和低自尊，以及潜在的关键发展能力，如不安全的内部工作模式、自我认同、情绪失调、自我脆弱和不良应对技巧（Or-bach，2003）。

研究者发现了两个关键的可以缓冲青少年自杀的保护性因素（在此我们参考Jacobson & Gould，2009）。首先是家庭凝聚力，包括相互卷入、共享乐趣和情感支持，这一因素会降低青少年自杀的风险，即便是那些抑郁并经历高压事件的青少年。其次是有活下去的理由。通过莱恩汉等人（Linehan et al.，1983）的调查，平托等人（Pinto et al.，1998）发现存活和应对的信念（例如，"我相信我可以掌控自己的生活和命运"），道德反对（例如，"这对其他人是不公平的"），以及对自杀的恐惧感（例如，"我害怕未知"）和青少年的低水平自杀想法相关，而家庭责任感、害怕失败和社交困难与低水平自杀想法并不相关。

前两章描述了内化自己不安和痛苦的儿童，如焦虑和抑郁。接下来，我们会遇到一些外化问题的儿童，他们以反社会的行为表现自己。我们之前在讨论对立违抗障碍和注意缺陷多动障碍时已经提到过外化者；接下来我们会关注反社会行为的发展。与过度自控的抑郁和焦虑的儿童远远不同，这里我们会看到在学步期出现的自我控制缺陷在童年中期再一次暴露，这也是品行障碍的核心表现。

第十章

童年中期至青少年期：品行障碍和反社会行为的发展

本章内容

1. 定义与特点

2. 品行障碍的类型

3. 共病与鉴别诊断

4. 发展进程

5. 病因学

6. 综合发展模型

7. 干预

品行障碍在心理病理学中占据着独一无二的地位。不仅仅是因为患者的个人发展历程遭到了破坏，还是因为在此过程中社会给予了巨大的投入和反社会行为带来了严重的伤害（见方框10.1.）。所以，也难怪相比于其他儿童心理病理学而言，攻击与反社会行为获得了更多的关注。在本章，我们会回顾一生当中的品行问题和不同的表现，范围跨越了夸张的正常行为与严重的冷血凶杀、暴力。

方框 10.1　个案研究：科伦拜恩（Columbine）杀手

　　1999 年 4 月 20 日上午 11：21，在科罗拉多州的立托顿小镇的科伦拜恩高中（Columbine High School in Littleton，Colorado），两个少年拿出锯短了的猎枪在科伦拜恩高中的图书馆向自己的同学开火。尽管他们装在自助餐厅的自制爆破筒没有爆炸，但在 15 分钟之后，这次枪击造成了 21 人受伤与 15 人（包括他们自己）死亡。杀手埃里克·哈里斯（Eric Harris）和迪伦·克莱伯德（Dylan Klebold）最终将他们的枪对准了自己。

回顾过去，这次可怕的攻击其实是有先兆的。众所周知，这两个男生背地里十分厌恶自己的学校并且与同学关系十分疏远。埃里克经常抱怨有一群"大学运动员"（jocks）欺负他，把他关进柜子里，朝他扔东西，用粗鲁的词汇称呼他——但是学校领导不这么认为。他和迪伦都效仿一群叫作风衣黑手党的男孩：这群人穿着中筒军靴和二手店的蹩脚货聚集在一起，做反社会制度的事情。但是埃里克和迪伦自称处于这个群体的边缘地带。在大屠杀的前一年，厌倦了仅仅只是在闲暇时间摔瓶子、放鞭炮的二人入车盗窃并被拘捕。他们被判进行 45 小时的社会服务，参与青少年娱乐中心的愤怒情绪管理课程和常规药物筛查，但是他们在顾问面前假装表现积极从而提前一个月就被释放了。事实上，在二人的盗窃指控开庭之前，他们已经受到了同学和家长的注意。起因是埃里克的博客上曾表示他和迪伦将会在夜里溜出家门引爆自制炸弹。"你们最好都躲在自己家里，因为我很快就会射杀每一个人，杀了一切！"埃里克如是写道："我就是王法，如果你不喜欢，那你就去死。如果我不喜欢你或者你要我做的事情，你也要死。上帝啊！我简直迫不及待要去杀了你们。"

那么他们的童年时期是否也有些许线索呢？他们是否曾是心理或生理上虐待的受害者，或者曾经在家中或者社区目睹过暴力事件？巴特尔斯和克劳德（Bartels & Crowder，1999）进行了一些调查研究，以下是他们发现的一些问题。

迪伦在立托顿一个安静的住宅区长大。他的父母出生于俄亥俄州（Ohio）：母亲在一个特权家庭中长大，而父亲有一个不幸的童年——6 岁丧母，12 岁丧父。迪伦的父母在大学时恋爱，之后结婚并抚育了两个儿子，在此期间的家庭氛围是温和宁静的，儿子们甚至不能接触玩具枪。当这个家庭搬到常有野生动物出没的峡谷后，小迪伦担心美洲狮会吃掉它心爱的猫。这个家庭尊重母亲庆祝光明节与父亲信奉耶稣的家庭传统，但是很难协调统一。作为一个小孩子，迪伦被邻居们称为"小笨蛋"（gawky）、"书呆子"（nerdy），但是在学习上却极有天赋，特别是数学。在高中一年级的时候，他结交了一群坏朋友，他们长期观看暴力电脑游戏并且陶醉在自己嘲弄老师、同学的能力之中。迪伦甚至运用他的计算机技术侵入学校的电脑系统，以获得自己讨厌的人的锁柜暗码。在高二时，他加入了一群热衷表演的离经叛道人士。迪伦也会表现出阴郁的一面，他一直表现出对学校的憎恨并且开始酗酒。他几乎没有约会过。尽管如此，他在别人眼中往往是"虽然害羞但是个好人"的样子。到高三时，迪伦经常在下午回家和父亲待在一起，所以他的父亲认为他们的父子关系非常亲密。秋天，迪伦还收到了亚利桑那州大学计算机科学专业的录取通知书。

与迪伦相反，埃里克生长在一个军人家庭。他搬过很多次家，直到 7 岁，父亲退休举家返回到他的出生地科罗拉多之后，才稳定下来。埃里克的父亲退休后做了空军试飞员，将大部分精力都投入新工作中，母亲从事餐饮工作。父母都对他灌输着努力工作与学历的重要性。在孩童时期，邻居家的女孩子称埃里克为"私校生"（preppy，讽刺家境殷实、一本正经的青年）、"笨蛋"，但也认为他很好，很有礼貌。埃里克喜欢家里养的名为斯巴克的小狗，如果它生病了，埃里克就会推掉其他活动来照顾它。在高中，他开始喜欢包含恐怖、暴力元素的歌曲，并复刻下来送给朋友；即便他的朋友们都已经不爱玩了，他依然沉迷于暴力的视频游戏。埃里克开始对周遭的一切充满怒气，友谊也转变成为恨意，这让身边的人都十分不解。他开始从头到脚穿成黑色，抱怨自己的厌烦。在一堂心理课上，他报告了自己的梦境：他和迪伦在一家商场开火行凶，报复了一个曾侮辱他们的人。在一个金融项目中，埃里克录制了一个名为"风衣黑手党服务"的营销视频，视频中提到，支付 10 美元便可为雇主杀人。埃里克的父母对此表示十分担忧，遂送他到一位精神病学家那里接受治疗，当时评估时医生开出的是抗抑郁药物。尽管如此，他在快餐店的监督人甚至评价他为"好孩子……很安静但是每个人都能和他好好相处。"在他和迪伦受到指控他们偷窃罪的审判之后，埃里克开始躲着父母写日记。埃里克死后，调查者从日记中发现他为炸毁学校的计划准备了一年之久，而 4 月 20 日正是他为纪念阿尔道夫·希特勒（Adolph Hitler）的生日而定下的日期。最终，1999 年 4 月 15 日，在距离惨案还有 5 天的时候，埃里克得知他的精神病史阻碍了他进入梦寐以求的海军陆战队。他在遭拒后失去了对未来的希望。

科伦拜恩枪击案之后，不仅在美国，世界各地都诞生出很多年轻的效仿者，这造成了极为严重的隐患。比较重大的案件包括 2009 年发生在芬兰的约凯拉（Jokela）校园枪击事件——一名 18 岁的年轻人杀害了 9 条生命；2009 年德国也同样发生了温妮顿（Winneden）大屠杀，一名 16 岁少年把枪对准了 16 人；2004 年伊利亚斯马尔维纳斯中学事件中，一名 15 岁的少年竟向自己的同学开火，造成 3 死 5 伤。

那么我们如何运用发展病理学中有关品行障碍的理论来解释科伦拜恩惨案以及之后的效仿者呢？

一、定义与特点

DSM-Ⅳ-TR 将品行障碍（conduct disorder，CD）定义为一种侵犯他人基本权利或违反与年龄相称的主要社会准则的，持久反复发生的不良行为（见表 10-1）。品行问题可分为四种表现形式：攻击人及动物，破坏财务，欺骗或偷盗和严重违背规则。

严重程度被区分为轻度（很少有行为问题能达到诊断标准，并且出现的行为对他人造成的伤害极小）、中度（问题的数量与严重程度处于中间水平）和严重（有很多行为问题或者这些问题对他人造成了巨大的伤害）。DSM-Ⅳ-TR 更深入地区分了行为问题在童年期发病（10 岁之前）

和青少年期发病（在 10 岁之前并未出现品行障碍的标准特征）的差别。我们将在之后对这一重要划分进行详细说明。

与此相反，ICD-10 提供了一个更详尽的区分品行障碍亚型的方式（见表 10-1）。尽管最主要的标准与 DSM-Ⅳ 一致，但 ICD 认为品行障碍也许仅限于家庭情境和青少年与父母、兄弟姐妹的互动。除此之外它还提及，尽管在最新版的 DSM 中已被删除，但在反社会行为的研究中这种区分已经有很长的历史了；并且这也是非社会化攻击和社会化攻击的对比。患非社会化品行障碍的青少年在人际关系中呈现出显著的弱势。他们可能会表现出孤僻和反社会行为，或者仅仅只是攻击性导致无法维持青少年之间的友谊。与此相反，社会化品行障碍包含发生在高凝聚力团体下的反社会行为，可能包括正式的帮派活动或仅仅只是参与临时非正式组织的不当行为，如旷课、入店行窃等。有研究证实该亚型的区分至关重要，我们在本章将会重新关注这一部分。

表 10-1　DSM 与 ICD 在品行障碍中的诊断标准对比

DSM-Ⅳ-TR 标准	ICD-10 标准
1. 侵犯他人基本权利或违犯与年龄相称的主要社会准则的，持久反复发生的不良行为，具有下列标准之 3 以上（在过去 12 个月内）。 对人或动物的攻击行为： （1）常威胁、恐吓他人； （2）常殴斗； （3）曾使用能使他人产生严重躯体损伤的武器（如短棍、砖块、刀子、枪）； （4）曾使他人躯体受虐待； （5）曾使动物躯体受虐待； （6）曾经抢劫路人（如背后袭击、抢钱袋、勒索、武装抢劫）； （7）曾胁迫对方进行性行为。 损坏财物： （8）故意纵火企图造成严重损失； （9）故意破坏他人财物（除纵火外）。 欺诈或偷窃： （10）破门进入他人的房屋或汽车； （11）常说谎以取得好处或者是为了逃避责任（骗子）； （12）曾偷窃值钱财物（例如，并不是破门而入的偷窃；伪造膺品）。	反复而持久的社交紊乱性、攻击性或对立性品行模式。当发展到极端时，这种行为可严重违反相应年龄的社会规范；较之儿童普通的调皮捣蛋或少年的逆反行为也更为严重。并且这种行为模式会持续很长一段时间（不少于 6 个月）。品行障碍的表现亦可以是其他神经科障碍的症状，在此情况下要注意甄别。 作为诊断依据的症状包括过分好斗或霸道，残忍地对待动物或他人，严重破坏财物，放火，偷窃，反复说谎话，逃学或离家出走，过分频繁地大发雷霆，反复性挑衅行为。明确存在上述任何一项表现，均可做出诊断，但孤立社交紊乱性行为还不够。 局限于家庭的品行障碍： 具有社交紊乱性或攻击行为（不仅仅是对立、违抗、破坏行为），这种异常行为完全或几乎完全局限于家庭和 / 或与核心家庭成员或最亲近的家人的关系以内。该障碍需要完全达到品行障碍的标准；只存在亲子关系紊乱，即使很严重也不足以下诊断。 未社会化品行障碍： 特征是同时具有长久的社交紊乱性或攻击行为（不仅仅包含对立、违抗和破坏行为），与其他儿童的个别交往也有显著的全面性异常。 包含：品行障碍，孤立攻击型——非社会化攻击性障碍。

续表

DSM-Ⅳ-TR 标准	ICD-10 标准
严重违犯准则： （13）常在外过夜，即使父母禁止也是如此，开始于13岁以前； （14）曾至少有2次晚上逃离家在外过夜（或1次长期不归）； （15）常逃学，开始于13岁以前。 2. 行为问题已明显影响社交、学业，或工作。	社会化的品行障碍： 一般来说能够与同伴玩到一块的儿童。具有持久的社交紊乱性或攻击性行为（不仅仅包含对立、违抗和破坏行为）。 包含：品行障碍，集体型—— 　　　集体违法行为， 　　　结帮违法， 　　　与他人结伙偷窃， 　　　逃学。

资料来源：（L）转载自 DSM-Ⅳ-TR，（R）转载自 ICD-10。

（一）问题行为与品行障碍

众所周知，不良行为是正常发展的一个组成部分。因此，我们的首要任务就是要限定，行为问题发展到何种程度才会达到品行障碍的标准。DSM-Ⅳ-TR 明确规定该范围仅限于个人潜在的功能失调，而不是对社会环境所做出的快速反应。为了更好地做出判断，DSM-Ⅳ-TR 建议临床医生应当考虑问题行为发生的社会经济背景。比如，攻击行为可能出现在犯罪高发地区某人保护自己免受伤害时，或者在迁移难民的侥幸生存中。因此，一些青少年的不良行为可能是为适应不良环境而产生的，并非心理疾病。

学界曾质疑，该诊断系统是否足以区分从而阻止误判的情况发生。比如，里克特斯和西凯蒂（Richters & Cicchetti，1993）警示我们要谨慎使用品行障碍的标准来判断不正常的孩子。他们指出一些科幻小说里最受欢迎的人物，如费恩（费恩历险记的主角）和一些现实生活中的人物，如哈克的缔造者：马克·吐温（Mark Twain）都符合品行障碍的特征。无疑，分辨情绪失调以及能够预测更多问题行为是非常重要的，但不能将可能因性格这种具有长期潜在影响的因素而导致各种问题的青少年（如不合群、内心独立、恶作剧）归为病态。

但是，有证据表明很多涉及反社会行为的青少年都具有严重的心理问题。比如，根据美国国家精神卫生中心和青少年司法（Skowyra & Cocozza，2007）的数据，很多研究都表明65%～70% 曾在青少年司法系统中备案的美国青少年都被诊断有心理健康问题，且大约27% 患有严重的心理障碍，需要接受治疗。在患有心理障碍的青少年中，女生的比例甚至高于男生（Kerig & Becker，2012；Marston et al.，2012），见方框 10.2。

方框 10.2　日益发展的困境：孩子多大才需要承担法律责任？

在过去的几十年，受青少年犯罪率的影响，美国法律改革后降低了青少年与成人在刑事法庭接受同等制裁的年龄。比如，2006 年，有 20 万未成年人被判与成年人同等罪行。但从发展的视角，未成年人真的已经能够和成人承受同样多吗？他们能够应对与成人同样的法律程序、维护自己的权益并且理解对自己的控告吗？为了回答这些问题，斯坦伯格等人（Steinberg et al., 2009）对将近1000名青少年罪犯（11～17岁）和500名青年人（18～24岁）进行了结构访谈。在受访者中有一半被监禁，另一半来自社区。结果显示，在理解自己的权利、法庭程序、启用法律辩护的原因与相关信息方面，受访者有着显著的年龄差异。大约1/3的11～13岁受访者和1/5的14～15岁受访者选择了对自己有害的选项。不仅如此，他们的无知可能会在其他方面影响他们的行为，从而会影响他们对自身权利的维护。他们更容易直接对警察承认而不是事先向律师寻求帮助；他们更容易接受庭外和解而不是在法庭上为自己辩护。在之后的研究中，调查者发现，成人与青少年在冲动控制、抵抗同伴压力、未来去向、逻辑归因方面存在显著差异。

因此，调查者得出结论：青少年还不能完全应对自己行为上背负的"法律责任"，决策能力与对外界环境反应能力的缺乏，更容易被强迫，都会影响他们正常参与法律程序。该研究的发表也许向法律制定者呈现了一个"令人难受的事实"：通过宪法制约那些没有能力应对受审的人，只会使年轻的罪犯不能有效地进行自我保护。不仅如此，作者提出年轻罪犯仍然处于性格塑造的时期，因而与成人罪犯相反，未成年人的反社会行为可能仅限于那个时期，并且会被环境和发展力量所规范，而不是受一成不变的性格驱使。所以，尽管成人与未成年人犯罪都是因为不成熟和错误的决策，但是发展上的不足使未成年人仍有可能走出泥淖。综上所述，作者表达出对青少年犯罪执行死刑的忧虑。研究者通过非当事人意见陈述（法庭之友）向法官提出了建议。2005年3月，美国最高法院发布了宪法修正案第八条（禁止酷刑），未成年犯罪不予执行死刑。在此之后，美国最终成了一批禁判儿童死刑的发达国家中的一员。研究者则在努力帮助法院制定良好的政策：如进行合理的说教而不是将青少年送往成人法庭或严厉处罚如终身监禁（Steinberg, 2009）。

（二）患病率

莱希等人（Lahey et al., 1999）对世界各地共39份流行病学报告（其中22份出自美国）进行了数据统计，得出这些报告的患病率预估为0～11.9%，中位数为2.0%。这是因为他们在诊断品行障碍时采用了不同的定义与标准。诺克等人（Nock et al., 2006b）使用了更加标准的诊断评估方法，采集全美国有代表性的3199名被试，最后发现品行障碍男性的终生患病率为12%，女性为7%。莫恩等人（Maughan et al., 2004）采用了全英国具有代表性的10 438名5～15岁的儿童，他们发现男生的患病率为2.1%，女生的患病率为0.8%。

在针对青少年的更具有代表性的样本中，如美国国家疾病研究（National Comorbidity Study）结果显示，男生品行障碍的患病率为7%，女生为2.1%。年龄范围顶端（18岁）达到诊断标准的数量是末端（13岁）的两倍。

　　品行障碍在临床样本中的患病率更高：有 1/3～1/2 的儿童与青少年病例由品行问题、攻击性和反社会行为组成（如多夫纳团队与德国儿童行为量表研究团队的调查；Döpfner et al.，2009）。由于其可观察，对他人造成干扰，并且很难忽视，品行障碍是最易罹患，也最容易被诊断出的儿童障碍之一。

　　瑞斯克拉等人（Rescorla et al.，2007）比较了 24 个国家的数据后得出报告：品行障碍的性别差异显著，并且呈现跨文化的一致性。男生被诊断患品行障碍的概率是女生的 4 倍，不过随着青少年的发展，这种鸿沟在逐渐减小（Lahey，2008）。比如，在美国，女性未成年人的逮捕率在过去的 10 年里增长了 7.4%，而男性未成年人的逮捕率下降了 18.9%（Schwartz & Steffensmeier，2012）。男生和女生倾向于表现出不同的症状：男生更容易参与公开的攻击，而女生会进行私密的反社会行为，如逃学、离家出走和物质滥用（Loeber et al.，2009a）。

（三）种族和社会经济水平

　　众多研究一致指出，品行障碍在经济水平低下，特别是生活在贫困线以下群体中的患病率更高。但是从总体水平来说，社会经济水平的效应相对较小（Loeber et al.，2008a）。一旦控制了社会经济水平，种族与品行障碍的患病率是否有关就众说纷纭了。在这一章的末尾我们将会探讨文化背景的影响，将会看到生活在贫穷环境下将会给未成年人带来多大的风险。

二、品行障碍的类型

（一）童年期发病与青少年期发病的比较

　　正如之前所述，DSM-Ⅳ-TR 区分了两种类型的品行障碍。童年期发病品行障碍也称"终生型"（life-course persistent）品行障碍（Moffitt，2006），"反复攻击型"品行障碍（Loeber et al.，2008b）或"早发障碍"（early starter pathway；Shaw et al.，2000），发病于 10 岁之前，表现为过分好斗和身体暴力，并且会涉及各种问题，如神经心理缺陷、注意缺陷、冲动和学校表现差。这种障碍最容易在男性身上出现，并且与家长的反社会行为、亲子关系不良相关。童年期发病型是最容易终生患病的类型之一。

　　青少年发病品行障碍也称"青春期专有型"（adolescence-limited）品行障碍（Moffitt，2006），"非攻击—反社会型"（non-aggressive-antisocial）品行障碍（Loeber et al.，2008b）或"晚发障碍"（late-starter pathway），表现为正常的早期发展和青春期不太严重的行为问题——特别是在暴力行为方面，与童年期发病相比更少有共病和家庭问题。

　　莱希等人（Lahey et al.，2003）宣称，这两种亚型有不同的发展预测源和后果。在新西兰选取有代表性的男性样本进行追踪研究，在 3～18 岁每两年进行一次评估。调查者发现了辨识童年期发病品行障碍与晚发患者的方法。3 岁时性情不良、早期好斗与反社会行为都是明显的预测源。早期患病者在青春期与他人不同，反而更容易用"自私自利""被孤立""待人刻薄"与"家庭关系不和"来形容自己。他们也更容易进行暴力犯罪：早发者多因袭击、强奸和使用致命武器被判处罪名。不仅如此，这些人自童年期发病起几乎没有康复的——只有低于 6% 的人在青春期停止了品行问题。

莫菲特（Moffitt，2003）认为大部分青春期发病的品行障碍患者其实并不该得到如此诊断。在新西兰但尼丁开展的一项追踪研究中，晚发患者与早发患者之间的区别在于显著缺少精神病理学和暴力侵犯；并且没有精神病理学、认知、家庭和气质因素这些预测源（Dandreaux & Frick，2009）；这在多个文化背景下也得到了成功复制，具有跨文化的一致性。莫菲特（Moffitt，2003）提出晚发患者的行为应该被解读为叛逆和寻求独立的青春期发展历程的"夸大"，或是社会模仿的产物（他们通过模仿他人的反社会行为从而在同伴群体中获得一席之地），而不该视之为精神病理学的问题。当他们成人以后，拥有更多使用合法途径获得权利的机会时，品行问题会逐渐消失。正如迪西恩和帕特森（Dishion & Patterson，2006，p.527）所说："早发和晚发似乎是来自两个不同的世界。"

但是，在但尼丁的长期追踪研究中，有关 26 岁男性的数据令人担忧（Moffitt et al.，2002）。总体来说，患有青春期发病品行障碍的成年男性（依据攻击的频率与早发型进行匹配）比早发的同伴在生活中有着更好的功能。他们更少参与到严重的暴力行为（包括家庭暴力和虐待儿童），较少被判有精神疾病，并有着更好的适应力。不仅如此，晚发者在一些指标上与非品行障碍同伴有所区别，包括更易物质滥用、冲动、失业和患心理疾病。借用拉特（Rutter，1990）保护机制的概念（见第一章），当形成一种反社会的生活方式，即使是在青春期后期阶段，也可能会受到机会丧失效应（closing down opportunities effect）和因适应不良而沉迷网络难以自拔。虽然和童年期发病的同伴相比，他们有诸多不同，但是我们认为，青春期发病品行障碍本身的界定既不规范也不中立（Roisman et al.，2010）。

应格外注意的是：许多早期研究都只关注男生群体，这妨碍了我们对女生早发和晚发品行障碍的理解。尽管曾有人认为女生的行为不良更容易出现在青春期，但大范围的追踪研究表明，青春期发病品行障碍事实上只包含很少的女生（Keenan et al.，2010）。

（二）冷酷—缺乏共情和青少年心理变态

DSM-5 最重要的改动之一就是囊括了对青少年品行障碍中一类冷酷—缺乏共情（callous-unemotional，CU）特质群体的说明（Frick & Moffitt，2010；见表 10-2）。CU 特质的研究是从罗伯特·黑尔（Robert Hare，1996）对成人精神疾病的研究开始的。他在对犯罪人口的研究中发现，在那些有反社会行为的人中，有一类拥有病理性人格特质的群体。这些特质包含无情（懊悔、同理心和罪恶感缺失）、自私自利、外表迷人、冲动、情感肤浅、控制欲和缺乏有意义的人际关系。精神疾病患者是指不必要地使用反社会行为对抗他人的一类人群——他们不会为了穷而抢劫或者为了自卫而攻击他人，不过他们也不会对伤害、控制别人感到后悔。他们缺乏对他人的意识，而人类正是需要关系与同情的。简言之，他们是"没有良知"的（Hare，1993）。

　　比如，科伦拜恩枪击案之后，罗伯特·黑尔是美国联邦调查局（Federal Bureau of Investigation，FBI）特派对凶手进行"心理解剖"（调查分析死者临死前的精神状态以确定死因）的专家之一（Cullen，2004）。尽管媒体都将这些男孩看成是霸凌行为的受害者，黑尔对埃里克私人日记的分析显示，埃里克侮蔑的不仅仅是那些"大学运动员"（jocks）："你知道我最恨什么！！！愚蠢的人类！！！为什么有那么多笨蛋！！？……你知道我最恨什么！！！当人们发错音的时候！好好学发音去吧你们这些傻子……你知道我最恨什么！！！？星战粉（星际战争的爱好者）！你们这些无聊的呆子！"埃里克的日记中并未表现出一种受害感，反而有一种自我夸大：由于自己的自卑而惩罚全人类。

表 10-2　DSM-5 对冷酷—缺乏共情特质的说明

1. 达到品行障碍的所有标准。 2. 在一种关系或一个环境中，至少持续 12 个月表现出不少于 2 条以下特征。临床医生应当考虑多样化的信息来源，从而诊断这些特质的表现，比如是自我报告还是熟悉的他人报告（如父母、其他家庭成员、老师、同伴）。 　（1）懊悔和罪恶感缺失：当做错事之后没有罪恶感（当被抓住或面临惩罚时表现出懊悔除外）； 　（2）缺乏同理心：忽视他人，不顾他人感受； 　（3）不关注自己的表现：不关心自己在学校、工作或者其他重要活动的不良表现； 　（4）情绪表达缺陷：不对他人表达情绪，除用一些肤浅的方式（情绪与反应不一致；情绪快速地出现与消失）或当用于某种目的时（如操纵或威胁某人）以外。

　　另一个与心理病理学一致的特征就是埃里克的欺骗行为。"我撒过很多谎，"他在日记中写道，"无论何时，无论面对谁……我想想我撒过哪些大谎……我从没做过炸弹；我没做过这件事；还有数不清的其他的谎言。"为寻求操控的快乐用自己的变态人格关键特征去欺骗他人。

　　埃里克也同样被证实缺乏懊悔与同情——这是心理病理学的另一个显著特征。当黑尔和他的团队读到埃里克因强行进入一辆车，对将要接受的惩罚做何反应时，他们能够完全相信黑尔之前的诊断。在参与包括辅导和社区服务在内的转变计划之后，两个凶手假装悔意从而提前释放。但是埃里克仿佛很期盼这种表演。埃里克写下一封虚情假意的信给受害者，显示出了自己的同感同情；但在自己的日记中，他表达了自己真实的感受："美国难道不该是一片自由的领土吗？为什么这样！我要是自由的，就绝不会在周五晚上拿他遗落在前座上的蠢东西……物竞天择，他就该被枪毙。"

　　总体来说，埃里克的夸大、花言巧语、蔑视、缺乏同理心以及优越感都符合黑尔病态人格检核表（Hare's Psychopathy Checklist）的重点部分。

　　尽管扩展原先儿童精神疾病的概念具有一定争议，但弗里克和莫菲特（Frick & Moffitt，2010）在主持了一项长达十年的研究之后，宣称在儿童身上是能够观察到这些特质的。首先，研究者开发了黑尔核查病态人格的儿童版量表。就像黑尔对成年人所做的研究一样，调查者发现两个独立的行为维度，一个与反社会行为相关，是冲动 / 品行问题（比如，不加思考就行动，有冒险与危险行为）和其他反映出冷酷—缺乏共情特质（如没有情感流露，不关心他人的情感，没有罪恶感）。他们还发现了第三个因素：自恋（如过分吹嘘，认为自己比他人更重要）。众多研究显示，儿童与青少年的 CU 特质与他们的暴力犯罪行为，甚至是再犯都是相关的（Salekin & Lynam，2010），这与成人研究结果是一致的。

在接下来对临床样本的研究发现，除 CU 特质的品行障碍以外，儿童的各种品行障碍都伴有认知障碍，特别是言语智力。CU 特质的孩子比非 CU 的同伴在刺激 / 感觉寻求、不易焦虑、对惩罚的低敏感性上有更高的得分（Frick，2009；Frick & White，2008）。他们不易有同理心并且不会受到他人行为的消极影响，低道德伦理，更期望从攻击行为中得到好处并且积极参与掠夺性的攻击行为（Frick et al.，2003）。弗里克和他的同事总结：所有患品行障碍的儿童都会有情绪和行为失调的特征，但 CU 特质儿童与众不同的特征在于行为上的没有抑制。

依据弗里克和莫菲特（Frick & Moffitt，2010）的研究，他们十分确定童年期发病的品行障碍类型应当更详细地分为两个群体：有 CU 特质和无 CU 特质。他们声称在这两种攻击类型下的不同发展路径能够证明这是两种完全不同的障碍。然而大多数儿童的不良行为发展通路都是高情绪反应和低言语智能，并且是在失调的父母教养中产生的。但是冷酷—缺乏共情儿童的不良行为产生于低情绪反应，特别是对他人不幸的反应。该研究的下一步将会关注 CU 特质在生命历程中的演变，从而可以确定儿童的 CU 特质是否预示了成人精神疾病的发展。

（三）破坏 / 非破坏与外显 / 内隐

另一类研究不关注发病年龄或潜在的人格特质，而是致力于青少年犯罪的类型。弗里克等人（Frick et al.，1993）以 60 份因素分析的数据进行了一项元分析，其中包括 28 000 名儿童。他们指出儿童行为能够被区分开的两个维度：一个维度是不良行为与破坏性（虐待、袭击他人）或者非破坏性（骂人、破坏规则）有关；另一个维度与行为问题是外显（冲撞、打架、霸凌）与内隐（撒谎、偷窃、破坏公物）有关。这些维度都有充分的实验依据。

考虑到这两个维度，研究者依据不良行为的类型，区分了四个青少年品行障碍的亚型（见图 10-1）。它们是对立（外显非破坏）、攻击（外显破坏）、侵犯财产（内隐破坏）或者身份侵犯（内隐非攻击）。

弗里克等人（Frick et al.，1993）发现这些类型的发病年龄有所区别。那些一开始就有对立行为的孩子在 4 岁时就能被家长发掘。攻击性的儿童要到 6 岁以后才有症状。有财产侵犯的儿童要到 7.5 岁发病，而身份侵犯者平均要到 9 岁。有趣的是，身份侵犯是我们之前列举出患品行障碍女生的行为特点，并且女生比男生更倾向于晚发，所以说也可能存在性别上的类型区分。

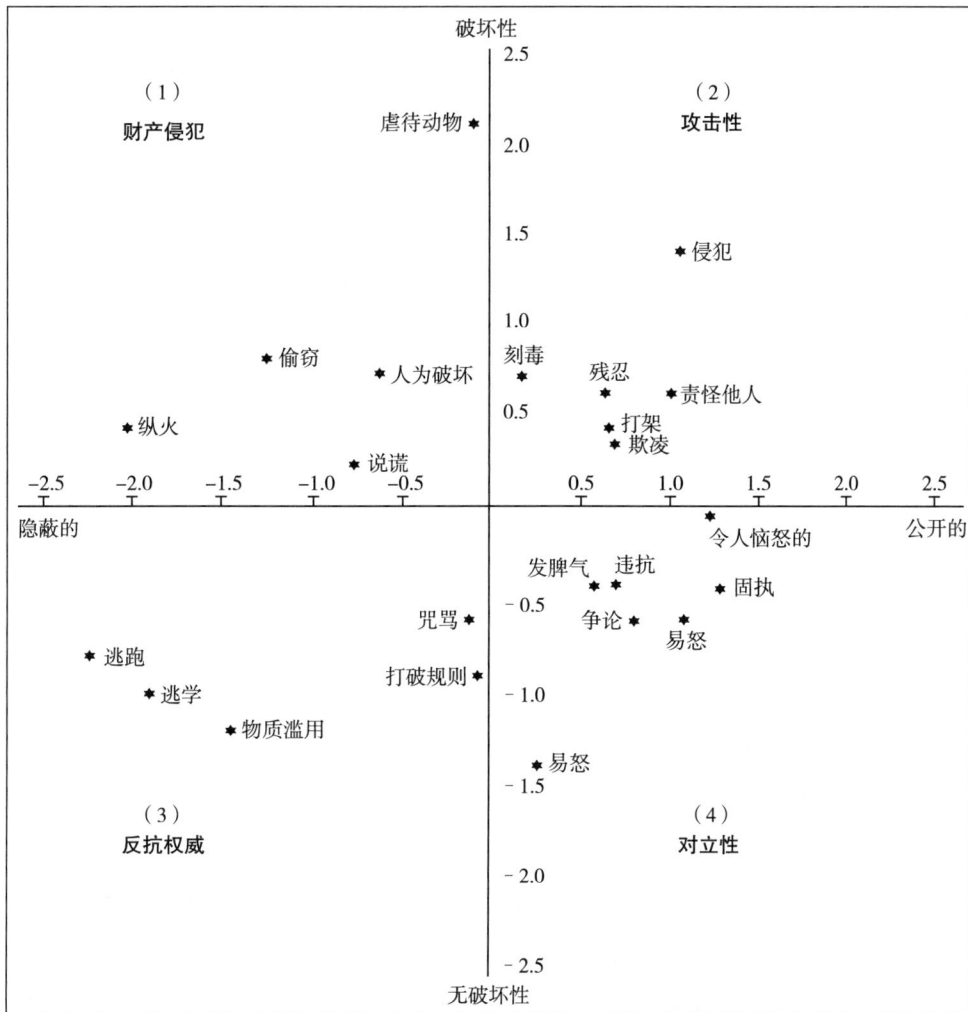

图 10-1　儿童行为问题的元分析因素分析

资料来源：Frick et al., 1993。

（四）主动 / 被动攻击

尽管不在诊断标准中，但是主动与被动攻击的区别在对儿童人际交往行为的研究中是非常重要的一部分。被动，或报复式攻击是对威胁的防卫式回应，且伴随愤怒与敌意。主动，或工具性攻击，是无缘无故的，冷血的，用于个人牟取利益或者强迫和影响他人（Dodge et al.，1990）。研究报告这两种攻击行为有不同的预测源和不同的结果。被动攻击的孩子更多来自身体虐待的家庭，易怒，情绪失调，人际问题解决技能差，误解他人动机（敌意），遭受社会拒绝。主动攻击的孩子与之相反，会期待自己的攻击行为产生积极作用，更少担忧，更易在成年犯罪，并且有更高的 CU 特质（Kerig & Stellwagen，2010）。

被动攻击的研究对理解一类极端分子至关重要，那就是让很多人的童年都备受折磨的霸凌。50% 的学龄儿童都报告曾遭受过一定形式的霸凌或戏弄（Finkelhor et al.，2005），有 17% 的人报告曾受过网上欺凌或者骚扰（Wolak et al.，2008）。霸凌的受害者体验到的不仅仅是情感创伤：

美国和芬兰曾进行过的一个大范围的研究显示，这些受害者将会有严重的焦虑、躯体问题、低自尊、物质滥用甚至自杀行为（Klomek et al.，2007，2009；Tharp-Tylor et al.，2009）。然而在一些场合人们对霸凌存在刻板印象——"社会的畸形儿"，也就是说，缺乏社会技能、语言技能和被同伴疏远。但霸凌不仅只有这一种类型。研究者指出了第二种类型：他们事实上是社会化的并且有很高的认知技能（Kerig & Sink，2010）。社会技能熟练的霸凌更容易被认为是罪魁祸首，他们对他人施虐从而稳固自己在同伴群体中的地位和人气（Sutton et al.，1999）。事实上，八年级的男孩对霸凌给出的最多的理由就是得到某种地位，这样他们将会得到"尊重和崇拜"（Sijtsema et al.，2009）。此过程是需要策略的。事实上罗德金和伯杰（Rodkin & Berger，2008）发现，男生的霸凌是在同群体之中拥有最高地位的人身上发生的。这个结果表明，同伴群体的动力对霸凌的发展有至关重要的作用。因此，霸凌不仅仅是个人变量的功能，而是一个社会化的进程。只要在群体中能够通过霸凌得到荣誉，就永远会存在受害方。

三、共病与鉴别诊断

品行障碍经常与其他困扰有关（除非另行注明，此处均依据 McMahon & Kotler，2006）。注意缺陷多动障碍和对立违抗障碍是诊断目录中与品行障碍最有关联的两类障碍。共患 ADHD 与 CD 的青少年是最令人困扰的。与单纯 CD 患者相比，他们更多地表现出攻击性，持续性的行为问题，在学校表现差和受同伴排挤。在一个追踪研究中，样本大部分为非裔美国人，他们从一年级到七年级，生活在城市贫民区。谢弗等人（Schaeffer et al.，2003）发现，注意力问题是对持续或增加攻击水平最具有预测力的指标之一。这些数据与其他猜想是一致的，即 CD 与具有潜在注意力问题的神经发展缺陷是相关的。

学习障碍与 CD 也同样相关，特别是阅读障碍。在一些青少年中，学习障碍可能会导致挫折、对立态度和学习的不良行为，这与 CD 的诊断是一致的。但是在第七章有证据说明学习障碍不会导致 CD，而是在这两者的关系之间存在第三个变量。在共患品行障碍和学习障碍的青少年中，有很大部分是 ADHD 患者，这在很大程度上是由于它们症状的重叠。这第三个变量为社会经济缺陷。美国国家疾病研究显示，CD 会与物质滥用存在共病现象，并且也是物质滥用的一个很好的预测源（Nock et al.，2006b）。

尽管内化问题可能看起来与外化问题完全相反，但抑郁与 CD 是高相关的。正如第九章所言，追踪研究显示：男生的反社会行为会导致学业失败和同伴排挤，这会导致抑郁。基于美国国家疾病研究中的结果，诺克等人（Nock et al.，2006b）发现，情绪障碍会导致 CD。抑郁和 CD 的共病令人十分担忧，因为它们与青春期自杀和物质滥用呈现极高的相关（Loeber et al.，2008b）。

CD 和焦虑的关系就比较复杂了。害怕/抑制型的焦虑是为了保护儿童免受在发展历程中外化问题的困扰，以社交孤立和社会退缩为主要特征的焦虑与攻击行为的增加相关。美国疾病研究发现（Nock et al.，2006b），当共病发生时，CD 在大部分焦虑障碍中会在前 32% 的时间内出现，但是会在社交恐惧症之后出现。

在共病中仍然存在性别差异：女生的共病率更高。尽管女生总体而言比男生患 CD 的概率更低，但一旦她们患病，就更容易形成一种共患的模式（Loeber et al.，2008b）。特别是，抑郁和焦虑频繁出现在青少年 CD 的患者中，女生有更高概率共患这些内化的问题。正如第九章对抑郁的描述，这些不同的共病事实上可能表现的是 CD 的不同亚型。

四、发展进程

（一）连续性

品行障碍有着很大的连续性。在美国、英国、新西兰等国家进行的大范围流行病学研究表明，从学龄前到童年中期（Kim-Cohen et al.，2009），从童年期到青春期（Lahey et al.，2002），从青春期到成年期都具有很大的稳定性（Zara & Farrington，2009）；最令人震惊的是从婴儿期到成年期（Newman et al.，1997）。因此，发展历程是一个持续的过程并且很难预后。患有 CD 的青少年有受负面影响的高风险，大到犯罪，小到低教育程度和职业，并且生理心理健康也会受到威胁（Maughan & Rutter，2001）。青少年 CD 有越来越高的未成年生育率，这也提高了反社会行为的代际传递机会（Zoccolillo et al.，2005）。

有关品行问题的持续性研究进行过一次大规模的跨国合作，得到了引人瞩目的数据结果（Broidy et al.，2003）。这份大数据来自加拿大魁北克（6～17 岁共 1037 个男生）、加拿大蒙特利尔（6～15 岁的 1000 个男生与 1000 个女生）、新西兰基督城（18 岁的 635 个男生与 630 个女生）、新西兰但尼丁（3～26 岁的 535 个男生与 502 个女生），两个美国的样本：匹兹堡（12 岁的 1517 个男生，其中有一半是非裔美国人）和儿童发展计划（Child Development Project，CDP）——田纳西州和印第安纳州的多地区合作项目（从幼儿园到 13 岁的 304 个男生和 280 个女生）。

总体而言，数据显示了攻击行为在时间地点上的发展轨迹。对男生而言，攻击性的发展趋势各有不同：在美国的样本中增加，在新西兰的样本中稳定，在加拿大的样本中降低（见图 10-2）。甚至组内的变化模式都有个体稳定性：在每个断代研究中，甚至攻击的绝对水平都会随时间而改变，但个人的相对水平是稳定不变的（比如，即使 16 岁的阿兰比他在 6 岁时更少有身体暴力行为，但是他依然是蒙特利亚的教室中最具攻击性的孩子）。研究者同时指出攻击行为发展的个人轨迹：一些青少年表现出的中等水平的攻击行为会随着时间消失，并且其他大部分的样本几乎不会维持攻击性。仅在美国样本中有大约 10% 的男生群体在童年期增加了攻击性。最后，童年期攻击是成年期暴力／非暴力犯罪最有力的预测源。其他破坏行为如对立违抗、ADHD 和非攻击性品行问题所带来的影响能够充分证明这个预言是正确的。

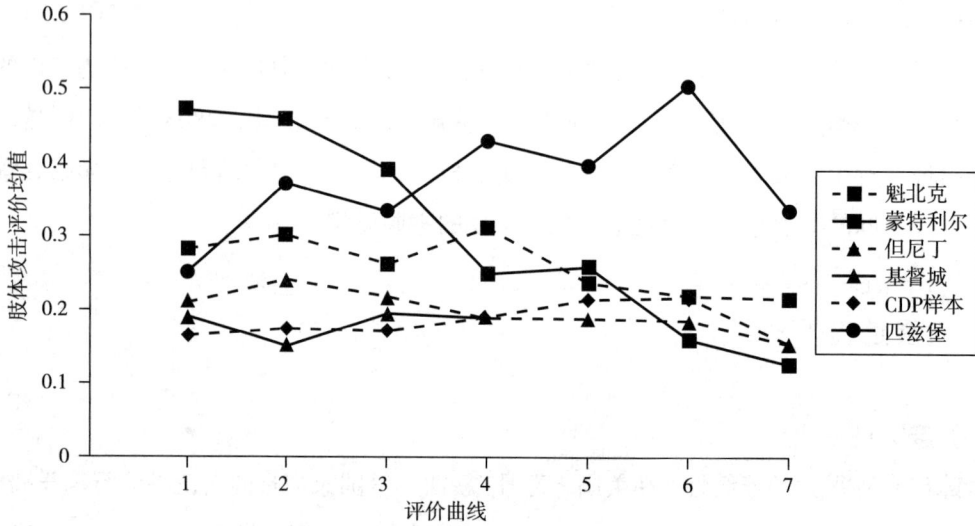

图 10-2　对男孩攻击性研究的多国数据

资料来源：Broidy et al., 2003。

　　女生的结果却迥然不同。女生的轨迹模式更难辨认，并且比男生有更多的变量。总体而言，在四个包含女性取样的地区，女生的攻击水平比男生都要低（见图 10-3）。但是，在其中的三个样本中，有一小部分女生在整个生命历程中都有长期攻击行为（魁北克占 3%，基督城占 10%，CDP 样本占 14%），其中一些女生比同龄男生有着更高的平均攻击水平！但是，与那些男生相反，童年攻击行为不能很好地预测青春期女生犯罪。因此，尽管身体攻击和随后的对抗行为是高度相关并且在男生中是一致的，但是对女生而言这种相关很弱，并且并不存在一致性。尽管可能存在统计上的问题——女生的暴力犯罪率非常低以至于很难发现预测源，但这些数据同时也表明青春期女生的对抗行为可能有不一样的通路。在本章后面我们将看到其他学者所赞成的观点。

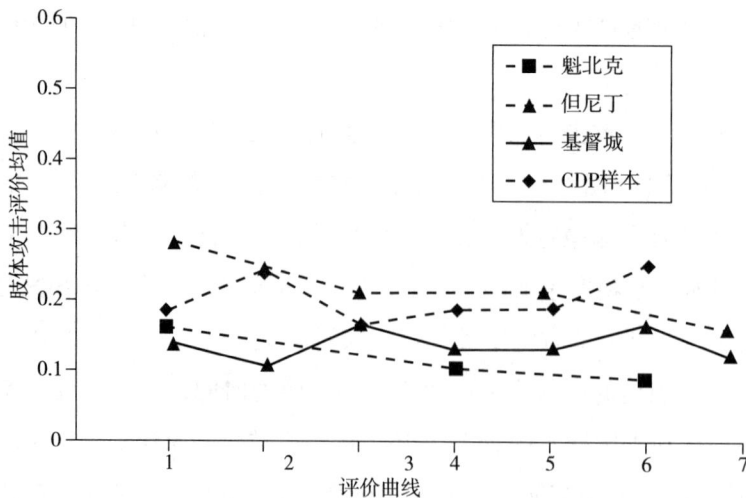

图 10-3　对女孩攻击性研究的多国数据

　　没有证据表明在相对来说比较迅速的晚发型中出现了身体攻击。这是否表明晚发型并不存在？大概不是。另一种解释是说一些犯罪行为的形式可能仅在青春期出现，如偷窃、逃学或者寻求药物快感。在这之前他们的各项技能都是正常的；而身体暴力的倾向来源于童年时期的攻击行为。

（二）发展通路

研究者也同样密切关注问题行为的发展演化。总体来说，这是一种序列推进的模式，也就是说一个问题行为出现在另一个问题行为之前。洛伯和伯克（Loeber & Burke，2011）在对一项追踪研究的详细回顾中发现，在发展中存在一种衡量序列（invariant sequence）：从注意力不集中—多动到对立行为，然后是品行问题。结合洛伯和他人对品行问题前兆和后遗症的研究，我们可以通过跟踪早期的不同气质到成年期的反社会人格，从而构建一个问题行为的发展模型（见图 10-4）。

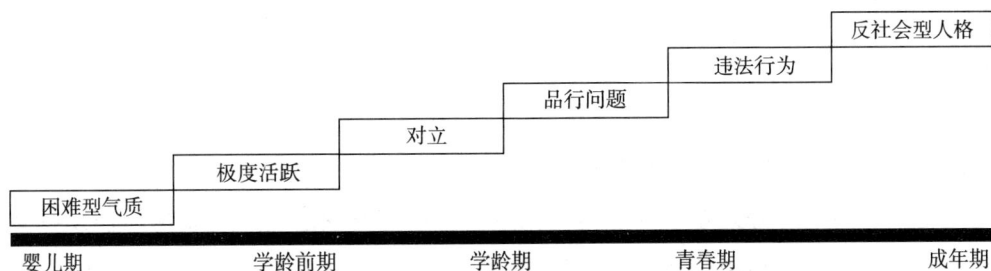

图 10-4   反社会行为从婴儿期到成年期的发展变化

根据这种序列，青少年将会维持他们早期的反社会行为；而行为是一直维持的而不会替换，所以发展进程也最好描述为一种累积（accretion）而不是演变。但是，这个序列的存在不意味着所有个体都会经历所有的阶段。相反，尽管大多数人的反社会行为会越来越严重，但是极少有人会全部有所经历。

在间断性（discontinuity）上，一些研究显示了学前到学龄的终止率为 25%（Loeber et al.，2008b）。尽管这指的是问题行为不太严重的青少年群体，但仍然不知道终止他们反社会行为的因素有哪些。但是，我们从有关 CD 前兆和后遗症的追踪研究中可以获知，如今已经可以发现生命历程中的发展通路，我们会在后文进行详细讲解。

（三）童年早期：从 ADHD 到品行障碍

正如之前所言，很多研究证实了 CD 与 ADHD 之间的关系（McMhon & Kotler，2006）。童年期发病的 CD 患者也有患 ADHD 的高风险，这还会带来更多严重的行为问题，但给症状的缓解带来更大的阻力。所以，ADHD 会促使青少年更早罹患行为问题，这将会带来为时更久的反社会历程。

但是，注意缺陷多动障碍并不会不可挽回地转向 CD。只有那些伴反社会行为（如攻击和违反规则）的 ADHD 患儿未来有患 CD 的危险（Loeber et al.，2008b）。所以，ADHD 意味着潜在的早期品行问题，会加速完全罹患 CD 的进程。

（四）童年中期：从对立行为到品行障碍

对立违抗障碍（如第六章所述）的特征为不适龄的持续愤怒和反抗。尽管 ODD 和 CD 有相似的行为特征和风险因素，但仍然有可以区分的地方。如表 10-1 中所示，对儿童问题行为的大规模元分析揭示了对 ODD 进行定义的一个因素，它包含公然的破坏行为。ODD 也在 CD 之前产生，平均发病年龄在 6 岁左右；而品行问题在 9 岁（Loeber et al.，2008b）。

洛伯和伯克（Loeber & Burke，2011）指出，在所有跨国研究中，ODD 几乎都是在 CD 之前发生的。不仅如此，最严重的孩子很容易在患有 CD 症状的同时还保持对抗的特征。但是，更近的研究表明这个历程不一定像以往所认为的是一成不变的。在一个研究对象为 1420 个 9～21 岁儿童的追踪研究中，罗等人（Rowe et al.，2010）发现尽管 ODD 是 CD 强有力的预测源，但将近一半被诊断患有 CD 的孩子在之前并没有患 ODD。这个发现被伯克等人（Burke et al.，2010）的一项整合三个追踪研究数据的工作证实。因此可以充分说明患有 ODD 的儿童有很大风险会发展 CD，但其他儿童会更直接地患 CD。

（五）童年晚期和青少年期：扩散的通路

弗格森（Fergusson）等人在新西兰基督城进行的研究发现了引发青少年阶段反社会行为的风险因素（Boden et al.，2010）。研究者试图通过 926 个不同年龄的孩子评估人生前 14 年有哪些因素能够预测在 14～16 岁患品行障碍的可能性。这些因素为：母亲在孕期吸烟，社会经济萧条，父母适应不良，童年接触物质滥用和父母间暴力，性别，认知能力，青春期早期结交不良少年。

所以，洛伯等人（Loeber et al.，2009a）在美国对高危的男生进行了一项追踪研究，借以发现不同的发展通路将会预测之后发生的不同问题行为。基于他们对 CD 区分的外显 / 内隐和破坏 / 非破坏性这两个维度，派生出了三条通路（见图 10-5）。

第一条是权威冲突通路。这些孩子的特征是反抗、固执、对立行为、破坏规则（如逃学和离家出走）。这些行为尽管会制造混乱，但并不是很严重，这是因为这些行为并没有直接伤害他人。在权威冲突通路中不断成长的孩子容易同家长产生长期的矛盾，但是他们不易发展其他形式的攻击和反社会行为。他们也最不可能有违法行为。

第二条被称为内隐通路。这些青少年会有较小的和非暴力的行动，如商店盗窃，偷车乱开和毁坏财产。该通路的发展包括在青春期晚期形成更严重的财务犯罪与盗窃，但是与暴力或更严重的反社会行为几乎没有联系。

第三条是外显通路。患者在童年早期就已经产生了攻击行为。该通路的演变从侵犯到打架，到严重的攻击与施暴。外显通路与高概率的青春期犯罪攻击有关。此外，这些年轻人在自己的职业生涯中都很容易给自己的攻击行为冠以内隐的形式。双重外显 / 内隐通路的青少年更容易犯罪；但是，最糟糕的是三重通路的青少年：这是外显、内隐攻击与权威冲突结合的一种情况。

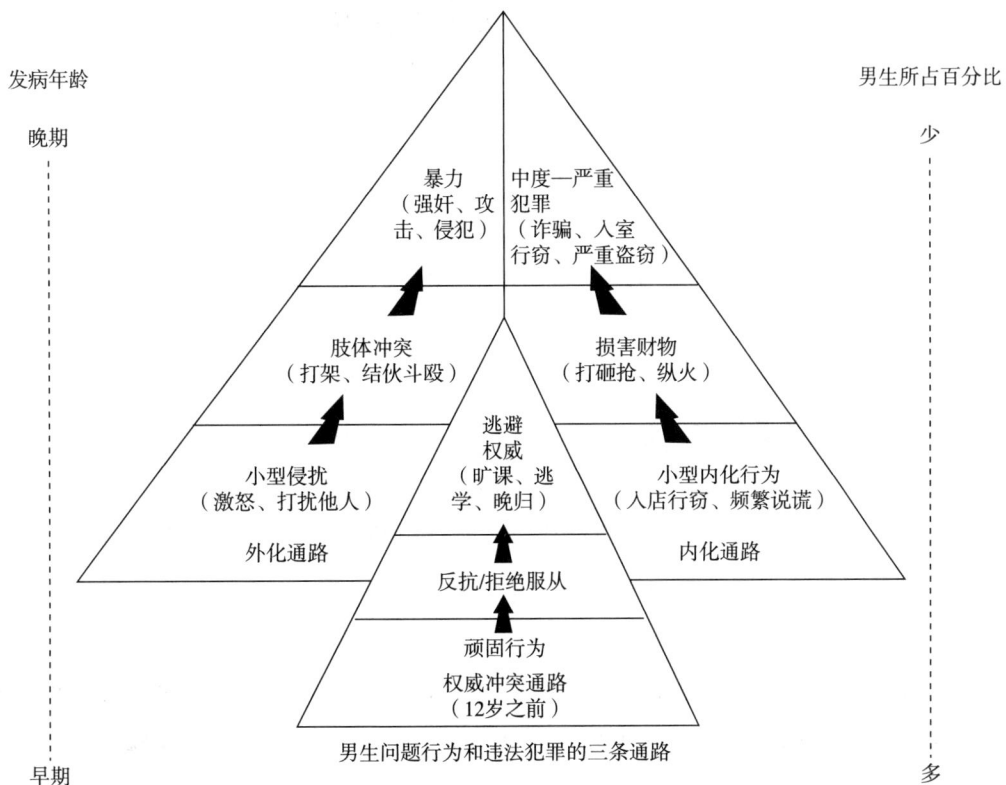

图 10-5　品行障碍的发展通路
资料来源：Loeber et al., 2008a。

　　帕特森和约杰（Patterson & Yoerger，2002）提出了一个很有趣的问题：童年期的品行障碍是如何演变成青少年期的犯罪行为的呢？他们认为入室盗窃和从妈妈钱包里拿钱是不一样的，而身体攻击和脾气暴躁也不是一个级别的问题。这如何解释呢？研究者指出，在从童年晚期到青春期早期，同伴关系对青少年的重要性随时间而变化。同伴关系的转变是反社会行为独一无二的预测源，并且大部分的青少年犯罪都是在群体中发生的。作者强调同伴群体的进程会导致童年期的行为不良到青少年期犯罪的发展。

　　最后，莫菲特（Moffit，2003）指出，不是所有诊断为品行障碍的青少年在童年都有攻击或反社会行为史。所以，我们会在后文详细介绍这个发展阶段，及青春期发病型的各种特点。

（六）青春期晚期：反社会人格和犯罪行为的通路

　　将 CD 和成人反社会人格与犯罪行为联系起来的研究可以得出两个结论。首先，回顾过去，我们发现反社会的成年人几乎不出意外地在他们的早期发展中达到了 CD 的标准。但是，反社会人格障碍的一项诊断标准是在 15 岁之前出现问题行为，所以这是结构化诊断标准的一个环节。其次，展望未来，我们发现只有一小部分的品行障碍青少年会继续发展成慢性失调的行为模式，一直到成人。

　　能够预测继续发展为反社会人格障碍的特征是早期发病和童年期多样、持续的行为问题（包括攻击和反社会行为）。正如我们之前所说的，发病年龄是随后反社会行为严重性的最重要的预测源之一。早期发病的儿童有高水平的破坏行为和迅速导向更多严重问题的特点（Loeber & Burke，2011；Reid et al.，2002）。有证据说明，在青春期之前发展出反社会行为的人将会在之后很长一段时间内有更高的犯罪率。不仅如此，结交反社会的同伴会导致青春期犯罪延续到成年早期。根据俄勒冈州追踪研究的数据，肖特等人（Shortt et al.，2003）总结，青少年反社会行为能够预测成年期的行为；同时，不仅仅是不正常的朋友，反社会的兄弟姐妹和性伙伴这两个因素也可以预测。

（七）弹性、中断和保护性因素

不是所有攻击性的青少年都会成为反社会的成年人。虽然大多数的成人反社会行为都源于童年期，但是只有一半"有危险"的儿童会成长为反社会的男人或女人（Loeber et al.，2008b）。那么了解导致中断现象的因素就至关重要了。肖特等人（Shortt et al.，2003）就发现了导致2～8岁儿童攻击行为终止的因素。特别是，高水平的儿童恐惧会使攻击性减弱，而低水平的母亲抑郁会让攻击性消失。尽管恐惧反映出的是一个气质性的因素，但是测量恐惧，以之作为幼儿对恐惧和忧郁的功能性表达，并妄想从中发现暴徒发展轨迹是没有意义的。回顾我们之前描述的特殊情境下的研究（第二章和第六章），一个2岁的孩子贴着母亲并在这个情境下一再确保安全，这可能反映出了安全依恋而不是恐惧气质。

随后，维恩斯特等人（Veenstra et al.，2009）在荷兰进行了青少年个体追踪研究（Tracking Adolescents' Individual Lives Survey，TRAILS），调查影响孩子继续或中断犯罪的因素。在第一波数据中，研究者追踪了2000名11～13.5岁的孩子，将他们分为两组，其中一组的反社会行为水平高而且稳定；另一组的问题行为仅在童年期就结束了。"稳定且高"的特征包括低水平的控制努力和高水平的父母溺爱，家族性的外化障碍和家庭不稳定。不仅如此，终止问题行为的孩子更容易接受特殊教育（special education）的帮助。最重要的是，终止者不仅在研究过程中表现出较少的反社会行为，并且在生活中也会较少经历学业失败（academic failure）、同伴排挤（peer rejection）和内化问题（internalizing problems）。因此，他们能够从此避免发展中的负面因素。

（八）发展通路的性别差异

值得注意的是，几乎所有的追踪研究都是针对男性的。那么女性发展的轨迹到底是怎么样的呢？因为大多数被诊断为CD的都是男孩，所以对男性群体施以更多的注意。但是只有把女生包含在研究中，我们才能发现她们是否处于患病的风险中或者处于一个不同的发展历程中（Miller et al.，2012）。

尽管大多数的研究赞成CD在女生中的表现与男生是不同的，但是男生和女生倾向于经历相同的行为问题发展顺序（Fontaine et al.，2009；Gorman-Smith & Loeber，2005）。但是，这些不良行为在女生中的发病是较晚的。男生的反社会行为通常在8～10岁开始，而女生一般会到 14～16 岁。这种延迟发病有一种解释就是"睡眠者效应"（sleeper effect）：也许患 CD 的女生和男生有着相同潜在的气质和认知上的缺陷，但是一直到青春期才会表现出来（Silverthorn & Frick，1999）。

但是，布罗伊蒂等人（Broidy et al.，2003）在一项多国研究中的数据显示，女生几乎在所有的研究中都表现出较低水平的攻击性，这是 CD 模型所导致的结果。也许这是由于品行问题之下隐含的发展机制。有趣的是，事实上女生很少与 CD 共病或者是有 CD 的前兆，包括对立违抗、注意缺陷和学习障碍。有很多理论都能够解释这样的性别差异（Eme，2007；Eme & Kavanaugh，1995）。一些理论认为男性在神经心理缺陷上更具有生理易感性。有的指出社会原因，包括父母对男生攻击行为的鼓励和对女生的溺爱，模仿同性攻击行为，同伴影响，这些都会加深性别角色的刻板行为，如男性的绝对优势。

有假设认为我们仅仅只是没有捕捉到女生足够多的行为：女生的行为不端可能是以一种更加内隐的方式，而这些行为并没有在一些日常调查中被发现。比如，品行障碍的女生和男生都会有各种各样的行为问题。打架和偷窃对男生来说是最频繁的原因，但是内隐的反社会活动，如逃学等，通常是女生的问题（Chesney-Lind & Belknap，2004）。其他的研究关注了攻击行为表达上的性别差异：女生更容易进行关系上和社会性的攻击（relational or social aggression；嘲笑他人，排挤同伴，破坏友情或散布流言；Crick & Rose，2000；Underwood，2003）。在发展历程中，这样的行为可能会令她们看起来与"残忍"这个词扯不上什么关系（比如，青少年的妈妈在家里对孩子进行心理虐待），也无法用反社会行为进行测量。

尽管存在性别差异，但是患 CD 的女生和男生一样，都有非常负面的结果（McCabe et al.，2004）。比如，弗格森和伍德沃（Fergusson & Woodward，2000）发现 13 岁患 CD 的女生可以通过不正常同伴、物质滥用、学业问题和高风险性行为预测青春期晚期的反社会行为、心理健康问题和性欺骗；同时也可以预测成年早期的表现不佳。

五、病因学

（一）生物学背景

研究者发现，CD 的产生可能与神经发展的因素有关。尽管许多相关研究仍在开展中，并且几乎没有完全确切的证据，但还是提供了很多参考。

气质（temperament）可能是 CD 的生理基础。比如，弗里克和莫里斯（Frick & Morris，2004）提出破坏性行为障碍的发展是因为神经心理功能失调从而导致的困难型气质，这会使儿童更容易冲动、易怒和过度活跃。纽曼等人（Newman et al.，1997）的研究与此一致。他们发现在 3 岁时表现出困难、低控制气质型的孩子更容易在成年期有反社会行为。但是，其他的追踪研究指出：攻击和困难情绪之间并不是直接联系的，是由家庭因素进行调节的。比如，在荷兰的 TRAILS 研究中，森特斯等人（Sentse et al.，2009）发现，表现为易怒和挫折倾向气质类型的孩子对父母温情关怀的"风险缓冲效应"，和父母拒绝的"风险加剧效应"都具有易感性。

遗传学（genetics）也是一个值得考虑的因素，特别是在童年期患病的那一类障碍中。儿童品行障碍最好的预测源之一是父母犯罪或者反社会行为，特别是在研究父子的研究中得到了充分的展现。在一个对双胞胎收养的元分析中，瑞伊和瓦尔德曼（Rhee & Waldman，2002）发现CD能够归因于遗传学的因素占50%之多；11%归于共享的环境因素（如家庭、社会），39%归于非共享的环境因素（如父母对老大和老幺的不同态度）。

对这些效应的遗传学机制的研究主要关注的是基因影响。基因能够编码单胺氧化酶A（monoamine oxidase-A，MAO-A），而MAO-A对神经递质（包括5-羟色胺、多巴胺和去甲肾上腺素这些涉及攻击性的递质）的调节至关重要（Lahey，2008）。研究也曾发现另外一种酶——儿茶酚氧位甲基转移酶（catechol-O-methyltransferase，COMT）。COMT与神经递质多巴胺、肾上腺素和去甲肾上腺素的突出分解有关，而这与前额叶功能有极大联系（Thapar et al.，2005）。其他研究指出了品行问题和编码多巴胺转运蛋白（D4）基因之间的关系，该转运蛋白能够从突触间隙中再摄取多巴胺（Haberstick et al.，2006；Lee et al.，2007）。

就之前所见，遗传学的影响并不能脱离于环境因素之外。在发展病理学文献中，越来越多的研究者对更复杂的基因型 x 环境的交互作用过程展开了研究。比如，在该模型之下，利韦等人（Leve et al.，2010）观察了一群9个月大的婴儿及其养父母，这些婴儿从遗传学的角度上有患外化障碍的高风险。研究者着重关注了他们在实验室条件下对沮丧事件（玩具就在眼前但是摸不到）的高度注意，这正是外化问题的前兆。他们的结果显示，有品行障碍遗传风险的婴儿只有在养父母有焦虑和抑郁的症状时，才对沮丧事件有着高度的注意。所以，父母的失调是孩子有遗传风险的助推剂（potentiator，见第一章）。

接触有毒物质也是品行障碍发展中很重要的一个部分。胎儿在子宫内接触鸦片会加剧十年以后有攻击行为的可能性；接触酒精、大麻、香烟和铅中毒也是如此（Lahey，2008）。

生理心理学也能够区分早期发病的青少年。这些孩子总体来说低心率、低自动觉醒和低皮电反应。低心率的青少年更容易在学校打架或者霸凌，在成年以后容易暴力。低自动觉醒一方面会导致寻求刺激和行为的低控制，另一方面对他人的遭遇较少有反应。对无情—非感情型的研究主要关注的是生理基础，因为环境因素无法进行很好的预测。比如，弗里克等人（Frick et al.，2010）猜想，这些孩子行为的去抑制是由交感神经系统的不良反应引起的，这将会导致冲动，对奖赏的过度反应和负面反馈的敏感性（如他人痛苦的尖叫声这种能够降低正常人攻击性的事物）。

研究者对生物化学方面的因素也同样做了大量的研究（Hinshaw & Lee，2003）。睾丸素就是一个很重要的组成部分，它与动物的攻击行为密切相关。但是，人类研究表明激素水平不会导致攻击和反社会行为，它只是在个体对环境做出反应时起一个中介调节作用。低水平的血清素和皮质醇可能与儿童的攻击行为有关，不过值得一提的是这些缺陷早已被证实了是抑郁的发展因素（见第九章）。

生物学的前沿研究都认为器质性因素并不能排除社会和心理因素的重要性。事实上，心理与生理因素之间有着复杂的交互作用。布伦南等人（Brennan et al.，2003）通过 370 个小至 6 个月、大到 15 岁的澳大利亚孩子，研究了在攻击行为发展中的生物和社会进程的合并与交互效应。与其他研究一致，研究者发现了三个通路：早发持续通路、青春期发病通路和非攻击性通路。早发的男孩子，其生物学风险（围生期和分娩并发症、母亲孕期患病、婴儿气质困难和神经心理缺陷如执行功能差）仅能够预测高级社会互动的攻击风险（父母拒绝、过于严苛的纪律、监管不力、亲子冲突、家庭贫困和离婚）。而青春期发病的攻击性男生和非攻击同龄人又是不同的，他们面临着巨大的社会风险。此时，又要提起性别差异了，在生物学风险因素中，女生和男生的攻击模式并没有显著差异。

（二）个体背景

正如之前所述，常态和病理之间是一个连续体，在许多障碍之下，隐含的是基础发展过程的偏离。事实上，攻击是正常发展的一部分，没有理由认为一个其他方面发展迅速，但是暴躁的或者"一触即燃"的青少年就是 CD 患者。因此，为了更好地理解这些被贴上"品行障碍"标签的孩子，在发展中到底是什么扭曲了，我们有必要回顾一些问题行为的关键变量：自我调节、情绪调节、同理心、社会认知和物质滥用。

1. 自我调节

自我调节对适应功能和社会期望（随年龄增长，孩子越来越能够控制自己的冲动）来说是至关重要的。我们可能并不奇怪，一个 4 岁的孩子因为在杂货店里得不到一颗糖果而暴躁大怒；但是一个 14 岁的孩子做出同样的行为就会令人惊讶了。但是，4 岁的孩子仍然可以避免一怒之下对兄弟姐妹进行攻击行为，在餐厅手淫或者用玩具锤砸电脑屏幕。早期的自我控制社会化是特别重要的，因为攻击、性和探索欲能够给幼儿和学龄前的孩子带来极大的满足，而且他们推崇自我主义和利己主义。

但是，客观研究证实了品行障碍的孩子在自我调节方面确实存在问题。这包括生理进程，如心率的迷走神经调节和生理唤醒的调节能力，情绪调节和管理消极状态，也包括认知控制过程如调节注意、冲动抑制和努力控制（Calkins & Keane，2009）。

科汉斯卡等人（Kochanska & Aksan，2007；Kochanska et al.，2008，2009a）致力于发掘儿童自我控制的根源，他们认为这是父母价值观内化的结果（见第二章）。研究者将孩子们单独置于实验室中，房中还有一个有趣的玩具，但是他们的母亲不允许他们触碰；所以自我控制会使他们抵制诱惑。和那些仅仅只是遵从的孩子相比，那些表现出约束性顺从（committed compliance，完全依照、遵从母亲的价值观）的孩子，他们体验的是更为成熟积极的亲子关系。

不仅如此，克加斯查的研究团队声称特定的家长风格有益于不同气质孩子自我控制的形成。根据追踪数据，他们发现使用温和的母亲纪律风格对幼儿期被评估为易恐惧的孩子来说是最有效的（Barry et al.，2008；Kochanska et al.，2009b）。但是对较少恐惧的孩子来说，温和的方式就没那么有效了；母亲需要加固她与孩子的情感纽带从而培养孩子内化父母价值观的动机。因此，情绪困难儿童（同时也是 CD 的高危人群）自我调节的发展，可能最需要的是紧密联系（intensely involved）和慈爱（emotionally available）的教养方式，因为至少他们能够接受这样的方式。

2. 情绪调节

情绪调节是控制的一个特殊领域，在 CD 发展中有很重要的作用（Eisenberg et al., 2010）。长期处于家庭逆境、不良的教养方式和高水平冲突环境下的孩子会有强烈的情绪，并且拒绝接受减轻压力的帮助，而且往往要面对没有经验的家长。因此，他们很可能没有掌握足够的应对消极情绪和调节自身表达方式的策略。另外有研究显示，品行障碍的孩子很难接受强烈的情绪，特别是愤怒；并且情绪调节不良的孩子更容易在人际问题中表现得具有攻击性（Eisenberg et al., 2010）。

3. 同理心

皮亚杰（Piaget, 1967）发现，到童年中期最关键的发展转变之一是去中心化，也就是认知利己主义的改变。孩子们看待世界的视角从自身有利优势逐渐发展为认知透视，这样他们就可以通过多种多样的视角来观察周围，也会考虑他人的权利和感情。观点采择（perspective-taking）是一种以他人视角观察事物的能力，它是道德归因和同理心发展的基础；而道德归因与同理心能够预测反社会与攻击行为的趋势。

研究证明，有攻击性和品行障碍的青少年在认知与情感方面的发育都存在一定程度的迟滞。相比于正常的同龄人，行为不端的青少年在道德归因上更易认知不成熟（Barriga et al., 2009；Stadler et al., 2007）。除此之外，品行障碍的青少年与非反社会的同龄人相比更少有同理心，在辨别他人情绪的时候也不够准确（Sterzer et al., 2007）。哈普和弗里思（Happé & Frith, 1996）提出假设：品行障碍的青少年缺少社会视角并且难以理解他人的心情，这与孤独症儿童心理理论的缺陷极为相似（见第五章）。与此一致，品行障碍的青少年会误解他人的动机并且对社会情景归因时容易有偏误，这两种结果都会增加他们出现攻击行为的可能性。接下来我们将会关注这些行为背后隐含的社会认知层面的问题。

4. 社会认知

埃伦和休斯曼（Eron & Huesmann, 1990, pp.152～153）对攻击性能够跨越时间和代际的稳定性进行了思考："研究一致发现了一个隐含的令人心悸的事实，攻击性并不存在情境依存性或者在偶然情况下由个人决定；它扎根于个体内心，无时无刻不在驱动着他选择是否攻击"。换句话说，潜在的攻击性形成了一种认知图式，即根据经验产生的对事件的理解与反应，并且可以导致未来行为的固定模式（Huesmann & Reynolds, 2001）。

值得一提的是，有证据表明 CD 儿童有一个特定的社会信息加工方式（Dodge & Pettit, 2003）。比如，激进的孩子在模糊情境下会错误地将他人行为归为攻击，这叫作敌意归因偏差（hostile attribution bias）。同时他们对能够帮助他们更清楚地理解他人意图的社会线索比较迟钝，这就会使他们根据自己错误的猜想做出冲动的反应。照这样下去，他们就会对细小的事情产生误解并且过度反应。除此之外，这些孩子也缺乏解决人际问题的方法，并且对攻击行为造成的结果有着积极的预期。所以，攻击是他们行为处事中偏爱的选择。

这些社会信息加工模式也能够解释早期的受虐经历和童年晚期的攻击行为的关系（Dodge，2010）。严苛和虐待的父母教养会逐渐灌输在孩子的信念中，即他人对自己都是怀有敌意与恶毒的。这个信念在每一次与父母、同伴或他人的争吵中加深并证实。因此，儿童会内化自己受家庭虐待的经历，这种影响逐渐在自己的性格、行为情节和认知原理中根深蒂固，最终的行为会与其保持一致。

5. 物质滥用

物质滥用也有可能导致严重的犯罪行为（见第十二章）。比如，国家成瘾与物质滥用中心（National Center on Addiction and Substance Abuse，2004）报告，在美国青少年犯罪系统中，每5个青少年里，就有4个曾有物质滥用或在犯罪中受到了药物/酒精的影响。CD与物质滥用之间的关系其实是复杂的交互作用。行为和情绪失调的青少年更容易被物质带来的刺激感受吸引。一旦涉及违禁物品，青少年就很容易通过非法行为以获得药物，并且这也成为萦绕在他们身边的反社会亚文化的一部分。不仅如此，酒精和药物有抑制解除效应，这会增加他们参与高危非法活动的可能性。

（三）家庭背景

1. 依恋

品行问题与糟糕的依恋关系有关，这已不是什么新鲜的话题了。事实上，约翰·鲍尔比在研究了44个青少年盗窃犯之后，在1944年发表的重要文章中就提出了这个可能性。从那开始，就有大量的研究表明不安全依恋与青少年攻击、反社会行为、人际关系不良、使用硬性毒品和青少年犯罪有关（见Kerig，2012；Kerig & Becker，2010）。比如，在一项对125个高危青少年的追踪研究中，艾伦等人（Allen et al.，2002）发现，焦虑型依恋的青少年在16～18岁时的犯罪率会急剧上升。在另一个类似的研究中，埃格兰德等人（Egeland et al.，2002，p.251）分析，疏离感是不安全依恋的一种形式，而安全的依恋需要照顾者及时的关注、支持、引导，特别是在压力情境下，孩子尤为需要照料者的支持与帮助，可孩子如果对之缺乏信心，就会发展出疏离感。研究者发现疏离感会导致童年受虐和青春期外化行为。

从另一个角度来说，安全依恋是对风险的一种缓冲。比如，在对100个身体虐待和100个匹配的正常成长的10～16岁孩子进行研究后，萨尔津格等人（Salzinger et al.，2007）发现，对家长的安全依恋能够调节儿童虐待与青春期暴力犯罪的关系。

2. 家长的神经病理学

家长的病理问题与孩子的品行问题是有一定联系的，特别是产妇抑郁症（Crockenberg et al.，2007）和母亲的焦虑（Meadows et al.，2007）。如文化传递的执行模式（transactional models）所述，孩子的行为问题同样也会加剧家长的内化障碍。但是，最能预测孩子 CD 的家长因素是家长的反社会人格障碍，而这会影响 CD 的发生率和持续性。比如，莱希等人（Lahey et al., 2005）进行了一项 4 年的观察研究，旨在观察 171 个被诊断为 CD 的男性。在第一次测量中，家长的反社会人格障碍和 CD 是相关的，并且与孩子的言语智力一样，都可以预测在晚期发展中品行障碍的持续性。那么家长的人格又是怎么转变为孩子的行为问题的呢？答案将在下文揭晓。

3. 严苛的教养和攻击的代际传递

很多证据都能证明攻击能够在代际传递。攻击性不仅在一个人的一生中是稳定不变的，还会跨代际持续下去。埃伦和休斯曼（Eron & Huesmann, 1990）进行了一项经典的长达 22 年的前瞻性研究，观察 82 个被试在 8 岁和 30 岁时的状况，并且从他们的父母和 8 岁孩子那里获取信息。果然得出攻击性在祖代、亲代和子代之间都是高度相关的。父母在 8 岁时表现出的攻击性在孩子身上也有表现，这个相关十分显著（0.65），甚至比父母自身生命历程中攻击行为的稳定性还要高。

尽管这种代际传递性的机制尚未可知，但是埃伦和休斯曼（Eron & Huesmann, 1990）相信这是一种模仿（modelling）学习。如之前所述，孩子的父母如果有反社会行为，那么孩子接触的就是攻击的模范，而且孩子会习得的攻击性行为不一定要非常严重。比如，童年时受到严苛惩罚就能够预测成人的反社会行为（Dishion & Patterson, 2006）。那些在童年时期受到严苛惩罚的人在成年期更容易在抚养孩子的时候使用苛刻的规则——事实上，他们对家长风格问卷的回答和他们的父母极为相似。

一项元分析显示，所有研究都证明了体罚儿童和儿童攻击性之间的联系（Straous et al., 2013）。比如，格肖夫等人（Gershoff et al., 2010）发现体罚和儿童攻击行为在世界各地的样本中（中国、印度、意大利、肯尼亚、菲律宾和泰国）都有着一致的相关。在临床人群中也能发现同样的结果：体罚和外化障碍的发展有一定关系（Mahoney et al., 2003）。在发展后期，儿童体罚也会增加男性成为配偶施暴者的可能（Straus, 2010）。总体而言，从观察他们父母开始，孩子就学会了人际关系的守则——"公理即强权"。

4. 教养不一致和缺少管束

其他研究表明，影响反社会行为的不仅仅是家长过于严苛的约束，还可能是教养模式的不一致——有时过于严苛，有时又十分宽松。宽松有很多种表达形式，特别是缺少家长的约束：不监督、不理会孩子的活动和行踪，制定规则的时候只有孩子能去哪里和能去见什么人。比如，当研究者询问："现在是九点，你知道你的孩子现在在哪里吗？"这些家长往往无法回答。帕特森等人（Dishion & Patterson, 2006）观察了青少年不受约束的行为，如游荡，发现这是预测违法活动的有利因素。事实上，在一项囊括了北美、欧洲和大洋洲共 161 个研究的元分析中，荷兰的研究团队——霍伊等人（Hoeve et al., 2009）验证了父母行为对孩子犯罪的影响。其中，最好的预测源是缺乏父母管教，其次是高水平的心理控制、拒绝和虐待。

5. 强制理论（Coercion Theory）

帕特森等人（Dishion & Patterson，2006；Reid et al.，2002）开展了一项对品行障碍家庭起源的研究。依据社会学习理论，他们对哪些因素能够训练孩子的反社会行为进行了探究。他们发现反社会孩子的家长与他人相比更容易强化攻击行为——比如说他们认为这很有趣。他们也观察到这些家长的勃然大怒和惩罚都是不一致的，并且在施加一个严酷的威胁之后就没有后续了；而按照这种方式是无法遏制负性行为的。同时，孩子的亲社会行为却被忽视或者打击。因此，研究者断定，CD 是由不良亲子互动创造和维系的。

帕特森最大的贡献就是分析反社会儿童和家长的互动，他将这种互动称为强制。他所说的强制是指一种一方被他人支持或直接被迫去做消极行为。这些互动是交互的：父母与孩子对双方的影响会构成一个动力系统（Granic & Patterson，2006）。比如，帕特森指出一般儿童和患 CD 的孩子与父母的互动有不同的反应方式。当 CD 儿童被家长惩罚时，他们对不良行为模式的坚持是正常孩子的两倍。这是因为他们的家庭成员通过负强化（negative reinforcement）而相互作用。惩罚是指通过不愉快的刺激降低做某行为的概率，但负强化与惩罚不同。负强化通过避免不愉快的刺激从而增加行为的概率。

为了更好地阐述这个概念，我们看看图 10-6 展示的生活场景。是谁在强化谁？孩子们认识到，如果在母亲说"不"的时候他们仍然做一些讨厌的事，父母就会离开而置之不理；他们的母亲通过发牢骚得到了正强化。反之，他们的母亲被负强化了，孩子通过做出不良行为来达到某种目的，他们的母亲会在他们做出不良行为时允许他们去做本来想要做的事情，结果就是母亲被孩子表面上为了达到目的而消失的不良行为强化了（译者注：如图 10-6，孩子吵闹着要吃饼干对母亲是一种不愉快的刺激，母亲为了避免不愉快的刺激给了饼干，孩子就通过移除不愉快刺激——停止争吵——给母亲实施了负强化）。

图 10-6　强化

资料来源：Baby Blues Partnership，2002，转载经 King Features Syndicate 许可。

这个漫画中的母亲陷入了帕特森所说的"强化陷阱"（reinforcement trap）中：她的确得到了短期的利益，但得到的是长期的消极结果。这个陷阱就是说，她妥协，然后结束了孩子一时的消极行为，但是他们在未来还会继续坚持同样的行为而达到原来的目的。通过这样的强化陷阱，孩子在无意中得到了攻击和增加强制行为的奖励，而父母得到了妥协就能让孩子停止喧哗的奖励。但是，家长也因此付出了巨大的代价。不仅仅是他们会停止社会化的努力，他们孩子的强化行为也会随时间而持续增加。

6. 交互进程和动力系统的视角

帕特森的观察报告还有一个重要部分就是其他的研究涉及了亲子之间的交互进程，他发现亲子之间会互相影响并塑造对方的行为。比如，杜马等人（Dumas et al.，1995）研究了母子之间的互动，将孩子分为社会能力强、焦虑和攻击性三组。令人吃惊的是，他们发现，总体而言，有攻击性的孩子及其母亲可能有同样的情绪基调。但是，与其他组对比而言，攻击性的孩子更倾向于使用厌恶控制技术（aversive control techniques），而他们的母亲倾向于对孩子们更严重的强制形式采取"无差别回应"（respond indiscriminately）并且"不设限"（fail to set limits）。所以，他们总结，无论是父母还是孩子都是交互作用的"活性剂"。

亲子关系交互作用的本质衍生了反社会行为发展的动力系统观（Granic & Ptterson，2006）。动力系统理论的一个中心概念是吸引子（attractors）。本质上，交互模式一旦建立以后，就会导致个体做出与固有模式一致的行为。所以，父母和孩子会根据之前的经验与对双方的期待发展出一套相近的行为风格。他们相互关联的情绪、评价和行为导致这些模式在他们的思想与感觉，在关系中的每一个反应里复杂地交织在一起。当这些模式稳固且不停地重复，亲子被锁定在一个强制的循环中时，他们会不停地重蹈覆辙，陷入囹圄，而不是按照自己原初的意愿来行事。不幸的是，在发展进程和早期模式的驱使下，这些模式会越来越稳定并且很难打破，这就会限制新模式的产生。如果吸引子趋势不再重演，关系将会在这个发展中有一个新的进程，该理论使用统计术语"自由度消耗"（loss of degrees of freedom）来形容这个效应，结果就是亲子之间形成了一定程度的致病性固定模式。因为家庭成员不停地重复已经设定的模式，所以他们对人际关系的反应——不仅在家庭关系中，也在家庭关系之外——都是有限的。因此，僵化的认知、不良的情绪调节和问题解决策略都能够为失调与反社会行为的发展打好基础。

除此之外，动力系统理论预测事态将会随时间而逐步升级：个体过去固有模式的经验将会引导他们对轻微的动作变得异常敏感，并进一步陷入消极的交流（如孩子哭着揉眼睛，家长只能默默地叹息）中。这样，即使是最轻微的挑衅也能引发极大的敌意。

格拉尼奇和帕特森（Granic & Patterson，2006）给出了一个该动力系统下假定的母子相处状态。

　　　母亲总是觉得焦虑，整天都在思考如何在一天结束之前做完所有要做的工作，她会对儿子下一些含糊不明的指令："去打扫卫生"。沉迷于视频游戏的儿子常常感到愤怒，认为母亲总是让他做比哥哥多的家务。这些轻微的负面情绪和评定聚集起来，导致他很快就拒绝了母亲的要求（比如说："我很忙"）。现在母亲的注意完全被儿子的违抗吸引了，因为不符合他的期待，所以她变得更加焦虑。同时她对儿子的违抗也变得不耐烦。为了调节她的焦虑和愤怒感，母亲会说如果儿子能够帮忙，今晚就可以出去吃饭。但是儿子感受到的是母亲在不停地唠叨，影响自己打游戏，他的不耐烦很快就会演变为愤怒、大声地抱怨。母亲此时的愤怒也会掩盖原本的焦虑，她会认为儿子自私且粗鲁，妨碍她做家务。她的敌对情绪和评估驱使她开始用严重的后果威胁儿子，或者报复性地诋毁，横眉怒目。儿子被母亲激怒，他甚至觉得母亲从一个讨厌鬼变成了怪兽。很快，这个冲突互动随着恶性评价、情绪和恶言恶语的聚集而不断激化升级。男孩还是会不顾母亲的愤怒而继续打游戏，母亲会更加坚定自己的看法，将自己的愤怒转化为对儿子的侮辱，说他是废物，一无是处。二人一整晚都会维持这样一种白热化的状态。

7. 从发展的角度看教养和品行障碍

肖和贝尔（Shaw & Bell，1993）通过回顾以往的研究，对不同教养方式会如何导致早发品行障碍和如何对童年经历产生影响进行了总结。值得注意的是，他们得出的模型结合亲子依恋的相关研究大大地丰富了强制理论。

我们首先关注第一阶段——从出生到 2 岁的依恋期。肖和贝尔（Shaw & Bell，1993；Shaw et al.，2000）提出最重要的因素就是父母的反应（parental responsiveness）。倘若给予不一致和疏忽的照顾，无反应的父母无法给予幼儿足够的支持来帮助他们管理情绪，所以可能会导致孩子发展出易怒、冲动和困难气质。那么到了 2 岁，儿童的高负性情绪会挑战家长对"糟糕的 2 岁"的耐心，激怒家长。3 岁时，亲子的关系模式演变成了一个内部工作模式，通过模式来指引他们的期望和行为。在这个阶段（第二阶段），家长的坚定（parental insistence）就变得至关重要了。亲子之间并非通过成熟的谈判和承诺来构建一个目标导向的同伴关系，而是经常将对方置于一个恶毒的专制的角色中，这样的关系模式不断恶化，惩罚着关系中的双方；孩子也会因此而越发不愿服从，容易激惹。在第三个阶段，即 4~5 岁，最重要的因素就是父母教养的不一致（parental inconsistency in discipline）。在这个阶段，孩子对自我和他人的负面模式渗透进他们的同伴关系与学校行为中，品行问题进而激化，各类衍生问题也会越来越严重。这就需要越来越坚定和一致的父母。但是，品行障碍孩子的父母很容易在忽视和正视不良行为之间摇摆不定，又或者仅仅只是采用威胁和严厉惩罚的方法。

总体而言，肖和贝尔的模型指出幼儿期的不良依恋会发展成亲子间的强制互动，这将会在孩子和社会环境中制造更多的冷酷、冲突与情绪失调。

在过去二十多年里，肖等人创造了研究该发展模型的程序。在一开始，他们对一批 5 岁的儿童样本进行了追踪。和该模型一致的是，他们发现紊乱型依恋是 1 岁时破坏行为的预测源，也会导致 2 岁时母亲的人格问题和亲子矛盾（Shaw et al.，1996）。在第二个研究中，他们发现 24 个月时遭到母亲拒绝与 42 个月时的外化问题相关。孩子在消极的交流模式中起着很大的作用，在这之中孩子对教养的不顺从是品行障碍行为最有力的预测源（Shaw et al.，1998）。这些孩子上学以后，研究者发现 2 岁时辨别出的风险因素能够预测 8 岁时的品行问题。早期问题行为、母亲抑郁、低社会支持和抵触教养会以一种互动的方式增加孩子的不良行为、消极教养和矛盾的亲子关系（Shaw et al.，2000）。这些孩子到 12 岁时，早期的不顺从能够强有力地预测母亲的抑郁，并且能够预测教师和青少年对反社会行为的报告结果（Gross et al.，2009）。因此研究者为母子之间的交互进程提供了引人瞩目的证据；可惜的是，他们发现这种交互进程会使母子双方不停地激怒对方。

8. 教养效应的特异性

金等人（Kim et al.，2003）曾进行过一项宝贵的研究，提出了特定的教养会导致品行障碍有不同的发展轨迹。研究者选取了 897 个非裔美国孩子，在 10 岁和 12 岁时分别进行测量。结果显示，仅患 CD 和共患 CD/ 抑郁症的孩子与仅患抑郁症的孩子相比，更少得到抚育和教养。有共病问题的孩子比仅患抑郁症的孩子报告出更高水平的家庭虐待。但是，仅患 CD 组比抑郁的孩子更少感受到家庭的温暖。

9. 家庭进程

我们放眼到整个家庭进程中发现，家庭不和睦是助长反社会行为的土壤。特别是处于家长间矛盾与暴力中的孩子更容易发展出品行问题（Kouros et al.，2010），并且追踪研究显示这种暴力能够预测以后的犯罪（Zinzow et al.，2009a）。不仅如此，生活在家暴环境中的孩子同时也会成为父母攻击的目标。比如，青少年 CD 患者更可能是童年期虐待的承受者（Wilson et al.，2009）。

家庭压力（family stress）同样也能增加患 CD 的可能性。有问题行为的孩子大多来自曾经历过高水平消极生活事件、日常困扰、失业、经济困难、搬家或者其他破坏性事件的家庭。除此之外，破坏性孩子的家庭成员几乎没有社会支持来源并且在社区中与他人有长期矛盾（Boden et al.，2010）。然而，家庭压力也许并不是反社会行为的直接原因，而是亲子关系中其他问题的"放大器"（Dishion & Patterson，2006）。

（四）社会因素

CD 儿童很容易就能在同龄人中被辨认出来，但这并不是一件好事。早在学龄前，儿童经常的好斗行为就能预测随后的同伴排挤，而这带来的是儿童攻击行为的增加（Dishion & Patterson，2006）。比如，蒂森和帕特森（Dishion & Patterson，2006）发现，七年级遭受同伴拒绝能够很好地预测中学结束时的结伙犯事行为。好斗的孩子在同伴中会得到坏名声，即使他们改正了自己的行为，这个名声仍然会伴随着他们。因此，品行障碍儿童和同伴之间的互动会导致更多的攻击和问题行为。

卡普拉拉等人（Caprara et al.，2001）在意大利得出了有关同伴名声有趣的互动视角，并且解释了为什么名声能够带来如此稳固和不可改变的效应。简言之，名声能够改变孩子的自我觉知（self-perceptions）。他们的研究表明，孩子的行为能够在老师和同伴中得到某种名声，而无论孩子随后做出怎样的行为，都会在已经形成的期待和名声中埋没。尽管同伴和老师通常帮助制止操场上的冲突，但是有霸凌名声的孩子更有可能被认为是故意的，并且承受指责。这些来自他人的反馈反过来会影响孩子的自我形象和行为。所以，被认为是"霸凌"的孩子更容易认为自己就是这样的，从此也会照着这样的名声行事。总体而言，他人的期望会影响孩子的行为，所以他会不断贴近并证实这些期望，这个过程叫作"建立共识"。

在童年中期，好斗的孩子可能会被亲社会的同龄人拒绝，反而倾向于被反社会的同伴群体接受，他们接受甚至鼓励问题行为。反社会的青少年会花费大量时间和同伴群体在一起，不受父母监管，在街上游荡，做危险的事情。所以，反社会的青少年会互相吸引，并且强化对方的行为。值得一提的是，几乎所有的青少年犯罪都是在同伴群体中发生的（Conger & Simons，1997）。格拉尼克和蒂森（Granic & Dishion，2003）据实证指出，反社会青少年互相之间会成为对方的"引子"。在对男孩长达30分钟的实验室观察中，那些对他人谈论不良行为持有肯定态度的男孩更容易在青春期后期发展出问题行为。在随后的研究中加入了女生被试，研究者发现，那些加入了不良谈话内容并且更容易加入他们离经叛道同伴的女孩同样更容易继续犯罪（Piehler & Dishion，2007）。

同伴因素也与另一个童年晚期和青春期患CD的预测源相关，那就是性早熟（early sexual maturation）。尽管最初的研究提出过早发育与女生犯罪有关，而过晚发育与男生犯罪有关（Graber et al.，2004），但很多有关跨国研究表明过早发育对男生和女生来说都有极大的风险（Negriff & Susman，2011）。比如，一项包含9342名挪威青少年的研究发现，过早发育的男生和女生都会比同龄人更容易涉及偷窃与破坏财物的问题（Storvoll & Wichstrom，2002）。尽管一开始认为性成熟可能是生理因素，但第二性征的发育会引起年长不良同伴的注意，他们会怂恿青少年进行危险的行为，包括违规违纪和性活动（Negriff & Trickett，2011）。晚熟者被证实在他们的生理条件赶上早熟的同伴之后，也会有相似的行为问题。但是对女孩来说，至少早熟仅仅在男女同校时是一个风险因素（Caspi et al.，1993），这是因为那些上女校的女孩子不存在这样的社会压力。

不过，不是所有青少年都会受到同样的同伴影响。维塔尔等人（Vitaro et al.，1997）追踪了900个男孩从11岁到13岁的有关状况。基于老师的报告，他们将男生和朋友们分为低破坏、高破坏和温和三类。接触不良少年的低破坏组会随时间发展为犯罪行为，但是坏朋友的作用在高破坏组和温和组中没有得到体现。对后两组来说，个人特质控制着他们的发展：如果是积极的导向就会包含亲社会的特质；若是消极的导向就会包含反社会的倾向。

总体来说，对影响青少年相关因素的研究都指出这些只是影响因素，而非决定因素。在这之中有两个不同的加工过程："推"和"拉"。早期的攻击会使孩子被亲社会的同伴推开，而与反社会同伴积极联系会将孩子拉向不良行为的道路上。这些影响对解释青春期患CD有极大的帮助。事实上，与反社会同伴的依恋对青春期发病型的孩子有直接效应，而父母社会化是儿童发病型的偶然因素。对青春期发病患者来说，反社会同伴的影响是至关重要的，但早发性的原理更为复杂。

我们已经掌握了多因素发展模型，同时也应该知道，孩子受反社会同伴吸引的趋势并非突然，而与更早的童年期和青春期不良的家庭关系有关（Dishion & Piehler，2007）。

（五）文化因素

1. 居住环境

许多居住环境的因素都与 CD 的患病风险有关，特别是贫穷、社会解体（social disorganization）和社区暴力（community violence；Lynch，2003；Tuvblad et al.，2006）。比如，在坎贝尔等人（Campbell et al.，2000）的研究中，尽管大多数的 CD 患儿都有接触多种因素的可能性，但一个共有的相当大的风险因素就是他们都居住在危险的环境中。美国市中心贫民区的孩子就经常接触极端暴力。芬克勒等人（Finkelhor et al.，2009）做了一项极具代表性的研究，囊括了美国 4549 名儿童，最后发现，每 4 人里就有 1 人曾在邻里或家中目击过暴力行为，包括射击、殴打甚至谋杀。接触暴力事件会对暴力的发生产生去抑制的效果。比如，在一项包括 4458 个市中心学龄儿童的追踪研究中，格拉等人（Guerra et al.，2003）发现，在 5～12 岁接触社区暴力的孩子都存在攻击行为、攻击幻想和认为攻击是正常的，合理的。

从另一个视角看待接触暴力会导致反社会行为的原因可能是一种无望感（futurelessness）。在一项在亚特兰大街区里收集的"顽固分子"的研究中，贝尔齐纳等人（Brezina et al.，2009）观测到他们都对事情严重缺乏信心，甚至是对未来的期望："你永远不知道能不能活过这一分钟……人们每天都会死亡。也许我会在 25 岁之前死，所以谁在意呢？"他们的数据证实了在控制其他无关因素之后，预期死亡和青少年违法行为之间的联系。与此类似，在一项大型美国青少年的代表性样本中，博罗夫斯基等人（Borowsky et al.，2009）发现，那些相信自己不会活过 35 岁的孩子涉猎高危行为（违法行为、物质滥用、不安全性行为、自杀尝试和斗殴后创伤）的风险是最高的。

同时，一些孩子最容易在居住环境中接触帮会文化（gang culture）。在帮会盛行的城市中心，孩子们可能会觉得自己毫无选择，甚至为了生存就只能加入。托兰等人（Tolan et al.，2003）考查了社区特征（贫穷、犯罪、资源匮乏、缺乏和睦关系与社会支持），父母教养，帮会成员和青少年暴力之间的关系。研究者追踪了 294 名非裔美国男孩和拉丁美洲的男孩，在长达 6 年的时间里，每年进行一次评估。结果显示，良好的父母教养能够在一定程度上缓解社区组织失调对孩子的影响。但是，不良的父母教养会导致孩子更容易加入帮会，这会加剧孩子在青春期的暴力行为。作者声称，帮会其实是"离经叛道训练"（deviancy training）的开始；所以，对市中心孩子的预防措施应当聚焦在一开始就不让孩子参与帮会活动中。

综上所述，我们再一次看到 CD 的模型应当包含多种多样的相关因素。大体而言，居住环境的效应会受父母教养的调节（Dishion & Patterson，2006）。父母提供温暖、稳定的组织和亲密的监督都能够保护孩子远离压力、贫困或暴力的社区环境的消极影响。

2. 校园环境

学校是社会环境的一部分，也会对反社会行为造成影响。卡森等人（Kasen et al., 2004）发现，高冲突（打架、破坏财物、肆无忌惮的学生，老师难以维持秩序）的校园环境与两年期间 CD 的增长相关。学校在很多微妙的方面可能也会导致反社会行为的发展。孩子很快就能判断他们被老师归为"好孩子"还是"坏孩子"，然后根据老师对自己的态度形成对学校的态度（McKown & Weinstein, 2008）。那些在早期经历学校失败的孩子会发展出消极的自我觉知，这将会导致虐待和攻击（Stipek, 2001）。不仅如此，在他们到青春期的时候，感到在学校受到剥夺的孩子对教育会越来越厌恶，对自己的期望也越来越低，这使他们不爱学习，很早就离开校园，因此也会限制他们通过亲社会途径取得成功的机会（Strambler & Weinstein, 2010）。反社会行为会成为他们实现人生的最好方式。

3. 媒体影响

在更广阔的社会平台中，媒体也对助长反社会行为起着莫大的作用。暴力行为经常出现在盛行的电视节目和电影中。不仅如此，很多英雄人物和坏人一样，都会施行暴力，并没有伴随不好的结果（Eron, 2001）。相反，孩子们不但会学到暴力是解决问题的有效方式，而且还会得到尊重和荣誉。有研究证明了电视暴力和儿童行为的关系。喜欢看暴力电视节目的孩子比同伴更加好斗；而实验室研究也表明增加观看攻击性的材料将会增加随后的攻击行为。不仅如此，追踪研究同样显示，偏好暴力电视节目的小学生在成年后会更多地参加暴力与违法活动（Huesmann et al., 2003）。这些效应在儿童辨认电视人物的研究中得到了体现：排除父母攻击、看电视的习惯和态度因素，无论什么性别、社会群体和智力的孩子都相信虚假的电视暴力反映的是真实的生活。

六、综合发展模型

帕特森等人已经有二十多年研究儿童品行问题起源的经历。他们依据研究和自己的观察／经历总结出了一个综合发展模型（本书依据 Capaldi & Patterson, 1994；Dishion & Patterson, 2006；Dishion et al., 1995；Granic & Patterson, 2006；Patterson et al., 1989, 1992；Reid et al., 2002；Snyder et al., 2003）。

品行障碍青少年成长的进程分为一系列阶段，每个阶段都承上启下，这与发展心理病理学的组织假说是一致的（见图 10-7）。该进程由经历一些风险因素开始，有些因素甚至发生在孩子出生之前。这些因素包括低社会经济水平、居住在高犯罪率的环境中、家庭压力、反社会的父母和父母未接受良好抚养。不过，这些风险因素并非会直接导致反社会行为，而是由一些家庭变量调节——反社会行为最根本的培育基地就是家庭。

第一阶段在童年早期开始，包括父母不良教养策略（poor parental discipline strategies）。最初的强制互动会逐渐转变为不停攀升的惩罚教育。其他不良的教养管理技巧包括忽视对孩子的教养，不一致的教养，缺乏对亲社会行为的正强化和解决问题的有效策略。失调家庭互动的产物就是反社会、缺乏社会技巧和低自尊的孩子。

第二阶段出现在童年中期，这时孩子已经入学，反社会行为和社会无能会导致他们遭受同伴排挤与较差的学习成绩。在这些重要发展任务上的失败可能会导致抑郁心境。不仅如此，孩子如果长期将老师对他的评价转述给家长，那么就极有可能会经历亲子矛盾和父母拒绝。

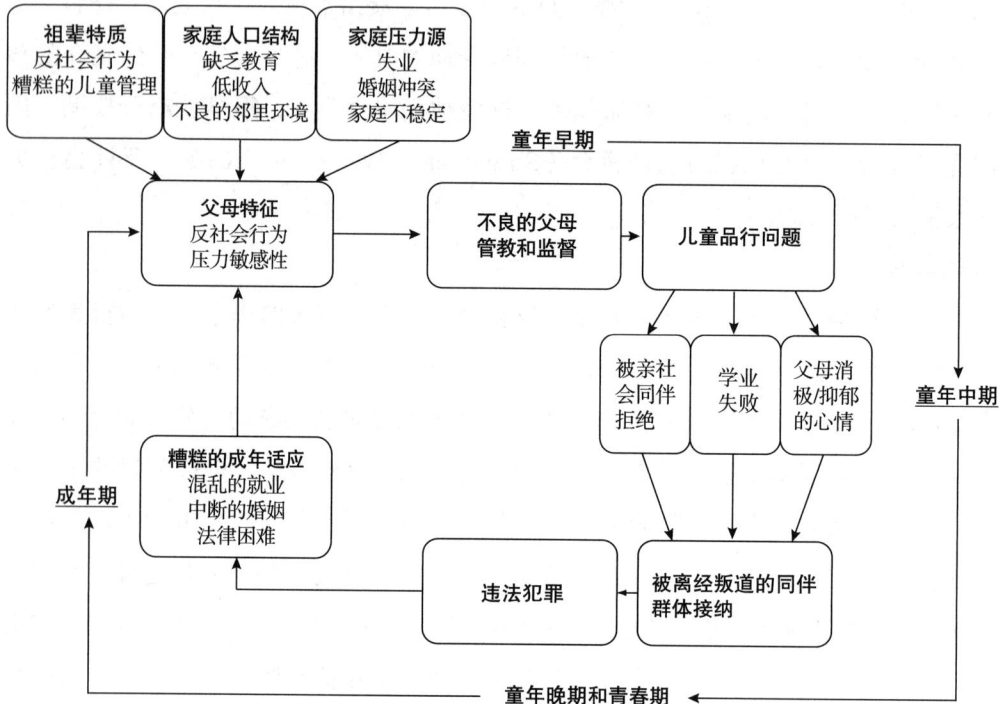

图 10-7 品行障碍的帕特森模型

在青春期，青少年会被拉入反社会同伴群体（antisocial peer group），他们会对学校和权威持有消极的态度并且已经参与到违法违纪活动（包括物质滥用）中。这些反社会的同伴会支持他们进行更多问题行为。随着生长发育，有反社会生活风格的青少年更容易在成年期有相似的困难，包括就业问题（chaotic employment careers）、婚姻问题和制度化的犯罪或精神问题。在青春期晚期和成年期，选择性交配（assortative mating）会导致反社会的个体与有相似人格特质及品行问题的个体结合。高压的、无技巧的和反社会的个体建立家庭，生儿育女，那么新的代际循环（inter-generational cycle）又开始了。

七、干预

CD 从童年期到成年期的持续性说明该心理病理学进程有着早期发展和长期持续的影响。不仅如此，它给社会和他人带来极大的负担：无论是个人承受还是暴力所带来的经济负担、破坏财物、盗窃和监禁，所以，预防和治疗刻不容缓。固然，CD 的多种来源（孩子自身的认知和情感失调、家庭不和谐与相关精神疾病、受同伴或社会影响）对其预防及干预带来了极大的阻碍。就像埃伦与休斯曼（Eron & Huesmann，1990，p.154）所说："对 CD 的干预需要我们运用掌握的所有知识，发挥创造力、天赋和坚持不懈的努力。"

（一）行为主义：父母管理训练

父母管理训练（parent management training，PMT）是最成功和记录最多的方案之一（Eyberg et al.，2008）。帕特森（Patterson，2005）根据他的不良亲子关系模型首创了 PMT。他认为，不良亲子关系是 CD 的核心病因。PMT 的重点在于改变父母和孩子之间的互动，这样就可以强化亲社会的行为，而非一再强制。基于社会学习理论原则，该疗法需要训练父母与孩子进行更有效的互动。父母要学习大量的行为矫正技术，包括使用亲社会行为的正强化和更柔和的惩罚方式，如"隔离法"（"time-out" chair）。该技术得到了大量的实证研究支持，我们在第十七章会对干预进行更详细的描述。

（二）认知行为干预：愤怒应对计划

拉森和洛克曼（Larson & Lochman，2002）建立了一套对学校儿童的团体干预方法。据一系列调查，该方法在减轻愤怒和攻击性方面卓有成效。基于对攻击的发展病理学实证研究结果，人们发现在团体中能够解决一些核心问题并培养一些核心能力，如愤怒管理、观点采择、社会问题解决、情绪意识、放松训练、社会技巧、应对同伴压力和自我调节（Lochman et al.，2003）。比如，在团体中，孩子们学习自我控制技巧，如平静地自我交谈，并且能够在真实的场景下训练他们。比如，当团体中其他孩子试图嘲讽，使他失去冷静时。在学校环境中的干预包括了对老师和家长的训练，这样他们可以强化孩子对这些新技巧的掌握，并运用在团体以外的领域。追踪研究显示，干预在降低学校与家庭中的攻击和破坏行为方面具有显著的效果；同时能够提高儿童专注行为和自我效能感。治疗效果在儿童参加团体三年之后仍能维持。

（三）系统家庭治疗：功能性家庭疗法

功能性家庭疗法（functional family therapy，FFT）在治疗年轻人的问题行为方面得到了很多实证支持，在美国、荷兰、挪威、瑞典和新西兰均开展过相关研究（Alexander et al.，1998）。FFT 的结构由五个特定的阶段组成。第一阶段是 FFT 技术最具特色的特征之一：约定（engagement），指治疗师使用创造性的技术了解该家庭的状况，并打破建立治疗联盟的障碍。第二个阶段是激励（motivation），利用家庭的力量使他们增强对改变的渴望，并建立他们能够凭借自己的能力进行改变的信心。第三阶段是相关评估（relational assessment），关注理解家庭成员行为的相关功能。比如，一个青少年的不良行为究竟是为了拉近父母与自己的距离还是为了实现自我独立。第四阶段行为改变（behavior change），包括实现个体化的治疗方案，匹配独一无二的关系风格和家庭需求。第五阶段泛化（generalization），通过帮助家庭训练在治疗中习得的技能，将之运用在家庭系统以外的关系，寻求相关的资源帮助自身维持所达到的改变并促进更深的积极改变，从而达到阻止复发的目标。

（四）多系统疗法

多系统疗法（multisystemic therapy，MST）是一项对品行障碍的良好干预措施，并且已经在一些极度严重的反社会青少年中取得了巨大的疗效（Henggeler et al.，2009）。MST从大量的前人经验中获得启发。也就是说，反社会行为的来源是多种多样的。尽管基于家庭系统理论，关注的也是家庭系统，但治疗是个性化和灵活的，所以为了满足特殊孩子的特殊需求，我们需要各式各样的干预措施。治疗可能一方面关注的是家庭不和谐与学校表现不良，另一方面可能是缺乏社会技能以及家长失业。治疗师要建立一个灵活、实用和关注解决问题的模式："你说你不理解老师在学校报告上的反馈？那不如立即给他打个电话问一问具体情况吧。"

实证研究显示多系统法对严重品行障碍青少年，包括长期暴力者（Glisson et al.，2010）和性侵者（Letourneau et al.，2009）都是有效的。治疗提升了家庭沟通，减少了三角的家庭模式，降低了亲子间、父母间的冲突水平。追踪研究显示，干预5年后，相比于其他的治疗形式，接受MST的青少年有更低的犯罪被捕率。

根据结构化家庭疗法和米纽秦在市中心亚裔美国家庭中的研究，在一大批干预方法中，针对种族多样人群的系统方法脱颖而出。家庭治疗中的一个文化敏感性方法的例子是：家庭联盟（Familias Unidas）。它曾用于减少美国拉美移民青年问题行为的风险（Pantin et al.，2007）。这种干预方法直接让家长参与能够帮助他们克服移民和文化适应问题的课程，增加他们对孩子在社会中的风险和保护性因素的认识，帮助他们培养在新文化环境中的应对技能。为了表达边缘化的感受和鼓励家长，最初的干预措施是在一个小型的、有支持力的多个家长团体中进行的，也叫"家长支持网络"（parent support networks）。团体的目标之一就是"二元文化的有效培训"（bicultural effectiveness training）。为了帮助家长更好地理解和应对他们孩子将会遇到的社会背景，它在教育家长主流文化的同时，提倡家庭文化的力量。将家庭视为一个系统，临床医师能够减少冲突，增进和谐并改善亲子关系的结构，让亲子之间更加温暖。父母被鼓励积极了解孩子在学校的状况，为孩子了解同伴间的活动和塑造亲社会技能。对干预有效性的调查是非常乐观的，在超过一年的时间内能够观测到家长参与度的增加与行为问题的减少。

（五）预防

卡兹丁（Kazdin，1997）指出，预防需要面对CD的多面性风险因素，需要进行多元化指导和广泛采集信息。在一项预防的元分析中，皮克等人（Piquero et al.，2009）发现，早期家庭/父母管理训练在幼儿园与在美国、加拿大、英国、新西兰、澳大利亚、中国和荷兰进行的高发期学龄儿童攻击预防项目中都是卓有成效的。5年、10年过去，参与该项目的人与未参与的人相比，他们在学校表现得都更好，并且更少被报告有反社会行为。我们在第十二章会进行更详细的阐述。

对校园暴力的预防是非常重要且特殊的一个领域——不仅仅限于本章开端提到的极其可怕的惨案，也包括能够引起暴动的普通的欺凌。在过去的二十多年间，大规模的反欺凌项目在挪威、芬兰、英国、爱尔兰和新西兰展开。令人印象深刻的是在芬兰开展的国家反欺凌项目，叫作 KiVa，这是 Kiusaamista Vastaan 的缩写，意思是"反欺凌"（Salmivalli et al., 2010）。2011年，芬兰有 82% 的公共学校参加了这个项目。这一干预独特的一方面是它聚焦于没有卷入的儿童——"沉默的大多数"——站出来反抗欺凌并为受害者提供支持。该项目涉及多个水平，包括全体策略。例如，在每个班级开展反欺凌心理教育，为年幼的儿童提供反欺凌电子游戏，为高年级儿童提供虚拟现实环境来增长他们关于欺凌的知识、技能和改变自己行为的动机。除此之外，当欺凌被揭发后，会提供靶子干预，包括由儿童和教师组成的"校园小队"开展欺凌者、受害者和旁观者的小组讨论。也给父母提供关于欺凌的信息以及建议父母可以进行预防的方式。KiVa 项目的有效性还在评估中（Salmavalli et al., 2011）。该项目囊括了 234 所学校里 1000 多个班级中的 30 000 多个学生，他们被随机分配到治疗组和控制组。结果是很有希望的，项目开展 9 个月后，和控制组相比，干预组中自我报告和同伴报告的受害以及自我报告的欺凌水平更低，更不可能协助和强化欺凌，感到更能够去自我防卫，并且在学校中的整体幸福感水平更高（Kärnä et al., 2011）。

在前五章，我们主要关注了在常态和异常连续体上的障碍。抑郁的感觉、品行不端、焦虑、对立性和注意力不集中在功能正常的个体的一生中也会有所体现。我们在接下来的章节会关注一种在连续体极端的障碍，正如孤独症一样。精神分裂症的弥漫性和古怪远远超过了正常群体的范围，这也因此为我们理解和治疗这一障碍带来了巨大的挑战。

第十一章

童年晚期至青春期：精神分裂症

本章内容

1. 定义和特点

2. 精神分裂症的发展路径

3. 病因学

4. 综合发展模型

5. 发展过程

6. 干预

和孤独症一样，精神分裂症是一种严重的、广泛存在的精神疾病，且在极端情况下，是不可治愈的。然而，在许多方面，这两者确实是不同的。从历史的角度看，不良的预后常常被认为是精神分裂症的后果。因此，"精神分裂"作为一种"病"，被认为是等同于一种"慢性的、使人虚弱的精神疾病"。2001 年世界卫生组织将其列为世界第七大致残疾病。美国 2002 年用于治疗精神分裂症的总费用约 630 亿美元（Wu et al., 2005）。在本章，我们将呈现精神分裂症的描述性特征，并重建其发展途径，包括风险因素和保护性因素。

一、定义和特点

（一）定义

在 20 世纪前 1/3 的时间里，儿童精神分裂症被认为与成人精神分裂症在本质上是相同的疾病，在临床的描述中有着广泛的相似性。然而，在 20 世纪 30 年代，学者提出了关于儿童精神疾病的另一个"唯一"视角，与我们现在所说的孤独症、精神分裂症、分裂型和边缘型人格障碍有关（Fish & Rivito，1979；Potter，1933）。20 世纪 30 年代中叶至 20 世纪 70 年代，孤独症和儿童精神分裂症仍然是同义词，孤独症和其他发展性疾病被认为是成人精神分裂症的早期临床表现。DSM-Ⅱ和 ICD-10 描述了这一观点，这两本手册将包括孤独症在内的所有童年期发病的精神病归类于儿童精神分裂症。然而，对于儿童精神病的这种单一观点在 20 世纪 70 年代受到了挑战。科尔文（Kolvin，1971）和拉特（Rutter，1972）证明了孤独症和童年期发病的精神分裂症可以从发病年龄、现象学和家族史这几方面进行区分。这一发现启发人们区分童年期发病的成人型精神分裂症和孤独症。因此，20 世纪后 1/3 的时间里，以未修改的成人精神分裂症诊断标准来定义儿童及青少年期的精神分裂症，这一观点占据主流趋势。这一观点得到了 DSM-Ⅲ（American Psychiatric Association，1980）和 ICD-9（World Health Organization，1978）的支持，并持续到了 DSM-Ⅳ（American Psychiatric Association，1994）和 ICD-10（World Health Organization，1992），并且去除了儿童精神分裂症的单独诊断，将同样的诊断标准适用于所有年龄段。

　　在与之相关的 DSM-Ⅳ-TR 中，关于精神分裂症的诊断标准列在了表 11-1。精神分裂症的症状被分为三类：阳性的、阴性的和紊乱的。阳性的症状包括：思维障碍、幻想和幻觉。阴性的症状包括：社交能力、愉悦、活力和情感的缺乏。紊乱的症状包括：语无伦次、奇怪的行为和注意力缺乏。需要注意的是，确诊精神分裂症要满足的必要条件在不同诊断系统上并不完全相同。例如,ICD-10 确诊需要特征性症状持续至少一个月，而 DSM-Ⅳ需要持续六个月才能确诊，由此提出了一个关于每个系统有效性的问题。然而，两个系统都允许不明确的前驱症状和残余症状被归类到持续症状中。此外，在诊断的过程中一定要确认社会和职业功能障碍，并一定排除心境障碍、物质滥用和躯体疾病。如果孤独症谱系障碍的诊断在初期存在，那么精神分裂征的诊断一定包含明显的幻觉和妄想。

表 11-1　DSM-Ⅳ-TR 关于精神分裂症的诊断标准

1. 特征症状：满足以下症状两点或两点以上，且每种症状在持续一个月内的时间中都有所呈现：
（1）妄想；
（2）幻觉；
（3）语无伦次（如经常性的词不达意和不连贯）；
（4）严重的紊乱或紧张的行为；
（5）阴性症状（情感冷淡，失语症或者意志力缺乏）。
2. 社会或职业功能障碍：当发病是在童年期时，将很难在人际交往、业绩或者职业表现方面达到期望水平。
3. 持续时间：被症状持续困扰至少六个月。
4. 与广泛性发育障碍的关系：如果有孤独症或者其他广泛性发育障碍的历史，只有在明显的妄想和幻觉持续至少一个月的情况下，才能被诊断为精神分裂症。

资料来源：DSM-Ⅳ-TR，2000。

　　幻觉是缺乏任何适当的外部刺激下发生的感官知觉。幻觉是在传统社会和现代社会都是常见的现象，大约在 80% 的案例中都会出现。然而，与病因学有关，患病率和相关概念，病程和治疗需求都有很大的不同。非西方的文化常常将改变后的知觉，如幻觉，归为被神灵附身或者是一种与神灵接触的方式，然而，现代西方社会常将这一现象看作精神疾病的征兆。幻听，如听到一个声音说"你是有罪的，应该去死"，比幻视（如看到烧伤且有疤的脸）更常见。事实上，幻听被认为是障碍的一种表现，且同样适用于成人和儿童群体。

随着年龄的增加，幻觉的结构，在复杂性上也有所增加，然而，内容反映的是符合年龄的关注点的。例如，年幼孩子的幻觉常常是关于怪物和宠物的，年龄大些的孩子的幻觉则可能与性有关（Russell et al., 1989）。如果一个 7 岁或者更大一点的孩子听到贬损他的声音，或者关于他的谈话，甚至他盯着一个可怕的东西（蛇、蜘蛛或者影子）看，事实上这个东西却并不存在，那么此时家长需要关注这一情况。儿童的幻觉可能很明显，但他们的幻觉情况比成年期发病的案例更为模糊，不成形。

幻觉并不仅是精神分裂症的症状，还有可能是药物反应导致的，也可能发生在许多其他精神疾病中。例如，奥尔特曼等人（Altman et al., 1997）发现，33% 的有其他精神困扰（非精神分裂症患者）的患者也体验到幻觉，尤其在创伤后的应激障碍患者出现频繁。幻觉也可能出现在典型发展人群中。例如，学龄前儿童，在急性压力的情况下会出现短暂的幻觉。例如，他们可能感觉虫子在他们的皮肤上爬，或者看到他们的床上有虫子（Volkmar et al., 1995）。

妄想是一种不理性的，与现实不符且不可能实现的，但被坚信的错误信念（见表 11-2）。妄想是非常突出的症状，但是在儿童和青少年阶段不是很常见，特别是在 10 岁以下的儿童中（Remschmidt et al., 2007）。大约 50% 童年期发病的人会出现妄想。如同幻觉一样，妄想伴随着人的发展变得越来越复杂，且能反映出符合年龄特点的变化。例如，一个小男孩可能相信他的继父会对他下毒；一个年龄稍大点的女孩可能认为学校里的孩子正在密谋要绑架并骚扰她。这两个例子反映了被害妄想。除此之外，还有躯体妄想，如认为身体会发出臭味，或者排泄物会在小孩说话时从口中排出。还有一种夸大妄想。比如，一个男孩仅浏览了一本书中的一页，就声称他了解了这本书讲的所有内容。像幻觉一样，妄想可能在心理失常而非精神分裂症的人中表现出来。例如，奥尔特曼等人在 1997 年发现，24% 的心理失常但并没有精神分裂症的个体有妄想。只要符合病程和社会功能失调的标准，在 DSM- Ⅳ -TR 中，怪异妄想是诊断精神分裂症的一个充分条件。然而，一直以来，仍有这样一种争议：由于"怪异"很难量化，因此存在应该将多少"怪异"判断为"妄想"的问题。

表 11-2　儿童自我报告的精神病性症状的频率

精神病性症状		疑似症状（百分比）	明确症状（百分比）
幻觉	你听到过别人听不到的声音吗？	169（7.9）	90（4.2）
	你看到过别人看不到的东西或者人吗？	168（7.9）	42（2.0）

精神病性症状		疑似症状（百分比）	明确症状（百分比）
妄想	你认为自己被监视吗？	54（2.5）	15（0.7）
	你感到自己被特殊的力量控制吗？	41（1.9）	16（0.8）
	你是否能够知道他人的想法，即使他并未说话，就像读心术？	14（0.7）	5（0.2）
	你是否相信有人通过电视和广播向你发送特殊信息？	26（1.2）	3（0.1）
	其他人是否会知道你的想法？	9（0.4）	0

注：儿童数量为 2127。

语无伦次与联想松弛和不合逻辑的归因有关，儿童的语言可能是碎片化的，解离的，怪异的。例如，它前面打开，后面关上。我前面打开，后面关上。你今天见过我吗？我觉得自己在这里，但是妈妈不在。他们没有把它从妈妈身边带走。我的洋娃娃不会介意的，但是我介意（列举了所有家庭成员谁不介意）。我昨天在这里，我今天在这里吗？

那些罹患精神分裂症的个体，在他们的话语中，基本的失常表现在：语用学，即语言的社会用途；韵律学，即讲话的韵律；听觉处理，即参与到其他人的说话内容中，并可以忽略不相干的信息；还有抽象的语言。然而，值得注意的是，这些特征既可能在孤独症的孩子身上看到，也可能在精神分裂症的孩子身上看到（Baltaxe & Simmon，1995）。

行为紊乱就比如将拼图中的所有图片从盒子中拿出，再将它们放回一百次。它可能表现为扮鬼脸；古怪的姿势或活动，比如坐着或站着的时候不停摇摆；邋遢或怪异的装束，比如在炎热的天气穿多件大衣，系领带或者戴帽子；不可预知的躁动；怪异、重复的动作，如不停擦额头，拍手腕，把皮肤抓出血印。紧张性精神分裂症表现为对周围环境缺乏明显的反应，包括长时间不动（紧张性木僵）；特别不合适且怪异的造型（紧张性姿势）；或者过多无目的的肌肉活动（紧张性兴奋）。

社会功能障碍可表现为多种形式，回避很常见。患有精神分裂症的儿童常由于过于关注自己的想法或者被周围其他事物所困惑，而被他人遗忘。缺乏社交技能可能是社会孤立的原因之一，特别是在同伴之间。

阴性症状表现为冷淡、失语症、意志缺乏（Mash & Wolfe，2002）。感情冷淡是指某人表现出没有情绪；失语症是指某人一言不发；意志缺乏是指某人不能开始或完成某项工作。

子类型由表现突出的症状分类。偏执型的特点是严重的妄想，有时还会出现被害幻听或者其他夸张的幻听。这是有最好预后的一种类型，但是在童年期很罕见（Walker et al.，2004）。青春型精神分裂症，相比较来说有最差的预后，是在儿童群体中最常见的一种类型。这一类型主要表现为情感或情绪淡漠，情感或情绪与孩子说话的内容不匹配（例如，在别人谈论说一只丢了的宠物时傻笑）；紊乱的行为和语无伦次，是古怪的、离题的，并且不以目标为导向。紧张型主要表现为精神运动性的失常，包括过于刻板，固定不动，沉默，模仿言语（像鹦鹉一样重复别人刚刚说过的话）或者模仿动作（重复地模仿别人的动作）。未分化型精神分裂症不包括以上任何特点。在残留型里，个体在过去至少经历过一个精神病阶段，现在没有精神病，但是表现出一些失常的症状（如情感淡漠，语无伦次，古怪的信念）。

尽管子类型表现出这一疾病的异质性，但子类型是基于许多临床特征的组合，没有哪种特征是子类型独有的（例如，青春型的特征也有可能在紧张型这一子类里被发现）。重要的是，子类型的典型症状并不是精神分裂症所独有的。例如，紧张症事实上可能在某些情绪障碍和其他药物条件下更常见（Rosebush & Mazurek，2010）。研究者发现和精神分裂症有关的症状和病程，同障碍本身一样，是由很多种类组成的。

（二）特点

1. 发病时间

精神分裂症的一个最重要的描述性特征是，它有两个发病时期：早期发病（或者叫童年期发病），是指发生在14～15岁之前；青少年发病，是指在14～15岁或者成年早期发病。

2. 患病率

童年期发病的精神分裂症非常罕见，发病率通常在青少年期稳定增长，且在成年早期达到顶峰。事实上，据估计，每40 000个儿童中有一个会患上精神分裂症，而每100个成年人中就有一个。因为这种障碍在儿童中很少见，我们很难研究它，也很难从研究中得到一致的结论。童年后期，精神分裂症的案例大量增加。一项研究显示，在12～15岁这一时期，有大概10倍的增加。这种急剧的增长，似乎只体现在精神分裂症上，因为在其他童年期的精神病患者（如更严重的重度抑郁和躁狂发作）中并未发现这种特点（Häfner & Nowotny，1995；如图11-1）。据估计，39%的男性精神分裂症患者和23%的女性精神分裂症患者是在19岁罹患这一疾病的，发病的平均年龄分别是，男性18岁，女性25岁。

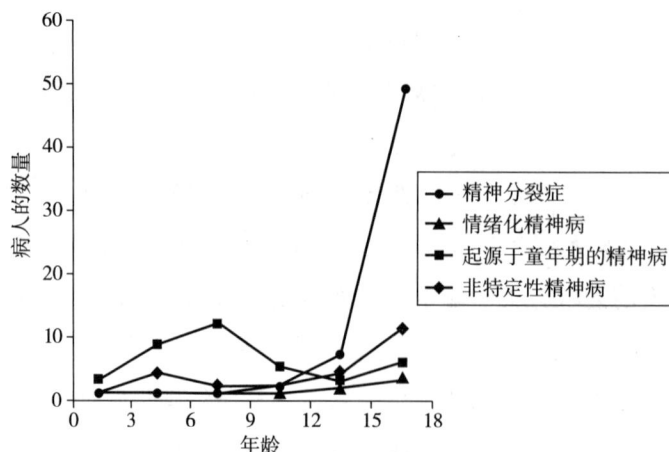

图 11-1　精神分裂症在青少年中的增长

资料来源：Remschmidt et al.，1994。

3. 性别差异

大量证据显示，男性比女性更易罹患精神分裂症，也面临着更严重的障碍形式和病程。还有一个很有趣的与年龄相关的性别变化是：在早期患病案例中，男性更多，男女比例为 2∶1 至 5∶1，但在青少年期，这个比例变得更均衡（Asarnow & Asarnow，2003）。这种变化的原因还不知道，但是可以反映出在病因学方面的性别差异，或者说标准的成熟的变化更早在男性身上显现（Spauwen et al.，2003）。有人认为，女性的发病期更晚也许与她们在青春期分泌的雌激素的保护作用有关。其他观点认为，女性较高的社会技能在障碍发展的过程中提供了保护作用。我们将在这一章的后面部分再次讨论这个问题。

4. 社会经济状况、种族和文化

对成人精神分裂症的研究发现，大量个案来自弱势群体，而对儿童和青少年的研究结果则是模糊的。没有证据表明儿童和青少年的患病率与种族有关（Yee & Sigman，1998）。尽管护理理念和对精神健康护理投入的资源有所不同，但是，在不同国家和不同文化中，成人精神分裂症的症状和患病率高度相似（Papageorioua et al.，2011）。针对儿童，还没有可比较的数据。

5. 共病

将儿童和青少年发病的精神分裂症放在一起看，大量证据显示了较高的共病率。拉塞尔等人（Russell et al.，1989）发现，68% 的个案也患有其他的精神疾病，其中抑郁症最常见（37%），其次是品行障碍或对立违抗障碍（31%）。

在青少年身上，强迫症经常与精神分裂症共病。尼科麦德等人（Nechmad et al.，2003）发现，在 50 个精神分裂症患者中，26% 同时符合 DSM-Ⅳ中强迫症的诊断标准。

此外，患有精神分裂症的青少年也常表现出自杀想法和行为（Shoval et al.，2011）。自杀的高危时期出现在精神病首次发作后的两年中。这一时期的自杀可以通过是否有过自我伤害行为，是否长时间地被精神疾病困扰，是否有日益恶化的病程和药物滥用来预测。例如，凡杜尔等人（Verdoux et al.，2001）发现，在首次精神崩溃后的两年中，有药物滥用的青少年，他们尝试自杀的概率是普通人的 7 倍多。阿圭勒等人（Aguilar et al.，2003）发现，在尝试自杀的患有精神分裂症的青少年和成人中，可根据处于主导地位的原因来区分两种临床类型：精神疾病的（如源于妄想）和抑郁的。精神疾病如何导致自杀？要知道在精神病发作时，一个人是多么害怕和困惑，面对自己患有慢性精神病，且可能发作或复发，这个事实是多么具有毁灭性（见方框 11.1）。

方框 11.1　以第一人称视角呈现的在青少年期发病的精神分裂症

在高三的第二学期，我在南边高中只有一节三小时的木工课，所以，我就在下午的时候，去一家比萨店找了一份厨师的工作。一天，在这家比萨店里，当我开始下厨做一些准备工作的时候，帕特（Pat）、凯丽（Kelly）和老板开始拐弯抹角地说话。他们和我说话时，就好像是魔鬼附在他们身上一样。凯丽开始打电话，但他好像并不是用他的声音在说话。这让我很困惑。我更困惑的是，他告诉我接下来我不用来工作了。

我开车回家，却发现家里没人。我试着在沙发上睡会儿，却睡不着，于是起身去车上。我启动了车子并动身去学校。我遇到了一个朋友斯科特（Scott），我试着告诉他我的困扰，但是他正在课间休息，没有太多的时间跟我谈。我去了图书馆，在那里遇到了比尔（Bill），但是他也都不上课。接着，我去了学校办公室，想要打电话报警，告诉他们我听到奇怪声音的问题。我询问警察局长是否能来听一听我说的话。

他来了，来学校接我，然后开车载着我，听我说。最后，他让我把我的车开到警察局，在那里我和另外一个警官谈了谈。那个警官叫来了我的父母。接着，我们四个人在一个房间里，爸爸似乎可以理解我，妈妈和那个警官跟我聊着天，似乎，爸爸正在跟他们玩着头脑游戏。在家里，我的弟弟亚历克斯（Alex）和我们的宠物显得有些不同，好像爸爸在用他的头脑控制着他们。爸爸可以用他的脑电波控制人们的思想和身体。他和我一起看电视的时候，一句话不说也可以交流。爸爸工作中的一个朋友有一家人群汇集的俱乐部。他们想在我的身上试一试。他们接管了除了我和爸爸之外的我们全家。我和爸爸可以记起不同的人和物体，这样做是为了将头脑封闭，这样他们就不能俘获我们的头脑和身体了。

父母带我去了湖城医院，想要弄清楚在我身上发生了什么。在那里，我们遇到了我们的家庭医生和一些其他的人，但是他们当中没有一个人可以说清楚在我身上到底发生了什么。他们问我问题，测我的血压，还取了我的血液样本。那晚我试着离开。我被一首阿巴合唱团的歌督促着，但是两个穿白色外衣的大块头把我带回了房间。第二天早上，当我吃早餐时，在吃之前，我先闻了闻又尝了一点我的早餐。

前人研究使用临床量表，如学龄儿童情感障碍和精神分裂症诊断量表（Schizophrenia for School-Age Children，K-SAD）、儿童和青少年社会适应调查表（the Social Adjustment Inventory for Children and Adolescents，SAICA）等，由家长报告儿童行为问题的量表，或其他不同的访谈——发现，在童年期存在大量可能发生并发展为精神分裂的高危险性症状。更具体地说，基于DSM的研究发现，在高患病风险的儿童中，轴1上的疾病患病概率较高（54%～56%），与之相对应的是，在普通人群中这一概率仅为10%～22%。此外，更高的共病率（30%）在下列疾病中常见：注意缺陷多动障碍（10%～40%）、焦虑障碍（13%～39%）、情感障碍（包括抑郁症和双向障碍，10%～17%；Hans et al.，2004）。

6.鉴别诊断

正如我们在这章开头提到的那样，精神分裂症与孤独症是不同的。过去，人们认为精神分裂症和孤独症是同一种潜在的精神疾病的不同表现形式。然而，事实是，确实有一些孤独症的儿童，后期发展成为精神分裂症，但这一事件发生的概率并没有比一般的儿童高（Klinger et al.，1996）。在临床现象中，这两者也是不同的，具体表现为孤独症不会表现出妄想和幻觉，联想松弛和心境障碍是精神分裂症的特征。这两者的发病时间和发展过程也是不同的。童年期精神分裂症的发病时间比孤独症要晚一些，孤独症的发病时间在出生后的 30 个月内，然而精神分裂症通常在童年后期或者青少年期。精神分裂症的特点是功能的退化，而孤独症则非常稳定（详细内容见表 11-3）。精神分裂症表现出更少的智力缺陷，较严重的社会和语言缺陷，随着年龄的增长发展出幻觉和妄想，并且会经历缓解和复发的周期。

表 11-3　精神分裂症患病前的发展性预测因子

预测因子	发展阶段			
发展偏差	婴儿期	学前期	童年中期	青少年期
动机和感觉	总体落后，协调能力良好；运动异常	总体落后，协调能力良好	不正常但也不是精神分裂症的表现或能预测精神分裂症的表现	笨拙的但不再不正常
被动性	低唤醒度，低反应性；肌肉张力低	低能级	—	—
说话	少的咿呀学语和模仿学语	迟缓的；缺乏沟通交流	模糊的、混乱的、不清楚的	—
社会适应	社会性怪异，没有反应，情绪淡漠，较少目光接触	不合群；亢奋的；焦虑的且与同伴为敌	男孩会有更多捣乱行为	—
注意	—	—	注意缺陷	容易分心
认知和成就分数	—	—	低于平均水平	显著下降

精神分裂症不是唯一有精神病性症状的障碍。因此，区分精神分裂症和其他心境障碍就很重要，包括有精神病性特点的重度抑郁和双向障碍（见第九章），这二者都涉及精神病性症状的急性发作，导致心境状态发生急剧转变。然而，这些疾病之间存在着联系。纵向研究显示，一些青少年最初表现的是精神分裂症的症状，后来继续发展成为双向障碍（McClellan et al., 2001）。

DSM-Ⅳ-TR 包含了分裂情感性障碍，它位于心境障碍和精神病之间，包括两者的一些但不是全部的特征。分裂情感性障碍的预后仍处于中间位置，比精神分裂症好一些，却比简单的心境障碍严重些（Walker et al., 2004）。

其他儿童障碍有非典型性精神病，或者被称为多维受损障碍（multidimensionally impaired disorder，MDI；Jacobsen & Rapoport，1998）。这些儿童不满足所有精神分裂症的诊断标准，但是表现出一些特征，如妄想、幻觉、情感调节异常、冲动抑制障碍和注意力不集中。纵向研究显示，患有多维受损障碍的儿童比患有精神分裂症的儿童，发病时间更早，认知和行为困难更严重。进一步长期跟踪结果显示，在患有多维受损障碍的儿童中，有一半在之后发展成为严重的情绪障碍（可能有也可能没有精神病性症状），另一半则发展成为破坏性行为障碍（没有精神病性症状）。这些结果启发研究者，多维受损障碍可以从精神分裂症的诊断标准中分离出来，它们有不同的前兆和不同的结果。

（三）发展维度

所有的精神分裂症都是一样的吗？很多证据表明，不管是童年期发病的精神分裂症还是青少年期发病的精神分裂症，都与成年期的精神分裂症有着本质上相同的特征，也适用同样的诊断标准（Asarnow et al., 2004）。他们不仅在此疾病的描述性特征上相似，在基因传递、自主神经功能、脑的结构和功能上也很相似。与成年期发病的精神分裂症相比，早期发病的精神分裂症在发病前异常率更高，认知表现更差，且功能结果更差。早期发病的患者有着接近诊断标准的发育迟缓，以及语言功能（23%）、动机（31%）和社会功能（36%）上的损伤（Hollis, 1995）。此外，有研究者（Kyriakopoulos & Frangou, 2007）认为，早期发病（18 岁之前）和童年期发病的精神分裂症，它们的形式更不典型，更罕见，也可能比成年期精神分裂症更严重，长期治疗的结果也更差。早期发病的精神分裂症，随着时间的推移，也表现出更高的诊断稳定性。

尽管有关儿童精神分裂症的数据有限，研究者还是发现了很多发展性的差异［这里我们关注阿萨诺（Asarnow & Asarnow, 2003）的研究］。

1. 发病

童年期精神分裂症有一个漫长的、潜伏的发病期，而非急性发病。因此，儿童在被确诊前，会经历一个慢性损伤的过程，这导致我们更难描述出这一疾病发病的精确年龄，同时，也导致我们更难区分出发病前（已有）症状或共病症状。例如，儿童常在精神病发病时，表现出之前已有的注意缺陷多动障碍的特点。那么，注意缺陷多动障碍仅仅是精神分裂症发病前兆（这一疾病的早期表现，共病），还是仅仅将精神分裂症的思想紊乱和行为特征贴错了标签？至今我们仍然不知道答案，但是未来通过更进一步的纵向研究，我们可以回答这些问题。

2. 症状

在临床表现上，童年期发病的精神分裂症的症状和成人的精神分裂症的症状有所不同。妄想、幻觉和思维障碍很少在 7 岁前出现。相对于成人，妄想在儿童身上尤其不常见。然而，所有精神分裂症的子类型都可能在青少年身上见到。患有精神分裂症的年轻人更易表现出青春型或未分化型这两个子类型，而不常表现出偏执型。早期的最初症状表现包括注意力难以集中、睡眠困难或学习困难，也可能出现回避与朋友交往的情况。随着疾病的发展，可能会出现语无伦次，看到或听到其他人看不到或听不到的事物。接着可能会出现不合逻辑的思维跳跃、幻觉、偏执、妄想、自大的想法、暴力、自杀的念头。年轻人身上的精神分裂症有时会急性发作，而在儿童身上是逐步发展的，常常会先出现发育障碍，如动作或语言障碍发育迟缓。

相对于成人，儿童的症状和社会损伤更严重，结果也更不乐观。关于性别差异，在青少年中男性多于女性，但在成人中并没有这一差异。

然而，由于在不同发展阶段的迹象和症状有所不同，诊断者可能会忽略仅表现出疾病早期迹象，但没有达到成人诊断标准的儿童。理想的情况是，诊断标准依照不同发展阶段的临床表现做出调整。童年期的不同时期发病的精神分裂症可能会有着不同的表现，重要的是根据发展变化调整诊断标准，如成功区分病性症状和童年期富有想象力的幻想，或者在正常语言技能发展中的言语紊乱（Mash & Wolfe，2010）。

3. 标准发展过程

对年幼儿童的精神分裂症的诊断很难，因为他们在语言和认知能力上都还不成熟。儿童没有能力准确描述他们的内心体验，因而临床医生很难评估他们的内在状态和知觉。进一步讲，年幼儿童正处于发展的前运算阶段，在这一阶段，他们有很多奇思妙想，对于现实和幻想的界限模糊（比如，第一章提到的，认为第三场景会在户外呈现）。儿童精神分裂症的误诊很常见。与孤独症的主要区别在于，患精神分裂症儿童的幻觉和妄想持续至少 6 个月，且在 7 岁或者更大年龄时发病。而孤独症通常在 3 岁即可确诊。精神分裂症也与情感障碍、人格和解离障碍中的短暂精神错乱不同。患有双相障碍的青少年，有时会急性躁狂发作，可能会被误诊成精神分裂症。遭受过虐待的儿童有时也会"听到"施虐者的声音或者"看到"施虐者。精神分裂症的症状会弥散到儿童生活的各方面，而不仅是在学校等特定环境中。如果儿童对交朋友感兴趣，即使没能维持友谊，那么他们也不太可能患有精神分裂症。因此，应谨慎区分精神病性想法／妄想和童年早期正常的幻想。同样，语言发展迟缓的儿童在与人交流中，会使听者觉得缺乏逻辑且混乱，但并不能因此将其认为是思维障碍。

二、精神分裂症的发展路径

（一）识别精神分裂症的前兆

精神分裂症的演变有三个阶段：发病前阶段，在疾病的发病前；前驱症状阶段，在这一阶段，一些病症的早期迹象开始显现；发作期，临床综合症状明显。随后是恢复阶段，残余症状和一些慢性症状可能会出现（见图 11-2）。发现前兆对理解精神病理学的本质和发展预防方案都有重要意义。然而，虽然纵向数据能够为区分不同病因提供最好的证据，但收集精神分裂症的纵向数据是困难的。

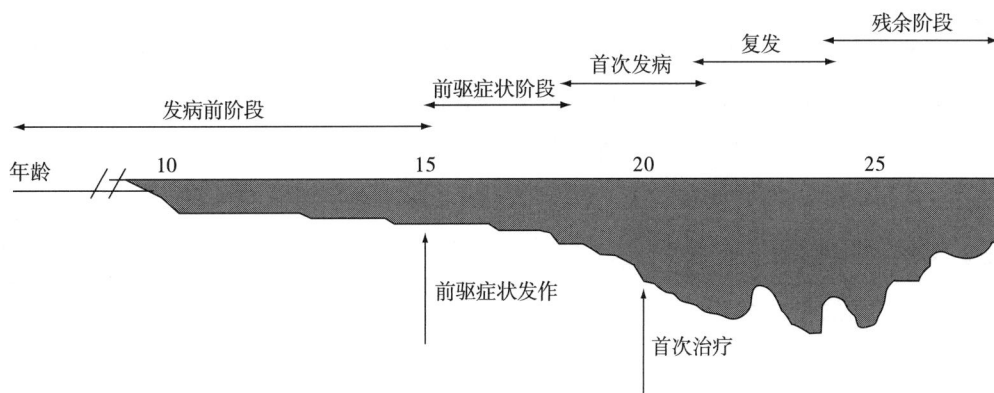

图 11-2　精神分裂症的自然进程：不同阶段的时间轴

水平线为时间维度，垂直维度上的为机能减退情况

资料来源：Keshaven，2003。

1. 方法论上的挑战

很少有纵向数据能够从儿童很小的时候开始就一直追踪到发病，而且本来在儿童中精神分裂症的发病率就低，这更增加了难度。精神分裂症在人群中的发病率不足 1%，这一数据意味着随机挑选 10 000 个婴儿才会有大约 10 个发展成为患有这一障碍的青少年。尽管这样的研究非常少，但事实上也有一些令人印象深刻的个案。例如，国际儿童发展研究（the National Child Development Study，NCDS）包括了从 1958 年的 3 月 3 日到 3 月 9 日之间出生于英格兰、苏格兰和威尔士的 98% 的孩子。研究者在这些被试 7 岁、11 岁、16 岁和 23 岁的时候分别对他们进行评估（Crow et al.，1995），同时也考虑了所需花费的人力和费用。在 12 537 个个体的最终样本中，研究者识别出了 57 个精神分裂症患者。

即使有这样的纵向数据，发病前阶段和前驱症状阶段还是很难区分的。在疾病发病之前，是长期的行为偏差，有一些是轻微的，有一些起源于非常早的时期。童年早期，发病前期的这些偏差到什么程度？他们能代表疾病前驱症状多大的程度？这些还存在争论，需要进一步研究。

2. 精神分裂症的差异

精神分裂症的本质是更复杂的，这一疾病并不是一个单一实体，它是以一族群的不适应出现的，有许多子类型。事实上，没有两个病人会呈现一系列相同的症状。而且，即使是同一病人，随着时间的推移，症状也会呈现戏剧化的转变，而且这些症状之间存在着显著的相互作用。例如，次级阴性症状可能会随着阳性症状的消失而有所改善，然而核心"缺陷"的阴性症状会更持久，且会随着病症的长期过程越来越坏。这一复杂性，会带来这样一个实验困境：要么研究子类型，导致可研究的样本更少了；要么联合整体的全部数据，但可能无法明确关注到子类型。更进一步说，不管是精神分裂症的症状表象还是它本身的定义都会随着时间而改变，呈现在研究者面前的对象是动态的。关于被试损耗，尽管它在纵向研究中很常见，但是在严重心理失常的人群中损耗会更严重一些，随着时间的推移，他们最可能脱离实验——或者是因为不合作，或者因为他们已经转移到了其他地方但并没有留下联系方式。

最后，有证据显示，不是所有患有精神分裂症的孩子都会经历相同的发展路径；与之相反，他们可能有截然不同的路径。因此，我们也需要调查这些路径上的不同。

带着这么多的挑战和限制，我们现在来回顾已有的证据。

（二）发病前的发展

1. 婴儿期

（1）运动和感觉偏差

在运动和感觉发展中有偏差，且伴随着消极被动性和言语异常，这样的婴儿有可能患上精神分裂症（Gooding & Iacono，1995）。更具体地说，他们的运动和感觉发展迟缓，有大动作和精细动作协调的缺陷。沃克等人（Walker et al.，1994）也发现，有罹患精神分裂症风险的儿童，在肢体位置和运动方面异常，包括舞蹈样手足多动症（不自觉地扭动，缓慢、不规则的蛇形移动）。所有这些运动异常在生命的前两年达到顶峰，随后减少。消极被动性，通过对有患病风险的婴儿进行外部刺激来证明。他们在处于唤醒状态中时，对外部刺激却没有反应，没有警觉和转向，也没有肌肉紧张。有证据表明，消极被动性可能可以预测成人精神分裂症（Gooding & Iacono，1995）。

（2）语言发展异常

语言发展异常，表现为缺乏咿呀学语和模仿声音缓慢（Watkins et al.，1988）。

（3）依恋困扰

只有两个研究关注依恋，且他们的发现并不确定。一些有患病风险的新生儿组成一个特殊的子组，他们不怎么逗人喜爱，也不可安慰，但这并不能用来作为对整个群体的描述（Watt et al.，1984）。有证据表明，在出生的第一年与照料者分离将增加患精神分裂症的风险，但这只适用于带有患病风险基因的婴儿（孩子的妈妈患有精神分裂症；Olin & Mednick，1996）。

2. 学前期

（1）运动和语言缺陷

许多婴儿期的异常会持续到学前期：大动作和精细动作协调异常，消极被动性和精力低下，严重的言语迟缓，差的交流能力。精神病早发病的儿童，他们的损伤最严重。比如，尼科尔森等人（Nicholson et al.，2000）发现，发病前有语言缺陷和运动缺陷的儿童中的 50% 在 12 岁发展成为精神分裂症患者。

（2）社会情绪偏差

坎托（Cantor，1988）和沃特金斯等人（Watkins et al.，1988）发现了社会行为异常，包括喜欢独处，一直与同伴玩并且持续亢奋，对社会环境有着奇怪的反应。孩子们可能很焦虑，对他人有敌意，情感淡漠，在与母亲的关系中退缩、回避。关于患有精神分裂症的母亲教养孩子的数据很少，但是已有数据说明，相对于控制组的母亲，她们的情感卷入较少，更有敌意，更少给予孩子刺激。

在一个有独创性的研究中，沃克和卢因（Walker & Lewine，1990）得到了 5 个在成年期发病的精神分裂症病人的家庭录像，录像内容是他们和他们健康的兄弟姐妹在婴儿期和童年早期的生活。把这些录像给 19 个不知晓其中人物后来如何发展的评分者看。尽管录像中的人物在童年期都没有被识别出患有精神分裂症，但对那些后来发展成为精神分裂症的人，能通过缺少回应、较少的目光接触、情感淡漠、较差的精细和大动作协调，来分辨出来。

3. 童年中期

（1）运动缺陷

正如在学前期的发现，表现出更多的神经运动兴奋缺陷，特别是那些表现出肌肉运动"溢出"的儿童（如颤抖、无意识的重复动作），有着更高患精神分裂症的风险。进一步讲，在一个为期六年关于精神分裂症风险的研究中，麦克尼尔等人（McNeil et al.，2003）发现，有神经运动兴奋缺陷的儿童比他们的同伴更可能表现出其他精神病、焦虑倾向、人际困难和更差的一般功能。因此，可能通过运动困难识别出一个特别容易发展成精神分裂症和其他障碍的子组。

（2）注意缺陷

注意缺陷既有暂时的稳定性，又能预测未来的精神分裂症。这些缺陷可以在许多任务中发现：顺序或倒序重复数字的能力，字母消除，和在非常短的时间内从一排字母中找到一个指定字母的能力（Gooding and Lacono，1995）。

（3）社交缺陷

在童年期和青少年期发病的精神分裂症，在社交缺陷方面表现得很明显也很普遍，比在成年期发病得更明显和更普遍（Hollis，2003）。事实上，在发病前期，许多儿童的症状与阿斯伯格综合征、孤独症或者其他广泛性发育障碍一致。

发病前期的社会退缩、较差的人际关系和社交技能缺陷都能明显地预测精神分裂症发病的早期阴性症状，包括情感淡漠、社交淡漠和语言贫乏（McClellan et al.，2003）。关于精神分裂症阳性症状的证据则不一致。一项研究发现，童年期的精神分裂症与兴奋性、攻击行为和破坏性行为有关，而另外两项研究发现它们之间没有关系。因此，阴性症状可能反映出持久的易感性，且根源于发病前期的异常，然而阳性症状则没有这样的原因（Walker et al.，1996）。

（4）认知和成就缺陷

关于一般智力和学业成就，克罗等人（Crow et al.，1995）在国际儿童发展研究中发现，发展成精神分裂症的儿童有着广泛的损伤，不仅是一般智力低于其他所有儿童，阅读和算术能力也较落后。进一步的研究显示，发病前的智力、语言、阅读和拼写与发病时间有关，其中早期发病的比成年期发病的受到更多负性影响。在本章的后面部分，我们将介绍患有精神分裂症的儿童的脑部发展，这样一来，我们能更清晰地看见以上问题的可能原因。

（5）一般精神病理学

那些会患精神分裂症的儿童，与同龄人非常不同，通常能够引起心理健康工作者的关注。罗夫和富尔茨（Roff & Fultz，2003）做了一项研究，以148个男孩为被试。在精神分裂症发病之前，这些被试就已去过心理健康诊所。那些后来被诊断为精神分裂症的被试与其他男孩不同，他们会有更多的注意、记忆和运动协调方面的问题。他们也比其他男孩有着更多的异常。作者们提出了一条发展路径：较差的运动协调性和注意力，与冲动、不恰当的行为有关，造成了青少年时的同伴拒绝和孤僻。

纽约高风险项目是一项纵向研究，研究对象是父母患有精神分裂症的孩子。奥特等人（Ott et al.，2002）分析了项目被试的录像数据，录像内容是在被试大约9岁时录制的，研究者观察他们是否表现出了与精神分裂症相关的一些细微异常迹象。其中有一些被试之后被诊断为精神分裂症，评估者在他们身上发现了更多思维障碍、阳性和阴性症状的迹象。再次重申，我们发现发病前期和前驱症状期的界限很模糊。在出现足以确诊的明显迹象和症状前，有一些会患精神分裂症的孩子的发展路径已经是异常的了。

4. 青春期

这一时期的精神分裂症，最大的预测因子在记忆力、学习能力、注意力和执行功能方面。

（1）注意缺陷

注意分散，或者选择性注意缺陷，是青少年精神分裂症的重要前兆，也可能是一个重要的预后指标（Harvey，1991）。然而，近期的研究未能证明，早期发病的精神分裂症患者在持续注意的不同测量上都有损伤。

（2）运动困难

关于运动发展，克罗等人（Crow et al., 1995）在国际儿童发展研究中发现，在青少年期不再出现异常发展的前期迹象，运动协调呈现出适宜年龄的变化。然而，高危组与其他组相比，还是显得笨拙。

（3）认知缺陷

最终，那些母亲有抑郁的儿童在智商测试成绩方面的下降要比在考试成绩上的下降更明显。一个会患精神分裂症的青少年，其学业成绩分数，会在13～16岁明显下降（Fuller et al., 2002）。沃达兹等人（Vourdas et al., 2003）的研究比较了早期和晚期发病的精神分裂症。他们发现，在青春期，患者的功能全面急剧下降，特别在男孩身上表现明显。早期发病的精神分裂症患者（early onset schizophrenia，EOS）的智商分数通常在80～90（比平均值低0.7～1.3个标准差），且比成年期发病的患者要低。事实上，1/3的早期发病的精神分裂症患者的智商分数低于70——正好是轻度学习障碍的标准。一般认为，精神病发病多在轻度学习障碍的两年前或两年后变得更加显著。一般的智力功能在那段时间前后保持稳定（Vyas et al., 2011）。

（4）记忆缺陷

说到广义认知障碍，选择性记忆缺陷在其中非常明显。一项关于成年期发病的精神分裂症的元分析报告显示，记忆缺陷的平均效应值大约是0.74，但是不同研究的变异性不同（Heinrichs & Zakzanis，1998）。记忆缺陷在长时记忆中表现更为明显，表现在自由记忆和线索记忆的迟缓。重要的是，无论任何发病年龄和是否慢性，研究者都发现了这一模式。

5. 发病前阶段的概述

相关证据显示，童年期患有精神分裂症，将会对发展的所有领域的所有新技能都产生巨大影响，包括情绪、认知、社会和学业方面。进一步讲，在童年期发病和青少年期发病的精神分裂症，比在成年期发病的精神分裂症，在发病前期有更广泛而严重的发育障碍（Hollis，2004）。运动异常在婴儿期表现明显，但是在青春期显得不那么严重了。但言语和交流方面的异常会贯穿发展的整个阶段。在婴儿期直至学前期都有对消极被动性（精神分裂症阴性症状的可能前兆）的研究，但是这之后的情况尚不清楚。社会适应方面的问题早在幼儿学步期就已显现，会持续到童年中期，尤其在男孩子身上表现明显。在童年中期发现的注意缺陷，一种认知缺陷，是精神分裂症的一种前兆。在广泛性发育迟缓之外，会得精神分裂症的孩子也有着一般适应能力较差和出现精神分裂症特征的情况。

这些患病前期的变量是精神分裂症的风险因素／前兆吗？研究表明，患病前期的发展损伤似乎与精神分裂症发展的和／或基因上的倾向性相关。一些个体在发展成为精神分裂症前并未经历那些早期的认知和社交缺陷，这说明这些发展损伤会与精神分裂症伴随出现，但并不一定有因果必然联系（Hollis，2004）。

（三）前驱症状阶段

在童年期发病的精神分裂症，在发病前，一般会经历缓慢且隐形的功能退化。这些变化包括：社会隔离、注意力集中异常、自理能力退化、烦躁、睡眠和食欲变化（McClellan et al.，2001）。前驱症状阶段可能持续几天、几周甚至几个月或几年。

例如，霍利斯（Hollis，2000）做的关于青春期精神病的莫兹利研究里，对大约100名10～17岁的青少年评估了11年。回顾检查首次精神病发病的病案记录，研究者识别出前驱症状阶段，平均出现在阳性症状发病的前一年。在前驱症状阶段，这些年轻人的社会退化加剧，学校表现下降，还有反常的怪异行为，这些被研究者识别为早期阴性症状。由于前驱症状阶段最开始是这些相对轻微的阴性症状，直到后来才逐渐演变成明显的精神病性行为，如幻觉和妄想，所以对这一障碍的早期识别很困难。

此外，由于儿童的精神病阳性症状并不一定能预测精神分裂症，也可能与许多其他障碍的发展有关，诊断者的任务也就变得更复杂。对比而言，与精神分裂症相关的阴性症状，则和心境障碍的精神病性反应也有关。一些更加严重的发展损伤也能预测阴性症状；阴性症状能够预测疾病的更为病理性的过程，且与精神分裂症的家族性风险相关，可能有潜在的基因和发展机制（Hollis，2004）。

（四）急性期

尽管急性期有着非常明显的精神病性行为和症状，在童年期和青春期发病的精神分裂症与在成年期发病的精神分裂症，在发病的表现上还是不同的。在童年期发病的精神分裂症，更多地表现出阴性特征（如淡漠的或者不恰当的情感，回避、退缩，举止怪异），也表现出更多的紊乱行为。尽管思维障碍的其他特点（联想松弛、非逻辑思维）在年轻人中很常见，但形式合法的妄想，如受虐狂信念，则很罕见（McClellan et al.，2001）。急性期通常持续1～6个月，有时会更长，取决年轻人对治疗的反应。

（五）恢复期

在急性期后的几个月内，通常会有持续但损伤更不严重的一段时间，主要以阴性症状（如精力不足和社会退缩）为特点（McClellan et al.，2001）。有一些人会发展成为精神分裂症后抑郁，通常表现为烦躁和情感淡漠。

（六）残余期或慢性期

在疾病的这一阶段，我们观察到了一些不一样的路径。尽管仍受阴性症状影响，但是许多年轻人在几个月或者更长时间内没有急性的精神病症状。与此同时，也有一些年轻人对治疗没有反应，且继续停留在慢性症状中。通常，慢性精神分裂症会伴随着以上阶段的循环，每次急性发作都会带来机能的进一步恶化（McClellan et al.，2001）。

（七）精神分裂症的多种路径

迄今为止，我们提出的问题是，儿童和青少年发病的精神分裂症的前兆是什么？最好的回答，来自对患精神分裂症的高危人群和患情感性精神病的高危人群的比较，当然也有一个正常的控制组。但进一步的问题是：所有高危的儿童都有同样的精神病理学路径吗？或者到达同一终点的方式是否是不同的？要回答这些问题，需要对高危儿童的数据进行组内分析。

沃克等人（Walker et al.，1996）用聚类分析的统计方法进行了这样的组内分析。他们发现数据聚类在两个组。组1中的儿童表现出更多的行为和注意问题，且问题的加重程度要比组2中的儿童快。例如，组1中的儿童更孤僻和拖拉，且跟组2中的儿童比有更多的社会问题。此外，组1中的儿童与他们健康的兄弟姐妹相比，在行为和注意方面表现出显著差别，然而组2中的儿童却没有这一特点。

组1中的儿童有更多的运动异常和更高比例的产科并发症。这一后续的发现，帮助解释了为什么有些研究者，如克罗等人（Crow et al.，1995），并没有在产科并发症中发现不同，但其他研究者发现了，是因为在取样人群中组1和组2儿童的比例不同。

沃克等人（Walker et al.，1996）推断发病前期有两种子类型，一种表现得较早，具有持久性，且异常逐渐恶化；另一种与正常孩子表现无差异。这两种分类对应了两类父母的讲述。一些父母说他们患有精神分裂症的孩子从一开始就与他人不同，还有一些父母说他们的孩子患病时他们非常沮丧，因为他们的孩子看起来非常正常。也许两种都是正确的。这个发现对临床儿童心理学家非常重要，因为这样他们就不会怀疑父母通过掩盖异常的方式，将他们患精神分裂症的孩子描述成社会适应正常的儿童。

接下来，沃克等人（Walker et al.，1996）分析了他们收集的前兆数据的性别差异，也得到了同样重要的发现。与其他研究者一样，他们发现男性在外化问题（如表演、破坏性行为）和内化问题（如社会隔离）上，都占多数，而女性在内化问题（如焦虑和抑郁）上占多数。因此，只有女孩符合前精神分裂症期的退缩的刻板印象；更多将男孩描述成情绪不稳定，且会有"暴风雨"的时刻。

大体上来说，精神分裂症没有唯一路径，而是同一结果有不同的路径。一些孩子在很小的时候就会有许多功能方面的异常，且会逐渐增加；然而另一些儿童在精神分裂症发病前基本正常。同样，路径也有性别差异，男性既有外化问题又有内化问题；女性主要有内化问题。不同的异常会通向同一结果，也就是殊途同归。

三、病因学

普遍接受的关于精神分裂症病因学的理论依据的是素质压力模型。素质指的是发展成精神分裂症的易感性或者倾向性。压力源增加了精神分裂症突然发病的可能性。根据DSM-Ⅳ，超过100种的症状组合可确诊精神分裂症。在这些素质中，生物学因子最为突出。

（一）生物学背景

有四种关于精神分裂症病因学的研究：基因研究，神经生物学研究（包括脑、自主神经系统和神经化学的研究），对神经心理学变量的研究（如注意缺陷和执行能力不足），以及对产前和分娩并发症的研究。

1. 基因因素

（1）家族传递

毫无疑问基因因素是精神分裂症的病因之一。四十多个跨越了几十年的家庭研究显示，患有精神分裂症个体的不同亲戚，比一般人群有更大的患病风险。而且，风险与相关个体的基因相似性有关。因此同卵双生子才会表现出高相似性，因为他们的基因100%相同。在这种情况下，特定风险是48%，大约是异卵双生子（14%）的3倍（Moldin & Gottesman，1997）。

例如，加州大学洛杉矶分校的家庭研究（Asarnow et al.，2001）将148个精神分裂症儿童的一级亲属患精神分裂谱系障碍的可能性，与368个注意缺陷障碍和206个社区控制组个案进行对比。研究者采用谨慎的方法——由临床医生进行结构化诊断访谈，且这些临床医生对诊断的原发病患并不知情。结果显示，在患病儿童的父母中，有精神分裂症的很普遍，且这些父母一般都有过早期发作。相关风险比率（患病孩子的父母和正常孩子父母的风险相比的比率）是17。这一数字是成年患病精神分裂症家族的3~6倍。相似的是，尼克尔森等人（Nicolson et al.，2003）发现，24.74%的在童年期发病患者的父母，会患有精神分裂症谱系障碍。与之相对的是，在成年期发病患者的父母是11.35%，正常儿童的父母是1.55%。总起来说，这些发现显示，在童年期发病的精神分裂症与在成年期发病的种类相比，可能更是一项家族的、基因驱动的障碍（见表11-3）。

基因共享	与精神分裂症患者的关系	患精神分裂症的风险
■ 12.5% 三级亲属	总人口	1%
	堂兄弟姐妹	2%
	叔叔阿姨	2%
■ 25% 二级亲属	侄子侄女	4%
	孙子孙女	5%
	半同胞	6%
	父母	6%
■ 50% 一级亲属	兄弟姐妹	9%
	孩子	13%
	异卵双生	17%
■ 100%	同卵双生	48%

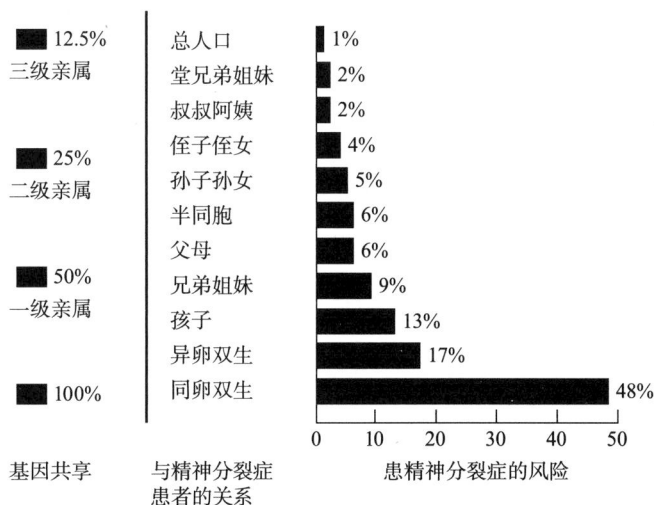

图 11-3 患精神分裂症的熟悉度风险

资料来源：Gottesman，1991。

（2）传递机制

目前，有关精神分裂症准确的传递机制尚不清楚。 现在最强有力的证据是，染色体 22q11 上的微缺失在精神分裂症患者的身上表现明显，特别是童年期发病的精神分裂症（Usiskin et al.，1999）。青年期发病的个案与成年期发病的个案相比，他们的性染色体能够更快地被鉴别出来（Rapoport et al.，2005）。

然而，检测和分离出一个致病基因是很困难的。例如，就亨廷顿氏舞蹈病来说，从建立联系到识别出精确的致病基因要花 10 年的时间（Moldin & Gottesman，1997）。此外，基因的影响很可能是"许多基因的小概率影响多于单一决定性基因的巨大影响"（Rende & Plomin，1995）。伦德和普洛敏（Rende & Plomin，1995，p.302）也注意到，被基因影响到的症状与定义这一疾病的症状并不一致。基因的影响可能会涉及不同疾病，如抑郁和焦虑；也可能基因所影响的功能范围并非疾病的核心症状，如注意力。这一缺陷，传递精神病理学基因的不一致表现，和精神病理学的临床操作定义本身，也给遗传病因学研究增加了一些难度。

（3）基因与环境的交互作用

在精神分裂症的发展中，环境因素与基因交互作用。基因与环境交互作用的经典案例是一项来自芬兰的研究（Tienari et al.，1983），这一研究以 92 个妈妈患有/没有精神分裂症的孩子为被试，这些孩子被收养进入健康或异常的家庭环境中。那些有精神分裂症的妈妈且在异常家庭环境下抚养的儿童，随后都成为精神分裂症患者。而那些没有精神分裂症的妈妈，但被异常家庭收养的孩子，随后没有发展成为精神分裂症患者。因此，有着基因易感性同时被异常家庭抚养，这种组合才导致精神疾病发生。同样重要的是，健康的家庭保护了那些有患病风险的小孩免于精神分裂症。

另一个基因环境交互作用的例子是，一些父母移民到伦敦的非裔加勒比海儿童的精神分裂症患病率增加了 7 倍（Hutchinson et al.，1996）。可能的环境风险包括产前感染风疹、药物滥用和与消化有关的因素。然而，识别哪些环境中的变量是精神分裂症的关键压力源，与发现哪些基因对精神分裂症的产生很重要一样，都是艰巨的任务。

很多研究发现，复制或删除，也即拷贝变异数，即结构性基因变化，对疾病的发展起着重要作用。一项研究显示，在童年期发病的案例与在成年期发病的案例对比，在已知基因的影响方面，显示出过多的稀有拷贝变异数（Walsh et al.，2008）。有证据显示，轴突蛋白1，与精神分裂症、孤独症和智力缺陷有关；据报告，它与早期神经发育异常有关。

2. 中枢神经系统功能失调

大部分对中枢神经系统功能失调的研究都是关于成人精神分裂症的。脑中的许多结构是相互联系的，特别是海马体、前额叶和左脑中的特定结构。研究者尽管做了很多研究工作，仍未发现患病的特殊脑机制。精神分裂症没有单一的脑损伤，那些被发现的损伤也并不是精神分裂症独有的（Asarnow & Asarnow，2003）。与成人研究不同的是，关于儿童精神分裂症的研究非常少，有时是对单一个体的研究（Jacobsen & Rapoport，1998）。

（1）脑容量

研究发现高度一致性，患有精神分裂症的儿童和成人的总体脑容量会比常人稍小。这种减小，在儿童身上比在成人身上更明显，且与儿童身上的阴性症状高相关。这种减小可能是由于灰质的损失，特别是在小脑和额叶。例如，汤普森等人（Thompson et al.，2001）进行了一项纵向研究。在这项研究中，他们对童年期发病的精神分裂症青少年进行核磁共振扫描，将结果与正常发育的青少年相比较。每间隔两年重复扫描一次，共进行了3次。结果显示，在这5年间，童年期患病的青少年的灰质损失呈现动态波动，这种波动从脑前部进展到颞叶，最后吞没了运动感觉区和前额叶皮质区。尽管，在发病期，颞叶并未受到影响，但是经过5年这一区域灰质的减少变得普遍（见表11-4）。这种变化模式与精神病症状的严重性有关，且反映了神经心理损伤，这些损伤通过年轻人听觉、视觉和执行功能体现出来。灰质的损失是精神分裂症的特殊症状，这一情况不会出现在患有多位损伤和非典型精神病的儿童身上（Gogtay et al.，2004）。

当灰质萎缩，伴随而来的是脑室大小的增加，充满了液体的空洞增加（Kumra et al.，2000；Sowell et al.，2000）。例如，经过两年时间，一项研究结果显示，患精神分裂症儿童的脑室容积比正常发育儿童增加得快（Sporn et al.，2003）。

数据表明，灰质损失有性别差异。柯林森等人（Collinson et al.，2003）发现，早期发病的精神分裂症女性的大脑右半球，比正常发育的女性的要小；此外，早期发病的男性，大脑左半球不对称。斯波恩等人（Sporn et al.，2003）进行了一项富有挑战性的研究。他们发现，对于在童年期发病的精神分裂症患者，在他们健康的兄弟姐妹中，也发现了较小的脑容量和灰质损失。因此，这些脑部异常，是这一疾病重要的遗传标记。

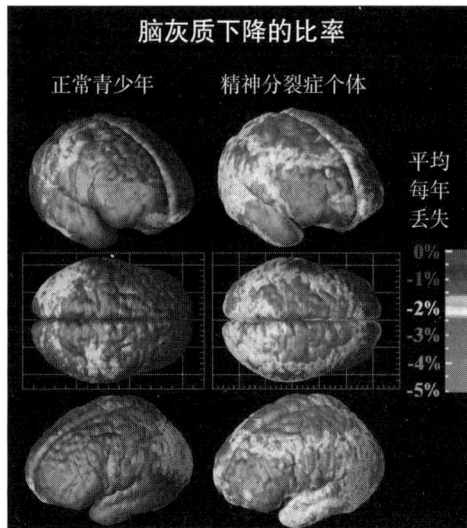

图 11-4　早期发作的精神分裂症青少年脑灰质下降的比率与正常青少年的对比图

资料来源：Thompson et al., 2000。

灰质的这些变化是精神分裂症的原因或结果吗？潘特利斯等人（Pantelis et al., 2003）进行了一项重要的纵向研究，这项研究为这一问题提供了一些观点。对表现出了前驱症状的被试进行核磁共振扫描，然后对他们进行 12 个月的追踪。在初步评估中，以右侧颞叶、外侧颞叶、额下回和扣带回有灰质损失为标准，将那些会发展成为精神分裂症的被试与同龄人区分开。在接下来的评估中，证实了那些已经发展成为精神分裂症的被试的左侧海马旁回、纺锤体、前额叶眶面和小脑皮质都出现灰质损失的情况，如同扣带回一样。这项数据显示，一些灰质的变化与精神分裂症的联系早于这一障碍出现之前，也有一些是和发病同时出现的，在病程中日益恶化。

雅各布森和拉波波特（Jacobsen & Rapoport, 1998）推断，在精神分裂症发病之后大脑的发展变化，与在发病前后的持续智力减退一起，说明了儿童精神分裂症的病理学基础不是由单一的静态损伤和事件组成的，而是由持续的多个神经退行性病变过程组成的。这些大量的中枢神经变化，解释了童年期发病的精神分裂症患者在患病过程中为什么认知和学业表现会下降。

EOS 领域的纵向研究显示了脑部结构的显著变化。灰质容量在童年晚期出现增多，在青春期减少（如 Gogtay et al., 2004）。关于皮质发展的这些研究显示，容量的变化可能反映了早期发展阶段树突的选择性消除和组织变化。

（2）脑形态学

在另一项核磁共振研究中，怀特等人（White et al., 2003）检查了 42 个患有精神分裂症的儿童和青少年的脑表面，并与控制组 24 个健康被试相比较。研究发现，患有精神分裂症的被试皮质层厚度减少，特别是脑沟下的组织和大脑皮层沟回。此外，患有精神分裂症的年轻人，脑沟更平坦，脑回（大脑表面凸起的部分）的转弯更急。他们提出，这些脑形态学上的异常可能会影响大脑内部不同部分的沟通和相互连通。

（3）胼胝体

另一项对脑发育的扫描研究记录了在童年期发病的精神分裂症个体的胼胝体的递进变化。胼胝体是连接大脑两半球的组织。凯乐等人（Keller et al., 2003）对55个被诊断为精神分裂的儿童做核磁共振扫描，这项研究贯穿了他们的青春期和成年早期，每两年扫描一次。这些扫描结果被用来与113个性别和年龄相匹配的正常发育的儿童进行对照。在最初的扫描中，并未发现有何不同，而纵向数据显示了胼胝体发展轨迹的巨大差异。那些童年发病的精神分裂症儿童的胼胝体逐渐变小，即使在控制了全部脑容量整体减少之后依旧如此。

（4）亚组

精神分裂症病理学最重要的生物学标记之一是，通过核磁共振技术检测到的大脑结构的变化。然而，在大脑内部，没有单一的区域性变化是足够敏感和特殊的，能将病人与控制组区分开。聚焦于连接不同大脑形态模式和精神分裂症的亚综合征的研究，也许能够为疾病的不同生物学标记提供重要线索。迄今为止，几乎没有研究关注精神分裂症的子类或者亚综合征的问题，尽管也可以用DSM-Ⅲ和DSM-Ⅳ中的子类诊断标准。在紊乱型精神分裂症中，皮质层有明显的异常（Sallet et al., 2003a），而其他将病人分为偏执型和不偏执型精神分裂症患者的研究表明，阴性症状维度与结构不对称性的加重有关（Sallet et al., 2003b）。

3. 神经化学

（1）神经递质

多巴胺，作为一种单胺类神经递质（化学信使），在治疗中被证明有疗效，不仅在正常的神经活动中必不可少，在精神分裂症病因的神经化学研究中也扮演着重要的角色。阻止多巴胺传递的药物能够控制精神病的症状，而多巴胺大量释放与精神病性症状的加剧有关。然而，这一关系不仅存在于精神分裂症中，也存在于其他精神病中。此外，在控制症状方面，治疗的效力不能被作为病因学假设的直接证据，因为治愈与原因并不存在必然联系（Häfner & Nowotny, 1995）。研究者开始调查其他的影响神经系统的化学物质，包括谷氨酸（一种兴奋型神经递质）、伽马氨基丁酸（抑制性神经递质；Walker et al., 2004）。

（2）神经激素

沃克和沃尔德（Walker & Walder, 2003）的研究关注皮质醇和下丘脑—垂体—肾上腺皮质系统在精神分裂症发展中的作用。他们认为压力使皮质醇释放增加，从而使多巴胺活性提升，进一步加剧了精神病性症状。青少年荷尔蒙的变化可能会对易感的大脑起作用，从而增加患精神分裂症的风险。他们也提出，长期的内在压力对精神疾病的作用，可能比大脑的作用更大。

4. 神经心理学缺陷

脑成像技术帮我们识别出了脑结构的变化，而神经心理学测评让我们能够判断患有精神分裂症儿童的脑功能是否不同。证据一致地指向了这些差异。当被要求完成神经认知任务时，有精神分裂症的青少年与正常发展的同龄人相比，他们的各方面功能均落后（Kravariti et al., 2003）。后面接着会总结这些发现。

（1）注意

关于儿童精神分裂症，最重要的发现是，青少年和成人的选择注意与持续注意都表现出功能紊乱。这种功能紊乱被研究所证实——在实验中，被试要在 50 毫秒内，找到嵌入其他字母中的目标字母（T 或 F）。当需要被辨别的字母数量较多，特别是 5～10 个的时候，而不仅是 1～3 个的时候，患有精神分裂症的儿童表现要比正常发育儿童或注意缺陷障碍儿童差。因此，在处理信息的任务负担过重时，证实了精神分裂症中的这种功能紊乱。最终，执行任务时对参与者的脑部活动进行直接评估，结果显示在事件相关电位（对脑电活动的一种测量）上有可比性的差异（Asarnow et al., 1994）。

（2）加工速度

一致的研究发现显示，患有精神分裂症的年轻人在快速、有效处理信息方面会遇到困难（Asarnow et al., 1994）。

（3）视觉运动和运动功能

精神分裂症患者的视觉运动的协调性和精细运动的速度均受到损伤（Niendam et al., 2003）。尽管正常儿童随着发展这些能力会提升，但精神分裂症儿童不会——要么是正常脑成熟的延迟，要么是脑无法正常地成熟（Jacobsen Rapoport，1998）。

（4）执行功能

如同成人，执行功能（源于对计划的、灵活的、目标指向的行为）在儿童和青少年精神分裂症患者身上也是受损伤的（见第七章，了解更多执行功能的细节描述）。例如，精神分裂症患者会一直沉浸在他们的思考中，这一缺陷与额叶受损有关，额叶是高级执行过程发生的地方。之前的其他研究也详细阐明了工作记忆的执行功能缺陷，工作记忆是在运作过程中保持信息的能力。尼恩达姆等人（Niendam et al., 2003）比较了发展成为精神分裂症的个体和正常个体在童年时期的测验成绩，发现工作记忆问题是发展出这种障碍的人身上所体现的为数不多的问题之一。

与处理复杂信息的功能失调观点相一致的是，一个看似矛盾的研究发现为：在有精神分裂症的个体执行任务时，给他们提供策略或信息，会影响他们的表现。由于增加信息太多，以至于不能被处理，所以无法帮到他们。相关的脑功能：患有精神分裂症的儿童和青少年，无论功能评估任务涉及的是哪一脑半球，他们的信息处理都会遇到困难，即功能失调并非固定出现在某一个脑半球。

执行功能的重要差异，在早期和成年期发病的病人身上都有表现。例如，在莫兹利（Maudsley）早期发病的精神分裂症研究中，克拉瓦瑞蒂等人（Kravariti et al., 2003）发现，EOS 表现出了计划精确性和感觉运动的损伤——可能与冲动性增加和异常的自我监控有关。没有形成有效策略的能力是损伤的核心特点，对信息的保持是损伤最小的方面。

5. 产前和生产并发症

关于产前和生产并发症影响的研究结果并不一致，且观点各有不同。一些研究者认为怀孕和生产并发症与精神分裂症联系紧密，但是这种联系仅限于童年期发病的类型（Rosso & Cannon, 2003）。也有研究者指出，在后来发展出精神分裂症的高风险儿童中（例如，有一个患有精神分裂症的母亲）存在着更多发生过产前困难的情况（Brown & Susser, 2003）。其他怀孕和生产的内因（内部的）与外因（外部的）的非遗传基因因素，与今后患精神分裂症风险的增加有关。这些因素包括孕妇糖尿病，出生体重低，父亲年龄较大，冬季生产和由于这些原因结合在一起导致的产前孕妇的压力增加（King et al., 2010）。产前有病毒性感染也会有关。例如，梅德尼克等人（Mednick et al., 1998）发现，患有精神分裂症的成人，在妊娠中期更可能接触到流感病毒，但是在妊娠早期和末期则不会。这意味着病毒会干涉神经的发展，特别是在关键阶段。然而，在其他大型的研究报告中，产前和生产并发症联系很小，甚至没有（Nicholson et al., 1999）。此外，影响的方向可能是相反的：在精神分裂症方面，胎儿期不正常的神经发展可能是产前和生产并发症的原因而非结果（Hollis, 2004）。

6. 青春期

青春期的开始标志着社会心理路径差异性的增加——男性和女性的路径变得不同。尽管在青春期和精神分裂高涨的发病率之间似乎存在着因果联系，但是实验并未证实这种联系。在美国精神卫生研究所的一项大型研究中，在童年期发病的精神分裂症与青春期的到来之间没有联系（Frazier et al., 1997）。研究者发现，在青春期，女性精神分裂症的发病延迟，但是男性发病加速，这项研究则支持青春期和疾病发展之间的关系（Riecher-Rössler et al., 2010）。可能的推论是，如果荷尔蒙牵涉其中，那么雌激素对推迟女性精神分裂症发作起着重要的作用，而青春期的睾丸素激增对男性来说似乎起相反的作用。但青春期是一个相对有压力的时间段，研究并没有考虑到这一混合因素。重要的是，几乎没有实证研究认为这两者存在联系。

7. 物质滥用

大约一半的精神分裂症患者有药物滥用或药物依赖的历史，包括酒精中毒——酒精中毒的比例是一般群体的3倍。酒精、大麻和可卡因（按序排列）是物质滥用中涉及最广的三种东西。尽管患有精神分裂症的青年人可能会有物质滥用的情况，但是精神分裂症和物质滥用间存在因果关系的假设没有办法证实。菲利普斯等人（Phillips et al., 2002）在超过12个月的时间里，追踪了一组高风险的年轻人（他们或者显示出一些阈值以下的精神病性症状，或者亲属中某个人有精神病且正表现出功能的退化）。经过一年，这些年轻人中32%都患上了严重的精神病，但是患精神病的可能性不能通过吸食大麻预测出来。相似的是，阿瑟诺等人（Areseneault et al., 2002）对青少年大麻的使用与精神分裂症的关系进行了一项纵向研究。研究显示，15岁的大麻使用者，成年后患精神病的概率增加了4倍，但是一旦精神病症状在童年期就出现，这种影响不再重要。因此，事实可能是，早期症状发作的年轻人试图用药物进行自我治疗，但是这些物质事实上并不会促成精神病。然而，这些结果似乎有些模棱两可，因为其他的一些研究显示精神分裂症患者吸食大麻与更严重的临床结果有关。例如，一项核磁共振研究发现，灰质的减少常见于精神分裂症病人的脑中，但是五年多的跟踪研究发现，吸食大麻的患者，灰质减少速度是其他病人的两倍（Eggan et al., 2008）。此外，通常的社会心理因素（如教育的限制、青春期、事业、同伴影响和精神健康治疗系统的结构）也许可以解释一部分共病增多的原因。这两种障碍都与较大的压力源有关。一方面压力提高药物使用，另一方面加剧精神分裂症患者身上精神病性症状的恶化。

8. 生物因素的综合

我们一个个地呈现了生物因素，但它们更可能是相互联结的。例如，温伯格（Weinberger, 1987）提出的有关精神分裂症的神经发育模型，引导了很多这方面的思考。温伯格提出边缘系统和额叶皮质的大脑集团在生命的早期就已出现，但是这些脑组织在临床上一直没有发挥作用，直至大脑成熟，同时和精神分裂症有关的神经系统充分发展。需要特别指出的是，温伯格猜测，精神分裂症与神经递质多巴胺相关机制的缺陷有关，而多巴胺在应激反应中扮演着重要角色。

许多研究发现都间接支持神经发育假说（McGrath et al., 2003）。例如，在这一疾病露出真实面目之前的很长一段时间里，可追溯的数据表明，表达性语言、动作技能、人际关系的发展等，所有的技能都是由前额叶进行调节的。这些技能在后来发展成为精神分裂症的儿童身上都发展得不好。以上观点，与认为精神分裂症的孩子之所以患病是由于某种本性的缺失，而后才暴露出来的观点一致。有研究证明了压力常能引起精神分裂症患者精神病性症状的恶化，而作用于多巴胺的药物能使精神病有所缓和，这支持了多巴胺与压力联结的观点。脑部多巴胺通道，似乎在精神分裂症的共病——包括阴性和阳性症状，还有药物滥用——中也是一个特征。

脑发育的异常和神经心理学缺陷与早期发病的环境相互作用，而非静态不变。例如，霍利斯（Hollis, 2004）强调了在青春期前期（8～15岁）执行功能的重要性，此时正处于精神分裂症症状开始出现的前期阶段。在人生的这个阶段，执行功能对许多重要的发展能力来说非常重要。例如，社会关系需要年轻人整合不同的信息来源，理解他人的观点，抑制不恰当的回应，转化注意力和思维定式，以确保应对不断变化的环境。在这些方面发展受损的年轻人，将没法应对青春期时不断提高的社会和学业方面的要求。当一个年轻人遇到问题，他恰好有易患精神分裂症的遗传易感性，社会或者学业方面失败造成的压力就会成为他患病的催化剂。这个执行功能风险模型预示着，在执行功能上有越大的缺陷，就会越早表现出精神病性症状。因此我们看到，在精神分裂症的发展过程中，风险因素、易感性和促进因素之间有交互作用。

研究显示，有些患有精神分裂症儿童的父母本身没有被诊断为精神分裂症，但他们和孩子有着相同的神经心理学缺陷。阿萨诺等人（Asarnow et al., 2002）发现，与患有注意缺陷障碍儿童的父母还有控制组相比，患有精神分裂症儿童的父母，在注意测试和执行功能测试中，都表现得更差。类似地，患有精神分裂症的儿童的正常的兄弟姐妹也有类似的表现，虽然并不严重，但是在认知神经任务中（Niendam et al., 2003）也表现出相似的缺陷模式，灰质减少的模式也类似（Gogtay et al., 2003）。这些发现让我们再次认识到，精神分裂症背后的基因倾向，或多或少地表现在不同家族成员身上。

（二）个体背景

1. 思维障碍

精神分裂症特征之一的语言紊乱，是思维障碍的反映。思维障碍不仅是精神分裂症的诊断指标，也是精神分裂症预后的指标。然而，在发育正常的幼童中也有这种障碍。以联想松弛为例，最大可在 7 岁观察到——这个年龄之后联想松弛已不常出现。因此，非逻辑思考和联想松弛在精神分裂症身上的表现可能是由于发育迟缓、固着或退化，但这些可能的病因都只是猜测（见 Volkmar et al.，1996；也包括关于妄想、幻觉和其他思维障碍的详细文献总结）。

对言语紊乱背后的思维松弛和非逻辑思考进行了对照研究。思维松弛的定义是不可预知的转移话题，如在回答"你为什么喜欢蒂姆"时，回答是"我叫妈妈甜心"。非逻辑思考的定义是矛盾或不恰当的因果关系，如"我把帽子放在家里，因为她叫玛丽"。这些思维障碍可能是精神分裂症所特有的，因为在被诊断为注意缺陷障碍、品行障碍和对立违抗障碍的孩子身上均未发现。

这两种思维障碍是不相关的。思维松弛与注意力分散有关，非逻辑思维与短时注意广度有关（Caplan & Sherman，1990）。后者的注意缺陷可能是精神分裂症儿童说话跑题的基础，因为他们在连贯交谈所需的短时注意上有缺陷。总之，关于思维松弛和非逻辑思维的病因我们有两个假设：一方面是固着或退化，另一方面是注意缺陷。

虽然较差的家庭关系曾被认为是精神分裂症的起因，但是证据清楚地说明，对于一个易患精神分裂症的个体来说，家庭功能紊乱会构成压力源，这个压力源可能增加患精神分裂症的概率。没有证据显示，对于一个没有精神分裂症易感性的个体来说，紊乱的家庭关系会导致精神分裂症。研究涉及三个层面的家庭关系：沟通异常、情感品质和照料中断。

2. 沟通异常

沟通异常与亲属们沟通的程度有关——在投射实验中的沟通缺乏清晰度，如不明确、无组织、破碎的言语。这一构想来自莱曼·温恩（Lyman Wynne，1984）的研究。他认为精神分裂症是弥散的、碎片化的家庭结构的结果。在弥散的结构中，交流模式的特点是模糊的想法，模糊的意思，且不合时宜。因此，精神分裂症患者飘移或分散的想法是在这一家庭结构中被内化的。作为无组织思维的例子，研究者记录了下面这一段对话，这段对话来自对一个患有精神分裂症孩子的母亲的采访，讲述的是她孩子的发展历程。

> 心理学家：是难产还是顺产？
>
> 妈妈：我知道你的意思。我可以肯定地说，我不是你读到的那种很勇敢，能将自然分娩当作最伟大的事的女性（笑）。相信我，当时间到来的时候，开始疼的时候，我想要看一看这件作品。
>
> 心理学家：但是还顺利吗？
>
> 妈妈：是的。接着，那个我从不喜欢的怀斯科夫（Wisekoff）医生就说前景不乐观，我

跟我的丈夫说，这个孩子属于我，所以我有权知道该知道的，于是我丈夫就加入了这场大战，并且在一年的时间里，都没有付钱，于是那个医生威胁我们，他将会雇一个讨债公司，所有这些都没有询问我的意见。

　　心理学家：我明白了。但是我还是不确定……

　　妈妈（打断）：这就是我要表达的。

　　稍后，这位心理学家——事实上他才刚刚实习——告诉他的督导，他想要摇醒那个妈妈，并最大声朝她喊"生产过程是困难的还是顺利的"。很难想象，一个孩子在这么强的一个弥散性环境中时，这种弥散性会将它自身都忘记。

　　温恩（Wynne）的观点认为，如同儿童的无组织思维来自一个弥散的家庭结构一样，碎片化的家庭沟通也会导致碎片化的思维，即话题会从一个偏离到另一个，不合理的解释，和外来的、非逻辑的或矛盾的评论。注意可集中较短的时间，记忆的碎片与当下的想法混杂在一起。对于这种从一个话题到另一个话题突然转变的情况，术语称为过度包含性思维。

　　温恩描述了家庭结构中其他的缺陷。家庭成员间不能够维持适当的心理界限，这样一来分离的客体会无法预测地与高度人身攻击和对抗交替出现。然而，家庭成员齐心协力好像表现出了强烈的整体意识，会造成温恩所说的假性互惠。维持表面和谐会面临着巨大的压力，孩子也不被允许偏离或者质疑他被规定好的角色。在这些表面之下，是徒劳和无意义的感觉。

　　客观研究表明，沟通异常确实能区分精神分裂症个体的父母和未患精神分裂症个体的父母，但是不能区分出双向障碍（躁郁症；Miklowitz，1994）。沟通异常也能预测成年期发病的精神分裂症谱系障碍。例如，对64个家庭进行的一项15年的追踪研究——这64个家庭里的青少年分别有轻度到中度心理失常——表明，精神分裂症或精神分裂症谱系障碍的患病率在高沟通异常的家庭里最高。此外，在低沟通异常的家庭中，没有出现精神分裂的案例，但加入对消极情感的测量能够提升预测力（Goldstein，1990）。这些结果表明，对于易感的儿童，模糊或负性沟通的家庭氛围异常能够对其成年期患精神分裂症及其相关疾病有预测作用。

　　接下来，研究支持了温恩的临床观察。父母的沟通异常会妨碍孩子注意力和逻辑思考的发展。高沟通异常的母亲和他们患有精神分裂症的后代，在注意力和警觉性测试中表现较差；在对将复杂的社会信息整合成连贯整体的能力测验中表现也较差。证据显示，父母的沟通异常与精神病理学的严重性有关。在一些患有抑郁症儿童的父母身上，也发现了沟通异常。它既与注意力问题无关，也与抑郁症的严重性无关。这表明，它在精神分裂症的发展中起着重要作用（Asarnow & Asarnow，2003）。

　　3.情感品质

　　关于家庭互动中的共享情感，研究的最广泛的领域之一是情感表达（emotion express，EE）——涉及评论和过度卷入。关于成人的研究显示，高的情感表达能够很好地预测精神分裂症发病后的复发情况。例如，入院治疗的精神分裂症患者，在回到一个高情感表达的家庭后，会在 9 个月到一年的时间里复发——这一时长，是那些回到低情感表达家庭中患者的 3 倍（Mik-lowitz，1994）。有关家庭情感表达对孩子精神分裂症影响的研究结果有些复杂，与过分卷入相比，批评的影响更强（Asarnow et al.，1994）。在观察到的互动中，患有精神分裂症谱系障碍儿童的父母，似乎更会对他们的孩子表达出严厉的批评，并且对孩子的负面言语行为，更多给否定的回应。更进一步说，在青少年时期观察到的情感表达，预测成年早期患精神分裂症风险的增加（Goldstein，1987）。高情感表达的情况，也在患有抑郁症或其他非精神分裂症谱系障碍孩子父母的身上发现了，因此它并非只与精神分裂症有关（Asarnow et al.，1994）。

一项对 100 多人的研究表明，在 3 岁前与妈妈的互动中妈妈 "严厉暴躁" 的情况下（没有努力帮助孩子）长大的孩子，当他成为成年人，更容易被诊断为精神分裂症，而非躁狂、焦虑或抑郁（Cannon et al.，2002）。

4. 童年期创伤

童年期创伤这一术语，描述的是一系列严重的负面经历，如性方面的，身体上和情绪上的虐待与忽视。在英国进行的调查显示，估计受到性和身体虐待的儿童比例大概有 11%，仅受到身体虐待比例的是 24%（May-Chahal & Cawson，2005），美国的比例更高一些。大量证据表明，儿童性虐待（child sex abuse，CSA）和儿童身体虐待（child physical abuse，CPA）与一系列精神健康问题有关，尤其与精神分裂症关系紧密。一项有 500 多个儿童辅导机构参与的研究显示，35% 在成年时被确诊为精神分裂症的儿童曾因 "忽视" 而被带离开家，是其他所有诊断疾病的两倍（Robins，1996）。另一项针对成年精神分裂症的门诊病人的研究显示，他们当中的 85% 曾在童年遭受了一些形式的虐待和忽视（性虐待是 50%；Holowka et al.，2003）。

5. 看护的中断

一些提示性的证据显示，发展成为精神分裂症的儿童曾经历过更多看护环境的中断，包括丧失或者与他们的主要照顾者分离（Niemi et al.，2003）。看护中断是否是患病的压力源，或者是否与基因有关——有障碍相关特质的人在成为父母后更易于表现出这项功能上的不足——我们还不知道。

6. 交互作用

在家庭交互的实验中，区分结果与原因是一件难事。例如，在观察到的家庭成员间的互动中，有精神分裂症或者精神分裂症样障碍的儿童，与有重度抑郁的儿童相比，有更高水平的思维障碍和注意缺陷（在维持注意的实验中表现出困难；Asarnow et al.，1994）。由这一发现引出了以下问题：高情感表达父母的严厉批评，是否是他们的孩子心理失常的影响因素之一？或者高情感表达是否在回应易感孩子的时候出现？或者这两个过程都有，是一个双向影响的交互模型？这些问题可以通过纵向研究的数据来回答，但是现在这样的数据还没有。

然而，金等人（King et al.，2003）提出，在调查精神分裂症患者的家庭关系时，可以用更具有交互性的方式。尽管他们研究的患者大部分是成年人（41 个门诊病人的平均年龄是 31 岁），但结果对我们理解儿童和青少年精神分裂症患者的家庭关系仍有一定的指导性。研究者开始着手研究，相对于母亲对环境带来的影响，她的情感表达在多大程度上影响着其精神分裂症孩子的特点。研究者发现，母亲的批评性评价，能够由孩子兴奋性症状的增多、更低的神经症状和对负担更强烈的主观感受来预测。母亲的过分卷入，由较强的责任心和负担所预测。似乎孩子的特点与这些母亲相关的因素相互作用，带来了家里的负性情感。

　　事实上，养育一个患有精神障碍的儿童所面临的艰辛不可否认。精神分裂症是一种慢性的、使人越来越脆弱的疾病。它会增加一个家庭在情绪和经济上的投入，加大照顾者负担的风险。年轻的精神分裂症患者的父母报告，负性症状（冷漠无情、反社会性和情感匮乏）往往是最难处理的。此外，精神分裂症是一个被社会污名化的疾病，这也可能是家中抚养者负担重的影响因素之一。例如，父母常常报告，他们缺乏来自社交网络的支持，除此以外，也不能从精神健康系统得到足够的支持（Knudson & Coyle，2002）。

（三）文化背景

1. 环境的压力

　　就像我们在讨论患病率时提到的，低社会经济水平和成人精神分裂症直接的联系还没有在儿童身上被证实，但很可能被日后的研究所证实。伴随着贫穷的无数负性情绪和物质的压力源，对易感的个体来说，这些压力源将可能成为预测因素。我们已经知道，对成年发病的精神分裂症患者来说，增加的生活压力先于精神病性症状的发病且能预测复发（Walker et al.，2004），但还没有在童年期发病的样本身上做相应的研究。

　　压力被定义为人和环境之间的关系，这一关系超出了人的应对资源，并因此而危及幸福感。对个体来说，任何环境都可能是有压力的。精神分裂症有关压力的机制，我们知道的非常有限。然而已经得到证明的是，压力能够引发或加剧精神分裂症的症状。迄今为止，没有证据显示精神分裂症患者经历了更有压力的生活事件，然而他们自己的知觉是，他们在生活中经历了更多的压力。他们似乎对生活事件特别敏感。研究报告，这也是精神分裂症复发的一项重要预测因子（Myin-Germeys & van Os，2007）。对压力的过度反应，在一级亲属身上也会发现（Castro et al.，2009）。在压力易感模型下，压力激活了下丘脑—垂体—肾上腺的轴和交感神经系统，这就造成了皮质醇分泌物的增加和肾上腺素或去肾上腺素分别增加。由持久的压力引起的下丘脑—垂体—肾上腺的激活和皮质醇的释放，激活了多巴胺系统，最终造成精神分裂症的发病和恶化。

　　皮质醇升高可能也会导致海马体细胞的损失，从而引起随后的记忆损伤和情感缺失。随之而来的压力会导致行为紊乱并加速精神病性症状。一般青少年是压力易感性特别高，升高的压力易感性和皮质醇水平的渐增开始于青少年早期（Spear，2009）。觉醒和动机的发展，开始于监管能力的发展之前（Forbes & Dahl，2010）。因此，青少年在控制情绪和行为时会遇到困难，对即使很小的压力也可能会做出糟糕的处理和反应。

2. 污名

　　就像前面部分提到的一样，地球上各个国家都有人患精神分裂症。不过，对精神分裂症的感知和负性污名的程度是有文化差异的。例如，在一些传统的社会中，患有精神分裂症的人的怪异行为，是可以被容忍的，甚至会被誉为个体被仁爱精神所打动的标识（更多内容，请见精神分裂症的跨文化差异，Jenkins et al.，2004）。也许，污名和文化包容性，可以解释世界卫生组织的一项研究结果。这项研究表明，患有精神分裂症的个体，在发展中国家比在高度工业化国家能有更好的结果（Jablensky et al.，1992）。在日本，应患者家庭的呼吁，为了减少污名，精神分裂症的名字已经在 2002 年被修改。后来的研究表明，修改名字之后，在 78% 的案例中使用了新名字。

四、综合发展模型

关于精神分裂症的发展病理学，阿萨诺和阿萨诺（Asarnow & Asarnow，2003）描述了一个多因子的交互模型。这一模型描述了三个病因因素——易感性、压力源和保护性因素，也描述了它们之间的动态关系。

在这一模型中，精神分裂症的根源在于遗传风险因素，这些因素能够导致中枢神经系统紊乱，以及伴随注意和信息加工过程的损伤。这些损伤与环境压力源交互作用，这种交互作用能够加剧病情，而保护性因素能够缓解疾病的发展。在个体发展过程中，这些因素共同影响个体精神分裂症的发展。

精神分裂症的易感性是个体身上的持久特征，这些个体更易发展出这一疾病。最新研究既涉及原发因素，也涉及环境因素，包括遗传标记；中枢神经系统异常可能是由产前和生产并发症引起的，也可能是两者伴随出现的；也涉及家庭异常的情感和沟通模式。然而，有一些易感性是精神分裂症发展所独有的，比如与精神分裂症有关的基因影响，其他的易感性，如家庭不和睦，对一般心理病理问题都可能有预测作用。

压力源涉及内部和环境要求，这些要求超出了一个人的能力范围，可能包括创伤性生活事件，比如父母一方去世；以及其他的慢性压力和紧张，比如那些与生活贫困有关的因素。此外，压力和易感性相互作用，因此，对一般孩子来说能够较好地处理生活事件，对有精神分裂症风险的孩子来说，可能就会使他们变得很脆弱。例如，有中枢神经系统缺陷的年轻人，他们的执行功能在发展中受到影响，他们还没有准备好，就要面对接下来的社会和学业压力。

保护性因素，包含可能减少患精神分裂症风险的环境或个人的特征。研究提出的保护性因素包括智力、社交能力、社会支持和健康的家庭沟通模式。鉴别保护性因素的挑战之一是，如果一个人没有发展出这一疾病，我们怎么知道他被保护性因素保护了？另外，鉴别保护性因素所得到的收益是巨大的，因为它们能指导预防和干预性项目。

正如我们从交互发展心理病理学模型中所预期的，这些易感性、压力源和保护性因素在发展过程中相互作用。然而，精神分裂症倾向是由基因决定的，但这种障碍只在遇到超过阈限水平的压力时才会发病。而生物学上的易感性和环境压力间的相互作用，会由个人的能力（例如，智力和社会技能）和家庭的反馈（如支持和积极情绪）得到缓和。

　　阿萨诺和阿萨诺（Asarnow & Asarnow, 2003）坦言，有关于这一领域的知识还不足够成熟，不能鉴别出仅与精神分裂症有关的保护性因素和易感性因素。虽不能为精神分裂症的起源提供精确的理论，但是，这一模型对整合和组织现有研究发现有所启发。

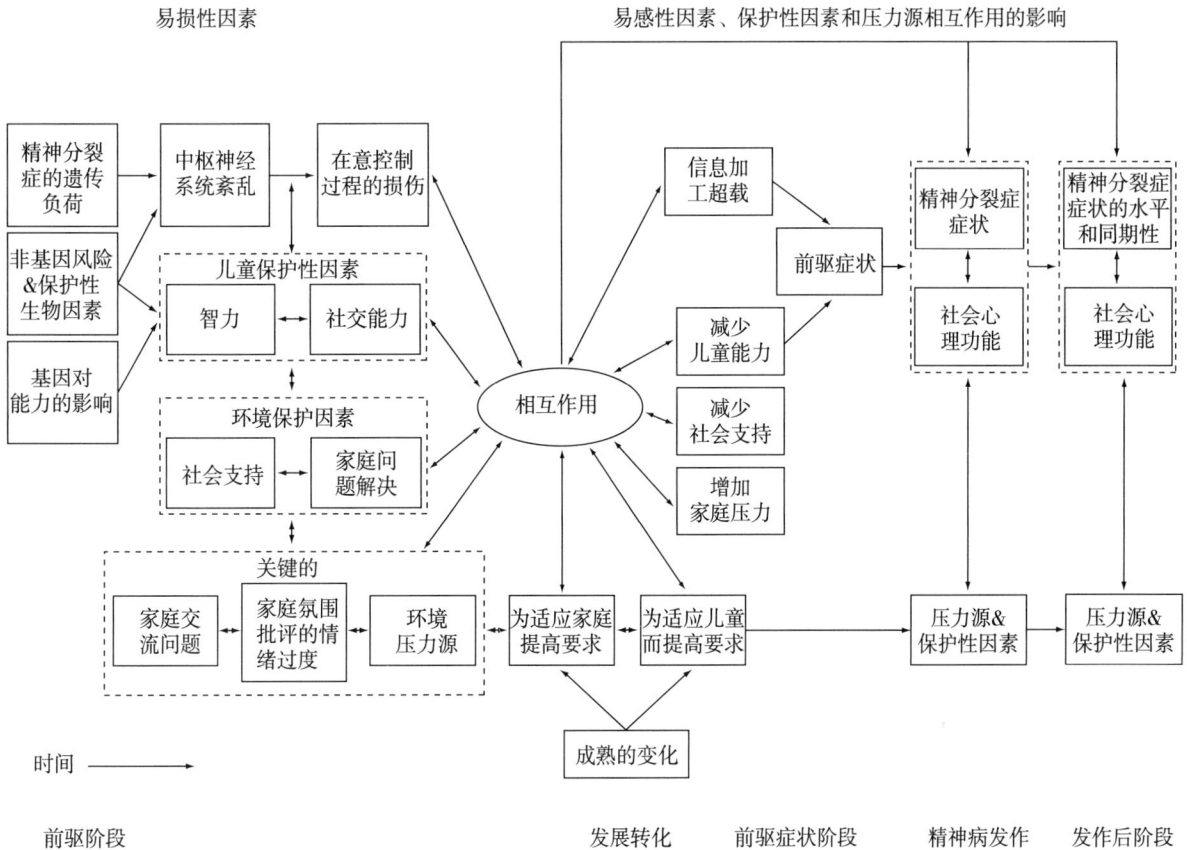

图 11-5　童年期发病的精神分裂症的压力易感性模型

资料来源：Asarnow & Asarnow, 1996。

五、发展过程

（一）短期后果

　　短期来说，首次发病的预后并不太好，事实上，对儿童和青少年的预期结果比成人的差。在莫兹利研究中（Hollis, 2000），在出院的年轻患者中，仅有 12% 的人得到了完全的缓解，与之相对的是，这一数据在患有与精神病相关的情感障碍病患身上是 50%。对年轻的精神分裂症患者来说，完全恢复可能性最大的时候，是出现在发现症状后的三个月内。六个月后，在那些仍然有症状的人中，仅有 15% 有完全恢复的机会。

（二）长期后果

纵向研究表明，精神分裂症在童年期发病，并具有高度连续性和较差的预测性，根据特定的研究，缓解率是3%～27%，而且61%～90%会在青年期发展成慢性精神分裂症，并会反复发作。在莫兹利的研究中，霍利斯指出，在童年期或青少年期确诊的精神分裂症具有高稳定性——80%在进入成年期后仍有这一障碍。进一步讲，那些在青春期被确诊的精神分裂症，在成年后表现出最严重的损伤是社会关系、独立生活技能、教育成就和职业功能。埃格斯等人（Eggers et al.，2002）追踪了57个在14岁被确诊的精神分裂症患者。大约16年后，他们中的27%处于缓解期，24%稍有所缓解，49%表现不佳。相似的结果也出现在一项确诊后3～7年的追踪研究中，该研究的对象是首次精神分裂症发病年龄在7～14岁的儿童。他们中67%的人，在青春期继续表现出精神分裂症谱系障碍中的一种（Asarnow et al.，1994）。在一项全面的功能测量中，56%的人随着时间的推移有改善；44%的人要么表现出很小的改善，要么出现恶化。

在后来的发展中，有证据表明在童年期和青少年期发病的精神分裂症，对就业、独立生活和亲密关系都有不利的影响（Häfner & Nowotny，1995）。例如，在首次评估后的42年的追踪中，埃格斯等人（Eggers et al.，2002）发现，大约1/3早期发病的精神分裂症患者是阳性精神病性症状，在社会和职业领域严重受损：27%的人不能工作；59%的人没结婚，独自生活；7%的人处于稳定的关系中。考虑到关于独立生活和亲密关系中的社会角色，它们在童年期和青春期正处于形成阶段，很容易看出为什么它们在早期发病的精神分裂症身上很容易受到损伤。在一项长达15年的追踪研究中，研究对象是在青春期确诊的精神分裂症患者，与那些在童年期发作的精神分裂症相比，只有在非常年幼时发病的精神分裂症才会出现非常坏的结果（Röpcke & Eggers，2005）。

最后，由于各种原因有更高的死亡风险，包括暴力致死，药物不良反应致死，例如癫痫（Hollis，2004）和自杀——自杀的比率在早期发病的精神分裂症患者中大约是10%（McClellan et al.，2001）。

（三）保护性因素

研究涉及的保护性因素，包括较高的发病前的社会和认知功能，早期干预，首次精神病发作持续时间短，和较少的精神病阴性症状（Hollis，2004）。就成人来说，发病时间较晚和疾病的快速发展也与更好的效果有关。例如，埃格斯和邦克（Eggers & Bunk，1997）在一项为期42年的追踪研究中发现，没有一个慢性潜在发作的病人会得到完全的缓解，而33%的急性发作的患者得到了完全缓解（见图11-6）。急性发作似乎更多地出现在12岁及以上的青少年中；幼儿更容易出现慢性发作的情况，带来更加负面的结果。尽管如此，在有早期治疗和积极预后迹象的情况下，患有精神分裂症的年轻人也可能迎来富有生产力和创造力的新生活（见图11-7）。

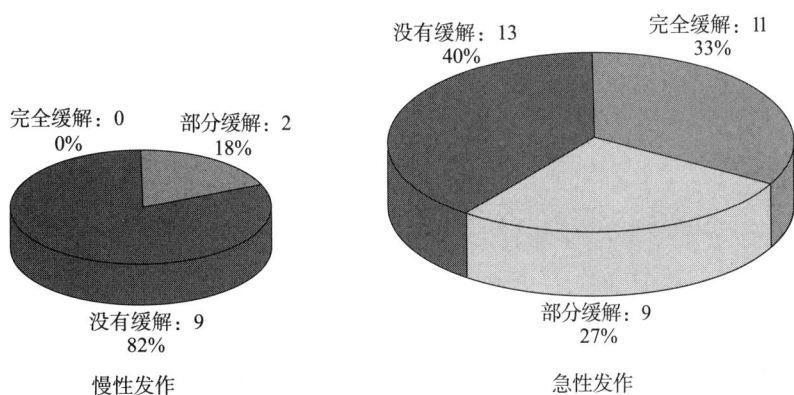

没有缓解：13 40%　　完全缓解：11 33%

完全缓解：0 0%　　部分缓解：2 18%

没有缓解：9 82%

部分缓解：9 27%

慢性发作　　　　　　　　　　　　　　急性发作

图 11-6　急性发作和慢性发作的精神病患者结果种类的分配

资料来源：Eggers and Bunk，1997。

图 11-7　一个患有精神分裂症的年轻人的艺术作品

拉梅尔（M.Ramell）是一位画家和有志向的音乐家。他是出现在"生命的彩虹：艺术、艺术家和精神疾病"画廊中有特色的一位艺术家——该画廊是由北卡罗来纳大学精神病学部下属的精神分裂症治疗与评估项目所创立的。

六、干预

早期发病的预后似乎比成人发病的精神分裂症更糟。这一疾病频繁恶化的过程与未经治疗有关的不良预后会消耗巨大的个人成本和社会成本，凸显了早期干预的重要性（Eack，2009）。因此，这些易患病的年轻人需要安全有效的治疗。缺少能够帮助我们理解童年期、青春期精神分裂本质和原因的客观研究，同样也缺少有关干预的研究。例如，尽管在对儿童的精神分裂症的治疗中安定剂（多巴胺受体阻断剂）有着广泛的应用，且它有着严重的，甚至有时候是有毒的副作用，但很少有药物治疗的对照研究。关于儿童的社会心理干预的研究，大多是临床报告，极少有对照研究（Asarnow & Asarnow，2003）。

（一）精神药物

抗精神病的药物是针对成人的治疗方法，但也有针对儿童安定剂的药效经过谨慎控制的实验（McClellan et al.，2001）。例如，氟哌啶醇（Haldol）和氯氮平的第一代抗精神病药物，被证明是有功效的。例如，两个随机的双盲研究报告，在对儿童和青少年的精神分裂症的治疗中，氟哌啶醇比安慰剂更能减轻症状（Hollis，2004）。然而，在年纪更小的儿童中出现锥体束外副作用的风险更大。身体的症状包括颤抖，口齿不清，不能静坐，肌张力障碍，焦虑，悲痛，偏执和智力迟钝。这些首先与不正确配量或抗精神病药（安定药）的异常反应有关。其他的研究报告支持了对儿童施用非典型安定药氯氮平，但少有研究在方法学上是坚实可靠的。然而，初步结果显示，氯氮平可能比氟哌啶醇更有效，也更安全，且能够避免镇定、麻痹和癫痫等副作用（Jacobsen & Rapoport，1998）。大部分临床医生在开非典型（二代）抗精神病药时，是基于功效卓越和耐受性的假设。对这些二代抗精神病药物，随机样本对照研究显示，奥氮平、利培酮和阿立哌唑（Haas et al.，2009）对青少年精神分裂症的急性处理有即时效果。事实上，利培酮和阿立哌唑被美国食品和药品管理局（the US Food and Drug Administration，FDA）批准，可用于青少年精神分裂症的治疗中。然而，二代抗精神病药物仍带来对健康的额外影响。从长远来看，奥氮平和利培酮的副作用是，它们可能会使一些年轻人有患糖尿病和心血管病的危险。因此需要小心监控潜在治疗效果和不良反应风险之间的平衡。

（二）个体心理治疗

由于精神分裂症会对个体和家庭带来广泛的影响，因此，药物治疗的同时，也必须辅助其他各种各样的矫正和恢复的方法。韦纳（Weiner，1992）描述了一个个体心理疗法的项目。这个项目的目的在于，通过建立关系和现实实践，抵消精神分裂症个体面临的社会孤立和现实联系的受损。前者对于被剥夺了爱的人来说，涉及温暖和养育的结合，对于控制不住自己侵略性行为的人来说，是没有愤怒的坚定或者惩罚。为了纠正妄想和幻觉，治疗师必须指出，虽然妄想和幻觉对病人来说是真实的，但对治疗师不是。下一步涉及鉴别那些引起认知扭曲的需要并建设性处理这些需要。在一个更实用的水平上，治疗师帮助病人发展更有效的社交技巧应对社会孤立。

针对精神分裂症的个体治疗方法基于认知行为模式。治疗的基本特征包括使用认知策略来处理症状，还有反驳不合理的信念，和社会技巧训练一样是为了使人际关系正常化。

大多数研究确认了认知行为治疗对成人的有效性（Bustillo et al.，2001）。一个值得注意的例外是鲍尔等人（Power et al.，2003）进行的 LifeSPAN——一项认知导向的治疗。该治疗方法是特别为精神病早期发作的青少年设计的，目的在于预防自杀。这一项目开始于一项协作风险评估，这一评估由青少年和临床医生共同完成，形成对年轻人自杀倾向影响因素的理解。随后的治疗模块探索了自杀的原理、绝望和生活的理由。接着，这些年轻人在帮助下，拥有了应对"自杀是唯一的选择"这一信念的技巧，包括问题解决训练、容忍情绪痛苦的策略、压力管理、自尊、寻求帮助、社会技巧和有关精神病的心理教育。为了评估干预的有效性，研究者随机指定了治疗组 21 个年轻人和同样数量接受标准临床护理的被试。尽管这两组在研究过程中都有所改善，治疗组在绝望和自杀观念方面的改善更多，但悲剧仍发生了，这个研究中的两个参与者自杀了，其中一个是治疗组的。

（三）家庭治疗

在精神分裂症方面，有大量关于家庭治疗的临床研究。在治疗"精神分裂症家庭"的背景下出现了早期的家庭系统模型（例如，Bateson et al.，1956）。但对儿童和青少年的随机对照实证研究很少（Wright et al.，2004）。但很容易预想，家庭卷入治疗的过程，能够帮助家庭成员修正会促成复发的沟通和情感模式。根据来自成人的研究结果，对成年人进行基于家庭的干预，能够帮助防止复发，并带来对药物治疗的更高的坚持（Pilling et al.，2002）。林森等人（Linszen et al.，1996）研究，在一个青少年干预机构，在干预中加入家庭的部分是否能够提升药物和个体治疗的有效性。结果表明，这样的做法很有前景，第一年只有 16% 的年轻人复发。但是这种效果似乎在逐年减少，64% 的个体在随后的 17～55 个月中复发了。复发最主要的预测因素是家庭中的高情感表达和严重的大麻滥用。这表明，对于患有精神分裂症的年轻人，有必要继续家庭干预和父母指导。

（四）认知康复疗法

特别是，对于早期干预来说，因为认知障碍的早期出现、持续和对功能性结果的影响，认知障碍是有希望的目标。不幸的是，很少有成功的对精神分裂症认知缺陷的早期治疗。已发表的只有两个随机对照实验，对早期发作的精神分裂症患者进行的这两个认知恢复实验结果复杂（Ueland & Rund，2005；Wykes et al.，2008）。进一步讲，这些实验是对早期或童年期发病的患者进行了相对短期（3 个月）的干预，干预首要聚焦于注意力、记忆力和执行能力等神经认知方面的矫正。目前没有关于认知恢复疗法的长期研究。大多数疗法对社会认知进行矫正——这也许是提高功能结果的关键——强调很少。

（五）预防

预防精神分裂症很难，因为在它出现明显的精神病性症状前很难鉴别出处于患病危险的儿童。例如，研究者仅发现，在鉴别出有精神分裂症早期发作的前驱症状的年轻人中，只有 1/5 的人在后期发展成为这一疾病（Hollis，2004）。因此，在急性期的早期教育和早期干预，似乎是更可以达到的目标。早期干预也预防了精神病未经治疗的长病程的情况发生，也因此带来了更好的预后（关于早期干预的项目，见方框 11.2）。

预防的另一种方法，聚焦于减少与精神分裂症有关的污名化。舒尔策等人（Schulze，et al.，2003）进行了一项对 14～18 岁中学生的项目，通过让这些学生与患病年轻人的私下接触，减少与精神分裂症有关的污名化。在项目开始之前和之后，分别测量这 90 个学生对精神分裂症患者的态度，并与未被干预的控制组 60 人的态度进行比较。研究者发现，这项干预能够很好地减少负面的刻板印象，且这种效果在一个月后的追踪中仍有体现。他们研究的标题很好地总结了态度的改变："发疯？那又怎样？"世界精神病学会正在计划开始一项世界范围内的倡议，应对关于精神分裂症的污名化（Thompson et al.，2002）。

就像我们提到的，关于儿童和青少年精神分裂症的研究很少，在发展方面还有许多问题尚未解决。相比之下，接下来我们要讨论的心理病理学，如物质滥用和进食障碍，已经有很成熟的研究，并与青少年发展阶段特征紧密相连。

方框 11.2　一项治疗精神分裂症的综合方案

考虑到精神分裂症在所有功能领域的渐进和层叠效应，治疗这一疾病的临床医生强烈建议早期检测和干预是必不可少的（McGorry & Yung，2003）。马拉（Malla）等人报告了在加拿大的一个模型项目，这个项目采用一套强制模型，对正经历第一次精神崩溃的年轻人进行鉴别、治疗、持续和追踪。

在项目的第一阶段，通过覆盖全社区的信息收集，发现精神病的迹象和症状，以减少治疗的延迟。只要一个年轻人被鉴别出来了，治疗由一整套综合服务组成，包括评估、药物治疗、个人支持性疗法、家庭支持和社区联络。此外，配合恢复的阶段，让年轻人参与社会心理小组干预。

一开始，这些年轻人在参加"在活动和参与中恢复"（Recovery through Activity and Participation，RAP）小组后仍然有精神病性症状。这个小组会有一些正常化的活动，如烹饪、游戏、运动、艺术和社区郊游。在恢复的下一阶段，这些年轻人参与到"青年教育和支持"小组（Youth Education and Support，YES），这个小组在精神病、自我同一性、处理同伴关系、用药依存性、社会技巧和处理污名化的策略等的心理教育方面进行了更深入的干预。最后，"认知导向技能训练"（Cognitively Oriented Skills Training，COST）处理与精神分裂症功能有关的认知缺陷，如注意、专心、记忆和学习策略。当年轻人在恢复阶段表现出焦虑或抑郁时，为他们提供个体认知行为治疗。最后，通过让其回归社会，重建同伴关系和重新回到职业或学习活动中等方式，来达到使年轻人功能正常化的目标。

在最初两年半时间里，项目效果明显。治疗的案例数量显著增加，延迟就医的比率下降了 50%，这表明项目是成功的。几乎所有年轻人的治疗仅使用小剂量的非典型安定剂，持续效果和坚持治疗的情况很好。在追踪中，3/4 经过治疗的年轻人处于缓解期，其余的年轻人大部分仅有较轻的症状。

第十二章

青少年过渡期的心理病理问题：进食障碍和物质滥用

本章内容

1.青少年期的常态发展

2.青少年期发展心理病理学

3.进食障碍：神经性厌食症

4.进食障碍：神经性贪食症

5.物质滥用和物质依赖

一、青少年期的常态发展

青少年期预示着人生将发生重大改变，这一童年期到成年期的过渡阶段的变化体现在个人发展和周边社会环境的方方面面。除此之外，青少年期的独特性也体现在它包括两个不同的阶段：从童年期过渡到青少年期，再从青少年期过渡到成年期（Kerig & Schulz，2011）。因此，青少年期的发展过程是复杂的。

这一时期身体的生理变化速度将超过除婴儿期以外的任何阶段，这些变化包括体型接近成熟，青春期的荷尔蒙变化，以及成年期性行为的到来。这一时期的年轻人需要完成更复杂的任务，逐渐脱离对家庭的依赖，而且需要对爱情和工作两个重大人生难题做出选择并对此承担责任。此外，同伴关系在这一过渡期将扮演更重要的角色。青少年具备了复杂的认知能力，既能够进行抽象思考，也能够预见未来的多种可能性，因此他们将童年期的情境特异性的自我接纳扩展到了一个非常重要的问题："我是谁？"

我们曾讨论过的许多人格特点在青少年期被赋予了特殊的意义。自我调节代表着在避免过度抑制和冲动的同时尝试新的事物。关系的亲密性同性行为的发展联系到一起，并且和同伴间的社会关系占据了新的重要位置。由于生理的变化，因而身体的心理表征或体像将比以前更显著。新增的复杂认知能力使青少年既开始假设不同的可能性也开始提出有关自我和未来的抽象问题。认知的发展也使青少年能够进行复杂水平的自我探索，更善于抓住社会的本质。此外，家庭环境也发生着变化，父母必须重新调整自己对孩子的期望和教养方式，以满足年轻人独立和自主的需求。

二、青少年期的发展心理病理学

西方社会一向视青少年期过渡期为一团混乱，这一时期特有的不稳定性曾被比喻成"疾风骤雨"。精神分析曾将这一时期看作原始冲动和早期性心理发展未解决的冲突的回归，而根据埃里克森的自我心理学，他认为这一时期是一个削弱的自我努力去度过身份危机和角色弥散的时期。然而，越来越多的观点认为青少年期的混乱形象只适用于少部分问题少年，大部分青少年在过渡阶段没有发生显著的情绪问题。亲子关系通常也是和谐的，而且大多数青少年在同一性探索中没有伴随危机感。

有关青少年期新修正的图景并不代表着这一时期普遍是平静的。喜怒无常、自我贬损和抑郁在青少年期达到巅峰；其他的心理病理现象也在急剧上升，如自杀、精神分裂症、物质滥用和进食障碍。由于其他干扰的减少，因此心理疾病的总比例只是轻微增长；然而，新出现的心理障碍的干扰要比它们所替代的干扰更严重，这导致情况不容乐观。

埃巴塔等人（Ebata et al., 1990）指出，关于青少年期发展病理学的视角，需要注意：①常规的发展能力对个体既可能是风险机制也可能是保护性因素；②个体发展所处的社会环境；③个体和社会环境之间的动力作用过程。例如，鉴于青少年期的同伴关系和学习期望可能更加具有挑战性，压力源的增加将破坏青少年的适应性，他们将更多地选择和影响他们的社会环境，并通过这种方式来获得自身发展的控制权。除此之外，青少年具有延伸能力，不仅能够利用内部资源，也可以利用环境资源，进一步去适应和处理遇到的问题。

埃里克森的同一性概念整合了青少年发展的不同内容，也为保护性和易感性提供了潜在因素。同一性包括内在一致性与人际关系和谐两方面；它是一个认识到自我并找到自我在社会合适位置的过程。青少年期面临着同一性危机，因为这一时期是"转折点，重要时刻"（Erikson，1968，p.16），此时青少年面临着发现和确定职业、性别角色和意识观念的挑战，以避免停滞和回归。年轻人同一性的完成会受到以往心理社会各阶段发展情况的影响。信任、自治、主动性和勤奋是保护性因素，而不信任、羞耻、怀疑、内疚和自卑是易感性因素。

我们即将讨论的两种心理障碍代表着发展过程中出现的不同问题。一些持续追求苗条的年轻人会出现进食障碍，身体形象会饱受摧残，他们对自主的弄巧成拙的需求还会使人联想到幼儿期的逆反行为。在物质滥用障碍群体中，青少年的早熟会驱使他们认为自己可以承担成人角色，像成人一样自由，而事实上他们还没有准备好。

三、进食障碍：神经性厌食症

（一）定义和特点

神经性厌食症患者通过催吐或自主设限及对苗条的积极追寻减少了至少15%的体重。DSM-Ⅳ根据实现苗条的不同手段区分了厌食症的两种类型：一种只靠节食实现，被称为限制型；另一种是暴食/催吐型，在节食和暴食之间徘徊，伴随着自我催吐或导泄（表12-1）。

ICD-10（WHO，1997）将厌食症定义为：

> 一种自发性的减肥，由病人自身促使和维持。它常常发病于青少年期女性和年轻女性群体，但青少年期男性和年轻男性也会受到影响，此时多数儿童接近青春期而年老的女性进入更年期。患者过分看重自身体形，持有对肥胖过度恐惧的观念，并为自己设定低体重目标。患者通常营养不良，面临着不同程度的继发性激素和新陈代谢的变化。这种障碍的症状包括严格选择食谱，过度锻炼，催吐和导泄，使用食欲抑制剂和利尿药。

厌食症患者能够正常觉察到饿意，但害怕屈服于进食的冲动。结果他们为了追求理想中的苗条日渐消瘦直到达到危险级别的异常消瘦。随着病情的发展，节食行为变得越来越严格。例如，临床案例报道一个年轻患者一年内只吃芹菜梗和口香糖来使自己抵抗饥饿。患有厌食症的年轻人通常为他们能够控制食物摄入而极度骄傲。

在厌食症的次要症状中，过度活动是最常见的（除已标注的部分外，我们的综述主要依据Stice & Bulik，2008）。有时高强度的活动会以社会能够接受的形式进行掩盖，如参加体育运动。月经不调（没有月经来潮）是另外一个常见的次要症状，体现在月经总在体重减轻前中断。其他因挨饿而引起的生理症状包括皮肤褪色（血胡萝卜素过多），身体遍布细小的绒毛（胎毛），对寒冷过度敏感，低血压，心率变慢（心动缓慢）和其他一些心血管问题。

厌食症是少数几种会导致死亡的心理障碍。研究证实死亡率在3%～10%，其中将近一半死于自杀，其他死于此障碍引起的医学上的并发症（Lock & le Grange，2006）。半饥饿状态会影响许多重要器官系统，导致贫血、肾脏系统受损、心血管疾病、骨质疏松和不可逆身高变矮。慢性脱水和血清中钾损耗导致对心脏功能很重要的电解质系统失去平衡；可能出现心律不齐和猝死。正如洛克和勒格兰奇（Lock & le Grange，2006，p.488）所说，"患有这种障碍的年轻人的死亡可能性每年都增加1%，再没有其他任何精神疾病在缓慢的病程中如此致命"。

表 12-1　DSM- Ⅳ -TR 关于进食障碍的诊断标准

神经性厌食症的诊断标准
1. 拒绝保持这个年龄及身高所应有的最低限度的体重（例如，不能保持正常体重的 85%，或者在生长发育期不能达到正常应达到体重的 85%）。
2. 即使在体重低于正常的情况下，仍然对变胖及体重增加怀有强烈的恐惧。
3. 看待体重及体形的方法是错误的；体重及体形对自我评价有不恰当影响，或者拒绝承认目前过低的体重可能带来的严重后果。
4. 在已来月经的妇女中，出现停经，即至少持续 3 个月经周期没有月经（如果一名女性的月经周期仅仅在使用激素后出现则认为是无月经）。
注明类型：
限制饮食型——在神经性厌食症发作的过程中，患者没有规律地出现暴食及催吐行为；
暴食—催吐型——在神经性厌食症发作的过程中，患者规律地出现暴食以及催吐行为。
神经性贪食症的诊断标准
1. 反复发作的暴食。暴食具有以下两个特征：
（1）在一个独立的时间段内（如在 2 小时内），进食的食物数量明显比大多数人在同等状况下和同等时间内多；
（2）在症状发作时，失去了对进食行为的控制（例如，感觉不能停止进食，无法控制进食的食物种类或数量）。
2. 反复发作的、不适当的、为阻止体重增加而采取的抵消行为。比如，自我催吐，滥用轻泻药、利尿药或者是其他药物，禁食或者过量运动。
3. 暴食及不适当的抵消行为同时出现，在 3 个月内至少每周 2 次。
4. 自我评价受体形及体重的过度影响。
5. 这种症状并不只发生在神经性厌食症的病程中。
注明类型：
导泄型——在神经性贪食症发作的时候，患者常规性地进行自我催吐或滥用轻泻剂、利尿剂或者灌肠剂；
非导泄型——在神经性贪食症发作的时候，患者有其他不恰当的抵消行为，如禁食或运动，但并未规律性地进行上述活动。

资料来源：DSM- Ⅳ -TR，2000。

　　患病率的统计主要依据临床和发病样本而不是能够为我们提供确定信息的基于人口的流行病学研究。除此之外，诊断标准倾向于使我们忽略年轻患者，他们的体重自然波动，月经不稳，也倾向于忽略男性，男性无法以月经不调的标准进行定义（Lock & le Grange，2006）。因此我们已有的统计数据很可能低估了真实的患病率。

　　哈尔米（Halmi，2009）总结了一些跨国研究中得到的患病率。一项针对英国求助普通医生的病人的大规模研究显示，女性总患病率为 8.6/100 000，男性为 0.7 / 100 000，不同年龄组的差异巨大：10～19 岁的女孩患病率最高，为 34.6/100 000（Currin et al.，2005）。然而在包括了未寻求医疗帮助的年轻群体的研究中，患病率大大提高。例如，在一项大规模研究中，研究者通过电话访问了出生于同一时期的 2881 对芬兰双胞胎，发现终生患病率达 2.2%，其中 15～19 岁的女性群体的患病率高达 270/100 000（Keski-Rahkonen et al.，2007）。此研究得到的患病率远远高于其他研究。该研究者对此解释，他们调查的超过半数的案例尚未向专业人员报告他们的症状，因此，基于医疗记录的一般综述是不会发现的。随后，在美国的大规模国家青少年疾病研究中（Merikangas et al.，2010），研究者不仅调查了厌食症，而且发现所有类型的进食障碍在女孩中的患病率为 3.8%，在男孩中为 1.5%。

这些数据均证实了厌食症的患病率存在显著的性别差异，男女性别比为 1 : 12（Halmi，2009）。此外存在两个发病年龄的高峰期，14 岁和 18 岁（APA，2000），这恰好是进入和离开青少年期的阶段。图 12-1 呈现了一组来自 6 个欧洲国家的 4139 个成年人样本的发病年龄数据，发现相比于暴食症、贪食症或简单的暴食，厌食症的发病时间相对更早（Preti et al.，2009）。

跨国数据也证实了发达国家厌食症的患病率在上升，包括英国、新加坡和澳大利亚，尤其是在年轻女孩中（Halmi，2009）。增长率可能是因为对进食障碍意识的加强和治疗可获得性的提高，但也可能反映"不断追求苗条"的压力。 然而值得乐观的是，一个来自美国最新青年风险行为调查（CDC，2009）发现，和过去十年相比，试图通过挨饿（10.6%），或使用泻药或催吐（4.0%）而减肥的青少年比例在减少。

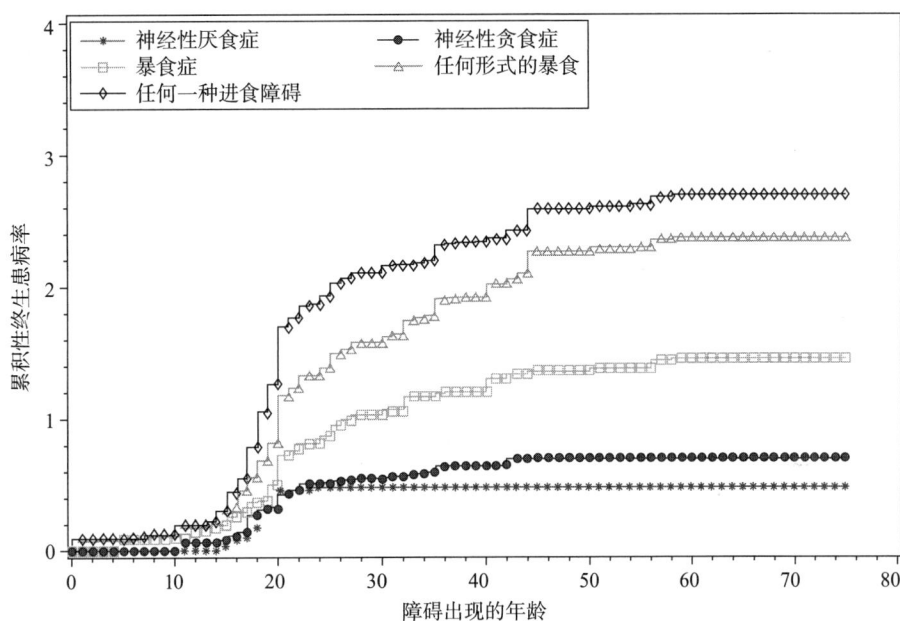

图 12-1 大型跨国样本中进食障碍出现的年龄阶段
资料来源：Preti et al.，2009。

（二）种族和社会群体

早期的刻板印象认为，厌食症高发于高收入家庭的青少年（Stice & Bulik，2008）。然而，值得注意的是患病率数据往往源于临床样本，而更具权势的社会成员更容易获得治疗。基于英国、挪威和美国的一般样本研究并没有发现社会经济水平和进食障碍间的关系（Doyle & Bryant-Waugh，2000）。尽管如此，但是那些参加某种特定"亚文化"高收入的青少年（例如，极其注意体重和外表的体育团队或舞蹈群体）会大大增加发展成进食障碍的风险（Wilson et al.，2003）。尽管缺少包括少数民族人群的研究，但已有研究证实进食障碍的发展是跨种族的（Shaw et al.，2004），然而仍存在亚文化之间的差异。美国西班牙裔青少年的患病率和美国白种人的患病率一致，但相比之下，美国的亚裔和非裔青少年发展成进食障碍的可能性较低（Striegel-Moore et al.，2003）。

跨文化导致了发展中国家进食障碍的增加。接触西方的理想苗条身材和外表的文化，使发展中国家的进食障碍患病率提高（Lake et al.，2000）。

（三）共病

抑郁症经常出现在患有厌食症的青少年群体中，一项德国的研究报告抑郁症的共病率达60.4%（Salabch-Andrae et al.，2008）。如此高的共病率促使研究者推测，厌食症和抑郁症有相同的病因（Wade et al.，2000）。然而接下来的研究证实，虽然它们同时发生，但它们是两种独立的障碍。例如，进食障碍的缓解并不能同样地减轻抑郁症。抑郁心境倾向于伴随任何形式的挨饿状态。此外，一项追踪研究显示，抑郁症预示着饮食混乱的出现（Measelle et al.，2006）。随着被试障碍的发展，研究者进一步发现进食障碍本身也会增加另一种障碍的风险，即物质滥用——它常常和厌食症共病。物质滥用障碍最有可能出现在厌食症的暴食／催吐亚型中（Wilson et al.，2003）。

焦虑障碍也常在厌食症中出现，尤其是强迫症（Jordan et al.，2008）。追踪研究显示，焦虑症先于厌食症出现。例如，在一项有600多名女性的基因研究中，拉尼等人（Raney et al.，2008）发现，39%的患有厌食症的女性有过焦虑障碍病史，并且这些女性中94%在进食障碍出现前就满足了焦虑障碍的诊断标准。进一步讲，共病焦虑的厌食症更加恶性、严重，持续的时间也更长。人格障碍也很常见，尤其是在暴食和催吐的群体中（Jordan et al.，2008）。

（四）病因学

1. 生物学背景

（1）遗传学

厌食症倾向于在家族中发生。例如，斯特罗伯等人（Strober et al.，2000）发现，患有厌食症的个体和正常控制组相比，他们的家庭成员中出现厌食症的概率是正常控制组的11.3倍，出现暴食症的概率是正常控制组的4.2倍。更具体地说，在兄弟姐妹中增加了3%～10%的风险，在母亲中增加了27%的风险，在父亲中增加了16%的风险，而在直系亲属中增加了29%的风险。双生子研究为厌食症遗传性的存在提供了证据。例如，同卵双生子的患病率是异卵双生子的10倍（Wade，2010）。然而双生子的众多研究结果仍是高度不一致的，遗传可能性的估计范围为33%～84%（Stice & Bulik，2008）。

有研究试图确认特定的遗传机制，锁定了血清素系统，这一系统同食欲、情绪和体重控制有关，但是能够获取数据的样本太小，阻碍了这一尝试（Slof-O'pt et al.，2005）。国际联合研究也将敏感性定位在了1号染色体上（Grice et al.，2002）。

（2）神经化学

厌食症引起的内分泌障碍可能影响了下丘脑—垂体—性腺轴。然而，许多和厌食症相关的生物因素似乎继发于体重降低，并且具有随着体重回升而改变的可逆性。因此，这些异常和绝食、节食、暴食和催吐是因果关系还是从属关系尚不清楚（Lask，2000）。

凯等人（Kaye et al.，2003）将目光锁定在了神经性厌食症的血清素功能。他们推测症状前期的血清素不平衡促使患者产生烦躁不安的心境，伴随而来的还有焦虑、强迫性思维和完美主义。随后诊断为厌食症的自我饥饿感会降低大脑内血清素的过度活跃并促发烦躁不安的心境，也因此使绝食行为被高度强化。正如杜瓦维里等人（Duvvuri et al.，2010）所说：

> 患有厌食症的个体陷入了恶性循环，因为卡路里的限制而暂缓了他们的烦躁不安。然而，营养不良和体重减轻却反过来改变了神经肽和单胺类的功能，进一步激化了烦躁不安的心情。因此，厌食症患者会追求节食来尝试逃避由于进食引起的烦躁不安。

其他的支持血清素路径的证据来自对那些从进食障碍中康复并且现在体重恢复正常的患者的长期研究。和未患有进食障碍的普通群体相比，女性患者体内的 5-HIAA（一种血清素的代谢物）明显升高（Kaye et al.，1998）。研究者推测，血清素的过度活跃不仅会诱发青少年产生进食障碍，而且也会促使完美主义、强迫性和刻板有关的人格特质形成。

（3）脑影像研究

尽管在进食障碍患者的脑结构和脑功能中存在大量异常，但这些异常往往是厌食的结果，并且随着体重恢复正常而正常（Wagner et al.，2006）。对此，有一个例外的发现，即关于大脑的额叶边缘区域 5-HT 受体的活跃度提升（Kaye et al.，2005）。这一区域同冲动控制和行为抑制相关，这些能力损伤不仅在厌食症的年轻患者中发现，而且在障碍发生前就能被检测到，康复后仍然存在（Stice & Bulik，2008）。

2. 个体背景

（1）体像

随着月经来潮和乳房的生长，女性在青春期开始经历"脂肪爆发"，大量皮下脂肪的累积，导致体重平均增长了 24 磅（1 磅约为 0.45 千克）。青春期带来的身体变化促使青少年对他们的体像产生基本改观——伴随着他们自省能力的增强——导致他们沉浸于自己身体和他人的评价。有证据表明，这些青春期的变化与对体重的关注和饮食的混乱有关（Culbet et al.，2009）。此外，一些英国学者发现，早熟的女孩相比于身体变化较晚的女孩更有可能发展为进食障碍（Day et al.，2011），尤其是在遭到同伴嘲弄和关系性攻击的个体中（Compian et al.，2009），或者，正如一项新西兰的研究表明的，当她们感知到自己是同伴欺凌的受害者时（Giletta et al.，2010）。

有关厌食症个体的研究暗示了厌食症的发展过程，对体像的不满意导致了特定的节食尝试，进一步促使他们更关注食物和体重，并采取一些不良的方式对体重进行控制。因此，在伴有其他心理风险因素情况下的普通节食，很有可能成为病理性进食轨迹上的第一步（Lock & le Grange，2006）。

希尔德·布吕什（Hilde Bruch，1973）的开辟先河的临床观察发现，厌食症女孩对自己的体像感知很不准确，她们似乎感知不到自己现在的体形有多消瘦。她的一位患者称无法区分两张体重相差 70 磅的自己的照片。另一位患者称当她照镜子的时候她能够看到自己很消瘦，很憔悴，但当她移开目光后又会重新觉得自己很胖。因此，厌食症患者通过拒绝食物来寻求自尊并徒劳无功地追求他们从来不会觉得足够苗条的体形。一项多网点的国际研究团队证实了进食障碍和体形扭曲认知之间的关系（Hrabosky et al.，2009）。

此外，布吕什（Bruch，1973）提出厌食症女孩无法准确确认和区分本体感觉，如饥饿、饱腹、生气和悲伤。因此，她们可能错识了自己的感觉或者将愤怒的情绪混淆为进食的欲望。厌食症的筛选评估包括了对较差的本体感觉的测量，结果表明这确实会增加进一步发展为进食障碍的风险（Lyon et al.，1997）。有趣的是，一组日本学者发现，随着体重增加和厌食症的康复，SPECT 扫描呈现了右侧丘脑、右侧顶叶和右侧小脑的脑血管血流量的增加，这些脑区和本体感觉有关（Komatsu et al.，2010）。

（2）人格特点

患有厌食症的青少年往往有着低自尊，认为自己糟糕而没有价值（方框 12.1）。焦虑、强迫性、严格和完美主义在厌食症患者中尤其明显，而且这些特点似乎早于进食障碍出现，即使康复了也仍然具备（除标注外，接下来参考 Stice & Bulik，2008）。

方框 12.1　厌食症的案例

5 岁的时候我开始出现冲动行为。我穿上又脱掉袜子四五次直到满足为止。当我沿着马路行走时，避开裂缝尤其重要。这种平常的强迫习惯使我做什么都会迟到，然后我的父母会把我留在后面作为惩罚。精神病学家建议我的母亲忽略我的"消极行为"，而奖励我的"积极行为"。结果我感觉自己被拒绝了，只有好的部分才是会被爱的。

我 8 岁时去托斯加尼拜访我的祖父，一件偶然的事深深地影响了我。我永远都难忘记当我坐在草坪上，注视着波光粼粼的湖水一如我们纯洁无瑕的童年。我的祖父和我的爸爸一起散步时说"塔拉是个可爱的小女孩，但是如果她没有婴儿肥的话就真的太漂亮了！"我祖父的本意是好的，但是他没有意识到这些话对我的影响。我很敏感并且深深地记得，并想要在各方面都做得完美。

在我 8 岁生日前我开始节食。我疯狂地减少食物摄入。我用婴儿杯子喝水，用婴儿的刀叉吃饭。我在阁楼发现了我幼儿时期的衣服，并且开始穿它们。这些婴儿行为代表着我想要重回婴儿般可爱的欲望，就像我 1 岁的弟弟一样，人人都爱……

在学校吃午饭的时候我的同学戏弄我说"你吃的每一口都会使你变胖"。我的面前充满了节食。苗条的父母传递"苗条是最好的"的信息给自己的孩子，同时又被媒体鼓励。毫无意外的是，在我减肥中期我就成了学校里十分耀眼的一员。我越是饱受神经性厌食症的折磨，我就越是决定要做到最好。

我相信苗条可以让我获得爱。我的卧室铺满了流行海报，时尚模特的平均体重是我所崇拜的……我坚持在没有人看到时进食。当校医给我称重时，我装了一些秤砣放在口袋里……

这一切在我开始接受长达 10 个月的长期治疗时结束。我的父母过来吃饭并接受家庭治疗。在吃饭时间，我的父母就像是一个团队一样。这是和以前吃饭最大的不同，曾经总是充满冲突和焦虑的。他们学会了面对压力时多倾听并尝试沟通。周末的时候我用平日里学到的技能和他们交流……目标治疗方法的成效显著。如果我的表现和进食恰当，我就能实现特定目标，这被作为一种治疗……在住院初期我还接受个体治疗……治疗持续不断并成为我生活中稳定的一部分……

所以，是什么导致儿童的神经性厌食症呢？对我来说似乎有许多不同的因素：父母关系、校园压力——包括学业期待，与其他孩子的关系及媒体形象。作为一名厌食症患者，我每天都要和没有价值感抗争。在我的观念里我不值得进食。从我的个人经验来看，我相信厌食症期间最需要的就是安慰、爱和有价值感。

资料来源：Haggiag，2000。

尽管厌食症的两个类型都有着追求苗条的特点，但严格型有高神经质的倾向，包括严格而顺从，社交不安全感，强迫而缺乏洞察力（Bulik et al.，2006）。占厌食症患者一半的暴食—催吐型更外向和具有社交性，但他们情绪调节更加异常，在严格过度控制和控制不足间变化。他们更倾向于产生冲动性和消极性的问题，往往采取一些不良策略，如物质滥用和自残行为，来处理消极情绪（Stice，2002）。总之，暴食—催吐型是更极端和明显的心理病理学症状。例如，卡斯珀等人（Casper et al.，1992）在一项基于 50 名厌食症住院女患者的研究中发现，限制型患者具有更高的自控力、情感控制力和责任心。相比之下，暴食—催吐型更容易冲动，虽然他们分享了限制者对正常家庭价值观的信念，但他们更加情绪化，更大胆，也有着更多的性格问题。

在为数不多的锁定男性群体的研究中，卡拉特等人（Carlat et al.，1997）调查了 14 年以来所有在曼彻斯特综合性医院就诊过进食障碍男性的记录。在 135 个确诊的案例中，22% 是厌食症。超过半数患者经历过重度抑郁，人格障碍和物质滥用也很常见。

（3）认知

英国的费尔伯恩等人（Fairburn & Harrison，2003；Fairburn et al.，2003）把认知放在了他们有关厌食症起源理论的核心位置，尤其是对控制的过度需要。过度控制食物摄入和体重对摆脱无法忍受的、隐藏的对自己无能和不足的感知是有必要的。然而，极强的急切进食的欲望威胁他们重新感觉到无能为力，因此促使他们进一步的节食限制。相比于控制组，在厌食症患者中也发现了更大程度的其他扭曲认知，如完美主义，"灾难化思维"，过度泛化和个体化，以及功能不良的认知风格，如强迫性思维和消极的自我评价。

研究者在正常的节食者中也发现了认知因素在调节进食行为中的重要性。坚持节食是由认知控制的，常常以定量摄入食物的形式，仔细计算卡路里并且严格进行自我监控。然而，长期节食者倾向于非黑即白的思维方式，导致他们要么严格控制进食，要么暴食高卡路里的食物。例如，他们会认为一旦违背了自己的节食会打破节食的决心，并激发更多地进食（Foreyt & Mikhail，1997）。这些在正常人群中的发现有助于理解暴食—催吐的循环。

其中一个使厌食者很难治疗的认知因素是这种障碍是自我和谐的。也就是说，厌食症患者认为他们的症状和自己对体形与个人目标的追求是一致的。不同于其他青少年对自己的症状感到难受，想要从中解放自己的障碍，厌食症患者认为极端的低体重是自律的胜利品，这也是他们自尊的来源（Wilson et al.，2003）。结果使改变的动机变弱，甚至完全消失不见。

3. 家庭环境

（1）父母的态度

在取自美国、英国和欧洲其他国家的样本中，父母对体重和节食的态度在混乱的进食中似乎起着一定的作用。5 岁时母亲对女儿体重的关注，和对她们饮食的限制与女孩们较低的感知能力相关（Davison & Birch，2011）。7 岁时她们会不满意自己的体形，并限制进食（Anschutz et al.，2009）。结果，父母批评其女儿体重、体形或饮食习惯，即在父母自身节食的家庭中，女孩的进食障碍发病率更高（Fairburn et al.，1997）。一项西班牙研究发现，母亲不满意自己的体形、渴求苗条、社交不安并缺乏内在感能够预测其女儿进食障碍的发生（Canals et al.，2009）。此外，父亲的完美主义也会促使女儿障碍性进食的出现。

（2）家庭系统理论

米纽秦等人（Minuchin et al.，1978）对"厌食症家庭"的观察为他们早期有关家庭系统对心理障碍的影响理论提供了证据。他们描述了厌食症青少年家庭中的一些互动特点：

1. 缠结。病理性缠结的家庭成员彼此之间高度卷入，并以侵入性的方式对彼此做出反应。正如我们在第一章看到的，缠结的家庭对彼此之间分化的感知差，并且权威的角色和界限是弥散的（例如，孩子会承担家长的角色）。

2. 过度保护。有身心疾病的孩子的家庭成员很明显地关心彼此的幸福和安全。一个喷嚏会引来一群人提供纸巾，而批评一定要伴有缓冲行为来缓和打击。家庭的过度保护和对孩子的过分关心会延迟孩子自主能力的发展，孩子也会反过来觉得自己有责任保护家庭免除不安。

3. 僵化。病理状态的家庭抗拒改变。尤其是在正常成长的阶段，如青少年期，他们会加强努力来保持习惯模式。僵化的一个后果就是孩子的疾病被用来当作避免改变带来的问题的借口。

4. 缺乏冲突解决。一些家庭否认冲突；一些家庭采用分散的、无效的方式；而其他家庭常有一个冲突规避的家长，如每次在面临威胁时都离家出走的父亲。

米纽秦等人（Minuchin et al.，1978）将厌食症家庭描述为过分关注节食、外表和控制。家庭的侵入性破坏了孩子的自主权，他们的心理和身体功能都会持续受到监视。对于纠结的家庭来说，青少年期是一个充满压力的时期，他们无法解决分离这一发展任务。青少年感受到了这种压力，会以厌食等问题行为来做出反应。或许更重要的是，症状能够帮助青少年维持表面上的对父母的依赖，而同时他们拒绝进食的行为使他们能隐蔽地进行叛逆。

家庭模式得到了一些实证支持。例如，罗阿等人（Rowa et al.，2001）发现在厌食症和暴食症的家庭中存在高度纠缠。同样，汉弗莱（Humphrey，1989）观察比较了典型的女性青少年的发展和有进食障碍的女孩们在家庭中的互动。研究支持了麦纳西的观点，厌食症女孩的父母倾向于传递关怀和情感的问题信号，而认为女儿对自己的想法和感觉的表达不重要。一项英国、意大利、西班牙、奥地利和斯洛文尼亚的国际联合研究也进一步支持了这个观点。调查者发现，最能够系统性地影响进食障碍的因素是青少年女性把食物当作一种实现从家庭中独立的方式，并感知到父母对食物的过度控制和规定（Krug et al.，2009）。

然而，另有研究发现，这些问题模式也能在患有其他心理障碍的青少年家庭中发现，而不单单仅限于厌食症家庭（Casper & Troiani，2001）。除此之外，由于缺乏前瞻性的追踪研究，我们无法分辨这些家庭的互动风格是进食障碍的原因还是结果，并且父母与顽固地拒绝进食的青少年的抗争目的是维持他们的生命。

（3）亲子依恋

另一个有关问题性亲子关系也许会促发厌食症的观点锁定了青少年依恋的研究。英国学者沃德等人（Ward et al.，2001）对厌食症患者和他们的母亲进行了成年依恋访谈，发现了一种轻蔑式的依恋风格，关系的重要性被防御性地轻描淡写，这在关系双方中都很常见。除此之外，对母亲的访谈中经常能发现没有解决的丧失和创伤话题。研究者推测有一种从母亲传递到女儿的情绪加工困难，并因此增加了发展成厌食症的风险。对父母的分离性态度在库尼亚等人（Cunha et al.，2009）对葡萄牙厌食症患者的研究中也被证实。

（4）儿童虐待

除了关系质量外，研究者调查了其他和厌食症发展有联系的亲子关系中的因素。例如，研究发现进食障碍中性虐待的发生率在34%～85%，这一区间的变化取决于对性虐待的定义和调查使用的研究方法（Perez et al.，2002）。然而，这些研究一般取样自临床群体，其性虐待的比率可能较高。其他更严格的追踪研究没有发现性虐待是厌食症的特定风险因素（Sanci et al.，2008）。总体来说，性虐待反而增加了心理障碍的可能性（Fairburn et al.，2003）。

罗曼斯等人（Romans et al.，2001）通过细致的设计调查了有过性虐待历史的儿童发展成和未发展成进食障碍的影响因素。那些发展成进食障碍的群体更加年轻，月经初潮更早，并且将父亲描述为过度控制。性虐待本身的变量（例如，频率、持续时间和类型）没有发现和进食障碍的行为相关。

4. 社会背景

回忆前文我们对共病研究的综述得知，患有厌食症的女孩会共病焦虑障碍和抑郁症，两者都与同伴群体退缩、社交关系问题和过度敏感有关（见第八章和第九章）。此外，我们知道早期在同伴嘲弄环境下成长是厌食症的风险因素（Compian et al., 2009）。因此，这种恶性联系——天生对轻视的敏感，同伴对其外形上明显差异的评论，以及社会环境中的关系攻击——将增加易感性女孩的风险。

亲密关系尤其会成为有混乱进食个体的压力来源。费里特等人（Ferriter et al., 2010）追踪了一个有 140 名青少年的样本长达 5 年，发现伴有抑郁症状的群体在经历较差的亲密关系后更容易出现进食障碍。对性行为的规避也很常见。例如，卡拉特等人（Carlat et al., 1997）发现58% 男性厌食症患者被描述为"性冷淡"，他们规避任何引起性活动兴趣的可能。随着时间的流逝，青少年对外表的焦虑，缺乏从亲密关系中获得愉悦感和与厌食相关的社交孤立导致他们彻底地退缩于同伴关系中。

然而，对厌食症的研究发现，饥饿本身也可以显著影响行为，产生抑郁情绪，易怒和社交孤立的情绪并且降低性兴趣。饥饿还会改变患者与家庭成员和朋友的关系，他们无法改变自己的进食模式，最后变得异常消瘦甚至死亡。因此，区分原因和结果是一个复杂的问题。

5. 文化背景

（1）女性气质和理想体形

西方社会对理想的女性美的定义从过去的前凸后翘变成了今天的修长苗条。比如，在过去几十年里环球小姐大赛选手们的体重持续下降。事实上，环球小姐参赛选手的平均体重低于正常标准 13%～19%。换句话说，人们眼中的"理想"女性，已经达到了进食障碍的第一诊断标准（Ohring et al., 2002）。

很少有年轻女性能够达到环球小姐参赛选手和名模的那种修长苗条的身材。但是文化规范认定了苗条即美，而美的就是好的。这样的标准在一些特定场所更加有力。例如，类似舞蹈和模特的活动，需要特定体重的某项运动，这些都成为厌食症发展的土壤（Lock & le Grange, 2006）。

研究进一步证实了外表吸引力在女性角色的刻板印象中比男性角色更加重要，这也就解释了为什么男孩很少患厌食症。但仍有两种例外情况。一种例外情况是认同女性角色的特定男孩和女性一样容易发展出对进食的混乱态度（Meyer et al., 2001）。另一例外情况是性少数群体，男同性恋对外表的高度关注被认为是进食障碍的一个风险因素（Russel & Keel, 2002）。

（2）种族和文化

一些研究者发现，文化态度可以为进食障碍提供保护性因素。例如，在美国，非裔美国人和拉美裔美国人相比于欧裔美国人对自己的体形持不满意态度的人更少，并且对理想体形的认同也更加宽容和灵活（Smolak & Striegel-Moore, 2001）。另外，从跨文化的视角来看，进食障碍充分体现了社会群体和种族上的差异，西方价值观明显发挥了很大的影响（Levine & Smolak,

2010），美国社会来自其他文化的移民群体也同样受到了影响（Gunewardene et al.，2001）。

多伊尔和布赖恩特-沃（Doyle & Bryant-Waugh，2000）提出了与之不同的观点。他们的研究发现，最有可能发展为进食障碍的少数民族群体并不是那些接触西方文化更多的人群，而是那些体验到自己家庭的价值观和更广泛文化之间的冲突更多的群体。父母严守传统文化，且只和自己种族群体的人交往的孩子更难以调节自己的家庭生活和同伴对学校规范与期望之间的不同。笔者认为这些内部冲突都体现了发展成进食障碍的风险。

（五）发展过程

追踪研究显示，在 50%～70% 的厌食症康复者中，有 20% 会有所改善但仍有残留症状，10%～20% 会发展出长期问题（Comission on Adolescent Eating Disorders，2005）。斯特罗伯等人（Strober et al.，1997）的追踪研究显示，青少年有活跃症状的平均时长为 10 年，且常常复发。在接受了治疗的群体中，抑郁、低体重、进食混乱、体型差、焦虑、强迫症和物质滥用仍持续存在。一些厌食症会发展成暴食症。在斯特罗伯研究的 95 名青少年中有将近 1/3 的厌食症患者在随后的 5 年中发展成了暴饮暴食。

考虑到厌食症青少年发病阶段的显著特征，研究者在长期追踪研究中没有发现厌食症会影响到他们的教育和职业成就，然而从厌食症中康复的青少年依然会在家庭外的人际关系中——尤其是和异性同伴产生问题。从家庭中实现个体化对这些青少年来说是出现冲突的特定领域和关注点（Neiderman，2000）。

尽管发病时间早于其他心理障碍（如品行障碍，见第十章），而且往往伴随着更严重的后果，但是在厌食症中发病时间早（如在 16 周岁前）预后反而更好一点（Lock et al.，2002）。其他能增加复原可能性的保护性因素包括家庭功能良好，早期且高强度的干预（Neiderman，2000）。

四、进食障碍：神经性贪食症

（一）定义和特点

神经性贪食症的特点是反复发作的暴饮暴食，或在短期内消耗大量食物。暴饮暴食后常会试图控制体重，如通过自我催吐的方式，滥用泻药或利尿剂（导泻型）或通过快速又过量的运动（非导泻型）。尽管有的贪食症患者体重要么过轻，要么过重，但他们的体重通常都在平均范围内（见表 12-1）。

暴食应和普通的过量饮食区分开。真正的暴食包括在不饥饿的情况下过量摄入食物，达到了不舒服的程度，甚至觉得疼痛，伴随着自我厌恶感和抑郁。然而暴食曾经被误认为就是进食大量食物，这种错误概念仍保留在 DSM-Ⅳ-TR 的标准中，接下来的研究也否定了这个观点（Guertin，1999）。相反的是，暴食症人群极其害怕进食失控，并且正是这种失控感而不是大量的食物消耗将暴食和普通的过量进食区分开。在暴食症青少年非黑即白的思维中，他们害怕即使是吃了一小块被禁止的食物都会导致灾难性的摄入。在少数极端的形式中，他们和厌食症患者一样害怕变胖，尽管自己的体重是正常的，但是依然会觉得自己过于肥胖。因此，这种暴食的欲望使青少年陷入了由预期的失控和肥胖引起的焦虑与暴食后的内疚、羞愧和自卑之中。

ICD-10（WHO，2007）同样把神经性贪食症描述成"一种过量进食和过分关注自身体重的症状，往往导致在过量进食后的催吐或导泻。这种障碍和神经性厌食症的心理特征很像，都会过分关注自己的体重和体型"。

尽管死亡率低于厌食症，但呕泻也会严重危害身体健康。暴食和催吐对肠胃与食道有害，并且重复的胃酸冲洗会腐蚀牙釉质导致永久性的损害（Stice & Bulik，2008；见方框12.2）。泻药的过度使用会导致依赖和戒断后的严重便秘，并对结肠造成永久损伤。经常性的呕泻会引起体内电解质失衡，导致虚弱，无精打采和抑郁，以及肾脏问题，心律不齐和猝死。习惯性的催吐会破坏面部血管，产生皮肤斑点，过量水分潴留，食道撕裂和唾液腺扩张，形成"松鼠脸颊"的外表；呕吐物的气味也会残留在排泄物中。因此，想要外表更吸引人的目标反而被追求这个目标的不当手段挫败。

方框12.2　一个贪食症的案例研究

我记不清第一次催吐的情况了。我只记得我有多么不专业，一味地干呕，花了好长时间才成功吐出来。在我的青春中期，我很天真地相信自己是不朽的。我并没觉得我用的方式有多么危险，反而觉得又机智又实际地解决了问题。我好几个月连续每天吐1~2次，接着会在短期内不再催吐，看起来我似乎已经打破了这种模式，我很确信这意味着一切在掌控中。但是等到了18岁，停止催吐的时间大大缩短到了几周，并且在催吐周期里，我一天要吐4~6次。我沉迷于这种感觉，它不再是我进食后的忏悔，反而成了我暴食后的奖励。我喜欢呕泻后的感觉，就像一个擦干光亮的机器，像一个超人。我从浴室的地板上爬起来，用凉水拍打着我的面孔，用力地刷去口腔里的酸。我会拿一个湿抹布，擦干溅在胳膊上的呕吐物，并且觉得充满能量，就像是刚从打盹中醒来，或刚从街上慢跑回来一样振奋。我感觉体内的一切都被移出来了，不仅是我吃过的食物，还有我的整个过去。没有人能告诉我停下，即便是后来知道了我在做什么的朋友。他们无法控制我生活的这一个或任一个部分，它只属于我自己……

最终，我在两年前即22岁的时候没有了贪食症。它的结束不是因为意志力或治疗……它的结束是因为呕吐带来的痛感和轻微的愉悦形成了鲜明的对比。它的结束是在我的软化了的牙齿脱落之时，在我开始每晚因为胃痉挛而醒过来时……它的结束在我开始不再能感觉到自己脚步的时候。数月之后，我去看了医生。他给我诊断为由于呕吐导致大量维生素和矿物质流失造成的电解质失衡……那时我还得了食管裂孔疝——我的胃的一部分从食管中脱落出来。并且我的牙齿变得疏松，有一天我只是稍微用力它就脱落了。

我催吐的最后一次仿佛是内部手术。悲痛、爱、愤怒、疼痛——所有这些都倾吐出来，然而在那之后它们仍停留在我的体内。我断断续续患有贪食症8年了，并且不让自己因为任何会恶心的事情而呕吐。

　　　　资料来源：Lau，1995。

　　贪食症的发病年龄要比厌食症晚。贪食症通常发生在青少年和成年早期，平均年龄是18岁（Lock & le Grange，2006）。贪食症的终生患病率在女性中估计有1.5%，在男性中有0.5%，其风险性逐年上升（Hudson et al.，2007）。

　　然而正如厌食症一样，这些统计数据往往低估了真实的患病率。尤其需要注意的一个问题是，这些患病率和特点等贪食症相关的数据往往取自临床人群。然而，患有贪食症的青少年未必会去临床机构。例如，由牛津大学实验室精心设计的一系列研究使用了案例控制设计，在102个贪食症患者、204个匹配控制个体和102个精神疾病控制组的代表样本中发现75%的贪食症患者从未寻求过治疗。尽管美国的青少年风险行为调查（CDC，2009）没有充分询问并界定贪食症的诊断标准，但这些国家调查的样本中仍有4%的青少年报告曾催吐或使用泻药来减轻体重。

　　此外诊断标准中对发展过程标准的不敏感，也低估了贪食症的患病率。一个儿童和青少年进食障碍诊断及干预的国际专家小组指出，DSM-5最好降低呕泻等行为频率的阈值，并且包括没有直接主观报告的进食混乱行为和心理指标，以使标准更加适合青少年（Bravender et al.，2010）。

　　在贪食症中的性别差异没有厌食症明显。然而大多数贪食症患者仍是女性，据估计，10%～15%的贪食症患者是男性（APA，2000）。有证据表明，和女性患者相比，男性症状出现时间更晚（在18～26岁），童年期肥胖症的患病率更高，并且更少进行节食（Carlat et al.，1997；Russel & Keel，2002）。然而，也有学者称贪食症的诊断标准本身存在性别偏差，导致我们低估了男性贪食症的发病情况。比如，男性偏爱使用非呕泻方式来减轻体重，如过量运动（Anderson & Bulik，2004）。

　　尽管没有证据表明贪食症存在社会群体的差异，但不同种族的患病率确实不同（Lock & le Grange，2006）。和厌食症一样，贪食症在美国多见于欧洲血统的女孩而非其他种族群体。跨文化研究表明，贪食症在高度工业化社会中最常见，如美国、加拿大、英国、澳大利亚和日本（American Psychiatry Association，2000）。

（二）共病

　　物质滥用是贪食症中常见的并发症，在30%～50%寻求治疗的贪食症患者中发现了物质滥用（Stice & Peterson，2007）。这些障碍有共同的人格因素，包括无法控制自己的消极情绪和冲动。焦虑障碍在临床人群中的患病率是70%，在社区样本中的患病率是58%（Kaye et al.，2004），包括强迫症、社交恐惧症、广泛性焦虑障碍和创伤后应激障碍。抑郁症状也很常见（Stice &

Peterson，2007）。在疾病中的某个时期25%～80%达到了情感障碍的标准，包括恶劣心境、严重抑郁和双相情感障碍。品行障碍也是常见的并发症（Stice & Peterson，2007）。贪食症和人格障碍之间共病率的数据并不一致。例如，最常见的人格障碍的并发症是边缘型人格障碍（见第十五章），但患病率在2%～50%（Pérez et al.，2008）。

（三）鉴别诊断

贪食症和厌食症都会涉及大吃大喝和导泻。然而，能够区分贪食症和厌食症的一个关键是，只有厌食症的患者才会保持一个低体重的状态。

暴饮暴食只是贪食症的一个特点，并不是所有暴饮暴食的人都会达到贪食症的诊断标准。DSM-Ⅳ-TR包括另一个分类——暴食症（binge eating disorder，BED）。它被列在有待进一步研究的障碍里，并且很有可能纳入DSM未来的版本中。暴食症的特点是在短时间内大量进食，伴随着对进食的失控感和主观体验的沮丧与自我厌恶。然而不同于贪食症的是，暴食症患者不会采取不合适的补偿机制（如催吐、导泻、过量运动）来摆脱过量摄入的卡路里。

暴饮暴食无论是否伴随着导泻，都会导致体重增加，甚至是肥胖。然而，尽管在流行概念里肥胖是心理问题的一个标志，但肥胖本身不被认为是一种心理障碍的形式或进食障碍（Wilson et al.，2003）。不安的人也许会通过过量饮食的方式来安抚自己，而肥胖的人有可能会发展成进食障碍，但肥胖本身通常被认为是新陈代谢的问题。

（四）病因学

1. 生物学背景

（1）基因

和厌食症一样，贪食症也多发于同一个家庭。例如，斯特罗伯等人（Strober et al.，2000）发现，和正常控制组相比，有进食障碍亲戚的女性贪食症的患病率是控制组的10倍。而比较同卵双生子和异卵双生子患病率的基因研究结果并不一致，遗传率在28%～83%（Bulik et al.，2006）。

被诊断为贪食症的青少年家庭中很有可能有一段超重的历史（Stice & Presnell，2010）。因此有一种说法是，这种体质倾向使减肥对他们来说尤其困难。超重的趋势会增加他们不满意自己体型的风险，接着他们就会采取如导泻等过度的减肥策略。然而，极端节食策略反而会适得其反，使得体重增加，进一步陷入无尽的问题循环中。

（2）神经化学

贪食症和肾上腺素及血清素系统的混乱有关。血清素在进食和饱腹感中扮演着重要的角色。血清素激动剂会产生饱腹感并减少食物摄入，血清素抑制会增加进食（Wilson et al.，2003）。大量研究显示，贪食症患者的血清素活动水平低（Stegier et al.，2001）。尽管尚不清楚这些不平衡是混乱进食的原因还是结果，但研究表明，即便在贪食症康复之后仍能发现血清素的异常，这一结果暗示着在有这种障碍风险的青少年中存在的固有的神经化学上的差异（Duvvuri et al., 2010）。

正如我们在第九章讨论抑郁症时所说，血清素在心境障碍的发展中有重要作用。一种假设是暴食、导泻和限制食物摄入背后反映的是对血清素枯竭产生的情绪的调节（Ferguson & Pigott，2000；Kaye et al., 1998；见方框 12.3）。

方框 12.3　过度失调与不充分失调：进食障碍中血清素的角色

我们熟知血清素这一神经递质在抑郁症的发展中发挥着重要作用（见第九章）。除此之外，血清素还在调节胃口的过程中扮演着重要的角色，这使它成为进食障碍的一个潜在的风险因素。如果在进食障碍中存在血清素的调节问题，那么究竟是过度调节还是不充分调节呢？

在过度调节方面，凯等人（Kaye et al., 2003；Duvvuri et al., 2010）提出的一个理论认为，厌食症患者脑内血清素能动系统的活动会增加，尤其是脑内血清素活动的增加会导致饱腹感并终止进食。这也许能够解释厌食症规避进食的过程。然而，过量的血清素会导致烦躁不安的心情，尤其是焦虑，这在厌食症患者中十分常见，甚至先于进食障碍的产生。饥饿和血清素活动水平的降低有关。凯等人提出，厌食症患者的过度节食能够降低脑内血清素的水平，进一步减少焦虑和烦躁不安的心情。为了验证这个理论，研究者向被试提供一种不受色氨酸控制的氨基酸混合物（一种血清素的前体细胞，能够直接影响血清素的功能），进一步来消耗脑内的血清素。支持他们假设的是，患有急性厌食症和那些已经从厌食症中恢复的女性在经历了色氨酸的消耗过程后，都报告了显著的焦虑降低，而在无厌食症的群体中没有发现这一效应。因此，这一研究的作者提出，由于天生的血清素混乱，厌食症患者会通过严格进食的方式来调节烦躁不安的情绪。然而，这一效应是短暂的，脑内的补偿机制会尝试改变这种不平衡，而烦躁不安会随着进食再次出现。

总之，对厌食症患者来说，过度调节和不充分调节的方程式大致如下：

固有的过量的血清素—焦虑—节食—血清素降低—临时降低烦躁不安感。

暴食症案例背后的机制是截然不同的，它更倾向于不充分调节的解释。血清素水平的降低已通过实验证实会导致过度进食和饱腹感机制功能不良，以及抑郁心境。更进一步，节食本身会降低血浆色氨酸，并且在大量的案例中，贪食症出现前会出现节食。值得注意的是，史密斯等人（Smith et al., 1999）提出不充分的血清素水平也许在贪食症中起着一定的作用。他们用了凯等人（Kaye et al., 2003）用过的相同的色氨酸消耗过程来降低血浆中血清素的水平。研究在一组从贪食症中恢复的女性和一组临床控制组中展开。和控制组相比，之前经历过贪食症的女性更容易对色氨酸消耗有反应，她们报告更多的抑郁症状，对体形的担心（例如，觉得自己胖）和对进食失控的恐惧。作者发现抑郁症状最明显的往往是共病严重抑郁的贪食症被试群体，这暗示着当血清素神经递质降低时，他们很有可能会复发。

综上，贪食症的等式如下：

节食—不充分的血清素—抑郁心境和进食冲动—暴食/导泻。

很重要的一点是，节食会产生生理和心理的双重效应，进而增加对食物的渴求和暴饮暴食（Stice & Bulik，2008）。限制食物摄入会降低血浆色氨酸。它直接影响脑内血清素的水平、心情和感知到的饱腹感（Duvvuri et al.，2010）。因此限制食物摄入会进一步导致体重增加和混乱饮食。前瞻性研究清楚地发现了节食和发展成贪食症间的联系。当然，几乎在所有的案例中，这一障碍的出现会紧跟着一段时期的节食（Wilson，2002）。例如，在一项澳大利亚的人口学调查中，巴顿等人（Patton et al.，1999）发现，进行过超过 6 个月的过度节食的群体发展成进食障碍的风险是那些未节食群体的 18 倍，甚至中度的节食也会增加风险。

综上，这些研究都暗示着贪食症存在一定的生物机制，在易感群体中节食会降低血清素的活动，反过来会导致尝试打破不平衡的混乱进食。

2. 个体背景

（1）人格特点

尽管不存在非常清楚的贪食症人格，但仍有一些和贪食症有关的内省因素，包括完美主义、赞赏需要、自我批评和低自尊，将自我价值的实现体现在对外表的满意上（Lock & le Grange，2006）。不充实感和低自我价值与六七年级出现的混乱进食有关（Killen et al.，1994），并且常常在年轻女性中有所体现，即便是在她们痊愈后（Daley et al.，2008）。同这种自我意识和自我贬低一致的是，焦虑往往也是贪食症患者的一个共同特点，并且一些研究者发现焦虑先于贪食症出现而且很可能引发了进食问题（Kaye et al.，2004）。

此外，患有贪食症的青少年常被描述为对拒绝的高度敏感。研究发现，这种人际关系中的"脸皮薄"和情绪管理困难有关，这将进一步导致他们尝试通过混乱的进食来处理这些负面的感受（Selby et al.，2010）。

正如我们在讨论并发症中提到的，在一些研究中边缘型人格障碍在贪食症患者中经常出现。这些特质包括冲动、人际关系不稳定、身份认同混乱和自我伤害（见第十五章）。例如，西班牙的研究者佩雷斯等人（Pérez et al.，2008）发现，在进行贪食症治疗的年轻女性中边缘型人格障碍的临床显著水平达到了 45.2%。

（2）情绪调节

贪食症患者的许多行为，如他们的饮食模式，都暗示着一种基本的自我控制困难。已有研究开始锁定情绪调节，认为它是混乱进食行为，尤其是导泻的一个动机。

例如，为了研究暴食—导泻的心理过程，史密斯等人（Smyth et al.，2007）想出了一个巧妙的策略。他们让贪食症患者在为期两周的时间里随身携带一个掌上电脑，每天记录六次他们的心情、压力水平和暴食或呕吐的发作情况。分析表明，被试在暴食和导泻的日子里会有更高水平的消极情绪、愤怒和压力，以及更少的积极情绪。一天之内，积极情绪的减少和消极情绪的增加以及敌意都能预测暴食行为的出现。并且在暴食—导泻后，被试会报告显著的积极情绪增加和消极情绪以及敌意的降低。这一结果同约翰逊和拉森（Johnson & Larson，1982）的研究一致。他们发现，暴食和抑郁、厌恶、自我贬低的情绪相关，导泻会导致冷静、控制感的重新建立。一些患者会描述为"干净""清空""腾出空间"和"准备睡觉"的状态。作者伊夫琳·劳（Evelyn Lau）叙述了自己与贪食症8年的抗争（见方框12.2）。

因此导泻似乎有一定的强化属性。事实上，贪食症患者暴食的目的是为了导泻（Heatherton & Baumeister，1991）。导泻似乎是一种自我镇定的形式，使青少年逃离消极情绪并调节自己的心情。

斯蒂斯等人（Stice et al.，2004）在针对496个女孩为期两年的研究中，探索了抑郁和贪食症间的关系，并验证了情绪失调的重要性。调查者发现，抑郁症状能够预测贪食症，而贪食症反过来也会增加抑郁的风险。研究者提出，贪食行为作为自我安抚和调节消极情绪的方式而开始，接着是暴食及导泻相关的生理变化（如血清素的消耗）和心理结果（如羞愧、负罪、自我形象差），最终会激化烦躁不安的心情。

（3）认知

和厌食症相同，患有贪食症的年轻女性倾向于刻板的认知风格，非黑即白和全或无的思维方式（Stice & Bulik，2008）。因此，她们认为自己要么完全在控制范围内，要么十分无助。

进一步来说，发展成贪食症的女孩和厌食症一样，更容易认同文化中有关苗条的形象，并认为自己的体形是不满意的（Stice，2002）。贪食症患者刻板且不良的信念的认知特点包括三个方面：对她们体重和体形的非现实期待（例如，认为减肥能变成超模比例的体形）；对体形和体重扭曲的结果信念（例如，认为达到想要的体重对人生的成功尤为重要，并能够获得她们一直追寻的自尊感）；对食物和进食的不正确概念（例如，对消化系统、特定事物的卡路里值，以及减肥的生理机制的错误想法；Spangler，2002）。这些扭曲的认知，以及较差的体形和感受到的追求苗条的压力，都会促使她们使用极端的方式来控制体重，反过来促进了贪食症导致的不良生理和心理过程。

然而不同于厌食症的是，贪食症容易出现更多的自我不协调，或者对自己目标和自我感知的不一致。贪食症患者比厌食症患者更能意识到自己正在经历某种障碍，并且尽管害怕或矛盾于改变自己不良的进食模式，但是他们更愿意尝试去改变（Wilson et al.，2003）。

3. 社会背景

同伴影响在青少年开始出现贪食行为中扮演着一定的角色。许多青少年由朋友介绍使用催吐或泻药来控制体重（一个年轻女性不再分享她从贪食症中恢复的鼓舞人心的经历，因为她发现参加讲座的高中女孩们只对学习她使用的泻药等技术感兴趣）。例如，哈钦森等人（Hutchinson et al.，2010）发现，在一个澳洲女孩的社区大样本中，她们社交圈内的进食行为显著促进了病理性进食的发展。然而大多数年轻女性都戒除了这些不良的技术，其他的则陷入了暴食—导泻的重复循环。

　　同伴关系的质量也能区分厌食症和贪食症。贪食症患者的体重一般正常或超重，他们的外表不会十分特别，因此也更社交化。除此之外，患有贪食症的青少年和厌食症患者相比在性方面更活跃，或许是因为他们的冲动和风险承担倾向更高（Pinheiro et al.，2010）。然而，临床观察显示，他们和其他青少年群体相比更少享受性快感。他们并非为了自我满足而寻求性活动，患有贪食症的青少年更多是顺从压力而卷入性活动，他们强烈渴求社会的赞许，并且难以认同和坚持自己的需求。

　　同伴关系也在自我形象、社会经济水平和混乱进食的复杂影响中发挥作用。例如，兰科特和勒格兰奇（Rancourt & le Grange，2010）对一个平均年龄在10～14岁的576名青少年样本进行了几年的追踪。调查者发现，对体形的高度不满一直和低水平的受喜爱程度相关。令人惊讶的是，最受欢迎和最不受欢迎的年轻人对自身体形的负性认知都有所增加。对男孩来说，受欢迎程度高和极端的体重管理策略有关，但在他们的案例中大多是为了增加肌肉。这些发现表明，那些对自己的外表自我意识过多的青少年对他人的观点尤其敏感，即便是当这些观点是积极的时，并且因此更可能觉得他们不符合理想外表的标准。

　　长期来看，当暴食—催吐循环一旦建立起来，这些活动伴随的羞愧和隐秘将使他们面临和同伴的社会隔离（Lock & le Grange，2006）。患有贪食症的青少年完全浸没在食物、进食和导泻的想法中，其他的任何事情都靠边站。这些青少年和其他年轻人相比会花更少的时间在社交，大多数时候都是独处。许多案例描述自己大多数时间和精力都在计划与积蓄暴食，同时寻求隐匿来完成导泻。正如一个患者所说的，"食物成了我最亲密的伙伴"（Johnson & Larson，1982）。源自混乱进食的易激惹和抑郁也会干扰他们的社会关系。

　　4. 家庭背景

　　与厌食症青少年的家庭成员相比——除了患者本身的问题，家庭成员往往不受干扰；而贪食症青少年的家庭成员更可能受到明显的干扰。父母的心理障碍十分常见，尤其是抑郁和物质滥用（Fairburn et al.，1997）。

　　与厌食症一样，贪食症患者的家庭关系常常被描述为纠缠而僵硬；然而，贪食症更多的特点是家庭不和，包括亲子冲突和明显的敌意（Fairburn et al.，2003）。贪食症家庭其他特定的风险特质包括父母经常缺席，不投入，高期待，批评和父母关系不和（Fairburn et al.，1997）。

　　儿童虐待，尤其是性虐待，是贪食症一个特定的风险因素。例如，在一项维多利亚青少年健康群组的研究中，通过追踪999名澳大利亚女孩从14岁到24岁，研究者（Sanci et al.，2008）发现，在报告经历过一次性虐待的群体中贪食症的患病率是对照组的2.5倍，在报告有两次或更多次性虐待经历的群体中贪食症的患病率是4.9倍。

　　5. 文化背景

　　影响厌食症的社会环境同样会影响贪食症，包括西方文化对苗条的推崇，基于外表去评判女性的倾向（Striegel-Moore & Bulik，2007）。

以上观点得到了实际的证据支持。远远超过男性的是，女性儿童和成年人的自尊往往基于自己的体形，并且十分容易受到他人观点的影响。对体重的不满意和不良的饮食习惯在工业化国家的年轻女性中具有地方流行性，甚至是在学龄前阶段。令人震惊的是，5岁的小女孩一旦体重超出平均标准，她们便会对自己的形象持消极态度——不仅仅限于体形，甚至于她们的认知能力（Davision & Birch，2001；见图12-2）。

图 12-2 女性发展早期对体重和节食的关注
资料来源：DOONESBURY, G. B. Trudeau, 1997。

更进一步，大量研究发现接触到展示苗条身材的媒体也会增加年轻群体对自己体形的不满意和消极的情绪（Grabe et al.，2008）。然而并不是所有面对社会压力的人都会发展成进食障碍。因此社会文化和个人因素之间一定有交互作用。例如，患有贪食症的青少年报告感知到了更多来自父母和同伴要求其苗条的压力，他们也更可能相信社会通常需要他们变得苗条的价值观（Stice et al.，1996）。因此，他们和其他青少年群体相比更容易内化社会的这种观念。

（五）发展过程

贪食症出现的发展高峰期是在14~19岁。相比于厌食症，尽管不是彻底恢复，但是贪食症的恢复比率相当高（Steinhausen & Weber，2009）。和厌食症一样，贪食症是一个在恢复和复发间波动的慢性疾病。为了验证这一说法，英国的费尔伯恩等人（Fairburn et al.，2000）追踪了

102 名患有厌食症的女孩达 5 年。被试的年龄在 16～35 岁，每 15 个月就会测评一次。在最初的 15 个月的追踪中，整个群体都显示出贪食症状的改善，并且这种改善在接下来的几年里持续发生。然而这种现象是不稳定的，每年有将近 1/3 恢复，1/3 复发。在 5 年后的最后测评中，15% 仍然达到贪食症的标准，2% 达到厌食症的标准，35% 达到非特异性进食障碍的标准。令人震惊的是，41% 的被试现在也患有严重的抑郁症。进一步来说，在每年的过程中，将近 1/3 显示出症状的恢复，1/3 仍有复发。

因此，即使当贪食症的症状恢复了，混乱的进食和对体形的不满仍然会持续，并增加了个体患抑郁症的风险。通过达到苗条来解决生活问题的方式是注定要失败的。

（六）进食障碍之间的比较

表 12-2 比较的是厌食症和贪食症间的诊断标准和经验，和严格限制进食的厌食症相比，那些暴食和导泻的厌食症更可能有家庭或个人肥胖史、情绪失调和物质滥用，这些特点在贪食症中也有所体现。然而，厌食症青少年的家庭往往僵硬而纠缠，贪食症的家庭有更加外显的敌意，缺乏凝聚感和对子女的养育。

表 12-2　进食障碍之间的比较

厌食症：严格限制饮食型	厌食症：暴食—导泻型	贪食症
通常在 14 岁出现		通常在 18 岁出现
过于瘦弱		平均或超重
强烈害怕体重增加		害怕进食失控
体形混乱（自我感知肥胖）		自我评价不当受体重影响
月经不调		月经正常
限制进食	暴食和导泻	
家庭纠缠，过度保护，僵化，冲突解决差		家庭有心理障碍史，物质滥用；家庭不和睦，外显的敌意
社交孤立	社交不安全	低自尊；对拒绝敏感
性冷淡	无愉悦感地进行性活动	
过度控制	情绪易变	
共病抑郁，焦虑障碍，包括社交恐怖和强迫症	共病抑郁，焦虑，物质滥用，人格障碍	
母亲有厌食症历史	家庭有超重史和倾向	
自我协调（对治疗不感兴趣）	自我不协调（有改变动机）	

通常来讲，贪食症和暴食—导泻类型的厌食症相比，严格限制进食的厌食症更常见。事实上，曾有人建议将暴食—导泻类型的厌食症看作贪食症的一个亚型而不是一种特殊类型的厌食症。然而，在应用这种分类标准前仍需要进行更多的比较研究。

（七）整合发展模型

解释进食障碍发展最详尽的一个模型由斯特雷热尔·莫尔等人（Rodin et al.，1990；Striegel-Moore & Bulik，2007；Striegel-Moore & Smolak，2001）提出。尽管推崇社会文化环境的影响很大，包括社会对苗条是美的标志的推崇，美对女性形象的重要性，但很明显的是并不是所有接触到这种压力的女性都发展出了进食障碍。因此，有许多其他不同领域的因素彼此之间交互作用。

除此之外，正如我们所知，尽管进食障碍在女性中更普遍，但并不是仅限于女性。混乱的进食在男孩中也同样存在，但是他们更多的是为了增加肌肉而不是苗条。我们的模型中尤其重要的是，影响女孩的风险因素同样适用于男孩，包括消极情绪、自尊、完美主义、物质滥用、感知到的对外表形象追求的压力，以及参加推崇苗条的体育运动（Ricciardelli & McCabe，2004）。

在生物领域，倾向于强迫性思维、刻板、应对改变能力较差的气质会使青少年难以处理青少年期的压力。进一步发展成进食障碍的女孩进入青春期的时间早于同伴（Fairburn & Brownell，2002），这导致她们增加了对月经初潮引起的正常增重的不满。这是否在男孩中同样适用，研究的结果是不一致的（McCabe et al.，2010）。除此之外，尤其是在贪食症的案例中，青少年存在着天生体重就比苗条体形重的风险。因此，有患进食障碍倾向的青少年会更容易受到社会压力的影响，对他们来说想要达到理想的身材比较困难。此外，易于患进食障碍的青少年内化了这样一种信念：他们认为一旦达到了理想体形就代表着成功，而自己天生的外表是不被接受的。

除此之外，尤其是在贪食症的案例中，斯蒂斯和布里克（Stice & Bulik，2008）强调了对体形的不满意、节食、消极情绪和混乱进食之间的交互作用。正如他们所指出的，未达到理想体形的青少年会严格限制节食，这就增加了他们暴食的风险。节食也会使他们从依赖决定饥饿和饱腹的心理线索转向认知控制过程。当过程混乱时，他们也会出现混乱的进食。更进一步来说，对体形的不满意和严格限制进食都会导致消极情绪，反过来增加了寻求食物来安抚自己、管理不舒服情绪状态的可能性。

在家庭领域，父母很可能是冲突而不安全的。在厌食症的案例中，他们更可能具有完美主义并且是批判的；而在贪食症的案例中，他们的情绪是混乱而冲动的，对婴儿的关心也转变为过度控制和保护。

除此之外，在我们之前提到过的家庭模型中家庭之间的互动破坏了女孩自我效能感的发展，也干扰了她们处理负面情绪策略的发展。因此，父母过度控制孩子，忽视和否认孩子的自我表达，都会阻碍孩子的个体化，使她们持续处于依赖的状态。当正常的自主性发展被阻碍后，唯一替代的就是自我毁灭式的反抗。在个人自主领域还包括如缺乏自主性和掌控感这些因素，它们同样加深了她们对成熟的恐惧，阻碍她们进入成年期。其他的个人特质包括强烈的社会赞许需要和立刻被满足的需要，较差的冲动控制能力、刻板思维、强迫性、抑郁和脆弱的自我。

正如拉斯克（Lask，2000）所说，节食使他们获得一种掌控感。然而刻板的控制节食虽然会修复控制感、获得感和自尊，但结果只是暂时的，而且会引起更消耗性的和极端的节食行为（见图 12-3）。

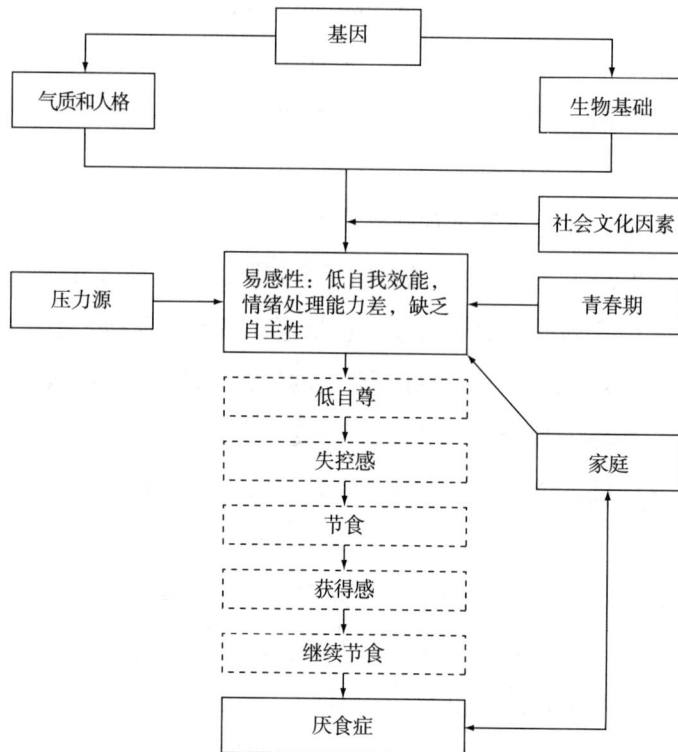

图 12-3　进食障碍的发展模型

资料来源：Lask，2000。

发展也起着一定的作用。正如我们在本章开篇提到过的，进食障碍倾向于在两个发展阶段出现：进入青春期时，以及青春期和成年早期的边界。青春期要面临许多挑战。青春早期的任务是建立稳固的自我结构，调节情绪、冲动和自尊，解决同一性问题，发展性关系，更新和父母的关系，获得自主性并维持联结，确立要实现的目标和有意义的生活轨迹。在转入成年期的阶段里，发展任务包括建立亲密关系、决定和追求个人价值及目标，发展独立的身份。

然而，尤其是对女性来说，有很多因素，如身份和目标的问题与阻碍她们轻松地解决有关。到童年中期，女孩的自尊开始依赖于他人对自己的想法。除此之外，女孩对自己的吸引力、受喜爱的程度和成功的判断往往与苗条的体形相关。然而，青春期体重的增加，以及社会敏感性的增加与外表形象相关的自我价值都可能引起女性的不安，进而导致她们沉迷于减轻体重和节食。

因为她们曾经的历史和心理伪装，所以有进食障碍倾向的年轻女孩们尤其难以处理正常的青少年需求。尽管她们无法控制自己的身体或人际关系的改变，但是她们可以通过控制食物来自我安抚。混乱的进食因此成为她们解决与青春期相关的失控感和快速变化之间的冲突的扭曲尝试，同时也体现了对秩序和预测感的需求。

（八）干预

患有进食障碍的青少年很难被成功治愈。他们中的一半在治愈后仍继续存在进食困难和心理问题。即使康复了的患者仍存在关于进食和体重的扭曲认知，还伴有抑郁和对人际关系的不满。因此治疗过程往往是缓慢的、长期的和集中的。许多不同的干预方法都被检测过，基尔和黑特（Keel & Haedt，2008）以及海和克劳迪诺（Hay & Claudino，2010）都曾经总结过关于不同治疗方法的疗效（见 Miller & Mizes，2000，其比较了应用于同一个单个案例的不同干预方法）。

1. 行为矫正

由于厌食症对生命安全的威胁，因此行为矫正往往是干预的第一线，它能够通过恢复他们的体重来挽救患者的生命。当厌食症严重时，行为矫正会在住院机构施行，从而严格监督患者的行为和医疗情况（Lock，2010）。操作性条件反射技术包括采取一些奖励进食的方式：允许他们看电视节目或者接受朋友的探望；同时在不服从时将奖励收回。对贪食症患者来说，行为矫正主要锁定在促进对食物的渴求和对混乱进食的节食行为；同时鼓励情绪调节的适应性策略，如锻炼身体。然而关于住院干预的研究发现，尽管这种方式能在短期内使厌食症患者恢复体重，但没有什么长期效果，并且这一代价超过了它本身的益处（Crow & Smiley，2010）。更进一步发现，行为治疗不强调关于进食的一些错误想法，或者不帮助青少年改善他们的人格和人际关系问题。这些都将在认知疗法中有所体现。

2. 认知疗法

认知疗法的目的在于改变扭曲的认知、过度泛化、消极的自我感知和关于进食及自我的错误信念。例如，"只要我苗条了，我就是完美的了"。认知疗法的技术包括使青少年卷入治疗过程，像一个"科学家"一样和治疗师开展合作，在过程中发现不合理的自动化思维和不合理信念（Wilson，2010）。在众多技术中，增加对能够引起混乱进食的情景、想法和情感的意识常采用自我监控的方式。行为契约用来监督和强化一些实现正常化进食大目标下的小步骤。认知重构在于重新建构那些不良的关于自我、人际关系和完美主义的图式。例如，有研究者（Wonderlich et al.，2008）发展了一种针对贪食症的基于认知的疗法，即整合认知情感疗法。它关注三个目标：自我概念差、消极情绪和有问题的处理策略。在一项创新研究中，调查者称这种疗法可以通过电话的方式对远方无法获得高质量、基于实证治疗的乡村地区进行治疗。

大部分的研究发现，对贪食症来说认知疗法是有效的，完全康复率在50%～90%，复发率也比较低（Keel & Haedt，2008）。除此之外，虽然其他疗法也能够减少暴食和提高广义上的心理幸福感，但认知疗法在改变有关体形和不良进食行为的态度上是更有效的，并且在阻止复发上也更成功。

3. 人际疗法

另一种针对进食障碍的个体疗法——人际疗法（interpersonal psychopathology，IPT）也得到了经验支持，我们在之前抑郁症的介绍中提到过（见第九章）。IPT 尤其关注在有问题的人际关系中出现的症状，这些症状又反过来破坏了人际关系。费尔伯恩等人（Fairburn et al.，1993）

发展的一个针对贪食症的 IPT 版本，被证明疗效至少持续 6 年（Tanofsky-Kraff & Wifley，2010）。尽管研究者在一项在英美多地开展的临床实验中发现，CBT 在治疗结束后会有更多的贪食症患者有所改善，但追踪了 8～12 个月后，发现两种疗法都是有效的（Agras et al.，2000）。因此，IPT 也许比 CBT 的疗效更慢，但仍然能够实现目标。

4. 家庭治疗

针对厌食症的最受推崇的一种家庭治疗是莫兹利模型（Maudsley Model）。它最初由英国的莫兹利医院开发（Dare & Eisler，1997；Lock et al.，2002），并陆续在许多临床实验中被应用。受经典的厌食症起源的家庭系统模型启发（Minuchin et al.，1978），莫兹利研究者认为疾病起源于有问题的家庭关系，干扰了青少年的正常发展。应用这个疗法的研究者最开始关注于帮助父母管理他们孩子的进食，因为研究者认为孩子的思维和行为已经被食物破坏，他们的健康面临着威胁。当获得了可以维持生命的体重后，治疗接着转向帮助父母支持青少年获得自我效能感，并且进一步掌控自己的生活。在治疗的最后阶段，干预转向了帮助青少年在正常发展过程中从父母那里实现自我分化，建立合适的家庭边界，发展自主性和重新开始与同伴的社会关系。

莫兹利模型的进一步改变包括将父母和青少年的部分分开，尤其是在治疗消极表达情绪、高度威胁的家庭中（Eisler et al.，2000）。艾斯勒等人发现，尤其是在父母表达高度批评的家庭中，当青少年与家庭分化后其更容易康复。在另一项研究中，勒格兰奇等人（le Grange et al.，2008）发现这个治疗的一个短期版本（为期 6 个月的 10 个阶段）和长期版本同样有效（为期 12 个月的 20 个阶段）。

勒格兰奇和霍斯特（le Grange and Hoste，2010）总结了以往支持莫兹利模型的研究发现，总体上这一家庭治疗比其他的个人精神动力学或支持性的治疗更有效，并且 63%～94% 的案例在治疗后是获益的。

5. 药物干预

一些针对贪食症的研究发现，抗抑郁药物是有效的，尤其是新型 SSRIs（见第九章），但是有关有效性和安全性的研究是有限的（McElroy et al.，2010）。然而，虽然一些药物在减轻焦虑或抑郁这些共病上是有效的，但它们在治疗进食行为和体重增加上鲜有成效（Lock et al.，2002）。因此，药物治疗常常被看作其他治疗形式的附属品而不是替代品。尤其需要说明的是，严格针对青少年的临床实验非常稀缺（Lock & le Grange，2006）。

6. 进食障碍的预防

考虑到厌食症或导泻所带来的严重生理和心理后果，以及一旦陷入这种过程就难以自拔，提前预防具有很大的价值。斯蒂斯和肖（Stice & Shaw，2004）进行了一个详尽的有关进食障碍预防项目的元分析并发现，总体上干预是有效的。他们发现，最成功的干预项目是那些锁定有风险性的青少年群体而不是整个学校，具有互动性而不是说教式和客观的项目，包括多个阶段而不是单个干预的项目，和那些对女孩和 15 岁以上的青少年进行直接的特殊关注而不是通过心理教育方式进行说教的项目。同时，最有效的策略往往包括认知干预，抗衡已经内化的苗条身材和对体形不满的不良态度，以及关注如快速而过量的不良饮食模式的行为干预。

五、物质滥用和物质依赖

我们开始转向另一种在青少年期出现的不同心理障碍，不过这与我们之前讨论的话题有一些重合。进食障碍代表着对食物摄入的控制问题，而物质滥用和物质依赖则是对酒精和药物的使用调节上的问题。

从历史的观点来看，我们知道物质滥用曾经一度是人类社会的一部分。大多数文化都使用酒精：蜂蜜酒可能在公元前 8000 年左右就开始使用，那些遇到欧洲探险者的美洲大陆的本土人曾经亲自酿酒。药物用来治疗，对抗疲劳，在战争中变得凶猛以及消遣娱乐。一直以来，社会也认可了许多不同种类的药物。一种药物也许被完全接受，而另一种却被强烈禁止。

值得注意的是，不同的文化对药物和酒精的使用态度是不一样的。在一些国家中拥有大麻是合法的，在另一些国家中如果持有少量的大麻也是不犯法的，而在另外一些国家中则会被认为是犯罪。在一些国家如美国的不同州之间，对待大麻的态度甚至都不一样。同样，一些亚文化的父母会警告孩子酒精这样的物质是被禁止的，而在另一些文化中孩子常常被允许在餐桌上喝一点酒。更进一步的是，被认为有能力自己做喝酒决定的年龄也是不同的，跨越不同的市区买酒甚至会从违法变为合法。

然而，即便是在合法化的国家里，也有一些会养成错误使用的习惯，在一些极端的例子中甚至会沉迷和依赖。这就是我们在本章所关注的发展成酒精和物质滥用的青少年群体。

（一）定义和特点

DSM-Ⅳ中将物质滥用定义为一个或更多对物质过度使用的症状出现，以至于干扰了患者的工作、学校生活和人际关系（见表 12-3）。物质滥用的特征包括对药物的耐受性，导致患者需要加大剂量来获得想要的效果；不使用药物时的戒断反应；尽管想要或尝试停止，但仍无法停止；沉迷于获得药物而几乎没有时间和精力去追求其他的东西（见方框 12.4）。

方框 12.4　一个物质依赖的案例研究

罗伯特（Robert）生于 1965 年，是一个电影制作人和演员的孩子。罗伯特和他的姐姐在格林威治的小村庄里一起长大。他在 5 岁的时候就开始了自己的电影处女秀。这是一部主演是一只小狗的电影（*Pound*），由他父亲导演，其中演员和小狗一起玩耍。他的父母在他 13 岁时离婚了，罗伯特结束了和他父亲在洛杉矶的生活。他辍学开始了对演员生涯的追寻，16 岁时搬到纽约和妈妈生活。

罗伯特在几部故事片里扮演了很好的角色，并且一整年都作为长期演员出演一部受欢迎的喜剧节目《周六夜生活》（*Saturday Night Live*）。他接着开始出演几部电影，获得了大量的关注和称赞。他的突破性表演是扮演了一个可卡因成瘾的主角。

然而，生活是一门模仿的艺术。在他开始出演这部电影时，罗伯特已经出现了严重的药物问题。他在6岁时开始使用物质，那时是他的父亲向他介绍了大麻。他在1987年完成了一个毒品复原项目，但仍继续在成瘾问题上挣扎。在20世纪80年代的几部难忘的电影之后，他的电影生涯在几部由有名的导演执导的作品中平步青云。1992年，罗伯特凭借电影卓别林获得了奥斯卡金像奖的最佳演员提名。那一年他也和他的妻子德博拉（Deborah）在约会了6周后结婚了，并且一年后有了个儿子，叫印第奥（Indio）。

直到那时，27岁的罗伯特被认为是他这一代里最有天赋的演员，同时在好莱坞饱受争议。尽管他享受持续的工作，但是他的幕后生活越来越成问题。

1996年4月，罗伯特和德博拉离婚了。同年6月，他因超速而被拦截，警察在他的车上搜到了海洛因和可卡因，以及没有子弹的枪。他在一个月后再次被捕，那时他正受物质控制的影响，在邻居的草坪上晕倒了。在第二次被捕后的第三天他再次被捕，因为他强行离开戒毒所。1996年的11月，法官判定罗伯特缓刑3年。他的缓刑在1997年12月被废除，然而，在他再一次被发现使用毒品后，法官判定他监禁6个月。

在监狱时，罗伯特被允许离开几次完成电影项目里的工作。他参加了另外一个戒毒项目，但是在1999年6月他承认自己再次吸食毒品。"感觉似乎我的嘴里有一杆火枪，我的手指已经扣动扳机，并且我喜欢炮筒的味道。"他告诉法官。无感于他的证词，法官判定他在州立监狱里监禁3年。直到那时，自从1996年以后他已经前后参加和退出了7个戒毒项目，并且反复漏掉了强制性毒品检查。

在监狱里，罗伯特受尽抑郁的折磨，并被诊断为双相情感障碍，致使他的很多朋友同时公开表示他应该去心理治疗机构而不是监狱。罗伯特在2000年8月出狱，并立刻进入了一家戒毒中心。他的生涯似乎又重新进入轨道，他在一个流行电视节目中做客串明星，能够在荧屏上露几次脸，并赢得了褒奖。

然而在2000年11月，罗伯特再一次被捕，据警方称在他居住的棕榈泉宾馆的房间里搜到了可卡因、安宁和安非他命。罗伯特的生活依然起起伏伏，在德博拉起诉罗伯特离婚的同一周，他赢得了金球奖和美国演员工会奖。

在等待审讯的时候，罗伯特因为吸食兴奋剂被捕。官方随后将他送入戒毒中心，为期6个月。接着他的电视表演工作被解雇。罗伯特的律师和检察官达成协议，不对可卡因相关的控诉辩护。他被判缓期徒刑3年，但是他可以继续留在戒毒中心而不是监狱。

2003年，罗伯特成为他的新电影《歌西卡》（Gothica）的制作人。他继续在一系列很受欢迎的电影中出演角色，包括夏洛克、福尔摩斯、钢铁侠系列以及艺术电影，如先锋电影《皮毛》（Sherloch Holmes），并继续受到人们的赞赏。在重回清醒之际，他表示，"当我最终清醒后，我发现了许多过去被隐藏的天赋……这是给我的启示"。

ICD-10（WHO，2007）对于精神病性物质滥用，包括了一个精神和行为障碍的类似分类。每一个诊断包括对物质的编码和使用者临床状态的编码，从急性中毒到有害使用、依赖、戒断、谵妄或物质诱发。

已有人提出官方的诊断标准无法准确反映出青少年期的物质滥用（Brown，2008）。例如，许多研究报告相当大比例的"诊断孤儿"（Chassin et al.，2003）：青少年仅仅满足物质滥用或依赖的一些症状，因此尽管使用上有问题但仍未达到诊断标准。

关于为什么诊断标准无法充分体现青少年期的物质滥用问题有许多原因。首先，通常来讲青少年相比于成年人更可能展现出职业和亲密关系上的困难，而这些往往和物质滥用无关。其次，已有证据显示青少年相比于成年人更少可能出现伴随着耐受性、戒断反应及躯体不良影响的生理依赖。更进一步来说，青少年，尤其是女孩，相比于成年人更少会遇到和毒品相关的法律问题。然而，这也许只是时间问题，随着长期的使用，生理和法律上的后果会逐渐在物质滥用的青少年中有所体现。

这些症状在青少年中十分常见，尤其是酒精滥用，包括大脑空白，情绪问题，活动水平降低，渴求和卷入风险性性行为。

（二）患病率和发病

欧洲有关酒精和其他药物的学科调研项目（European School Survey Project on Alcohol and Other Drugs，ESPAD）收集了患病率的国际数据（Hibell et al.，2009），该项目调查了来自35个国家15～16岁的超过100 000名青少年。如表12-3所示，不同国家的结果不同，但是值得注意的是，其中2/3受调查的青少年饮酒，一半曾经喝醉到走路摇晃，说话不清楚或呕吐。15%承认了关于他们酒精使用的问题，包括和父母与朋友的严重冲突，学习成绩差，或者打架。甚至，23%的男孩和17%的女孩曾经尝试过吸毒，包括安非他命、可卡因、摇头丸、致幻剂或海洛因，但是最常见的是大麻。在过去12个月里使用过大麻的青少年占全部青少年的14%，而在过去30天使用过大麻的青少年男孩占9%，女孩占6%。有两个地区的大麻使用十分泛滥（捷克和马恩岛），6个青少年中就有1人报告在过去30天里使用过大麻。

表 12-3　DSM-Ⅳ-TR 关于物质滥用的诊断标准

物质滥用
不恰当地应用某种物质以致临床上出现明显的痛苦烦恼或功能缺损，表现为下列一项以上，出现在12个月之内： 1. 由于多次应用某种物质而导致工作、学业或家庭的失责或失败（例如，由于物质应用而多次旷工或工作表现差；由于物质使用/滥用而旷课、停学或被除名；忽视子女或家务）； 2. 在对躯体健康有危险可能的场合多次应用某种物质（例如，在使用/滥用物质而功能有缺损时驾驶汽车或操作机器）； 3. 多次发生与使用某种物质导致有关的法律问题（例如，因使用/滥用某种物质后品行不端而被拘捕）； 4. 尽管由于某种物质的使用而产生或加重了一些持续的或反复发生的社交或人际关系问题，但仍继续应用此物质（例如，与配偶为酗酒的后果争吵，甚至打架）。

续表

物质依赖

应用某种物质后产生适应不良，导致临床上明显的痛苦烦恼或功能受损，表现为下列3项以上，出现于连续的12个月内。

1. 耐受性，定义为以下二者之一：

（1）需要明显增加剂量才能达到所需效应；

（2）继续使用同一剂量，效应会明显降低。

2. 戒断，表现为以下二者之一：

（1）有特征性的该物质戒断症状；

（2）用同一或近似物质，能缓解或避免戒断症状。

3. 该物质往往被摄入较大剂量，或在比计划使用时间更长时期应用。

4. 患者有持续戒掉或控制使用该物质的欲望，或曾有失败的经验。

5. 患者花费很多时间以期获得该物质（例如，看过许多医生或开车很长的距离），使用该物质（如链烟），或从其作用下恢复过来。

6. 患者由于使用该物质，放弃或减少了很多重要的社交、职业或娱乐活动。

7. 尽管患者认识到很多持续的或反复发生的躯体或生理问题，都是该物质引起或加重的后果，但仍继续使用它（例如，尽管认识到可卡因会诱发抑郁，但是仍持续使用可卡因；尽管认识到饮酒会使胃溃疡恶化，但仍继续饮酒）。

注明类型：

伴有生理依赖——有耐受性或戒断的表现；

不伴有生理依赖——没有耐受性或戒断的表现。

资料来源：DSM-Ⅳ-TR，2000。

表 12-4 来自 ESPAD 研究的物质使用国际数据

国家	过去30天香烟使用	过去12个月酒精使用	过去12个月醉酒	最近一次饮酒时酒精量（cl 100%）	大麻终生使用率	除大麻外毒品终生使用率[a]	吸入剂终生使用率[b]	镇静剂终生使用率	酒精和药片共同服用终生使用率[c]
亚美尼亚	7	66	8	1.6	3	2	5	0	1
奥地利	45	92	56	5.5	17	11	14	2	12
比利时（弗兰德斯）	23	83	29	4.3	24	9	8	9	4
保加利亚	40	83	45	3.5	22	9	3	3	3
克罗地亚	38	84	43	5.2	18	4	11	5	8
塞浦路斯	23	79	18	2.1	5	5	16	7	3
捷克共和国	41	93	48	4.5	45	9	7	9	18
爱沙尼亚	29	87	42	5.1	26	9	9	7	5
法罗群岛	33	—	41	—	6	1	8	3	6
芬兰	30	77	45	5.7	8	3	10	7	9
法国	30	81	36	3.6	31	11	12	15	6
德国	33	91	50	5.1	20	8	11	3	7
希腊	22	87	26	3.1	6	5	9	4	3

续表

国家	过去30天香烟使用	过去12个月酒精使用	过去12个月醉酒	最近一次饮酒时酒精量（cl 100%）	大麻终生使用率	除大麻外毒品终生使用率[a]	吸入剂终生使用率[b]	镇静剂终生使用率	酒精和药片共同服用终生使用率[c]
匈牙利	33	84	42	4.0	13	7	8	9	12
冰岛	16	56	—	4.1	9	5	4	7	4
爱尔兰	23	78	47	—	20	10	15	3	7
英国	24	93	61	7.3	34	16	17	7	12
属地曼岛	24	93	61	7.3	34	16	17	7	12
意大利	37	81	27	3.6	23	9	5	10	4
拉脱维亚	41	89	45	—	18	11	13	4	8
立陶宛	34	87	43	4.0	18	7	3	16	5
马耳他	26	87	38	3.9	13	9	16	5	11
摩纳哥	25	87	35	2.5	28	10	8	12	5
新西兰	30	84	36	4.9	28	7	6	7	4
挪威	19	66	40	5.9	6	3	7	4	4
波兰	21	78	31	3.9	16	7	6	18	5
葡萄牙	19	79	26	—	13	6	4	6	3
罗马尼亚	25	74	26	2.5	4	3	4	4	4
俄罗斯	35	77	40	2.8	19	5	7	2	4
斯洛伐克共和国	37	88	50	4.2	32	9	13	5	12
斯洛文尼亚	29	87	43	4.5	22	8	16	5	4
瑞典	21	71	37	5.2	7	4	9	7	7
瑞士	29	85	41	3.9	33	9	9	8	6
乌克兰	31	83	32	2.8	14	4	3	4	1
英国	22	88	57	6.2	29	9	9	2	7
平均	29	82	39	4.2	19	7	9	6	6
丹麦[d]	32	94	73	7.5	25	10	6	5	6

总结表.选取各国关键结果（如未特殊注明都是百分比）ESPAD2007。

注：

[a] "除大麻外毒品"包括兴奋剂，安非他命，LSD或其他的致幻剂，霹雳，可卡因和海洛因。

[b] 吸入剂："……（胶水等）为了过瘾"。

[c] 除了"为了过瘾"外，塞浦路斯是为了感觉不同，罗马尼亚是为了感觉更好。

[d] 丹麦：有限的相似性。

相比之下，监督未来（Monitoring the Future，MTF）调查了美国的各种物质使用情况，涉及美国的 396 所学校里八年级、十年级和十二年级里的 46 500 名青少年（值得注意的是，虽然这个研究的范围很广，但它仍没能包括辍学或被拘捕的学生，他们中物质滥用的比例会非常大）。2011 年公布的最新数据显示，高中结束时 71% 的青少年饮酒，几乎 36% 的青少年在八年级时就开始了饮酒。进一步来说，54% 的十二年级和 16% 的八年级的学生报告至少曾饮酒一次。大麻是最常见的使用物质，1.2% 的八年级学生，3.3% 的十年级和 6.1% 的十二年级学生报告使用过大麻。青少年也报告了对大麻风险越来越少的担心，反对大麻使用的也越来越少，以及和前几十年相比更高的可获得性（见图 12-4）。

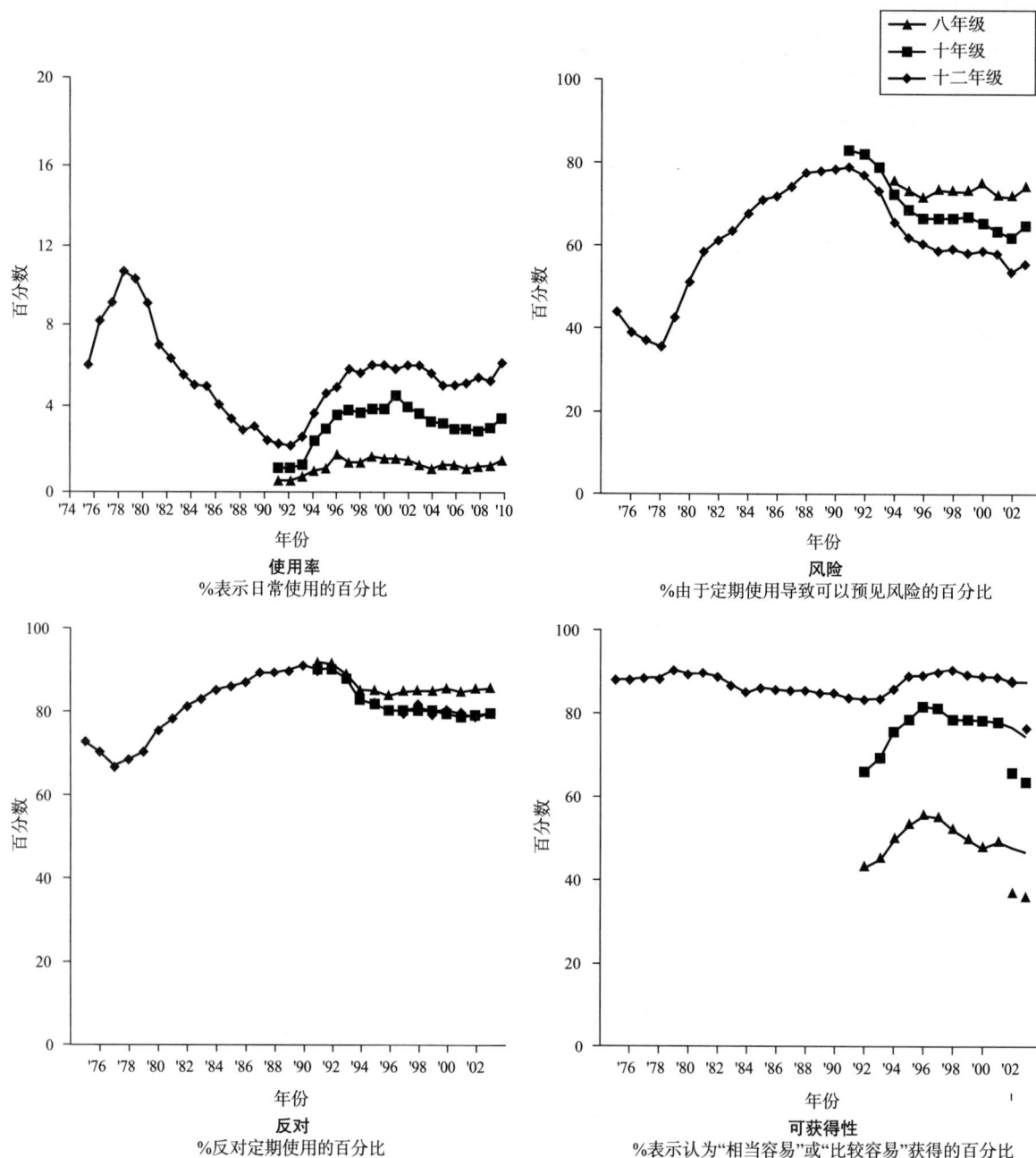

图 12-4　美国监督未来研究显示的大麻日常使用率和使用态度

美国国家共病研究调查了物质滥用和物质依赖的诊断情况（Merikangas et al., 2010）。数据显示，总体上酒精滥用／依赖的比率在青少年中女孩占 5.8%，男孩占 7%。药物滥用／依赖的比率在女孩中占 8%，在男孩中占 9.8%。所有形式的物质滥用比率在女孩中占 10.2%，在男孩中占12.5%。

1. 发病年龄

有关物质滥用，欧洲大陆和英国的研究发现，平均发病年龄在 12 岁 6 个月，并且在过去的十年里，青少年饮酒的数量大大增加（Moore et al., 2010）。例如，在一项威尔士中学的6628 名青少年的研究中，莫尔等人发现，几乎每 4 个学生中有 3 个曾经尝试过酒精，他们中大多数饮酒的年龄都在 12 岁前。发病年龄的总体趋势显示在 12～15 岁物质滥用的患病率明显增加，而青少年晚期卷入酒精和药物滥用的比率最高（Brown et al., 2008）。

有关物质滥用和依赖的诊断，正如我们所预期的一样，随着年龄的比率变化很大。例如，科斯特洛等人（Costello et al., 2003）在南卡罗来纳州的 1420 名青少年中开展了访谈。实际上在 12 岁和 12 岁以前的青少年中没有发现物质滥用。患病率在青少年中期开始显著增加，14 岁达到 1.4%，15 岁达到 5.3%，16 岁达到 7.6%。

2. 性别

来自国际和美国的研究在性别差异上的数据结果一致，男孩有更高的物质滥用比率，尤其是更高的滥用频率（Hibell et al., 2009；Johnston et al., 2011）。然而，女孩似乎在一些地区比率有所赶超。美国的数据显示，尽管更多男孩大量饮酒，但是在十年级中女孩报告的过去 30 天的饮酒情况基本和男孩持平，在八年级中，女孩现在饮酒的比率要比男孩高。更进一步来说，尽管在国际 ESPAD 的研究中（Hibell et al., 2009）总体上性别差别具有跨文化一致性，也就是男孩总是比女孩有更多物质滥用情况，但仍存在一个例外：在处方药流行的国家里，女孩将不是开给她们的处方药当作毒品使用的概率是男孩的两倍。同样，在美国，低年级的女孩使用镇静剂和安非他命的比率高于男孩（Johnston et al., 2011）。

3. 种族

在美国样本中，非洲裔的青少年所有物质的滥用比率都低于欧洲裔和西班牙裔美国人（Johnston et al., 2011）。而欧洲裔美国青少年的物质滥用比率是三个种族中最高的，西班牙裔青少年略次之。而且，西班牙裔青少年在早期卷入物质滥用的程度最重。相反，亚裔美国青少年物质滥用的比率最低，尤其是亚裔美国女孩（Luczak et al., 2006）。

物质滥用的比率在美国本地青少年中也很高（Wallace et al., 2003）。例如，普伦基特和米切尔（Plunkett & Mitchell, 2000）比较了来自美国印第安社团的 407 所高校和 MIF（Monitoring the Future）研究获得的物质滥用的比率。而且，这些研究人员改进了 MIT 的抽样方法，选择了社区内的青少年样本进而涵盖了辍学的样本。总体上，在布朗克和米切尔的样本中，美国本地的青少年和 MIF 中的样本相比，报告在过去 30 天内使用过毒品的比率更高。然而，研究者指出这个比率在地理区域和起源部落之间的变化很大。

4.社会等级

在父母受教育水平低的家庭中青少年大量饮酒的趋势在逐渐增长，而来自受教育水平高的家庭的青少年吸烟的可能性最低（Johnston et al., 2011）。然而总体上，社会等级对药物使用的影响并不是很强，有时还恰恰相反。也就是说，富裕家庭的青少年更有可能物质滥用（Luthar & Becker, 2002）。然而，对于这些是这样解释的：使用昂贵的可卡因毒品已经被更便宜的，且更容易获得的药物替代。很有可能社会等级和物质滥用之间的联系是和其他风险因素一起起作用的。

5.性取向

一项综合了许多国家研究的元分析发现，性少数群体物质滥用的风险大大增加（Marshal et al., 2008）。总体上，性少数群体的青少年物质滥用的比率高出异性恋青少年190%，但是仍存在亚人群的区别。例如，双性恋青少年的概率是340%，同性恋少数群体中女孩的比率是400%。我们将在本章后面部分建构发展模型的过程中考虑可能的原因。

（三）共病

研究者发现大多数物质滥用的青少年同时达到了另一种心理障碍的标准。尤其是，在物质滥用青少年的治疗中，共病率达68%～82%；而从另一个角度看，在因其他精神疾病而接受治疗的青少年中，共病物质滥用的概率达33%～50%（Brown, 2008）。迄今为止，和物质滥用之间共病率最高的是品行障碍，尤其是在男孩中（Stein et al., 2008）。这种联系是必然的，因为毒品的使用恰恰是违反社会规范和违法行为的一种，所以这也是品行障碍的一个诊断标准。从总体上看，研究发现品行障碍常常在物质滥用之前或者一同出现，并且早期有过品行障碍史的青少年将有风险发展成物质滥用（Sung et al., 2004）。反过来，物质滥用和品行不端之间也许是相互作用的，各自分别增加了另一种障碍的患病风险。例如，梅森和温德尔（Mason & Windle, 2002）发现，在他们的长期研究中，男孩的品行不端对物质滥用的影响很小，然而物质滥用对品行不端的影响却很大。对女孩来说，并不存在这样的双向效应，这意味着有第三个变量增加了患两种障碍的风险。

ADHD 也是在物质滥用青少年群体中常见的一个障碍，但也恰恰解释了品行障碍、物质滥用和 ADHD 之间的联系（Wilens, 2008；见方框 12.5）。

方框2.5　童年期的处方药会增加青少年期物质滥用的风险吗？

关于儿童精神病性处方药物的一个担忧是，它也许会传递一种错误的信息，暗示着一个人可以通过服用药物来解决心理问题。如果是真的，那么那些在童年期服用精神病性药物的人将增加其在成年期发展成物质滥用问题的风险。这一担忧尤其体现在治疗 ADHD 时服用的兴奋剂药物上（见第七章），因为他们长期服用非法药物，如安非他命。敏感化假设认为，在那些童年期接触兴奋剂处方类药物的孩子中可能有一个生物基础，这增加了对药物强化效应的敏感性，因此促使了其对毒品的使用和滥用。三项长期追踪研究调查了这个结论。

曼组扎等人（Mannuzza et al.，2003）报告了一项有发展性阅读障碍且无其他精神病性诊断的学龄期儿童的研究，这些儿童被随机分配到接受安非他命治疗组和注射安慰剂组，持续12～18周。16年后，由不知道分组和治疗情况的临床医学者对被试与控制组进行访谈。两者之间没有显著的患病率、发病年龄、物质滥用或依赖持续时间的区别。更进一步，当和那些服用安非他命或安慰剂条件下的被试（分别是46%和41%）相比，控制组（60%）报告了在他们一生中的很多时候显著更多的兴奋剂使用。这项研究的缺陷包括很多被试没有被诊断为ADHD，并且和在治疗中长期服用兴奋剂的ADHD患儿相比，他们只短期接触了兴奋剂。

然而，更加自然化的一个追踪研究也得出了结果。例如，费希尔和巴克利（Fischer & Barkley，2003）追踪了在童年期被诊断为ADHD的147名成年人，并且访问了被试关于他们在青少年期和成年期的物质使用情况。研究人员发现，童年期的兴奋剂治疗和物质使用与使用的频率及物质滥用的风险不相关。事实上，在高中阶段使用的处方药兴奋剂似乎是保护性因素，使他们免于出现对致幻剂的滥用。比德曼（Biederman，2003）的追踪研究也报告了类似的结果。他比较了140名患有ADHD的成年人和120名无ADHD症状的成年人。在接受兴奋剂治疗的群体中不仅没有发现物质滥用的风险，而且那些患有ADHD的个体没有接受兴奋剂治疗而发展成物质滥用的风险是接受治疗的3～4倍。

总之，看起来接受针对心理障碍的适当药物治疗能够缓冲青少年卷入药物的不良使用，如物质滥用。

内化谱系障碍也常常和物质滥用共病，包括焦虑（Clark et al.，2008）、抑郁（Cornelius & Clark，2008）和创伤后应激障碍（Hawke et al.，2008）。例如，贾科尼亚等人（Giaconia et al.，2000）发现，在384名青少年的样本中，那些患有物质依赖的群体和同伴相比显著拥有更多的创伤性事件，并且被诊断为PTSD的比例是3～4倍。

最后，一种物质滥用的青少年也很有可能卷入其他种类的物质滥用，这种行为被称为多药滥用（Kaminer & Bukstein，2008）。

抑郁（Cornelius & Clark，2008）也是常见的和物质滥用相关的障碍。这些障碍之间的系列关系还尚不清楚。一些跨国数据显示，早期出现的物质滥用和随后的抑郁有关（de Graaf et al.，2010），也有研究发现内化问题先于物质滥用出现（Hahesy et al.，2002）。尽管如此，但物质滥用和抑郁之间的联合危害尤其严重。有研究者（Windle & Windle，1997）追踪了975名青少年后发现，物质滥用和抑郁的共病会增加自杀的风险。42%的自杀尝试者报告有过药物使用问题，尤其是那些做过致命尝试的人（Mehlenbeck et al.，2003）。也许和贪食症的导泻一样，物质使用也是一种安抚情绪的方式。此外，物质滥用和抑郁之间的联系似乎在女孩中更为紧密（Tarter et al.，1997；Ziberman et al.，2003）。

（四）病因学

在西方许多国家，18 岁的青少年就有机会接触毒品或酒精。既然物质使用变得平常，甚至已经成为一些文化规范，那么我们的第一个有关病因学的问题就是："是怎样的过程使一些青少年从使用过度到滥用呢？"以及"为什么这会在青少年中发生呢？"在寻找这些问题的答案时，我们将再次介绍一下品行问题的病理（见第十章），它常和物质滥用共病，并在恶化中起着决定性的作用。我们接着会通过描述青少年期物质滥用对成年早期适应的影响构建我们的发展图景。

1. 生物学背景

（1）基因学

行为基因学研究已经确认了父母和后代之间物质和酒精滥用的联系（Beauchaine et al., 2008）。例如，在有物质使用问题历史的家庭中，男孩患病的风险会增加 4～9 倍，女孩患病的风险会增加 2～3 倍（Brown, 2008）。因此基因起了一种倾向性的作用。这种联系可以通过潜在的增加风险的易感性解释。例如，有家族酗酒史的青少年和其他同龄人相比，更加冲动，在执行功能和反应控制的神经心理学测试中表现更差，对酒精影响的主观和客观容忍程度更高（Brown, 2008）。

双生子研究为遗传性提供了最好的证据。调查表明，遗传性会随着滥用的物质类型的变化而变化。例如，麦格等人（McGue et al., 2000）研究了 626 对 17 岁的双生子后发现，遗传估计性在非法药品使用中为 10%～25%，在烟草和尼古丁依赖中为 40%～60%。共享环境效应（生活在可以得到毒品等药物的家庭，有着药物成瘾的朋友圈）对青少年物质相关问题的影响最显著，解释了 41%～66% 的变异率。然而，研究者称随着被试年龄的增长，遗传的解释率会增加；在男性样本中，非法药物的解释率在成年期上升到 52%。

分子基因学研究尝试找到备选责任基因，他们锁定在了相关活性酶的活动上，控制奖赏反应的边缘系统的多巴胺通路，以及血清素转化基因中多形态的 5-HTTLPR（Brown, 2008）。例如，在一个新西兰的不规则饮酒的样本中，每五年评估一次，研究者（Van der Zwaluw et al., 2010）发现，拥有 5-HTTLPR 较短的等位基因会增加未来饮酒的可能性。

相应地，为了与表象遗传学的概念一致，基因易感性也会受到特定环境的调节。有研究者（van der Zwaluw et al., 2010）在一项关于荷兰青少年的研究中发现了这一效应，拥有多巴胺受体基因型 DRD2-A 的等位基因会和父母纵容的态度发生交互作用，继而在未来 3 年内会产生最高水平的酒精使用。

（2）产前暴露

产前暴露在酒精和烟草的环境下也会增加青少年物质滥用的风险。这一影响机制尚不清楚。一个假设是，大脑受体会变得对暴露敏感，反过来使儿童对物质的反应更活跃并产生渴求的效应。此外，产前暴露也会容易导致出现易激惹和失控，这些反过来会增加物质滥用的风险（Chassin et al., 2003）。

（3）气质

在某种特定环境下，一种通常意义的失调可能会使个体走上物质滥用的道路（Dawes et al.，2000）。一个失调的标志是困难型气质，包括难以适应变化，消极的心情、社交退缩和高强度的情绪反应（见第二章）。追踪研究确认了困难型气质的一些方面，如消极情感、行为失控、冲动和攻击性，正如一些其他的特质如焦虑特质一样，这些都会是青少年物质滥用的预测因素（Brown，2008）。

有关行为失调脑机制的结果来自用事件相关电位对 P3 的研究（此处我们可以参考 Chassin et al.，2003）。当暴露于新奇的或任务相关的刺激时，有不同障碍的个体会卷入行为失控，包括攻击性、ADHD 和物质滥用。和控制组相比其 P3 的振幅会降低。这种降低 P3 的反应也能够在有酗酒史父母的儿童身上看到，并能够预测孩子以后卷入酒精滥用的可能。

因此，生物行为失调也许能够解释个体发展出毒品习惯的可能性：他们对第一次毒品尝试的着迷，或者他们在高压环境下做出关于物质滥用的正确选择的能力。然而，暴露在允许或鼓励物质滥用的环境更容易让这种倾向变为现实。

2. 家庭背景

（1）教养方式

正如高度的家庭冲突和混乱，父母对孩子低水平的支持、管理和监督可以预测青少年期的物质滥用（Brown，2008；Reid et al.，2002）。除此之外，父母对物质滥用的态度也非常重要。例如，莫尔等人（Moore et al.，2010）调查了在 6628 名 11～16 岁威尔士的学生样本中教养方式的作用。青少年报告的家庭暴力和冲突、对物质滥用的纵容态度和家庭物质滥用史都与高水平的青少年酒精滥用相关，而感知到的家庭亲密感和父母监管与低水平的饮酒可能性相关。

（2）父母的物质滥用

父母的模范作用和儿童直接卷入父母的毒品使用是预测物质滥用强有力的因子。因此，家庭成员越多使用酒精或药物，孩子就越有可能使用它们。然而，跨文化的证据显示，父母的影响会随着发展过程而改变。例如，在新西兰的一项针对 12～16 岁青少年的研究中，科宁等人（Koning et al.，2010）发现，父母对饮酒表达的容忍度和青少年早期使用酒精相关，而父母自己的严重酗酒对此没有影响。相比之下，普尔伦等人（Poelen et al.，2009）通过新西兰的双生子研究发现，父母饮酒的强烈程度可以预测青少年晚期的酒精使用。正如拉腾德里斯和他的助理们（Latendresse et al.，2008）在有关 4731 名 17 岁芬兰出生的青少年群组研究中发现，父母的模范作用增加了青少年物质滥用的风险。更进一步来说，拉腾德里斯等人发现，模范的效应受到教养方式质量的调节。感知到父母对自己行为的注意和监督，而且教养方式更一致的青少年会更少地卷入物质滥用。然而，教养质量的总体效果会随着时间的流逝而降低。与此同时，父母对物质滥用的模范作用对儿童的影响力在逐渐增加。这种情况的原因也许是随着复杂认知能力的增长，青少年越来越质疑来自物质滥用的父母的虚伪信息"照我说的而不要照我做的做"。

这些发现也反映了同伴在青少年成长过程中选择行为时扮演的角色，正如拉腾德里斯等人所说的"牺牲父母的努力"。

除了酒精和物质滥用的模范作用外，物质滥用的父母还使儿童暴露于其他许多的压力源和负性因素之中，这些影响都是很难厘清的。物质卷入的父母通常也会卷入一些反社会活动，并且更频繁地在身体和情感上虐待自己的伴侣和孩子，他们也会更少卷入和注意到教养孩子，同时有更多的经济问题和更多的关系冲突，甚至出现离异（Keller et al., 2003）。因此，暴露于物质滥用的孩子在其父母的抚养下在许多方面都面临着功能上的问题。这些都增加了风险性，对孩子的发展能力产生负面影响。例如，研究者（Ohannessian & Hesselbrock, 2008）追踪了200个青少年直到成年早期后发现了从父母酗酒到青少年敌意、风险行为和物质滥用的消极连锁反应。

（3）父母抑郁

总体来讲，父母的心理障碍会增加后代物质滥用的风险（Mowbray & Oyserman, 2003）。有趣的是，卢瑟和塞克斯顿（Luthar & Sexton, 2007）称母亲抑郁而不是母亲酗酒，能够预测青少年期的物质滥用。因为母亲通常是主要监护人，所以她们情绪上的消极影响和负性的教养方式在问题行为的发展过程中起着重要作用。另外，有研究者（Ramchandani & Psychogiou, 2009）指出，在《柳叶刀》（Lancet）的综述中，父亲常常被忽略；证据显示，即使发病率是母亲的一半，父亲抑郁对儿童情感上的幸福感也有同样的影响。

（4）儿童虐待和创伤性事件

一个大型的多地研究调查了803名物质滥用的青少年，结果发现，59%的女孩和39%的男孩报告曾经历过虐待（Grella & Joshi, 2003）。然而在经历的虐待种类上存在性别差异。在男孩中，34%经历过身体虐待，0.9%经历过性虐待，以及4.3%经历过两种虐待。与之不同的是，在女孩中，17.5%经历过身体虐待，15.8%经历过性虐待，以及25.4%报告经历过两种虐待。这些结果和巴轮等人（Ballon et al., 2001）对正在接受物质滥用治疗的287名青少年的访谈结果一致，其中64.7%的女孩报告曾经使用毒品来处理创伤性虐待，而男孩大概仅有37.9%。

长期追踪研究也证实了在虐待和物质滥用关系中的性别差异。兰斯福德等人（Lansford et al., 2010）发现，持续追踪的从5岁到成年早期的585个家庭中，5岁之前的身体虐待可以预测女孩而不是男孩的慢性物质滥用的出现。

安德森和泰歇（Andersen & Teicher, 2009）综述了创伤性事件影响脑发育的方式，并特别强调了它对物质滥用的影响。他们指出尤其是创伤性事件使压力反应系统变得敏感，使青少年在应对正常挑战时出现问题。他们总结到，青少年"一路疾驰而无法刹车"，这些敏感的压力反应系统也同样在PTSD中有所体现（见第八章）。正如霍克等人（Hawke et al., 2008）所说，虐待和其他的创伤性经历增加了共病PTSD与物质滥用的风险。

然而，值得注意的是，家庭对青少年物质滥用的影响没有同伴的影响大。因此，接下来我们关注另一个重要变量——同伴关系。

3. 社会背景

（1）同伴关系

根据布朗（Brown，2008，p.431）所说，"最初的接受和拒绝使用酒精和其他药物是一个典型的社会决定"。因此，不用惊讶就知道同伴关系无论是在纵向还是横断研究中都是青少年物质滥用最有力的预测因素。例如，酗酒者通常也有一个喝酒的朋友，尤其是好朋友。除了起模范作用的物质滥用行为，饮酒和使用毒品的同伴也会使其他人顺从支持物质滥用的信念和价值观，并且增加了另一个人接触酒精和物质的可能性。例如，在家庭生活出现问题时，青少年更容易加入不良团伙。弗格森和霍伍德（Fergusson & Horwood，1999）的新西兰追踪研究显示，物质使用和不良同伴的联系中介了家庭功能不良（父母酗酒、经济危机和家庭冲突）与青少年物质滥用之间的关系。

追踪数据也显示，有两种机制导致同伴关系对物质滥用的促进（Monahan et al.，2009）。一种是同伴影响。朋友向同龄人介绍毒品，使物质滥用成为团队规范，并且提供模范和机会继续使用。另一种是同伴选择。物质滥用的青少年寻找有相似生活方式的朋友和亲密关系（van der Zwaluw et al.，2009）。同伴选择的理论和斯卡（Scarr，1992）提出的理论相似：随着青少年进入青春期，他们会更多地参与到自身的发展中，通过选择和他们个人特质相容的环境来吸引与影响他们的周边。

在一项对1354名反社会青少年从青春期中期到成年早期的追踪研究中，莫纳汉等人（Monahan et al.，2009）发现，这两个过程通过不同的影响方式影响其发展。在青春期中期，同伴选择和影响似乎都会影响物质滥用，正如反社会同伴会吸引和强化另一个人的行为，但是16～20岁，只有同伴影响在发挥作用。而且，正如正常的社会化和情感成熟过程所预测的，从20岁以后，随着被试越来越抗拒同伴的影响，同伴对其反社会行为的影响逐渐消失。并且，来自俄勒冈州青少年研究的数据，迪西恩和欧文（Dishion & Owen，2002）追踪了一个206名青少年的样本，从青春期早期到成年早期，结果显示了双向影响：物质滥用似乎会影响友谊选择，青少年会越来越多地联系那些会诱发和强化有关毒品活动与话题的同伴。

（2）性成熟

另一个和物质使用有关的人际关系变量是性成熟。正如有关品行障碍的综述数据显示（见第十章），饮酒和毒品使用在早熟的青少年中是常见的两种问题行为形式。来自大烟山的追踪数据显示（Costello et al.，2007），这些影响在男孩和女孩中都有所体现。早期的性成熟可以预测两个性别内的酒精使用和女孩的酒精滥用。然而，在青少年被证明有品行障碍并且加入不良团伙后，这种效应会被显著激化。除此之外，早熟也和父母监管不严的女孩以及家庭贫穷且不和的男孩的酒精使用相关。

4. 个体背景

（1）品行问题

大多数药物使用是在上学中期开始的，我们必须找到在小学阶段先前的因素。在个人的众多变量中，童年早期的品行问题和攻击性是青少年期经历药物使用的一个强有力的预测因子（Stein et al.，2008）。我们在第十章提到的早期儿童品行障碍的出现尤其易感于成年期物质滥用的发展（Moffitt et al.，2002）。令人印象深刻的是，布洛克等人（Block et al.，1988）在长期追踪样本中发现了青少年物质滥用的预测因子早在 3 岁时就出现了。这些人格特点包括反社会行为，叛逆，抗挫折能力差，缺乏动力和目标，缺乏对他人的关心和异于常人。

这些效应存在一定的性别差异。童年期的行为问题增加了青少年期物质滥用的可能性。正如霍普斯等人（Hops et al.，2000）在一个 4 年的研究中发现，这一效应在女孩中更明显。因为攻击性在女孩中的比率较低，社会接受率也较低，那些违反社会标准的群体会逐渐增加出现行为问题的风险，导致更严重的结果，如物质滥用。

是品行问题导致物质滥用，还是物质滥用导致错误行为呢？卷入非法物质的使用是一种不合法的活动，而物质滥用有一种对青少年个人行为和批判的去抑制效果，因此会导致品行问题。早期出现的品行问题可以预测物质滥用，然而另一个方向的结果也存在证据。美国国家成瘾和物质滥用中心（the National Center on Addiction and Substance Abuse，2010）报告，52.4% 的美国青少年罪犯达到酒精或其他物质滥用的诊断标准，并且目前美国青少年司法系统中每 5 个就有 4 个有物质滥用的历史或在犯罪阶段正受到毒品或酒精的影响。而且，只有 11% 的青少年正接受某种形式的治疗。

（2）认知技能和执行功能

许多理论提出，认知和学习技能缺陷增加了物质滥用的风险。这里有几种机制。例如，学业失败会增加压力和消极情绪，脱离主流社会制度进而增加加入反社会同伴群体的概率，而这些全都和物质滥用有关（Chassin et al.，2003）。

然而，与学习成绩差有关的因素有很多，所以我们转向关注一些特定的和物质滥用有关的认知技能。其中和物质滥用有关的一个理论就是行为失调。有物质滥用问题的青少年也许在评价自我控制过程，如冲动控制、计划、灵活性、切换认知任务等中表现较差，换句话说就是，执行功能有问题。实际上，执行功能有问题可以预测早期的饮酒问题（Brown，2008）。

除此之外，执行功能缺陷常常在酒精滥用之前出现，并且可以预测酒精滥用的程度。例如，有研究者（Atyaclar et al.，1999）对 10～12 岁的样本进行执行功能和行为活动的评估，样本包括高风险组（父亲有物质滥用问题）和低风险组（父亲没有精神障碍），研究追踪了两年。结果发现，高风险组的儿童有更多的行为问题和执行功能缺陷，并且直到青春期早期，相比于低风险组，他们更容易卷入毒品使用。然而令人震惊的是，执行功能的缺陷对青少年群体内烟草和大麻的使用、物质滥用情况的预测力要高于行为问题或父母的物质滥用问题。

（3）认知图示：期待和动机

青少年物质滥用的冲动也许受到紧跟其后的积极结果期待的驱使（Zucker et al.，2006）。成年人酒精使用之下的潜在动机或期待包括：①提升（例如，激发积极情绪和幸福感）；②社交（例如，成为排队的主角之类的积极社交奖励）；③应对（例如，能够减少和调节消极的情绪）；

④从众（例如，避免同伴压力或社会拒绝）。库珀（Cooper，1994）在2544名青少年的样本中调查了这些认知的影响，其中有将近一半是非洲裔美国人。结果显示，应对和提升社交动机都是青少年群体中酒精消耗的数量和频率的预测因子，无关性别或种族。应对和提升社交动机反过来最能够预测酒精滥用和饮酒问题。

在一项连续研究中，库珀等人（Cooper et al.，1995）进一步修订了模型，确认了提升和应对动机下的不同预测因子和结果。青少年关于饮酒能够使他们快乐的期望和感觉寻求有关，而有关饮酒能够帮助他们处理消极情绪的期望和抑郁及情绪的不良应对方式有关。而且，两种认知都能够预测酒精使用，应对的动机最能预测饮酒问题。

总之，最容易发展为物质滥用问题的青少年是那些相信物质会减轻不舒服的感觉或情绪的群体。那些因为社交原因使用物质的青少年能够更好地调节在特定场合的使用，在平日里更少依赖酒精或药物。

fMRI的数据显示，那些对物质有积极期待的青少年相比于其他同伴总体的反应抑制水平低。安德森等人（Anderson et al.，2005a）发现，在抑制任务，包括注意、冲动控制和风险条件下的决策中，有积极期待的青少年在右侧顶下小叶、右侧额中叶和左侧颞上叶激活水平更低。

（4）情绪调节

之前讨论过的暴食和导泻带来的自我治愈性可能不是即时的，而在物质滥用中这种即时功能更加明显。很容易就能发现，非法物质是怎样被用来替代精神病性药物的。但是为什么青少年会有自我药物治疗的需要呢？一种发展病理学的理论尝试从情绪调节和摆脱的角度来解释物质滥用。

例如，朱克等人（Zucker et al.，2000）提出未来物质滥用者的有问题家庭环境——特点是父母有物质滥用和心理障碍，家庭不和及功能不良——会通过阻碍青少年发展管理消极情绪的能力和抑制问题行为的方式而产生影响。这种潜在的情绪调节缺陷也能够帮助解释物质滥用和许多其他存在情绪管理问题障碍的共病情况。

我们经常能在物质滥用的青少年群体中看到，并且先于物质滥用出现的其中一种障碍和负面影响就是焦虑（Clark et al.，2008）。在一项激发人思考的研究中，肯德尔等人（Kendall et al.，2004）报告能够成功治愈儿童焦虑障碍并降低青少年期物质滥用的风险。

另外，抑郁也和物质滥用之间有着复杂的关系。例如，斯蒂斯等人（Stice et al.，2004）追踪了496名青少年期女孩两年，抑郁症状能够预测物质滥用出现的假设在单变量测量中被证实了，但在更严格的测验中未被证实，因此所提供的支持是混合性的。相比之下，物质滥用会增加抑郁风险的假设被大量支持。更进一步，来自世界卫生组织的一项涉及17个国家85 088名被试的数据显示了早期大麻使用和后期抑郁风险之间的中等但一致的相关（de Graaf et al.，2010）。因此，正如混乱进食一样，想要减轻消极情绪的物质滥用反而激化了这种情绪。

然而，情绪失调和物质滥用的关系也许只在一部分青少年群体中适用（Chassin et al.，

2003）。消极情绪状态会促使那些难以调节生理和心理不安的群体使用毒品或酒精，并且正如我们在认知的综述中所说的，也包括那些认为物质能够减轻他们感受的群体。其他的青少年也许会由于其他原因被物质使用所吸引。例如，对同伴地位增加的期望，寻求刺激，或者简单的只是因为"大家都这么做"。

更进一步，情绪和物质滥用之间的关系也许存在非常重要的性别差异。如前所述，会引起消极情绪的儿童虐待和创伤性事件对物质滥用的预测情况在女孩中多于男孩（Lansford et al.，2010）。此外，一些数据显示物质滥用和烦躁不安情绪的关系在青少年女孩中而不是男孩中更显著（National Center on Addiction and Substance Abuse，2003）。然而男孩似乎更容易出于寻求刺激而抽烟、喝酒和使用物质，女孩则更多地使用物质来舒缓不安和抑郁。

（5）感觉寻求

尤其是在早期，另一个被提出来能够解释物质滥用的人格变量是感觉需求（Zimmerman et al.，2011）。高度感觉寻求的青少年更有可能卷入如物质滥用的风险行为，因为他们更容易被物质所带来的刺激和兴奋所吸引。

（6）行为去抑制

另一个和之前多次提到的因素——品行问题、执行功能缺陷、情绪失调和感觉寻求——相关的因素是行为去抑制。冲动和行为控制力差是与我们所知的青少年的心理弹性有关的自我调控的对立面（见第二章），这和许多心理障碍有关，包括物质滥用。纵向研究发现，行为去抑制能够预测青少年晚期和成年早期的物质滥用的发展（Bardo et al.，2011；Windle et al.，2008）。例如，在荷兰进行的一项追踪了5年的428名青少年的研究中，奥滕等人（Otten et al.，2010）发现，自我控制差和抑郁以及大麻使用的共病有关。无法控制冲动会随着青少年步入青春期而增加易感性，尤其是当他们暴露在许多新的有机会接触到毒品与酒精使用的社会环境中时（Brown，2008）。

更复杂的多维度模型也要我们关注导致物质滥用的自我调控差的起源。例如，布罗迪和格（Brody & Ge，2001）报告了一项对120名12岁青少年的3年追踪研究。数据显示，严格和冲突性的亲子关系会导致青少年自我控制困难，这进一步可以预测酒精使用的增加。通常，我们强调多因素等效结果而不是用单一因素来解释心理障碍。

5. 文化背景

（1）社会等级

关于青少年物质滥用者的一个刻板印象就是他们生活在犯罪猖獗的市中心，并且经济条件不好。负性的居住环境和社会变量可以预测行为不端和其他的问题行为。然而有区别的是，物质滥用和社会经济水平的相关恰恰相反。正如我们所说，一些研究发现，物质滥用和生活富裕呈正相关（Luthar & Becker，2002）。在富裕家庭的青少年中的影响因素也许是面临的压力和与父母的疏离（Luthar & Latendresse，2002）。

尽管如此，但经济水平低，包括贫穷、偏见、失业、不良模范和不良团伙的影响也许是促进毒品卷入的一个因素，并且有些人会参与毒品交易。毒品交易似乎是处于劣势青少年摆脱贫穷最容易甚至是唯一的方式（Dunlap et al.，2010）。毒品交易的消极后果是深远的，包括遭遇暴力、法律纠葛和监禁。

（2）性取向

尽管性取向被认为是一个关键的个人变量，但是在尝试解释性少数群体中激增的物质滥用风险时似乎还有一定的文化因素。我们之前提过性少数群体的物质滥用比率是其他同龄人的两倍，在同性恋女孩中高达4倍（Marshal et al.，2008）。不幸的是，没有研究去探索这些效应中的中介或调节因素，因此马歇尔等人的元分析也未能解释潜藏其中的机制。少数群体压力模型（Meyer，2003；见第二章）解释在家庭环境、同伴群体和文化中出柜时性取向不能被接受对青少年来说是一种压力，他们在恐同社会中面临着敌意、欺凌和暴力。两项研究证实了这一假设。在美国高中对9000多名学生的多场地研究发现：男同性恋、女同性恋和双性恋青少年都报告经历过校园欺凌（例如，被威胁或者物品被破坏）；除此之外，经历过同学欺凌的性少数群体和物质滥用的相关十分显著（Bontempo & D'Augelli，2002；见图12-5）。反过来，伯基特等人（Birkett et al.，2009）发现，在7376名中学生中积极的校园氛围和不存在恐同人群的欺凌能够缓冲性少数群体增加物质滥用的风险。

（3）媒体

通过传递对物质滥用的纵容态度，展示物质滥用有魅力的模范，或者强调它的益处，媒体和更大的社会环境也会影响青少年的态度。因此，通过限制向青少年传播烟酒广告和获得的途径，社会范围的干预努力也受到了提倡（Strasburger & The Council on Communications and Media，2010）。

（4）跨文化和种族差异

跨文化研究发现，物质滥用的发展在很大范围内在不同的社会中是相似的。例如，皮尔格林等人（Pilgrim et al.，1999）调查了美国及中国大陆的人格特质、教养方式和同伴关系对使用毒品的青少年的影响。跨文化研究发现青少年在经历过一年左右的高度感觉寻求和父母权威管教后将面临更大的物质滥用风险。发现的其中一个种族差异是，中国和欧洲青少年中毒品的使用和与有物质滥用行为的同伴建立友谊相关，而在非洲裔美国青少年中这种同伴的影响更小。韦弗等人（Weaver et al.，2011）也报告了类似的发现，他们研究了680名参加物质滥用预防项目的青少年，发现同伴的物质滥用规范与欧洲裔美国青少年的饮酒增加相关，而与非洲裔美国青少年无关。

此外，布雷和他的助理们（Bray et al.，2001）也报告了类似的跨种族结果。他们追踪了6522名欧洲裔美国青少年、墨西哥裔美国青少年和非洲裔美国青少年长达3年。结果发现，在所有的种族群体中，家庭冲突和缺乏凝聚力都与酒精使用的增加相关，而青少年个人分化的水平以及身份认同的合理发展可以作为保护性因素。

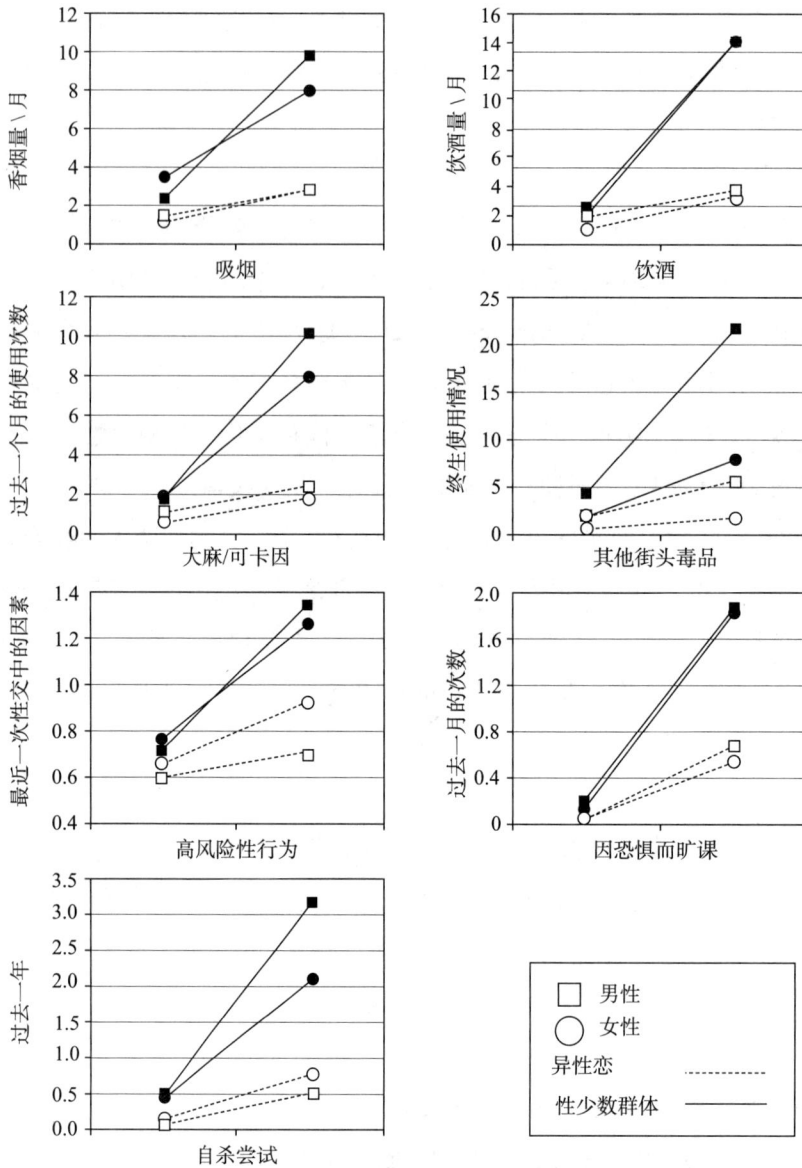

图 12-5　性少数群体地位、欺凌和物质滥用的关系

资料来源：Bontempo & D'Augelli，2002。

　　另外，在少数群体中存在特定的物质滥用风险，尤其是最新的移民。例如，文化适应的压力——来自家庭本身的观念和主流文化价值观之间的冲突带来的不安——在西班牙裔青少年中发现和物质使用的增加相关（Saint-Jean et al.，2008）。

　　（5）心理弹性和保护性因素

　　我们的综述也发现了许多可以缓冲物质滥用风险的资源。在保护性因素上，我们了解到积极的亲子关系能够降低青少年物质滥用的风险，包括民主的教养方式（Baumrind，1991a，1991b；见第二章），温暖的教养方式和对儿童行为进行结构化的监督。同样，当亲子关系在情感上相互温暖和支持并允许儿童参与决策时会降低物质滥用的风险，尤其是当父母本身就是戒酒和戒毒人群时（Gutman et al.，2011）。

更进一步，父母对物质滥用社会化的具体行为也会对青少年的药物卷入起到保护作用。例如，当父母和儿童讨论不能够吸烟的原因，建立烟草和其他物质的使用规则，以及通过对错误行为罚款等方式对这些规则进行强化时，青少年会更少地使用烟草（Chassin & Hussong，2009）。

能够对物质滥用起到缓冲因素的青少年的个人特质包括智力、低水平的冒险性、高竞争性和心理幸福感，并且像社会支持和遵守规则等积极的同伴影响而不是行为不端也会起到保护作用（Brown，2008）。基因也会提供缓冲作用。乙醛脱氢酶同工酶的缺陷会导致较高的对酒精的负性反应，包括呕吐、心跳加快、高度紧张和恶心，这些都会减弱娱乐性（Luczak et al.，2006）。这种情况在亚洲北部最为常见。

（五）发展过程

早期的酒精和毒品使用会增加后期的物质滥用的风险。而且，这些障碍在青少年中的发展要比在成年人中更迅速，也会和消极结果有更显著的相关，如学业失败、家庭不和、风险性性行为和精神障碍（Brown，2008）。尤其值得关注的是酒精和毒品使用增加了这些物质滥用群体的自杀想法、尝试和执行的风险，这些我们在第九章也提到过。也有证据表明，酒精和其他物质的使用对青少年大脑发育的影响尤其恶劣（Brown et al.，2009）。

然而追踪研究却发现，在物质滥用的青少年中有许多不同的模式，包括长期的中等程度的使用，猛烈使用（短期内大量使用，接着会戒掉），过量使用和出现较晚的严重使用（Brown，2008）。很明显从这些不同的轨迹中我们也可以看出并不是所有经历过物质使用的青少年都会逐渐产生依赖。例如，美国的青少年中有将近 10% 在青春期中期会大量饮酒，但是 18 岁后就不会有大的问题了，并且将近 30% 在青春期会进行有时间间歇的稳定而适中的物质使用。然而那些发展为物质滥用和依赖的青少年也有许多不同的模式，接下来我们将对此进行介绍。

1. 早年：早年开始者，早年激化的路径

正如我们之前讨论过的其他问题行为（见第十章），早年出现的物质滥用可以预测更消极的发展结果。早期开始的物质使用（例如，14 岁前）和对物质激增的使用以及更多的问题性结果相关，包括物质滥用和依赖障碍（Browm，2008）。早年使用者的长期结果的路径尚不清楚。在跨越了青春期和成年期的追踪研究中，霍普斯等人（Hops et al.，2000）发现，早年使用者更有可能会在成年期成为香烟、酒精和大麻的使用者。更进一步，早年开始的青少年可能会有更多的健康问题，并在同伴和朋友关系中经历攻击与冲突。

早年使用者在男性中尤为多见，和其他青少年相比他们会出现更多的反社会行为，也更可能来自有物质使用问题历史的家庭（Chassin et al.，2002）。

2. 青春期早期的发展路径：风险和保护性因素

吉索尔等人（Jessor et al.，1995）验证了在青春期过渡期的毒品和酒精使用的多维度因素模型。研究者追踪了 2000 名学生达 3 年之久，包括七年级、八年级和九年级学生。风险因素和保护性因素在三个系统中被确认：个人、环境和行为。

有关保护性因素，在个人范围内，研究者锁定了学校的积极取向，关注个人健康和对行为不端无法容忍的程度。在环境范围内，因素的评估包括和成年人的积极关系、亲社会行为中的调节控制。行为方面的保护性因素包括亲社会行为的卷入程度。

最终结果显示，对减少青少年物质滥用的最佳保护性因素是对行为不端无法忍受的程度和学校的积极取向。更进一步，三年多的时间，行为问题逐渐消失的是那些暴露于更少的风险因素中的群体，而那些在发展早期接触到更多保护性因素的影响更大。因此，作者总结"先前的保护性因素比风险因素的影响更大"（Jessor et al.，1995，p.931）。这意味着直接致力于保护性因素的预防会最有效，后面我们将讨论有关干预的问题。

3. 青春期中期的发展路径

有研究者（van Der Vorst，2009）追踪了荷兰 428 名青少年 4 年，为青春期早期到青春期中期的过渡提供了必要的信息。研究者将青春期早期的青少年酒精消耗分成了四类——戒除者、轻度饮酒者、增加者和重度饮酒者，并且在青春期中期增加了第五类群体——稳定饮酒者。激增成为重度饮酒者的因素包括性别是男性，最好的朋友或父亲酗酒，并且父母对青少年的饮酒持纵容态度。

此外，加拉夫等人（Galaif et al.，2007）通过对在美国出生的拉丁美洲后裔（*N*=837），在其他国家出生的拉丁美洲后裔（*N*=447），白种人（*N*=632）和非洲裔美国人（*N*=618）的青春期男孩进行了数据分析。结果发现，风险因素包括心理不安和同伴使用毒品，而积极的家庭和学校关系、遵纪守法可作为保护性因素。

4. 青春期晚期的过渡：从使用到滥用

纽科姆和本特勒（Newcomb & Bentler，1988）追踪了 654 名青少年 9 年，提供了青春期晚期过度使用的信息。作者总结了过渡时期所面临的阶段性任务：

1. 社会整合。毒品使用会通过减少社会支持和增加孤独感而干扰这一发展任务的完成。

2. 职业。随着青少年卷入毒品使用，会放弃传统的教育追求，使用毒品导致青少年加快了进入职场的脚步却阻碍了工作时的正常发挥。青少年物质滥用和辍学以及低职业期待的联系在世界卫生组织心理健康调查的 16 个国家的国际数据中被证实（Lee et al.，2009）。

3. 性关系和生育。毒品使用会加速和加重负面影响，导致风险性性行为以及在关系不稳定和不和时生子。

4. 犯罪行为。年轻人使用毒品是犯罪行为的预测因素，包括偷窃和违反法律，如吸毒或贩卖毒品。

5. 精神健康。大量的毒品使用会增加精神病性症状并且削弱计划、组织和直接行为的能力。毒品成瘾会增加青少年的自杀想法，酒精使用会加重抑郁。

纽科姆和本特勒（Newcomb & Bentler，1988）将他们的发现定义为发展早熟。当早熟被视为积极的一面时——儿童会比他的同龄人肌肉更发达，运动能力或智力更高。例如，发展水平和抱负之间的差异会显著危害健康。青少年毒品滥用者由于需要应对在他们还没有准备好时就进入成人世界的挑战，他们会促使自己达到一种无法有效地去生活的早熟，因为他们没有给自己足够的时间来积累必要的技能和经验。总之，物质滥用阻碍了青少年完成发展任务，而这些任务对成年时期的健康适应是至关重要的。

5. 青春期早期的过渡：晚使用者的路径

最后，一群仅在高中结束时才较晚开始物质使用的青少年群体被发现了（Chassin et al., 2002）。到大学或工作世界的过渡会提供给他们脱离成人监督的更多的独立性和自由，因此饮酒与吸毒也许会被认为是"成人礼"。这一时期的大多数成年早期物质使用会减少，同时伴随着与工作、结婚和做父母有关的责任感的同等程度的增加（Chassin et al., 2003）。因此，大多数年轻人"寻欢作乐"是发展不完全的现象。

事实上，那些成功过渡到成年人角色的人不大可能发展出物质滥用问题。相反的是，较晚开始物质依赖的人总体上面临更多的心理障碍和消极情绪以及在工作与维持满意同伴关系上的困难。再一次强调，我们碰到了有两种不同情况的发展准备性问题：一些青少年也许会促使自己早一些进入成年人角色，并通过增加物质滥用的风险来完成；另一些青少年没有做好过渡到这一显著阶段，如开启幸福的婚姻，抚养孩子和开始有生产力的职业生涯的准备。

（六）整合发展模型

考虑到预测物质滥用因素的复杂性，朱克等人（Zucker et al., 2000，2003，2009）从不同的研究中总结列出了风险因素（见图 12-6）。正如作者所说，物质滥用是一生的问题，最早会在学龄前开始。他们将风险因素分成五个领域：个人、人际、家庭、同伴和那些更大的环境，如学校与文化。因此，毒品使用不再是只和单一因素有关而是与大量变量有关。除此之外，这些许多的因素彼此之间交互作用，形成了发展为物质有关问题的多条路径。

我们早先在本章提出的一个很重要的遗留问题是：为什么是青少年期呢？吉索尔等人（Jessor & Jessor, 1977；Jessor et al., 1995）提出了一个经典的发展框架来解释这个问题。他们的模型认为：行为结果是人格和感知到的环境之间的交互作用。根据吉索尔所说，青春期的过渡期在对个人影响不同的社会环境中发生。青少年尤其是早期阶段很难实现成年期的有价值的目标，如自主权、声望、性和流动能力。除此之外，社会的期望和规则仅仅建立在生理年龄之上，这忽视了青少年在对成人目标追求中的欲望或准备性上的个体差异。有一些晚成者也许会觉得自己是被推到责任面前而自己还没有准备好，另一些青少年也许已经准备好了过渡但是因为无法获得成熟的地位所带来的吸引力而感到挫败和焦急。这些都会导致早熟者参加一些成人取向的活动，包括饮酒、吸烟、物质使用、性活动和行为不端。

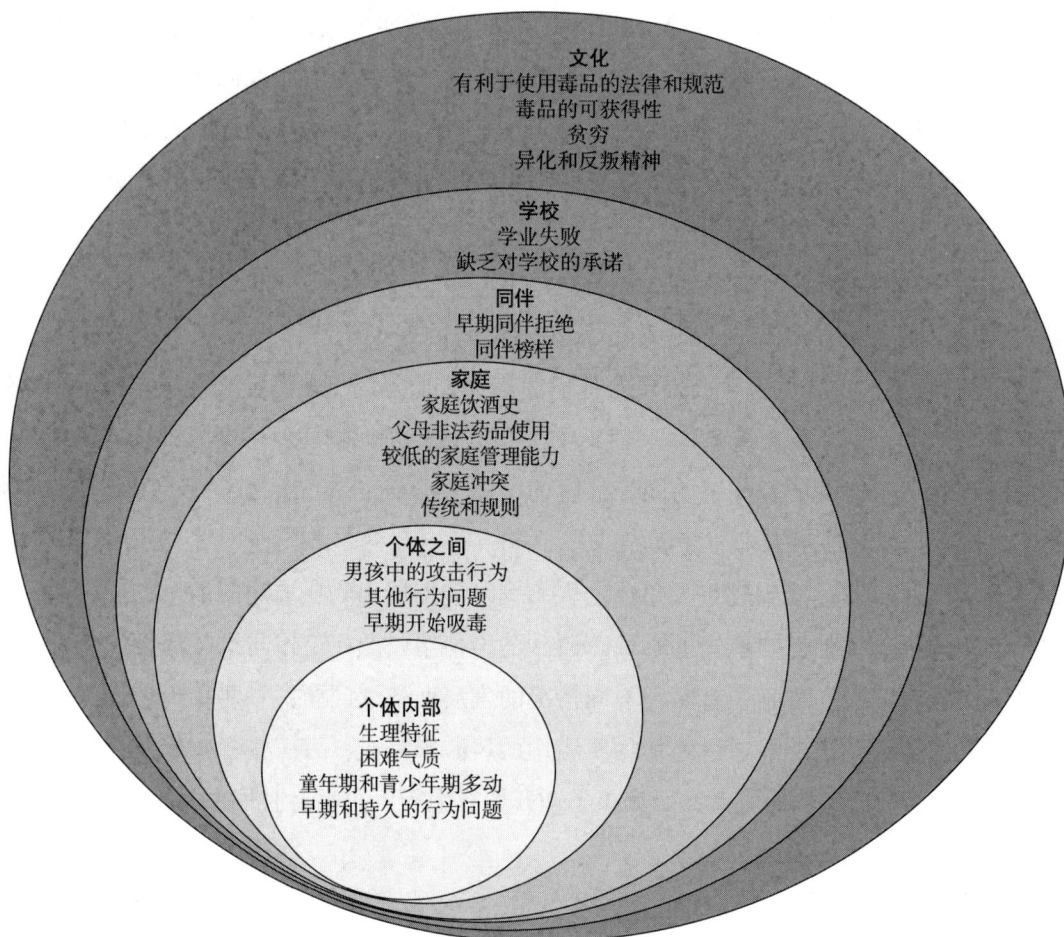

图 12-6 青少年物质滥用的影响因素

　　吉索尔称，从不成熟到成熟的成年人的过渡经常会有一些问题行为。青少年正在经历的阶段是十分凸显的时期，关系到形成身份认同和成人角色的到来。青春期也是一个实验、探索和冒险的时期。因此，有一些毒品方面的尝试是相对被期待的。"问题行为在某种程度上也是一种成长"（Jessor & Jessor，1977，p.238）。总体来讲，吉索尔等人（Jessor et al.，1991）称随着从青春期过渡到成年早期，这类问题行为在大多数青少年中会逐渐减少。

　　那些最终形成物质使用和依赖的群体呢？当他们终止于叛逆、违抗和反社会行为而不是提升自主权的方式时，青少年也许会处于一种停滞而不是过渡到成人的状态。埃里克森（Erikson，1968）在其著作中提到这一时期身份认同（identity）十分重要。他称青少年在他们投入一种特定生活方式之前，经常会采取极端的方式来探索"真理的最低水平"（p.236）。这些极端的尝试不仅包括叛逆也包括违抗和行为不端。当这些行为从探索的目的转变为停滞时，青少年就会开始出现心理问题。例如，采纳一个负性的身份认同，即青少年固执地认同了所有他人不想要的觉得被威胁的角色，绝望于无法获得一个积极的角色，青少年会成为父母不想要他们成为的样子。因此，物质滥用下的心理病理机制也许所展现的不仅仅是一种极端形式的叛逆，也是一种从挣扎着建立同一性中撤退而不是继续逐渐实现目标的过程。

更进一步，随着物质滥用逐渐巩固成青少年的一种行为方式和偏爱的应对方式，卡斯皮和埃尔德（Caspi & Elder，1988）的连续累积定义就变得十分有用。基本上，这个概念提出了行为或事件是由他们所带来的极端的结果维持的。在物质滥用的例子中，我们能够看到一系列的效果和生活的选择会剥夺生活转向更健康发展轨迹的机会。例如，物质滥用的青少年会更加可能在找工作或学习时遇到困难，并加入不良的社交网络，在社交网络中使用物质，其亲密关系有冲突而令人不满意，遇到法律问题（例如，抢劫、在毒品和物质干扰下驾驶等），这些都是增加物质滥用的压力源。

正如我们所说，物质滥用在男性中比女性更常见，这也许解释了为什么女孩获得关注较少。然而，一些证据显示女孩开始使用物质的比率正逐渐赶上男孩。因此，女性需要更多的关注。数据显示，在物质滥用的结果上存在很重要的性别差异。国家物质滥用和成瘾中心（The National Center on Addiction and Substance Abuse，2004）进行了一个8～22岁的1200名女性的3年追踪研究。和同龄男性相比，物质滥用的女孩更可能出现青春期早熟、抑郁，有进食障碍和性虐待或身体虐待史。除此之外，即使是仅摄入少量的物质，女孩也比男孩成瘾速度更快；并且女孩所面临的消极结果更严重，包括吸烟有关的肺损伤和酒精导致的脑与肝损伤。很明显的是，男孩和女孩最开始吸烟、饮酒和物质使用的原因是不同的：男孩更多是为了刺激或提升在同伴中的地位，而女孩则是为了舒缓压力和减轻抑郁。

这些数据显示，男性和女性物质滥用的心理病理发展的解释模型是不同的。尤其是，关注情绪调节的模型，这尤其适用于女孩。更进一步，一旦女孩开始吸毒，则对她们的身体和情感健康造成严重的影响。因此，有关原因模型和干预都需要关注性别差异。

例如，一项荷兰的关于2051名高中生的研究证实了这点。拉森等人（Larsen et al.，2009）发现，相比于男孩，女孩的抑郁症和物质滥用之间的关系能够由她们对体重和节食行为的担心来解释。因此物质使用对男孩和女孩来说是截然不同的，需要发展出相应不同的预测模型。

（七）干预

尽管对青少年物质滥用有效治疗的需求十分迫切，但方法却难以捉摸。调查发现，仅有10%物质滥用的青少年实际上接受过治疗，并且他们中50%左右在3个月内就复发了（Brown & Abrantes，2006）。除此之外，尽管许多治疗是由成年人模式向下延伸而来，但是在设计更有希望成功的干预手段时，仍应考虑青少年物质滥用的模式、影响因素、问题和人际关系环境的不同。不过，令人鼓舞的一点是，根据沃尔德伦和特纳（Waldron & Turner，2008）的观察，有关青少年物质滥用干预有效性的研究在过去十年里明显增加，也比之前实施的干预质量更高。

1. 家庭系统方法

青少年的干预也需要考虑物质滥用青少年的家庭环境。经验研究发现，在大量的研究中，家庭治疗在减轻物质滥用上十分有效（Waldron & Turner，2008）。被试参加家庭治疗的时间比参与其他治疗的时间有可能更长。

例如，桑提斯特本等人（Santisteban et al.，2003）的经验研究发现，短期策略性家庭治疗（brief strategic family therapy，BSFT）对西班牙青少年减少物质滥用和其他问题行为是很有效的。源自家庭治疗，BSFT 关注的是重构父母和孩子之间不良的互动模式。研究者调查了治疗后青少年物质滥用的自我报告以及尿液毒检。青少年在接受了校园的一般性预防项目后被随机分配到了家庭治疗组或单一青少年组。在治疗之后，大概有 4～22 周的治疗疗程，时长取决于问题的严重性。结果显示，大麻使用在 BSFT 组中显著减少，尽管对酒精使用的影响不显著。在 BSFT 的条件下，41% 在治疗结束后不再使用物质，而接受团体治疗的仅有 13%。

多系统治疗（Henggeler et al.，2009），我们在第十章提到过，即将治疗扩展到了家庭之外，包括发展出物质滥用的学校和社会环境。这种干预方法被证明在最难治疗的物质滥用和依赖的青少年团体中是有效的。

2. 自助小组

另一种干预的形式是自助小组。像酗酒者互协协会、青少年互助会、可卡因互戒协会和麻醉剂互助协会的项目在青少年群体中都广为流传。除了包括承认成瘾，开展个人调查和改正危害他人的行为等步骤，这个模式另外比较重要的是将青少年和一个主办方相联系，主办方是从物质滥用中康复的人。他们以导师的身份，通过模范作用和资源支持进行帮助（Substance Abuse and Mental Health Services Administration，SAMHSA，2008）。

尽管这些都很流行，但是对 12 步小组治疗的有效性进行有控制组的研究的文章还很少。在一项无控制组的研究中，凯利等人（Kelly et al.，2000）发现，12 步聚会和戒除的动机增加有关。一个更严格的干预研究设计包括了达到临床标准的物质滥用 245 名青少年（Winter et al.，2007）。在 179 名持续参加干预的青少年中，54% 在接下来的 6 个月的干预中报告戒除或很少复发（使用物质一次或两次），44% 一整年都保持住了状态。相比之下，退出治疗的仅有 15%，未参加治疗的仅有 27% 有这个效果。有趣的是，女孩的效果比男孩好。

物质滥用的认知行为疗法是依据社会学习观点，认为物质使用的问题是在社会互动中习得的行为（比如和同伴、父母与媒体之间）并且由环境的相依性功能所维持（如奖励和惩罚；Brown & Abrantes，2006）。因此，关键在于通过认知策略（例如，识别扭曲的思维模式，如"使用毒品会让我变得更受欢迎"）和行为干预（处理对物质使用的渴求，学会拒绝毒品的技能，以及发展避免促使复发的环境的策略）来改变这种联系。这些干预可以在个人和团队环境内实行。

沃尔德伦和特纳（Waldron & Turner，2008）的元分析为 CBT 治疗物质滥用的疗效提供了有力的支持。尽管早期的报告显示，团体治疗会通过暴露于行为不良的同伴而强化一些消极的结果，这个过程被称为"偏差行为强化"（deviancy training；Dishion & Dodge，2005）。证据显示，这种效应仅在最有风险性的青少年中存在。尽管有严重问题行为的青少年似乎会从加入包括亲社会同伴的团体中获益，但没有证据表明在麻烦越少的同伴中青少年行为越偏离越会激起高水平的问题行为（Burleson & Kaminer，2005）。

除此之外，有研究者还整合了家庭和认知行为技术的治疗。一个类似的干预是加强版的功能性家庭治疗，尤其是为物质滥用青少年和他们的父母设计的，这一治疗方法在设计严密的临床实验中得到了证实（Waldron & Brody，2010）。

3. 预防

（1）基于学校的行动

预防比干预更经济，并且在物质滥用中尤其重要。正如我们之前提到的，在早期发展中提供保护性因素比在后期减少风险因素更有效。一旦形成，物质滥用将会十分难以消除，因为要涉及生活方式、期望和生理依赖的改变。例如，在新西兰30年的追踪研究中，奥杰斯等人（Odgers et al.，2008）发现，将近50%的青少年在15岁前接触到毒品和酒精而没有品行问题史，但仍然会增加其发展为物质依赖和伴随消极结果的风险。因而，如果在青少年物质滥用最一开始接触的环境中进行预防会很有价值。

一个类似的一般干预项目是健康校园和毒品（Healthy School and Drug，HSD）项目（Cuijpers et al.，2002）。这一项目在荷兰60%的中学中都在开展。HSD项目是一个全方位的、基于学校的项目，致力于减少物质使用的早期出现和过量使用。这个项目包括四个成分。

第一，心理教育内容以视频等形式来和青少年的经历相联系，包括微电影、卡通和各种不同的互动任务。这种形式能够使学生学到有关物质滥用的风险，也能够通过培训一些拒绝技能来应对同伴压力。青少年也会有机会在聊天室中讨论相关的话题来分享自己的观点。在第一学年对酒精进行干预，在第二学年对烟草进行干预，在第三学年对大麻进行干预。

第二，通过邀请父母参加报告会议促进父母参与，让他们了解到HSD项目的意义和青少年物质使用的相关特点及风险，以及父母在阻止过程中发挥的作用。父母也会定期收到信息手册和校园简讯。

第三，通过设置有关物质滥用行为的标准和规则形成校园氛围，包括设定稳固的边界和增加透明度。还没有形成规则的学校，会成立一个特殊的团队来建立包括所有的相关参与者（如父母、学生、老师和学校管理者）的规则。

第四，为了提供监督和咨询，任课老师、辅导员、咨询老师和其他学校成员会接受如何识别及应对学生中出现的问题的培训。

关于基于学校的预防项目有效性的评估是积极的。例如，斯卡拉和萨斯曼（Skara & Sussman，2003）评估了25个在中学和高中阶段预防物质滥用的项目。总体上，大多数的研究都证实了它们可以达到减轻物质滥用的目标。在一些研究中，效应维持了长达15年之久。"助推剂"间歇性更新项目课程对维持长期的效益十分有用。然而，研究也指出了对结果研究的可信性的一些问题。例如，荷兰的HSD项目仅通过准实验设计进行评估，结果表明干预的最强效果在于认知的改变（有关毒品的知识和态度）而更少取决于行为的改变。认识到数据的有限性，研究者发布了严格的大规模随机控制组实验，该实验仍在进行中（Malmberg et al.，2010）。

（2）将预防推向更大的社会环境

综合预防项目关注了物质滥用发病的多种风险因素和大量干预的不同领域。最重要的是，这些强调了超出家庭和校园环境之外的更大的社会环境的重要性。一个影响尤其大的风险因素是媒体，通过公众服务声明对抗青少年对物质使用是合理的而且良性的并很难抵制的信念。一个最典型的例子是中西部预防工程。该综合预防项目包括学校、父母、社区、公众健康和媒体水平的干预。研究显示，该干预比仅仅基于学校的干预更加有效（Riggs & Pentz，2009）。

（3）文化预防

当预防具有文化根据和竞争力时，预防行动是最成功的（Loue，2003）。例如，技能训练需要适应性地反映少数民族青少年的社会环境和他们需要发展的双文化竞争力（Hawkins et al.，2004）。其中一项竞争力就是应对因种族压力而产生绝望和无望的能力，这些绝望和无望感反过来会促使物质滥用障碍的发生（Gibbons et al.，2004）。由于这个原因，布罗迪等人（Brody et al.，2004）在预防乡村非洲裔美国家庭物质滥用——强化非洲裔美国家庭项目（Strong African American Families Program）中的教养中纳入了适应种族社会化的变量。

项目中的社区卷入也对最后的成功至关重要。例如，霍金斯等人（Hawkins et al.，2004）通过太平洋西北部落的研究发展了基于独木舟家庭的干预。独木舟家庭有一种传统仪式，在一年以后，部落的年长者会准备让青少年代表他们的部落乘坐独木舟去临近的当地社群旅行，此时承诺保持干净利落和冷静的青少年有优先权。类似于独木舟家庭，预防项目会提供给青少年能够处理生活挑战的策略，既通过个人努力，也吸引社区的力量，所以作为一个整体的部落才能安全抵达目的地。

有关心理病理学的讨论通常假设发展中的儿童既没有偏离轨道也没有智力和生理问题，但这个假设未必是正确的，如在孤独症的例子中和在精神发育迟滞以及器质性脑损伤的案例中。这个假设在我们接下来的两个话题中都会被打破：脑损伤和慢性疾病。

第十三章

脑损伤和慢性疾病

本章内容

1. 脑损伤

2. 慢性疾病

之前我们讨论过智力发育迟滞，了解到很多途径会使大脑受伤，导致各种认知不足和精神疾病。在这章，我们会考虑影响脑损伤的具体途径。我们也会探索儿童心理学这个领域中慢性内科疾病对儿童发育和心理病理学的影响。

一、脑损伤

（一）定义

脑损伤有三种不同的定义。第一种是严格的精神病学定义，涉及脑损伤的性质、位置和大小；第二种是行为定义，涉及大脑功能受损，包括运动性交流障碍、感知觉障碍、智力障碍等；第三种是脑损伤也可能由一系列广泛的病因学因素引起，如外部创伤、缺氧症、脑炎、癫痫、大脑中毒导致瘫痪等。虽然每个定义方式都是正确的，但是它们之间复杂的关联情况并没有得到研究证实。因此，我们在一开始就意识到儿童脑损伤这一概念的关键区别是十分重要的。

（二）评估

尽管尸检是发现脑损伤儿童毫无疑问的技术，但是对于诊断活生生的儿童没有任何帮助。脑损伤的诊断可以依靠儿童过去的历史，如妊娠、分娩并发症等因素；发展过程中的重要事件，如坐、走、说话，以及疾病情况。虽然提供的这些信息通常并不是很可靠，而且这些信息与脑损伤之间没有直接的关联，但是儿童发展的历史情况是最有用并且在诊断程序中最常使用的。

1. 神经检查

神经检查包含一些典型标志，反射失败、视野限制、知觉和其他身体功能的丧失。神经检查中的一个重要部分是对12对脑神经的知觉和运动机能的评估（Kolb & Whishaw，2003）。通常，身体上从头到脚的所有肌肉以及检查表中记录的各项状态都要被评估。运动基调和强度在身体的两侧进行评估，如震颤或非自主移动。检查者通过让儿童脚跟和脚趾在一条直线上走路，用手指摸到鼻子来测试协调性。通过让儿童去闻或者尝某种物质，闭着眼睛来区分一个刺激的位置。例如，用针扎胳膊或者让他区分放在手中的物品，来评估知觉系统的完整性。尽管这个检查对识别主要神经缺损是有用的，但不足以很灵敏地发现儿童头部损伤或其他形式的脑损伤中更微妙的异常。

2. 神经影像学技术（neuroimaging techniques，NT）

脑构造和功能的可视化技术已经取得了显著的进步（见 Kolb & Whishaw，2003）。传统脑电图测量大脑的脑电活动，可以发现重大的损伤，但结果不是很具体并且很容易出错。事实上，10%～20% 的正常儿童会被检查出异常结果。

然而，脑电图的两个技术的发展已经提高了检验大脑损伤的灵敏度。第一个是事件相关电位：当呈现一个刺激时，如光或声音，大脑会产生特征反应或事件相关电位。完好无损的大脑里的事件相关电位会帮助检测出大脑功能障碍。例如，可以检测不能被传统的技术测试的患有视觉错乱或耳聋的儿童。第二个是计算机分析和计算机图像技术的发展，使利用多种记录线索代替只用很少的记录线索的传统脑电图成为可能。因此，现在已经可以用计算机绘制大脑详图。

从 X 射线那里推导的可视化大脑绘图技术也得到了发展。传统的 X 射线技术一直受限于只能发现较大的异常。计算机轴向断层扫描（computerized axial tomography，CAT）也被称为计算机辅助断层技术（computerized tomography，CT），使用计算机控制 X 射线放射器来详细绘制大脑两个表面和其他水平的图像，以便能够对大脑任一水平进行病灶定位。还有一个图像技术被称为磁共振成像。它可以绘制更清晰的图像，通过形成大脑连续层的图像可以生成大脑各种结构的核磁共振三维图。

功能性磁共振成像是对常人大脑制图技术中发展最为快速的一个。它能够跟踪记录一个人在进行一项任务时大脑中氧气增多或减少的瞬间变化。例如，呈现一个视觉刺激。然后通过建构大脑多个方向的片段，MRI 技术会重绘大脑最活跃的地方。弥散张量成像技术（diffusion tensor imaging，DTI）已经被用于绘制大脑在使用视觉系统、工作记忆、学习和解决问题时的图像。弥散张量成像是一种新的磁共振成像技术，它可以测量在组织中扩散性的水分子。这种技术可以三维成像和重构对应位置下的组织解剖图，它还可以提供大量白质组织的整体性评估。DTI 被认为能够比临床磁共振成像更加精确划定白质创伤范围。因此，它对正常大脑的发育变化更为灵敏。有研究已显示它对工作记忆的长期变化特别敏感（Wozniak et al，2007）。

正电子成像技术（positron emission tomography，PET）不像图像技术只能绘制大脑静态图片与揭示构造或解剖上的损伤。正电子成像技术能够发现看起来结构完整无损的大脑中的功能异常。因为它能够记录脑细胞的葡萄糖代谢和放射性葡萄糖输入到脑动脉中以及在大脑各个地方的代谢速率。最后形成的正电子成像技术图像和正常功能的大脑进行对比，图 13-1 对比了不同技术下的成像。

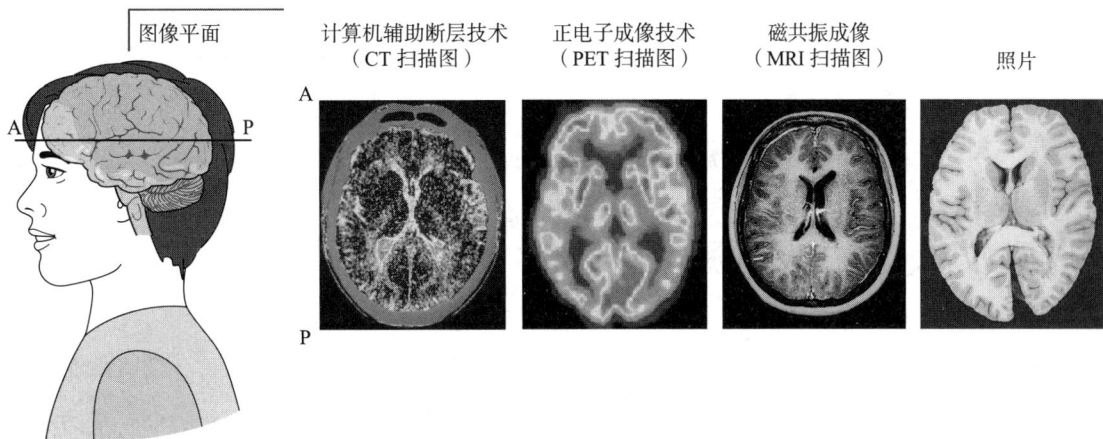

图 13-1　不同成像技术下的大脑成像

三种不同成像技术 CT、PET 和 MRI 对大脑的一部分成像。

四个图像来自同一个尸体的大脑（Posner & Raichle，1994）。

资料来源：Kolb & Wishaw，2003。

3. 神经心理学测试（neuropsychological tests）

神经心理学测试被用于精准定位和描述脑损伤儿童大脑中具体的认知损伤。另外两个广泛用于儿童测试的系列是发展神经心理学测评（Developmental Neuropsychological Assessment，NEPSY；Korkman et al.，1998）和认知能力测试（Woodcock-Johnson- III Tests of Cognitive Ability；Woodcock et al.，2001b）。基于不同的认知功能模型，两种测试会评估被脑损伤中断的重要认知过程，包括注意、记忆速度和流畅性、视觉过程、听觉信息和其他功能，如组织、计划、自我监控和认知灵活性。

一般来说，神经心理学测试系列和标准化智力测试一同使用，用来评估儿童的整体能力水平，同时结合学校表现测试评估儿童掌握学校相关任务的情况。在童年时期通过有规律间隔的重复测试来追踪功能的变化和对干预进行调整，以便更好地满足儿童每个发展阶段的需求（见方框 13.1 关于全面评估脑损伤的案例样本）。

方框 13.1　个案研究：创伤性脑损伤

戈登（Gordon）是一个 9 岁的男孩，在一场严重的车祸中他的大脑受创。当他被送到急诊室后，医疗团队发现他的头皮出现了严重的撕裂，并且他的右眼瞳孔放大没有反应。医生对他进行了紧急的凹陷性颅骨骨折和左半边头部受伤的外科手术。他在医院住了几周的时间。

住院期间，他接受了一系列CT成像检查。图像显示头部多处有凹陷性骨折和挫伤，尤其是大脑额叶。受伤的地方压迫大脑流血，而过剩的血被包围在坚硬的头骨周围没有地方去。由于压力的原因，脑室随着时间扩大至可见程度，表现出一些脑萎缩的问题。戈登还有一些脑电图成像的异常结果，表现出癫痫活动。他开始服用控制癫痫的药物。

在车祸之前，戈登是一个开心、有着明亮眼睛的友善的孩子。在车祸之后他的表现与之前完全不同。他的父母称他为"与众不同的孩子"。他们认为自己要重新认识他。他们说："戈登现在是一个经常闷闷不乐、沮丧并且易怒的孩子。"父母和老师通过行为观察和量表来评估戈登的社交和情绪情感功能，他的父母填了两次问卷，一次是他目前的功能，一次是他出车祸之前的行为表现。他的父亲和母亲均根据他受伤前后的行为表现来填写评估，发现他在以下几个问题的得分上高于平均水平：过度活跃，组织混乱，精神焦虑。类似于父母的报告，老师也报告了戈登在班里过度活跃，有控制问题和情绪调节问题。

在戈登的认知发展过程中，他早期的发展历史是正常的，并且他的父母认为他是一个健康且没有学校问题的孩子。因为戈登之前的综合功能是正常的，因此他之前并没有相关评估和智力商数可以作为比较。然而，事故6个月后，他的认知测试分数显示他的综合智力低于平均水平。在言语理解的任务上他表现了相对完整的技能，在其他领域则较薄弱，包括注意和专注力、信息的组织、言语的表达。他在教育测试上的表现显示出他在阅读上有优势，但在数学和写作上很差。进一步的神经心理学测试评估了他的记忆，结果显示他对之前学习信息的回忆是完整的，但是他记忆新学习的信息能力很差。其他功能的测试显示了他在流畅性、计划和速度等心理过程上有严重困难。由于一个拥有这些缺陷的儿童在学校的表现并不像戈登这个受过创伤的儿童，医生怀疑这些与他的创伤性脑损伤（traumatic brain injury, TBI）有关。他的侧面图显示，这不仅与他的大脑损伤有关系，还显示出了具体的受损位置：大脑额叶。

医生评估了戈登的整个家庭功能后发现，尽管戈登是唯一一个躯体受伤的，但他的家人均从这次事故中受到了精神创伤。目前他哥哥也开始表现出一些行为问题，他的母亲也因为严重的抑郁接受心理治疗。

随着时间的推移，戈登的创伤恢复了，他的一般认知能力和长时记忆也明显恢复了。然而，他仍旧在学习和记忆新东西、注意和专注力、加工言语信息、问题的组织和解决等方面有困难。他仍旧表现出自我控制差，在家和学校有行为问题。

治疗团队提出了大量的建议让戈登顺利过渡到正常的学校生活。他们建议老师使用代偿策略来帮助戈登解决他的记忆问题、学习新的材料和加工言语信息。策略包括：向他提供口头和书面的所有指导，保持在整个任务中指令既短又可见，并根据需要重复指导戈登。为了解决他的心理流畅性和组织技术的问题，老师被建议在新的活动之前给戈登提供热身的时间，并且提供给他组织的工具，如日常活动表。针对他的行为和情绪问题，团队建议父母使用行为管理策略以及家庭治疗来帮助所有家庭成员适应创伤和目前家里的"新孩子"。

（三）心理病理学脑损伤

有证据显示脑损伤会增加心理问题的风险。拉特（Rutter，1977，1981）在他的研究中，将99名年龄为5～14岁患有脑瘫、癫痫或其他明显脑障碍的儿童与189名10～11岁来自普通群体的儿童，139名10～12岁患有躯体障碍但不涉及大脑问题（如哮喘、糖尿病、心脏病和骨科病）的儿童进行对比后发现，在脑损伤群体中有心理问题的比率为34.3%，在躯体障碍组中有心理问题的比率是11.5%，是正常群体发生心理问题比率的两倍。

然而，拉特（Rutter，1977，1981）的发现并不意味着所有脑损伤的儿童都有风险。相反，除非是因生物因素导致的主要的脑功能失调成为精神疾病显著增加的风险因素，而且即使在这种情况下，精神疾病也不是不可避免的。除了这个特殊的群体外，其他患精神疾病的风险很小而且很难发现。最容易被脑损伤影响的是认知、知觉、运动功能和癫痫发作（Max et al.，1997）。

鉴于大脑的重要性，我们所提到的许多发现可能看起来微乎其微。不过，值得注意的是，大脑有着很强的从创伤、中风或者感染中复原的能力。有两种机制可以促进再生、生长和替代功能。在生长机制中，未受损的神经细胞的突触联结另一神经细胞受损的地方。在替代机制中，大脑其他区域代替受损区域的功能（例如，左半球的说话功能转移到右半球）。而且，以往社会环境的改善潜能一直都被低估，不久后我们也即将看到新发现。

很重要的一点是没有证据显示脑损伤的特有成像可以被标记为"脑损伤儿童"，影像常常是不具体的。

研究调查脑损伤主要有6个来源：
①对连续住院者的前瞻性调查；
②对持续住院者的精神疾病的横向回顾性调查；
③对康复中心的创伤性脑损伤儿童样本的前瞻性调查；
④对精神病患者儿童精神评估的横向回顾性调查；
⑤在童年时期受过创伤的成人的案例报告；
⑥父母和老师关于儿童创伤后的变化报告。
接下来我们将会具体介绍创伤性脑损伤。

（四）创伤性脑损伤的定义和特征

创伤性脑损伤被定义为"由外部物理冲击造成的一种获得性脑损伤，导致整体或部分功能缺陷或社会心理受损"（US Office of Education，1992）。创伤性脑损伤儿童有很高的死亡率和患病率，因此是公共卫生主要关注的一个问题。大部分案例里的损伤是轻微的，但是轻微损伤的创伤性脑损伤儿童长期患病的结果还不清楚。大多数儿童会痊愈，一定比例的儿童会经受持续几个月的脑震荡后综合征（post-concussive symptoms，PCS），包括头疼、头晕、疲劳、恶心，以及一些认知困难包括糟糕的注意力和记忆力（Prigatano et al.，2010）。创伤性脑损伤儿童的结果是有历史争议的，研究争论在于儿童是否会经历脑震荡后综合征。脑震荡后综合征的标准包含在 ICD-10 和 DSM- Ⅳ中。

TBI 有两种：穿透性头部外伤和闭合性头部外伤。穿透性头部外伤包括穿透头骨、硬脑膜（头骨下的保护层）和脑组织。一个快速移动的小物体就会造成穿透，如子弹，或一个大而钝的物体，如棒球棒。闭合性头部外伤（非穿透，钝的）更为普遍，发生于对头部的打击没有穿过硬脑膜，且头骨没有露出来。例如，一个儿童被一辆汽车撞飞，并且头部撞到一个固体上。通常，创伤性脑损伤的儿童中超过 90% 的是闭合性头部外伤（Snow & Hooper，1994）。

这两种外伤对大脑有着不同的影响。在穿透性头部外伤中，头部受到撞击的地方有具体的病灶损伤。然而，闭合性头部外伤则是造成外延的神经中断并且后果更严重。这种广泛性的伤害通常是由于大脑中的神经纤维的撕裂、扭曲或切断。闭合性头部外伤的另一个普遍的特征是损伤来自撞击大脑的另一侧，当儿童头部的剧烈运动导致颅内大脑内部和头骨撞击——因为它是沿着打击的方向移动的——就被称为对冲伤。在闭合性头部外伤中前额叶是最易受伤的，因为头骨里大脑的前部包含着大量的骨突，当大脑撞击它们时则会产生损伤（见图 13-2）。

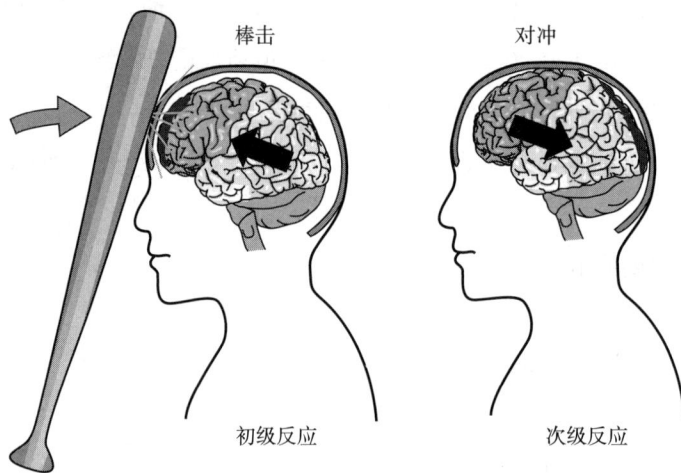

图 13-2　图解说明棒击产生的初级反应和次级反应或对冲伤

脑损伤的严重程度与无意识（昏迷）和失忆（遗忘症）程度成正比。小儿昏迷量表（Simpson & Reilly，1982）被普遍用于测量和评估意识的三个方面：对刺激的睁眼反应、言语反应和肌肉运动反应。可以预料的是，深度且长时间的昏迷是更严重的脑损伤的表现。关于遗忘症，严重的创伤后遗忘症（难以学习和保持新的信息）会持续一周或更长的时间，这预示着愈后不良。

这里有几个系统用于对创伤性脑损伤进行分类，普遍使用的是严重水平（轻度、中度、重度）和病理特征。格拉斯哥昏迷量表（Glasgow Coma Scale，GCS）被广泛用于严重水平系统的分类（见表 13-1）。它在言语、动作和对刺激的睁眼反应的基础上用 3～15 来给人的意识水平打分。GCS 的评分是轻度（13～14），中度（9～12）和重度（3～8；Andriessen et al.,2010）。然而，GCS 的一个主要限制是它对预测后面结果的能力有限。GCS 被认为通常是同时测量了记忆和意识：创伤后遗忘（post-traumatic amnesia，PTA）和意识丧失（loss of consciousness，LOC）。表 13-1 展示了创伤性脑损伤的分类。

表 13-1 创伤性脑损伤的严重性

程度	GCS	PTA	LOC
轻度	13～14	1 天以内	0～30 分钟
中度	9～12	1～7 天	30 分钟～24 小时
重度	3～8	7 天以上	24 小时以上

创伤性脑损伤还可以从精神病学特征的角度来分类。例如，损伤可以是外部轴（发生在头骨内但在脑组织外部），也可以是内部轴（发生在大脑组织内部）。TBI 的损伤也可能是集中在病灶或弥散的，局限于具体的地方或分散在更广泛的地方。大部分案例两者都有。病灶性损伤通常会产生和受损区域功能相关的症状。研究显示，在非穿通性脑损伤中，病灶性损伤最普遍的地方是眶前额叶皮质（前额叶的最下表层）和颞叶，这些地方涉及社会性行为、情绪管理、嗅觉和决策。因此在 TBI 中社会性或情绪损伤被评为中度的频率很高。

创伤性脑损伤儿童中大部分（超过 75%）被界定为轻度损伤（Langlois et al., 2006）。不过，尽管文献提供了足够的证据显示长期认知和行为改变会出现在中度与重度创伤性脑损伤儿童中，但轻度创伤性脑损伤儿童的结果仍不清楚。

1. 疾病流行程度

疾病控制与预防中心估计，每年有超过 1 000 000 的儿科创伤性脑损伤，有 435 000 例进入过急诊室。事实上，创伤性脑损伤被认为是最普遍的神经系统疾病，而且是导致儿童和青少年死亡与永久性残疾的原因。然而这些数据被严重低估，因为大多的损伤没有被报告出来。TBI 在健康领域引起普遍关注，尤其是脑部较早的损伤可能中断正常的发展（Catroppa & Anderson, 2007）。

2. 性别、种族和社会经济水平

男性头部受伤数量与女性的比例超过 2∶1，在青少年群体中性别差异更明显。同时男性还有不成比例的伤亡。很少关于种族和社会等级的信息表明，少数民族和社会经济水平低的儿童更易患 TBI（Anderson et al., 2005b）。相比于那些没有后续问题的儿童，在患 TBI 之后行为上发展出更具挑战性变化的儿童显示出更多的家庭社会的弱势。

3. 年龄

过去常常假定患脑损伤的婴幼儿"长大了就好了"。医学上的肯纳德原理（Kennard, 1936）认为，儿童由于大脑神经元具有可塑性（神经细胞改变或适应的能力），比成人有着更好的神经组织能力。因此这个原理认为儿童在较小的时候受伤更容易恢复（见 Dennis 2010）。也有人提出肯纳德原理的排挤假设，根据这个观点，当受伤时幼儿大脑会尽可能地用最佳的方式重组，不用考虑任何未来的发展。由于在视觉空间形成前已经获得了言语能力，因此言语会恢复得相当好，但是视觉加工能力则永久地迟钝了。换句话说，当受到很多损伤时，较早形成的加工形式会排挤较晚形成的。排挤假设的一个推论是，在早期发展中受损的位置不是问题，而受损的程度决定大脑整体能力的丧失程度。

　　然而，尽管对排挤假设原理有很大的争议，但是它依然被广泛接受，尤其是婴儿和7岁前的学前儿童比成人更易受神经创伤。因此，与肯纳德原理相对的一个说法是：更小的儿童更脆弱。研究人员推测更小的儿童表现更糟糕，因为他们更容易扩散大脑的损伤而成为严重的TBI儿童并且在发展过程中创伤后的影响一直存在（Ewing-Cobbs et al.，2004）。研究表明，儿童头骨的硬度只有成人的1/8。因此，儿童的头骨更易变形和断裂，使大脑受损。

　　研究表明，5岁之前大脑一直在显著地发展变化，尤其是前额叶皮层和脑髓鞘（Giedd et al.，1999）。在这个时期许多技能还没有成熟，还在快速发展中。事实上，围绕创伤性脑损伤的文献表明，脑损伤的时间是预测未来的一个重要因素，更小的年纪与更糟糕的结果相关。

　　患创伤性脑损伤的两个高风险的儿童群组是0～4岁和15～19岁。在15～16岁发生创伤性脑损伤的情况会发生戏剧化的增加，可能是因为这个年龄段的青少年被允许去驾驶或骑车。跌倒则是幼儿期主要的伤害。对于学龄儿童，最普遍的风险是在走路或骑自行车时被车撞或在运动中受伤。16岁以上青少年出现创伤性脑损伤的主要原因是摩托车事故。

　　4. 创伤性脑损伤的前后行为表现

　　脑损伤的某些方面是儿童特有的。例如，很难测量儿童的脑功能损伤。成人可以依靠之前的学历、IQ分数和工作列表。儿童在头部创伤后，一些神经损伤可能在很多年内不会表现出来。例如，额叶的功能在儿童成长时期发展得相当晚，所以额叶受伤后功能可能不会发生明显变化，直到青少年期在发展更高层次的推理时才开始体现。由于前额叶控制我们的社会性交往和人际交往技能，因此童年时期的脑损伤不会表现出来，直到前额叶的这些技能在发展过程中被需要时才能发现。同样，某些认知技能可能也不明显直到在学龄时期表现出阅读和写作技能延迟。

（五）创伤性脑损伤和心理病理学

1. 受伤前的功能

　　创伤性脑损伤在人群中并不是随机发生的。因此，我们需要看儿童和家庭在受伤前的特征（也可称病前功能）。

　　那些活跃、爱冒险、有学习困难倾向和经历着其他生活压力的儿童有患脑损伤的风险。而且，之前就存在精神障碍也会有经历脑损伤的高概率：有50%符合精神障碍诊断标准的儿童更易遭受脑损伤，注意缺陷多动障碍是这里面看到最多的。然而之前是否就存在精神障碍的不明确性使得研究者很难去探明在发生创伤性脑损伤后会发展出哪些精神和行为障碍。

　　在较大的儿童中，受伤前的环境因素相较创伤的严重性，更能够解释创伤性脑损伤的结果变异性（Yeates et al.，2010）。例如，处于患创伤性脑损伤风险的儿童，家庭功能比较糟糕，并且父母没能提供足够的监督。当照料者不在或者疏忽以致儿童没有被监控时，往往会发生严重的头部受伤事件。一些其他家庭因素也会增加患创伤性脑损伤的概率，包括每年经历的不良生活事件数量和母亲的惩罚（Mckinlay et al.，2010）。

　　最后，导致创伤性脑损伤的一个显著风险因素是之前的创伤性脑损伤。因为在判断脑损伤功能方面的消极影响时，那些有创伤性脑损伤的儿童是其他儿童遭受头部创伤风险的 3 倍（Snow & Hooper，1994）。

根据我们对精神病理的了解，我们可以推断无论是否存在脑损伤，仍旧有一些儿童会存在发展出精神障碍的风险。事实上，研究已表明儿童受伤前的行为与随后的精神障碍有高度相关。因此，头部的打击并不是导致创伤性脑损伤的唯一因素；在发展过程中的所有环境，包括个体和人际因素都在起作用。

2. 创伤后的心理病理

研究也显示了在儿童创伤性脑损伤之后，有高概率出现新的精神障碍。精神病理与严重创伤相关，严重头部创伤（62%～69% 的案例）的儿童出现新的精神疾病是中度头部创伤（20%～24% 的案例）的 3 倍。马克斯（Max et al., 1997）研究了新的创伤后精神疾病问题的概率，并将之定义为在受伤前并没有精神障碍。在 TBI 后的第二年，42 个人中的 15 人（36%）会出现新的紊乱，其中 11 人（26%）在 12 个月以后出现紊乱。表 13-2 描述了在创伤性脑损伤后比较频繁发生的行为问题。

表 13-2　有脑损伤病史儿童的共病行为

有脑损伤病史的学龄儿童普遍观察到的行为问题：
集中注意力困难；
去抑制、冲动、社交不适；
对立违抗障碍；
侵略性 / 愤怒反应；
错误行为的羞耻感缺失；
不能发展出对他人需要和状况的同情；
冷漠；
情绪不稳定和易怒。

抑郁症和 ADHD 是最常出现的精神障碍（Bloom et al., 2001），并且这些紊乱会持续一段时间；此外，还会普遍出现破坏行为，如对立违抗障碍和品行障碍，各种研究已经证实儿童在创伤性脑损伤后会出现这些问题。许多风险因素可以预测那些没有创伤性脑损伤儿童的破坏行为，包括贫穷、产妇抑郁和父母的犯罪历史。更重要的是，那些创伤后障碍的风险因素与非创伤后障碍的风险因素相似（Gerring et al., 2009）。

儿童也可能存在发展出焦虑障碍的风险，以及通过重新体验创伤性事件或者增加对创伤相关刺激的回避受到创伤后应激障碍症状的困扰（Hajek et al, 2010）。扎奇克和格罗斯曼实施了一项前瞻性的研究，发现在 10～19 岁的儿童中，脑损伤与出现焦虑、抑郁和药物成瘾的风险增加有关。

脑损伤造成的人格改变（personality change，PC）也有很多研究报告，目前还被列在 DSM-Ⅳ中。人格改变的特征是持久的人格紊乱，而且被认为与脑损伤的生理影响有直接关系。这种情况的儿童的表现与正常发展的儿童有着显著的偏差（至少持续一年），而不是稳定人格类型的改变。如果没有表现其他的精神障碍，此时才能给出诊断。PC 被描述有五种亚型：不稳定型、攻击型、脱抑制型、冷漠型、偏执型（DSM-5 中由于其他躯体疾病所致的人格改变对应的是这几种亚型）。人格改变在患严重脑损伤的儿童和青少年中是常出现的，但在轻度或中度脑损伤中很少出现（Max et al.，2000）。

持续的儿童脑损伤的研究识别出了精神疾病的三种风险因素：极其严重的损伤、心理危机、损伤前的精神病理。目前这些并不是研究中的仅有的风险因素。

（六）生物学背景

TBI 出现的消极影响主要有三个基本的物理动力：张力（撕裂组织）、压缩（挤压组织）、切断（与另一个组织的摩擦和磨损）。另外考虑的一方面是创伤是否来自加速度（对一个静止的物体的加速撞击，例如，在一场交通事故中头部撞击挡风玻璃），减速（静止的头部遭到一个移动的物体撞击，如棒球棒），回转（头部被扭到一面）或挤压。令人惊讶的是，最后一种创伤类型是最稀有、最严重的，头骨的损伤造成不确定的脑损伤。更让人关注的是由扭曲、撕裂或连接神经细胞的纤维断裂的损伤，被称为弥漫性轴索损伤。

另外，大脑的特定区域对损伤更敏感，无论撞击在何处以及创伤的严重性如何。因此，在大脑的一些区域是有选择性的损伤。其中一个敏感的地方是海马——记忆功能最关键的边缘系统结构。这可以帮助解释为什么创伤性脑损伤最普遍的症状是记忆功能的混乱。

创伤也会带来生化改变，如细胞液中钾离子（神经传递的关键离子）的过量释放。钾离子过量释放可能导致长时间的过度兴奋，以至于伤害细胞新陈代谢功能，使细胞死亡。

最后，脑损伤的影响是来自最初的损伤，包括脑水肿（肿胀）和出血（流血），这两个都会给大脑压力而挤压头骨，从而产生更严重的损伤。缺氧（血液氧含量少）和缺血（血流不通）也可能通过剥夺人体必需的营养元素导致大脑受损。脑组织死亡会使得脑室扩大（空脑内充满液体）造成脑萎缩。另外，创伤后儿童也尤其容易出现损伤功能的癫痫发作。

（七）个体背景

严重的脑损伤对个体能力的所有方面有着广泛的影响。

1. 认知发展

（1）智力

通常头部受伤的儿童会表现出与创伤严重性相应的智力下降的情况。这里也有一个特定的损伤类型，非语言技能比语言技能更易受影响。这可以解释为智力测试中的言语量表评估的是高级的、需要精细加工的知识（晶体智力），而非言语分测试倾向于需要在新异问题中的快速准确的解决能力。创伤性脑损伤儿童也常常表现出心理过程的迟钝，这在完成智力测试中的时间任务时有一定的影响。加工能力的迟钝已经得到研究（Allen et al.，2010）。研究者发现在 61 个患创伤性脑损伤儿童的样本中，所有展现出损伤的情况都与韦氏儿童智力量表 WISC-IV 的子测试有关（Weschler，2003c），而且更高程度的损伤体现在加工速度指数和编码子测试上。

尽管智力分数也许可以随着时间而提高，但是很少能恢复到受伤前的水平。事实上，儿童会在受伤后五年里持续出现损伤。这里有一个不一致的证据是创伤后儿童的认知功能能否预测发展中的新行为；一些研究者曾证实过二者的关系，而其他人还没发现是否有这样的关系存在。

（2）注意

许多研究者发现，创伤后的儿童在维持注意和专注上有困难。在创伤后的几年，这些损伤仍存在并且导致儿童在学校生活上有显著的困难。尽管在文献中也有说明，创伤性脑损伤儿童病前有很高的注意力问题，但仍有大量证据显示它与病后出现的新的注意力问题有关。患有严重创伤性脑损伤的儿童会在病后的十年内表现出一般性的注意缺陷症状。

（3）语言

创伤性脑损伤的儿童经常表现出普遍的语言障碍，具体的损伤也普遍可见，包括的问题有命名、言语流利性、词和句的重复、写作。参与发展的受损的言语类型成分与创伤时期出现的儿童语言发展的技术有关。

（4）记忆

记忆问题是在创伤性脑损伤儿童身上最普遍的损伤之一，尤其是在学习新的信息上。糟糕的注意力可能会干扰儿童最初编码到记忆中的信息。莱温等人追踪研究了创伤后两年的工作记忆（Levin et al.，2004）。报告显示了一系列言语记忆的损伤，这些损伤也倾向于与额叶及颞叶周围严重的损伤有关。

（5）运动和感觉影响

创伤性脑损伤的影响包括疲劳、运动协调能力的下降、视觉和触觉问题、头疼，而所有这些都会影响问题的解决、学校表现和情绪。在儿童和青少年患创伤性脑损伤之后，运动功能的恶化是最普遍的临床表现，主要问题有平衡问题、手的灵活度和球技。研究表明，创伤性脑损伤的儿童和青少年的运动通路与区域的结构改变及运动功能有关（Caeyenberghs et al.，2011）。

（6）执行功能

组织、判断、决策、计划和冲动控制问题可以经常在创伤性脑损伤儿童身上看到，并且也经常是额叶受损的结果。

我们之前讲到的认知变化都可能对学习有不利的影响。受损的学习新知识的能力、具体思维和语言障碍都会阻碍学习的进步，而分心、控制和决策的冲动可能使儿童在教室出现更多的行为问题（Mangeot et al.，2002）。

2.情绪发展

轻度的创伤性脑损伤会伴随儿童典型的情绪变化。在头部受伤后易怒和糟糕的挫折容忍力也可以在儿童身上频繁出现。严重创伤的儿童表现出长期的和更显著的消极情绪与行为问题，这可能会导致一些症状，如品行障碍。非常严重的儿童可能会表现出严重的去抑制情绪和行为，这与前额叶的损伤有关，前额叶对自我控制和良好判断力的训练很关键。

创伤性脑损伤的儿童也频繁地表现出抑郁、退缩和冷漠。这种消极情绪可能与他们意识到自己由于脑损伤造成的缺陷有关，也可能和受损的位置本身有关。右半球损伤的儿童更易产生创伤后抑郁（Walker，1997）。

3. 自我

儿童对创伤的洞察以及创伤对其自我感受的影响会随着年龄而变化。较小的儿童对创伤表现出典型的否认和对其影响的不关注，而 9 岁的儿童和更大一点的儿童报告了更消极的自我概念，并意识到他们的生活和能力已经受到了创伤的影响。

（八）家庭背景

当努力去面对新的和困难的挑战并解决儿童的异常行为时，家庭可能会体验到不断增加的压力。他们不得不改变之前的生活方式。例如，财力开始用于医疗而非度假，或把家里改造成适宜创伤复原的环境而非游戏室。适应的和有爱的家庭能够应对这些压力。而刻板和充满愤恨的家庭则有功能失调的风险，与此同时这种家庭氛围还会阻碍儿童的复原。耶茨等人（Yeates et al.，2010）发现一个有爱的和支持性的家庭环境可以作为缓冲剂，缓和创伤性脑损伤儿童的心理社会影响。

（九）社会背景

儿童的创伤性脑损伤和心理缺陷及社会问题解决困难有关，会潜在地干扰心理社会和友谊的发展。儿童增加的冲动性、易怒性和侵略性可能也会危害同伴关系。对老朋友变得不耐烦，又很难建立新的友谊。因此，社会孤立的风险会增加。这个可能会产生长期的社会性后果。麦金利（McKinlay et al.，2010）发现，在学龄前儿童中，轻微的创伤性脑损伤与青少年期的心理社会发展的消极影响有关。TBI 可能会干扰认知功能——这是社交的关键，如实际的交流。比如，一项研究表明，在经历中度到严重的头部创伤后，青少年在认知情绪和理解社会线索上存在困难，这会导致建立社会关系的困难（Kersel et al.，2001）。他们更可能表现出外向性的行为（侵略性、多动性的表现）而非内化的行为（退缩），这使得他们不容易交朋友。

（十）发展过程

关于脑损伤的结果有许多不同来源的变异性。我们已经讨论过其中两个：损伤的类型和严重性。关于损伤的类型，正如我们所看到的，穿透性创伤的影响与闭合性头部创伤不同。对头部损伤恢复的预测与创伤的严重性有关，正如我们知道的，昏迷的持续时间是严重性的重要指数；持续时间越短，恢复得越完全。然而，轻度创伤性脑损伤儿童的影响是有争议的，一些研究者发现这仍会导致一些缺陷，而另一些研究者没有发现缺陷（Fay et al.，2010）。大多数以前的研究已经检测到了损伤后小于 5 种的潜在后果，因为在发育过程完成之前需要很长时间，所以轻度创伤性脑损伤的影响可能要比之前报告里讲的持续的时间长。然而，这里有大量变异的来源，包括一些器质性和其他心理因素。

受伤时儿童的年龄也是另一个重要的因素。学龄前儿童和婴儿尤其处于严重和长期影响的风险中。为什么会这样？回忆一下，TBI 会影响学习新东西的过程，儿童发展早期要学习大量新的东西。较大的儿童可能会倒退回一些已经学会的知识技能来补偿损失，用更广阔的认知和适应能力去帮助他们发展其他策略解决由创伤性脑损伤产生的挑战。在童年的早期或中期受伤，表现出的行为和心理社会问题比智力与生理问题对成人的生活质量有更大的消极影响。技能的发展状况也会受到重要影响，正在获得过程中的技能比已经发展好的技能更易受损伤。

另外一个考虑的因素是复原率。大多数的复原发生在创伤后的第一年。因此，一个功能改善得越快，恢复到创伤前的水平的希望越大。这些要由事故的特征和创伤的类型来决定。

最后，我们还要考虑自我和人际变量。儿童的个体特征与他们和家人及同伴的人际关系有助于脑损伤后的恢复。因此，儿童和家庭的适应功能对减轻创伤的影响有显著的作用。

大量的风险和保护性因素已经被确定。例如，否认创伤可能对儿童来说是帮了倒忙，尤其是当其他人过度关注创伤和非支持性的与儿童创伤之前的功能水平进行对比时，他们会更严重。信息的缺乏是另一个关键因素。经常地，儿童和他们的家人并不是很了解 TBI，或者正常的恢复过程——事实上，许多报告都提到，没有人向他们解释过创伤，也不知道在功能恢复的过程中有哪些是可实现的期待。由于不知道准确的信息，家庭成员很容易有不切实际的悲观或期望。学校和老师也缺乏对 TBI 与它的后遗症的了解，这也会加剧儿童挫折感、糟糕的自我形象和错误行为的出现。

进一步说，在创伤发生后，社会支持网络应该立即团结起来包围危机，但随着时间的推移，家庭是孤独而没有被支持的。当创伤十分严重时，儿童会发现同伴关系变得痛苦，同时由于外貌、人格和认知水平都发生了显著变化，导致儿童看起来完全像变了一个人。

最后，创伤性脑损伤的青少年还有显著的药物成瘾风险。在一些案例中也有报告药物成瘾先于创伤。例如，创伤性脑损伤青少年是在迷醉后驾驶。然而，在创伤性脑损伤之后的影响中，包括对判断和冲动控制的损伤，导致青少年很容易受消极同伴榜样作用的影响。创伤性脑损伤的幸存者用非法药物来自我疗愈他们的抑郁和低自尊。在对童年时期患创伤性脑损伤的成人的生活质量感知（quality of life，QOL）调查中，与预期相反的是，在 130 个样本中只有 17% 的人报告对生活质量满意（Anderson et al.，2010）。糟糕的生活质量与感知到的低独立性有关，年纪小的严重的创伤性脑损伤儿童不能够完成学业。重要的是，感知独立性的水平与 QOL 的评分是一致的。

（十一）干预

对创伤性脑损伤的年幼生还者的干预必须是对创伤影响的多层面的干预。干预要从细心的评估开始，记录儿童的优势、损伤、特殊的需求。学校的干预尤为重要，让儿童能够顺利地过渡到教室学习，并且帮助老师设计代偿性策略确保儿童继续以积极的态度完成教育（Cave，

2004）。心理教育、咨询和社会服务也会为父母及整个家庭提供建议。在对儿童个体的工作上，可以集中帮助他们与创伤后的情绪达成协议或者学习可执行的策略解决受伤后的变化（Hooper et al.，2001b）。例如，认知复原涉及：①分析和重构儿童的日常生活，以尽量减少挫折和失败的感觉；②提供视觉线索，如活动的照片，去帮助儿童保持组织性和完成任务；③事先排练常规的每一个步骤，反复复习儿童的表现。在一些支持机构，医疗工作者发现当儿童降低攻击性和其他不适应的行为时，他们能够显著地帮助儿童改善任务表现。

应急管理程序和传统的应用行为分析（applied behavior analysis，ABA）已经被证明有效。ABA 通过刻意操控结果来管理和修正行为。实际上，应急管理程序是根据操作性原则，将积极或消极结果行为增加或减少的频率作为积极或消极影响的结果。

二、慢性疾病

在美国大约有 10 000 000 名患慢性疾病的儿童。在这个群体中，10% 的儿童是受疾病影响的（Melamed，2002）。严重疾病的儿童和他们家庭的压力源有很多：疾病和治疗过程的疼痛、住院治疗、家庭生活的瓦解、同伴关系和学校生活等。过去的关注点是慢性疾病的消极方面，及预期的对儿童心理幸福感产生的消极后果。事实上这些关注并没有全面，这促使研究转向关注保护性因素，如儿童的复原力、家庭成员的资源和适应力，以及健康关爱机构专业的支持。

青少年慢性疾病的影响是在儿童心理学（比如我们所熟知的行为治疗）领域内研究的（Ammerman & Campo，1998；Ollendick & Schroeder，2003）。儿童心理学家认为疾病和健康是生物因素和心理、社会、文化因素相互作用的结果。因此，儿童心理学符合我们现在熟悉的相互作用模型。因素的交互作用在疾病过程的每个阶段都会有表现，从病因到治疗，但是在不同阶段不同的因素占主导。另外，这个领域还包括涉及预防和健康维护的心理与社会变量。最后，儿童心理学主要关注慢性疾病儿童，虽然在以前患有慢性疾病是致命的，但现在儿童的寿命越来越长。

（一）慢性疾病的定义和特点

1. 慢性疾病的维度

通常，持续三个月以上的疾病（疾患、障碍、残疾）被称为慢性疾病（Fritz & McQuaid，2000）。慢性疾病与急性疾病在很多地方都不同。急性疾病可以很快被治愈，但慢性疾病可能会用超过数月、数年，甚至一生的时间去治疗。另外，医疗人员可以接管照顾急性疾病儿童，但是随着慢性疾病儿童父母的年龄增长，患病儿童在照管自己的情况中要承担大部分责任。

慢性疾病包含着多种障碍，对儿童的心理发展有不同的意味。表 13-3 呈现了许多在躯体疾病中可以被分类的维度，每个都可能对儿童有着不同的影响。例如，相比于一个身体外貌不会受到疾病影响的男孩，一个脑瘫的男孩在走向教室时就会发现他有明显的毁容。相比于患有癌症女孩的同伴用同情和支持来与她相处，一个患有高度污名化疾病的女孩如艾滋病则会导致同伴对她的嘲笑。

表 13-3　儿童慢性疾病的维度

持续时间	短暂	……………………………	长期
发病年龄	先天性	……………………………	后天获得
活动限制	无	……………………………	残疾
可见	不可见	……………………………	高度可见
生还的期望	通常的寿命	……………………………	立即危及生命
流动性	未受损伤	……………………………	严重受损伤
心理社会功能	未受损伤	……………………………	严重受损伤
认知	未受影响	……………………………	严重受影响
情绪 / 社会性	未受影响	……………………………	严重受影响
感觉功能	未受损伤	……………………………	严重受损伤
沟通	未受损伤	……………………………	严重受损伤
过程	稳定	……………………………	渐进
不确定性	偶发	……………………………	可预期
歧视	无	……………………………	严重歧视
疼痛	无	……………………………	严重疼痛

资料来源：Perrin et al.，1993。

2. 慢性疾病的患病率

儿童慢性疾病的患病率变化很大，这取决于样本是来自社区还是医疗机构，是基于父母的报告还是医疗记录，以及疾病是如何被定义的。因为统计方法上的不同，患病率在 5%～30%。然而，值得一提的是慢性疾病的患病率在上升，不过讽刺的是这是因为医疗条件的改善使在早些年很难存活的儿童寿命有所提升。事实上估计有 90% 出生时患有慢性疾病的儿童可以活到 20 岁（Pinzon，2006）。其中包括早产儿存活率的上升，这些儿童比新生儿更容易出现先天缺陷。

慢性疾病的增长也可能是儿童肥胖的增长而影响健康的。WHO 曾估计 2010 年有近 4300 万 5 岁以下的儿童体重会超重。肥胖在工业国家比非工业国家更普遍，患病率最高的是北美、欧洲和西太平洋地区，在儿童中的患病率高达 30%。

美国一个大范围的人口健康调查报告了许多种儿童的慢性疾病的患病率（Bethell et al.，2011）。通过对 91 642 名 18 岁以下儿童的调查数据分析，估计 43% 的美国儿童（3200 万）至少患有 1/20 的慢性疾病，当涉及超重、肥胖或发育迟滞时儿童的比例将会增长到 54.1%。其中 19.2%（1 420 000）需要特殊健康关照，这一比例自从 2003 年已经增长了 1.6%。

3. 儿童普通慢性疾病

（1）哮喘

哮喘是一种呼吸系统疾病，是美国非常流行的儿童慢性疾病。在 2007 年，560 万名学龄儿童和青少年（5～17 岁）被报告患有哮喘；有 290 万名在之前发作过哮喘（ALA，2009）。也可以这样认为，在一个有 30 个儿童的班级里平均有 3 个儿童有哮喘。哮喘是急诊和住院最频繁的原因，也是导致儿童缺席学校的原因（Defrance et al.，2008）。哮喘时，气管、支气管和细支气管的高反应性与高敏感性会产生狭窄的空气通道，导致肺功能降低。这个结果导致哮喘间歇性发作和呼吸短促，被称为呼吸困难。长时间的发作可能会有生命危险，也可能需要急救。

（2）囊性纤维化病

囊性纤维化病（cystic fibrosis，CF）是普遍发生在白人中的一种遗传病；每 25 个欧洲裔美国人中就有一人携带着 CF 等位基因。爱尔兰是全世界 CF 患病率最高的国家：每 1000 人中有 2.98 人。在欧盟，2000～3000 个新生儿中有一个会受到 CF 影响。在美国 CF 的患病率被报告为每 3500 个新生儿中就有一个。每个 CF 个体一定会遗传两个囊性纤维化基因缺陷，分别来自父母双方。每次两个携带 CF 疾病者孕育胎儿，就有 25% 的概率传递囊性纤维化病给他们的孩子；50% 的概率儿童会成为 CF 基因携带者；25% 的概率儿童不是 CF 基因携带者。大部分 CF 儿童会在两岁时被确诊。CF 是由可以产生异常黏稠液体（黏液）的缺陷基因造成的。黏液在肺的呼吸通道和胰腺中产生，胰腺是帮助消化和吸收食物的器官。黏液的聚集会导致危及生命的肺部感染和严重的消化问题。CF 是一种破坏性的疾病，肺部和胃肠功能障碍会缩短儿童的平均预期寿命。然而，医疗已经改善，所以有生还的可能，许多患 CF 的儿童可以期待活到成人年纪。患 CF 的儿童对家庭有着强烈的需求，家庭成员必须要小心地监控儿童摄取食物，确保符合医疗要求，尤其是酶替代的摄入。对父母尤其具有挑战性的任务是儿童需要父母合作参与密集的日常物理治疗，包括叩击胸部让其放松并且排出多余的液体。

（3）脑瘫

脑瘫（cerebral palsy，CP）是一组涉及一系列发育中的大脑受损，并通常在子宫中或生产过程中产生的障碍。患病儿童有行走和移动控制的困难，很难去自主移动，行动僵直；说话能力也受损，部分儿童可能会出现心理发育迟滞。CP 的患病率在过去的 20 年里已经增长了 15%，与增长的早产儿的存活率相同。早产儿出生的体重小于 1500 克时，患 CP 的概率与那些体重超过 2500 克或更重的新生儿相比高达 70%（Johnson，2002）。研究显示，99% 患轻度脑瘫的儿童可以活到成年（Strauss et al.，1998）。目前这种疾病面临的挑战是其严重的受损程度。一些人在轮椅上可以给自己导航，利用电子设备，如语音合成器就能够和其他人进行口语交流。脑瘫不是一个渐进的状态，这就意味着它不会随着儿童的成长而变得更糟糕。然而，它还是给身体带来了沉重的负担，对后面的生活造成了影响。

（4）糖尿病

Ⅰ型（胰岛素依赖）糖尿病是童年时期最普遍的内分泌失调疾病，在美国 18 岁以下的群体中，平均每 800 个人中就有一人患此病。糖尿病是一种慢性疾病，当胰腺不能生产足够的胰岛素（它是代谢碳水化合物的必要成分）时就会造成终生失调。当胰腺里生产胰岛素的细胞毁坏时自身会出现免疫过程。然而，这种自身免疫过程的自发机制还不清楚，产生的结果是具有破坏性的：个体可能会处于一些风险中，如失明、肾功能不全、神经损伤、心脏病、肢端坏疽从而导致需要切除末端，甚至会昏迷或死亡。因此遵守医疗方案事关重大。

对儿童的治疗非常需要父母的参与。血液中的葡萄糖必须每天都要监控以避免低血糖（血糖太少）或高血糖（血糖太多）。胰岛素的剂量要根据这些来调整。血糖可以通过手指的一滴血液样本来检测确定，将血液滴在一个长条上，颜色发生变化，然后和显示葡萄糖含量的颜色表对比。胰岛素依赖的儿童每天需要注射三次以上的胰岛素，并且要注意饮食和适当进行身体活动。

（5）镰状细胞病

镰状细胞病也被称为镰状细胞贫血（sickle-cell disease，SCD），是一种常见染色体隐性疾病，导致血液中大量畸变，包括不规则形状的血小板。它是一种在出生时就表现出来的一种基因疾病。儿童获得来自父母双方的镰状细胞基因便会遗传这种疾病。在美国这种疾病的患病率大约是 1/5000。然而，在非裔美国人中患 SCD 的概率是 1/500。SCD 通常能够很早发现，发病过程包括自主感染、骨头和关节激烈的反复疼痛，这是因为血管细小导致血管闭塞。患病的人在出生第一年就会开始出现症状，通常是在五个月时。每个人患 SCD 的症状和并发症不同，等级从轻度到重度。

（6）幼年型类风湿关节炎

幼年型类风湿关节炎（juvenile rheumatoid arthritis，JRA）是另外一种慢性疾病。儿童关节会肿胀、疼（轻度或剧烈的疼痛）。这是一种高遗传性的疾病。一般是在 16 岁或年幼时发病，对发育有很大的影响，也会影响学校生活、同伴和家庭关系。JRA 几乎不会有致命性，患有严重关节炎或类风湿病的儿童很可能伴有慢性疼痛和糟糕的学校参与，也很有可能残疾。患较轻关节炎的儿童在很长一段时间内不会有症状表现出来。因为这种疾病不会造成功能损伤和畸形，很多家长和儿童最终都会情绪稳定，缓和下来。

（7）癌症

癌症是成分混杂的一种疾病，最普遍的特征是细胞恶性增殖。血液系统恶性肿瘤是一种造血组织发生癌变的疾病（白血病和淋巴瘤），大约占癌症一半的比例；大脑和中枢神经系统的肿瘤构成了第二大群体；具体的组织损伤和器官系统的肿瘤，如骨头或肾脏，排第三位。急性淋巴细胞白血病（acute lymphoblastic leukemia，ALL）在儿童中是最普遍的，占儿童癌症的 39%。尽管患病率很低，但 16 岁以下因疾病死亡的群体中癌症占大多数。然而，令人振奋的是，随着更有效的医疗的发展，癌症存活率正如期上升。

然而，癌症的治疗是非常痛苦的，具有侵入性，并且要持续很久。例如，治疗急性淋巴细胞白血病这个艰巨的任务包括四个阶段：第一个阶段是消除所有白血病细胞；第二个阶段是用放射治疗阻止癌细胞扩散到中枢神经系统；第三个阶段是巩固阶段，是去消除那些有可能有药物阻抗的细胞；第四个阶段是持续 2～3 年的保养阶段。过程大多都很痛苦，包括刺手指、肌肉注射、腰椎穿刺、骨髓穿刺（用一根很大的针穿到臀部和骨髓中）。还有，治疗本身是有毒害性的，因此是有损伤的（吐、腹泻、疼痛）或会导致社会性尴尬（掉头发、体重增加）。

（8）肥胖

肥胖症不会从出生就显现出来，而被认为是慢性健康疾病。它与早产儿的死亡和成年后残疾的高患病情况有关。肥胖还会增加一些其他的风险。肥胖儿童可能会有呼吸困难，骨折的风险也增加了高血压、心血管疾病、抗胰岛素性和心理问题（Sanderson et al.，2011）。在中低等收入国家的儿童更可能在胎儿期、幼儿期和童年时期营养不良。与此同时，他们会暴饮高脂肪、高糖分、高盐分、高能量、微量元素含量低的食物，因为往往这些食物的花费会很低。这种饮食模式加上低水平的身体活动，低营养问题还没被解决，却已经导致儿童急剧肥胖。超重和肥胖并不会传染，并且是可预防的。支持性的环境和交流是影响人们选择食物的根本。选择更健康的食物和规律的饮食是最简单的方式，可以由此来预防肥胖。

（9）民族和社会差异

慢性疾病的医疗资源并不是均匀分布的。在美国，少数民族儿童比白人儿童有更大的健康负担和更少的收入。这些差异有可能有些是先天的，有些是因为基因对某类群体（囊性纤维化病和镰状细胞疾病）的影响。其他一些疾病的患病率可能被潜在的相关外部因素影响。例如，贫穷被证明会增加儿童在童年时患哮喘的风险（Nikiéma et al.，2010）。表 13-4 展示了儿童慢性疾病的差异。

表 13-4　美国不同种族慢性疾病儿童的医疗不平等

好的健康和卫生医疗	
白人儿童 低脑瘫、HIV/AIDS、脊柱裂患病率 几乎没有哮喘急诊或住院情况	较低的哮喘和糖尿病死亡率 时间更长
差的健康和卫生医疗	
黑人儿童 高脑瘫患病率 患法乐式四联病、大动脉转位、唐氏综合征、I 型糖尿病、创伤性脑损伤、急性白血病几乎不能幸存	西班牙裔儿童 儿童有较高的脊柱裂患病率 高 HIV/AIDS 和抑郁症患病率 对 I 型糖尿病有较差的血糖控制 患急性白血病几乎不能幸存

资料来源：Berry et al.，2010。

（二）心理病理学风险

一个基于大量人口的调查显示，患慢性疾病的儿童有更大的患精神疾病的风险（Fritz & McQuaid，2000）。调查表明，精神疾病的范围包括内化障碍到外化障碍，覆盖了整个谱系，抑郁和焦虑尤其普遍。另外，患慢性疾病的儿童比他们躯体健康的同伴更可能发展出社会和学校问题，并且自我概念差，使得他们在发展过程中有很高的风险患上严重的精神疾病。

尽管很多年轻人能够很好地面对慢性疾病的挑战，但在美国的样本中，患心理疾病并发症的人数占 20%，是健康年轻人的两倍（Allen et al.，2010）。卡普兰等人（Caplan et al.，2004）列出一个研究癫痫问题的例子。他们研究了 60 名复杂局部癫痫儿童和 40 名一般性癫痫儿童（通过 3cps 尖峰和脑电图的电波定义）。他们发现，局部癫痫儿童中 63% 患有精神疾病，而一般性癫痫儿童中 55% 患有精神疾病。其中破坏性精神障碍占 25%～26%，焦虑或其他精神障碍占 13%，同时这两者的共病占 14%～16%。患有癫痫的儿童还显示了行为问题的高发率。

关于情绪和行为问题的特异性陈述非常少。不过，海欣（Hysing et al.，2009）的研究表明，不同的疾病与特异性的问题有关。例如，患哮喘的儿童往往会更多表现出外化障碍，而内化障碍则与他们的同伴的情况相似。已经有报告显示患神经症的儿童比患其他慢性疾病的儿童更容易出现心理不适应，以及更容易出现某些特定的情绪和行为问题。患有癫痫的儿童比其他慢性疾病的儿童有更多的社交和注意问题（Rodenburg et al.，2005）。

交叉参照在研究不同障碍和障碍群体时很少用。例如，尽管糖尿病和囊性纤维这两种病都是严重的终生疾病，需要必要的日常药物治疗、规律的个人运动和医疗复查，但是在关于这两种病的出版物上很明显没有使用交叉参照。

尽管不是所有患慢性疾病的儿童都会发展出精神紊乱，但依然有很高的风险。当一个接受药物治疗的儿童引起心理健康专业的关注时，DSM 的多轴系统可以让医生从三方面考虑药物和精神间的相互作用。

第一，在轴Ⅲ上记录的疾病信息被称为一般医学状况，这会提醒医生考虑儿童的精神功能如何以及如何治疗会有效果。

第二，医生必须评估儿童是否符合临床疾病并发症的标准以及超出躯体疾病的影响。在一些案例中，精神疾病会出现在疾病之前。例如，品行障碍的儿童又患上了关节炎。在另一些案例中，精神疾病是在治疗后出现的，也有可能是因为药物产生的。例如，是否是患 CF 时的短期悲伤发展成了严重的抑郁？是否是患有癌症的儿童害怕扎针而泛化成了恐惧症？是否是糖尿病儿童的不依从发展成了对立违抗障碍？在每个案例中，医生必须了解儿童的行为是否符合所有的共病精神病诊断标准，包括它是否对儿童功能的干扰已经达到了临床的显著程度。

第三，医生可能要考虑是否会有一个心理因素影响了躯体情况的轴Ⅰ诊断（见表 13-5）。这个诊断反映了目前的心理或行为问题对疾病治疗的过程和结果有显著的不利影响。例如，共病情绪问题，如抑郁或焦虑，可能会加剧躯体情况的消极影响或干扰儿童配合治疗。心理问题可以采取完整成熟的轴Ⅰ和轴Ⅱ诊断，或者可能表现出亚临床症状、人格特点、不适当的问题解决策略，以及对情绪压力的易感性，而这些问题都会使躯体情况变得更复杂。这个诊断也向医生表明是否有社会文化因素，如种族或宗教，会影响儿童的治疗过程或治疗状态。

（三）慢性疾病中心理病理学的发展过程

少有的追踪研究发现，慢性疾病儿童的心理不适应是相对稳定的。这种情况也有例外，即涉及中枢神经系统的障碍时，随着时间的推移往往非常稳定。慢性疾病在不同的生命阶段有不同的影响，疾病与阶段的冲突问题相互作用（Fritz & McQuaid，2000）。缺乏特定年龄的流行病学数据是有关慢性疾病儿童特别是青少年政策和规划进行考虑的一个因素。许多关于慢性疾病的调查和报告没有意识到青少年是青少年群体（0～14 岁）到成年人（15～34 岁）的发展性阶段。

表 13-5 DSM-Ⅳ-TR 关于心理因素影响躯体情况的诊断标准

1. 存在躯体情况（在轴Ⅲ编码）。
2. 心理因素以下述方式之一对躯体情况有不良影响：
（1）心理因素影响躯体情况的进程，表现为心理因素与躯体情况的发生、恶化或延迟恢复在时间上有密切关系；
（2）心理因素妨碍了躯体情况的处理；
（3）心理因素构成对个体健康的附加威胁；
（4）与应激有关的生理反应诱发躯体情况的症状或使其恶化。
根据心理因素的性质选择名称：
影响的精神障碍（指出躯体情况）（例如，轴Ⅰ的重性抑郁障碍会延迟镰状细胞病发作及疼痛的恢复）；
影响的心理症状（指出躯体情况）（例如，抑郁症会使外科手术的恢复延迟；焦虑障碍会使哮喘恶化）；
影响的人格特征或应付方式（指出躯体情况）（例如，对糖尿病需要注射胰岛素的病理否认）；
影响的适应不良的卫生行为（指出躯体情况）（例如，过度进食、缺乏运动、不安全的性接触）；
影响的与应激有关的生理反应（指出躯体情况）（例如，应激使高血压、心律失常和紧张性头痛恶化）；
影响的其他或未标明的心理因素（指出躯体情况）（例如，人际、文化或宗教因素）。

资料来源：DSM-Ⅳ-TR，2000。

1. 发展的层面

临床儿童心理专家喜欢帮助儿童的父母去询问医生问题：躯体疾病是如何与传统的紊乱，如焦虑障碍、抑郁症和品行障碍，相关？什么传统治疗会对儿童有益？尽管这些是合适的问题，但它们太狭隘以至于不能捕获躯体疾病儿童的基本特点。我们偏爱问发展心理病理学专家的问题有：在不同的发展水平儿童的经历是什么，以及如何理解疾病？这些是如何影响内在和外在变量的（尤其是家庭）？简言之，我们研究的是疾病的发展性心理病理。

例如，回到图1-2，图中的可视化采用了一个有躯体疾病的儿童，而不是健康儿童。躯体疾病会在整个背景中产生什么样的影响？在个人背景中，它是如何被理解和应对的，它是如何影响儿童的人格和适应性的？在人际层面，疾病是以哪种方式改变父母和同伴关系的？在社会文化层面，生病的儿童是如何在学校和职业中学习的？文化价值是如何影响对疾病的知觉以及管理的？对于列出的人际变量我们必须加入专业的健康关爱，如儿科医生、护士、治疗师，就像我们必须在社会机构中加入医院。

最后，最重要的是，我们必须要问，这些变量是如何随时间变化的？另外，我们应该知道是什么风险因素迫使发展偏离了正常，以及什么保护性因素可以对抗这种偏离。

（1）早产儿

由于早产，先天缺陷，以及复杂的慢性疾病，医学上非常脆弱的婴儿在出生后的前几个月有致命的危险。他们经常需要依靠医疗设备治疗和长期住院。父母会感受到照顾有严重疾病儿童、处理关键医疗事件和儿童未来的不确定性的压力。这些挑战发生在建立母亲角色和亲子关系的关键时期。考虑到依恋和照顾对儿童今后的健康与发展的重要性，学习更多关于慢性疾病对儿童早期依恋的影响至关重要。然而，很少有研究关注和解决慢性疾病儿童与父亲依恋的问题。研究集中在解决母亲成就角色（maternal role of attainment，MRA），以及早产儿母亲角色身份扩散和实现为人父母能力的严重延误问题上（Miles et al.，2011）。

（2）婴儿和学步儿童

慢性疾病的医疗管理包括和家长分开，以及具有侵入性、痛苦的医疗程序可能会干扰婴儿安全依恋、人际信任和自律的发展（Fritz & McQuaid，2000）。1~4 岁的儿童对住院最严重的反应有伤心欲绝的哭泣、忧虑、对躯体症状的抱怨，以及退行到先前完成的发展水平上，如如厕训练。在儿童进入学步期时，慢性疾病可能会干扰家庭外的社会化。对儿童活动限制以及反复住院，限制了他们发展早期同伴关系中的协商技能和经验。随着著名的"两个麻烦"中消极主义的增加，儿童对必要的医疗程序的不服从行为也会增加。在这个时期，家长的一个挑战是抵制认为儿童是脆弱的或者虚弱到不能接受适当限制的感觉。

（3）学龄儿童

慢性疾病的学龄儿童极易受学校和同伴的消极影响。然而除了那些中枢神经系统有障碍的儿童，大部分有躯体疾病的儿童的智力没有缺陷，他们可能有一些和他们疾病相关的细微的神经损伤。一些治疗，如辐射可能对认知过程和学习有持久的影响。

由于疾病或治疗频繁地缺席学校生活会干扰儿童的社交和学习能力的发展。儿童可能无法参加常规的同伴活动。例如，糖尿病儿童不能参加朋友的生日聚会或者吃一晚上的战利品。然而，在这段时间的一个重要变量是有躯体疾病的儿童同伴的反应。当同伴表现出支持和接受时，慢性疾病儿童就不会经历朋友的缺失。

认知发展水平可能为学龄儿童提供了一个奇妙的保护性因素。童年中期的具体规则导向思维培育了一个信念，要严格地遵从医疗方案，这个信念可以提高对治疗的依从度。

（4）青少年

对于关注自主性发展，形成积极自我形象，和发展同伴与恋人关系这些阶段突出任务的青少年来说，慢性疾病是一个挑战。慢性疾病的青少年出现与同伴不同的躯体形象的自我意识，对躯体形象的担忧会干扰恋爱关系的发展。

越来越多的证据显示，慢性疾病的青少年更可能出现危险行为（吸烟、酗酒和药物滥用），即使不比他们的健康同伴的频率高，至少频率相当。然而，慢性疾病青少年的一些行为存在增加不利健康结果的潜在风险。烟草在患有哮喘和糖尿病的年轻人与他们的同伴中是一样被普遍使用的，酒精也被认为是在慢性疾病的年轻人中使用最频繁的物质（Sawyer et al.，2007）。

青少年中一个独特的风险是他们通过否认疾病和反抗治疗方案的形式尝试去坚持自己的独立性。例如，有关糖尿病的研究显示，一般父母开始让青少年承担管理疾病的责任时，青少年不会对此做反应。在其他慢性疾病包括癌症和哮喘中，青少年的不服从性也同样增加。墨菲等人（Murphy et al.，1997）发现，患糖尿病服从性差的青少年与他们身体的消极知觉有关，他们知觉到不能改变健康状况，并且这个消极事件是由外力造成的，而非他们自己决定的。

保护性因素的另一方面，青少年的认知发展能够提供有效和复杂的策略去应对慢性疾病。例如，青少年比年幼儿童更能理解可控和不可控压力的区别，能够使用一些策略（尝试调整他们现在的情况来改变现状），或去适应他们的疾病。

（四）生物学背景

通常来说，疾病类型和心理适应不存在关联，一个例外是中枢神经系统或脑损伤，儿童展现了更多的行为问题、糟糕的同伴关系和学校问题。

令人惊讶的是，疾病的严重程度并不经常与行为问题的增加有关。然而，这里也有例外。严重的中枢神经系统损伤对同伴关系有不利的影响，不管如何对严重性进行操作性定义，即所需的医疗干预程度，功能障碍如行走与不可走动，神经心理损伤或者在常规学校学习特殊学生课程。患有三种及以上的严重损伤的儿童在社会生活中有很多限制，再加上智力低于85分、行走问题和肥胖，将变得尤其不利（Nassau & Drotar，1997）。另外，有研究者发现患病的时间和适应有相关关系，儿童患病时间越长，面临的适应问题就越多。

（五）个体背景

儿童对疾病的反应对疾病的过程会有显著的影响。儿童对疾病的适应比对疾病本身的特征知觉更加强烈。感知疾病的压力可以预测焦虑和抑郁的增加与低自尊。低自尊更加促进不良适应的出现，增加抑郁和行为问题。儿童的焦虑水平尤其重要。焦虑和压力会加剧一些障碍的症状，如增加哮喘发作的频率和强度。

儿童的发展水平对儿童对疾病的理解和反应有重要影响。我们将会从疾病的两方面来探索认知因素：对疾病本身特点的理解和对疼痛的理解。

1. 认知发展：儿童对疾病的理解

一个儿童对疾病的适应似乎会被他对疾病的理解所影响，如什么引起了疾病，一些疼痛和不愉快的治疗是如何有用的。正如我们所知，儿童的认知发展随着年龄发生变化。除了一些例外，研究表明对疾病的理解和解释会随着皮亚杰的认知发展阶段而变化（Harbeck-Weber & Peterson，1993；Thompson & Gustafson，1996）。

（1）前运算阶段

前运算阶段，思维依靠幼稚的知觉——严格意义上来说，只相信看到的。因此在这一时期，知觉到的疾病的原因往往是外部事件、物体或人。学龄前儿童会将疾病和之前的经验相联系。这些原因对儿童是遥远的（感冒是由树引起的）或在物理上是接近的（当某个人离你近时你感觉冷）。你就会立即看到，学龄前儿童开始理解传染性的观念，他们的想法还只是处于单纯的水平，他们不理解为什么接近后会得病。

最后，这个阶段对因果关系是困惑的。例如，学龄前儿童会认为肠道蠕动是因为想上厕所或者呕吐会导致胃痛。

（2）具体运算阶段

童年中期儿童始终关注外部事件，他们能够理解传染的概念，有害物质导致疾病。例如，和一个脏玩具玩耍就会感冒。在这个阶段之后，儿童开始用内部解释疾病，如吞咽或呼吸一些东西会影响身体内部。总之，儿童能够推断：不只能感知物体是深灰色的，还能推断物体的品质（有害的）会导致疾病。而且，无形的东西（细菌）在疾病中起着一定的作用。

（3）形式运算阶段

青少年能从两个水平来理解内部原因。一是他们能够从身体器官的功能来理解生理性的因果原因；二是他们能够理解心理状态如害怕是原因。因此，疾病是有多种原因的，大量的内部和外部因素相互作用。最后，青少年能够理解抽象原因如"营养不良"。

然而，这个假设可能是错误的，因为形式运算往往出现在青春期，那么所有的青少年都会对疾病原因有一个复杂的抽象概念，但情况并非如此。克里斯普等人（Crisp et al., 1996）研究经验对理解疾病原因水平的影响。他们称没有疾病经验的为"新手"，有很多经验的为"专家"。然后他们比较了"新手"（7～10岁）和"专家"（10.7～14岁）在前运算阶段、具体运算阶段或形式运算阶段中的解释是否具有因果关系。他们的数据分析显示，经验确实影响理解水平。然而，让我们感兴趣的是，在青春期从具体到形式并不是完全彻底变化的。虽然形式思维有一个统计学意义的显著增加，但具体运算思维仍旧占主导地位。当我们讨论服从药物治疗时，我们也要审思我们的假设，青少年对疾病的想法比实际更加复杂。

2. 认知发展：儿童关于疼痛的理解

（1）婴儿和学步儿童

在一段时间内儿科医生普遍认为新生儿没有疼痛经验，因此，如割礼这样的程序经常不会使用麻药。然而，这个假设是错误的。健康婴儿用大哭和戏剧性的面部鬼脸、紧握拳头、肢体抖动和躯干僵硬来宣告疼痛（Craig & Grunau，1999）。

婴儿对疼痛刺激的反应——如皮下注射——是全球性的，弥散性的，持续的。而且，婴儿既无法定位不安和痛苦的区域，也无法自我保护。在6～8个月时，认知成分很快进入一个场景——婴儿开始表现出预料的恐惧，如看到注射针头。学习和记忆参与到了对疼痛的反应中。并且，婴儿有了计划挡开威胁刺激的初步行为。

在生命的第二年，学步儿童更能表达疼痛反应。他们冲着注射器的方向会迅速尖叫，尝试去保护自己或抽身躲开，以及用语言去表达感受。他们也会扫视母亲的脸，对社会环境表达疼痛经验。随着阶段的进步，对疼痛的反应定位可以更加明确，缓解疼痛的努力更目的化，也更丰富，愤怒的表达和需求援助的言语也有所增多。

（2）学龄前儿童

正如对疾病的理解的情况，关于儿童对疼痛理解的研究深深地受皮亚杰认知发展理论的影响（Thompson & Gustafson，1996）。在学龄时期，疼痛被认为是一个不愉快的物理实体，一个受伤的或溃疡的东西。疼痛是由外部事件引起的，如车祸。儿童应对疼痛是被动的，他们需要依赖具体的方法来缓解疼痛，如药或食物，或转向父母得到照顾。

（3）童年中期儿童

在童年中期，疼痛被认为是一种感觉而非一个东西。儿童的理解在两方面分化。一是疼痛强度、品质、维持的分化；二是身体的疼痛定位更加分化。物理和心理的原因都是被认可的，但是儿童只能考虑其中之一，而不是同时考虑两者。最后，儿童采取更多的主动行为应对疼痛，如通过练习或和朋友说话转移疼痛。理解的水平要基于疼痛的种类。例如，儿童最难理解头疼的原因，最容易理解由注射引起的疼痛。

（4）青少年

在认知上，青少年能够对疼痛和疼痛的原因做出复杂的解释（McGrath & Pisterman, 1991）。对疼痛的描述涉及物理类比的使用，如"好像有锋利的刀在身体里切割"。疼痛的因果关系包括生理因素和心理因素。青少年意识到心理因素，如焦虑，可能会强化躯体反应。最后，青少年能够理解疼痛的适应性目的。比如，它是一种疾病出现的信号。表 13-6 显示了一些慢性疾病青少年的想法。

表 13-6　青少年对慢性疾病的描述

当我癫痫发作时，我会一直愤怒，感到受挫（16 岁的男孩）。
我的管理可能是中等正确的，不是最好的但也不是最差的。我生病时我做我能够做到的事情（15 岁的男孩）。
我只有一个朋友，当他遇见和我相同的事情时我才能对他说（15 岁女孩）。
我做得很好，但是我没有社会生活（17 岁女孩）。
我感觉自信，我能做我想做的（15 岁女孩）。

资料来源：Swawyer et al., 2007。

（5）结论

疼痛概念的发展包括从学龄前期的物理实体，到童年中期儿童对组成成分和定位的感觉分化，再发展到青少年期的复杂解释。对疼痛原因的理解发展是从学龄前的来自外部事件到童年中期的物理原因或心理原因，再到青春期的物理原因和心理原因。应对疼痛的变化是从在学龄前期被动依赖药物或父母到在童年中期采取主动行动如转移自己，而直到青春期时开始理解疼痛的适应性目的。

（六）家庭背景

家庭面对慢性疾病有几个主要的挑战和问题（Melamed, 2002）。父母要负责令人畏惧的医疗系统，加工关于疾病的特点和治疗的复杂信息，并实施医疗方案。家庭必须做出一些次要的改变，如提供特殊的饮食，主要的改变，如儿童长期住院。父母必须在同情儿童的苦难和鼓励健康的应对策略与适龄的行为上维持平衡。父母必须找到处理经济负担和他们自己的焦虑、挫败及心痛的方式。

大多数家庭和多数儿童都能够成功应对挑战，甚至发展出更亲密的感觉。然而，和孩子一样，家庭不是毫发无损的（Palermo & Eccleston, 2009）。

　　除了儿童自身对疼痛的知觉，父母也会间接影响儿童对他们自己生活的知觉。比起父母，年轻人经常报告自己的生活质量高（Britto et al.，2004）。重要的是，母亲的健康尤其会影响儿童的健康。母亲报告她自己的健康越糟糕，她评估儿童的健康就越低，因此母亲可能不会鼓励儿童去面对生活中机遇。

1. 父母促进儿童适应

　　哮喘提供了一个很好的例子——父母如何反应可以帮助缓解或者加剧疾病。哮喘儿童在发作时感到焦虑，甚至生活在预期下一次发作的恐慌中，父母的自然关心可能会夸大焦虑和过分保护他们。这些行为会导致儿童与年龄不符的依赖父母、与同伴隔离和行为问题的增加。当过分依赖和社会隔离消极地影响了儿童的情绪调节，并开始触发另一个哮喘发作机制时，循环就形成了。图 13-3 描述了在哮喘发作中生物、人际交往和人际背景的复杂相互作用。

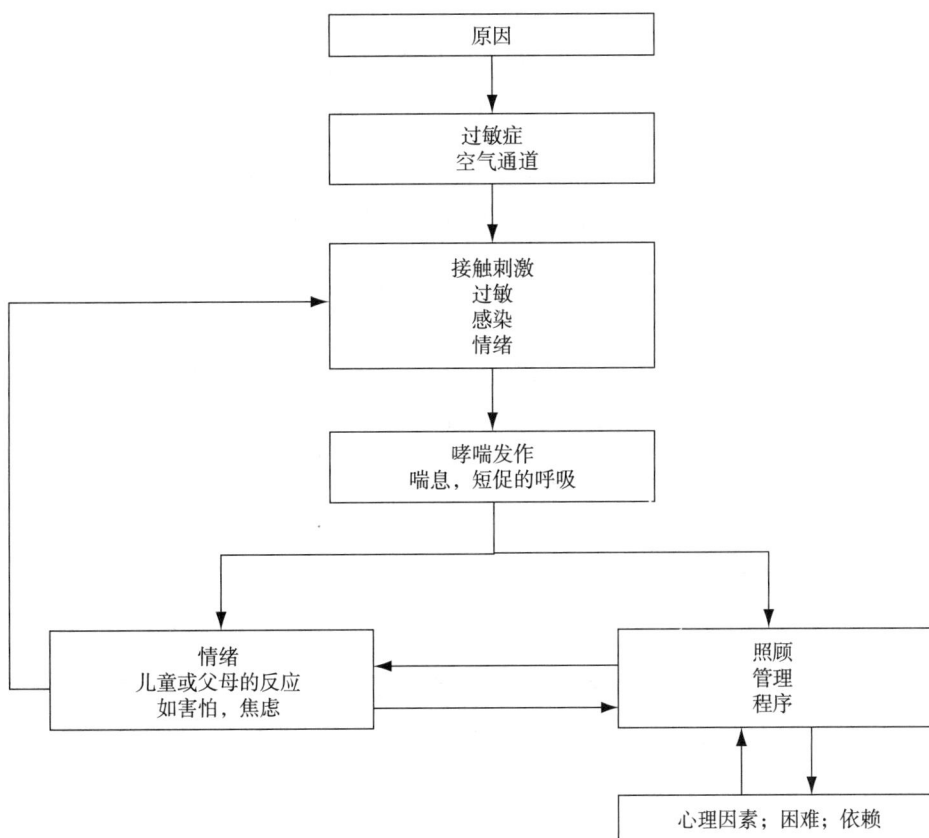

图 13-3　哮喘发作的相互作用

资料来源：Wicks-Nelson & Zsrael，1997。

2. 父母的压力

　　为了满足慢性疾病儿童的需要，家庭增加了许多挑战。一般来说，在面对挑战时，许多家庭不堪重负是可以理解的。许多父母经受着持久的负担，有精神萎靡和疲劳的症状，通常情况下会出现倦怠，最终导致躯体和心理的疲劳（Lindströnm et al.，2010）。因此父母压力的重要性不应被忽视，因为这不仅说明父母的身体健康需要关注，而且对儿童也有影响。追踪调查研究显示，慢性疾病儿童家庭中父母的压力比其他变量更能预测儿童行为问题的发展，包括疾病的严重性和亲子关系的质量。应对疾病对父母提出了很多要求，而如果父母是有压力的并且是不堪重负的，就更难去应对这个挑战（Melamed，2002）。

这里有一些在父母身上普遍存在的压力，尤其是关于儿童治疗：治疗的不利影响，日常活动的改变，社会和家庭角色瓦解相关的压力。家庭中也有一些广泛存在的变量，如家庭是如何应对的，这种变化会对症状特征产生影响，包括发病的年龄，预后的水平，疾病进程和失能的类型而不是诊断本身（Perrin et al.，1993）。

3. 父母的适应

有慢性疾病儿童的家庭和普通家庭在父母的适应性上差别不大。但母亲的适应是一个例外，因为她们承担着主要的教养责任，正在治疗疾病的儿童的母亲经历着很大的压力，很容易出现抑郁的情绪，感觉缺乏心理和实际的支持（Kazak et al.，1995）。

关于风险因素，母亲的适应受到与失能相关的压力的不利影响，如住院治疗和应对儿童疾病造成的日常麻烦的影响。保护性因素主要包括母亲对能够解决问题胜任力的知觉和她受到来自家庭与朋友的社会支持的程度，以及她心存希望的程度（Wallander & Varni，1998）。有研究探索了患有囊性纤维化病儿童母亲的影响，一致显示她们有较高频率的抑郁和苦恼情绪。母亲尤其更易出现内化的精神问题。

4. 社会支持

有证据显示，一般来说社会隔离会增加家庭中慢性疾病儿童心理紊乱的风险。社会支持，从另一面来说，起着保护的功能（Kazak et al.，2002）。

不幸的是，善意的关系和朋友在最需要时可能不会提供支持。当一种慢性疾病确诊时，家庭经常会收到蜂拥而至的同情和援助。然而，大量的支持会随着时间而减少，家庭的焦虑、压力和实际的困难却会在慢性疾病的历程中与日俱增（Melamed，2002）。

社会支持促进家庭适应的方式有着奇妙的种族差异。例如，威廉斯等人（Williams et al.，1993）发现，社会支持对家庭应对儿童癌症有帮助。然而，非裔美国家庭更重视这个工具性支持（如帮助实际的问题，当父母参加医疗会谈时去接儿童的兄弟放学）。欧裔美国家庭重视来自他人的情感支持。有趣的是，尽管欧裔美国家庭描述他们的网络支持是非裔美国家庭的两倍多，但非裔美国家庭会感知他们的社会网络更具有支持性。

（七）社会背景

慢性疾病对同伴关系有不利的影响。严重的疾病可能会摧毁儿童的生活，限制儿童社会交往的机会。例如，频繁住院会导致孤独、敏感、隔离。男孩在同伴关系中比女孩更容易受消极影响。积极的一面是，家庭凝聚力、支持和表达会作为保护性因素服务家庭。结交朋友，无论是对有还是没有慢性疾病的儿童，在减少问题中都起着重要作用（Blum，1992）。

（八）干预

慢性疾病儿童的心理治疗干预对疾病和精神病共病有着多种影响。正如我们所看到的，这包括内化障碍（焦虑、抑郁）和外化障碍（品行问题、对立违抗）。一些干预集中在儿童，其他的涉及父母及整个家庭系统，甚至医疗人员。因为在其他章节中我们讨论了共病心理病理的干预，这里我们主要讨论两种对慢性疾病的干预：家庭系统儿童干预和疼痛管理技术训练（Varni et al.，2000）。

1. 家庭系统儿童干预

卡扎克等人（Kazak et al.，2002）的家庭系统干预模式，主要是基于他们工作的癌症儿童发展出来的。治疗旨在帮助家庭掌握三种主要任务：在面对疾病挑战时管理低落的感受，发展信任关系与疗程合作，管理家庭成员之间及家庭成员与医疗人员之间的冲突。

干预过程的第一步是参与，要求医生对家庭感同身受，努力用尊重、好奇、真诚的态度去理解他们的观点。第二步，医生将会与家庭一起确定集中解决一个具体的问题。第三步，该干预强调了一种基于能力的方法，认为症状虽然是错误的但是也可以理解，因为当更多的适应性途径被阻挠时，这是为了满足发展需求而进行的尝试。第四步是带领儿童和家庭发展出更适应性的反应。第五步是合作，不只包括儿童、家人、医生，还包括医疗团队中的其他人（方框13.2 有这种方法的例子）。

方框 13.2　个案研究：慢性疾病的家庭系统儿童干预

夸姆（Kwame）是一个 11 岁的非裔美国男孩。白血病复发的他相比他的同伴容易出现慢性疲劳和身材矮小。在一次和肿瘤科医生的会谈中，他妈妈表达了对他增加的侵略性和在学校攻击同伴的关心。儿童心理咨询团队考虑怎样更好地理解夸姆的行为。不同于传统方向把行为作为精神疾病的透镜，他们基于胜任力的方法让他们认识到夸姆的症状呈现了一个尝试适应并承受疾病挫折的功能。他们对发展问题的敏感表明，他们应该考虑男孩进入青春期的挑战，就像他们意识到社会生态表明他们应该考虑邻居和种族问题。当他们被问到家庭生活情况，夸姆的母亲说他们生活得很辛苦，他们生活在暴力盛行的城市里，男人通过表达身体力量赢得尊重。

医生关注在暴力文化中处于青春期男生的阶段任务。他们推测夸姆的身体限制使得他面临显著的发展挑战，难以适应宣称为一个男性身份的积极目标，这在他身边的环境中是有价值的和有力量的。因此，夸姆用他知道的最好的方式去解决发展的问题：用他的拳头。

使用 ARCH（accept, respect, curious, honest）技术（acceptance，接纳；respect，尊重；curiosity，好奇；honesty，真诚），医生通过向夸姆和他的妈妈表达兴趣和欣赏，通过交流他们的信念——夸姆正在使用他所掌握的最好的策略去解决他身材矮小的苦恼来传达接纳。他们通过发现夸姆的优势来表达尊重，包括他希望努力找到方法解决他的问题。医生询问邻居和他的妈妈在过去是怎样尝试着帮助夸姆解决困难的，开放地分享他们对家庭的反应和感受来传递真诚，包括关注夸姆的行为和提出真诚的意见，以及他们能够帮助他找到更多应对策略去宣称男性身份。

资料来源：Kazak et al.，2002。

2. 疼痛管理技术训练

疼痛对患有慢性疾病的儿童来说是非常明显的。有两种疼痛来源：一是疾病本身，如类风湿关节的衰弱导致的关节疼痛；二是治疗的疼痛，如白血病儿童必须经历重复的骨髓穿刺（bone marrow aspiration，BMA）。这个过程意味着什么？一根针插入胯骨内，骨髓被注射器吸出来，然后检查骨髓以确定前面的治疗是否成功摧毁了癌症细胞。尽管过程只持续几分钟，但 BMA 仍是一个痛苦的并且引人焦虑的过程。在过程进行之前，预知的焦虑会引发恶心、呕吐、失眠和哭泣，尤其是当经常踢、尖叫和躯体阻抗的儿童被带到治疗室，把他们绑在背婴带上使他们接受治疗时，这种情况更严重。由于治疗的创伤性特点，儿童需要花费 2～3 年时间学会应对它。

（1）手术相关的疼痛

鲍尔斯（Powers，1999）回顾了儿童心理学中关于手术治疗的相关文献。许多不同的认知行为技术的尝试已经取得了成功。普遍的策略包括呼吸练习，如教儿童假装充满空气的漏气轮胎，然后用嘶嘶声像漏气时那样慢慢呼吸。年幼的儿童通过一个风机增加娱乐来练习深呼吸。放松训练包括伴随渐进式肌肉放松的呼吸。有一个想象图像的例子是，邀请儿童想象一个超级英雄的故事或卡通形象，用特殊的力量去帮助儿童应对治疗流程。或者，想象一个开心的与焦虑和疼痛不相容的图像（如在海滩上行走或去游乐园），让儿童在慢慢的深呼吸中在头脑中想象那个图像。更有效的是，这个图像应该是高个性化的，如每个儿童在头脑中想象一个独特的形象。这个结果是令人惊讶的。成人可能往往想象的是被动的场景，如躺在海滩上；而儿童的放松形象可能涉及在圣诞节的早上漫步，参加一个令人兴奋的足球比赛或在海洋世界与海豚一起游泳。

其他 CBT 技术包括娱乐，如玩游戏或猜谜，或用幽默感带走他们预料的焦虑。还有一些应对模式，如描绘儿童要完成的每一步流程的电影和适应性应对模式。认知应对包括制造积极的自我声明（"我可以做到""我是一个勇敢的男孩""一切都会好的"）。强化合作性包括送给儿童一个刻着名字的杯子作为他们在流程中有勇气一直躺着和使用深呼吸技术的奖励。通过行为排演和角色扮演，并通过医生或家长在疗程中的定向训练来提高儿童掌握和利用应对技术的能力。

设计好而易控制的治疗如 CBT，在减少疼痛报告、观察到的问题和焦虑上比单独吃药有优越性。

（2）疾病相关的疼痛

不像药物治疗有时间限制和计划允许儿童去准备与练习疼痛管理策略。与疾病相关的疼痛经常无法预知，且经常复发。因为疼痛会限制去医生办公室，儿童和家人更需要他们能够带回家的工具，并且在需要时就打开他们的工具箱。镰状细胞病提供了这种疼痛的很好的例子。尽管儿童的经验有很多种，患镰状细胞病的儿童平均每个月经历疼痛发作1~2次，这些发作严重到足够去住院1~2年（Powers et al.，2002）。有些疼痛会干扰学校和社会活动并且与抑郁和焦虑有关。

认知行为疼痛管理干预已经取得了一些成功，但是还没有发展出患镰状细胞病青少年详细的疼痛管理方案（Chen et al.，2004）。例如，吉尔等人（Gil et al.，2010）在早期研究中发展了患镰状细胞病儿童疼痛CBT干预方案，并且在一组非裔美国学龄儿童群体中评估了效果。儿童被带到实验室，然后接受训练，包括三种训练：深呼吸/计数放松，镇定地自我声明和愉快的意象。儿童接受每种训练的介绍、模仿和排练，然后在两个实验中模拟疼痛发作，并进行两分钟的策略使用练习。同时，在实验室外帮助儿童概括应对策略，为每个儿童提供一个说明录音带，一个磁带播放器和日常练习的作业任务。为了鼓励儿童遵守规则，每周调查者给儿童打电话提醒他们去练习。在初次训练会面结束后每周一次助推的回顾会面。

结果显示，在治疗前后儿童对疼痛的消极策略和敏感性都有减少。4周的治疗结束后，对比没有接受治疗的控制组，接受CBT训练的儿童在日常活动，甚至是在经受疼痛的那些日子使用更多的积极应对尝试，几乎没有出现和健康相关的学校问题。施瓦特（Schwarta et al.，2007）发展了一个文化敏感疼痛管理干预提供给患镰状细胞病的非裔美国儿童，效果很好。

（3）父母的包容

正如我们所看到的，慢性疾病涉及整个家庭系统，并且需要父母花费精力去应对儿童的行为、情绪和身体健康的压力（Vrijmoet-Wiersma et al.，2008）。母亲和父亲对压力的反应不同，可能与身份的不同有关，这些不同目的是传达不同的干预。关于创伤后应激综合征（post-traumatic stress syndrome，PTSS）和创伤后应激障碍，当儿童经受癌症痛苦时，母亲已经报告比父亲会出现更多的症状（Alderfer et al.，2005）。

认知行为干预程序聚焦于教导儿童积极应对策略的使用，可能可以阻止慢性疾病的儿童发展出心理问题。然而，父母的参与也可能提高儿童在日常生活中的应对策略。例如，斯科尔滕（Scholten et al.，2011）通过在治疗过程中加入家庭成员，研究了CBT对镰状细胞疾病的干预效果。儿童被随机分配到两个干预组（只有儿童干预组和儿童父母干预组）。基本的效果包括儿童心理功能、幸福感和疾病相关的应对策略。还有一个效果是测量儿童的生活质量、自我知觉、父母压力、亲子互动的质量和父母感知的脆弱性。效果评估包括基线，治疗后6周和6个月、12个月的结果。如果干预被证明有效，将会被应用到医生的实际工作中。

图13-4展示了这个方法的复杂模式图，包括儿童的特征，父母在儿童进行疼痛的治疗时可能增加了压力或适应性的应对。考虑到这些，大量医生强调了整个家庭工作在防止儿童心理问题的发展中的重要性。

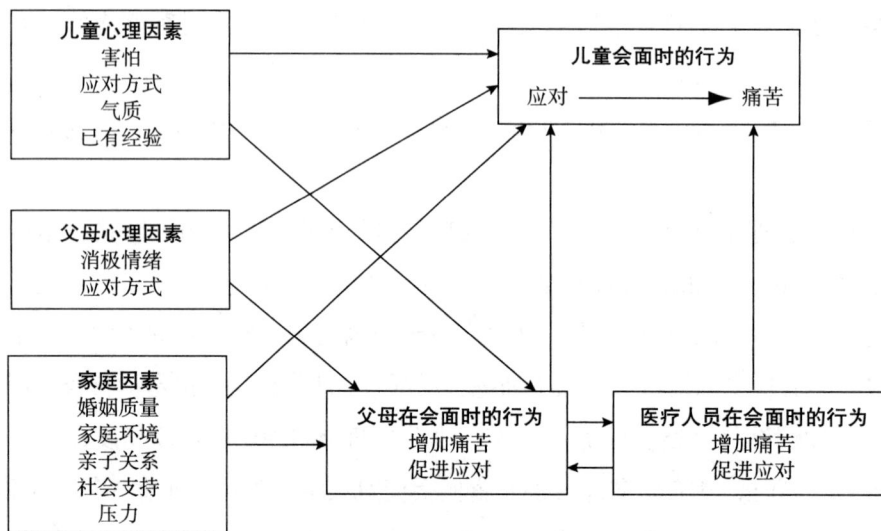

图13-4　在疼痛治疗过程中影响儿童应对和痛苦的因素

资料来源：Varni et al.，1995。

（4）同伴支持

通过提供给慢性疾病的青少年和其他理解他们特殊问题的青少年见面与说话的机会，同伴支持的使用兴趣在不断增加。同伴支持方案有一些好处：通过分享活动给了个体帮助另一个人的机会，并且同伴也可以在表达感同身受和在支持上发挥特殊的作用（Olsson et al.，2005）。

现在我们要将注意力从身体转移到人际背景，并检查家庭互动中产生的两种风险条件——儿童虐待和家庭暴力。

第十四章

家庭中的威胁：儿童虐待和家庭暴力

本章内容

1. 虐待的界定

2. 躯体虐待

3. 忽视

4. 心理虐待

5. 性虐待

6. 家庭暴力

7. 儿童虐待的类别比较

8. 干预及预防

根据《联合国儿童权利公约》（United Nations Convention on the Rights of the Child；United Nations，1989；Blanchfiedld，2009），世界上的每个儿童都享有达到"保证身体、心理、精神、道德和社会发展的生活标准"的权利。在发展心理学领域，这些保证个体幸福的基本"必需品"被称为"平均预期环境（一般预期环境）"（average expectable environment；Cicchetti & Valenti-no，2006）。当儿童所处的家庭是恐惧而不是安慰的来源时，促进个体发展的环境可能最难实现。由父母——通常是儿童寻求安慰和保护的对象——实施的虐待对个体发展具有最为普遍且最为长远的影响。因此，作者在本章将重点探讨家庭中的虐待。

儿童虐待的"发现"是儿童发展心理学史上最为耸人听闻的一章（Myers，2011）。在19世纪60年代亨利·肯普等人（Henry Kempe et al.，1962）发现的"受虐儿童综合征"引发了全国范围内的关注之前，人们普遍认为针对儿童身上的躯体虐待和性虐待是不存在的。肯普发现，尽管大多数的外科医生和心理健康专家都坚信他们从来没有遇到过儿童虐待的案例，但大多是因为他们了解得不多。

儿童虐待普遍性的逐渐曝光震惊了整个心理健康界。专家们立志找寻避免儿童继续遭受虐待的方法，以及导致儿童虐待的因素以将其作为预防和干预的基础。但是这些工作非常困难。研究者最初的假设是：对儿童施行虐待的父母往往自身就存在一些心理问题，这个假设后来被推翻，因为太过简单。随后，研究者证实了导致儿童虐待原因的多元化，包括研究者关注的不同情境中的多种因素交互作用。

随着对导致儿童虐待因素的多维性和复杂性理解的增加，研究者对虐待行为组成的多元性关注也开始上升。虐待行为的形式多种多样，因此并不总是留下诸如擦伤和骨折等明显标志。对虐待行为的更宽泛的界定也促使研究者更加意识到发展、个体和社会文化等因素在引起特定形式儿童虐待中的重要性。

一、虐待的界定

虐待的界定是研究者需要攻克的第一道难关。不幸的是，被普遍接受的定义并不存在。在实践过程中，大多数专业人士在对儿童虐待进行界定时都借鉴儿童虐待的法律判决。但是，考虑到各地的地方法律都存在明显差异，这些法律并不足以支持一个让研究者满意的定义。另外，有一些虐待是公开的而且是可以被即时觉察的（如被殴打后会留下红色的醒目伤痕），而另一些形式的虐待则更为微妙，其后果往往在一段时间后才能被发现（如长期被父母忽视所导致的低自尊）。此外，儿童教养的文化差异也会让一些父母眼中的"爱之深，责之切"变成另一些父母眼中的"虐待"。

世界卫生组织预防儿童虐待咨询处（World Health Orgnization Consultation on Child Abuse Prevention；WHO，2006）草拟了如下定义：儿童虐待是指对儿童有义务抚养、监护及有操纵权的人所做出的足以对儿童的健康、生存、发展和尊严造成实际或潜在伤害的行为，包括但不限于躯体虐待、情感虐待、性虐待、忽视、经济或其他形式的剥削等。

（一）虐待的类别

虐待行为的多样性是界定儿童虐待的一大难点，而不同类别的虐待行为又会对儿童发展带来不同的影响。在情感上被父母拒绝的儿童与经常被殴打的儿童受到的影响不同。因此，不同类别虐待行为的区分备受关注。

巴尼特等人（Barnett et al.，1993）的分类是目前为止最广泛应用的分类方法之一。他们将虐待分为躯体虐待（如殴打、烫伤、打耳光、用拳猛击、脚踢），性虐待（如抚摸、发生性关系、目睹性行为、卷入淫秽作品），忽视（不能为儿童提供基本必需品，如不能提供足够的食物、医疗和安全居所，或者不能履行监护的责任，如儿童处于无人照顾的状态或者让不可靠的人照顾），心理或情感虐待（如不能满足孩子的情感安全、被接受或者是自主的需要，如愚弄、恐吓和过度控制）。

进一步研究表明，目睹家庭暴力也需要被列入儿童虐待的范围，成为第五类儿童虐待行为（Graham-Bermann & Howell，2011）。儿童并非只有在受到殴打时才会被家庭中的暴力所伤，相反，他们在目睹暴力时也会受到伤害，当施暴者是他们所爱戴和依赖的父母时会更加严重。另外，汉比等人（Hamby et al.，2010）基于全国代表性样本的研究发现，目睹家庭暴力的可能性与遭受其他形式虐待的可能性成正比。具体来讲，父母之间存在家庭暴力的儿童遭受虐待的可能性是父母之间不存在暴力儿童的 4 倍。

此外，世界卫生组织（World Health Orgnization，2006）也将剥削纳入儿童虐待的范畴之内。剥削是要求儿童履行成人的责任，往往会违背儿童的发展规律或者剥夺儿童本应享受到的庇护、照料和保护。童工、劳役和征募童子军都是典型的剥削。

虽然对儿童虐待进行分类很有意义，但是不同类别虐待行为的并发性使得这项任务（如区分躯体虐待和性虐待）变得更为复杂。儿童虐待行为的并发性又被称为多重受虐。芬克霍及其同事（Finkelhor et al.，2010）在美国展开的基于全国代表性样本的电话调查发现，约 66% 的青少年都遭受过不止一种形式的虐待，约 30% 的青少年都曾经历过 5 种及以上的虐待，10% 的儿童都经历过 11 种及以上的虐待。同样，门嫩等人（Mennen et al.，2010）基于受虐待样本的研究发现，54% 个体都遭受过多种形式的虐待。他们还发现，每个儿童都因为被虐待而参与过平均 5 种不同的福利机构。总体而言，多重虐待是受虐儿童经常遭遇的情况。

（二）评估虐待

不同地方的法律对儿童虐待的定义不同，因此很难对不同国家和地区的虐待进行准确的数据比较。除此之外，在描述儿童虐待发生率时，研究者也需要关注不同来源的数据：部分案例由儿童保护机构报告，部分个体经过学者证实且占到了总体案例的 1/3，还有一部分由父母或儿童自行报告，这部分案例往往是针对特殊群体的小样本调查。最具说服力且最为可靠的数据来源于全国代表性样本，但是美国和欧洲一些国家出现了具有全国及国际代表性的数据库，能够为儿童虐待案例提供完整的信息。

（三）发展维度

西切蒂和托特（Cicchetti & Toth，2005）的研究表明，在定义儿童虐待时应考虑发展情境。从发展心理学的角度来看，研究者需要关注不同发展阶段儿童的不同需要以及父母不能满足这些需要时给儿童带来的潜在风险。正如巴尼特等人（Barnett et al.，1993，p.24）所强调的：不适宜教养行为的界定会随着儿童年龄的增加有所不同；不同类别的教养行为对儿童发展的利弊也会随着发展阶段的不同而有所变化；因此，对幼儿来说是虐待的行为，对青少年可能没有伤害，同理，对青少年来说是虐待的行为，对学龄前儿童也可能没有影响。

例如，幼儿需要依赖父母来获得身体和情感上的幸福感，疏忽、懈怠或冷漠的教养可能对幼儿带来严重的伤害。相反，过度干预、保护或控制的养育对青少年的伤害则更为严重。因此，发展心理学观点认为，在界定儿童虐待时应考虑教养行为对特定年龄和特定发展阶段的潜在影响。

此外，儿童虐待最显著的特点是它发生在家庭环境当中，并且施暴者很可能恰恰是儿童所依赖的成年人。因此，相关文献往往聚焦于儿童在亲子互动情境中的发展，如情绪调节、人际信任和自尊的发展，而这一系列发展又会影响培养儿童完成当前发展阶段主要任务的能力，从而影响他们是否能顺利进入下一发展阶段。

（四）虐待的发生率

1. 美国虐待的发生率数据

美国全国儿童虐待与忽视数据系统对美国 50 个州进行的数据调查结果显示，在 2010 年，有 600 万儿童疑似遭受过虐待，其中 22.1%（826 000 名）被证实遭受过虐待（US Department of Health and Human Services，Administration for Children and Family，2010）。在被证实受过虐待的儿童中，78.3% 的儿童遭受过忽视，17.8 的儿童遭受过躯体虐待，9.5% 的儿童遭受过性虐待，7.6% 的儿童遭受过心理虐待。每 10 000 名儿童中夭折的儿童有 2.3 名，其中很大一部分是死于严重忽视。

未被发现的儿童虐待比例要更高。芬克霍等人（Finkelhor et al.，2010）基于全国代表性样本进行了一项电话调查，有 4549 名 0～17 岁的儿童青少年参与了该项研究。结果表明，46.3% 的个体被殴打过，24.6% 的个体被犯罪行为伤害过，10.2% 的个体经历过儿童虐待，6.1% 的个体被性侵犯过，9.8% 的个体经历过家庭成员间的暴力行为。

那谁会成为施虐者呢？在 80.9% 的儿童虐待案例中，施虐者都是父母，且绝大多数都是亲生父母。进一步的调查数据表明，母亲比父亲更有可能成为施虐者（53.8%：44.4%；见图 14-1）。

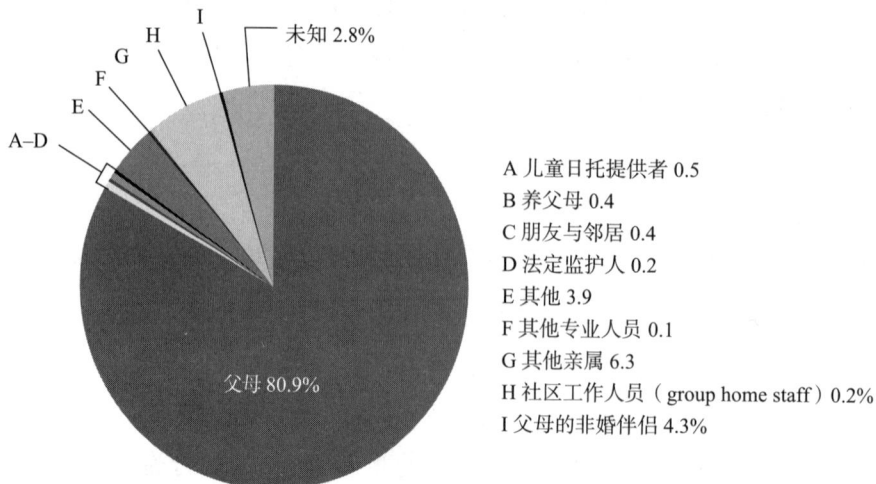

A 儿童日托提供者 0.5
B 养父母 0.4
C 朋友与邻居 0.4
D 法定监护人 0.2
E 其他 3.9
F 其他专业人员 0.1
G 其他亲属 6.3
H 社区工作人员（group home staff）0.2%
I 父母的非婚伴侣 4.3%

图 14-1　儿童虐待施虐者构成图

　　儿童虐待的发生率和儿童暴露的犯罪种类都是会随着时间而变化的（见图 14-2）。例如，在芬克霍等人 2010 年的电话调查中，5～9 岁的儿童最有可能受到肢体暴力的威胁，经历暴力的风险在 10 岁以后急剧上升，遭受儿童虐待的风险在 12 岁之后开始上升，遭受性侵犯的风险在 15 岁之后达到顶峰。

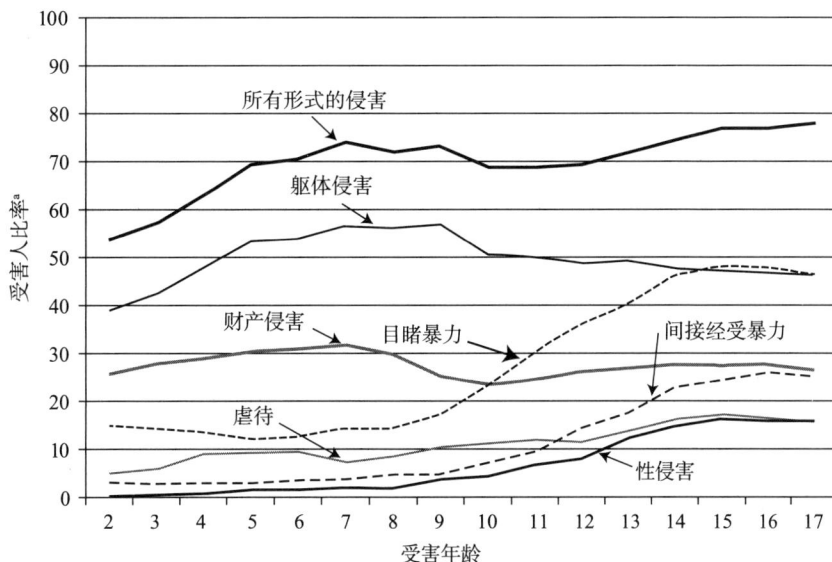

图 14-2　儿童受害发展趋势图

2. 全球视角

　　考虑到不同地区在界定儿童虐待时存在明显的文化差异，相关国际数据的汇总显得尤为复杂。例如，体罚在 16 个欧洲国家中都被认为是躯体虐待，但是在美国和加拿大不属于儿童虐待的范围。事实上，106 个国家及美国 23 个州的公立学校系统中都容许有体罚（Global Initiative to End Corporal Punishment of Children，2010）。殴打在包括斯里兰卡、肯尼亚、罗马尼亚和印度在内的多个国家中都被视为管教儿童的一种方式（Schwartz-Kenney & McCauley，2003）。另外，在西方文化背景下被视为正常的行为在其他社会中可能被视为虐待。例如，要求孩子在单独的房间中入睡这一行为在家人喜欢同床的文化中就会被视为情感虐待。

　　世界卫生组织（WHO，2010）已经尝试尽可能地在全球范围内收集和汇总儿童虐待相关的数据。据估计，在全球范围内，每年有 53 000 名儿童死于他杀，其中有 80%～98% 都在家庭中遭受过体罚，在这些受过体罚的儿童中，又有 1/3 或者更多是被硬物击打过（UNICEF，2003）。进一步调查发现，在未满 18 岁的儿童青少年中，有 1.5 亿名女孩和 7300 万名男孩曾遭受过性暴力，1 亿～1.4 亿名女孩曾遭受过外阴残割。即便全球范围内已经为减少童工做出了诸多努力，目前还有 2.18 亿名未成年人从事工作，其中 1.26 亿人从事的还是繁重的体力劳动。专门针对儿童剥削进行的调查发现，570 万名儿童正在从事强迫和强制劳动，180 万名儿童正被牵扯在卖淫和淫秽作品当中，还有 120 万名儿童是贩卖人口的受害者。

　　联合国儿童基金会（UNICEF，2003）的调查数据进一步显示，全球范围内由虐待导致的儿童死亡率最低为每 100 000 人中有 0.1 名儿童（西班牙），多达每 100 000 人中有 2.2 名儿童（墨西哥和美国）。根据他们的估计，在德国和英国，每周有 2 名儿童死于虐待，在日本是每周 4 名，在美国是每周 27 名。低收入国家儿童死于虐待的比例比高收入国家要高 2～3 倍。但令人震惊的是，美国的儿童死亡率要高于其他西方发达国家（如图 14-3）。例如，美国儿童死于虐待的比率比加拿大儿童、日本儿童和英国儿童高近 2 倍，比意大利儿童高 11 倍（Every Child Matters Education Fund，2010）。

发达国家儿童虐待致死率（每100 000名儿童）

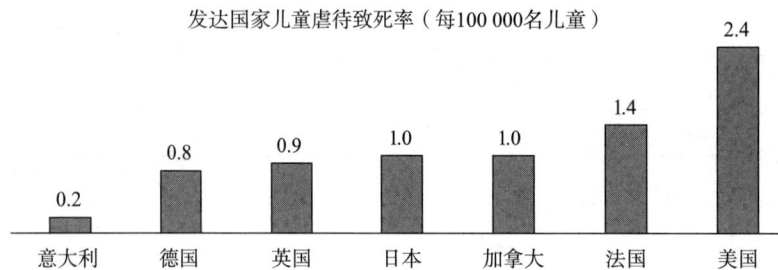

图 14-3　西方各国儿童虐待致死率条形图
资料来源：UNICEE，2003。

造成国与国差异的因素是什么呢？调查发现，在犯罪率低、监禁率低和贫困率低的国家，由虐待导致儿童的死亡率也相对较低（Every Child Matters Education Fund，2010）。除此之外，死亡率低的国家也更倾向于制定更多的支持家庭、减轻儿童虐待的社会政策，包括儿童照料、公共卫生保险、带薪产假和探访护士等，以保障新晋父母和他们婴儿的幸福。

考虑文化因素的另一个原因是该因素很可能决定虐待儿童案例的发生是否会在第一时间被报告。例如，在强调服从成人的文化中，儿童可能被禁止报告受虐待的经历；在强调家庭隐私的文化中，向专业人士报告儿童虐待可能被视为对家庭的背叛（Malley-Morrison & Hines，2004）。在一些案例中，报告儿童虐待的后果如此严重，以至于即便是为了孩子，人们也会对此闭口不谈。在一些社会中，遭受过性虐待的女孩备受排挤，甚至是死亡，因为她们给家族带来了难以洗刷的耻辱（Pence，2011）。

因此，仅仅依赖官方报告可能会给儿童虐待的理解带来误解。虽然来源于父母和儿童自我报告的数据可能存在偏差，自我报告的数据却能够提供不同的视角。如表 14-1 所示，鲁尼恩等人（Runyan et al.，2010）针对教养规则进行了一项跨国调查，调查对象包括来自巴西、智利、埃及、印度、菲律宾和美国等 6 个国家的 14 239 名女性。该研究的一个优势是，研究者采用中性措辞呈现所有项目，而不是将他们界定为"虐待行为"。该调查显示，55% 的母亲都报告自己的家庭中存在体罚，打屁股的比率最低为 15%（教育良好的印度地区），高的多达 76%（相对贫困的菲律宾社区）。儿童被父母殴打或被硬物击打的比率也存在较大的差异。尤其需要注意的是，在 9 个国家中，至少有 20% 的父母都承认有曾经摇晃过不超过两岁的儿童的行为。

此外，吉尔伯特及其同事（Gilbert et al.，2009）对国际上的儿童虐待的发生率进行综述发现，根据儿童和父母的报告，英国、美国、新西兰、芬兰、意大利和葡萄牙发生躯体虐待的

表 14-1　全球范围内父母约束儿童的行为

地区	N	轻度体罚 /%								严重体罚 /%				
		打屁股	用物品打儿童	打耳光	揪头发	掐	拧耳朵	往孩子口里面放辣椒	摇晃（2岁及以下）的儿童	烫伤	殴打	掐脖子	闷死	踢
印度金奈（NS）	400	58	7.4	13	2.0	16	17	0.3	0	0.3	1.0	1.0	0.0	1.0
美国	1435	44	3.6	6	—	5.7	—	0.3	2.6	0.1	0.3	—	—	0.3
印度德里（NS）	850	16	5.4	72	5.7	1.4	13	0.1	12	0.0	0.1	0.1	0.0	1.1
菲律宾	1000	76	20	21	23	58	30	0.9	19	0.3	2.7	1.0	0.2	5.8
印度特里凡得琅（NS）	700	55	48	5.1	2.8	61	19	1.8	22	0.4	0.9	0.6	0.6	2.5
智利	422	53	4.5	13	25	3.1	29	0.0	24	0.0	0.7	0.2	0.0	0.7
埃及	631	29	27	42	28	45	32	2.9	12	2.2	24	0.8	0.6	5.4
印度特里凡得琅（R）	765	72	52	4.3	1.7	66	25	3.5	17	0.9	2.5	0.4	0.7	2.1
印度勒克瑙（NS）	506	34	25	64	20	22	34	2.3	53	0.2	9.8	1.7	0.4	7.8
印度金奈（S）	1000	71	35	27	17	348	31	1.2	13	2.6	12	4.1	0.0	9.7
巴西	813	55	4.7	4.8	8.1	13	20	0.6	10	0.0	0.3	0.5	0.0	0.7
印度那格浦尔（S）	905	57	27	76	21	13	18	6.7	37	4.5	10	0.6	0.4	6.5
印度韦洛尔（NS）	716	29	31	40	7.2	18	14	1.3	9.7	1.0	8.7	1.4	0.0	6.2
印度韦洛尔（R）	714	26	32	38	8.1	14	11	0.9	12	0.9	11	1.0	0.1	5.4
印度那格浦尔（R）	526	60	29	77	21	5.3	13	2.2	31	2.9	10	0.8	1.0	5.1
印度博帕尔（S）	700	68	25	80	21	26	40	3.6	49	2.0	19	2.5	0.2	11
印度勒克瑙（R）	906	48	39	69	24	15	28	1.4	63	0.3	14	0.7	0.5	5.8
印度博帕尔（R）	700	68	29	77	28	33	48	4.3	61	1.8	29	3.3	0.3	12
印度德里（S）	550	30	19	79	19	8.8	22	0.6	23	0.2	3.0	1.1	0.0	11

注：R 乡村，S 城市贫困地区，NS 城市非贫困地区

资料来源：改编自 Runyan et al., 2010。

比率是每年 3.7%～16.3%，马其顿、摩尔多瓦、拉脱维亚和立陶宛发生躯体虐待的比率是每年
12.2%～29.7%，西伯利亚、俄罗斯和罗马尼亚发生躯体虐待的比率是每年 24%～29%。

3. 种族差异

在每个国家，不同种族之间也会有亚文化差异。在美国的儿童保护组织的报告中，每 1000 份
儿童虐待报告里，平均有 4.4 份来源于亚裔儿童，有 25.2 份来源于非裔儿童（Malley-Morrison &
Hines，2004）。社会群体和种族的相关性能够对儿童虐待发生率的种族差异提供解释。贫困及其
相关因素（如单亲家庭、缺乏教育的青少年父母、生活压力、资源贫乏、多子女家庭）都会提
高儿童虐待的可能性，而这可能恰恰是美国很多少数族裔所生存的环境。例如，在美国有 30%
的非裔美国家庭都是最低收入群体，他们恰恰也是儿童虐待发生率最高的群体（47‰）。此外，
有 52% 的非裔美国儿童只跟自己的母亲生活在一起，在欧裔儿童中，这个比率仅为 18%（Mal-
ley-Morrison & Hines，2004），而单身母亲是儿童虐待又一风险性因素。因此，在解读少数族裔
的数据时必须考虑社会群体和贫富差异。

少数族裔群体中儿童虐待的发生率之所以存在较大差异，可能也受到不同报告形式的影响。
泽尔曼（Zellman，1992）在一项经典的实验研究中向 2000 名有法定职责汇报疑似儿童虐待的
专业人士呈现虚拟故事情境并调整了故事所描述的家庭社会群体。结果显示，当呈现的家庭是
非裔且社会经济水平较低时，这些专业人士更有可能报告儿童虐待案例，也更倾向于认为他们
的报告能够改善该家庭的环境。

关于跨种族差异的另一个解释是，一些由文化导致的预设可能会让研究者将在某些情境下
被认可和接受的行为界定为虐待行为。举个例子，社会经济水平低的非裔美国家庭对控制的重
视要超过温暖，这种教养方式可能更适合他们所在的高危社区，甚至能够磨炼儿童，帮助他们
应付他们必须面对的艰苦环境。再举一个例子，印第安人群体的组织往往比较自由和松散并且
允许多个照顾者对儿童进行生活监护。这种情况在一些文化中被认定为忽视，在印第安人群体
中则是体现了对儿童自主权的尊重和对扩展家庭的信赖（Malley-Morrison & Hines,2004）。因此，
为了准确判断不同教养行为的内容以及它们对儿童造成的影响，研究者需要具有文化胜任力。

德卡德和波奇（Deckard & Podge，1997）的研究为"文化相对论"提供了实证证据。该研
究表明，体罚与欧裔美国儿童的攻击性上升存在相关，与非裔美国儿童的攻击性上升不存在相
关。作者认为，这项研究揭示了文化在决定教养行为对儿童意义中的重要性。其中，情感的情
境又格外重要：体罚对儿童的影响取决于它的执行是否情绪化。正如他们所强调的，欧裔美国
家庭中出现的粗暴管教可能是失控和父母中心家庭的标志，而管教的缺失对非裔美国父母则可
能意味着放弃了教养者的角色。因此，经常使用有节制而且是"就事论事"体罚的父母对孩子
带来的消极影响要少于那些在暴怒状态下使用体罚的父母。为验证该假设，德卡德和波奇的研
究团体随后对中国、印度、肯尼亚、菲律宾以及泰国的母亲和儿童进行了关于对体罚态度的调
查（Lansford et al.,2005）。正如研究者所预料的，体罚与儿童适应的关系受到对体罚态度的调节，
而该态度又基于被试所处的文化背景。当母亲和儿童认为体罚是正常的、可预期的而且是有益

的时，体罚与儿童消极适应结果之间的相关较低。但需要指出的是，对体罚态度的缓冲作用仅仅是相对的：在所有国家中，体罚的使用都和儿童较高水平的攻击性与焦虑成正相关。

下面我们会逐一阐释不同类型的儿童虐待及其对儿童发展的影响。

二、躯体虐待

（一）定义及特征

1. 定义

躯体虐待包括一系列可能给儿童造成实际或潜在身体伤害的行为，且这些行为的施行者理论上是能够控制自身行为的儿童照顾者（WHO，2006）。躯体虐待包括不同严重程度以及可能造成不同持久性伤害的多种行为。伤痕可能是轻微的，如擦伤和切口，也可能是严重的，如脑损伤、内伤、烧伤和撕裂伤。一种罕见的躯体虐待形式被称作代理型孟乔森综合征（Munchausen by proxy syndrome）。在此类案例中，父母会捏造甚至促成儿童的躯体病症，通过迫使儿童寻求重复而且非必要的医疗程序对儿童造成心理或躯体伤害（Stirling & the Committee on Child Abuse and Neglect，2007；见方框 14.1）。

方框 14.1　案例研究：代理型孟乔森综合征

孟乔森综合征这个名字来源于 19 世纪的一名贵族：巴伦·冯·孟乔森（Baron von Munchausen），他以装病而被人们熟知。这是一种成年人通过装病重复寻求医疗关注的障碍。代理型孟乔森综合征则是成人促成儿童的躯体病症以吸引专业人士的关注（Stirling & the Committee on Child Abuse and Neglect，2007）。其影响并不是有利的。儿童可能会经受痛苦的而且是漫长的医疗程序以及因重复的住院治疗所导致的情绪压力。在代理型孟乔森综合征的最为极端的表现形式中，父母会故意伤害孩子，以带来实际疾病。

有一起案例涉及一个 8 岁的女孩，她的母亲因为发生在她身上的一系列模糊的身体问题一次次地寻求医疗帮助。医生没能找到问题的起因，而女孩的健康状况迅速下降。她之前苗条和活泼，现在却严重超重并且冷漠。检查发现，女孩的骨骼遭受了严重压迫以至于全身都出现了骨裂现象。显而易见，其中发生了一些严重的变故，因此，女孩被送入医院。工作人员对女孩和她的母亲进行了更细致的观察后发现了一些其他异常状况。之前的报告显示女孩的发育状况正常，现在看来，她有很多不成熟的行为并且对学校和同伴关系不感兴趣。女孩和她的母亲密不可分，两人会花很长的时间对视，并且是用一种深情到让工作人员感到不安的方式。这位母亲起初并不愿意配合介入该案例中的临床心理学家的工作，但是，慢慢地，心理学家得到了这位母亲的信任。当她逐渐坦露跟自己有关的信息时，心理学家发现了一些异常情况。比如，这位母亲坚信，自己的乳汁是唯一适合孩子的食物，因此，当年她在哺乳更小的孩子时，她就冷冻了大量的母乳"冰棒"。这些冰棒现在是她学龄儿女的常规饮食。出于对更小孩子的好奇，心理学家又进一步询问了这个孩子的情况并发现，这个孩子在两年前就死于不能确认的原因，而在此之前，这个孩子也在同一家医院接受过长期治疗。

直到工作人员发现母亲在探视时间给孩子喂药片时，这个谜题的答案才真正揭晓。工作人员搜查她的钱包时发现了类固醇。通过对孩子使用大剂量的类固醇，这位母亲给孩子制造了严重的疾病，使孩子身体虚弱。

是什么原因让父母这样虐待自己的孩子呢？虽然代理型孟乔森综合征远比预想的要常见，研究者对该现象的兴趣也一直在增加，但该领域的研究还相当匮乏。谢里登（Sheridan，2003）在实证研究中发现了 451 例案例。在受到波及的儿童中，有 7% 遭受残疾的折磨，还有 6% 的儿童失去生命。大多数受害者都是婴儿和幼儿，但是男孩和女孩的比例相当。当代理型孟乔森综合征的症状被发现时，平均来看，距离症状的出现已经过了 21 个月之久。在被确诊的案例中，超过 60% 的儿童同胞也出现了类似的症状。虽然母亲占到了父母施虐者的绝大多数（76%），父亲也有可能成为施虐者。而研究者对施虐者进行心理病理学探究发现，29% 的施虐者本身就具有孟乔森综合征的标志性症状，22% 的施虐者都被确诊有其他精神病症状，还有 22% 的施虐者有遭受童年期虐待的经历。经过教导，较为年长的受害者也会加入隐瞒和掩饰他们自身症状的行列中，从而增加了识别和治疗代理型孟乔森综合征的难度（Parnell，2002）。

2. 发生率

受不同定义方式和测量方法的影响，不同调查得出的儿童躯体虐待的发生率存在较大差异。一项基于全国代表性样本的研究对美国 4549 名 2～17 岁的儿童青少年进行了电话调查，发现约 9.8% 的个体曾经遭受过照顾者的躯体虐待，4.4% 的个体在过去一年中遭受过躯体虐待（Finkelhor et al.，2010）。在美国，躯体虐待的案例占到了被证实的儿童虐待案例中的 16.1%（US Department of Health and Human Services，2010）。考虑到一些伤口和擦伤会被错误地认定为意外导致，实际上儿童的躯体虐待发生率更高（Reece，2011）。

3. 儿童特征

躯体虐待的发生率会随儿童年龄有所变化。在经过证实的案例中，年龄较小的儿童更有可能遭受躯体虐待：7 岁及以下的儿童占到 51%，3 岁及以下的儿童占到 26%。青少年是容易遭受躯体虐待的第三大群体，约占总体的 20%。虽然年龄较大的孩子通常更容易受到严重的伤害，但是大多数因躯体虐待导致死亡的儿童都在两岁以下。此外，年龄和性别还可能存在交互作用，4～8 岁的男孩更容易遭受躯体虐待，而对于女孩，更容易遭受躯体虐待的年龄段是 12～15 岁（US Department of Health and Human Services，2010）。

最有可能遭受躯体虐待的儿童往往是特殊困难儿童或者是有特殊需要的儿童，包括早产儿和发育迟滞的儿童等。英国的一个研究团队对现有文献进行的综述发现，残疾儿童遭受躯体虐待的可能性是正常同龄人的两倍左右（Haskett et al.，2010）。行为或发展上面临更多困难的儿童往往会超出父母所具有的资源负荷，导致父母的不当教养并加剧儿童的困难，升级后的困难又会进一步增加养育压力，如此恶性循环并最终导致暴力。

（二）发展过程

汇总躯体虐待的发展结果时，研究者需要注意，大多数研究的对象都是由遭受过不同虐待的儿童组成的。因此，部分研究结果不是针对躯体虐待的，而是针对后续的其他种类的儿童虐待的。除非另有说明，下文主要基于对西切蒂和托特（Ciahetti & Toth，2005）、西切蒂和瓦伦蒂诺（Ciahetti & Valentino，2006）、科尔科（Kolko，2002）、佩里（Perry，2008）、特里克特等（Trickett et al.，2011a）和沃尔夫等（Wolofe et al.，2006）的研究的汇总。

1. 生物学背景

神经发育研究表明，儿童虐待对大脑发育有显著的副作用（Perry，2008）。磁共振成像研究发现，儿童虐待和很多脑部损伤有关，包括较小的海马体体积、较小的胼胝体和杏仁核以及前额叶中较少的灰质（Beers & De Bellis，2002；Perry，2008）。这些缺陷可能会影响到大脑的执行功能和各部分之间的有效联通，影响情绪调节、冲动抑制和推理等重要的大脑功能的发育。此外，大脑的结构差异与虐待开始的年龄也存在相关：儿童在早期发展阶段遭受虐待时，脑部损伤可能最为严重（Perry，2008）。

对脑损伤的一个合理解释是，持续的创伤性压力事件会促进儿茶酚胺的分泌——一种包含去甲肾上腺素、肾上腺素和多巴胺的神经递质——并且激活大脑的边缘系统——下丘脑—垂体—肾上腺轴（LHPA 轴）。这些压力事件会导致肾上腺的皮质醇分泌亢进，并刺激交感神经系统，导致行为启动和强烈唤醒。如果这些启动在较长时间内都不能消退，过高的皮质醇就会对大脑发育产生消极影响（De Bellis，2001，如图 14-4）。令人振奋的是，也有证据表明，经过救援脱离了虐待环境的儿童的认知功能会有所恢复。

研究同样表明，儿童虐待会扰乱个体应对压力的生理心理社会系统，尤其是交感神经系统和下丘脑—垂体—肾上腺轴。戈迪斯等人（Gordis et al.，2008）研究发现，在实验室压力测验中，相比于未受过虐待的儿童，受虐待儿童的皮质醇和 α–淀粉酶分泌更不均衡。此外，皮肤电反应和迷走神经失常表明，受虐待儿童的自主神经系统活性要低于未受过虐待的儿童（Gordis et al.，2010）。

2. 认知发展

受虐待年幼儿童的认知和语言发展，尤其是语言表达的发展，会有迟滞（Cicchetti & Toth，2005）。遭受过躯体虐待的儿童在进入童年中期时会在所有领域都表现出发育延迟，在标准智力测验中得分要比未遭受虐待的儿童低 20 分之多。同样，学业成绩测验的结果也表明，遭受过躯体虐待的儿童在语言和数学能力上比同年龄的未受虐待儿童低两个年级，且他们中的 1/3 都需要特殊教育。受躯体虐待的儿童中学习障碍的儿童比例也很高。在青少年群体中，受过躯体虐待的个体的学业成绩更低，留级率也更高。

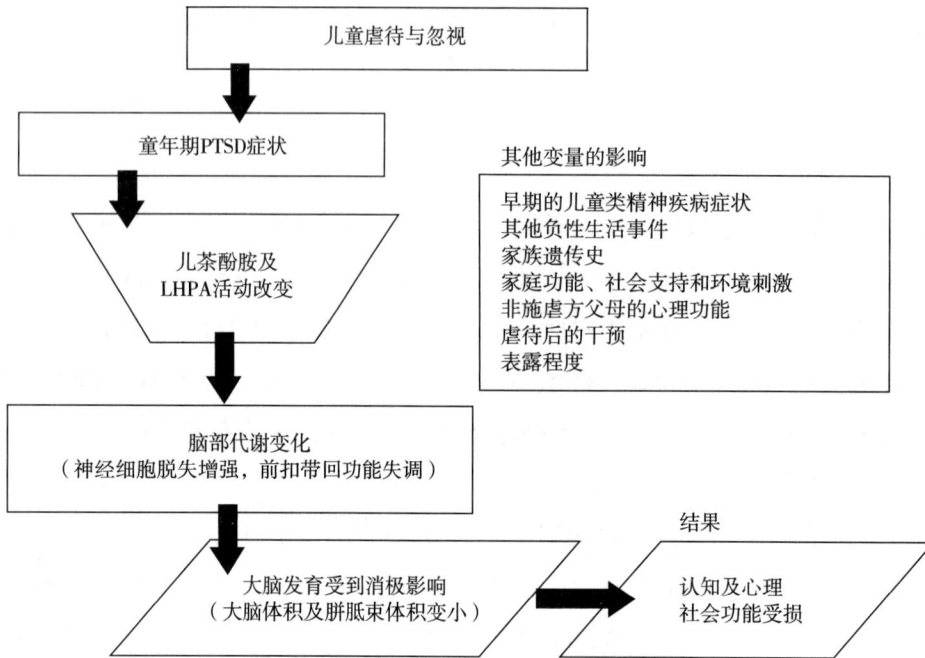

图 14-4 创伤对大脑发育的影响

资料来源：De Bellis，2001。

此外，躯体虐待与心理理论的缺失也存在相关，而心理理论又是理解他人心理状态的能力（Pears & Fisher，2005）。当儿童处于受虐待的情况下，他们可能会学习到，谈论自己和他人的情绪、感受和内部体验是不被接受甚至是危险的。

3. 情绪发展

个体和人际因素的影响贯穿了安全依恋形成的整个过程，良好的个体和人际因素是婴儿期的主要发展任务，这对儿童提供安全感、亲密感和自尊感具有重要意义。95% 受虐待儿童都是非安全型依恋（Cicchetti & Toth，2005）。遭受过躯体虐待的儿童倾向于表现出回避型依恋，他们在面临压力时也会避免寻求关注或接触。正如第二章所探讨的那样，类似的回避行为有利于儿童保持低调，从而降低被母亲愤怒所影响的可能性。但是，由于回避型儿童的安全和安慰需要得不到满足，他们的长期发展也会受到消极影响。

如我们所知，安全依恋的一个主要作用是促进儿童情绪调节能力的发展。因此，受虐待儿童在情绪过程（包括识别、表达、理解和调节等诸多环节）中无疑会有很多缺陷。如图 14-5，波拉克和辛哈（Pollak & Sinha，2003）通过在电脑上向儿童呈现由一种面部表情过渡到另外一种表情的图片时发现，遭受过躯体虐待的儿童在愤怒表情的识别上存在偏差。遭受过躯体虐待的儿童对最轻微的愤怒表情也很敏感，并且能够在信号强度较低的情况下识别愤怒表情。这种高敏感性有其适应性功能，因为在家庭生活中父母生气对遭受过虐待的儿童来说往往意味着伤害。

在情绪理解上，比格利和西切蒂（Beeghly & Cicchetti，1994）发现，遭受虐待的幼儿具有较差的心理词汇，也就是有述情障碍，他们用以表达情绪的词汇更少，消极情绪词汇尤其少。述情障碍的一个长期后果就是理解和调节情绪能力的缺失。

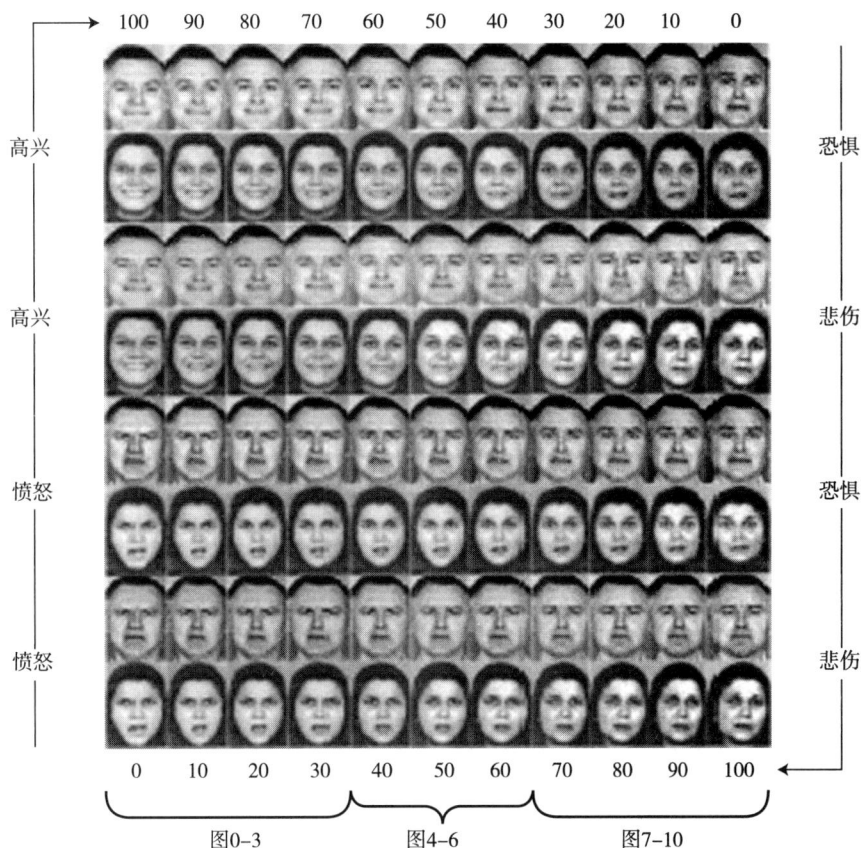

图 14-5　用于测量受虐儿童对愤怒敏感性的计算机改编表情

资料来源：Pollak & Sinha, 2003。

在情绪调节上，研究表明，遭受过躯体虐待的儿童在情绪调节上存在困难，会导致对情绪的过度控制或者控制不足。例如，章等人（Chang et al., 2003）在对 325 名中国儿童及其家庭进行的研究中发现，父母攻击和同伴攻击之间的关系受到情绪失调的中介。作者认为，愤怒是一种情感交流方式，会用一种消极情感交换的方式对儿童进行社会化，并降低儿童应对消极感受的能力。"伴随着父母攻击中的身体行为表现出来的愤怒、冷酷或憎恶比身体行为本身更具伤害性"（Chang et al., 2003, p.603）。

躯体虐待经历会干扰到正常自我概念的早期发展（Cicchetti & Toth，2005）。测量幼儿识别自己在镜子中身影的能力往往可以看作其早期独立整体自我发展的反映。受虐待幼儿的视觉性自我认知能力的发展有所迟滞。此外，受虐待儿童更多对自己在镜子中做出的中性和消极表情有反应，而未遭受虐待的儿童更多对积极表情有反应。虽然低自尊经常发生在遭受虐待的儿童身上，但是一些被虐待儿童也会表现出与现实不符的自我膨胀。类似"我事事都是第一"的肯定论断可能仅仅是内心深处的无力感和无能感的一种防御机制。然而，由于这种防御性的自我高估并不是基于实际能力的，因此它是脆弱而且易碎的。因此，自我高估不是自我保护机制，而是从另外一个角度提高了个体的脆弱性（Cicchetti & Howes，1991）。

受虐待儿童的情绪和行为问题在青少年阶段不是下降，而是上升。儿童虐待是青少年抑郁、低自尊、问题行为和反社会行为的重要预测源（Wolfe et al.，2006）。当儿童遭受的虐待开始于童年早期时，个体更有可能发展出负性认知方式，因为年幼儿童需要依赖他们的父母获得人际信任感和自我效能感。

4. 社会性发展

受虐待的幼儿会以应对他们父母的方式与同龄人进行互动。当他们在同伴群体中面临困境时，受虐待幼儿更有可能以恐惧和肢体攻击的方式进行回应，而未遭受虐待的幼儿则更倾向于采用共情和关切的方式进行回应。同样，追踪研究表明，遭受过躯体虐待的儿童要比遭受过忽视、情感虐待和未受虐待的儿童在学龄前表现出更高的攻击性（Cicchetti & Toth，2005）。

同伴关系对学龄期儿童的重要性有所上升。显而易见，躯体虐待对儿童最为一致的结果就是对他人的敌意和攻击。与品行障碍儿童（见第十章）一样，受虐待儿童的人际问题解决技巧更差，也有更高的敌意归因偏差。受虐待儿童预设，他人对自己持有消极的态度，因此也应该承受相同的敌意。受虐待儿童的问题行为导致了他们在同伴群体中的负面声誉，包括不受欢迎、语言或行为上具有攻击性，比其他儿童更不亲社会（Anthonysamy & Zimmer-Gembeck，2007）。因此，他们也更容易遭受同伴拒绝。而如第十章所示，同伴拒绝又会进一步增加儿童攻击性。例如，金和西切蒂（Kim & Cichetli，2006）对215名遭受过虐待与206名未受过虐待的6～12岁儿童进行了为期一年的追踪。研究者发现了一系列消极的连锁反应：虐待导致情绪失调，情绪失调和时间点1的外化问题具有正相关，时间点1的外化问题和时间点2的同伴拒绝有关，而同伴拒绝又可能导致未来的外化问题。从好的方面来看，高水平的情绪调节能力能促进同伴接纳的长时提升，并降低内化问题的症状表现。

在青少年时期，遭受躯体虐待青少年的朋友也具有积极情感较低、冲突水平较高以及被同伴评定为高攻击型的特征（Trickett et al.，2011a）。正如第十章探讨品行障碍发展时所见，与问题同伴交往的青少年更容易卷入反社会的网络之中。研究还表明，遭受过躯体虐待的儿童最容易受到犯罪同伴的消极影响（Salznger et al.，2007）。

总体而言，大量追踪研究已经证实了童年受虐待经历与青少年犯罪行为高相关（Kerig & Becker，2010）。一些研究表明，虐待问题会随着时间的推移开始或延续到青少年阶段，这一过渡是犯罪行为的最有力预测源（Stewart et al.，2008）。还有一些研究发现了一些可能存在中介作用的因素，如消极的学校氛围，消极的父母依恋，与反社会同伴的关系，对暴力的接纳态度以及离家出走，这些因素都有助于对虐待与犯罪行为之间关系的解释（Trickett et al.，2011a）。

此外，青少年时期也是亲密关系发展的重要阶段，而他们又从家庭中获得亲密关系的范式。大量研究表明，儿童虐待对青少年的恋爱关系具有显著的负向影响。受虐待儿童比同伴更有可能在亲密关系中感到不自在，而且会面临更多的关系问题（DiLillo et al.，2007）。其中，受虐待青少年更容易变成言语和躯体恋爱暴力的施暴者与受害者（Jouriles et al.，2006；Kerig，2010）。虽然遭受过躯体虐待的青少年对他们的父母持有消极态度并且会因父母的虐待而责备父母，但他们会对父母的行为进行模仿（Wolfe et al.，1998）。因此，童年阶段的受侵害经历可能为日后亲密关系中的暴力行为埋下伏笔，从而为虐待行为的代际传递提供基础。

5. 总结

从人格变量角度对躯体虐待的相关结果进行汇总发现，依恋、情绪发展、认知和人际关系都受到躯体虐待的消极影响。回避型依恋起始于儿童安全需要被拒绝满足和无法形成积极的自我—他人工作模型。躯体虐待是形成消极情绪调节的特殊风险因素，而消极情绪调节会导致对同伴和家庭成员的攻击以及回避和抑郁等内化问题。在认知层面上，受虐待儿童具有负性认知方式和敌意归因偏见。在人际发展层面上，遭受虐待的个体具有更差的社会技能、更少的朋友，并且缺乏对他人情绪的敏感性。

虽然受虐待儿童可能面临着一系列消极影响，但有研究表明，遭受过躯体虐待的儿童可以发展出心理弹性。方框 14.2 呈现了这样的心理弹性的例子。在个体层面上，研究表明，有一些生物特征能够让一些处在虐待家庭中的儿童免于产生精神病性症状。例如，如果双生子出现品行障碍的遗传风险低，虐待会导致 2% 的问题行为的上升，在遗传风险较高的群体中，由虐待导致的问题行为的上升幅度是 24%（Jaffee et al.，2004）。同样，如果受虐待儿童在 MAOA 基因上更具多态性，也就是说，他们的 MAOA 基因有更多的表达类型，他们发展出反社会行为的可能性要低于 MAOA 基因活性更低的受虐待儿童（Caspi et al.，2002）。

方框 14.2　戴夫·佩尔泽：应对严重虐待的有心理弹性的个案研究

在本书所涉及的所有个人历史（病历）中，我们经常会看到成功克服困境的榜样，他们中的经历极具艰难和挑战，相当鼓舞人心。即便如此，少有故事能够像戴夫·佩尔泽（Dave Pelzer）在他的自传——《被唤作"它"的孩子》（*A Child Called It*,1995）、《失踪的男孩》（*The Lost Boy*，1997）和《一个名叫戴夫的男子》（*A Man Called Dave*，2000）——中所讲述的那样让人印象深刻。戴夫成长于一个看似正常的美国中产阶级家庭。他早年和父母以及两个兄弟幸福地生活在一起。但是，在他 4 岁的时候，他的童年生活发生了重大的变化。因为他的母亲莫名其妙地开始将他从同胞中孤立开来，拒绝给他食物，并且会采用强迫他吞肥皂、氨水和次氯酸钠的方式惩罚他的所谓"不当行为"。戴夫的母亲不再唤他的名字，而是称呼他为"它"或"那个男孩"，并且对他施加越来越严重的躯体和心理虐待，包括殴打、扎针、强迫他吃粪便、把他的胳膊放在火上或者是煤气炉上。正如戴夫无法理解母亲的行为什么会发生变化一样，他的父亲和同胞也出于某些难以解释的原因选择冷眼旁观，没有干预。

在戴夫的自传里，他写下了自己采用何种策略得以在内心保有一片母亲无法触及也无法战胜的净土。在他的心里，戴夫将所有的折磨都转化为对意志的考验。在这些考验中，他为自己战胜了母亲而默默自豪着，这些胜利包括找到秘密的食物来源、夸大自己的反应从而让母亲觉得他伤得比实际上要严重以及被关禁闭时计数从而让时间过得更快。有一天，他在完成了一系列琐碎的家务之后把肥皂吐到了垃圾桶里，挫败了母亲让他吞肥皂的意图。他写道，

"当我做完了这些事情之后，我感觉自己赢得了马拉松比赛，我很自豪，因为我在妈妈的游戏里战胜了她"（1995，p.48）。而当他在车库里面找到了一堆隐藏的冷冻食品并战胜了饥饿时，他写道，"躺在漆黑的车库里，我闭上了眼睛，梦想自己是一位国王，穿着最华美的袍子，吃着世人能提供的最美味食物。当我拿起一片冷冻的南瓜派饼皮或者是玉米卷饼时，我想象自己是一位国王，坐在王座上，我低头看着食物然后报以微笑"（1995，p.49）。

当学校的护士在戴夫的眼睛上看到了他母亲按着他的头撞击镜子造成的肿块时，护士要求他脱下衬衫，然后在他长期营养不良的身体上看到了许多瘀伤、疤痕和烧伤。此时，干预终于姗姗来迟。在戴夫12岁的时候，他被带到了福利院，而他的经历也被公诉人称为加利福尼亚州有史以来最为恶劣的躯体和情感虐待案之一。后来，戴夫成了一名成功的畅销书作家。他有很多获奖作品，包括他的自传和帮助青少年在逆境中自助的书籍。现在他本人也是一个丈夫和一个父亲。

西切蒂和瓦伦蒂诺（Cicchetti & Valentino，2006）基于其他个体因素进行的研究综述对该领域非常重要，这些因素包括内部控制点、积极自我认识、自我韧性和自我控制。在人际层面上，促进个体积极自我认识的人际关系能够增加个体的心理弹性，包括温暖支持的同伴关系、与其他非虐待家庭成员的关系以及与扮演受虐待儿童生活中导师角色的成年人的关系。然而，基于包括欧裔美国儿童、非裔美国儿童和拉美裔美国儿童的多元样本进行的研究发现，人际因素对受虐待儿童心理弹性的预测力要低于个人素质。事实上，对那些无法将最重要的人际关系转为内部资源的受虐待儿童来说，更多地依赖自己而不是他人的能力摆脱逆境，是有其适应意义的。

然而，研究者需要注意的是，心理弹性是一个动态建构，并且会在不同发展阶段中变化。一项研究表明，在具有心理弹性的学龄期受虐待儿童中，只有62%的个体在青少年时期依然具有心理弹性（Herrenkohl et al.，1994）。在一段时期对儿童有益处并且能够帮他们成功克服严峻考验的特质可能会带来隐性成本，而这种损失很可能需要经过一段时间才会浮现。例如，过度的自立可能是一把双刃剑。它可能帮助年幼儿童应对虐待型家庭，也有可能干扰到后期发展阶段中的一些积极结果，如在青少年阶段形成令人满意的亲密关系的能力。

（三）病因学：有躯体虐待倾向的父母

80.9%的儿童虐待都由父母扮演施虐者的角色，而其他家庭成员占据了12%（US Department of Health and Human Services，Administration for Children and Familes，2010）。其中，由于母亲是儿童的主要照顾者，他们也最有可能成为儿童虐待的施虐者；但是，绝大多数儿童死亡都是由父亲和其他男性照顾者导致的（National Center on Child Abuse and Neglect，2010）。儿童的死亡往往是由极端形式的虐待导致的，如击打儿童的头部，剧烈摇晃儿童，导致儿童窒息或者是烫伤儿童等。

1. 个体背景

谁会成为儿童施虐者呢？一个简单的解释是那些有精神障碍的父母更有可能成为施虐者，然而事实并非如此简单。研究者对男性施虐者几乎一无所知，而虐待儿童的母亲通常都比较年轻，并且往往在青少年时期就有了第一个孩子。这些母亲的生活压力较大，她的家里往往有很多个年幼的孩子，拥有很少的优势资源和社会支持，并且生活在贫困当中。这些母亲可能面临着抑郁和物质滥用等问题，并且非常易怒（Runyon & Urquiza，2011）。

此外，还有很多问题导致了这些受虐待儿童的母亲无法扮演好养育者的角色。杜克维奇等人（Dukewich et al.，1996）发现，缺乏为人父母的准备，也就是缺乏儿童发展、以儿童为中心以及对父母角色进行合理预期的相关知识，是青少年母亲虐待行为的最强预测源。躯体虐待的施虐者也倾向于有较低的冲动抑制力和挫折容忍度。这些父母甚至没有办法容忍哪怕最基本的儿童抚养需要；此外，他们在育儿策略的选择上也更为僵化，缺乏代替体罚的日常策略（Black et al.，2001）。

受虐待儿童的父母对儿童行为的认知过程同样存在问题。例如，虐待儿童的父母更容易对儿童产生认知曲解。他们更容易错误地认为儿童的行为问题是故意的（例如，"他知道那会打到我"）或是出于内在稳定的消极特质（例如，"她是个告状精"）；他们也更容易错误区分，把对儿童的认知偏见转化到对他人的消极感受上（discrimination failure；例如，"他就像他的爸爸一样——一无是处"；Azar & Weinzierl，2005）。那些认为儿童不当行为是故意的、恶意的父母也更容易因此感到困扰，这些消极归因又是对高惩罚方式的一种自我正当化反应。

此外，父母的抑郁对错误归因有重要影响，其机制是降低他们对压力的容忍度，并提高他们采用消极方式评估事件的可能性。父母的执行功能缺失同样会导致问题解决灵活性、自我监控和自我控制的缺失。阿扎和魏恩齐尔（Azar & Weinzierl，2005）在图14-6中就该情境中行为的认知过程给出了例子。

2. 社会文化背景

存在儿童虐待的家庭存在于各个社会群体，但平均来看，这些家庭在收入和就业等多个社会经济指标上都要远低于国家标准线。贫困、家庭组织混乱、住房拥挤以及频繁搬家都大大增加了父母对儿童使用暴力的可能性，危险因子的数量越多，其风险也越高（Begle et al.，2010）。儿童虐待往往与父母物质滥用、离婚/分居、频繁搬迁以及婚姻暴力等一系列导致家庭功能失调的因素共同存在。在这些家庭中，如此多的消极影响同时作用，因此难以分离他们与儿童虐待的特定联系。如前所述，虽然不同种族中的儿童虐待率存在差异，但这些结果很难从社会的影像中分离出来，其解释也存在争议（Malley-Morrison & Hines，2004）。

（1）整合模型

众多心理病理学研究发现，不同情境下的多种风险性因素累加并交互作用，构成该情境中最可能存在的多元决定论。贝格等人（Begle et al.，2010）对610名3～6岁儿童照顾者进行的调查为"累积风险模型"提供了支持。该研究从不同维度对风险因素进行测量，包括父母特质（如童年时遭受虐待、抑郁以及控制感），家庭特质（如家庭组织混乱、家庭人数和住房空间）以及社区特质（如社区质量、资源可得性以及家庭的社区卷入）等。如研究者所预期的，儿童虐待可能性的预测因素是累积的风险性因素而不是单一的风险性因素。

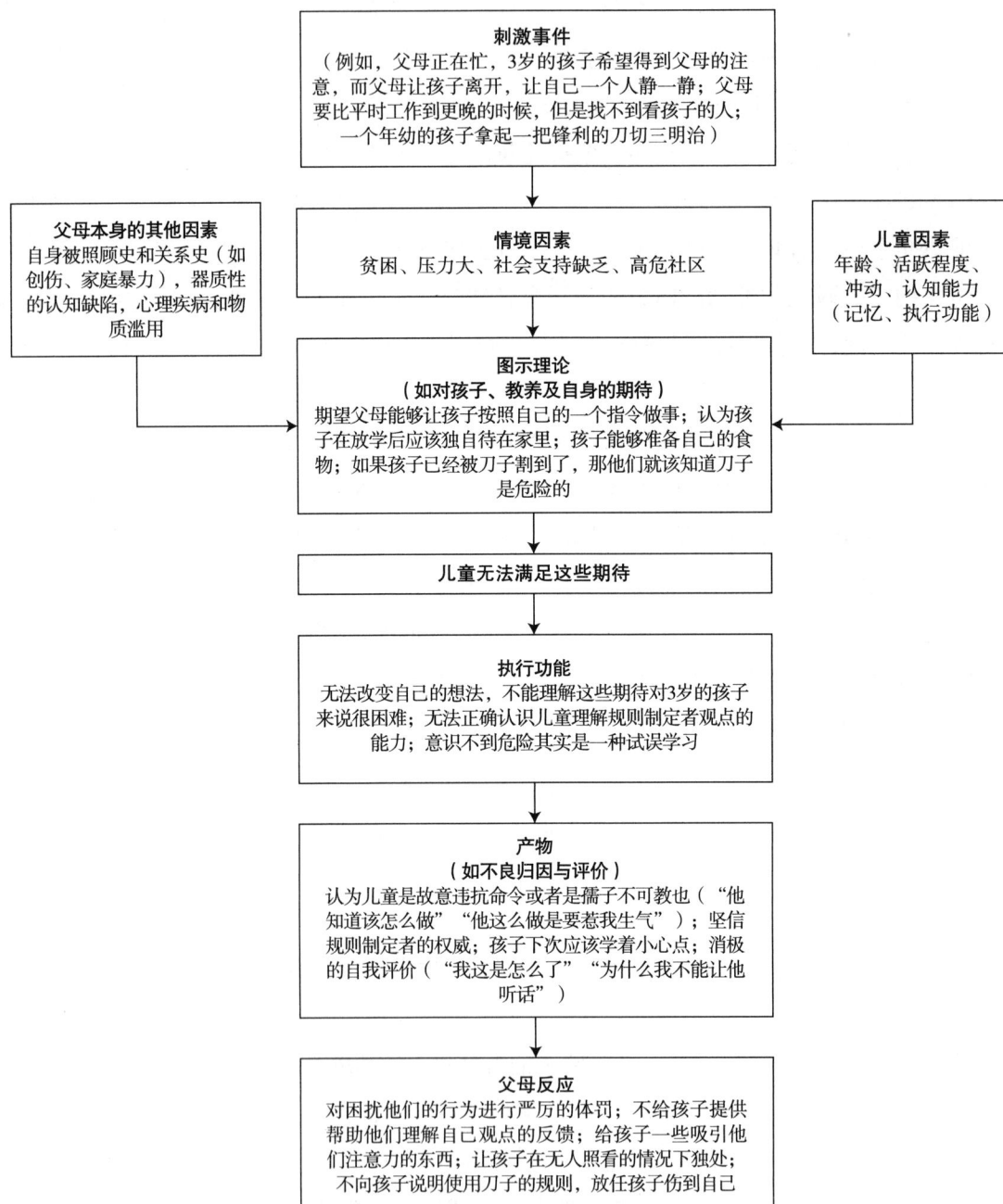

刺激事件
（例如，父母正在忙，3岁的孩子希望得到父母的注意，而父母让孩子离开，让自己一个人静一静；父母要比平时工作到更晚的时候，但是找不到看孩子的人；一个年幼的孩子拿起一把锋利的刀切三明治）

父母本身的其他因素
自身被照顾史和关系史（如创伤、家庭暴力），器质性的认知缺陷，心理疾病和物质滥用

情境因素
贫困、压力大、社会支持缺乏、高危社区

儿童因素
年龄、活跃程度、冲动、认知能力（记忆、执行功能）

图示理论
（如对孩子、教养及自身的期待）
期望父母能够让孩子按照自己的一个指令做事；认为孩子在放学后应该独自待在家里；孩子能够准备自己的食物；如果孩子已经被刀子割到了，那他们就该知道刀子是危险的

儿童无法满足这些期待

执行功能
无法改变自己的想法，不能理解这些期待对3岁的孩子来说很困难；无法正确认识儿童理解规则制定者观点的能力；意识不到危险其实是一种试误学习

产物
（如不良归因与评价）
认为儿童是故意违抗命令或者是孺子不可教也（"他知道该怎么做""他这么做是要惹我生气"）；坚信规则制定者的权威；孩子下次应该学着小心点；消极的自我评价（"我这是怎么了""为什么我不能让他听话"）

父母反应
对困扰他们的行为进行严厉的体罚；不给孩子提供帮助他们理解自己观点的反馈；给孩子一些吸引他们注意力的东西；让孩子在无人照看的情况下独处；不向孩子说明使用刀子的规则，放任孩子伤到自己

图14-6　阿扎和魏恩齐尔的施虐父母的认知模型

资料来源：Azar & Weinzierl，2005。

（2）保护性因素及心理弹性

受虐待儿童的父母本身在童年时就遭受过虐待这一事实已经被多次强调。但是，即便施虐者确实常常当过受虐者，儿童虐待也并非注定会重蹈覆辙。有研究者基于一系列初步研究，对儿

童虐待的代际传递进行粗略估计表明，30%的遭受过虐待的儿童会在成年后成为施虐者（Belsky et al.，2009）。很多父母都具有心理弹性，而研究者也开始鉴别能够对心理弹性进行解释的保护性因素。研究表明，那些高风险的父母之所以没有成为施虐者，是因为他们在成长过程中与父母中的非施虐者保持着支持性的关系。同时，他们也更可能在当下有支持性的成人关系，并且经历更少的压力事件。此外，他们对曾经遭受过的童年期虐待有更多公开的愤怒，在重述虐待事件及由此引发的情绪感受时也更加直言不讳——这种对他们自己童年感受的评估能够引起父母对自己在童年时期不幸的重视，从而避免他们成为这种不幸的制造者（Egeland et al.，2000）。

三、忽视

（一）定义及特征

1. 定义

对忽视的定义包括，在父母有相应能力的前提下，不能保障儿童的身体和心理健康、教育、营养、庇护及安全居所条件等（WHO，2006）。埃里克森和埃格兰德（Erickson & Egeland，2011）对五种类型的忽视进行了描述，包括：①躯体忽视，如不能避免儿童受伤以及不能提供食物和庇护等基本必需品；②医疗忽视，如父母拒绝必要的儿童医疗；③心理健康忽视，如儿童出现严重的情绪或行为问题时拒绝给予必要的治疗干预；④教育忽视，如剥夺儿童上学的权利；⑤心理忽视，如在儿童寻求安慰时不能给予回应，该类别与本章后续探讨的心理虐待存在重叠。

如定义所示，忽视是一种剥夺（omission）而非施加（commission）的行为，因此难以被觉察。举例而言，很多发生在不受监督状态下的儿童意外伤亡都可能是忽视的后果。此外，极端的情感忽视本身就是致命的。即便有足够的营养保障，非器质性的发育停滞综合征也会阻碍儿童的成长乃至生存（Erickson & Egeland，2011）。父母的温暖和关怀对儿童发育具有重要作用，其缺失会严重影响发育。正如吉尔伯特等人组成的跨国团队（Gilbert et al.，2009）所强调的那样，"忽视有着至少不低于躯体虐待和性虐待的长远影响，但是它得到的学科及公共关注是最少的"（p.373）。

2. 发生率及儿童特征

对忽视的定义尚且含糊且该定义在不同地区也存在差异，这就使得忽视发生率的统计更加困难（Trickett et al.，2011a）。即便如此，现有的数据仍然表明，在美国，忽视是儿童虐待中最为常见的一种形式，占据所有报告案例的71%，并且与由虐待引起的40%的儿童死亡相关（US Department of Health and Human Services，2010）。通过全国电话调查，芬克霍等人（Finkelhor et al.，2010）发现，在美国，1.5%的儿童在过去一年中都遭受过忽视，3.6%的儿童在成长中都遭受过忽视。尽管之前的研究结果表明，忽视的发生率存在年龄差异，最可能发生在婴幼儿阶段，但有研究结果表明，学龄期儿童与青少年遭受忽视的可能性相同（如图14-7），且男女生均是如此（Finkelhor et al.，2010）。社会群体在其中起到重要作用，儿童忽视更有可能发生在那些生活在贫困当中且父母教育和收入水平较低的家庭当中。

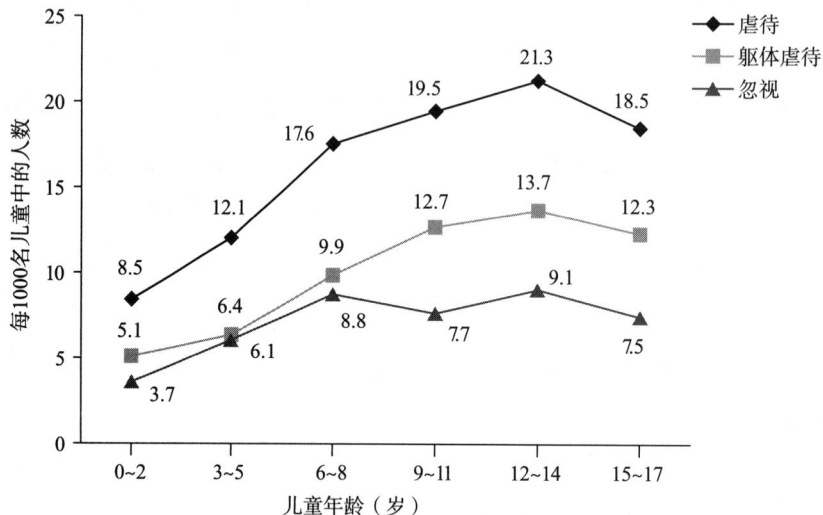

图 14-7　美国儿童虐待、躯体虐待、忽视的发生率
资料来源：Trickett et al.，2011。

吉尔伯特等人（Gilbert et al.，2009）对父母和儿童报告的各国儿童忽视发生率逐一进行汇总，发现只有美国和英国对儿童忽视的报告进行了汇编，而在这两个国家中，儿童忽视在过去所有时间内发生率为 6%～11.8%。

（二）发展过程

儿童虐待有多种表现形式，因此，多重受虐会增加对忽视影响进行探讨的难度。例如，门嫩等人（Mennen et al.，2010）的研究表明，在该研究所关注的 303 名受虐儿童中，61% 的个体都会同时遭受忽视和情感虐待，50% 的个体会同时遭受忽视和躯体虐待。因此，正如我们在综述躯体虐待相关研究时所指出的那样，大多数研究都囊括了同时遭受忽视和其他形式虐待的儿童。然而，现有的数据依然允许研究者在至少某些方面构建针对忽视的发展模型。

1. 生物学因素

之前引用的大多数有关受虐儿童生物功能失调的文献都包含了受到忽视的儿童，因此能够为忽视如何影响神经发育的影响提供有效的总结（De Bellis，2001；Perry，2008）。一项针对忽视的研究表明，相较于其他类型的儿童虐待，忽视对胼胝体有独特的影响。

2. 认知发展

忽视对认知和语言发展的影响比其他形式的虐待更严重（Erickson & Egeland，2011）。由于忽视往往发生于低刺激和低回应的早期环境，父母对儿童的成就也不感兴趣，所以儿童认知和语言发展水平结果更差并不让人感到意外。认知能力缺陷可能会从童年早期一直延续到学龄期，而相比于遭受过其他形式虐待的儿童，被忽视儿童会表现出更多的消极影响。他们入学时就缺乏基本技能，而在整个学龄期，他们的语言、阅读和数学都仅仅相当于比他们低两个年级儿童的水平。同样，在遭受过虐待的儿童中，被忽视青少年学业成绩最低，也最有可能留级（Veltman & Browne，2001）。被忽视的儿童进入青春期后，忽视对成就动机的消极影响也开始显现。例如，斯滕伯格等人（Steinberg et al.，1994）发现，在一年之内，被忽视青少年对工作和学校的兴趣显著下降，卷入少年犯罪和物质滥用的可能性上升。

3. 情绪发展

被忽视儿童在对情绪相关信息的加工上同样存在缺陷。由于他们在亲子关系中表现出的情绪范围要更狭窄，因此他们辨别情感表达（如快乐面孔与悲伤面孔）的准确性也较低（Pollak et al.，2000）。

不安全依恋是忽视的又一严重后果（Erickson & Egeland，2011）。被忽视的婴儿往往通过清楚地表达不安全感或者是对母亲的不信任感与他们的母亲产生联结。他们对分离压力的容忍度更低，调节情绪和痛苦的能力较低，对新环境的适应性也较差。然而被忽视儿童对母亲的消极态度有别于遭受过躯体虐待的儿童，其愤怒和抵抗在整个幼儿期都呈现上升趋势。

相比于遭受其他形式虐待的儿童，被忽视的学龄前儿童和学龄期儿童有更多的内化问题，如焦虑、悲伤和社会退缩（Manly et al.，2001）。

4. 社会性发展

被忽视儿童对母亲的消极性会延伸到学龄前的同伴关系中。他们通常被形容为回避、退缩、缺乏社会能力并且无力应对具有挑战性的人际关系。对被忽视的学龄前儿童进行观察发现，他们缺乏耐心和热情，表现出更多的消极情感，并且更加依赖照顾者和教师的支持与培养。同样，相比于未受到虐待的儿童和遭受过躯体虐待的儿童，被忽视的学龄期儿童在同伴关系中也更为孤单、被动，在社交互动中更加退缩，也更少主动邀请同伴玩耍（Erickson & Egeland，2011）。

5. 追踪视角

明尼苏达母子项目的数据对之前的研究结果进行了汇总。研究者对 267 名处在风险中的孕妇进行观察，然后追踪她们的孩子直到成年（Sroufe et al.，2005）。在婴儿期，2/3 的被忽视儿童都表现出了回避型的母婴依恋。两岁时，被忽视儿童表现出更少的热情，对挫折的容忍度更低，在冲突解决任务中也更不容易妥协。在 4 岁时，被忽视儿童的冲动控制更低，更加固执，也有更多的消极情感。一年级时，被忽视儿童的自我控制更低，对教师的依赖性较高，对课堂的适应能力也较差。对学龄前儿童而言，忽视比其他形式的虐待更具破坏力，与注意力不集中、学业退缩、焦虑、攻击、同伴拒绝、较低的智力测验和学业成绩分数有关。

后续对这些儿童在一年级、二年级、三年级以及六年级的追踪研究表明，被忽视儿童在开始的两年内具有更低的总体情绪健康水平。教师将他们形容为社会退缩，是相对正常同辈更不受欢迎的，并且比遭受过躯体虐待的儿童更加退缩和注意力不集中。被忽视的儿童在内化问题和外化问题上的得分也都很高，学业成绩也比同龄人更低。例如，在 13 个被忽视的儿童中，只有 1 个是不需要在一年级到三年级期间接受某种特殊教育的。

在青少年阶段，早期有过被忽视经历的个体面临着多种多样的学业、社交、行为和情绪问题。他们的学业成绩低下，犯罪行为较多，物质滥用和辍学的可能性更高，有更高的攻击性，并且有着比同龄人更高的自杀企图。被虐待儿童相比于未受虐待的同龄人在 17 岁的时候更有可能达到精神疾病的诊断标准。除非那些对儿童采取情感忽视的父母接受了精神疾病诊断，否则，他们的孩子达到此标准的可能性更高。

6. 总结

受到忽视影响的发展维度与受到躯体虐待影响的发展维度在很多方面具有共同点。但是，被忽视儿童的依恋更多地表现为回避型，他们的情绪和人际发展具有消极和回避的特征。忽视对认知发展的消极影响也要高于其他形式的虐待。正如埃里克森和埃格兰德（Erickson & Egeland, 2011）所强调的那样，被忽视的儿童不期望自己的需求能在关系中得到满足，因此他们不会试图得到关爱和情感；他们不期待自己的行为是有效能的，因此也不尝试成功。显而易见，忽视的影响不会被躯体虐待所调节，它会严重影响儿童的发展。尽管外显暴力受到的关注更多，但冷漠的父母对孩子的消极影响确实隐匿而具有破坏力。

（三）病因学：被忽视儿童的父母

尽管忽视的发生率高且消极影响严重，但它是众多形式儿童虐待中研究最不彻底的一类。因此，对忽视施加者的了解要少于其他形式的虐待（Schumacher et al., 2001）。此外，由于母亲比父亲更有可能成为主要照顾者，现有的绝大多数研究关注的都是被忽视儿童的母亲。

1. 个体背景

和躯体虐待一致，考虑到母亲扮演主要照顾者的角色，她们最有可能成为施虐者。和那些躯体施虐者一样，被忽视儿童的父母往往具有更高的压力和更少的支持，并且在物质滥用和冲动控制上存在困难。但是，被忽视儿童的父母在很多方面都不同于受躯体虐待儿童的父母。被忽视儿童的父母有更高的总体抑郁且表现出多种精神疾病症状。此外，相对于躯体虐待的冲动性和间歇性，忽视往往发生在慢性剥夺的情境中。被忽视儿童的母亲经历了更多的压力和失败，有更多未被满足的需要，孤独且对生活的各个方面都不满意。她们往往缺少朋友且缺乏社会支持。此外，被忽视儿童的母亲对生活中问题的普遍应对方式就是采用回避、消极和道德推脱等一系列无用的策略（Schumacher et al., 2001）。

被忽视儿童的母亲对关系具有更加消极的看法且更容易否认他们的重要性。因此，她们难以觉察养育行为的重要性，并且缺乏对它进行改变的动机。此外，这些母亲通常具有低自尊、自我偏见以及对儿童发展的不合理预期等一系列人格特质，这些人格特质也会降低她们对儿童信号或情绪困扰的敏感性（Crittenden, 1993）。研究者基于被忽视儿童父母的成长史而对此进行了解释，这些父母中的很多人在童年阶段都有过受虐经历，无力从他人那里获得关爱的个体往往也没有办法提供爱。他们甚至刻意阻断对儿童困扰的觉察，正如他们已经习惯了这样应对童年时的不快乐。

2. 社会文化背景

尽管贫困可能提高所有儿童虐待形式的风险，但忽视与经济困难的相关性最高（Erickson & Egeland，2011）。在那些生活在贫困当中且父母教育和收入水平较低的家庭当中，出现忽视儿童的父母的可能性尤其高。正如之前所强调的那样，探讨忽视产生比率的种族差异时必须考虑该因素与贫困的重叠。一些数据显示，在儿童保护组织接到的报告中，70% 的非裔美国儿童遭受忽视，而在欧裔美国儿童中，这个比率是 58%（Office of Juvenile Justice，2000）。

四、心理虐待

（一）定义及特征

1. 定义

心理虐待也被称为情感虐待，哈特等人（Hart et al.，1987，p.6）提出了一个广为引用的定义：

> 心理虐待包含一系列剥夺及施加行为，根据综合社区标准和专业经验，这些行为具有心理破坏力。这些行为是对个体施加的，且往往发生于儿童易感性较高的情境中。这些行为会对儿童的行为、认知、情感和躯体功能产生直接或间接的破坏作用。

有心理破坏力的行为往往会向儿童传达一系列信息，包括儿童是无价值的、无能力的、不被关爱的、处于危险之中的或者是只有满足了别人时才是有价值的（Hart et al.，2011）。这些行为可能包括抛弃（如拒绝、轻视、嘲弄或贬低儿童），恐吓（如威胁会对儿童及他们喜爱的事物使用暴力，让儿童处于危险环境中），孤立（如将儿童禁锢在家里，不许儿童和家庭外的人互动），剥削或贿赂（如示范或鼓励犯罪行为或不符合发展阶段的行为，逼迫儿童以自身为代价扮演父母的角色或满足父母的情感需要）以及拒绝给予情感回应（如只在必要时与儿童进行互动，不能表达情感、关心和爱）。方框 14.3 会针对各种行为给出例子。

方框 14.3　心理虐待案例

拒绝。玛西娅（Marcia）的母亲在她表现出愤怒或悲伤之类正常情绪时会嘲笑她。她的母亲会在玛西亚表现出沮丧的时候进行录像，并且强迫她和她的兄弟姐妹观看，并且会向他们指出玛西娅在愤怒或者悲伤时有多么滑稽。

恐吓。弗兰克（Frank）的父亲偷偷在家里装了视频监控。这位父亲会说出弗兰克和他的兄弟姐妹在何时去浴室，跟谁打电话以及在他工作的时候说了什么关于他的坏话。这些孩子相信他们的父亲无所不能，并且非常怕他。

孤立。德蒂（Detia）的家人要求她在家接受教育，并且不允许她和邻居家的孩子玩耍。她只有在父母和姐姐陪伴的时候才能离开家，并且被严令禁止跟家人以外的成年人以及儿童进行交流。她被告知，外面的人无法分享他们的家族信仰，并且称他们是"与恶魔为伍"。

剥削／腐化。蒂托（Tito）的母亲每周都有1～2天要求他离开学校，因为她很孤独，希望有人能够在她喝醉的时候陪伴自己。蒂托肯定，他母亲的身边永远都有冷啤酒，总是醉醺醺地讲笑话然后大笑，会抓着他的肩膀确认，确认有那么一个舒适的垫子，足以支撑她病痛的后背。久而久之，蒂托的母亲鼓励他陪自己一起喝啤酒。

拒绝情绪回应。卡罗琳（Carolyn）的父母离婚之后，她的母亲接受了一项海外派遣工作，把她留给了父亲以及父亲的新女友。而这位新女友总是"意外地"将卡罗琳关在屋子外面，甚至有一次把她扔在了游乐场，直到天黑都没有去接她。当哭泣的卡罗琳被带到警察局时，她的父亲打了她，并且责备她没有在指定的时间待在指定的地方。虽然卡罗琳的母亲对孩子在前夫家的遭遇表示非常愤怒，她却拒绝缩短派遣工作然后由自己照顾孩子。当儿童组织试图干预时，作为回应，父亲将卡罗琳送出去参加夏令营。

资料来源：改编自 Hart et al.，2011。

2. 发生率及特征

由于心理虐待是最难以识别和证实的虐待形式，其发生率相当低，仅占据所有经证实的儿童虐待案例的7%（US Department of Health and Human Services，2010）。然而，需要注意的是，一类被称为"其他虐待"的儿童虐待在全国儿童虐待与忽视数据系统报告的所有案例中占到了1/3以上。而根据哈特等人（Hart et al.，2011）的定义，这些抛弃以及威胁对儿童进行伤害的举动也属于心理虐待的范围。芬克霍等（Finkelhor，2010）在美国进行的全国调查发现，6.4%的儿童在过去一年中遭受过心理虐待，11.9%的儿童终生遭受心理虐待。

此外，还有研究者认为，心理虐待存在于其他形式的儿童虐待当中。躯体虐待、忽视和性侵犯都包含亲子关系的破坏，让儿童失去情感安全并产生心理伤害。尽管心理虐待确实会跟其他形式的虐待同时发生，但研究表明，心理虐待有独立于同时发生其他虐待的独特影响（Hart et al.，2011）。

（二）发展过程

除非另有说明，下文主要基于哈特等人（Hart et al.，2011）的研究。

1. 认知发展

心理虐待与年幼儿童的认知延迟相关。例如，埃里克森与埃格兰德（Erickson & Egeland，2011）发现，如果母亲缺乏关爱时，儿童的认知技巧在9～24个月呈现下降趋势。此外，正如遭受过其他形式虐待的儿童那样，遭受过心理虐待的学龄期儿童的学业成就测验分数比未遭受过虐待的儿童更低，学校表现也更差。

2. 情绪发展

埃格兰德（Egeland，1991）的追踪研究对言语虐待以及缺乏关爱这两类心理虐待进行测量。发生在幼儿期及学龄前的这些形式的虐待具有不同于躯体虐待和忽视的影响。虽然所有被虐待儿童都更不顺从、有更低自尊且缺乏对任务的恒心和热情，但是不关爱的母亲会带来最具破坏性的后果，且这种影响会贯穿儿童整个早期发展阶段。这些影响包括能力素质的下降、自虐行为的上升以及其他严重的精神疾病症状。

毫无疑问，遭受过照顾者心理虐待的年幼儿童更有可能发展出不安全的依恋，且很多都表现为混乱型（Finzi et al.，2001）。而如我们所知，不安全的依恋也是后期严重精神疾病的有效预测源。

一些研究表明，心理虐待与导致童年中期抑郁的认知风格有关，包括低自尊、无望感、外归因，对生活的消极看法以及自我伤害的想法和行为。此外，一些研究表明，抑郁与心理虐待的相关要高于其他形式的虐待。外化问题同样是由心理虐待导致的。赫伦科尔等人（Herrenkohl et al.，1997）发现，遭受过父母批评、拒绝和恐吓的儿童在学龄期可能同时表现出低自尊和高攻击性。

同样，遭受过心理虐待的儿童在青春期也有更高的内化问题的风险，包括抑郁、习得性无助以及低自尊等。此外，情绪不稳定也是心理虐待的一个后果。因此，遭受过心理虐待的青少年出现物质滥用、进食障碍等涉及冲动控制和情绪调节的心理障碍，也并不意外。在青少年晚期，遭受过心理虐待的女孩会更经常地求医，更经常地抱怨身体不适，幸福感也会更低。而童年期的情感虐待也是大学阶段的进食障碍与人格障碍的预测源。

3. 社会性发展

遭受过心理虐待的儿童表现出更差的社交能力。他们更可能在社会互动中退缩，或者是以敌意的方式与他人互动。例如，追踪研究的数据表明，遭受过心理虐待比其他同龄人更有攻击性，且更容易在青春期卷入攻击行为和不法行为当中（Herrenkohl et al.，1997）。此外，金和西切蒂（Kim and Cicchetti，2006）对比不同形式儿童虐待的影响发现，只有情感虐待与高水平的同伴拒绝相关。

4. 总结

虽然心理虐待经常被儿童保护组织以及心理学研究人员所忽视，但是它存在于其他形式的虐待当中并且能够部分解释众多消极影响（Hart et al.，2011）。然而，心理虐待具有独特的影响，具有普遍且潜伏（insidious）的长期结果。虽然遭受过心理虐待儿童的攻击性随着年龄增长不断上升，抑郁和内化性心理障碍却与心理虐待有着最强的相关。由此导致的对自己与他人的消极看法，如无价值感、自我厌恶和不安全感，会损害个体满足当下或未来人际关系中情绪需求的能力。

五、性虐待

（一）定义及特征

1. 定义

性虐待指的是将儿童卷入他们所不理解的性活动中，这些性活动是儿童无法知情同意的，超出了儿童现阶段的发展，还可能违反法律及社会规范（WTO，2010）。施虐者可能是成年人，也可能是年长的儿童，而如果是儿童，则年龄差往往是 5 岁及以上。这些性行为囊括了从实际侵犯到非肢体接触的行为（如观看淫秽作品）在内的一系列举动。产生的情境极有可能是突然且暴力的，如强暴，也可能是长期的引诱和诱骗。性虐待可能是急性的，也有可能是慢性的。施虐者可能是陌生人，也可能是家庭成员，而后者也被称为乱伦。性虐待范围的界定在不同地域之间存在差异，取决于儿童能够知情同意的法定年龄。因此，性虐待在很多方面都不同于我们探讨过的其他形式的虐待：施虐者可以是包含年长儿童在内的任何人。因此，性虐待的发生并不局限于家庭当中——事实上，绝大多数性虐待的施虐者都是家庭外的成年人（Berliner，2011）。

互联网是一种被发现较晚的导致儿童成为性受害人的形式。大概 13% 的儿童报告接受过非自愿的性诱惑，9% 的儿童报告遭受过性骚扰，还有 35% 的儿童报告接触了非自愿的淫秽作品（Wolak et al.，2007）。

2. 发生率及儿童特征

性虐待占据了所有经证实的儿童虐待案例的 9.5%（US Department of Health and Human Services，2010）。但再次声明，有证据强烈表明，这个比率低估了儿童性虐待的实际发生率。其中，全国儿童虐待与忽视数据系统（NCANDS）的报告仅包含了施虐者是父母或照顾者的案例，而这仅仅是其中的一小部分（Finkelhor et al.，2010）。查登和托安斯（Tjaden & Thoennes，2000）在全国范围内对 6000 名成年人进行了电话调查，发现 9% 的女性和 2% 的男性都曾在 18 岁之前遭受过强暴。而在另外一个仅包含女性被试的类似研究中，桑德斯等人（Saunders et al.，1999）发现，8.5% 的女性在童年时遭受过强暴，她们第一次遭受到强暴的平均年龄是 10.8 岁，而 60% 的被强暴经历都在 13 岁之前。最常见的施暴者是被害人认识的家庭外的个体（如家庭朋友、邻居、同事和同伴），大概占到所有案例中的 39%，其他成年亲属占到了 20%，父亲及继父占到了 16%，男朋友占到 9%，兄弟占到了 5%。芬克霍等人（Finkelhor et al.，2010）在他们的一次电话调查中发现，0.3% 的美国儿童承认在过去一年内遭受过成年人的性虐待，1.2% 的儿童在过去所有时间内遭受虐待。而在过去所有时间内遭受性虐待的比例在男孩中是 0.3%，在女孩中是 2.1%。

一项成年人回顾研究进一步证明，官方报告的性虐待发生率远低于实际水平，该研究的结果让人震惊：42% 的男性受害者和 33% 的女性受害者都表明，他们从来没有跟任何人提到过自己在童年阶段的受虐待经历。同样，麦克米伦等人（MacMillan et al.，2003）在一项针对儿童的研究中发现，8% 的性虐待受害者曾经联系过儿童保护组织。

上述数据表明，性虐待与其他形式的儿童虐待具有显著的差异：发生率的显著性别差异。总体来说，女孩成为性虐待受害者的可能性是男孩的 3 倍（Sedlak，2010）。年龄差异则表明，年长儿童和青少年遭受性虐待的风险最高，而性别差异又会随着年龄的增长逐渐拉大：婴儿期是 2∶1（女孩∶男孩，下同），学龄期是 3∶1，青少年期是 6∶1。

国际数据得出了类似的结果。佩里达等人（Pereda et al.，2009）对比了从21个不同国家采集到的儿童性虐待发生率的流行病学数据，包括澳大利亚、加拿大、中国、萨尔瓦多、芬兰、法国、英国、以色列、约旦、马来西亚、摩洛哥、新西兰、挪威、葡萄牙、新加坡、南非、西班牙、瑞典、瑞士、土耳其及美国。除了少数例外情况，即中国没有报告出性虐待，葡萄牙的性虐待比率不存在性别差异，大多数国家的发生率及性别比例结果都接近于芬克霍等人（Finkel-hor et al.，2010）基于美国的报告。而在高收入国家（包含美国、英国、欧洲、加拿大、新西兰和澳大利亚）得出的人群评估数据发现，性虐待的累积发生率在女孩中是15%～30%，在男孩中是5%～15%（Gilbert et al.，2009）。

而在不同种族中，美国的拉丁裔青少年遭受性虐待的可能性要高于欧裔青少年（Newcomb et al.，2009），其他研究则发现，印第安裔的儿童遭受性虐待的可能性更高（Malley-Morrison & Hines，2004）。

遭受性虐待的其他风险性因素还包括躯体和认知上的易感性。例如，残疾儿童遭受性虐待的比率是其他同龄人的1.75倍（National Center on Child Abuse and Neglect，2010）。

（二）发展过程

性虐待区别于其他形式儿童虐待的一系列特征增加了对其进行探讨的难度。其中的一个特点是，性虐待的具体经历存在显著的个体差异：性虐待对某个个体来说，可能是观看淫秽作品，而对另一个个体来说则有可能是暴力性侵犯。可以预期，不同的经历有不同的发展结果。无论是伴随着暴力和伤痕，还是自己或所爱他人处在死亡及其他严重伤害中的恐惧，多重的性虐待都可能带来严重的不良影响（Berliner，2011）。围绕着儿童性虐待的污名和羞耻感可能会在儿童保持沉默、不被相信乃至遭受排斥的时候变本加厉，当性虐待发生在家庭中时尤其严重。对上述内容保持警惕的同时，下文将对有关性虐待发展结果的现有文献进行总结［除非另有说明，下文主要基于伯利纳（Berliner，2011），吉尔伯特等（Gilbert et al.，2009），特里克特等（Trickett et al.，2011b）以及沃尔夫等（Wolfe et al.，2006）的研究］。

1. 生理发展

性虐待的许多急性症状都与普遍压力事件的反应相近。刚刚遭受过性虐待的儿童尤其容易出现头痛、腹痛、没胃口、遗尿、呕吐、对触碰敏感以及皮质醇分泌过多等症状。然而，特里克特等人的一项追踪研究却发现，遭受过性虐待的女孩会在很长时间内出现皮质醇分泌变少的情况：虽然她们在刚刚遭受过性虐待之后的皮质醇水平会高于没有遭受性虐待的女孩，但她们在整个青春期直到成年期的皮质醇水平都会低于对照组。此外，交感神经系统与下丘脑—垂体—肾上腺轴反应的不均衡（如皮质醇分泌和迷走神经张力）与遭受过性虐待的女孩在童年期过渡到青春期时出现的抑郁症状和反社会行为密切相关（Trickett et al.，2011b）。

遭受过性虐待的女孩可能面临的另一个风险是月经初潮的提前。例如，科斯特洛等人（Costello et al.，2007）研究发现，在1420名青少年中，遭受过虐待的女孩的月经初潮平均比其他同龄人早 8 个月，而在男孩中却没有发现性虐待与性早熟相关。青少年健康国家追踪研究中重复了类似的结果（Foster et al.，2008）。

2. 认知发展

遭受过性虐待的儿童往往会被教师评定为总体学业能力低，包括低任务导向、学校回避及注意力不集中。遭受过性虐待的青少年则有更差的学业表现和更多的学习障碍（Trickett et al.，2011b）。

儿童对性虐待经历的认知归因具有重要的发展影响。受虐待儿童面临着将这一经历进行解读并将其同化为自身及他人发展图示的艰巨任务。对施虐者灌输的歪曲理由会让儿童对该经历的同化变得更加困难，这些施虐者会将性侵犯说成是"爱"，把虐待说成是"正常"，把痛苦且具有侮辱性的举动说成是"愉快的"，而告密会让儿童变成"坏孩子"。由此导致的无力感、外部控制点以及自责等归因方式能够预测遭受性虐待女孩症状的严重性（Cohen et al.，2000）。

污名和羞耻感是导致儿童出现心理与行为问题的又一归因体系。费林等人（Feiring et al.，2007）发现，在有创伤性性虐待史的 160 名青少年中，伴随着受虐经历的污名和羞耻感与 6 年内的违法行为上升相关，而该相关关系又受到内化、愤怒以及交往不良同伴的中介。麦克洛斯基（Mccloskey，2005）的研究结果进一步表明，儿童遭受虐待时的父母拒绝能够有效预测 8 年内的羞耻倾向，而羞耻倾向又与青少年抑郁相关。

3. 情绪发展

大多数研究发现，遭受过性虐待的儿童有恐惧、焦虑、抑郁、低自尊和过度害羞等一系列内化问题。焦虑和退缩是学龄期阶段最为普遍的症状。幼儿阶段的其他情绪问题可能包括退行，发展倒退（如尿床、黏人、乱发脾气及恐惧），以及睡眠障碍（Berliner，2011）。

此外，至少 1/3 的遭受过性虐待的儿童符合创伤后应激反应的标准（Cohen et al.，2000，见第八章），而 PTSD 在性虐待受害者中的发生率要高于其他形式的儿童虐待（Finkelhor，2008）。PTSD 的一个特征是受害者将分离作为一种防御机制，停止对性虐待有关的消极想法及感受的觉察（MacFie et al.，2001）。由此导致的自我分裂对发展的所有方面都具有消极影响（Cicchetti & Toth，2005）。

到童年中期之前，很多遭受过性虐待的儿童都达到了抑郁的诊断标准。在青春期，有关性虐待的其他一些严重障碍的症状也开始出现，如进食障碍、物质滥用及离家出走（见第十二章）。此外，童年期的性虐待经历也是自杀意念、自杀企图和自伤行为的重要风险因素（Brodsky et al.，2008）。

4. 社会发展

和性虐待高度相关的一种行为标志是不当性行为，包括过度自慰、强迫性的性游戏、引诱成年人和伤害其他儿童（Berliner，2011）。不当性行为在学龄前最为普遍，在童年中期会出现一定程度的下降，然后在青春期重新出现，其表现形式包括女孩的滥交、男孩的性强迫以及更可能卷入非保护性的危险性性行为中。遭受过性虐待的女孩卷入危险性性行为的风险尤其高，包括年龄较小时发生首次性行为，不采用避孕措施，有多名性伴侣以及有不健康的性态度（Mosack et al.，2010；Negriff et al.，2010）。此外，研究者在一项基于 21 项研究的元分析中发现，童年期的性虐待经历会让女孩的青少年妊娠风险加倍（Noll et al.，2009）。

性虐待关系得以维持的一个动力是心理控制，儿童被操纵和恐惧所驱使，被迫参与其中。因此，遭受过性虐待的儿童更有可能发展出这样的内部工作模型：他人是不可信的，自己是可耻的、坏的。例如，性虐待受害者倾向于认为，这样的虐待是普遍存在的，成年人都会这样对待儿童。该模型对他们的自尊产生消极影响，并且会损害他们形成美满关系的能力。

此外，认为性虐待是无法避免的想法会增加受害儿童在未来对危险环境进行错误识别及反应的可能性，并且可能让他们在面临不想要的性关注时更难做到自我保护。对此的一个证据是，遭受过性虐待的儿童在其发展历程中很有可能会被反复侵犯（Barnes et al.，2009）。尤其不幸的是，有很多在童年阶段遭受过性虐待的个体在成年后会被他们的伴侣侵犯，而他们原本是想从伴侣那里得到爱和肯定的。儿童性虐待史是青春期约会暴力的有效预测源。例如，西尔等人（Cyr et al.，2006）发现，在他们所调查的遭受过性虐待的女孩中，有 45% 的个体都遭受过恋人的躯体攻击。

5. 追踪视角

没有哪种症状能够代表整个群体，也没有哪一种症状模式可以被界定为"性虐待症状群"。总体而言，大概有 1/3 的儿童受害者是没有长期的症状表现的。而这些没有表现出症状或者是得到恢复的儿童数量无疑突出了该经历可能具有创伤性的本质。林德等人（Rind et al.，1998）进行的元分析发现，控制其他变量后，童年阶段遭受过性虐待的大学生与其他同龄人不存在显著差异。该研究的一个重大缺陷是它的对象仅限于大学生，而他们是一个特殊群体，往往拥有更多的经济来源，并且普遍比其他遭受过虐待的个体生活得更好。

一方面，很多结果变异与性虐待经历的差别有关，这些经历包含一次性地体验到反复的暴力性侵在内的所有举动。可以预期，导致最多症状的因素包含高频率且长时间的性接触，暴力的使用，亲密关系中的性虐待，口交、肛交及阴道性交（Berliner，2011）。

此外，还有一种现象被称为"睡眠效应"。也就是说，性虐待的影响往往在遭受侵犯后一段时间才显现出来（Beitchman et al.，1992）。例如，童年早期性虐待经历的影响有可能在处理性与亲密关系等青少年时期的阶段议题时才表现出来。

另一方面，有证据显示，性虐待具有长期效应。10%～14% 的遭受过性虐待的儿童都出现了发展停滞甚至是发展倒退（Berliner，2011）。一项对遭受过性虐待的儿童进行的为期 5 年的追踪研究表明，总体而言，抑郁、低自尊及行为问题等症状不会随时间发展有所变化（Tebbutt et al.，1997）。然而，研究者对数据进一步分析发现，对平均变化趋势的分析可能具有误导性。事实上，出现下降趋势及出现上升趋势的儿童数量相当。另外，对童年期遭受性虐待的女性进行的回顾研究显示，她们在过去所有时间内都具有更高的自杀、焦虑、进食障碍、抑郁、物质滥用以及创伤后应激反应的可能性（Berliner，2011；Trickett et al.，2011b）。同理，童年期遭受过性虐待的男性在成年之前也具有更高的物质滥用、行为问题以及自杀行为的风险（Garnefski & Arends，1998）。

6. 整合模型

芬克霍与布朗（Finkelhor & Browne，1988）依照4类创伤成因或创伤动力对性虐待的影响进行描述。

1. 性创伤。性虐待会导致儿童出现一种不适应发展阶段或人际关系的性。儿童可能会因为性行为不断得到喜爱、特权和礼物，并且可能学会将性作为一种操控他人以满足自己不恰当需要的手段。当儿童躯体的一部分被赋予了扭曲的重要性，或者是施虐者向儿童传达了错误的性行为及性道德理念时，性创伤就有可能发生。

性创伤的心理影响包含了一系列与性有关的问题显现，还包括对性与关爱的混淆以及与性及亲密方面的消极关联。性创伤的行为后果则可能包括性沉溺、过早出现的性行为、攻击性的性行为、性功能障碍以及回避他人的性亲密意图。

2. 背叛。背叛是指儿童发现他们所信任和依赖的个体对他们造成了伤害。例如，在侵犯发生的当下或之后，儿童可能意识到他们已经被谎言所操纵，并且脱离了适宜行为的标准。儿童还可能意识到，他们所爱的成年人如此冷酷无情地对待他们。当其他家庭不愿保护或相信他们，或者在他们袒露真相后退缩时，儿童也有可能感受到背叛。而背叛可能会导致各种情感反应，包括抑郁、悲伤、愤怒和敌意。年幼儿童可能会变得尤其黏人，因为他们有获得信任感和安全感的强烈需要。背叛还可能导致对他人的不信任，从而损害成年时判断他人可信度的能力。

3. 无力感。当儿童的意愿、需要和主动性被不断拒绝、忽视及低估时，无力感随之产生。当儿童的身体在性虐待过程中不断遭受无视其个人意愿的侵犯，或者是性虐待过程包含了施虐者的胁迫和操纵时，无力感应运而生。儿童制止性虐待意愿的失败以及让其他成年人知道自己的无效努力又会严重加剧儿童的无力感。儿童对施虐者及忽视者不可避免的依赖又会让他们觉得无力解脱。

无力感可能产生两种相反的结果。儿童可能会感到焦虑或无助并且认为自己是受害者。为了保护自己免受这些可怕情绪的困扰，他们也有可能走向相反的极端，认同这些施暴者，或者是极度需要掌控各种情境。无力感的行为表现包括梦魇、惊惧、进食障碍等一系列症状，还有可能伴随着离家出走以及旷课。这些受害者还可能遭遇学业及入职困难，因为他们倾向于认为自己无法应对基本的生活要求。而在另一种极端情况下，儿童也可能采用"化被动为主动"的方式应对焦虑，在攻击、反社会甚至是性侵其他儿童的行为中扮演施虐者的角色。

4. 污名感。污名指的是恶劣、羞耻、有罪等一系列施加给儿童并且内化为他们自我的一部分的消极表述。这些消极含义可能直接来源于那些批评和贬低受害人的施虐者，也有可能是儿童在象征着耻辱的秘密压力下自己施加给自己的。对虐待的积极感受（如享受特殊关照、奖励以及性刺激）可能会加剧儿童"自己是不好的，该受批评的"的观念。儿童原本所具有的"性行为是越轨的，禁忌的"想法也会导致污名感。而如果其他人认为儿童需要为性虐待经历负责，或者认为他们受到侵犯后变成了"坏掉的货物"，污名也会随之产生。

污名对儿童的心理影响包括负罪感、羞耻感以及低自尊。其行为层面的影响则包括孤立乃至自杀。这些遭受过性虐待的儿童可能会被那些受到不同程度污名化的社会群体所吸引，并且更有可能卷入物质滥用、犯罪以及卖淫等活动中。污名可能会让个体产生与所有人不同的感觉，以及一旦真相被发现就会被拒绝的持续担忧。

7. 保护性因素及心理弹性

对遭受过性虐待的儿童来说，与非施虐母亲的支持性关系是被证实的最为普遍的保护性因素（Deblinger et al., 2011）。对比那些袒露自己经历的儿童，包括得到了同情和关心的个体与不被相信的、被要求负责的乃至被批评说让家人陷入麻烦的个体，儿童感知到的来自母亲的支持是性虐待对儿童长期适应影响的最关键中介变量。

（三）病因学：性施虐者

之前指出，相比于其他形式儿童虐待的施虐者，绝大多数的性施虐者都是男性，占到经证实案例的82%。然而，像躯体虐待的施虐者一样，我们无法确定说哪一类人会成性施虐者，也没有办法找出导致性虐待的单一原因。起初，性虐待往往是对儿童产生性唤起或者是恋童癖的一个表现。恋童癖者只有在跟儿童发生关系时才会产生性兴奋，他们中的一些人会成为性侵犯者，而其他一些人则仅仅是对着杂志广告上的儿童手淫。还有一些儿童性施虐者也会与成年女性发生关系。

一种鲜为人知的情况是，相当一部分的性施虐者是其他青少年。这些青少年施虐者的侵犯对象是所有受害者中年龄最小的，其中43%的年龄都在6岁以下。区分儿童性虐待与其他形式的儿童剥削的一个通用标准是受害人与受害人的年龄差异是否达到了5岁。在很多案例中，青少年施虐者的侵犯对象都是他们的同胞，而在一些研究中，这个比例达到了一半以上。青少年施虐者的性别比例是20∶1（男性∶女性）。

1. 个体背景

成年施虐者及青少年施虐者都是多样化群体（Chaffin et al., 2002）。目前尚未发现一种能有效表述性施虐者的精神病学模式，但是他们有心理、家庭、同伴及学校问题等多方面的风险性特征。性施虐者比同龄人有更差的社交能力和冲动抑制。语言及学习问题在这一群体中也很普遍，这些问题又有可能导致社交孤立。有一系列证据表明，明显的抑郁症状与他们曾经经历过父母之间的性虐待及躯体虐待显著相关。此外，性虐待往往会接触到反社会的男性角色模范，并且更经常出现强迫性的性行为（Kirsch et al.，2011）。虽然他们不一定比其他犯罪体系中的人表现出更高水平的精神病性症状（见第十章），但那些表现出高水平精神病性症状的个体更有可能反复出现性虐待行为。

2. 家庭背景

性施虐者的家庭往往具有下列特征：疏远的母子关系，有非生身父母，缺少凝聚力且家庭功能往往失调（Berliner，2011）。马多娜等人（Madonna et al.，1991）对那些存在父女乱伦现象的家庭进行观察研究发现，这些家庭往往具有父母联盟弱化、缠结、不鼓励自主、家庭信念系统僵化等特征。父母往往在情感上是不慈爱的（emotionally unavailable），并且不能尊重孩子的需要。无论是作为受害人还是目击者，在这些家庭中经受暴力是非常普遍的（Daversa & Knight，2007）。

3. 整合模型

芬克霍（Finkelhor，2008）整合个体、人际和社会文化因素，发现了四个能够预测成年人是否可能性侵儿童的因素。

1. 性侵动机。 对儿童有性唤起的或者是无法找到更加适合的性发泄对象的成年人更有可能对儿童进行性侵。此外，施虐者可能将情感需求转换为跟性有关的内容。例如，他们只能通过性满足来求得爱、关心和关注。其他的情感需求还包括权力欲、控制欲以及重现自己的受虐经历和创伤经历的需要。在社会文化层面，广告及淫秽作品中的儿童色情描述也会加剧这种冲动。

2. 内部约束的解除。 施虐者的一大特点是他们会受到认知损伤、冲动、缺乏同情心、允许乱伦及利用儿童满足性目的的家庭观念的影响，出现自我约束解除的情况。另外，这些施虐者可能会曲解性虐待的原因和影响，从而将性虐待合理化为是对儿童意愿的回应。而社会文化层面原因则包括法律系统不健全，不能阻止性虐待以及成人对儿童绝对权力的健全法律系统。

3. 外部约束的解除。 其中一个主要影响因素是儿童对性施虐者的易接触性。最容易遭受性侵犯的儿童往往缺乏足够的监护，无论造成这种监护缺失的原因是养育压力、父母疾病还是有意忽视。可能让施虐者与儿童单独接触的居住环境（如无人照看儿童，睡觉时让一个成年人待在儿童的房间里）会加剧儿童性虐待。在社会文化层面上，对单亲母亲缺乏支持也会使问题变得更严重。

4. 压制儿童的抵抗。 尽管成年人都有强迫儿童发生性关系的身体条件，但很多性施虐者都避免使用暴力。相反，他们往往采用耐心和一系列复杂的心理策略来压制儿童抵抗的意愿。虐待通常发生在长时间的"养成"和洗脑之后。当施虐者处在被信任或者能够对儿童负责的位置上，如儿童通常需要服从的教师、照顾者和继父母时，他们就有了更强的权力。

六、家庭暴力

之前提到过，即便儿童没有遭受过殴打，他们也会受到家庭暴力的消极影响。经历家庭暴力本身就是创伤性的经历，当受害人是母亲时尤其明显。因此，研究者逐渐意识到家庭暴力对儿童发展的破坏性作用。

（一）定义及特征

1. 定义

关于家庭暴力，尚不存在广为接受的定义，不同研究对此往往采用不同的术语及分类（Graham-Bermann & Howell，2011）。此外，与其他形式儿童虐待不同的是，家庭暴力还没有被普遍认为是一种儿童虐待。美国的一些州，如犹他州，已经把儿童在场时发生的家庭暴力单独列为一种犯罪。

儿童虐待的形式多样，家庭暴力同样可能包括躯体攻击、言语威胁、性侵犯、心理虐待等所有儿童在家里可能看到的举动。儿童目击不到暴力的发生时也会受到影响。听到母亲的哭声，或者是感受到母亲身体被扔到门上时的撞击，都足以引发恐惧（Kerig，2003）。

2. 发生率及儿童特征

这种虐待的发生率在全球范围内似乎都相当高。世界卫生组织报告（Garcia-Moreno et al.，2005）的全球范围内的女性遭受亲密伴侣躯体暴力比率的波动范围是从日本的6%到秘鲁的61%（如图14-8）。此外，很多母亲之所以寻求帮助结束虐待，关心孩子的幸福是最为重要的原因。

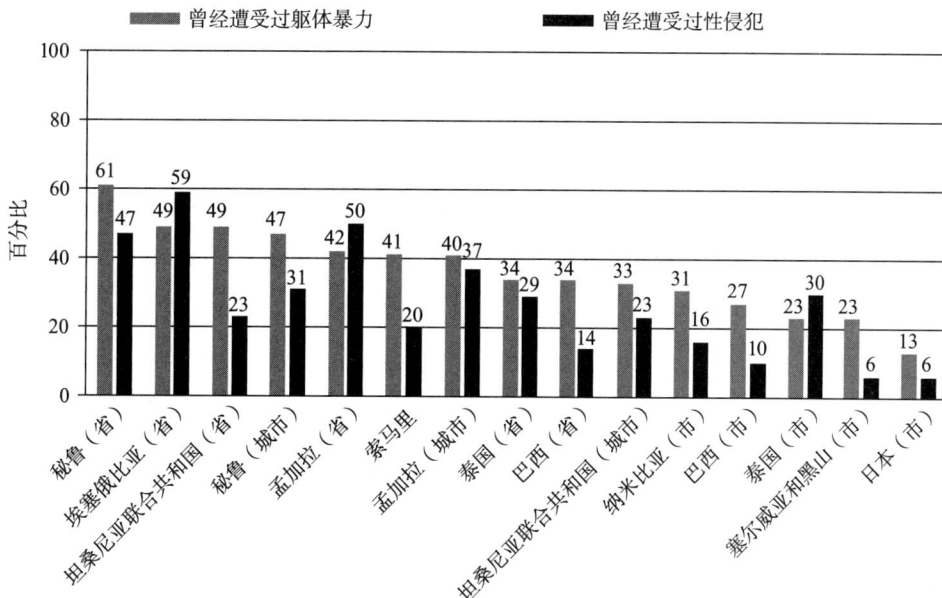

图14-8　全球范围内曾经遭受过伴侣躯体暴力或性侵犯的女性的比例

资料来源：Garcia-Moreno et al.，2005。

虽然这些数据无法直接证明儿童是否经历了这些虐待，但其他结果证明，儿童有相当大的可能性成为这些虐待的目击者。虽然吉尔伯特等人（Gilbert et al.，2009）无法在他们的综述中提供儿童经历家庭暴力的跨国数据，但是芬克霍等人（Finkelhor et al.，2010）在美国进行的具有全国代表性的电话调查发现，70.2%的年长儿童以及他们样本中37.8%的被试都报告说，曾经经历过家人之间的暴力。其中，6.2%的个体在过去一年看到父母一方侵犯另一方，16.3%的个体在过去所有时间内经历父母之间的暴力。14～17岁的青少年经历家庭暴力的风险更高，34.6%的个体都在某个时间目睹过父母之间的暴力。临床样本中儿童经历家庭暴力的可能性也要高于社区样本。例如，在一项研究中，被殴打的母亲报告他们的孩子目睹过伴侣之间78%的严重暴力以及所有轻微暴力的发生过程。

在美国的研究也发现了种族差异。一项基于50万户家庭的全国代表性研究发现，欧裔女性和西班牙裔女性遭受伴侣虐待的比例大概是8‰，非裔女性是11.1‰，印第安裔女性最高，是23‰，而亚裔家庭中的女性遭受伴侣虐待的比例最低，是2‰（Rennison，2001）。

考虑到存在夫妻暴力的30%～60%的家庭中也存在儿童虐待，经历家庭暴力相当有可能与其他形式的儿童虐待共同出现（Daro et al.，2004）。既是家庭暴力的目睹者也是暴力的受害者的儿童受到的消极影响最为明显，这让人并不感到意外（Wolfe el al.，2003a）。除了父母有意将伴侣之间的暴力殃及儿童之外，父母相互争吵或者殴打者采用暴力方式操纵对方时，儿童也有可能受到意外伤害。例如，为了控制伴侣，殴打者可能会威胁要伤害或者丢弃儿童（Jaffe et al.，2002）。

（二）发展过程

下文主要整合了格雷厄姆－伯曼和豪厄尔（Graham-Bermann & Howell，2011）以及罗斯曼等（Rossman et al.，1999）综述中呈现的信息。

1. 认知发展

虽然那些成长于暴力家庭中的儿童并非都表现出了认知缺陷，但他们普遍存在学业问题。在学校中精力分心和注意力不集中可能是经历家庭暴力所带来的创伤后果。

儿童对暴力的认知加工能够影响暴力对儿童的作用。有关儿童评价的研究发现，那些认为父母之间暴力频繁且激烈的儿童最有可能抑郁，将父母之间的暴力归咎于己身的儿童更是如此（Grych et al.，2003）。同样，儿童也可能发展出可以凭借自己的能力控制父母争吵的不现实预期。感知到的控制可能会让儿童试图对父母之间的争斗进行肢体干预，或者在儿童发现自己不能控制这种场景时产生负罪感和无力感，从而对儿童造成伤害（Kerig，2003）。

2. 情绪发展

研究表明，经历家庭暴力的儿童可能会出现一系列心理及行为问题，在年幼儿童中可能表现为较低的身心健康水平及不安全依恋。而在学龄期，这些儿童中有40%～60%的个体都表现出了达到临床标准的外化和内化问题，包括攻击、抑郁、焦虑和低自尊（Wolfe et al.，2003）。

这些来自暴力家庭的儿童也表现出了 PTSD 症状，包括梦魇、过度惊跳反应、闪回以及解离（dissociation）等，其中有高达 50% 的儿童都达到了 PTSD 的全部诊断标准（Rossman & Ho，2000）。这些行为问题在青春期进一步加剧，并且伴随着犯罪行为和自杀想法。耶茨等人（Yates et al.，2003）进行了到目前为止最为复杂的一项研究，探讨经历家庭暴力对儿童的影响是高于还是低于所有躯体虐待、忽视、社会经济及一般生活压力造成的影响。该研究对 155 名儿童进行了从出生到青春期的追踪，发现经历家庭暴力能够单独影响男孩的外化问题以及女孩的内化问题。经历家庭暴力的时间点也是一个重要因素。在学龄前经历家庭暴力是男孩和女孩的青春期适应不良的最强预测源，在当下经历暴力对预测男孩在童年中期的不良行为最为有效。

毫无意外，当儿童目睹了他们所赖以求得安抚的人所表现出的无法抑制的愤怒和痛苦时，情绪控制上的缺陷也会随之产生（Martinez-Tarteya et al.，2009）。

3. 社会性发展

经历家庭暴力对儿童人际关系的长期发展具有消极影响。经历家庭暴力的学龄前儿童在与他人进行互动时会表现出攻击和消极情绪（Graham-Bermann & Howell，2011）。而这些儿童在学龄期会报告出更多的人际不信任，更差的社交能力，并且更有可能认为对女性的暴力是正常而且合理的（Kerig，1999）。随后，不出所料，来自暴力家庭的青少年也更有可能卷入暴力的恋爱关系当中，并且可能会重复他们曾经在家庭中目睹过的虐待模式。

4. 保护性因素及心理弹性

虽然普遍研究表明经历家庭暴力会对儿童产生消极影响，但是儿童经历家庭暴力后的反应存在多样性。例如，格里治等人（Grych et al.，2000）从父母及儿童自身的报告中收集到的内化及外化问题症状表明，在 228 名生活在收容所的儿童中，有 31% 的个体"没有表现出问题"，即不存在明显的情绪和行为问题；18% 有"轻度问题"，表现出低自尊、轻度焦虑和抑郁以及轻微的越轨行为；21% 有"外化问题"，表现出了达到临床水平的越轨行为，但是不存在低自尊等内化问题；19% 的儿童有"多重外化问题"，这些儿童有严重的品行问题，并且表现出了一定程度上的抑郁、焦虑和低自尊；还有 11% 的儿童表现出了"多重内化问题"，包括严重的抑郁、低自尊以及一定程度上的品行问题。

有哪些保护性因素能够解释儿童在面临父母之间暴力时表现出的心理弹性？格里治等人（Grych et al.，2000）发现，相较于其他同龄人，那些没有表现出症状或者是表现出很少症状的儿童所经历的父母之间的暴力严重性更低，也更少遭受父亲和母亲的虐待。儿童对父母之间暴力的认知评价在表现出不同症状的儿童中也显示出了复杂的组间差异。表现出"轻度问题"或"多重内化问题"所认知到的父母之间暴力的威胁性要比其他几类儿童更高；"没有表现出问题"或表现出"外化问题"的儿童最不容易将父母之间的暴力归咎于自身。这个结果似乎表明，不进行自我责备能够避免儿童出现内化问题，但是不能避免外化问题的产生。

母子关系的质量，母亲能否为儿童提供庇护和安抚、温暖以及创伤与家庭破裂下的亲社会关系模式，这些都是经历家庭暴力儿童的保护性因素（Kerig，2003）。此外，那些表现出更强心理弹性儿童的母亲自己也报告出了更高的心理健康水平以及更为有效的养育策略（Howell et al.，2010）。

（三）病因学：家暴者

达顿（Dutton，2010）已经指出，男性施虐者具有与童年创伤受害者高度相似的临床特征。虐待伴侣的男性表现出更多的 PTSD 症状，并且曾经在童年时遭受躯体与心理虐待、被父母羞辱以及经历家庭暴力。因此，我们根据对发展心理病理学以及儿童虐待的文献综述可以预期，这些男性具有情绪调节失调、人际问题解决困难、不合理的认知评价与预期，以及攻击性等一系列问题。

达顿（Dutton，2000）认为，不安全依恋是将童年期的受虐经历与成年期的亲密关系暴力进行关联的机制。缺乏安全依恋的儿童没有办法在威胁面前让自己平静下来，从而失控，并进一步引发攻击行为。同理，伴侣暴力的另一个风险因素也与依恋密切相关——对拒绝的敏感性，也就是个体认为他人无法满足自己归属以及被接纳需要的焦虑性期望（Downey et al.，2000）。唐尼等人（Downey et al.，2000）发现，对拒绝具有高敏感性的个体更容易错误地将他人的举动认为是拒绝，也更容易为此对他们的伴侣产生敌意和进行躯体攻击。

埃默里及劳曼 - 比林斯（Emery & Laumann-Billings，1998）的研究进一步拓展了现有的概念框架。个人因素是四大类可能增加家庭暴力（domestic）风险因素中的一类。他们的模型认为最好的方式是将家庭暴力作为以下四类因素的函数：①个人特征，如依恋的内部工作模型；②近端社会环境，包括家庭结构、应激事件，如失业、家人去世等；③社区特点，包括贫困、住房不足、社会孤立以及邻里暴力；④社会因素，包括可能促进在亲密关系中使用暴力的文化观念，以及媒体中暴力的普遍性。

七、儿童虐待的类别比较

目前有两类数据能够帮助我们对不同形式儿童虐待的影响进行比较，其中一类是非比较性的，主要基于遭受过不同形式虐待的儿童。这类研究的一大缺陷是，它通常只关注某种特定形式的虐待，无法证明儿童是否遭受了其他形式的虐待，从而产生混淆作用。例如，被认定为性虐待受害者的儿童可以被进一步划分为是否同时遭受过忽视或躯体虐待的几组，从而使研究者无法识别出性虐待的独特影响。

尽管非比较性的研究存在表 14-2 中所列出的一系列不足，但是这类研究也昭示了不同形式虐待对儿童的影响存在差异的趋势。躯体虐待与攻击相关，而忽视更可能导致社交退缩（social withdrawal），并可能伴随着严重的发展及认知迟滞（developmental and cognitive delays）。性虐待与性异化行为（sexualized behaviors）及抑郁等内化问题相关。总体而言，性虐待的症状主要集中于创伤有关的情绪及行为问题，而不是像躯体虐待和忽视那样集中于认知及人际问题。心理虐待与抑郁的相关性最高，并且有可能导致攻击性的上升。最后，经历家庭暴力与亲密关系暴力的代际传递相关。

表 14-2　不同形式虐待的影响的发展总结

发展维度	躯体虐待	忽视	心理虐待	性虐待	经历家庭暴力
婴儿期及童年早期					
认知	认知发展迟滞	最为严重的认知及语言发育迟滞	认知发展迟滞	认知发展迟滞	认知发展迟滞
情绪	回避型依恋；对情绪的理解力有限	矛盾型依恋	愤怒，回避，严重的精神病理症状	焦虑，退缩	焦虑，分离恐惧
社会	恐惧，攻击	回避，依赖	回避，攻击	不恰当的性行为	攻击
童年中期					
认知	认知，语言发展迟滞，学习障碍	最为严重的认知缺陷	低成就，低智商，学校表现差	回避上学，学业问题	学业表现差
情绪	情绪调节差，男孩的外化问题，女孩尤其严重的内化问题	依赖，低自尊	最有可能抑郁，攻击性	PTSD，恐惧，低自尊，抑郁，退行	抑郁，焦虑，外化问题，PTSD
社会	攻击，同伴拒绝	孤立，消极	社会适应力差，攻击，退缩	不恰当的性行为，重复受到侵犯	攻击
青春期					
认知	学业成就低	成绩最差，最可能留级	低成就	学业表现差	旷课，学校表现差
情绪	抑郁，低自尊，品行障碍，犯罪行为	内化问题，外化问题，主动性差	不法行为，抑郁，情绪调节能力差，进食障碍，人格障碍	抑郁，自杀，物质滥用，离家出走	抑郁，自杀念头，不法行为
社会	攻击	社交能力差	悲观厌世	重复受到伤害	恋爱关系中的暴力行为

对比研究直接测量了儿童遭受的不同形式虐待的水平，但是这类研究相当稀少。此外，这类研究通常具有样本量小及测量方法独特的特点，因此，出现不一致结果也并不让人奇怪。麦吉等人（McGee et al.，1997）的研究是现有的最为全面的研究之一。他们通过对忽视、躯体虐待、心理虐待、经历家庭暴力等一系列不同形式虐待的影响进行比较发现，心理虐待对青少年心理健康的破坏作用要强于忽视、性虐待、躯体虐待以及经历家庭暴力；此外，心理虐待会加剧其他形式虐待的消极影响。该研究也表明了儿童虐待影响的性别及年龄差异。对于男孩，个体现阶段的适应状况受到童年期躯体与心理虐待的交互作用、忽视与目睹家庭暴力的交互作用的影响。而女孩在青春期的发展状况则是受到童年早期到童年中期的忽视及心理虐待增加的影响。此外，男孩更容易受到具体形式虐待的影响，如躯体虐待以及家庭暴力；而女孩似乎更容

易受到亲子关系的影响，如养育缺失以及充斥着心理虐待的教养方式。

在另一项研究中，皮尔斯等人（Pears et al., 2008）对比了孤儿院（foster care）学前儿童的功能与他们曾经遭受过的躯体虐待、性虐待、忽视、监护缺失以及情感虐待等不同形式虐待之间的关系后发现，遭受过忽视以及躯体虐待的儿童的认知能力最低；遭受过躯体虐待及性虐待的儿童的内化问题水平最高，遭受过多种形式虐待的儿童的外化问题水平最高。赫伦科尔等（Herronkohl et al., 2007）进行追踪研究，进一步发现，虽然他们测量的所有形式的儿童虐待（忽视、躯体虐待、性虐待、经历父母间的暴力）都会导致学龄前到青春期的不良适应水平持续上升，但躯体虐待史与外化问题的相关性是最高的，而性虐待则是同时出现内化问题和外化问题的最强预测源。可以看到，对比研究关注了虐待的不同维度，而非全面概括，这就增加了汇总不同研究结果的困难。

八、干预及预防

（一）躯体虐待、忽视及心理虐待

1. 对被虐待及被忽视儿童的干预

弗里德里希（Friedrich, 2002）聚焦依恋、情绪调节以及自我认知这三个受到虐待影响的发展维度，发展出了针对受虐待儿童个体治疗干预的整合模型。依恋维度上的干预针对的主要是不完整的自我及他人分化、受害人与加害人角色的再现、对他人的不信任与扭曲认知。这些问题就可以通过咨询师和儿童之间的适宜界限以及咨询师持续的耐心与可信赖感得到解决。

情绪调节损害的原因是体验到过多没有得到照顾者抚慰的消极情绪。因此，对激烈情绪容忍度较低的儿童可能无法表露出那些与虐待相关的想法和感受，而这恰恰是咨询师对他们的要求。解决这一问题的技术包括，允许儿童控制进程（如让他们自己计划在何时讨论受虐待经历以及讨论多长时间）以及采用放松练习等减轻焦虑的策略。

最后，虐待也会危及儿童自我认知的正常发展。解决这一问题的策略是促进儿童对自己内部世界理解的发展。使用这一技术的时候可能需要避免空洞的肯定和过分热情的赞美，这些评价虽然有好处，但在那些不觉得自己漂亮、聪明或者有趣的孩子那里可能适得其反。同时，咨询师应该鼓励儿童不断改变"自己一无是处"的想法，并发展出充满胜任力及控制力的独立个体。

2. 对施虐父母的干预

大多数的干预不仅关注受虐儿童，还关注对儿童施行躯体虐待的父母。例如，阿扎和魏因齐尔（Azar & Weinzeirl, 2005）阐释了一种旨在重构导致父母对儿童施虐的错误认知的认知行为疗法。该方法取得了巨大的成功。接受过这种认知行为干预的父母在一年后都不再对儿童进行虐待；而接受过内观领悟干预的父母中只有21%的个体停止了他们的施虐行为。

3. 家庭干预

亲子互动治疗（Parent-Child Interaction Therapy，PCIT）日渐发展成为对父母虐待孩子的家庭进行干预的顶尖实证基础疗法。PCIT 最初针对的是对各种行为问题的治疗，教父母如何使用基于社会学习规律的积极行为——与孩子进行积极互动并诱发和奖励儿童（Eyberg & Boggs，1988）。这种疗法的独特之处是有现场指导，治疗师会观察父母与儿童的互动，并通过耳机对父母进行即时反馈。该疗法的第一个阶段是由孩子引导的，主要目标是通过帮助父母在游戏中跟随孩子的指引及描述并对积极行为进行模仿与赞美，创造融洽的关系氛围。第二个阶段由父母引导，主要目的是向父母提供更多有效的、非胁迫性的教养策略，如给出直接明确的指令，对听话进行赞美，对不良行为进行明确且适宜的反应（如暂停）等。

众多研究都证明了 PCIT 在干预施虐父母中的有效性。查芬等人（Chaffin et al.，2004）随机将施虐父母分为 PCIT 干预组以及不干预组，随后发现，接受了 PCIT 治疗的父母报告的躯体虐待行为有显著减少以及积极亲子互动有显著增加。这项干预在离开原生家庭的受虐儿童与他们现在的养父母之间的问题上同样适用。

另一种有效的家庭干预是认知行为家庭治疗（Alternatives for Families——a Cognitive Behavioral Therapy，AF-CBT）。它也是既包括单独针对父母和儿童的部分，也包括以家庭为对象的部分（Kolko & Swenson，2002）。在单独针对父母和儿童的部分中，AF-CBT 主要关注虐待行为是由受虐认知导致的。例如，它会帮助父母检验自己关于暴力的信念以及对儿童发展的不现实期待（expectations），也会帮助儿童对自己的受虐经历进行认知加工。而在以家庭为对象的部分中，该疗法主要致力于培养亲子之间的沟通技巧以及非暴力的问题解决方式。

临床实验研究显示，接受 AF-CBT 的父母在随后对儿童实施躯体虐待的可能性是非干预对照组的 1/7（Kolko et al.，2011）。另外，AF-CBT 的治疗材料已经根据非裔美国社区的状况进行了改编，从而有了更强的文化适应性（Kolko & Swenson，2002）。

4. 儿童虐待的预防

预防的目的是防患于未然，因此也被认为是最为有效的儿童虐待干预方案。一级预防（primary prevention）主要在孕期或者第一个孩子出生的时候向更可能虐待儿童的高危父母提供多个层面的帮助，包括培训照顾儿童的具体工作，如提供食物、尿片等；通过对父母的教育与支持，提升教养技能与教养效率；通过关系取向的干预，提升亲子互动质量；在某种情况下对婴儿提供认知刺激或者对母亲提供个体治疗。

提供基于家庭干预的方案最为有效。最早的例子是产前到婴儿期入户帮扶项目（Olds，1997）。该项目包括 400 名第一次怀孕的青少年母亲和单身母亲。从业护士提供了一系列基于家庭的支持，包括儿童发展方面的教养教育，将这些母亲的家人发动起来建立拓展的帮助与支持网络，以及帮助这些家庭找到医疗和社会支持。在 2 年乃至 10～15 年之后，接受过入户帮扶的母亲被揭发到儿童保护组的可能性比那些没接受过帮扶的母亲低 75%，同时，她们更少依赖社会福利，也更不容易卷入物质滥用或者为此被捕（Olds et al.，2007）。该项目也在美国以外的其他国家得到了应用、发展以及检验，这些国家包括荷兰、德国、英国、澳大利亚及加拿大（Olds，2008）。

之前阐述过的亲子互动治疗也日渐成为一种针对高危家庭的有效预防干预措施。托马斯和齐默-杰姆贝克（Thomas and Zimmer-Gembeck，2011）针对澳大利亚的 150 名曾经虐待过儿童或具有儿童虐待高风险性的母亲进行研究发现，相比于那些等待接受干预的母亲，已经接受过为期 12 周 PCIT 干预的母亲被观察到有更多的亲子积极互动，她们也报告了儿童行为的改善以及压力的减轻。而在接受完治疗后，测量结果显示，这些母亲表现出了更低的儿童虐待风险，更高的母亲敏感性，也更少被揭发到儿童福利机构。

（二）性虐待

1. 对遭受性虐待儿童的干预

元分析研究证实，治疗能够有效减轻遭受过性虐待儿童的症状表现，其中最有力的证据就是，认知行为疗法能够有效应对自责和无力感等与虐待相关的认知评价（Harvey & Taylor，2010）。

正如我们之前在躯体虐待干预中描述的那样，对性虐待最有效的干预方法也是将父母纳入其中，但性虐待强调的是非施虐方父母的加入。聚焦创伤的认知行为疗法最初是一种针对遭受过性虐待的儿童的治疗，随后又被扩展到在童年期经受过各种创伤性事件儿童的治疗过程当中（Cohen et al.，2006）。TF-CBT 主要基于认知行为疗法，但是为了在最大程度上帮助父母构建促进儿童恢复的教养环境，该疗法也引入了依恋理论、家庭系统和人本理论中的一些原则。治疗过程包括以下一系列模块：创伤、性虐待及 PTSD 反应相关的心理教育；情绪的识别与调节；对想法、感受和行为之间关系的理解；认知应对策略的学习。当他们的"工具箱"里有了这些"工具"之后（Kerig et al.，2010a），儿童就可以开始通过对创伤经历的表述，实现对诱发创伤回忆线索的脱敏，同时，他们也能够表达出把他们困在创伤经历中的无助想法与感受，如负罪感、自责。父母需要积极投入所有治疗阶段当中。针对父母的部分包括：向父母提供有关创伤的心理教育，提升他们面对具有挑战性儿童行为时的适应能力，改善亲子沟通，帮助儿童练习新学到的认知行为技巧，帮助父母控制自己的创伤后反应，训练父母对儿童的创伤描述做出有益反应。

TF-CBT 在治疗遭受过性虐待的儿童中的效果已经得到了大量研究的证实。德布林格等人（Deblinger et al.，2006）在一项实验研究中将 8～14 岁的遭受过性虐待的儿童随机分为 TF-CBT 组和其他以儿童为中心的治疗方法组。6 个月后及 12 个月后的评估均表明，TF-CBT 组儿童的 PTSD 症状更少，也报告出了更低水平的羞耻感；同时，他们的父母也报告出更少的由儿童的受虐经历引发的心理痛苦。

2. 对性施虐者的干预

基尔希等人（Kirsch et al.，2011）对现有的性施虐者的干预研究进行综述，被付诸实践的有多种不同的干预方案。一项研究显示，有338种治疗方式正在全美的各个矫正机构中得到应用（Chaffin et al.，2002）。这些干预方案有一些共通的目标：①面质否认；②鉴别风险因素；③降低认知扭曲；④增加对受害人的共情；⑤提高社会适应力；⑥减少越轨的性唤起；⑦在合适的条件下，探讨施害者本人的受害经历。大多数治疗方案都是基于在同辈面前的质询是更为有力的假设，采用团体咨询的方式。然而，团体辅导比个体治疗更为有效这一点还没有得到确认。

对成年性施虐者干预的有效性目前众说纷纭。最为肯定的一点是，接受干预后，一些儿童施虐者再次犯罪的可能性有所下降。元分析表明，接受过干预的儿童施虐者再犯的概率是12.3%，而未接受干预的个体再犯率是16%（Hanson & Morton-Bourgon，2005）。采用CBT治疗的研究报告的有效率还要更高（例如，9.9%接受干预与17.4%未接受干预）。

对青少年性施虐者的元分析也报告了更为理想的结果：接受过干预的个体的再犯概率为7.4%，未接受干预的是18.9%（Reitzel & Carbonell，2006）。尽管针对青少年施虐者的干预最早试图将针对成人的模式直接迁移到他们身上，但是有尝试强调了有必要根据发展阶段进行调整。本书第十章推荐过的干预品行障碍的多元系统治疗（multisystemic therapy，MST）就是一种有效的干预方式。MST的干预对象是青少年社会系统的多个方面，包含学校、家庭以及同伴关系。三项随机实验研究（其中一个还进行了为期10年的追踪）的结果表明，MST能够有效减少性侵犯以及其他越轨行为的再犯率，减少自我报告的不法行为以及风险性性行为（Letourneau et al.，2009）。

3. 儿童性虐待的预防

大多数的预防方案都是针对儿童的，旨在教授一些关键的概念与技巧，包括儿童是自己身体的主人，能够决定身体是否可以被碰触；善意的碰触是可以逐渐过渡到恶意的碰触的；如果有人让自己感到不舒服或奇怪，儿童应该告诉自己最信任的成年人。儿童需要知道，潜在的施虐者可能是熟悉的人而非陌生人，并学习应对刻意的性骚扰的方法，如说"不"和逃跑（Finkelhor，2009）。

预防措施有效地提高了儿童在性虐待方面的知识以及自我保护意识。5岁以下的年幼儿童尤其获益，因为他们参与的是连续性的而且是儿童卷入度较高的项目。但是，目前还缺乏证据表明这些知识能够有效降低儿童虐待的发生率，或者是能够提高他们对受虐经历的自我暴露（Topping & Baron,2009）。此外，还有研究者批评这些预防措施会让参与的儿童更加担心和恐惧虐待的发生，而基于学校的方案确实报告了这样的消极影响（Topping & Baron,2009）。但是从积极角度来看，儿童对施虐者的恐惧也表明，他们可以将侵犯行为告诉某个成年人。因此，让儿童，尤其是那些消极的、孤独的以及处在麻烦中的儿童，学会向成年人报告侵犯行为，是非常有效的。

德国发展出了一个开创性的戏剧取向的干预方案，让一二年级的儿童通过参与表演，能够区分好的以及坏的碰触，获得帮助以及自我保护的技巧。结果表明，无论是亲身参与表演，还是观看视频，儿童都已从中获益，并且效果可以持续达30周甚至以上（Krahé & Knappert，2009）。

（三）家庭暴力

1. 对被殴打女性以及她们孩子的干预

研究者已经针对来自暴力家庭的儿童开发出了得到实证研究支持且具有发展适应性的干预方案（Graham-Bermann & Howell，2011）。其中一项针对学龄儿童的有效方案是"儿童俱乐部"（Kids Club；Graham-Bermann et al.，2011）。它能够同时对儿童和他们的母亲进行干预。针对儿童的部分会向儿童提供有关家庭暴力的知识；帮助他们解决适应不良的信念和态度；并且提供应对情绪、行为和人际关系的亲社会的技巧。对母亲的干预包括暴力对儿童发展影响的知识性教育，教养技巧，采取措施提升她们的掌控感以及自尊。研究者在实证研究中将来自 200 个家庭的参与者随机分为孩子参与组、母子参与组以及自然对照组，随后发现，参与了为期 10 周的儿童俱乐部的儿童比对照组表现出了更多的社交技能、安全规划、情绪调节能力以及更少的内化和外化症状；母亲加入又强化了这些结果。

2. 家庭暴力的预防

团体咨询是预防人际暴力的有力工具（Kerig et al.，2010b）。例如，乌尔夫等人（Wolfe et al.，1997）开发的青少年关系项目能够对高危青少年的暴力恋爱关系的发展起到预防作用。同辈小组可以解决经历过家庭暴力的情况，而在这样的小组中，往往有很多青少年也在对他们的恋人使用暴力，并且正努力克服那些合理化了的亲密关系暴力的不良信念。研究者针对社会服务机构推荐来的 14～17 岁的经历过家庭暴力的青少年进行了一项评估。对参与者的追踪表明，青少年对恋爱暴力的知识、态度及行为方面都有良性的发展（Wolfe et al.，2003）。

在探讨了导致儿童青少年发展问题的生理、个体及人际因素之后，本书会将时间轴推进到下一个发展阶段，开始探讨青少年晚期到成年时期的发展变化。第十五章将主要关注自我发展的极端混乱，也就是人格障碍的出现。

第十五章

青少年晚期至成年早期：边缘型人格障碍

本章内容

1. 人格障碍诊断能应用于青少年吗？

2. 边缘型人格障碍：定义和特征

3. 病因学

4. 整合性发展模式

5. 发展过程

6. BPD 及其恢复

7. 干预

接下来，我们的话题会有很大的转变。正如物质使用是青少年惯常的一部分，药物滥用是其极端形式一样，人格障碍代表了与常态严重偏离的自我发展。DSM-Ⅳ-TR（2000）将人格障碍定义为"内在经验与行为表现显著偏离了个体所处文化背景期望的一种持久稳定的模式"（p.686）。人格障碍表现在以下几个方面：认知、情感、人际功能或冲动控制。并且，这种模式稳定而持久，顽固地渗透于广泛的个人和社会情境中，会带来显著的苦恼和功能损伤，通常始于青少年期或成年早期。

在 DSM-Ⅳ-TR 中，根据各种人格障碍的共同特征，将它们划分为三个类别。患 A 类障碍的个体表现奇特或怪异，包括偏执型人格障碍，特征是不信任和怀疑他人；分裂样人格障碍，指个体脱离于社会关系，而且在情绪表达方面有困难；分裂型人格障碍，表现出长期的人际关系缺损、社会不适应、认知和知觉扭曲以及古怪行为。患 B 类障碍的个体表现为戏剧化和情绪化，包括表演型人格障碍，特征是极度情绪化且过分寻求他人注意；自恋型人格障碍，特征是夸大、过分需要赞美、缺乏共情；反社会型人格障碍，正如我们在第十章中见到的那样，指一种丝毫不顾及他人权益的行为模式；以及边缘型人格障碍，其特征是自我意象、情绪和人际关系的极度不稳定。患 C 类障碍的个体表现出焦虑或者恐惧，包括强迫型人格障碍，特征是沉湎于追求次序、完美和个体的自我控制；回避型人格障碍，被描述为社会抑制、不适应感受以及对负面评价极度敏感；依赖型人格障碍，一种顺从、依附且恐惧分离的模式。

不过，回到这章的讨论内容，我们只聚焦于一种人格障碍，它已有广泛的发展方面的理论和研究，也就是边缘型人格障碍。

一、人格障碍诊断能应用于青少年吗？

在继续这一话题之前，参考前面的内容，我们将重点放在"持久的模式""稳定的"和"顽固的"这几个 DSM 所用的关键描述词上。在发展心理学中学到的知识要求我们停下来质疑：青少年可以或者应该被描述为患有某种人格障碍吗？正如我们所见，儿童和青少年在正常发展的过程中会有巨大的转变，他们的功能水平一直在起起伏伏。在早期阶段，一些人格特性在成年期是病态的，但在发展中的青少年身上却被视为合适的（Johnson et al.，2006）。发展中的青少年的特点就是矛盾的、反复无常的情绪和离经叛道的行为，而这些很容易在人格障碍的诊断中引发"错误阳性"（Geiger & Click，2010）。而且，在童年期，很多因素都会影响甚至改变儿童的发展轨道。因此，我们在确定儿童的人格可以归属为一个固定不变的"类型"之前，还是相当犹豫的。比如，一项针对青少年人格障碍的研究发现，只有一半以下的被试，在两年之后还保持着当初的诊断（Bernstein et al.，1993）。由于人格障碍的诊断与一些消极特征和悲观的预后有关系，一些临床医师认为诊断的害处可能多于好处。

因此，除了特殊情况，通常不会对一个 18 岁以下的人做出人格障碍的诊断。DSM- Ⅳ -TR 指出，只有适应不良的人格特质顽固而持久（至少一年），且很有可能持续到整个发展阶段结束后，才可以将人格障碍应用于儿童和青少年。

以下这些内容可以较为充分地解释，为什么我们要在讨论青少年转向成年这一时期的时候，探讨人格障碍的主题。第一，在青少年时期中，人格的连贯性，稳定性和预测性（情绪、态度和行为方面的预测性）在不断地增长。第二，青少年期很重要的一点是身份认同感的发展。因此，我们应该考虑那些没有发展好自我意识的个体的困境，就如边缘型人格障碍的案例。第三，人格障碍是可以在青少年期甚至更早的发展阶段被识别出来的（Johnson et al.，2006）。正如理论假设和研究证实的一般，人格障碍的根源可以追溯到童年的经历。因此，要追寻其根源必须要探索童年。

最后，综合以上所列举出的原因，发展心理病理学领域开始关注人格障碍在童年期和青少年期的表现（Cicchetti & Crick，2009a，2009b）。在长期被忽视之后，有关人格障碍发展的研究终于开始崭露头角。

在致力于儿童和青少年人格研究萌芽的思想中，有些研究者想要脱离基于 DSM 人格维度分类模型的模式（Tacket et al., 2009）。特别是，美国和欧洲的很多实验室已经扩展研究了人格的"大五"五因素模型，并称之为"小五"（Widiger et al., 2009）。目前最权威的类型学认定这些维度为：神经质、外倾性、开放性、宜人性和尽责性（见表15-1）。研究表明，类似于成年人，儿童和青少年中的这些人格维度，以及对他们之后功能的预测性方面，也是可以检测出信效度的（De Clercq et al., 2009）。这方面的研究都还太新，不足以得出纵向研究结果，但是也得出了一个貌似可信的论点，即这些人格特征也许可以预测之后的人格障碍，并成为它们发展的基础。

表 15-1　人格的五大因素模型

	适应不良 高水平	正常 高水平	正常 低水平	适应不良 低水平
神经质				
焦虑	害怕，焦虑	警惕，担忧，谨慎	放松，冷静	无法觉察威胁
愤怒和敌意	狂怒	愤恨，厌恶，挑衅	非常温和	被剥削也不反抗
抑郁	沮丧，自我毁灭	悲观，气馁	不易气馁	不现实，过度乐观
自我意识	对自我或身份不确定	难为情，尴尬	自信，迷人	油嘴滑舌，不知羞耻
冲动性	无法抵抗冲动	自我放纵	拘谨	极度克制
脆弱性	无助，情绪不稳定	易受伤害	心理弹性	无畏，觉得无敌
外倾性				
热情	强烈的依恋	深情，温暖	克制，冷淡	冷漠，距离感
乐群性	寻求注意	社会化，外向，有风度	独立	隔离
独断性	支配，进取心	独断，有魄力	消极	顺从，无影响力
活力	疯狂	有活力	慢节奏	没精神，安静
寻求刺激	鲁莽，蛮干	冒险	谨慎	无趣，倦怠
积极情绪	夸张，狂热	有生机，愉悦，高兴	冷静，清醒，严肃	冷酷，快感缺乏
开放性				
想象力	脱离现实，活在幻想中	富有想象的	现实可实现	真实而具体
审美	怪异的兴趣	艺术的兴趣	缺乏艺术的兴趣	无兴趣
感受丰富	紧张，混乱	自我觉察，可表达	紧缩，迟钝	情感丧失
尝新	古怪	非常规，反传统	可预测	机械，固守陈规
思辨	奇特怪诞	富有创造力，好奇	实际的	顽固保守
价值观	极端	开放灵活	传统	教条，道德至上

续表

	适应不良 高水平	正常 高水平	正常 低水平	适应不良 低水平
宜人性				
直率	单纯	诚实直率	精明狡猾	虚伪不诚实，操纵他人
利他	自我奉献，无私	乐助大方	节俭而克扣	贪婪，剥削利用
顺从	温顺，顺从	合作，服从，恭敬	挑剔，反对	好战好斗
谦虚	自我贬低，不引人注意	谦逊，不装腔作势	自信，自我满足	自夸，自命不凡，傲慢
同理心	过度心软	共情的，富有同情心，温和	坚强，固执己见	铁石心肠，无怜悯之心，冷酷无情
直率	单纯	诚实直率	精明狡猾	虚伪，不诚实，操纵他人的
尽责性				
能力	完美主义	高效，机智	偶然的	不情愿的，松懈的
条理性	全身关注于组织	有组织，有条理	无组织	粗心，马虎，随便
责任感	拘泥原则	可靠，有责任心	随心，善变	无责任感，不可靠，不道德
追求成就	工作狂	有目的，勤奋，雄心勃勃	无忧无虑，满足的	无目标，懒惰，无志向，散漫
自律	一根筋，教条	自律，意志力强	悠闲从容	享乐主义，心不在焉
审慎	反复沉思，优柔寡断	深思熟虑，慎重	迅速做出决定	轻率，鲁莽

资料来源：Widiger et al.，2009。

二、边缘型人格障碍：定义和特征

（一）DSM- Ⅳ -TR 的诊断标准

在关于边缘型人格障碍（borderline personality disorder，BPD）的所有特征之中，一个贯穿始终的特征是不一致性，尤指在人际关系、情绪、行为和自我意象方面。DSM- Ⅳ -TR 列出了九条标准（见表 15-2）。比如，患有 BPD 的个体自我意象是不稳定的，长期空虚的，毁灭性的……冲动性和自我毁灭性也很常见，包括自残等极端行为。另外，BPD 患者在人际关系方面，会极度害怕被遗弃，对他人的态度在极端的理想化和极端的贬低之间变来变去。这些影响是强烈且难以调节的，因此那些强烈的情绪体验，尤其是焦虑和愤怒，会高度损害个体的功能。焦虑会快速发展成恐慌，愤怒会发展为难以控制的狂躁。

由这些描述可以了解到，为什么 BPD 被称为一种关于自我的障碍。情绪、自我知觉和对他人知觉的快速且剧烈的变化，会影响个体保持持续的身份认同的能力。方框 15.1 呈现了对确诊为 BPD 的青少年的描述。

表 15-2　DSM- Ⅳ -TR 关于边缘型人格障碍的诊断标准

一种人际关系、自我意象和情感不稳定，且有显著冲动性的模式，起病于成年早期，表现出的形式多种多样，表现为下列五项或以上：

（1）疯狂地努力以避免真实或者想象出的被遗弃；

（2）一种不稳定而剧烈的人际关系模式，其特点是在极端的理想化和极端的贬低之间不断变化；

（3）身份障碍：显著而持久的自我形象及自我感觉不稳定；

（4）至少在两个领域表现出冲动，并且有潜在的自我毁灭的可能性（如浪费，性，药物滥用，鲁莽驾驶，暴食）；

（5）反复出现自杀行为、自杀姿态，或者威胁，或者自伤行为；

（6）由于显著的心境反应而表现出情感不稳定（如心境恶劣强烈发作，易激惹，或者持续数小时的焦虑，很少会超过几天）；

（7）长期的空虚感；

（8）不合适的强烈的愤怒，或者难以控制地发怒（如频繁发脾气，经常愤怒，反复发生斗殴）；

（9）短暂的与应激相关的偏执观念或者严重的分离性症状。

方框 15.1　边缘型人格障碍案例分析

在栗子旅馆入院时，温迪（Wendy）被描述成一个讨人喜欢、腼腆的 17 岁女孩。自从她试图掐死她的上一个治疗师后，她从一个私人性的精神病机构被转到这里。在之前住院的三年里，因为自残和攻击他人，温迪让许多治疗师都筋疲力尽，所有治疗干预方法也对她不起作用。赶走一个又一个医生后，温迪抗拒所有员工，并且展示出了一种挖掘别人心中敏感之处并加以利用的天分。治疗失败以后，之前的精神病机构建议她转院到栗子旅馆这个可以长期住院治疗的医院。

温迪有着糟糕的成长史。她出生于富有的家庭里，在四个孩子中排行第三。虽然温迪的父亲是一个工程师，但是他从来没有工作过，因为温迪的母亲要求他留在家里陪伴她。但是他们的婚姻总是充满了争吵、严重酗酒、大打出手以及和别人乱交。每当喝醉的时候，温迪的父亲总是会在精神上或身体上虐待她的母亲，每当这时候温迪的妈妈就会被她的私人护士照料在床，留下他们几个孩子自己照顾自己。然而她的妈妈却频繁地情绪不稳定，在温迪和她的兄弟们面前，她也总是挑剔、自私、吓人，甚至表现出性诱惑和其他不适当行为。

从 4 岁开始，温迪就经常被送走去参加夏令营等活动，在那里她总是生病，并且相当有事故问题倾向性。温迪的行为问题出现在小学里，表现为发脾气，不高兴的时候会闷在心里。然而尽管她有行为问题，她仍然在设法取得好成绩，并且她的成绩从中等上升到中等偏上。在放学以后，她主要的玩伴就是她那酷爱把小鸟掐到半死再救活它们的哥哥埃里克（Eric）。邻居们都禁止孩子和温迪还有她的哥哥一起玩。

10 岁的时候，温迪就因为愤怒而羞辱自己和划伤自己。随着温迪进入青春期，她父亲的朋友们会在家庭聚会中喝醉的时候对她进行性骚扰。当温迪 13 岁的时候，这个小家破碎了，因为她的母亲在一次醉酒后点燃的香烟引燃了整个房子而去世。在母亲的葬礼后，温迪的行为变得越发混乱和不可控制。她在屋子里横冲直撞毁坏家具，拒绝上学并且攻击同学。她的父亲安排精神分析师对她进行治疗，精神分析师立即建议送她去寄宿学校。一到那里，温迪就会因为最微不足道的刺激而痛打那些比她小的孩子，并且反抗老师任何形式的训斥甚至会引起老师的愤怒。在这个学校上了一年以后，温迪请求那时刚刚再婚的父亲准许她回家生活，并且成功了。然而接下来的几周里，温迪发现她厌恶这个重组家庭，并且会抓住一切机会殴打她继母的孩子。

当温迪14岁的时候，她的父亲把她送到一个专门为情绪有问题的孩子开办的地方。进入这个地方的时候，温迪故意划伤了她的腿，她的伤口感染后导致了很长一段时间的牵引治疗。恢复以后，打网球的时候，温迪从球网上跳过去，摔倒并且摔断了手腕。她父亲来探望她，责备她故意摔断她的手腕。作为回应，她又割伤了自己的脚心。她在这个机构里只停留了两周，那里的女校长便告知温迪那里的员工没有能力再为她提供更多的照顾，于是便有了温迪后来的众多精神疾病医院的经历。

资料来源：改编自 Judd & McGlashan, 2003。

1. ICD-10 的诊断标准

在 ICD-10（WHO，2007）中，与 BPD 类似的一个分类是情绪不稳定人格障碍（F60.3），边缘型，其定义如下：

> 这种人格障碍的特点是有冲动而不考虑后果的倾向；有无法预料且反复无常的情绪。有爆发出强烈情绪的冲动，也无法控制行为的爆发。有挑剔一些行为或与人发起冲突的倾向，尤其体现在冲动行为被阻碍或压抑时。常区分为两种类型：冲动型，其特点是被不稳定的情绪所主导，缺乏控制冲动的能力；边缘型，另有自我意象、目标、内部偏好混乱的特点，伴有长期的空虚感、短暂而不稳定的人际关系，且有发生自残行为的倾向，包括自杀姿态或自杀企图。

很明显 ICD 和 DSM 诊断标准是一致的，它们描述了同一种障碍——一种情绪调节异常且核心问题为不稳定的障碍。但是 ICD 区分了初级行为障碍（冲动型）和自我障碍（边缘型）两个亚型，其描述更加精细一些。

2. 大五人格维度

当考虑大五人格模型的维度框架时，在比利时和荷兰进行的研究显示，达到 BPD 诊断标准的青少年在神经质维度上的得分很高，而宜人性和尽责性很低（De Clerq et al., 2006；Tromp & Koot, 2009）。未来我们还需要纵向研究，以探索是否这些人格维度呈现出了特殊性，甚至是否正是因此才导致了边缘型人格障碍。

（二）患病率

迪斯特等人（Distel et al., 2009）回顾了一系列大量的患病率研究，包含在澳大利亚、英国、挪威和美国多地实施的研究。总体来说，目前在一般人口中，患有 BPD 的人大约占 2%，在精神健康中心的门诊病人中约占 10%，在住院的心理疾病患者中约占 20%。在患有人格障碍的人群中，30%～60% 是患有边缘型人格障碍的。女性患病率较高，占所有患者的 75%。但是并没有针对儿童和青少年的 BPD 患病率研究，也几乎没有对儿童和青少年边缘型人格障碍的流行病学研究。只有两个例外，都是美国的研究。伯恩斯坦等人（Bernstein et al., 1993）在纽约北部随机抽取了一个 733 名青少年的样本，他们惊讶地发现边缘型人格障碍在 9～19 岁的个体中有 11% 的高患病率，追踪了两年后仍有 7.8% 的患病率。在每个时间点上，达到诊断标准的女孩都要多于男孩。

另一个例外的研究则是合作人格障碍研究。该研究对纽约一般人口中的 658 个青少年进行了长达 9 年的追踪（Johnson et al., 2000；Skodol et al., 2007）。该研究发现 9～12 岁的青少年有 1.7% 表现出了 BPD 特性，13～16 岁时有 1.5%，17～20 岁时有 1.1%，21～24 岁时有 1.0%，25～28 岁时有 0.7%。因此，在该研究的时间跨度上，BPD 症状减少了 59%。然而，那些在青少年早期就有较多 BPD 特征的个体，在成年早期依旧有显著的高 BPD 水平。

（三）儿童和青少年的特有标准

尽管临床医生在给年轻人冠以 BPD 的标签时已经十分谨慎，但那些在临床环境中观察到儿童心理失常严重的人，仍旧表示了质疑，称那些儿童表现出了和成年人的诊断相符合的特性。但是，由于 DSM 关于 BPD 的诊断标准是成人取向的，也有人提议为儿童制定更精确的诊断标准。

例如，本波拉德等人（Bemporad et al., 1982）描述了边缘型病态的孩子们所共有的五种特性。第一种是机体功能水平的快速起伏。BPD 儿童的发展水平是不均匀也是无法预料的，有些与其年龄相符，有些则不够成熟，甚至差距非常大。第二种是长期存在的焦虑以及难以调节的情绪。这些孩子表现出持续的痛苦状态，并且可能会发展出强迫观念、仪式行为、恐惧症以及其他所谓神经症的行为，以试图调节他们的情绪。然而，他们缺乏有效的防御机制，也缺乏能使自己冷静下来的策略。因此，他们很容易被自己的消极情感击溃，甚至可能发生惊恐发作以及严重的精神错乱。第三种是他们思维的内容和过程在现实和幻想之中过于迅速地转变。尽管患 BPD 的儿童并不会精神分裂，但是他们的幻想入侵现实检验的程度达到了具有破坏性的程度。边缘型儿童难以避免地全神贯注于内部世界，其中一个原因是他们的幻想倾向于唤醒焦虑、令人烦忧的自我毁灭图像、身体损伤和灾难等内容。第四种是在所有的人际交往和关系中，他们都会极度地需要支持，寻求安慰，而不只是对依恋对象如此。本波拉德等人（Bemporad et al., 1982）认为这些儿童有种"仿佛人格"（as-if），过度地想要与他人一致，好像在为了避免分离或感到孤独而努力与他人融合在一起一般。第五种是 BPD 儿童表现出了缺乏冲动控制的能力。他们很难延迟满足，也很难忍受沮丧，这可能会泛化到更大的范围，甚至出现与其应有的发展水平不相符的暴怒发作。

为了证实这些诊断标准的有效性，早期的研究通过尝试表明，可以借助这些诊断标准区分出被诊断为边缘型的儿童和控制组的儿童（Bentivegna et al.，1985）。然而，总体而言，这个领域还是继续使用了 DSM 诊断标准。不论 DSM 的诊断标准对青少年人群是否适宜，至少越来越多的证据都表明，在青少年中，BPD 是能够被检测出来的，并且有足够的信度和效度（Becker et al.，2002；Miller et al.，2008）。

（四）共病和鉴别诊断

许多被诊断出边缘型人格障碍的青少年首次去就诊时，所表现出的问题都是与攻击性和品行障碍相关的，这两种障碍经常共同出现（Becker et al.，2006；Zelkowitz et al.，2007）。本书也介绍了边缘型人格障碍与品行障碍亚型之间的联系（见第十章）。例如，在一个法国青少年的非临床样本中，夏布洛尔和利奇林（Chabrol & Leichsenring，2006）发现边缘型人格障碍的特点与冷漠无情这一特性的测量得分相关；在 BPD 患者身上也经常能够发现和焦虑障碍一致的症状，尤其是创伤后应激障碍。然而，由于症状表现有很大不同，儿童中的 BPD 并不能归入品行障碍或者 PTSD 中（Paris，2003）。

在 BPD 人群中，心境障碍也很常见。当确定了这两种障碍共病时，患者以"假性自杀"的方式来自我伤害，这种戏剧化的行为表现（Linehan et al.，1991；见第九章）与简单的抑郁状态的自杀思维并不相同。相似地，当 BPD 与双相障碍共病时，BPD 中那种不顾后果的冲动行为就会更加常见而长久，而不是像躁狂症一样只是短暂存在。研究发现，在未成年人中，ADHD 也可与 BPD 共病（Lincoln et al.，1998）。不仅如此，还有研究发现边缘型人格障碍可与进食障碍共病（见第十二章）。这并不稀奇，因为在 DSM-Ⅳ 对 BPD 的诊断标准中，暴食行为正是 BPD 冲动性行为的一个典例。此外，这两种障碍有共同的病因，如有问题的亲子关系；以及共同的症状，包括歪曲的自我知觉和自虐行为。但是依旧很容易鉴别出 BPD，这是因为 BPD 影响的广泛性——几乎所有的功能层面都难以幸免。特别是人际关系方面，且并不局限于或是聚焦于饮食和体重方面。

另一方面，一些发展现象会表现出边缘型特征，我们也需要将其与真正的边缘型人格障碍进行区分。DSM-Ⅳ-TR 提示，那些在身份认同的形成中挣扎的青少年和年轻人，尤其是涉及药物滥用的，可能会表现出与 BPD 一致的短期症状，包括情绪不稳定、焦虑、同一性混乱和"存在困境"。这里我们回想起了之前提到的，人格障碍的第二条诊断标准，即症状基本不局限于特殊的发展阶段——不局限于一个这样的有关探寻自我和意义的青少年阶段。

（五）性别差异

除了女性更易患 BPD 之外，研究者还发现了一些其他重要的性别差异——患有边缘型人格障碍的女童，其症状要比男童严重，并且也更易持久。因此，在童年到青少年期以及青少年期到成年期的过渡时期，BPD 在女性身上的持续性更高（Paris，2003）。

表现出了和人格障碍相似症状的男孩，更可能结束于向反社会型人格障碍发展的道路上（Paris，2003）。实际上，博钱恩等人（Beauchaine et al.，2009）提出过，这两种障碍的根源其实是相同的，并且为发展病理学的概念——同因多果性——呈现出了一个清晰的例子。该作者还提出，关于这两种障碍的同因多果性，是由于发展轨迹的性别差异。但是由于存在同样的潜在发展缺陷的女孩，通过心境失调和冲动性地伤害自身来体现，因此被冠以 BPD；而男孩们则体现在心境失调和冲动性地攻击他人，因此被冠以反社会型人格障碍。研究证实，那些有严重的品行障碍的女孩，比起同样患品行障碍的男孩来说，更容易表现出 BPD 症状（Miller et al.，2008）。

布拉得利等人（Bradley et al.，2005）的研究进一步证明了青少年 BPD 症状中的性别差异。研究者选出了 81 个患有 BPD 的 14～18 岁的青少年（女性 55 人，男性 26 人），并让这些患者的临床医生根据 200 条陈述对患者进行评定，这 200 个句子描述了与青少年心理障碍有关的一些人格特性（例如，"容易担心自己被那些明显情绪激动的人拒绝或抛弃""以夸张而戏剧化的方式表达情绪""容易觉得生活没有意义""当激起强烈的情绪时很容易变得不理智"）。在分析了这一系列症状之后，布兰得利等人发现他们可以证实青少年期女性患有的 BPD 的四个明确的亚型。第一个类别叫作高功能内化型，包括自我批评、焦虑、自罪感、自我责备和自我惩罚的倾向，但是依旧表现出了创造力和洞察力。第二个类别被称为表演型，表现出挑衅的、过于戏剧化的、操纵他人和寻求他人注意的行为，也有对人际关系理想化而不现实的期望。第三个类别叫作抑郁内化型，其特点是孤独，被遗弃感，生活缺乏快感和意义，以及被别人侮辱的预期。第四个类别为愤怒外化型，其特点是违抗，对立，将难以接受的冲动和感觉投射到他人身上，寻求刺激以及时常暴怒。

尽管男孩样本太小，不足以得出这么有成果的亚型分析，但布兰得利等人发现，男孩得分最高的症状维度与女性相比有显著的差异，也与 DSM-Ⅳ 的 BPD 标准有显著的差异，但这两个标准是用于鉴别病患的。男性和女性均有情绪失调和身份认同不稳定的症状，但患有 BPD 的男性在攻击性、破坏性和反社会性方面，比起他们匹配的女性而言，高了许多。比如，男性在通过攻击、虐待、欺凌、利用、权利感和夸大自我重要性这些方面，可以得到级别很高的愉悦感。布兰得利等人建议，未来的研究可以尝试探索这样一个问题，即 BPD 的性别特点是否是同一种潜在的障碍的两种表现，或者，是否 DSM-Ⅳ 的 BPD 标准是不准确的，导致对男性的诊断出了问题，也许把他们归为反社会型才更加合适。BPD 误诊的说法的一个来源是，临床医生倾向于将所有试图自伤的行为假定为是由边缘型驱使的。但实际情况是，青少年自我伤害有很多种原因，也可能只是想要靠近有相似行为的同伴（Klonsky & Glenn，2009）。

在每一个案例里，鉴别女性确切的 BPD 亚型，对其治疗是有重要意义的。如果能探索出每种边缘型人格障碍亚型独有的缺陷和需要，干预就会更有效果。

三、病因学

在与正常自体感的极端偏离中，发展是怎样变得扭曲的呢？换句话说也就是，"基本错误"（basic fault；Balint，1968）是如何产生的？

正如我们所见，DSM 中列出的一些 BPD 的特点与其他的诊断标准也有所不同。我们可以发现，不同的理论观点对这种障碍的描述略有不同。在心理动力学中，对这种障碍的关注已经有很长的历史了，近来，认知行为模型走向了前沿。

为了建立 BPD 发展模型，我们将会摒弃从个别背景着手的惯例，以期能够在该课题下所有的研究和理论中奠定基础——这种障碍的根源就是家庭环境的极度混乱。

（一）家庭背景

1. 童年创伤和虐待

糟糕的亲子关系是边缘型人格障碍主要的风险因素。许多研究已经证实了儿童虐待与 BPD 的发展有关系。回顾一下，在已被诊断为边缘型人格障碍的成年人中，多达 91% 的人报告他们曾有过在童年被虐待的经历，尤其是性虐待（Zanarini，2000）。

一些数据表明了童年虐待在 BPD 发展中的重要性。合作纵向人格障碍研究（Johnson et al.，2006）是一个多中心项目（multisite project），始于 1996 年，研究了 668 个年龄为 18～45 岁的被诊断为回避型、强迫型、分裂型或边缘型人格障碍的成年人。这个团队在发表的一篇文章中指出，对童年创伤的回顾性访谈表明了人格障碍症状的严重性与童年受虐待的频率和严重性大致相关（Yen et al.，2002）。这个发现对那些患有 BPD、报告了最高程度的受虐经历或者最早有受虐经历以及 PTSD 症状最多的人来说，是尤其惊人的。在患有 BPD 的人群中，有整整 92% 的人有过重要的受虐待史；55% 在幼年时期经历过某种形式的性虐待，且有 37% 曾被绑架过。

与此同时，蒙特利尔研究项目关于儿童边缘型病理的数据也表明了童年 BPD 中受虐待经历的普遍性（Paris，2003）。与其他精神障碍相比，有 BPD 症状的学龄儿童受身体虐待、性虐待、严重的忽视以及父母的功能失调的程度都显著更高，在药物滥用和犯罪方面也同样。这些孩子所受的虐待通常发生得很早，然后在童年的成长过程中慢慢累积。

当然，过去和如今的数据都还是有局限性的，它们都无法说明人格障碍是否是虐待的后果，甚至它们之间的因果关系都可能是相反的。比如，是性格问题导致他们易受攻击，易成为虐待关系中的受害者。然而，纽约纵向研究的数据提供给我们一些具有前瞻性的信息。在最初的研究中，约翰逊等人（Johnson et al.，1999）发现，有确凿证据说明受过虐待的儿童在成年早期患人格障碍的概率是其他人的 4 倍还多。在随后的一个有 793 个家庭样本的研究中，研究者重点关注了心理虐待——母亲是否经常责备孩子，说她不爱孩子，或者威胁孩子说要将他送走。若一个人童年经历了类似的心理虐待，他患人格障碍的概率是其他人的 3 倍。即使将儿童气质、身体虐待、性虐待、忽视、父母精神疾病、共病这些因素考虑在内，心理虐待的后果也依旧非常严重。

除了身体、性和心理虐待，蒙特利尔研究的数据显示，患 BPD 的青少年可能会有过其他形式的创伤性家庭经历。这包括混乱、不稳定和暴力的家庭环境，童年早期的分离和被破坏的依恋关系以及父母拒绝（Guzder et al.，1999）。帕里斯（Paris，2003）也描述了 BPD 青少年的父母的一种"极其不当"的越界模式。比如，一个父亲和女儿一起与各自的同伴约会，并观看彼此的性活动；也有一些父母威胁说要残害家里的宠物；还有一位母亲递给女儿一把上了膛的枪，并对她说，"如果你那么讨厌我就杀了我吧"。

扎纳里尼等人（Zanarini et al.，1997）通过一个大规模研究，以 358 个患 BPD 的成年人为样本，证实了家庭风险因素的重要性。研究共确定了四个风险因素，第一个是女性这一性别因素。另外，有三个显著的童年经历可以将患 BPD 的个体与患其他人格障碍的个体区分开来，它们分别是：性虐待、男性照料者的情感忽视、女性照料者不一致的教养方式。已被诊断为边缘型的被试，报告这些内容的可能性也更高：有照料者冲动离开了他们，否定他们的想法和感觉，让他们承担家长的任务，没有给予他们保护和安全感。

2. 父母精神病态

有一致的证据表明，从大体上看，BPD 儿童的父母有严重精神病态的比率更高（Paris，2003）。比如，戈德曼等人（Goldman et al.，1993）发现，高达 71% 的患 BPD 的儿童都有一个达到了 DSM 中某种精神障碍的诊断标准的家长，包括药物滥用、抑郁和反社会人格障碍（奇怪的是，文章并没有记录 BPD 在患者家庭成员中的患病率）。

从另一个角度来看这个问题，蒙特利尔项目的研究团队想探究被 BPD 母亲抚养的儿童的风险。他们发现，比起由其他类型人格障碍的母亲抚养的儿童，母亲患 BPD 的儿童达到精神病诊断的显著更多，有更多的冲动控制障碍，有更高水平的边缘型症状（Paris，2003）。另有研究者发现，即使是与母亲患有其他人格障碍的孩子相比，母亲有边缘型特性的孩子，在注意力问题、破坏性行为障碍、攻击性、焦虑和抑郁这些方面的风险仍旧更多（Barnow et al.，2006；Weiss et al.，1996）。

父母边缘型病态的影响已被清楚地证明了（MacFie，2009）。比如，蒙特利尔团队发现，边缘型父母的孩子会接触到更多痛苦的事件，如父母药物、酒精滥用，母亲试图自杀，家庭频繁变动以及频繁搬家（Feldmanet al.，1995）。英国的研究发现，当孩子们还是婴儿的时候，患有 BPD 的母亲比起其他母亲会更加有侵入性，其感觉也更加迟钝（Crandellet al.，2003）。并且，不出所料，在一周岁的时候，这些孩子中的 80% 都被归为混乱型依恋（见第二章；Hobson et al.，2005）。临床观察也显示，患 BPD 的母亲有角色互换的行为，这样强加给孩子们超出他们应有能力的期待，让他们满足父母的情绪需要，会使孩子感到压力和困惑（MacFie，2009；见表 15-3）。举个例子，麦克菲和斯旺（MacFie & Swan，2009）设置了一个讲故事的任务，研究有 BPD 母亲的儿童们的讲述。他们发现，这些讲述的主旨基本都与亲子关系反转、被遗弃的恐惧、糟糕的情绪管理和对自我表达的羞耻有关。所有的这些发现都显示，被 BPD 父母抚养会提升未来患精神疾病（尤其是 BPD）风险的可能性。

表 15-3　儿童和患 BPD 的母亲之间的互动

女孩 5 岁，母亲患有边缘型人格障碍：
主试开始讲一个关于生日派对的故事，派对中用到了家里的洋娃娃、桌子和一块蛋糕，然后问女孩："告诉我现在发生了什么。"女孩开始描绘这个家庭是如何打开礼物并吃蛋糕的。她补充说：然后妈妈脱下了她的衣服喝得烂醉。
15 岁的青少年期女孩和她的 BPD 母亲：
女孩：你现在的打扮太过年轻了吧。看起来很傻，很怪异。
母亲：噢，我这样只是想叛逆一下，试着找点乐趣。
女孩：我才是处于应该做这种事的年纪。
母亲：我已经好久没有这么开心地做我想做的事了。是的，我很怀念我的青春岁月。如果我们俩能有一些共同的经历和愉快时光就太美好了。
女孩：不，你应该是我妈妈啊。
母亲：好吧，可能某天我会再次成为你的妈妈。
女孩：那等到你能做我妈妈的时候，我已经是成年人了，所以这根本无济于事。

资料来源：MacFie，2009。

3. 家庭系统

至于整个家庭系统，我们想到，同客体关系理论一致，结构家庭模型强调个体与家庭之间保持健康的心理边界。因此，我们可以预测，与 BPD 有关的家庭关系，将会干扰儿童形成独立又不乏联结的身份认同。夏皮罗等人（Shapiro et al.，1975）检验了系统式家庭假设，他们观察了被诊断为 BPD 的儿童的家庭互动，与家庭系统和客体关系理论均一致。研究者发现这些儿童之所以如此要求独立，是因为其他家庭成员的情绪退缩。

（二）个体背景

1. 分裂与自我系统：BPD 的身心视角

马勒（Mahler，1971）的分离—个体化理论（见第一章）为对 BPD 起因的身心思考提供了基础。马勒聚焦于生命的前三年，在这段时间里儿童通过他们与照料者之间的经验来发展身份认同（Mahler et al.，1971）。被温暖而敏感地照料着的儿童，内化了一个慈爱的父母表象——"好的客体"——并且因此而内化出讨人喜爱的自我表象。与之相反，受到糟糕的照料的儿童会内化出狂暴、拒绝的照料者表象，并视自己是没有价值也没有能力激发别人的爱的。

所有孩子都会有对他们的照料者感到愤怒和沮丧的时候，所有的父母也都有令孩子失望的时候，并因此被当作"坏的客体"。因此，发展过程中有一些消极情感是不可避免的。然而，在被纠正之前，孩子们这种奇幻思维导致他们错信他们消极的想法和情感真的会产生后果。比如，幼儿很可能会相信他们的愤怒真的会伤害到某些人，会毁灭他们慈爱的母亲或者将母亲变成他们所恐惧的"坏的客体"。因为孩子很难在母亲缺席的时候依然保持安全感，他们觉得对母亲大发脾气会有可怕的后果。一个想着"我希望她走开"的孩子可能在担心"如果她真走了怎么办"。在这样的案例里，对母亲的愤怒情感干扰了保持母亲积极表象的能力，这威胁到了好母亲的内部表象以及孩子积极的自我表象和安全感。马勒提出，为了在这些强烈的消极情感中保护积极的内部表象，在建立关系的时候，孩子们会防御性地将他们对照料者的经验分离为好的和坏的两种表象，就好像孩子在他们的情绪世界里有两个照料者一般——一个是舒适和良好感觉的来源；另一个是令人沮丧而剥夺愉快感觉的。类似于此，自我感觉也分离为两个——一个好的、令人喜爱的孩子和一个坏的、令照料者发怒的孩子。因此，分离是一种保护儿童的积极内部表象的防御机制，使其免受愤怒和攻击感觉的影响。慈爱的照料者——和可爱的自我——这些表象被很好地保护了起来，免受消极情绪的破坏（见图 15-1）。

图 15-1　分裂——视他人"完全是好的"或"完全是坏的"——使我们无法看到一个人的全貌
资料来源：再印经过马里安·嫩利（Marrian Nenley）许可。

由于分离是幼儿发展过程中的一个很正常的部分，是一种初级防御，使我们不能体验到自己和他人是完整而充实的人，因此，在分离—个体化的最后阶段要求我们克服它，达到情绪上的客体恒常性：将积极和消极的感觉整合为单独一个表象的能力。这使我们在对照料者感到愤怒的同时，依旧能够继续爱他，在我们对某个人感到失望的时候依旧觉得他是值得尊敬的人。正如皮亚杰的客体永久性的概念，客体恒常性是建立在能认识到视线之外的客体依旧存在的认知能力上的。然而，客体恒常性还要求我们，认识到那些我们并没有在体验着的情感——比如，对某个刚刚触怒自己的人的喜爱——依然是存在的。

马勒的理论主张，年幼的孩子利用分离的防御机制，以保护他们所爱的父母的内部表象——以及值得喜爱的自我表象——使他们免受消极情绪的破坏。在发展的过程中，大部分孩子可以克服划分积极和消极两种体验的需要，以达到情绪上的客体恒常性，从而整合对自己或他人的喜爱与敌意这两种感觉。然而，心理动力学理论认为，BPD 儿童在这一过程中的发展是滞留的。BPD 儿童难以发展情绪上的客体恒常性，在处理困难情绪时，也无法克服利用分离的防御机制的需要（Mahler，1971）。

BPD 儿童为什么会在这个过程的发展中受到抑制呢？克恩伯格（Kernberg，1967）认为，一些儿童难以达到情绪上的客体恒常性，原因是他们的气质使他们易体验到过度的愤怒。这些强烈的情绪体验妨碍了一个稳定的内部世界的发展；对这些孩子来说，由于他们的消极情绪如此剧烈，保持住积极的内部表象对他们而言就显得更加困难。在愤怒的时候，他们失去了所有对积极自我和慈爱的照料者的感觉，而这些感觉对安全感是如此重要。因此，为了减轻这种危险的情感带来的焦虑,这些儿童依赖分离的防御机制,甚至达到病态的程度。

派因(Pine,1974)对 BPD 有种不太一致的观点,强调这种障碍独特而清晰具体的特征:自我功能的残缺,如调节焦虑的能力;客体关系的残缺,如难以辨明自己与他人之间的边界。和克恩伯格一样,派因认为分离的防御机制在边缘型人格障碍之中起了很大作用;但是比起愤怒,派因更强调焦虑。由于父母的忽视,BPD 儿童经常要独自一人面对他们情绪上的痛苦。因此,他们没能发展出可以有效处理焦虑情感的防御机制,从而被无法抗拒的恐慌吞没。这些强烈而难以调节的情绪,又反过来妨碍他们整合积极和消极体验的能力,以及保持自己和照料者稳定的内部表象的能力(Pine,1986)。他们无法忍受与照料者的分离,或者承认对他们的消极情感,因为他们无法在痛苦和孤独的时候仍保持住被爱、被关心的感觉。

然而,在派因(Pine,1974)的观点中,这些儿童不仅仅是在发展过程中停滞不前了,不仅仅是在早已不合适的发展阶段使用分离的防御机制,而且在恐慌的时候他们甚至会逆向发展,返回一种与照料者融在一起的状态。因此,派因认为,BPD 儿童被抑制在分离—个体化过程中的一个非常早的阶段,在该阶段自我和他人之间还没有清晰的界限。在派因眼中,边缘型人格不只是在整合积极与消极内部体验时存在问题,更是在维持自己与他人之间的差异、界限方面存在基本问题。

另外,根据派因(Pine,1979)所言,在 BPD 儿童眼中,人际关系会带来可怕的后果。尽管 BPD 儿童获得了分离焦虑—唤醒,但是与他人在一起失去自我感觉的体验还是很恐怖的。因此,派因提出,BPD 儿童处在一个进退两难的处境中,一方面有着被抛弃的恐惧感和难以忍受的孤独感,另一方面也处于挣扎着不愿卷入他人而失去自我的感觉。

在发展过程中会发生什么来解释这种对自己和他人的歪曲知觉呢?根据客体关系理论,派因表示,BPD 儿童是创伤性的而粗暴的教养方式的产物。更确切来讲,马斯特森和林斯利(Masterson & Rinsley,1975)假设,BPD 儿童的照料者无法忍受孩子自主地自我发展。比起继续给正常发展过程中有攻击性、令人沮丧且任性的儿童充分的情感支持,这些父母选择了避开。当他们的孩子表达出消极情感或者独立的想法时,他们在情绪上表现出了拒绝。根据客体关系理论,这对于前运算阶段的儿童是最可怕的,使他们相信愤怒的情绪真的会破坏父母的慈爱:"如果我对你发怒,你就会离开我。"

根据这种理论,BPD 儿童的父母需要他们的孩子对他们做出反应,并一直努力去迎合他们的需要。就好像父母一直在传达给孩子这样一种观念:"如果你不是我需要的样子,那么你对我来说就不存在"(Ogden,1982,p.16)。马斯特森(Masterson,1976)认为,这是由于这些照料者自身就难以忍受分离,因此才拼命地要孩子去提供给他们安全感,以使他们自己从被抛弃的恐惧中脱离出来。这里所呈现的是这样一个成年人:他持着自身的被抛弃感,干预孩子的成长,因此难以忍受孩子试图独立的尝试。这并不惊讶,马斯特森的临床观察也表明,BPD 儿童的父母通常也有边缘型特征。

心理动力学理论经常是纯粹的猜测,而出现了忽略实证研究的问题。然而,韦斯顿等人实施的一系列有趣的研究（Westen & Cohen，1993；Westen et al.，1990），给客体关系理论所提出的边缘型人格的模式提供了一些证据。他们回顾了自我发展的精神分析和认知视角，在此基础上设计了一个编码系统，用来分析 BPD 青少年在投射测验中的反应（见第十六章）。例如，他们指出，这些青少年的分离现象显著体现在"完全的好"和"完全的坏"的反应上（例如，"我以前是个能做到任何事的人，而现在我什么也做不了"）。研究者还发现这些青少年的自我意象很不稳定，极度消极，并且缺乏清晰的自我与他人之间的分化。他们往往还会有一种被强烈的情绪控制而失去自我感觉的瞬间。这点同样与客体关系理论一致，他们在各种关系中的感觉是恶意的、受迫害的、没有同情心的。

2. 创伤和混乱的依恋内部工作模式

我们已经了解到，通过早期的依恋关系，儿童会发展出一系列有助于他们良好适应的基本能力，包括自我安抚和情绪调节，积极自我评价，以及能够在关系中交流自己的需要并相信它们可以被满足的能力（见第二章）。然而，病态的家庭关系会妨碍儿童获得安全感、调节情绪的能力以及信任他人的能力。在 BPD 儿童的案例中，他们的抚养环境是非常糟糕而不可预料的；孩子们安全感的来源同时也是威胁的来源。这是一个不可能的悖论，孩子们只能通过保持两种完全分离的关系模式来应对：在一种模式中父母是安全的，在另一种模式中，父母残暴而可怖。其结果往往是混乱型依恋，即在威胁情境下，儿童难以保持一致或相似的反应策略。

也有并行研究（Agrawal et al.，2004）和纵向研究（Carlson et al.，2009）证明了 BPD 和混乱型依恋之间的联系。许多功能损伤既可以预测混乱型依恋，也可以预测 BPD，这在一定程度上显示了它们之间的联系。这些功能损伤包括：儿童虐待和创伤这样极端的形式；亲子关系中侵犯边界的现象，如亲子角色倒置；以及在应激状态下分离的防御机制的使用（Carlson et al.，2009；Weinfield et al.，1999）。这种不安全、混乱、未能整合的内部运作机制又反过来引发了不稳定的人际关系、同一性混乱、认知偏差，也影响了情绪和行为的发展。

贾德和麦克拉申（Judd & McGlashan，2003）进一步发展了这种说法，即精神创伤会扰乱 BPD 儿童的依恋和自我系统的发展。这些作者将 BPD 比作"发展中内化的 PTSD"。不像其他形式的 PTSD 那样，创伤是与某个特定事件的记忆联系在一起的，BPD 儿童的创伤是与整段关系（指与照料者之间的关系）联系在一起的。由于儿童受到的一些隐蔽的影响，如药物滥用以及极度不合适的教养，他们在与他人的亲密关系中，会感到情感被忽视、被虐待、被遗弃等想象或是实际存在的威胁。这种创伤不是只有在看到确切的相关线索才会回忆起的，而是儿童每时每刻都在经历并忍受着的。

在贾德和麦克拉申的观点中，这种长期心理和生理的应激状态，变成了儿童与人相处时特点的一部分，形成了其人格的核心特质。更甚的是，创伤性应激状态会干扰认知和情绪的发展，导致显著的信息加工障碍。当个体需要加工复杂的情绪、感觉和运动信息时，他需要将非言语信息转换为言语形式时，以及辨认各种人际关系中视觉和言语的反应时，这种缺陷会尤其明显。这些认知技能对发展稳定而一致的人际关系表征模式的能力很重要。然而，边缘型思维的特征是古怪且分裂的，形成了发展不成熟的推理形式，如非现实思维、迷信、极端思维（非黑即白）、分离以及短暂的精神病状态。

3. 分离

患者在描述自己受过的创伤时，含蓄地呈现出了一种创伤导致边缘型精神问题的机制，即分离的防御机制。儿童试图去处理巨大压力的方法之一是，将意识从周围正在发生的事情中抽离，借助退入幻想、与现实脱节的游离状态的方式。因此，分离其实是为了阻隔意识中的创伤性经验，从而保护内心（Nader，2008）。轻微而短暂的分离在正常发展过程中并不罕见（Putnam，2006）。举个例子，回想一下你是否也有这样的经历，在听讲座时，你突然回过神来并意识到已经一段时间过去了，而你根本没有注意到演讲者说了什么。虽然这种程度的分离很正常，但是，当青少年将分离变成长期且习惯性的应对方式时，它就与精神疾病高度相关了（Silberg，2004）。分离状态也与边缘型的特征有所联系，如自我伤害。自我伤害的青少年可能会报告情绪麻木，与自己及自己周围环境分离，感觉不到疼痛，不真实感或者感觉到"我的心已经死亡了"等，并且，他们可能在进行了自残的行为后有"更加真实""更加鲜活"的感觉（Klonsky，2009）。还有一些青少年在分离状态自残后，无法记得自己的自残行为。

那些自我防御薄弱以及自我意识没能很好整合的儿童，尤其易受分离的侵害（Ogawa et al.，1997）。正如我们所知道的，这些儿童的人际关系的内部工作模式非常混乱。有纵向研究表明，婴儿时期的混乱型依恋，对童年期、青少年期直至成年早期的分离是一个强有力的预测因子，而分离对边缘型特征也有一定预测性（Carlson et al.，2009；Weinfield et al.，1999）。再次提到，研究者认为，这种分离机制的后果是由教养行为引发的。通过呈现给孩子混乱而冲突的信息——比如，典型的混乱型父母，面带微笑但言辞激烈地接近孩子（见第二章）——在情绪状态和外部现实如此剧烈的波动下，孩子们很难发展出连贯而稳定的自我意识。更甚的是，父母不仅会有不一致的行为，还会否认孩子的实际情况，拒绝承认孩子的内部体验，并以此来积极促进孩子在整合上的阻碍。尽管要应对残暴而凶恶的父母是一种很痛苦的体验，但是要面对一个否认自己发怒、还坚持说孩子不承认他亲眼所见的证据的古怪的父母，则是一件更加令人迷惑和混乱的事情。正如小川及其同伴（Ogawa et al.，1997）的描述，"当个体不许无视、拒绝、不承认，或者遗忘自己的显而易见的体验时，其结果往往导致个体的自我结构不连贯，在各种体验之间无法建立联系，带来的差距损害了自我的复杂和完整性"。因此，分离显示了自我的整合与一致性的基本问题（Haugaard，2004）。

4. 情绪调节和蓄意自伤

无法忍受和调节情绪是边缘型人格障碍的一个关键特征。研究证实，和成年人一样，情绪调节缺陷也与儿童的 BPD 症状相关（Gratz et al.，2009）。尽管研究者怀疑那种虐待的、令人痛苦的、病态的家庭环境是儿童没有发展出适宜的情绪调节策略的成因，但是也有说法认为，比起一般的儿童，易感 BPD 的儿童天生的气质就是情绪不稳定的且易反应过激（Cole et al.，2009）。

情绪调节异常对蓄意自伤这种症状的发展起到很大的作用，这是 BPD 最常见也最令人不安的症状之一。在一个对青少年住院患者的研究中，诺克等人（Nock et al.，2006a）发现，患有BPD 的青少年中的 51.7% 有非自杀式的自我伤害行为，远远超过其他类型的人格障碍。与那种简单的自杀姿态不同，假性自杀的 BPD 青少年，其自伤行为相当严重，损伤性相当大。他们习惯性地割伤自己的身体，每次都割在自己胳膊或者腿上同一个地方，以至于留下了永久的疤痕。患 BPD 的青少年和成年人经常自我报告说，割伤自己是一种缓解不安的方式，实际上也是他们所了解的唯一的方式。在一项对自我伤害的青少年住院患者的研究中，诺克和普林斯坦（Nock & Prinstein，2005）发现，最受他们认可的自伤原因是阻止不好的感觉，产生感觉或者向别人传达痛苦。

研究也表明，自我伤害行为的根源是创伤，还有对创伤后应激的适应不良的处理策略（Prinstein，2008）。一个已被广泛验证的研究发现，受虐待经历可预测自伤行为——主要是性虐待（Glassman et al.，2007；Nock & Kessler，2006），也包括同伴侵害（Hilt et al.，2008）。而且，创伤后应激障碍的症状是童年期虐待和青少年期自我伤害之间的调节因子（见第八章）。因此，自我伤害主要用于在面对巨大痛苦时调节情绪。但是，采用自我伤害这种方式的青少年，实际上并没有发展出适宜的处理痛苦的策略（Lloyd-Richardson et al.，2009）。例如，诺克和门德斯（Nock & Mendes，2008）发现，在实验室压力情境下，比起同伴，有自我伤害历史的青少年忍受痛苦的能力更低，解决问题的技巧更差。总起来说，他们的情绪和处理问题的能力被其创伤所淹没，因此 BPD 青少年才采取如此绝望的办法来调节痛苦。

一些临床医生观察发现，一旦一个青少年开始以自我伤害作为调节消极情绪的方法，这种行为就会有成瘾的倾向。尼克松等人（Nixon et al.，2002）着手检验这个仅凭经验得出的假设，使用的样本含 42 个因为自伤而住院 4 个月以上的青少年。大约 79% 的被试报告自己每天都有强烈的自伤欲望，83% 的被试每周至少一次屈服于这种欲望。割伤、抓伤、击打自己、扯头发、咬伤以及破坏正在愈合的伤口都是自我伤害常见的形式。患者自我伤害的两个最基本的理由是"处理消极的感觉"以及"缓解难以忍受的不安"。更甚的是，根据 DSM 的定义，在这个样本中，大约 98% 的青少年有三个甚至更多的与自伤成瘾行为一致的症状（这些症状包括个体在知道该行为有伤害性时依旧继续，当个体试图中断这种行为时会有不舒服的感觉出现，该行为引起了社会问题，在达到了渴望的效果时必须提高该行为的频度和强度，该行为很花费时间并且影响了正常的活动）。总之，正如某些青少年可能会通过药物滥用或者催吐来调节情绪（如第十二章所言），自我伤害也可能成为一种成瘾行为。

BPD 青少年的冲动性和成瘾倾向更加能说明他们在自我调节方面潜在的缺陷。这种缺陷表现在 BPD 与攻击性和反社会行为的高度相关中（Beauchaine et al.，2009）。与这种说法一致的是，有研究为儿童的 BPD 症状和自我控制缺陷之间的关系提供了直接证据（Gratz et al.，2009）。

总之，情绪调节困难是 BPD 的一个核心特征，并作用于个体几乎所有的功能领域。由于缺乏有助于儿童理解情绪并发展自我调节能力的父母的共情，BPD 儿童的情绪和行为的发展早早地便偏离了他们本应有的发展轨迹。他们的内部世界缺乏一致性、整合性和稳定性，因此患

BPD 的个体难以在情绪方面有所发展。他们既没有分辨不同的情绪或者将混合在一起的复杂情绪看作单一体验的能力，除了难以遏制的冲动也没有办法调节或处理强烈的情绪。他们缺乏正确解读微妙的情绪线索的能力，也无法在各种情绪情境中适当地反应。简言之，"他们在以一个孩童的情绪技能来应对属于成年人的情境"（Judd & McGlashan，2003，p.30）。

5. 认知功能障碍

很多针对 BPD 儿童的研究都指出了认知缺陷问题，包括执行功能、运动计划和注意控制这些方面。与患有其他精神障碍的儿童相比，BPD 儿童在这些测试中得分更低（Lincoln et al.，1998；Paris et al.，1999；Rogosch & Cicchetti，2005）。如今还有这样一种说法：执行功能受损是很多 BPD 相关症状的基础，包括合理应对焦虑的困难，冲动控制不良，对内部状态识别和表达的困难以及压力下代谢失调的倾向（Lincoln et al.，1998）。

另外，英国的研究者福纳吉和卢伊藤（Fonagy & Luyten，2009）假设，可以将 BPD 的核心特征理解为一种精神损伤的反映——"感知并解释与紧张的精神状态相关的人类行为（如需要、欲望、情感和目标）"——这种能力的损伤。这是一个与心理理论密切相关的概念，在第五章中有介绍。特别是，福纳吉和洛汀提出，对 BPD 儿童创伤性的教养方式，阻碍了他们正确理解自身的内部状态的能力，以及区分自己和他人的思维与情感的能力。其结果将会是混乱的身份认同、失败的自我分化以及对社会理解的极度缺乏。贾德和麦克拉申（Judd & McGlashan，2003）建构出了一个相似的理论，认为根本的发展问题是人际关系中缺乏元认知监控。元认知监控，又被称为反省功能，是一种观察自己来察觉思维中的错误或者言语中的矛盾，来理解那些看起来不同于他人观点的事情——换句话说，就是"对思考的东西进行反思"。没有元认知和整合思维、情感、与他人关系中的观点的能力，BPD 个体倒退回了在发展过程中更加初级的认知过程，如否认、分离和投射——歪曲现实的防御机制。

（三）社会背景

有边缘型人格障碍的青少年很难融入社会——他们很容易对他人产生不愉快的情感，可能是由于高度焦虑或者极端的情绪变化，也可能是由于在好的现实检验和混乱无序之间的波动，或者是因为对他人的态度在积极与消极之间起伏不定。由于这种难以预料又极端的行为对他人来说是相当难以忍受的，这些青少年的人际关系常常是不稳定且异常短暂的。

为了更好地理解这些人际关系缺陷，一些理论家提出，典型的 BPD 个体会将他人带入一个投射性认同的过程中（Ogden，1982；也可见第二章）。投射性认同是在两个人互动中的一种复杂的防御机制。这个过程有三个步骤（Lieberman，1992）。第一步，将坏的想法或者情感投射到他人身上。比如，一个很抵触承认自己的愤怒情绪的人，将这种感觉投射到另一个人身上。第二步，对方被迫遵照这种投射（比如，一个人通过各种方式来表现出微妙的刺激和激发愤怒的行为，来使对方变得易怒而狂暴）。第三步，当投射的接收者开始觉得这些思维和情感确实是他自己本身存在的问题时，认同就发生了。通过投射性认同的过程，BPD 个体可以使他人产生他们最难以忍受的痛苦情绪——无价值感、非现实感、恐惧、愤怒和孤寂（见方框 15.2）。

方框 15.2　边缘型人格障碍的投射性认同

在一篇透露内情的文章中，心理治疗师马克·莱因（Mark Rhine；Adler & Rhine，1988）写到他与一个年轻的边缘型人格障碍女子的长期治疗工作：

> 在接下来的很多年里我总在想，为什么我会选择治疗这个病人，对于是否有能力帮助她我也会存疑，甚至怀疑她究竟是否有问题，并且在这很久的治疗时间里我会害怕见到她，这经常让我们两个都感到困惑、生气、受伤、为难、绝望，感觉好像我们两个都因为对方而彻底疯了。

这个病人是一个 22 岁的大学毕业生，有一份档案管理员的工作，由于持续性的感觉自己不配做人、丧失愉悦感、害怕被拒斥和想要自杀而来寻求治疗。她和治疗师处于一种非常敌对的关系中，提到他的时候会叫他"盖世太保"（由于治疗师是犹太人，这种称呼是非常伤人的），批评他的解释并且抱怨他是个极其可鄙的治疗师，因为自己的病情没有明显好转。

莱因医生感觉到了来自病人的气愤和负性情绪，并对此有负罪感，他也在尽所有努力去减少这些不满。当她侮辱他的时候，他会温和地回应，说一些常用的而不带语气的话，如"你对我这样轻蔑我很难过"。事实上，他会感觉非常受伤，但是他仍然尽力克制并且保持一种"治疗的"态度，来接纳病人有表达他们负性的移情的需求。当她威胁要停止治疗的时候，他会尽量保持中立，说"虽然我希望你能够继续治疗，但是我会尊重你的决定"诸如此类的话。而作为回应，她会逼迫他，问他"我这样让你'真正'感觉如何"。

她的攻击性越来越强，直到有一天莱因医生克制不住自己的愤怒最终表现出来了他的真实情绪。他抱怨他的病人对他不公平，长期不断的指责让他备感受伤。她的反应却令他惊讶。她清醒而冷静地对他说，"我指责的不是你，而是我自己。我需要知道在这样的攻击下，一个人会怎样想，怎样做"。接下来他们一起继续探讨发现了一个真相，"她害怕，并且不知道该如何做人"（p.479），她需要治疗师为她从未尽力表达的一部分自我进行辩护——这部分自我一直默默承受着她父母的殴打和羞辱。简言之，通过投射性认同，让咨询师体验她的情感状态，让他去体验那一部分她需要更多了解和控制的自我。

投射性认同可以出现在任何关系中。而区别于健康人的是，健康的人可以通过现实性测验并且认识到什么时候他们正在进行投射。对于其最具适应性的层面而言，投射性认同甚至和共情以及体谅、同情他人的能力相关。

因此，从互动的视角来看，边缘型青少年与他人互动的方式，增加了他们遭受拒绝和抛弃的可能性，而这正是他们所恐惧的。反过来，和同伴交流的匮乏以及同伴侵害，又会增加易受伤害的 BPD 青少年的适应不良的行为（如自我伤害），而这又会加剧他们与伙伴之间的疏远（Hilt et al.，2008）。而且，由于他们无法应对一般的学校环境的要求，BPD 青少年常常要住院或接受日间治疗，这也更加减少了他们发展正常同伴关系的机会。

更甚的是，贾德和麦克拉申（Judd & McGlashan，2003）指出，之前的部分所描述的所有因素——人际关系混乱的内部工作模式、认知失调以及情绪和行为的不稳定——严重破坏了形成稳定亲密关系的能力。BPD 个体心态的起伏十分剧烈而极端；贾德和麦克拉申认为，如果这些个体在所有有意识的现实情况下，情绪和知觉仍然会在短暂的时间里剧烈地起伏，那么他们的情况不容乐观。他们对世界和自己的经验是分裂的。每一种心理状态就是所有存在的现实，记忆也是依赖于心境的，而当他们的心境发生变化的时候，这种记忆就无法再找回。不仅仅是对他人的体验是起伏、混乱而不一致的，个体对自我的体验也是一样的——在各种社会情境中，没有一个稳定而一致的"我"。因此，他们缺乏一个可以在关系中吸引他人的具有连续性的自我。

贾德和麦克拉申表示，多种发展缺陷累积的后果就是无法与他人维持有意义的关系。由于发展中的各种缺陷的阻碍，他们无法与人生伴侣形成健康的亲密的依恋模式，无法拥有一段互惠而富有情感共鸣的关系。

（四）生物学背景

正如之前多次提到的，许多理论家（包括精神分析视角的理论家）认为，边缘型人格障碍有生物学诱因。生物基础的确切本质也只是一种猜测，相关数据才刚刚开始浮现。

1. 气质

之前还提到过，一些理论家认为会发展出 BPD 的儿童天生遗传的气质就具有易感性。这些气质特性，这些冲动性和情感上的不稳定性，使儿童难以处理压力，反应过激，寻求注意和失调。扎纳里尼和弗兰肯伯格（Zanarini & Frankenburg，1997）将这种气质称为"夸张型"。这种气质到底是先于创伤、精神压力和适应不良的教养方式出现的，还是这些经历所引发的后果，仍旧需要继续探讨。

2. 大脑结构和功能

塞瓦略斯等人（Ceballos et al.，2006）进行了一系列针对青少年期 BPD 女孩的研究，借助脑电图发现了脑功能的差异。与控制组和患有品行障碍的青少年相比，患有 BPD 的被试表现出更低程度的大脑成熟水平。惠特尔等人（Whittle et al.，2009）在澳大利亚进行的一项研究中还发现了 BPD 青少年的其他的脑部异常。研究者使用了磁共振成像对患 BPD 的青少年期女孩以及健康的控制组进行扫描，发现 BPD 女孩的左前扣带回区域更小，大脑的这个区域涉及高级的认知和情感功能，包括问题解决、决策和情绪调节。另外，研究发现该脑区减小的程度与 BPD 女孩的假性自杀、冲动性和被抛弃的恐惧的程度相关。

德国的研究者也发现了类似的现象。和健康的控制组相比，BPD 女孩的前额叶和眶额皮层灰质部分都有缩减（Brunner et al., 2010）。澳大利亚的一项研究也表明，在 BPD 青少年身上，存在眶额叶皮质的右侧灰质减损的现象（Chanen et al., 2008b）。

3. 遗传学

迪斯特尔等人（Distel et al., 2009）的国际科研队伍回顾了一些新兴研究，这些研究证实了 BPD 发展中的基因成分。其中最大的双生子研究之一，其样本包含了荷兰、比利时和澳大利亚的 5496 个成年人（Distel et al., 2008）。结果显示，整体而言，遗传影响解释了 42% 的 BPD 特征的变异。在研究所包含的三个国家中，同卵双胞胎之间的相关是异卵双胞胎的两倍。在之后的一项研究中，研究者发现 BPD 中大约 50% 的变异可以归因于遗传因素，因为同卵双生子之间的相关（0.45）远高于异卵双生子之间的相关（0.18），同时也远高于父母和他们的子女之间的相关（0.13）。

估算了 BPD 在儿童中的遗传率的研究屈指可数，柯立芝等人（Coolidge et al., 2001）报告了 76% 的遗传率，该研究所使用的是一个青春期前儿童的小样本。与之相反，博尔诺瓦洛娃等人（Bornovalova et al., 2009）收集了一个大样本数据，样本来自明尼苏达双胞胎家庭研究，包括 1000 个以上 14 岁的双胞胎女孩，并且追踪了她们整整 10 年。该研究的结果表明，在这 10 年中的各个年龄层次，BPD 特性都有中度的遗传率（0.30～0.50）。而且，非共享环境也有很强的效应，可以归于童年虐待、父母的差别对待、不良生活事件等个体经验。结果还显示，在 14～24 岁的过程中，BPD 的遗传率会提高。研究者提出，遗传因素的影响会随着时间提升，可能是由于基因与环境之间的交互作用，这样青少年和成年人会有更多的机会，去选择基因的易感性更容易表达的环境。

一项针对候选基因探究作用机制的研究，聚焦于 5- 羟色胺的功能（之后会进行更详细的讨论）。该研究指出 5- 羟色胺与愤怒、攻击性、自杀行为、冲动性和情绪不稳定这些特性有所关联，而所有的这些都是 BPD 患者存在的缺陷。研究的最充分的两个基因是色氨酸羟化酶（TPH）和 5- 羟色胺转运体基因 5-HTT（Distel et al., 2009）。

4. 神经化学

克罗韦尔等人（Crowell et al., 2009）回顾了已有的关于 BPD 的生物学方面的研究，几乎所有列举出的研究都是使用的成年人样本。与吸引了遗传学研究者目光的生物结构一致，探索生物化学的研究者聚焦于中枢 5- 羟色胺（5-HT）系统。5-HT 系统的缺陷与冲动性、攻击性、情绪的不稳定性、心境障碍以及自伤行为有关，所有的这些都是 BPD 的特性。同时也涉及了神经递质多巴胺，冲动性和消极情感就受多巴胺的影响。另有研究者研究过抗利尿激素的作用——一种涉及攻击性表达的神经递质；以及单胺氧化酶——一种分解其他神经递质的酶。

第二种生物因素所介导的边缘型特性是对环境的高反应性，这种高反应性与下丘脑—垂体—肾上腺（HPA）系统的紊乱有关。这个系统与"战或逃"的反应相关，也与压力相关的障碍的发展有关，特别是 PTSD。研究已经有力地表明，长期处于慢性压力下，会导致过度的 HPA 反应，并且 HPA 轴与自杀行为相关。HPA 轴反应作用的一个标识是无法抑制皮质醇，可以通过对研究被试使用地塞米松抑制实验检测出来。

然而，我们再一次提到，这些研究还是不充分的。通过已知的这些还是无法分辨，到底这些 BPD 个体的神经化学差异是与生俱来的，还是其他因素的结果。正如克罗韦尔等人（Crowell et al.，2009）指出的，所有的这些生物系统都非常容易受环境影响。例如，5- 羟色胺和 HPA 系统的缺陷就受到童年虐待的影响（Beers & DeBellis，2002；Cicchetti 和 Rogosch，2001）。

克罗韦尔等人（Crowell et al.，2008a）也证明了 5- 羟色胺水平与自我伤害、紧张的家庭互动之间的直接联系。在该研究中，他们招募了由于自伤而进行精神治疗的青少年期的女孩，在进行了常见的母子冲突话题（如宵禁或家务活）的交流之后，测量了她们的外周 5- 羟色胺水平。结果显示，家庭互动对自伤的女孩有高水平的负面影响，消极的母女关系和低 5- 羟色胺水平的结合也高度预测了自我伤害行为的可能性。因此，研究者推断，在冲突的消极家庭关系背景中，5-羟色胺水平低的青少年会有尤其高的风险出现自我伤害行为。

四、整合性发展模式

（一）BPD 的发展前兆

盖格和克里克（Geiger & Crick，2010）提出了一个思考边缘型人格特征的发展病理学问题的新方法。他们提出不再受限于 DSM- Ⅳ 诊断标准，因为它对青少年的 BPD 并不敏感。而是聚焦于发展的前兆——这些前兆为思维、情感和行为的适应不良打下了基础。在童年期的人格特质中，他们鉴别出了有相关的或者有潜在预测性的特质，BPD 的特质为敌意而偏执的世界观、情感不稳定、冲动、过度关注人际关系以及缺乏一致的自我意识。

1. 敌意而偏执的世界观

盖格和克里克（Geiger & Crick，2010）提出，对他人不信任的态度起源于童年期社会信息加工技巧的不良发展。正如我们所见，一些儿童在解释他人的行为时存在偏差，认为他人对自己有恶意（见第二章）。这种敌意的归因偏差助长了对他人负面的甚至攻击性的反应。

2. 情感不稳定

作为 BPD 的标志之一，剧烈、不稳定且不适宜的情绪表达说明了情绪调节能力方面的发展缺陷，这种缺陷很可能是由于不适当的教养方式以及遗传的易感性。盖格和克里克（Geiger & Crick，2010）告诉我们，在给孩子提供舒适的体验以及帮助他们学会自我抚慰这方面，安全的依恋关系起到非常重要的作用。相反，BPD 儿童的家庭，通常以不安全的依恋、消极、暴力和情绪混乱为标识，从而破坏了儿童情绪调节能力的发展。另外，他们提到了一个研究，主张一些儿童可能对失调有气质上的易感性。这种潜在的敏感性使儿童对不稳定的环境更加不安，而且，对于别的儿童，这些情况可以很好地处理，但对于高易感性的儿童可能就是创伤性事件。

3.冲动

BPD 的冲动性与情绪失调相关，同时也与不良的自我调节能力相关。自我控制水平低是 BPD 儿童的典型特征。已有研究证实了边缘型特征的儿童执行功能差（如注意调节、计划、认知弹性），而这种功能缺陷可能有神经基础（Rogosch & Cicchetti，2005）。当冲动、注意力差、调节困难的儿童唤醒了对他人的消极反应，而这种反应又加剧了他们情绪和行为上的困难，这时候这些缺陷和消极反应就容易产生交互作用。

4.过度关注人际关系

盖格和克里克（Geiger & Crick，2010）指出，发展不安全的关系的一种路径就是关系攻击。儿童在进行关系攻击时，使用操纵策略去伤害和控制他人（比如，威胁要收回友谊、散布谣言、鼓励他人拒绝其他同伴；见第十章）。然而，他们也表现得全神贯注于他们的关系并且很焦虑，之后会变得很有占有欲和嫉妒心，而且很容易被一些细微的感觉所激怒。正如克里克等人（Crick et al.，2005）所证实的，对于那些对关系中的细节非常敏感、对自己设想的同伴挑衅具有很强的情绪反应、渴望独占他们的亲密好友以及有高水平的关系攻击的儿童，在四年级到六年级的发展过程中，BPD 特征会明显增强。

5.缺乏一致的自我意识

在整合对立的特征上有困难是童年早期的一个特质，这个阶段的儿童倾向于"全或无"的思维，将自己和他人视为完全"好"的或是完全"坏"的。因此，BPD 自我意象的极度不稳定说明这个青少年停留在了发展中早期的这个点上。另外，在发展过程中，儿童通常不再将外部判断作为个体价值的准绳，而是将目光移开，开始依赖自己的内部标准。同样，还在继续用外部事件建立自我意象的青少年，其自我系统也是不成熟的，而结果是对发展中的自我障碍有持续的易感性。研究指出，应由不一致的自我意识发展中的虐待、创伤和分离的交互作用来承担 BPD 发展的罪责。

（二）莱恩汉的边缘型人格障碍生物社会模型

玛莎·莱恩汉（Marsha Linehan）的生物社会模型对我们理解 BPD 起到了很重要的作用，克罗韦尔等人（Crowell et al.，2009）将它延展到了发展病理学的范围中。

莱恩汉（Linehan，1993a）从聚焦于一个被诊断为 BPD 的小群体着手这项工作——"那些有过试图伤害、毁坏或者杀害自己的历史的人"（p.10）——她称这种行为为假性自杀。表 15-4 列出了她所理解的这些个体的核心特质，包括：①情绪易感性，包括高度的情绪强度，反应程度和薄弱的情绪调节能力；②自我否定；③长期危机感；④无法忍受痛苦与损失；⑤面对生活中的问题很被动；⑥一种能力的表现往往掩饰着隐藏的功能缺陷。

表 15-4　BPD 的行为模式

1.情绪易感性：一种调节消极情绪很困难的模式，包括对消极情绪刺激的高敏感度、高情绪强度，回到情绪的基线水平非常缓慢，以及对情绪易感性的意识及体验；可包括因不现实的期望和需求而怪罪社会环境的倾向。
2.自我否定：否定或者难以识别自己的情绪反应、思想、信念和行为。对自我有高度不现实的要求和期望。可能包括强烈的羞耻感、自我厌恶和自我导向的愤怒。
3.长期危机感：频繁的、应激的消极环境事件、毁坏以及障碍——一些是由于个体的生活习惯失调引起的，一些是由于不良的社会环境引起的，也有很多是由于运气和机遇。
4.抑制伤痛：倾向于压抑或过度控制消极情绪反应，特别是与不幸和丧失有关的情绪，包括悲伤、愤怒、自罪、羞耻、焦虑和恐慌。
5.明显的被动：倾向于消极被动的人际问题解决策略，难以积极地解决自己的生活问题，通常还伴着努力向他人请求帮助解决；在这之中习得了无助感和无望感。
6.表现能力：个体倾向于虚假地表现出超过自己实际拥有的能力；这通常是由于概化预期情绪、情境和时间能力的缺陷，以及用非言语形式表现出情绪痛苦的能力的缺陷。

BPD 的生物社会模型假设，这种障碍的发展主要涉及三个过程：①遗传的生物易感性；②无效的环境；③遗传的易感性与风险环境之间的交互强化了这种障碍。我们接下来再详细地看一下它们彼此之间的联系（见图 15-2）。

基于研究证据，BPD 的生物社会模型的第一个假设是，从生物方面来讲，这些个体对边缘型问题都有潜在的易感因素。理论家指出，BPD 与冲动控制以及情绪失调相关，而研究表明这两种特质都是可以遗传的。然而，克罗韦尔等人（Crowell et al., 2009）也声言，冲动性可能是重要的遗传特性之一。而情绪调节方面的缺陷可能不是由于这种气质上的易感性发展起来的，而是环境风险造成的。该理论表明，早期发展过程中长期的痛苦，造成了儿童在敏感性、反应性和处理环境中挑战的能力上的缺陷，从而进一步影响神经递质和激素的功能，最终加大了儿童患该障碍的可能性。

生物社会模型的第二个假设是 BPD 儿童处于明显的环境挑战中，特别是高风险的家庭环境。与客体关系理论一致，它推断 BPD 出现于病态的亲子关系环境中。莱恩汉（Linehan, 1993a）指出，照料者最关键的问题在于提供一个无效的环境，"一种交流个人经验时会受到不稳定、不合适且极端的应答的环境"。莱恩汉认为，有 BPD 潜质的儿童的父母不能忍受消极情绪（如恐惧或焦虑）的表达，并因此而否认、忽视或者贬低他们孩子的情绪体验。尽管这种否认可能会发生在明显的虐待之中，但它也存在一种微妙的形式，会发生在那些没有明显表现出病态的家庭中。例如，某个家庭成员可能会表现得毫无耐心，认为患 BPD 的家人"只是无法控制她自己"。

无效的环境的一个关键后果是，儿童没有学会识别并理解自己的内部状态。另外，由于他们的父母并没有耐心去安抚他们，这些儿童也没有内化出自我安抚的能力，也因此没有发展出调节情绪和忍受痛苦的能力。更甚的是，当常见的情绪表现被冷漠以对时，孩子们可能会学到剧烈的情绪是令照料者回应的唯一方式。而剧烈的情绪反应就由此而得到巩固了。最后，一个无效的环境不能教会孩子去信任自己的情绪和认知反应。恰恰相反，孩子们学会了否定他们自己的体验，而去注意社会环境，并以此为依据来判断自己应有怎样的思维、情感和行为。无论有多反感这种无效的环境，这些孩子都是它的俘虏——这种孩子难以离开家庭。无法改变自己的

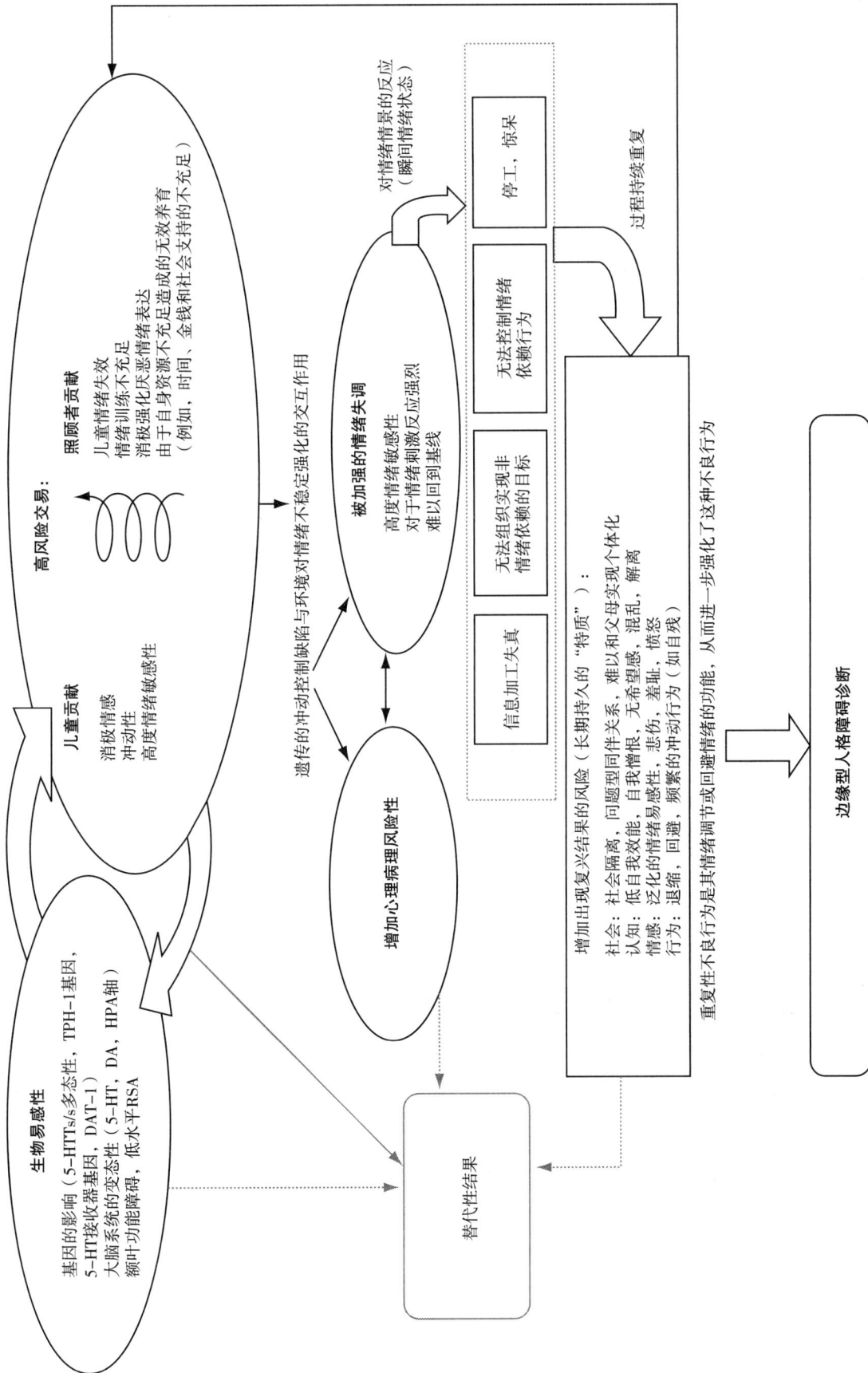

图 15-2　边缘型人格障碍的整合模型

资料来源：Crowell et al., 2009。

环境，为了达到需求，他们只能选择改变自己的内部体验，其他的什么也做不了。

莱恩汉表示，边缘型病理的关键包括难以在辩证中达到平衡——缺乏忍耐的能力，也难以参与人际关系中正常的给予和获得，从而在对现实的褒与贬之间，达到完整感和平衡感。BPD个体容易在固执的观点、极端的非黑即白的现实与关系间犹豫不决，不能将他们融合为一个现实而丰满的整体。

BPD的生物社会模型的第三个假设涉及父母和孩子间的相互影响。正如我们在第二章所了解到的那样，一些孩子带着不适宜的气质来到这世上，但是这天生的气质是否能预测其精神病态的发展，还要依赖于孩子与父母之间的关系是否良好。该理论表示，在BPD条件下，有一个很不幸的组合，它包含三个有害的成分：一个气质困难的儿童；一个否定孩子情绪和情感表达，并对极端的情绪唤醒进行负面强化从而使孩子的情绪调节能力很差的父母；以及一个教养方式与孩子的气质适合度低的父母。高适合度可以保护一个易感性高的孩子，减弱其发展成精神病态的倾向，但低适合度可能会加强这种倾向。莱恩汉（Linehan，1993a）提出，三种家庭动力提高了边缘型病态的可能性："混乱"家庭，在这之中忽视和虐待的现象很普遍；"完美"家庭，在这之中情绪会被贬低，而表达会被否认或拒绝；"常规"家庭，在这之中主要的失调仅仅是与孩子的气质的适合度低。

生物社会模型是非常有潜力的，尤其是它整合了这么多已知的关于BPD的信息，包括生物、家庭和心理系统，并且将它们放在了发展的背景下。该模型也呈现给研究者一系列清晰而可测验的假设，并指明了之后工作的方向，即致力于探索边缘型人格障碍的起源。

总起来说，青少年期的边缘型人格组成，呈现出了一个极端的来源——易感性。在发展过程中出现的挑战——与家庭分离、达成身份认同感以及自主的功能——可能会为心理结构有问题的青少年埋下危机，这些危机在发展中常见的压力面前也有潜在的风险。

五、发展过程

越来越多的证据表明，童年期BPD的形成严重偏离正常的发展过程，并且预言了不良的功能。温宁（Wenning，1990）对28个住院治疗的BPD儿童进行了追踪。大约10年后，很多人依旧持续地表现出与BPD的诊断标准相符合的特性，但是反社会型和分裂型人格障碍的诊断也很常见。1/3达到了焦虑障碍的标准，同时有2/3表现出抑郁症状，一半已经经历了一次严重的抑郁发作。洛夫格伦等人（Lofgren et al.，1991）追踪了19个被诊断为边缘型的儿童。在追踪了10～20年之后，研究者发现其中有5个在成年期达到了BPD的诊断标准，同时有13个达到了其他人格障碍的诊断标准，有三个没有患病。相似地，汤姆森（Thomson，1996）报告，带有边缘型标签的儿童很可能在成年期发展出严重的障碍，但是比起BPD，他们更可能患反社会人格障碍和精神分裂症。蒙特利尔团队使用反向追踪设计，检测那些5年前被诊断为BPD的儿童在青少年期的功能情况。与未患过BPD的同伴相比，那些有BPD历史的青少年表现出了更高水平的内化和外化行为问题，各种功能也普遍更差（Zelkowitz et al.，2007）。

　　与聚焦于临床样本的研究相反，威诺格拉德等人（Winograd et al.，2008）检测了 14 岁时 BPD 症状与成年期（33 岁）的功能之间的关系，样本是合作人格障碍研究中的社区青少年。研究者发现，大体上讲，青少年期高水平的边缘型症状与成年期工作和人际关系中更糟糕的功能、更低的生活满意度相关。青少年期有边缘型症状的人学业成绩更差，职业成就更低，也更少会有伴侣，达到的成年期发展标志也更少。尽管从青少年期到成年期边缘型障碍的水平在降低，青少年期的边缘型症状依旧能够预测成年期的 BPD、整体机能的损伤和参与精神疾病医疗服务的程度。

　　或许最丰富的纵向数据来自栗子旅馆纵向研究（Chestnut Lodge Follow-up Study）。它追踪了在栗子旅馆医院接受治疗的患者，该医院是一个很有名气的精神分析取向的长期治疗中心（Judd & McGlashan，2003）。在 81 个 BPD 患者中，大部分是单身女性，研究者发现他们通常从青少年晚期开始患病，在二十多岁进行初次治疗；然而，他们在各种适应中都存在长期的失调历史，在医院接受治疗的时间短至两年，长至 32 年。出院 15 年后会开始进行追踪访谈，大部分是约 2 小时的电话访谈。这些 BPD 患者中的大多数人结果都很乐观，被评为"好"的级别，这意味着他们在多数时间没有损伤症状，在从栗子旅馆出院之后很少再次入院，并且已有工作，同时积极参与社会活动。图 15-3 是将他们的结果与那些因精神分裂症或者单相抑郁进行治疗的患者的结果进行比较。因此，这表明，至少对于那些较晚发病的 BPD 患者，如果接受了长期而及时的治疗，其结果就不至于太严重。

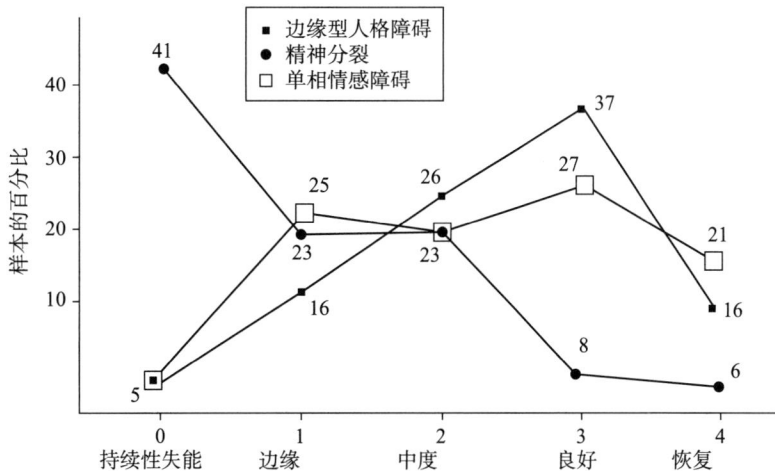

图 15-3　栗子旅馆 15 年追踪研究结果

注：临界人格障碍和对照组患者出院后临床全球功能量表评分的频率分布。

资料来源：Judd & McGlashan，2003。

　　然而，也有经过 BPD 治疗但依然表现出临床症状的情况，尤其是抑郁和药物滥用。而且，鉴于不稳定的人际关系是 BPD 的中心特征，研究者更细致地探索了人际交往功能。他们描述了这样一个群体——努力去形成并保持长期而有意义的人际关系：一些只有朋友，其他的一些有亲密关系伴侣但没有孩子，还有一些有自己的配偶和家庭。然而，还有相当大比重的人通过小心翼翼地回避来处理人际关系问题。他们的关系不再剧烈，但是他们通过保持表面化的、隔离以及回避的方式达到了情绪的平衡。

六、BPD 及其恢复

栗子旅馆和合作人格障碍研究的数据都表明，相当大一部分的 BPD 的症状都可以恢复，至少在这个 BPD 的小群体里是这样的。在由青少年转向成年早期的阶段中，儿童自身成熟的过程也会帮助他们摆脱这一障碍，去获得更加稳定的自我感觉，更好的冲动控制能力，人际交往的技能以及更加有效的应对策略（Skodol et al.，2007a）。实际上，可能是那些在青少年期没有表现出这种转变、依旧表现出风险的个体需要及早地接受干预。斯科多尔等人（Skodol et al.，2007a）更加仔细地研究了合作人格障碍研究中的儿童，来探索是否有更加精确的因素能预测成年期的症状缓解。尽管积极成就、友谊关系、照顾人的能力以及没有遭受虐待可以预测其他人格障碍的缓解，但是令人惊讶的是，在这些积极的童年期的变量中，没有一个能够预测 BPD 的缓解。在被诊断为 BPD 的儿童中，只有男性、白种人以及少数共病轴 II 障碍的患者得以缓解。

七、干预

（一）心理动力学视角

心理动力学针对边缘型儿童和青少年的疗法，重点是给他们创造一种与障碍中所不同的关系——"矫正的情绪体验"（Freud，1964）。特别是，治疗师鼓励儿童克服分离的需要，保持一种稳定的积极状态，不被自己的愤怒、投射性认同和发泄而破坏。派因（Pine，1983）写道，这种方法要求治疗师"在一段温情的工作关系中，接纳儿童愤怒的攻击并控制住他们"。另外，治疗师通过帮助儿童认可并表达自己的思维和情感，并将其与咨询师的思维和情感分辨开来，来促使他们建立更好的人与人之间的边界。同时，也鼓励他们表达情感，并培养调节情绪的能力，使他们不再被爆发的情绪所控制（也可见 Bleiberg，2001）。

为了这个目的，将心理动力学疗法与 BPD 的结构化干预进行整合，这已经引起了广泛关注（Westen，1991a）。比如，英国临床医生赖尔（Ryle，2004）提出了认知分析疗法（CAT），它整合了客体关系理论和认知心理学，针对 BPD 中潜在的自我障碍而设计。CAT 是一种简短的（分16 段）、高度结构化的干预，在这之中患者与治疗师合作识别并描述自我状态的转变，一起去进行书面的叙述、绘画以及图示，用以自我反省、交流以及自我整合。按照精神分析的惯例，该疗法的目标就是，去理解患者适应不良的行为模式在其童年经历中的起源，并借此将其从束缚中释放出来。在澳大利亚的一个随机对照实验中，查嫩等人（Chanen et al.，2008a）将 86 个

BPD青少年随机分配，在一个公共健康服务诊所中分别接受CAT治疗或一般治疗。尽管他们在内化、外化和自我伤害行为方面都表现出了相同水平的改善，但是接受CAT治疗的青少年明显恢复得更快一些。

（二）认知—行为疗法

莱恩汉（Linehan，1993b）基于她的病因学理论，发展了一种用于治疗BPD的系统的认知—行为疗法——辩证行为疗法（Dialectical Behavior Therapy，DBT）。它将认知—行为疗法、禅学里面的一些内容以及冥想练习结合在一起。DBT要求，治疗师在支持和塑造健康行为的过程中，对BPD患者古怪的行为和混乱的信念要保持接纳的态度，冷静地对他们的自杀姿态以及其他的怪异行为做出回应。重点是通过帮助个体信任并认可自己的内部体验、调节自己的情绪以及学到更多解决人际问题的适应性方式。治疗包括每周一次的个体治疗，和辅助性的群体治疗。在群体治疗中，会教授解决人际问题、忍受压力、接受现实以及调节情绪的技巧。这些策略的关键是正念的练习，培养一种全身心投入但也能冷静地关注此刻和当下的能力。

莱恩汉的方法已经在几个针对成年人的严谨的实证研究中获得成功（Koerner & Linehan，2000；Matusiewicz et al.，2010）。另外，一个临床医生团队将DBT疗法扩展到了假性自杀的青少年身上。米勒等人（Miller et al.，2006）表示，DBT的关键是情绪调节、人际关系、冲动控制、自我确认和身份认同——对应着青少年时期的关键发展任务，这使得这种干预尤其适宜。但是，将莱恩汉的干预方法改编为了两个关键的方向。第一，将该疗法的焦点保持在四种能力上：正念、忍受压力、情绪调节和人际关系，简化DBT模式的语言和内容，使它更加适应发展。第二，对于那些处于问题亲子关系环境中的有障碍的青少年，一个很重要的创新是令其父母中的一位或者一个家庭成员参与到治疗中来。除了个体治疗，青少年还要与家人一起，参与一个多元家庭技能培训的群体。

在瑟斯和米勒（Rathus & Miller，2000）对假性自杀青少年父母的工作中，他们确认了三个需要在家庭治疗中解决的"辩证困境"（见表15-5）。

表15-5 在DBT治疗中，青少年及其家人的辩证困境

困境	目标
过度仁慈与权威控制	增加权威概率；减少过度的仁慈
	加强青少年自我决断能力；减少权威控制
将病态行为正常化与将正常行为病态化	加强病态行为的识别；减少病态行为的正常化
	加强正常行为的识别；减少正常行为的病态化
强制独立与培养依赖	增加有效地对他人的信赖；减少过度自主
	加强个性化；减少过度依赖

第一个是困境过度仁慈与权威控制之间的困境。正如帕特森（Patterson，Reid et al.，2002）

的反社会行为模型（见第十章），许多假性自杀儿童的父母报告，感觉被孩子强迫性地控制住了，孩子对限制的环境有极端的情绪反应，迫使他们放弃权威，采取一种自由而放任的教养方式。但是紧接着，青少年不受控制的自我伤害行为就迫使父母反应过激，通过各种限制来约束他们，如制定严格的规则或者不实际的标准。

父母的辩证困境在这里指，在对孩子极度的放纵和感觉无能为力、被胁迫之间动摇。他们一方面为孩子持续的各种困难承担着部分责任；另一方面设置不合理的、过于严苛的限制来约束孩子。父母在感觉到了一段时间的过度放任后，经常以严苛的方式来弥补（Rathus & Miller，2000，p.428）。

治疗师的辩证困境，相应地，是去帮助父母找到平衡。在给孩子一定程度自由的同时，设置合理的限制。

第二个困境是将病态行为正常化与将正常行为病态化。假性自杀的青少年的父母对高风险行为变得非常敏感，因此难以辨认出什么时候他们是真正处于危险之中。比如，在孩子没有进行更加危险的活动时便如释重负地忽视他们，或者由于父母自身的焦虑和内疚感而忽视了这些危险行为。当父母的视线放在真正危险的事情上时，可能会因为处理过种种试图自杀、住院、自残的行为而感到疲惫，在这种时刻，父母的工作就变得更加艰难，因为正常的青少年在发展过程中也会有身份认同不稳定、尝试风险行为以及情绪不稳定的特点，但并不会造成这么严重的后果。"在这种情况下，父母的辩证困境就是要分辨出那些可能引发严重消极后果的行为，从而适当地处理它们；与此同时，还要辨认出正常的青少年行为，以免对孩子有不现实的期待和限制"（Rathus & Miller，2000，p.429）。治疗师也有和父母同样的困境，并且必须帮助父母和孩子分辨正常行为与病态行为之间的界限。

第三个困境是强制独立与培养依赖，以及调节与青少年的情绪距离，以达到既有联结又能独立的功能。边缘型青少年的父母通常与孩子的关系过近，和孩子的依赖关系强烈而特别。父母们对分离有矛盾情绪，也很困惑如何以一种健康的模式发展它，这导致父母对孩子独立问题的态度是飘忽不定的，有时甚至会让孩子承担超过其应有的发展能力的责任。"对父母来说，这种在青少年分离和个体化时的辩证困境，迫使他们在突然放手和照料依附之间寻找一条中间道路"（Rathus & Miller，2000，p.430）。对治疗师来说，这里的困境就是要帮助父母和孩子在自主和关联性之间找到平衡。

瑟斯和米勒（Rathus & Miller，2000）用实证研究检测了这种干预方法的效果，研究对象是110个假性自杀的青少年，来自一个住院治疗项目。29个青少年接受了12周的DBT的治疗，包括每周的个人治疗以及每周的多元家庭技能小组。另有82人接受了12周的以心理动力学为基础的"普通治疗"。尽管比起另一组患者，接受DBT治疗的青少年在治疗前有更高的症状水平，但治疗后他们更少因精神问题住院治疗，且治愈得更完全。而且，治疗结束后，接受DBT治疗的青少年，在自杀企图、边缘型症状以及其他的精神问题的症状方面都有显著的减少。

（三）家庭治疗

在家庭系统方面，治疗边缘型障碍的技术也已有所发展。例如，斯利普（Slipp，1991）的客体关系家庭系统方法要整个家庭参与进来，来加强家庭成员之间的界限，提升他们与其他人的差异感，努力去改变影响到青少年发展自主自我意识的家庭动力。比较特别的是，对父母进行工作的重点是帮助他们以适当的方式满足父母自己的情感需求，而非危害孩子的个体化来满足自己的情绪需求。

到这里为止，我们从婴儿期开始，一直到成年早期，已经探索了这一生命历程中所能出现的所有精神疾病。现在我们了解了这些障碍的特征和结果，我们所要谈论的下一个话题是：临床儿童心理学家是怎样判断一个儿童患有某种障碍，又是怎样进行治疗的？接下来我们会对障碍的评估和干预进行更加深入的讨论。

第十六章

心理评估

本章内容

1. 发展心理病理学视角的评估

2. 评估过程

3. 心理测验

4. 行为评估

5. 临床评估：艺术与科学

谈到这一问题，我们的目标是将科学的研究用于帮我们理解心理病理现象发展的影响因素。在科学原则的指导下，临床评估的实际关注点已经和经验性调查有了一些不同。临床医生的主要角色是助人者，因此，儿童评估的最终目标就是形成有效的治疗计划，以提升儿童日常生活中的整体功能。

理论取向的不同可能会影响评估的过程，如心理动力学派或行为主义学派。这里我们将采用临床医生的观点，因他们对儿童的心理病理问题有更全面的理解。此外，为了让这些概念更为生动鲜活，我们会对一个名叫鲁迪（Rudy）的小男孩进行假设性评估，也会选择性地介绍一些特定的方法。我们默认为读者理解测验编制、信度和效度这些心理学入门课程中的基本知识（更详细的情况参见 Bailey & Gross，2010）。

一、发展心理病理学视角的评估

在进行评估时，临床医生会用数据来证实或证伪有关儿童问题本质和解释他们问题发展过程的假设。因此，评估不能和理论分离。临床医生的理论视角影响着他们假设的提出，以及对验证假设的有效数据选择地思考。例如，行为取向的临床医生认为，社会学习理论可能可以解释心理病理问题。因此，他们往往研究儿童问题行为的前因后果，以确定环境中的什么因素可能强化或维持了问题。认知取向的临床医生则更关心儿童的推理过程和导致他们不适当反应的评价。精神分析取向的临床医生关注儿童症状的潜意识因素，但是这无法直接观察，必须从儿童的投射和幻想中推理出来。系统取向的临床医生认为，家庭背景导致了儿童的问题，因此，他们想要评估所有家庭成员在此时此刻互相交流的方式。相比而言，人本主义取向的临床医生不会将自己的解释强加给儿童，以免影响儿童的自我探索，因此他们将评估减到最少。

然而，发展心理病理学家认为，每个取向的临床医生其实只了解问题的一个方面。整合观点（参见第一章）认为，必须整合来自不同领域的信息对儿童进行全面评估，包括行为、认知、情绪、心理动力、人际和系统的信息（Lahey et al.，2011）。并且，发展心理病理学家不会将儿童看作这些分离部分的总和，而是将其视作整体的、有组织的、动力的系统。

例如，即使从表面上看儿童正在进行一项认知任务，如解决一个数学问题，他们同时也在体验情绪、行为和人际互动。儿童是为了在挑战中感到快乐，还是为了让测验者满意而感到焦虑，抑或因为失败而感到消沉，因为任务太难而感到恼怒？儿童是不是聪明却违逆，以考不好来成为测验者的"替罪羊"？儿童是不是努力和同伴竞争，还是完全相反，为了被某一团体接纳反而故意考低分？此外，还有家庭背景：如果考砸了，儿童是不是会担心父母的反应？或者如果考得太好，儿童会不会担心打破家庭的平衡？也有情境因素需要考虑：儿童是不是太累了？成绩是不是反映了疲劳？还是有太多分心的事情导致儿童无法集中注意力？

然而，评估还有一个需要进行整合的地方是：应该根据需要从不同角度获得对儿童行为的报告。正如第三章我们讨论过的，多角度信息可能会帮助我们更准确地了解儿童，调查者采用的最典型的方法是"三方"视角（Cowan，1978）。为了评估行为和情绪问题，临床医生需要整合来自不同个体的信息，因为这些个体能在日常生活中观察到儿童。当儿童的学校功能出现问题，如怀疑是 ADHD 时，老师是特别重要的信息来源，因为老师对儿童的课堂行为有独特的认识。相比而言，父母是儿童大多数信息的最基本来源。他们对自己的孩子有更长时间的观察，这是很有价值的。但只有儿童自己能触及他们内在的思维和情感，因此，每个角度可能都有一些贡献。对可观察的行为来说，如多动和品行问题，父母和老师可能是特别好的信息提供者，而对主观报告的症状来说，如焦虑和抑郁，儿童自己的报告则能提供更多更有价值的信息（Hourigan et al.，2011）。

最后，因为我们的目标是将儿童作为一个整体来评估，所以我们不但要识别问题，还要评估优势和能力，这可以帮助儿童克服任何方面的不足。因此，有必要对多个不同方面的功能进行综合评估。

在儿童评估过程中，发展维度起着重要作用。治疗和评估都必须与儿童临床表现的发展能力一致（Day，2008）。首先，和不同年龄的儿童建立关系和清晰地交流就是一个挑战，这一问题我们将在后面讨论。其次，标准化测验将发展整合到评估技术本身。这些测验确定了其适合的人群年龄范围，如婴儿认知测验或高中生成就测验。测验中只包含了与年龄相符的项目，项目难度也会根据年龄调整。因此，临床医生能够使用常模（常模是通过和孩子年龄相当的儿童群体建立的）来比较特定孩子的发展状态。即使是非标准化测验，如投射技术，也会根据适合不同年龄儿童的标准化信息来计分。总之，任何评估工具的结果总是带有隐藏的限制性，即"是针对这一发展水平的儿童"。

二、评估过程

评估像是一个假设—检验项目的过程。临床医生其实就和任何其他的科学家一样，对所收集的大数据在暗中进行尝试性的同化、整合和解释（Logan et al.，2011），明确儿童的行为是在哪个特定领域发生了偏离。没有哪个单一的行为量是确定的，但是每一个都有建议性。当很多行为量累积起来，最初的某种预感就被证实，而其他的则被抛弃。到评估过程的结尾，临床医生能够根据儿童的问题以一个合理的确定程度做出某些陈述，其他陈述将是试探性的，也可能经过检验，而一些问题将持续存疑。

临床医生从来都不会认为，在几小时内他们就能全面理解某一儿童的问题本质和起源。他们意识到在特定情境下看待父母和孩子，会导致他们所获得的评估数据存在局限和偏见。被临床诊所候诊室吓到的儿童，可能并不是一个广泛性恐惧的儿童，就像一个在学校多动的儿童，可能在进行智力测验时是一个合作模范一样。父母可能对孩子的行为有自己的误解或盲点，同样，对于暴露自己的相关信息他们的意愿程度也是不同的。此外，同样重要的是，要意识到父母想或不想获得对儿童问题的官方诊断可能是有不同原因的。但是悲哀的是，想要获得校内校外对儿童行为的经济帮助和额外支持，常常取决于官方诊断。这是父母寻求正规诊断最关键的原因之一。标准化测验在信度、效度或人群适应性方面也存在局限。因此，当临床医生努力获得对儿童和家庭的理解时，他们也必须警惕所使用的评估技术和工具对不同群体儿童的适应性（APA，2002）。

（一）评估的目的

虽然医疗模式可能努力得出一个确定的、一维的诊断结果（参见第三章），但是发展心理病理学视角的评估目标则是个案概念化。个案概念化是一种对儿童进行简洁的、动态的描述，包含临床医生对问题怎样出现以及可能如何治疗的解释（Carey & Pilgrim，2010）。个案概念化本质上是一种假设，这一假设是关于导致和维持问题行为的潜在影响因素的，包括儿童和环境因素（家庭、同伴、社区）。个案概念化一般包括三个阶段：①问题鉴定；②问题解释；③治疗计划。当临床医生做出诊断时，他们就很容易获得大量有关障碍的临床知识。个案概念化帮助临床医生将所获得的所有信息——比如问题是什么，问题是由什么导致的，问题为什么会持续——

综合到一起并形成一个表格，这对那些需要评估的人是有帮助的。一个有效的评估报告能帮助读者了解儿童并形成如何进行有效干预的思路（我们将在第十七章详细地介绍个案概念化如何促进治疗）。表16-1呈现了综合性个案概念化过程中包含的元素。个案概念化帮助临床医生在评估过程中整合信息，但是它也不是死板的。就像所有的假设一样，个案概念化也对所有新信息保持开放，面临伪证信息时也可以被修正。

表 16-1　个案概念化的成分

1.呈现问题：确定反映孩子和其家庭特殊情况的方式
（1）生理的
（2）行为的
（3）认知的
（4）人际的
2.测验数据
3.文化背景变量
（1）种族认同
（2）文化适应水平
（3）民族文化信念、价值观和实践
（4）偏见和边缘化体验
4.历史和发展里程碑
（1）气质：情绪和行为失调
（2）发展延迟和偏离
（3）家庭关系和依恋过程
①父母关系：冲突、（离婚夫妇经法律达成的）共同监护子女
②二元亲子关系：亲密、角色清晰、边界模糊
③个人教养风格：温暖、结构、过度保护、高要求、可感知的教养胜任力/焦虑、教养压力
④依恋
⑤整体家庭过程：纠缠—疏离、三角关系；联盟；替罪羊
（4）家庭外环境中的功能（如学校，同伴关系）
（5）优势、技能和能力
5.认知变量
（1）自动化思维
（2）图式
（3）认知扭曲
6.行为起因和结果
7.当下概念化
（1）以动态和相互关联的方式协调各成分
（2）描绘儿童的环境和内心世界图
（3）将导致障碍的致病过程与将用来进行干预的改变过程联系起来
8.治疗计划
9.预期的治疗阻碍

资料来源：Friedberg & McClure，2002。

为了认识儿童问题的本质，临床医生将基于自身对规范的理解，障碍病因的认识和经验研究的熟悉，获得特定障碍的丰富知识。在这一阶段，他们也能从多个方面获得广泛的评估信息（父母、教师、儿童）。在有多种问题的个案中，可能需要优先确定特定问题行为。然而，确定问题并不是一件容易的事。在有些案例中，确定为主要的问题可能最终是次要的，这样的个案就需要重新概念化。个案概念化的第二阶段包括解释真正的问题。发展历史和家族历史都提供了有关潜在基因（家族病理）或事件基本原因（家庭或学校历史、创伤事件等）的重要信息。因此，评估过程需要大量信息，来自适当的访谈和观察，也来自更广泛的评估策略（行为的、情绪的）和症状特定性测验（测查焦虑或抑郁）。在识别和排除潜在诊断的过程中，这些评估方法非常关键。个案概念化的最后一个阶段包括监控和评价治疗的有效性，对识别儿童发展过程中症状和行为的变化很重要，可以增进对障碍病因的理解以及获得最大的干预效益。值得注意的是，在个案概念化的每个阶段，理论观点的分类可能可以帮助我们更好地理解问题。常见的理论框架包括生物学、行为、认知（社会认知）、心理动力学、依恋、教养和家庭系统理论。这将在随后的内容中讲解。

（二）数据的最初来源

1. 转介

儿童最初的数据来自转介人——老师、父母、医生等。他们是与儿童成长相关的成人，能提供有关问题、发病和病程、对儿童及他人的影响、已经进行了哪些检查等信息。其中父母和老师是最重要的转介来源。

和成年人相比，儿童很少自己主动寻求治疗，这一事实有着很重要的心理内涵。主动寻求帮助和被告知需要帮助有很大的差异。儿童可能觉得不需要改变，也可能不理解为什么他们会被带去进行评估。有时，父母会给出一些理由，但儿童是不认同的，或者父母甚至根本就不告诉儿童为什么带他们去诊所。因此，在首次电话联系时，和父母讨论他们是如何跟孩子介绍评估内容主题的可能会很有帮助。

> 假设你是一个临床儿童心理学家，让你对鲁迪进行评估。鲁迪是一个 8 岁的男孩，因为他在课堂中的行为问题和学业问题，他的老师建议他进行一次评估。鲁迪的妈妈明确告诉你他无法进行阅读和算术，老师认为他"懒"，在课堂上退缩，也不合作。一个邻居认为鲁迪看上去和她自己的儿子一样，都是注意缺陷多动障碍。你心里最先出现的问题可能是：这次转介的原因是什么？妈妈、老师及鲁迪自己对问题的解释是怎样的？这是学习问题、品行问题、注意缺陷相关问题，还是家庭与学校间消极互动的结果？在评估过程中，老师和父母的态度会是支持的，还是责备的，从而可能让你的工作难度更大？鲁迪愿意前往诊所进行评估，还是对此非常愤怒，完全违抗你？作为你的顾问，我们将在本章一直追踪对鲁迪的评估，以便你了解类似这样的评估应如何进行。

例如，关于儿童心理健康问题的评估，传统的做法是，当收集成人数据时，如生理检查和对信息来源的成年看护者进行行为观察，儿童只是被要求去"走个过场"，常常不参与直接的评估过程。并且，儿童使用的评估工具往往是为成年人设计的工具简化版，但儿童和成人之间存在着明显的发展差异（Day，2008）。当前的实践指导方针建议，儿童评估应该是多模式的，或者包括不同的测验和检测，并且需要整合多源信息，或包括对父母、儿童和老师的访谈（Holmbeck et al.，2004）。这一过程的核心是儿童访谈，因为这能让我们洞察儿童看待问题的方式，也能获得对儿童内心世界的独特认识（Carr，2006）。

研究者和临床医生都强调，要获得儿童的第一手资料，这是因为心理过程，如思维、情绪和经验必须通过沟通才能让人了解。不能直接对儿童进行访谈，就可能无法弄清儿童所经历的不幸和痛苦的程度，或者相反，是否儿童根本就没有体验到任何困难。研究也提出，父母并不能总是精确地报告儿童的心理过程和情感体验。在儿童心理健康门诊进行过一项特殊的研究，大量儿童和病人参与了研究访谈（Hawley & Weisz，2003）。评估完成后，研究者要求父母、儿童和治疗师辨别目标症状，然后比较他们的反应。在父母、儿童和治疗师对问题达成一致意见的情况下开始治疗的个体只占群体的1/4。尽管儿童的观点更有预测价值，但是成人在评估过程中仍然占据主导地位。同样，研究结果表明，在对存在的问题及儿童内在状态的认识上，父母和儿童存在明显的分歧。父母常常报告更多外在症状和行为，因为它们直接加重了父母的负担水平，而儿童更可能报告内在症状，如焦虑或抑郁心境。

获得多渠道信息的一个好方法就是使用儿童行为量表（Child Behavior Checklist，CBCL）。儿童行为量表是一种由父母填写的、描述儿童行为和情绪问题的量表。老师也可以完成与其有相同条目的看护者—教师报告量表。如果其中的一个信息提供者，不管是父母还是老师，报告了更高水平的特定问题，如攻击行为，这并不意味着信息提供者是不准确的，也不能说明信息提供者才是儿童问题的原因。使用平行评估量表的一个主要好处是，它们明确地记录了儿童在不同情境下及与不同伙伴的交互中，功能的一致性和不一致性。信息提供者独特的方面可能和那些所提供的一致信息同样有价值。例如，如果父亲报告儿童表现出更多的攻击行为，更有可能帮助我们进一步询问儿童表现出攻击行为的情境信息，以及这些情境与老师所见到的有什么不同。

比较父母和他人的报告，如老师和青少年的报告，可以帮助我们评估信息提供者对症状问题（如焦虑、躯体主诉和注意力问题）认识的一致性，从而可以确定儿童是否需要进一步的医疗评估，或转介到心理健康服务机构。为了比较不同信息提供者的分数，研究者设计的多元信息提供者软件，现在已经面世了。这个软件提供每个量表的分数剖面图，并且对每一个信息提供者在每一个条目和每一个症状上的分数进行一一比较。例如，对问题条目进行逐个比较可以揭露出一个年轻人在青年自我评定量表（Youth Self Rating，YSR）上的自杀意念和自杀行为，这是由11～18岁青少年自己填写的、描述自己的问题的量表，而这可能是父母或老师都无法报告的。这就表明父母和老师或许并没有意识到青少年可能存在自杀风险。

2. 父母访谈

父母访谈常常首先提供有关儿童和家庭的信息。当儿童处于下述状况时，父母的报告起着重要的作用：①儿童漏报破坏性行为时；②儿童常常对他们的情绪更谨慎；③年幼的儿童报告症状存在困难；④父母在治疗过程中是更关键的人物，并且重要的是，要知道他们是否相信治疗取得了进步。

一般来说，访谈始于对出现问题的解释。对临床医生来说，从转介处了解父母描述的一系列问题的原因是非常重要的。有时，这可以把这些问题作为后来治疗的特定行为目标。随后，通过访谈获得详细的发展历史信息，这样便于探索可能影响儿童当前问题的先决条件。这其中应该关注的问题包含儿童的产前历史、出生史和早期发展情况。接下来，我们将探索儿童在家庭中及在同伴中的适应情况，当然还有社交和学业表现；也应该了解青少年的性发展和工作历史相关信息，同样还有毒品和酒精使用情况及青少年犯罪行为信息。临床医生还应询问有关重大疾病、伤害及儿童和家庭所经历的压力事件等。儿童已经接受的任何与治疗相关的信息也同样重要。为了完成整个访谈，可能也会询问父母的个人、婚姻和职业适应情况，他们的特定目标，满意与不满意的地方，以及过去他们已经为解决问题所尝试过的努力。

回溯性研究报告的不可靠性到底是什么情况？虽然父母可能报告有关儿童和家庭许多方面的确切信息，但临床医生仍然需要了解父母对事实的认知。儿童是否是"困难型"婴儿和"不良"幼儿，可能不如父母将儿童认知或记忆为"困难的"和"不良的"重要。

在访谈过程中，临床医生开始了解孩子的父母，同时，父母也开始了解医生。既然在评估和治疗之间没有固定不变的界限，有经验的访谈者就能利用这一最初接触的机会来打下信任和尊重的基础，这对未来的评估非常关键。父母和临床医生之间的良好关系的建立是治疗过程的一个重要部分。父母可能会对带孩子前来进行诊断评估感到羞耻，可能会觉得他们自己的教养有问题，或者担心临床医生会责怪他们导致了孩子问题的产生。因此，访谈者应尽力让父母感到放松，对他们关心孩子给予支持，建立起父母和评估者是在"同一条船上"的感觉。

此外，父母访谈帮助临床医生收集有关当前家庭系统的信息，以及可能对孩子问题产生影响的父母各自家庭历史的信息。为了完成这部分信息的收集，海德尔等人（Haydel et al., 2011）建议让父母在访谈中完成一份家谱图。家谱图是家庭成员关系的图像表征，经常涵盖三代人，包括孩子、父母和祖父母。首先，记录人口学信息，如出生和死亡日期，出生地和职业发展路径。其次，标明关键事件，如离婚、搬迁或创伤经历；最后，使用特殊线连接不同家庭成员以标明互动模式。例如，可以用不同的线表示不同的关系，如亲密、纠缠、疏远、冲突或破裂（参见图 16-1）。家谱图能帮助临床医生识别家庭中的同盟和三角关系，以及阻碍父母对儿童的发展需求做出适当反应的冲突、疏远、角色颠倒等代际间模式（参见 McGoldrick & Gerson, 1985，一系列有趣的案例，包括弗洛伊德家庭的家谱图）。

鲁迪的妈妈克里斯蒂娜（Christina）和你第一次会谈迟到了 20 分钟，进来的时候慌里慌张，头发散乱。她解释说，作为单亲妈妈，她要早下班还要安排小儿子埃迪（Eddie）的日间护理，这对她来说有些困难。两年前，她和孩子的父亲鲁道夫（Rudolfo）离婚，自从那时孩子的父亲回到阿根廷后，她和孩子们就很少得到他的消息。"那时鲁迪的一切都挺好，"她说，"有时我也在想是不是我们应该为了孩子们一直在一起。但是鲁道夫真不是东西——他只是个喝醉了的畜生。鲁迪完全不像他，真是谢天谢地。他是个极好的孩子——我的小男子汉。"相比之下，她看上去很少提及小儿子埃迪，她描述埃迪是一个"难以控制的孩子"，并且，她声称，她非常高兴鲁迪能帮忙管理小儿子的行为。

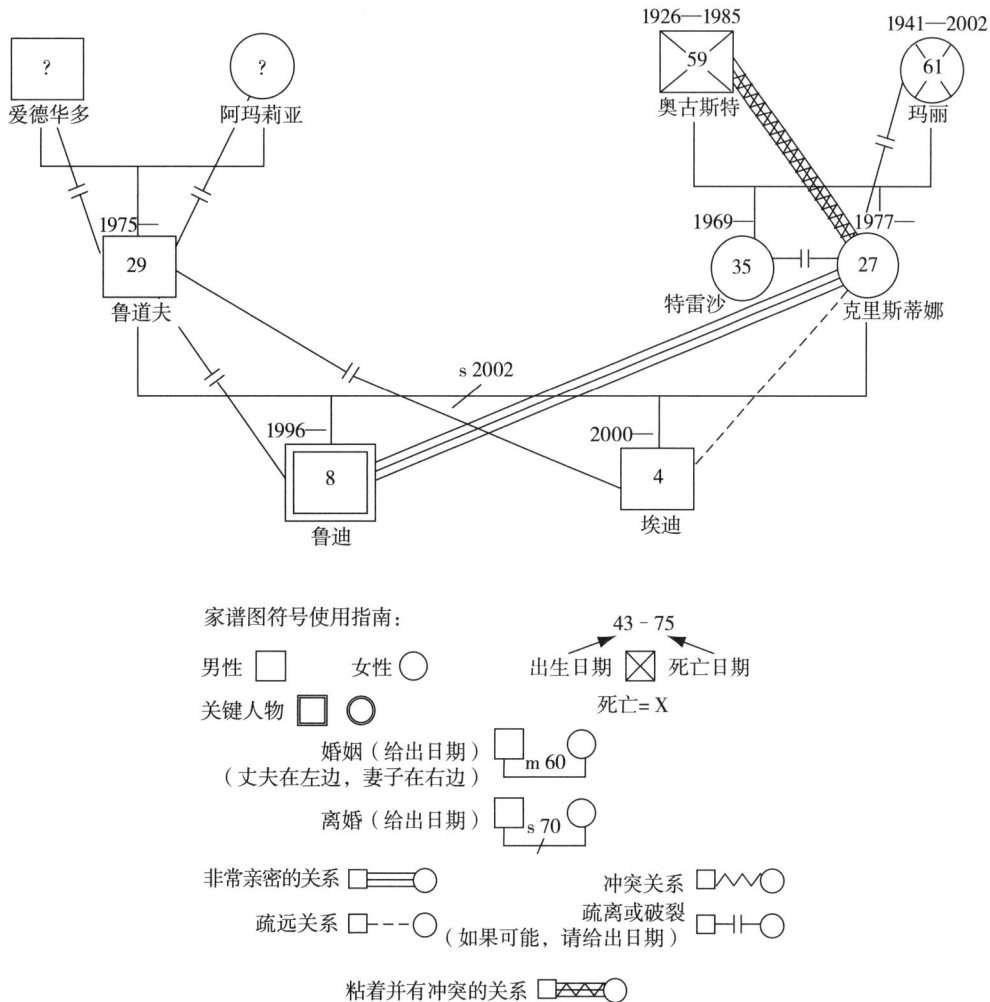

图 16-1　家谱图：鲁迪家的三代

　　克里斯蒂娜对鲁迪早期历史的描述并没有什么特别的。她报告鲁迪没有重大疾病，也没有偏离预期的发展，这种情况直到他们离婚。这时，你也可能会注意到，这正好是鲁迪进入小学一年级的时间。克里斯蒂娜并不相信鲁迪有什么问题；她怀疑老师"仅仅只是不能和他好好相处"。她承认她没有和老师相处地特别和睦。她解释说自己曾经在学校里也有一些困难，并且，还很幽默地说，她有时回忆起她的老师，觉得他们就是"虐待者"。

　　克里斯蒂娜一开始对完成家谱图感到有点不舒服，抱怨说她不理解"这么做到底有什么作用"。然而，因为你和她的关系建立得不错，她同意了。首先暴露出来的是代际间关系破裂的历史（参见图 16-1）。鲁迪的父亲和他自己父母的联系断了，因此对他们知之甚少。克里斯蒂娜也和自己的原生家庭几乎没有联系。她父亲奥古斯特是一个暴力但是有魅力的男人，在她还只有鲁迪这么大年纪时，父亲就死于肝硬化。当父亲喝醉了变得慈爱时，克里斯蒂娜就是他的"心肝"，可是当他喝醉变成"残忍的醉鬼"时，她就成了父亲虐待的靶子。她说："我既崇拜他又痛恨他，爱恨各一半。"父亲死后，克里斯蒂娜的母亲遗弃了孩子们，留下克里斯蒂娜让姐姐特雷沙照顾。两姐妹以前在家里就一直为一些小事敌对，在多年前由于母亲遗嘱的分配而不断争吵，从那以后就再也没说过话。当被问及当下她生活中的支持来源时，克里斯蒂娜停顿了一会儿，然后袒露现在在参加匿名戒酒团体会。这是克里斯蒂娜第一次正式报告，和她父亲及鲁迪的父亲一样，她也有酗酒的问题。

3. 非正式观察

临床医生的评估开始于第一次和孩子及父母的会面。他们的外表和互动提供了有关家庭特征与家庭成员关系的线索。第一印象也可以提供一些信息，如家庭的社会经济水平，家庭的和谐或不和谐水平及家庭的风格特征——保守的、富有表现力的、独裁的、理智的等。一般来说，临床儿童心理学家主要根据与年龄相符或不相符来评价行为，前者提供了有关财产和资源的线索，后者提供了有关可能紊乱的线索。

一旦和孩子面谈，临床医生就能系统地收集特定类型的信息。儿童人格的整体印象总是值得关注的："一个搞笑风趣的男孩""他总是一副老男人的忧虑神情""她看上去不高兴，就像要打架一样""一个直接、诚实、严肃的前青春期女孩，没有被娇惯"。虽然不能根据最初印象对儿童进行预先判断，但是临床医生可能通过第一反应获得一些关于儿童的社会刺激价值的线索，这可能是儿童从他人处得到积极或消极反应的潜在诱导因素。

儿童和临床医生建立关系的方式也提供了他们对成人认知的信息。一开始儿童当然是偏保守的，因为临床医生是一个陌生人。当他们发现医生是一个有趣而又友好的成人时，他们应该会变得更加放松和更愿意交流。然而，有些孩子永远也热情不起来。他们尽可能靠后地坐在椅子上，说话也几乎听不清楚，要么从来不看医生，要么直勾勾地盯着医生，好像医生就是怪物，可能随时会爆发。挑衅的儿童会"试探医生的底线"，让他闭上眼睛时会淘气地偷窥，让他不要动智力玩具时会毁坏玩具。

一般来说，这样的临床观察更接近于艺术而不是科学，因为观察程序并不是标准化的，目标行为也范围极广。此外，重要的是还必须在不同背景下对儿童进行观察，以总揽他们的行为、兴趣、能做的事和特殊的困难。然而，观察也并不是不科学的，正如我们后面会见到的，临床医生形成了有结构、有可靠性的评估方法，这是过去的开放式方法所缺少的。

在候诊室见到鲁迪的第一面，你会发现他是一个英俊、健康的男孩，并且你会惊讶于他比一般同龄孩子更整洁、更干净。当你进入诊室，他教训弟弟，警告他不要太粗鲁地触摸杂志。他轻轻地向你问好，但是在跟你走之前，他回头跟妈妈确认，询问她是否"可以"。

（三）儿童访谈

1. 结构化、半结构化和无结构访谈

临床医生希望能够从儿童的视角去看待问题，进行访谈就能达到这个目的。访谈有一系列的作用。比如，给儿童一个机会来表达自己对问题的看法；允许访谈者评估可能通过其他方式无法触及的功能领域；让访谈者能够观察到儿童与问题相关的行为和态度；提供建立关系的机会（如果后续要建立治疗关系，这就是必需的；Frick et al.，2010）。此外，访谈也让临床医生有机会和儿童澄清为什么他们在这儿，并给他们解释评估过程将会包含哪些环节（更多信息参见 Phillips & Gross，2010）。

基于结构化程度，访谈可以处在一个连续谱上。在无结构的访谈中，临床医生鼓励儿童运用他们自己的语言尽可能多地描述他们的问题、家庭、学校和同伴、兴趣、希望和恐惧、自我概念，对青少年而言，还有职业预期，性关系和毒品、酒精使用情况。

无结构访谈允许访谈者有足够大的空间，对没有预期的线索进行即兴追访。与无结构访谈相比，半结构化访谈包含一系列有特定目的的开放性问题，这能帮助访谈者确定诊断症状的存在或缺失。一个例子就是儿童青少年半结构化临床访谈（the Semistructured Clinical Interview for Children and Adolescents，SCICA；McConaughy & Achenbach，2001），这是专门为 6～18 岁的儿童青少年编制的。

一系列的开放式问题还可以包含非言语任务，如画画和做活动，这样设计是为了让儿童放松，并鼓励他们通过和访谈者的互动来表露他们的思维、情绪与行为。访谈者通过儿童的自我报告、他们自己对儿童的观察、诊室内的其他观察者、单面镜后的观察者或看录像的观察者提供的信息来综合评估儿童心理病理问题。

结构化访谈也包括一系列特定问题或描述，但是儿童的反应也是结构化的，要么是回答"是或否"，要么是"非常同意"到"非常不同意"中间的某一点（综述参见 Philips & Gross，2010）。儿童结构化访谈包括：儿童青少年诊断访谈（the Diagnostic Interview for Children and Adolescents，DICA-IV；Reich，2000）；学龄儿童情感障碍和精神分裂症访谈清单（the Schedule for Affective Disorders and Schizophrenia for School-Age Children，K-SADS-IVR；Ambrosini & Dixon，1996）；儿童青少年诊断访谈清单（the Diagnostic Interview Schedule for Children and Adolescents，DISC-IV；Shaffer et al.，2003）；儿童精神病性症状访谈（the Children's Interview for Psychiatric Syndromes，ChIPS；Weller et al.，1999）。每一个访谈都有儿童和父母版本，都能产生童年期大多数障碍的 DSM 诊断（参见 Frick et al.，2010，综述）。图 16-2 呈现了 K-SADS 和 DISC 用来收集有关冲动 / 注意力缺失行为问题的摘录。

K-SADS
冲动：指的是儿童在行动前思考后果的特征性模式。它并不是单纯指"坏"行为，而是指一种行为特征，独立于道德重要性而横跨所有类型的行为。

你是不是这样的人，因为急于开始做事，没有考虑可能会发生什么，从而总是惹麻烦甚至可能受伤？	0 没有信息 1 不存在
你是不是在学校总是犯错，因为你总是快速地回答进入脑子里的第一个答案，而不是先认真思考？	2 微弱：可能激动的时候（如聚会等）偶尔发生，但是并不典型，也没有不良后果
你有没有在学校陷入困境，因为你经常在需要安静的时候高声表达？	3 轻度：明确存在。一周在至少两个背景中至少出现三次冲动行为
当班上的其他同学都已经开始做之后，你的老师是不是经常不得不提醒你应该做什么？	4 中度：在所有背景中都冲动
你是否在安排你的任务方面存在困难？	5 严重：在所有背景中都重读，已经因为缺乏预见性在一些情况下出现危险处境（一年之内超过 3 次）
你是不是经常做事情都是因为突然被激起，或仅仅因为那个念头蹦到了你脑子里，或是恶作剧？	6 极端：非常冲动；儿童行为几乎一直表现这种特征。至少每周一次

DISC

冲动	不	有时	是
你的老师是否经常指出你没有认真倾听？	0		2
（如果是）他这么对你说是否比大多数孩子都多？	0	1	2
（如果是）这种情况发生有多久了？	月：		
（如果是）是不是从开始上学起就是这样的？	0		2
你的老师是否经常指出你没有专注于自己的任务？	0		2
（如果是）他这么对你说是否比大多数孩子都多？	0		2
（如果是）这种情况有多久了？	月：		
（如果是）是不是从开始上学起就是这样的？	0		2
有时孩子们可能会没有思考结果是什么就冲动地开始做一件事。你会这么做吗？	0	1	2
（如果是）你总是那样吗？	0		2
（如果是）你这样有多久了？	月：		
有些孩子安排他们的作业有困难。他们不确定需要做什么，无法计划先做什么再做什么。你是这样的吗？	0	1	2
（如果是）这种情况有多久了？	月：		
你会写作业但是写不完吗？	0	1	2
（如果是）这种情况有多久了？	月：		
（如果是）你是不是总是无法完成作业？	0		2
（如果是）是不是因为你不知道如何完成作业？	0	1	2

图 16-2 结构化和半结构化访谈中使用的问题示例

资料来源：K-DADS（Puig-Antich & Chambers，1978）；DISC（Costello et al.，1984）。

2. 良好关系

使用评估技术有赖于儿童最基本的合作，理想的情况是儿童全身心地参与。因此，评估过程关键之一就是建立良好的医患关系。关系的建立需要有临床技能、敏感性和经验。并且，临床医生必须为应对不同年龄的一系列阻碍而做好准备，如哭泣的婴儿，害怕离开妈妈的幼儿，挑衅、违抗的学龄儿童，痛恨成人所有问题的不开心的青少年。除了这些激烈的挑战外，临床医生还面临的一个问题就是，如何在不同年龄儿童面前树立自己风趣、友好的形象。例如，虽然学龄前儿童可能在玩具室会见临床医生会感到放松，并能使用木偶或绘画来表达思想和情绪，但是如果让青少年也在如此环境之下进行会谈，他就会感到被羞辱。此外，年龄大一些的青少年对坦诚直接、将他们视为有能力的青少年、邀请他们积极参与评估过程的临床医生可能更容易产生好感。

古金和伯恩（Guckian & Byrne，2011）对建立良好的医患关系提出了一些建议。首先，当有机会探测孩子的理解水平时，和孩子第一次建立联结是十分重要的。一个孩子感到越放松，就将提供越多的信息（Wilson & Powell，2001）。访谈者需要使用适合儿童发展和认知能力的语言，需要采取温暖、有趣和尊重的态度让儿童参与，而且不能过于正式。另外如果可能，临床医生还应该尝试和儿童匹配的节奏与人际风格。一个害羞、寡言少语的儿童可能对说话轻柔、缓慢的访谈者感到舒服，而一个混乱的或者在大城市混得开的儿童可能对生动快节奏的访谈方式有更好的回应。儿童也可能会因他们和访谈者之间关于共同基础或相互兴趣的一些次要谈话而感到放松。其他建议包括：保持支持性、非干扰性环境，鼓励儿童自由表达。另外，向儿童解释清楚可能会发生什么，这样他们就知道要提供多少信息，这也是很关键的。根据儿童的年龄和情绪状态，父母应该不在场（综述参见 Sattler & Hoge，2006）。

访谈应该和儿童的发展需求保持一致。已经证明开放式问题，自由回忆提示是增加儿童报告信息精确性最有效的方法（Lamb et al.，2007）。开放式提示包括这样的陈述："告诉我发生了什么"或"告诉我一切你知道的……"（Larsson & Lamb，2009）。同样，也要允许儿童提供从成人视角看上去并不相关的细节信息。为了获得最优结果，访谈者常常采用结构化访谈形式，以及支持性环境和良好的人际互动（Pipe & Salmon，2009）。

3. 发展性考虑

任何有效的访谈都必须调整以适应儿童的理解水平。在最低的水平上，访谈者使用与儿童词汇水平相适应的语言，以确保儿童能理解并使得访谈顺利进行，这是很重要的（Guckian & Byrne，2011）。然而，儿童的发展水平将影响着访谈过程的其他许多方面。

在学龄前期，儿童基本是通过生理特征和行动来表达自我理解的（"我有褐色的头发""我爱玩球""我有一条小狗"；此处我们引自 Harter，1988；Steward et al.，1993；Stone & Lemanek，1990）。因此，儿童更容易通过特定行为（"我打了弟弟"）而不是内在体验回应关于问题（这一问题使得他们来寻求心理学家的帮助）本质的提问。反过来，这些可能正好仿效了父母或其他成人对他们所说的，有关他们"不好"的话。回想一下，年幼的儿童绝不会自己主动寻求帮助，他们常常并不认为自己有问题。在某种意义上来说，儿童对问题原因的观点更倾向于具体和外在（"因为弟弟拿了我的东西，所以我打了他"）。

学龄前儿童对自己及他人的情绪评价也是具体和情境化的。例如，快乐就是开了一场生日聚会。因此，访谈提问必须同样具体，以行为为导向（"你哭了吗"而不是"你觉得伤心吗"）。访谈者也应该要预期到，他们会使用"人们做了什么"而不是"人们怎么想的或人们感觉怎样"来描述别人。

童年中期的儿童能够表达有关自我概念的想法，这些自我概念是"心理的"，更加分化。例如，并不能简单地判断儿童是"聪明"或"愚蠢"的。这一阶段的儿童在某些事情上"聪明"而在其他事情上"愚蠢"。在这个阶段，儿童能够使用内在的、心理的线索提供关于他们情绪的精确报告。他们也开始认识到他人也具有某些心理特征，意识到他人可能拥有和自己不同的视角。伴随这些认知发展，儿童意识到偏离的能力也有所发展。然而，即使到青少年早期，儿童仍然有一种倾向性，即将事物的原因归结于外在的原因，如典型的是社会性事件，包括家庭争吵和冲突。

认知发展决定着儿童如何理解帮助关系，包括心理学家作为助人者的概念，以及自己作为被帮助者的概念。学龄前儿童倾向于根据心理学家的一般特征，如"友好"或"亲切"，以及其特定行为，如"玩游戏"，来看待助人者。到童年中期，儿童开始形成有关能力的观点，如"他知道他在做的事情"，而青少年早期的孩子则能认识同理的内在品质和渴望帮助的作用。提供帮助本身从学龄前期的直接行动形式（例如，"给我买一个新的游戏玩具并告诉我弟弟不要招惹我"）转变为青少年早期对支持、有效、尊重和其他间接帮助重要性的认识。

4. 种族多样性

文化胜任力，心理学家必须具备的伦理要求（APA，2003），是建立良好关系的重要部分，也是对儿童及其家庭进行有效访谈的重要部分（参见 Gibbs & Huang，2003）。对文化价值和规范的理解能够帮助访谈者更好地与家庭工作，并且欣赏而不是病理化他们的差异。例如，理解交谈中的礼仪和传统是重要的。虽然心理学家使用名字与父母打招呼这种非正式方法可能会让欧裔美国中产阶级感到放松，但是传统的亚裔家庭则会把这种友好的方式视为不尊重（Ho，1992）。来看另一个例子，美国土著儿童偏好在回答问题前先等待一会儿，因此，临床医生并不会将这种时间的滞后理解为不安全感或抵触就显得很重要了。

成为所有文化团体和该文化团体规范的专家并不是成为临床儿童心理学家的先决条件，然而，意识到自己的文化期望并且知道自己的文化并不是普遍适用的规范，是保持开放性、接纳和不评判的关键（McIntosh，1998）。此外，人们会比较容易接纳治疗师对家庭文化信仰和实践的敏感而充满兴趣的询问。如果儿童的语言和文化与他周围的儿童不同，这种比较可能会得出不正确的结论。测验条目也可能与经验有关，这些经验对文化不同的儿童来说可能是不熟悉的。例如，某些文化会教导儿童使用简短的话语来回应成年人。重要的是，在最基础的水平上，要对少数民族人群使用与其文化规范相适应的评估工具（综述参见 Suzuki & Ponterotto，2008）。

苏和休（Sue & Sue，2008）提出评估少数民族家庭的三个重要变量：文化制约性（如文化信仰和实践）、语言制约性（如访谈者语言的词汇和语言传统能力）和群体制约性（如社会经济水平对家庭生活方式、社区和渴望的影响）。访谈少数民族儿童及其家庭时，要探寻的问题包括家庭整体的文化适应水平、不同家庭成员间可能存在的差异，尤其是代际差异。研究者认为文化适应是评估中潜藏在文化和语言多样性问题之下的基础变量。根据 APA 的词典（Vandenbos & APA，2007），文化适应是"个人团体整合其原有和不同文化的社会和文化价值、观点、信仰和行为模式的过程"（综述参见 Cormier et al.，2011）。例如，移民儿童经常快速地被美国文化同化，因为他们在学校会暴露在同伴之中，即使他们的父母会一直坚持祖国的传统文化价值。当儿童体验到既要满足旧有文化的要求又要满足新文化的要求时，文化压力就可能是明显的。种族认同反映了儿童归属于某一特定文化团体的内在化感知。虽然研究者认为双文化认同（例如，认同于个体的种族团体，也体验到自身是某种更大文化中的一员）安全感的发展与积极的适应相连（Ogbu，1999），但也可能存在许多因素干扰了它的发展，包括偏见、种族主义和被边缘化的体验。最后，不同种族少数民族家庭的社会经济水平差异巨大，这也与少数民族等同于缺少权利的原型不符。正如中产阶级非裔美国家庭比与贫穷抗争的非裔家庭为儿童发展创造了更加不同的环境一样，来自富裕家庭的移民也与来自同样国家的贫穷的难民鲜有共同点。

何（Ho，1992）提出了一种跨文化框架，为评估来自不同文化背景的儿童（参加表16-2）。他的跨文化框架整合了个体、家庭、学校、同伴和社区的各种影响因素。临床医生的关键任务就是，确定儿童在每一个功能领域的适应在多大程度上反映了其文化适应标准与主流文化标准发生的冲突。

因为鲁迪处于童年中期，所以你决定用彩笔、纸、黏土、棋和一些其他的游戏用具来布置访谈室，这可能会让他感到放松。你观察到的第一点是，鲁迪忽略了所有玩具，仔细地关注你，努力回答你的所有问题。虽然大多数儿童一开始都是谨慎的，而且无疑应该是这样的，但是从访谈一开始，鲁迪就表现出不同一般的开放和易于交流。随着访谈的推进，你认为他是一个聪明、机警、开放的青少年。你注意到了鲁迪的行为，很好奇这可能表现了什么。可能这是一个基本上功能良好的男孩，只是他的问题被夸大了；可能他已经与成年人有过于亲密的关系而代价是没有形成适当的同伴关系；可能他是一个有魅力的精神病患者；可能他的社交技能是对某种不为人知的恐惧的防御。

鲁迪表达自己对问题的观点，"我不喜欢学校。"他说。当被问及不喜欢学校什么时，他颓然回答道："作业真的很无聊。其他同学都是混蛋。我不喜欢他们中的任何一个。"放学后他花费大量时间帮助妈妈干家里的活并且照看弟弟。"我喜欢帮忙。"他说。他表明，如果可以有三个愿望，它们将是"待在家里不去上学""买一幢大房子一起住""有十亿美元，这样妈妈就再也不用去工作了"。

当你询问鲁迪爸爸的情况时，他的第一反应是平淡而轻蔑的。他用"一无是处"描述爸爸，这明显地印证了他妈妈使用的词语和情绪。然而，当你询问更多爸爸回到他的南美洲家乡的问题时，鲁迪表现出去看看爸爸家庭所在地的想法。他开始说起从图书馆里的书籍上了解到的有关阿根廷文化的动画片。当你问到他自己的种族认同时，鲁迪开始看上去有点惊讶，然后就陷入迷惑。"我不知道。我从来没有认真思考过这个问题。爸爸是阿根廷人，"他说，"但是我想我应该跟妈妈一样，是美国人。"

表 16-2 儿童和家庭评估的跨文化指导方针

在多大程度上，儿童适应了下述功能？
心理社会调节的个体水平
1. 身体外表，这可能受到营养不良、不适当的饮食、身高、体重、肤色和发质及与偏好的英美规范进行不适宜比较的影响。
2. 情感表达，这可能适应于原有的文化，但是可能与强调直接和自信的主流文化规范存在直接冲突。
3. 自我概念和自尊，这可能在儿童的本土文化中是恰当的，也是适宜的自我评价标准，但是与主流文化的自我概念和自尊标准相冲突。
4. 人际能力，根据不同社会文化环境而不同。
5. 对自主的定义和态度，这可能与儿童的学校或社区环境的规范存在严重冲突，或者在儿童的整体生活情境中是适应的。
6. 对成就的态度，这是文化的适应，但是与传统的公立学校所强调的教育成就存在冲突。
7. 侵犯行为管理和冲动控制，这可能增加或阻碍个体的学校表现和人际能力。
8. 在特定的社会文化背景和情境中的应对和防御机制可能是功能紊乱的。
家庭关系
9. 由于移民、文化适应或生命周期过程，家庭结构处在变化中。
10. 家庭内部的角色，与传统结构中尊敬长辈和男性统治者相冲突。
11. 由文化适应和家庭生命周期导致的家庭沟通冲突，从等级分明到平等。
12. 父母管教的运用，这可能增强或阻碍儿童在学校或家庭中的表现。
13. 文化确定的家庭主导者，这可能与理想的英美核心家庭相冲突，英美核心家庭认为父亲 — 母亲是家庭的主导。
14. 文化确定的自主，这可能与英美核心家庭的理想相冲突，英美核心家庭认为自主是与原生家庭的躯体性分离和经济独立。
学校适应和成就
15. 心理适应，这可能归因于父母缺少教育、父母对学校的消极态度、儿童对课堂和学校环境的规范和期待不熟悉、社会经济水平差异和 / 或语言困难。
16. 社会适应，这可能要求从熟悉的社区学校转到更大的学校，而其中有更大的文化、种族和经济差异。
17. 行为适应，这可能与不稳定的家庭环境、不良营养、不良身体健康或不能应对过量的焦虑和压力相关。
18. 经由文化偏见的成就测验所测得的学业成就和 / 或言语技能，学习动机，对待特别课程或一般学校的态度，学习习惯和家庭支持。
同伴关系
19. 表达同理、形成友谊、参与合作和竞争性活动、管理侵犯行为和性冲动的能力。
20. 在学校和儿童自己的世界中建立同伴关系的社交技能，这些同伴关系对整体心理社会功能的影响。
社区适应
21. 高质量参与教堂活动、青年团体、语言和种族相关课程。
22. 高质量参与有组织的体育运动、艺术活动、志愿服务活动或兼职工作。
23. 带来家庭冲突或失调行为的不适当或过量活动，如青少年犯罪、毒品滥用或不良学业行为。

资料来源：Ho，1992。

三、心理测验

临床心理学家是所有帮助问题儿童的专业人士中，最关心能否设计出客观实施和计分的、基于清晰定义的人群的、规范并且建立了信度和效度的评估工具。然而，值得注意的是，许多工具的主要缺点是它们的适用范围很窄，这样就无法评估共病情况（Lavigne et al.，2009）。虽然已经产生了许多不同的测验，但是我们在本书中将重点关注使用更广泛的测验（对儿童心理测验的更多、更详细的综述，推荐 Groth-Marnat，2009；Sattler & Hoge，2006）。

（一）婴儿期到青少年期的认知测验

1. 婴儿认知测验

婴儿测验要求测验使用者拥有特殊的适应技能，这样才能引出儿童的最佳表现。测验者必须知道如何诱使婴儿对测验材料做出反应，允许分心，在婴儿烦躁时暂时变成一个安慰的照顾者，当痛苦增加时能延迟测验，总之，好的测验者必须具有优秀父母的敏感性、灵活性和温暖度。

最好的标准化婴儿测验之一是贝利婴儿发展量表—第三版（the Bayley Scales of Infant Development-Third Edition；Bayley，2006）。它能评估 1～42 个月大婴儿的认知、语言、运动和社会功能。心理分量表评估婴儿的知觉敏锐度、客体恒常性、记忆、学习、问题解决和语言交流，并且生成一个常模化的标准分数——心理发展指数。运动分量表评估婴儿的精细和粗大运动协调性及身体控制感，也生成一个标准分数——心理运动发展指数。行为评定量表评估婴儿的注意和唤起、和他人的社交接触及情绪调节。

贝利婴儿发展量表能帮助识别婴儿在哪个领域的发展存在延迟或损害，也可用来设计干预方法解决这些问题。然而，虽然贝利婴儿发展量表的分数与儿童当下的发展状态相关，但除非分数极低，它们也无法有力地预测婴儿未来智力的表现（Kamppi & Gilmore，2010）。因此，认知测验更常使用于学龄前期或学龄期，除非问题是在儿童生命非常早的时候出现，如精神发育迟滞、孤独症或发育性障碍的可能性（对婴儿评估的更详细内容参见 Wyly，1997）。这个评估经常和社会情绪适应性行为问卷结合使用。它由父母或主要照顾者完成，能确定儿童当前能够达到的，并且能与年龄常模相比较的适应性行为的范围。

2. 韦克斯勒量表

韦克斯勒儿童智力量表—第四版（the Wechsler Intelligence Scale for Children-Fourth Edition，WISC-IV；Wechsler，2003）是针对 6～16 岁儿童使用最广泛的智力测验。测量 3～7 岁儿童的智力使用的是韦克斯勒学前和小学儿童智力量表—修订版（Wechsler，1989）。平均 IQ 分数为 100，大约 68% 的儿童 IQ 分数在 85～115。一般认为分数在 80～89 分的个体处于智力"低分"水平，而分数在 115～125 分则是智力"高分"水平。得分低于平均分两个标准差的个体 IQ 分数为 70，这是精神发育迟滞诊断的临界点。这些个体的智力水平处于 2% 人群的低分段。

WISC-IV 包含 10 个核心分测验和 5 个补充分测验，每个分量表的条目都按照难度提升排列（参见图 16-3），分测验组合成为四个综合指数。言语理解指数，测验使用语言符号的能力，包含三个基本的分测验（相似性、词汇和理解）和两个补充分测验（信息和词语推理）。知觉推理指数，包含具体材料，如图片、积木和拼板玩具，由三个基本分测验（积木设计、图片概念、矩阵推理）和一个补充分测验（图画填充）构成。工作记忆指数包含数字广度和字母—数字序列，并且算术作为一个补充分测验。最后，加工速度指数包括两个基本分测验（编码和符号搜索）

与一个补充分测验（消除；参见图 16-4 WISC-IV 样本条目示例）。此外，还会生成一个平均分为 100，标准差为 15 的全量表 IQ 分数。例如，一个儿童总分为 115，即高于平均分一个标准差，或者说其智力水平大致处在人群的 84 百分位。

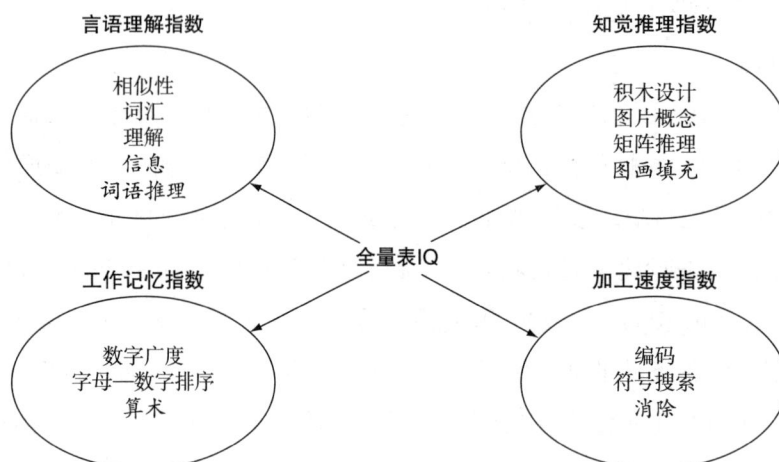

图 16-3　WISC-IV 的结构

注：补充分测验以楷体字呈现。

资料来源：韦克斯勒儿童智力量表—第四版。版权 ©2003 归哈考特测评有限公司所有。授权引用。"韦克斯勒儿童智力量表"和"WISC"是哈考特测评有限公司在美国和／或其他管辖范围内注册登记的商标。

　　虽然 IQ 分数很重要，但是它只是从智力测验中获得的许多信息中的一个。首先，评定者考查了 WISC-IV 中综合指数分数间的差异，确定它们是否在统计上显著。这些差异提供了儿童处理不同类型任务能力差异性的相关线索。例如，全量表 IQ 分数为 100、言语理解指数为 120、知觉推理指数为 80 的儿童，和另外一个全量表 IQ 分数同样为 100，但是言语理解指数为 80、知觉推理指数为 120 的儿童完全不同。后者可能在学校会特别困难，因为在学校言语符号的操作变得越来越重要，但是他在要求较少言语能力的任务中会表现得相当有天赋，而在要求言语能力的任务中表现不佳。

　　分析儿童在个别项目上的成功和失败也可以进一步提供儿童的智力优势和不足的信息。一个儿童可能在包含机械学习和事实累积的问题上表现很好，但是在要求推理和判断的问题上表现很差。而另一个例子，一个在其他方面聪明的孩子可能在视觉—运动协调方面表现很弱，这可能会使得学习写字变得困难（Sattler, 2001）。下面是一个 8 岁儿童彼得（Peter）的案例，在不同条目上清晰地显示出表现差异（图 16-5）。

　　正如图 16-4 所呈现的，结果总是以标准分数来呈现。进一步评价、解释、整合分数而形成更精确的诊断。只要有可能，也将会呈现关于测验行为的细致评论，这样可以辅助解释。例如，另外的评论可能包括如下这些：

　　　　彼得使用严格的方法去完成积木设计，由于没有在规范的时间范围内完成任务，所以没有获得额外的分数。在其他测验如图形概念和矩阵推理中，他表现特别慢，对自己的反

信息

鸟类有多少个翅膀？

一个 10 分硬币等于多少个 5 分硬币？

蒸汽由什么组成？

谁写了《汤姆·索亚历险记》？

理解

如果你看到某人离开餐馆时忘了他的书，你该怎么做？

在银行存钱有什么好处？

为什么常常用铜来制作电线？

算术

山姆有 3 块糖，乔又给了他 4 块。山姆总共有多少块糖？

3 个女人平均分配 18 个高尔夫球，每个人能分到几个？

如果两个纽扣值 0.15 美元，那么一打纽扣要多少钱？

相似性

狮子和老虎在什么方面相似？

锯子和锤子在什么方面相似？

一小时和一周在什么方面相似？

一个圆和一个三角形在什么方面相似？

词汇

这个测验包含简单的问题，"＿＿是什么"或"＿＿是什么意思"词语难度范围广泛。

数字广度

顺背数字包含 7 个数列，长度是 3~9 个数字（如：1—8—9）。

倒背数字包含 7 个数列，长度是 2~8 个数字（如：5—8—1—9）。

图画填充

任务是识别图片中缺失的重要部分：

一张缺一个轮子的汽车图片；

一张少一条腿的狗的图片；

一张拨号盘没有数字的电话图片。

下面是图画填充任务的示例。

图片排列（12 个条目）

任务是以有意义的顺序排列一系列图片。

积木设计（11 个条目）

任务是使用四块或九块积木复制出呈现的图片中的设计。下面是积木设计的示例。

图形拼凑（4 个条目）

任务是将图块拼成有意义的物体。下面是图形拼凑的示例。

编码

任务是从符号表里复制符号（参见下图）。

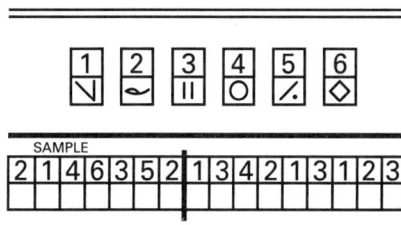

迷宫

任务是完成一系列迷宫。

注意：问题与 WISC-IV 中出现的题目相似但不是真正的测验题目。

图 16-4　WISC-IV 样本条目

应犹豫不决。他常常围绕选择做出过量的详尽描述，好像在试图确认自己在正确的轨道上。值得注意的是，他会频繁地寻求反馈。

指数和分数	标准分数	百分位
言语理解 相似性（9） 词汇（11） 理解（11）	100（范围 93~107） 平均范围	50
知觉推理 积木设计（7） 矩阵推理（8） 图形概念（8）	84（范围 79~93） 低分范围	14
工作记忆 数字广度（8） 字母—数字排序（6）	83（范围 77~92） 低分范围	13
加工速度 符号搜索（11） 编码（10）	83（范围 76~94） 低分范围	13
全量表 IQ 总分	86（范围 81~91） 低分范围	18

图 16-5　彼得的韦克斯勒儿童智力量表得分

3. 斯坦福—比奈智力量表（第五版）

斯坦福—比奈智力量表（第五版）（the Stanford-Binet Intelligence Scales，SB5，Fifth Edition；Roid，2003）覆盖的年龄范围为 2~85 岁或更大年龄。它包含 10 个分测验，测查了五个广泛领域的认知能力，其理论基础是卡特尔—霍恩—卡罗尔的智力理论（Carroll，1993）。而且，每一个因素都在言语和非言语范围进行评定（参见图 16-6）。流体推理因素包含新奇任务，这些任务与学校所学知识或以前的经验相对来说没有多大关系。例如，早期推理分测验要求儿童观察行动中的人类图片，并通过讲故事的方式推理出潜在的问题或情境，而矩阵测验则要求儿童确定暗藏在一系列视觉刺激背后变化的规则或关系。相比而言，知识，或晶体智力包含通过学校教育和一般生活经验所积累的信息。分测验包括词汇（例如，"信封是什么意思"）和程序理解。它要求儿童描述解决日常生活问题的详细步骤。数量推理评估儿童的数字和数字问题解决的能力，使用言语或图片形式的测验刺激物。视觉—空间处理评估儿童理解模式、空间关系或分离元素间的整体性的能力。例如，形板测验要求儿童使用拼图板复制熟悉的模型，位置和方向测验要求对空间概念进行理解，如"后面"和"下面"。工作记忆包括儿童在短时记忆中储存言语或空间信息以及对之进行认知操作的能力。

领域

因素		非言语（NV）	言语（V）
	流体智力（FR）	**非言语流体智力** * 活动：物体序列／矩阵 （规定程序）	**言语流体智力** 活动：早期推理（2~3），言语挑错测验（4），言语类比（5~6）
	知识（KN）	**非言语知识** 活动：程序性知识（2~3），图片挑错测验（4~6）	**言语知识** * 活动：词汇（规定程序）
	数量推理（QR）	**非言语数量推理** 活动：数量推理（2~6）	**言语数量推理** 活动：数量推理（2~6）
	视觉—空间处理（VS）	**非言语视觉—空间处理** 活动：形板测验（1~2），形板模式（3~6）	**言语视觉—空间处理** 活动：位置和方向（2~6）
	工作记忆（WM）	**非言语工作记忆** 活动：延迟反应（1），区块跨度（2~6）	**言语工作记忆** 活动：句子记忆（2~3），最后的词语（4~6）

图 16-6　斯坦福—比奈智力量表（第五版）的结构

注：10 个分测验名以斜体字呈现。活动包括他们出现的水平。

*表示规定程序测试

资料来源：Roid，2003。

　　每个测验中的题目都根据难度来排列，因此，儿童能成功完成越多题目，他们的能力相比于同龄孩子就越高。和 WISC-IV 一样，几个指数因子结合就能形成全量表 IQ 总分，平均分是 100 分，标准差为 15。此外，比较儿童在言语和非言语测验中的功能，可以得到言语 IQ 分数和非言语 IQ 分数。

　　4. 认知测验中的观察

　　认知测验的目的不仅仅是获得一个 IQ 分数，测试情境也能提供关于儿童思维风格的重要信息。请注意下面两个同样聪明的 8 岁儿童对问题的回答："当你弄丢了属于别人的球时，你应该怎么做？"一个孩子回答说："我会给他另一个。"而另一个则说："我会赔给他钱。我会去寻找。我会给他另一个球。我会尽力找到球，但是如果找不到，我会给他钱，因为我没有他想要的球。"两个答案都得到了同样高的分，但是一个非常清晰、简洁、切中要害，而另一个则显得混乱。

　　思维风格与心理健康或紊乱密切相关。智力并不是一种存在于儿童人格之外的无实体的能力。相反，一个心理功能良好的儿童往往能清晰地思考，而自我控制不良的儿童则往往冲动地思考，强迫的儿童（就像刚刚举例中的第二个孩子）往往会思考许多可能的选项，以至于很难决定选择哪一个或按照哪一个来行动。精神分裂的儿童往往思维很奇怪，就好像下面所揭示的对简单问题"为什么人必须说真话"的杂乱无章、充满幻想的答案那样。

　　如果你不讲真话，你就会陷入麻烦之中；你会被带上法庭；像不说真话的青少年那样，他们经常武装自己，在森林和树林里闲逛。树林离房子很近，我们去那里捉青蛙。我们总是让大人陪着我们一起去，因为青少年有刀枪。一个孩子不久前就在那里淹死了。如果你不讲真话，他们就开始拉帮结派，淹死你。

临床医生可以通过智力测验评定儿童的工作习惯。有些儿童是任务取向和自我驱动的，几乎不需要测验者的鼓励或帮助。另一些儿童则不确定，也不安全，如果没有鼓励或促进就慢慢放弃，并且一直在确认他们做得好不好，或者想知道他们的答案正确还是错误。

最后，测验过程还能提供有关儿童自我监控的信息，以及评价反应质量的能力。一些儿童看上去在暗中询问："那真的对了吗？"或"那是我能做到的最佳水平吗？"而另一些儿童看上去很少有能力去判断他们是对的还是错误的，对错误答案和正确答案，他们都给予同样的毫无批判性的确认。

5.认知测验的优势和局限

智力测验能够在儿童评估中发挥有价值的作用。IQ分数本身与儿童生活的很多方面都相关——学校中的成功，职业选择，同伴联结——并且，IQ是比任何人格测验分数更好的、对未来适应性的预测因素。此外，测验提供了关于一般优势和不足的信息，特定智力功能（如即时回忆或抽象推理）损害类型和程度的信息，儿童应对技巧，工作习惯和动机信息，可能与人格变量相关的思维风格的信息，可能存在器质性大脑病理或者是精神疾病思维扭曲的相关信息（Sattler，2001）。

然而，智力测验必须适当使用，结果也应该谨慎理解。例如，根据智力和后续结果的预测性关联来看，研究已经发现测验动机是一个调节因素（Duckworth et al.，2011）。IQ逐渐变成一个家喻户晓的术语，误解也随之产生。很多人认为IQ分数代表着独立于背景和经验存在的、儿童不可改变的智力潜力。特别是一些研究者已经提出，这些测验害处大于益处。因为相比于主流文化群体的儿童，他们可能低估了一些文化群体儿童的能力（参见Bender et al.，1995；Kaminer & Vig，1995，介绍了问题的两面）。弗拉纳根等（Flanagan et al.，2007）声称，"已经有相当多的研究显示，事实上非言语测验可能和言语测验一样，如果不多于，至少也包含同样多的文化内容"（p.165）。所有心理测验都有不同程度的文化负载，这就要求测验施测者和受测者需要进行特定形式的沟通。基于这一原因，美国心理学会的伦理指导方针（APA，2002）要求临床医生培养文化胜任力，并拥有基于可能影响儿童的独特文化环境因素的解释测验数据的能力（参见Valencia & Suzuki，2000）。

和在访谈中的友好和开放相比，在完成WISC-IV过程中鲁迪的行为发生了明显的变化。他的眉头紧皱，回答问题时好像承受着巨大的压力，甚至感到很恼怒。此外，在每开始一项新任务时，他都会做出自我贬低的评论。当题目变难时，他特别容易说"我不知道"；而当他拼图不正确的时候就非常快地破坏它们，好像是想尽可能掩盖住他的错误。有时，他看上去是使用谈话来将注意力从测验材料上转移。他愿意尝试第一个算术问题，这对他来说很容易，他也确定知道正确答案。然而，当问题变难时，他甚至拒绝再尝试。他说他"痛恨"这个测验。当鼓励他对难题进行回答时，很明显他不知道正确答案。

测验分数增加了一个重要的数据佐证：虽然他对自己有高期待，却只有普通的智力水平。此外，他的智力指数得分也相当分散。虽然他在言语理解任务中表现出优势，但是在评估工作记忆的任务中存在缺陷。你开始思考，"如果他的社交能力误导我认为他智商高等，那么他妈妈和老师也可能同样被误导，从而为他设定了不现实的高目标，并加压让他去实现。"这一假设自然要通过对父母和老师的访谈来加以确认。确定的是，我们需要了解鲁迪在学校的学业能力，还要了解他人对他的期待和他对自己的期待是如何交织在一起的。

6. 成就测验

在确定儿童是否存在学习障碍、评估治疗计划是否有效时，学业成就评估是很重要的。低学业成就可能也会导致行为问题的发展。和进行智力测验一样，临床医生可以通过个体施测的成就测验对儿童进行行为观察，并分析儿童失败的本质。这些数据可能提供关于动机和学业问题的信息。例如，一个还没有尝试就放弃的男孩与另一个经过努力尝试但失败的男孩是不同的，而一个因为粗心大意而没做对乘法问题的女孩和另一个因为没有掌握乘法运算的基本规律而做错的女孩也是不同的。伍德科克－约翰逊成就测验（第三版）提供了一组综合测试（the Wood-cock-Johnson Ⅲ Tests of Achievement，WJⅢ；Woodcock et al.，2001a）。测验涵盖十个领域，包括各个年级儿童在下述各方面的掌握水平：阅读、数学、写作、口语、学科学术知识、技能和流畅性，如社会研究、科学和人文科学。临床医生能够使用 WJⅢ 成就测验帮助评估儿童的学习障碍问题。《残疾儿童教育法》(the Individuals with Disabilities Education Act，IDEA) 确定了一些法律条令。在这些法令下，学生可以申请适当的特殊教育服务。WJⅢ 包含的集群与这些 IDEA 领域相似，这些集群也为确定儿童能力和在每个领域内成就之间的差异提供了一套程序（ 参见表 16-2 ）。

表 16-2　IDEA 领域和 WJⅢ 集群

IDEA 领域	WJ Ⅲ 集群
口头表达	口头表达
听力理解	听力理解
书写表达	书写表达
基本阅读技能	基本阅读技能
阅读理解	阅读理解
数学计算	数学计算技能
数学推理	数学推理

为了评估鲁迪存在学习障碍的可能性，你对他施测了 WJIII。鲁迪的分数表明，他在大多数领域的成就都在平均分之上，而他的数学技能远低于同龄孩子的水平。因此，很明显，鲁迪报告他"痛恨"数学是有理由的。然而，你注意到他的阅读技能在其年龄水平上正常，因此他阅读失败可能并不是由于学习障碍导致的。结合 IQ 测试结果一起来看，这些数据也进一步提出了问题，如被认为"懒惰"对男孩自我意象的影响。还有更多信息需要了解，包括关于鲁迪这个人，以及他的学习问题从情绪上影响他的方式。

7. 神经心理评估

智力和成就测验包含了神经心理评估。这些测验不但提供了关于儿童智力水平和学业进展的信息，而且，更重要的是，它们也显示出哪些心理功能可能受到大脑器质性损伤的影响。正如我们已经看到的，大脑损伤的表现范围很广，可能从感觉运动能力的轻微缺陷，到儿童智力和人格功能的每一个领域的弥散性破坏。而且，没有单一的诊断测验来测查其整体组织性。

如果大脑损伤潜在地影响了一系列功能，那么撒开一张心理测验组的大网可以帮助我们捕捉到这些难以捉摸的问题。NEPSY（Neuropsychological Assessment）就是这些综合测验中的一种。它专门用来测查 3～12 岁儿童的神经心理功能。基于俄罗斯心理学家卢里亚（Luria，1980）的认知模型，NEPSY 评估五个核心领域的功能：注意 / 执行功能、语言、感觉运动、视觉空间和记忆 / 学习。每个领域都通过一组核心分测验来评估，也可以增加其余的扩展分测验，以便于进一步澄清相关问题。

可以通过下面的示例看到测验的多样性。注意 / 执行功能测试的任务是河内塔（图 16-7），一个模板上有三根木杆，上面放置了不同颜色的有孔小珠。儿童必须移动珠子以适合展示的模式，但是不能多于也不能少于规定的移动步数。这样，不仅要求儿童要有良好的计划和非言语问题解决技能，而且又限制了儿童太快解决问题的冲动。

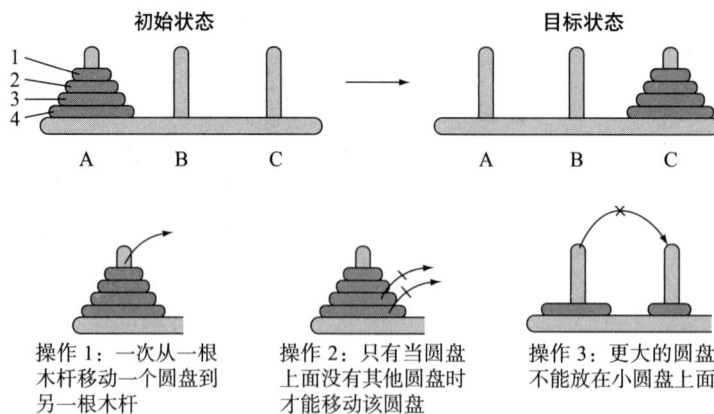

图 16-7　河内塔

相应地，听觉注意和反应成套分测验给儿童提供一盒彩色瓷片，录制的声音随机读出单词，其中含有"红色"这一词语。第一阶段，每次儿童听到"红色"这个词语时，任务是将一块红色的瓷片放到盒子里。第二阶段任务就更难了，此时，每次儿童听到"红色"这个词时，任务是往盒子里放一块黄色的瓷片，而听到单词"黄色"时则放一块红色瓷片，听到单词"蓝色"时放一块蓝色瓷片。测验观察到两种错误：一是虚报错误（假阳性，即当"红色"单词没有读出时，也将红色瓷片放入盒子里）；二是漏报错误（假阴性，即当"红色"单词读出时，没有放置瓷片）。一般来说，虚报行为反映了冲动性，而漏报行为则与注意力不集中有关。

在语言分测验中，理解指导语要求儿童有良好的接收语言技能，而言语流畅性则通过让儿童尽可能快速地给物体命名，来评估其言语技能的水平，这些物体是在给定的语义类别或语音类别中的（如不同类型的食物或以字母 J 开头的单词）。通过模仿手部动作分测验来评估感觉运动功能。在这个测验中，儿童必须展现良好的运动协调和模仿能力，而记忆任务包括记忆面孔、名字、句子和列表。视觉空间加工任务就是路径寻找。在这个测验中，通过追踪某人采取的、从一点到另一点的路径，儿童必须理解方向、定位和空间关系。

神经心理学家使用的另一个工具是德利斯—卡普兰执行功能测评系统（the Delis-Kaplan Executive Function System，D-KEFSt；Delis et al.，2001）。它是第一个单纯用来测量执行功能的成套测验工具。这一测验可以用来测量我们已经讨论过的、暗含在许多心理病理问题中的重要执行功能，如思维的灵活性、问题解决、计划、冲动控制、抑制、概念形成和创造性，适用年龄范围为 8～89 岁。例如，和知名的威斯康星卡片分类测验（Wisconsin Card Sorting Test）相似（Heaton et al.，1993；图 16-8），D-KEFS 卡片分类提供给儿童一套卡片，既有知觉刺激，也有打印的单词。首先，让儿童运用尽可能多的、不同的概念或规则将卡片分成两类；其次，施测者对卡片分类，要求儿童识别和描述其分类使用的规则或概念。

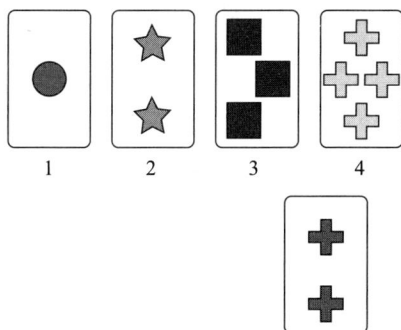

图 16-8　威斯康星卡片分类测验

连线测验通过要求儿童根据转换的规则连接页面上的标记，来评估其思维的灵活性（如连接字母，连接数字或在字母和数字间转换），而谚语测验评估儿童对熟悉的谚语的抽象理解能力。D-KEFS 也包括与 NEPSY 相似的河内塔测验。

伍德科克—约翰逊认知能力测验（第三版）（Woodcock et al.，2001b）也评估一系列神经心理学家感兴趣的认知功能，包括言语理解、短时记忆、长时存储和提取、视觉—空间思维、听力加工、听觉注意、流体智力、加工速度、工作记忆、理解、知识及执行加工能力。

尽管大多数综合性神经心理学测验组中已经囊括注意力测验，但进行 ADHD 诊断排除时，心理学家仍然频繁使用很多独立的注意力过程测验。康纳斯持续表现测验（CPT Ⅱ；Conners，

2000）就是一个计算机化的、评估视觉注意的工具。这个测验要求儿童在每次屏幕上出现"X"时点击鼠标。测验会记录有关不注意表现（如漏报错误、反应时长），冲动型（如虚报错误、反应时短）和缺乏警觉（如随着测验的推进反应变慢）等指标。听觉注意力变量测验（Greenberg & Waldmant；1993）是另一个计算机化评估工具，通过让儿童在每次听到特定音调时做出反应，来测验听觉注意力。

考虑到鲁迪在 WISC-IV 中不同智力领域的表现存在差异，你决定给他追加一个神经心理学测试。由于克里斯蒂娜的邻居说鲁迪在课堂上的行为问题可能是由于 ADHD，她想知道邻居所说的是否正确，因此你也选择了评估注意力的工具。在 NEPSY 测验中，你发现鲁迪的能力在整体上处于平均水平。然而，分数的模式很有意思。尽管仍然处于平均水平，但是鲁迪在执行功能测验上的分数与其在语言和感觉运动测验中的分数相比就显得很弱。然而，他最明显的缺陷则是听觉注意方面。虽然刺激很简单、很清晰时他注意听觉信息的能力还是足够的，但是随着听觉刺激变得越来越复杂，他的听觉注意效率就大大降低。他的错误一般都是虚报（做出假阳性反应），一般来说，这是冲动的表现。

（二）社会情绪评估

1. 父母和教师报告量表

儿童行为量表（Child Behaviour Checklist，CBCL；Achenbach et al., 2001）是使用最为广泛的成人报告量表之一，在第三章曾经介绍过，这个量表有不同的版本，父母版（CBCL）和教师版（教师报告量表），提供 4～16 岁儿童的常模。图 16-9 呈现了 CBCL 父母报告版本的片段。

儿童行为评估系统（the Behaviour Assessment System for Children，BASC-2；Reynolds & Kamphaus，2004）同样包含父母和教师报告版本，通过多维方法对 2～21 岁个体的行为和自我认知进行评定。它包含教师评定量表（Teachers' Rating Scale，TRS）、父母评定量表（Parent Rating Scale，PRS）、人格自我报告量表（Self-report of Personality，SPS）、结构化发展历史量表（Structured Developmental History，SDH）。自我报告量表（Self Report Scale，SPS）已经编制出适合 6 岁以上儿童的量表。父母评定量表包括适应性、焦虑、攻击行为、注意力问题、异常性、品行问题、抑郁、多动、躯体化和退缩量表。父母评定量表也分不同版本，包括学龄前儿童版、学龄儿童版和青少年版（参见表 16-3，每个量表中条目的描述）。相应地，BASC 教师评定量表包括评估外在问题（攻击行为、多动、品行问题），内在问题（焦虑、抑郁、躯体化），学校问题（注意力不集中、学习困难），其他问题（异常性、退缩）和适应性技能（适应性、领导力、社交技能、学习技能）等方面的量表。同样，教师评定量表也有不同版本，分别为学龄前儿童版、小学儿童版、初中生/高中生版，各自的题目分别为 109、148 和 138。父母评定量表和教师评定量表有良好的心理测量学指标，还涵盖其他许多儿童行为量表都遗漏的适应性功能指标（如社交技能；Kamphaus & Frick，2005）。

请打印，确保完成所有题目

下面是描述儿童和青少年的一些题目列表。每一个题目描述的是你的孩子现在或过去六个月内的状况，如果题目的描述非常符合或常常符合你的孩子的情况，请在 2 上画圈；如果题目的描述有时或在一定程度上符合你的孩子的情况，请在 1 上画圈；如果题目的描述不符合你孩子的情况，请在 0 上画圈。请尽可能完成所有题目，即使有些题目看上去不适合你的孩子。

0= 不符合（至少就你知道的而言）　　1= 有时符合或某种程度上符合　　2= 非常符合或常常符合

0 1 2　1. 对于他的年龄来说表现得太幼稚	0 1 2　32. 感觉他不得不表现完美
0 1 2　2. 未经父母许可喝酒（描述）_____	0 1 2　33. 觉得或抱怨没人爱他
_____	0 1 2　34. 觉得他人想害他
0 1 2　3. 经常争辩	0 1 2　35. 觉得无价值或自卑
0 1 2　4. 不能完成已经开始的事情	0 1 2　36. 常常受伤，容易出意外
0 1 2　5. 少有喜欢的事	0 1 2　37. 经常打架
0 1 2　6. 厕所外大便	0 1 2　38. 经常被嘲笑
0 1 2　7. 夸耀、吹嘘	0 1 2　39. 和其他处于麻烦中的人一起闲逛
0 1 2　8. 无法集中注意力，不能长久注意	0 1 2　40. 听见并不存在的声音（描述）_____
0 1 2　9. 无法摒弃特定思维；强迫（描述）_____	
_____	0 1 2　41. 冲动或不思考就行动
0 1 2　10. 不能安静地坐着；烦躁不安或多动	0 1 2　42. 宁愿单独一人也不愿和他人在一起
0 1 2　11. 黏着成人或太依赖	0 1 2　43. 说谎或欺骗
0 1 2　12. 抱怨孤独	0 1 2　44. 咬指甲
0 1 2　13. 迷糊或看上去稀里糊涂	0 1 2　45. 紧张，敏感或绷紧
0 1 2　14. 经常哭泣	0 1 2　46. 紧张的动作或颤搐（描述）_____

图 16-9　儿童行为量表父母版（节选）

资料来源：Achenbach et al.，2001。

表 16-3　BASC-2 父母评定量表

内容	量表和关键症状
适应性	适应作息和计划的改变，很好地适应新教师，和他人分享玩具或其他物品
攻击行为	和他人争辩，欺负、嘲笑、打、威胁或骂别人
焦虑	表现出紧张、担忧、内疚、害怕、恐惧和对批评敏感
注意力问题	不能完成作业，集中注意力有困难，忘记事情，不能听从指导
异常性	有自伤冲动，独处时听到名字，不能控制思维和听到声音
品行问题	喝酒，使用非法毒品或吸烟；偷窃和说谎，已经被暂停上学，或被警察逮住
抑郁	抱怨没有人倾听自己，或没有人理解自己；哭泣、悲伤、不高兴、哀怨，抱怨孤独
多动	冲动性行动，打断他人，突然发脾气，烦躁不安，下座位，攀爬
领导力	有创造性，充满活力，擅长促进他人的工作；加入俱乐部和参加课外活动
社交技能	赞美和祝贺他人，得体地提出建议；有礼貌，对他人微笑
躯体化	抱怨健康问题，晕眩，心悸，疼痛，呼吸短促和感冒；头疼和胃病
退缩	回避他人和竞争；极端害羞，拒绝参加团体活动

资料来源：选自 Reynolds & Kamphaus，2004。

另一个可选的评定量表是德弗卢心理障碍量表（the Devereux Scales of Mental Disorders），也同样使用教师或父母报告量表（Naglieri et al., 1994）。这个量表有两个版本，一个适合5～12岁儿童，另一个适合13～18岁的青少年，每个版本都有110个题目。三个综合的量表分别是：内在问题（焦虑、抑郁），外在问题（品行问题、青少年犯罪、注意力问题）和关键性病理问题（孤独症特征、自我伤害、物质滥用、纵火、幻觉）。

儿童人格量表（修订版；the Personality Inventory for Children-Revised，PIC-R；Wirt et al., 1990），是为3～16岁儿童设计的量表，要求父母评定420个特征是否存在（简版也已经面世，包含更少的题目）。量表包括抑郁和不良自我概念、担忧和焦虑、现实扭曲、同伴关系、不适应社会的攻击行为、道德发展、不良判断、异常发展、随境转移、活动水平和合作、言语和语言、躯体主诉、学校适应、家庭不和。因素分析得出四个更广的因子：无规矩/不良自我控制、社交无能、内化问题/躯体化症状和认知发展。

　　　根据鲁迪的妈妈在CBCL上的作答，鲁迪在破坏性行为量表上的得分远低于临床临界点，这与她描述的"恐怖的孩子"是一致的。然而，在CBCL得分剖面图中显示出鲁迪存在明显的内化症状；妈妈描述鲁迪常常担忧，觉得紧张和焦虑，睡眠有困难，抱怨头疼和胃疼。妈妈意识到了这些问题，这表明，她对儿子拥有同理心和敏感性，这是你应该注意到的一个资源。

　　　而老师的报告则描述了另一个很不一样的鲁迪。老师在违抗和注意力缺失方面给他评定了高分，还认为他人际交往技能不良。很明显，教师和家庭对鲁迪的行为的理解有着非常显著的差异。

2. 儿童自我报告量表

（1）症状特定性测量

最常使用的儿童自我报告量表都是那些评定某一特定症状的量表。特别有价值的是评定内在症状的量表，这种情况儿童的报告可能可以呈现最多的信息。其中使用最广泛的一个量表是儿童抑郁量表（the Children's Depression Inventory，CDI；Kovacs, 1992）。这个量表包含27个题目，纸笔作答，适合6～17岁的儿童和青少年。该量表评估了悲伤和抑郁的认知症状、躯体主诉、社交问题和外在表现。修订版儿童显性焦虑量表—2（the Revised Cihldren's Manifest Anxiety Scale-2，RCMAS-2；Reynolds & Richmond, 1997）是用来测量6～19岁儿童和青少年焦虑的量表，它包含49个是/否回答的题目，评估了学业压力、同伴和家庭冲突、社交关注、担忧和过度敏感及防御性反应。儿童多维焦虑量表（the Multidimensional Anxiety Scale for Children，MASC；March et al., 1997）扩展了对焦虑的评估，涵盖了生理症状、社交焦虑、完美主义、分离和惊恐。

（2）多维度测量

儿童自我报告多维测量的量表有青少年人格量表（the Personality Inventory for Youth，PIY；

Lachar & Gruber，1994）。PIY 与父母报告量表儿童人格量表相似，用来评估 9～19 岁儿童和青少年的学业、情绪、行为和人际适应。PIY 可以得出四个更广泛的因素：外在问题 / 内在问题、认知损害、社会退缩和社交技能缺陷。此外，PIY 还编订了三个量表来评估儿童反应的效度，包括注意力不集中的反应或挑衅性反应，不一致反应或防御性反应。虽然这个量表很有前景，但是因为它比较新，所以它的使用情况还不是很清楚。

人格自我报告（SRP）是儿童全面行为评估系统（BASC-2；Reynolds & Kamphaus，2004）的一部分。评估儿童对学校、父母、同伴和自我知觉时可使用 SRP。使用因素分析得到四个分数：临床失调，包括评估焦虑、异常情绪和行为、社会压力、控制源和躯体化的量表；个人适应，包括评估自尊、自我依赖、同伴关系和积极亲子关系的量表；另一个量表评估的是学校不适应，这包括针对可能妨碍学业功能问题的题目，如对学校和老师持消极态度，青少年感觉寻求；情绪症状是一个综合分数，给出了一般心理病理问题的指标。说谎量表通过评估儿童是否"否认"最多以及最普遍的不当行为（例如，"我从来不生气"）来探测"装好"反应。量表包含 8～11 岁的儿童版和 12～18 岁的青少年版。量表也提供不同年龄群体的常模及临床样本。

SRP 的优势包括：具有较大的标准化样本，在人口学变量上，样本匹配于 1990 年美国人口普查的样本，有良好的信度，还有对 SRP 与相似的更确切的量表进行比较得到的效度证据。因为要求有相当高的阅读能力，这个量表可能不适用于精神发育迟滞或有学习障碍的个体。另外还要提醒的是，这一量表至今还没有得到广泛使用。

还有一些量表是为青少年特别编制的。修订版明尼苏达多相人格量表（青少版；the Revised Minnesota Multiphasic Personality Inventory-Adolescent，MMPI-A；Butcher et al.，2004）是著名的成人量表 MMPI-2 向下扩展的一个量表。该量表评估抑郁、精神病态、偏执、精神分裂症、焦虑、强迫、品行问题、低自尊、酒精和毒品使用倾向、学校和家庭问题等症状；也包含效度量表，以评估被试以更好或更差的方式表现自己的倾向，以及防御性反应和不一致反应。和原始的成人版量表一样，MMPI-A 也要求英语读写能力，而且量表非常长，防止一些青少年一口气完成。

青年自我报告量表（YSR；Achenbach et al.，2001）也是一个广泛使用的、测查年轻人情绪和行为问题的量表。通常它帮助我们获得 11～18 岁青少年关于内在和外在症状的自我评定结果，类似于 CBCL 的父母报告量表。这个量表包括退缩、躯体主诉、焦虑 / 抑郁、社交问题、思维问题、注意力问题、青少年犯罪行为和攻击行为。社交能力量表也评估青少年参与社交活动和同伴关系的情况。一项研究显示，即使是年龄比较小的 7～10 岁的孩子，也能够在更宽的范畴内（外在、内在量表）提供可靠的 YSR 报告，但在较窄范畴的量表上可靠度比较低（Ebesutani et al.，2011）。

（三）投射技术

到目前为止，在所有讨论过的评估工具中，刺激材料都是足够清晰、不模糊的。投射技术则采取相反策略，通过使用模棱两可或无结构的材料来引发反应，要么测验刺激没有内在含义，如墨迹图，要么测验刺激有许多潜在意义，如用作故事基础的图片。从理论上来讲，无结构材料所具有的特殊意义就是个体独特人格的反映。反映的本质也就是允许个体表达那些太具威胁性而不能直接谈论的观点。例如，一个害怕谈论妈妈、对妈妈感到愤怒的女孩，可能很容易讲一个有关对父母形象感到愤怒或鄙视父母的故事。投射测验一直都很受欢迎，特别是像画人测验和动态家庭图画测验，这可能得归因于这些测验潜在的、与孩子有关的关系建立的特点。大多数年龄小于 9 岁或 10 岁的儿童都很享受、也很熟悉画画任务。这些测验也非常容易实施，没有精细的计分系统。许多投射方法使用的测验刺激材料也不像客观性人格测验中的言语项目那样容易过时。许多方面的言语性自我报告测验都依赖自省和抽象，对于年龄低于 12 岁的儿童，它们提供的信息就可能有限，因此，心理投射方法就特别有价值，能帮助获得更丰富的、有关幼儿思维和情绪的信息（Björn et al., 2011）。

1. 罗夏墨迹测验

自我报告问卷的主要劣势就是，它们是基于对经验和症状的自我报告，因此很容易受到记忆变化、主观性和故意操控的影响（Luxenberg & Levin，2004）。但投射测验，因测验刺激模糊，也没有清晰的"正确"答案，可以避免这些不足。来访者对实验刺激也没有特定的或渴望的答案，因此将烦恼的内容和过程投射到实验刺激上。因为无法"猜测"什么答案最佳，他就只能投射真实的内容。罗夏在 1921 年编订的墨迹测验，就是一个作为诊断工具而大量使用的投射测验（图16-10）。它包含 10 张墨迹卡片，因此诊断就不是基于单一卡片的反应而做出的，而是综合分析所有 10 张卡片上的反应来做出诊断。10 张墨迹卡片都会呈现给儿童，一次一张，然后施测者提问"这可能是什么"，并逐字记录儿童的反应；在看完所有的墨迹图后，施测者让儿童再看一遍每张图，并解释哪部分墨迹被使用了（"你在哪里看到了它"），以及是什么让他会有这样的反应（"什么让你感觉它像那个东西"）。

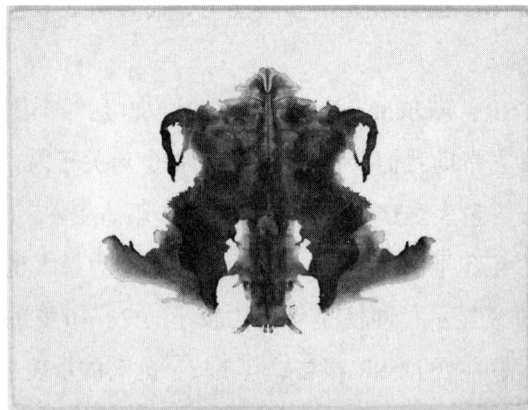

图 16-10　罗夏墨迹图（第四张图片）

这是一张黑白卡，经常被描述为"父亲卡"，因为这个图片应该能识别出个体对父亲的知觉，或者是对权威人物的知觉。其他较好答案包括熊、猩猩或穿厚大衣的男人。相对而言，较差的回答就会将之描述为有危险的物体，如怪兽或有攻击性的大猩猩。从图片的上方往下看时，可能的性意象包括两个男性性器官一般。

这些年人们一直在议论罗夏墨迹测验的效度问题，但是埃克斯纳（Exner，1993）为罗夏墨迹测验的分析做出了三个重要贡献。第一，他将已有的多种计分方法整合起来，形成一个综合的计分系统；第二，他对已有的相关文献进行综述，并且进行了一系列罗夏墨迹测验研究，从而形成了一套以经验为基础的解释方法；第三，他分别提供了成人和5～16岁的儿童青少年常模，这样临床医生就可以通过对比儿童与其同龄人的反应来评估其是否偏常。

埃克斯纳的计分系统要求施测者在不同的标准上对每一反应进行编码。第一，儿童反应关注的位置，或儿童在墨迹图的什么地方看到了那个东西（指儿童看图后报告的知觉对象）。例如，知觉对象可能基于细节（"这个小点看起来像是个猫眼"），或者也可能用整个图形来创造一种复杂的、细致描述的反应（"这像是一个水族馆，有很多奇异的植物，鱼儿在其中自由游玩"）。第二，每个反应会根据决定因素，或对知觉对象描述有重要贡献的特征来计分。这些决定因素包括：图形的形状（"它是一只蝙蝠，因为形状的确很像"）、颜色或阴影（"这个灰色的部分看起来毛茸茸的，像是一张熊皮毯"）。第三，评估形状的品质。它指的是儿童知觉的对象在多大程度上与墨迹图吻合。例如，你无论如何都不可能从墨迹图的轮廓或特征看出儿童的知觉对象，就是不良的形状品质。测验也会记录知觉对象的内容，也就是说，知觉对象是否包含人类、动物或物体。第四，大众性，指的是知觉对象是不是其他人常常看到的东西。组织活动指的是将墨迹图的部分，组织、整合成一个内在关联的反应所需的认知努力的程度。例如，前面提到的"水族馆"反应就会被评定具有高组织性。第五，会给予那些特殊反应特殊的分数，如包括暴力或恐怖主题的反应（"两个食人者吃掉受害者的大脑"）。

对儿童的反应计分后，施测者首先要使用同年龄儿童的常模，衡量儿童反应的发展适宜性。有些对罗夏墨迹测验的反应方式在青少年或年龄更大的个体中是明显病态的，但是在幼儿中出现则可能是正常的。例如，幼儿对墨迹的颜色有较高的反应度，所以他们往往使用颜色而不是形状作为他们反应的决定因素。研究者认为这种对颜色的反应性是情绪的表现，这就是一种反应风格，虽然这在成年人中可能象征着不成熟，但是在儿童中却不足为奇。事实上，如果一个儿童没有表现出许多以颜色为基础的反应，那反倒值得关注，因为这可能表明儿童的假成熟性以及对情绪的过度控制。

埃克斯纳还编制了一些量表帮助评估者衡量儿童的罗夏墨迹反应是特定心理病理问题的可能性，如精神分裂症、焦虑、品行障碍或抑郁。例如，抑郁儿童的反应特征包括非常多的病态反应（悲伤或危险的图像。例如，"被遗弃的房子因为没有人再打理，所以倒塌了"）；基于墨迹图的空白而不是阴影或有颜色的部分做出反应；基于有色部分和黑白部分做出反应的比率很低。精神病思维过程的特征包括不良形状品质，不协调的组合（"一只鸟抓住一个篮球"或"一个三头人"），以及奇怪或可怕的内容。

应该注意的是，尽管埃克斯纳做出了很大的努力，但是仍然有一些心理测量学家对罗夏墨迹测验的效度和运用感到不满意。虽然有很多正向的研究结果支持它的使用（参见 Bornstein

& Masling，2005），但同时也有大量的负向研究结果支持贬低该测验的人的观点（参见 Garb et al.，2005），因此，罗夏墨迹测验的使用仍然存在争论。

鲁迪很乐意完成罗夏墨迹测验，他表现得很有想象力，也阐述得很详细。然而，他太努力以至于不能将每一个墨迹的细节整合到他的反应中，有时代价就是牺牲精确性；他的知觉对象主题的复杂程度并没有与他投入的努力成正比。他会明显地对白色空白区域做出反应，很少基于颜色反应。此外，在他的反应中出现了病态的主题，往往包含无助的受害者，"炸掉""击倒"和"压扁"被虐待成瘾的怪物。你注意到，这些反应可能表明这个孩子在努力完成超越能力的事情，它们也与抑郁的关键预测因素一致。

2. 投射性绘画

绘画是一种非常流行、对发展很敏感的工具，常常在临床环境中使用。当在投射测验中使用绘画测验时，临床医生会指导儿童画一些东西，然后，他们将分析绘画作品，并且对儿童的心理功能做出推断。画人测验（the Draw-A-Person，DAP）是最为广泛使用的投射性绘画技术。根据马阔福（Machover,1949）的最初程序，首先要求儿童画一个人，然而画一个不同性别的人。接下来，施测者会据此询问一系列问题。比如，"这个人正在做什么""他或她多大年龄""这个人喜欢什么，不喜欢什么"。尽管这些问题不是标准化的且不同施测者的问题可能不同，但一些实证研究已经证实，绘画可以增加儿童报告的言语信息量。

从理论上来讲，儿童的绘画既是儿童自我意象的投射，也是身体意象的投射。可以根据心理变量来解释绘画的不同特征——一个很小的形象表示自卑，微弱的线说明焦虑或认同混乱，过大的头部代表过度理智——而儿童对评估者问题的回答则可以根据主题来解释。例如，一个"仅仅只是站在那里"的人代表被动性，而拉拉队长则代表精力和外向。人物可能代表"真实的"的自我，也可能代表理想的自我。

房—树—人测验（the House-Tree-Person；HTP）是这一类型测验的一个变式。它要求儿童完成三个画——一个人、一座房子和一棵树，这样就可以提供更丰富的数据信息。从理论上来说，房子代表个体的家庭生活和家庭情境，而人代表自我意象，树代表自我概念中意识不那么容易触及的部分（Hammer，1958）。

然而，另一个投射性绘画测验是家庭动力绘画测验（the Kinetic Family Drawing，KFD；Burns，1982）。儿童必须画出家庭"做某事—某种活动"的场景。绘画的主动或动力方面的意图是引出家庭成员关系的情感质量相关的信息。对儿童的绘画计分会根据主题（如合作、养育、紧张或虐待），位置（如是否人物会彼此面对面），身体特征（如人物的大小、细节和面部表情），风格（如是否人物被安放在独立的"隔间"，或在页面的顶端或底部排成一列），以及家庭成员间是否有距离或障碍物而阻挡了彼此接近（参见图 16-11）。

图 16-11　一个儿童的家庭动力绘画测验图示例

资料来源：版权归属 ©2000 美国心理学会。经授权复印。Freidlander et al.，2000。

　　虽然投射性绘画测验的流行证明了它们的内在吸引力，但是诸如 DAP、HTP 和 KFD 这些测验的实证审查还很少。评价投射性绘画测验有效性的过程充满了复杂的变量，尽管很流行，但是很少有实证研究证据支持"绘画是人格行为或智力的有效测量方式"这一论断（Nawal et al.，2005）。此外，还存在的问题有：误解与曲解，评分系统的形成缺乏足够的常模，不容易获得足够的效度验证数据。

　　大量研究还特别关注的是，关于 DAP 和 KFD 的研究表明，大多数以评分系统为基础进行解释的、绘画中的个性化细节与特定类型的心理病理问题并无关联，也不能预测行为。研究者发现帮助做出解释的一些绘画特征——比如"大眼睛等于多疑""树上有一个洞意味着虐待已经发生""家庭成员在页面上位置越高越重要"——是无效的。

　　然而，一些实证研究已经证明，基于儿童绘画整体性分析的评分系统是有效的。例如，纳格利里和菲佛（Naglieri & Pfeiffer，1992）为人物形象画建立了一个计分程序（情绪紊乱分析程序 DAP，或 DAP SPED），编订了大量心理病理问题的可能指标索引，并且成功地将情绪紊乱的儿童与正常儿童区分开来。如果绘画中出现特殊的特征，如透明、缺失身体部分、阴影、空的眼睛、裸体人物和攻击性象征，就给予值得关注的分数。

　　总之，作为生成进一步探索观点的方法，而不是提供确定性的数据，儿童的绘画可能是最有价值的。

　　除了作为投射性测验来使用，绘画也被用作非正式评估工具，以帮助建立关系或促进儿童的言语报告。绘画本身是一种很享受的活动，能帮助临床医生和那些害羞或沉默寡言的儿童建立关系。重要的是，临床医生通过对儿童的画作表现积极的兴趣（例如，"请跟我介绍你的家庭图画，每个人都在做什么"），鼓励儿童描述他们的隐私世界，这比直接询问的威胁性小。相似地，研究者已经得出结论，伴随画作的言语报告有极大的价值（Pipe & Salmon，2009）。海恩（Hayne）和她的同事们（Gross et al.，2009；Patterson & Hayne，2011）已经进行了大量关于绘画帮助儿童描述他们经验的研究。例如，格罗斯和海恩（Gross & Hayne，1998）要求 20 个 3～4 岁的儿童和 20 个 5～6 岁的儿童描述他们开心、悲伤、愤怒或恐惧的时刻。儿童进行两种不同的任务，一种是画画和讲述，另一种是单纯讲述。儿童报告了一系列情绪体验，包括消极情绪状态，如丧失、悲伤和与家庭不和谐相关的痛苦。不管是哪个年龄组，参与画画和讲述实验组的儿童所报告的信息是参与单纯讲述实验组儿童报告信息的两倍。同时，不管哪个年龄组，在绘画和讲述实验组的儿童也表现出更高的信息精确性。这个现象在 5～12 岁儿童中也是一样的（Patterson & Hayne，2009）。

　　你使用 DAP SPED 程序，要求鲁迪依次创作三个人物：一个男人、一个女人和他自己。起先，鲁迪不愿意画人，他抱怨"不善于画画"和"这看起来很蠢"。尽管他画的男人是与年龄相配的，但是画有一点简单，缺乏细节。此外，他的画非常小，有很多擦痕，显示出犹豫。他对让男人的手放在合适的位置感到烦恼，最后放弃并说道："他的手在口袋里，他并不在乎。"他画的女人更大，更精细，包括许多小细节，如睫毛、珠宝和发型。当要求他完成自画像时，鲁迪犹豫不决并抗议说："这太难了。"最后，他在页面的底部画了一条几乎无法辨认的歪曲短线，并以违抗性的语调宣布："就这！"这是你第一次看到鲁迪违抗的一面，之前他的老师抱怨过这一点。

　　在后来的一次访谈中，你和鲁迪的关系看起来更好了，鲁迪也没有以前那么自我了。你让鲁迪完成家庭动力绘画测验，他同意了，但是这一画作也很简单，画的过程也是一样犹豫。鲁迪描绘了这样的图画：弟弟在高高的摩天轮上，而他和妈妈则站在地上向弟弟挥手。他沉思了一会儿，描述说这代表愉快的一天，这是"很久以前"他们一起去游乐场。

　　还可以从这些画作中获得很多不同的信息。例如，我们可以了解到鲁迪对绘画任务本身的态度。他不愿意绘画可能是因为他自己会尖刻地批评可能创作的内容。他对自己奇怪的、冷酷的描绘也暗示他消极的自我知觉。并且，他绘画的过程和内容都反映出他不能玩耍，不能成为一个无忧无虑的男孩，而这都是他期望的状态。

3. 统觉测验

　　儿童的故事，无论是在测验中自发产生的，还是对投射性任务的反应，只要从分析者的视角，朝向潜在的幻想、发展易感性、潜在的可转移内容去看，都是丰富的信息来源。主题统觉测验（the Thematic Apperception Test，TAT）包含一套数目有 31 张的图片，要求儿童对每一张图片都讲一个故事。每张图片的意图都是模棱两可的，其假定是：为了给图片赋予意义和结构，儿童将把自己的需要、渴望和冲突投射到图片中。例如，一个斜靠在沙发上的模糊的人物可能是男性或女性，可能精疲力竭，或放松、自杀、处在狂喜状态，或只是在休息。因为任何反应都是同样合理的，所以儿童自己知觉的唯一决定因素就是他内心的画面。这种方式允许个体表达其人格的无意识方面。让儿童选择大约 10 张卡片，不同卡片是为不同的人设计的。比如，卡片适合男性或女性、儿童、青少年或成人。要求儿童就图片编出故事，包括开头、过程和结尾，并描述故事中的人物在思考什么，有什么情绪。施测者记录故事的逐字稿，询问可能被忽略的任何元素的问题。

大多数临床医生报告，在真实的实践中，他们没有使用标准化程序解释 TAT（Rossini & Moretti，1997）。人们最常接受的 TAT 解释的假设是，故事的主人公代表着个体自我概念的不同方面，既有意识的也有潜意识的。因此，要对主人公的需要、兴趣、特征、努力和能力给予特殊关注。在人际方面，关于父母—孩子和家庭成员关系的主题也有特殊价值，通过故事分析，他人在某种程度上代表着养育的，值得信任的，敌对的或不可靠的。分析者还应该探寻故事的整体情绪基调，以及对故事中问题的应对策略的有效性。

韦斯顿（Westen，1991b）贡献了一个 TAT 解释的、有实证效度的系统。社会认知和客体关系量表（SCORS）整合了心理动力学理论和社会认知发展的知识，以评估个体的人际关系表现。这个量表评定了个体的四个方面。第一，人们表现的复杂性。低分表明自我和他人之间缺少区分，而高分表明个体会以复杂的和多维的方法看待他人。第二，评定关系的亲密性。低分表明将社交世界知觉为敌对的和剥夺的，而高分表明拥有一系列亲密情感，总起来说，认为他人是积极的，值得信任的。第三，评定关系中情绪投资的能力和道德标准。低分表明将人们描述为只被个人利益所驱动，关系仅仅只是获得自我服务的方式；而高分表明与他人关系的互惠和重视。第四，社会因果关系的理解。低分表明明显缺乏解释他人行为背后内在动机的兴趣，而高分表明对人们行为背后的潜在思维、情绪和无意识冲突的理解。SCORS 良好的信度和效度，能区分不同的心理病理群体，包括精神病态青少年、犯罪青少年、边缘型人格障碍和有性虐待历史的人群。

罗伯茨儿童统觉测验（the Roberts Apperception Test for Children，Roberts-2；McArthur & Roberts，1982）将统觉测验方法运用到测验儿童的成就中，通过独特的故事讲述方式，帮助评估儿童的社会理解能力。这个量表适用于 6～18 岁的儿童，评定了两个独立的维度：适应性社会知觉（发展测量）和不适应或异常社会知觉（临床测量）。测验材料一共有 16 张刺激卡片，描绘了儿童生活中的常见情境、冲突和压力。例如，人际纷争、儿童不良行为、兄弟姐妹敌对和同伴冲突。测验图片一共有三种版本：白人儿童版、非裔美国儿童版和西班牙裔美国儿童版。Roberts-2 根据六个适应性量表提供了标准和故事计分案例，这六个维度是：依赖他人、给他人提供支持、自给自足和成熟度、父母和权威人物限定设置、形成关于问题情境的概念的能力、儿童建构积极和现实的解决冲突的能力。测验评定五个临床量表，包括焦虑、攻击性、抑郁、拒绝和缺乏决心，也会评估严重指标，包括异常反应、不适应结果和卡片排斥。Roberts-2 的优势包括评估者之间的高一致性，临床医生可通过年龄和性别的特定常模评定不同儿童的适应性。

你要求鲁迪对一张 TAT 卡片做出反应，这张卡片上的图案是：一个男孩看着他面前桌上的小提琴，脸上的表情很模糊。下面是鲁迪述说的故事。

嗯，有一个小男孩，他的老师告诉他要练习小提琴，因此他就坐在那里盯着小提琴。过了一会儿，他睡着了，做了一个梦——现在我不得不想一个梦。他梦见自己是世界上最伟大的小提琴演奏家，名誉和成功让他富有而快乐。他给妈妈买了漂亮的东西，他们享受着奢华的生活。呃……这真的很难想象。他有一把很特别的小提琴，他不能演奏别的小提琴，因为这是唯一一把适合他的小提琴，因为只有这把能弹奏出正确的音调。它好像有魔力，它能演奏得很好。他时刻带着这把小提琴，因为如果他丢了琴，就将失去所有的财富和一切。它像是真的魔力。最后，当他的最坏的敌人意识到他只能演奏这把小提琴时，就打算派土匪去毁坏这把小提琴，从而毁了他的人生。就在土匪去毁坏小提琴时，他醒了。

我们可以从鲁迪的故事中了解到什么？首先，我们要记住的是，没有任何一个故事本身是确定性的，都只是提示。只有当主题重复出现，能够拼凑在一起形成整体时，临床医生才有足够的信息对数据进行解释。保持着这个警惕，我们就会发现，这个特别的图片常常引发有关成就和主动性的故事，这看上去也是鲁迪生活中的重要主题。鲁迪的故事也包含熟悉的主题，即儿童不得不做他不想做的事情，因为成人说他必须做。鲁迪应对这一冲突的方法就是逃离到梦境中。另外，最引人注目的是一开始图片中受到不良待遇的男孩和梦境中沾沾自喜的世界著名艺术大师之间的对比。然而，成功伴随着高度的脆弱性，而没有真正的安全感，因为一个竞争对手开始要毁灭他。这些故事主题都与其他数据得出的一些概念相吻合。我们可以假设，鲁迪满足现实期待的努力——达到不可能的学业目标和表现得像是"家里的男人"——已经产生了不足感。此外，鲁迪知觉到了攻击性和敌意的竞争看上去是成就的必需部分。可能因为他实际的能力不能满足自己的期待，他害怕同伴的敌意和拒绝，于是他就从群体中退缩。但同时，鲁迪也拥有生动的想象力，以及当思维和情绪太令人痛苦而无法直接面对时，以掩饰的方式来表达的能力。这些特征都暗示，他可能很适合进行心理治疗。

四、行为评估

正如我们已经提到的，临床评估的重要目的是，充分理解儿童心理病理问题的基础，这样临床医生能设计有效的干预计划。行为评估就是制定治疗程序调查的典型案例。因为行为疗法关注当下情境，所以评估的目标就在于获得对儿童问题行为的特定解释，以及它们即刻的前因和后果。

行为评估使用许多传统的诊断程序，但是重点是不一样的。在获取转介信息过程中，临床医生关注的问题是：谁在什么情境下看到了什么行为？同样，行为访谈的主要目的在于获得问题行为的特定解释，和可能引发和维持问题的环境因素。行为临床医生也会询问改变困难行为的尝试和所获得的结果，还会访谈与儿童问题有关的成年人，如父母、老师和亲戚。一般来说，临床医生获取问题的历史发展信息较少，因为他们很少对重建病因感兴趣。

行为访谈的一些主要特征值得详细讨论。一开始，访谈者会对儿童的一般特征下操作性定义，如"不合作""退缩"或"懒惰"，方法是将它们转化成具体的行为。具体化是其本质："鲁迪的课堂不良行为"就不如下面的描述有价值："鲁迪上课时盯着窗外，被叫到时不会回答问题，和其他孩子争吵"。接下来，访谈者询问关于先前经历的问题（对问题行为发生的情境的描述）。然后，临床医生询问问题行为出现后即刻发生的事件，即它的后果。这个过程，和在访谈的每一个方面一样，都要根据确定的谁在场及做了什么来进行行为具体化："当鲁迪没有回答我，我就叫他到教室前面，他总是说听到坐在第二排的男孩说一些粗鲁的话。"

特定的附加信息是有帮助的。临床医生通过询问儿童喜欢的东西，如最喜欢的食物、娱乐活动或休闲活动，可以获得关于将来能在治疗过程中使用的潜在强化物的原始列表；也可以询问父母和老师，他们将期望用什么行为来取代目前令人反感的行为。如果父母认为是可接受的，临床医生也可以评估父母必须参与治疗计划的时间量，以及他们这么做的能力和意愿。最后，还可以对儿童进行访谈，以了解他对问题的认识及他喜欢的和不喜欢的东西。

访谈者强调具体行为绝不会消除任何临床访谈过程中的固有问题。父母和老师会卷入个人情感，而不是客观地报告。例如，在前面的例子中，老师可能由于偏见或健忘，只会报告鲁迪的问题行为，而忽略其他孩子的挑衅。因此，行为派临床医生在建立关系、建设性处理消极情绪、判断信息的准确性，以及当父母产生怀疑时做出现实的解释而不惹怒或疏离父母等方面，必须要和其他人一样十分娴熟。

有许多评定儿童可观察行为量表来用。虽然它们是可信的，也稳定，但是仍然需要相当多的时间和相当大的努力去培训使用这些量表系统的人。

其中一个量表是行为编码系统（Behavioural Coding System，BCS；Reid，1978），评定儿童在家和在学校的行为，也会评定特定的积极和消极的行为，包括言语表达（如笑、哀诉、遵从和嘲弄）和非言语行为（如破坏性、不理另一个人或触摸另一个人）。该量表已经被证明有良好的评定者间信度，并且BCS也能成功地区分临床样本和正常样本，如攻击性和亲社会性男孩，也能揭示行为治疗前后消极行为比例的显著变化。

儿童行为量表的直接观察表（the Child Behaviour Checklist Direct Observation Form，DOF；Achenbach et al.，2001）的优势与CBCL父母和教师版一致。直接观察表包括96个行为题目，86个与父母报告量表重叠，73个与教师报告量表重叠。DOF要求评估者对儿童进行6个10分钟的会谈观察，在这个过程中记录儿童的行为，包括问题行为的发生、持续时间和强度。在每次会谈结束时，都要使用四点量表对每个行为进行评定。已经证实它有良好的评定者间信度，同样，父母和老师报告之间及其他报告者之间的信度也得到了证实。根据DSM-Ⅳ，适应性功能指的是个体如何有效应对日常需求，以及在多大程度上满足了他人对其所属的特定年龄群体、社会文化背景和社区背景的人的个人独立性标准。对精神发育迟滞的诊断，除了前面提到的智力缺陷外，儿童也必须至少在下列两个领域内表现出适应功能的损伤：沟通、自我照管、家庭生活、社交／人际技能、自我指导、学业技能、工作、休闲、健康和安全。

适应行为量表，如瓦因兰德适应行为量表（the Vineland Adaptive Behaviour Scales；Sparrow et al.，2005）和AAMR适应行为量表（学校版；the AAMR Adaptive Behaviour Scale-

School，ABS-S：2），提供了一系列不同领域内的适应行为标准分数，如沟通、日常生活和社会化。除了标准分数外，量表也提供范围为 0~18 的量表分，这个分数的平均分为 10，10 分处于 50 百分位上。事实上，瓦因兰德适应行为量表是支持智力残疾和发育残疾诊断的重要工具，量表由主要照管者完成，提供三个领域内适应功能的指标：沟通、日常生活和社会化。

（一）行为观察

通过采用自然观察的技术，行为方法已经做出了独特的贡献。以前，自然观察基本服务于研究目的，而现在用来评估目标并且将目标置于整个过程的中心。这种对直接观察的强调是很容易理解的，因为人们一般认为异常行为是由于环境刺激而形成并维持的，而行为矫正通过改变环境条件而修正问题行为。

起初，临床医生需要借助转介、行为检测表和访谈提供的信息，识别要观察的目标行为，也是符合具体治疗目标的行为。实际上这些行为是儿童问题的操作性定义。例如，"不合作"可以定义为"当老师点名时不回答问题"。教室内发生的其他破坏行为可能包括未经允许离开座位，触碰、抢夺或毁坏他人的物品，未经允许发声、说话或制造噪声，打其他孩子，不完成作业。

行为学派临床医生的下一步工作就是确定目标行为的频率，以确立该行为自然发生的基线值，这样就便于将来评价治疗干预的效果。在问题行为最可能发生的具体阶段进行观察。基于目标行为的自然发生，它发生的阶段可能持续半小时到一整天，而观察也就可以每天进行或只在某些特定的日子进行。例如，鲁迪就只需要在教室内观察 30 分钟。

有很多不同的方法确定行为观察的数量。频率是指，数出在特定时间段内目标行为发生的次数。频率除以时间得出一个测量值，即反应率。例如，在一节 50 分钟的课堂上，一个破坏性男孩可能不经允许离开座位 5 次，他的反应率就被记录为 5/50，或 0.10。在间隔记录法中，观察者有一个将时间分成很小单元的数据表，如 20 秒。在附着于夹板上的时间装置（如秒表）的帮助下，观察者在给定的时间单元内标示是否发生目标行为。例如，经常使用的时间抽样法，在一个 15 秒的时间间隔内，观察者观察儿童行为 10 秒，然后花 5 秒记录目标行为。这样的程序反复进行，直到整个观察阶段结束。一般来说，只有当目标行为出现或不出现才会记录。如果一个行为在一个间隔内出现超过一次，那么有些数据就会丢失，但是这种信息缺失往往是不重要的。当观察者希望记录一系列行为时，间隔记录法往往比频率方法更实用。最后，持续时间是指测量目标行为初发和终止之间的时间间距，这在评估特定行为上消耗了多少时间方面是很有用的评估，如在课上撞头或与同伴交际。

此外，对目标行为进行功能分析时也会使用观察法。一个常见策略是 A—B—C 方法，它要求注意使问题行为产生和维持的先决条件、行为和结果（参见图 16-12）。这些数据质胜于量，以叙述的形式提供了儿童行为的描述。同样，观察者需要意识到观察到的关系的情境特定性本质，并警惕这种可能性：环境背景可能显著改变行为的功能意义。例如，当老师和儿童单独相处时，教师的责骂往往会减少挑衅行为，但是当其他儿童在场时，特别是如果他们嘲弄或怂恿目标儿童时，就可能增加挑衅行为。

时间／背景	先决条件	行为	后果
8：30/ 数学课——从黑板上抄写		B 从另一个儿童处拿走铅笔	其他儿童不理他
	其他儿童不理他	B 撕掉一个儿童课桌上的纸	其他儿童告诉老师，老师责骂 B
	老师责骂 B	B 生气	老师允许 B 擦黑板
8：35/ 数学课——做课堂作业		B 离开座位削铅笔	老师要求 B 举手才能离开座位
		B 举手	老师继续和其他儿童工作
	老师不理 B	B 离开座位，拉老师的衣服以获得关注	老师责骂 B 不该离开座位，把 B 的名字写在黑板上
	老师将 B 的名字写在黑板上	B 开始哭	其他儿童嘲笑 B
	其他儿童嘲笑 B	B 尝试打其他儿童	B 被送去办公室
8：55/ 数学课——完成课堂作业	B 回到课堂	B 闷闷不乐，拒绝写作业	老师允许 B 收作业

图 16-12　一个 8 岁男孩（B）的简单 A—B—C 观察系统假设案例
资料来源：Kamphaus & Frick，1996。

理论上，基线阶段应该持续到目标行为稳定下来，但这种理想的状况很难实现。一般的做法是，数据收集的基线阶段至少维持一周（更多相关讨论参见 La Greca & Stone，1992）。

（二）信度

为了确保信度，使用自然观察法的研究者发现有必要对观察者进行培训。通常，两个或更多的观察者在培训时对同一个儿童的行为进行观察、记录和评分。如果意见不一致，观察者可以讨论和协商，直到观察者之间的意见一致性至少达到 80%～85%，才停止观察和评分。即使在培训完成后，也会对观察者进行重复培训，阶段性地"再核准"。如此大量的培训进一步证明一个事实：尽管存在"皇帝的新装"的现象，但是未经训练的眼睛确实是不准确的观察工具。

行为学派临床医生很少有时间或能亲自去训练以使观察更精确，因此，他们必须依靠未经训练的成人，如父母和老师，这样，信度就会如预期一般显著降低（Solanto & Alvir，2009）。一般来讲，某个人本身在一周到一个月的时间段里是基本一致的，即使在六个月后，一致性会稍微变化，但仍然是足够的。相似观察者之间（如父母之间或老师之间）的信度是令人满意的，但是并没有高到可以忽略父母之间或老师之间的不一致。在不同情境下观察儿童的成年人之间（如父母和老师之间，老师和心理健康工作者之间，甚至是在不同背景下观察儿童的老师之间）

的信度会陡然下降。这个结论提示，许多问题行为可能是情境性的，因此，信度既会受内在定义和观察者偏见的影响，也会受不同信息提供者的影响，因为他们是在不同情境下观察儿童的。

（三）行为评估中的发展性维度

在行为评估过程中还是应该整合发展性考虑（Ollendick & King, 1991），即使常常被忽略。能够将儿童的行为与其同龄儿童的正常水平进行比较，这是很重要的。例如，虽然老师可能将一个无法待在座位上的学龄儿童视为过度活跃和破坏性，但是行为评估者可以借助发展性常模的知识认识到儿童的这个行为表现是偏离了常态还是只是成人的期待过高。我们还应理解行为的发展性常模的另一个方面——行为模式。与同一障碍相关的行为可能在不同性别和不同年龄个体中表现不同。例如，虽然年龄较大的男孩的抑郁与"沉默寡言"相关，但是抑郁的女孩则更可能表现出"社会退缩"。相似地，年龄大一些的分离焦虑的孩子更多表现躯体主诉和拒绝上学的特征，而年龄小的孩子则表现出睡眠紊乱及过分担忧其依恋对象离开的症状。因此，行为评估者必须对这一事实保持敏感：症状和征兆会随着性别与发展的变化而变化。最后，在评估中必须和儿童建立关系，这需要具有发展性相关知识和技能。

鲁迪的老师渴望得到帮助，同意让你的同事进入课堂观察鲁迪以进行行为评估。她在四个具体方面对鲁迪行为的先决条件和后果做了笔记：专注行为（做布置的作业，举手参与讨论，询问关于材料的相关问题）；不专注行为（凝视天花板，参与不是老师布置的活动）；违抗（被老师点名时拒绝回答问题）；同伴冲突（和其他儿童的消极互动，包括言语或身体攻击，鲁迪是意外事件的发起者或受害者）。在半小时内，她观察到了较少的专注任务，6次不专注任务，3次违抗表现，3次同伴冲突。每一次不专注任务看上去都发生在其他同学对老师的问题做出回应时，而鲁迪从来没有主动回应过老师的问题。违抗事件发生在算术课上，每一次老师的反应都是叫他到教室的前面。她观察到当鲁迪经过前面的某个男孩时，这个男孩都会做出细微的挑衅行为，如低声辱骂鲁迪，试图绊倒他等。鲁迪对这些挑衅的回应就既不细微，也不安静——他试图用言语回击，这让老师看见了，导致他遇到更大的麻烦。其他儿童看上去很高兴看到这些小插曲，也期待这种"好戏"发生。

五、临床评估：艺术与科学

虽然根据临床医生的不同理论和治疗流派，我们能很好地理解评估程序的差异性，但是还存在另外一种不一致性。作为科学家，心理学家努力做到客观和精确，这就要求清晰的设定符合科学界要求的程序。因此，一点也不意外的是，过去的心理学家更捍卫标准化评估技术而不是主观评价方法，因其清晰的观察程序，避免对人格特征和动机进行推论，行为评估发挥了相似的作用也就并不偶然。同时，在这个讨论中，临床医生最开始不信任假设验证。运用理论和经验指导，临床医生生成、验证、接受和抛弃观点的过程更接近艺术而不是科学。他可能会提出令人印象深刻的真正的洞察，但是也可能出现严重的错误，更重要的是，这就是爱挑剔的心理学家所关注的，判定一个结果比另一个结果更好时，并没有建立明确的程序。

正如我们已经在智力测验部分看到的，一些临床医生可能会回答说，分数只是在测验中获得的一种信息。将评估限定在最终的分数上就会把另外的行为数据排除在外，而这些数据对理解儿童也非常重要。如果这些数据还没有被标准化，信度也尚未可知，那么它们的效用就会证明它们目前使用的合理性。这些临床医生声称，许多重要的领域都存在这样没有标准化、临床运用很好的工具。因此，他们只不过是尽自己可能将评估数据放到一起。并且，正是研究者对理解这些复杂、非系统化数据所付出的努力，才最终使它作为客观的评估技术。

虽然临床评估技术和目标可能不同，但是都要求高度的专业能力。在处理许多人际问题，尤其是应对麻烦的父母和儿童时，临床医生必须非常娴熟和敏感；他们必须对他们所使用的程序及评估问题十分熟悉；他们必须非常熟悉和遵从专业伦理；他们必须接受足够的学业和专业基础训练，对一个典型的临床儿童心理学家来说，必须获得公认的大学哲学博士学位（Philosophic Doctor，PhD）或心理学博士学位（Doctor of Psychology，PsyD），并且至少有两年被督导的实习经验（APA，2002）。

评估的另一个艺术胜于科学的方面，是将不同的具体的结果整合为有价值的整体。我们再次回看鲁迪的案例，我们收集到的数据表明，儿童的情绪和行为问题拥有多个维度。因此，没有一个简单的描述能捕捉到数据的所有内涵。鲁迪在算术领域的学习困难证明他可能有认知方面的问题；他试图内化他的痛苦及成就与攻击性之间的冲突，也说明其问题的情绪或心理动力学成分；也可以发现家庭系统成分。例如，他承担了妈妈的照顾者角色。当然，行为成分也少不了：他与老师和同伴互动的困难就显露无遗。

那么，这些问题中的哪一个提供了"正确的"假设？不同理论取向的临床医生将关注不同的数据，这会为他们提供最为可行的个案概念化以及治疗方案。然而，发展心理病理学视角的临床医生就有一个优势，因为他们不会固着于任何单一的理论流派去收集证据，也不会只关注某一类数据。相反，发展心理病理学家将评估每一类证据与数据——不管它们来源于或支持了什么理论取向——只为构建一个最能描绘这个有趣的、复杂的青少年的综合形象。并且，每一个取向的数据都提示了特定的干预路径——例如，对于鲁迪，他的家庭或学校——可以整合形成一个有效的多维治疗计划。反过来，鲁迪对这些不同的干预方法的反应，又将为临床医生提供反馈：到底哪一种能更准确地界定问题，以及哪些可能需要通过心理测验进一步验证。因此，正如评估促进了干预一样，干预也促进了进一步评估。

本章我们强调的评估和心理治疗之间相辅相成的关系，在我们探索主要的干预技术后将会变得更加清晰，这就是我们最后一章的主题。

第十七章

干预和预防

本章内容

1.儿童干预概念化和评价

2.儿童干预中的伦理和跨文化多样性

3.发展心理病理学方法

4.心理动力学方法

5.人本主义方法

6.行为疗法

7.认知疗法

8.家庭系统方法

9.预防

一、儿童干预概念化和评价

我们根据调查估计，针对儿童和青少年使用的心理疗法超过 200 种（Kazdin & Weisz，2010）。这些疗法起源于对心理病理问题本质的不同假定，以及对问题缓解方法的不同观点。临床医生如何选择最佳的干预方案？出于对干预主体的考虑，我们在介绍完所有内容后将回到第一章介绍的主题：心理病理学的不同理论。理论指导着临床医生理解儿童心理健康问题的起因，寻求最佳治疗方法。

过去，治疗师往往严格地遵循某一理论的观点，无论是精神分析学派、行为主义学派还是系统学派都是如此。临床医生坚持自己心理治疗的"品牌"，就会导致他们在很多情况下仅仅从一个视角去看待所有的个案，对每一个人都建议使用同样的治疗形式（Matarazzo，1990）。认识到这一点，临床研究者开始进行研究，他们对不同类型的干预进行比较，以此来确定哪种是"最佳"干预方法。综合来看，这些"赛马"式的研究结果并没有十分明显的区别，因为治疗都带来了一定的进步，相较于没有接受治疗的对照组，治疗组进步都很明显，不同疗法之间差异较小。正如刘易斯·卡罗尔的《爱丽丝梦游仙境》中渡渡鸟所声称的那样："每个人都胜利了，所有人都拿奖"（Luborsky et al.，1975）。

这些早期的研究都是基于被称为"一致性神话"的假设来预测的，即一种治疗方法将适合所有的心理病理问题。慢慢地，治疗领域开始改变，人们开始询问更复杂和深奥的问题。比如，哪一种疗法在什么时候对什么人最有效（Fonagy et al.，2002）。因此，对于一个特定的儿童，治疗师开始根据他的发展阶段、心理病理问题、人际和家庭特征来寻找更好的方法，以使自己与他"最佳匹配"。同时，心理治疗实践中的另一个趋势是开始朝向整合模型改变，即采取多方面的方法解决儿童和家庭的问题。整合可结合个体治疗和家庭治疗，或者整合来自生物、认知、社会和行为疗法中的一系列不同技术。

最后，还有一个正在倡导的就是促进经验支持（Chambless & Ollendick，2001；Task Force on Promotion and Dissemination of Psychological Procedures，APA，1995）或实证基础（Silverman & Hinshaw，2008；Weisz & Kazdin，2010）治疗的运用。这种运用在临床心理学领域尤为重要，因为心理学家的伦理原则（APA，2002）明确要求他们使用有效果证据的干预方法。

本章我们将讨论一些能够被改善甚至是防止儿童心理病理问题的方法。我们精选了已有的200多种疗法中部分疗法的案例（更详细的概览参见 Kazdin & Weisz，2010；Kendall，2011b；Mash & Barkley，2006；Rutter et al.，2009a）。在干预方面，我们介绍五种主要的治疗方法——精神分析、人本主义、行为主义、认知和家庭系统方法——并为这五种方法提供治疗技术原理的病理问题概念化。介绍预防的内容时，我们将讨论一些针对危险人群的预防项目，以防止心理病理问题的产生。为贯彻实证基础治疗运动，我们将考察针对儿童使用的主要干预方法的已有研究，并特别关注已经获得实证支持的疗法。然而，首先我们必须了解如何确定一个具体的治疗方法是否有效。

证明一个干预方案是"起作用的"看起来似乎是一件简单的事情，但事实上这将面临一系列挑战（Kazdin，2008；Weisz & Kazdin，2010）。例如，必须要有大量具有同样诊断的儿童参与效果实证研究，并且得到父母的同意，必须将儿童随机安排到治疗组或控制组，而且这两组被试在问题的严重程度、年龄、种族、家庭排行和社会群体等特征上应当没有显著差异。此外，还必须有大量可供选择的治疗专家，而且也需要设计出具体的治疗方案，这样才能保证所有的治疗师都按照标准进行治疗。并且有必要仔细关注治疗师是否严格按照治疗方案执行，通过这种方式才能保证治疗师坚持治疗手册的基本原则。呈现的结果也必须是清晰、可靠、有效、具有可操作性的，并且应该证明治疗已经引起了持久的改变，具有一定的效果。

卡兹丁（Kazdin，2008）说明了大多数儿童治疗研究结果没能达到目标的原因。大多数关于儿童干预的研究都是类似研究，即仅仅能接近现实世界里的心理治疗。一般来说，类似研究都是没有经验的治疗师（经常是研究生、研究助理）对非临床样本进行干预，这样的干预和娴熟的专业人士进行的治疗实践有较大区别，而且被治疗的儿童也并没有像真实临床样本那样高水平的紊乱问题及共病现象，所以治疗的挑战也远没有那么高。另一个重要的因素是持续治疗的意愿。紊乱越严重，儿童和家庭越具有破坏性，他们越可能无法坚持治疗。对真实临床样本来说，耗损，或者治疗脱落是一个主要的问题。此外，大多数研究者使用较为狭隘的疗效标准，比如将症状缓解作为评价标准，虽然它可能达到了统计意义上的显著差异，但是在考查治疗之外的因素对儿童生活的影响时，就缺乏临床显著性。治疗师的评估常常缺失忠实度，随访一般也只是在短期内进行，所以很少有证据能证明对儿童问题的治疗具有长期的有效性。

另外，很少有研究证明干预过程本身是能导致与治疗相关的变化的。不论干预的目标是为了获得一种技能，洞察内在冲突，还是改变不适应的认知，研究都应该证明，就是这些特别的过程导致了进步。没有这样的证据，对于如下挑战干预研究就显得十分脆弱：非特定效应，如得到一个喜爱的成年人的关注——或非预期效应，如心理治疗师微笑和点头所带来的不经意的积极强化——导致了积极的治疗结果。最后，大多数研究忽视了许多调节因素，如年龄、家庭排行、治疗关系品质，这些都可能影响对个别儿童的治疗效果。

最后，要实现从实验室基础的治疗到现实世界背景的转变，还需要巨大的能量和策略（Bearman et al.，2010；Fixsen et al.，2010）。例如，发展社区基础心理健康系统，提升采纳和实施实证基础干预的能力，其中可能需要一些相当不同的理论取向和传递方式（Weisz & Chorpita，2011）。此外，尽管已经证明了一些有前景的实证基础干预方法，如功能性家庭疗法和多系统疗法，都已成功地被全世界多种不同文化群体采用，但是很少有研究说明，在某个国家适用的干预方法是否或怎样适用于另一个国家的患者（Scott，2010）。

尽管有这么多挑战，但是心理治疗的效果总体上还是鼓舞人心的。儿童有效干预已经产生，而且人们越来越关注记录特定问题和跨样本治疗效果（Silverman & Hinshaw，2008）。元分析研究积累了一系列研究的数据，最能证明儿童干预的有效性。元分析的结果是效应量的估计：在所有这些不同背景、不同样本中，治疗带来了多大的差异。

一个关于儿童干预的综合性元分析包括了从1967—1993年的150个发表的研究，被试年龄为2～18岁（Weisz et al.，1995）。效应量显示，接受治疗的儿童在随访调查中比76%的未接受治疗的儿童的症状少，与成年人治疗效果相比，他们显示出了显著的治疗效应，疗效从中度到高度。

另外，韦兹等人（Weisz et al.，1995）发现，对儿童来说，行为疗法是最有效的干预方法，这与成年人治疗效果中的"渡渡鸟的裁决"是不同的。但是在他们综述的所有研究中，只有10%的研究是非行为干预。因此，考虑到较少有以其他治疗形式进行的实证研究，这种判断是不科学的。一般来讲，青少年的提升空间往往比幼儿更大，并且对女性，尤其是青少年女性的干预最有效。有经验的治疗师在治疗过度控制问题（如焦虑和抑郁）时比受过良好训练的专职助手的效果更好，但是在治疗低控制性问题（如品行障碍）方面，他们的效果没有差异。并且，实验室基础的干预效果显著强于在真实生活环境中进行干预的效果。最后，效果最好的是特定匹配治疗技术的干预，这也正好反驳了非特异性效应可能可以解释儿童治疗效果的观点。

广泛的元分析研究结果在回答一个简单的问题时是有限制的，正如卡兹丁（Kazdin，1997）所提的，"关于心理治疗是否有效的问题基本已经得到了确切的答案，并且可以放到一边"（p.115）。元分析研究已经开始调整，试图更具体地理解，在什么条件下，哪种特定的治疗对解决特定的童年期问题更有效，如抑郁（Weisz et al.，2006b）、创伤后应激障碍（Kowalik et al.，2011）、强迫障碍（Watson & Rees，2008）、ADHD（Fabiano et al.，2009）、品行障碍（Reyno & McGrath，2006）及其他。

在大力倡导使用经验支持干预的背景下，美国心理学会第 12 分支（临床心理学）发起了一个任务小组来定义、提升和传播满足科学标准的心理治疗（APA，1995）。后来，钱布利斯和霍伦（Chambless & Hollon，1998）、钱布利斯和奥伦迪克（Chambless & Ollendick，2001）对它进行改善，表 17-1 呈现了具体标准。为了得到实证支持，治疗方法必须得到一系列研究的验证，并且这些研究需要达到科学要求标准。第一，实验性治疗必须与控制组进行比较，控制组可以是无治疗、安慰剂治疗或其他替代性治疗。第二，研究被试必须被随机分配到治疗组和控制组，这样选择误差才不会污染研究结果。第三，研究必须使用治疗手册进行干预，这样才能确保每一个治疗师遵循研究中特定治疗方法的程序和原则。第四，研究必须基于明确的人群，被试选择标准明确，研究者才能知道对哪个特定人群治疗方法是有效的。第五，结果测量必须可靠有效，而不是基于治疗师或患者的主观或仅凭印象的评定。第六，必须以适当并有效的方式完成数据分析。简言之，这些程序中的每一个都必须依照标准来设计，这样才能确保研究是以实证合理的方式进行的，最终观察到的效果才可以归结于治疗，而不是一些其他的偶然因素或复杂的因素，并且，只有设计和描述得足够好的研究，其方法才容易被其他研究者复制。

表 17-1 经验支持心理治疗（Empirically Supported Pschological Therapies，EST）的标准总结

1. 和无治疗控制组、替代治疗控制组或安慰剂控制组比较：（1）在随机控制实验中，控制单个个案实验或对等的时间样本设计；（2）EST 比无治疗控制组、安慰剂组或替代治疗组显著优越，或者 EST 与已经确定有效的治疗方法的效果等同，并且治疗效果足够达到中等差异程度。
2. 这些研究必须这么进行：（1）有治疗手册或其逻辑等价物；（2）被试人群具有特定问题，可以靠有效的标准进行描述；（3）结果评估测量可靠且有效，至少对目标问题改变要有针对性；（4）合理的数据分析。
3. 对于有效水平，至少在两个独立研究背景下才能显示出 EST 的优越性（如果是个案研究，每个研究背景下的样本量至少要大于等于 3）。如果研究结果出现冲突，大量的良好控制的数据必须支持 EST 的有效性。
4. 对于可能有效水平，如果没有冲突性的研究结果，一个研究（如果是个案研究，样本量至少要大于等于 3）就足够。
5. 对于有效和特定水平，EST 必须至少在两个独立的研究背景下比药物、心理安慰剂或替代性疗法显现出统计上显著的优越性。如果有冲突性研究结果，良好控制的数据的数量优势必须支持 EST 的有效性和特定性。

资料来源：Chambess & Hollon，1998。

另外，任务小组还建立了三种不同水平的实证支持：可能有效水平、有效水平、最高水平。要达到可能有效水平，必须要有一个设计得很好的研究能证明干预组比控制组条件更优。为了满足更高的有效水平，治疗干预的优越性至少要在两个独立的研究实验背景中呈现出来。而要满足最高水平，干预必须要在至少两个不同的研究者进行的研究中呈现出比实际替代疗法更有效的优越性。

那么，有没有证据证明经验支持疗法比传统治疗方法更有效呢？为了解决这一问题，韦兹等人（Weisz et al.，2006a）再次梳理了过去二十多年内发表的文献，进行了一个新的元分析研究，找到 32 个随机控制组研究。在这些研究中，有些治疗方法至少被纳入一个经验支持干预方法的科学评定列表，而另一些研究的治疗方法就是非实证的基础干预，是在临床背景下作为常规方法提供的。他们的元分析结果显示，尽管所有儿童治疗的总体效应量只是适中的，但是相比于常规治疗，实证基础的治疗效果明显更强，而且这些积极的效果对不同严重水平的病理问题及多元种族背景的年轻人都是一致的。

与关注特定"品牌"治疗效度（Shirk & Russell，1996）的 EST 运动相比，临床心理学治疗领域的一个趋势是促进实证基础的实践（evidence-based practice，EBP；Council for Training in Evidence-Based Behavioural Practice，2008；Silverman & Hinshaw，2008）。EBP 最广为引用的定义来自戴维·萨基特（David Sackett）。他是一个医生，在牛津大学建立了实证基础药物中心。他对 EBP 的定义是："谨慎、明确和明智地使用当前最佳实证证据决定病患个体的治疗方法，需要个体整合自己的临床专业知识和来自系统研究的最佳外部临床证据"（Sackett et al.，1996，p.71）。

EST 方法存在局限性，即要从随机控制组实验中收集足够的实验数据，去确定每一种可能的干预在真实临床背景下对每一种可能的特质组合患者治疗的有效性，这几乎是不可能的。相反，EBP 运动的目标就是促进我们发展、识别和提升使用那些技术的能力，已经证明那些技术有良好的治疗结果。

EBP 模型整合了最佳临床实践的三个成分：有关对当前问题有效的最佳干预方法的研究证据的知识；治疗师进行干预所必须具备的技能和能力；对患者的特征、价值观和偏好具有一定的欣赏能力，因为患者的个人特质可能会影响他们愿意接受哪种干预，以及哪种干预对他们最有效（参见图 17-1）。因此，EBP 过程包含五个步骤：

1. 询问实际的、可答复的问题，确定在特定个体、团体或人群的治疗中需要解决的核心问题。

2. 获得尽可能多的有关问题的证据，仔细注意数据基本来源（如真实的实验研究）和次级来源（如别人对基本数据的合并、总结或意见）之间的差异。

3. 批判性地评价证据的效度以及对当前问题的适用性，理解研究综述中不同研究设计、方法和策略对评定合成使用的数据质量的优势与不足。

4. 在对受影响的个体或团体进行合作性健康决策中运用证据。根据患者个人的背景、价值观和偏好以及可获得的资源，包括专家，做出决策。

5. 评估效果和传播结果，与不同的相关人士合作和接洽，包括患者，并设计持续评估、品质提升和行为实践调整的计划。

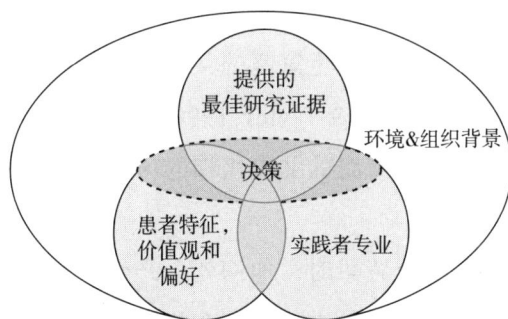

图 17-1　实证基础实践模型

资料来源：Council for Training in Evidence-Based Behavioural Practice，2008。

二、儿童干预中的伦理和跨文化多样性

尽管在努力增加心理健康培训计划中的少数民族专业人员，但情况是，大多数少数民族儿童和家庭仍然要面对不是和他们同种族的临床治疗师。此外，不同文化群体的成员并没有完全包括在临床实验中，这让我们没有明确的数据证明那些实证基础的治疗对不同文化团体的人是否有效（Huey & Polo，2010）。因此，有必要训练专业人员的文化敏感性和反应性（APA，2003）。

为此，只要治疗更能适应文化多样性群体的需要和经验，其有效性和可接受性就能增加。我们已经有了一系列优秀的案例，包括罗宾斯等人（Robbins et al.，2010）对西班牙裔犯罪青少年使用的结构性家庭治疗方法（第十章），霍金斯等人（Hawkins et al.，2004）采用独木舟家庭项目帮助美国西北太平洋地区部落中青少年防止物质滥用，罗塞洛和伯纳尔（Rosello & Bernal，1999）在波多黎各抑郁青少年中使用改进的人际治疗（第八章）。

正如撒普（Tharp，1991）所指出的，文化问题可能在一系列水平上与儿童治疗相关。其中之一是病理学的文化差异：特定障碍可能在特定种族群体中更流行，要么是因为特征性社会问题、社会文化实践导致的，要么是因为文化特定的关于正常和病理的定义导致的。例如，与种族主义相关的敌意和偏见可能会增加非裔美国儿童中的品行障碍风险；移民相关的压力可能会增加中南半岛难民儿童的焦虑风险；与高死亡率和家庭分离相关的反复性丧失可能会增加美国本土青年的抑郁。另外，父母对社会化和儿童正确行为的信念可能导致障碍发生率的文化差异。例如，在泰国，因为其文化鼓励压抑、顺从和平和，儿童更可能出现内在问题，而美国文化强调和培养独立和竞争性，儿童有外在问题的比率就更高。

治疗中的文化差异既与获取治疗有关，也与治疗效果有关。例如，低收入少数民族家庭不太可能向心理健康专业机构寻求帮助，尤其是不熟悉的机构或专业人士。此外，研究显示，即

使他们已经开始治疗，少数民族家庭也更可能退出，经常是在第一次面谈后就退出。因此，对于少数民族患者而言，获取治疗并有反应是重要的。另外，在一种文化中有效的技术不一定适合另一种文化的个体。例如，进行华裔美国家庭工作的行为治疗师报告，教养和家庭结构的文化信念存在明显的差异，如果要求华裔原生家庭的父母和他们的孩子一起玩耍或偶尔忽视他们的孩子，他们是排斥的（Webster-Stratton & Taylor，1998 年的研究提出了相反的观点。他们报告，在对美国社会经济水平低、少数民族家庭的父母培训的项目中，他们成功克服了文化基础的差异问题）。

当临床医生和患者来自不同文化背景时，他们就会产生知识方面的文化差异。这种知识缺乏将不仅出现在大多数心理健康专业人员中，而且在临床和研究文献中也可能存在，表现为缺乏对多样化儿童和家庭的关注。因此，如果治疗师仅仅对自己的文化有所了解，那么就很容易误解，甚至将正常的儿童养育实践和价值归于病态。例如，我们在研究非裔美国人和欧裔美国人社会中的体罚与虐待时就遭遇过这个问题。然而，由于不同种族间存在较大的差异，所以获得这样的多元文化知识也是很复杂的。例如，术语"美国土著"包含许多不同的部落群体，每一个部落都有自己的历史和现实，正如"拉丁血统"家庭可能来源于多样化的文化，如古巴、墨西哥和波多黎各。

要解决文化多样性问题，一些临床医生倡导发展特定文化的干预方法，这些方法可以解决个别文化的独特需求和问题。然而，一般来说，研究者在发展文化反应性治疗方法上投入了更多的力量，以某些方式修改原有治疗方法，从而创造更适合儿童和家庭文化模式的治疗方法（Bernal et al.，2009；Huey & Polo，2008）。这种修改适应的实例包括：努力匹配临床医生和儿童／家庭的种族，增加临床医生训练中有关文化的内容，修订治疗手册的内容，从而提供更多适用于不同文化的患者的案例（Huey & Polo，2010）。例如，麦凯布和耶（McCabe & Yeh，2009）开发了适用于墨西哥裔美国家庭的父母—儿童互动疗法的文化修订版（PCIT；参见第十四章）。这个修订版包括：在整个计划过程中介绍文化相关的概念，增加建立关系的会谈时间，在手册中添加拉丁裔家庭的代表性内容。随机控制实验结果证明，在这一人群中，文化修正治疗的效果优于标准化 PCIT（要了解更多关于不同种族和文化团体的儿童与家庭干预的信息，可参见Fong，2003；Gibbs & Huang，2003；McGoldrick，2008；McGoldrick et al.，2005）。

三、发展心理病理学方法

许多临床医生—学者已经提出，对发展心理病理学的理解可能促进我们对儿童的干预（Fonagy & Target，2009；Holmbeck et al.，2011；Ialongo et al.，2006；Shirk，1999）。最基础的，并且和本书的主题一致，正常发展的知识是重要的（Davies，2010）。首先，熟悉特定年龄儿童的典型表现，可以让临床医生区分正常行为和病理行为。其次，理解儿童面临的发展任务，可以帮助他们将行为放置在相应的背景中并解释其病因。另外，当选择一个合适的干预技术时，也必须考虑儿童的认知和情绪发展的水平。虽然适合儿童发展水平的需要很明显，但是，举个例子来讲，事实上很少有治疗方法注意了学龄前儿童和学龄儿童的认知和语言差异。

发展心理病理学的其他原则也与干预有一些关系。注意阶段显著性问题可以帮助临床医生对治疗方法进行修订，以达到对处于特定阶段的儿童的最佳治疗效果（Cicchetti et al., 1988；Holmbeck et al., 2011；Kerig & Schulz, 2011）。例如，个体在发展性转变过程中更容易发生改变，如第一次入学，或刚刚进入青春期。因此，如果考虑到这种发展性转变，干预可能更有效。正如迈克尔·拉特（Michael Rutter, 1990, p.210）所说："应该特别关注人生的关键转折点，此刻，一个危险的轨道也可能重回更适应的道路。"

最后，因为问题作为转变过程的功能出现，在这些过程中进行干预就提供了引发改变的有力方式（Rutter, 1990）。据此，从发展心理病理学视角来看，人际关系可能是治疗改变的关键。

舍克等人（Shirk et al., 2011；Shirk & Russell, 1996）提出了一个有趣的儿童心理治疗的新概念。受发展心理病理学观点的影响，他们坚决主张治疗师应放弃心理治疗的"品牌"，相反，应该在干预计划和理解致病过程之间建立联系。"致病过程"这一术语指的是，临床医生对儿童问题行为背后的发展性问题的理论的形成，也就是我们在第十六章中提到的个案概念化。个案概念化超越了简单的诊断，因为有不同的路径来解释特定的心理病理问题，有同样诊断的儿童可能通过不同的方法获得诊断，因此可能并不共有相同的致病过程。

舍克等人关注发展的三个主要方面：认知、情绪和人际。在认知领域，致病过程可能是知识和技能缺陷，如难以理解如何解决人际问题，认知扭曲和对自己或他人的不良图式，或者只是缺乏对自己的动机和行为的内省。在情绪领域，致病过程可能包括阻断情绪，缺乏对情绪的理解，或者不能调节和应对情绪状态。在人际领域，致病过程可能包括照顾者不能让儿童感到有自我价值，剥夺了儿童的支持与结构，或者导致儿童产生不安全依恋关系模式。

理解引发障碍的病理过程能够帮助临床医生形成治疗计划。策略是，在病理过程的概念化和最相关的改变过程之间达到匹配。这些改变过程起源于主要的理论取向，这是我们所熟悉的（参见表17-2）。例如，一个儿童的攻击性困难是依恋不足的产物，这一概念化提示，治疗师应通过心理动力学的养育关系尽力为儿童提供"正确的情绪体验"。相应地，如果儿童的困难来源于缺乏社交技能，这种概念化将提示治疗师进行认知教育，并帮助儿童学习那些技能。

舍克等人对心理治疗进行讨论，对其定义是：针对改变调节环境和儿童行为之间的内在因素的治疗方法。因此，他们将心理治疗与行为疗法和家庭系统疗法区分开来，后两者都是直接改变环境本身的疗法。然而，他们的方法能够很容易扩展到包含行为取向和家庭系统的干预，因此，我们已经将这两种方法加到了表17-2中。例如，不良教养方式积极强化儿童攻击性的概念化提示，干预应该采取行为方式。相应地，儿童的行为强化是试图吸引父母远离他们的系统取向的婚姻困境。

表 17-2　儿童心理治疗中的整合理论、个案概念化和改变过程

理论	模式	致病过程	改变过程
心理动力	内在冲突	症状是不可接受的冲动和对抗其表达的防御机制之间的产物	解释和内省
	自我缺陷	作为环境不能满足儿童的情绪需要而导致发展功能缺陷	修正情绪体验
人本主义	低自尊	心理病理问题以不适当情绪、低自我价值、缺乏自我接纳的形式而出现	情绪合理化和情绪支持
	情绪干扰	心理病理问题以情绪不能被表达或不能被接受的形式而出现	鼓励情绪表达
行为主义	不良条件反射	当刺激和反应之间的不适应联结建立时，问题行为发生	经典条件反射引发更多适应性反应
	不适当偶然事件	通过强化，惩罚和/或模仿学习了问题行为	操作性条件反射改变环境中的偶发事件
认知	认知技能缺陷	当儿童缺乏必要的应对生活问题的认知技能时，心理病理问题产生	技能发展
	认知扭曲	由于扭曲的、不适应的或非理性的解释而导致心理病理问题产生	图式转变
系统	缠结—分离	过度严格或模糊的边界阻碍了家庭成员彼此获得亲密感或个体感	重新建构以加强或松弛边界
	三角	三角关系或跨代同盟已经形成，这将儿童置于发展性不适当的位置	去三角化儿童，强化婚姻同盟

资料来源：节选自 Shirk & Russell，1996，有增加内容。

　　为了举例说明治疗形成的方法，作者提供了"杰克"的案例。杰克（Jack）是一个 10 岁的男孩，他的单亲妈妈带他来见临床医生。妈妈非常关注他暴躁的脾气和不能忍受挫折的问题。在家里，主要问题是杰克拒绝完成他的家务事，而老师则抱怨他虽然智力良好，但是从来不完成作业。后来，杰克回家身上总是有伤痕或刮痕，这证明他在学校可能对同伴有攻击行为。杰克表现出各种对立违抗障碍的征兆，也有形成更严重的品行问题的风险。

　　治疗计划的实证基础方法提示，杰克应该参与人际问题解决技能训练（参见第十章），这是治疗儿童不良行为的最有效的技术之一。然而，经过一个疗程的治疗后，收效甚微。杰克很快掌握了必要的概念，表现出执行必要的社会问题解决技能的能力，但是在治疗室外，他的行为没有明显地改变。

　　重新回到制订计划的初级阶段，治疗师考虑杰克的发展历史，这提示导致他的问题行为的致病过程可能有替代性的概念化。从他出生到 2 岁，杰克的妈妈受到爸爸的虐待，所以自那以后，妈妈就一直焦虑、抑郁、心事重重。因此，杰克的早年生活充满了混乱，不可预见性和暴力。这样，他形成了一整套对他人的消极期待，将他人视作不可靠的，自我中心的，冷漠无情的。基于这

一问题，治疗师开始注意到杰克认知扭曲的其他证据：他在学校的问题主要归结于老师的"不公平"；他妈妈想帮助他的动机是"在她的新男朋友眼中比较好"，治疗师与他会谈仅仅只是因为"付了咨询费"。新的概念化产生了，其核心是妨碍杰克运用适应性社交技能的消极图式。据此，治疗计划的目标转向了改变他的不良认知。

舍克等人的观点是非常有前景的。在短期内，他们为儿童心理治疗的个案概念化和治疗计划提供了有用的指导。未来通过发展明确的可验证的病理过程和干预方法之间的联结，他们的工作将使得儿童心理治疗方面的研究再次焕发生机。下面，我们更仔细地来看看这些概念化是如何真正实施的。

四、心理动力学方法

（一）经典精神分析

1. 概念模式

精神分析理论为我们提供了一个内在发展模式，它用性心理发展阶段，定义了通往成熟道路上必须解决的主要冲突 [我们的呈现基于安娜·弗洛伊德（Anna Freud）1964 年的著作]。因此，治疗主要关注特定的性心理阶段，或可能是心理病理问题产生原因的阶段（参见第一章）。

经典精神分析理论直接来源于神经症的精神分析理论。根据这一理论，心理病理问题起源于性心理阶段，在这些阶段，不能解决性心理焦虑的儿童会保护自己免受它们的影响。精神分析理论的本质包括反转防御过程，重新面对个体的原始创伤，这样它就可以被延迟解决了。成功的精神分析的集中体现是弗洛伊德的格言："本我过去在哪里，自我就应在哪里。"例如，在俄狄浦斯阶段，曾经有压倒一切的仇恨、嫉妒和恐惧，现在就可以使其唤醒，并从一个更成熟的视角去看待。随之而起的对问题根源的内省会重新审视它。结果是在两种意义上"意识的扩展"：个体能够面对以前不能接受的人格方面，过去用于防御策略的能量现在能够用于促进成长的活动。

2. 治疗过程

精神分析的一般特征是在分析会谈时间内使自由表达最大化。对成年患者来说，这可以通过词语的自由联想来实现，即自由表达任何进入头脑里的东西。然而，对儿童进行经典精神分析则需要在程序和技术上有重大改变，因为儿童不能进行言语的自由联想，而游戏是一种替代方法。

游戏的使用给治疗师提出了特别的挑战。成年人通过对奇怪意义的事件或梦的词语联想，可以提供一些线索，因为儿童无法提供这样的线索，所以分析师就必须对他们幻想的意义进行解码。为了确保游戏类型材料的丰富性，给儿童提供的都是投射性的游戏材料，如玩偶家庭、彩笔或黏土。这些游戏材料主要是促进幻想而不是展现技能的。分析师寻找特别重要的线索，如重复，过度情绪化，更婴儿化的游戏或言语形式的退行，控制感丧失，如玩具散乱或以"他们从此以后幸福地生活在了一起"拒绝冲突情境。

　　和成人精神分析一样，儿童精神分析的主要目标是解开抑制自我意识和情绪生长的防御机制。一种克服防御的技术是分析移情。这个术语指的是，患者以对治疗师的情绪取代或转移他们对父母的情绪。分析师唤起对移情的注意，这样，通过探索移情，患者能够开始触及在他们的神经症中起着决定性作用的痛苦关系。然而，儿童的移情不像成人，不能回溯到久远的过去对父母的情绪。但是，儿童与父母当下的关系可能会以直接或间接的方式向分析师表达出来。

　　处理防御的第二个技术是分析阻抗。因为防御可使患者免于焦虑，所以他总会找到各种途径防御。分析师慢慢地、持续地对阻抗进行解释，引起患者对此注意并帮助他们关注导致阻抗的危险事物。通常这是通过儿童游戏的暗喻方式来进行的，而不会直接面质儿童的情绪（例如，"我敢打赌，当飓风刮进房子的时候，家里一定非常可怕""一旦犯错被锁在橱柜里，两年真是非常漫长。""玩具女孩朝妈妈生气了，然后突然跑开。我很好奇它是不是对自己生气感到很害怕"）。随着治疗的推进，分析师能够在虚幻角色中隐藏的安全性和儿童自己的情绪之间建立桥梁。例如，"那场飓风听起来就像你告诉我的爸爸妈妈之间的战争"。通过这种解释，儿童被引导回到原初的创伤情境，在分析师的帮助下去认识、再评估和理解创伤情境。

　　如果时机恰当，治疗师的解释就会产生内省，如果时机不成熟，解释就会被拒绝，并且会引起患者的阻抗。然而，治疗性治愈并不会因为一次难得的内省就能实现，相反，同样的材料必须一次又一次从不同方向并且通过不同体验去处理，才能建立坚实的内省——这个过程被称作修通。然而，儿童对这个过程的忍受度也和成人不同。儿童经常缺乏自我观察和自我监控的能力，而这种能力可以引起成人强烈的情绪体验，同时还能观察到他们自己的反应。最后，在发展性压力阶段，如青少年期，儿童不愿意面对他们的焦虑，不愿意增加自己的情绪负担，因此，儿童精神分析是一个有挑战性的工作。

（二）自我心理学

　　精神分析理论的下一个发展阶段是自我心理学，这与埃里克·埃里克森（Erik Erikson，1950）的著作有关。埃里克森的观点是强调自我和健康的现实取向方面的发展，反对弗洛伊德对原始的性和攻击动机的强调。我们在本章只对自我心理学进行简单的介绍。

1. 概念模型

　　埃里克森的发展理论我们都非常熟悉（参见第一章）。他描述了从婴儿期到成年晚期自我发展的阶段，以及在每一个阶段为了顺利发展，个体必须解决的问题或危机（参见表3-6）。如果特定阶段的任务没有完成，个体不能进入下一个阶段发展，或者个体是以消极的方式来解决冲突的时候，就会产生心理病理问题。例如，正如之前介绍过的杰克的案例，由于在早年经历了不可信赖的照顾，后来就可能缺乏基本的信任感，这就会影响他未来的人际关系。

　　埃里克森的模型集中体现了发展心理病理学所推崇的阶段突出的方法。这个方法的含义就是，不会根据诊断来思考儿童的行为问题，而是根据隐藏在问题行为背后的阶段突出问题来思考。因此，一个学龄儿童不论是被诊断为抑郁障碍还是品行障碍，埃里克森都会假设隐藏在行为问题背后的是缺乏勤奋和自卑情绪之间的冲突，而有同样诊断的青少年则可能是自我同一性紊乱所导致的。

2. 治疗过程

和他对自我功能和适应性努力的强调一致，埃里克森认为儿童治疗中变化的关键是获得对冲突掌控的机会，而这种掌控的媒介就是游戏。游戏能够使儿童将烦恼事件和情绪在安全的环境下（物体都是儿童可以掌控的）表达和释放。正如埃里克森所声称的，游戏允许儿童"通过创造理想情境去处理经验，并通过实验和计划来掌控现实……这就是儿童能够接纳的最自然的自愈方式"（Erikson，1964）。

治疗师的角色就是提高自我功能的促进者。有时，这一作用并不引人注目，它只是默默地存在，给予患者情感支持，促进儿童自我治愈过程的自然展开。治疗师的接纳和理解为儿童提供了表达隐藏的恐惧或仇恨的机会，从而帮助他们获得内在的平和。然而，和经典精神分析学家一样，自我心理学家最终也通过解释的方式努力促进儿童意识到他们压抑的情感。

埃里克森通过观察游戏行为，为从精神分析的视角理解儿童做出了许多重要的贡献（Erikson，1964）。例如，他提出游戏中断的重要性，即那些儿童突然改变游戏主题或停止游戏的时刻（Erikson，1964）。仔细关注会谈过程的治疗师，可以注意到是什么导致了游戏中断，之后又发生了什么，从而洞察儿童内心世界冲突的来源。

（三）客体关系理论

精神分析理论的第三次浪潮补充了传统关注的内心变量（本我、自我和超我），开始强调人际关系，这就是客体关系理论的英国学派，我们在第一章已经介绍过，此处我们将简单介绍其治疗过程。

1. 概念模型

正如我们在第一章学习到的，客体关系模型指出，心理病理问题是由分离—个体化过程的抑制导致的，而这种抑制的根源是与照管者之间形成的消极体验（Mahler et al.，1975）。在更严重的心理病理问题中，教养不足可能妨碍自主性自我的发展。没有安全稳定的个体化自我感的儿童，不能超越原始防御机制（如分裂）使用的需要而前进。另外，在分离—个体化过程中，儿童学会区分自我和他人的边界后，对健康发展的威胁转移到自我和他人表征的效价，或情感色彩上。无情的、虐待的、不一致的教养可能剥夺儿童的合理自尊，也会影响他们的人际信任能力。结果就是形成一种"他人是不可靠的，不值得爱的，自己也不值得爱"的内在世界。因此，治疗师的任务就是评估儿童在发展中哪些方面被抑制，并帮助他们形成正确的情绪体验，以帮助儿童的发展回到正常的轨道上来。

2. 治疗过程

和经典精神分析一样，客体关系治疗师通过移情来理解儿童的内心世界。当儿童在重演时，他们的情绪和对关系的期待在治疗会谈中苏醒过来。然而，就像关系的作用在心理病理问题的病因中非常关键一样，治疗关系对客体关系治疗的有效性也非常关键。与弗洛伊德主义模型相比，客体关系治疗师远不只是超然的观察者和解释者。治疗师的真实、人性的存在是客体关系治疗的治愈力量的重要部分："精神分析的解释本身并不具有治疗性，只有当它作为一个真正理解的人际关系存在时才具有治疗性"（Guntrip，1986，p.448）。

较有代表性的客体关系治疗师是英国的温尼科特（Winnicott，1975）。尽管温尼科特的许多著作是关于儿童的，但他的一个成年精神分析个案充分显示出其治疗风格。哈里·刚特里普（Harry Guntrip，1986）对比了温尼科特温暖、有风度的治疗风格和前一位经典精神分析治疗师的"黑屏"风格。然而，和依赖潜意识内容言语化的成人客体关系治疗不一样，儿童分析中对儿童潜意识的触及是通过游戏来实现的（Benedict，2006）。

例如，温尼科特对儿童进行分析治疗的一个常用技术就是"曲线游戏"，即儿童和治疗师轮流随意画一条曲线，然后让对方就此补充一些东西。曲线和改变曲线形式使互动充满愉悦性，并且帮助治疗师获得儿童所关心事物的投射性线索。作为持续的治疗过程的一部分，曲线游戏可以使治疗在非言语水平上与潜意识材料中进行，比起经典精神分析"谈话疗法"中认知和语言的要求来说，这更加适合儿童。

和经典精神分析相比，客体关系治疗师不再认为自身的情绪反应是干扰治疗过程的来源，而将它们视为数据的重要来源。此处，投射性认同的概念（第十五章）就开始起作用了（参见Ogden，1979；Silverman & Lieberman，1999）。治疗师可能会唤起儿童的情绪，而他们本身可能是不能忍受这种情绪的，他们总是试图去控制它。因此，客体关系治疗师在会谈时可能会感受到自己的某些情绪，如和一个焦虑的儿童会谈时会感到有压力和迷惑，或者被一个品行障碍儿童嘲讽或侮辱时，会感到受伤害和愤怒。他们可能会好奇："这些情绪暗示了哪些儿童内心世界的事情？"随着治疗的不断推进，治疗师能够逐渐容忍儿童的消极情绪，这会帮助儿童不再因为要控制那些情绪不进入意识而使用分裂防御机制。

3. 家庭背景下的客体关系

另一个典型的运用客体关系方法的精神分析师是塞尔马·弗雷伯格（Selma Fraiberg，1980）。她十分赞同这一观点：关系是心理病理问题产生的原因，关系也提供了改善问题的线索。据此，弗雷伯格建议治疗关系而不是治疗个体。受弗雷伯格的启发，儿童—父母心理治疗（Lieberman & Van Horn，2008）通过治愈破裂的父母—儿童依恋关系和消除母亲在自己童年时所遭遇的痛苦给儿童带来的影响，来防止幼儿产生心理病理问题。通过回忆和解决他们童年期的创伤，成人能够在教养自己的孩子时避免重演原先的创伤。"在每一个案例中，每当我们的治疗带领父母去回忆和重新体验他们的童年焦虑与痛苦时，魔鬼就离开了，痛苦的父母变成了他们孩子的保护伞，保护孩子不再受到他们自己过去的那些痛苦"（Fraiberg，1980，p.196；参见方框17.1）。

方框 17.1　一次儿童—父母精神分析心理治疗会谈

婴儿心理健康项目关注 16 岁的安妮（Annie）是因为她拒绝照顾她的孩子格雷格（Greg）。她避免和他身体接触，经常忘记给他买牛奶，相反给他喂有色素的果汁。安妮自己也是在虐待中长大的，虽然她不记得具体发生的事情了，但是她拒绝了所有痛苦的情绪——就像她不能共情她孩子的痛苦一样。治疗团队推测安妮的虐待性教养来源于她的防御机制——认同攻击者——这让她能够减缓童年期的焦虑、压制恐惧情绪进入意识。她的治疗师夏皮罗（Shapiro）女士到她家进行了拜访。

17 个月大的格雷格在一个高脚椅上吃早餐。他一边吃，妈妈一边发出一系列的指令："别那样。不要把食物洒出来。"格雷格在椅子上乱动，安妮的反应十分强烈，尖叫道："停下！"格雷格和夏皮罗女士都吓得弹起来。安妮对治疗师说："我吓到你了吗？"夏皮罗女士从惊吓中恢复过来，确定这就是她等待的时刻。她说："安妮，有时候，你的声音和说的话都不像你。我很好奇这像谁？"安妮立即说："我知道，像我妈妈。我妈妈过去常常吓我。""你感觉怎样？"安妮说："如果你在一个瓷器店，突然来了一头公牛，你会感觉如何……而且，我不想讨论这些，我受够了。这些一直跟随着我。"

但是夏皮罗坚持着，温柔地解释说："我无法想象，你还是一个小姑娘的时候是如此的害怕，甚至为了让自己不那么害怕，开始像你妈妈那样说话和大叫。"安妮又说："现在我不想讨论这个问题。"但是，她深深地被夏皮罗女士的话感动了。

后来出现了一个奇怪的转变。安妮开始在夏皮罗女士的面前崩溃。与以前强悍、违抗、充满攻击的年轻女人不一样，安妮变成了一个无助的、焦虑的小女孩。因为她找不到合适的言语来描述她的这种复杂的焦虑，所以她开始向夏皮罗女士诉说当前生活中找到的各种让她感到害怕、无助和孤独的事情。

夏皮罗女士通过这种方式，经过很长时间引导安妮回到童年期的无助和恐怖经验中，并且来来回回地，从现在到过去，去辨别她把自己的经验带到了养育格雷格的方式中，以及当她变成格雷格恐怖的母亲时，是如何记住对童年时期那个恐怖的人的认同的。当安妮能够说"我不希望我的孩子害怕我"时，就代表治疗有效了。

资料来源：Fraiberg，1980。

埃里克森等人（Erickson & Kurz-Riemer，2002）在为处于危险中的母亲和幼儿提供家庭基础的干预时，一直在进行朝向有效、快乐教养的步骤（Steps Towards Effective, Enjoyable Parenting, STEEP）项目。这一项目可以帮助降低不安全依恋的风险。目标人群是怀第一胎的母亲。她们由于贫穷、年轻、缺少教育、社会孤立和有压力的生活环境而存在教养风险问题。通过个体会谈，治疗师帮助她们洞察自己早年没有得到关爱的经历如何导致当前的悲伤、丧失和愤怒的情绪，然后帮助她们应对这些情绪。治疗师也承担教育功能，如提供有关照管儿童的信息，帮助她们解决关于个人成长、教育、工作和日常生活管理的问题。当然也有团体会谈，这可以促进母亲们直面她们的防御机制、气氛问题，并且从相互支持中获得信心。

（四）心理动力学发展性治疗

精神分析心理治疗的发展是福纳吉等人（Allen et al., 2008；Fonagy & Target，2009）提出的儿童心理动力发展性治疗（Psychodynamic Developmental Therapy for Children，PDTC）。他们的工作是在英国伦敦的安娜·弗洛伊德中心进行的，正如其名，这个中心就是受到安娜·弗洛伊德的思想启发而成立的。福纳吉等人对发展一个本身能满足实证研究要求的治疗模式特别有兴趣。由于他们对潜在理论的澄清、不可靠精神分析概念的操作化以及在理论和干预技术间的明确连接，他们的研究项目代表了一种进步。

1. 概念模型

受约翰·鲍尔比的影响，福纳吉等人认为自我发展的紊乱是童年期心理病理问题的核心。与父母之间没有建立早期依恋关系抑制了儿童的社会体验，而这种社会体验能导致积极的、不扭曲的自我观和关系观。

另外，福纳吉等人运用社会认知理论的概念描述了儿童对自己和他人进行内部表征的方法。例如，他们使用术语"心理化"指代儿童理解自己和他人心理状态的能力，这与我们在介绍孤独症时所提及的心理理论概念相似（参见第五章），在父母缺乏同理心和情绪回应的儿童中会存在这种能力的缺陷。其他在心理病理问题中被破坏的重要心理功能包括：承受情绪和控制冲突而不是被情绪淹没的能力，允许儿童探索世界和在其中采取行动的现实组织能力，稳定的自我和他人表征。

2. 治疗过程

PDTC的关注点是扫除儿童走上健康发展道路的障碍，这一目的可以通过给儿童提供正确的经验，帮助他们发展更完整和更精确的自我与他人表征来实现。治疗师努力促进儿童反思自我和他人心理状态，将他们的情绪和行动带到意识控制，并产生"元认知模式"，即能够思考他们自己的思维过程。现在我们来描述这些目的是如何实现的。

为了促进反思，治疗师帮助儿童观察、理解他们自己的情绪，并给情绪贴上标签，此外，还要认识到他们的行为和情绪之间的关系。随后，治疗师可以采用一系列技术加强冲动控制，其中一种技术就是使用比喻。例如，一个孩子表演了"世界上最棒的火车引擎"，他为了证明自己坚不可摧要跳出窗外。治疗师提出，真正最棒的火车有最好的刹车，并激起孩子的兴趣去找到他自己的刹车。

下一步，PDTC治疗师通过精神分析关系，可以帮助儿童形成对人的意识，如理解人们行为背后的动机。经历过紊乱依恋关系的儿童可能发现成人的心理状态是混乱的或令人害怕的。治疗关系的支持性和接纳环境为儿童提供了安全的环境，去探索他们有关人际关系的观念，并改正他们错误的内在模式。最后，PDTC旨在帮助儿童发展游戏的能力。游戏能力对元认知能力的获得是重要的，因为它要求儿童认识到两种不同的实体：虚拟的和真实的。治疗师通过夸张的行动来提升游戏性，以表明他们是虚假的，并且通过使用与真实世界无关的游戏材料（如积木）来促进童心的发展。

（五）实证支持

精神分析取向心理治疗并不适于实证研究，无论是技巧还是结果都不容易标准化。例如，改变的关键就是创造患者和治疗师之间紧密的关系；必须要在合适的时间进行解释，这样患者才能慢慢接受。这些精妙的技术难以写到治疗手册中，所以治疗师就不太容易以一致的方法遵从。另外，成功的精神分析会改变如防御机制、自我增强和内在表征之类的假设建构，而这些是很难观察或量化的，所以有关儿童精神分析有效性的实证研究相当少。因此，为儿童精神分析研究做出努力就显得更加重要。

对于精神分析取向的个体儿童治疗，心理动力学发展性治疗是唯一易于进行严格的程序化研究的。福纳吉和塔吉特（Fonagy & Target，2009）已经证明了这些方法在治疗多种障碍上的有效性，包括抑郁、焦虑、恐怖、创伤后应激障碍、对立违抗障碍、品行障碍和注意缺陷多动障碍。结果表明，使用心理动力学发展性治疗时，存在内在障碍的儿童和青少年往往比有外在障碍的个体有更好的反应。例如，塔吉特和福纳吉（Target & Fonagy，1997）发现，超过85%的焦虑和抑郁儿童在治疗结束后其症状表现已经低于诊断标准，而品行障碍儿童在治疗结束后只有69%达不到诊断标准，强迫症儿童的比例就更少，仅有30%。年龄更小的儿童（小于12岁）反应性最大，特别是当治疗很密集的时候（每周4～5次）。海德尔堡研究的德国项目也显示了相似的结果，这个项目主要考查儿童短期精神分析治疗整合模型（Kronmüller et al.，2010）。

精神分析取向的父母—儿童治疗也有一些实证支持，如儿童—父母心理治疗。经过一年的治疗后，儿童行为问题减少，母亲也不那么回避与她们的创伤经历相关的事件（Lieberman et al.，2006）。另外，关于STEEP项目防止依恋障碍的研究（Egeland & Erickson，2003）也表明，正如客体关系模型所预料的那样，增强新手妈妈提供安全依恋关系的能力可以增加儿童的发展性成果。在干预结束后一年（当儿童2岁时）进行的一个随访评估显示，经过治疗的母亲比控制组的母亲为她们的孩子提供了刺激更恰当、更有组织的家庭环境。此外，母亲有更少的抑郁和焦虑症状，拥有更好的生活管理技能。儿童在第一年内依恋安全并没有增加，但是在第二年有增加的趋势。最后，荷兰研究者贝克曼斯－克拉伯格等人（Bakermans-Kranenburg et al.，2005）进行了一项元分析，对一系列存在紊乱依恋模式的母亲和儿童进行的依恋基础的干预研究进行了再研究。结果显示，治疗是有效的，当治疗关注提高母亲对婴儿的敏感性时，治疗效果尤其突出。

五、人本主义方法

人本主义治疗方法，也被称为以来访者为中心或非指导性治疗方法，与精神分析疗法和行为主义疗法完全不同。人本主义治疗师从来不像精神分析治疗师那样进行解释，也不像行为主义治疗师那样告诉患者怎样解决他们的问题。相反，人本主义治疗师努力创造可以帮助患者成长的非评判性的、滋养的环境。虽然，从表面上来看人本主义方法很简单，但是事实上，治疗方法是基于心理病理问题的详细发展模型的、对实践者要求最高的一种治疗方法。

（一）概念模型

我们以卡尔·罗杰斯（Carl Rogers，1959）的观点为基础展开讨论。他是人本主义治疗的建立者。罗杰斯强调个体自我的首要地位，自我的概念就是个体是谁及个体和他人的关系。当自我的意识在幼儿阶段出现时，个体形成了对温暖、尊重、同理和接纳的广泛需要。因此，儿童喜爱和尊敬的人需要培养儿童的需要，让他们自己体验和决定。这只有在儿童获得无条件关注的时候才能够达成。重要的是并不是认为儿童的某个方面是值得积极关注的，而是儿童天然就是有价值的，他们的体验不会被成人的标准判断为"好"或"坏"。

由于价值条件（罗杰斯所称），正常发展发生了偏离，不再是无条件积极关注。重要成人，尤其是父母会说："如果你按照我的要求表现，我就爱你。"由于对积极关注的强烈需要，儿童最终将父母的价值变成了自己的价值。这时，儿童不再接触他们的真实自我，不再开放经验，也不能为判断自己的经验是否促进个人成长。通过整合外来的价值，他们远离真实的自我。由于这种远离，儿童开始扭曲经验以匹配被强加的"好男孩"或"好女孩"模式：可能是具有审美趣味的男孩，相信他必须成为一个更具有竞争力的积极进取的人，因为这是他父亲的理想，或者是一个聪明的女孩，总是感觉自己还不够优秀，因为她妈妈一直贬低她的学业成就。

（二）治疗过程

根据我们在讨论中所探索的，我们能够理解，通过为儿童提供无条件积极关注，人本主义治疗师是如何帮助解除有条件的爱带来的伤害的。他们的关注点一直是情绪，因为情绪是成熟的关键。此外，治疗过程是以来访者为中心的，允许儿童带领治疗师来选择探索的主题。

弗吉尼亚·阿斯莱因（Virginia Axline，1969）是将罗杰斯的原则应用到儿童治疗的最知名的治疗师。在以来访者为中心的过程中，最重要的改变是为年龄低于青少年早期的儿童引入了游戏材料。材料很简单，能够帮助引导儿童自我表达——玩偶、动物、黏土、沙子和建筑材料。建筑玩具和技能游戏不能太具有结构化，以避免产生不同的和个性化的行为。虽然其正式的安排和精神分析相像，但是目的完全不同。游戏不是作为解释的基础，而是治疗师还需要限制自己的活动，以对儿童引入的主题和情感活动进行映射反应（参见方框17.2的案例）。

方框 17.2　人本主义游戏治疗会谈

　　6 岁的乔安妮（Joanne）来到游戏治疗室。她安静地坐在桌子旁，用黏土做每次会谈都会做的同一个东西：一个拿着一根藤条的男人形象（乔安妮妈妈的新男友也拿着一根藤条）。她每次完成后，可怕的事情就会发生在他身上。

　　　　治疗师：这又是那个男人。

　　　　乔安妮：是的（她的声音紧张，坚定）。

　　　　治疗师：那个拿着藤条的男人。

　　　　乔安妮：是的（她开始猛打它，致使全身都是洞）。

　　　　治疗师：你打得黏土人身上都是洞。

　　　　乔安妮：刺！刺！刺！

　　　　治疗师：你在刺伤他。

　　　　乔安妮：（慢慢地说）哎哟，你伤害我。

　　　　　　　　（改变声音）我不在乎，我要伤害你。

　　　　治疗师：黏土人在哭，因为它受伤害了。

　　　　乔安妮：（打断）我想要伤害它。

　　　　治疗师：你想要伤害它。

　　　　乔安妮：我不喜欢它。

　　　　治疗师：你不喜欢它。

　　　　乔安妮：我不喜欢它。我恨它。看这些洞明显地穿过它，从它的前胸穿到后背。

　　　　治疗师：它被打得身上有洞了。你会补好它。

　　　　乔安妮：是的，我会扯掉它的头。

　　　　治疗师：你甚至会扯掉它的头。

　　　　乔安妮：我知道，我知道。我要把它放到罐子里面的底部，然后把黏土放在它上面，这样它就会窒息而死。

　　　　治疗师：（紧跟孩子的行动）你把它撕成小碎片，并埋在罐子的底部。

　　乔安妮朝治疗师点头和微笑，然后走向婴儿玩偶，假装给它喂食，轻轻地将它抱在怀里，放到床上，非常安静地在房间里。

　　资料来源：Axline，1969。

　　对儿童的情绪映射技术是人本主义方法的核心。虽然以愚笨的方式进行鹦鹉学舌是容易的，但是映射的确是一项强有力的技术，尤其是与儿童工作的时候。儿童在和成人讲话时，经常会体验到对方的繁忙、分心或只有一只耳朵倾听。治疗师对儿童自己的思维和情绪的映射，说明他们在积极地倾听儿童并严肃地考虑儿童的关注点。并且，在治疗会谈的自由而宽松的环境中，儿童开始探索以前被阻止进入意识领域的情绪。事实上，其中的一些情绪可能从来没有被清晰地体会过、认识过。因此，映射也并不仅仅是回应儿童已知的东西，它还具有确定性功能。

治疗师的非判断映射也表明了接纳以前被阻止的情绪，就能够鼓励儿童的自我接纳。当明确地定义并接受情绪后，它们就会变成是一致的。例如，当一个害羞的男孩意识到他被强推成一个与自己不一样的积极进取者时的愤怒，当一个好学的女孩能够面对被并不聪明的妈妈拒绝的恐惧时，这些情绪就变成了自我的一部分，曾经分裂的自我就再一次变成了整体。

治疗师完全相信来访者能够解决他们自己的问题，他们只需要少量的指导——因此，人本主义儿童治疗师是非指导性的。在讨论了治疗时间的基本规则和用一般术语描述治疗过程之后，人本主义治疗师就会将会谈的指导留给儿童。治疗师没有解释儿童的行为，也没有从儿童过去的经验、当下处境的现实或以前的会谈引入任何材料。例如，如果他们得知儿童已经开始纵火，他们一直等到儿童准备在会谈中提及这一行为才会开始谈论。因此，责任总是在儿童的肩上。治疗师传递的内在信念是，儿童有能力决定什么对他们的自我成长最有价值。

对非指导性治疗师的要求是非常高的。首先，它意味着放弃成人的权威性，即"我们知道更多"的角色。并且，治疗师必须真正地接纳和尊重儿童。然而，当赋予儿童自由，让他们做自己喜欢做的事情时，许多儿童开始被破坏性表现所吸引，不仅如此，他们也会找到嘲弄、验证和挑衅成人的方法。对治疗师来说，要维持接纳和理解的态度而不是自我防御与报复，要求他们具有较高的克制忍耐的性情和自我修养。

兰德雷思（Landreth，2002）在他的游戏治疗方法中详尽说明了以儿童来访者为中心的方法。游戏在儿童发展中有重要的作用，在具体经验和抽象方法之间建立了桥梁（Piaget，1962），让儿童有一个安全、自我指导的方法去组织他们的经验，提供给儿童表达和学习他们内在世界的自然方法。例如，兰德雷思表明，在2011年9月11日纽约恐怖袭击之后，成年人可以诉说和重诉他们的经验，用言语分享他们的震惊和焦虑。然而，儿童很少谈论他们的经验，但是他们可以通过游戏表现出来：塔被建立起来，被冲撞的飞机撞到，建筑物被焚毁，人们受伤，警笛四起，救护者和消防车前来拯救他们。兰德雷思描述了一个3岁患者反复用直升机冲撞一堵墙并狠狠地说："我恨你，直升机！"

为了帮助儿童表达他们的内在经验，以来访者为中心的治疗师让儿童参与分享内心世界的活动。治疗师是非指导性的，他们允许儿童通过象征性的游戏媒介完全表达和探索情绪、思维、行为和经验，并期待"以游戏的方式表达出来"可以促进自我治愈。"以儿童为中心的游戏治疗既是儿童努力成长和成熟的内在人类能力的基本哲学，也是一种深深地、持久地相信儿童拥有建设性自我指导能力的态度"（Landreth，2002，p.65）。

和罗杰斯一致，兰德雷思描述了治疗成长的三个基本条件。第一，治疗师是真实的，"真诚是基本和基础的态度，治疗师本身应是如此，而不是说治疗师只要这样去做"（Landreth，2002， p.70）。第二，治疗师必须为儿童提供温暖的关怀和接纳，治疗师要表达无条件关注和尊重儿童的价值。第三，治疗师必须能够敏锐地理解儿童的内在世界和主观参照框架。当儿童体验到这样的治疗关系时，他们慢慢地开始感到自身的自由，也能看到他们本身的价值。

在儿童治疗中，区分这种方法与其他疗法——特别是我们将要讨论的认知和行为方法——的一个特征是，人本主义治疗的关注点是儿童而不是"问题"。他们不关注问题诊断，因为治疗师不会根据呈现的问题不同而改变方法。相反，治疗就只是为儿童创设条件，让他们在自己的内部产生成长和改变。当自我治愈产生效果时，儿童原本的行为或症状可能就会自然消失。

（三）实证支持

尽管卡尔·罗杰斯对他的治疗方法的有效性进行了评估，但是很少有对儿童人本主义疗法的项目的研究。心理治疗过程研究结果表明：治疗师为儿童提供的条件，如温暖、同理和接纳，与积极的治疗结果是相关的（Shirk & Burwell，2010）。

也存在更系统的有关游戏治疗效果的研究证据，但是我们需要注意，"游戏治疗"这个术语包含了很多的方法，其中的某些理论观点与人本主义非常不同。例如，有认知行为游戏治疗（Knell，2000）、客体关系游戏治疗（Benedict，2006）和整合性游戏治疗（Gil，2006）等，也有各种各样的用于解决特定童年期问题的游戏治疗（参见 Ray，2006；Reddy et al.，2005）。在一个游戏治疗整体效果的元分析研究中，布拉顿等人（Bratton et al.，2005）分析了 93 个控制组治疗效果研究，发现总体效应量为 0.80，和儿童治疗的其他形式所展现的有效性等同。并且，作者发现，人本主义非指导性疗法比非人本主义指导性治疗的效果更积极，如果会谈包括父母，治疗就会产生更大的效果。

六、行为疗法

（一）概念模型

行为疗法的特征是关注患者特定的、可观察的行为，关注行为干预效果的客观测量，研究实验室可以提供行为改变的一般原则，这可以用作治疗干预和将临床发现应用到严格的实验研究的基础（Scott & Yule，2009）。行为疗法与其说包含了一系列特定技术，更是"一种针对异常行为……以实证方法学为特征的方法"（Ross & Nelson，1979，p.303）。

行为疗法的目标是变化，因此，重点就是当前的行为，因为这些行为是最容易改变的。行为治疗师不会否认这样的行为可能是来源于过去的，但是过去不能被改变，而现在和未来可能改变。在持续发展的行为中，治疗师需要处理三种反应系统：外在—运动的、生理—情绪的和认知—语言的。所有这些都必须考虑综合的治疗计划，因为它们并不一定都是相关的。例如，一个在学校经常打架的男孩可能告诉治疗师"我们在一起都很好"，只是"有时打个小架"。

在临床和实验室不断的相互作用下，就像学习理论为行为治疗技术提供了概念性基础一样，已经将起源于研究的原则形成治疗程序。行为治疗将实验程序整合进了心理治疗实践，这可能比实验室的发现更重要。行为治疗师思考问题的逻辑方式和实验研究非常相似：如果行为 X 是由先决条件 Y 导致的，并且会带来结果 Z，那么当 Y 和 Z 改变时，X 也就会改变。和实验一样，治疗干预也包含假设验证，其测量的关键就在于目标行为 X 在期待的方向上的基准率的改变。

评价治疗效果最简单的设计就是 A—B 设计。在这种设计中，可以对因变量进行两次评价，即干预前（基线值，或 A）和干预中（B）。例如，如果治疗师假设，一个 3 岁儿童发脾气是因为妈妈的关注导致并维持的，他可能建议妈妈忽略儿童的这种行为。如果行为的基础比率下降，治疗师就能证明其假设是正确的。这种设计对临床工作而言就已经足够了，因为他表明了改变是否发生。然而，如果要更严格地验证假设的改变是由于干预而不是其他变量导致的，则需要使用 A—B—A—B 设计。在这种设计中，反复应用和撤销治疗程序。如果目标行为只在干预出现的时候发生改变，那么就可以更明确地得出因果关系（参见图 17-2）。

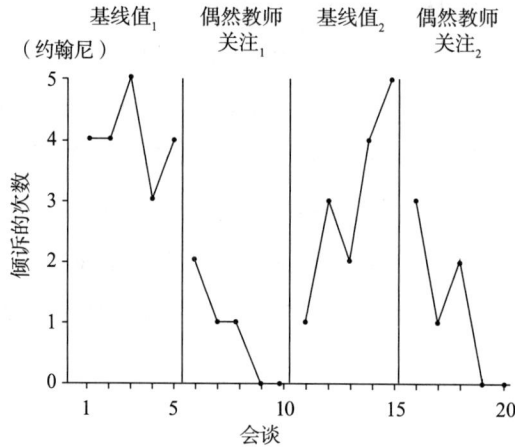

图 17-2　一个伴随有可教育性认知问题的学生宣泄行为的记录

基线值$_1$——条件前；

偶然教师关注$_1$——系统忽视倾诉行为，老师增加对适当行为的关注；

基线值$_2$——老师再次关注倾诉行为。

资料来源：Hall et al., 1971。

（二）发展维度

我们已经在其他形式疗法的讨论中整合了发展性的问题，然而，根据其定义来看，行为主义思维是非历史的——行为当下的偶然性很重要，而与过去并不相关。那么，行为疗法与发展性不相关吗？有人提出疑问，认为行为主义治疗师在心理病理问题的概念化和治疗过程中对发展性问题不敏感，但同时，这一领域已经有领军人物在进行相关工作以弥补该缺陷。例如，福汉德和威尔森（Forehand & Wierson，1993）总揽了在设计儿童行为干预中要考量的发展性因素。他们综述了关于阶段突出问题和情绪、认知、社会和道德发展相关的文献，也考虑了从婴儿期到青少年期环境背景发展的变化。

弗汉德和威森在他们的综述中提取了行为治疗师要考虑的三个主要领域。第一个领域是儿童的认知能力。例如，对幼儿需要采取具体、现实取向的语言，以及非言语模式的互动，如画画和游戏。随着年龄的增长，更复杂的认知能力的出现，儿童可能会从学习更复杂的言语基础的控制技术中获益，如问题解决技能。

第二个领域是关于儿童的发展性任务。行为治疗的效果要达到最大化，要改变的行为必须与儿童当前面临的发展性任务保持一致，如在童年中期获得掌控感，或在青少年期获得个体化。此外，干预必须针对儿童在以前发展性转变过程中没有完成的任务。这就意味着儿童治疗师可能需要超越简单的现存问题，确定在更早期发展阶段到底是什么产生了偏离。

第三个领域是发展性背景。不仅儿童会在发展过程中发生改变，他们的环境也会发生改变，因为从家庭到同伴、学校和更大的社会，现实世界已经越来越宽广了。这些环境背景中的每个个体都会影响儿童的行为，要么是强化物，要么是惩罚物或榜样示范。家庭外的个人有可能会增强儿童的问题行为，也有可能帮助减少问题行为。因此，在发展过程中，行为治疗师必须拓宽干预范围，从原先狭窄地只关注父母—儿童关系到在干预计划中整合同伴和老师。

（三）治疗过程

学习原则——特别是经典条件反射原则，操作性学习和限制——形成了行为治疗程序的基础。在此处我们将考察运用每一个原则的典型（想要了解不同的童年期心理病理问题中行为治疗是如何运用的，参见 Akin-Little，2009）。

1. 经典条件反射

沃尔普（Wolpe，1973）提出的系统脱敏是一个消除焦虑相关问题的程序。在这些问题中，最初的中性刺激由于经典条件反射开始引发强大的焦虑反应。然而，条件刺激和焦虑反应之间的联结可以被交互抑制所打破，在交互抑制过程中，两个不相容的反应中的更强大的一个往往会抑制更弱小的反应。因此，治疗师的任务就变成了引发焦虑刺激中的一个，并伴有更有力量、与焦虑不相容的反应。沃尔普使用的是深度放松，因为个体不能同时焦虑和放松。

实施治疗需要有两个初级步骤。第一，必须指导儿童放松全身不同的肌肉群；第二，要求其编定一个逐级引发焦虑的刺激序列，从最低级的焦虑到最强烈的焦虑。例如，一个有学校恐怖症的女孩可能在醒来和穿衣时没有焦虑，在早餐时有轻度焦虑，在等待校车和到达学校时逐渐变成强烈的焦虑，而在课程开始前的自由活动时间内的焦虑则是最强烈的。

在治疗过程中，儿童想象每一个阶段，并且伴随着放松反应。如果在某一特定阶段焦虑太强，儿童不能放松，他们就回到前一个阶段。经过一系列连续的会谈后，儿童慢慢在对最强烈的刺激做出反应时也能放松。虽然沃尔普的原理一直被质疑，治疗中也没有真正分离出有价值的治疗变量，但是其治疗本身在应对一系列问题时都是成功的。系统脱敏是针对儿童焦虑障碍的有实证支持的主要干预方法，对恐怖症、社交焦虑和广泛性焦虑、强迫障碍、创伤后应激障碍和分离性恐惧也有效（Kendall et al.，2008；Piacentini et al.，2011）。

2. 操作性条件反射

行为治疗师已经应用了大量的操作原则，即行为被特定先决条件和后续刺激事件控制。应变管理，即或跟随反应或视情况而定做出的奖励和惩罚管理，对减少不期待行为或增加适应行为的强度特别有作用。有两种积极的后果：奖励或正强化；移除厌恶刺激或负强化。也有两种消极后果：正向惩罚或施加厌恶刺激；负向惩罚或移除快乐刺激。

操作性原理的应用范例很多，有一些只有治疗师参与，还有一些有父母参与，父母不仅可以通过教导学会相对轻松地实施治疗性计划，还可以控制比在治疗环境下更广泛的行为。例如，当2~3岁儿童的母亲能够使用表扬或小量食物，强化对物体的命名，那么他们的语言技能可以得到提升，而如果21个月左右孩子的母亲忽视幼儿发脾气，撤销维持这种行为获得的关注时，孩子这种表现也就会消退。

除了直接强化，也可以对儿童实施代币制，随后他可以兑换奖励，如奖品或某种权利。在一个治疗项目中，儿童如果表现出合作行为或做小的家务活都可以得到代币，但是如果做了不符合要求的社会行为就要扣除代币。在暂停时间，会撤销强化物作为消极行为的后果。例如，如果已经被告知不允许吃零食，而小孩偷吃了，就可以要求小孩坐在椅子上5分钟，椅子要远离愉快的分心事物（如电视或游戏机）。在这个短暂的暂停时间内，父母需要忽略儿童的交流欲望，但是在暂停结束后立即和儿童交流并表扬他的良好表现。暂停是实证基础父母教养项目，如不可思议的岁月项目（Incredible Years；Webster-Stratton & Reid，2010）中的关键技术，因为它非常简单，非暴力，也有效。

3. 观察学习

观察学习或模仿，作为一种基本的治疗技术，并没有被大量使用。然而，让害怕的儿童观察无畏的儿童与恐怖刺激的互动，如蛇或狗，已经成功地消除了某些恐怖症（参见第八章）。榜样可以在真实生活中提供，也可以在电影中提供。模仿经常与对期待行为的强化联结。例如，在教授孤独症儿童的口语行为时，儿童对治疗师的发音每做出一个成功的模仿，都会立即得到奖励。另一个运用这一技术的例子是在第十三章中介绍的疼痛管理模仿。

（四）家庭背景下的行为疗法

行为治疗师已经开始扩展他们的干预范畴，将不同背景囊括进了他们的治疗计划，如家庭、学校和同伴。当一个孩子处于内心深处不和谐或功能失调的背景下时，改变一个偏离行为的可能性是极小的。

第十章介绍的父母管理训练（parent management training，PMT）是基于社会学习理论最成功和记录最完善的项目之一。PMT最初是由帕特森（Patterson，1982）设计的。他认为适应不良的亲子关系是品行障碍病因的关键。PMT的核心是改变父母和孩子的交互形式，这样亲社会行为而不是高压行为就能得到强化。正如其名字所暗含的，这个项目主要是训练父母对儿童做出更有效的回应。操作性条件反射的原理对父母训练很重要，这个原理在有品行问题儿童的家庭使用比较普遍（Forgatch & Patterson，2010）。

首先，父母学习如何用行为术语来思考他们自己养育孩子的问题。通过训练，识别、定义和观察问题行为、前因和后果，这样，父母更能够知觉到自己在儿童不良行为的持续表现中所起的不良作用，也更能够改变在个性化问题（"我是个不爱干净的母亲"）或对病理化儿童不恰当的归因（"他是个坏坏子"）。

其次，父母学习了许多行为修正的技术，包括积极强化。通常，强制性交换的父母会忽视为孩子提供积极反馈，很少能和孩子们愉快地相处。行为修正的基本目标不仅是减少问题行为，还包括增加亲社会行为。因此，父母要学会使用社会性称赞（"做得很棒"）和代币。当儿童表现得很好的时候可以兑换一个奖励。积极行为的强化（"尽可能看到孩子的积极面"）也作为一种训练以抵消或减缓儿童的家庭经历带来的负面影响。

作为一种同样可以增加积极强化的方式，父母也可以通过训练使用轻度惩罚。这不是指那些令人反感的技术，如大叫、打人或"唠叨"（反复挑剔地抱怨，却没有坚持到底，这些只会让问题更严重），而是指可以鼓励父母使用强化技术，如暂停时间或权利丧失，以应对儿童的不良行为。这些技术一开始使用通常都相对简单，容易观察到行为的连续性。当父母变得更加熟练，重心可以转移到更困难和更复杂的行为；当儿童的行为有所改变时，父母可以学习更高水平的技能，如谈判和相互问题解决。通过这种方式，家庭关系变得更积极、更合作，也可以增强儿童对行为的自我控制能力。

（五）实证支持

行为治疗师一直在积极主动地记录他们方法的有效性。研究结果显示，行为疗法对广泛的儿童问题都有效，从恐怖症到尿床到品行障碍。

例如，过去二十多年的许多研究都证明了父母管理训练的有效性（Forgatch & Patterson，2010；Webster-Stratton & Reid，2004）。品行障碍儿童的行为明显提升，而且改变一直持续到治疗结束后的 41.2 年。此外，PMT 的影响是广泛的，除了治疗的特定行为有所改变外，其他行为也有所改变；兄弟姐妹的行为也得到了改变，母亲的心理病理问题，尤其是抑郁症状，也在PMT 之后减少了。总之，家庭成员报告感觉到了彼此间更多的积极情绪。因此，PMT 可能会改变功能失调家庭关系的多个方面。

认知问题解决技能的父母和儿童训练对行为疗法进行了补充和扩展（如 PMT；Kazdin，2010；Sanders & Murphy-Brennan，2010）。而那些治疗方法正是被认知模型所激发的，这也是我们接下来要介绍的治疗模型。

七、认知疗法

（一）概念模型

基于关注调节刺激和反应之间的心理过程，认知疗法可以与行为疗法相区别（Lochman & Pardini，2009）。认知治疗师不去改变强化了儿童行为问题的偶然性环境因素，而是以导致行为功能失调性的、适应不良的信念为目标，其基本的目标是改变儿童的思维方式。当这个目标实现后，行为也就随之发生改变。

事实上，行为疗法和认知疗法之间并没有特别严格的分界线。行为疗法会采用认知元素作为达到行为改变的方式。例如，在脱敏过程中，儿童想象不同情境并指导自己放松，这两个过程都是认知活动。而从某些部分来看，认知疗法和行为疗法的本质是相同的，它们都采用科学的方法，关注改变特定的可观察的行为，系统地监控干预和行为改变之间的关系。许多治疗师合并行为疗法和认知疗法的技术，形成了"认知—行为疗法"。但是为了更清楚地呈现，我们在此处的讨论主要限定在这些方法的认知部分。

认知疗法已经发展到可以用来解决一系列童年期心理病理问题，包括抑郁、物质滥用、ADHD、焦虑、性虐待、品行障碍和孤独症等。我们将介绍三种治疗计划——两种针对内在问题（焦虑和强迫障碍），一种针对外在问题，即品行障碍（要了解更多运用在儿童其他障碍中的认知技术，可参见 Kendall，2011b，Reinecke et al.，2003）。

（二）治疗过程

肯德尔等人（Kendall，2011a）设计了一个叫"应对小猫"的治疗儿童焦虑障碍的认知干预项目，其模型背后的核心原理是：环境决定儿童反应的认知表征。在焦虑障碍的个案中，对危险的夸大知觉——害怕灾难性丧失、压力的批评或灾难性伤害——统治着儿童对事件的反应。治疗师的工作就是为儿童设计新的学习经验来改变这些不良认知、行为模式和伴随的情绪反应。

治疗师的目的是教导儿童识别焦虑情绪，让自己在焦虑时平静下来，纠正他们的思维，形成应对焦虑情境的计划以及在应对良好时给自己奖励。治疗师会教导儿童通过以首字母 FEAR 来命名的步骤完成这些目标。

FEAR 序列的第一个阶段——感到害怕（Feeling Frightened）——主要在儿童体验焦虑时帮助他们识别焦虑（参见方框 17.3 中的案例）。通常，儿童不能知觉到身体感觉——颤抖、胃疼等——与他们在特定情境中痛苦的情绪之间的联系。意识到自己是焦虑的可以提醒他们：现在是运用问题解决技能的时候了。

方框 17.3　儿童焦虑的认知疗法会谈

9岁的艾莉森（Allison）因为分离焦虑障碍被带来治疗。在这次会谈中，她和治疗师一起讨论如何应对某天早上上学忘记带作业的焦虑情境。括号中的注释标明了 FEAR 步骤。

治疗师：请告诉我，你是怎么知道自己感到害怕的？（感到害怕？）

艾莉森：我的心脏开始怦怦跳。

治疗师：还有吗？

艾莉森：嗯……让我想想。我开始咬指甲。

治疗师：啊哈，那是一个征兆，是吗？

艾莉森：是的。

治疗师：然后你注意到了什么？你当时想到了什么？（预期坏事情会发生。）

艾莉森：我可能会有大麻烦——被惩罚。

治疗师：那就是你想到的。嗯，你觉得有什么坏事情会发生？你担心什么？

艾莉森：可能老师会对我吼叫。

治疗师：有老师会朝你吼叫，如果你被老师吼叫，又会怎样？

艾莉森：我可能会要在禁闭室待一会儿。

治疗师：好的，你的老师呢？如果你丢了健康课的作业，你的老师会怎么想？

艾莉森：老兄，他健忘。他可能会说："你当初为什么会把作业带回家？"

治疗师：他可能会想，是你忘记了？

艾莉森：是的，他会吼叫。你可以在走廊里听到他的吼叫。当他吼叫时，走廊里的孩子们都听得见。

治疗师：你可能会被老师吼叫，其他孩子都会知道，他们会怎么想？

艾莉森：他们只会认为我很奇怪。

治疗师：他们会认为你很奇怪。难怪你会觉得有些害怕！好的，那么对此你会怎么做？你还能想到别的什么吗？（有帮助的态度和行为。）

艾莉森：可能他今天不会检查作业，因为他没有。午餐的时候我问他，他说要到明天才检查作业。

治疗师：那是你自己采取的帮助自己走出焦虑的行动。艾莉森，这对你很有帮助，你去问了老师！你是怎么能稍微改变一点自己可怕的思维的？

艾莉森：我也不知道。也许他可能只是忘记了检查作业或其他什么原因，如果他没有忘记，他就可能朝我吼叫。

治疗师：嗯，我想我应该表扬你采取的行动！那是我能想到的最好的主意——去核查，你就能发现会发生什么（结果和奖励）。

艾莉森：在你开始担心之前。

治疗师：在你开始变得沮丧和担心之前，是的，那样非常棒！

资料来源：Levin et al., 1996。

第二个阶段——预期坏事情会发生（Expecting Bad Things to Happen）。在这个阶段，治疗师帮助儿童识别产生恐惧的消极预期。例如，一个害怕乘坐电梯的孩子可能是因为"坏人"会进到电梯里或当他进入电梯后父母可能会消失。然而，许多年幼的儿童在进行这一步骤时存在困难。他们的认知能力有限以至于他们无法体会到自己的思维过程。治疗师可以通过提供可能的预期，而不是要求儿童说出他们的预期来帮助儿童（例如，"一些孩子害怕电梯会卡住"）。治疗师使用带有空"思维泡泡"的卡通画来帮助儿童识别不同情境下的焦虑思维和其他不良思维（参见图 17-3）。

自我对话1：在街上看到一条大狗

自我对话2：妈妈回家晚了

图 17-3 识别焦虑和其他思维

资料来源：Rapee et al., 2000。

第三个阶段——有帮助的态度和行为（Attitudes and Actions That Can Help）。在这个阶段，治疗师帮助儿童形成对待恐惧事件的更现实的态度，以及应对事件的行为。例如，治疗师可能要求儿童思考被锁在电梯里的可能性，或要求他进行调查以找出有多少次别人被困在电梯里。然后，治疗师鼓励儿童思考可能的问题解决办法。例如，鼓励儿童谈论她如何区别"坏人"和无害的人，此外，还可以教导儿童如何使用紧急电话寻求帮助。新的应对策略都可以作为"实验"进行尝试，"实验"这个词有一种愉快的、非危险性的含义。

第四个阶段——结果和奖励（Results and Rewards）。在这个阶段，儿童评估他们为解决问题做出的努力，并鼓励他们思考如果自己成功应对了焦虑情境可能获得的奖励，如吃零食、告知父母他们的进步，或者表扬他们"做得很棒"。

儿童学习完FEAR步骤后，治疗的下一个阶段就是在想象和真实生活情境中练习他们的新技能。练习要根据儿童恐惧的具体情况来安排，我们将练习列表称为"展示我可以"任务。例如，对乘坐电梯焦虑的儿童可以在逐渐提升步骤中的某一个任务上进行暴露，可以给一个认为只有他独自担忧的儿童布置访谈同班同学的作业，并回来报告他们担忧的事情。治疗师对完成了作业的儿童进行强化。治疗完成后，治疗师使用特殊的会谈和儿童一起庆祝，儿童和治疗师制作一个为FEAR步骤进行商业化推广的录像带。这一活动不仅有趣，有创造性，而且能帮助强化治疗的重要成分：合作、积极的关系。

虽然干预的重点对象是儿童，但是父母也有非常重要的作用。父母往往不经意间强化了儿童在焦虑情境中的退缩行为，从而使得儿童屈服于恐惧。治疗师和父母一起工作可以帮助他们支持自己的孩子获得独立，并增强他们忍受孩子在面对恐惧情境时暂时不舒适的能力。治疗师对父母自身的问题也比较敏感——如他们自己的焦虑或婚姻困境——这可能会帮助解决儿童问题。因此，肯德尔扩展了他的治疗方法，形成了认知行为家庭治疗（Howard et al.，2000），控制组研究证明这个方法有很好的效果（Kendall et al.，2008）。

（三）实证支持

"应对小猫"模型的研究有良好的效果。例如，肯德尔等人（Kendall et al.，2004）将94个焦虑障碍儿童随机分配进入认知治疗组或等待的控制组。自我评定量表结果显示，那些经过治疗的儿童焦虑降低显著，同样，在父母、老师和观察者的评定上也表现出焦虑降低。2/3的儿童在治疗后都没有达到障碍的诊断标准，一年后进行的随访调查结果也显示，这些儿童从治疗中获益良多，在治疗结束后平均7.4年内都表现出这种治疗的益处。并且，在焦虑障碍认知治疗中获益的儿童在7年后的青春期时物质滥用的风险也降低了（Kendall et al.，2004）。并且，这个项目已经被证明在其他文化中使用也有明显的效果，已经被翻译成6种语言并引入12个国家，包括英国、荷兰、加拿大（项目名称为"应对小熊"）和澳大利亚（项目名称为"应对考拉"；Kendall et al.，1998）。

1. 强迫障碍的认知治疗

童年期强迫障碍实证性治疗主要采用的也是认知技术（March & Mulle，1998；Piacentini et al.，2011）。经过细致的评估，治疗从对强迫障碍进行心理教育开始，在这个过程中，治疗师帮助儿童理解障碍，它就像是大脑内的"嗝"——会导致不期待的事情发生，但这是可以治愈的。有时，治疗师也会让儿童为障碍取一个可爱的名字（如细菌先生），这样可以外化问题，并且降低它的能量。下一步，治疗师和儿童一起为强迫障碍"绘制地图"，也就是说，识别在什么时候、什么地方强迫障碍压倒儿童，儿童征服强迫障碍或者两者势均力敌。地图上的第三点被称作转化带，治疗师和儿童就针对这一部分开展工作，慢慢扩展边界使之变为儿童占领地，从而减少障碍占领的区域。另外，治疗师和儿童对情境与刺激进行焦虑等级评定，这样，治疗师就知道应该从哪里开始，去寻求既有挑战性又没有太大威胁的任务。

治疗的下一步是认知训练。在这个步骤中，通过进行积极的自我对话，教导儿童如何对强迫症进行反应（参见方框 17.4 中的案例）。例如，一个害怕被细菌感染，总是要进行强迫清洗仪式动作的男孩可以对自己说："你控制不了我！"幽默也是一种有帮助的策略。例如，一个恐惧鬼怪的男孩可以在暴露情境中这样反应："我曾经害怕的东西其实很无聊，鬼仅仅是一个比喻"（Franklin et al.，2003，p.173）。

方框 17.4　强迫障碍的认知治疗

克里斯汀（Kristin）是一个 6 岁的女孩。她有许多闯入性思维，是伤害她自己、她家人或她所在星球的思维。为了防止这些思维变成现实，她认为必须要强迫性地告诉妈妈并且反复寻求确认。为了帮助她发展认知应对策略，如积极的自我对话，治疗师决定带她进行体验性练习，以区别思维和现实的差异。

治 疗 师：好的，克里斯汀，记得我们今天的主题是针对闯入我们头脑的可怕画面吗？

克里斯汀：我们怎么做？

治 疗 师：嗯，首先我要给你变个戏法。上次，你在这儿说过那个"肚子痒"（给强迫障碍取的代名词）告诉你，如果你头脑里有一个那样的可怕画面，并且你没有告诉妈妈，它就可能会在现实世界中发生，那么这就是你所导致的，是你的错。

克里斯汀：我是想过这个。

治 疗 师：好，让我们来看看是否可以把它弄得再乱一点。首先，我想让你看我桌上的那个汽水瓶，看见了吗？

克里斯汀：是的，我看见了。

治 疗 师：好，我想请你在头脑中形成它的图像，然后闭上眼睛，想象它就在你的大脑里。你能做到吗？

克里斯汀：可以。

治 疗 师：很好。现在我想请你在大脑中将瓶子从桌子的一边移到另一边。

克里斯汀：我也需要移动真实的瓶子吗？

治 疗 师：不，就在你头脑里移动。

克里斯汀：好的，我完成了。

治 疗 师：非常好，现在让它长出翅膀，像蝴蝶一样飞过房间。

克里斯汀：翅膀应该是什么颜色的？

治 疗 师：任何你喜欢的颜色都可以。

克里斯汀：好的，它现在正在飞。

治 疗 师：你能让它微笑吗？

克里斯汀：它没有脸。

治 疗 师：好的，请你让它有一张脸，并且微笑着。

克里斯汀：它现在在微笑。

治 疗 师：现在你能真正清晰地看到它吗？

克里斯汀：可以，我能看见它的亮蓝色翅膀和大大的快乐的牙齿。

治 疗 师：很好，现在睁开你的眼睛。汽水瓶现在在哪里？

克里斯汀：（笑）它还在你的桌子上，好蠢！

治 疗 师：我认为它像一只微笑的蝴蝶一样在房间里飞。

克里斯汀：不，那只是在我的头脑中而已。

治 疗 师：所以即使你在头脑中清晰地看到了一些东西，那也并不意味着它就是真实的，是吗？

克里斯汀：是的。

治 疗 师：我们再来回顾一次——闭上眼睛，赋予这个汽水瓶一个嘴巴。

克里斯汀：好的。

治 疗 师：你能让它咬我的手吗？

克里斯汀：那可能不太好吧。

治 疗 师：那么只咬一点点怎么样？

克里斯汀：好的，我猜可以。

治 疗 师：它咬我了吗？

克里斯汀：是的，它正在手指上。

治 疗 师：哪个手指？

克里斯汀：小拇指。

治 疗 师：你让它咬我的大拇指，可以吗？

克里斯汀：可以。

治 疗 师：好，现在再次睁开你的眼睛。你能看到任何牙齿印吗？

克里斯汀：没有。

治 疗 师：为什么没有？

克里斯汀：因为它是假的。

治 疗 师：那么那些进入你头脑中的可怕画面又怎么样呢？比如，今天和你爸爸妈妈一起开车来时出现的可怕画面。

克里斯汀：嗯，也许它们也是假的，我没有必要让它们再乱跑了。

资料来源：Franklin et al., 2003。

　　当学会了这些策略，儿童就在治疗师慢慢的、细心的帮助下，进行暴露和反应预防，不断挑战更高等级的恐惧。在暴露过程中，治疗师鼓励儿童形成和恐惧刺激的联系——最初，这可能需要较低等级的暴露，如愿意听到"蛇"这个词，或者是愿意看到蛇的图片。在反应预防阶段，治疗师帮助儿童使用应对技巧，限制过去总是和焦虑联系在一起的强迫仪式行为。儿童的目标就是在暴露情境中尽可能保持更长的时间，这样就可能征服焦虑，并且，可以引导强迫障碍儿童形成这样一种信念，即事实上，恐怖刺激会变得很无聊。慢慢地，在实体和恐惧发生的现实情境中进行暴露，治疗师带领儿童进行"实地旅行"，他们会在真实生活背景下遭遇恐惧情境。治疗的最后一个步骤是复发预防，在此阶段，要求儿童预测可能在将来遇到的挑战，并思考应对挑战的潜在方式。

　　已经有一系列多场所、随机临床实验为儿童强迫障碍的认知行为治疗有效性提供了证据（Franklin et al., 2010），但是恢复的比率显示这种障碍的认知行为治疗是相当困难且难以应付的。例如，在一个比较认知行为治疗、特定血清素再摄取抑制剂舍曲林治疗和合并治疗方法的研究中，研究者发现，54%的接受合并治疗的患者症状有所减缓，39%的单独接受认知行为疗法的患者症状减缓，21%的单独接受舍曲林治疗的患者症状减缓，另外，也有3%的接受安慰剂的患者症状减缓（Pediatric OCD Treatment Study Team, 2004）。考虑到儿童强迫障碍最常见的治疗方法是特定血清素再摄取抑制剂类药物治疗，研究团队已经发起了一个新的调查研究，即针对进行药物治疗但是仍然表现出症状的部分儿童，认知行为疗法对增强药物管理能力是否有所帮助（Franklin et al., 2010）。

　　2. 人际问题解决技能训练（Interpersonal Problem-Solving Skills Training, IPS）

　　卡兹丁（Kazdin, 2010）合并父母和儿童为中心的品行问题干预模型中最成功的一个成分是人际问题解决，这最初是由舒尔和斯皮瓦克（Shure & Spivack, 1988）提出的。IPS方法重点是确立五种技能的胜任力，这五种技能在攻击性儿童中存在缺陷。

第一种技能是针对问题产生可替代性解决办法。治疗师鼓励儿童进行头脑风暴探索不同的观点，而不用害怕被审查或草率地结束，目标是列出一组解决问题的方法供儿童选择，并帮助儿童养成行动前三思的习惯。IPS 训练的核心是：训练重点不是儿童思考什么而是他们怎么思考。IPS 训练的观点是：与其让儿童依赖外部支持来行动，不如帮助他们仔细思考人际问题，从而自己找到解决办法，控制行为。

第二种技能是治疗师训练儿童考虑社会行为的后果。攻击性儿童一般不能跨越当下去考虑不良行为可能的消极后果，或者，不能考虑到亲社会行为的积极后果。因此，儿童需要学会考虑自我及他人行为的后果，形成良好的反应方式。

第三种技能是发展方法—结果思维，学习解决特定问题的过程。这可能要求儿童考虑不同可能的行动以及每个可能行动带来的后续结果。下一阶段为发展儿童的社会因果思维，即理解在问题情境中人们如何感觉，以及他们行为背后的动机。例如，攻击行为可能惹怒其他孩子，导致他们报复。

第四种技能是治疗师帮助儿童形成对人际问题的敏感性。社交技能不良的儿童往往对自己和其他人之间的冲突关系线索不敏感，他们常常不能辨识问题是人际问题。

第五种技能是，IPS 技能训练的最高水平是儿童会形成一种动力取向。这指的是超越人类行为表面看到其本质，并基于自己的生活经验以独特的视角鉴别他人行为背后潜在动机的能力。例如，可以将一个欺侮者看作喜欢伤害他人的坏人，也可以看作一个觉得不安全，想要证明自己足够好的人，或者是在家里受到了不好的对待转而将自己的挫折发泄给他人的人。问题并不在于解释的有效性，而在于看到表面行为背后常常隐藏着问题和动机的能力，这个认识能导致更有效的反应。

另外，舒尔和斯皮瓦克（Shure & Spivack，1988）提出的人际问题解决必要的五种技能也为理解儿童攻击行为和行为问题认知基础做出了贡献，这五种特定认知成分为：对人类问题的敏感，想象可替代行为的能力，对达到既定目标的方法进行概念化的能力，对可能后果的考虑和理解人类关系中的原因与结果（参见方框 17.5）。

方框 17.5　人际问题解决技能训练会谈

下面是参与人际问题解决技能训练的幼儿园儿童和老师的对话。括号里的注释标明了 IPS 不同阶段的不同技术。

老师：怎么回事？发生了什么？（引出儿童对问题的看法。）

儿童：罗伯特（Robert）不给我黏土！

老师：你能做什么或者说什么能让他给你黏土？（引出问题解决。）

儿童：我能问他。

老师：那是一个办法。那么当你问他后可能会发生什么？（引导方法—结果思维。）

儿童：他可能会说不。

老师：他可能会说不。你还能试试别的吗？（引导儿童思考可替代性解决办法。）

儿童：我可以抢。

老师：这是另一个办法。如果你这么做的话可能会发生什么？（不批评儿童的解决办法；继续引导结果思维。）

儿童：他可能会打我。

老师：那会让你感觉怎样？（鼓励社会因果思维。）

儿童：会愤怒。

老师：你能想出什么不同的事情来做或不同的话来说，这样罗伯特就不会打你，你也不会发怒？（引导儿童想出更多解决办法。）

儿童：我可以说"你留一些，给我一些"。

老师：那是个不同的想法。（强化想法的不同而不是"好"，这样避免成人的判断。）

资料来源：Shure & Spivack，1998。

　　发展性表现的成分与 IPS 相关。在学龄前期，思考出可替代性的问题解决办法，就是在课堂情境下人际行为的最重要的预测因素，如"如果妹妹在玩你想要的玩具，你能怎么做"。老师会将那些只能想出极少可替代解决办法的儿童评定为破坏性的、不尊重他人的、违抗的、不能等待的。在童年中期，可替代性思维仍然与课堂适应相关，而方法—结果思维也作为一种同等重要的相关因素出现。例如，当对新搬迁到某地区觉得孤独的男孩提出一个问题时，适应良好的儿童不仅能想出不同的解决办法，而且能想出办法去实施自己的办法并克服其中的困难，如"也许他能找到某个跟他一样喜欢玩的孩子，但是他最好不要在晚餐时间去找那个孩子，否则他妈妈可能会发脾气"。冲动和抑制的儿童在这些认知技能方面存在缺陷。

　　关于青少年的数据还比较少，但是已有的研究结果都表明，方法—结果思维和可替代性思维与良好适应相关。在这个发展的时代，IPS 的新成分包括考虑后果或权衡潜在行为的利弊："如果我做 X，那么其他人将会做 Y，那将会很好（或很坏）。"这样，发展中的儿童就能够利用不断进步的认知技能解决人际问题。

　　3. 干预治疗

　　卡兹丁（Kazdin，2010）人际问题解决技能训练研究已经作为治疗有效性的研究模型。卡兹丁等人将患有品行障碍的学龄期男孩随机分配进行三种干预治疗。第一组接受人际问题解决技能训练，第二组接受同样的训练，但是伴随现场实践。例如，治疗师会给他们布置"作业"，包括把治疗会谈中所学到的方法运用到和父母、同伴与老师的互动中。第三组接受关系治疗，主要是强调治疗师的同理、温暖和无条件积极关注，以及帮助儿童表达他们的情绪和讨论人际问题。相比于接受关系治疗的儿童，在两个认知问题解决技能训练组的儿童表现出的反社会行为、整体行为问题明显减少，亲社会行为明显增加。在一年后的随访研究中，在家庭和学校中的治疗结果仍然有效。尽管他们有进步，但是儿童仍然偏离正常社会行为的范围。并且，这种干预并不总是能超越治疗情境而获得。

4. 创造性地、灵活地、发展适当地使用手册

介绍完认知干预的内容后，我们一起来更仔细地看看认知疗法的过程，以及它与其他更多非结构性的方法之间的异同。认知行为疗法的一个优点，以及经得起实证效度检验的原因之一是它们可以手册化。治疗手册为治疗师提供了清晰的指导方针并确保治疗在不同治疗师和患者中能够以标准化的方式来推进。然而，心理动力学和人本主义取向的治疗师认为手册化治疗太严格，缺乏人性，也没有根据患者的需要进行调整。但类似"菜谱"一样的手册化治疗就是这样一种范例。运用治疗手册取得有效治疗的临床医生辩解说，他们能够——并且，事实上为了更有效果他们必须——灵活地、有创造性地根据来访儿童的需要、兴趣、文化和发展状态使用治疗手册（Kerig et al., 2010a）。

例如，肯德尔等人（Kendall et al., 1998）介绍了为焦虑障碍设计的肯德尔手册化治疗"应对小猫"中的技术，这个治疗项目在美国、荷兰、爱尔兰和澳大利亚都很有"市场"。他们指出，在治疗中，很多治疗师充分发挥了他们自己的创造性、临床技巧和幽默感，目的就是为特定的儿童提供个性化的干预。他们介绍了一个抱怨 FEAR 项目的女孩，她说这个认知行为程序的首字母非常无聊。为了激发该女孩的动机和兴趣，治疗师邀请她为这个治疗程序重新命名，她最终选择了"快乐的助人步骤"这个名字。由于女孩和治疗师都记不住步骤是什么，治疗师建议她为这个名字的首字母"THHS"（the Happy Helper Steps）确立定义。由于被激发起了好奇心，兴奋的女孩设定了自己的治疗步骤（"你感到害怕""嘿！预期坏事情会发生""有帮助的快乐行动和态度"和"怎样的结果和奖励"），并且在教导治疗师的过程中体验到了一种新的兴奋和掌控水平。

手册化治疗成功的关键是维持儿童的主动兴趣和动机，尤其是像"应对小猫"这样要挑战儿童走出他们的舒适区从而去面对最恐惧事物的项目。治疗师通过确认任务是相关的，引起好奇的，并且尽可能有趣的来帮助儿童。正如肯德尔等人（Kendall et al., 1998, p.188）声明的，"可怕又无聊是致命的组合"。

总之，尽管认知干预治疗没有将关系作为主要的改变途径，但是它们仍然依赖同样的关系成分来达到治疗的成功：温暖，约定，患者与治疗师之间的治疗同盟。

八、家庭系统方法

考虑到家庭系统在心理病理问题病因中的重要性，大多数心理治疗流派的治疗师都会将他们的技术用来治疗家庭问题，包括行为主义治疗师、认知治疗师和精神分析治疗师。然而，这

些与家庭背景中的个体工作的方法和将整个家庭作为一个系统的治疗方法还是有区别的。在讨论神经性厌食症（第十二章）和精神分裂症（第十一章）的时候，我们介绍了基本的前提和由家庭系统方法产生的一些概念。此处，我们将更详细地进行讨论。

（一）概念模型

基本前提是：家庭是一个动力系统，一个超越个别成员间互动的整体。并且，可以通过特定的特征确认家庭系统功能是否良好。正如我们在第一章所说的，米纽秦的结构性家庭治疗方法（Minuchin，1974；Minuchin & Fishman，2004）介绍了两个重要的概念：边界和三角关系。例如，在功能不良的家庭里，边界可能是模糊的，这就导致家庭成员间关系纠缠不清，在这种关系中，家庭成员彼此间以闯入性的方式公开地卷入，三角关系可能导致形成顽固的模式，在其中，特定的家庭成员和另一个成员结成同盟而将另外的家庭成员排除在外。

这些模式一旦建立就很难改变。然而，拒绝改变的原因就是心理病理问题系统理论的核心：这些紊乱的模式在家庭系统里发挥了作用。来看一个具体的例子，在迂回—攻击家庭中（参见第一章）正是这个儿童的不良行为分散了父母对婚姻问题的注意力。因为儿童的症状有很重要的价值——家庭仍然保持完整——所以对不同家庭成员来说，他们在要改变症状这个问题上就充满了矛盾。

有问题的儿童仅仅是被识别的患者——他表现出症状，说明有些行为发生了偏离。而病理原因本身则是系统。对家庭系统内的个体进行治疗不能带来有效的改变，因为家庭将会重新组织以重建旧有的模式。因此，治疗的核心就应该是整个家庭。

（二）治疗过程

治疗师怎样促进改变？为了改变系统，治疗师必须成为系统的一部分。形成治疗系统的最初步骤就是加入。麦纳西通过他的自我的使用融入了治疗的家庭。他强调他与该家庭一致的人格和生活经验，如和移民家庭分享他努力适应美国文化的过程。他接受家庭的组织和风格，并适应它们，显示出对他们的行事风格的尊重。通过这个方法，家庭治疗师像是承担参与观察者角色的人类学家一样，接纳家庭成员，确定他们的问题，运用他们的语言以及直接享受他们幽默的方式。

治疗过程的下一个步骤是扮演转变的模式。此时，家庭治疗师鼓励家庭成员表现，而不是讲述，这样治疗师就能直接观察他们的互动。这在诊断问题时能够提供很多的信息。例如，当品行障碍的儿童谈论他的恶作剧时，或妈妈总是打断女儿评论她焦虑时，治疗师可能会注意到父亲脸上小小的微笑。治疗师可以通过指导家庭成员在治疗会谈中扮演各自的角色而重新创设问题家庭场景。例如，如果一个孩子抱怨爸爸从来不陪他，麦纳西可能会让孩子朝向爸爸并跟他讨论这个事情。在治疗会谈中扮演模式不仅让治疗师看到运动中的家庭成员，而且能够帮助家庭成员在高度意识水平上体验他们自己的互动。这个技术最典型的例子是治疗有厌食症青少年家庭的家庭午餐会谈，这曾在第十二章讨论过。

一旦被接受进入了家庭，并且进行了充分的观察，形成了问题的概念化，治疗师就可以采取进一步的行动。重构技术是用来改变家庭互动模式的重要工具。例如，当家庭成员拒绝彼此直接交流，试图通过治疗师传递他们所有的意见时，治疗师就采取行动重新建立沟通的渠道。治疗师可以回避与家庭成员的眼神接触，解决问题时拒绝回应，坚持让他们彼此交流，甚至离开会谈室在单面镜后观察。治疗师就像一名管弦乐队的指挥，给家庭成员发出信号——什么时候说话，什么时候沉默。家庭治疗师也会使用重新配置技巧，这指的是操作家庭成员之间的空间位置来改变他们的互动，如移动椅子来分离需要更远的心理距离的家庭成员。例如，当妈妈和被确定的患者谈话时，治疗师可能坐在妈妈和父母化的儿童中间以阻断儿童的干扰（参见方框 17.6）。

方框 17.6 家庭治疗会谈

麦克莱恩（MacLean）的家人因家里有一个孩子"不服管教"前来寻求帮助。他是一个令人讨厌的孩子，已经被两所学校开除。米纽秦博士揭露了父母之间隐藏着的分裂，他们之间只有通过相互不说话才能保持平衡。这个 10 岁男孩的不良行为非常明显，引人注目，他爸爸不得不将他拖进咨询室，他还不停尖叫和乱踢。同时，他 7 岁的弟弟则安静地坐着，脸上露出迷人的微笑，这是个好孩子。

为了将父母的关注点从"难以忍受的孩子"身上扩展到他们控制和合作问题上来，米纽秦询问 7 岁的男孩凯文（Kevin），他只是在成人背后表现出不良行为，如在浴室的地板上小便。根据爸爸的描述，凯文尿在地板上是由于"不注意"。而当米纽秦说"没有人这么不注意"时，妈妈笑了。

米纽秦和男孩讨论狼如何标定他们的疆域，并提议，他可以在房间的四角尿尿来拓宽他的疆域。

> 米纽秦：你有一条狗吗？
> 凯文：没有。
> 米纽秦：哦，所以你是你们家的小狗。

在讨论男孩小便问题及父母反应的过程中，米纽秦戏剧化地表现出父母两人彼此是如何极端化表现的。

> 米纽秦：为什么他会这么做？
> 爸　爸：我不知道他是否是故意的。

米纽秦：也许他只是处于迷糊中。

爸　爸：不，我想只是不小心。

米纽秦：他的目的一定很可怕。

爸爸认为孩子的行为是偶然的，妈妈则认为是违抗。父母失去对孩子的控制感的一个原因就是他们回避面对彼此的差异。差异是正常的，但是当父母一方在私底下削弱另一方对孩子的处理时，差异就是非常有问题的（如果存在没有解决的抱怨，就会出现默默的报复）。

米纽秦给夫妻施加了温和但坚持的压力，让他们讨论他们是如何回应的，而不能转换到儿童如何表现，这将导致他们呈现出长期存在但是从来没有表达出来的怨恨。

妈　妈：鲍勃总是为孩子们的行为寻找借口——因为他总是不想惹麻烦，不想帮助我找到问题的解决办法。

爸　爸：是的，但是当我努力想要帮忙时，你总是批评我。所以很快我就放弃了。

就像是在显影盘里的影印照片一样，夫妻冲突慢慢凸显出来。米纽秦让孩子们离开咨询室，以避免夫妻感到尴尬。由于没有教养孩子的压力，夫妻俩能面对彼此，并且谈论他们彼此受到的伤害和不满。这是一个孤独的婚姻解除的悲伤故事。

米纽秦：你们俩有一致的领域吗？

他说有，她说没有。他是个把事情都化小的人，她是个挑剔者。

米纽秦：你什么时候和鲍勃离婚并嫁给了孩子们的？

她变得安静了；他抬头往上看。她轻轻地说："可能十年前吧。"

接下来的讨论是一个痛苦却熟悉的故事，他们的婚姻如何在教养孩子和冲突中沉沦。因为从来没有直面过冲突，所以它从来没有得到过解决。因此，伤害从来没有得到治愈，彼此间的裂缝越来越大。

在米纽秦的帮助下，夫妻俩轮流谈论他们的痛苦，并且学会了倾听。米纽秦打破了夫妻表面的平衡，这让他们感到巨大的压力，帮助他们打破差异，对彼此开放，为他们想要的斗争，最终，两人开始作为丈夫和妻子、作为父母而达成一致。

资料来源：节选自 Nichols & Schwartz，2004。

另一个重构技术叫作设定边界。治疗师可以通过限制家庭成员彼此之间的交流确定清晰的边界。另外，治疗师根据他们的年龄和发展状态，与每一个成员进行不同的交流互动，鼓励个体家庭成员的差异化。治疗师也可以强调子系统之间的边界，如在婚姻子系统和儿童子系统之间的边界。例如，一个男孩由于非常严重的犬类恐怖症而不能离家外出，所以被带来进行治疗。在和家庭成员互动后，治疗师的概念化是妈妈和儿子纠缠在一起，爸爸被排除在他们的亲密二人世界之外。治疗师决定通过增加爸爸和儿子之间的亲密关系来重建家庭互动关系。很凑巧的是，男孩的爸爸是一名邮政速递员，因此，他在应对狗的方面很有经验。所以，治疗师就给爸爸布置任务，让他教导儿子应对陌生的狗。干预取得了很大的成功，最终，这个自己也是被收养的孩子要求养一条狗，爸爸和儿子一起训练他们的新宠物。当爸爸和儿子的联结加强时，妈妈和儿子之间也形成了良性的分离，爸爸妈妈也开始进行婚姻治疗。

治疗师还可以使用积极框架为家庭成员提供看待问题的新视角和看待自己的新透镜。例如，治疗师可以表扬过度保护的父母，表扬他们为孩子提供支持和养育的强烈欲望，以积极的方式来重构他们的行为。治疗师通过强调有问题的互动模式背后的良好意图，就可以在寻找新的更好的方法去实现最终目的的同时，减少阻抗。

（三）实证支持

罗宾斯等人（Robbins et al.，2010）已经对文化多样性背景下的结构性家庭治疗的有效性进行了大量的研究。特别是，他们针对西班牙裔美国家庭中品行障碍和毒品使用青少年进行治疗。在一项研究中，随机分配家庭到结构性家庭治疗组和控制组，控制组家庭接受门诊中的常规治疗。结果显示，在两种治疗条件下的青少年都有显著的进步，干预类型之间不存在差异。然而，两种治疗条件下持续接受治疗的保留率差异显著。在家庭治疗条件下的家庭更可能完成治疗，只有17%的家庭退出，而在控制组条件下，有44%的家庭从治疗中脱落。

在另一个随机设计控制组实验中，桑提斯特本等人（Santisteban et al.，2003）比较了简单策略性家庭治疗方法和团体治疗对西班牙裔美国青少年外在问题的治疗效果。总体而言，接受家庭治疗的青少年在品行障碍、青少年犯罪和大麻使用的水平上显著低于接受团体治疗的青少年。家庭功能的效应特别引人关注。在那些治疗开始时家庭功能最差的家庭中，家庭治疗显著提升了家庭功能，而团体治疗没有发生改变。然而，在那些治疗开始时家庭功能相对较好的家庭中，家庭治疗没有带来功能改变（换句话说，家庭的良好功能得以保持），而接受团体治疗的青少年的家庭功能则下降了。干预带来伤害的可能性——被称为治疗效应——是令人惊讶的，因为在治疗过程中，还有其他因素的影响，特别是团体干预将有问题的青少年聚集到一起（参见方框17.7）。

方框 17.7　干预能有害吗？

就像医生的希波克拉底（Hippocratic）誓言一样，美国心理学会（APA，2002）伦理守则的主要原则就是无害原则。有可能善意的治疗事实上会使得儿童问题变得更糟糕吗？到目前为止我们只遇到过一个案例，在基于学校的自杀预防项目中，研究者发现了恶性的效果，干预项目增加了有自杀易感性学生的痛苦（参见第九章）。这种不希望出现的消极治疗结果被称作治疗效应。迪西恩等人提供了两个例子：降低青少年问题行为的同伴团体干预的研究出现了治疗效应。在青少年转变研究中，迪西恩等人（Dishion et al.，1999）将 119 个高危青少年随机分配到四种不同的治疗组：仅有父母，仅有青少年，父母和青少年，最后一组是只给予关注。只有青少年的治疗组包含团体会谈，且在这个治疗组中，有行为问题的青少年聚集成一个团体，一起解决如设定亲社会目标和进行自我调节等之类的问题。虽然一开始关注父母和关注青少年的治疗看上去都取得了效果，但是长期的治疗效果让人感到尴尬。一年以后，在关注青少年的治疗组中发现烟草使用的增加和老师报告的外在行为的增加。三年后，这种治疗效应仍然存在，不论父母是不是参与治疗项目，关注青少年的干预组中的青少年使用烟草和犯罪的比率比其他干预组的青少年都高。年龄更大的年轻人最容易受到反社会同伴的消极影响。

剑桥—萨默维尔（Cambridge-Somerville）青少年研究也发现了相似效应。在这个研究中，将存在青少年犯罪高风险的男孩随机分配到干预组或控制组，干预组包含一系列干预项目，其中的关键是团体活动和夏令营活动。当男孩 10 岁时，治疗开始，到他们 16 岁时治疗结束。这个研究也出现了令人尴尬的治疗效应：在治疗中受到关注最多的男孩结果最差。迪西恩等人（Dishion et al.，1999）详细查看了男孩们的项目参与情况，发现大多数干预的损害效应发生在那些不止一次被送去夏令营的男孩中。

就像"自然实验"研究中将犯罪青少年转移到社区收容机构的结果一样，在初次犯罪的个体中，如果他们被送往青少年收容中心（Shapiro et al.，2010），重复犯罪的可能性会更高。由于暴露于反社会行为团体之中，也由于被剥夺了和亲社会行为同伴互动的机会，他们无法参与正常青少年的生活体验（Steinberg et al.，2004），这些收容机构可能为这些青少年反社会行为的发展提供了"温床"。

基于这些数据，道奇等人（Dodge et al.，2006）提出，应该基于研究中障碍的心理病理学理论来进行干预。例如，与行为偏离正常的同伴的联系是青少年犯罪的一个最强预测因素——通过"偏离训练"机制——并且，如果仅有刚刚提及的那些干预，可能带来的伤害就会多于收益——这个过程被称为"同伴污染"（Dishion & Tipsord，2011）。另外，研究者指出，反社会青少年的团体治疗已经有一些成功的案例，但是和前面描述的治疗方式有一个重要的区别：他们的团体里既包括亲社会青年，又包括反社会青年，这样就能减弱问题行为。

九、预防

（一）定义

首先，我们需要定义"预防"。预防性努力可以在一个连续谱上进行概念化（参见图 17-4）。在连续谱的一端，在问题形成之前就有一些项目预防其发生，这被称作基础预防。基础预防的案例如，为初次当妈妈的人进行的基于家庭的访谈项目，这个项目主要是为了防止儿童虐待，这在第十四章有详细描述。相比之下，二级预防主要关注问题的早期识别，为了防止问题行为发展为全面爆发的障碍。二级预防的案例如，对表现出不良教养技能的有压力感的父母进行的危机线项目。三级预防随后进行干预，为了防止迅速发展的问题变得更糟糕或防止问题复发。事实上，三级预防和干预之间的分界线并不那么明确，因为大多数儿童治疗也有预防问题变严重或防止复发的目标。

问题初始   问题根深蒂固

基础预防   二级预防   三级预防   干预

图 17-4　预防和干预的连续谱

资料来源：Hall et al., 1971。

回忆我们在第一章时对发展心理病理学的讨论，我们指出，风险和发展性路径能够对预防有所指导。发展取向的研究已经取得了丰硕的成果，其中的一些指导现在是可以用的。我们已经讨论了一个预防项目（STEEP），它是用来预防不安全依恋的（Erickson & Kurz-Riemer, 2002）。此处我们再介绍一个基于品行障碍的发展心理病理学研究的干预项目。

（二）快速轨道项目

快速轨道（Conduct Problems Prevention Research Group, 2011）的基础是发展路径，发展路径识别品行障碍的早期征兆，以及父母、学校和同伴对其形成的影响（参见第十章）。目标人群是表现有破坏性行为的一年级学生，如不服从、攻击行为、冲动性和不成熟。项目所使用的都是已经经过尝试取得了一定效果的技术。然而，项目的特征是对这些技术的整合。这样，不同的治疗部分，如应对父母和老师，都能通过相互整合而彼此强化，而且也增加了不同背景环境下的推广机会。

我们已经提出了两种干预：改变父母的无效惩罚方法和增加儿童的社会技能以避免同伴拒绝（参见第十章）。因此，在本部分的讨论中，我们主要关注那些在为避免学校失败的项目中更新奇的成分。家庭会谈的重点是在家里设定结构性学习环境，鼓励父母参与儿童的学习，同时多与学校老师沟通，强调父母与儿童的老师建立积极的关系。在学校，快速轨道项目的工作人员也会培训老师有效管理破坏行为的策略，如建立清晰的规则，奖励适当的行为，不奖励或惩罚不适当的行为。老师可以实施特殊课堂项目以加强儿童的自我控制，建立和维持友谊及增强问题解决能力。最后，如果儿童需要，还可以给予辅导，尤其是阅读辅导。

在对项目评价中，研究者识别了 891 个儿童存在初发品行障碍的高风险。这些儿童，其中 69% 是男孩，51% 是非裔美国儿童，将他们随机分配到干预项目和控制组中。干预持续 10 年，包含各种模型的治疗元素：父母行为管理训练、儿童社会认知技能训练、阅读辅导、家访、答疑指导和课堂课程辅导。总体来看，干预效果是积极的，能防止儿童形成品行障碍、对立违抗障碍、ADHD 或任何其他外在障碍。然而，交互作用显示，预防项目只是防止了那些初始评估为最高风险水平儿童的精神疾病的终生患病率。

快速轨道和对品行障碍的决定性本质的认识，都是综合性的且具有坚实的研究数据基础的。因此，它避免了之前许多干预项目相对零碎性和随意性的不足。正因为如此，它是发展心理病理学实际运用的较好的示范。

图书在版编目（CIP）数据

发展心理病理学：从幼年到青春期：第 6 版／（美）帕特里夏·克雷格，（美）阿曼达·卢德罗，（美）查尔斯·温纳著；蔺秀云，韩卓，侯香凝译．—北京：北京师范大学出版社，2023.4

ISBN 978-7-303-27737-7

Ⅰ．①发… Ⅱ．①帕… ②阿… ③查… ④蔺… ⑤韩… ⑥侯… Ⅲ．①发展心理学－研究 ②病理心理学－研究 Ⅳ．① B844 ② B846

中国版本图书馆 CIP 数据核字（2022）第 028858 号

图　书　意　见　反　馈	gaozhifk@bnupg.com	010-58805079
营　销　中　心　电　话	010-58807651	
北师大出版社高等教育分社微信公众号	新外大街拾玖号	

FAZHAN XINLI BINGLIXUE

出版发行：北京师范大学出版社 www.bnup.com

　　　　　北京市西城区新街口外大街 12-3 号

　　　　　邮政编码：100088

印　　刷：保定市中画美凯印刷有限公司

经　　销：全国新华书店

开　　本：890 mm×1240 mm　1/16

印　　张：43

字　　数：1097 千字

版　　次：2023 年 4 月第 1 版

印　　次：2023 年 4 月第 1 次印刷

定　　价：238.00 元

策划编辑：沈英伦		责任编辑：朱冉冉	
美术编辑：李向昕		装帧设计：李向昕	
责任校对：康　悦		责任印制：马　洁	

发展心理病理学（增订版）

DSM-5 更新

帕特里夏·克雷格（Patricia Kerig）

阿曼达·卢德罗（Amanda Ludlow）

内容简表[1]

---

[1] 章节序号的说明：该增订版的章节序号与克雷格、卢德罗和温纳所著的《发展心理病理学》（第六版）一致。增订版专为主本设计，而 DSM-5 更新对第一、第二、第十四、第十六、第十七章没有影响，故增订版未列出。

内容详表

第三章

通往心理病理学的桥梁

本部分与克雷格、卢德罗和温纳所著的《发展心理病理学》（第六版）的第三章相匹配。

章节目录

1. 简史

2. DSM 的目的

3. DSM-5

4. 本版

一、简史

《精神障碍诊断与统计手册》第五版（DSM-5）于 2013 年 5 月发布。自上一版发行以来，DSM-5 历经 14 年的书写，近 20 年的修订。这是针对系列精神障碍诊断标准所做的一次最大规模的修订。

DSM 是为了精神健康专家采用统一的诊断标准、方便交流而作。最初的草案被命名为《用于精神病机构的统计手册》，颁布于 1917 年，主要为了收集各精神病院数据，包含 22 种诊断。DSM 第一版于 1952 年颁布，主要用于指导治疗美国军人，但在同一时期，越来越多的声音反对在机构中治疗病人。第一版有一些概念和建议是不为现今的标准所认同的。例如，"同性恋"被列入"反社会型人格障碍"并且一直保持至 1973 年；孤独症（自闭症）

谱系障碍也被认为是儿童精神分裂症的一种。随着我们对精神健康知识的认识与理解不断提高,DSM 会进行周期性的更新以反映新的内容。在每一版中,认为不再有效的精神健康条件被移除,同时会增加一些新定义的条件。表 3-1 列出了历史上 DSM 一些版本的关键性变化。

表 3-1　美国心理学会《精神障碍诊断与统计手册》

DSM	采用"行为"对 106 种障碍进行定义,根据因果性将障碍分为两类。
DSM-Ⅱ	与第一版只有很小的区别。障碍种类增加至 182 种,去除术语"行为",因为它暗示了因果性,并且主要参考精神分析。
DSM-Ⅲ	DSM-Ⅲ有较大的变化; 经验法取代了以往的心理动力学方法; 手册编入了 265 种诊断类别,扩充至 494 页; 提出生物学和基因学在精神障碍中起到关键作用。
DSM-Ⅳ	扩充了障碍的数量(超过 300 种); 因障碍种类的增加,需要进行更多的经验研究以证实诊断。
DSM-Ⅳ-TR	障碍种类与 DSM-Ⅳ保持一致; 为反映目前的研究,更新了一些背景信息,如患病率、家庭模式。
DSM-5	在最新的版本中做了一系列重要的改变; 尝试制定出新的诊断症状以与 ICD-10 和 ICD-11 相匹配。未来的修订将在网上进行。

二、DSM 的目的

DSM-5 呈现了最新的科学进展,并且相比于之前的版本,该版本拥有更多的经验证据检验诊断分类,因此大受赞赏。但是需要注意的是,有一些因素使诊断脱离了症状本身。例如,诊断标准的变化可以受到临床医生以及媒体的影响,他们希望推动理论或有利于诊断的学术研究获得更可预测的结果。

（一）DSM-5 工作组

DSM-5 专案组和 13 个工作组,由来自 16 个国家的 160 多位重要的精神健康和医学专家组成,这些专家都在其领域颇负盛名。28 个专案组成员需要了解项目整体，工作组成员在相应的子领域负责具体的专业性操作。工作组成员来自 90 所科研和精神健康机构，包含了精神科医生、心理学家、神经学家、统计学家，甚至是家庭成员的代表。每个工作组的任务（其中包括 ADHD、儿童和青少年、神经发展、人格和进食）是去回顾现有的文献，设定一套新的标准并进行现场测试。除此之外，还设有外部顾问为工作组提供额外的专业知识和评价。另委托两个独立的小组（科学审查委员会，临床和公共卫生委员会）审查提出的内容。为形成较好的版本，特对公众开放以收集反馈，最终，数千名临床工作者对提出的标准的可行性、临床效用以及反应性进行测试和完善。

尽管参与 DSM-5 修订的人员数量和范围令人惊叹，但参与的部分个体也难逃批判，尤其是越来越多关于 DSM-5 专案组部分成员被质疑与制药产业有利益往来。制药业从诊断中收获经济效应，使自己的产品得到推广。例如，DSM-Ⅳ 中相对新的社交恐怖症的分类，给抗抑郁药制造商带来了几十亿的收入（Lane，2007）。超过 67% 的专案组成员被认为与制药公司有直接的联系，成员强调研究与制药产业要保持密切的联系，从而对精神健康条件开发出合适的药物，并以此为由进行自我辩护。为了减少外部代理的影响，DSM-5 首次强制性地隐藏了专案组和工作组成员，他们必须与制药公司有尽可能小的联系，才能够参与项目。

（二）DSM：重要性和争议

DSM-5 是为专家提供详细的精神健康条件和症状清单所作，旨在提供一套规范的标准，使临床工作者和医生对同一类病人给出相同的诊断。DSM 主要在美国使用，而 ICD 则流行于欧洲，这两种分类系统在诊断标准方面有很多不同之处。DSM-5 一个主要的目的就是与 ICD-11 在更大程度上相匹配，从而使临床工作者将来诊断得更加方便，保证诊断的障碍具有更大的一致性。

新的 DSM 也存在一些争议，尤其是针对儿童和青少年障碍的诊断。最典型的批评就是关于新增的障碍诊断，不仅是由于其与正常的行为重叠，也因为缺少经验证据（Levy，2014）。每一版 DSM 都被批评放宽了标准，放宽标准将使诊断的命中率提高，但同时也会使诊断的虚惊风险提高，这对新版的 DSM 也同样是个问题。

相反，其他人表达了对于阈值的顾虑，有些人在某些障碍上有轻微的症状可能会因为未达阈值而被认为不存在障碍。多轴评估的移除以及童年期障碍的独立诊断，使研究者和临床工作者产生疑问。

DSM-5 在日常实践方面所带来的临床意义的变化，依赖一系列的因素，这些因素包括个人的临床训练、特定障碍的性质、病人被诊断的背景等。下面我们将指出 DSM 的一些关键变化。

（三）信度和效度

DSM-5 基于更多的科学研究，声称与以往的版本相比在效度方面有实质性的进展，然而这些科学研究大部分是与神经科学和基因学因素相关，很少涉及心理和社会因素（Rodriguez-Testal，Senin-Calderon & Perona-Garcelan，2014）。

DSM-5 一个明显的优势就在于它采用了现场测验，对合适的人群进行新的程序测验以确定其信度和效度。令人印象深刻的是，DSM-5 中的测验涉及大样本，代表着临床工作者而不是研究人员的实践和评价。现场测验的结果表明它具有良好的信度，但需要注意的是，由于测验从 2011 年才开始，难以有足够的时间去重复其效应，因此对于结果还应谨慎看待。现场测验也说明临床工作者在治疗真正的病人时可以执行 DSM-5 中所提程序，但是对于一些障碍，通过现场测验所测的信度仅呈边缘显著性水平（以 0.05 为显著水平；Kraemer，Kupfer，Clarkr et al.，2012）。

DSM-5 主要强调了它在现场测验中所测的信度信息，几乎没有呈现效度信息。研究者认为，真正的临床效度需要通过疾病、治疗反应、历史与生物传感器来综合分析（Carroll，2014）。几乎没有相关的研究呈现临床工作者在日常实践中对 DSM 的使用；然而这是很重要的，临床工作者可能会错误地根据一个或两个特定的标准，形成对诊断标准的总体想法，从而做出诊断（Zimmerman & Galiane，2010）。

三、DSM-5

（一）DSM-5 主要标准和结构变化

与之前的版本相对应章节相比，DSM-5 的内容进行了重排和重组：第一部分是导言，第二部分是关于诊断标准的列表，第三部分是关于需要做进一步研究建议的附录。DSM-5 的 20 章全部涵盖了所有年龄段的人群，对童年期和青少年期障碍的描述贯穿全手册，而不再限制于某一特定章节。由于一些障碍的预兆由童年期开始并一直延续到成年期，故针对此类障碍不再对童年期与成年期分开描述（Copeland，Costello & Angold，2009）。障碍根据时间顺序编写，即首先是婴儿期和童年期，接着是青少年期，最后是成年期，对发展性的强调也在 DSM-5 中列出。

表 3-2　DSM-5 在组织上的重要变更

DSM-Ⅳ	DSM-5
轴Ⅰ 临床障碍 广泛性发育障碍	轴Ⅰ、Ⅱ、Ⅲ合并
轴Ⅱ 发展条件 人格障碍	
轴Ⅲ 躯体状况	
轴Ⅳ 心理社会和环境问题	轴Ⅳ中断
轴Ⅴ 全面功能评估	轴Ⅴ中断 内容不够清晰 缺乏心理测量的完整性

如果障碍之间具有相关性，那么它们可能会被安排在同一章或者邻近章。例如，焦虑障碍因其在神经和治疗方面存在差异而被分为三个邻近的章（焦虑障碍、强迫及相关障碍、创伤及应激相关障碍；表 3-3）。

表 3-3　DSM 章节安排

神经发育障碍
精神分裂症谱系及其他精神病性障碍
双相及相关障碍
抑郁障碍
焦虑障碍
强迫及相关障碍
创伤及应激相关障碍
分离障碍
躯体症状及相关障碍
喂食及进食障碍
排泄障碍
睡眠—觉醒障碍
性功能失调
性别烦躁
破坏性、冲动控制及品行障碍
物质相关及成瘾障碍
神经认知障碍
人格障碍
性欲倒错障碍
其他精神障碍
药物所致的运动障碍及其他不良反应
可能成为临床关注焦点的其他状况

（二）多轴分类系统的去除

DSM-5 已经转变为诊断的无轴参考书（轴Ⅰ、Ⅱ、Ⅲ合并），对重要的心理社会性、背景因素以及功能（DSM-Ⅳ中的轴Ⅳ）和残疾（DSM-Ⅳ中的轴Ⅴ）做了不同的标注。之前关于心理社会和环境问题的轴Ⅳ置于"可能成为临床关注焦点的其他状况"一章，临床工作者对伤残等级鉴定的需要也发生了变化（轴Ⅴ全面功能评估）。

（三）障碍的整合和重命名

DSM-Ⅳ分别列出的障碍在DSM-5中已经得到整合，如孤独症谱系障碍、特定学习障碍、语言障碍和惊恐障碍。另外，有些障碍被重命名，如DSM-Ⅳ中婴儿期或童年早期诊断的进食障碍，在DSM-5中已变更为婴儿期或童年早期回避性/限制性摄食障碍。

（四）神经发育障碍

部分"通常在婴儿期、童年期和青少年期被诊断的障碍"由"神经发育障碍"代替，这个新的分类又进一步被划分为两部分：神经发育障碍和主要的神经认知障碍（Harris，2014）。除了关于这个分类标签的变化，其包含在内的障碍也发生了一些重要的改变。智力障碍取代了之前的精神发育迟滞，其严重程度根据适应性行为划分，而不再依据IQ分数（Salvador-Carulla et al.，2011）。增加了"交流障碍"的分类，包括语言障碍、语音障碍、童年发生的言语流畅障碍和社交交流障碍。另一个新的分类是"特定学习障碍"，包括阅读障碍、数学障碍、书写表达障碍和未特定的学习障碍。在阅读、数学和书写表达方面存在其他问题而不符合这些障碍的诊断标准，作为标注包含在内。运动障碍，包括发育性协调障碍、抽动秽语障碍、刻板运动障碍，也被归于神经发育障碍类别中，刻板运动障碍经过改写，增加伴随智力缺陷的自我伤害。孤独症谱系障碍同样在此类别下，其中广泛性发育障碍和亚型由于不同的条件被移除。ADHD也被纳入"神经发育障碍"，不再归于破坏性障碍。

（五）新的诊断

DSM-5总共包含了13种童年期诊断障碍，包括社交交流障碍、抓痕（皮肤搔抓）障碍、暴食障碍等。DSM-5也为分离障碍、冲动—控制障碍和品行障碍新增了一章，这一组障碍的特征是情绪和行为上的控制问题，常与

ADHD 共病；包含对立违抗障碍、品行障碍和间歇性暴怒障碍。

1. "不另行指定条件" 的移除

"不另行指定条件" 已被特定和未特定诊断所取代。"不另行指定条件" 在临床实践中无法满足治疗计划和沟通交流的需求，因此，尽管在 DSM-Ⅳ 中它是最常见的诊断分类之一，但仍旧被移除了。

2. 维度方法的增加

当 DSM-5 还处于早期的准备阶段时，一些临床工作者就要求将精神障碍分类的维度成分包含在内。如果采用了维度途径，那么有些障碍就可能会被分到不止一个单独的类别中（Polancyzk，2014）。DSM-5 与之前的版本相似，大部分是基于分类和二分问题的临床判断，但也逐渐向维度诊断的方向转变。临床工作者目前需要在一些障碍严重程度的连续性上进行评价。

3. 严重水平的介绍

DSM-5 引入了严重水平来定义适应性行为的水平。DSM-5 与 DSM-Ⅳ 不同，没有列出轻微、中度、重度以及极重度这些类型，而是采用轻微、中度和严重水平来界定。

以下水平概述了 DSM-5 中严重水平的使用条件。

水平 1，"需要支持"：无支持的情况下，社交交流方面的缺陷造成可观察到的损害。缺乏灵活性的行为显著地影响了多个情境下的功能。

水平 2，"需要多的支持"：言语与非言语社交交流功能的明显缺陷导致功能受损；局限 / 重复性行为在观察员看来足够明显。

水平 3，"需要非常多的支持"：言语与非言语性社交交流的严重缺陷导致功能的严重损害。

4. 不再强调 IQ 分数

IQ 测验移至 DSM-5 的正文部分。DSM-5 依旧强调对部分人群的标准心理测验必须要与临床评估相结合，并且适应性行为的评估在诊断中应当优先考虑，这与 ICD-11 提出的标准是一致的。DSM-5 未列入之前诊断标准的 IQ 分数要求，而是用测验要求代替。

关于为什么在 DSM-5 中较少强调 IQ 测验分数有一些明确的原因。比如，IQ 测验分数的使用并不一致，对个体超常和缺陷有很多种定义，但几乎都没有考虑他们的适应性功能。美国智力与发育障碍协会（AAIDD）和 DSM-5 定义的"智力"强调智力涉及复杂的范围，包括一般智力能力和从经验中学习的能力，其中一般智力能力又包含推理、问题解决、计划、抽象思维、理解复杂概念、判断、学业学习的能力。认知特征对于定义智力障碍比单个的全量表 IQ 分数更有效，且 IQ 分数还需要经过临床训练和判断才能进行解释。另外，在评估和诊断时还必须与 IDD 所引起的限制行为表现（如社会文化背景、本土语言、相关的交流 / 言语障碍、运动或感觉障碍）相区分。

5. 更看重文化

由于文化塑造了精神障碍（Gone & Kirmayer，2010），DSM-5 将更多的着重点放在了文化的作用上。如今 DSM-5 已包含"文化形成"问卷，由 14 个问题组成，然而这是否会被用于临床实践还不清楚。

6. 自杀量表评估

新版本的 DSM 首次纳入了量表，量表不是用作直接诊断，而是作为临床评估的工具。自杀预测量表也包含在内，以帮助精神科医生评估病人是否具有高自杀风险。量表虽包含了风险因素评估标准（以往自杀尝试、社会隔离），但不能提供科学性的效度。

四、本版

DSM-5 由很多领域的专家经过漫长的时间修订，见证了诊断标准的重要变化，DSM 的一些优势已经和 ICD 看齐。研究者希望从 DSM-5 开始，世界范围内的诊断标准可以相似或统一。DSM-5 也采用了更多合适的术语，特别是像 ADHD 和智力障碍，并且对障碍分类进行重组编入不同的章节，希望这样的变化可以使专家和外行人员对障碍有较为一致的理解。但同时在新的诊断手册中也存在一些需要注意的问题。比如，以前的 DSM 标准的主席对新的分类系统提出了警惕，认为几个建议的诊断（如暴食障碍、混合性焦虑抑郁、精神病风险）以及一些现有疾病（ADHD、双相障碍）的变化可能导致多达8个新的假阳性流行病的精神障碍（Frances & Widiger，2012）。相反，其他人提出，部分原被诊断为轻微症状的人群可能不再达到诊断阈值。然而有一件事情是确定的，新诊断标准的变化将被严格监测，特别是患病率和个体接受合适的治疗与评估的成功率。

第四章

婴儿期：精神发育迟滞

本部分与克雷格、卢德罗和温纳所著的《发展心理病理学》（第六版）的第四章相匹配。

章节目录

DSM 以前被命名为"精神发育迟滞"的类别在 DSM-5 中已经更名。"智力障碍"（也指智力缺陷障碍）的新标签采用的术语与世界卫生组织的国际疾病分类一致，这样的变更在诊断中也能够较好地反映出个体认知能力的经验（表 4-1）。

在关注术语变化的同时，也应看到"智力障碍"与"精神发育迟滞"在定义智力障碍上的假设是不同的。个体的功能能力应当放在环境背景中，与其同辈典型行为和文化相比较。任何评估在考虑文化和语言因素的不同外，还应考虑交流、感觉、运动和行为的不同。智力障碍应当结合劣势和优势两方面进行定义，而精神发育迟滞通常只是根据能力的缺陷定义。描述个体缺陷的目的是希望发展出所需的支持，在发病期间提供合适的个性化支持对智力障碍个体的生活功能提高有很大的帮助。

表 4-1　DSM-5 关于智力障碍的诊断标准

智力障碍（智力发育障碍）是在发育阶段发生的障碍，包括智力和适应功能两方面的缺陷，表现在概念、社交和实用的领域中，必须符合下列 3 项诊断标准。

1. 经过临床评估和个体化、标准化的智力测验确认的智力功能缺陷，如在推理、问题解决、计划、抽象思维、判断、学业学习和从经验中学习等领域的缺陷。

2. 适应功能的缺陷导致个体未能达到个人独立性和社会责任方面的发育水平和社会文化标准。在没有持续的支持的情况下，适应缺陷导致个体在一个或多个日常生活功能中受限，如交流、社会参与和独立生活，且这种缺陷体现在多个环境中，如家庭、学校、工作和社区。

3. 智力和适应缺陷在发育阶段发生。

注：智力障碍的诊断等同于 ICD-11 中"智力发育障碍"的诊断术语。虽然此手册中始终使用"智力障碍"的术语，但将这两个诊断术语都列为标题，以澄清其与其他分类系统的关系。此外，美国联邦和相关法律用"智力障碍"一词替换了"精神发育迟滞"，且研究期刊也使用"智力障碍"。因此，"智力障碍"是被医疗、教育和其他行业，以及普通大众和利益团体共同使用的术语。

注明当前严重程度：

轻度

中度

重度

极重度

资料来源：DSM-5，2013。

一、关键标准保持不变

本质性标准保持不变，仍然按照影响适应功能的智力障碍造成的缺陷来定性。症状也是基于在发育时期的严重水平来确定的。需要注意的是，智力障碍通常会与 ADHD、孤独症和抑郁共现。

二、名称变更

从 DSM-Ⅲ（1980）到 DSM-Ⅳ-TR（2000），精神发育迟滞（现在被命名为智力障碍）的分类基于精神科的指导：美国精神发育迟滞协会（AAMR）以前是美国智力缺陷协会（AAMD），后来更名为美国智力障碍协会（AAID）。DSM 以前都是仿照这些手册，采用"缺陷"（以数字为基础制订计划）这种更偏向于精神病学的描述，而不是"障碍"（医学—临床；Greenspan & Woods，2014）。因此 DSM-5 决定更换名称，以体现出更多的临床和医学性，同时也是为了与 ICD-11 所描述的"智力发育障碍"相匹配。目前一致同意的是，新的术语与当下关注功能行为和背景因素的科学实践一致，尽可能减少了对残疾人士的冒犯。

三、适应性功能

术语"智力障碍"原本是指智力损害，后来在 1959 年"与年龄相符的日常功能（适应功能）"正式成为定义的一部分（Heber，1959，1961）。近年来，ID 的诊断形式已经结合了智力能力和适应功能两方面的障碍，DSM-Ⅳ-TR 和 DSM-5 也是如此。

与 DSM-Ⅳ 相似，DSM-5 关于智力障碍的诊断标准（一般智力障碍，如推理、问题解决、计划、抽象思维、判断、学业学习和从经验中学习的障碍）按照 IQ 分数约为 70 ± 5 分来定义。虽然智力障碍标准与之前的 DSM 版本保持一致，但 DSM-5 不再着重强调 IQ 分数，而更加注重在学业、社交和实用方面的适应性。

DSM-Ⅳ-TR 的适应性功能按照至少两个适应技能领域（交流、自我护理、家庭生活、社交 / 人际技能、社区资源利用、自我定向、功能性学业技能、工作、休闲、健康与安全）出现共同损害（如表现低于平均值约 2 个标准差）来定义。在 DSM-5 中，要求在一个或多个高级领域（如概念、社交、实用）出现适应功能障碍。概念领域包括语言、阅读、书写、数学、推理、知识和记忆技能。社交领域包括移情、社会判断、人际交流技能，以及维持友谊和类似的能力。实用领域则指在自我护理、工作职责、理财、娱乐、学业和工作组织等方面的自我管理。

四、严重程度的变化

四种严重水平用来反映智力损害程度：轻度、中度、重度或极重度。为指定概念、社交和实用等领域的适应功能障碍，DSM-5也整合了特定性而不是采用亚型。特定性的描述包括发病年龄和共病条件，丰富了临床工作者对个体临床病程的描述以及如今的症候学内容。

五、IQ标准不再是正规诊断标准

DSM-5关于智力障碍的分类已经不再过分依靠IQ分数，严重水平的划分也更多地基于适应功能而不是IQ分数，因为适应功能决定了所需要的支持程度。除此之外，IQ测验涉及的范围较小，效度较低。在解释智商时需要注意不要简单地依靠标准智力测验，而应结合临床判断。这样的诊断标准可能会使智商在80~85的个体既被诊断为智力障碍，也被诊断为孤独症谱系障碍；相反，若运用DSM-Ⅳ的标准则只会被诊断为孤独症。表4-2对比了诊断标准的变化。

智力评估结合三方面（概念、社交和实用）的要求，将使临床工作者根据日常生活所需的一般智力能力缺陷进行诊断。

表4-2　智力障碍诊断标准的关键变化：DSM-Ⅳ与DSM-5相比

DSM-Ⅳ	DSM-5
精神发育迟滞	智力发育障碍； 术语贬义性减小
强调IQ	不再着重强调IQ； 智商现在被认为在低端不太有效，在真正生活中不足以评估功能

续表

DSM-Ⅳ	DSM-5
至少在两项适应技能领域同时发生适应性功能的缺陷和损害	个体年龄和社会文化背景的适应性功能障碍；在一个或多个高级领域（概念、社交、实用）的适应功能障碍
发病年龄在 18 岁以前	所有症状在发育时期都有一个发病年龄；提供了症状可能发生的年龄范围
严重程度：轻度、中度、重度和极重度，基于 IQ 水平	严重程度：轻度、中度、重度；基于适应行为；决定所需的支持程度

六、发病年龄

DSM-5 很少提及发病年龄。比如，采用"发育时期"来代替一个特定的发病年龄，发病的症状应在童年期和/或青少年期出现，发育时期为 0~18 岁。这样可以更好地反映智力障碍在症状表现上的个体差异。

七、诊断中更全面的评估

在诊断智力障碍时，需要结合临床评估和标准智力测验。临床工作者需要在评估方面进行更多的培训。

八、这些改变能经受住经验的检验吗？

随着适应性标准（适应技能障碍和适应领域障碍）的改变，一个值得关心的问题就是，这些变化对有轻度症状的儿童会产生怎样的影响？在智力障碍的诊断中采用的一些心理测量方法，用来对适应功能障碍进行量化。研究者（Papazoglou，Jacobson，McCabe，Kaufmann & Zabel，2014）使用现有的适应功能测量（ABAS-Ⅱ）对智力障碍的分类效果进行测验，结果发现相较于 DSM-Ⅳ，使用 DSM-5 诊断标准，有更少的儿童（约为 9%）符合诊断要求。这说明 DSM-5 的标准变化主要影响轻度适应障碍的儿童的诊断。

还需要指出的是，虽然不再着重强调 IQ 分数，但 DSM-5 依然提及 IQ 和 IQ 分界点。尽管 DSM 表明神经心理学的描述比 IQ 的效果更好，但是可能有些人（尤其是有大脑损伤状况的）也会符合智力障碍的诊断标准，甚至是达到目前的上限，对于这一点还没有明确的解释说明。

九、保持关注

DSM 的新变化已经被学术界和临床界接受，相较之前的"精神发育迟滞"，名称的变化能够较好地描述障碍，且含有较少的贬义。DSM-5 一个特别积极的变化就是更多地考虑适应功能，较少地强调 IQ，基于适应行为的三个领域（社交、概念和实用技能）进行智力功能严重水平的划分：轻度、中度、重度和极重度。一些研究人员比较关注那些轻度智力障碍人群，认为在使用心理测量评估分数时仍然需要结合临床判断，谨慎看待，而不是严格地依靠目前的心理测量量表所测分数进行诊断。

第五章

童年期：孤独症谱系障碍

本部分与克雷格、卢德罗和温纳所著的《发展心理病理学》（第六版）的第五章相匹配。

章节目录

1. DSM-5

2. 社交（语用）交流障碍

3. 采用 DSM-Ⅳ-TR 标准诊断出症状的人群将如何处理？

4. 患病率将会减少吗？

5. 新的 ASD 症状将会经受住经验的检验吗？

6. 保持关注

7. 注意

孤独症谱系障碍在 DSM-Ⅳ-TR 中常被用来描述广泛性发育障碍，包括孤独症和阿斯伯格综合征。实际上，DSM-Ⅲ才开始使用"孤独症"这个术语，以前儿童如果表现出孤独症的症状，通常会被诊断为精神分裂症反应障碍。这些年来，诊断标准不断改善，表 5-1 概述了此类障碍称号的一些重要变化。

表 5-1　ASD 诊断标准变化历程

DSM-Ⅰ 和 DSM-Ⅱ	没有孤独症和广泛性发育障碍的相关术语 最相关的术语：精神分裂症反应（儿童型）
DSM-Ⅲ	广泛性发育障碍 童年期广泛性发育障碍 婴儿期孤独症 非典型孤独症
DSM-Ⅲ-R	广泛性发育障碍 未分类型广泛性发育障碍 孤独症
DSM-Ⅳ	广泛性发育障碍 未分类型广泛性发育障碍 孤独症 阿斯伯格综合征，儿童崩解症，雷特综合征
DSM-Ⅳ-TR	广泛性发育障碍 未分类型广泛性发育障碍 孤独症 阿斯伯格综合征，儿童崩解症，雷特综合征
DSM-5	孤独症谱系障碍（一种单独的障碍）

一、DSM-5

DSM-5 对此类障碍的诊断标准进行了较大的修订，将相近症状的障碍整合在一起，而不是分成单独的障碍。在 DSM-Ⅳ 中所列的孤独症、阿斯伯格综合征、儿童崩解症和未分类型广泛性发育障碍现在归于"孤独症谱系障碍"，这就可以给那些存在很多类似症状的临床障碍提供更多明确和一致性的诊断标准。虽然在 DSM-Ⅳ-TR 中并没有出现孤独症谱系障碍，但是在定义广泛性发育障碍（包括亚型）的近 20 年里，这个术语已经被研究者广泛使用。表 5-2 概述了 DSM-5 中孤独症谱系障碍的诊断标准。

表 5-2　DSM-5 关于孤独症谱系障碍的诊断标准

1. 在多种场合下，社交交流和社交互动方面存在持续性的缺陷，表现为目前或历史上的下列情况（以下为示范性举例，而非全部情况）。

（1）社交情感互动中的缺陷。例如，从异常的社交接触和不能正常地来回对话到分享兴趣、情绪或情感的减少，到不能启动或对社交互动做出回应。

（2）在社交互动中使用非语言交流行为的缺陷。例如，语言和非语言交流的整合困难到异常的眼神接触和身体语言，或在理解和使用手势方面的缺陷到面部表情和非语言交流的完全缺乏。

（3）发展、维持和理解人际关系的缺陷。例如，从难以分享想象的游戏或交友的困难，到对同伴缺乏兴趣。

标注目前的严重程度：

严重程度是基于社交交流的损害和受限，重复的行为模式。

2. 受限的，重复的行为模式、兴趣或活动，表现为目前的或历史上的下列 2 种情况（以下为示范性举例，而非全部情况）。

（1）刻板或重复的躯体运动，使用物体或言语（例如，简单的躯体刻板运动，摆放玩具或翻转物体，模仿言语，特殊短语）。

（2）坚持相同性，缺乏弹性地坚持常规或仪式化的语言或非语言的行为模式（例如，对微小的改变极端痛苦，难以转变，僵化的思维模式，仪式化的问候，需要走相同的路线或每天吃同样的食物）。

（3）高度受限的固定的兴趣，其强度和专注度方面是异常的（例如，对不同寻常物体的强烈依恋或先占观念，过度的局限或持续的兴趣）。

（4）对感觉输入的过度反应或反应不足，或在环境的感受方面不寻常的兴趣（例如，对疼痛／温度的感觉麻木，对特定的声音或质地的不良反应，对物体过度地嗅或触摸，对光线或运动的凝视）。

标注目前的严重程度：

严重程度是基于社交交流的损害和受限的重复的行为模式。

3. 症状必须存在于发育早期（但是，直到社交需求超过有限的能力时，缺陷可能才会完全表现出来，或可能被后天学会的策略所掩盖）。

4. 这些症状导致社交、职业或目前其他重要功能方面出现临床意义的损害。

5. 这些症状不能用智力障碍（智力发育障碍）或全面发育迟缓来更好地解释。智力障碍和孤独症谱系障碍经常共同出现，做出孤独症谱系障碍和智力障碍的合并诊断时，其社交交流应低于预期的总体发育水平。

注：若个体患有已确定的 DSM-Ⅳ 中的孤独症、阿斯伯格综合征或未在他处注明的全面发育障碍的诊断，应给予孤独症谱系障碍的诊断。个体在社交交流方面存在明显缺陷，但其症状不符合孤独症谱系障碍诊断标准时，应进行社交（语用）交流障碍的评估。

标注如果有：

有或没有伴随的智力损害；

有或没有伴随的语言损害；

与已知的躯体或遗传性疾病或环境因素有关；

与其他神经发育、精神或行为障碍有关。

资料来源：DSM-5，2013。

（一）ASD 单独分类

从 DSM-Ⅳ 到 DSM-5 最重要的变化就是 ASD 亚型的移除，如孤独症、阿斯伯格综合征、未分类型广泛性发育障碍等。这种变化是由于各亚型的内部信度较低。临床工作者常将同一种症状的病人诊断为不同的障碍，对同一症状的诊断可能年年都会变（Szatmari et al.，2009）。由于孤独症根据一组共同的行为来定义，因此有人提出应当按照严重水平对它进行单独的分类。研究者（Kamp-Becker et al.，2010）调查了孤独症各亚型间是否有质与量的区别，经过聚类分析，结果显示 HFA、AD 和非典型孤独症在困难经验方面并没有质的区别，这也支持了将 AD 和孤独症整合的观点。

（二）雷特综合征的删除

以往的 DSM 认为雷特综合征有着独特的可识别的病因因素，将它列为广泛性发育障碍的一种亚型，但现在不再认为它属于孤独症谱系障碍，并将它作为一个单独的障碍移除。移除的原因是 ASD 伴随沉默行为，但在雷特综合征中很少发现。雷特综合征患者若伴有孤独症，仍然可以被诊断为孤独症，只是临床工作者需要使用"标注"：与已知的躯体或遗传性疾病因素有关，以此来表明与雷特综合征的相关。

（三）障碍严重性编码的介绍

为了对孤独症谱系进行区分，DSM-5 根据损害的程度对严重水平进行划分，包括水平 1（"需要支持"）、水平 2（"需要多的支持"）、水平 3（"需要非常多的支持"）三类。这种分类方式是根据两类行为的划分：社交交流（SC）和限制性与重复性行为（RRB）。虽然 DSM-5（美国心理学会，2013）概述了各水平之间质的区别，但这种区分的方法还不太清楚。研究者和临床工作者对严重程度的结果差异，以及如何根据年龄和发育程度去判断严重水平的问题比较感兴趣，而严重水平在提供服务方面的影响仍然需要进一步讨论（Weitlauf，Gotham，Kennedy et al.，2014）。

（四）症状领域数目的减少

DSM-5 不再包含社交、交流和重复性与限制性行为三方面的缺陷，而是包含了其中的两个，即社交和重复性与限制性行为、兴趣及活动。将"交流"单独纳入社会背景反映了这两者显示的是一组相同的症状。将"社交与交流缺陷"整合到一个新的范围，就可以避免在"交流"和"社交"范围相似的行为被计算两次，从而使显示症状的数目增多。在修订过的 DSM 中，"语言"不再置于社会情境下，其重要性降低。

将"交流"作为一个单独的范围移除的另一个原因是，在判断阿斯伯格综合征而不是孤独症时，使用"语言延迟"标准存在一些疑问。在 DSM-IV 中，"在综合性语言迟缓上没有临床显著性"将会被诊断为阿斯伯格综合征而不是孤独症（Lewis，Murdoch & Woodyatt，2007）。然而，阿斯伯格综合征有结果的异常，如日常交流的理解能力，这说明对于"在综合性语言迟缓上没有临床显著性"的说法可能存在误导。

有研究者（Lord & Jones，2012）回顾了 DSM-5 的标准并且总结到，之前"交流"症状下的行为，现在要么归于社交交流，要么归于限制性和重复性行为，这样如果标准被用作诊断，诊断率不会发生改变，已经诊断过的儿童和青少年也不需要再进行重新诊断。

（五）各领域中诊断症状数目的变化

除了症状领域数目的变化，在各领域中的实际症状的数目也发生了变化。在 DSM-IV 中，要达到诊断标准，个体必须在三方面至少达到 6~12 个症状：社交互动、交流和重复性行为的障碍。在 DSM-5 中，则需在两个方面达到 7 个症状：社交交流和限制性与重复性行为。社交交流障碍包含 3 个子标准：社交情感互动中的缺陷，非语言交流行为的缺陷，发展、维持和理解人际关系的缺陷。要做出诊断必须要达到以上三个标准。重复性行为有 4 个子标准：刻板或重复的躯体运动，坚持相同性，高度受限的固定的兴趣，对感觉输入的过度反应或反应不足。只要达到其中两个标准就可以诊断（Wing，Gould & Gillberg，2011），症状必须是在发育早期出现，但可能识别得比较晚。

大多数的研究者和临床工作者都比较同意从三个范围到两个范围的变化，但是对各范围症状数目减少的变化则存在较大的争议。争论的焦点就在于个体需要达到多少标准才能被诊断。人们认为，新的标准对那些有高功能的个体太过严格，会限制实际上符合诊断标准但未得到相应诊断的个体数目。事实上，一些研究者已经表明 DSM-5 的标准比 DSM-Ⅳ 的更加严格，约有 12% 的病人（包括女性）达不到诊断标准（Frazier et al.，2012）。

表 5-3   DSM-Ⅳ 与 DSM-5 关于孤独症谱系障碍诊断标准的关键变化

DSM-Ⅳ	DSM-5
广泛性发育障碍 特定的广泛性发育障碍 孤独症，阿斯伯格综合征 儿童崩解症，雷特综合征	孤独症谱系障碍（一种单独的障碍）
3 方面 6~12 个症状 原先的范围：社交、交流和重复性与限制性行为缺陷	2 方面 7 个症状 社交和重复性与限制性行为
没有正式的严重水平划分	3 种严重水平：水平 1（"需要支持"），水平 2（"需要多的支持"），水平 3（"需要非常多的支持"）
没有包含的标注	包含标注

（六）包含的标注

临床工作者不仅要根据两个领域对病人的严重程度进行分类，还要在他们的诊断后附上标注。主要的标注包括："与已知的躯体或遗传性疾病或环境因素有关（如脆性 X 综合征）""有或没有伴随的语言损害""有或没有伴随的智力损害"，以及"对发病与回归的描述"。在判断个体症状严重程度时将会使用这些共现的标注。

（七）细小但重要的变化

DSM-5 还介绍了 ASD 标准的一些细小的变化，这些变化包括将"刻板"纳入"重复性和限制性行为"，在定义中增加了感觉的描述。DSM-5 增加的感觉症状包括对感觉输入的过度反应或反应不足，或在对环境的感受方面有不寻常的兴趣。感觉问题的增加受到了研究者的欢迎，尤其是对感觉异常的描述，如对噪声和光线的过度反应，对感觉输入的重复寻找，如摇摆、哼唱和模式性看光等，这些症状在 ASD 中表现明显，在各年龄范围、模式和能力范围也比较广泛（Leekham，Nieto，Libby et al.，2007）。重要的是，在诊断时，即使是在还不会语言交流的儿童中感觉症状也比较容易观察。这些症状的描述很有用处，被看成 ASD 的早期症状。

二、社交（语用）交流障碍

非言语和言语交流都存在轻度症状的人群，在 ASD 中可能达不到诊断标准。DSM 增加了一种新的分类，描述了那些有社交困难和语用语言差异的儿童，这种语用语言差异影响语言理解、生成和意识，并不是由于语言和认知的延迟。研究者和临床工作者对这一分类存在很大的争议。他们认为，儿童伴随以上症状反映的是轻度 ASD，而不是一种单独的障碍（Norbury，2014）。但是制定出新的诊断分类的好处就在于可以给治疗和教育支持提供确切的进程信息。然而人们对儿童被诊断为社交（语用）交流障碍而不是 ASD 的担心，是因为相比于语言障碍，在以前被诊断为 ASD 的儿童可以获得更多资金以及持续的语言支持（Dockrell，Ricketts，Palikara et al.，2012）。

三、采用 DSM-IV-TR 标准诊断出症状的人群将如何处理？

在 DSM-5 以前已经被诊断为 ASD 的人群，不需要进行重估，仍然接受相同的服务和治疗。有些人可能希望对他们之前的亚型进行识别，如阿斯伯格综合征，这在 DSM-5 中 ASD 会坚持自己的标签，只有在 DSM-IV-TR 中没有达到关于孤独症的诊断标准，而被诊断为 PDD-NOS 的儿童，现在可能需要考虑重新诊断评估。

四、患病率将会减少吗？

自 20 世纪 90 年代中期以来，报告显示，发达国家的人群在孤独症以及相关的障碍方面人数长期增加（Kim et al.，2011）。有人表示患病率的增加是症状识别率提高的反映，然而这也可能是出现了过度诊断。经过对孤独症积累更多的经典案例［最初由坎纳（Kanner）进行概述］，在 DSM-5 中的诊断标准变得严格，这也是为了避免过度诊断。关于 ASD 新的诊断标准的一个重要的暗示是，高阈值的标准可能会降低 ASD 的患病率（Maenner et al.，2014）。

五、新的 ASD 症状将会经受住经验的检验吗？

虽然初步的现场实验表明 DSM-5 的标准比之前的标准更具有特异性，但其实这是以对特定组的敏感性降低为代价的，包括非常小的儿童，具有认知能力的个体以及符合 DSM-Ⅳ 中未分类型广泛性发育障碍诊断的个体（Frances & Widiger，2012；Regier et al.，2013）。

新的 ASD 诊断标准存在一些问题——很多的症状必须存在于童年期才能给出诊断。例如，研究者（McPartland，Reichow & Volkmar，2012）经过再分析研究提出，DSM-5 关于 ASD 的新标准在诊断率上存在显著性。他们分析了 933 个案例，这些患者在 DSM-Ⅳ 的标准下可能被诊断为 PDD，然后用 DSM-5 提出的标准再诊断他们的症状，结果发现有 39.4% 的个体达不到 DSM-5 所提的 ASD 标准，这些个体在年龄和性别上没有显著性差异，但是受到智力能力的影响，并受到根据 DSM-Ⅳ 的标准他们会被诊断为哪种亚型障碍的影响。伴有智力障碍高患病率的个体更有可能达到 DSM-5 的标准。

有研究者（Gibbs，Aldridge，Chandler et al.，2012）通过再分析也发现了类似的结果。在他们的研究中，超过 26 个儿童没有达到 DSM-5 的标准，其中有 14 个是因为没有达到重复性行为的标准。这表明，对伴有交流／

社交困难和刻板性孤独症行为的儿童做出诊断，可能仍然只需要达到 RRB 标准的其中一个。按照 DSM-5 所提的诊断标准，儿童显示出了症状但没有达到所有的标准，可能就不能获得他们所需要的支持。这些研究结果表明，DSM-Ⅳ 中被诊断为 AD 或者 PDD-NOS 的个体在很大程度上不会达到 DSM-5 的 ASD 的标准。

六、保持关注

到目前为止，DSM-5 中整合的变化引起的反对主要是政治性的。一些家庭担心如果孩子没有达到诊断标准，在治疗和教育方面可能会有影响。确实，一些材料已经证实，对于 ASD 轻度症状的儿童，若按照 DSM-5 的诊断标准，他们可能会被排除在外，相比于 DSM-Ⅳ，达到 DSM-5 诊断标准的儿童会有更严重的障碍（Matson，Hattier & Williams，2012；McPartland et al.，2012）。父母和孤独症支持团体都担心边缘型的个案可能会得不到相应的支持，这样的话，具有高功能而不再达到诊断标准的个体无法获得相关的服务和治疗。高功能的儿童从表面上看可能会表现出较好的社交技能，但是还是会存在斗争的心理，经受共现的心理健康问题，如抑郁。

另外需要注意的是，按照 DSM-5 的诊断，如果进行重估可能会有新的诊断结果。这给其父母和强烈认同诊断结果的儿童与成人造成困惑。阿斯伯格综合征的人群很拥护自己的标签，通常称自己为亚斯。他们强烈反对这种标签的移除。标签移除可能会引起不必要的焦虑和应激。另外，ASD 相比于易被接受的阿斯伯格综合征而言，可能存在更多的污名。孤独症之所以有较多的负面意义，是因为它与精神发育迟滞有联系（Posey，Stigler，Erickson et al.，2008）。

七、注意

DSM-5 希望将与 ASD 有相似症状的障碍都纳入一个类别。研究者希望使用 DSM-5 可以实现从给出名称到给出条件的转变，以此来识别所有人的需要，以及对他们生活质量的影响。严重程度的说明可以明确个体的状况如何影响他们，这对确定领域和个体所需的支持都很有效。需要指出的是，根据 DSM-5 被诊断出 ASD 的人群，在接受教育和治疗方面没有发生变化。

新设定的标准也面临一些挑战，特别是在监测 ASD 患病率方面，很难说明患病率的变化是否就是因为诊断标准的改变，更好的筛选技术和 / 或风险因素的变化。还需要注意的是，部分儿童可能不再达到 ASD 的诊断标准，因而得不到相应的支持和治疗。将来的临床研究需要仔细地监测 DSM-5 的影响，以确定这些担忧是否有相应的基础。

婴儿期至学龄前期：不安全依恋、对立违抗障碍和遗尿症

本部分与克雷格、卢德罗和温纳所著的《发展心理病理学》（第六版）的第六章相匹配。

章节目录

1. 依恋障碍
2. 去抑制性社会参与障碍
3. 对立违抗障碍
4. 遗尿症
5. DSM-5 新标准的潜在意义

一、依恋障碍

DSM-5 中依恋障碍有两个主要的变化（表 6-1）。第一个是这些障碍被归于一个新的类别：创伤与应激相关障碍，其中也包括其他的障碍。这些障碍的诊断标准明确包含"经历过创伤或应激事件"（我们将在讨论创伤后应激障碍时再回到此类别）。第二个变化就是在 DSM-Ⅳ 中反应性依恋障碍被分为两个亚型，而在 DSM-5 中则表示为两个分离的诊断实体：一个为内化症状和社交退缩，另一个是外化症状和社交抑制。

表 6-1　DSM-5 关于反应性依恋障碍的诊断标准

1. 对成人照料者表现出持续的抑制性的情感退缩行为模式，有以下两种情况：

（1）儿童痛苦时很少或最低限度地寻求安慰；

（2）儿童痛苦时对安慰很少有反应或反应程度很低。

2. 持续性的社交和情绪障碍，至少有下列两项特征：

（1）对他人很少有社会和情绪反应；

（2）有限的正性情感；

（3）即使在于成人照料者非威胁性的互动过程中，原因不明的激惹、悲伤、害怕的发作也非常明显。

3. 儿童经历了一种极度不充足的照顾模式，至少有下列 1 种情况：

（1）社交忽视或剥夺，以持续地缺乏由成人照料者提供的以安慰、激励和喜爱等为表现形式的基本情绪；

（2）反复变换主要照料者从而限制了形成稳定依恋的机会（例如，寄养家庭的频繁变换）；

（3）成长在不寻常的环境下，严重限制了形成选择性依恋的机会（例如，儿童多、照料者少的机构）。

4. 假设诊断标准 1 的行为障碍是由于诊断标准 3 的照料情况所致（例如，诊断标准 1 的障碍开始于诊断标准 3 的缺乏充足的照料之后）。

5. 不符合孤独症谱系障碍的诊断标准。

6. 这种障碍在 5 岁前已明显出现。

7. 儿童的发育年龄至少为 9 个月。

标注如果是：

持续性：此障碍已存在 12 个月以上。

标注目前的严重程度：

当儿童表现出此障碍的全部症状，且每一个症状呈现在相当高的水平上，则此反应性依恋障碍需被标注为重度。

资料来源：DSM-5，2013。

（一）反应性依恋障碍

正如 DSM-5 标准所示（见表 6-1），反应性依恋障碍新的诊断标准与 DSM-Ⅳ 中的抑制性相对应，即儿童持续地难以开始社交互动以及对社交互动做出反应。第一个标准是针对儿童与其照料者之间的社交互动，包括很少或最低限度地正常接触与寻求安全行为，如痛苦时寻求安慰和保护。第二个标准是缺乏对他人的社交和情绪反应，有限的正性情感和广泛性的负性情感，诸如原因不明的激惹、害怕、悲伤。在 DSM-Ⅳ 中，诊断的关键是由于严重的照料缺乏所引起的相关问题，因此，这种障碍也就是对病理性情绪环境的反应，而对儿童的致病性护理显著地忽视了情感，反复变换主要照料者或者通过机构照料。例如，剥夺性机构，限制了儿童形成安全、深刻、持久依恋关系的机会。

（二）鉴别诊断

由于症状上可能出现重叠，临床工作者需要对 RAD 和孤独症谱系障碍进行区分。虽然 ASD 儿童在表现正向情绪和社交关系方面存在缺陷，但是 RAD 一个最重要的特征就在于，儿童具有严重社交忽视的历史。除此之外，RAD 儿童不会表现出限制性的兴趣，仪式性的重复性行为，而这些是 ASD 的典型症状。另一个需要着重区分的是 RAD 与智力发育障碍。RAD 儿童可能会表现出发育延迟，区分它们的关键就在于，即使是有严重认知缺陷的 RAD 儿童，也缺乏选择性依恋，主要在 7~9 月显现。还有一个是 RAD 与儿童期抑郁的区分。虽然抑郁可能是 RAD 的一个标志，但仍然需要注意，RAD 儿童难以寻求安慰以及对照料者给予反应。

二、去抑制性社会参与障碍

正如 DSM-5 标准所示（见表 6-2），DSED 的新标准与 DSM-Ⅳ 中提到的去抑制性 RAD 标准大致类似，儿童与陌生人过分熟悉。安全依恋型的儿童对陌生人会表现出谨慎行为，相反，对于与提供"安全基础"的照料者不同的其他陌生成年人，DSED 的儿童不会谨慎对待，反而会与其建立平等的友谊关系。如表 6-2 所示，第一个标准要求儿童至少表现出 4 种行为中的 2 种情况，不管是以下哪种：在与陌生成年人接近和互动中很少或缺乏含蓄；"自来熟"的言语或肢体行为（如爬上陌生人的腿，分享高度私人化的信息），离开后很少或不向成人照料者知会，与一个陌生成年人心甘情愿地离开。这些行为表明儿童不能在依恋对象与不熟悉的成年人之间做出重要的区分。第二个标准强调不局限于冲动。第三个标准则明确指出儿童经历了一种极度不充足的照料模式，如社交剥夺，反复变换主要照料者或照料机构。

表6-2　DSM-5关于去抑制性社会参与障碍的诊断标准

1.儿童主动与陌生成年人接近和互动的行为模式，至少表现为以下两种情况：

（1）在与陌生成年人接近和互动中很少或缺乏含蓄；

（2）"自来熟"的言语或肢体行为（与文化背景认可的及适龄的社交界限不一致）；

（3）即使在陌生的场所中，冒险离开之后，也会很少或缺乏向成人照料者知会；

（4）很少或毫不犹豫地与一个陌生成年人心甘情愿地离开。

2.诊断标准1的行为不局限于冲动（如注意缺陷多动障碍），而要包括社交去抑制行为。

3.儿童经历了一种极度不充足的照料模式，至少有以下1种情况证明：

（1）社交忽视或剥夺，以持续地缺乏由成人照料者提供的以安慰、激励或喜爱等为表现形式的基本情绪需求；

（2）反复变换主要照料者从而限制了形成稳定依恋的机会（例如，寄养家庭的频繁变换）；

（3）成长在不寻常的环境下，严重限制了形成选择性依恋的机会（例如，儿童多、照料者少的机构）。

4.假设诊断标准1的行为障碍是由于诊断标准3的照料情况所致（例如，诊断标准1的障碍开始于诊断标准3缺乏充足的照料之后）。

5.儿童的发育年龄至少为9个月。

标注如果是：

持续性——此障碍已存在12个月以上。

标注目前的严重程度：

当儿童表现出此障碍的全部症状，且每一个症状呈现在相当高的水平上，则此去抑制性社会参与障碍需被标注为重度。

资料来源：DSM-5，2013。

（一）鉴别诊断

DSED需要与注意缺陷多动障碍进行鉴别诊断，两者均有冲动性行为，但是DSED儿童不会表现出注意过度或困难。

（二）两种不同的障碍能经受经验的检验吗？

内化与外化的障碍是完全对立的，表现为一个儿童内化受阻并且情感表达抑制，而另一个儿童外化表达情绪不受控制。两种障碍的分离也是由于这种内化与外化行为的区别。去抑制性社会参与障碍和注意缺陷多动障碍具有相似性，而反应性依恋障碍则与内化障碍有更多的相似性，如焦虑障碍。

重要的是，两种障碍表现出了不同的发展轨道。目前只有少量的研究在跟踪探索障碍发展到童年晚期和青少年期的情况，但相关结果已经表明，相比于反应性依恋障碍，去抑制性社会参与障碍在儿童以后的生活中具有更多的延续性（Zeanah & Gleason，2010）。目前关于依恋障碍选择哪种治疗方法比较有效的证据还很有限，但是有研究表明，反应性依恋障碍可以通过增强照料和治疗来得到回应（Hanson & Spratt，2000），而增强照料对去抑制性社会参与障碍反应较少。

三、对立违抗障碍

（一）定义和特点

在 DSM-5 中，对立违抗障碍（ODD）包含在破坏性、冲动控制及品行障碍中，主要的标准与之前的版本没有较大区别，但是对亚型进行了重组，这样可以使临床工作者判断对立行为类型时更加方便（表 6-3）。亚型包括：愤怒的 / 易激惹的心境模式、争辩的 / 对抗的行为或报复模式。除此之外，还标注了严重程度：轻度（症状仅限于 1 种场合）、中度（症状出现在至少 2 种场合）、重度（症状出现在 3 种或更多场合）。

表 6-3　DSM-5 关于对立违抗障碍的诊断标准

1.一种愤怒的 / 易激惹的心境模式、争辩 / 对抗行为，或报复模式，持续至少 6 个月，以下列任意类别中至少 4 项症状为证据，并表现在与至少 1 个非同胞个体的互动中。 愤怒的 / 易激惹的心境 （1）经常发脾气。 （2）经常是敏感的或易激惹的。 （3）经常是愤怒的和怨恨的。 争辩的 / 对抗的行为 （4）经常与权威人士辩论，或儿童和青少年与成人争辩。 （5）经常主动地对抗或拒绝遵守权威人士或规则的要求。 （6）经常故意惹恼他人。 （7）自己有错误或不当行为却经常指责他人。 报复 （8）在过去 6 个月内至少有 2 次是怀恨的或报复性的。 注：这些行为的持续性和频率应被用来区分那些在正常范围内的行为与有问题的行为。对于年龄小于 5 岁的儿童，此行为应出现在至少 6 个月内的大多数日子里，除非另有说明 [标准（8）]。对于 5 岁或年龄更大的个体，此行为应每周至少出现 1 次，且持续至少 6 个月，除非另有说明 [标准（8）]。这些频率的诊断标准提供了定义症状最低频率的指南，其他因素也应被考虑，如此行为的频率和强度是否超出了个体的发育水平、性别和文化的正常范围。

2. 该行为障碍与个体在他目前的社会背景下（例如，家人、同伴、同事）的痛苦有关，或对社交、教育、职业或其他重要功能方面产生了负性影响。

3. 此行为不仅仅出现在精神病性、物质使用、抑郁或双相障碍的病程中，并且也不符合破坏性心境失调障碍的诊断标准。

标注目前的严重程度：

轻度——症状仅限于1种场合（例如，在家里，在学校，在工作中，与同伴在一起）；

中度——症状出现在至少2种场合；

重度——症状出现在3种或更多合。

资料来源：DSM-5，2013。

（二）排除标注的移除

在 DSM-5 中，移除了品行障碍的排除标准（DSM-Ⅳ中的标准 D）。这样的改变是因为，在控制与 CD 的共病后，仍然可以根据严重的心境障碍和特定的行为结果预测 ODD（Stringaris & Goodman，2009）。

（三）如何与一般发育儿童相区分的方法

由于对立违抗障碍的一些相关行为在正常发育的儿童和青少年中也会出现，故在诊断中增加了频率的要求，只有达到了相应的频率才能考虑诊断。为了对两者加以区分，此行为应每周至少出现1次。对于年龄小于5岁的儿童，此行为应出现在至少6个月内的大多数日子里，除非有"报复心理"的说明，对于5岁或年龄更大的个体，此行为应每周至少出现1次，且持续至少6个月，同样，除非有"报复心理"的说明。

（四）严重率的增加

在诊断中增加了严重率，各系列症状的流行程度对严重水平来说是一个重要的预测。

（五）目前的争议

DSM-5 的出版引起了一些争议。因为儿童在不断成长和变化，经历叛逆和对权威的违抗是很正常的。儿童也会出现不稳定的、敌对的心境，藐视权威，特别是在可怕的两岁和青少年时期。研究表明 3 岁或 4 岁的儿童就可能出现与其年龄不符的异常外化问题（Bates，Bayles，Bennett et al.，1991）。实际上，3 岁或 4 岁的儿童表现出异常的对立和行为问题，也说明了对于各年龄段此类行为独特表现的理解的重要性，并且这些独特的表现应当在以后的 ODD 和 CD 标准中得到解释。

关于 ODD 性别的分析也需要进行研究。到目前为止，研究更多地发现攻击性在男性中更普遍，研究确认的大多是男性化的攻击方式：躯体伤害，和 / 或心理伤害威胁（Keenan，Loeber & Green，1999；Webster-Stratton，1996）。关于女性的攻击行为需要进行更多的研究，因为研究发现女性与男性的攻击水平相当，而且缺乏对女性攻击性的认识，会导致女性 ODD 诊断成功率的降低。最后，DSM-5 试图控制文化的影响。ODD 尤其会受到这种影响，不同的文化对不同性别和年龄儿童的期望有很大的区别。例如，一些宗教保守派希望女儿留在家里养育孩子而不是深造学习或者工作。甚至不同的年代也会增加这种状况的复杂性。对于文化如何影响 ODD 的发展需要有进一步的认识。

四、遗尿症

对遗尿症和遗粪症进行了重新分类，移至新的障碍类别下：排泄障碍。遗尿症是与其发育年龄不相匹配的，是对排尿失去控制能力的障碍。与 DSM-Ⅳ 相反，DSM-5 区分了遗尿症不同的亚型和临床症状，包括三种主要的类型：仅在夜间（晚上），仅在日间（白天），在夜间和日间。夜间遗尿症在男孩子中更加普遍，夜间排泄通常发生在夜晚的前三分之一阶段，可能是由于行为或者是潜在的躯体问题，日间遗尿症通常发生在下午儿童在学校或与玩伴在一起时，这就可能造成尴尬并承受来自同伴的嘲笑。其余与 DSM-Ⅳ 没有太大区别。如表 6-4 所示，从 DSM-Ⅳ 到 DSM-5，遗尿症的诊断标准并没有太大的变化。

表 6-4　DSM-5 关于遗尿症的诊断标准

1. 不管是否非自愿或有意识，反复在床上或衣服上排尿。
2. 此行为具有临床意义，表现为至少连续 3 个月每周 2 次的频率，或引起有临床意义的痛苦，或导致社交、学业（职业）或其他重要功能方面的损害。
3. 实际年龄至少为 5 岁（或相当的发育水平）。
4. 此行为不能归因于某种物质（例如，利尿剂、抗精神病性药物）的生理效应或其他躯体疾病（例如，糖尿病、脊柱裂、抽搐障碍）。
标注是否是：
仅在夜间——仅在夜间睡眠时排尿；
仅在日间——仅在觉醒时排尿；
在夜间和日间：兼有上述两种亚型的组合。

资料来源：DSM-5，2013。

五、DSM-5 新标准的潜在意义

目前版本的诊断标准没有发生太大变化，最主要的变化就是将两种依恋障碍划分到一个新的类别中，以此来强调他们的严重不良、不充足的照料经验，因而之前的 RAD 两种亚型分离成两种障碍。这两种新的障碍与之前 RAD 的两种亚型定义十分相近，这并不会造成大的影响。两种表现之间的主要区别在于，一个是内化的，另一个是外化的。将他们区分为不同的障碍可以提高诊断的明确性，提高临床工作者识别这两种形式的病理性照料的儿童的能力。

第七章

学龄前期：注意缺陷多动障碍和学习障碍

本部分与克雷格、卢德罗和温纳所著的《发展心理病理学》(第六版)的第七章相匹配。

章节目录

1. 注意缺陷多动障碍

2. DSM-5

3. 特定学习障碍

一、注意缺陷多动障碍

ADHD 是研究最多的童年期障碍之一，也是最有争议的一个。ADHD 基本的核心症状与以往版本保持不变：注意力不集中，活动过度和冲动。但是为了反映概念的变化，其诊断标准发生了相应的改变。表 7-1 概述了标签的关键变化。

表 7-1　ADHD 诊断标准的变化历史

DSM-Ⅱ	童年期运动反应障碍 与大脑损伤的相关性不明确，故标签是对行为的描述
DSM-Ⅲ	注意缺陷障碍 注意力不集中是主要缺陷
DSM-Ⅲ-R	注意缺陷/活动过度障碍 注意力不集中和活动过度都是重要症状

续表

DSM-Ⅳ DSM-Ⅳ-TR DSM-5	注意缺陷 / 活动过度障碍 三种类型： 活动过度 / 冲动 注意力不集中 组合型

二、DSM-5

DSM-5 将通常发生在婴儿期、童年期或青少年期的诊断全部移除，ADHD 被分到神经发育障碍类别中，反映了大脑发育与 ADHD 的相关。ADHD 一些重要的标准与 DSM-Ⅳ中保持一致，症状仍然被分为两个子类别，即注意力不集中和多动 / 冲动。一般症状也未改变，包括经常不能密切关注细节，组织任务、活动困难，说话过度，坐立不安或不能保持在合适的场合久坐。现在对 ADHD 一个广泛的认知就是它可以是终生性的。DSM-5 关注了这一点，标准的变化使 ADHD 在成年人中可以得到较好的诊断，以确保他们获得需要的支持。表 7-2 概述了 ADHD 在 DSM-5 中诊断标准的变化。

表 7-2　DSM-5 关于 ADHD 的诊断标准

1. 一个持续的注意缺陷或多动—冲动的模式干扰了功能或发育，以下列（1）或（2）为特征。

（1）注意障碍：6 项（或更多的）下列症状持续至少 6 个月，且达到了与发育水平不相符的程度，并直接负性地影响了社会和学业 / 职业活动。

注：这些症状不仅仅是对立行为、违拗、敌意的表现，或不能理解任务或指令。年龄较大（17 岁及以上）的青少年和成人，至少需要下列症状中的 5 项。

①经常不能密切关注细节或在作业、工作或其他活动中犯粗心大意的错误（例如，忽视或遗漏细节，工作不精确）。

②在任务或游戏活动中经常难以维持注意（例如，在听课、对话或长时间的阅读中难以保持注意）。

③当别人对其直接讲话时，经常看起来没有在听（例如，即使在没有任何明显干扰的情况下，也显得心不在焉）。

④经常不遵循指示以致无法完成作业、家务或工作中的职责（例如，一开始任务很快就失去注意力，容易分神）。

⑤经常难以组织任务和活动（例如，难以管理有条理的任务；难以把材料和物品放得整整齐齐；凌乱，工作没头绪；不良的时间管理；不能遵守截止日期）。

⑥经常回避、厌恶或不情愿从事那些需要精神上的持续努力的任务（例如，学校作业或家庭作业；对于年龄较大的青少年和成人，则为准备报告、完成表格或阅读冗长的文章）。

⑦经常丢失任务或活动所需的物品（例如，学校的资料、铅笔、书、工具、钱包、钥匙、文件、眼镜、手机）。

⑧经常容易因外界的刺激分神（对于年龄较大的青少年和成年人，可能包括不相干的想法）。

⑨经常在日常活动中忘记事情（例如，做家务、外出办事，对于年龄较大的青少年和成人，则为回电话、支付账单、约会）。

（2）多动和冲动：6项（或更多的）下列症状持续至少6个月，且达到了与发育水平不相符的程度，并直接负性地影响了社会和学业／职业活动。

注：这些症状不仅仅是对立行为、违拗、敌意的表现，或不能理解任务或指令。年龄较大（17岁及以上）的青少年和成人，至少需要符合下列症状中的5项。

①经常手脚动个不停或在座位上扭动。

②当被期待坐在座位上时却经常离座（例如，离开教室、办公室或其他工作的场所，或是在其他情况下需要保持原地的位置）。

③经常在不适当的场合跑来跑去或爬上爬下（注：对于青少年或成人，可以仅限于感到坐立不安）。

④经常无法安静地玩耍或从事休闲活动。

⑥经常"忙个不停"，好像"被发动机驱动着"（例如，在餐厅、会议中无法长时间保持不动或觉得不舒服；可能被他人感受为坐立不安或难以跟上）。

⑦经常讲话过多。

⑧经常在提问还没有讲完之前就把答案脱口而出（例如，接别人的话；不能等待交谈的顺序）。

⑨经常打断或侵扰他人（例如，插入别人的对话、游戏或活动；没有询问或未经允许就开始使用他人的东西；对于青少年和成人，可能是侵扰或接管他人正在做的事情）。

2.若干注意障碍或多动—冲动的症状在12岁之前就已存在。

3.若干注意障碍或多动—冲动的症状存在于2个或更多的场合（例如，在家里、学校或工作中；在与朋友或亲属互动中；在其他活动中）。

4.有明确的证据显示这些症状干扰或降低了社交、学业或职业功能的质量。

5.这些症状不仅仅出现在精神分裂症或其他精神病性障碍的病程中，也不能用其他精神障碍来更好地解释（例如，心境障碍、焦虑障碍、分离障碍、人格障碍、物质中毒或戒断）。

标注是否是：

组合表现——在过去的6个月内，同时符合诊断标准（1）和诊断标准（2）；

主要表现为注意缺陷——如果在过去的6个月内，符合诊断标准（1）但不符合诊断标准（2）。

续表

主要表现为多动—冲动：如果在过去的 6 个月内，符合诊断标准（2）但不符合诊断标准（1）。 标注如果是： 部分缓解——先前符合全部诊断标准，但在过去的 6 个月内不符合全部诊断标准，且症状仍然导致社交、学业或职业功能方面的损害。 标注目前的严重程度： 轻度——存在非常少的超出诊断所需的症状，且症状导致社交或职业功能方面的轻微损伤； 中度——症状或功能损害介于轻度和重度之间； 重度——存在非常多的超出诊断所需的症状，或存在若干特别严重的症状，或症状导致明显的社交或职业功能方面的损害。

资料来源：DSM-5，2013。

（一）有关标准更多的细节

儿童必须至少达到注意缺陷和 / 或多动—冲动标准的 6 个症状，年龄较大的青少年和成年人（17 岁及以上）要符合 5 项症状。主要的标准与 DSM-Ⅳ 保持相同，但其中包含了一些例子来说明 ADHD 儿童、年龄较大的青少年和成年人可能表现出的行为类型。例如，标准（1）的一个新例子，注意缺陷中症状⑥：经常回避、厌恶或不情愿从事那些需要精神上的持续努力的任务（例如，学校作业或家庭作业；对于年龄较大的青少年和成人，则为准备报告、完成表格或阅读冗长的文章。APA，2013）。这样的描述会帮助临床工作者更好地识别各年龄段 ADHD 的典型症状（Prosser & Reid，2013）。

（二）发病年龄的变化

在 DSM-Ⅳ 中，发病年龄为 7 岁，而在 DSM-5 中，ADHD 的一些症状必须在 12 岁之前就已经存在。这一变化得到一些实证研究的支持。1994 年以来的相关研究表明，在严重程度、结果或治疗反应方面，7 岁与之后的年龄所识别的症状没有临床意义的区别。研究者（Barkley & Brown，2008；Kessler et al.，2006）提出将发病年龄定为 12 岁可以涵盖研究中 95% 的个案。这种转变也是希望对青少年和成年人进行更加准确的诊断（Bell，2011）。

通常只有当临床诊断儿童的行为对学业成就造成不良影响时，才能进行 ADHD 的诊断。这种状况在初中时（11~12岁）更明显，也会有更多的儿童被诊断为多动—冲动障碍。而注意缺陷障碍则常在高中时被诊断，ADHD 发病年龄的改变（7~12岁）将会使更多的儿童主要被诊断为注意缺陷障碍。

（三）多系列症状表现

争议最小的一个变化就是症状必须表现在多系列，这在 DSM-Ⅳ 中也被提到，但在 DSM-5 中得到了更多的强调，从三方报告中计算各系列的症状。在一些地方，如北美，完全依赖父母关于儿童行为的报告进行诊断是常见的做法。

表 7-3 DSM-Ⅳ 与 DSM-5 关于 ADHD 诊断标准的比较

DSM-Ⅳ	DSM-5
根据"常见婴儿期、童年期或者青少年期诊断的障碍"来分类	按照神经发育障碍分类 与类别中其他一些障碍共享病因 强调 ADHD 与大脑的联系
注意缺陷和/或多动—冲动的症状	症状没有变化，增加对症状的例子来说明行为类型
发病年龄在 7 岁前	发病年龄在 12 岁前
症状必须表现在多个场合（如学校/家）	强调跨情境的要求，提高各系列中的一些症状
亚型	亚型移至标注中，与先前的亚型相对应
与孤独症谱系障碍的排除标准	允许与孤独症谱系障碍的共病诊断
只针对儿童诊断	对成年人的症状阈值变化 对于儿童，需达到注意缺陷和/多动—冲动的6个症状 对于 17 岁及以上人群需达到 5 个症状

（四）排除标准的移除

注意缺陷多动障碍与孤独症谱系障碍在症状上有较多重叠，部分人群符合两种障碍的诊断标准（Rommelse, Franke, Geurts et al., 2010）。在以前的诊断标准中，个体不能获得 ADHD 和 ASD 的联合诊断，在每个个案中，如果获得 ASD 的诊断，那么就会排除 ADHD（Martin，Hamshere，O'Donovan，Rutter & Thapar，2014）。DSM-5 对这一情况进行了改变。如果两种障碍症状同时出现，DSM-5 不会进行排除诊断。ADHD 这些症状不能仅仅出现在精神分裂症或其他精神病性障碍的病程中，也不能用其他精神障碍来更好地解释，如心境障碍、焦虑障碍、分离障碍、人格障碍、物质中毒或戒断。

（五）亚型

DSM-5 对亚型名称也进行了修正。之前的 ADHD-C（指 ADHD 的组合型）现在改为组合表现，ADHD-I 改为主要表现为注意缺陷，ADHD-H 改为主要表现为多动—冲动（APA，2013）。

（六）成年人症状阈值变化

在对成年人进行 ADHD 诊断时，临床工作者必须建立童年期的障碍诊断标准。为了达到诊断标准，对成年人的症状要求降低（5 个而非 6 个）。这个变化使更多的成年人获得了合适的诊断。对成年人的诊断为回顾性诊断，症状阈值的降低也是因为随着时间的流逝，一些症状很难回忆。但这也存在一些问题，成年人症状阈值的降低会使假阳性诊断风险增加。

（七）患病率会减少吗？

在 DSM-5 中大部分障碍发生了改变，包括 ADHD。一些研究者担心儿童 ADHD 的患病率会增加，这个顾虑没有太大的必要，因为年龄和标准发生了相应的改变。另外，一些研究者还担心 DSM-5 诊断标准的改变会导致被诊断为 ADHD 的青少年和成年人数量增加，以及注意缺陷类型的 ADHD 数量增加。注意缺陷在学校表现的症状是完成学业困难和不情愿，相比于态度和注意力，在学习方面更容易反映出问题。

从历史上看，DSM 标准的变化引起了 ADHD 诊断率的增加，约为 15%（Bastra & Frances，2012）。因此 DSM-5 的变化也可能引起患病率和精神兴奋治疗的共同性增加，这还需要进一步的关注。

（八）变化的意义

将 ADHD 从破坏性行为中分离出来，并划到神经发育障碍类别下，是为了减少与之相关的污名，希望家长与教师对它有较少的负面联想，并且改变 ADHD 是"由相关的功能紊乱因素所致"的认知。这样的变化促进更多可能患有 ADHD 儿童的父母在儿童支持和治疗上获得保证。

人们担心的是，被诊断为 ADHD 的儿童继续药物治疗的选择可能性会增加。对 ADHD 的任何误诊都会引起 ADHD 的反弹，因为儿童通常接受的是药物治疗而非行为治疗。由于诊断的不一致性和混乱性，特别是对于注意缺陷类型，所给予的标签对儿童的诊断会产生严重的影响。如果更多的儿童得到诊断，可能会增加儿童定期用药的数量。英国心理协会于 2011 年 10 月提出了过度药物治疗的问题，这需要进一步监测，特别是研究所提的 ADHD 症状的药物治疗会引起一些负面效应的论断。

（九）经验检验

有研究者（Farone et al.，2006）说明了 DSM-Ⅳ 关于 ADHD 发病年龄和症状阈值的效度。他们比较了四组成年人：第一组为 127 人达到 DSM-Ⅳ 中 ADHD 所有童年期发病诊断标准；第二组为 79 人达到除发病年龄外的其余所有标准；第三组为 41 人达到亚阈值 ADHD，未达到所有 ADHD 的症状标准；第四组为 123 人没有达到任何 ADHD 症状标准。研究报告显示，在有症状史的亚阈值 ADHD 个体中几乎没有人达到 DSM-Ⅳ 的诊断阈值。相反，结果显示 ADHD 成年人的晚期发病年龄是有效的，DSM-Ⅳ 的发病年龄标准过于严格。

有研究者（Solanto，Wasserstein，Marks et al.，2012）进行了一项研究：关于成年人 ADHD 诊断多动—冲动症状应达到的合适阈值。他们发现，在达到了 ADHD 组合型的标准或者主要是注意缺陷亚型标准的 88 个成年人中，利用严格的至少 6 项多动—冲动症状标准会排除大部分（将近一半）成年人，而采用维度分析方法发现，这些成年人在多动—冲动方面高出常模至少 1.5 个标准差。这些数据表明，在 DSM-5 中降低对成人多动—冲动诊断的症状标准是令人信服的。

（十）总结

提高发病年龄，以及在过去只表现出一种症状（不是损害）的标准变化，可能会提高诊断水平（Sibley et al.，2013）。但同时也有研究者提出诊断标准的变化所带来的影响是极小的（Polanczyk et al.，2010）。随着新标准的颁布，需要优先对成年人样本的患病率以及 ADHD 获得合适的支持和治疗的案例数进行监测。

三、特定学习障碍

DSM-5 分类最大的变化之一是特定学习障碍的分类。之前特定学习障碍是作为一个分离的障碍，在 DSM-5 中合并成了一个单独的障碍诊断，以学业成就缺陷为特点。特定学习障碍（SLD）是按照学龄期在阅读、书写、算术或数学推理技能方面的持续困难来定义的，症状包括缓慢而费力地阅读，书写表达不清晰，难以掌握数字和记忆事实。SLD 的分类包括诸如感知缺陷、大脑损伤、轻微脑功能障碍、诵读困难，发育性语言障碍，但不包括由于视觉、听觉或运动缺陷，精神发育迟滞，情绪障碍或环境、文化或经济不良所导致的学习问题。

（一）术语

对学习障碍的标签进行了分类。在 DSM-IV 中包括 4 种亚型：阅读障碍、数学障碍、书写表达障碍和未特定型（NOS）。如果儿童达到不止一个诊断就被给予未特定型标签。ICD-10 使用了不同的术语和分类，共包含 6 个不同类别（见表 7-4）。术语"特定"是为了说明这种缺陷在相应领域是特定的。在一些国家，如英国和意大利，学习障碍的亚类别也包含使用特定语言损害，诵读困难和计算困难。但教育专家并不太认同这些亚类别。大多数国家的教育部门采用的是广泛性的术语，如特定学习困难 / 障碍，来代表一系列的学习问题，而不是使用亚类别的术语。

为了使教育者和临床专家之间具有更多的一致性，减少术语使用的混乱性，DSM-5 也采用了特定学习障碍的术语。

表 7-4 DSM-Ⅳ 与 ICD-10 术语比较

DSM-Ⅳ	ICD-10
阅读障碍 数学障碍 书写表达障碍 未特定型	特定阅读障碍 特定拼写障碍 特定算术障碍 学业技能混合障碍 其他学业技能发育性障碍 未特定的学业技能发育性障碍

（二）DSM-5 拓宽分类

与之前的诊断分类相比，DSM-5 对特定学习障碍进行了单独的分类。这不是为了扩展障碍在数学、阅读和书写表达方面的缺陷诊断，而是包含了更广的缺陷类别，涉及大范围的学业技能。这是由于教育家、临床工作者和研究者对四项亚类别的深刻不满。他们认为，四项亚类别不足以涵盖该障碍范围，也不符合教育界特殊需要的分类。拓宽分类，可以使更多有需要的儿童及早被诊断出来。

表 7-5 DSM-5 关于特定学习障碍的诊断标准

1. 学习和实用学业技能困难，如存在至少 1 项下列所示的症状，且持续至少 6 个月，尽管针对这些困难存在干预措施。

（1）不准确或缓慢而费力地读字（例如，读单字时不正确地大声或缓慢、犹豫、频繁地猜测，难以念出字）。

（2）难以理解所阅读内容的意思（例如，可以准确地读出内容但不能理解其顺序、关系、推论或更深层次的意义）。

（3）拼写方面的困难（例如，可能添加、省略或替代元音或辅音）。

（4）书面表达方面的困难（例如，在句子中犯下多种语法或标点符号的错误；段落组织差；书面表达的思想不清晰）。

（5）难以掌握数觉感、数字事实或计算（例如，数字理解能力差，不能区分数字的大小和关系；用手指加个位数字而不是像同伴那样回忆数字事实；在算数计算中迷失，也可能转换步骤）。

（6）数学推理方面的困难（例如，应用数学概念事实或步骤去解决数量的问题有严重困难）。

2. 受影响的学业技能显著地、可量化地低于个体实际年龄所预期的水平，显著地干扰了学业或职业表现或日常生活的活动，且被个体的标准化成就测评和综合临床评估确认。对于 17 岁以上的个体，其损害的学习困难的病史可以用标准化测评代替。

3.学习方面的困难开始于学龄期，但知道那些对受到影响的学业技能的要求超过个体的有限能力时，才会完全表现出来（例如，在定时测试中，读或写冗长、复杂的报告，并且有严格的截止日期或特别沉重的学业负担）。

4.学习困难不能用智力障碍、未校正的视觉或听觉的敏感性，其他精神或神经病性障碍、心理社会的逆境、对学业指导的语言不精通，或不充分的教育指导来更好地解释。

注：符合上述4项诊断标准要基于临床合成的个体的历史（发育、躯体、家庭、教育），学校的报告和心理教育的评估。

标注如果是以下症状之一。

伴阅读受损：

阅读的准确性；

阅读速度或流畅性；

阅读理解力。

注：阅读障碍是一个替代术语，是指一种学习困难的模式，以难以精确地或流利地认字、不良的解码和不良的拼写能力为特征。如果阅读障碍是用来标注这一特别的困难的模式，标注任何额外存在的困难也非常重要，如阅读理解困难或数学推理困难。

伴书面表达受损：

拼写准确性；

语法和标点准确性；

书面表达清晰度或条理性。

伴数学受损：

数字感；

算术事实的记忆力；

计算能力的准确性或流畅性；

数学推理能力的准确性。

注：计算障碍是一个替代术语，是一种以数字信息处理加工、学习计算事实、计算的准确性或流畅性为特征的困难模式。如果计算障碍用来标注这一特别困难的考试，标注任何额外存在的苦难也非常重要，如数学推理困难或文字推理准确性困难。

标注目前的严重程度：

轻度——在1个或2个学业领域存在一些学习技能的困难，但其严重程度非常轻微，当为其提供适当的便利和支持服务时，尤其是在学校期间，个体能够补偿或发挥功能；

中度——在1个或多个学业领域存在显著的学习技能的困难，在学校期间，如果没有间歇的强化和特殊的教育，个体不可能变得熟练，在学校、在工作场所或在家的部分时间内，需要一些适当的便利和支持性服务来准确和有效地完成活动；

重度——严重的学习技能的困难影响了几个学业领域，在学校期间的大部分时间内，如果没有持续的、强化的、个体化的、特殊的教育，个体不可能学会这些技能，即使在学校、在工作场所或在家有很多便利和支持性服务，个体可能仍然无法有效地完成所有活动。

资料来源：DSM-5，2013。

（三）标注

DSM-5 指导临床工作者对学习困难儿童的识别，要根据个体的年龄和智力水平。诊断出特定学习障碍后，临床工作者可以使用标注给个案提供关于特定障碍的更多细节信息。与 DSM-Ⅳ 相同，特定学习障碍的描述包含了诵读障碍，这将提高干预的针对性。特定学习障碍的术语相比于诵读障碍和计算障碍本身，也能够提供更多的信息。

（四）减少对标准 IQ 测验分界分数的依赖

如 DSM-5 中所列的其他障碍一样，特定学习障碍也将强调在适应功能方面的严重程度，而不是依赖 IQ 分数。儿童在学习环境中各方面的能力都将得到测验，以确定其在哪一领域存在困难。这种方法将关注点放在了克服学习困难所需支持的程度和持续性上。

（五）症状持续时间

与 DSM-Ⅳ 中其他障碍的持续性要求不同，此障碍的诊断标准没有强调症状的持续性或学习困难的持续性，并且对阅读障碍来说，其标准很少包含症状持续性（Geary，2011）。而 DSM-5 要求表现的症状持续至少 6 个月（Tannock，2013）。

（六）经验研究

在合并特定学习障碍的分类前，DSM-5 的专案组测验了学习障碍效度、互斥、完全是否与 DSM-Ⅳ 不同（阅读障碍、数学障碍、写作障碍、未特定型学习障碍），若是有效、互斥、完全则与 DSM-Ⅳ 保持相同；若不完全，则需要扩展以包含其他不同的障碍；若不是互斥或完全则需要演变至一个单独的总的学习障碍类别（Tannock，2013）。

大量证据表明，DSM-Ⅳ 中的四种亚型存在基因与环境的重叠，可以归为一个单独的类别（Haworth & Plomin，2010；Kovas，Howarth，Dale et al.，2007）。特定学习障碍与 LD 有较高的共病率（Landerl & Moll，2010）。例如，75% 伴有写作障碍的儿童样本达到了阅读障碍的标准

（Barbaresi，Katusic，Colligan et al.，2005），伴有阅读理解困难的儿童在数学推理方面也显示出了问题（Pimperton & Nation，2010）。另外，一些障碍只会发生在一个领域和/或一种学业技能中（Barbaresi et al.，2005）。学习障碍是否应当合并成一个单独的障碍，抑或与 DSM-Ⅳ 中的亚型保持一致，都有相应的实证支持。DSM-5 专案组做了折中的决定，将各亚型合并成一个单独的类别，但保留了特定学习障碍各形式的发展差异和持续性。

表 7-6　DSM-5 中特定学习障碍的关键变化

DSM-Ⅳ	DSM-5
按照"最先在婴儿期、童年期或青少年期被诊断"分类	按照"神经发育障碍"分类
DSM-Ⅳ 中学习障碍包括 4 种亚型： 阅读障碍 数学障碍 书写表达障碍 未特定型	整合 4 种亚型至一个单独的特定学习障碍类别，包含特定的标注 4 种亚型间界限不清 帮助提高对状况重叠的理解以及早期识别率
更加看重 IQ 和分界分数	去除了 IQ 和成就之间的矛盾性 由于其低端的效度低而不再强调 IQ
症状没有特定持续性	症状必须持续至少 6 个月 减少了待定个案的数量

（七）总结

DSM-5 将学习障碍作为一种临床分类已经得到大量专家和研究人员的支持。如果教育界和临床界的术语保持一致，就会提高服务的一致性。特别是，医学权威认定的学习障碍可能会帮助当地的家长和宣传小组获得额外的帮助。与 DSM-Ⅳ 中一些小差异组所表现出的需要不同，他们可以帮助一个更大的群体促进需求，说明他们在日常生活中所面对的困难。他们也可以帮助儿童成为全纳教育中的一部分。但同时需要注意的是，由于将一系列不同障碍纳入这一把伞下，"一刀切的方法"这种认知可能会增多。因此研究需要进一步监测标注的使用，确保根据儿童所表现出的症状进行有针对性的干预。

第八章

童年中期：焦虑障碍

本部分与克雷格、卢德罗和温纳所著的《发展心理病理学》（第六版）的第八章相匹配。

章节目录

1. 广泛性焦虑障碍

2. 特定恐惧症

3. 社交恐惧症（社交焦虑障碍）

4. 分离焦虑障碍

5. 强迫症

6. 创伤后应激障碍

7. DSM-5 中主要变化的概述

8. DSM-5 关于 PTSD 新标准的潜在意义

DSM-5 中这一部分的障碍已经从焦虑障碍谱系中分离出来，包括强迫症和创伤后应激障碍。强迫症现在划分到强迫及相关障碍，创伤后应激障碍划分到创伤及应激相关障碍这一单独的部分。由于我们的教材在本章描述了这些障碍，因此在 DSM-5 更新版的增订版中将它们一起保留了下来。

一、广泛性焦虑障碍

如表 8-1 所述，广泛性焦虑障碍（GAD）的诊断标准在 DSM-Ⅳ 与

DSM-5 中保持一致。

表 8-1　DSM-5 关于广泛性焦虑障碍的诊断标准

1. 在至少 6 个月的多数日子里，对诸多事件或活动（如工作或学校表现），表现出过分的焦虑和担心（焦虑性期待）。

2. 个体难以控制这种担心。

3. 这种焦虑和担心与下列 6 个症状中至少 3 个有关（在过去 6 个月中，至少一些症状在多数日子里存在）。

注：儿童只需 1 项。

（1）坐立不安或感到激动或紧张。

（2）容易疲倦。

（3）注意力难以集中或头脑一片空白。

（4）易怒。

（5）肌肉紧张。

（6）睡眠障碍（难以入睡或保持睡眠状态，或休息不充分、质量不满意的睡眠）。

4. 这种焦虑、担心或躯体症状引起有临床意义的痛苦，或导致社交、职业或其他重要功能方面的损害。

5. 这种障碍不能归因于某种物质（如滥用的毒品、药物）的生理效应，或其他躯体疾病（如甲状腺功能亢进）。

6. 这种障碍不能用其他精神障碍来更好地解释 [例如，惊恐障碍中的焦虑或担心发生惊恐发作，社交焦虑障碍（社交恐怖症）中的负性评价，强迫症中的被污染或其他的强迫思维，分离焦虑障碍中的与依恋对象的离别，创伤后应激障碍中的创伤性事件的提示物，神经性厌食症中的体重增加，躯体症状障碍中的躯体不适，躯体变形障碍中的感觉到外貌存在瑕疵，疾病焦虑障碍中的感到有严重的疾病，像精神分裂症或妄想障碍中的妄想信念的内容]。

资料来源：DSM-5，2013。

二、特定恐惧症

除了一些小的重排，DSM-5 中特定恐惧症的诊断标准与 DSM-Ⅳ 没有区别，但是从发展心理病理学角度看，需要注意的一个变化在于，以前的标准要求个体的恐惧是极度的，并且需要表明这不会发生在童年期。在现在的版本中已改为：对社会情境可能呈现的特定的事物或情况产生显著的害怕或焦虑。因此，新的诊断标准不用识别他们的行为对当时的情境是否合适即可做出判断。另一个需要注意的变化是，对于各年龄段，症状通常持续至少 6 个月，如表 8-2 所示。

表 8-2　DSM-5 关于特定恐惧症的诊断标准

1. 对特定的事物或情况（例如，飞行、高处、动物、接受注射、看见血液）产生显著的害怕或焦虑。

注：儿童的害怕或焦虑也可能表现为哭闹、发脾气、惊呆或依恋他人。

2. 恐惧的事物或情况几乎总是能够促发立即的害怕或焦虑。

3. 对恐惧的事物或情况主动回避，或是带着强烈的害怕或焦虑去忍受。

4. 这种害怕或焦虑与特定事物或情况所引起的实际危险以及所处的社会文化环境不相称。

5. 这种害怕、焦虑或回避通常持续至少 6 个月。

6. 这种害怕、焦虑或回避引起有临床意义的痛苦，或导致社交或其他重要功能方面的损害。

7. 这种障碍不能用其他精神障碍的症状来更好地解释，包括：（例如，在广场恐怖症中的）惊恐样症状或其他功能丧失症状；（例如，在强迫症中的）与强迫思维相关的事物或情况；（例如，在创伤后应激障碍中的）与创伤事件相关的提示物；（例如，在分离焦虑障碍中的）离家或离开依恋者；（例如，在社交恐怖症中的）社交情况等所致的害怕、焦虑和回避。

标注如果是根据恐惧刺激源编码：

动物型（例如，蜘蛛、昆虫、狗）；

自然环境型（例如，高处、暴风雨、水）；

血液—注射—损伤型（例如，针头、侵入性医疗操作）；

情境型（例如，飞机、电梯、封闭空间）；

其他（例如，可能导致哽咽或呕吐的情况；儿童则可能表现为对巨响或化妆人物的恐惧）。

资料来源：DSM-5，2013。

三、社交恐惧症（社交焦虑障碍）

DSM-5 关于社交焦虑障碍（SAD）的诊断标准除了一点与 DSM-Ⅳ 高度相同，对于特定恐惧症，之前的标准要求个体的恐惧是极度的，现在的版本已改为：对社会情境可能呈现的特定的事物或情况，产生显著的害怕或焦虑，症状通常也需持续至少 6 个月，如表 8-3 所示。

表 8-3　DSM-5 关于社交焦虑障碍的诊断标准

1. 个体由于面对可能被其他人审视的一种或多种社交情况时而产生显著的害怕或焦虑。例如，社交互动（对话、会见陌生人），被观看（吃、喝的时候），以及在他人面前表演（演讲时）。 注：儿童的这种焦虑必须出现在与同伴交往时，而不仅仅是与成人互动时。 2. 个体害怕自己的言行或呈现的焦虑症状会导致负性的评价（被羞辱或尴尬；导致被拒绝或冒犯他人）。 3. 社交情况几乎总是能够促发害怕或焦虑。 注：儿童的害怕或焦虑也可能表现为哭闹，发脾气，惊呆，依恋他人，畏缩或不敢在社交情况中讲话。 4. 主动回避社交情况，或是带着强烈的害怕或焦虑去忍受。 5. 这种害怕或焦虑与社交情况和社会文化环境所造成的实际威胁不相称。 6. 这种害怕、焦虑或回避通常持续至少 6 个月。 7. 这种害怕、焦虑或回避引起有临床意义的痛苦，或导致社交、职业或其他重要功能方面的损害。 8. 这种害怕、焦虑或回避不能归因于某种物质（例如，滥用的毒品、药物）的生理效应，或其他躯体疾病。 9. 这种害怕、焦虑或回避不能用其他精神障碍的症状来更好地解释，如惊恐障碍、躯体变形障碍或孤独症谱系障碍。 10. 如果其他躯体疾病（如帕金森病、肥胖症、烧伤或外伤造成的畸形）存在，则这种害怕、焦虑或回避是明确与其不相关或是过度的。 标注如果是： 仅仅限于表演状态——如果这种害怕仅是公共场所的演讲或表演。

资料来源：DSM-5，2013。

四、分离焦虑障碍

如表 8-4 所述，DSM-5 关于分离焦虑障碍的诊断标准没有实质性的变化，只是关于早期发病亚型标注的删除。

表 8-4　DSM-5 关于分离焦虑障碍的诊断标准

1. 个体与其依恋对象离别时，会产生与其发育阶段不相称的、过度的害怕或焦虑，至少符合以下表现中的 3 种。 （1）当预期或经历与家庭或与主要依恋对象离别时，产生反复的、过度的痛苦。 （2）持续性和过度地担心会失去主要依恋对象，或担心他们可能受到诸如疾病、受伤、灾难或死亡的伤害。

续表

（3）持续地、过度地担心会经历导致与主要依恋对象离别的不幸事件（例如，走失，被绑架，发生事故，生病）。

（4）因害怕离别，持续表现不愿或拒绝出门、离开家、去上学、去工作或去其他地方。

（5）持续和过度地害怕或不愿独处或不愿在家或其他场所与主要依恋对象不在一起。

（6）持续性地不愿意或拒绝在家以外的地方睡觉或不愿意在家或其主要依恋对象不在身边时睡觉。

（7）反复做内容与离别有关的噩梦。

（8）当与主要依恋对象离别或预期离别时，反复地抱怨躯体性症状（例如，头疼、胃疼、恶心、呕吐）。

2. 这种害怕、焦虑或回避是持续性的，儿童和青少年至少持续 4 周，成人则至少持续 6 个月。

3. 这种障碍引起有临床意义的痛苦，或导致社交、学业、职业或其他重要功能方面的损害。

4. 这种障碍不能用其他精神障碍来更好地解释。例如，孤独症谱系障碍中的因不愿过度改变而导致拒绝离家，像精神病性障碍中的因妄想或幻觉而忧虑分别，像广场恐怖症中的因没有一个信任的同伴陪伴而拒绝出门，像广泛性焦虑障碍中的担心疾病或伤害会降临到其他重要的人身上，或像疾病焦虑障碍中的担心会患病。

资料来源：DSM-5，2013。

五、强迫症

在 DSM-5 中，强迫及相关障碍的新类别使得 OCD 与其他焦虑障碍分离开来。虽然 DSM-5 中 OCD 和焦虑仍然有密切的联系，但是增加了不同类别障碍的识别度，包括通常与另一种障碍共同发生发展的先占或仪式性行为。除了 OCD，这种新的障碍还包括躯体变形障碍（外貌缺陷先占观念）和囤积障碍（难以丢弃或放弃物品，不计其实际价值，导致物品堆积已显著影响其功能），都是按照其认知歪曲、对自身缺陷过分关注或是难以丢弃物品。这个谱系障碍还包括拔毛癖（拔毛障碍）和抓痕障碍（皮肤搔抓），都是对躯体的重复行为，以及由于物质、药物或是继发于其他医药情况引起的强迫行为。

表 8-5 描述了 DSM-5 对 OCD 的诊断标准，与 DSM-Ⅳ 相比有一些小的变化。简化了强迫的定义，减少了以前四种特点，现在只包含两种特点：侵

入性思维，忽视压制这些思维的努力。就像社交恐怖症定义的准确性一样，强迫症去除了"认为这些想法是自己思想的结果"这一标准，这就可以去除"在儿童中可能不会有这样的洞察力"的声明。但是 DSM-5 关于强迫的定义增加了"消除或降低焦虑的重复性行为或心理行为"，而儿童可能不能描述出行为背后的目的。临床工作者仍然可以去确定个体对任何强迫思维有好的、合理的、贫乏的或是缺乏的/妄想的洞察力。

正如我们所讨论的，抽动症和 OCD 有较高的共病率，DSM-5 可以帮助临床工作者确定 OCD 是否与抽动症有关。

表 8-5　DSM-5 关于强迫症的诊断标准

1. 具有强迫思维、强迫行为，或两者皆有。 强迫思维被定义如下。 （1）在该障碍的某些时间段内，感受到反复的、持续性的、侵入性的和不必要的想法、冲动或意向，大多数会引起个体显著的焦虑或痛苦。 （2）个体试图忽略或压抑此类想法、冲动或意向，或用其他一些想法或行为来中和它们（例如，通过某种强迫行为）。 强迫行为被定义如下。 （1）重复行为（例如，洗手、排序、核对）或精神活动（例如，祈祷、计数、反复默诵字词）。个体感到重复行为或精神活动是作为应对强迫思维或根据必须严格执行的规则而被迫执行的。 （2）重复行为或精神活动的目的是防止或减少焦虑或痛苦，或防止某些可怕的事件或情况；然而，这些重复行为或精神活动与所设计的中和或预防的事件或情况缺乏现实的联结，或者明显是过度的。 注：幼儿可能不能明确地表达这些重复行为或精神活动的目的。 2. 强迫思维或强迫行为是耗时的（例如，每天消耗 1 小时以上）或这些症状引起具有临床意义的痛苦，或导致社交、职业或其他重要功能方面的损害。 3. 此强迫症状不能归因于某种物质（例如，滥用的毒品、药物）的生理效应或其他躯体疾病。 4. 该障碍不能用其他精神障碍的症状来更好地解释［例如，广泛性焦虑障碍中的过度担心，躯体变形障碍中的外貌先占观念，囤积障碍中的难以丢弃或放弃物品，拔毛癖（拔毛障碍）中的拔毛发，抓痕（皮肤搔抓）障碍中的皮肤搔抓，刻板运动障碍中的刻板行为，进食障碍中的仪式化进食行为，物质相关及成瘾障碍中物质或赌博的先占观念，疾病焦虑障碍中患有某种疾病的先占观念，性欲倒错障碍中的性冲动或性幻想，破坏性、冲动性控制及品行障碍中的冲动，重性抑郁障碍中的内疚性沉思，精神分裂症谱系及其他精神病性障碍中的思维插入或妄想性的先占观念，或孤独症谱系障碍中的重复性行为模式］。

标注如果是：

伴有良好或一般的自知力——个体意识到强迫症的信念肯定或可能不是真的，或者它们可以是或可以不是真的；

伴有差的自知力——个体意识到强迫症的信念可能是真的；

缺乏自知力／妄想信念——个体完全确信强迫症的信念是真的。

标注如果是：

与抽动症相关——个体目前有或过去有抽动障碍史。

资料来源：DSM-5，2013。

六、创伤后应激障碍

虽然这章的一些障碍描述与 DSM-Ⅳ 大致相同，但创伤后应激障碍（PTSD）是个例外。首先，PTSD 的诊断不再纳入焦虑障碍类别中，而是放在创伤和应激相关障碍这个新的类别中。这个类别内所有的障碍都有一个共同点，即预测性因素是对不良事件的经验，如反应性依恋障碍和去抑制性社会参与障碍（第四章），其不良事件为严重照顾不足；适应障碍中一个显著的压力事件就可能导致一系列应激—反应行为（例如，压抑、焦虑、行为障碍）；儿童经历一个创伤事件，可能会导致 PTSD 与急性应激障碍，如表 8-6、表 8-7 所示。

表 8-6 DSM-5 关于创伤后应激障碍的诊断标准

注：下述诊断标准适用于成人、青少年和 6 岁以上儿童。对于 6 岁及以下儿童，参见下述相应的诊断标准。

1. 以下述 1 种（或多种）方式接触了实际的或被威胁的死亡、严重的创伤或性暴力。

（1）直接经历创伤事件。

（2）目睹发生在他人身上的创伤事件。

（3）获悉亲密的家庭成员或亲密的朋友身上发生了创伤事件，在实际的或被威胁死亡的案例中，创伤事件必须是暴力的或事故。

（4）反复经历或极端接触于创伤事件的令人作呕的细节中（例如，急救员收集人体遗骸，警察反复接触虐待儿童的细节）。

注：诊断标准（4）不适用于通过电子媒体（电视、电影或图片）的接触，除非此接触与工作相关。

2. 在创伤事件发生后，存在以下 1 个（或多个）与创伤事件有关的侵入性症状。

（1）出现创伤事件反复的、非自愿的和侵入性的痛苦记忆。

注：6 岁以上儿童，可能通过反复玩与创伤事件有关的主题或某方面内容来表达。

（2）反复做内容和 / 或情感与创伤事件相关的痛苦的梦。

注：儿童可能做可怕但不认识内容的梦。

（3）分离性反应（如闪回），个体的感觉或举动好像创伤事件重复出现（这种反应可能连续出现，最极端的表现是对目前的环境完全丧失意识）。

注：儿童可能在游戏中重演特定的创伤。

（4）接触于象征或类似创伤事件某方面的内在或外在线索时，产生强烈或持久的心理痛苦。

（5）对象征或类似创伤事件某方面的内在或外在线索，产生显著的生理反应。

3. 创伤事件后开始持续地回避与创伤事件有关的刺激，具有以下 1 项或 2 项情况：

（1）回避或尽量回避关于创伤事件或与其高度密切相关的痛苦记忆、思想或感觉；

（2）回避或尽量回避能够唤起关于创伤事件或与其高度相关的痛苦记忆、思想或感觉的外部提示（人、地点、对话、活动、物体、情境）。

4. 与创伤事件有关的认知和心境方面的负性改变，在创伤事件发生后开始或加重，具有以下 2 种（或更多）情况：

（1）无法记住创伤事件的某个重要方面（通常是由于分离性遗忘症，而不是诸如脑损伤、酒精、毒品等其他因素所致）；

（2）对自己、他人或世界持续性放大的负性信念和预期（例如，"我很坏""没有人可以信任""世界是绝对危险的""我的整个神经系统永久性地毁坏了"）；

（3）由于对创伤事件的原因或结果持续性的认知歪曲，导致个体责备自己或他人；

（4）持续性的负性情绪状态（例如，害怕、恐惧、愤怒、内疚、羞愧）；

（5）显著地减少对重要活动的兴趣或参与；

（6）与他人脱离或疏远的感觉；

（7）持续地不能体验到正性情绪（例如，不能体验快乐、满足或爱的感觉）。

5. 与创伤事件有关的警觉或反应性有显著的改变，在创伤事件发生后开始或加重，具有以下 2 项（或更多）情况：

（1）激惹的行为和愤怒的爆发（在很少或没有挑衅的情况下），典型表现为对人或物体的言语或身体攻击；

（2）不计后果或自我毁灭的行为；

（3）过度警觉；

（4）过分的惊跳反应；

（5）注意力有问题；

（6）睡眠障碍（例如，难以入睡或难以保持睡眠，或休息不充分的睡眠）。

6. 这种障碍的持续时间（诊断标准 2、3、4、5）超过 1 个月。

7. 这种障碍引起临床上的明显痛苦，或导致社交、职业或其他重要功能方面的损害。

8. 这种障碍不能归因于某种物质（如药物或酒精）的生理效应或其他躯体疾病。

续表

标注是否是：

伴有分离症状——个体的症状符合创伤后应激障碍的诊断标准。此外，作为对应激源的反应，个体经历了持续性或反复的下列症状之一。

（1）人格解体：持续地或反复地体验到自己的精神过程或躯体脱离，似乎自己是一个旁观者（例如，感觉自己在梦中；感觉自我或身体的非现实感或感觉时间过得非常慢）。

（2）现实解体：持续地或反复地体验到环境的不真实感（例如，个体感觉周围的世界是虚幻的、梦幻般的、遥远的或扭曲的）。

注：使用这一亚型，其分离症状不能归因于某种物质（例如，黑晕，酒精中毒的行为）的生理效应或其他躯体疾病（如颞叶癫痫）。

标注如果是：

伴有延迟性表达——如果直到事件后至少6个月才符合全部诊断标准（尽管有一些症状的发生和表达可能是立即的）。

资料来源：DSM-5，2013。

表8-7　DSM-5关于6岁及以下儿童创伤后应激障碍的诊断标准

1.6岁及以下儿童，以下述一种（或多种）方式接触了实际的或被威胁的死亡、严重的创伤或性暴力。

（1）直接经历创伤事件。

（2）目睹发生在他人身上的创伤事件。

注：这些目睹的事件不适用于通过电子媒体（电视、电影图片）的接触。

（3）知道创伤事件发生在父母或照料者的身上。

2.在创伤事件发生后，存在以下1个（或多个）与创伤事件有关的侵入性症状：

（1）创伤事件反复的、非自愿的和侵入性的痛苦记忆。

注：自发的和侵入性的记忆看起来不一定很痛苦，也可以在游戏中重演。

（2）反复做内容和/或情感与创伤事件相关的痛苦的梦。

注：很可能无法确定可怕的内容与创伤事件相关。

（3）分离性反应（如闪回），儿童的感觉或举动好像创伤事件重复出现（这种反应可能连续出现，最极端的表现是对目前的环境完全丧失意识）。此类特定的创伤事件可能在游戏中重演。

（4）接触象征或类似创伤事件某方面的内在或外在线索时，会产生强烈或持久的心理痛苦。

（5）对创伤事件的线索产生显著的生理反应。

3.至少存在1个（或更多）代表持续地回避与创伤事件有关的刺激或与创伤事件有关的认知或心境方面的负性改变的下列症状，且在创伤事件发生后开始或加重。

持续地回避刺激

（1）回避或尽量回避能够唤起创伤事件回忆的活动、地点或物质的提示物。

（2）回避或尽量回避能够唤起创伤事件回忆的人、对话或人际关系的情况。

认知上的负性改变

（3）负性情绪状态的频率（例如，恐惧、内疚、悲痛、羞愧、困惑）显著增加。

（4）显著地减少对重要活动的兴趣和参与，包括减少玩耍。

（5）社交退缩行为。

（6）持续地减少正性情绪的表达。

4. 与创伤事件有关的警觉或反应性的改变，在创伤事件发生后开始或加重，具有以下 2 项（或更多）情况：

（1）激惹的行为和愤怒的爆发（在很少或没有挑衅的情况下），典型表现为对人或物体的言语或身体攻击（包括大发雷霆）；

（2）过度警觉；

（3）过分的惊跳反应；

（4）注意力有问题；

（5）睡眠障碍（例如，难以入睡或难以保持睡眠，或休息不充分的睡眠）。

5. 这种障碍的持续时间超过 1 个月。

6. 这种障碍引起临床上明显的痛苦，或导致与父母、同胞、同伴或其他人的关系或学校行为损害。

7. 这种障碍不能归因于某种物质（如药物或酒精）的生理效应或其他躯体疾病。

标注是否是：

伴有分离症状——个体的症状符合创伤后应激障碍的诊断标准，且个体经历了持续性或反复的下列症状之一。

（1）人格解体：持续地或反复地体验到脱离于自己的精神过程或躯体，似乎自己是一个旁观者（例如，感觉自己在梦中；感觉自我或身体的非现实感或感觉时间过得非常慢）。

（2）现实解体：持续地或反复地体验到环境的不真实感（例如，个体感觉周围的世界是虚幻的、梦幻般的、遥远的或扭曲的）。

注：使用这一亚型，其分离症状不能归因于某种物质（例如，黑晕）的生理效应或其他躯体疾病（例如，复杂部分性癫痫）。

标注如果是：

伴有延迟性表达——如果直到事件后至少 6 个月才符合全部诊断标准（尽管有一些症状的发生和表达可能是立即的）。

资料来源：DSM-5，2013。

七、DSM-5 中主要变化的概述

（一）新的创伤定义

DSM-5 中 PTSD 的另一个重要变化是对"创伤事件"的描述。定义主要包括三个特定事件：实际的或被威胁的死亡，严重的创伤或性暴力（表8-8）。对创伤暴露的描述也变得特定化，即避免将不良经验的定义扩展到实际生活之外（例如，在电视上看到事件）。标准要求暴露事件必须以下四种方式之一发生：直接经历创伤事件（例如，儿童是直接受害者）；目睹创伤事件（例如，儿童亲眼看见事件）；知道创伤事件发生在依恋者身上，不管是家人还是亲密的朋友；个体反复的或极端暴露于创伤事件的不良细节（例如，儿童保护工作者重复访问儿童关于性虐待的细节）。

或许最大的变化是去除了 DSM-Ⅳ 关于创伤标准 1 第二部分的定义，即要求个体对事件的行为包括强烈的害怕、无助、恐惧、激动或混乱行为。DSM-5 从定义中移除了对事件的评价，这受到了争议。一些临床工作者和研究者认为创伤是"在旁观者的眼中"，儿童尤其可能感知到创伤体验（例如，与照料者的分离），而这点并没有在 DSM-5 三个事件类别中列出。然而，PTSD 委员会决定去除这个标准，以增加诊断的准确性、敏感性或者特异性（Friedman，2013）。

（二）新的症状聚类

虽然重新命名，但群集 2 与 DSM-Ⅳ 中的群集"重新体验"相似，指侵入性症状。群集 3 包括回避症状，在以前的诊断标准中也有所呈现，但不同的是其中包含了一些其他的症状，如情感麻木。DSM-5 中群集 4 是新加的，包括 7 种与认知和心境方面负性改变相关的症状。这些症状描述了一系列由于创伤事件导致的，个体在感知自己、他人或世界的状态或信念方面可能呈现的变化。在先前的一些群集中也包含一些症状（如情感麻木，DSM-5 将其定义为难以体验积极情感）和其他一些在 DSM-Ⅳ 中描述的与 PTSD 相关的症状（如自责）。群集 5，在 DSM-Ⅳ 中指个体的唤醒和反应性，现在增加了两个新的症状：烦躁或愤怒，鲁莽或自我毁灭的行为。从发展心理病理学方面来看，一个有趣的地方是，这两个症状最初是在经历创伤后应激的青少年的临床观察中出现的，DSM 标准对个体对自己或他人的攻击性行为关注不足（Pynoos et al.，2009）。

（三）分离症状

DSM-5 关于 PTSD 诊断的另一个新的特点是包含了标注，表明是否伴有分离症状。分离症状表现在两个方面：人格解体，感觉自己并不真实存在或非现实感；现实解体，个体感觉周围的世界是虚幻的、梦幻般的。

1. 对儿童的独立诊断

DSM-5 另一个重要的变化是对 6 岁及以下的儿童进行独立诊断，如表 8-8 所示。这些标准包含了一系列的发育敏感性适应。首先，扩展了创伤事件的范围，包含对发生在照料者身上不良事件的学习。其次，侵入性症状和唤醒群集保持完整（去除了"发育性不合适的鲁莽或自我毁灭行为"的症状），另两个群集合并成一个，症状数目减少，只包含与回避和认知负性改变相关的症状。

表 8-8　DSM-5 关于 PTSD 关键变化的总结

标准 1：暴露于创伤事件	"创伤事件"的描述严格化（例如，实际的或被威胁的死亡、严重的创伤或性暴力）； 创伤暴露的描述特定化（例如，直接经历创伤事件，目睹创伤事件，知道创伤事件发生在依恋者身上，反复的或极端暴露于创伤事件的不良细节）； 去除了包括儿童害怕、无助、恐惧、激动或是混乱行为的主观反应的要求。
标准 2：侵入性症状	术语"侵入性"代替之前的"重复经验"。
标准 3：回避	此群集中只包括两类回避症状（对内在想法的回避；对外在想法的回避）；"情感麻木"移至标准 4。
标准 4：认知和心境的负性改变	新增的症状群集，包含了情感麻木（之前在标准 3 中），增加了一些新的症状，包括失忆症、负性信念、认知歪曲和负性心境。

标准 5：唤醒和反应性	保留了之前标准 4 中过度唤醒和反应性的症状，增加了两个新的症状：烦躁，鲁莽或自我毁灭的行为。
分离亚型	增加了新的分离亚型。
对 6 岁及以下儿童的分离诊断	对年幼儿童进行分离诊断，降低所需症状数目的诊断阈值，不包括发育不恰当标准。

八、DSM-5 关于 PTSD 新标准的潜在意义

（一）患病率会减少吗？

研究者诊断标准中创伤事件的定义变得狭窄所带来的可能后果是，PTSD 诊断患病率可能会减少。研究者（Kilpatrick et al.，2013）对 2593 名美国成年人进行分析，直接比较这两种诊断系统，结果发现对个案的评估——个体达到了诊断标准——使用 DSM-5 与 DSM-Ⅳ 相比会较低一点。研究者认为达到了 DSM-Ⅳ 的标准但是没有达到 DSM-5 的标准的主要原因是，在新的创伤事件诊断标准 1 中，排除了非偶然性的非暴力死亡。另一个造成患病率差异的原因是在 DSM-5 要求每个障碍患者至少表现出一种主动回避的症状，而在 DSM-Ⅳ 中，只要表现出与回避相关的症状或者是情感麻木就可以达到这类症状群集的标准。

临床工作者担心，限制了诊断标准 1 的范围，可能导致对儿童和青少年创伤经验诊断敏感性降低。例如，虽然儿童与照料者分离没有达到新定义的创伤标准，但依恋理论认为丧父/母所造成的创伤是贯穿一生的（Bowlby，1973）。有研究者（Taylor & Weems，2009）的研究结果也证实了这一理论。当问到儿童和青少年，在他们的生活中最痛苦的事情是什么时，他们说得最多的就是与依恋对象的分离。研究者还发现，其他事件也会引起儿童的创伤和创伤后症状，如暴露于媒体暴力，或者是类似于违禁药物使用的一些不良经验，但这并没有达到 DSM-5 的诊断标准。

（二）创伤模型不再考虑创伤后反应吗?

如上所述，在 DSM-5 中 PTSD 诊断标准一个饱受争议的变化就是，DSM-Ⅳ诊断标准 1 第二部分的去除，即要求个体主观评价事件的痛苦性。这些评价，术语为精神行为，在 DSM-Ⅳ中特定指三类反应中的一个：害怕、无助，或恐惧，但这些可以通过年幼儿童的行为得以诊断。一项重要的研究显示，主观评价与个体对事件是否感知到不安，以及他们在之后是否显现出 PTSD 的症状有关，这对儿童、青少年和成人都是适用的（Bovin & Marx，2011；Kerig & Bennett，2013；Taylor & Weems，2009）。另外，研究也表明，在 DSM-Ⅳ中关于特定的情感识别：害怕、无助、恐惧，并不能有效地预测 PTSD。其他一些精神反应可以帮助我们区分出这些可能发展成 PTSD 的儿童，特别是在事件中体验到内疚、羞愧、生气、厌恶或精神分离，这些反应对儿童发展成 PTSD 有重要的预测性（Bui et al.，2000；Coyle，Karatzias，Summers & Power，2014；Kerig & Bennett，2013）。从 DSM-5 中去除对创伤经验的主观评价维度，导致对精神反应研究的减少，这可能阻碍我们了解如何更好地对 PTSD 儿童进行干预以及阻止儿童发展成 PTSD。

（三）PTSD 新的症状聚类能经受住经验的检验吗?

虽然对新的症状的初步现场实验结果显示，它们适配于 DSM-5 研究人员当初所设定的方案（Miller et al.，2013），但是一些整合了儿童和青少年样本的研究结果显示，其因子结构适配并不好（Hafstad et al.，2014）。因此，对于我们在童年期的 PTSD 诊断中是否抓住了足够的症状，还需要进一步研究。

第九章

童年中期至青少年期：心境障碍和自杀

本部分与克雷格、卢德罗和温纳所著的《发展心理病理学》（第六版）的第九章相匹配。

章节目录

一、伴抑郁心境的适应障碍

DSM-5 关于伴抑郁心境的适应障碍的诊断标准与 DSM-Ⅳ 相比，没有修订和增加（表 9-1）；一个新的改变是该障碍归纳到创伤和应激相关障碍类别下。

与 DSM-Ⅳ 抑郁谱系障碍相比，DSM-5 显著的变化是将抑郁障碍分离出来，归纳到一个新的类别下，区别于双相及相关障碍。

表 9-1　DSM-5 关于伴抑郁心境的适应障碍的诊断标准

1. 在可确定的应激源出现 3 个月内，对应激源出现情绪的反应或行为的变化。
2. 这些症状或行为具有显著的临床意义，具有以下 1 种或 2 种情况：
（1）即使考虑到可能影响症状严重度和表现的外在环境与文化因素，个体显著的痛苦与应激源的严重程度或强度也是不成比例的；
（2）社交、职业或其他重要功能方面的明显损害。
3. 这种与应激相关的症状不符合其他精神障碍的诊断标准，且不仅是先前存在的某种精神障碍的加重。
4. 此症状并不代表正常的丧痛。
5. 一旦应激源或其结果终止，这些症状不会持续超过随后的 6 个月。
标注是否是：
伴抑郁心境——主要是表现为心境低落、流泪或无望感；
伴焦虑——主要表现为紧张、担心、神经过敏或分离焦虑；
伴混合性焦虑和抑郁心境——主要表现为抑郁和焦虑的混合；
伴行为紊乱——主要表现为行为紊乱；
伴混合性情绪和行为紊乱——主要表现为情绪症状（例如，抑郁、焦虑）和行为紊乱；
未特定的——不能归类为任一种适应障碍特定亚型的适应不良反应。

资料来源：DSM-5，2013。

二、破坏性心境失调障碍

从发展心理病理学角度看，特别需要注意的是，DSM-5 专门设定了一个针对年龄小于 12 岁的新的障碍：破坏性心境失调障碍（disruptive mood dysregulation disorder，DMDD），是为了避免将儿童误诊为双相障碍。如表 9-2 所述，破坏性心境失调障碍的特点是慢性、严重和持续的易怒，表现为脾气爆发或易怒心境。这种易怒在双相障碍儿童中也经常存在，两者之间的区别就是慢性、持续性、不限制于双相障碍的分离性发作。另外，虽然一些临床工作者认为儿童易怒是双相障碍的一个显著特点，但 DSM-5 也说明了它通常用来预测儿童单极抑郁或焦虑在青少年期和成年期的发展。

表 9-2　DSM-5 关于破坏性心境失调障碍的诊断标准

1. 严重的反复的脾气爆发，表现为言语（例如，言语暴力）和 / 或行为（例如，以肢体攻击他人或财物）两方面，其强度或持续时间与所处情况或所受的挑衅完全不成比例。
2. 脾气爆发与其发育阶段不一致。
3. 脾气爆发平均每周 3 次或 3 次以上。
4. 几乎每天和每天的大部分时间，脾气爆发之间的心境是持续性的易激惹或发怒，且可被他人观察到（例如，父母、老师、同伴）。
5. 诊断标准 1~4 的症状已经持续存在 12 个月或更长时间，在此期间，个体从未有过连续 3 个月或更长时间诊断标准 1~4 中的全部症状都没有的情况。
6. 诊断标准 A 和 D 至少在下列三种（在家、在学校、与同伴在一起）的两种场景中存在，且至少在其中一种场景中是严重的。
7. 首次诊断不能在 6 岁前或 10 岁后。
8. 根据病史或观察，诊断标准 1~5 的症状出现的年龄在 10 岁前。
9. 从未有超过持续 1 天的特别时期，在此期间，除了持续时间以外，符合了躁狂或轻躁狂发作的全部诊断标准。 注：与发育阶段相符的情绪高涨，如遇到或预期到一个非常积极的事件发生，则不能被视为躁狂或轻躁狂的症状。
10. 这些行为不仅仅出现在重性抑郁障碍的发作期，还不能用其他精神障碍来更好地解释［例如，孤独症谱系障碍、创伤后应激障碍、分离焦虑障碍、持续性抑郁障碍（心境恶劣）］。 注：此诊断不能与对立违抗障碍、间歇性暴怒障碍或双相障碍并存，但可与其他精神障碍并存，包括重性抑郁障碍、注意缺陷多动障碍、品行障碍和物质滥用。若个体的症状同时符合破坏性心境失调障碍和对立违抗障碍的诊断标准，则只能诊断为破坏性心境失调障碍。如果个体曾有过躁狂或轻躁狂发作，则不能再诊断为破坏性心境失调障碍。
11. 这些症状不能归因于某种物质的生理效应，或其他躯体疾病或神经疾病。

资料来源：DSM-5，2013。

（一）患病率和发展历程

因为这是一种新的障碍，还缺乏一些患病率方面确定性的信息，但可以说明的是，DDMD 在儿童中的患病率为 2%~5%，相比于青少年期，在学龄期儿童中较为常见，男生比女生较常见；发病年龄不会在 6 岁前和 10 岁后。关于发展历程的信息还在收集，但可以确定的是，这种障碍在青春期前较普遍，随着儿童逐渐成熟，至成年期，其症状会逐渐消退。

（二）风险

风险因素增加了出现包含困难性情的破坏性心境失调障碍的可能性，这种困难性情通常伴随易怒、对立违抗、注意缺陷和抑郁症状。家族史显示基因与焦虑、抑郁和物质滥用障碍有关，但是与双相障碍无关。研究也表明潜在性的神经认知功能紊乱是这种障碍独有的，特别是缺乏对情绪刺激注意的能力。

（三）共病和鉴别诊断

DMDD与其他一些障碍有症状上的相关性，共病率可能会极其高，鉴别诊断面临困难。如上所述，DMDD与双相障碍关键的区别就在于，DMDD的易怒情绪是持续性的而不是片段化的。DMDD与对立违抗障碍的不同在于它不仅仅包括对立性，还包括严重的、频繁的脾气爆发和持续的负性心境。另外，DMDD的儿童必须要达到至少两项诊断标准。因此，一些DMDD的儿童可能会达到标准，但是约有15%的个案既达到ODD的标准，也达到DMDD的标准。

DMDD也可与很多表现负性心境或脾气爆发的障碍有区别，如抑郁、焦虑或孤独症，DMDD的易怒是持续的，且不会随着心境和恶劣事件消长（例如，焦虑障碍中面对恐惧刺激时的变化，孤独症中存在程序中断）。最后，DMDD也需与间歇性爆发性障碍相区分，前者的爆发性伴随持续的负性心境。

三、持续性抑郁障碍（心境恶劣障碍）

与DSM-IV相比，DSM-5另一个变化是，将以前分开的慢性抑郁症和心境恶劣障碍统一成一个类别，即持续性抑郁障碍（心境恶劣障碍）。如表9-3所述，此障碍的症状诊断标准与以前的心境恶劣相对应。但新的诊断标准指定了一系列症状，可以更好地描述个体的表现，如焦虑困扰或精神病特点，早期或晚期发病，是否伴随重性抑郁障碍。DSM-5表明儿童和青少年负性心境的典型表现可能是易怒而不是抑郁。

表 9-3　DSM-5 关于持续性抑郁障碍的诊断标准

此障碍由 DSM-Ⅳ 所定义的慢性重性抑郁障碍与心境恶劣障碍合并而来。
1. 至少在 2 年内的多数日子里，一天中的多数时间中出现抑郁心境，既可以是主观的体验，也可以是他人的观察。
注：儿童和青少年的心境可以表现为易激惹，且持续至少 1 年。
2. 处于抑郁状态时，有下列 2 项（或更多）症状存在：
（1）食欲不振或过度进食；
（2）失眠或睡眠过多；
（3）缺乏精力或疲劳；
（4）自尊心低；
（5）注意力不集中或犹豫不决；
（6）感到无望。
3. 在 2 年的病程中（儿童或青少年为 1 年），个体从来没有一次不存在诊断标准 1 和 2 的症状超过 2 个月的情况。
4. 重性抑郁障碍的诊断可以连续存在 2 年。
5. 从未有过躁狂或轻躁狂发作，且从不符合环性心境障碍的诊断标准。
6. 这种障碍不能用一种持续性的分裂情感性障碍、精神分裂症、妄想障碍、其他特定的或未特定的精神分裂症谱系及其他精神障碍来更好地解释。
7. 这些症状不能归因于某种物质（例如，滥用的毒品、药物）的生理效应，或其他疾病（例如，甲状腺功能低下）。
8. 这些症状引起有临床意义的痛苦，或导致社交、职业或其他重要功能方面的损害。
注：因为持续性抑郁障碍的症状列表，缺乏重性抑郁发作的诊断标准所含的 4 项症状，所以只有极少数个体持续存在抑郁症状超过 2 年却不符合持续性抑郁障碍的诊断标准。如果在当前发作病程中的某一个时刻，符合了重性抑郁发作的全部诊断标准，则应该给予重性抑郁障碍的诊断。否则，有理由诊断为其他特定的抑郁障碍或未特定的抑郁障碍。
标注如果是：
伴焦虑痛苦；
伴混合特征；
伴忧郁特征；
伴非典型特征；
伴心境协调的精神病的特征；
伴心境不协调的精神病的特征；
伴围生期发生。
标注如果是：
早期发生——若在 21 岁前发生；
晚期发生——若在 21 岁或之后发生。

标注如果是：

伴纯粹的心境恶劣综合征——在此前至少 2 年内，不符合重性抑郁障碍发作的诊断标准；

伴持续性重性抑郁障碍发作——在此前 2 年的时间内，始终符合重性抑郁障碍发作的诊断标准。

伴间歇性重性抑郁障碍发作，目前为发作状态——当前符合重性抑郁障碍发作的诊断标准，但此前至少 2 年内，至少有 8 周达不到重性抑郁障碍发作的诊断标准；

伴间歇性重性抑郁障碍发作，目前为未发作状态——目前达不到重性抑郁障碍发作的诊断标准，但在之前至少 2 年中，至少有一次或多次重性抑郁障碍发作。

标注目前的严重程度：

轻度；

中度；

重度。

资料来源：DSM-5，2013。

四、重性抑郁障碍

对重性抑郁障碍的诊断标准与 DSM-Ⅳ大致相同，除了一点：DSM-5 没有去除"丧痛"。相反，DSM-5 提出，临床工作者需要考虑抑郁是否与重大丧失共同发生。这个决定必须要基于个人史和在丧失的背景下表达痛苦的文化常模来做出临床判断。

为了区分悲伤相关的重性抑郁障碍和正常的丧痛，DSM-5 提出丧痛主要的情绪状态是悲伤和丧失，这种情绪随着与已故者相关的想法消长。相反，重性抑郁障碍表现为持续的负性心境、快感缺失（难以感受到快乐）和自我厌恶。为了诊断伴随这种丧痛的重性抑郁障碍，而不是将其排除，DSM-5 在附录中包含了一种新的障碍——持续性复杂丧痛障碍。这种障碍仍需要做进一步研究。这种障碍描述的是亲人去世导致个体的功能严重受损（成人症状持续 12 个月，儿童症状持续 6 个月），症状包括对已故者的持续思念和先占观念，特别不能接受亲人已故的事实，感觉生活空虚毫无意义，想要结束自己的生命，如表 9-4 所示。

表 9-4　DSM-5 关于重性抑郁障碍的诊断标准

1. 在同一个 2 周时期内，出现 5 个以上的症状，表现出与先前功能相比不同的变化，其中至少 1 项是心境抑郁或丧失兴趣或愉悦感。

注：不包括那些能够明确归因于其他躯体疾病的症状。

（1）几乎每天大部分时间都心境抑郁，既可以是主观的报告（例如，感到悲伤、空虚、无望），也可以是他人的观察（例如，表现流泪。注：儿童和青少年，可能表现为心境易激惹）。

（2）几乎每天或每天的大部分时间，对所有或几乎所有活动的兴趣或乐趣都明显减少（既可以是主观体验，也可以是观察所见）。

（3）在未节食的情况下体重明显减轻，或体重增加（例如，一个月内体重变化超过原体重的 5%），或几乎每天食欲都减退或增加。（注：儿童则可表现为未达到应增体重）。

（4）几乎每天都失眠或睡眠过多。

（5）几乎每天都精神运动性激惹或迟滞（由他人观察所见，而不仅仅是主观体验到的坐立不安或迟钝）。

（6）几乎每天都疲劳或精力不足。

（7）几乎每天（并不仅仅是因为患病而自责或内疚）都感到自己毫无价值，或过分地、不适当地感到内疚（可以达到妄想的程度）。

（8）几乎每天都存在思考或注意力集中的能力减退或犹豫不决现象（既可以是主观体验，也可以是他人观察）。

（9）反复出现死亡的想法（而不仅仅是恐惧死亡），反复出现没有特定计划的自杀意念，或有某种自杀企图，或有某种实施自杀的特定计划。

2. 这些症状引起有临床意义的痛苦，或导致社交、职业或其他重要功能方面的损害。

3. 这些症状不能归因于某种物质的生理效应，或其他躯体疾病。

注：诊断标准 1~3 构成了重性抑郁障碍发作。

注：对重大丧失（例如，丧痛、经济破产、自然灾害的损失、严重的躯体疾病或伤残）的反应，可能包括诊断标准 1 所列出的症状，如强烈的悲伤，沉浸于丧失、失眠、食欲缺乏和体重减轻，这些症状可以类似抑郁障碍发作。尽管此类症状对丧失来说是可以理解的或反应恰当的，但除了对重大丧失的正常反应之外，也应该仔细考虑是否还有重性抑郁障碍发作的可能。这个决定必须要基于个人史和在丧失的背景下表达痛苦的文化常模来做出临床判断。

4. 这种重性抑郁障碍发作的出现不能用分裂情感性障碍、精神分裂症、精神分裂症样障碍、妄想障碍或其他特定的或未特定的精神分裂症谱系障碍及其他精神病性障碍来更好地解释。

5. 从无躁狂发作或轻躁狂发作。

注：若所有躁狂样或轻躁狂样发作都由物质滥用所致，或归因于其他躯体疾病的生理效应，则此排除条款不适用。

资料来源：DSM-5，2013。

五、经前期烦躁障碍

DSM-5中另一个新的变化是关于经前期烦躁障碍，在DSM-Ⅳ中被列为可能值得进一步研究的障碍之一。如表9-5所述，该障碍的主要特点是女性月经前期心境的变化，包括易怒、烦躁、焦虑和情绪不稳定（心境波动），这需要与其在周期的其他阶段的情绪相区分，一旦经期来临，必须表现出一系列的症状才能给以诊断。

表9-5　DSM-5关于经前期烦躁障碍的诊断标准

1. 在大多数的月经周期中，下列症状中至少有5个在月经开始前1周出现，在月经开始后几天内症状开始改善，在月经1周后症状变得轻微或不存在。
2. 必须存在下列1个（或更多）症状。
（1）明显的情绪不稳定（例如，情绪波动，突然感到悲伤或流泪，或对拒绝的敏感性增强）。
（2）明显的易激惹或愤怒或人际冲突增多。
（3）明显的抑郁心境、无望感或自我贬低的想法。
（4）明显的焦虑、紧张和/或感到烦躁或有站在悬崖边的感觉。
3. 必须另外存在下列1个（或更多）症状，结合诊断标准B的症状累计符合5个症状。
（1）对日常活动的兴趣下降（例如，工作、学校、朋友、爱好）。
（2）主观感觉注意力难以集中。
（3）嗜睡、易疲劳或精力明显不足。
（4）明显的食欲改变，进食过多或对特定食物的渴求。
（5）睡眠过多或失眠。
（6）感到被压垮或失去控制。
（7）躯体症状，如乳房疼痛和肿胀，关节或肌肉疼痛，感受"肿胀"或体重增加。
注：在过去1年绝大多数的月经周期中，必须符合诊断标准1~3的症状。
4. 这些症状与临床上明显的痛苦有关，或干扰了工作、学习、平常的社交活动或与其他人的关系（例如，回避社交活动，在工作、学校或家庭中的效率下降）。
5. 这种障碍不仅仅是其他障碍症状的加重，如重性抑郁障碍、惊恐障碍、持续性抑郁障碍，或某种人格障碍（尽管它可以与这些障碍中的任一种共同出现）。
6. 诊断标准1应该在未来至少2个症状周期的每日评估中得以确认（注：在确认之前可以临时做出诊断）。
7. 这些症状不能归因于某种物质（例如，滥用的毒品、药物，或其他治疗）的生理效应或其他躯体疾病（例如，甲状腺功能亢进）。

资料来源：DSM-5，2013。

（一）患病率和发病年龄

对于已达月经年龄的女性，该障碍的患病率为 1.8%~5.8%，但没有证据表明这个数据是针对成年人还是包括未成年女孩的。如我们在本书本章所述，在一些西方国家，女孩的月经初潮年龄已经提前，对女孩在 11 岁左右开始其月经周期已不足为奇，因此，这个障碍与认知学龄晚期和青少年时期的发展心理病理有关。

（二）风险

经前期烦躁障碍的风险因素包括环境因素，如应激，人际关系创伤经验，社会文化对女性角色的期望。对该障碍的遗传效应还没有足够的数据资料，为 30%~50%。

（三）共病和鉴别诊断

PDD 通常与其他心境障碍共病，特别是重性抑郁障碍，可从症状的周期性，即明确遵循经期阶段，进行鉴别诊断，特别重要的诊断是收集日常情绪的信息。DSM-5 表明一些存在心境障碍的女性认为她们经受的是 PDD，但是当让她们写日记时，我们会发现其情绪变化周期并没有与经期明确一致。

六、双相障碍

如前所述，DSM-5 一个重要的变化就是将双相及相关障碍分离出来归为一个单独的分类。这个障碍在症状表现、家族史和基因方面，处于抑郁和精神障碍之间，因此将它放置于两者中间。除了一些小的表达变化，躁狂发作的标准没有发生改变（表 9-6），只是区分了不同的类型，包括双相 I 型障碍（表现为躁狂发作），双相 II 型障碍（间歇性轻躁狂和重性抑郁障碍发作），以及环性心境障碍（轻躁狂与抑郁发作之间循环）。一个最重要的变化就是标准包括了心境变化、行为变化以及能量水平。

表 9-6　DSM-5 关于躁狂发作的诊断标准

1. 在持续至少 1 周的时间内，几乎每一天的大部分时间里，有明显异常的、持续性的高涨、扩张或心境易激惹，或异常的、持续性的活动增多或精力旺盛（或如果有必要住院治疗，则可短于 1 周）。

2. 在心境障碍、精力旺盛或活动增加的时期内，存在 3 项（或更多）以下症状（如果心境仅仅是易激惹，则为 4 项），并达到显著的程度，且表现出与平常行为相比明显的变化。

（1）自尊心膨胀或夸大。

（2）睡眠的需求减少（例如，仅仅睡了 3 小时，就感到休息好了）。

（3）比平时更健谈或有持续讲话的压力感。

（4）意念飘忽或主观感受到思想奔放。

（5）自我报告或被观察到的随境转移（注意力太容易被不重要或无关的外界刺激吸引）。

（6）有目标的活动增多（工作或上学时的社交，或性活动）或精神运动性激越（无目的、无目标的活动）。

（7）过度地参与那些结果痛苦可能性高的活动（例如，无节制的购物，轻率的性行为，愚蠢的商业投资）。

3. 这种心境障碍严重到足以导致显著的社交或职业功能的损害，或必须住院以防止伤害自己或他人，或存在精神病性特征。

4. 这种发作不能归因于某种物质（例如，滥用的毒品、药物、其他治疗）的生理效应或其他躯体疾病。

注：由抗抑郁治疗（例如，药物、电抽搐疗法）引起的一次完整的躁狂发作，持续存在的全部症状超过了使用的治疗的生理效应，这对躁狂发作而言是足够的证据，因此可诊断为双相 I 型障碍。

注：诊断标准 1~4 构成了躁狂发作，诊断为双相 I 型障碍需要个体一生中至少有 1 次躁狂发作。

资料来源：DSM-5，2013。

七、DSM-5 新标准的潜在意义

本章所提的 DSM-5 新加的两种障碍：DMDD 和 PDD 都存在一些争议。对于 DMDD，一些人认为 DSM-5 制定者所提的诊断具有合理性，新的分类减少了过度诊断和对儿童不恰当的双相障碍标签所引起的错误治疗。但是，也有人提出 DMDD 的诊断与其他障碍有较多的重叠，尤其是易怒症状，在儿童的情绪问题中是很普遍的，且跨越了从内化到外化整个障碍谱系。儿童的这些心境与行为的破坏也可能是经验不良环境的体现，如家庭压力或家庭虐待，而不是精神障碍。

一些研究强化了"DMDD 是否能够与其他障碍有效区分"的问题，以及其是否对我们认知儿童精神病理有单独的贡献。例如，有研究者（Axelson，2012）对美国 700 个临床样本进行分析，结果显示 DMDD 不能与对立违抗行为或行为障碍区分，诊断跨时间稳定性较差，且与儿童或父母的心境障碍或焦虑障碍并不相关，这使研究者担忧 DMDD 诊断的必要性。还有研究者（Copeland，Abgold，Costello et al.，2013）对 3000 多名美国儿童进行分析，也发现了类似的结果：DMDD 与其他障碍共现的案例概率为 32%~92%，最高的共现概率是抑郁障碍（9.9%~23.5%）和对立违抗障碍（52.9%~100%）。贫穷家庭中的孩子比其较优越的同伴更可能存在 DMDD，达到诊断标准的儿童会表现出明显的精神病理，包括社会功能受损程度升高，学校停课，以及向精神健康和教育服务部分转介。

而关于 DSM 中 PDD 诊断的争议长期集中于，是否存在常规的病理性生物功能，将其转化为精神障碍的衍生物对未成年女孩和成年女性来说，是有益的还是污名化了（Caplan，McCurdy-Myers & Gans，1992）。但是该障碍诊断的效度具有强有力的实证基础，这些障碍可能引起人们的痛苦，而诊断可能的好处就在于它可以促进进一步研究，以找到有效的治疗方法，以及使那些可能忽视自己症状或被误诊的未成年女孩和成年女性，得到合适的干预（Epperson et al.，2012）。

关于抑郁谱系的诊断，去除了"丧痛"这一标准引起了争议。反对者认为诊断需要将"丧痛"的正常历程归为病态，还有一个问题是对"去除丧痛无效"的论断是否有科学证据（Wakefield & First，2013）。然而，DSM-5 认为亲人丧失可能会引起心理脆弱的个体重性抑郁障碍发作，如果未接受治疗，可能会增加负性结果的风险，如自杀意念，较少的自我照料以及情绪上的痛苦。越来越多的关于抑郁症的研究关注新提出的障碍——持续性复杂丧痛障碍，包括针对儿童和青少年的研究（Kaplow，Howell & Layne，2014；Kaplow，Layne，Pynoos et al.，2012）。

第十章

童年中期至青少年期：品行障碍和反社会行为的发展

本部分与克雷格、卢德罗和温纳所著的《发展心理病理学》第六版（2012）的第十章相匹配。

章节目录

1. 品行障碍

2. DSM-5 关于品行障碍新标准的潜在意义

一、品行障碍

在 DSM-5 中，品行障碍与对立违抗障碍（第六章）被划分到破坏、冲动控制和品行障碍类别中。此谱系中包括其他的一些破坏性障碍：间歇性暴怒障碍、反社会型人格障碍、纵火狂（放火）、偷窃狂（强迫偷窃）。这些障碍都有一个共同的潜在性情绪和行为管理问题。由于它们通常共现，可以认为这些障碍有共同的人格维度上的去抑制性和较小程度上的负性情绪问题。该类别中的障碍区分了与侵犯他人利益相关的行为（如攻击、破坏财产、偷窃），以及挑起他人违反社会规范和法律。

和 DSM-Ⅳ一样，DSM-5 将品行障碍（CD）定义为"侵犯他人基本权利或违反与年龄相符的主要社会规范或规则的反复的持续的行为模式"（表10-1），并划分为 4 个种类：攻击人和动物，破坏财产，欺诈或盗窃以及严重违反规则。

除了像 DSM-Ⅳ 一样标注严重程度（轻度、中度、重度）和发病年龄（童年期或青少年期），DSM-5 还增加了一个新的标注：伴有限的亲社会情感。读者将会对正文中这个亚型的描述感到熟悉。正如我们回顾的，研究结果显示，应当对童年期的表现特点是与青少年期的心理病理有关，还是与冷酷无情（CU）的特点有关，做出重要的区分。DSM-5 所列出的症状特点直接来源于鉴别童年期和青少年期冷酷无情的研究（Frick，Ray，Thornton et al.，2013），包括缺乏悔意或内疚，对他人冷酷和缺乏共情，对满足他人期望的表现不关心，情感表浅或缺失。

表 10-1　DSM-5 关于品行障碍的诊断标准

1. 侵犯他人基本权利或违反与年龄匹配的主要社会规范或规则的反复的持续的行为模式，在过去的 12 个月内，表现为下列任意类别的 15 项标准中至少 3 项，且在过去的 6 个月内存在下列标准中的至少 1 项。

攻击人和动物

（1）经常欺负、威胁或恐吓他人。

（2）经常打架。

（3）曾对他人使用可能引起严重躯体伤害的武器（例如，棍棒、砖块、破瓶子、刀、枪）。

（4）曾残忍地伤害他人。

（5）曾残忍地伤害动物。

（6）曾当着受害者的面掠夺（例如，抢劫、敲诈、持械抢劫）。

（7）曾强迫他人与自己发生性行为。

破坏财产

（8）曾故意纵火以企图造成严重的损失。

（9）曾蓄意破坏他人财产（不包括纵火）。

欺诈或盗窃

（10）曾破门闯入他人的房屋、建筑或汽车。

（11）经常说谎以获得物品，或好处，或规避责任（"哄骗"他人）。

（12）曾盗窃值钱的物品，但没有当着受害者的面（例如，入店行窃，但没有破门而入；伪造）。

严重违反规则

（13）尽管父母禁止，仍经常夜不归宿，在 13 岁之前开始。

（14）生活在父母或父母的代理人家里时，曾至少 2 次离开家在外过夜，或曾长时间不回家。

（15）在 13 岁之前开始经常逃学。

2. 此行为障碍在社交、学业或职业功能方面引起有临床意义的损害。

3. 如果个体的年龄为 18 岁或以上，则需不符合反社会型人格障碍的诊断标准。

续表

标注是否是：

童年期发生型——在 10 岁以前，个体至少表现出品行障碍的 1 种特征性症状；

青少年期发生型——在 10 岁以前，个体没有表现出品行障碍的特征性症状；

未特定发生型——符合品行障碍的诊断标准，但是没有足够的可获得的信息来确定首次症状发作 10 岁之前还是之后。

标注如果是：

伴有限的亲社会情感——为符合此标注，个体必须表现出下列特征的至少 2 项，且在各种关系和场合持续至少 12 个月，这些特征反映了此期间个体典型的人际关系和情感功能的模式，而不只是偶尔出现在某些情况下，因此，为衡量此标注的诊断标准，需要多个信息来源。除了个体的报告，还有必要考虑对个体有长期了解的他人的报告（例如，父母、老师、同事、大家庭成员、同伴）。

缺乏悔意或内疚——当做错事时没有不好的感觉或内疚（不包括被捕获和／或面临惩罚时表示的悔意），个体表现出普遍性地缺乏对他的行为可能造成的负性结果的考虑。例如，个体不后悔伤害他人或不在意违反规则的结果；

冷酷—缺乏共情——不顾及和不考虑他人的感受，个体被描述为冷血的和漠不关心的，个体似乎更关心他的行为对自己的影响，而不是对他人的影响，即使对他人造成了显著的伤害。

不关心表现——不关心在学校、在工作中或在其他重要活动中的不良／有问题的表现。个体不付出必要的努力以表现得更好，即使有明确的期待，且通常把自己的不良表现归咎于他人；

情感表浅或缺失——不表达感受或不向他人展示情感，除了那些看起来表浅的、不真诚的或表面的方式（例如，行为与表现出的情感相矛盾；能够快速地"打开"或"关闭"情感）或当情感表达只是为了得到好处（例如，表现情感以操纵或恐吓他人）。

标注目前的严重程度：

轻度——对诊断所需的行为问题超出较少，且行为问题对他人造成较轻的伤害（例如，说谎逃学，未经许可天黑后在外逗留，其他违规）；

中度——行为问题的数量和对他人的影响处在特定的"轻度"和"重度"之间（例如，没有面对受害者的偷窃、破坏）；

重度——存在许多超出诊断所需的行为问题，或行为问题对他人造成相当大的伤害（例如，强迫性行为，躯体虐待，使用武器，强取豪夺，破门而入）。

资料来源：DSM-5，2013。

二、DSM-5 关于品行障碍新标准的潜在意义

虽然关于品行障碍中冷酷无情亚型的研究已经积累了很多年，但是只在最新版本的 DSM 中将它列为诊断标准。原因之一是担心对儿童使用

类似于"精神病性"消极含义的标签可能会有负面的影响（Kahn，Frick，Youngstrom et al.，2012）。特别是还存在一个广被接受的认知，即个体的这些行为特点是天生的而不是后天造就的，不能对其进行控制性干预。但是有研究已经表明，"伴有高度冷酷无情的儿童不能被治愈"的假定是过度概化的（Hawes，Price & Dadds，2014）。虽然伴有冷酷无情特点的儿童对品行障碍的一般性治疗方法可能会反应不良，但是若针对他们潜在的缺陷方面，如冲动控制、动机和对他人的反应，为其制定专门的治疗方法，是可以进行控制性的干预的。

另外，研究结果也表明，只有一部分儿童的行为表现伴有冷酷无情的特点，而这些特点对一些严重的、持续的和暴力犯罪有一定的预测性。因此DSM-5委员会试图将伴有这些个性特点的儿童与那些有品行问题的"普通的"（意指一般性的品行问题儿童）区分开来。你可能会发现，DSM-5尽量避免使用一些可能含有轻蔑贬损意义的术语，如对亚型"精神病性"的定义。

作为一个附带的评论，或者说是一种困惑，值得注意的是，尽管有研究结果证明，伴随精神病性与未伴随精神病性的反社会型成年人之间存在区别，这种认知相比于儿童型，存在更久且已被大家接受，但DSM-5并没有包含成年人反社会型人格障碍的诊断标准亚型。

第十一章

童年晚期至青春期：精神分裂症

本部分与克雷格、卢德罗和温纳所著的《发展心理病理学》（第六版）
的第十一章相匹配。

章节目录

1. 概述

2. DSM-Ⅳ与DSM-5的区别

3. 总结

一、概述

精神分裂症的诊断与DSM-Ⅳ相比没有多大的变化。精神分裂症的基本
诊断在DSM-5中仍然可用，其分类包括妄想、幻觉、言语和行为紊乱及其
他一些导致社会或职业功能紊乱的症状。这种障碍的体征至少持续6个月，
此6个月应包括至少1个月活动期症状。

保留DSM-Ⅳ中核心诊断标准不变是因为这些标准具有临床效用和较高
的信度及效度（Haahr et al.，2008）。例如，有90%案例的诊断在1~10年
后仍较为稳定。但是DSM-5在名称中增加了一个词——"谱系"——反映
了症状的连续性。在DSM-5中，分裂型人格障碍、精神分裂症样障碍、短
暂精神病性障碍以及妄想障碍仍然作为精神分裂症谱系障碍的分类。为了使
诊断更加精确和准确，对一些症状标准做了改变。表11-1列出了DSM-5新

的标准。

表 11-1 DSM-5 关于精神分裂症与其他精神病性障碍的诊断标准

1. 存在 2 项（或更多）下列症状，每一项症状均在 1 个月内相当显著的一段时间里存在（如经成功治疗，则时间可以更短），至少其中 1 项必须是（1）（2）或（3）：

（1）妄想；

（2）幻觉；

（3）言语紊乱（例如，频繁地离题或不连贯）；

（4）明显紊乱的或紧张的行为；

（5）阴性症状（情绪表达减少或动力缺乏）。

2. 自障碍发生以来的明显时间段内，1 个或更多的重要方面的功能水平，如工作、人际关系或自我照顾，明显低于障碍发生前具有的水平（当障碍发生于童年期或青少年期时，则人际关系、学业或职业功能未能达到预期的发展水平）。

3. 这种障碍的体征至少持续 6 个月。此 6 个月应包括至少 1 个月（如经成功治疗，则时间可以更短）符合诊断标准 1 的症状（活动期症状），可包括前驱期或残留期症状。在前驱期或残留期中，该障碍的体征可表现为仅有阴性症状或有轻微的诊断标准 1 所列的 2 项或更多的症状（例如，奇特的信念，不寻常的知觉体验）。

4. 分裂情感性障碍和抑郁或双相障碍伴精神病性特征已经被排除，因为没有与活动期症状同时出现的重性抑郁障碍或躁狂发作；如果心境发作出现在症状活动期，则他们只是存在此疾病的活动期和残留期整个病程的小部分时间内。

5. 这种障碍不能归因于某种物质（例如，滥用的毒品、药物）的生理效应或其他躯体疾病。

6. 如果有孤独症谱系障碍或童年期发生的交流障碍的病史，除了精神分裂症的其他症状外，还需有显著的妄想或幻觉，且存在至少 1 个月（如经成功治疗，则时间可以更短），才能做出精神分裂症的额外诊断。

标注如果是：

以下病程标注仅用于此障碍 1 年病程之后，如果让它们不与诊断病程的标准相矛盾的话；

初次发作，目前在急性发作期——障碍的首次表现符合症状和时间的诊断标准（急性发作期是指症状符合诊断标准的时间段）；

初次发作，目前为部分缓解——部分缓解是先前发作后有所改善而现在部分符合诊断标准的时间段；

初次发作，目前为完全缓解——完全缓解是先前发作后没有与障碍相关的特定症状存在的时间段；

多次发作，目前在急性发作期——至少经过 2 次发作后，可以确定为多次发作（第一次发作并缓解，然后至少有 1 次复发）。

多次发作，目前为部分缓解；

多次发作，目前为完全缓解；

持续型——符合障碍诊断标准的症状在其病程的绝大部分时间里存在，阈下症状期相对于整个病程而言是非常短暂的。

续表

> 未特定型
> 标注如果是：
> 伴紧张症（其定义参见与其他精神障碍有关的紧张症的诊断标准）。
> 标注目前的严重程度：
> 严重程度是用被量化的精神病主要症状来评估，包括妄想、幻觉、言语紊乱、异常的精神
> 运动行为和阴性症状。每一个症状都可以用 5 分制测量来评估它目前的严重程度（过去 7
> 天里最严重的程度），从 0（不存在）到 4（存在且严重）。参见 DSM-5 第三部分"评估量表"
> 一章中精神病症状严重程度临床工作者评定量表。
> 注：精神分裂症的诊断可以不使用严重程度的标注。

资料来源：DSM-5，2013。

二、DSM-Ⅳ与 DSM-5 的区别

（一）症状阈值的提升

DSM-Ⅳ要求个体至少表现出一个特定的症状才能做出诊断。DSM-5 提高了这个要求，即个体需要表现出诊断标准 1 的 5 个症状中的两个。这两个症状中至少有一个是核心的活动期症状（妄想、幻觉、言语紊乱），因为这些症状对精神分裂症诊断有较高的信度。这些变化不太可能影响患病率，因为使用 DSM-Ⅳ诊断时，所有的精神分裂症案例中至少表现出了其中一种症状。

（二）亚型的移除

以前根据个体在诊断时的主要症状，对其进行五项亚型（偏执型、混乱型、紧张型、未分化型和残余型）的识别。DSM-5 决定移除亚型，因为不同的亚型间没有明显的区别，而且随着时间的推移，各亚型的症状会有所变化（Rey，2010）。一些亚型在 DSM-5 中作为标注列出。由于紧张型、混乱型和残余型很少使用，这个变化预计对临床实践没有多大影响。

（三）精神分裂症的消极症状

相比于 DSM-Ⅳ，DSM-5 对精神分裂症负性症状诊断的分类做了一些改变。现在的诊断标准中负性症状包括情感表达减少和意志缺乏。DSM-5 中情感表达障碍定义为情感匮乏，表达减少，而意志缺乏则为意志、社会性缺失和快感缺乏。DSM-Ⅳ认为这些症状彼此之间有较多的重叠，但 DSM-5 对其进行分离，因为实证结果表明，两个亚领域之间不仅在临床表现上相互区别，对功能结果的影响也互不相同（Barch et al., 2013）。另外，对负性症状的诊断方法也发生了变化，DSM-Ⅳ列出需要注意的负性症状"如情感淡漠、失语、意志缺乏"，而 DSM-5 则包含了更多关于负性症状诊断的指示性的标注。例如，在真实的临床访谈中，临床工作者基于个体表达性来诊断情感表达（手势、面部表情和韵律），而意志缺乏则基于临床设定外的自我发起行为进行诊断（Malaspina et al., 2014）。

（四）怪异与非怪异妄想未有明显区分

以前的诊断标准强调怪异妄想或幻觉，DSM-5 已经移除了这些标准，因为关于"这些症状是此障碍独有的"的证据有限，而且怪异妄想与非怪异妄想之间没有明显的区分（Tandon et al., 2013）。根据 DSM-5，妄想症状可能仅仅是一种妄想障碍。

（五）紧张症的标注和新的紧张症

以前，紧张症被认为与精神分裂症有关且被列为该障碍的亚型，发生在主要的心境障碍中，与精神障碍和其他一般性的躯体疾病有关（Weder, Muralee, Penland et al., 2008）。为对精神障碍与其他躯体疾病的共病进行区分，在 DSM-Ⅳ中增加了一个新的继发于一般躯体疾病的障碍——紧张症，并且将它作为重性抑郁障碍的标注（Tandon et al., 2013）。但是紧张症的诊断通常是成问题的，因为临床工作者很难识别出紧张症而导致未确诊。另外，紧张症也与其他一些障碍共病，但与精神分裂症无关。这导致了 DSM-5 的一些变化，如表 11-2 所示。

DSM-5 中紧张症有单独的标准，在整个手册中保持一致。它被作为一系列障碍的标注，包括精神分裂症和重性抑郁障碍以及其他的精神障碍。为了进一步提高对紧张症的识别度，将来会针对那些病况严重但没有达到诊断标准的个体，新增未特定型紧张症。希望这些变化可以帮助个体得到更恰当的诊断，帮助有紧张症的患者获得更多的治疗机会。

表 11-2   DSM-5 诊断标准的主要变化

DSM-Ⅳ	DSM-5
只要求达到标准 1 一个症状：离奇妄想或幻觉，包括"连续评论"或"两个或多个声音"	去除这些特定的属性
	要求至少达到标准 1 的两个症状
	另外，必须有以下一个核心的活动期症状： 妄想 幻觉 言语紊乱
亚型： 偏执型 混乱型 紧张型 未分化型 残留型	去除亚型的原因： 诊断稳定性低 信度低 效度低 与区别治疗相关不明确

（六）该谱系中的障碍均被列入

在 DSM-5 中，精神分裂症谱系障碍与其他精神障碍包括分裂型人格障碍、精神分裂症样障碍、短暂精神病性障碍以及妄想障碍。这些障碍都有相似的症状，如社交能力受限，情感表达缺乏。与分裂型人格障碍和精神分裂症样障碍不同，分裂样人格障碍的个体保有现实感，不会有经验偏执或幻觉，言语虽然缺乏生气但有意义，这与分裂型人格障碍或精神分裂症个体的对话模式不同，后者的言语通常是奇怪的，难以遵循的，可能有 / 没有活力。

精神分裂症样障碍的一个主要变化是要求在达到标准 1 后，在障碍持续期间存在重性抑郁障碍发作。这使精神分裂症样障碍与精神分裂症、双相障碍和重性抑郁障碍相比，更多地从纵向进行诊断，而不是横向诊断。

（七）未包含轻微精神病综合征

轻微精神病综合征还没有被看成一种障碍，个体没有发展成精神障碍，但是表现出了一些可能属于某类别障碍的症状。这包含在新手册的第三部分：可能成为临床关注焦点的其他状况。

三、总结

DSM-5 发生了一些重要的变化，包括对标准 1 的修正，移除亚型，包含标注，帮助在诊断时对标准做更详细的描述。关于新标准的一个主要的批评在于，精神分裂症谱系障碍没有包含神经生理标准，其实这在 DSM-5 中是故意忽略的，因为缺乏一致性的证据。将来的版本对神经生理标准的划分会更加可靠，对表现出精神分裂症的个体进行更加精确的诊断。

第十二章

青少年过渡期的心理病理问题：进食障碍和物质滥用

本部分与克雷格、卢德罗和温纳所著的《发展心理病理学》（第六版）的第十二章相匹配。

章节目录

一、进食障碍：神经性厌食症

DSM-5 关于神经性厌食症第一个标准的两点变化在于：去除闭经标准；不再包含标准"个体体重减轻至少 15%"（见表 12-1）。该障碍现在被定义为限制性营养摄取，导致体重与个人特点相应的正常体重相比，降低显著。做出此变化是因为在各种体型和各发展阶段，健康体重存在较大的个体差异。基于对个体 BMI 的计算，体重减轻的百分比在评估障碍的严重程度——轻度、中度、重度和极重度——时作为依据之一（图 12-1）。

另一个变化是标准 2。目前的标准 2 不止包括害怕体重增加，也包含了采取影响体重增加的行为。神经性厌食症其余的标准没有变化，包括采取不同方法达到瘦的两种类型：限制型和暴食／清除型。

表 12-1 DSM-5 关于神经性厌食症的诊断标准

1. 相对于需求而言，在年龄、性别、发育轨迹和身体健康的背景下，因限制能量的摄取而导致显著的低体重。显著的低体重被定义为低于正常体重的最低值或低于儿童和青少年的最低预期值。
2. 即使处于显著的低体重，仍然强烈害怕体重增加或变胖或有持续的影响体重增加的行为。
3. 对自己的体重或体型的体验障碍，体重或体型对自我评价的不当影响，或持续地缺乏对目前低体重的严重性的认识。

标注是否是：

限制型——在过去的 3 个月内，个体没有反复的暴食或清除行为（自我引吐或滥用泻药、利尿剂或灌肠），此亚型所描述的体重减轻的临床表现主要是通过节食、禁食和／或过度锻炼来实现的。

暴食／清除型——在过去的 3 个月内，个体有反复的暴食或清除行为（自我引吐或滥用泻药、利尿剂或灌肠）。

标注如果是：

部分缓解——在先前符合神经性厌食症的全部诊断标准之后，持续一段时间不符合诊断标准 1（低体重），但仍然符合诊断标准 2（强烈害怕体重增加或变胖或有持续的影响体重增加的行为）或诊断标准 3（对体重或提醒的自我感知障碍）；

完全缓解——在先前符合神经性厌食症的全部诊断标准之后，持续一段时间不符合任何诊断标准。

标注目前的严重程度：

对成年人而言，严重性的最低水平基于目前的体重指数（BMI；参见如下），对儿童和青少年而言，则基于 BMI 百分比。以下是来自世界卫生组织的成人消瘦程度的范围，儿童和青少年应使用对应的 BMI 百分比。严重程度的水平可以增加到反映临床症状，功能障碍的程度和指导的需要。

轻度：BMI ≥ 17kg/m^2；
中度：BMI 为 16～16.99kg/m^2；
重度：BMI 为 15～15.99kg/m^2；
极重度：BMI < 15kg/m^2。

资料来源：DSM-5，2013。

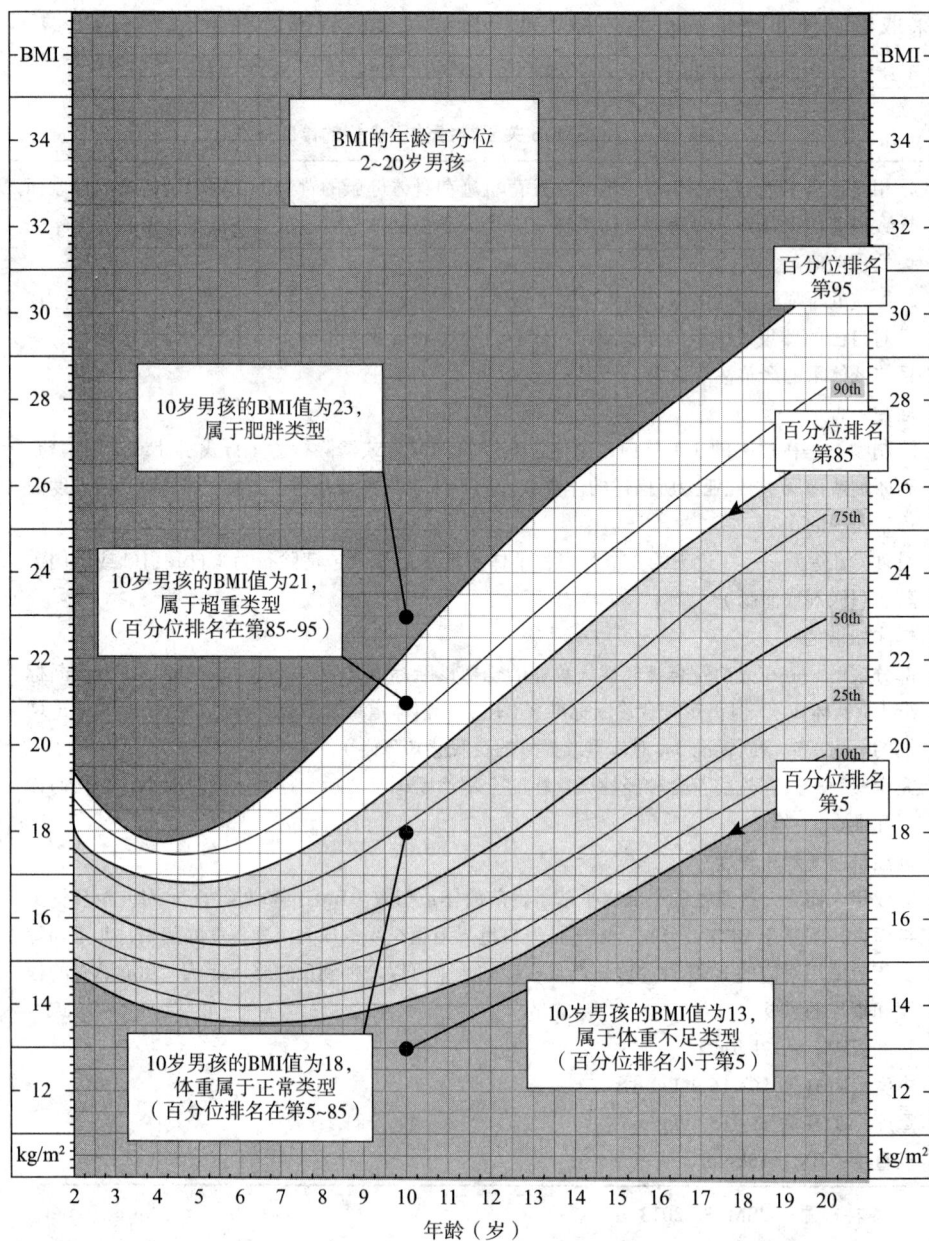

图 12-1 儿童和青少年 BMI 值的计算与解释（10 岁男孩 BMI 值的解释）

注：

1. 获得精确的身高和体重数据。

2. 计算 BMI 并使用儿童与青少年 BMI 计算换成百分位数。

BMI 的计算参见表 12-2。

表 12-2　BMI 的计算

计量单位	公式与计算
千克与米（或者厘米）	公式：体重（kg）/[身高 (m)]² 当身高以米为单位时，BMI 的公式即为体重（以千克为单位）除以身高的平方；由于身高通常以厘米计，此时需将厘米制身高除以 100 换算成米。 例：体重 =68kg，身高 =165cm（1.65m） 计算：68/（1.65）²=24.98
英镑和英寸	公式：体重（Ib）/[身高 (in)]²×703 BMI 计算即为将英镑计的体重除以英寸计的身高平方，再乘 703。 例：体重 =150Ibs，身高 =5'55"（65"） 计算：150/（65）²×703=24.96

3. 获得 BMI 年龄百分位数，BMI 年龄百分位数是用来解释 BMI 值，因为儿童和青少年的 BMI 存在年龄和性别的特异性，随着年龄的增长，一些儿童会发胖，而这种发胖在女孩和男孩之间又存在差异。疾病预防控制中心针对女孩和男孩制定 BMI 年龄生长表时考虑到这些差异，便将 BMI 值转换为儿童与青少年性别和年龄的百分位数。

4. 对照 BMI 年龄百分位数查找相应的体重等级（表 12-3）

表 12-3　BMI 百分位数相应的体重等级

体重等级分类	百分位数范围
过轻	小于 5%
正常	5%~85%
过重	85%~95%
肥胖	95% 及以上

资料来源：改编自疾病控制中心网站。

二、进食障碍：神经性贪食症

如表 12-4 所述，DSM-5 中神经性贪食症的诊断有两个显著的变化：一是暴食的频率减少到 3 个月内平均每周 1 次，之前是每周 2 次；二是 DSM-5 省略了两个亚型——清除行为和无清除行为，增加了障碍中可能出现的代偿行为（例如，自我诱发呕吐，服用泻药，过度运动）。

表 12-4　DSM-5 关于神经性贪食症的诊断标准

1. 反复发作的暴食。暴食发作以下列 2 项为特征： （1）在一段固定的时间内进食（例如，在任何 2 小时内），食物量大于大多数人在相似时间段内和相似场合下的进食量； （2）发作时感到无法控制进食（例如，感觉不能停止进食或不能控制进食品种或进食数量）。 2. 反复出现不适当的代偿行为以防止体重增加，如自我引吐，滥用泻药、利尿剂或其他药物，禁食，或过度锻炼。 3. 暴食和不适当的代偿行为同时出现，在 3 个月内平均每周至少 1 次。 4. 自我评价过度地受身体的体型和体重影响。 5. 该障碍并非仅仅出现在神经性厌食症的发作期。 标注如果是： 部分缓解——在先前符合神经性贪食症的全部诊断标准之后，持续一段时间符合部分的诊断标准。 完全缓解——在先前符合神经性贪食症的全部诊断标准之后，持续一段时间不符合任何诊断标准。 标注目前的严重程度： 严重程度的最低水平基于不适当的代偿行为的频率（参见如下），严重程度的水平可以增加到反映其他症状和功能障碍的程度。 轻度：每周平均有 1~3 次不适当的代偿行为的发作。 中度：每周平均有 4~7 次不适当的代偿行为的发作。 重度：每周平均有 8~13 次不适当的代偿行为的发作。 极重度：每周平均有 14 次或更多不适当的代偿行为的发作。

资料来源：DSM-5，2013。

三、进食障碍：暴食障碍

在 DSM-5 颁布之前，DSM-Ⅳ将暴食障碍放入将来可能需要关注的障碍附录中。在 DSM-5 中暴食障碍已经完全成熟到成为一个单独的障碍（见表 12-5）。和神经性贪食症相似，暴食障碍的主要特点是在一个离散的时间内反复发作的过多的食物摄入，伴随失控感。但是最大的区别点是暴食障碍并没有伴随过度摄食的补偿行为（如清除、泻药、运动）。病理学关注的是暴食本身，以一系列异常的饮食行为定义，包括快速，与真实的饥饿无关，对饱腹的躯体感觉没有反应，伴随尴尬或厌恶感。另一个要求是，与一些只是享受进食的人不同，暴食障碍个体会体验到暴食后的压抑。根据暴食发作的频率来定义严重程度，从轻度（每周 1~3 次）到极重度（每周多于 14 次）。

表 12-5　DSM-5 关于暴食障碍的诊断标准

1. 反复发作的暴食。暴食发作以下列 2 项为特征：

（1）在一段固定的时间内进食（例如，在任何 2 小时内），食物量大于大多数人在相似时间段内和相似场合下的进食量；

（2）发作时感到无法控制进食（例如，感觉不能停止进食或不能控制进食品种或进食数量）。

2. 暴食发作与下列 3 项（或更多）有关：

（1）进食比正常情况快得多；

（2）进食直到感到不舒服的饱腹感；

（3）在没有感到身体饥饿时进食大量食物；

（4）因进食过多感到尴尬而单独进食；

（5）进食之后感到厌恶自己，抑郁或非常内疚。

3. 对暴食感到显著的痛苦。

4. 在 3 个月内平均每周至少出现 1 次暴食。

5. 暴食与神经性贪食症中反复出现的不适当的代偿行为无关，也并不仅仅出现在神经性贪食症或神经性厌食症的病程中。

标注如果是：

部分缓解——在先前符合暴食障碍的全部诊断标准之后，在持续的一段时间内，暴食出现的平均频率少于每周 1 次。

完全缓解——在先前符合暴食障碍的全部诊断标准之后，持续一段时间不符合任何诊断标准。

标注目前的严重程度：

严重程度的最低水平基于暴食障碍的发作频率（参见如下），严重程度的水平可以增加到反映其他症状和功能障碍的程度。

轻度：每周平均有 1~3 次不适当的暴食发作。

中度：每周平均有 4~7 次不适当的暴食发作。

重度：每周平均有 8~13 次不适当的暴食发作。

极重度：每周平均有 14 次或更多不适当的暴食发作。

资料来源：DSM-5，2013。

（一）患病率

世界卫生组织进行了一项国际性的研究，对 24 000 个来自 14 个高收入国家的成年人进行调查，结果显示终生患病率为 0.8%~1.9%，平均约为 1.4%（Kessler et al.，2013）。对美国成年人的评估结果显示，女性的终生患病率约为 1.6%，男性约为 0.8%。对于儿童和青少年，现在还没有有效的信息。

（二）发展和病程

由于暴食障碍是一个新定义的障碍，对其发展和病程状况并不了解。但和其他的一些进食障碍相同，躯体变胖和体重增加可能会引起进食障碍。因此，青少年期和成年初期发病较多。与神经性贪食症不同，神经性贪食症的摄食功能紊乱是恶性循环的开始，而对于暴食障碍，过度摄食发生在其后较为典型。

（三）风险因素

暴食障碍常出现在家族中，因此可能存在基因方面的作用。

（四）鉴别诊断和共病

障碍的定义很清楚，其与神经性贪食症的主要区别就在于暴食障碍没有出现代偿行为。虽然暴食障碍个体可能会节食，但他们对食物的限制或试图减肥的程度并不严重，也没有持续性和足够的坚定性。过度摄食也可能发生在抑郁中，但只有伴随不能控制感才可以考虑诊断为暴食障碍。暴食障碍也可能出现在边缘型人格障碍中（见第十五章正文），这两种障碍都存在冲动控制缺陷。最后，虽然一些暴食障碍个体是超重的，但正常体重的、与肥胖无关的个体也可能存在暴食障碍。很少有肥胖个体存在经常性的暴食，在较短的时间内消耗大量卡路里。肥胖本身与暴食障碍相同种类的功能损害、心理压力和共病的精神健康问题无关。一些其他的共病包括双相障碍、焦虑障碍和物质滥用障碍。

四、进食障碍：回避性 / 限制性摄食障碍

DSM-5 中新增的另一个障碍就是回避性 / 限制性摄食障碍，代替了之前 DSM-Ⅳ中婴儿期 / 童年早期进食障碍的类别。诊断不再局限于年幼儿童，对回避摄食的个体也同样适用，这种障碍不是指神经性厌食症中的害怕体重

增加，而是食物或进食的过程让个体感觉不愉悦或厌恶（见表 12-6）。对一些个体而言，这种回避与对食物特点强烈的不喜欢有关，包括颜色、气味、质地或味道，这可能会导致挑食，即只能接受特定的品牌、形状或类型的食物。对另一些人而言，这种障碍与对进食可能引起的一些负面结果的担忧有关。这些担忧可能是因为个体经历过的一些负面经验造成的条件反应，如噎食、经历侵入嗓子的医疗检查，或呕吐发作。

通常伴有该障碍的儿童和青少年不能够摄入足够的食物来保持健康的体重，影响成长轨迹，可能会导致低能量，易怒和退缩行为。在学龄晚期和青少年时期，低能量和营养不良可能会干扰儿童的发展、学习能力以及参加常规的社会活动 [有研究者（Bryant-Waugh）提供了一份关于一个 13 岁男孩的说明性案例]。

表 12-6　DSM-5 关于回避性 / 限制性摄食障碍的诊断标准

1. 进食障碍（例如，明显缺乏对饮食或事物的兴趣，基于食物的感官特征来回避食物，担心进食的不良后果）表现为持续地未能满足适当的营养和 / 或能量需求，与下列 1 项（或更多）有关： （1）体重明显减轻（或未能达到预期的体重增加或童年期增长缓慢）； （2）显著的营养缺乏； （3）依赖肠道灌食或口服营养补充剂； （4）显著地干扰了心理社会功能。 2. 该障碍不能用缺乏可获得的食物或有关的文化认可的实践来更好地解释。 3. 这种进食障碍不能仅仅出现在神经性厌食症、神经性贪食症的病程中，也没有证据表明个体存在对自己体重或体型的体验障碍。 4. 这种进食障碍不能归因于并发的躯体疾病或用其他精神障碍来更好地解释。当此进食障碍出现在其他疾病或障碍的背景下，则进食障碍的严重程度超过了有关疾病或障碍的常规进食表现并需要额外的临床关注。 标注如果是： 缓解：在先前符合回避性 / 限制性进食障碍的全部诊断标准之后，持续一段时间不符合诊断标准。

资料来源：DSM-5，2013。

（一）发病年龄和发展历程

虽然由于不愉快感而回避食物通常在童年早期发生，但这种担心进食的不良后果可能在任何发展阶段都会出现。亲子关系不良可能会导致这种障碍，特别是当父母以孩子厌恶的方式喂食或者在喂食时出现冲突。DSM-5暗示其中可能存在虐待儿童的现象，照料者应当进行改变来促进喂食。儿童的困难型气质可能也是一个诱发因素，虽然这也许是一个交互性的关系，即进食不足引起的易怒也会导致气质困难。虽然有关长期结果的数据有限，但对食物感官特征相关的厌食持续到成年期，障碍似乎会影响到其他的正常功能。

（二）鉴别诊断和共病

由于儿童经验喂食困难的原因有很多，其中不仅包括病理性原因，也包括儿童虐待的环境因素，DSM-5包含了较多的鉴别诊断。例如，反应性依恋障碍的儿童经常经历不良的亲子关系，这可能会干扰到喂食，但是在回避性/限制性摄食障碍中，喂食就是主要的治疗目标。相似地，孤独症谱系障碍的儿童通常会存在僵硬的进食行为和感官敏感，但是很少有严重的影响身体成长的回避进食行为。与特定恐怖症的鉴别诊断是比较困难的，特别是当回避性/限制性摄食障碍表现出对负性经验的反应，建议从严重的限制进食进行诊断，而不能简单地通过害怕进食诊断。回避性/限制性摄食障碍与神经性厌食症也存在一些共同的症状，但是前者并不伴随对体重增加的害怕或采取减肥措施的行为（例如，过度运动，清除）。另外，强迫症也会包含对食物的仪式性和限制性行为，以及严重抑制胃口的抑郁症状，这不仅难以与回避性/限制性摄食障碍进行区分，还可能共现，甚至导致回避性/限制性摄食障碍。

五、物质滥用

相比于DSM-Ⅳ，DSM-5一个重要的变化就在于，不再对物质滥用和依赖进行区分诊断，而是提供了关于物质滥用的标准，包含了各种特定的物质（如大麻、阿片类药物、酒精、烟草），针对每种物质都有相应的物质中毒、物质戒断和物质所致障碍标准（例如，酒精所致的抑郁障碍或是阿片类药物所致的焦虑障碍）。以前的标准包含触及法律问题，现在已经用一个新的症状"对使用物质有渴求或强烈的欲望或迫切的要求"代替。降低了诊断阈值，要求只需要达到 2 个（或更多）标准。

由于所有障碍的诊断都遵循相同的模式，唯一的区别就是物质的命名，如表 12-7 所述的酒精使用障碍。障碍的第一个标准关注的是与物质使用相关的病理性行为模式，可以分为以下几类：控制功能损害（例如，习惯性过度使用，难以戒断，对物质的强烈欲望）；社会功能损害（例如，物质使用导致不能履行在工作、学校或家庭中的主要角色的义务）；冒险使用（例如，危险的状况下或明知对躯体有害的情况下仍然渴求物质）；药理学标准（例如，伴随药物使用的生理变化，包括耐受性降低和戒断症状）。

表 12-7 DSM-5 关于酒精使用障碍的诊断标准

1. 一种有问题的酒精使用模式导致显著的具有临床意义的损害或痛苦，在 12 个月内表现为下列至少 2 个症状。

（1）酒精的摄入常常比意图的量更大或时间更长。

（2）有持续的欲望或失败的努力试图减少或控制酒精的使用。

（3）大量的时间花在那些获得酒精、使用酒精或从其作用中恢复的必要活动上。

（4）对使用酒精有渴求或强烈的欲望或迫切的要求。

（5）反复的酒精使用导致不能履行在工作、学校或家庭中的主要角色应承担的义务。

（6）尽管酒精使用引起或加重持续的或反复的社会和人际交往问题，但仍然继续使用酒精。

（7）由于酒精使用而放弃或减少重要的社交、职业或娱乐活动。

（8）在对躯体有害的情况下，反复使用酒精。

（9）尽管认识到使用酒精可能会引起或加重持续的或反复的生理或心理问题，但仍然继续使用酒精。

（10）耐受，通过下列两项之一来定义：

①需要显著增加酒精的量以达到过瘾或预期的效果；

②继续使用同量的酒精会显著降低效果。

（11）戒断，表现为下列两项之一：

①特征性酒精戒断综合征；

②酒精（或密切相关的物质，如苯二氮卓类）用于缓解或避免戒断症状。

标注如果是：

早期缓解——先前符合酒精使用障碍的全部诊断标准，但不符合酒精使用障碍的任何一条诊断标准至少 3 个月，不超过 12 个月 [但可能符合诊断标准（4）"对使用酒精有渴求或强烈的欲望或迫切的要求"]；

续表

持续缓解——先前符合酒精使用障碍的全部诊断标准，在 12 个月或更长时间的任何时候不符合酒精使用障碍的任何一个诊断标准（但可能符合诊断标准（4）"对使用酒精有渴求或强烈的欲望或迫切的要求"）。

标注如果是：

在受控的环境下——此额外的标注适用于个体处在获得酒精受限的环境中。

标注目前的严重程度：

轻度——存在 2~3 个症状；

中度——存在 4~5 个症状；

重度——存在 6 个或更多症状。

资料来源：DSM-5，2013。

六、DSM-5 新标准的潜在意义

在进食障碍中，将 BMI 值评估纳入厌食的诊断标准可能会使诊断的精确度提高，特别是对于儿童和青少年而言，因为在发展进程中，他们的体重会发生较大的波动，但仍然健康且处于正常范围。而标准"个体必须表现出极端的减肥行为，而不仅仅是表现出对体重增加的害怕"，也会帮助区分真正的神经性厌食症与苗条冲动，后者在青少年中是普遍存在的。

从总体来看，数据显示，使用 DSM-5 的标准可能会增加进食障碍谱系的患病率。有研究者（Ornstein et al.，2013）进行了一项研究，对一家青少年医疗诊所 215 个存在进食问题的儿童和青少年进行分析，结果发现，相比于 DSM-Ⅳ，使用 DSM-5 的标准会导致厌食症（从 30% 到 40%）、贪食症（从 7.3% 到 11.8%）患病率的增加，有 14% 的儿童达到了回避性/限制性摄食障碍的诊断标准。另外，诊断为"未特定型"的儿童数量减少，这可能暗示诊断的精确度提高了（图 12-2）。

在进食障碍谱系中新增的暴食障碍已经得到了较多的关注，且积累了大量支持其存在的经验研究。世界卫生组织心理健康调查收集了 24 000 多个来自 14 个国家的成年人数据，结果显示，暴食障碍比贪食症更流行，更持续，且同样可能与功能损害有关。正如所料，新增的暴食障碍可能会增加进食障碍诊断的患病率。例如，研究者在一项关于进食障碍的家族研究（Hudson，Coit，Lalonde et al.，2012）中分析了 888 个参与者的相关性，结果发现，当使用 DSM-5 关于暴食障碍的标准时，障碍的终生患病率提高，女性为 2.9%，男性为 3.0%。

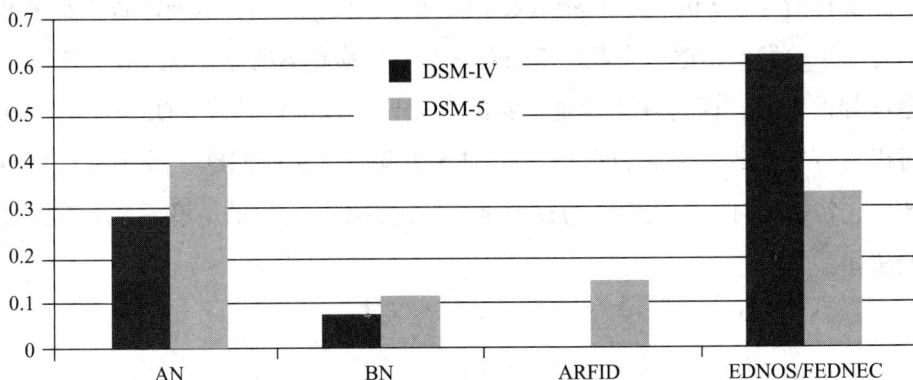

图 12-2　DSM-Ⅳ与 DSM-5 诊断儿童与青少年进食障碍的百分比

注：AN= 神经性厌食症；ARFID= 回避性 / 限制性摄食障碍；

BN= 神经性贪食症；DSM-Ⅳ= 精神障碍诊断与统计手册第四版；

DSM-5= 精神障碍诊断与统计手册第五版；EDNOS= 未特定型进食障碍；

FEDNEC= 未分化的喂食与进食障碍。

资料来源：Ornstein et al.，2013。

　　对这种障碍谱系中新增的另一种障碍——回避性 / 限制性摄食障碍缺少可用的研究。但是已积累的证据表明，该障碍捕获到了可能被忽略的但具有临床意义的年轻群体。例如，有研究者（Kenny & Walsh，2013）指出，这个类别代替了之前的"婴儿期或童年早期喂食障碍"，这种障碍在过去的十多年里很少使用，也没有一些经验研究。随着 DSM-5 中回避性 / 限制性摄食障碍新的诊断标准的提出，费希尔（Fisher et al.，2014）对 200 多个表现出临床进食障碍的儿童和青少年进行评估，发现约有 14% 达到了回避性 / 限制性摄食障碍的标准，这些个体相比于达到厌食症或贪食症的个体，是比较年幼的，大多为男性，症状持续了较长时间，且在很大程度上与焦虑障碍或医疗状况共病。

　　正如我们所说的，物质滥用的主要变化是移除了物质使用和滥用之间的区别。这可能会提高诊断的精确度，帮助临床工作者解除没有实际作用的区分。到目前为止，研究结果对新的标准是支持的。一项包含了 42 000 多个美国成年人的全国代表性研究结果显示，物质滥用与 DSM-Ⅳ 中物质依赖的诊断十分一致（Compton，Dawson，Goldstein et al.，2013）。

温特斯等（Winters，Martin & Chung，2011）指出，这种诊断的变化也与青少年的发展相适应。青少年期是一个对药物和酒精体验以及物质使用问题增加的阶段，而这种体验是正常的，相比于以前的标准，DSM-5 的标准可以更好地对这两者进行区分。DSM-5 去除了"法律问题"看起来也是明智的，特别是对于一些年幼的青少年，他们在物质使用的情境下，不需要触及法律。

第十三章

脑损伤和慢性疾病

本部分与克雷格、卢德罗和温纳所著的《发展心理病理学》(第六版)的第十三章相匹配。

章节目录

1. 重度和轻度神经认知障碍

2. 新增的描述

获得性脑损伤是指出生后发生的任何形式的大脑受伤或神经损害。在DSM-5中神经认知障碍包含了类似于"获得性脑损伤"这种由创伤、血管疾病、阿尔采末氏疾病和感染引起的障碍谱系。神经认知障碍可以对没有伴随记忆和躯体损害而只经历认知症状的个体进行诊断。这意味着那些目前没有获得诊断和支持(由于未表现出记忆或躯体损害)的个体将有机会得到诊断(Simpson, 2014)。

在DSM-5中,并不是所有的脑损伤都可能会考虑引起神经认知障碍(NCD)。在NCD中创伤性脑损伤(TBI)的诊断标准要求TBI至少与以下四类特点之一有关:意识丧失,创伤后遗忘症,定向不良和困惑,神经系统体征,如神经影像学证明的脑损伤、癫痫,视野缺损,嗅觉障碍,偏瘫。另外,NCD的发病时间必须在TBI发生后或意识恢复后立即出现神经认知障碍,并且在急性脑损伤后持续存在。对于那些创伤后没有立即的认知或神经变化,将不能被诊断为NCD。

值得关注的是,DSM中神经认知障碍的一些特点与成年期有关,因此将其放在手册的后部分章节中。对童年期状况未给予足够的关注是因为，在这里我们只简要讨论 DSM-5 中该障碍发生的一些关键变化，如表 13-1 所示。

表 13-1　DSM-5 关于创伤性脑损伤的诊断标准

1. 符合重度或轻度神经认知障碍的诊断标准。 2. 有创伤性脑损伤的证据——对大脑的撞击或者颅内大脑的快速移动或移位的其他机制，存在下列 1 个或更多症状： （1）意识丧失； （2）创伤后遗忘症； （3）定向不良和困惑； （4）神经系统体征（例如，神经影像学证明的脑损伤，新发生的癫痫，先前存在的癫痫显著加重，视野缺损，嗅觉障碍，偏瘫）。 3. 创伤性脑损伤发生后或意识恢复后立即出现神经认知障碍，以及在急性脑损伤后持续存在。

资料来源：DSM-5，2013。

一、重度和轻度神经认知障碍

DSM 在以前的版本中没有包括轻度神经认知障碍。为了诊断出轻度神经认知障碍，个体必须在一个或多个认知领域，如复杂注意、执行功能、学习和记忆等方面，与以往表现水平相比有轻度的认知衰退。表 13-2 和表 13-3 概述了重度与轻度神经认知障碍的诊断标准。

增加轻度神经认知障碍也是由于大量的研究结果显示，对认知衰退的治疗存在阶段特异性，特定的药物和方法可能只对障碍发展早期有效。DSM-5 包含了标准神经心理测验用以区分重度和轻度神经认知障碍。

轻度神经认知障碍要求轻度的认知衰减，不需要表现出干扰日常活动独立能力，如支付账单或正确服药。当有证据或报告显示损害严重，干扰了个体的独立能力时，认知损害即达到了重度的标准，需要获得支持。换句话说，鉴别诊断依赖观察行为的严重程度。

表 13-2 DSM-5 关于重度神经认知障碍的诊断标准

1.在一个或多个认知领域内（复杂的注意，执行功能，学习和记忆，语言，知觉运动，或社交认知），与先前表现的水平相比存在显著的认知衰退，其证据基于：

（1）个体、知情人或临床工作者对认知功能显著下降的担心；

（2）认知功能显著损害，最好能被标准化的神经心理测评证实，或者当其缺乏时，能被另一个量化的临床评估证实。

2.认知缺陷干扰了日常活动的独立性（以最低限度而言，日常生活中复杂的重要活动需要帮助，如支付账单或管理药物）。

3.认知缺陷不仅仅发生在谵妄的背景下。

4.认知缺陷不能用其他精神障碍来更好地解释（例如，重性抑郁障碍、精神分裂症）。

标注是否是由于下列疾病所致：

阿尔采末氏病；

额颞叶变性；

路易体病；

血管病；

创伤性脑损伤；

物质 / 药物使用；

HIV 感染；

朊病毒病；

帕金森病；

亨廷顿氏病；

其他躯体疾病；

多种病因；

未特定的。

标注：

无行为异常——如果认知异常不伴有任何有临床意义的行为异常；

伴行为异常（标注异常）——如果认知异常伴有临床意义的行为异常（例如，精神病性症状、心境障碍、激惹、淡漠或其他行为症状）。

标注目前的严重程度：

轻度——日常生活中重要活动困难（例如，做家务，管理钱）；

中度——日常生活中基本活动困难（例如，进食、穿衣）；

重度——完全依赖。

资料来源：DSM-5，2013。

表 13-3   DSM-5 关于轻度神经认知障碍的诊断标准

1. 在一个或多个认知领域内（复杂的注意，执行功能，学习和记忆，语言，知觉运动，或社交认知），与先前表现的水平相比存在轻度的认知衰退，其证据基于： （1）个体、知情人或临床工作者对认知功能轻度下降的担心； （2）认知表现的轻度损害，最好能被标准化的神经心理测评证实，或者当其缺乏时，能被另一个量化的临床评估证实。 2. 认知缺陷不干扰日常活动的独立性（日常生活中复杂的重要活动仍能进行，如支付账单或管理药物，但可能需要更大的努力，代偿性策略或调节）。 3. 认知缺陷不仅仅发生在谵妄的背景下。 4. 认知缺陷不能用其他精神障碍来更好地解释（例如，重性抑郁障碍、精神分裂症）。 标注是否是由于下列疾病所致： 阿尔采末氏病； 额颞叶变性； 路易体病； 血管病； 创伤性脑损伤； 物质／药物使用； HIV 感染； 朊病毒病； 帕金森病； 亨廷顿氏病； 其他躯体疾病； 多种病因； 未特定的。 标注： 无行为异常——如果认知异常不伴有任何有临床意义的行为异常； 伴行为异常（标注异常）——如果认知异常伴有临床意义的行为异常（例如，精神病性症状、心境障碍、激惹、淡漠或其他行为症状）。

资料来源：DSM-5，2013。

二、新增的描述

DSM-5 新增了关于 NCD 认知领域损害的描述。在 DSM-Ⅳ中，痴呆都属于认知损害，包括失语症、失用症、遗忘症和执行功能受损。DSM-5 重述了其中一些概念，并增加了社会认知领域的损害。最终的六个新的认知领域包括复杂注意、执行功能、学习与记忆、语言、感知运动和社会认知。DSM-5 也列举了一些关于症状信号和可能的评估方法的例子。

第十五章

青少年晚期至成年早期：边缘型人格障碍

本部分与克雷格、卢德罗和温纳所著的《发展心理病理学》（第六版）的第十五章相匹配。

在 DSM-Ⅳ 中关于人格障碍部分与 DSM-Ⅳ 保持一致，关于边缘型人格障碍的诊断标准也一样（表 15-1）。

表 15-1　DSM-5 关于边缘型人格障碍的诊断标准

一种人际关系、自我形象和情感不稳定以及显著冲动的普遍心理行为模式；始于成年早期，存在于各种背景下，表现为下列 5 个（或更多）症状。
1. 极力避免真正的或想象出来的被遗弃（注：不包括诊断标准第 5 项中的自杀或自残行为。）
2. 一种不稳定的、紧张的人际关系模式，以极端理想化和极端贬低之间交替变动为特征。
3. 身份紊乱：显著的持续而不稳定的自我形象或自我感觉。
4. 至少在两个方面有潜在的自我损伤的冲动性（例如，消费、性行为、物质滥用、鲁莽驾驶、暴食。注：不包括诊断标准第 5 项中的自杀或自残行为）。
5. 反复发生自杀行为、自杀姿态或威胁或自残行为。
6. 由于显著的心境反应所致的情绪不稳定（例如，强烈的发作性的烦躁，易激惹或是焦虑，通常持续几小时，很少超过几天）。
7. 慢性的空虚感。
8. 不恰当的强烈愤怒或难以控制发怒（例如，经常发脾气，持续发怒，重复性斗殴）。
9. 短暂的与应激有关的偏执观念或严重的分离症状。

资料来源：DSM-5，2013。

如前所述，DSM-5 中的边缘型人格障碍诊断标准没有发生变化。但这并不简单，大部分工作组专家代表都对人格障碍标准保有疑惑，DSM-5 包含一个描述替代性多维人格与特质的附录，用以对人格障碍进行评估和诊断。这个替代模型包括两个潜在的维度：人格功能损害和病理性人格特性。这些特性与 5 个潜在的负性特点有关：负性情感、分离、敌对、去抑制性和精神质。这已被整合到人格心理学中的大量研究中。

在这个替代模型中，关于边缘型人格障碍的功能损害特别包含认同、自我定向、共情和亲密困难。边缘型人格障碍的病理性特点包括情感不稳定性、焦虑、分离的不安全感、抑郁、冲动、冒险和敌意。

这是一个很有用的模型，特别是它基于长期的经验研究。但是，由于它被放置于 DSM-5 的附录中，对于怎样利用它以及如何将其整合到研究和临床实践中还需要做进一步的探索与研究。